# 河口生物地球化学

[美] Thomas S. Bianchi 著

于志刚 姚庆祯 姚 鹏 等 译

海洋出版社

2017年 · 北京

**图书在版编目（CIP）数据**

河口生物地球化学/（美）托马斯·斯蒂芬·比安奇（Thomas S. Bianchi）著；于志刚等译.
—北京：海洋出版社，2016.10
书名原文：Biogeochemistry of Estuaries
ISBN 978-7-5027-9589-4

Ⅰ.①河… Ⅱ.①托… ②于… Ⅲ.①河口-生物地球化学 Ⅳ.①P343.5

中国版本图书馆 CIP 数据核字（2016）第 248735 号

图字：01-2009-7250



责任编辑：江 波 王 溪
责任印制：赵麟苏
海洋出版社 出版发行
http://www.oceanpress.com.cn
北京市海淀区大慧寺路 8 号 邮编：100081
北京朝阳印刷厂有限责任公司印刷 新华书店发行所经销
2017 年 4 月第 1 版 2017 年 4 月北京第 1 次印刷
开本：889mm×1194mm 1/16 印张：39
字数：910 千字 定价：120.00 元
发行部：62132549 邮购部：68038093 总编室：62114335
海洋版图书印、装错误可随时退换

**献给 Jo Ann 和 Christopher，感谢他们无尽的支持和耐心！**

**随着我们对生态系统耦合分析的深入探索，将更多学者的专长集合在一起已变得极为重要。这种学术上的利他主义对于学科发展是非常关键的。**

——Robert G. Wetzel

# 中文版序言

翻译此书的想法始于2008年，当时于志刚教授和我讨论了这样一本书对于正在中国蓬勃发展的河口生物地球化学研究的重要性和必要性。中国近海当前正面临许多问题，此书应能为研究这些发生在动态变化的近海区域之生物地球化学循环提供基本知识框架。这是一本为学习河口生物地球化学和生态系统动力学的研究生而写的书，因为迄今为止还没有关于这一主题的中文专著，所以我们非常期待此书中文译本的出版，并希望能对从事这一领域研究的中国学者有所帮助。

在此书撰写期间，我曾数次到访中国。每次到青岛访问中国海洋大学，我都会受到于志刚教授和他的同事们的热情款待，对此我深表感谢！青岛是一个美丽的地方，我很荣幸能与于教授的团队合作。更重要的是，我非常感激于教授和他的课题组成员为准确地翻译此书所付出的大量时间和精力。书稿的翻译过程经历了多个阶段，而且将具有“特定”意义的过程、化合物和生物分类名称、世界河口位置和名称等特殊名词翻译成中文绝不是一项简单的工作。最后需要指出的是，此书的翻译也使我从中受益匪浅，因为他们非常热情地向我指出了在翻译过程中发现的此书第一版中的错误，这对我完善第二版大有裨益。再一次感谢于教授和他的课题组！我们希望中国学者能够喜欢这本书，希望本书对他们未来的研究探索有所帮助。

Thomas Bianchi 博士
Jon Thompson 和 Beverly Thompson 地球科学讲席教授
佛罗里达大学地球科学学院
佛罗里达盖恩斯维尔，32611－2120
电话：+1－352－392－6138；传真：+1－352－392－9294
电子邮件：tbianchi@ufl.edu
网页：http://web.geology.ufl.edu/bianchi.html

# 译 者 序

河口是全球陆海相互作用最为重要的区域，经由河流输送而来的生源要素、有机物等陆源营养物质在这里入海，为海洋初级生产提供了充足的物质基础；潮汐、环流等动力条件的剧烈改造使其化学背景场存在显著的时空差异，进而导致海域生态系统具有很高的生物多样性。河口不仅为海洋生物等提供了赖以生存的栖息地，也是人类经济社会发展所依托的重要场所。然而在人类文明化进程中，河口的生态负荷却正在逐渐加重。统计显示，61%的世界人口居住在沿海地区，我国居住在沿海地区的人口比例也超过了50%。人类活动已经对整个河口的生物地球化学循环产生了不利于生态系统健康的影响，相应的海洋环境和生态学问题也接踵而至，如海水酸化、低氧区扩大、赤潮和水母暴发等异常环境和生态现象频发。为可持续利用河口生境，全面认识河口地区的动力特征、物质收支及生物地球化学循环过程是至关重要的。

国内已有很多大学和研究机构从事河口生物地球化学研究，并取得了丰硕的研究成果，出版了一系列研究专著。令人遗憾的是，目前尚无一本中文版的有关河口生物地球化学的教科书。Thomas Bianchi 教授所著“Biogeochemistry of Estuaries”是一本以河口生物地球化学为重点、涉及河口科学诸多方面的教科书。我课题组与 Bianchi 教授的科研团队有着较长的合作历史，当我们得到这本书的时候，即感到可以译为中文，以供从事该领域研究的学者、特别是高年级本科生和研究生参考。Bianchi 教授欣然接受了我们的提议，并从各个方面给予大力支持。本书共分七个部分，由十六章构成，从河口地形地貌、水动力、水化学、沉积特性、物质循环和人类活动的影响等多方面系统地介绍了河口生物地球化学，各章既相对独立完整，相互之间又密切联系，有利于读者在河口生物地球化学的知识体系中渐博渐通。我们相信，本书的翻译出版对相关领域的读者“登高望远”地掌握该领域的知识框架大有裨益；与此同时，书中引用了大量丰富的典型研究案例，对读者在宽广的视野中“探幽入微”，找准学术前沿并实现突破极具参考价值。

本书从开始翻译到最终定稿历时四年，经历了“翻译—修改—校改—统稿”四个阶段。在“翻译”阶段，于志刚负责第一章，姚庆祯负责第二、第十二、第十五、第十六章，姚鹏负责第三、第五、第九、第十三章，米铁柱负责第四、第六章，江雪艳负责第七章，甄毓负责第八章，陈洪涛负责第十、第十一、第十四章，许博超负责其余内容；在“修改”阶段，于志刚负责第一、第三、第四、第五章，姚鹏负责第二、第六、第八、第十二、第十五、第十六章，姚庆祯负责第七、第九、第十、第十一、第十三、第十四章；在“校改”阶段，江文胜对第三章、王旭晨对第八和第九章、于志刚对其余共13章进行了认真彻底的校改；最后，为保证全书各章节的格式和表达习惯一致，提高译本的准确性和可读性，于志刚、许博超组织各位译者对全书进行了统稿。在翻译过程中，我们修正了原书中一些明显的技术性错误或表达欠妥之处，并以“译者注”方式进行说明，以便读者更好地理解相关概念及研究案例。为便于读者查询，许博超和甄毓分别负责编写整理了“河口和海湾地名对照表”以及“重要生物和化合物名对照表”。在翻译成文中，我们力求忠于原著，准确表达原意，但同时也充分考虑了汉语表达习惯，以方便中文读者阅读。

特别感谢中国海洋大学杨作升教授、李三忠教授和复旦大学郭志刚教授等专家对翻译过程中产生的有关疑问给予的耐心解答，感谢中国海洋大学邹卫宁先生对地名表的校改。此外，中国海洋大学李欣钰、郭肖伊、杨迪松等同学参与了地名翻译和排版等工作，海洋出版社有关领导和同事们对本书出版给予大力支持，Bianchi 教授为中文版出版专门撰写了序言，借此机会，一并表示衷心的感谢。

本书翻译工作受到国家自然科学基金重大国际（地区）合作研究项目（长江口及邻近海域底边界层生物地球化学过程研究，40920164004）资助。

尽管付出了很大努力，但由于译者水平所限，译文中难免存在不足乃至错误之处，我们诚恳地期待读者批评指正。

译　者<br>
2015 年 10 月<br>
于中国海洋大学

# 原著序

在过去的几十年中，全球沿海地区的人口增长很快，由此带来的环境效应对许多河口产生了深远影响。为了从全球尺度和区域尺度更好地理解这些变化对环境所带来的影响，深入了解河口地区的生物地球化学循环，即化学物质的迁移、转化和归宿是至关重要的。例如，对于在全球诸多河口广泛存在的富营养化现象，只有熟悉河口系统的物理动力学过程，才能彻底理解富营养化事件对该河口生态系统的影响程度。从生物地球化学角度认识河口海岸科学需要多学科交叉的基础知识背景，包括化学、生物学、地质学，很多时候还包括大气科学。到目前为止，多数关于河口生物地球化学的书籍在章节编排上太过分散，因而难以用作本科和研究生等大学高等教育课程的教材。我编写这本书的初衷就是为了弥补这一缺憾。本书旨在从全球尺度和区域尺度聚焦河口生物地球化学循环，全面详尽地阐述河口的物理特性、地球化学特性和生态特点。在概述性地介绍了河口科学和生物地球化学循环之后，本书又划分了七个方面的内容：河口物理动力学、河口水化学、河口沉积特性、有机物的来源与转化、生源要素和痕量金属的循环、河口的人为输入和河口的全球影响。

第一章概述主要介绍河口在人类文明化进程中（如贸易、运输和食物资源等方面）所发挥的重要历史作用，世界上很多大城市坐落于河口地区并非偶然现象。本章还介绍了一些与河口相关的生物地球化学循环的基本概念。在随后的第一篇中，主要介绍河口的形成方式和形成时间，介绍综合考虑了地貌学和物理学标准的现行河口分类方法。这是全书的一个重点内容，为认识不同系统中的生物地球化学循环提供了知识框架。在第二篇中，主要介绍河口水体的分子特性、河水海水混合作用和溶解气体。因诸多河流和河口是二氧化碳向大气输送的净源，本部分内容还包括了关于河口中二氧化碳循环的控制因素和河口二氧化碳（及其他温室气体）通量对全球变暖的影响的讨论。在第三篇中，主要讨论保存了流域和水体过程的历史变化信息的河口沉积物。由于河口体系的水深通常较浅，沉积物与上覆水体的相互作用显得尤为重要。在第四篇中，主要讨论河口动力背景下的初级生产力和有机物降解，其中涉及的动力过程在之前的元素循环的相关章节中已有提及。该部分还介绍了一些重要的全样和化学生物标志物技术，用于示踪这些高度动态的河口系统中的有机物输入。在第五篇中，综述了河口中的生源要素和痕量金属的循环，重点聚焦于天然的和人为来源的常量生源要素。在概括介绍各要素的循环作用之后，还对一些特定生源要素和金属的几个研究实例进行了详细探讨。第六篇涉及了河口中关键的有机污染物和无机污染物，强调分配系数和键合常数在控制污染物对河口生物体有效性影响中所充当的角色。水体中的溶解有机碳的自然循环和悬浮颗粒的矿物组成特征对上述物质的交换过程有重要的影响。该部分还列举了一些关于污染物循环和河口生态系统治理的典型研究案例。最后，第七篇概述性地介绍了大河影响下的陆架边缘海，这是世界上主要的河流/河口与海洋交汇的区域。与传统的河口－海岸带相比，这一区域中发生的过程不同，体系中溶解态和颗粒态物质的存留时间更短，因此更具有将陆源物质输送至深海的潜力。最近的研究表明，河流和河口并非河流相物质向海输送的唯一通道，海底地下水排放可能是另一个陆源物质向海输送的重要途径。该部分最后还讨论了关于地下水排放及其携带入海的陆源物质生态效应的最新研究成果。

这是一本为学习河口生物地球化学和生态系统动力学的研究生而写的教科书。选修本课程的学生应该具有无机化学、有机化学、环境生态学或生态系统生态学和微积分学等基础课程的知识储备。同时，由于囊括了诸多关于河口的典型研究案例以及丰富的图表、目录索引等信息，本书对海洋和环境科研工作者亦极具参考价值。本书的基本框架源于作者多年来执教的全球和河口生物地球化学等相关课程。

# 致　谢

在诸多热心朋友的帮助下，本书历时四年撰写而成，在此向他们致以诚挚的谢意！尤其要感谢的是 Rebecca Green（杜兰大学）和 Jo Ann Bianchi，两位对本书所有章节都进行了仔细校对，并提出了很有价值的建议。审阅了本书的一个或多个章节的还有以下诸位研究者：Mark Baskaran（韦恩州立大学）、Elizabeth Canuel（威廉玛丽学院弗吉尼亚海洋科学研究所）、Daniel. L. Childers（佛罗里达国际大学）、Dan Conley（丹麦国家环境研究所）、John M. Jaeger（佛罗里达大学）、Ronald Kiene（南阿拉巴马大学道菲因岛海洋实验室）、Rodney Powell（路易斯安那大学海事协会）、Peter A. Raymond（耶鲁大学）、Sybil P. Seitzinger（罗格斯大学）、Christopher K. Sommerfield（特拉华大学）、William J. Wiseman（美国自然科学基金极地项目组）。尽管以上诸位对提高本书质量贡献很大，我依然对本书尚存的任何错误负主要责任。我还要感谢杜兰大学地球与环境科学学院我的诸位同事们，多年来我们围绕海岸带环境科学问题进行了多次有益探讨，特别是 Mead Allison、Brent McKee、George Flowers 和 Franco Marcantonio。感谢 Mike Dagg 在多次驱车前往路易斯安那大学海事协会的旅途中的启发性交谈。感谢 Michel Meybeck（巴黎第六大学）、Sid Mitra（纽约州立大学宾汉顿分校）、Scott Nixon（罗德岛大学）和 Hans Paerl（北卡罗来纳大学）等为某些章节提供了有价值的参考文献。感谢具有丰富的撰写论著经验的 Jeffrey S. Levinton 和 Robert G. Wetzel，他们为圆满解决成书过程中出现的各种问题提供了无价的建议和智慧。

特别要感谢 Charlsie Dillon，是他整理了全书的表格，并在获得插图许可过程中进行了大量沟通。该工作的前期还得到了 Jeremy Williams 的辅助。感谢 Cathy B. Smith 对书中的一些插图进行了高质量的重新绘制。所有图书馆内的文献调研都是在路易斯安那大学海事协会进行的，因此我非常感谢图书管理员 John Conover 和 Shanna Duhon 在整个过程中的热心帮助。特别感谢 Michael Guiffre 帮助设计了本书的封面。

感谢我的家人 Jo Ann、Christopher 和 Grandmaster Chester 的耐心和支持，感谢我的父母多年来不断的鼓励。最后，我要感谢 Lyle More 对一个处于关键年龄段、需要得到引导的初学者的鼓励。

# 致 谢

在诸多热心朋友的帮助下，本书的出版才得以完成，在此向他们致以诚挚的谢意！尤其要感谢的是 Rebecca Green（杜克大学）和 Jo Ann Bianchi，两位对本书所有章节都进行了仔细校对，并提出了很有价值的建议。审阅了本书的一个或多个章节的还有以下诸位研究者：Mark Baskaran（韦恩州立大学），Elizabeth Canuel（威廉玛丽学院弗吉尼亚海洋科学研究所），Daniel L. Childers（佛罗里达国际大学），Dan Conley（丹麦国家环境研究所），John M. Jaeger（佛罗里达大学），Ronald Kiene（南阿拉巴马大学道芬岛海洋实验室），Rodney Powell（路易斯安那大学海事协会），Peter A. Raymond（耶鲁大学），Sybil P. Seitzinger（罗格斯大学），Christopher K. Sommerfield（特拉华大学），William J. Wiseman（美国国家科学基金会极地项目）。尽管以上诸位对提高本书质量贡献很大，我依然对本书稿存在的任何错误负主要责任。我还要感谢路易斯安那大学地球与环境科学系我的诸位同事们，多年来我们围绕河口带环境科学问题进行了多次有益探讨，特别是 Mead Allison、Brent McKee、George Flowers 和 Franco Marcantonio。感谢 Mike Dagg 在路易斯安那大学海事协会的旅途中的启发性交谈。感谢 Michel Meybeck（巴黎第六大学）、Sid Mitra（纽约州立大学宾汉顿分校）、Scott Nixon（罗德岛大学）和 Hans Paerl（北卡罗来纳大学）等为某些章节提供了有价值的参考文献。感谢我以前的研究生导师 Jeffrey S. Levinton 和 Robert G. Wetzel，他们为我解决成书过程中出现的各种问题提供了无价的建议和帮助。

特别感谢 Charlie Dillon，是他整理了全书的表格，并在获得插图许可过程中进行了大量沟通。这项工作的前期还得到了 Jeremy Williams 的帮助。感谢 Cathy B. Smith 对书中的一些插图进行了高质量的重新绘制。所有图书馆内的文献调研都是在路易斯安那大学海事协会进行的，因此我非常感谢图书管理员 John Conover 和 Shanna Duhon 在整个过程中的热心帮助。特别感谢 Michael Guilbe 帮助设计了本书的封面。

感谢我的家人 Jo Ann、Christopher 和 Grandmaster Chester 的耐心和支持，感谢我的父母多年来不断的鼓励。最后，我要感谢 Kyle More 对一个处于关键年龄段、需要得到引导的初学者的鼓励。

# 目　次



## 第一篇　河口物理动力学



## 第二篇　河口水化学

## 第三篇　河口沉积特性



## 第四篇　有机物的来源与转化



## 第五篇　生源要素和痕量金属的循环

## 第七篇　河口的全球影响

# 第一章　河口科学与生物地球化学循环

## 第一节　河口的重要性

河口是位于陆地和海洋之间的一个半封闭性的水体，在这里，海水明显地被流入的淡水所稀释（Hobbie, 2000）。“estuary”一词来自拉丁语“aestuarium”，意指沼泽或通道（Merriam - Webster, 1979）。这些动态生态系统具有世界上最高的生物多样性及生物量。河口区域不仅直接提供河口种的经济鱼类和贝类这些重要资源，而且为重要的陆架经济种类生物提供隐蔽处及食物，这些陆架经济品种的幼体阶段是在河口湿地度过的。例如在墨西哥北部鱼类及贝类的产量很高，这与密西西比河及阿查法拉亚河淡水的注入以及与之密切相联系的河口湿地具有很大的关系（Chesney and Baltz, 2001）。在这一地区的商业捕捞通常可带来7.69亿千克、价值达5.75亿美元的海产品。世界上许多近海系统中的渔业生产与经由河流和河口而产生的近岸营养盐的增加呈正相关关系（Nixon et al., 1986; Caddy, 1993; Houde and Rutherford, 1993）。河口中物理过程和生物地球化学作用在多种空间尺度上是耦合的（图1.1; Geyer et al., 2000）。河口环流、河流及地下水的注入、潮汐作用、再悬浮过程及与邻近湿地系统的交换（Leonard and Luther, 1995）都是重要的物理变量，其在一定程度上控制着河口生物地球化学循环。

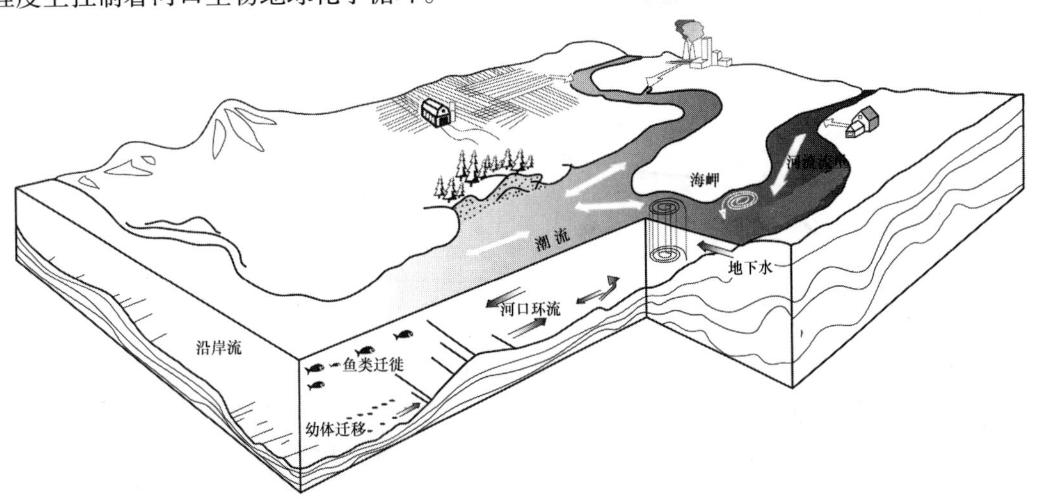


图1.1　河口中物理过程（如潮流、河流注入及地下水）与生物过程（如鱼类迁徙、幼体迁移）之间的重要联系示意（Geyer et al., 2000）

# 第二节　河口科学概述

由于世界上不同区域的河口之间及河口内部性质差别很大，因此对河口的定义存在很大争议。有许多研究者尝试提出一种全面的、能够被普遍接受的河口定义。Pritchard（1967，第1页）基于盐度首先提出的河口定义为“一个半封闭性的近岸水体，它可自由地与开放的海洋相连接，在它之内，海水可以被陆地排出的淡水所稀释”。在Pritchard（1967）河口定义的基础上，Dalrymple等（1992）考虑了更多的物理及地貌过程，提出了一个全面的河口概念图（图1.2）。在这个示意图中我们可以看到，河口盐度范围很广（0.1～32），波浪过程控制着河口口门处，河口中部主要是潮汐过程，河流或河流冲刷过程则发生在河口上部。每个区域物理作用力的相对重要性随季节而变化（如近岸波浪能量与河流径流），并且最终决定了河口水体和沉积物的混合动力学。最近，Perillo（1995，第4页）提出了一个更加广泛的河口定义，即“向陆延伸到受潮水影响上限的半封闭的近岸水体，在这里，通过一个或几个与开阔海洋自由连接的通道而注入的海水或者任何其他近岸的咸水被来自陆地的淡水所稀释，并可支撑广盐物种在此度过其部分或整个生命周期”。本书以这一定义为基础。其他一些研究表明，应用地貌分类方法在确定北美不同地区河口的典型特征方面是十分有用的，如西海岸（Emmett et al.，2000）、东北海岸（Roman et al.，2000）及大西洋东南海岸（Dame et al.，2000）。关于河口的起源及地貌的复杂性详见第二章。

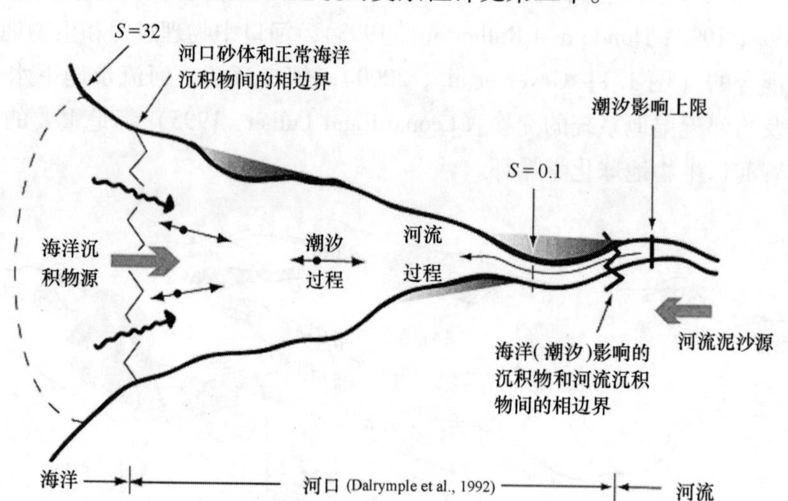


图1.2　典型河口区划将河口分为上部、中部及口门区，河口上部主要受河流过程控制，在河口中部及口门区波浪及潮汐过程为主要的物理作用力。贯穿河口的物理作用力的强度和来源不同导致形成不同的沉积相（Dalrymple et al.，1992）

从本质上讲，河口科学领域从最早提出（20世纪五六十年代）到现在经历了身份危机，在大量的文献中有很多关于河口的模糊不清的定义都反映了这一点（Elliot and McLusky，2002）。导致这种“身份危机”的部分原因是由于人们通常使用一些习语（如bay，sound，harbor，bight）代替了“estuary”。“河口”一词通常被作为“海洋学”和“湖沼学”领域的独特边界环境，其并不引人注目，这也在一定程度上阻碍了“河口科学”作为一门独立学科的发展。事实上，由于河口独特的复杂性及动态特性，近些年来有关在更广的分类尺度上采用“综合方法”来阐释河口的呼声很高（Hobbie，2000）。这种综合方法将能更好地描述与物理变化相关的河口生态系统的变化，能提供更多的生物与环境参数之间的统计学和数学上的关联。也有建议指出，可以运用数学模型将一个单一体系或区域中的过程描述与相互关系的确定以及其他多个相互关联的过程结合起来。为了应对海岸带管理中立法、行政管理及社会经济方面日益增长的需求，亟待改进河口的分类，并使得河口科学中的术语较现在更为清晰明确（Elliot and McLusky，2002）。幸运的是，这些变化在澳大利亚和欧洲的分类体系中已经开始出现，如“澳大利亚环境指示物：河口与海洋”（Ward et al.，1998）及“欧盟水框架指导”（European Union，2000）。

## 第三节　人类对河口的影响和管理问题

最近的估计显示，61%的世界人口居住在沿海地区（Alongi，1998）。人口的变化已经对整个河口的生物地球化学循环产生了不利影响。营养盐的增加可能是世界河口面临的最普遍的问题（Howarth et al.，2000，2002）。例如，环绕整个美国海岸线的44个河口被确认为营养盐过度增加（图1.3；Bricker et al.，1990）。从更宽广的视角看，Hobbie（2000）最近对美国国家研究委员会一份早期的关于人口增长对河口影响的报告进行了概括，其要点如下：（1）河流及河口营养盐尤其是氮的增加导致有害藻华的发生和水体溶解氧的降低；（2）滨海湿地和其他潮间带生境被疏浚和填海活动严重破坏；（3）流域水文变化、调水及河流筑坝改变了向河口输送的淡水量、时间分配模式和泥沙的数量；（4）许多经济鱼类和贝类资源被过度开发；（5）粗放型增长和工业化导致河口沉积物及水体中高浓度的有机污染物［多环芳烃（PAHs）和多氯联苯（PCBs）］和无机污染物（重金属）；（6）外来种导致生境的改变、本地物种的损失以及重要经济种类的减少。模型预测表明，到2050年将有85亿人口居住在入海河流流域（exoreic watersheds），这将比1990年的数字增加70%多（Kroeze and Seitzinger，1998）。

对生物地球化学过程及物理过程在调节河口化学和生物学中作用的理解是评估复杂的管理问题的基础（Bianchi et al.，1999a；Hobbie，2000）。生物地球化学将控制沉积物、营养盐、有机物以及痕量金属和有机污染物归宿的过程联系在一起。因此，这门学科要求用一种综合的观点审视与物质输入、迁移、积累和输出密切相关的河口动力学，其在很大程度上控制着河口水域的初级生产。现场初级生产的新陈代谢和被搬运而来的有机物的利用也与河口次级生产的模式及渔业产量紧密相关。由于人类活动改变了流域和河口地区景观，因此我们识别反映这些系统中生物地球化学变化的生物和非生物信号的能力是至关重要的，这将决定我们如何去管理这些独特的近岸生态系统。尽管对如何有效地管理这些多样的系统依然存在截然不同的观点，但是有一点十分清楚，即一种综合的观点（如前所述，Hobbie，2000）将会产生一种更全面的管理方法。

幸运的是，我们在一些河口开始检测到水质有了可观的改善，这归功于科学地减少营养盐的排放及广泛长期的监测研究。美国马里兰州的帕塔克森特河就是一个例子，其作为输入切萨皮克湾的一条支流，在过去的40年里（1960—2000）受污水排放及非点源输入的影响，曾经历了严重的富营养化（D'Elia et al.，2003）。

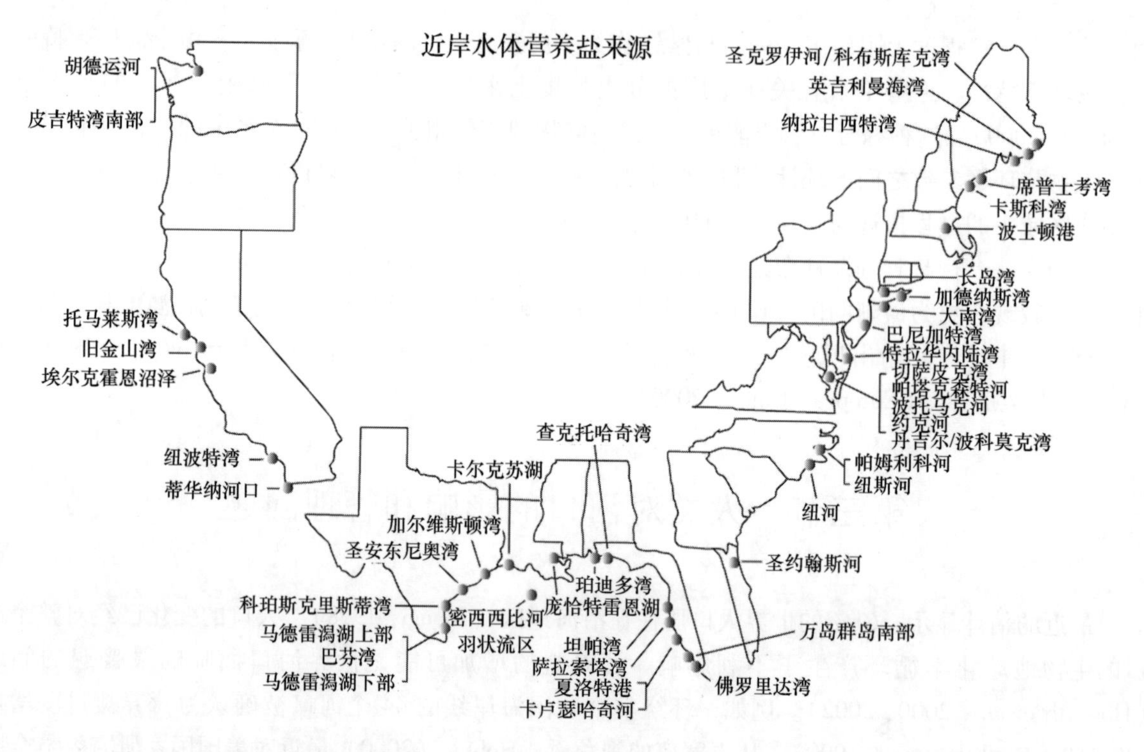


图 1.3　沿美国海岸线分布的被确认为营养盐过度增加的 44 个河口（Bricker et al.，1999）

20 世纪 70 年代末，科学家开始建立与本地区政策制定者及当地和全国资助机构的对话，这使得精心设计的监测计划有了稳定的资金支持。实际上，这些研究的结果成为美国首个有记载的河口流域的营养盐控制标准。而且有初步迹象表明，研究提出的清除氮的对策已经在改善帕塔克森特河河口的水质中取得成功（D'Elia et al.，2003）。这进一步证明了长期和科学的监测项目可以为提出河口环境问题的补救对策提供有效依据（D'Elia et al.，1992）。然而应当指出的是，要使人们普遍接受大切萨皮克湾系统营养盐过度增加并且需要控制营养盐的输入负荷，当地的科学家仍然面临着长期的艰巨任务（Malone et al.，1993）。令人高兴的是，在世界其他地区如波罗的海，也出现了通过降低营养盐输入负荷而使得水质改善的例子（Elmgren and Larsson，2001）。取得河口管理项目成功的一般要素可以总结为：关键的人物、领导机构、体制结构、长期的科学数据、居住在流域中的公众对问题的理解和在生态系统水平考虑问题（Boesch et al.，2000；Boesch，2002）。

应用生态和经济整合模型的新方法为河口适应性管理提供了新的工具（Constanza and Voinov，2000），如帕塔克森特景观模型（Patuxent Landscape Model，PLM）就是基于区域社会经济的变化对物理和生物变化进行分析的有效工具。这种自适应方法允许通过改变模型随时间的分辨率而不断优化模型，在科学家和政策制定者们“建立共识”的过程中不断改变和发展模型。PLM 模型在处理流域土地利用的变化及这些变化如何控制水文流量和营养盐最终输入帕塔克森特河河口方面是非常有效的（Costanza and Voinov，2000）。像 PLM 这样的应用于河口的通用生态模型（GEMs）是从早先应用于滨海生态景观空间模拟（Coastal Ecosystem Landscape Spatial Simulation，CELSS）模型和诸如佛罗里达大沼泽这样的湿地系统而逐步发展起来的。

# 第四节 河口生物地球化学循环

综合性的“生物地球化学”研究领域的形成最早源于有机地球化学研究，后者将生物体及其分子的生物化学最早用于阐释沉积有机物的来源（Abelson and Hoering，1960；Eglinton and Calvin，1967）。生物地球化学循环涉及生物、化学及地质过程的相互作用，其决定了生态系统中不同贮库元素的源、汇及通量。本书主要应用这一基本的箱式模型解析河口系统元素的循环。因此，在了解如何在一个生物地球化学箱式模型（图1.4）中通过通量与贮库的互动来进行化学收支计算前，我们需要首先定义一些基本的术语。例如，储库是由物理、化学和生物特性确定的物质的数量（$M$），在箱式模型中，定量贮库中物质的单位通常为质量或摩尔。通量（$F$）被定义为一段特定时间内物质由一个贮库转移到另一个贮库的量（质量/时间或质量/面积/时间）。源（$S_i$）被定义为物质输入贮库的量，而汇（$S_o$）则为物质输出贮库的量（大多数情况下其与贮库的大小成比例）。更新时间是指贮库中所有物质移出或者元素在贮库中逗留的平均时间。而收支从根本上讲则是对贮库中所有与物质周转有关的源和汇进行“核算和平衡”。例如，如果源和汇相同且不随时间变化，则这个贮库被认为是稳态的。循环一词是指当存在两个或多个相关的贮库时物质在整个系统内的循环，其一般具有可预测的循环流动模式。

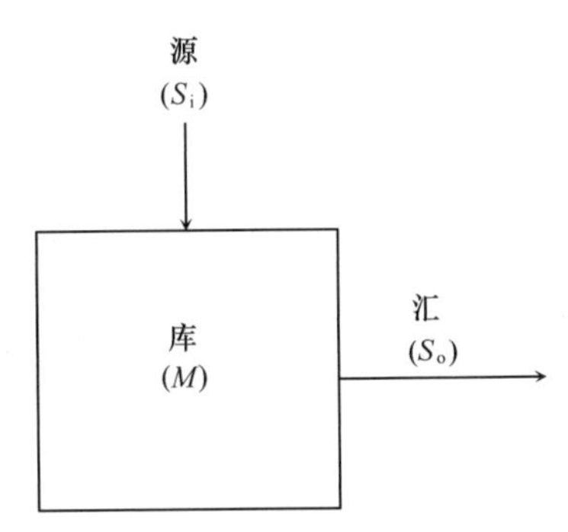


图1.4 用于生物地球化学循环研究的箱式模型示意图，图中显示了储库（$M$）、汇（$S_o$）和源（$S_i$）

生物地球化学循环的空间和时间尺度差别很大，这取决于所要考虑的贮库。对河口而言，大多数生物地球化学循环是基于区域尺度而非全球尺度。然而，随着对河口生源气体（如$CO_2$、$CH_4$、$N_2O$）大气通量及对全球收支影响重要性认识的不断提高（Seitzinger，2000；Frankignoulle and Middelburg，2002），一些收支计算需要同时考虑区域和全球尺度。

## 本章小结

1. 河口中物理过程和生物地球化学作用在多种空间尺度上是耦合的。影响河口生物地球化学循环的主要物理因素包括河口环流、河流及地下水的注入、潮汐作用、与邻近湿地系统的交换以及再悬浮过程。

2. 根据Perillo（1995，第4页）的定义，河口是“向陆延伸到受潮水影响上限的半封闭的近岸水体，在这里，通过一个或几个与开阔海洋自由连接的通道而注入的海水或者任何其他近岸的咸水被来自陆地的淡水所稀释，并可支撑广盐物种在此度过其部分或整个生命周期”。

3. 为了应对海岸带管理中立法、行政管理及社会经济方面日益增长的需求，亟待完善河口的分类方法，并使得河口科学中的术语较现在更为清晰明确。

4. 约61%的世界人口居住或围绕在河口流域（Alongi，1998）。人口的变化已经对整个河口的生物地球化学循环产生了不利影响，其中营养盐的增加是最普遍的全球性问题。

5. 最近世界上已经有一些削减河口系统营养盐的项目获得成功。取得河口管理项目成功的一般要素可以总结为：有关键的人物、领导机构、体制结构、长期的科学数据、居住在流域中的公众对问题的理解和在生态系统水平考虑问题。

6. 在河口管理中，应用GEMs的新方法可通过改变模型随时间的分辨率而不断优化模型，在科学家和政策制定者们“建立共识”的过程中不断改变和发展模型。

7. 生物地球化学研究中通常应用箱式模型，这个模型包含生物、化学和地质过程的相互作用，这些过程决定了整个生态系统不同贮库中元素的源、汇和通量。

# 第一篇　河口物理动力学

# 第二章　河口的成因和地貌学

## 第一节　年代、形成及分类

从地质上来说，河口是海岸的一种短暂形态。在海平面没有变化的情况下，大部分河口在形成之后就开始堆积沉积物，其寿命仅有几千到几万年（Emery and Uchupi，1972；Schubel，1972；Schubel and Hirschberg，1978）。河口作为地质记录的一部分已经至少有 2 亿年的历史（Williams，1960；Clauzon，1973），然而现代河口却仅仅是过去 5000 年至 6000 年间的产物，即形成于全新世中期到晚期的稳定的间冰期（距今 0 ~ 1 万年），这一时期是在更新世结束之后，期间发生了海平面的剧烈上升（距今 1 万 ~ 180 万年，Nichols and Biggs，1985）。一般认为，更新世发生了四次冰期 – 间冰期旋回。研究表明，海平面从阿夫顿（Aftonian）间冰期时的海平面以上 80 m 的最高值降低到距今约 15000 ~ 18000 年前的威斯康星（Wisconsin）冰期时的海平面以下 100 m（图 2. 1；Fairbridge，1961）。这一最低海平面状态被称为低位，通常可根据是否露出沿着大陆边缘的最古老的淹没海岸线来判定（Davis，1985，1996）；相反地，最高海平面状态被称为高位。一般认为低点深度在现今海平面以下 130 ~ 150 m 之间，之后直到距今 6000 ~ 7000 年前，海平面一直以相当稳定的速度上升（Belknap and Kraft，1977）。这一时期海平面以约 10 mm/a 的速度上升，导致许多沿海平原被海水淹没，岸线发生变化。海平面随时间上升（海侵）及下降（海退）的现象被称为海面升降（Suess，1906）。当研究一条简化的海平面曲线时（图 2. 2），我们发现全新世期间的变化速率可以很好地代表墨西哥湾及大部分的美国大西洋海岸的情况（Curray，1965）。尽管世界上对于当前海平面变化的控制因素尚存在较大争议，但我们一般可以确定，构造条件、区域沉降（地陷）速率及区域气候变化对于这一变化起了主要作用。当考虑到这些区域差异时，海平面变化速率被称为相对海平面（relative sea level，RSL）上升或下降。例如，美国太平洋沿岸海平面的升高或降低是由于沿地壳板块碰撞带隆起的构造条件变化所致（图 2. 3）。在美国大西洋沿岸，我们一般总会看到海平面上升；然而在北部区域，由于地壳均衡回弹（isostatic rebound），海平面上升明显地要缓慢，这种情况在世界上许多北部海岸线均有发生（如斯堪的纳维亚半岛）。

实际上，在一些区域均衡回弹能导致相对海平面下降。在全球尺度上，过去的一个世纪里海平面已经上升了 12 ~ 15 cm（Emery and Aubrey，1991）；这主要归因于全球温度升高导致的海水热膨胀（Milliman and Haq，1996）。联合国政府间气候变化专门委员会（Intergovernmental Panel on Climate Change，IPCC）预测从 1990 年到 2100 年海平面将会上升 48 cm，变化范围为 9 ~ 88 cm（Church et al.，2001）。由于具有较高的地面下沉速率，靠近密西西比河口的墨西哥湾沿岸（路易斯安纳海岸）成为美国平均海平面上升最快的地区（约 9. 0 mm/a）（Turner，1991）。在一些地区，沉降速率可能高达 10. 4 ~ 11. 9 mm/a（Penland and Ramsey，1990）。陆上密西西比三角洲相对海平

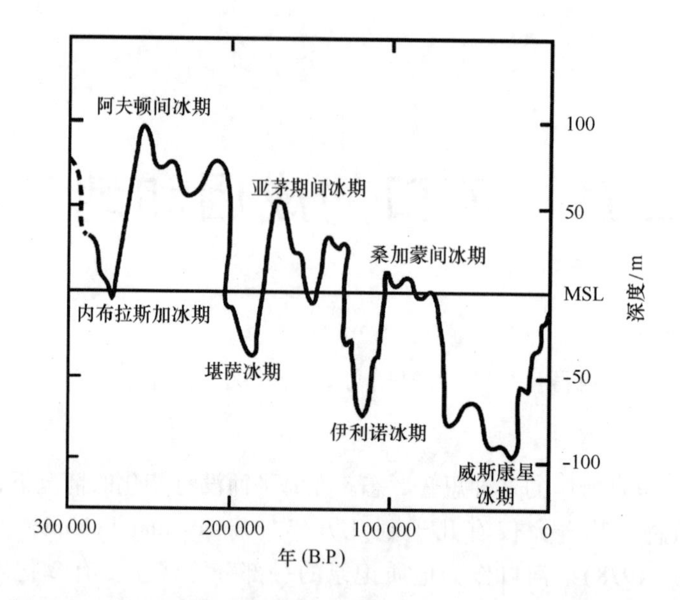


图 2.1　更新世时不同间冰期平均海平面变化（Fairbridgw, 1961）

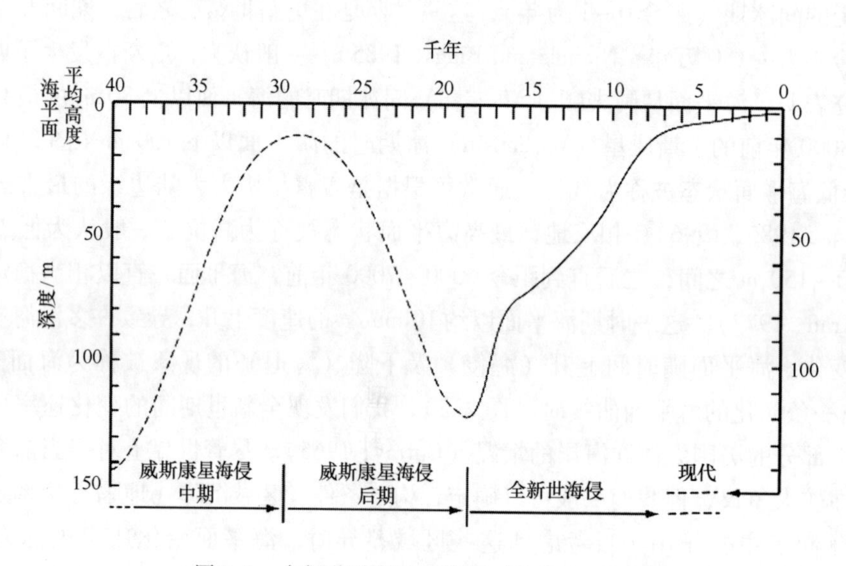


图 2.2　全新世时海平面曲线（Currary, 1965）

面很小的变化就有可能造成巨大的和不可逆的海岸线发生位移的后果。影响墨西哥湾北部这个区域相对海平面的因素包括海面升降变化、区域地面沉降和压实、淡水径流、海水密度变化及持续的风（Milliman and Haq, 1996；Wells, 1996）。最近一项基于对过去 3 000 年变化情况的回归分析表明，密西西比三角洲东部相对海平面的变化速率估计为 5.0 ~ 6.0 mm/a（Törnquist et al., 1996；Törnqvist and Gonzalez, 2002）。

从地貌学的视角看，在 19 世纪后期河口并未作为独立单元从河流中分离出来（Perillo, 1995）。早期的河口科学开始形成于 20 世纪 40 年代末至 50 年代，其标志是一系列聚焦于河口物理混合控制因素研究的代表性论文的发表（Kuelegan, 1949；Pritchard, 1952；Stommel, 1953；Stommel and Farmer, 1953）。河口地形学（形态学）变化很大，且对河口物理混合过程有重要影响。Pritchard

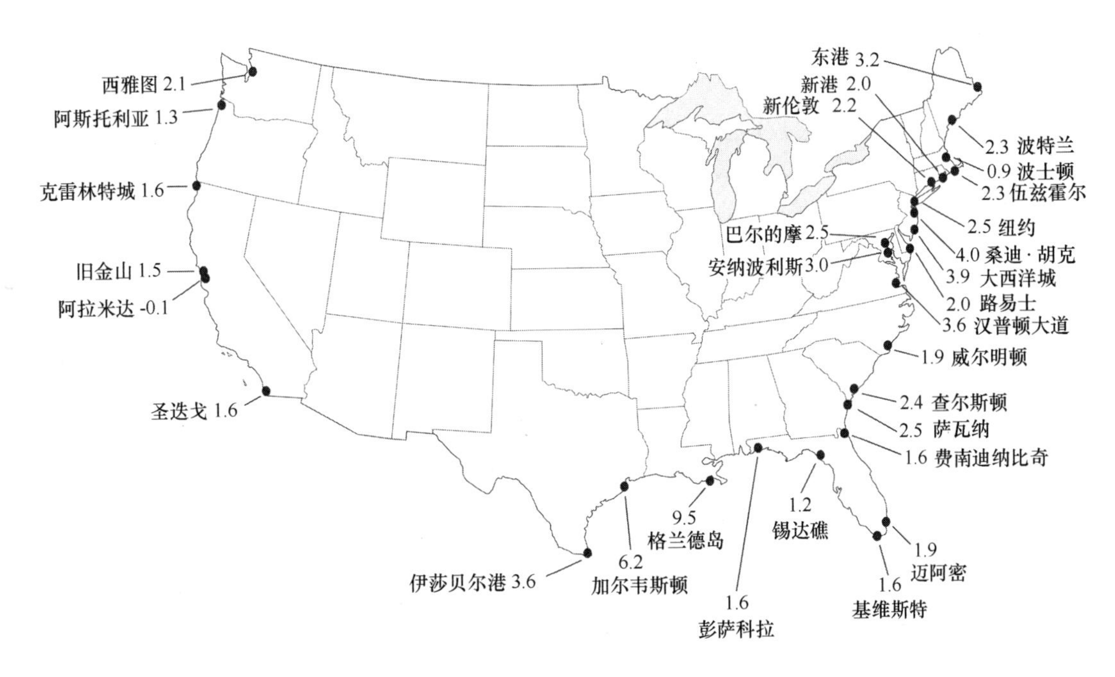


图 2.3 美国沿岸相对海平面上升与下降速率（mm/a）
（National Academy of Sciences, Washington, DC, 1987）

（1952）首次介绍了河口的地形学分类。在随后的一篇文章中，基于淡咸水的对流通量及海水的扩散通量的相对重要性，Pritchard（1955）发展和修正了他的河口分类系统。需要强调的是，Pritchard 的分类是一个短时间尺度的动力分类方案，因为河口类型可以随着季节循环（如淡水输入）、几天（如冬季冷锋或热带扰动）甚至每天潮汐循环（如密西西比河三角洲）的变化而变化（Schroeder and Wiseman, 1999）。Fairbridge（1980）提出了一个由以下七种基本地理类型组成的分类系统：海岸平原型（水淹河谷型）、障壁坝型、三角洲型、盲谷型、溺谷湾型、构造型和峡湾型（图 2.4）。这些类型的建立是基于研究区域的总体地势及环流被限制在河口附近的程度。尽管每个河口的地貌特征在某种程度上倾向于在一定时期内保持“稳定”，但这并不是一种静态的而是动态的特征，实际上这种特征始终在进行调整以保持和地球物理过程的平衡（Schroeder and Wiseman, 1999）。这种变化既可以是短期事件的函数（如沉积物供给、淡水输入和风速的季节性变化，主要风暴事件年际间的再现），也可以受长期过程的影响（如年代际或更长时间的气候变化，长期海平面变化）。

Fairbridge（1980）及其他一些研究者以前提出的河口形态学分类大多没有将河口形成之前的结构和地势结合起来（Perillo, 1995）。最近的一种改进的分类方法更好地考虑了河口系统的多样性（图 2.5；Perillo, 1995）。由于考虑了河口形成前的最初结构，这种方法也提供了一种基于岸线分类的初级河口与次级河口之间的基本联系（Shepard, 1973），本书将采用这种形态分类系统。基于水环流模式的河口分类系统将在第三章讨论。下面对 Perillo（1995；图 2.5）提出的这些河口类型的要点做简要介绍，有关各系统更多的细节将在本章的后半部分说明。尽管其他的地形学分类方法或许在描绘河口中某些形态的联系方面更加有效（Nicholls & Biggs, 1985），但总的来说，我感到 Perillo（1985）的地形学分类方法对本书的内容更为合适。

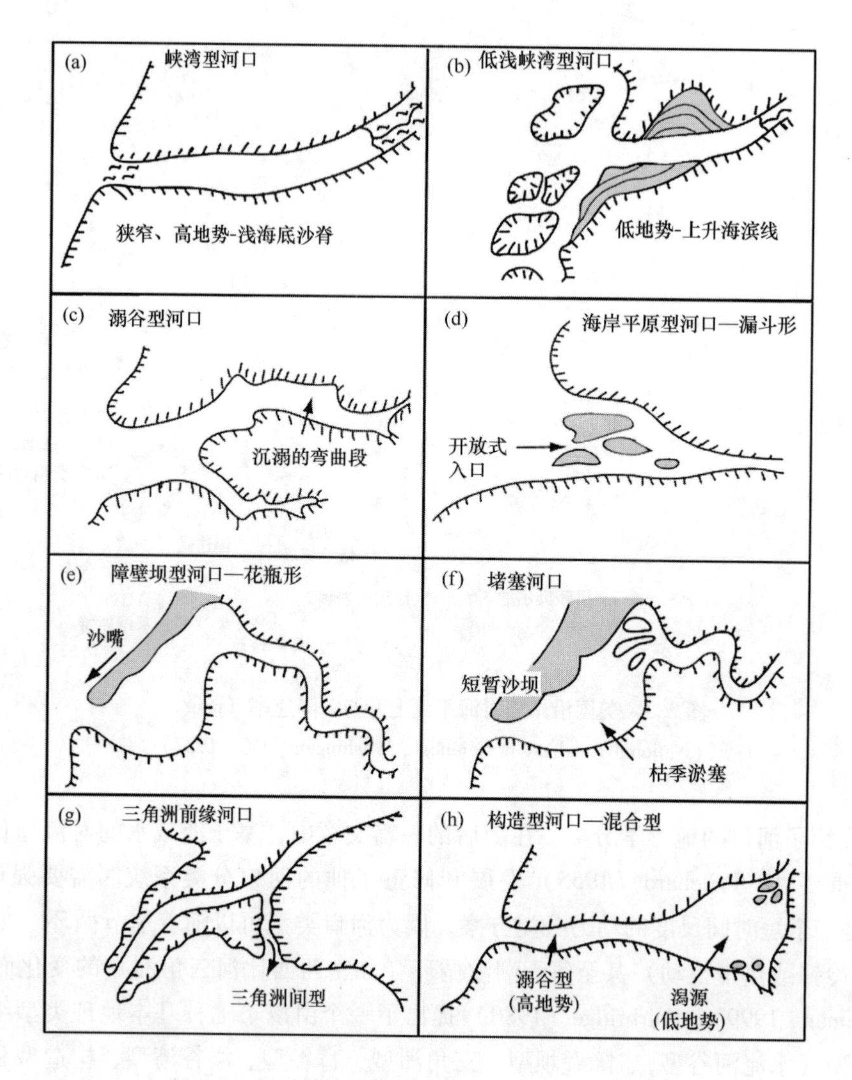


图 2.4 基于地貌学的河口分类（Fairbridge，1980）

初级河口形成自陆地或构造过程，来自海洋的改造很小，因此这些系统很好地保持了其最初的特征。初级河口分为早期河流峡谷型、早期冰河峡谷型、河流主导型及构造型河口四种类型，其定义和代表性亚类如下。

1. 早期河流峡谷型河口形成于更新世－全新世最后一个冰后期①海进期间，由河谷洪水泛滥所致。两个亚类为：（a）海岸平原型河口，发育于低地势海岸，因高速沉积和对河谷的大量充填形成；（b）溺谷型河口，形成于高地势区域（有山脉和悬崖）。

2. 早期冰河峡谷型河口是由更新世冰川峡谷形成于更新世最后一个冰后期海进期间②，由冰川峡谷洪水泛滥所致。两个亚类为：（a）峡湾型河口是高地势系统，形成自冰河冲刷作用；（b）低浅峡湾型河口是低地势系统，也形成自冰河冲刷作用。

① 原著系“间冰期”，译者根据原始文献（Perillo，1995）更正为“冰后期”。——译者注

② 原著系“早期冰河峡谷型河口是由更新世—全新世冰川峡谷形成于更新世最后一个间冰期海进期间”，译者根据原始文献（Perillo，1995）进行了更正。——译者注

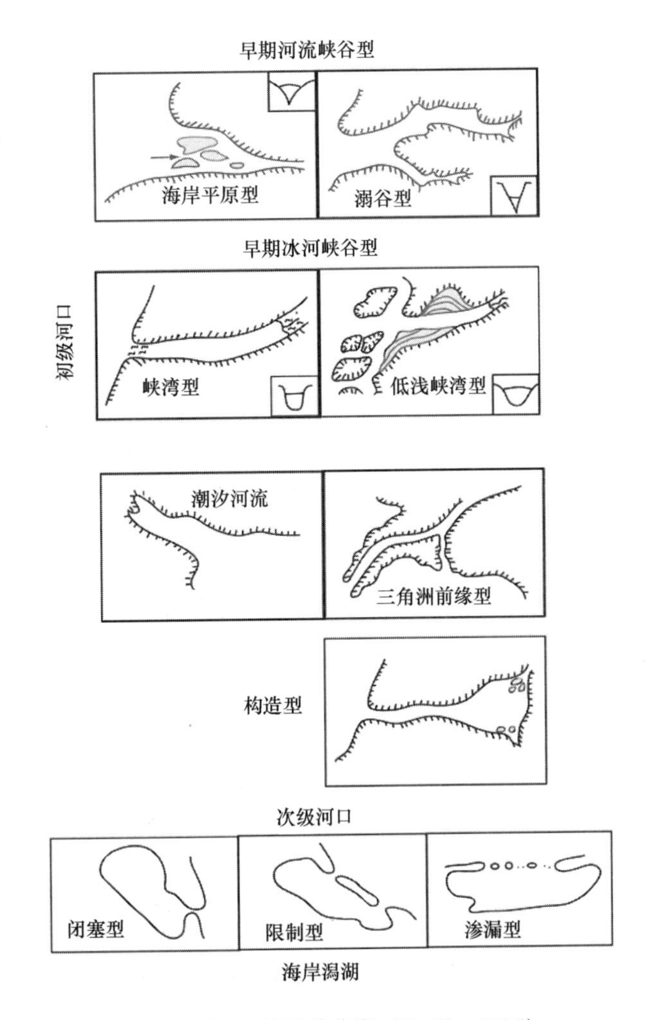


图 2.5　河口的地貌分类（Perillo，1995）

3. 河流主导型河口形成于高流量河流区域，该区域河谷现在未被海水淹没。两个亚类为：(a) 感潮河道河口，通常存在于受潮汐活动影响的大河系统，在口门处通常没有发育良好的盐度锋面；(b) 三角洲前缘河口，存在于受到潮汐或盐水入侵影响的三角洲部分。

4. 构造型河口形成于更新世以来的新构造过程（在第四纪时期，即距今 180 万年），如断裂活动、火山活动、冰后期回弹及地壳均衡。

从海平面达到当前水平时开始，次级河口就一直更多地被海洋过程而非河流过程改造。沿岸潟湖是平行于海岸延伸的内陆水体，其由离岸沙洲与海洋隔离开来，仅仅由几个小的通道与海洋相通。潟湖主要分为以下几个亚类：(a) 仅有一条狭长通道的闭塞型潟湖；(b) 很少几个通道或者一个宽口的限制型潟湖；(c) 具有很多被小的离岸沙洲分隔开的通道的渗漏型潟湖。

正如第一章所述，由于河口具有高度多样的特征，所以对于如何更好地对河口系统进行分类存在相当大的争议。因此，尽管前面提到的定义中涉及的细节看起来可能乏味且专业性很强，但在本书讨论生物地球化学循环的核心内容之前建立这样一个基于地貌差异的分类框架是非常重要的。而且，由于世界范围内涉及河口的立法及社会经济事务持续增加，也迫切需要建立一套统一的河口定义，而所有这一切又都要求确定一套公认的术语（Elliott and McLusky，2002）。

## 第二节　不同类型河口的分布和沉积过程

### 一、海岸平原型河口

海岸平原型河口发育于低地势海岸，是早期河流峡谷型河口的一个亚型，是世界上研究最充分的一类河口（图2.5；Perillo，1995）。世界上研究海岸平原型河口沉积动力学的几个典型例子为：美国的切萨皮克湾（Nichols，1974；Biggs and Howell，1984）、特拉华湾（Schubel and Meade，1977；Kraft et al.，1979）、英国泰晤士河口（Langhorne，1977）及中国长江口（McKee et al.，2004）。全球海岸平原的面积大约为$5.7 \times 10^6$ $km^2$（Colquhoun，1968），这些由松散沉积物形成的低地势区域，在大多数情况下都有一条或多条河流穿过。海岸平原沉积要么是随河流输入而来的源自高山地区的沉积物，要么是海进时期来自海洋的沉积（Bokuniewicz，1995）。如前所述，距今大约17000年—6000年前这些河口海岸平原被海洋淹没。从那时起，海平面保持相对稳定，控制沉积动力学的主要是河口上部的水动力和口门附近的潮汐以及沉积物输送过程。海平面上升也导致中心河口周围的流域系统被淹没，从而产生了像切萨皮克湾那样的复杂的河口分支模式，这也可能是世界上研究最充分的一个河口（图2.6）。来自海洋、河流、岸线侵蚀、生物和风沙过程的河口沉积物的分布主要受河口的水动力和地貌控制（详见第六章）。悬移质主要由黏土和粉砂组成，其分布主要受湍流控制；与之相反，粗颗粒沉积物（砂、砾和一些完整的贝壳）的分布受推移质输送控制，其涉及到沿着海床的跳跃式移动过程。因此，正是从河口上部到口门处的河口内部能量梯度的差异（如风、潮汐和波浪）控制着沉积相的组成（Hart，1995）。例如，对曲折的美国奥吉奇河/奥萨博海峡河口的研究发现，细颗粒沉积物在低能量的区域占优势（2号、3号、4号站），这与在高能量的点砂坝（point bars，又称曲流沙坝）（5号站）及口门（1号站）具有更高丰度的粗颗粒沉积物的情形恰好相反（图2.7；Howard et al.，1975）。在河口三个基本区域（河口上部、中部及口门处）存在的这种不同的沉积相分布模式在低地势海岸平原型河口系统中是很典型的；不过值得一提的是，这种分布模式也存在于其他类型的河口。在河口上部沉积作用以河流沉降占主导，在河口中心或中部由于生产力较高，沉积作用主要受生物过程影响（如粪便颗粒沉降和沉积物中的生物扰动），而在口门处则是高能量的海洋过程（波浪、沿岸搬运及潮汐能量）控制着沉积作用（图2.7）。沿岸搬运是控制这些河口口门附近粗颗粒沉积物分布的主要动力。第六章将详细讨论河口沉积相的输运和组成以及河口沉积物的层理（bedding，即原生成层构造）。

海岸平原型河口的地形主要源于它们的古河道，因此许多这类河口处于海平面稳定后泥沙充填的不同阶段。例如，从沉积物捕集的角度看，美国北大西洋海岸平原型河口相对更南部的海岸平原型河口来说处于较早的泥沙充填阶段（Meade，1969）；这些不同可部分归因于潮流强度、潮汐入口的大小、离岸沙洲及盐沼的存在所导致的沉积物近岸搬运的差异（Bokuniewicz，1995）。导致美国东北部河口地形多样性的另外一些因素则是其复杂的基岩地质及冰川史（Roman et al.，2000）。例如，由于相对于海平面上升更快的地壳回弹作用，位于波士顿南部的河口并没有像北方河口那样在距今14000年前经历冰期后海侵。美国东南部海岸的河口主要是分布在低流速海岸平原上更浅的障壁坝型河口（Dame et al.，2000）；由于地势较低，这些河口受到飓风和海平面上升的强烈影响。美

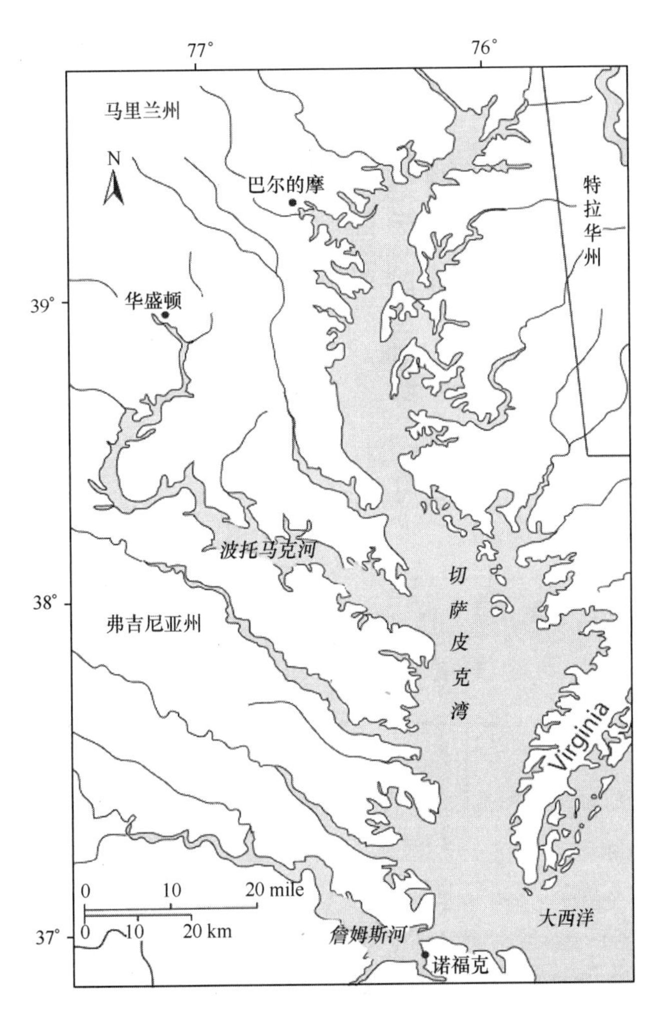


图 2.6 美国切萨皮克湾海岸平原型河口（Davis，1996）

mile 为非法定计量单位，1 mile = 1.609 km——编者注

国大西洋海岸东南部及墨西哥湾沿岸广泛存在的离岸沙洲也强烈影响着这些区域的海岸平原型河口动力学。类似地，潮汐侵蚀沿岸湿地的泥沙输入对这些河口系统丰富的细颗粒沉积物有重要贡献。河流源颗粒物进入河口后被湿地边缘捕集可能是细颗粒物储存的更加重要的机制。上述区域都是美国最广阔的海岸平原沼泽系统。

## 二、溺谷型河口

溺谷型河口（Rias）形成自早期河流峡谷，存在于高地势海岸（图 2.5；Perillo，1995）。许多得到充分研究的溺谷型河口位于西班牙伊比利亚半岛（Iberian Peninsula）（Castaning and Guilcher，1995）。其他地区的一些溺谷型河口的沉积动力学也得到了研究，包括英国的托河和托里奇河口（Steers，1964）、法国的罗讷河口（Clauzon，1973）、中国香港和澳门地区的溺谷河口（Li et al.，1991）。与此前介绍的海岸平原型河口类似，溺谷型河口也存在三个基本区域（头部、中心或中部和口门）的能量动力学问题，但特征与海岸平原型河口并不相同。这两类河口的最大差别是大部分溺谷型河口的淡水流量明显比海岸平原型河口低。不过，溺谷型河口保持了从口门到河口上部沉积

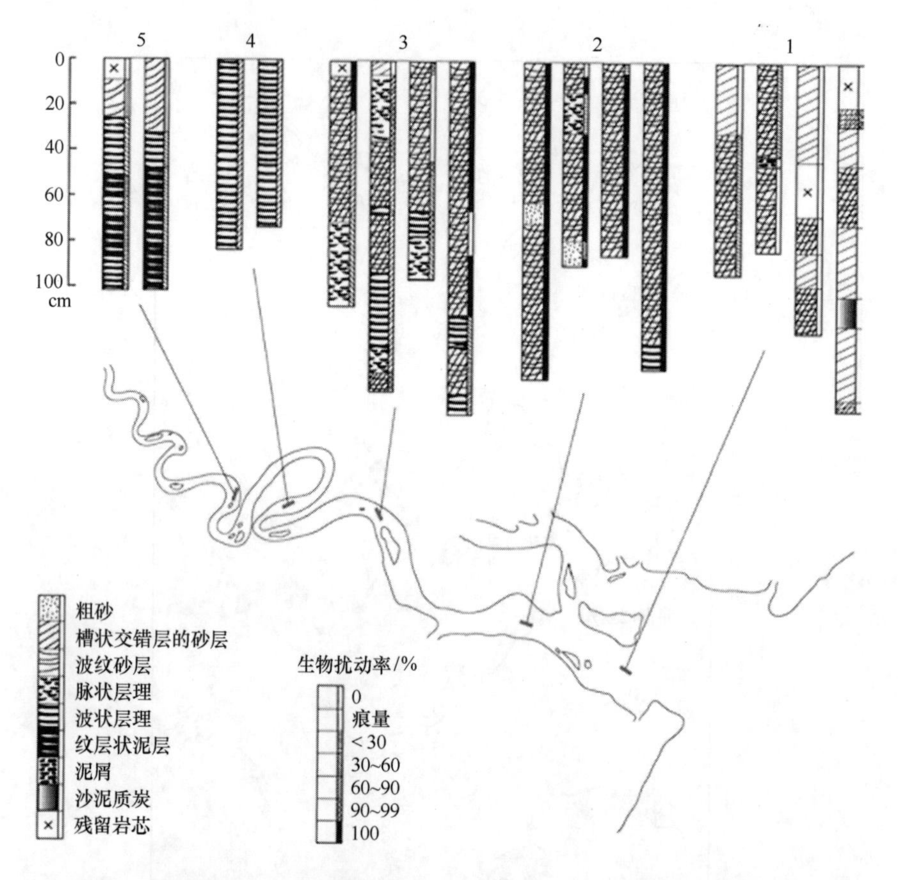


图 2.7　美国奥吉奇河/奥萨博海峡河口三个区域的沉积相。在低能量区域（2、3、4 号站）主要为细颗粒物质，而在高能量的点砂坝（5 号站）及口门（1 号站）则具有更高丰度的粗颗粒沉积物（Howard et al.，1975）

物颗粒细化的特点。尽管溺谷型河口的边缘也存在潮滩和沼泽，但同低地势的海岸平原体系相比，其潮间带生境的面积非常有限。而且，这些沼泽通常可分为“高”沼泽和“低”沼泽两类，高沼泽植被丰富，低沼泽没有草本植被。高沼泽只有在朔望大潮时（extreme spring tides）才能被淹没（Castaing and Guilcher，1995）。

## 三、峡湾型河口

峡湾型河口（Fjords）是第四纪海平面变化时，冰川冲刷形成的高地势区域（图 2.5；Perillo，1995）。低浅峡湾（Fjards）则是一种低浅的、存在于温带的峡湾型河口。世界上有关峡湾型河口沉积动力学研究的例子有：挪威的戈斯兴湾（Syvitski et al.，1987）、英国的斯特里文湾（Deegan et al.，1973）、美国的冰川湾（Powell，1990）、加拿大的马库维克湾（Barrie and Piper，1982）、新西兰的新西兰峡湾（Glasby，1978）及南极洲的福尼尔和马克斯韦尔湾（Griffith and Anderson，1989）。与此类似，也有越来越多的研究聚焦于较低地势的低浅峡湾沉积动力学研究（Embelton and King，1970；Bird and Schwartz，1985；Barry et al.，1977）。峡湾型河口是冰蚀系统，具有长、窄、深和两边陡峭的构造特点（Syvitski and Shaw，1995），是所有河口类型中最深的一种，通常存在于冰川侵蚀形成的“U”形峡谷。峡湾型河口中的沉积物主要来自冰川、基质、冰山漂流及吹到冰表面的沙和黄土（风生沙尘的沉积）（Syvitski and Shaw，1995）。峡湾型河口还有一个特点，即其在口门处存在一个或多个海底沙脊，这些海底沙脊源于基岩、冰碛及其他来源的混合冰碛石沉积（图2.8）。口门处的海底沙脊显著地削弱了河口与近岸水体之间的流通交换。这类河口具有水深的特点，加之由于地形特征而对水体的交换产生明显限制，从而使河口表层水体富氧而底层水体缺氧（详见第三章）。峡湾型河口的氧化还原条件取决于水交换的周期及有机物生产和分解对 $O_2$ 的消耗速率。业已证实，峡湾型河口底层水体低氧区的存在对微生物过程及沉积物中有机物的保存有明显影响（McKee and Skei，1999）。与其他更低地势的河口系统相比，海底沙脊的存在还减少了海洋沉积物的输入。许多峡湾型河口由于地壳均衡回弹（isostatic rebound）正发生着高速率的沉积过程。由于无机化合物的沉淀作用（如硫化物），底层水体的低氧现象也能影响沉积速率。

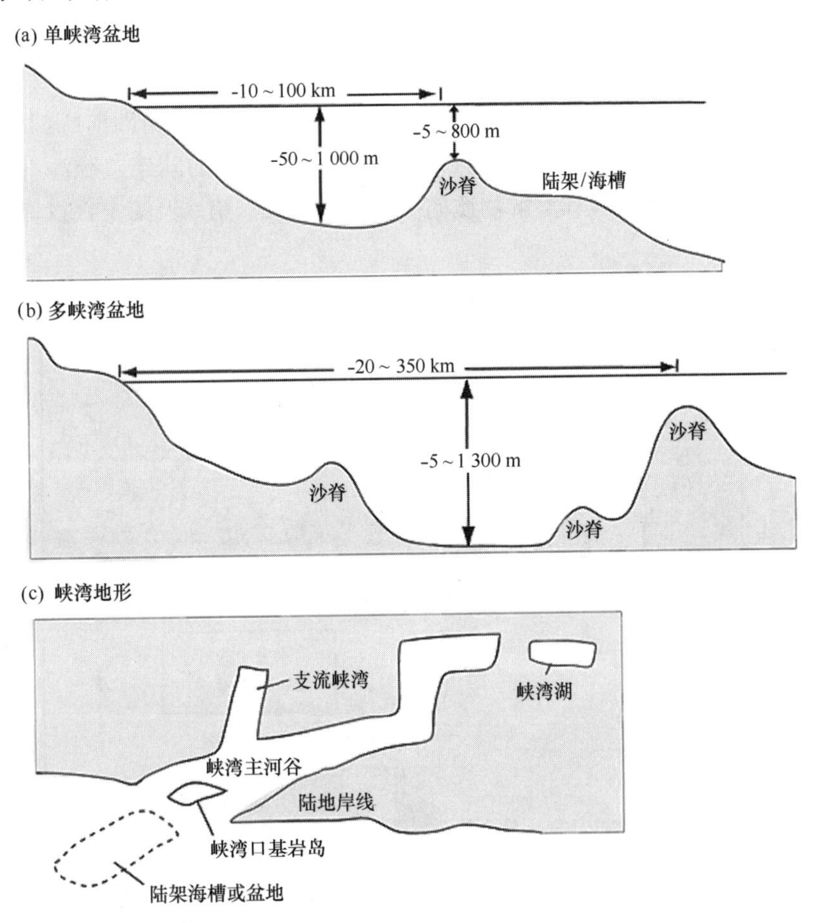


图 2.8　峡湾型河口示意图，各河口口门处都有一个或几个海底沙脊（Syvitski and Shaw，1995）

## 四、潮汐河口

潮汐河口（tidal river estuaries）（图 2.5）与大河系统联系在一起、受潮汐活动影响且在口门处通常存在未发育完全的盐度锋。然而有一点需要说明，就是如何区分潮汐河口与潮控河口（tidal-dominated estuaries），因为根据 Perillo（1995）基于地貌的分类方法，潮控河口并未单独分出。这两者之间的共同点为都有较大的潮差。近岸潮汐的基本类别是小潮（潮差 <2 m）、中潮（潮差在 2 ~

4 m之间）和大潮（潮差 >4 m）（Hayes，1975）。像法国的吉伦特（Gironde）河口，既是海岸平原型河口又是潮控河口，这使得河口系统分类更加令人迷惑不解。因此，在某些情况下，这些河口类型确实是有重叠的；为何未单独划分出潮控河口，Wells（1995）对其所涉及的理由和复杂性曾有详细讨论。一般而言，潮控河口是漏斗形的，河流携带的沉积物的输运主要受潮流控制（Wells，1995）。如吉伦特河口，开阔的口门对潮波起到加强作用，形成大的潮差和强烈的潮流，使沙波得以进行推移质形式的输送（图2.9）。一些进行过充分研究的潮控河口有加拿大的芬迪湾（Dalrymple et al.，1992）、法国的吉伦特河口（Ruch et al.，1993）、澳大利亚的奥德河口（Wright et al.，1975）和英国的塞汶河口（Harris and Collins，1985）。这些河口大多以具有潮下沙脊、沙波迁移、与之相邻的潮间带泥滩和湿地（沼泽和红树林）为特征。河道沙是潮控河口邻近中心及口门区的主要沉积相，而潮滩上较细的沉积物主要出现在漏斗的低能边缘区及窄而蜿蜒的河口上部（Nicholls et al.，1991）。这些迥然不同的沉积相反映了物理作用力、碳的输入、再矿化效率和埋藏的差异。例如，Aller（2001）应用六种沉积相描述了通常存在于潮汐河口和三角洲前缘河口的成岩子系统。按照McKee等（2004）最近的描述，这些河口分布在大河影响下的陆架边缘海（RiOMars）。有关这些环境中的过程、输运以及颗粒和溶解物质的交换将在第六、第八及第十六章详细讨论。

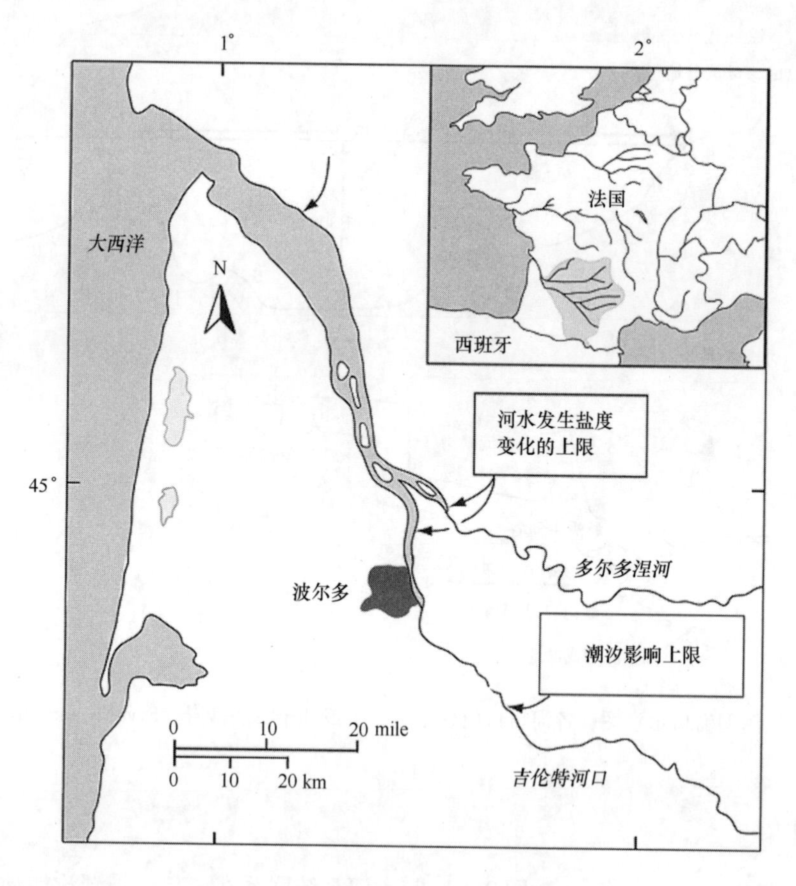


图2.9　法国吉伦特河口（Wells，1995）

潮汐河口本质上是潮控河口的一个特殊类型，它们具有相似的地形及沉积学特征，然而在与高流量河流的联系方面是截然不同的，潮控河口有大量海水进入口门，而潮汐河口则很少。两个潮汐河口的例子是亚马孙河下游（巴西）和拉普拉塔河（乌拉圭和阿根廷边境）（Wells，1995）。这两个潮汐河口都只有有限的、甚至根本没有海水进入口门，这是这些河口的一个典型特征。结果，通常在淡咸水交界处捕集的悬浮沉积物，在亚马孙河河口（Meade et al.，1985）和拉普拉塔河河口（Urien，1972）的口门向海一侧被排空，从而导致水下三角洲的形成。实际上，亚马孙陆架在过去的几年里受到广泛关注，一个典型的例子是“亚马孙陆架沉积物多学科研究”（A Multidisciplinary Amazon Shelf SEDdiment Study，AMASSEDS）（Nittrouer et al.，1991，1995；Trowbridge and Kineke，1994；Cacchione et al.，1995；Geyer and Beardsley，1995；Kineke et al.，1996）。高的潮差（口门处4～8 m）及大的河流流量的联合作用导致陆架上显著的混合沉积。实际上，据估计亚马孙河输入的泥沙约有一半沉积在陆架上（Kuehl et al.，1986；Nittrourer et al.，1986）。最高的沉积速率一般发生在陆架的顶积层（topset）和前积层（foreset）外缘（图2.10）。这种高能量的陆架环境使潮流边界层维持了高的悬浮物浓度，而浮泥（fluid muds）的存在则对陆架上发生的物理、化学及沉积学过程有显著影响（Kineke et al.，1996）。

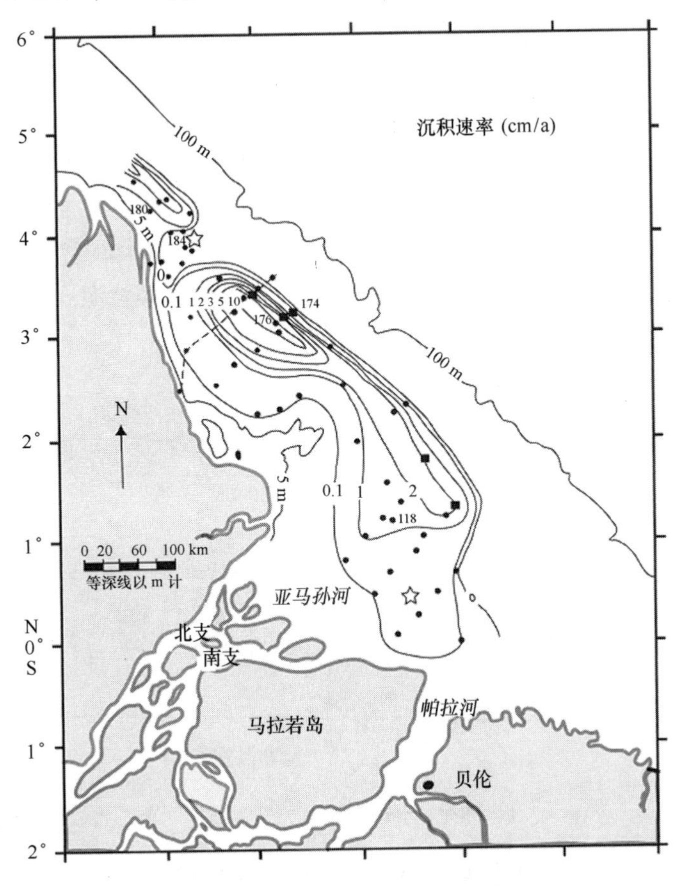


图2.10　亚马孙河陆架上的沉积速率（cm/a）（Kuehl et al.，1986）

## 五、三角洲前缘河口

三角洲前缘河口（Delta－front estuaries）存在于受潮流作用和（或）受盐水入侵影响的三角洲区域（图2.5；Perillo，1995）。三角洲（岸线突起）的形成源于河流输送的泥沙在近岸水体的积累速率超过了再分配过程（如波浪、沿岸流和潮流）导致的泥沙扩散速率。Wright（1977，第859页）给出了更为明确的三角洲定义："河流携带的沉积物在邻近其来源区域发生的近岸堆积形成的水下和陆上堆积体，包括经过波浪、海流及潮汐等海洋过程二次改造形成的沉积。"大陆边缘（主动的或被动的）的构造史对三角洲的发育具有十分重要的作用（Flliott，1978）。由于宽阔的流域或者接收盆地通常沿着低地势被动的陆架边缘形成，因此被动的或后缘（trailing - edge）陆架边缘比主动的或前缘（leading - edge）陆架边缘更有利于三角洲的形成。接收盆地的某些特征，如沉积坡折、下沉速率、大小和形状、潮汐动力（如大潮、小潮）对三角洲的推进产生强烈影响（Hart et al.，1992）。

三角洲一般可分为以下几个地形区域：冲积支流（alluvial feeders）、三角洲平原、三角洲前缘、前三角洲（prodelta）/三角洲斜坡（图2.11；Coleman and Wright，1975）。冲积支流是流域平原的一个峡谷，其向三角洲输送水及沉积物。一些冲积支流由通向海岸的一个或多个通道构成（Hart，1995）。上三角洲平原（upper delta plain）是三角洲较古老的部分，其当前不受潮汐过程影响。下三角洲平原（lower delta plain）由陆上部分及潮间带构成，主要受河道及其沉积作用控制，其中影响河道作用大小的主要是支流向海方向的陆源物质输送和潮汐引起的淹没区的物质排放。三角洲支流河道排出的泥沙的分布（包括悬浮物和推移质）受海洋过程强烈影响（如沿岸流、潮流和波浪）。许多细颗粒悬浮物被传输到离口门较远的区域，而粗颗粒一般沉积在河道口门附近。三角洲平原与三角洲潮下带或亚三角洲交汇边缘向海的一侧被称为三角洲前缘，在这里潮汐过程和淡咸水混合形成了三角洲前缘河口（Hart，1995），大部分河流带来的粗颗粒泥沙沉积在三角洲前缘以内。前三角洲则是三角洲前缘外（向海一侧）的一个区域，大部分细颗粒泥沙沉积在这样一个陡峭的三角洲斜坡内。

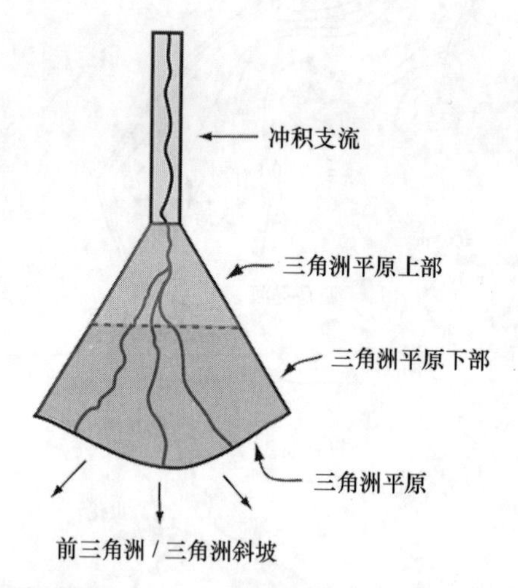


图2.11　三角洲复合体地形分区（Coleman and Wright，1975；由Hart，1995重绘）

对世界上主要三角洲前缘河口的地貌学和沉积动力学随时间的变化已开展了大量的研究［Coleman，1969；Allison，1998（恒河/雅鲁藏布江）；Lofty and Frihy，1993（尼罗河）；Xue，1993（黄河）；Milliman，1980（菲沙河）；Saucier，1963；Coleman and Gagliano，1964（密西西比河）］。许多关于三角洲的早期文献把密西西比河三角洲作为一个经典的三角洲模型（Trowbridge，1930；Russel，1936；Fisk，1944，1955，1960；Coleman and Gagliano，1964；Frazier，1967）。然而，很快人们就意

识到一个单一的三角洲模型不足以描述世界上不同三角洲系统的独特性和复杂性；因此，基于相互作用力（如河流、波浪及潮汐过程）的不同方案被用来刻画三角洲系统的特征（Galloway，1975）。三角洲的历史进程主要涉及建设和破坏两个阶段，建设阶段指三角洲的进积（progrades），破坏或称废弃阶段则是由三角洲平原内分支河道的改道（三角洲平面内河道的转换）所造成（Elliott，1978）。河道转换或改道导致向活动三角洲的泥沙供应中断，从而使三角洲的进一步进积终止。例如，密西西比河三角洲全新世部分大约有5 000～6 000年的历史，包含16个可辨别的叶瓣（具有4个主要的前现代复合体）（图2.12），这些复合体处于不同的废弃阶段（Boyd and Penland，1988）。目前仍在发育的叶瓣大约700年前开始形成，构成了密西西比河三角洲和阿查法拉亚三角洲主体（Swenson and Sasser，1992；Roberts，1997；McManus，2002）。阿查法拉亚三角洲是海岸带泥沙沉积和造陆区，但是目前每年损失土地的速度却达到155 $km^2/a$（Turner，1990）。密西西比河现有的堤坝系统建设以前，由于洪水事件导致的泥沙积累在分支河道附近已形成一些天然堤坝。目前三角洲典型的鸟足状叶瓣的形状源于决堤（天然堤决口），沉积物借此分布至远离主河道的区域，形成被称为决口扇（splays）的扇形沉积区（图2.13）（Coleman and Gagliano，1964）。决堤形成的沉积区不断推进使得亚三角洲得以成长。亚三角洲沉积物的总量持续增加，但是陆上土地不断减少，这恰是地面沉降的直接证据。假设地面平均沉降速率为1.5 cm/a，次三角洲的平均寿命为150年，那么在亚三角洲存在期间，地面将下沉2.25 m（Wells，1996）。后来的人工堤坝建设情况以及对密西西比河三角洲前缘河口及邻近潮滩系统的沉积动力学和生物地球化学过程的重要影响，将在第六章和第十六章进一步讨论。

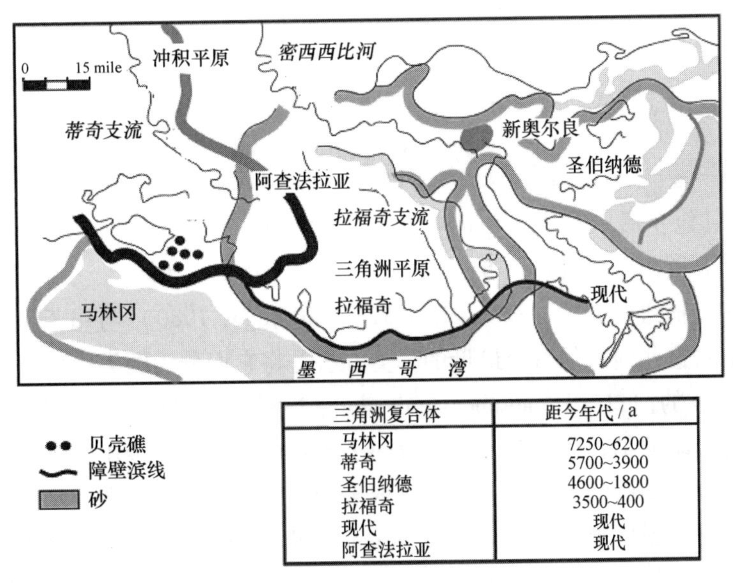


| 三角洲复合体 | 距今年代/a |
|---|---|
| 马林冈 | 7250～6200 |
| 蒂奇 | 5700～3900 |
| 圣伯纳德 | 4600～1800 |
| 拉福奇 | 3500～400 |
| 现代 | 现代 |
| 阿查法拉亚 | 现代 |

图2.12　处于不同废弃阶段的四个主要前现代复合体和现代密西西比三角洲（Boyd and Penland，1988）

## 六、构造型河口

构造型河口（Structural estuaries）形成于新构造过程，如构造作用［断裂活动及地壳变动过程

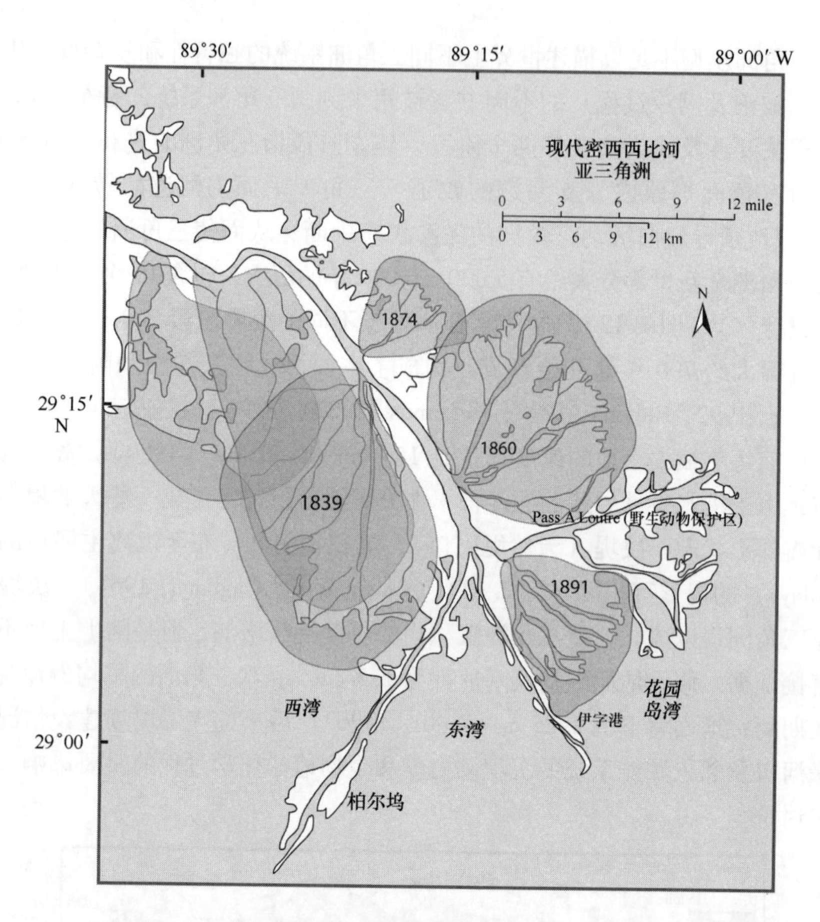


图 2.13　现代密西西比河叶瓣典型的鸟足状三角洲形状
(Coleman and Gagliano, 1964)

(大尺度地质褶皱及其他变形)]、火山作用（火山活动形成）、冰后期回弹及地壳均衡，这些构造过程自更新世以来就开始出现了（图 2.5；Perillo, 1995；Quivira, 1995）。早期的基于构造特征对这些独特的河口特征进行描绘的尝试（Schubel, 1972；Fairbridge, 1980）与用于刻画河口特征的所有其他描述完全不同。对这些河口的一个最近的分类方法是将它们分为两类：(1) 构造作用形成的河口；(2) 火山作用形成的河口（Hume and Herdendorf, 1988）。断层河口，如美国旧金山湾、新西兰霍克和塔斯曼湾是典型的细长型河口，受潮流和小的入口控制。旧金山湾河口由沿数个断层的垂向和侧向地壳运动形成（Atwater et al., 1977）。旧金山湾地区的构造主要受沿太平洋板块和北美板块主要边界的圣安德列斯断层走滑断层（San Andreas strike - slip fault）系统控制。除了构造作用这一形成河口的主导力之外，全新世海平面上升淹没盆地共同参与塑造了旧金山湾现在的形状（Atwater, 1979）。北美西海岸大部分河口的地质年代比大西洋沿岸的河口更年轻，尽管其底部表面通常是由源自古老的海洋沉积物隆起的中新世（距今大约 2 400 万年）沉积所组成（McKee, 1972；Emmett et al., 2000）。而火山河口系统则形成于被海平面上升所冲破的火山口内，如新西兰的潘姆拉火山口和利特尔顿港就是这样的例子（Quivira, 1995）。

## 七、海岸潟湖河口

海岸潟湖河口（Coastal lagoon estuaries）是内陆浅水体，通常平行于海岸延伸并通过离岸沙洲与海洋分隔开来，其通过一个或多个小的入口与海洋相连。海洋过程同样比河流径流更显著地改造着这些潟湖（图2.5；Kjverfve and Magill，1989；Kjerfve，1994；Perillo，1995；Isla，1995）。这类河口通常也被称为沙坝型河口（bar－built estuaries）（Fairbridge，1980）。根据Kjverfve和Magill（1989）的表述，Perillo（1995）将海岸潟湖分为三个亚型：（1）闭塞型河口，因只有一个通道，物质交换有限，受扩散输运过程控制；（2）渗漏型河口，具有多条通道，受对流过程控制；（3）限制型河口，是渗漏型与闭塞型的过渡状态。这些冲刷特征以及水体停留时间和降水量对潟湖盐度的重要性将在第三章详细讨论。这些浅水环境的变化性很大，其很大程度上受气候及潮流条件的控制；同样的，与前面提到的物理条件相关的潟湖、潮流通道、潮汐三角洲、沙坝、潮滩、沼泽及红树林的生境也存在很大的变化性。在小潮潟湖，由于通过潮流通道与开阔海洋的水交换很有限，水体一般具有较高的盐度。例如，美国得克萨斯的马德雷湖及巴芬湾就是高盐潟湖，这两个潟湖的径流量和降雨量低于蒸发量，其上游有过高达50～100的盐度记录（Collier and Hedgepeth，1950）。在中潮潟湖系统，由于通过潮流通道的交换较大，盐度一般是正常的。由于潟湖邻近的沙坝限制了通过潮流通道的交换，风暴潮通常会产生伸进潟湖的由砂质沉积组成的风暴冲积扇（washover fans）；例如，在美国得克萨斯马塔戈达湾潟湖系统，可以看到为数众多的风暴冲积扇和通道，尤其是1961年卡拉飓风（Hurricane Carla）后，这一点更加明显（图2.14）（McGowen and Scott，1975）。关于离岸沙洲－海岸潟湖系统的起源与发育存在着很大的争论，焦点问题是，在这一系统发育过程中，沙洲凸显和淹没哪一个更为重要（Isla，1995）。

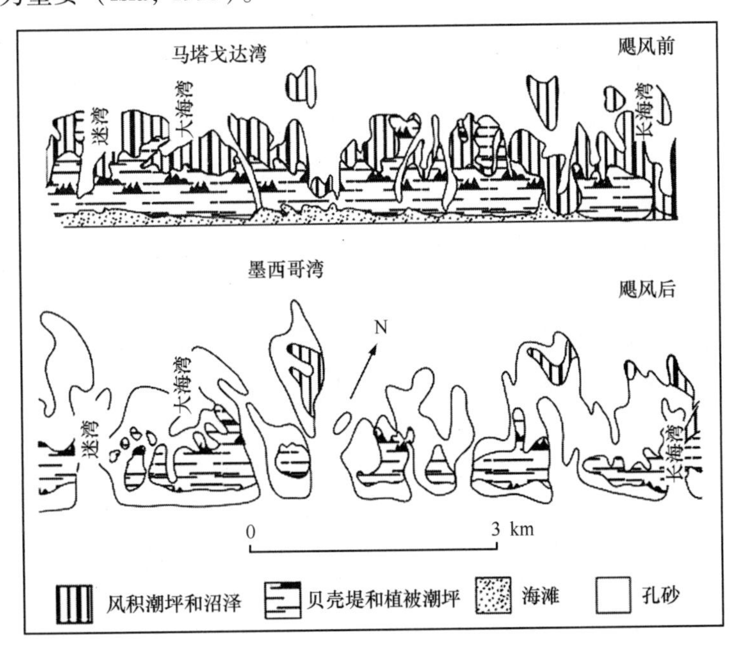


图2.14　1961年卡拉飓风（Hurricane Carla）后，美国得克萨斯州马塔戈达湾潟湖系统的风暴冲积扇和通道（McGowen and Scott，1975）

## 本章小结

1. 现代河口仅是过去5 000 ~ 6 000 年间的产物，即形成于全新世中期到晚期之稳定的间冰期（距今0 ~ 1 万年）；这一时期是在更新世结束之后（距今1 万 ~ 180 万年），期间发生了海平面的剧烈上升。

2. 世界范围内海平面的变化受区域构造条件、区域沉降（地陷）及区域气候变化的影响；当考虑这些区域差异时，海平面变化速率被称为相对海平面（RSL）上升或下降。联合国政府间气候变化专门委员会（IPCC）预测，从1990 年到2100 年海平面将会上升48 cm。

3. 初级河口形成自陆地或构造过程，来自海洋的改造很小，因此这些系统很好地保持了其最初的特征。初级河口分为早期河流峡谷型、早期冰河峡谷型、河流主导型及构造型河口四种类型。

4. 从海平面达到当前水平时开始，次级河口就一直更多地被海洋而非河流过程改造。沿岸潟湖主要分为三个亚类：闭塞型、限制型和渗漏型潟湖。

5. 沿岸平原型河口的地貌源于它们的古河道，因此，许多这类河口处于海平面稳定后泥沙充填的不同阶段。

6. 溺谷型河口形成自早期河流峡谷，存在于高地势海岸；大部分溺谷型河口与沿岸平原型河口的最大区别是其淡水流量明显低于后者。

7. 峡湾和低浅峡湾型河口分别是第四纪海平面变化时，冰川冲刷形成的高地势和低地势系统。这些河口口门处的拦门沙显著削弱了河口与近岸水体之间的流通交换。

8. 潮汐河口与大河系统联系在一起，受潮汐活动影响且在口门处通常存在未发育完全的盐度锋。

9. 三角洲前缘河口存在于受潮流作用和（或）受盐水入侵影响的三角洲区域。Wright（1977，第859 页）给出的三角洲定义是："河流携带的沉积物在邻近其来源区域发生的近岸堆积形成的水下和陆上堆积体，包括经过波浪、海流及潮汐等海洋过程二次改造形成的沉积。"三角洲一般可分为以下几个地形区域：冲积支流、三角洲平原、三角洲前缘、前三角洲/三角洲斜坡。

10. 构造型河口形成于新构造过程，如构造作用、火山作用、冰后期回弹及地壳均衡，这些构造过程自更新世以来就开始出现了。

11. 沿岸潟湖河口是内陆浅水体，通常平行于海岸延伸并通过离岸沙洲与海洋分隔开来，其通过一个或多个小的入口与海洋相连。海洋过程同样比河流径流更显著地改造着这些潟湖。沿岸潟湖分为三个亚型：（1）闭塞型河口，因只有一个通道、交换有限，受扩散输运过程控制；（2）渗漏型河口，具有多条通道，受对流过程控制；（3）限制型河口，是介于渗漏型与闭塞型之间的一种过渡类型。

# 第三章　水动力学

近年来水循环受到相当多的关注，尤其是其中的陆 - 气交换动力学，因为它与全球气候变化有关，并且全球环流模式（General Circulation Models，GCMs）对这一数值的准确性有了更高的要求，因而受到特殊的关注。遥感和业务化天气预报近期的进展显著提高了对开阔区域水循环的监测能力（Vörösmarty and Peterson，2000）。而当研究河口生物地球化学循环的季节变化时，水文模型在理解流域和河口之间的相互作用方面起到了关键的作用。

## 第一节　水循环

水是地球表面最丰富的物质，液态水大约覆盖地球表面的70%，海洋盛载着地球表面各水储库中大部分的水（96%）（图3.1），剩余的水则遍布于大陆和大气之中，并且主要以冰的形式储存在极地区域，而河口作为河流体系的一个子区只蕴藏了水储库中很小一部分的水。水在这些储库之间不断地运动，例如，在海洋上蒸发量要大于降水量，这种不平衡会由陆地径流的输入来补偿。海洋表层最丰富的淡水来源是河流，径流量约为37 500 $km^3$/a（Shiklomanov and Sokolov，1983），其中流量排名前10位河流的流量之和约占入海总径流量的30%（Milliman and Meade，1983；Meade，1996）。全球水循环中最显著的蒸发源是海洋，且不同海区的蒸发量并不一致，不过它们与太阳辐射和温度的纬向梯度有很好的相关性。水从大气向海洋和陆地的运动以雨、雪和冰的形式发生。在这些水储库中，水的平均更新时间范围从海洋中的2 640 a到大气中的8.2 d（Henshaw et al.，2000；表3.1），有机物质（如整体生物量）中水分的更新时间更短（5.6 d①）。更新率的这些差异对于控制水环境中的生物地球化学过程速率是很重要的。

如前所述，海洋蒸发量的一大部分由陆地地表径流来补偿，径流可分为两大类：表面径流（漫地径流和河流）和地下径流（地下水），两种形式的径流都对河口中生物地球化学循环有显著影响。下面的部分对与每种径流类型相关的一些基本水文原理进行了总体描述。

水平衡模型经常被用来研究流域的地表径流，其中一些更多关注于气候变化的模型被称为土壤 - 植被 - 大气传输计算方案（Soil - Vegetation - Atmosphere Transfer Schemes，SVATs）（Vörösmarty and Peterson，2000）。这些模型模拟使用不同的参数，如植被覆盖、土壤质地（矿物颗粒的不同粒径）、土壤持水能力、表面粗糙度和反照率（从物体或表面反射的光的比例）对土壤水分、蒸散作用和径流做出预测。遗憾的是，模拟的径流结果在输入到水收支模型或用来构建河流水文时一直不是十分有效（Abramopoulos et al.，1988；Henderson - Sellers，1996）。在用一个理想化的SVAT模型来研究水输运的途径时，我们发现水的运动是非常复杂的，而且难以在陆地上进行测量（图3.2）。

---

① 原著中此处为5.3 d。——译者注

例如，陆地上的蒸发受到植被强烈的影响，实际上，蒸散作用这一术语常被用来描述陆地上水的蒸发以及植物通过蒸腾作用失去水分。植物也可减少雨滴对土壤的冲击能量（通过叶片滴水，图3.2），使得水渗入土壤的量比不毛之地更多，因为在不毛之地上表面水流形成得非常迅速（Bach et al. ,1986）。在某些特定的区域，茂密森林截留的水量可以达到年总降水量的8%到35%（Dunne and Leopold，1978）。

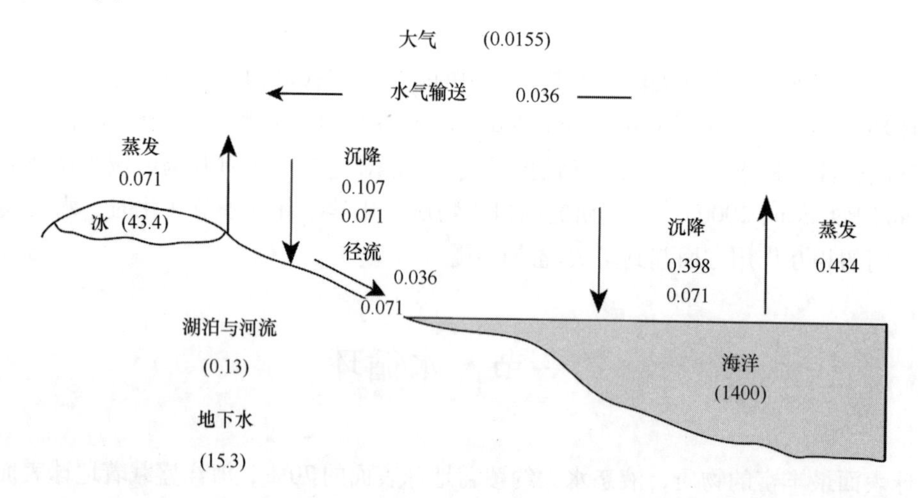


图3.1 水循环。箭头表示通量（$10^{18}$ kg/a），括号内是存量（$10^{18}$ kg）（Berner and Berner，1996）

**表3.1 水在地球上不同储库中的平均周转时间（Henshaw et al.，2000）**

| 储库 | 体积/km³ | 平均周转时间 |
|---|---|---|
| 海洋 | $1.338 \times 10^9$ | 2 640 a |
| 冰冻圈 | $24.1 \times 10^6$ | 8 900 a |
| 地下水/冻土 | $23.7 \times 10^6$ | 515 a |
| 湖泊/河流 | 189 990 | 4.3 a |
| 土壤水分 | 16 500 | 52 d |
| 大气 | 12 900 | 8.2 d |
| 生物量 | 1 120 | 5.6 d |

雨水落到地表后，会浸润具有渗透性的土壤，而每一种土壤具有不同但都有限的吸水能力。土壤渗透能力（或速率）的不同取决于土壤当前的水分含量（Horton，1933，1940），当干燥的土壤颗粒接触到水的时候，它们的表面会产生毛细作用，从而导致更高的渗透率，随着含水量的增加，土壤会膨胀，而渗透能力相应降低，最终达到平衡（Fetter，1988；图3.3）。渗透能力曲线可以用Horton（1933，1940）给出的下式描述：

$$f_p = f_c + (f_o - f_c)e^{-kt} \tag{3.1}$$

其中：$f_p$ 为 $t$ 时刻的渗透能力（或速率）（m/s）；$f_c$ 为平衡渗透能力（或速率）（m/s）；$f_o$ 为初始渗透能力（或速率）（m/s）；$k$ 为渗透能力衰减速率常数（$s^{-1}$）；$t$ 为渗透时间（s）。

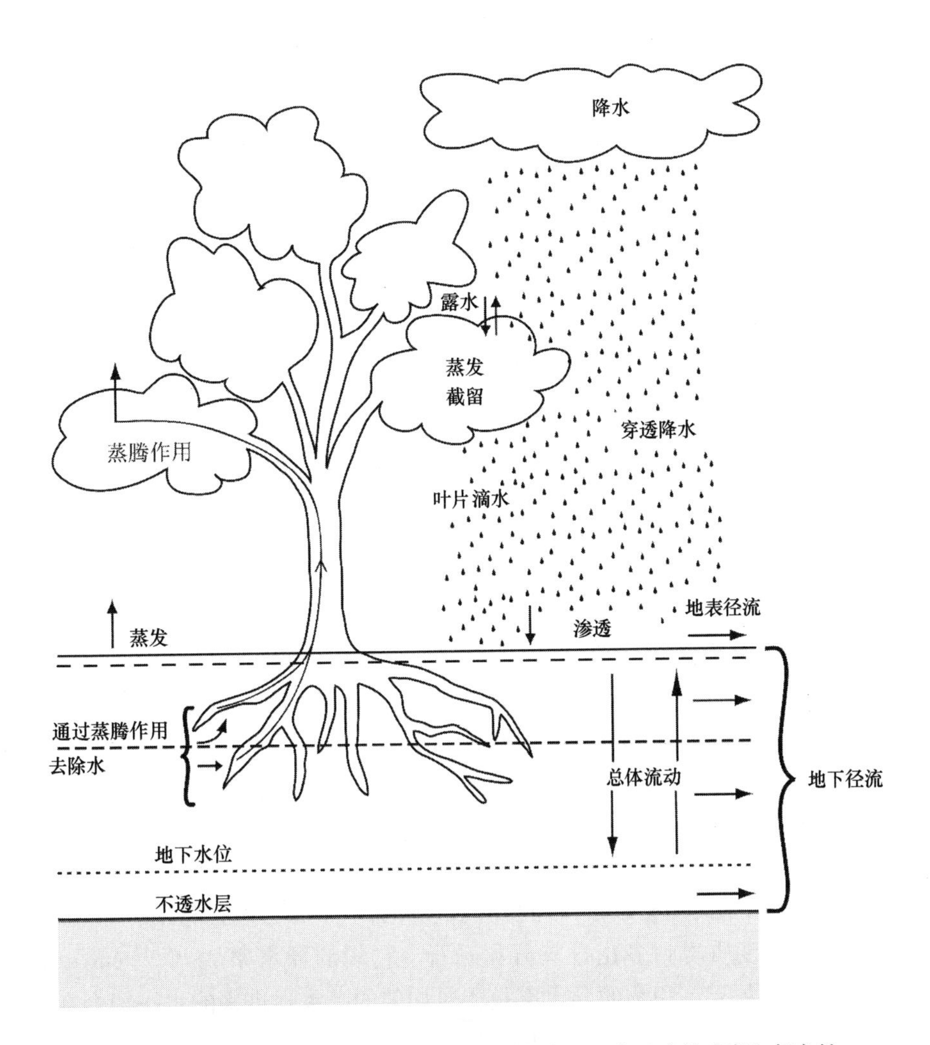


图 3.2　水在陆地上的输运途径；说明测量陆地上水运动的难度和复杂性
(Vörösmarty et al., 2000)

根据 Fetter (1988)，降水和渗透速率之间的关系可以用以下三种情形来描述：(1) 当降水速率比平衡渗透能力低的时候，所有到达陆地表面的降水都应渗透；(2) 当降水速率比平衡渗透能力高，而比初始渗透能力（降水事件开始时刻的时候）低的时候，所有的降水最初都会渗透；(3) 当降水速率比初始渗透能力高的时候，陆地上会立即出现积水。总之，当降水速率超过渗透能力时，漫地流就会发生，它常被称为霍顿漫地流（Horton overland flow, HOF）(Horton, 1933, 1940)。

土壤和沉积物的物理性质在决定土壤渗透速率以及地下水流速方面特别重要，其中一个特别重要的特征是土壤、岩石和沉积物中的空隙或孔隙，水能从这些物质内的一个空隙运动到另一个空隙，从而使水流动。总孔隙率在数学上由下式来定义：

$$n = 100\left[1 - (\rho_b/\rho_d)\right] \tag{3.2}$$

其中：$n$ 为总孔隙率百分比；$\rho_b$ 为含水物质的整体密度（$g/cm^3$）；$\rho_d$ 为含水物质的颗粒密度（$g/cm^3$）。

岩石和土壤的典型密度大约是 2.65 $g/cm^3$，也就是石英的密度。砂质沉积物的高导水率是地下

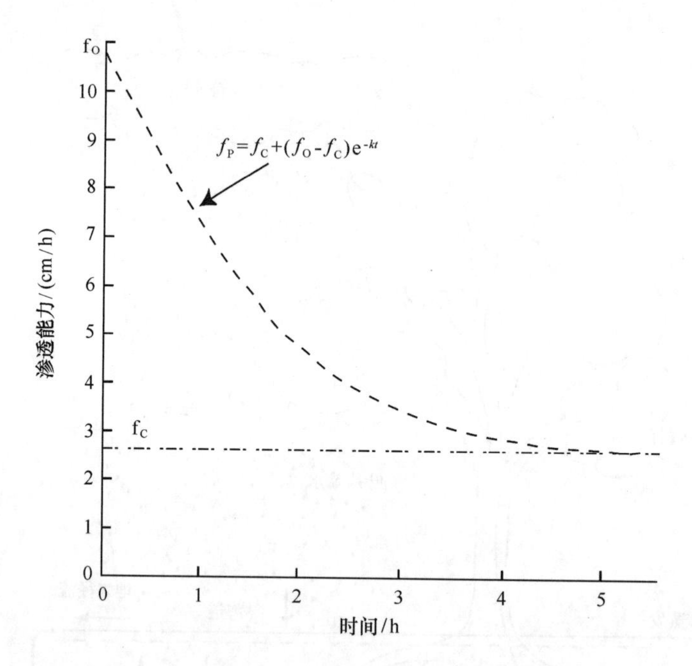


图 3.3　渗透能力（cm/h）和时间（h）的关系；说明渗透能力如何随时间增加而降低，并最终达到平衡（Fetter, 2001）

水产生的理想条件，人们发现地下水流速符合达西定律：

$$v = K/n(\mathrm{d}h/\mathrm{d}L) \tag{3.3}$$

其中：$v$ 为流速；$K$ 为导水率或渗透系数（单位：长度/时间）；$n$ 为总孔隙率；$\mathrm{d}h/\mathrm{d}L$ 为水力梯度。

从未破碎的火成岩和变质岩到多孔石灰石和砾石，它们的导水率从 $10^{-12}$ cm/s 变化到 3 cm/s (Henshaw et al., 2000)。如果沉积物的导水率是相对均匀的，渗透进来的水一般会在垂直方向上移动，然而如果在低渗透土壤中导水率在垂直方向上逐渐降低，水流会变成水平方向的，这就是所谓的壤中流，占了总径流的很大一部分。地下水储库中的水量由新渗透来的水和流入溪流的基流来维持平衡（Freeze and Cherry, 1979；Fetter, 1988）。尽管基流有一定的年际变化性，但它通常要比地表径流更稳定。因此，一条溪流总流量的大部分变化来源于降水事件的间歇性变化，降水事件的这种变化改变了漫地流、中间流（土壤孔隙水的横向流动）和直接降水（在均匀分配假定下向水体的直接输入）的贡献。当研究一个为期两天假想的暴雨水文曲线时（假定降水均匀分布），我们看到漫地流的变化对降水及时响应，并与总流量变化的相关性良好；相反，地下水输入（基流）在此期间基本保持不变（Fetter, 1988；图 3.4）。

在从陆地到海洋的径流中，虽然其主体部分由河流输入决定，而直接来自于地下水的径流量最小，但近期的研究表明进入到河口和近岸水体的海底地下水排放（submarine groundwater discharge, SGD）比以前认为的更重要，可能会对营养盐和污染物的循环产生显著影响（Spiker and Rubin, 1975；Freeze and Cherry, 1979；Valiela and D'Elia, 1990；Moore, 1996, 1999；Burnett et al., 2001；Kelly and Moran, 2002；Burnett et al., 2003）。Burnett et al.（2003，第 6 页）近来定义 SGD 为"不管流体组成如何，驱动力是什么，陆架边缘上任何由海底进入近海的水流。"就全球范围而言，假设全球河流的平均径流量为 37 500 $km^3/a$，则海底地下水排放约为全球河流流量的 0.3% ~ 16% (Burnett et al., 2003)。由于地下水流具有扩散性和整体不均一性，确定进入河口和近岸系统的地

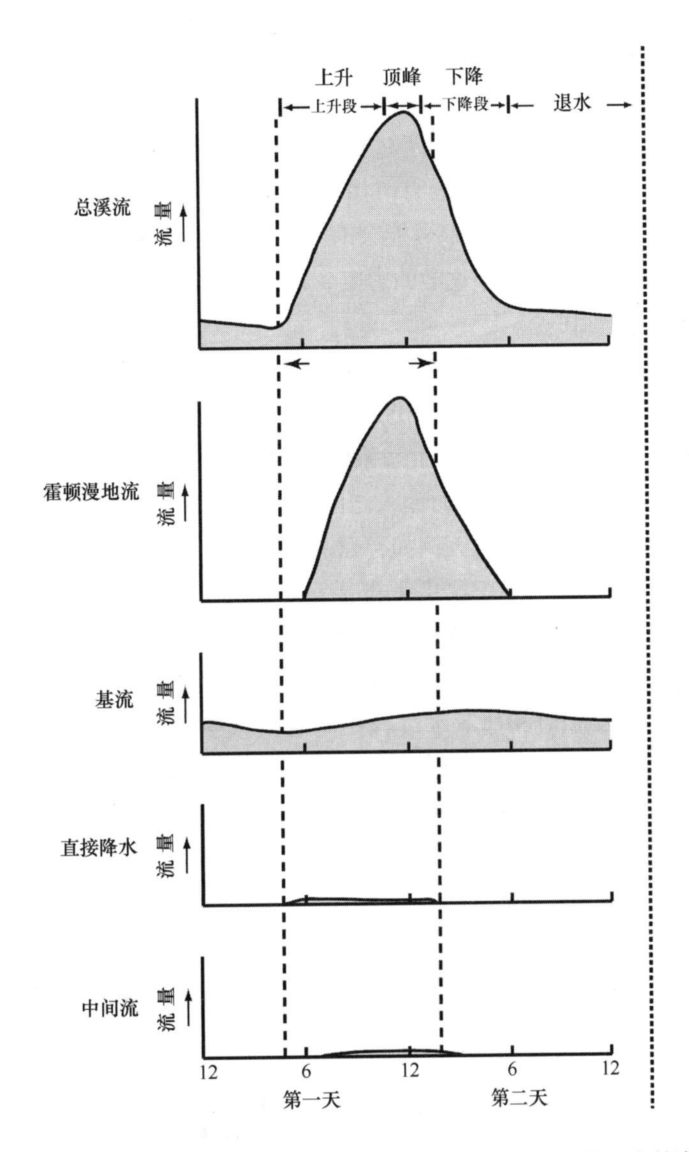


图 3.4 为期两天的假想暴雨水文曲线（假定降水均匀分布）显示漫地流的变化如何对降水及时响应，并与总流量变化保持良好相关性。相反，地下水输入（基流）在此期间基本保持不变（Fetter, 2001）

下水排放量仍然是一个艰巨的任务。近岸水体中出现的SGD的化学组成通常与河流和海洋端元中的是明显不同的，产生这些差异的原因很可能来自于输运期间SGD和处于固相的主要离子之间的相互作用（Burnett et al.，2003）。近期的研究指出在海岸边界处SGD和固相离子之间的化学作用与河口系统中的是类似的，这些近岸含水层因此起了生物地球化学意义上"地下河口"的作用（Moore，1999）。

渗流计和水力学模型常被用来进行扩散性的地下水输入的估算（Freeze and Cherry，1979；Cable et al.，1996，1997；Moore，1999）。镭同位素在示踪地下水向近岸水域的输入方面也是有效的（Cable et al.，1996；Moore，1996；Kelly and Moran，2002；Krest and Harvey，2003），总体来说，这一方法是基于地下水输入的$^{226}$Ra与由于潮汐冲刷损失或去除的过剩$^{226}$Ra之间的平衡关系建立的。镭示踪研究的总体结论是地下水输入存在时空变化，并且是近岸边缘海溶解性成分的一个显著来源。例如，Kelly and Moran (2002) 发现罗德岛窄河河口地下水通量的季节变化范围是 1.5 ~ 22 L/($m^2$ · d)，而 SGD 则为大南湾河口（美国）提供了超过 50% 的 $NO_3^-$ 输入量（Capone and Bautista, 1985; Capone and Slater, 1990）。由于岩溶系统具有可渗透性，地下水通量及其相关的营养盐输送在佛罗里达湾（美国）这样的多孔碳酸盐系统中可能会有更加突出的相对重要性（Corbett et al., 1999）。地下水输入对河口和近岸水体生物地球化学的影响，以及用来追踪这些输入的放射性示踪物将会在第七章和第十六章进一步分别讨论。

如果我们要理解控制近岸边缘海的水文学和陆－海相互作用，流域分析是很关键的。到目前为止，最有效的办法是建模，已经在过程层次上用模型研究了小的集水区和山坡尺度的水输运问题（McDonnell and Kendall, 1994）。因为陆地生态系统中的生物地球化学循环与溶解态和颗粒态成分（如营养盐和污染物输入）向河口系统中的输入之间存在着比较强的联系，准确了解陆地上的水平衡对理解河口生物地球化学是很关键的。例如，营养盐向集水区和溪流/河流这两者的输入在小区域（图 3.5）和更大的大陆（图 3.6）尺度上都显示了良好的相关性。一项研究表明，溪流中的 $NO_3^-$ 浓度与美国中大西洋地区农田中的化肥施用直接相关（Jordan et al., 1997）。而在较大尺度上的研究发现，流域氮氧化物的干湿沉降是预测经由河流向北大西洋输入氮的一个很好的指标（Howarth et al., 1996）。表层径流和地下水过程控制着流域中溶解态和颗粒态成分的归宿和输运，因此对它的理解对于更好地估计河口的点源和非点源输入是很关键的。

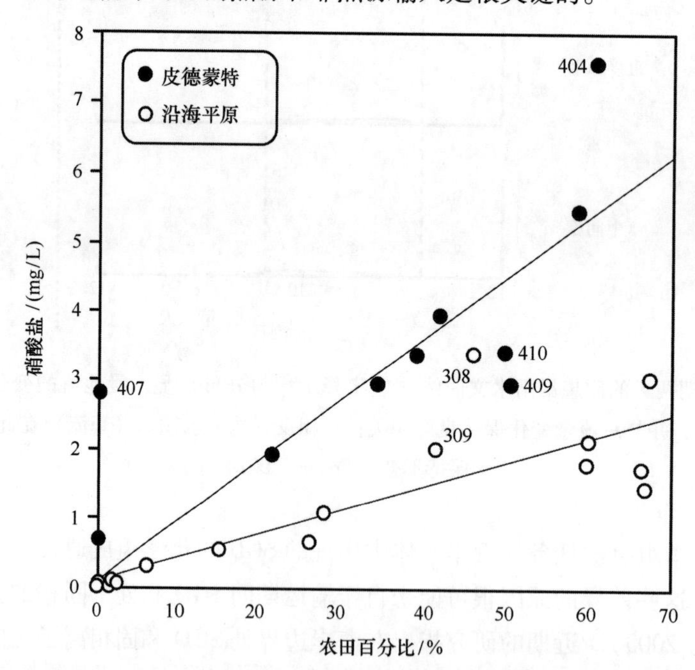


图 3.5 在一个小区域尺度上集水区和溪流/河流的营养盐输入之间的相关性。在美国中大西洋地区溪流中的硝酸盐含量与农田里的化肥施用直接相关（Jordan et al., 1997）

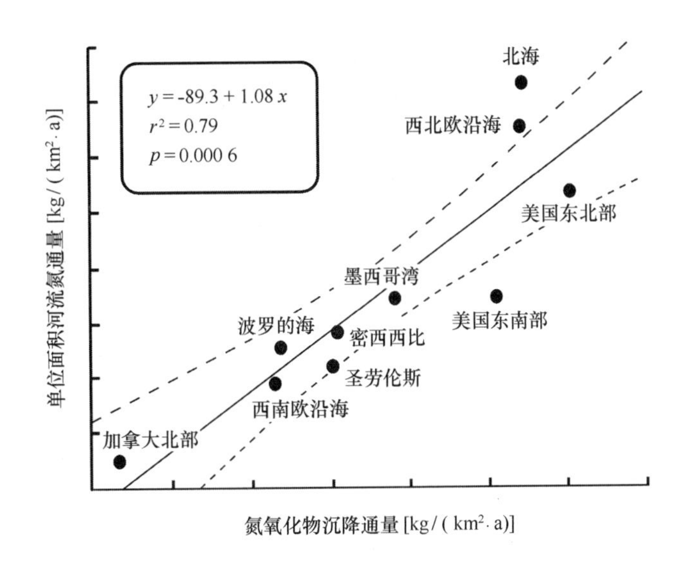


图 3.6　在较大尺度上的研究发现，流域氮氧化物的干湿沉降是预测经由河流向北大西洋输入氮的一个很好的指标（Howarth et al.，1996）

## 第二节　总环流、混合模式和盐度平衡

河口环流是一个河口最重要的特征之一，因为它决定了盐通量和它的水平弥散，也是影响层化作用的关键变量。最近有研究者提出底层入流和表层出流之间的应力并没有大到足够显著影响混合动力学的程度（Geyer et al.，2000）。正如在第二章中根据地貌特征对河口进行分类一样，在传统上人们也基于环流形态对河口进行分类（Pritchard，1952，1954，1956；Stommel and Farmer，1952；Dyer，1973，1979；Officer，1976；Bowden，1967，1980；Officer and Lynch，1981）。更具体地讲，从观点上看这些早期的理论可以分成两种类型：即两层流中的水力控制（Stommel and Farmer，1952，1953）和分层流体中黏性－对流－扩散（viscous－advective－diffusive，VAD）平衡产生的空间混合（Pritchard 1952，1954，1956；Rattray and Hansen，1962；Hansen and Rattrey，1965；Fisher，1972）。河口重力环流很大程度上要归因于这些分层的密度和起伏之间的差异。许多经典和近期的环流模式中考虑的是矩形河口截面，然而在自然系统中更为真实的情况是水深沿河口的横向存在着变化（Uncles，2002）。最近使用声学多普勒流速剖面仪（Acoustic Doppler Current Profiler，ADCP）、海洋表面流雷达（ocean surface current radar，OSCR）和卫星技术，如先进型甚高分辨辐射仪（advanced very high－resolution radiometer，AVHRR）和海洋宽视场传感器（sea－viewing wide field－of－view sensor，SeaWiFS）所带来的进展，为量化横向变化性提供了更有效的方法（Uncles，2002）。这些技术，特别是 ADCP 在追踪伴随着潮流在河口中往复运动的锋面结构方面也是有用的（O'Donnell et al.，1998；Marmorino and Trump，2000）。水流辐聚是锋面形成的主要因素，可以在河口纵向和横向发生。实际上，已经证明横向结构与近表层辐聚区水流辐聚相联系（Nunes and Simpson，1985；O'Donnell，1993；Valle－Levinson and O'Donnell，1996）。

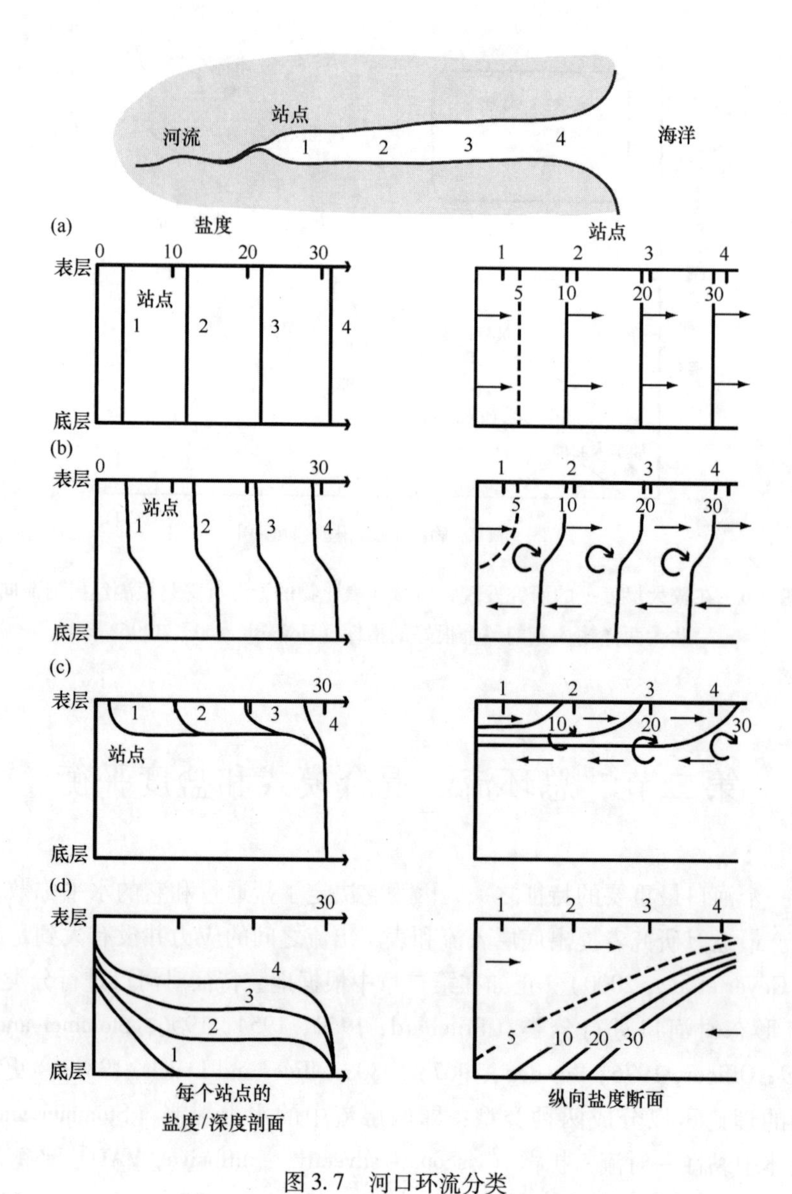


图 3.7　河口环流分类

（a）强混合型河口，盐度的垂直层化最小；（b）部分混合河口，垂直混合在一定程度上受到抑制；（c）高度层化河口，相比盐楔系统有较低的淡水流量；（d）盐楔河口和许多峡湾（Bowden，1980）

大部分河口系统都受旋转作用（科氏力）的影响①，由于它的调整作用导致河口有复杂的环流形态（Angel and Fasham，1983）。例如，圣劳伦斯河口范围较大，其中足以形成中尺度涡和垂直于岸的横向流（Ingram and El - Sabh，1990）。这些环流形态能够对河口中的生物地球化学循环产生显著影响。例如，海水表层氧向下的输运和底层营养盐向上的输运就是这样的例子（Boicourt，1990；Kuo et al.，1991）。从环流角度来看，河口一般分为：（a）强混合型河口，这里的盐度垂直层化最小；（b）部分混合河口，这里垂直混合在一定程度上受到抑制；（c）高度层化河口，在这里相比

① 原著中此处为“所有河口系统都受旋转作用（如科氏力）的影响，起重要的强迫作用”。——译者注

盐楔系统淡水流量较低；（d）盐楔河口和众多峡湾（Bowden，1980；图 3.7）。河口垂直输运和重力环流受层化作用的影响，也受到由潮、风扰动产生的湍流混合的影响（Hansen and Rattray，1966；Pritchard，1989；Etemad－Shahidi and Imberger，2002），在高度层化的条件下，两层流很大程度上取决于正压和斜压间的相互作用（Chuang and Wiseman，1983；Schroeder and Wiseman，1986，1999；Stacey et al.，2001）。

河口中一般的混合性质已经用下面的方法（Bowden，1980）进行了研究：（1）简单的定常一维模型（截面平均，只考虑径向变化）；（2）二维模型（横向平均[①]）；（3）三维（3D）模型，这时河口环流在垂直和横向变化太大不能简化。在河口咸淡水的交融是以水的混合和盐的扩散这两种形式进行的，湍流混合对确定河口环流的基本形态是必不可少的（Peters，1999；Peters and Bokhorst，2000）。对河口湍流观测结果的解释仍然是极具争议的，但是不断在不同河口系统中采集更多的数据，应当会有进展（Simpson et al.，1996；Stacey et al.，1999；Geyer et al.，2000）。从流体力学的角度来说，这些混合过程带来的生物地球化学效应非常重要，因为它们影响到氧气从表层向下的通量和营养盐从底层水向上的输运（Kuo et al.，1991）。实际上，河口形态的复杂性引出了许多问题，这些问题涉及到水力控制和混合形态总体分布（局域的或广布的）之间的相对重要性（Seim and Gregg，1997）。近期的数值模型研究表明，如果夏洛特港河口（美国）只受潮汐影响的话，这时产生的河口环流最大，总的来说这归因于边界层的湍流卷挟（Weisberg and Zheng，2003）。这里的基本假设是湍流卷挟导致海水向上层淡水透镜体的净输运，潮汐能进一步加强这一卷挟过程，产生密度的水平梯度从而驱动环流。持续的混合和卷挟可以导致河口从盐楔型向部分混合型过渡。这些模型结果显示需要开展进一步的研究，探讨河口中摩擦力对环流形态的影响在微观和宏观尺度之间的相互作用（Weisberg and Zheng，2003）。

如果我们假设河口可以被视为一个简单的混合室，那么海水和淡水将会在涨潮时混合，得到河口平均盐度（$S$），在退潮期间进一步混合后并从河口流出（Solis and Powell，1999）。因此，在一个充分混合的平稳系统中，盐度可以用下式来定义：

$$S = \frac{\sigma \times V_t}{V_t + V_{fr}} \tag{3.4}$$

其中：$S$ 为河口混合水的平均盐度；$V_t$为涨潮期间平均纳潮量；$V_{fr}$为淡水流入总量（河流、地下水和降水）；$\sigma$ 为涨潮时涌入的海水的盐度（标准海水盐度）。

Solis and Powell（1999）进一步修改了这一表达式来反映整个河口归一化的平均盐度，公式如下：

$$\frac{S}{\sigma} = \frac{1}{1 + (V_{fr}/V_t)} = \frac{1}{1 + (V_r + V_p - V_e)/V_t} \tag{3.5}$$

其中：$V_r$ 为河流和地下水平均流入水量；$V_p$ 为河口的平均降水量；$V_e$ 为平均的蒸发损失量。

本质上这一表达式定义了总的淡水流入量相对纳潮量的比例（应当指出的是，这里有一些没有说明的假设，其细节请参考 Solis and Powell，1999），这一比例本身在确定河口盐度方面是最关键的，它已被 Bowden（1980）用来描述河口的物理混合特征，比值 1.0、0.1 和 0.01 分别表示盐楔型、部分混合型和强混合型河口。但是上式中不合实际地假设进入河口的海水在一个潮周期内完全

① 原著中此处为“垂直和横向平均”。——译者注

混合，而实际上，涨潮阶段涌入的水在整个河口混合并不均匀，退潮时的水可能也并不反映河口区域内因混合而带来的任何变化，这一观点多年来已经被广泛接受。例如，长时间以来研究中就假设涨潮带来的海水只能被部分卷挟入河口水中（Dyer and Taylor，1973；van de Kreeke，1988），基于这一假设最近 Solis 和 Powell（1999）将 van de Kreeke（1988）中的整体混合项（$e$）修改为

$$e = \frac{V_{\mathrm{fr}}}{V_{\mathrm{t}}} \times \frac{S\sigma}{12\ 212/S/\sigma} \tag{3.6}$$

Solis 和 Powell（1999）利用美国国家海洋和大气管理局（National Oceanographic Atmospheric Administration，NOAA）的数据集估计了墨西哥湾沿岸各河口的整体混合效率，发现其变化范围是 0.03 ~ 0.58［图 3.8（a）和 3.8（b）］。正如 Solis 和 Powell（1999）所指出的，可能影响混合的其他因素是河口的地貌、总环流形态以及受到的气候强迫力，这一些在计算中并没有考虑。沿着得克萨斯海岸混合效率变化很大，这与降水分布模式的极端梯度是一致的，与北得克萨斯海岸（萨宾河口）相比，南部的河口海湾（科珀斯克里斯蒂湾和阿兰瑟斯湾）有较高的降水量［图 3.8（a）和图 3.8（b）］。正如本章后面将要讨论的，在这些得克萨斯河口，混合效率和水的存留时间之间有显著的反比关系，这对生物地球化学过程有重要影响。

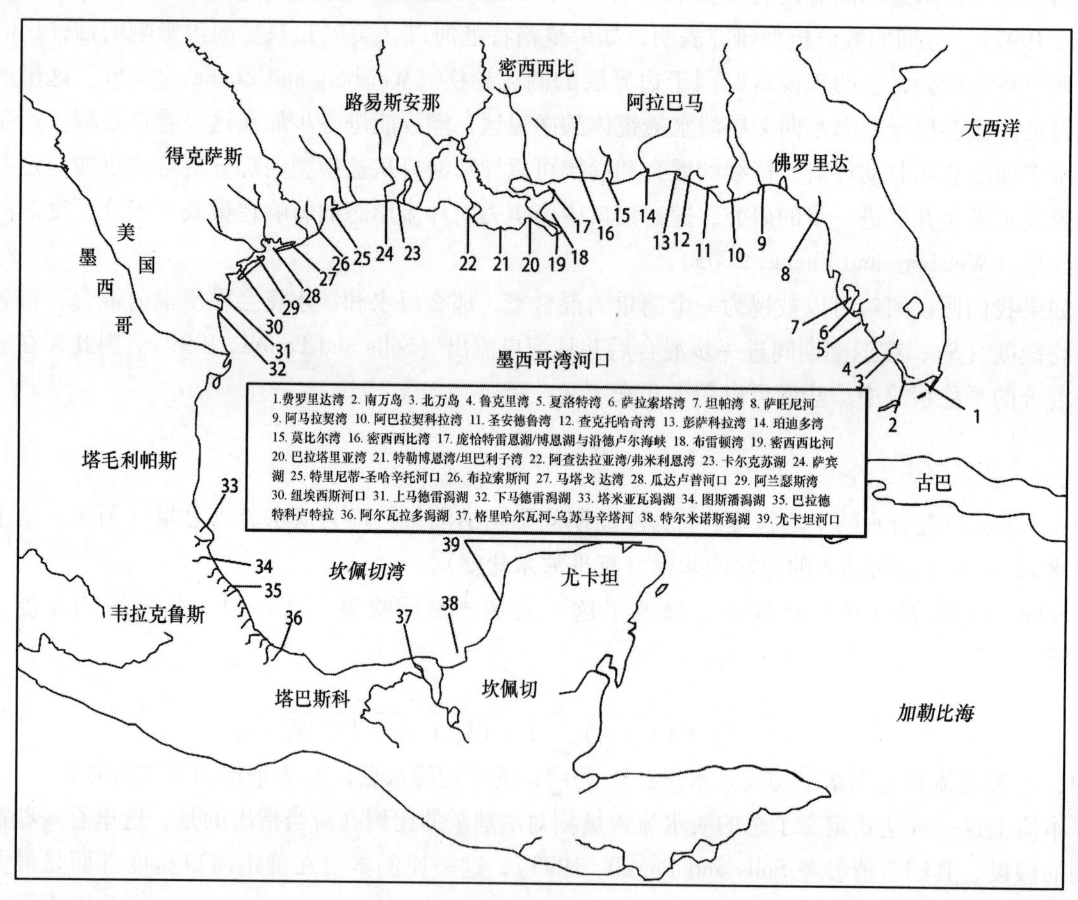


图 3.8（a） 墨西哥湾沿岸河口地图（Solis and Powell，1999）

Hansen 和 Rattray（1966）首先引入层结－环流图来描绘一系列具有不同环流特征和地貌类型的

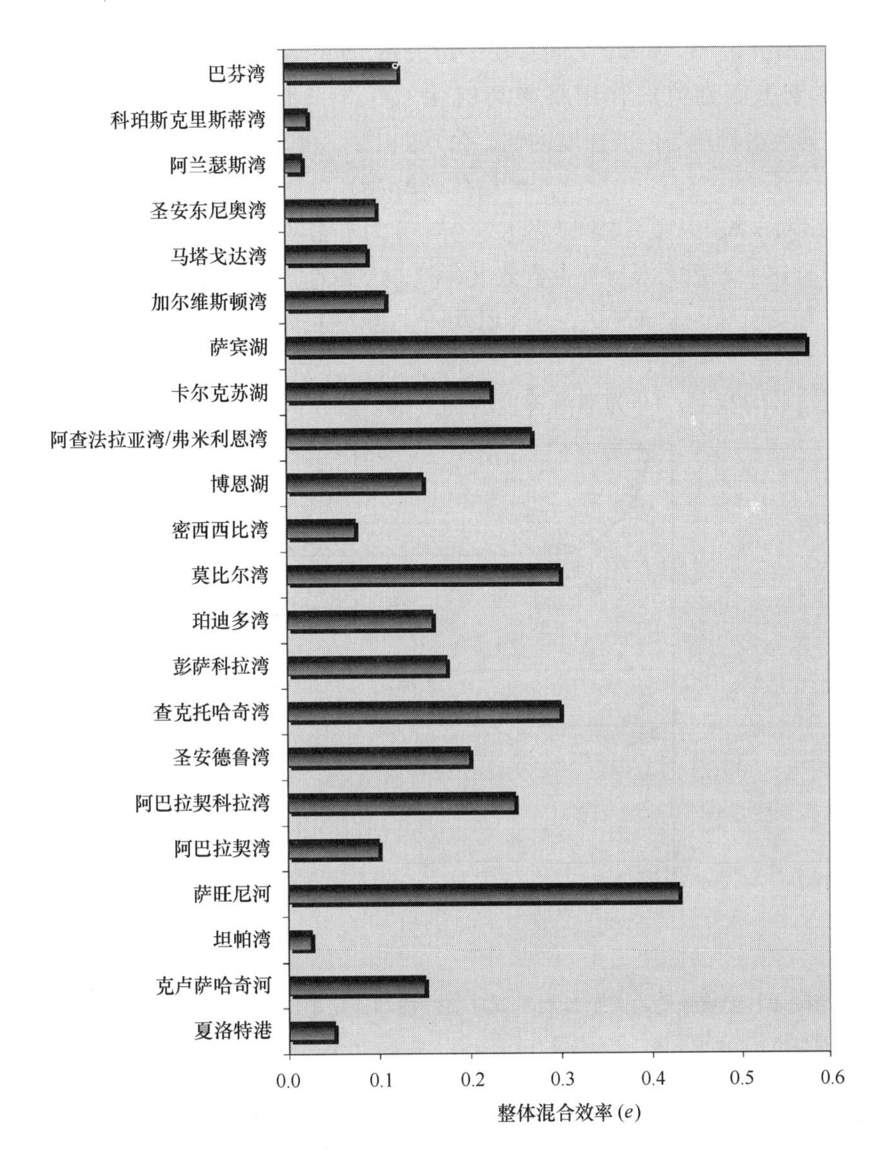


图 3.8（b）　墨西哥湾沿岸河口的整体混合效率（$e$）（Solis and Powell，1999）

河口（图 3.9），用以分类的基本参数如下：一是层结，由 $\delta S/S_0$ 来定义，其中 $\delta S$ 是表层和底层水盐度之间的差异，$S_0$ 是河口截面平均的盐度，两者都在一个潮周期内取平均；二是 $U_s/U_f$，其中 $U_s$ 是表层径向流速（在一个潮周期内取平均），$U_f$ 是截面平均的净出流流速。图 3.9 中的子分区“a”和“b”分别代表 $\delta S/S_0 < 0.1$ 和 $\delta S/S_0 > 0.1$，下标“h”和“l”指河流流量的高与低，顶部的曲线代表表层淡水流出量的限值。在 Hansen 和 Rattray（1966）提出的这一总分类方案中，描绘了以下河口类型：类型 1 河口是强混合河口，平均流速方向向海，盐量平衡由扩散过程通过潮输运来维持；类型 2 河口是部分混合河口，净流量随深度反转，盐通量由扩散和对流两个过程来维持；类型 3 河口包括分为上下两层的峡湾，大部分的盐通量由对流作用贡献；类型 4 河口是盐楔河口，在那里淡水在一个稳定的、密度更高的底层水上流动（图 3.9）。

其他表征河口环流、混合和层化类型特征的参数，也是来自 Hansen 和 Rattray（1966），它们是密差弗罗德数（$F_m$）和河口理查德数（$Ri_E$）（本节后面部分给出定义）（图 3.10；Fisher，1976）。

Fisher（1976）表明比值 $\delta S/S_0$ 和 $Ri_E$ 之间存在一定关系，Jay 等（2000）将这一比值解释为淡水流造成河口层化的趋势，而潮流的作用将破坏层化。更进一步地，这一过程与 $F_m$ 有关，Jay 等（2002）将其描述为淡水流速与内波速度的比，公式如下：

$$F_m = U_f/(gh\Delta\rho/\rho)^{1/2} \tag{3.7}$$

其中：$g$ 为重力加速度；$\Delta\rho$ 为水层之间的密度差异；$\rho$ 为水密度；$h$ 为水深。

Fischer（1972）用下式定义河口理查森数（$Ri_E$）：

$$Ri_E = \frac{g(\Delta\rho/\rho)(U_f/b)}{U_t^3} \tag{3.8}$$

其中：$b$ 为河口平均宽度；$U_t$ 为潮流速度的均方根。

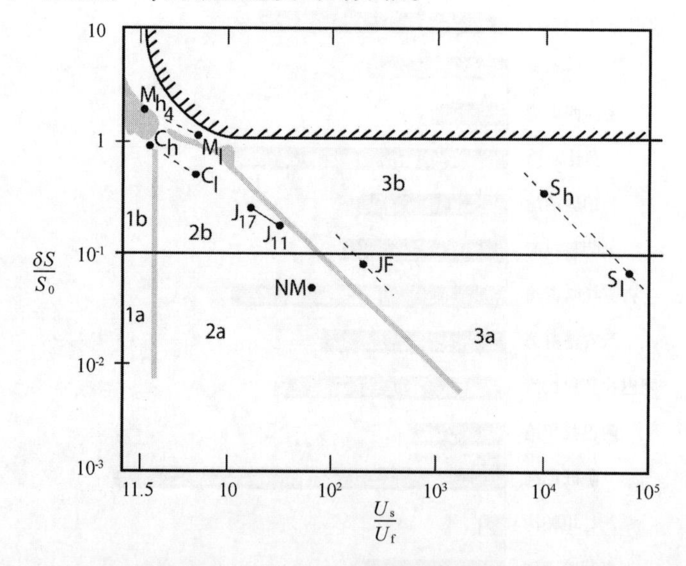


图 3.9 用来描绘一系列具有不同环流特征和地貌类型河口的层结 - 环流图

河口类型如下：类型 1 河口是那些没有上游来流，需要潮汐输运维持盐平衡的河口；类型 2 河口是部分混合河口［如默西窄峡（NM）（英国）、詹姆斯河（J）（美国）、哥伦比亚河口（C）（美国）］；类型 3 河口代表峡湾【如银湾（S）、胡安·德·富卡海峡（JF）（美国）】；类型 4 河口表示盐楔河口【如密西西比河（M）（美国）】。基本的分类参数如下：分层化由 $\delta S/S_0$ 来定义，其中 $\delta S$ 是表层和底层水盐度之间的差异，$S_0$ 是河口截面平均盐度，两者都在一个潮周期内取平均；$U_s/U_f$，其中 $U_s$ 是表层流速（在一个潮周期内取平均），$U_f$ 是截面平均的净出流流速。图中的子分区“a”和“b”分别代表 $\delta S/S_0 < 0.1$ 和 $\delta S/S_0 > 0.1$；下标“h”和“l”指高和低的河流流量。顶部的曲线代表表层淡水流出量的限值（Hansen and Rattray，1966，Jay et al.，2000）

图 3.10 中等值线表示的是盐扩散输运（潮汐驱动）和向陆地方向盐通量的比例（$\upsilon_S$），从类型 1 向类型 3 河口变动时显示出了明显的降低（图 3.10）。正如 Jay 等（2000）所讨论的，在不同河口类型中，理解维持盐量平衡的预测能力对于比较生物地球化学和生态循环方面非常重要。然而，在 Hansen 和 Rattray（1966）的分类方案中稳态盐平衡的假设能导致关于潮汐作用力和河流之间平衡的错误信息（Jay and Smith，1988）。更好地考虑了河口形态和环流系统的改进方法，因为它们涉及水的存留时间，可能会增加这些分类方案在更广泛河口类型中的适用性（Jay et al.，2000）。

Stommel 和 Farmer（1952）指出河口口门处流的分配会导致涨潮期间的盐度比落潮期间的要

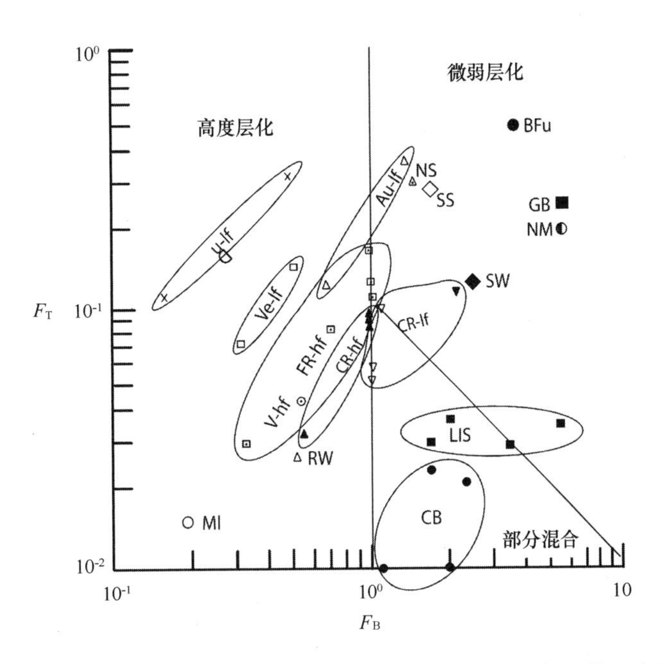


图 3.10 $\upsilon_S$ 等值线，盐扩散输运量（潮汐驱动）与总的向陆盐通量的比值，为与密差弗罗德数 [ $F_m = U_f/(gh\Delta\rho/\rho)^{1/2}$ ] 和理查森数 [ $Ri_E = g(\Delta\rho/\rho)(U_f/b)/U_t^3$ ] 有关。从类型 1 向类型 3 河口变动时可以发现明显的降低（Fisher, 1976, Jay et al. , 2000）

高，这会在向陆方向产生一个净盐通量。“潮泵”作用通常来自潮汐时间尺度上盐度和流速变化之间的相关性。另一个概念，称为“潮汐捕集”，是指在某一个潮汐位相，水被平流输送进入横向的“阱”，接着在另一个位相出来，从而导致整体向上游的输运（Okubo, 1973）。Hughes 和 Rattray (1980) 发现在哥伦比亚河的一段当高流量期间，潮泵是盐向陆输送的主导机制。和其他盐输送机制相比，在盐通量上潮泵具有相当大的变化性（Geyer and Nepf, 1996）。例如，在不同的潮周期之间哈得孙河河口中的潮泵作用有显著的变化性，在强层化期间对盐通量有最大的影响（Geyer and Nepf, 1996）。另一项在哈得孙河口的研究表明，最大的垂直盐通量发生在大潮退潮期间（大约占半月盐通量的 30%），而涨潮提供了其余的通量（Peters, 1999）。最近的研究表明 VAD 平衡和水动力两者沿着哈得孙河谷底线都很重要，为把这两个过程都纳入河口模型提供了进一步支持（Peters, 2003）。

已经证明风对河口环流的影响在许多系统中都是很显著的（Pollak, 1960; Weisburg and Sturges, 1976; Kjerfve et al. , 1978; Smith, 1978; Wang and Elliott, 1978; Wong and Valle－Levinson, 2002）。风的影响既可以来自局地也可以来自远处，风作用在邻近河口的大陆架上，在河口口门处产生海平面变化的同时，也可产生自由波（Nobel and Butman, 1979）。而局地风的影响直接作用于河口表层，影响河口环流。例如，已经证明在控制特拉华湾的双向流方面局地风的作用很重要（Wong and Moses－Hall, 1998）。最近，研究表明局地风对切萨皮克湾中的双向流动及其与邻近陆架间的潮际交换有显著影响（Wong and Valle－Levinson, 2002）。

# 第三节　存留时间

存留时间的定义是在稳态条件下水储库中某一标量（仅有大小，数学上用单一实数来表示，如盐度）所代表的物质量与其更新量之比（Geyer et al.，2000）。还有大量其他有关存留时间的定义，包括用淡水输入替换一个河口中等量淡水所需的时间（Bowden，1967；Officer，1976），用来估算存留时间的物理因子包括冲刷和垂直混合/卷挟（Jay et al.，2000）。计算存留时间的具体方法可以归为如下几类：（1）淡水比例（或冲刷时间）方法（Bowden，1980）；（2）纳潮量方法（Officer，1976）；（3）依赖颗粒物年龄和去除的箱式模型方法（Officer，1980；Zimmerman，1988；Miller and McPherson，1991）；（4）数值水动力模型方法（Geyer and Signell，1992；Sheng et al.，1993；Oliveira and Baptista，1997）。其中，浮标追踪技术（Hitchcock et al.，1996）和化学示踪剂（$SF_6$）的应用（Clark et al.，1996）为后来的拉格朗日型实验带来启示。遗憾的是，这些不同的方法有时会估算出非常不同的存留时间。与河口系统相关的混合、环流和蒸发/降水的复杂性可使存留时间的结果非常难以解释，这尤其给最近使用数值技术的研究带来困扰，因此更简单的淡水比例和纳潮量方法今天仍然很常用。为了不至于偏离本书的生物地球化学主题，这里只讨论淡水比例方法。用最简单的术语来说，在这一方法中淡水被看作是一个示踪剂，同时假设淡水被去除意味着同时被流入的河水所替换（Bowden，1980）。河口中的淡水含量是河口体积和等效淡水比例（$f$）的函数，$f$的定义如下：

$$f = \frac{\sigma - S}{\sigma} \tag{3.9}$$

其中：$\sigma$为纳潮期间流入海水的盐度（标准海水盐度）；$S$为河口混合水的平均盐度。

可以使用下式来计算存留时间（$t$）

$$t = \frac{V_f}{Q} \tag{3.10}$$

其中：$V_f$为河口淡水体积；$Q$为淡水流入速率。

Solis 和 Powell（1999）使用一个 NOAA 数据集来估算墨西哥湾沿岸各河口的存留时间（图3.11），这些河口存留时间的范围非常广，从小于5天到大于300天不等（Solis and Powell，1999）。

河口存留时间对元素循环有重要影响。例如，放射性核素$^{7}Be$和$^{210}Pb$在色宾河口表层沉积物中的低保留［图3.8（a）］主要是缘于这一系统较短的存留时间（图3.11）（Baskaran et al.，1997）。

存留时间常被用来估算生物地球化学过程中的各种交换率，如营养盐通量（Nixon et al.，1996）、叶绿素浓度（Monbet，1992）、初级生产（Jørgensen and Richardson，1996）和底栖动物生产（Josefson and Ramussen，2000）。目前能在水交换速率和生物地球化学过程之间建立起有效联系的研究有限，因此需要更多的研究以更好地代表河口的多样性。在过去的10年中，河口的水动力数值模拟已有了长足的发展（Dyke，2001），例如，最近两个常用的3D河口模型，普林斯顿大学海洋模型（Princeton Ocean Model，POM）和汉堡海洋原始方程模型（Hamburg Ocean Primitive Equation Model，HOPE）可以有效地来确定外部作用力对河口环流形态模式的影响（Walters，1997；Valle - Levinson and Wilson，1994a，b）。但遗憾的是，在许多河口系统中水动力模型需要的很多复杂的未知输入变量。近期的研究表明，如果没有更完善的模拟，在假设河口入口处单位宽度体积流量恒定的情况下，使用简单模型估算浅的丹麦河口水交换是有效的（Rasmussen and Josefson，2002）。

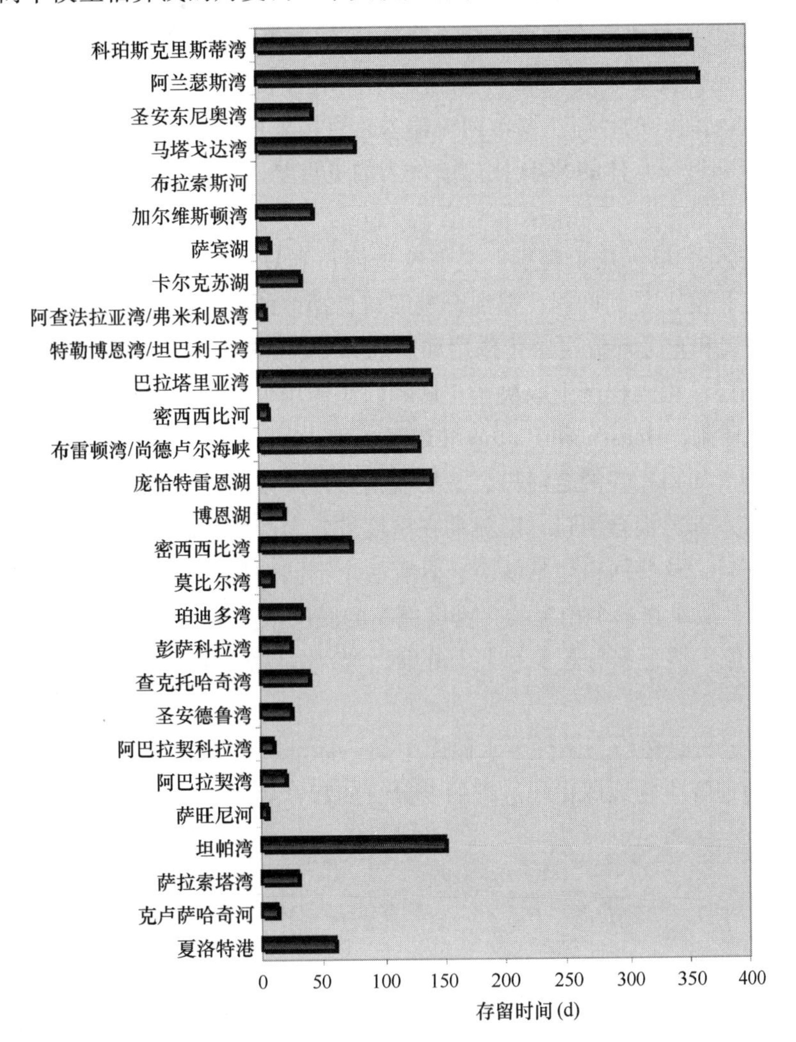


图 3.11　墨西哥湾沿岸各河口的存留时间（Solis and Powell，1999）

## 本章小结

1. 水是地球表面最丰富的物质，液态水覆盖地球大约 70% 的面积，大部分水（96%）存在于地球表面的全球海洋中。

2. 按流量排名前 10 位的河流，其流量之和约占入海总径流量的 30%。

3. SVATs 是使用诸如植被覆盖、土壤质地、土壤持水能力、表面粗糙度和反照率等参数对土壤水分、蒸散作用和径流做出预测的模拟模型。

4. 蒸散作用即陆地上水的蒸发以及通过植物的蒸腾作用失去水分。植物也可减少雨滴对土壤的冲击能量。

5. 到达陆地表面的降雨能够渗透可渗透性土壤，而每一种土壤都有不同的，但是有限的吸水能力。渗透能力（或速率）会随着土壤当前水分含量的不同会有所不同 。

6. 当降水速率超过渗透能力时，就会出现漫地流，即霍顿漫地流。

7. 在低渗透的土壤中导水率在垂直方向上降低，渗透的水流将会变成水平方向；这就是所谓的中间流，可能代表了总径流的很大一部分。地下水储库由新渗透的水和流入溪流的基流来平衡。

8. 大部分从陆地到海洋的径流主要由河流输入，直接来自地下水径流的输入最小。然而，近期的研究表明进入河口和近岸水体的SGD比以前认为的更重要，可能对营养盐和污染物的循环有重要影响。

9. 河口环流一般分为以下几个类别：类似盐楔河口和许多峡湾的高度层化河口；部分混合河口，垂直混合在一定程度上受到抑制；强混合型河口，盐度的垂直层化最小。

10. 河口垂直输运和重力环流受层化作用和由潮和/或风的扰动力形成的湍流混合的影响。在高度层化的条件下，两层流很大程度上取决于正压和斜压作用力的相互作用。

11. 基于层化和环流，Hansen 和 Rattray（1966）引入了一个一般的河口分类方案，将河口分为以下四种类型：类型 1 河口：强混合河口，平均流指向外海方向，盐平衡通过潮汐输运由扩散过程来维持；类型 2 河口：部分混合河口，净流动在深度方向上产生反转，盐通量由扩散和对流两个过程来维持；类型 3 河口：这些河口包括峡湾，具有两个不同的层，对流作用对盐通量贡献大；类型 4 河口：指盐楔河口，淡水在一个稳定的、密度更高的底层水上流动。

12. 描绘河口环流、混合和分层类型特征的两个参数是密差弗罗德数（$F_m$）和河口理查德数（$Ri_E$）。

13. 存留时间的定义是在稳态条件下水储库中某一标量所代表的物质量与其更新量之比。存留时间常被用来更好地理解生物地球化学过程的变异，如营养盐通量、叶绿素浓度、初级生产和底栖动物生产。

# 第二篇　河口水化学

# 第四章　物理性质和梯度

在讨论河口体系的化学动力学之前，有必要简要回顾一下热力学（或平衡模型）和动力学的基本原理，因为这与即将讨论的水化学密切相关。同样，由于盐度梯度自身以及其对河口化学都极为重要，本章也将对淡水和海水的基本性质进行讨论。

## 第一节　热力学平衡模型和动力学

Stumm 和 Morgan（1996）对如何整合实验室和现场测量获得的不同水化学分量进行了阐述。一般而言，实验室观测是在严格控制的条件下进行的（聚焦于所关注的自然过程），观测结果用于预测和建立模型，最终可用于解释自然环境中的复杂现象（图 4.1）。由于自然体系的复杂性，平衡模型可以预测严格限定条件下（不随时间变化、确定的温度和压力、均匀分布）的化学要素（气体、溶解组分、固体）的组成。它可以提供体系在平衡状态时的一些化学性质，但无法提供有关达到平衡状态所经历的任何动力学过程的信息。热力学定律是研究处于平衡状态的化学体系的基础。河口/水化学中运用平衡模型的主要目的是计算天然水体的平衡组成、确定特定反应发生所需要的能量以及明确体系偏离平衡的状态。

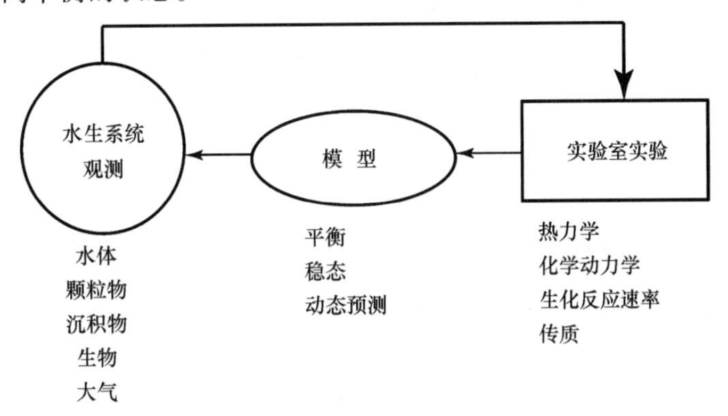


图 4.1　该示意图说明了如何将实验室试验获得的观测结果用于预测和建立模型，并最终用于解释自然环境的复杂现象（Stumm and Morgan，1996）

热力学第一定律指出，能量既不能自行产生，也不能自行消失（即体系的总能量守恒）。这意味着如果一个反应的内部能量增加，则必然伴随着能量的吸收，通常是以吸收热量的方式进行。焓（$H$）是恒压条件下以热量变化的形式表示体系内能变化的一个状态函数，如下式所示：

$$H = E + PV \tag{4.1}$$

式中，$E$ 为内能，$P$ 为压强，$V$ 为体积。

热力学第二定律指出（至少是一种表述方式），所有自发进行的反应都会导致反应体系自由能的减小和熵（$S$）的增加。体系吉布斯自由能（$G$）与焓和熵的关系如下：

$$G = H - TS \tag{4.2}$$

式中，$S$ 为熵，$T$ 为绝对温度［$T = t$（℃）+273.15］

在标准条件下（温度为0℃或273.15 K；压强为一个大气压 = 101.325 kPa，1 Pa = 1 N/m$^2$），$G$、$H$ 和 $S$ 记为 $\Delta G^0$、$\Delta H^0$ 和 $\Delta S^0$，分别表示标准生成自由能、标准生成焓和标准熵。

对于反应前后体系的温度没有发生变化的化学反应，则有：

$$\Delta G^0 = \Delta H^0 - T\Delta S^0 \tag{4.3}$$

$\Delta G^0$ 的数值越负，表明反应发生的自发性越强，即反应越容易发生。对于一个给定的化学反应，反应的标准自由能 $\Delta G^0$ 可由下式计算：

$$\Delta G^0 = \sum \Delta G^0(\text{产物}) - \sum \Delta G^0(\text{反应物}) \tag{4.4}$$

$\Delta H^0$ 则用于表征反应物和产物的化学键强度，因此 $\Delta H^0$ 的数值越负，表明反应发生的自发性越强。同样，$\Delta S^0$ 是反映反应物和产物混乱度的状态函数，因此 $\Delta S^0$ 数值越正，表明反应发生的自发性越强。由此可见，化学热力学可用于预测化学反应发生的自发性程度。一个最基本的平衡模型如下：

$$A + B = AB \qquad k = \frac{\{AB\}}{\{A\}\{B\}} \tag{4.5}$$

式中，$k$ 为反应的平衡常数或稳定常数。

在这里，关键是测定计算平衡常数所需的 $\{AB\}$、$\{A\}$ 和 $\{B\}$ 的浓度。各种离子的活度值同样取决于各物质的平衡浓度（这里未涉及，后面讨论）。尽管自然界中的大多数反应体系都远没有达到平衡状态，但如果化学反应的速度足够迅速，则一般假设反应可按照处于平衡状态处理（Butcher and Anthony, 2000）。例如在水溶液中，由于质子交换反应速度很快，通常认为 $NH_4^+$ 和 $NH_3$（aq）达到平衡状态，如下式所示（Quinn et al., 1988）：

$$NH_3 + H_2O \rightleftharpoons NH_4^+ + OH^- \tag{4.6}$$

常用的有关气相平衡、相平衡、同位素效应、氧化还原反应、电子活度以及 pH 值稳定性图的平衡模型详见 Stumm 和 Morgan（1996）与 Butcher 和 Anthony（2000）的研究。

化学动力学模型能够提供反应速率的信息，而这是化学热力学所无法做到的。但在很多情况下，这类模型所需要的诸如动力学速率常数等有关信息并非是现成的。获得动力学速率常数的基本方法就是建立反应速率和反应物浓度之间的关系。以下式为例，在 AB 的形成和分解反应中，反应速率受到反应物 A 和 B 的浓度的影响：

$$\mathrm{A + B \xrightarrow{k_a} AB} \qquad \mathrm{AB \xrightarrow{k_b} A + B} \tag{4.7}$$

式中，$k_a$ 是生成速率常数，$k_b$ 为分解速率常数。

Butcher 和 Anthony（2000）用如下通式表示反应速率和反应物浓度之间的关系：

$$\frac{\mathrm{dA}}{\mathrm{d}t} = -k\mathrm{A}^m\mathrm{B}^n\mathrm{C}^p \tag{4.8}$$

式中，A 指反应物，$\mathrm{d}A/\mathrm{d}t$ 为 A 的变化速率，$k$ 为反应速率常数，$m$、$n$ 和 $p$ 为反应级数。

反应速率常数的单位由反应物浓度的单位和反应级数决定。温度是另外一个可影响反应速率常数的极为重要的因素。温度升高能够提高化学反应速率和加快生物学过程，后者对河口生物地球化学循环中的微生物反应过程尤为重要（将在第八章和第九章中讨论）。著名的阿累尼乌斯方程描述了这些影响：

$$k = Ae^{-Ea/RT} \tag{4.9}$$

式中，$k$ 是反应速率常数，$A$ 是频率因子（能够引发化学反应的有效碰撞数），$E_a$ 为反应活化能（引发一个化学反应所需要的最小能量，单位为 J），$R$ 是气体常数 0.082 057 [$dm^3$ atm/(mol · K)]①，$T$ 为绝对温度（K）。

温度每增加 10℃，化学反应速率通常增加 1.5 ~ 3.0 倍，生物反应速率增加 2 倍（Brezonik, 1994）。最常见的（不一定是最好的）研究温度对生物过程影响的方法是从研究发酵速率开始的（Berthelot, 1862），由于反应速率随温度的升高而加快，该方法认为 $T+1$ 时的反应速率常数 $k$ 值大于 $T-1$ 时的 $k$ 值，并且 $k_{(T+1)}/k_{(T-1)}$②是一个固定的比值。通常采用相差 10℃的比值，或者称为 $Q_{10}$，如下式所示：

$$Q_{10} = k_{(T+10)}/k_T \tag{4.10}$$

由于 log $k$ 并不与温度呈线性关系，因此 $Q_{10}$将取决于温度。$Q_{10}$越大，表明温度对反应的影响程度越大。$Q_{10}$为 1，表明温度对反应速率没有影响。许多由生物过程介导的全球生物地球化学循环过程强烈依赖于温度，而微量气体（如 $CO_2$ 和 $CH_4$）的循环可能受温度影响最为显著，因为它们与全球变暖有关。其他控制化学反应动力学的因素还包括催化作用、同位素动力学效应和酶催化反应等（Butcher and Anthony, 2000）。

## 第二节　水的物理性质和盐类的溶解性

如第三章所述，地球上的水的存在形式，主要为存在于大气层中的水蒸气，存在于河口、湖泊、海洋以及地下水中的冰和液态水，还有键合于矿物结构中的结合水。水的独特结构特性对地球上的生命至关重要，但水分子却是我们了解得最少的分子之一。例如，经典热力学理论适用于理想气体，但是不适用于水（Degens, 1989）。在水分子中，两个氢原子都位于和氧原子相反方向的同侧，两个与氧原子形成的化学键的夹角为 104.5°（图 4.2）。氧原子带有净的负电荷，氢原子带有净的正电荷，这些电荷弱于离子键中的离子所携带的电荷，用符号“δ -”和“δ +”表示（图 4.3）。这种正负电荷相反方向的分布形成了具有较强极性的偶极分子。水的下列一些独特性质正是来源于这种偶极特性：（1）优良的溶剂（溶解能力），能够溶解众多的盐类和极性化合物；（2）热膨胀性，纯液态水的最大密度（约 1 g/$cm^3$）出现在 4℃，大于其冰点温度 0℃；（3）高表面张力（液体的表面强度）和黏度（抵抗液体变形或流动的能力）；（4）高介电常数；（5）高的比热容（使单位质量的某种物质升高 1℃所需要吸收的热量）；（6）高的熔化潜热（使单位质量的某种物质在其熔点时熔化所需要吸收的热量）和蒸发潜热。更多的有关水的这些特异性质见表 4.1。

---

① atm 为非法定计量单位，1 atm = 101 325 Pa。——编者注

② 此处反应速率常数 $k$ 值的角标为译者所加。——译者注

表 4.1　液态水的物理特性

| 性质 | 与其他物质的对比 |
|---|---|
| 比热容［=4.18×$10^3$ J/（kg·℃）］ | 除 $NH_3$ 外，是所有其他固体和液体中最高的 |
| 熔化潜热（=3.33×$10^5$ J/kg）① | 仅低于 $NH_3$ |
| 蒸发潜热（=2.23×$10^6$ J/kg） | 是所有物质中最高的 |
| 热膨胀 | 具有最大密度时的温度随着盐度的增加而降低；纯水最大密度时的温度为4℃ |
| 表面张力（=7.2×$10^9$ N/m）[a] | 所有液体中最高 |
| 溶解能力 | 同其他液体相比，能溶解更多的物质且溶解量更大 |
| 介电常数[b]（=87.9，0℃；78.36，20℃）② | 除了 $H_2O_2$ 和 HCN 外，纯水是所有其他液体中最高的 |
| 电离度 | 非常小 |
| 透明度 | 相当大 |
| 导热性 | 所有液体中最高 |
| 分子黏度（=$10^{-3}$ N·s/$m^2$）[a] | 在可比的温度范围内低于大多数液体 |

a. N 表示牛顿，即力的单位 kg·m/$s^2$；b. 表征溶液中带相反电荷的离子彼此分开的能力。

①原著中单位为 J/（kg·℃）。——译者注

②原著中列出0℃ 和20℃两个温度，但仅给出0℃时的介电常数，译者补充20℃时的介电常数。——译者注

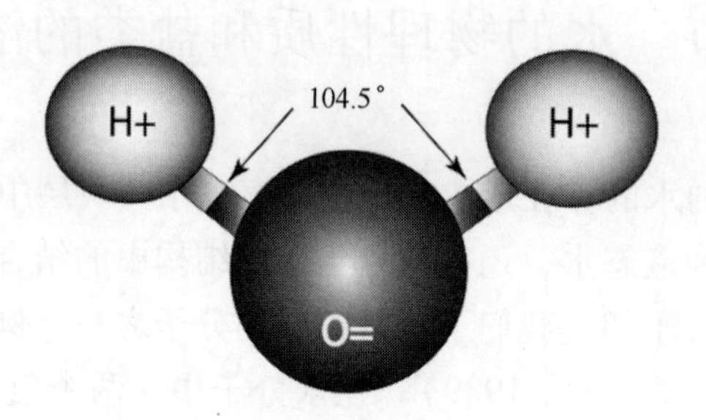


图 4.2　水分子的化学结构

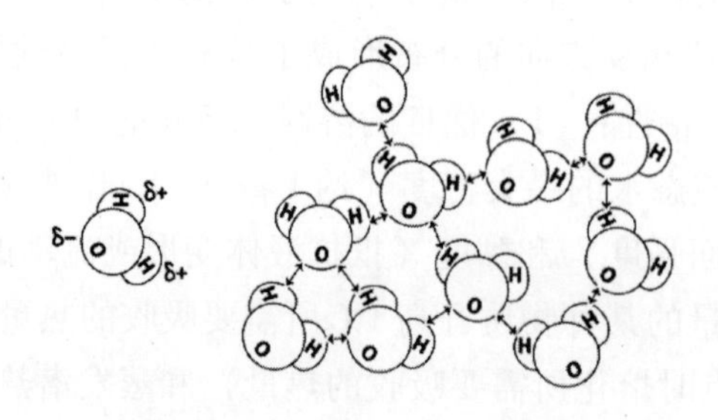


图 4.3　水分子之间的氢键作用力示意图，氢键是通过不同水分子带正电和负电端的偶极－偶极静电相互作用形成的（Henshaw et al.，2000）

不同水分子带负电和正电端之间的偶极－偶极静电相互作用形成了氢键（图4.3）。当冰形成时，每个水分子形成的氢键最多（4个）；4个氢键构成四面体（图4.4）。冰的这种敞开式的四面体晶体构型使其密度小于液态水的密度，从而能够浮于水面。如果上述水的两相独特性质不存在，冰将沉于水底，则我们所熟知的地球上的一些水生生物将迁徙或消失。反之，当冰融化时，这种敞开式的构型将会消失，水的体积逐渐减小，直到4℃左右时水的密度达到最大值（图4.5）。水的这一最大密度现象与一定比例的水分子形成了类冰结构有关，这一结构又称“闪动簇团”，其具有瞬时变化特征，变化的频率受温度和压力的影响（图4.4；Frank and Wen，1957）。

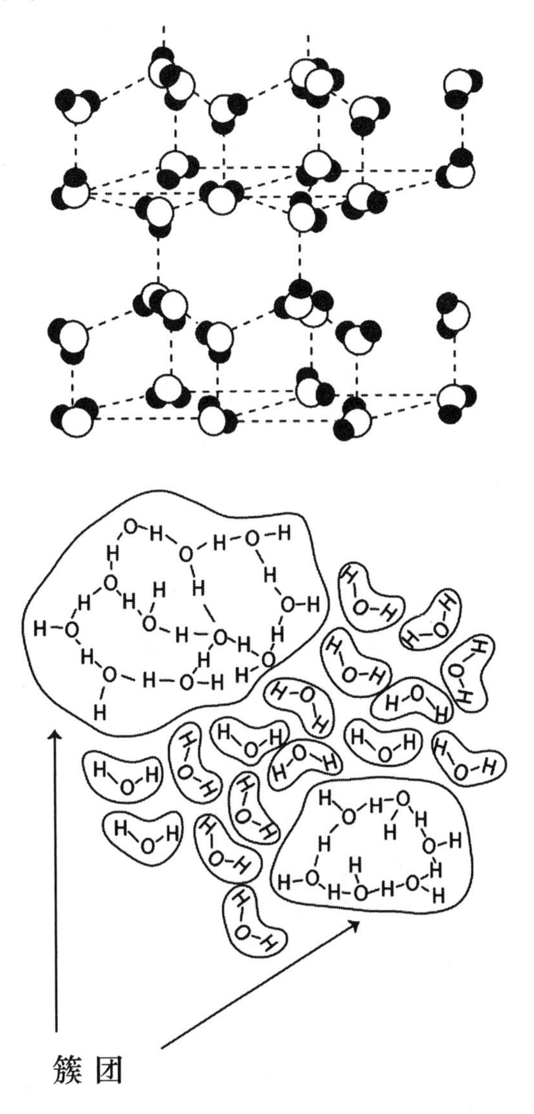


图4.4　当每个水分子形成的氢键数达到最大时（4个），冰的晶体结构就形成了；这4个氢键形成四面体构型。冰的这种敞开式的四面体晶体构型使其密度小于液态水的密度，从而能够浮于水面（Stumm and Morgan，1996）

类似的水分子簇团结构也会影响水中离子的水合过程。当盐（如NaCl）加入纯水中时，围绕每一个离子形成的原水合层会破坏NaCl晶体的离子键（水合过程）；此时自由离子［$Na^+$（aq）和

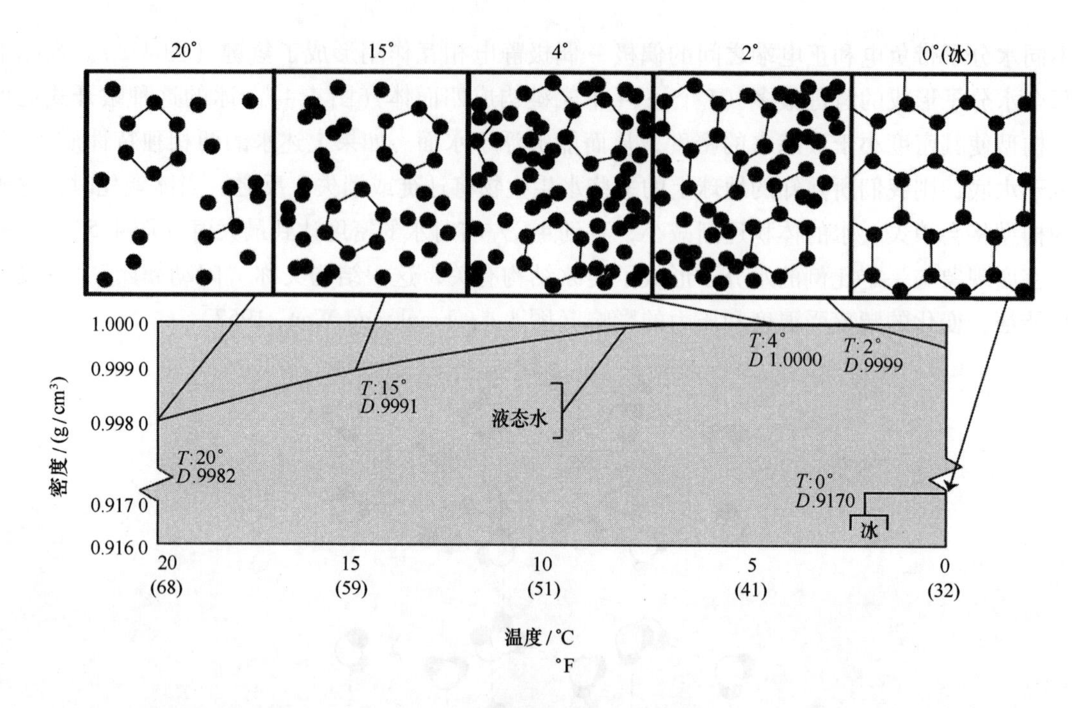


图4.5　冰的敞开式四面体晶体构型使其密度小于液态水的密度，从而能够浮于水面。当纯冰融化时，这种敞开式的构型将会消失，水的体积逐渐减小，直到4℃左右时水的密度达到最大值。图中 $T$ 表示温度，$D$ 代表密度（Modified from Thurman，1985）

$Cl^-$(aq)］被溶解或者说被水合（图4.6）。盐溶于水后会对水分子的整体排列产生一定影响，因此会影响水的物理性质。例如，纯水的冰点和最大密度温度分别为0.0℃和3.98℃，而海水（盐度为35）的冰点和最大密度温度分别为-1.91℃和-3.52℃（Horne，1969）。这是因为盐的存在阻碍了水分子形成有序簇团，使其密度受热膨胀的影响更加显著。还应当指出的是，尽管水溶液的密度随着溶解盐类的增加而增大，不过由于电伸缩作用，溶液的实际体积却在减小。在此过程中，水分子会在盐离子（例如 $Na^+$）周围以高于预期的密度聚集；这些“口袋型”的水分子簇团具有比周围本体水更大的密度，产生了压缩或者说减少溶剂的效果。由于这一现象可能会影响到离子在不同盐度梯度的海水中的迁移特性，所以十分重要。

流域中不同矿物盐类的化学风化和溶解性可能差别很大，这是控制盐类输入淡水的重要变量。在像河口水体这样复杂的溶液中，各种离子的比例通常与在产生这些离子的固相中的比例并不相同，这时就需要运用溶度积常数，其定义为：

$$K_{sp} = [A^+][B^-] \tag{4.11}$$

式中，$K_{sp}$表示溶度积常数，$[A^+]$ 和 $[B^-]$ 分别表示与固相达到平衡的饱和溶液中阳离子和阴离子的浓度。

可以通过比较离子活度积（IAP）和溶度积（$K_{sp}$）的大小来判断溶液的过饱和或不饱和程度。比如，当IAP大于$K_{sp}$时，相对于矿物盐类而言，溶液处于过饱和状态，沉淀过程将会自发进行；反之，当IAP小于$K_{sp}$时，溶液处于不饱和状态，溶解过程将会自发进行。当象NaCl这样简单的矿物盐类溶于水时，离子将被水分子充分水合，因此 $Na^+$ 和 $Cl^-$ 之间以及它们与 $H^+$ 和 $OH^-$ 之间的相互作用基本可以忽略。而且，由于NaCl解离为离子，其满足平衡方程的离子活度可以有无限的组合，但只要 IAP 等于平衡常数即可。有关离子活度系数的更多内容将在本章后面讨论。因此，如果不考虑离子活度效应，NaCl 溶解度的计算十分简单明了。其他矿物盐类的溶解则可能因离子对的形成而产生盐效应，从而增加其溶解度，这时就要考虑离子形态的影响（Pankow, 1991）。与此不同的是，在不同盐度梯度下的溶解组分通常会存在盐析效应；这一点对研究河口中的芳烃等疏水性有机化合物（HOCs）尤为重要（Means, 1995）。由于 HOCs 的溶解度与盐度成反比，所以在河口水体中悬浮颗粒物对 HOCs 的吸附作用随盐度的增加而增强（Schwarzenbach et al., 1993）。当然，在平衡条件下的任何计算中，矿物盐类的溶解度都依赖于温度、压力和离子强度等参数。因此，河口环境中不断变化的盐度梯度对矿物的溶解度有巨大影响。

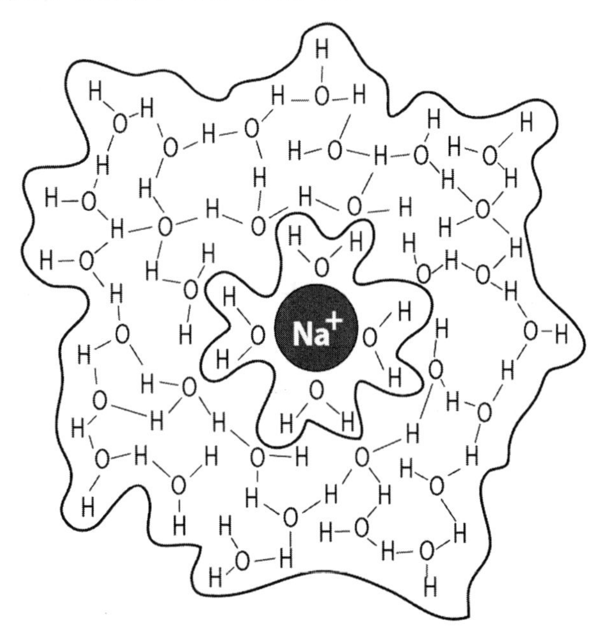


图 4.6　对离子水合作用有重要影响的水分子簇团结构示意图。当盐（如 NaCl）加入纯水中时，围绕每一个离子（图中是 $Na^+$）形成的原水合层会破坏 NaCl 晶体的离子键（水合过程）（Degens, 1989）

在详细讨论控制淡水和海水环境中离子相互作用和形态的因素之前，下面两节将首先对河流和河口水体中盐类的来源及盐度的一般概念进行简要说明。

## 第三节　河口溶解盐类的来源和混合

在讨论河流、河口和海洋中主要溶解组分浓度的控制因素之前，应该首先明确元素不同形态（溶解态、胶体和颗粒态）粒径谱的操作定义。通常将能够通过标称孔径为 0.45 μm 滤膜的组分定义为溶解态物质（图 4.7；Wen et al., 1999）。超滤能够分离出胶体物质，但这一组分通常还是被包含在溶解态组分中。应当指出的是，虽然胶体也能够通过 0.45 μm 孔径滤膜，但它们并不是真正意义上的溶解物质。有关胶体采集技术的更多内容将在第十章至第十五章中介绍，包括胶体对河口中碳、氮、磷、硫、重金属、有机物在溶解态和颗粒态之间分配的重要性。

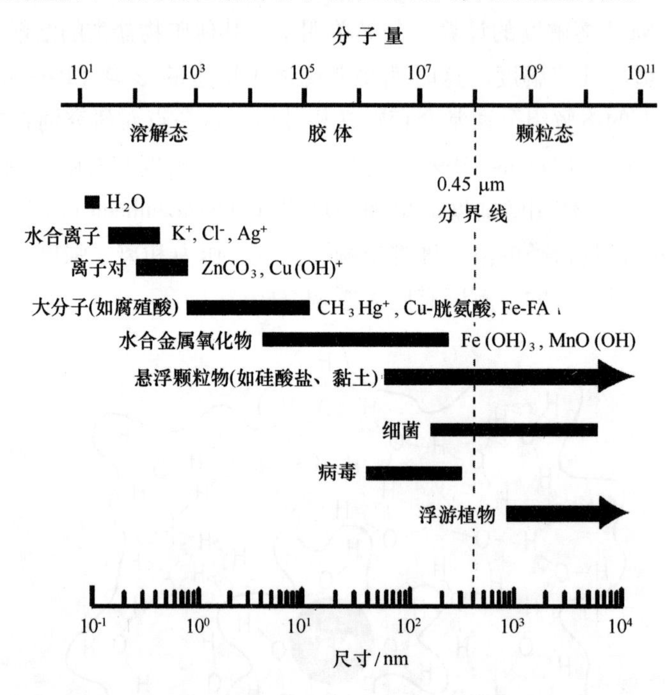


图 4.7　能够通过标称孔径为 0.45 μm 滤膜的组分通常被定义为溶解态物质（Wen et al.，1999）

世界上所有的天然水体中都含有一定数量的溶解矿物盐类。从化学的角度来看，河口是一个海水被来自周围流域中的淡水输入显著稀释的地方。如第三章所述，河水与海水在河口的混合高度可变，具有很大的浓度梯度是其典型特征。简言之，正是河流和海洋两个端元之间的各种各样的混合模式形成了丰富多彩的河口环境。广泛河流中水体的含盐量变化很大，一般为每升几百毫克，而海洋中水体的含盐量相对恒定，一般为每升几克。下面部分将对河流和海洋中颗粒态和溶解态组分的化学差异进行对比，因为这与河口盐类的来源密切相关。

除了人类活动（例如农业）之外，河流中的盐类主要来源于河流和河口流域的岩石风化（Livingstone，1963；Burton and Liss，1976；Meybeck，1979；Berner and Berner，1996）。研究世界主要河流的总输沙量和流域面积的关系就会发现，流域面积以外的其他因素起着重要作用（表 4.2），这些因素包括流域的地势（高程）、径流量、沿河湖泊/大坝的影响（储水作用）、流域盆地的地质状况以及气候条件（Milliman，1980；Milliman and Syvitski，1992）。例如，虽然黄河的流域面积较小，但输送的泥沙总量却很大；这是由于过度的农业活动造成了严重的水土流失所致（Milliman et al.，1987）。河流中悬浮物质的组成主要取决于流域土壤的组成。但河流中悬浮物质的化学成分和母岩差异很大（表 4.3）；这是由于母岩中不同成分的溶解度的差异所致。例如铁和铝这样的成分比钠和氯的可溶性低，从而使得前者在河流水体中的浓度低，而在悬浮物质中具有相对较高的丰度（Berner and Berner，1996）。铁和铝的富集现象还可以用元素重量比来说明，如果该系数大于 1，表明元素是富集的（表 4.3）。有些情况下，河流中的大多数盐类组分受控于降水和蒸发过程。这一关系是由 Gibbs（1970）在以溶解性总固体（TDS）含量对离子组成比值 $Na^+/(Na^+ + Ca^{2+})$ 和

$Cl^-$/（$Cl^-$ + $HCO_3^-$）作图时发现的。Berner 和 Berner（1996）对 Gibbs（1970）建立的关系进行了修正，发现蒸发控制的河流分布在干旱地区，岩石风化控制的河流分布在中等降雨量的地区，而降水控制的河流主要分布在高降雨量地区（如图 4.8）。一般来说，大多数河流中的主要离子都是由石灰岩风化而来的 $Ca^{2+}$ 和 $HCO_3^-$（Meybeck，1979）。因此，像密西西比河等位于图中相对较低的 $Na^+$/（$Na^+$ + $Ca^{2+}$）和 $Cl^-$/（$Cl^-$ + $HCO_3^-$）区的河流，表明其流域盆地以石灰岩风化为主。与此相反，由于干旱地区的蒸发速率很大，$Ca^{2+}$ 和 $HCO_3^-$ 将会因 $CaCO_3$ 沉淀的形成而损失，$Na^+$ 和 $Cl^-$ 等其他离子则将被浓缩。世界上多数大河流中的溶解组分均由岩石风化作用控制，均具有较高的 $Ca^{2+}$ 和 $HCO_3^-$ 浓度（表 4.4）。洋盆中漫长的停留时间和蒸发过程则使得 $Na^+$ 和 $Cl^-$ 等成为海水中的主要离子。

**表 4.2　世界主要河流的输沙量、径流量和流域面积**

| 河　流 | 输沙量（$10^6$ t/a） | 输沙量排名 | 径流量（$10^9$ $m^3$/a） | 径流量排名 | 流域面积（$10^6$ $km^2$） |
|---|---|---|---|---|---|
| 亚马孙河，巴西 | 1 150 | 1 | 6 300 | 1 | 6.15 |
| 扎伊尔河，扎伊尔 | 43 | 22 | 1 250 | 2 | 3.82 |
| 奥里诺科河，委内瑞拉 | 150 | 11 | 1 200 | 3 | 0.99 |
| 恒河 - 雅鲁藏布江，孟加拉国 | 1 050 | 3 | 970 | 4 | 1.48 |
| 长江，中国 | 480 | 4 | 900 | 5 | 1.94 |
| 叶尼塞河，俄罗斯 | 5 | | 630 | 6 | 2.58 |
| 密西西比河，美国 | 210 | 7 | 530 | 7 | 3.27 |
| 勒拿河，俄罗斯 | 11 | | 510 | 8 | 2.49 |
| 湄公河，越南 | 160 | 9 | 470 | 9 | 0.79 |
| 巴拉那/乌拉圭河，巴西 | 100 | 14 | 470 | 10 | 2.83 |
| 圣劳伦斯河，加拿大 | 3 | | 450 | 11 | 1.03 |
| 伊洛瓦底江，缅甸 | 260 | 5 | 430 | 12 | 0.43 |
| 鄂毕河，俄罗斯 | 16 | | 400 | 13 | 2.99 |
| 阿穆尔河（黑龙江），俄罗斯 | 52 | 20 | 325 | 14 | 1.86 |
| 马更些河，加拿大 | 100 | 13 | 310 | 15 | 1.81 |
| 珠江（西江），中国 | 80 | 16 | 300 | 16 | 0.44 |
| 萨尔温江，缅甸 | 100 | 15 | 300 | 17 | 0.28 |
| 哥伦比亚河，美国 | 8 | | 250 | 18 | 0.67 |
| 印度河，巴基斯坦 | 50 | 21 | 240 | 19 | 0.97 |
| 马格达莱纳河，哥伦比亚 | 220 | 6 | 240 | 20 | 0.24 |
| 赞比西河，莫桑比克 | 20 | | 220 | 21 | 1.2 |
| 多瑙河，罗马尼亚 | 40 | 24 | 210 | 22 | 0.81 |

续表

| 河流 | 输沙量 ($10^6$ t/a) | 输沙量排名 | 径流量 ($10^9$ $m^3$/a) | 径流量排名 | 流域面积 ($10^6$ $km^2$) |
|---|---|---|---|---|---|
| 育空河，美国 | 60 | 19 | 195 | 23 | 0.84 |
| 尼日尔河，非洲 | 40 | 25 | 190 | 24 | 1.21 |
| 普拉里河/弗莱河，新几内亚 | 110 | 12 | 150 | 25 | 0.09 |
| 黄河，中国 | 1100 | 2 | 49 | | 0.77 |
| 格达瓦里河，印度 | 170 | 8 | 92 | | 0.31 |
| 红河，越南 | 160 | 10 | 120 | | 0.12 |
| 库柏河，美国 | 70 | 17 | 39 | | 0.06 |
| 浊水溪，中国台湾 | 66 | 18 | | | 0.003 |
| 辽河，中国 | 41 | 23 | 6 | | 0.17 |

数据引自 Milliman and Meade (1983) 和 Meade (1996)。

**表 4.3 陆地岩石、土壤、河流中溶解态和颗粒态物质中常量元素的含量**

| 元素 | 陆地 | | 河流 | | | | 元素质量比 | |
|---|---|---|---|---|---|---|---|---|
| | 表层岩石中的含量/ (mg/g) | 土壤中的含量 / (mg/g) | 颗粒态含量 / (mg/g) | 溶解态含量 / (mg/L) | 颗粒态输送量 / ($10^6$ t/a) | 溶解态输送量 / ($10^6$ t/a) | 河流颗粒态 /岩石 | 颗粒态/（颗粒态+溶解态） |
| Al | 69.3 | 71.0 | 94.0 | 0.05 | 1457 | 2 | 1.35 | 0.999 |
| Ca | 45.0 | 35.0 | 21.5 | 13.40 | 333 | 501 | 0.48 | 0.40 |
| Fe | 35.9 | 40.0 | 48.0 | 0.04 | 744 | 1.5 | 1.33 | 0.998 |
| K | 24.4 | 14.0 | 20.0 | 1.30 | 310 | 49 | 0.82 | 0.86 |
| Mg | 16.4 | 5.0 | 11.8 | 3.35 | 183 | 125 | 0.72 | 0.59 |
| Na | 14.2 | 5.0 | 7.1 | 5.15 | 110 | 193 | 0.50 | 0.36 |
| Si | 275.0 | 330.0 | 285.0 | 4.85 | 4418 | 181 | 1.04 | 0.96 |
| P | 0.61 | 0.8 | 1.15 | 0.025 | 18 | 1.0 | 1.89 | 0.96 |

注：表中的元素不包括气体。各种元素以颗粒态和溶解态形式在河流中的输送量分别以 $15.5 \times 10^9$ t（颗粒物/a）和 37 400 $km^3$/a（水）为基础计算得出。数据来源：Martin and Meybeck, 1979; Martin and Whitfield, 1981; Meybeck, 197, 1982。

Berner and Berner (1996)

海水中常量离子含量最高的几种元素的浓度由高到低的顺序为：$Cl^-$、$Na^+$、$Mg^{2+}$、$SO_4^{2-}$、$Ca^{2+}$、$K^+$（表4.5; Millero, 1996）。与河水不同，海水中的常量组分具有相对稳定的比例关系，表明这些元素在水体中具有相当长的存留时间（几千年到几百万年），呈现明显的惰性（Millero, 1996）。海水中常量元素（也有不少微量元素）之间的这种相对稳定的比例关系被称为海水恒比定理或称马赛特定理。更具体地说，这些元素称为保守元素，其浓度的变化主要由物理过程引起的水的增加或损失所致。这些元素也可能会参与一些化学和生物反应，但这些过程所引起的元素浓度变

表 4.4 世界主要河流中的常量离子和化学组成

| 河 流 | $Ca^{2+}$ | $Mg^{2+}$ | $Na^{+}$ | $K^{+}$ | $Cl^{-}$ | $SO_4^{2-}$ | $HCO_3^{-}$ | $SiO_2$ | TDS | 径流量 /($km^3$/a) | 流域面积 /($10^6$ $km^2$) | 参考文献 |
|---|---|---|---|---|---|---|---|---|---|---|---|---|
| **北美洲** | | | | | | | | | | | | |
| 科罗拉多河，20 世纪 60 年代 | 83 | 24 | 95 | 5 | 82 | 270 | 135 | 9.3 | 703 | 20 | 0.64 | Meybeck (1979) |
| 哥伦比亚河 | 19 | 5.1 | 6.2 | 1.6 | 3.5 | 17.1 | 76 | 10.5 | 139 | 250 | 0.67 | Meybeck (1979) |
| 马更些河 | 33 | 10.4 | 7 | 1.1 | 8.9 | 36.1 | 111 | 3 | 211 | 304 | 1.8 | Meybeck (1979) |
| 圣劳伦斯河，1870 | 25 | 3.5 | 5.3 | 1 | 6.6 | 14.2 | 75 | 2.4 | 133 | 337 | 1.02 | Meybeck (1979) |
| 育空河 | 31 | 5.5 | 2.7 | 1.4 | 0.7 | 22 | 104 | 6.4 | 174 | 195 | 0.77 | Meybeck (1979) |
| 密西西比河，1905 | 34 | 8.9 | 11 | 2.8 | 10.3 | 25.5 | 116 | 7.6 | 216 | 580 | 3.27 | Meybeck (1979) |
| 密西西比河，1965—1967 | 39 | 10.7 | 17 | 2.8 | 19.3 | 50.3 | 118 | 7.6 | 265 | 580 | 3.27 | Meybeck (1979) |
| 弗雷泽河 | 16 | 2.2 | 1.6 | 0.8 | 0.1 | 8 | 60 | 4.9 | 93 | 100 | 0.38 | Meybeck (1979) |
| 纳尔逊河 | 33 | 13.6 | 24 | 2.4 | 30.2 | 31.4 | 144 | 2.6 | 281 | 110 | 1.15 | Meybeck (1979) |
| 里约格兰德河：拉雷多 | 109 | 24 | 117 | 6.7 | 171 | 238 | 183 | 30 | 881 | 2.4 | 0.67 | Livingstone (1963) |
| 俄亥俄河 | 33 | 7.7 | 15 | 3.6 | 19 | 69 | 63 | 7.9 | 221 | — | — | Livingstone (1963) |
| **欧洲** | | | | | | | | | | | | |
| 多瑙河 | 49 | 9 | −9 | −1 | 1935 | 24 | 190 | 5 | 307 | 203 | 0.8 | Meybeck (1979) |
| 莱茵河上游：未污染 | 41 | 7.2 | 1.4 | 1.2 | 1.1 | 36 | 114 | 3.7 | 307 | — | — | Zobrist and Stumm (1979) |
| 莱茵河下游：污染 | 84 | 10.8 | 99 | 7.4 | 178 | 78 | 153 | 5.5 | 256 | 68.9 | 0.145 | Zobrist and Stumm (1979) |
| 挪威的河流 | 3.6 | 0.9 | 2.8 | 0.7 | 4.2 | 3.6 | 12 | −3 | 31 | 383 | 0.34 | Meybeck (1979) |
| 流入黑海的河流 | 43 | 8.6 | 17.1 | 1.3 | 16.5 | 42 | 136 | — | 265 | 158 | 1.32 | Meybeck (1979) |
| 冰岛的河流 | 3.9 | 1.5 | 8.8 | 0.5 | 4.4 | 4.8 | 35.5 | 14.2 | 73.4 | 110 | 0.1 | Meybeck (1979) |
| **南美洲** | | | | | | | | | | | | |
| 亚马逊河上游：秘鲁 | 19 | 2.3 | 6.4 | 1.1 | 6.5 | 7 | 68 | 11.1 | 122 | 1512 | — | Stallard (1980) |

续表

| 河流 | $Ca^{2+}$ | $Mg^{2+}$ | $Na^{+}$ | $K^{+}$ | $Cl^{-}$ | $SO_4^{2-}$ | $HCO_3^{-}$ | $SiO_2$ | TDS | 径流量 /($km^3/a$) | 流域面积 /($10^6\ km^2$) | 参考文献 |
|---|---|---|---|---|---|---|---|---|---|---|---|---|
| 亚马孙河下游:巴西 | 5.2 | 1 | 1.5 | 0.8 | 1.1 | 1.7 | 20 | 7.2 | 38 | 7245 | 6.3 | Stallard and Edmond (1981) |
| 内格罗河下游 | 0.2 | 0.1 | 0.4 | 0.3 | 0.3 | 0.2 | 0.7 | 4.1 | 6 | 1383 | 0.76 | Stallard and Edmond (1982) |
| 马德拉河 | 5.6 | 0.2 | 2.6 | 1.6 | 0.8 | 5.6 | 28 | 9.4 | 53 | 1550 | 2.6 | Stallard and Edmond (1987) |
| 巴拉那河 | 5.4 | 2.4 | 5.5 | 1.8 | 5.9 | 3.2 | 31 | 14.3 | 69 | 567 | 2.8 | Meybeck (1979) |
| 马格达莱纳河 | 15 | 3.3 | 8.3 | 1.9 | -13.4 | 14.4 | 49 | 12.6 | 118 | 235 | 0.24 | Meybeck (1979) |
| 圭亚那的河流 | 2.6 | 1.1 | 2.6 | 0.8 | 3.9 | 2 | 12 | 10.9 | 36 | 240 | 0.24 | Meybeck (1979) |
| 奥里诺科河 | 3.3 | 1 | -1.5 | -0.65 | 2.9 | 3.4 | 11 | 11.5 | 34 | 946 | 0.95 | Meybeck (1979) |
| **非洲** | | | | | | | | | | | | |
| 赞比西河 | 9.7 | 2.2 | 4 | 1.2 | 1 | 3 | 25 | 12 | 58 | 224 | 1.34 | Meybeck (1979) |
| 刚果河(扎伊尔) | 2.4 | 1.4 | 2 | 1.4 | 1.4 | 1.2 | 13.4 | 10.4 | 34 | 1215 | 3.7 | Probst et al. (1994) |
| 乌班吉河 | 3.3 | 1.4 | 2.1 | 1.6 | 0.8 | 0.8 | 19 | 13.2 | 43 | 90 | 0.5 | Probst et al. (1994) |
| 尼日尔河 | 4.1 | 2.6 | 3.5 | 2.4 | 1.3 | -1 | 36 | 15 | 66 | 190 | 1.12 | |
| 尼罗河 | 25 | 7 | 17 | 4 | 7.7 | 9 | 134 | 21 | 225 | 83 | 3 | |
| 奥兰治河 | 18 | 7.8 | 13.4 | 2.3 | 10.6 | 7.2 | 107 | 16.3 | 183 | 10 | 0.8 | |
| **亚洲和大洋洲** | | | | | | | | | | | | |
| 雅鲁藏布江 | 14 | 3.8 | 2.1 | 1.9 | 1.1 | 10.2 | 58 | 7.8 | 99 | 609 | 0.58 | Sarin et al. (1989) |
| 恒河 | 25.4 | 6.9 | 10.1 | 2.7 | 5 | 8.5 | 127 | 8.2 | 194 | 393 | 0.975 | Sarin et al. (1989) |
| 印度河 | 26.4 | 5.6 | 9 | 2 | 7.1 | 26.4 | 90 | 5.1 | 171 | 238 | 0.97 | Meybeck (1979) |
| 湄公河 | 1.2 | 3.2 | 3.6 | 2 | -5.3 | 3.8 | 58 | 5.9 | 99 | 577 | 0.795 | Meybeck (1979) |
| 日本的河流 | 8.8 | 1.9 | 6.7 | 2.2 | 5.8 | 10.6 | 31 | 19 | 86 | 550 | 0.37 | Meybeck (1979) |
| 印度尼西亚的河流 | 5.2 | 2.5 | 3.8 | 1 | 3.9 | 5.8 | 26 | 10.6 | 58 | 1734 | 1.23 | Meybeck (1979) |

续表

| 河　流 | $Ca^{2+}$ | $Mg^{2+}$ | $Na^{+}$ | $K^{+}$ | $Cl^{-}$ | $SO_4^{2-}$ | $HCO_3^-$ | $SiO_2$ | TDS | 径流量 /($km^3/a$) | 流域面积 /($10^6$ $km^2$) | 参考文献 |
|---|---|---|---|---|---|---|---|---|---|---|---|---|
| 新西兰的河流 | 8.2 | 4.6 | 5.6 | 0.7 | 5.8 | 6.2 | 50 | 7 | 88 | 400 | 0.27 | Meybeck (1979) |
| 长江 | 30.2 | 7.4 | 7.6 | 1.5 | 9.1 | 11.5 | 120 | 6.9 | 194 | 928 | 1.95 | Zhang et al. (1990) |
| 黄河 | 42 | 17.7 | 55.6 | 2.9 | 46.9 | 71.7 | 182 | 5.1 | 424 | 43 | 0.745 | Zhang et al. (1990) |
| 鄂毕河 | 21 | 5 | 4 | 3 | 10 | 9 | 79 | 4.2 | 135 | 433 | 2.99 | Gordeev et al. (1996) |
| 叶尼塞河 | 21 | 4.1 | 2.3 | — | 9 | 8.6 | 74 | 3.8 | 123 | 555 | 2.5 | Telang et al. (1991) |
| 勒拿河 | 17.1 | 5.1 | 5.2 | — | 12 | 13.6 | 53.1 | 2.9 | 109 | 525 | 2.49 | Gordeev et al. (1996) |
| 菲律宾的河流 | 31 | 6.6 | 10.4 | 1.7 | 3.9 | 13.6 | 131 | 30.4 | 228 | 332 | 0.3 | Meybeck (1979) |

注:“—”表示没有数据。

Berner and Berner (1996)。

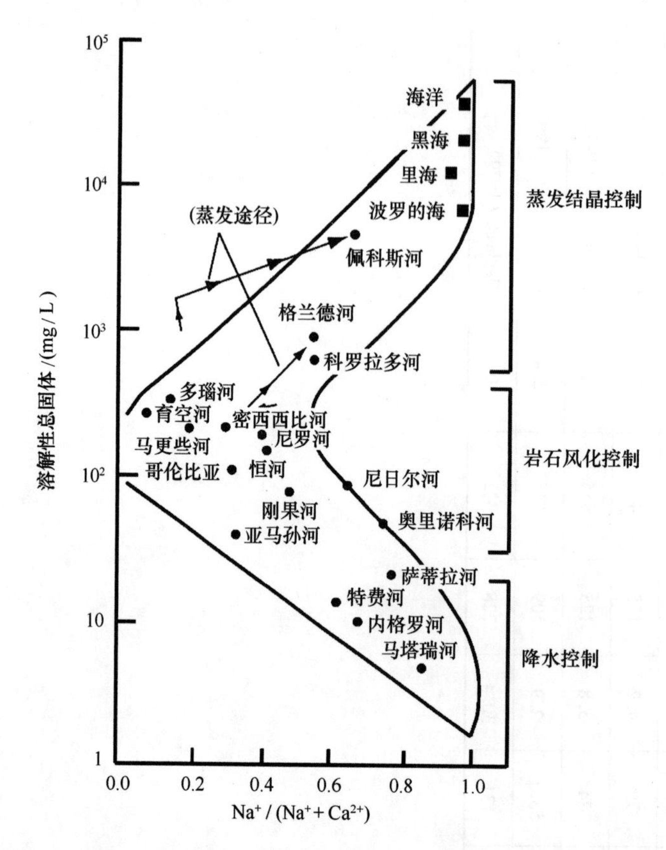


图 4.8 修正后的吉布斯图（Gibbs，1970）。图中显示，蒸发控制的河流分布在干旱地区，岩石风化控制的河流分布在中等降雨量地区，而降水控制的河流则主要分布在高降雨量地区（Berner and Berner，1996）

化很小，不足以改变相对恒定的元素比例（Wangersky，1965；Libes，1992）。海水中的其他元素称为非保守元素，因为生物（如通过光合作用吸收）或化学（如热液输入）过程使得它们之间不能保持恒定的比例关系。在河口和其他海洋环境中（如缺氧海盆、热液喷发口和蒸发洋盆），许多过程（如降水、蒸发、结冰、溶解和氧化）也能够使常量组分的浓度发生巨大变化。

**表 4.5 海水主要组分的相对组成（pHsws = 8.1，*S* = 35，*T* = 25℃）**

| 溶 质 | $g_i$/Cl (‰) | | | |
|---|---|---|---|---|
| | A | B | C | D |
| $Na^+$ | 0.555 6 | 0.555 5 | 0.556 7 | 0.556 61 |
| $Mg^{2+}$ | 0.066 95 | 0.066 92 | 0.066 67 | 0.066 26 |
| $Ca^{2+}$ | 0.021 06 | 0.021 26 | 0.021 28 | 0.021 27 |
| $K^+$ | 0.020 0 | 0.020 6 | 0.020 6 | 0.020 60 |
| $Sr^{2+}$ | 0.000 70 | 0.000 40 | 0.000 42 | 0.000 41 |
| $Cl^-$ | 0.998 94 | | | 0.998 91 |
| $SO_4^{2-}$ | 0.139 4 | | 0.140 0 | 0.140 00 |

续表

| 溶　质 | $g_i/Cl$ (‰) | | | |
|---|---|---|---|---|
| | A | B | C | D |
| $HCO_3^-$ | 0.007 35 | | | 0.005 52 |
| $Br^-$ | 0.003 40 | | 0.003 473 | 0.003 47 |
| $CO_3^{2-}$ | | | | 0.000 83 |
| $B(OH)_4^-$ | | | | 0.000 415 |
| $F^-$ | | | | 0.000 067 |
| $B(OH)_3^-$ | 0.001 37 | | | 0.001 002 |
| Σ = | 1.814 84 | | | 1.815 40 |

A 列：引自 Lyman 和 Flemming (1940)；B 列：引自 Culkin 和 Cox (1966)；C 列：引自 Riley 和 Tongadai (1967)，Morris 和 Riley (1966)；D 列：应用新的碳酸（Roy et al.，1993）和硼酸（Dickson，1992，1993）解离常数对 Millero（1982）的结果进行了重新计算。原子量见本书附表 1。TA/Cl (‰) = 123.88 mol/kg（Millero，1995）和 B/Cl (‰) = 0.000 232（Uppström，1974）用于确定总碳酸盐和硼酸盐的含量。

Millero (1996)。

## 第四节　盐度的定义及其测定方法

最初的盐度定义很简单，就是指一定质量海水中的总含盐量。然而将盐分完全干燥所需要的温度通常会引起海水中的一些组分发生分解（如碳酸氢盐、碳酸盐；Miller，1996）。盐度的第一个严格定义是由 Knudsen（1902，第 28 页）提出的，他将盐度定义为“1 千克海水中所有溴化物和碘化物被等当量的氯化物置换，所有碳酸盐被转化为氧化物之后所含溶解无机物的克数”。由于海水中的常量离子组分相对恒定，所以测定某一常量组分的含量后即可确定其他组分的含量。出于测定准确度和可重复性的考虑，在实践中一般选择测定氯化物含量来确定盐度。Libes（1992，第 54 页）将氯度定义为“1 000 克海水中可被 $Ag^+$ 沉淀的卤化物（以氯化物表示）的克数”。用铬酸钾作为指示剂、以硝酸银滴定海水的这种方法称为莫尔滴定法。氯度还可以通过测定密度和电导率来进行估算（Cox et al.，1967）。现在一般采用感应式盐度计，通过测定海水的电导率确定盐度；这主要是基于离子的含量和迁移决定了电流的大小，含盐量越大，电导率越高。前人在这方面的研究许多都是对盐度和氯度的测定，两者的关系如下：

$$S = 1.806\ 55\ Cl \tag{4.12}$$

1978 年，国际海洋学常用表和标准联合专家小组（JPOTS）根据盐度/电导的比例关系确定了一个新的盐度定义。这一新的关系基于 Lewis（1978）的研究，称为实用盐度标准。水样的实用盐度由电导率比值 $K_{15}$ 确定，$K_{15}$ 由下式计算：

$$K_{15} = \frac{\text{水样的电导率}}{\text{标准 KCl 溶液的电导率}} \tag{4.13}$$

实用盐度则可据电导率比值 $K_{15}$ 由下式计算获得：

$$S = 0.0080 - 0.1692(K_{15})^{1/2} + 25.3851\,K_{15} + 14.0941(K_{15})^{3/2} - 7.0261(K_{15})^2 + 2.7081(K_{15})^{5/2} \quad (4.14)$$

因此，盐度（$S$）为35（不需要写出‰）的标准海水样品就是每1千克溶液中含有32.435 6 g KCl的氯化钾标准溶液，其在15℃、1 atm下的电导率比值为1。最后要指出的是，微波遥感技术近年来也被应用于探测近岸海域特别是河口羽状流区表层水体的盐度梯度（Goodberlet et al.，1997）。

## 第五节　溶解组分的反应活性

如第三章所述，不同河口体系中河水和海水的混合情况差异很大，由此导致水体或强或弱的分层/混合。通过吸附/解吸、絮凝（将在本章后面讨论）以及生物过程，强烈的混合作用和离子强度梯度会对溶解态和颗粒态组分的浓度都产生显著影响。通常情况下，特定河口中某一组分的反应活性可通过该组分浓度与保守的盐度变化的关系图来解释。在一维双端元稳态体系中，最简单的分布情况是保守组分的浓度随盐度呈线性变化（图4.9；Wen et al.，1999）。对于非保守组分，其浓度随盐度梯度变化会有一定的损失或添加，此时从高盐度端外推可得到"有效河流端元浓度"（$C^*$）。有效河流端元浓度可用于推断组分的反应活性以及确定该组分输送入海的总通量。如果 $C^* = C_0$，该组分是保守的；如果 $C^* > C_0$，则表明该组分在河口内有添加，是非保守的；而当 $C^* < C_0$ 时，则表明该组分在河口内有损失，也是非保守的。自河流输入河口以及自河口最终输送入海的通量一般采用这个简单模型进行计算。河流输入河口的物质通量 $F_{riv} = RC_0$，式中 $R$ 为河流径流量。同样，物质从河口输送到海洋的通量可由 $F_{ocean} = RC^*$ 估算。河口内部因添加或损失产生的总净通量则可通过 $F_{int} = R(C^* - C_0)$ 估算。

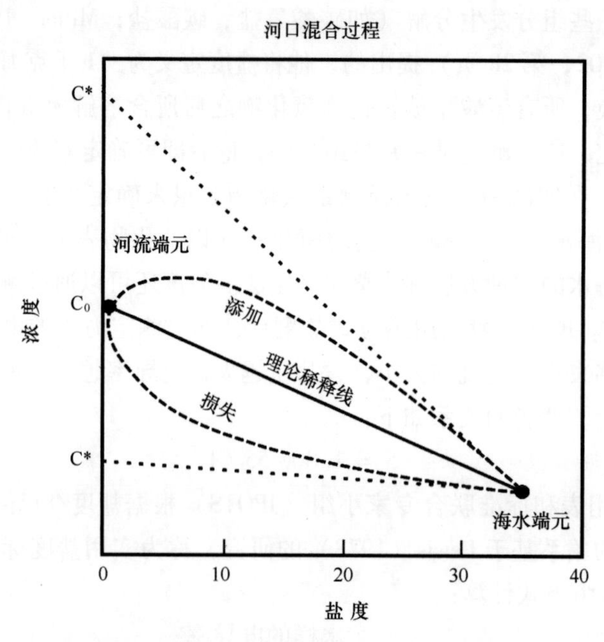


图4.9　河口中最简单的一维双端元稳态体系示意图，其中保守组分浓度随盐度的改变呈线性变化（Wen et al.，1999）

虽然这一标准混合模型在河口体系中的应用很广泛，但该模型简单的稳态混合假设存在许多问题。早期的研究表明，即使惰性的（反应活性低的）组分也能表现出非保守的混合关系，这是由于该保守组分的端元浓度发生变化的时间尺度与河口混合过程的时间尺度不同所致（Officer and Lynch, 1981）。与此类似，Shiller 和 Boyle（1987）在密西西比盐楔河口的研究表明，痕量金属元素的淡咸水混合图出现异常现象，这是由于金属在陆架水体中的存留时间延长产生的“延伸的”河口效应所致。Shiller（1996）还发现，经陆架坡折处上升流输送到路易斯安那陆架海域的镉、锌等痕量元素的通量与来自河流的输送通量相当。如第三章所述，通过地下水向河口和陆架水体输送溶解组分是另一个重要的输送途径，其通量也不可忽视，这增加了河口混合的复杂性。通过地下水向河口输送的营养盐会显著增强营养盐的非保守行为（Kelly and Moran, 2002）。

## 第六节　离子活度、形态和平衡模型

物质某一化学形态的“行为”并不总是与其浓度相符。实际上，由于其活度 $\{i\}$ 或 $\{a_i\}$ 的不同，离子通常会表现得比其实际浓度更浓或更稀一些。不同离子之间的反应活性取决于它们的活度而不是浓度（Pankow, 1991）。离子活度与浓度的这种差异称为非理想行为。为解决这个问题，引入活度系数（$\gamma_i$）作为校正系数，其表示了活度和浓度的偏离程度。活度的定义为

$$\{i\} = a_i = \gamma_i([i]/[i]^0) \tag{4.15}$$

式中，$\gamma_i$ 是离子 $i$ 的活度系数（无量纲）；$[i]$ 为质量摩尔浓度（mol 溶剂/kg 水溶质）；$[i]^0$ 为标准浓度，数值为 1，单位同 $[i]$。

在热力学中为了研究方便，通常规定某些研究参数无量纲。例如上述公式中，我们通过将 $[i]$ 除以 $[i]^0$ 而使 $\{i\}$ 成为无量纲的参数。当一种离子表现得比其实际浓度更稀或者更浓时，其活度系数分别小于或大于 1.0。活度系数通常小于 1.0，其高度依赖于所研究的离子本身以及基质的性质。这一点对于存在着巨大盐度梯度的河口是非常重要的。当离子的活度等于其浓度时，溶液被称为理想溶液。另一个可能对活度系数产生重大影响的因素是离子强度。根据 Stumm 和 Morgan（1996，第 101 页）的定义，“离子强度（$I$）是离子之间静电吸引和排斥作用力的度量”，用下式表示：

$$I = \frac{1}{2}\sum i m_i z_i^2 \tag{4.16}$$

式中，$m_i$ 为每种离子的质量摩尔浓度；$z_i$ 为离子所带电荷。

溶液中所有阳离子和阴离子都包括在上述方程的加和项中。河水的离子强度值一般为 0.002 1 m，海水的离子强度值一般为 0.7 m（Libes, 1992）。

稀溶液的离子活度系数更容易被准确计算，这是因为随着溶液离子强度的减小，带电离子的离子间相互作用效应降低。充分水合的离子（如强电解质中的 $Na^+$ 和 $Cl^-$）之间倾向于不发生相互作用，但是会有一些影响，这取决于离子强度大小和水溶液的组成。如果一些离子水合得非常充分，离子之间几乎没有任何作用力（没有非特异性相互作用），则将这些离子称为自由离子。如果离子没有充分水合，则离子能够相互靠近产生静电相互作用，从而形成离子对。Millero（1996）指出了四种类型的离子对：（1）络合物（离子通过共价键结合）；（2）紧密离子对（没有共价键作用，以

静电作用力结合）；（3）共用溶剂离子对（以静电作用力结合，中间隔有1个水分子）；（4）溶剂分隔离子对（以静电作用力结合，中间隔有多个水分子）。天然水体中的主要离子列于表4.6中。由表可见，天然水体中许多主要离子以络合物的形式存在。当离子对为络合物时，反应是在金属阳离子（$M^+$）和配体（L）（例如$HCO_3^-$、$CO_3^{2-}$、$OH^-$、$Cl^-$、$SO_4^{2-}$、$NH_3$）之间发生的。金属离子和配体之间的作用属于配位化学的范畴，其中配位数用于表示金属原子（离子）周围最近的配位原子的数目。配体是电子提供者，通常带负电荷。天然水体中常见的主要配体列于表4.7中。通过逐步添加配体形成离子对和络合物可由下列平衡方程表示。

**表4.6　河流和海水中主要离子的平均组成**

| 离　子 | 河水平均值[a]/（mmol/L） | 海水平均值[b]/（mmol/L） |
|---|---|---|
| $HCO_3^-$ | 0.86 | 2.38 |
| $SO_4^{2-}$ | 0.069 | 28.2 |
| $Cl^-$ | 0.16 | 545.0 |
| $Ca^{2+}$ | 0.33 | 10.2 |
| $Mg^{2+}$ | 0.15 | 53.2 |
| $Na^+$ | 0.23 | 468.0 |
| $K^+$ | 0.03 | 10.2 |

a. 数据来自 Berner and Berner（1987）。注意报道的数据不包含污染河水的浓度。

b. 数据来自 Holland（1978）。

Morel and Hering（1993）；Stumm and Morgan（1996）。

**表4.7　天然水体中一些配体的浓度范围（log mol/L）**

| | 淡　水 | 海　水 |
|---|---|---|
| $HCO_3^-$ | −4 ~ −2.3 | −2.6 |
| $CO_3^{2-}$ | −6 ~ −4 | −4.5 |
| $Cl^-$ | −5 ~ −3 | −0.26 |
| $SO_4^{2-}$ | −5 ~ −3 | −1.55 |
| $F^-$ | −6 ~ −4 | −4.2 |
| $HS^-/S^{2-}$（缺氧条件） | −6 ~ −3 | |
| 氨基酸 | −7 ~ −5 | −7 ~ −6 |
| 有机酸 | −6 ~ −4 | −6 ~ −5 |
| 颗粒表面基团 | −8 ~ −4 | −9 ~ −6 |

Stumm and Morgan（1996）。

$$M^+_{(soln)} + L^-_{n-1(soln)} = M^+L^-_{n-1(soln)} \tag{4.17}$$

式中，$M^+$为金属离子；$L^-$为配体。

结合公式 4.5，则平衡常数可表示为：

$$K_{eq} = \{M^+ L_{n-1}^-\}_{(soln)} / \{M^+\}_{(soln)} \{L_{n-1}^-\}_{(soln)} \quad (4.18)$$

由于该平衡常数由离子活度定义，其中活度仅包括浓度和活度系数两个因素（参见式 4.15），因此并没有包括离子对或络合物的因素。但在多离子和多配体溶液中，离子对的存在是很常见的，所以有必要利用热力学平衡常数将离子对浓度转化为自由离子的浓度。此时的平衡常数（$K_c$）根据浓度定义，这使得其很方便用于计算离子的存在形式。用于计算浓度平衡常数 $K_c$ 的热力学平衡常数（$K_{eq}^*$）在下列条件下确定：$I=0$ m，25℃，1 atm。因此 $K_c$ 可由下式表示：

$$K_c = [(\gamma_M M^+)(\gamma_L L^-) / \gamma_{ML} M^+ L^-] K_{eq} \quad (4.19)$$ [1]

如果已知 $K_{eq}^0$（标准热力学平衡常数），则有许多计算软件可用于通过迭代法求出平衡常数 $K_c$。研究表明，河口通常会有高浓度的溶解有机物（DOM）（例如有机酸）存在，这是一类非常重要的金属离子配体（Santschi et al., 1999）。有关金属络合配体的更多内容将在第十四章中讨论。

河口水体和表层沉积物中氧气含量通常存在显著的梯度，这种现象主要受水体层化作用和有机物输入量的控制；其中层化作用又受到潮汐和风混合的影响（Officer et al., 1984；Borsuk et al., 2001）。因此，氧化还原反应和酸碱反应对于河口水体中离子的存在形式具有重要影响。氧化还原半反应通常可用下式表示：

$$OX_1 + ne^- = RED_1 \text{（半反应1）} \quad (4.20)$$

$$RED_2 = OX_2 + ne^- \text{（半反应2）} \quad (4.21)$$

式中：OX 为氧化型，RED 为还原型，$n$ 是反应中转移的电子数目。上述两式结合可得完整的氧化还原反应式：

$$OX_1 + RED_2 = RED_1 + OX_2 \quad (4.22)$$

上式表明，通过反应物 $OX_1$ 和 $RED_2$ 之间的电子交换生成了产物 $RED_1$ 和 $OX_2$。在这一反应中，$OX_1$ 将 $RED_2$ 氧化为 $OX_2$，称为氧化剂，而 $RED_2$ 将 $OX_1$ 还原为 $RED_1$，称为还原剂。许多河口水体中都存在的 $Fe^{3+}$ 还原为 $Fe^{2+}$ 的反应就是一个典型的氧化还原半反应：

$$Fe^{3+} + e^- = Fe^{2+} \quad (4.23)$$

当水环境的氧化态稳定、溶液中络合物的形成或吸附可逆时，平衡形态模型的应用效果最好（Tipping et al., 1998）。但当氧化态发生变化、氧化物发生溶解或者形成沉淀以及形成有机金属络合物时，平衡形态模型却并不适用，这是由于上述过程通常由生物和动力学过程控制（Brezonik, 1994）。一组常用于平衡模型中计算各种离子活度系数的标准方程见表 4.8（Stumm and Morgan, 1996）。一般而言，德拜－休克尔方程在稀溶液中应用效果最好，而戴维斯方程更适合于浓溶液（Turner, 1995；Stumm and Morgan, 1996）。近些年来，温德米尔腐殖酸水环境模型（Windermere Humic Aqueous Model, WHAM）被用于计算河流和河口水体、地下水、沉积物以及土壤中的碱土金属、痕量金属和放射性核素的平衡化学形态（Tipping et al., 1991, 1995a, b, 1998；Tipping, 1993, 1994）。该模型尤其适用于富含 DOM 和腐殖质的水环境。例如，Tipping 等（1998）应用 WHAM 模型估计了英国亨伯河、河口和邻近海域六种二价痕量金属（钴、镍、铜、锌、镉、铅）的化学形态，该研究将金属离子与无机配体（$OH^-$，$HCO_3^-$，$CO_3^{2-}$，$SO_4^{2-}$，$Cl^-$）以及腐殖质的相互作用也

[1] 著中 γ 无角标，此处角标为译者所加。——译者注

包含在WHAM模型的计算之中。根据WHAM模型获得的这一水域腐殖质和金属离子结合形态的估算结果见表4.9，表中同时列出了早期Mantoura等（1978）基于简单的离子键合模型估算得到的结果以作比较。由此表可以看出，与Mantoura等（1978）的估算结果相比，根据WHAM模型计算的结果总体上显示有更多的痕量金属被腐殖质络合。这一点在预测海水中铜和腐殖酸的络合作用时尤为明显。这是由于当用Mantoura等（1978）模型对金属与腐殖酸的络合作用进行预测时，相比于WHAM等其他新模型而言，有更多的钙镁与腐殖酸结合（Tipping，1993；Benedetti et al.，1995）（表4.9）。而在低盐度水体中，当用WHAM模型来预测时，相比于Mantoura等（1978）模型的计算结果，$HCO_3^-$与钴、镍等的络合更多，因而钴、镍自由离子的浓度更低。

**表4.8　活度系数$\gamma_i$计算公式（$a_i=\gamma_i\mu_i$）**

| 名　称 | 公　式 | 公式适用的离子强度范围 |
|---|---|---|
| 德拜-休克尔公式（D-H） | $\log\gamma_i=-Az_i^2\ (I)^{1/2}$ | $I<10^{-2.3}$ |
| 扩展的德拜-休克尔公式 | $\log\gamma_i=-Az_i^2\ [\ (I)^{1/2}/\ (1+Ba\ (I)^{1/2})]$<br>$a$为表征离子i大小的参数，注意不要和活度混淆 | $I<10^{-1.0}$ |
| 君特伯格公式 | $\log\gamma_i=-Az_i^2\ [\ (I)^{1/2}/\ (1+\ (I)^{1/2})]$<br>等效于扩展的德拜-休克尔公式，$a$的平均值为3 | $I<10^{-1.0}$ |
| 戴维斯公式 | $\log\gamma_i=-Az_i^2\ [\ (I)^{1/2}/\ (1+\ (I)^{1/2}))\ -0.2\ I$ | $I<0.5$ |

注：表中给出了适用不同离子强度的活度系数（$\xi_i\sim\gamma_i\sim y_i$）计算公式，其中$\xi_i$、$\gamma_i$和$y_i$分别表示以摩尔分数、质量摩尔浓度和体积摩尔浓度为单位时的活度系数。

$A$为温度的函数，$A=1.92\times10^6\ (\varepsilon T)^{-3/2}$，其中$\varepsilon$为与温度有关的水的介电常数；$B=50.3\ (\varepsilon T)^{-1/2}$。当水溶液温度为298K（25℃）时，$A=0.51$，$B=0.33$。各公式适用的离子强度范围来自Stumm和Morgan（1981）。Stumm and Morgan（1996）。

**表4.9　计算获得的溶解态金属形态分布**

| | 低盐度（4） | | | | 海　水 | | | |
|---|---|---|---|---|---|---|---|---|
| | $M^{2+}$ | | M-FA | | $M^{2+}$ | | M-FA | |
| | Mant | WHAM | Mant | WHAM | Mant | WHAM | Mant | WHAM |
| Co | 0.61 | 0.25 | 0.00 | 0.00 | 0.32 | 0.43 | 0.00 | 0.00 |
| Ni | 0.51 | 0.16 | 0.00 | 0.06 | 0.21 | 0.34 | 0.00 | 0.01 |
| Cu | 0.01 | 0.00 | 0.85 | 0.90 | 0.01 | 0.02 | 0.10 | 0.58 |
| Zn | 0.81 | 0.29 | 0.00 | 0.31 | 0.43 | 0.51 | 0.00 | 0.02 |
| Cd | 0.28 | 0.23 | 0.00 | 0.03 | 0.02 | 0.04 | 0.00 | 0.00 |

注：表中对Tipping等（1998）和Mantoura等（1978）的数据进行了对比，其中Mant表示Mantoura等（1978）的数据，WHAM表示由温德米尔腐殖酸水环境模型计算的数据，M-FA表示金属-富里酸络合物。

Tipping et al.，1998。

## 第七节　悬浮颗粒物及其对化学反应的影响

河口体系中的颗粒物主要包括悬浮物（分散的生物颗粒物）和无机岩石组分。本节中以能被0.45 μm截留作为颗粒态的标准，这是一个操作定义，有关胶体颗粒物的内容将在第八、第十四、第十五章中详细介绍。河口的强动力特性（如潮汐、风和再悬浮）使得颗粒物浓度在昼夜时间尺度上发生显著变化（Fain et al., 2001）。另外，由于河口中盐度、pH、氧化还原条件等的快速变化，颗粒物的反应活性也会在很小的空间尺度上发生变化（Herman and Heip, 1999; Turner and Millward, 2002）。

河口水体中的颗粒物主要来源于河流、毗邻的湿地以及再悬浮事件，对控制河口中化学物质的迁移和归宿具有重要作用（Burton and Liss, 1976; Baskaran and Santschi, 1993; Leppard et al., 1998; Turner and Millward, 2002）。Turner 和 MIlliward（2002）指出，诸如离子交换、吸附－解吸、吸收作用以及沉淀－溶解等过程对控制河口中物质的化学形态至关重要，尤其是对重金属和疏水性有机微污染物（hydrophobic organic micropollutants, HOMs）（图4.10）。河口中微型和大型浮游及底栖异养生物对颗粒物的作用也极为重要。

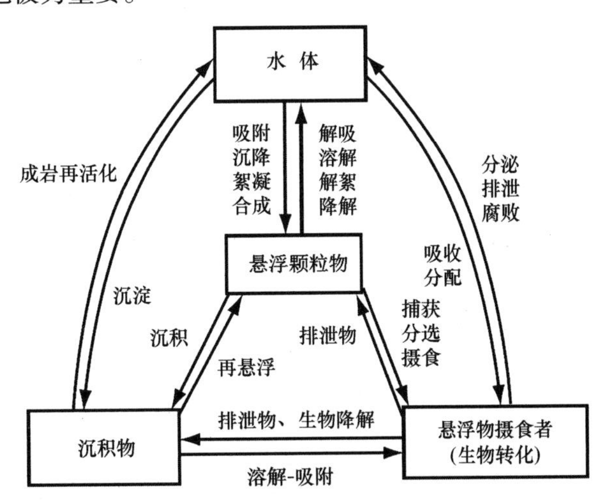


图4.10　控制河口中物质化学形态的关键过程，这些过程对重金属和疏水性有机微污染物（HOMs）的影响尤其重要（Turner and Millward, 2002）

岩石颗粒由地壳物质风化而来，主要由石英和长石等初级矿物、黏土等次级硅酸盐矿物以及现场化学作用形成的水合物（铁锰氧化物、硫化物和腐殖酸聚集体）组成（Turner and Millward, 2002）。这些颗粒的矿物表面能够吸附有机分子、凝胶体以及微聚体（Oades, 1989; Mayer, 1994a, b; Aufdenkampe et al., 2001）。河口中有机分子的归宿很大程度上取决于其是否能够被吸附于矿物表面（Keil et al., 1994a, b; Baldock and Skjemstad, 2000）。例如在亚马孙河流域，碱性氨基酸（带正电）在黏土颗粒（带负电）上的选择性分配对河水中溶解氨基酸的组成有显著影响（Aufdenkampe et al., 2001）。同样，河口水体中许多痕量金属的浓度也受到悬浮颗粒物吸附－解吸作用的影响。

源于生物粪粒、浮游生物和陆源碎屑物质的生源颗粒物对控制河口中的化学反应同样具有重要作用。其他一些由复杂聚集体（包含生源物质和岩石物质）形成的悬浮颗粒物也具有类似的作用。这些生源颗粒物中有许多能够分解并转化为DOM，后者随即吸附于岩石颗粒上形成有机覆膜。研究表明，这些覆膜在控制水环境中颗粒物的表面化学性质中发挥了重要作用（Loder and Liss，1985；Wang and Lee，1993）。有机碎屑物质也能影响沉积物中有机胺和铵离子的吸附（Mackin and Aller，1984）。

## 本章小结

1. 热力学定律是研究处于平衡状态的化学体系的基础。

2. 在标准条件下，$G$、$H$ 和 $S$ 记为 $\Delta G^0$、$\Delta H^0$ 和 $\Delta S^0$，分别表示标准生成自由能、标准生成焓和标准熵。对于反应前后体系的温度没有发生变化的化学反应，$\Delta G^0 = \Delta H^0 - T\Delta S^0$。$\Delta G^0$ 越负，反应的自发性越强，即发生反应的可能性愈大。$\Delta H^0$ 越负（$\Delta H^0$ 用于表征反应物和产物的化学键强度），发生反应的自发性越强。而 $\Delta S^0$ 是反映反应物和产物混乱度的状态函数，因此 $\Delta S^0$ 数值越正，表明反应发生的自发性越强。

3. 温度升高能够提高化学反应速率和加快生物学过程，后者对河口生物地球化学循环中的微生物反应过程尤为重要，可由著名的阿累尼乌斯方程 $k = Ae^{-Ea/RT}$ 表示。

4. 水分子的偶极性使得水具有一些独特性质：（1）优良的溶剂；（2）热膨胀性；（3）高表面张力和黏度；（4）高介电常数；（5）高比热容；（6）高的熔化潜热和蒸发潜热。

5. 不同水分子带负电和正电端之间的偶极－偶极静电相互作用形成了氢键。冰的敞开式四面体晶体构型使其密度小于液态水的密度，因而能够浮于水面。

6. 在像河口水体这样复杂的溶液中，各种离子的比例通常与在产生这些离子的固相中的比例并不相同，这时就要用到溶度积常数 $K_{sp} = [A^+][B^-]$。可以通过比较离子活度积（IAP）和溶度积（$K_{sp}$）的大小来判断溶液的过饱和或不饱和程度。

7. 因离子对的形成而产生的盐效应可能会促进矿物盐类的溶解，这时就要考虑离子形态的影响。与此不同的是，在不同盐度梯度下的溶解组分通常会存在盐析效应；这一点对研究河口中的芳香烃等疏水性有机化合物（HOCs）尤为重要。

8. 通常将能够通过或被截留于标称孔径为0.45 μm滤膜的组分分别定义为溶解态物质和颗粒态物质。

9. 除了人类活动（例如农业生产）之外，河流中的盐类主要来源于河流和河口流域的岩石风化。

10. 海水中常量元素（也有不少微量元素）相对稳定的比例关系称为海水恒比定理或称马赛特定理，这些元素称为保守元素，其浓度的变化主要由物理过程引起的水的增加或损失所致。海水中其他元素称为非保守元素，因为生物的或化学的过程使得它们之间不能①保持恒定的比例关系。

11. 盐度的第一个严格定义是由Knudsen（1902，第28页）提出的，他将盐度定义为“1千克海水中所有溴化物和碘化物被等当量的氯化物置换，所有碳酸盐被转化为氧化物之后所含溶解无机物的克数”。1978年，国际海洋学常用表和标准联合专家小组（JPOTS）根据盐度/电导的比例关系

---

① 原著中此处为“生物的或化学的过程使得它们之间能够保持恒定的比例关系”。——译者注

确定了一个新的盐度定义，称为实用盐度标准。

12. 河口中某一组分的反应活性一般可通过该组分浓度与保守的盐度的关系图来解释。在一维双端元稳态体系中，最简单的分布情况是保守组分的浓度随盐度呈线性变化。对于非保守组分，其浓度随盐度梯度变化会有一定的净损失或增加。

13. 由于其活度 $\{i\}$ 或 $\{a_i\}$ 的不同，离子通常会表现得比其实际浓度更浓或更稀一些。不同离子之间的反应活性取决于它们的活度而不是浓度。

14. 那些充分水合、彼此之间几乎没有任何作用力的离子称为自由离子。另一些没有充分水合的离子则能够相互靠近产生静电相互作用，从而形成离子对。

15. 平衡模型能够描述体系达到平衡时的化学状态，但却无法说明体系达到平衡状态的任何动力学过程。在河口和水环境化学中应用平衡模型的根本目的是计算天然水体的平衡组分，确定发生某一反应所需要的能力以及体系偏离平衡状态的程度。

16. 河口水体中的颗粒物主要来源于河流、毗邻的湿地以及再悬浮事件，对控制河口中化学物质的迁移和归宿具有重要作用。尤其重要的是，这些颗粒物的矿物表面能够吸附有机分子、凝胶体以及微聚体。

# 第五章　水中的溶解气体

溶解气体在河口和近岸水体中的许多生物地球化学循环中都非常重要。然而，只是最近才有探究河口和大气之间耦合重要性的大规模合作计划。例如，1996 年开始的河口生物气体转移计划（Biogas Transfer in Estuaries, BIOGEST）就是聚焦欧洲河口生物气体的分布及其对全球收支的影响，这些气体包括 $CO_2$、$CH_4$、CO、非甲烷烃类、$N_2O$、二甲基硫（dimethyl sulfide, DMS）、羰基硫化物（COS）、挥发性卤代有机物和一些生源挥发性金属（Frankignoulle and Middelburg, 2002）。河口和其他近岸海洋环境作为一些关键温室气体（例如 $CO_2$）在全球范围源和汇中的作用已成为近年来引起广泛兴趣的课题（Frankignoulle et al., 1996; Cai and Wang, 1998; Raymond et al., 1997, 2000; Cai, 2003; Wang and Cai, 2004）。类似地，$O_2$ 在水－气界面的转移对于大部分水生生物的生存至关重要。遗憾的是，目前世界上许多河口因为过量营养盐的输入正在经历着富营养化过程，通常会导致水体中氧气含量很低（或称缺氧，氧气含量≤2 mg/L）（Rabalais and Turner, 2001; Rabalais and Nixon, 2002）。

为了了解气体是如何在水－气界面间转移的，我们将首先研究大气中主要的气体及控制它们输运和在自然水体中溶解度的物理参数。气溶胶也是大气的一个组分，它被定义为处于悬浮状态的固体或液体颗粒的凝聚相，并在进行观测的时间内相对于重力分离作用而言是稳定的（Charlson, 2000）。大气气溶胶的化学组成和形态对理解它们沉降后的行为很重要，其在很大程度上取决于气溶胶的主要来源（如扬尘、海盐、燃烧）。近年来，气溶胶通过降水（雨和雪）和干沉降输入到河口和近岸水体中的重要性引起了广泛的关注。例如，已经证实营养盐（Paerl et al., 2002; Pollman et al., 2002）和金属污染物（Siefert et al., 1998; Guentzel et al., 2001）的干湿沉降对湿地和河口的生物地球化学收支有显著影响。有关这些输入的更多内容请见第八章至第十四章。

## 第一节　大气的组成

海面上干燥的空气主要由 $N_2$（78%）和 $O_2$（21%）组成（表5.1）。大气中气体浓度的时空变化很大程度上取决于它们的活性、源汇过程（与人为来源相关）和源强。另一种分析这一变化性的方法是对大气中气体的稳定性和存留时间进行比较（Junge, 1974）。运用第三章中用到的适用于河口中淡水交换过程的存留时间（$t$）计算公式，将公式中的淡水项用欲研究的溶解气体体积和周转率替换，可获得大气中气体的存留时间 $t$（图5.1）。可以看到存留时间短的气体（Rn 和 $H_2O$）是高度变化的，而具有长存留时间的气体（$O_2$ 和 $N_2O$）变化性则较小。

总大气压力（$P_t$）是在整个空气混合物中每一种气体所施加的所有分压（$P_i$）之和，这被称为道尔顿分压定律。假设每一种气体的分压都遵循如下式所示的理想气体定律：

$$Pi = n_i RT/V \quad (5.1)$$

其中：$n_i$ 为气体 $i$ 的摩尔数；R 为 8.314 L·kPa/K；$T$ 为绝对温度，$V$ 为气体体积。

则总的大气压（$P_t$）计算式如下：

$$P_t = \sum P_i = P_{N_2} + P_{O_2} + P_{H_2O} \cdots \quad (5.2)$$

其中：$P_i$ 为大气中主要气体的分压。

**表 5.1　大气的组成**

| 成　分 | 分子式 | 体积丰度 |
| --- | --- | --- |
| 氮气 | $N_2$ | $(78.084 \pm 0.004)\%$ |
| 氧气 | $O_2$ | $(20.948 \pm 0.002)\%$ |
| 氩气 | Ar | $(0.934 \pm 0.001)\%$ |
| 水蒸气 | $H_2O$ | 可变化（$10^{-6} \sim 10^{-2}$） |
| 二氧化碳 | $CO_2$ | $348 \times 10^{-6}$[a] |
| 氖气 | Ne | $18 \times 10^{-6}$ |
| 氦气 | He | $5 \times 10^{-6}$ |
| 氪气 | Kr | $1 \times 10^{-6}$ |
| 氙气 | Xe | $0.08 \times 10^{-6}$ |
| 甲烷 | $CH_4$ | $2 \times 10^{-6}$ |
| 氢气 | $H_2$ | $0.5 \times 10^{-6}$ |
| 氧化亚氮 | $N_2O$ | $0.3 \times 10^{-6}$ |
| 一氧化碳 | CO | 0.05 to $0.02 \times 10^{-6}$ |
| 臭氧 | $O_3$ | 可变化［$(0.02 \sim 10) \times 10^{-6}$］ |
| 氨气 | $NH_3$ | $4 \times 10^{-9}$ |
| 二氧化氮 | $NO_2$ | $1 \times 10^{-9}$ |
| 二氧化硫 | $SO_2$ | $1 \times 10^{-9}$ |
| 硫化氢 | $H_2S$ | $0.05 \times 10^{-9}$ |

[a]1987 年的值。

数据来自《环境化学手册》(1986)，美国标准大气 NOAA/NASA/U.S.（1986）和 Walker (1977)。Stumm and Morgan (1996)。

由于大气中的很多气体偏离“理想”气体定律，故常使用范德华状态方程估算非理想气体的行为，计算式如下：

$$(P_i + n_i^2 a/V^2)/(V - n_i b) = n_i RT \quad (5.3)$$

其中：a 和 b 为标准温度和压力下的范德华常数。

引入范德华常数主要是用以表达分子间的相互吸引作用和每一个分子所占据的空间。

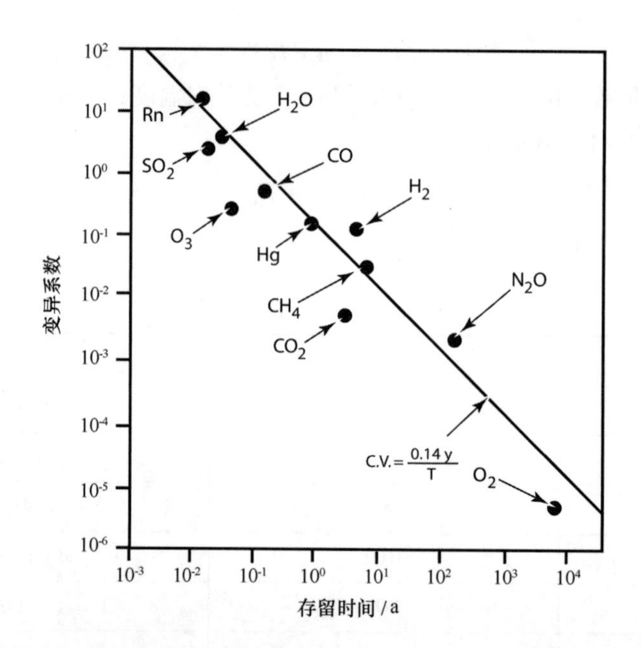


图 5.1　大气中气体存留时间和浓度变异系数的关系。存留时间短的气体（Rn 和 $H_2O$）浓度高度可变，而具有长存留时间的气体（$O_2$ 和 $N_2O$）则变化性较小（Junge，1974）

# 第二节　大气 - 水交换

每一种气体在大气和水体中的浓度会随时间而发生变化，因此气体在水 - 气界面交换的方向也会随之发生相应的变化。当一种特定气体在水 - 气界面的交换速率相等时，则认为这种气体达到了平衡；此时气体在液相（$P_A$）和气相（$P_i$）中的浓度是相等的。气体在液相中的平衡浓度与该气体的压力成正比，这被称为亨利平衡分配定律，可用下式表示：

$$Pi = K_H P_A \tag{5.4}$$

其中：$K_H$ 为亨利常数；$P_A$ 为气体在液相中的浓度（以 mol/kg 表示）。

气体的溶解度受分子量的影响。除了气体分子和水分子可发生更为强烈的相互作用这类情况之外，通常分子量越大，则溶解度越大。例如，$CO_2$ 和 $NH_3$ 分别代表了一种弱酸酐和弱碱酐，它们在水中发生部分解离从而使其溶解度得以提高，这就是气体和水分子发生更为强烈相互作用的例子。随着温度的降低，通常气体的溶解度会增加；这意味着在高纬度的河口中气体将有更高的溶解度。盐度是另一个影响气体在河口中溶解度的因素，一般在河口和近岸水体中的溶解离子含量越高，气体的溶解度越低。由于河口上方的气体分压一般只有很小的变化，因此考虑在河口水体中变化很大的盐度和温度这两个参数的影响更加重要。Weiss（1974）将谢切诺夫盐效应方程（Setschenow salting - out）和范特霍夫方程（van't Hoff）结合起来，以此来描述温度和盐度对海水中气体溶解度的影响：

$$\ln C = B_1 + B_2 S \tag{5.5}$$

其中：$C$ 为气体溶解度（mol/kg）；$B_1$ 和 $B_2$ 为给定的温度下水体盐度为 $S$ 时特定气体的常数；$S$ 为

盐度。范特霍夫方程为

$$\ln C = A_1 + A_2/T + A_3 \ln T + A_4 T \quad (5.6)$$

其中：$A_1$、$A_2$、$A_3$和$A_4$为不同温度下气体在水中的溶解度常数。

Weiss（1974）导出了下述方程来表示某一特定气体在海水中的浓度：

$$\ln C = A_1 + A_2(100/T) + A_3\ln(T/100) + A_4(T/100)^{2①} + S[B_1 + B_2(T/100) + B_3(T/100)^{2②}] \quad (5.7)$$

在一定温度范围内应用这一方程，我们可以得到在1个大气压和100%湿度下$N_2$、$O_2$、Ar、Ne和He在盐度为35的海水中的溶解度（表5.2）。很显然，实际观测中这些气体溶解度的变化大多应该是由于季节的不同，特别是对$N_2$和$O_2$而言。标准大气平衡浓度（normal atmospheric equilibrium concentrations，NAECs）是指在特定的压力、温度、盐度和湿度条件下水和大气之间达到平衡时的浓度。然而，有许多物理和生物因素能够引起气体浓度偏离NAEC，从而使气体的行为呈现非保守性。例如，浮游植物能够通过光合作用产生$O_2$而快速地改变$O_2$浓度；与此类似，细菌能够通过反硝化和固氮过程改变$N_2$的浓度，而通过分解作用产生$CO_2$的过程则会使$CO_2$浓度改变。气体浓度也可以被非生物过程所改变，例如通过放射性衰变产生Rn的过程就是这样的例子。

**表5.2　盐度为35时氮气、氧气、氩气、氖气和氦气在海水中的溶解度（Kester，1975）**

| t/℃ | μmol/kg | | | nmol/kg | |
|---|---|---|---|---|---|
| | $N_2$ | $O_2$ | Ar | Ne | He |
| 0 | 616.4 | 349.5 | 16.98 | 7.88 | 1.77 |
| 5 | 549.6 | 308.1 | 15.01 | 7.55 | 1.73 |
| 10 | 495.6 | 274.8 | 13.42 | 7.26 | 1.70 |
| 15 | 451.3 | 247.7 | 12.11 | 7.00 | 1.68 |
| 20 | 414.4 | 225.2 | 11.03 | 6.77 | 1.66 |
| 25 | 382.4 | 206.3 | 10.11 | 6.56 | 1.65 |
| 30 | 356.8 | 190.3 | 9.33 | 6.36 | 1.64 |

在平衡条件不适用的情况下，水－气界面间的气体交换速率可以用动力学模型来计算（Broecker and Peng，1974；Kester，1975）。最常用的动力学模型是停滞膜模型（Stagnant Film Model）（图5.2）。这一模型主要包含了三个重要区域：（1）充分混合的大气湍流区；（2）充分混合的薄液膜区；（3）将两个湍流区域分隔开来的层流区。在这一模型中，薄膜被认为是厚度为$z$的一层恒久存在的膜。应用同位素测定技术（Broecker and Peng，1974；Peng et al.，1979）估算，海洋中这一薄膜的平均厚度是17 μm（Murray，2000）。在湍流区内，每一种气体的分压都是均匀一致的，而在层流区内液体则以平行于水－气界面的方向流动。该模型假定气体穿过层流区是通过分子扩散过程进行的，这是一个限速步骤。还应当指出的是，停滞膜模型仅适用于可溶性或微溶性气体。对于那些不溶

① 原著中此处为$A_4(T/100)$。—— 译者注

② 原著中此处为$B_3(T/100^2)$。—— 译者注

性气体，其在水－气界面间的交换受控于它们通过水－气界面的输运，这使得动力学过程完全不同。

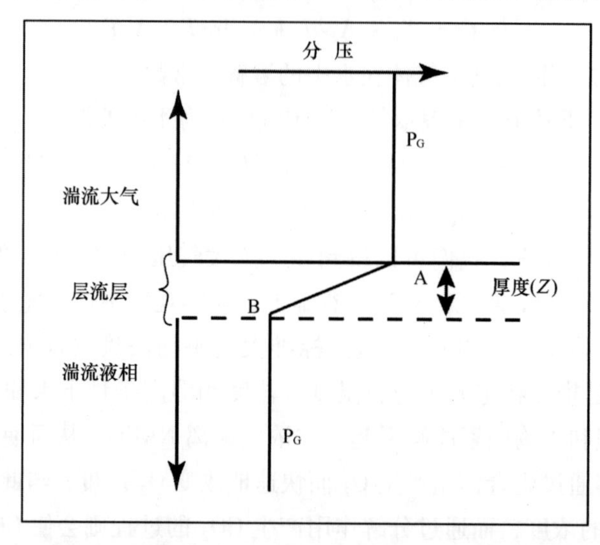


图5.2 最常用的估算水－气界面气体交换速率的动力学模型是停滞膜模型（Stagnant Film Model）。这一模型包含三个重要区域：(1) 充分混合的大气湍流区（PG）；(2) 充分混合的液相区（PG）；(3) 将两个湍流区域分隔开来的层流区（A－B）。在这一模型中，薄膜被认为是厚度为 $z$ 的一层恒久存在的膜（Broecker and Peng，1974）

菲克第一定律的数学表达式如下：

$$dC_i/dt = D_i[dC_i/dz] \tag{5.8}$$

其中：$C_i$ 为扩散物质 $i$ 的浓度；$t$ 为扩散时间；$D_i$ 为扩散系数；$dC_i/dz$ 代表垂直深度为 $z$ 的薄膜内顶部和底部之间的浓度梯度。

将前面介绍过的亨利定律与菲克第一定律相结合，则下式可用来描述在不平衡条件下气体通过水－气界面的速率：

$$dC_i/dt = (AD_i/zK_H)[P_{i(气体)} - P_{A(溶液)}] \tag{5.9}$$

其中：$A$ 为界面面积；$K_H$ 为亨利常数。

在这个模型中隐含的一个假设，即分子扩散和亨利常数分别与通过水－气界面的气体通量成正比和反比。分子扩散系数的典型范围在（1～4）$\times 10^{-5}$ cm$^2$/s 之间，通常随着温度的增加和分子量的减小而增加（表5.3）。其他如薄层的厚度和风等因素也对气体通量有重要影响。例如，风产生的切变力会减小薄层的厚度。已有研究表明，海洋微表层的厚度为50～100 μm（Libes，1992）。另有一些研究称这一薄层为传质边界层（mass boundary layer，MBL），并发现在河口和河流系统中薄膜的厚度范围大致相当（Zappa et al.，2003）。此外，如果发生强混合事件（如风暴），则产生的水下气泡会促进气体的溶解，这也是一个影响河口和海洋水体中气体浓度的因素（Aston，1980）。

研究气体在水－气界面迁移通量（$F$）的一个更简单的方程如下所示：

$$F = k\alpha([P_i K_H - P_A] \tag{5.10}$$

其中：$F = dC_i/dt$ [mol/（cm$^2$·s）]；$k$ 为气体迁移速度（cm/s），$k$ 与 $D_i/z$ 成正比［详细数学推导参见 Millero（1996）］；$\alpha$ 是可以与水发生化学反应的气体（如前面提到的 $CO_2$ 和 $NH_3$）的化学增强系数。

表 5.3　海水中不同气体的分子扩散系数

| 气　体 | 分子量 / (g/mol) | 扩散系数/ [ $\times10^{-5}$ ($cm^2/s$)] | |
|---|---|---|---|
| | | 0℃ | 24℃ |
| $H_2$ | 2 | 2 | 4.9 |
| He | 4 | 3 | 5.8 |
| Ne | 20 | 1.4 | 2.8 |
| $N_2$ | 28 | 1.1 | 2.1 |
| $O_2$ | 32 | 1.2 | 2.3 |
| Ar | 40 | 0.8 | 1.5 |
| $CO_2$ | 44 | 1 | 1.9 |
| Rn | 222 | 0.7 | 1.4 |

Broecker and Peng (1974); Broecker and Peng (1982)。

$k$ 除了被称为气体迁移速度之外，也常被称为活塞速度、气体交换系数、渗透系数、传质系数、吸收系数和溢出系数（Millero, 1996）。这个方程常被用于估算河口和淡水体系中气体在水－气界面间的通量（Cai and Wang, 1998; Raymond et al., 2000; Crusius and Wanninkhof, 2003）。此外，在对不同河口的通量估算结果进行比较时，选择一个可靠的 $k$ 值至关重要（Raymond and Cole, 2001）。在本章后面几节里，我们将集中讨论河口中一些关键的非保守性气体的通量测定和循环问题。

## 第三节　河口中二氧化碳和其他溶解气体在水－气界面的通量

作为非保守性气体，二氧化碳和氧气通过自养（如光合作用）和异养（如呼吸作用）过程与有机碳库紧密地耦合在一起。河口和近岸海域的主要初级生产者是底栖和浮游微藻（浮游植物）。海洋浮游植物中 C、N、P 的平均原子比是 106∶16∶1（Redfield et al., 1963），其通常被称为 Redfield 比值（关于这一比值的更多细节参见第八章）。因此，包含 $CO_2$ 还原或固定过程（光合作用）和 $O_2$ 氧化浮游植物产生的有机物的氧化过程（有氧呼吸）的基本化学计量反应如下：

←氧化过程（有氧呼吸）

$$106\ CO_2 + 16\ HNO_3 + H_3PO_4 + 122\ H_2O \leftrightarrow (CH_2O)_{106}(NH_3)_{16}H_3PO_4 + 138\ O_2 \qquad (5.11)$$

光合作用（$CO_2$ 还原或固定）→

控制河口水体中 $CO_2$ 和 $O_2$ 浓度的异养和自养过程之间存在着一个十分重要的平衡。例如，在欧洲河口水体中高的呼吸速率导致 $CO_2$ 的高生产率，那里的 $CO_2$ 分压超过了 $1000\times10^{-6}$，使这些河口向大气输送的 $CO_2$ 通量很高（Frankignoulle and Middelburg, 2002）。实际上，在受污染的荷兰斯海尔德河口，$CO_2$ 分压（$pCO_2$）甚至高达 $9\,000\times10^{-6}$，是当今大气平衡值（约 $370\times10^{-6}$）的 25 倍（Frankignoulle et al., 1998）。类似地，在发生明显的碎屑分解时会出现很高的细菌代谢速率和较高 $pCO_2$，这也会导致 $O_2$ 浓度的显著降低。

河口中 $O_2$ 的垂直交换是由扩散而不是对流过程所主导（Officer，1976）。最近在美国沃阔伊特湾河口使用浮箱法（floating chamber method）测定了 $O_2$ 在水－气界面的气体交换系数，结果表明，需要对 $O_2$ 含量的昼夜变化进行大气校正（Kremer et al.，2003a），这一变化通常用来测量生态系统的代谢过程（Murphy and Kremer，1983）。在水深较浅的河口，$O_2$ 的分布变化模式受短时间尺度过程控制，这使得对 $O_2$ 的模拟非常困难（Stanley and Nixon，1992）。所以，许多对 $O_2$ 的模拟都在具有季节性潮汐混合的较深的河口（Kemp and Boynton，1980；Kemp et al.，1992）。或许通过最近一次的混合事件和水温来预测 $O_2$ 浓度是最好的方法（Borsuk et al.，2001）。$O_2$ 循环及缺氧事件与营养盐循环有关，有关这些方面的详细内容将在第十章到第十三章中介绍。

河口中二氧化碳在水－气界面的通量十分重要（Frankignoulle and Borges，2001；Wang and Cai，2004）。在对美国东南部沿海河口及相关沼泽的研究中，这一问题得到了相当多的关注（Cai and Wang，1998；Cai et al.，2003；Wang and Cai，2004）。基于溶解无机碳（dissolved inorganic carbon，DIC）和 pH 数据的 $pCO_2$ 计算值显示，在美国萨蒂拉河和奥尔塔马霍河河口水体中的最低盐度处（盐度低于 10 的水域）具有最高的 $pCO_2$（1000 至大于6000 μatm）（图 5.3；Cai and Wang，1998）；在这一低盐度梯度区内对应的 $CO_2$ 在水－气界面的通量范围是（20～250）mol/($m^2$ · a)。潮汐淹没盐沼所输入的有机碳的呼吸作用和地下水的输入是萨蒂拉河和奥尔塔马霍河具有很高的 $pCO_2$ 和 $CO_2$ 水－气界面通量的主要原因（Cai and Wang，1998）。近期的研究表明，进入大南湾（South Atlantic Bight，SAB）（美国东南沿海）的地下水具有很高的 $pCO_2$（0.05～0.12 atm）（Cai et al.，2003）；这与其他一些研究得出的河流中高 $pCO_2$ 的部分原因是由于地下水输入的结论是一致的（Kempe et al.，1991；Mook and Tan，1991）。最近的研究还发现，盐沼输出的 DIC 与河流输出到 SAB 近岸水体的 DIC 数量相当（Wang and Cai，2004）。

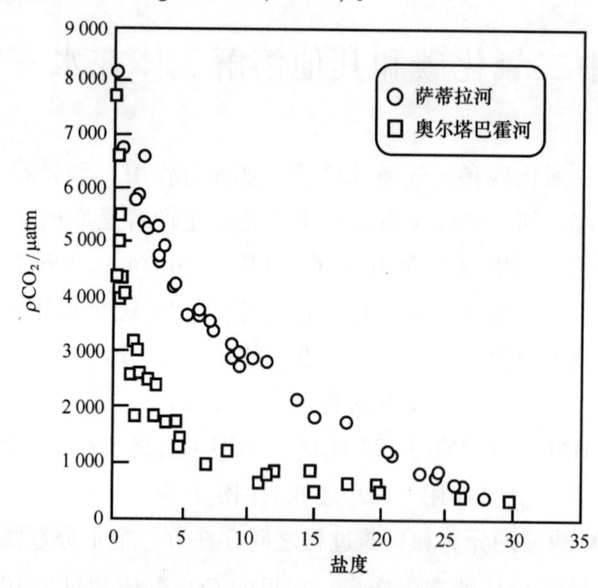


图 5.3 美国萨蒂拉河和奥尔塔马霍河河口水体中二氧化碳分压（$pCO_2$）计算值随盐度的变化，二氧化碳分压的计算基于溶解无机碳（DIC）和 pH 值数据（Cai and Wang，1998）

这项研究进一步提出，$CO_2$ 被沼泽中的植物固定并随后被以有机和无机碳的形式输出到近岸水体的路径可称为“沼泽 $CO_2$ 泵”。其他研究也表明受沼泽影响的河口是其毗邻的近岸水体中 DIC 的重要来源（Raymond et al.，2000；Neubauer and Anderson，2003）。例如，由于过量的市政垃圾输入导致了很高的微生物耗氧，在斯海尔德河口（Frankignoulle et al.，1996）和莱茵河（Kempe，1982）的 $pCO_2$ 和 $CO_2$ 在水－气界面的通量都很高。近期的研究还在红树林系统中发现了沼泽泵的存在（Bouillon et al.，2003）。欧洲和美国其他一些河口的平均 $pCO_2$ 值表明，河口是大气净的 $CO_2$ 源（表 5.4）；特别是在诸如最大浑浊带（estuarine turbidity maximum，ETM）这样的河口中的高动力区域，更是一个重要的净的 $CO_2$ 源（Abril et al.，1999，2003，2004）。不过，由于高的时空变化性，我们对河口羽状流水域 $CO_2$ 在水－气界面的通量知之甚少（Hoppema，1991；Reimer et al.，1999；Brasse et al.，2002）。虽然近期的研究表明河口羽状流、特别是羽状流外缘水域可能是 $CO_2$ 的净汇（Frankignoulle and Borges，2001），但总体上看，整个河口系统是一个净的 $CO_2$ 源（Borges and Frankignoulle，2002）。

**表 5.4　美国和欧洲河口 $pCO_2$ 平均值的范围（Raymond et al.，2000）**

| 河口 | 断面数 | $pCO_2$ 平均值范围（$\times 10^{-6}$） |
| --- | --- | --- |
| 奥尔塔马霍河（美国）[a] | 1 | 380 ~ 7 800 |
| 斯海尔德河（比利时/荷兰）[b] | 10 | 496 ~ 6 653 |
| 萨多河（葡萄牙）[b] | 1 | 575 ~ 5 700 |
| 萨蒂拉河（美国）[a] | 2 | 420 ~ 5 475 |
| 泰晤士河（英国）[b] | 2 | 485 ~ 4 900 |
| 埃姆斯河（德国/荷兰）[b] | 1 | 560 ~ 3 755 |
| 吉伦特河（法国）[b] | 5 | 499 ~ 3 536 |
| 杜罗河（葡萄牙）[b] | 1 | 1 330 ~ 2 200 |
| 约克河（美国）[c] | 12 | 352 ~ 1 896 |
| 泰马河（英国）[b] | 2 | 390 ~ 1 825 |
| 哈得孙河（纽约，美国）[d] | 6 | 517 ~ 1 795 |
| 莱茵河（荷兰）[b] | 3 | 563 ~ 1 763 |
| 拉帕汉诺克（美国）[c] | 9 | 474 ~ 1 613 |
| 詹姆斯河（美国）[c] | 10 | 284 ~ 1 361 |
| 易北河（德国）[b] | 1 | 580 ~ 1 100 |
| 哥伦比亚河（美国）[e] | 1 | 590 ~ 950 |
| 波托马克河（美国）[c] | 12 | 646 ~ 878 |
| 平均 | | 531 ~ 3 129 |

注：平均值范围是通过对每一个断面的最低值和最高值分别进行平均得到，河口排序是根据平均值的高值从高到低排列。

a. Cai and Wang（1998）和 Cai et al.（1999）；b. Frankignoulle et al.（1998）；c. Raymond et al.（2000）；d. Raymond et al.（1997）；e. Park et al.（1969）。

在河口和河流中需要更为直接地测定 $pCO_2$，因为使用基于 DIC 和碱度数据计算得出的 $pCO_2$ 可能存在一些问题。另外一些研究则认为 pH 测量的准确度不足以用来计算 $pCO_2$（Herczeg and Hesslein, 1984; Stauffer, 1990）。对研究者来说，成本低廉、简便并可进行直接测定的用于估算水－气交换的浮箱法可能是目前最合理可行的技术（Kremer et al., 2003b）。

最近研究发现，一种能够减少两侧气体和水流动失真的浮动双体平台在测定美国普拉姆岛峡湾河口 $pCO_2$ 时非常有效（Zappa et al., 2003）。对在哈得孙河河口直接测定的 $pCO_2$ 与计算获得的 $pCO_2$ 进行回归分析显示，在整个观测的 $pCO_2$ 范围内，计算值低估了约 15%，因此，大多数情况下直接测定法成为首选方法（图 5.4）。不过，倘若能够准确测定 pH 值（这可能很难），则一般对基于 DIC 和碱度数据计算获得的 $pCO_2$ 值也是可以接受的。

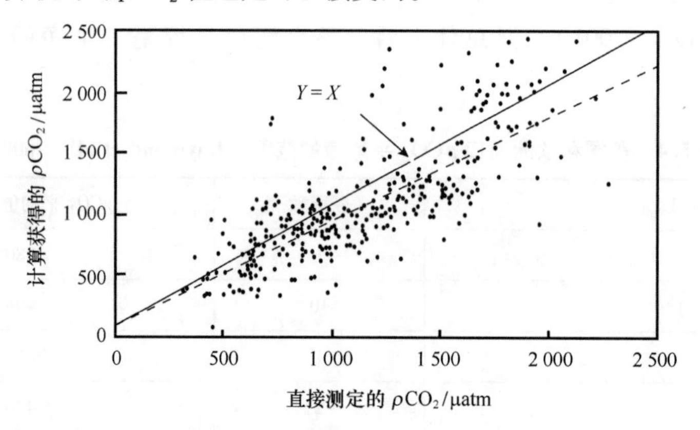


图 5.4 哈得孙河河口直接测定的 $pCO_2$ 与计算获得的 $pCO_2$ 的回归（Raymond and Cole, 2001）

最近的研究指出，由于河口和河流系统具有很强的时空变化，因此需要更加直接的测定气体迁移速度（$k$）（Raymond and Cole, 2001）。因为缺少河口 $k$ 的测定值，因此在对河口系统间进行比较时，式 5.10 中 $k$ 应当如何取值是一个需要关注的问题。当在河口不同的 pH 值范围下使用这一公式（式 5.10）时，$CO_2$ 通量应主要受 $k$ 值及 $CO_2$ 在大气和水之间浓度梯度的控制（Raymond and Cole, 2001）。为了在河口间进行比较，通常选择施米特数（Schmidt number）为 600、温度为 20°C 时 $CO_2$ 的气体迁移速度 $k_{600}$ 作为比较参数（Carini et al., 1996）。施米特数是一个代表不同气体特性的无量纲数，其随温度变化而急剧变化，但是受盐度影响很小，通常用来表征黏度对气体扩散的影响；不同盐度和温度下，$CO_2$ 的施米特数可以用 Wanninkhof（1992）建立的关系式来计算。基于目标气体示踪试验，按照平均风速、潮汐速度和河口深度条件考虑，近期的一项研究预测 $k_{600}$ 的变化范围应在 3 ~ 7 cm/h 之间（表 5.5）（Raymond and Cole, 2001）。当风速低于 3.7 m/s 时，风对气体迁移速度的影响变得不显著，此时水体中其他混合特性可能更重要（Crusius and Wanninkhof, 2003）。然而，用一个简单的仅包含风速的通用关系式来确定河口中气体的迁移速度可能会导致对通量的错误估算，因为 $k$ 与具体研究场地的特性有关，随着风速、潮流和风区长度而变化（Borges et al., 2004）。一般而言，风作用力和边界摩擦产生的湍流会显著改变河口中气体的迁移速度（Zappa et al., 2003）。

甲烷是大气中一种重要的温室气体，平均浓度是 $1.7 \times 10^{-6}$。虽然这远比 $CO_2$ 的浓度（350 ×

$10^{-6}$）要低，但它具有更大的辐射强迫能力（Cicerone and Oremland，1988）。尽管与海洋面积相比，全球河口的面积很小，但河口释放 $CH_4$ 的量对全球 $CH_4$ 释放量的贡献达约 7.4%，与面积巨大的海洋对全球 $CH_4$ 释放量的贡献（1% ~10%）相比，这是非常显著的（Bange et al.，1994）。近期对水－气界面通量的估算表明，河口向全球甲烷收支的贡献量为（1.1 ~3.0）Tg（以 $CH_4$ 计）/a（Middelburg et al.，2002）。潮沟和沼泽是河口甲烷的主要来源（Middelburg et al.，2002）。地下水也很可能高度富集 $CH_4$（Bugna et al.，1996），这可能也是随着河流大小增加，河水中的 $CH_4$ 浓度随之升高的主要原因（Wassmann et al.，1992；Jones and Mulholland，1998）。河流中的甲烷浓度通常比开放大洋中的浓度高 1 ~2 个数量级（Scranton and McShane，1991；Jones and Amador，1993；Middelburg et al.，2002）。世界上一些河流和河口上游典型的 $CH_4$ 浓度范围列于表 5.6。河流和河口中 $CH_4$ 浓度具有很宽的时空变化范围（De Angelis and Lilley，1987；De Angelis and Scranton，1993；Bianchi et al.，1996）。

**表 5.5　河流和河口中校正到施米特数为 600 时的平均气体迁移速度（$k_{600}$）（Raymond and Cole，2001）**

| 河口、河流和相关研究 | 研究类型 | 范围 $K_{600}$/（cm/h） | 平均值 |
|---|---|---|---|
| 哈得孙河（美国）；Clark et al.（1994） | 目标气体示踪法 | 1.5 ~9.0 | 4.8 |
| 帕克河（美国）；Carini et al.（1996） | 目标气体示踪法 | 1.4 ~6.1 | 3.8[a] |
| 南旧金山湾（美国）；Hammond and Fuller（1979） | 天然气体示踪法（$^{222}Rn$） | 1.0 ~6.7 | 4.3 |
| 南旧金山湾（美国）；Hartman and Hammond（1984） | 浮动半球法 | 1.1 ~12.8 | 5.7 |
| 亚马孙河及其支流；Devol et al.（1987） | 浮动半球法 | 2.4 ~9.9 | 6.0 |
| 纳拉甘西特湾（美国）；Roques（1985） | 浮动半球法 | 4.5 ~11.0 | 7.4 |
| 哈得孙河（美国）；Marino and Howarth（1993） | 浮动半球法 | 3.3 ~26.0 | 11.6 |
| 皮迪河（美国）；Elsinger and Moore（1983） | 天然气体示踪法（$^{222}Rn$） | 10.2 ~30 | 12.6 |
| 哈得孙河（美国）；Clark et al.（1992） | 天然气体示踪法（CFC） | 2.0 ~4.0 | 3.0 |
| Raymond and Cole（2001） | 方程预测法 | 3.0 ~7.0 | |

河口/河流系统限于深度大于 1m 的。对于 $O_2$ 和氡的研究，报道的 $k$ 值运用 Wanninkhof（1992）方程式转换成 $k_{600}$。对于皮迪河和南旧金山湾的天然气体示踪试验，运用 Elsinger and Moore（1983）中的方程对氡在不同温度下的扩散进行估算。

[a]包括来自降雨事件的数据。

**表 5.6　河流（以及一些河口上游）中甲烷的浓度（Middelburg et al.，2002）**

| 河　流 | 浓度/（μmol/L） | 参考文献 |
|---|---|---|
| 密西西比河（美国） | 0.1 ~0.37 | Swinnerton and Lamontagne（1974） |
| 约克河（美国） | 0.03 ~0.04 | Lamontagne et al.（1973） |
| 波托马克河（美国） | 1.7 | Lamontagne et al.（1973） |
| 太平洋海岸山脉河流（美国） | 0.02 ~1.7 | De Angelis and Lilley（1987） |
| 喀斯喀特山脉河流（美国） | 0.005 ~0.08 | De Angelis and Lilley（1987） |

续表

| 河　流 | 浓度/（μmol/L） | 参考文献 |
| --- | --- | --- |
| 威拉米特谷河流（美国） | 0.5～1.1 | De Angelis and Lilley (1987) |
| 亚马孙河（巴西） | 0.053～0.091[①] | Richey et al. (1988) |
| 萨勒河（德国） | 0.33～0.56 | Berger and Heyer (1989) |
| 哈得孙河（美国） | 0.02～0.94 | De Angelis and Scranton (1993) |
| 斯海尔德河口上游（荷兰） | 0.4～0.6 | Scranton and McShane (1991) |
| 易北河（德国） | 0.06～0.12 | Wernecke et al. (1994) |
| 潘塔纳尔湿地的河流（巴西） | 0.03～8 | Hamilton et al. (1995) |
| 佛罗里达的河流（美国） | 0.04～0.69 | Bugna et al. (1996) |
| 托马莱斯湾附近的小河（美国） | 0.14～0.95 | Sansone et al. (1998) |
| 易北河口上游（德国） | 0.111 | Rehder et al. (1998) |
| 卡内奥赫溪流（美国） | 0.033 | Sansone et al. (1999) |
| 注入大湾的河流（美国） | 0.58～2.44 | Sansone et al. (1999) |

① 原著中此处为0.053+0.091。——译者注

甲烷氧化可能也是河口中甲烷的一个重要的汇，它高度依赖于温度和盐度，一般在盐度较高时具有较低的氧化速率（De Angelis and Scranton, 1993; Pulliam, 1993）。实际上，在美国哈得孙河口上游（De Angelis and Scranton, 1993）和奥吉奇河（Pulliam, 1993），溶解 $CH_4$ 储库的周转时间很快，主要取决于季节性温度变化。由此可见，在河口系统中 $CH_4$ 的源和汇、水－气界面的通量以及迁移机制（如起泡、扩散、植物介导）具有相当大的时空变化性；有关这些问题的更详细内容见第十三章。

河口是氧化亚氮（$N_2O$）生产的活跃场所（Bange et al., 1998; Seitzinger and Kroeze, 1998; de Wilde and De Bie, 2000; Usui et al., 2001; Bauza et al., 2002）。氧化亚氮是地球大气中的一种主要温室气体（Wang et al., 1976; Khalil and Rasmussen, 1992）。实际上，$N_2O$ 的全球变暖潜力值（310）远高于 $CO_2$（1）（Houghton et al., 1995）。此外，$N_2O$ 在平流层臭氧损耗中也发挥着作用（Hahn and Crutzen, 1982）。营养盐向河口输入的增加刺激了微生物过程，这其中就包括 $N_2O$ 的生产（Seitzinger et al., 1983; Seitzinger and Nixon, 1985; Seitzinger, 1988; Seitzinger and Kroeze, 1998; Usui et al., 2001）。化学自养的硝化和反硝化过程是自然系统中产生 $N_2O$ 的主要过程（Yoshinari, 1976）；更详细的有关微生物循环与河口氮循环联系的内容参见第十章。河口沉积物产生 $N_2O$ 具有高时空变化性的特征（Seitzinger et al., 1983, 1984; Middelburg et al., 1995; Usui et al., 2001）。从河口沉积物中释放出 $N_2O$ 的量一般与沉积物中的反硝化速率成正比（Seitzinger and Nixon, 1985; Jensen et al., 1994）。然而近期在日本多摩川河口的研究显示，$N_2O$ 的产生量随着反硝化作用和硝化作用的增强都会增加（Usui et al., 2001）；这项研究指出，除了硝化和反硝化活动之外，反硝化过程中通过对电子受体的总需求与 $NO_3^-$ 和 $NO_2^-$ 来源之间的平衡所产生的 $N_2O$ 代谢的变化在控制

$N_2O$ 生产方面也是重要的；在此河口中沉积物释放 $N_2O$ 的典型值处于其他近岸系统观测值范围之内。沉积物中 $N_2O$ 对 $N_2$ 的比值通常范围是 0.1% ~0.5%，在人为输入较高的河口沉积物产生 $N_2O$ 的比例更高（可高达 6%）（Seitzinger，1988）。据估计，全球河流、河口和陆架释放 $N_2O$ 的量分别占释放总量的 55%、11% 和 33%（Seitzinger and Kroeze，1998）。输入到沉积物中的溶解无机氮（dissolved inorganic nitrogen，DIN）的量与 $N_2O$ 通量正相关，表明富营养化可能与 $N_2O$ 全球释放量的增加有关（图 5.5；Seitzinger and Nixon，1985）。实际上，世界河流和河口 DIN 输运模型显示，河流和河口中 90% 的反硝化发生在北半球（Seitzinger，2000）。

尽管迄今为止仅有为数不多的研究，但已有的研究结果表明，近岸羽状流水域（Turner et al.，1996；Simo et al.，1997）和河口（Iverson et al.，1989；Cerqueira and Pio，1999）可能是大气中重要的 DMS 来源。DMS 是某些浮游植物产生的一种化合物，一旦释放到大气中可能对气候控制产生影响（Charlson et al.，1987）。DMS 由二甲基巯基丙酸（dimethylsulfoniopropionate，DMSP）裂解产生（Kiene，1990）。实际上已有研究表明，DMSP 与细菌活动相关，其可提供海水中细菌生长所需的高达 100% 的硫和 3.4% 的碳（Kiene and Linn，2000）。其他一些诸如 COS 和二硫化碳（$CS_2$）这样的硫化物也是河口中 S 的可能来源。例如，在 4 个欧洲河口中发现 COS 和 $CS_2$ 的浓度很可观，分别达到了（220 ± 150）pmol/L 和（25 ± 6）pmol/L（Sciare et al.，2002）。COS 是大气中最为丰富的硫化合物，COS 和 $CS_2$ 均可能在全球辐射收支中发挥着重要作用（Zepp et al.，1995）。最近对河口中 $CS_2$ 在水 – 气界面通量的估算表明，其与开放大洋的通量可能是相当的，两者对 $CS_2$ 全球收支的贡献都是 30% 左右（Watts，2000）。不过应当注意的是，这些估算值是基于很少的观测结果，在这一领域显然还需要更进一步的工作（Sciare et al.，2002）。有关硫循环的详细内容参见第十二章。

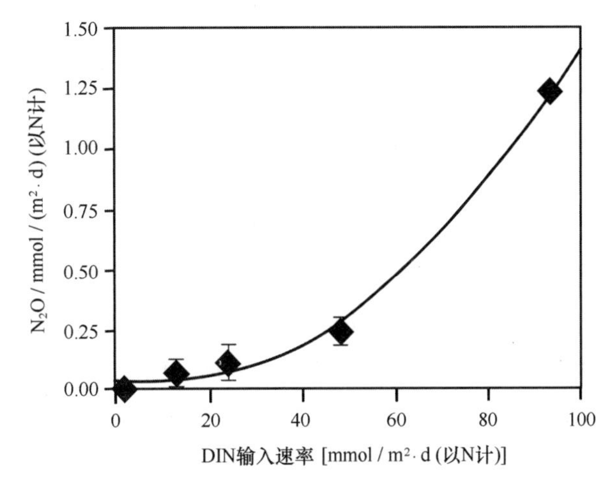


图 5.5　围隔生态实验中氧化亚氮释放速率［mmol/(m² · d)］（以 N 计）与 DIN 输入［mmol/(m² · d)］（以 N 计）的关系；实验在海洋生态系统实验室中进行（Seitzinger and Nixon，1985）

在荷兰斯海尔德河口开展的一项研究首次尝试将生物气体的释放纳入到一个一维、全瞬时的河口反应性输运模型中（Regnier et al.，1997，1998）。CONTRASTE 模型（针对强潮河口的、耦合的、网络化的输运 – 反应算法）被用来描述河口余流、日淡水流量和潮汐振荡；也用来描述动力学控制和平衡反应调节的物理、化学和生物过程（Vanderborght et al.，2002）。4 种生物气体（$N_2O$，$O_2$，$CO_2$，$NH_3$）及影响它们在水 – 气界面通量的生物地球化学过程如图 5.6 所示。由于控制河口中这些

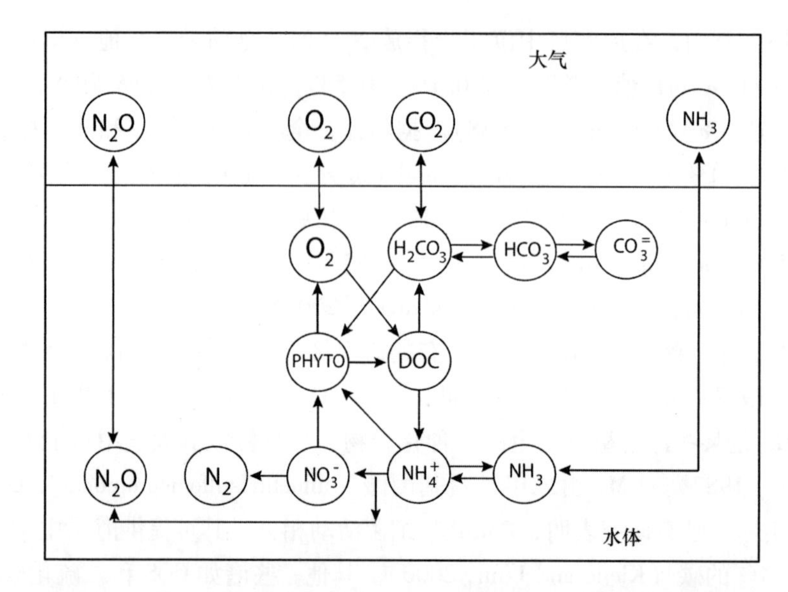


图5.6　在针对荷兰谢尔德河口的一个全瞬态、一维反应性输运 CONTRASTE 模型（针对强潮河口的耦合的、网络化的输运－反应算法）中分析的影响四种生物气体（$N_2O$，$O_2$，$CO_2$，$NH_3$）在水－气界面通量速率的生物地球化学过程（Vanderborght et al.，2002）

气体通量的物理参数存在短期和长期的变化，以及前面提到的很难对气体通量进行直接测量的不足，这类模型应该具有广泛的吸引力。简而言之，CONTRASTE 模型表明在斯海尔德河口 $N_2O$ 和 $CO_2$ 的水－气界面通量十分可观（Vanderborght et al.，2002）；这进一步证明了高度污染的强潮流河口可能对向大气中释放生物气体有显著贡献。

## 本章小结

1. 尽管溶解气体在河口和近岸水体中的许多生物地球化学循环中都非常重要，但只是最近才有研究河口和大气之间耦合重要性的大规模合作计划（如 BIOGEST）。

2. 近年来，气溶胶通过降水（雨和雪）和干沉降输入到河口和近岸水体中的重要性引起了广泛的关注，表明营养盐和金属污染物的干湿沉降对湿地和河口的生物地球化学收支有显著影响。

3. 海面上干燥的空气主要由 $N_2$（78%）和 $O_2$（21%）组成。大气中气体浓度的时空变化很大程度上取决于气体的稳定性、源汇过程、源强和存留时间。

4. 总大气压力（$P_t$）是在整个空气混合物中每一种气体所施加的所有分压（$P_i$）之和，这被称为道尔顿分压定律。

5. 气体在液相中的平衡浓度与该气体的压力成正比，这被称为亨利平衡分配定律，可用 $P_i = K_H P_A$ 表示。

6. 在平衡条件不适用的情况下，水－气界面间的气体交换速率可以用动力学模型来计算，如停滞膜模型。

7. 通过最近一次的混合事件和水温来预测 $O_2$ 浓度是最好的方法。

8. 河口中二氧化碳在水－气界面的通量十分重要。$CO_2$ 被沼泽草固定并随后被以有机和无机碳的形式输出到近岸水体的路径可称为“沼泽 $CO_2$ 泵”。

9. 在河口和河流中需要更为直接地测定气体迁移速度（$k$）（例如浮箱法和浮动双体平台），因为使用基于 DIC 和碱度数据计算得出的 $pCO_2$ 可能存在一些问题。风作用力和边界摩擦产生的湍流会显著改变河口中气体的迁移速度。

10. 甲烷是大气中一种重要的温室气体，平均浓度是 $1.7\times10^{-6}$，其比 $CO_2$ 具有更大的辐射强迫能力。河口释放 $CH_4$ 的量对全球 $CH_4$ 释放量的贡献约为 7.4%。

11. 甲烷氧化可能也是河口中甲烷的一个重要的汇，它高度依赖于温度和盐度，一般在较高盐度时具有较低的氧化速率。在河口系统中 $CH_4$ 的源和汇、水－气界面的通量以及迁移机制（如起泡、扩散、植物介导）具有相当大的时空变化性。

12. 河口是氧化亚氮（$N_2O$）生产的活跃场所。输入到沉积物中的溶解无机氮（DIN）的量与 $N_2O$ 通量正相关，表明富营养化可能与 $N_2O$ 全球释放量的增加有关。实际上，世界河流和河口 DIN 输运模型显示，河流和河口中 90% 的反硝化发生在北半球。

13. 尽管迄今为止仅有为数不多的研究，但已有的研究结果表明，近岸羽状流水域和河口可能是大气中重要的 DMS 来源。DMS 是某些浮游植物产生的一种化合物，一旦释放到大气中可能对气候控制产生影响。

14. 在荷兰斯海尔德河口开展的一项研究首次尝试将生物气体的释放纳入到一个一维、全瞬时的河口反应性输运模型中。CONTRASTE 模型被用来对河口余环流、日淡水径流量和潮汐振荡进行全面描述。

# 第三篇　河口沉积特性

# 第六章　沉积物的来源和分布

## 第一节　风化过程

在地质时期，地球表面的岩石隆起于海平面以上，这形成了可被风化过程改变成土壤和沉积物的岩石物质。沉积物中的一部分会被埋藏到洋盆中，但大部分被储存在近岸边缘海。不过这些物质大多都被大河河口过程所改造，并最终影响到这些陆源物质的长期归宿。火成岩、变质岩和沉积岩风化形成的沉积物主要通过世界各地的河流系统输运到海洋。沉积物从陆地输运到开阔大洋的主要路径可简单地用以下顺序表示：溪流、河流、河口、浅的近岸水体、峡谷和深海大洋（图6.1）。应当指出的是，显著和长期的沉积物储存发生在河谷和洪泛平原（Meade，1996）。海底峡谷也被认为是陆源沉积物的暂时储存场所；然而，诸如海底浊流和泥石流这样的偶发事件可将这些沉积物从峡谷搬运到深海大洋（有关物质从近岸边缘海向深海输运的更详细内容见第十六章）。据估计，河流每年向全球海洋输送的泥沙通量范围为 $18\times10^9\sim24\times10^9$ t（Milliman and Syvitski，1992）。随着时间的推移，河口终将会被河流输入的沉积物填满，最终达到沉积物输入和输出的平衡（Meade，1969）。例如研究表明，哈得孙河口短期（Olsen et al.，1978）和长期（Peteet and Wong，2000）的泥沙淤积都已经与海平面上升相平衡。更具体地说，河流流量控制着哈得孙河口沉积物输运的方向，而大小潮潮差的变化则控制着沉积物通量大小（Geyer et al.，2001）。

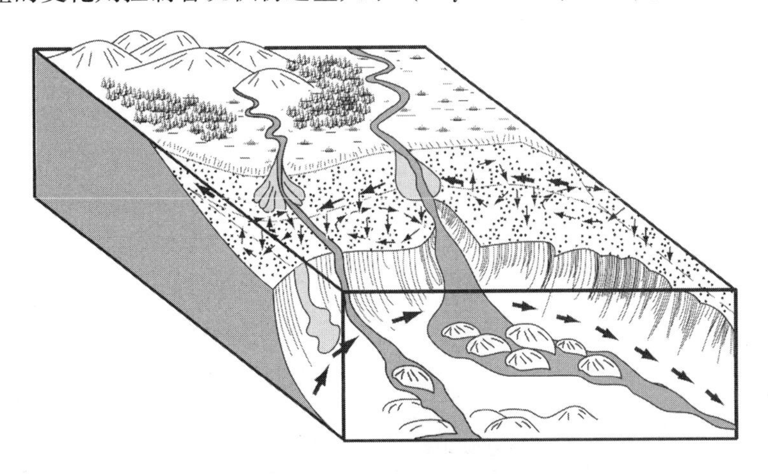

图6.1　沉积物从陆地输运到开阔大洋的主要路径可以简单地用以下顺序表示：溪流、河流、河口、浅的近岸水体、峡谷和深海大洋。箭头指示沿岸流和再悬浮事件对输送到近岸水域的颗粒物输运和分布的影响。上述每种环境中都可能有大量的沉积物储存（Degens，1989）

通常将风化分为物理风化和化学风化两类。物理风化指通过诸如冷冻、解冻、加热、冷却和生物扰动（如石内生长的藻类、真菌、植物根部和蚯蚓）等作用所引起的母岩物质和矿物的破碎。与之不同，化学风化则是指矿物的化学蚀变，它随着暴露的岩石表面积的增加而增强。涉及岩石化学风化的6个主要过程是：溶解（矿物溶解到水中成为其中的离子组分）、水合（如水嵌入矿物结构中）、酸解（即在 $H^+$ 的作用下风化）、螯合（有机酸作为螯合剂分解矿物）、氧化或还原反应（通过电子转移实现矿物风化）（Montgomery et al.，2000）。本质上讲，由于自然界中化学风化和物理风化过程通常是同时发生的，因此很难将它们的交互作用分开。

在岩石层中发现了约3000种不同的矿物；然而，地壳的大部分仅由50种主要矿物组成（Degens，1989）。表6.1中列出了土壤中常见的原生矿物和次生矿物。如前所述，土壤中的化学风化过程对原生矿物向次生矿物的转化非常重要。例如，当长石（地壳中最丰富的一类矿物）风化时，钾长石通过下面的反应转化成高岭石：

$$\underset{\text{(钾长石)}}{KAlSi_3O_8} + H_2CO_3 + H_2O \rightarrow \underset{\text{(高岭石)}}{Al_2SiO_5(OH)_4} + 2K^+ + 4H_4SiO_4 + HCO_3 \qquad (6.1)$$

在形成高岭石的过程中，$K^+$ 离子也从土壤中释放出来，而铝仍然保留在固相中。类似地，针铁矿通过 $H^+$ 的风化反应能释放 $Fe^{3+}$ 离子，如下式所示：

$$\underset{\text{(针铁矿)}}{FeOOH} + 3H^+ \rightarrow Fe^{3+} + H_2 \qquad (6.2)$$

**表6.1　土壤中常见的原生和次生矿物**

| 原生矿物 | 近似组成 | 风化性 |
| --- | --- | --- |
| 石英 | $SiO_2$ | – |
| 钾长石 | $KAlSi_3O_8$ | + |
| 斜长石 | $CaAl_2Si_2O_8$ | +到（+） |
| 白云母 | $KAlSi_3O_{10}(OH)_2$ | +（+） |
| 闪石 | $Ca_2Al_2Mg_2Ge_3Si_6O_{22}(OH)_2$ | +（+） |
| 黑云母 | $KAl(Mg, Fe)_3Si_3O_{10}(OH)_2$ | + + |
| 辉石 | $Ca_2(Al, Fe)_4(Mg, Fe)_4Si_6O_{24}$ | + + |
| 磷灰石 | $[3Ca_2(PO_4)_2]CaO$ | + + |
| 火山玻璃 | Variable | + + |
| 方解石 | $CaCO_3$ | + + + |
| 白云石 | $(Ca, Mg)CO_3$ | + + + |
| 石膏 | $CaSO_4 \cdot 2H_2O$ | + + + |
| 次生矿物 | 近似组成 | 类型 |
| 高岭石 | $Al_2Si_2O_5(OH)_4$ | 1:1层状硅酸盐 |
| 蛭石 | $(Al_{1.7}Mg_{.3})Si_{3.9}Al_{0.4}O_{10}(OH)_2$ | 2:1层状硅酸盐 |
| 蒙脱石 | $(Al_{1.7}Mg_{.3})Si_{3.9}Al_{0.1}O_{10}(OH)_2$ | 2:1层状硅酸盐 |

续表

| 原生矿物 | 近似组成 | 风化性 |
|---|---|---|
| 绿泥石 | $(Mg_{2.6}Fe_{.4})\ Si_{2.5}\ (Al,\ Fe)_{1.5}O_{10}\ (OH)_2$ | 2:1 层状硅酸盐 |
| 水铝英石 | $(SiO_2)\ 1\sim2Al_2O_5\cdot2.5\sim3\ (H_2O)$ | 假晶体，球形 |
| 丝状铝英石 | $SiO_2Al_2O_3\cdot2.5H_2O$ | 假晶体，缕状 |
| 多水高岭石 | $Al_2Si_2O_5\ (OH)_4\cdot2H_2O$ | 假晶体，管状 |
| 铝土矿 | $Al\ (OH)_3$ | 氢氧化物 |
| 针铁矿 | FeOOH | 含氧氢氧化物 |
| 赤铁矿 | $Fe_2O_3$ | 氧化物 |
| 水铁矿 | $5Fe_2O_5\cdot9H_2O$ | 氧化物 |

Degens（1989）。

针铁矿在好氧条件下风化释放 $Fe^{3+}$，而在缺氧土壤条件下则释放 $Fe^{2+}$（Birkeland，1999）。尽管在这个反应中铁被释放出来，但铝和铁都倾向于以氧化物形式在风化的有氧土壤中积累［如针铁矿、氢氧化铝和赤铁矿（表 6.1；Montgomery et al.，2000）］。例如，含铁的原生矿物（如辉石、闪石、镁铁质岩石）风化时释放铁到溶液中，随后铁形成沉淀并以氧化物形式积累。仔细分析夏威夷土壤（下面是镁铁质火山岩）中黏土和游离氧化物的组成和百分比就可以清楚地说明这一点（图 6.2；Sherman，1952）。总体上看，玄武岩和黏土矿物随着降雨量的增加而消失，因为它们被铝、铁和钛的氧化物和氢氧化物替代了。当考虑水生生态系统中颗粒物－颗粒物和颗粒物－溶解组分之间的相互作用时，黏土颗粒因其较小的粒径和较高的表面积而显得尤为重要。由于流域盆地土壤和河口沉积物中的黏土矿物的转化和组成之间存在着紧密联系，因此这些相互作用对河口生物地球化学循环有着广泛而深远的影响。

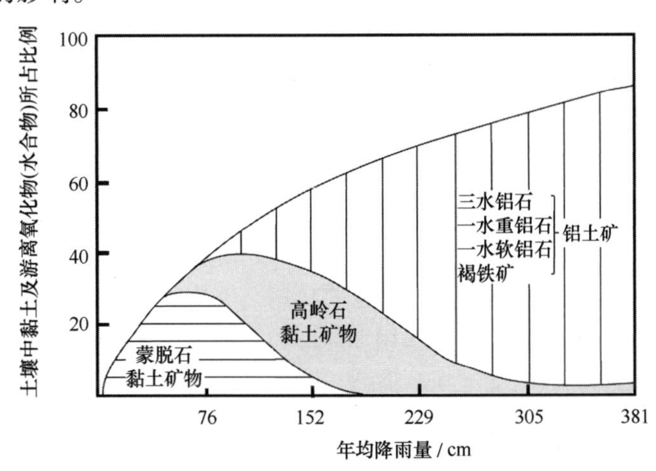


图 6.2 仔细分析夏威夷土壤中黏土和游离氧化物的组成和百分比可以说明：含铁原生矿物（如玄武岩中的辉石和闪石矿物）风化释放铁到溶液中，然后铁形成沉淀并以氧化物形式积累（Sherman，1952）

## 第二节 侵蚀、输运和沉积

河口沉积物来源多样，包括大气输入、河流、陆架、生物活动和河口边缘的侵蚀等。河口上游和下游区域的沉积物来源有很大的不同，生物输入通常在高盐度的河口下游区域更为重要，而在河口上游低盐度区域陆源输入则占优势。然而，某些黑水河流①系统（如美国圣约翰斯河）在河口上游区域有着更高的生产力（个人通信，John M. Jaeger，美国佛罗里达大学）。河口过程的变化主要由河流进水量、潮流、波浪和气象力驱动。

控制河口沉积动力学的四个主要过程是：（1）河床的侵蚀；（2）输运；（3）沉积；（4）沉积物的固结（Nichols and Biggs，1985）。侵蚀作用强烈依赖于沉积物的黏结性；而黏结力源于黏土矿物颗粒间的表面吸引力以及有机黏膜层的结合力。河口沉积物的整体可侵蚀性在很大程度上取决于河床颗粒物的粒径和剪应力。临界剪应力本质上与屈服强度是相同的（即破坏粘结作用所需要的力），当流体流动对河床产生的剪应力达到临界剪应力时，沉积物就会移动（Migniot，1968）。随着沉积物变得更加固结，表面的“蓬松”沉积（高含水量）随深度增加脱水而变得更加凝聚（低含水量）。由于内部的凝聚和进一步压实，沉积物变得不易被侵蚀（Krone，1962）。河口沉积物的可侵蚀性会因为再悬浮频率（这会使得含水量很高的植物腐殖质输送到表层沉积物）、底栖生物的造粒和对沉积物的生物扰动等的变化而有相当大的时空变化（Rhoads，1974；McCall and Tevesz，1982；Rice et al.，1986）。更具体地说，大型底栖动物（如食碎屑动物）的造粒和生物扰动能增加水体通过沉积物的总体流动潜力（Aller，2001）和平均孔隙度（McCall and Fisher，1980），从而影响沉积物的整体可侵蚀性。大型底栖动物对沉积物表面结构的潜在影响很大程度上受河口盐度梯度的控制；许多处于演替后期的底栖生物群落（产生更多的生物扰动）都生活在高盐度区（有关动物-沉积物关系的更详细内容见第八章）。

生活于胞外聚合物基质（extracellular polymeric substances，EPS）表面的微生物层被称为微生物席和生物膜（Characklis and Marshall，1989），它们对改变河口沉积物的表面结构和可侵蚀性也很重要（de Beer and Kühl，2001）。EPS 主要由细胞产生的多糖、多糖醛酸、蛋白质、核酸和脂类等组成（Decho and Lopez，1993；Schmidt and Ahring，1994）。EPS 可作为表层沉积物中颗粒物之间的黏结剂，从而影响沉积物的可侵蚀性以及通过沉积物-水界面的溶解组分的通量（de Beer and Kühl，2001）。

水体中颗粒物的沉积是沉积物输运的一个重要机制，本质上受重力沉降所控制。方向向下的重力同时受到方向向上的水体黏滞阻力的反作用。球形的、慢速沉降的单个颗粒物的沉降速度可用斯托克斯定律描述（Allen，1985）：

$$w_{si} = [(\rho_{si} - \rho_w) g d i^2] / 18\,\mu \tag{6.3}$$

其中：$w$ 为沉降速度（cm/s）；$\rho_{si}$ 为颗粒物 $i$ 的密度（硅质碎屑沉积物的密度为 2.650 g/cm$^3$）；$\rho_w$ 是水的密度（25℃时为 1.007 g/cm$^3$）；$d$ 为颗粒物粒径（μm）；μ 是动力学黏性系数（对外力作用

① 黑水河流（blackwater river）是指一类流经森林覆盖的沼泽或湿地的宽阔的、流速缓慢的河流。由于植被腐败、单宁酸释放到水体，形成咖啡色的透明酸性的水体。大多数黑水河流分布在亚马孙盆地和美国南部。——译者注

下流体流动产生的阻力的度量）[25℃时为 $8.91\times10^{-4}$ N/（s·$m^2$）]；$g$ 是万有引力常数。

需要指出的是，在河口中通常很少会有单个的颗粒物，大多数颗粒物都是以絮凝物的形式沉降的（见后面的段落），尽管如此，斯托克斯定律还是被作为有关颗粒物沉降的基本概念中的一个基础。小于 0.5 μm 的颗粒物在水体中的沉降会被布朗运动（热效应引起的微小颗粒物的随机运动）减慢；相反，大的砂质颗粒物不受黏滞力影响，在沉降时一般会产生前向压或尾流。因此，斯托克斯定律仅适用于那些雷诺数（*Re*）小于“1”的颗粒物。Allen（1985）将颗粒物雷诺数定义为：

$$Re = \rho w_{si} d_i / \mu \tag{6.4}$$

通常对于直径大于 0.1～0.2 mm 的颗粒物，其沉降速度随着直径平方根的变化而变化，符合碰撞定律（Krumbein and Sloss，1963；图 6.3）。这些较大的颗粒物产生湍流尾流，使得颗粒物在快速的加速后其沉降速度减缓下来；与之不同，小颗粒物则是遵循层流特征的流体流动（Degens，1989）。

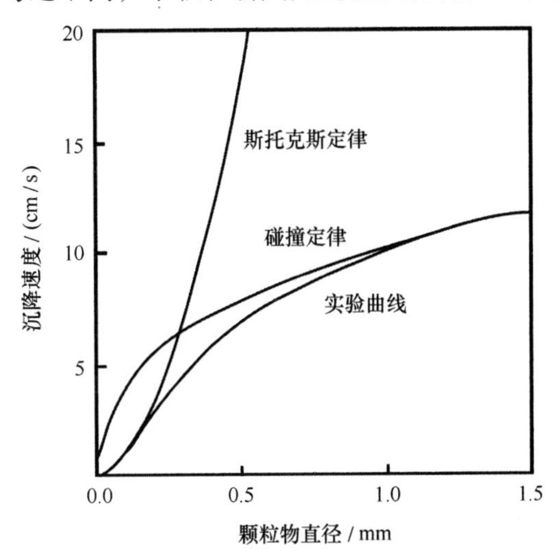


图 6.3　颗粒物（<100 μm）的沉降速率遵守斯托克斯定律。对于直径大于 0.1～0.2 mm 的颗粒物，其沉降速度随着颗粒物直径平方根的变化而改变，符合碰撞定律（Krumbein and Sloss，1963）

河口通常具有高浓度的细颗粒悬浮物，这些细颗粒悬浮物具有很高的黏结力，容易发生絮凝。细颗粒物的凝聚会在河口形成复杂的多种形式的颗粒物：（1）团聚体（由弱的表面张力结合在一起的有机物和无机物）；（2）聚集体（由强的分子间和分子内力结合起来的无机颗粒物）；（3）絮凝体（由电化学作用力结合在一起的无生命的生源物质）（Schubel，1971，1972）。忽略细颗粒沉积物环境中聚集作用的影响会严重低估颗粒物的沉降速度（Kineke and Sternberg，1989；Blake et al.，2001）。Milligan 等估算的絮凝物沉降速度的范围是（0.8～17.9）mm/s（Milligan et al.，2001），这与根据絮凝物图像分析估算得到的沉降速度（8.8±1.85）mm/s 十分吻合（Sternberg et al.，1999）。固定在沉积物捕集器上的高分辨率摄像机使得我们可以得到更高时间分辨率的聚集体在水体中沉降的图像（Sternberg et al.，1999）。颗粒物的凝聚主要受电化学力排斥力和范德华吸引力控制。如前所述，黏土颗粒具有携带很高负电荷的层状晶格结构。在淡水中，这些负电荷使得排斥作用占优势，阻止了颗粒物的絮凝。然而，随着河口混合区内盐度的增加，阳离子（$Ca^{2+}$、$Mg^{2+}$ 和 $Na^+$）丰度增加并使得排斥作用被破坏；凝聚现象在盐度低至 0.1 时即可发生（Stumm and Morgan，

1996）。随着排斥力的降低，范德华力起主要作用，絮凝作用将会持续进行。与其他自然体系相比，河口中巨大的盐度和潮汐变化使其成为发生凝聚过程的理想环境，实际上这可与污水处理系统相媲美（图6.4）。还应当指出的是，在诸如深海这样的截然不同的环境中，由于水体中离子强度很高，其碰撞效率（$\alpha$）更高。这种情况发生在开阔大洋中，尽管相对于河口或污水处理系统，其具有较低的颗粒物浓度（$\varphi$）和速度梯度（$G$）（Stumm and Morgan，1996）。

河口中的凝聚过程还受到诸如黏土组成、颗粒物大小和溶解有机质的浓度等其他因素的影响。例如，早期研究就表明，来自河流的铁在河口混合区与海水混合过程中能从溶解/胶体有机质中以金属氢氧化物形式絮凝出来（Sholkovitz，1976，1978；Boyle et al.，1977；Mayer，1982）（有关金属－胶体相互作用的更详细内容见第十四章）。对美国帕姆利科河河口表层沉积物的研究表明，伊利石在高盐度区域絮凝，而高岭石在河口上游占优势（Edzwald et al.，1974；Edzwald and O'Melia，1975）。浮泥的形成（下节讨论）要求具有相似特性、大小相近的颗粒物的絮凝（Postma，1980）。例如，在法国卢瓦尔河口，与伊利石、高岭石和绿泥石等其他矿物相比，蒙脱石（粒径大约6 μm）在浮泥中的浓度高出1倍，呈现出明显的优先絮凝倾向（Gallenne，1974）。然而，正如后面将要讨论的，浮泥也能仅由物理再悬浮作用而形成（McKee et al.，2004）。通过提供能黏附颗粒物的黏性物质，浮游细菌和浮游植物的丰度也能影响絮凝速率（Ernissee and Abbott，1975）。微生物引起的聚集通常称为生物絮凝（在污水处理系统中），其也被认为是自然体系中一个潜在的重要过程（Busch and Stumm，1968；Stumm and Morgan，1996）。更具体地说，微生物细胞表面和这些生物分泌的聚合物（如黏多糖）可能会影响氧化物的稳定性以及胶体黏着的起始阶段（van Loosdrecht et al.，1990）。

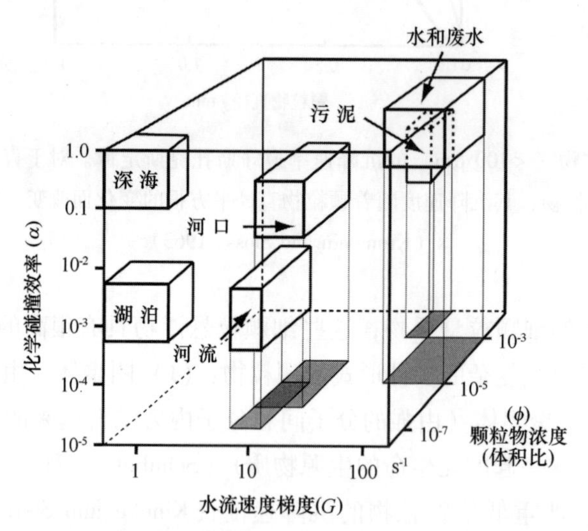


图6.4 控制自然和人工体系中凝聚过程的关键变量比较；$G$为平均水流速度梯度（$s^{-1}$），$\varphi$是颗粒物浓度，$\alpha$为碰撞效率（Stumm and Morgan，1996）

河口的悬浮物有很宽的粒径谱。由于单个黏土颗粒物太小而无法实现现场测定，因此微絮凝体（直径<150 μm）和大絮凝体（由微絮凝体组成）是河口通常研究的颗粒物群体（Dyer and Manning，1999）。微絮凝体往往是球形的、密度较大并且较为稳定，而大絮凝体则很容易被破坏且无固

定形状（Eisma，1986）。絮凝由碰撞引起，部分是布朗运动引起的，后者通常会形成一小部分微絮凝体并进而转化为大絮凝体。碰撞的频率与颗粒物浓度正相关。然而，伴随着高的剪切力和颗粒物含量，湍流能破坏颗粒物的形成，使得絮凝体的粒径变小（van Leussen，1988）。因此，河口细颗粒物的沉降速率在很大程度上取决于聚集的絮凝物的粒径分布、悬浮颗粒物的浓度和速度剪切力（Hill et al.，2000）。虽然实验室试验对研究絮凝过程是很有帮助的，但也有研究表明，由于实验室条件下颗粒物碰撞的时间间隔不足，因此，产生的絮凝物粒径显著偏小（Winterwerp，1998）。如果确实如此，则对我们理解不同径流阶段、具有不同水体存留时间的河流和河口的絮凝过程有重要意义。

高度的絮凝通常导致很高的沉降速度和向底部的通量。悬移质中絮凝体沉降特性的差异可以用Middleton 和 Southward（1984）描述的劳斯参数（Rouse parameter）来表征：

$$R_o = W_s / \beta \kappa \mu_* \tag{6.5}$$

其中：$W_s$ 为絮凝体沉降速度；$\beta$ 为涡动黏性和扩散度之间的比例系数；$\kappa$ 为冯卡门常数（0.41）；$u_*$ 为摩擦速度（用二次应力定律计算，Blake et al.，2001）。

劳斯值显著小于 1 时，表明颗粒物分布在整个水体中；如果小于但是接近 1，颗粒物接近底部①；如果大于 2.5，则颗粒物是海床的一部分（Middleton and Southward，1984）。在美国阿舍普河、卡姆比河和埃迪斯托河流域（ACE 流域），用 $Ro$ 值可以将表层絮凝体和底层絮凝体两个截然不同的储库区分开来（图 6.5；Milligan et al.，2001）。这些结果表明，在高径流量时期，细颗粒物将在高盐度区域被捕集，絮凝体的粒径在这里不断增大，其沉降速度随之增加。

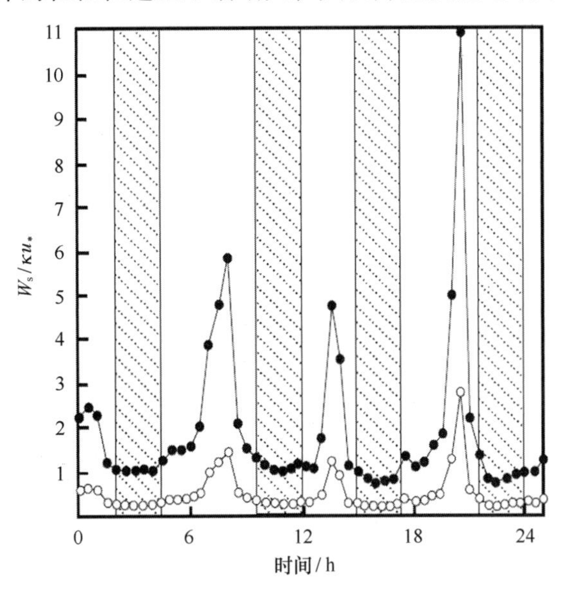


图 6.5　在美国 ACE 流域，几个潮周期内表层和底层絮凝体截然不同的输运特性可以用 $R_o$ 值明显区分开来。阴影区域表示最大流速时期。$W_s$ 为沉积物沉降速度；$\beta$ 为涡动黏性和扩散度之间的比例系数；$\kappa$ 为冯卡门常数（0.41）；$u_*$ 为摩擦速度空心圆点表示表层，实心圆点表示底层（Milligan et al.，2001）

① 一般认为劳斯值在 1.2～2.5 之间时，50% 的颗粒物悬浮；劳斯值在 0.8～1.2 之间时，100% 的颗粒物悬浮。——译者注

沉积物通常以悬移质或推移质形式被直接输运到开阔大洋、近岸陆架或被储存在河口与河流中（McKee and Baskran, 1999）。输送到近岸的大部分沉积物是悬移质（90% ~99%），推移质相对较少（Syvitski et al., 2000）。推移质移动的速度一般比水体平均流速慢，其在近海床处发生跳跃式的颗粒间的高频率碰撞运动（颗粒物沿着底部“跳动”）。悬移质则与水流一起同步移动，基本上与推移质的移动无关。颗粒物在水柱中沉降得越快，维持其作为悬移质所需的能量就越大。

## 第三节　河口最大浑浊带、底边界层和浮泥

河口最大混浊带（estuarine turbidity maximum, ETM）是悬浮颗粒物（suspended particulate matter, SPM）浓度显著高于（10 ~ 100 倍）其邻近的河流或河口近岸端元的河口区域（Schubel, 1968; Dyer, 1986）。早期有关 ETM 最为广泛的研究是在切萨皮克湾，这些研究表明，除了颗粒物沉降缓慢这一原因之外，颗粒物在 ETMs 被捕集的一个主要机制就是在盐水入侵边界发生的颗粒物汇聚（Schubel, 1968; Schubel and Biggs, 1969; Schubel and Kana, 1972; Nichols, 1974）。后来的一些研究则显示，控制 ETMs 颗粒物密度的机制很复杂，包括重力环流（Festa and Hansen, 1978）、潮不对称（Uncles et al., 1994）和潮流对颗粒物的卷挟作用（Geyer, 1993）。例如，潮不对称再悬浮和潮汐输送是造成切萨皮克湾 ETM 沉降聚集物形成的原因（Sanford et al., 2001）。虽然 ETM 能大致示踪盐度边界，但它又经常与盐度锋面（这里定义为盐度等于 1 的等盐度线）相分离，这是由于 ETM 沉积物再悬浮和输运常常滞后于快速移动的由气象条件驱动的盐度锋面，下面的示意图说明了这一点（图 6.6）。近期聚焦于 ETM 沉积物输运动力学的一些研究，除了运用诸如海洋宽视场遥感（SeaWiFS）这样的遥感手段外（Uncles et al., 2001），还常用声学多普勒流速剖面（ADPs）、声学后向散射（ABS）和后向散射光学传感器（OBS）等（Fain et al., 2001）。

ETM 的位置一般受潮汐振幅、河流径流量和河道深度控制（Brenon and Le Hir, 1999; Rolinski, 1999; Kistner and Pettigrew, 2001）。近期，有关美国哈得孙河口（Geyer, 1993; Geyer et al., 1998）和约克河口（Lin and Kuo, 2001）的工作重点研究了盐度边界下游的次级最大混浊带（STM）的发育。哈得孙河口 STM 是由地形和水流的相互作用形成的（Geyer, 1993; Geyer et al., 1998）。例如，随着盐水楔锋面的移进移出，密度分层抑制了湍流混合从而增强了下游颗粒物的捕集效率（图 6.7）（Geyer, 1993）。如图所示，“泥质区”是一个易被侵蚀的细颗粒物沉积区域，涨潮期间近海底的大部分悬浮颗粒物来自再悬浮物质。而在落潮期间，较低层海向流则使得颗粒物能在高度分层的颗粒物捕集区沉降下来，随后在涨潮期间又被陆向流携带回来重新分配（图 6.7）。由于盐水楔在一个潮汐周期内在泥质区各处移动，因此捕集颗粒物的位置随盐水楔位置的变化而变化。类似地，淡水径流量/河流径流量的增加使得德国北部的易北河和威悉河的 ETM 移动到更下游的地方（Kappenberg and Grabemann, 2001）。其他一些 ETM 位置由河流径流量控制的河口包括美国的 ACE 流域、荷兰的斯海尔德河口（Fettweis et al., 1998）、英国的亨伯－乌斯河口（Uncles et al., 2001）和法国的吉伦特河口（Allen et al., 1980）。ETM 也是一个对异养生物群落很重要的高生产力区（Boynton et al., 1997）。ETMs 的高微生物量、高周转率和营养盐再循环（Baross et al., 1994; Ragueneau et al., 2002）对河口食物网可能也很重要。业已证实，ETM 是仔稚鱼的重要栖息场所（Dodson et al., 1989; North and Houde, 2001）。仔稚鱼多停留于这一水域可能是由于下述原因。

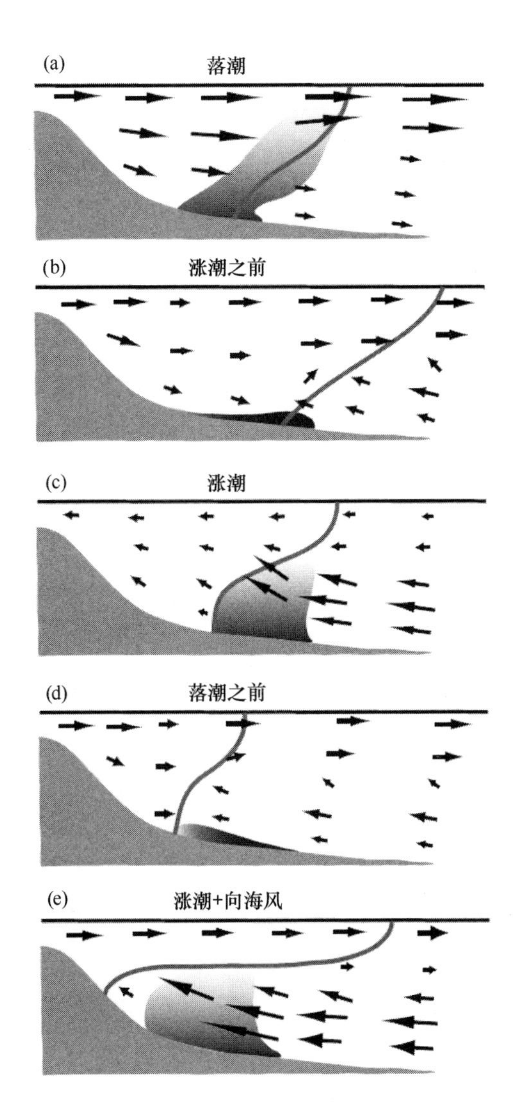


图6.6 概念图显示，虽然ETM能大致示踪盐度边界，但它又经常与盐度锋面（这里定义为盐度等于1的等盐度线）相分离，这是ETM沉积物再悬浮和输运常常滞后于快速移动的由气象条件驱动的盐度锋面（Sanford et al.，2001）

（1）高的浮游植物和浮游动物生物量提供了极为重要的食物资源（Boynton et al.，1997）；（2）高混浊条件减少了对仔稚鱼的捕食（Chesney，1989）；（3）避开了高盐水体所形成的高渗透压环境（Winger and Lasier，1994）。

由于ETM具有很高的沉积速率，在底边界层（BBL）积累的颗粒物会形成移动泥和浮泥。Boudreau和Jorgensen（2001）将BBL定义为“其性质和过程的分布直接受沉积物-水界面存在影响的那部分沉积物和水体”。一个理想化的示意图（图6.8）可说明BBL的重要组成以及它们的相对尺度。BBL的厚度借用了深海环境的埃克曼（Ekman）尺度定义，其中$u^*$是摩擦速度，$f$是科里奥利参数（McCave，1976；Boudreau and Jorgensen，2001）。近岸边缘海BBL的厚度是米到毫米大小。对于BBL的研究集中在陆架区（Hinga et al.，1979；Smith，1987；Nittrouer et al.，1995；Shimeta et al.，2001）以及一些水深较深、水体分层的河口（Santschi et al.，1999；Mitra et al.，2000a）。黏

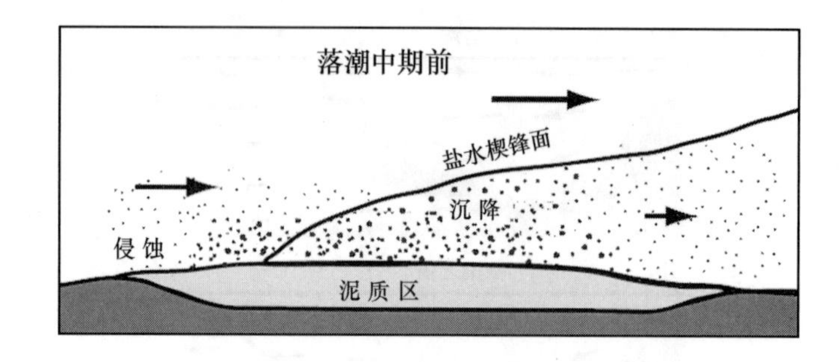


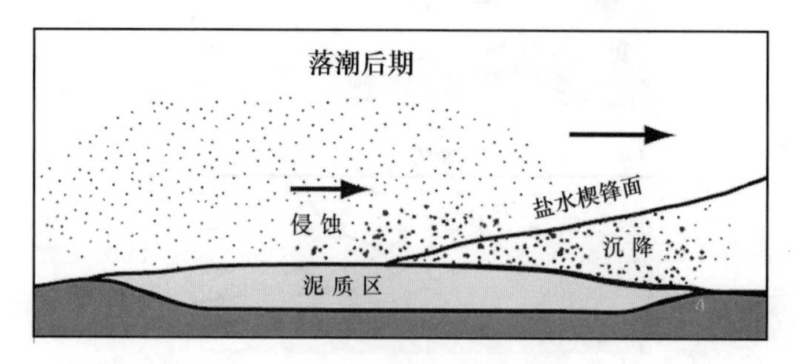


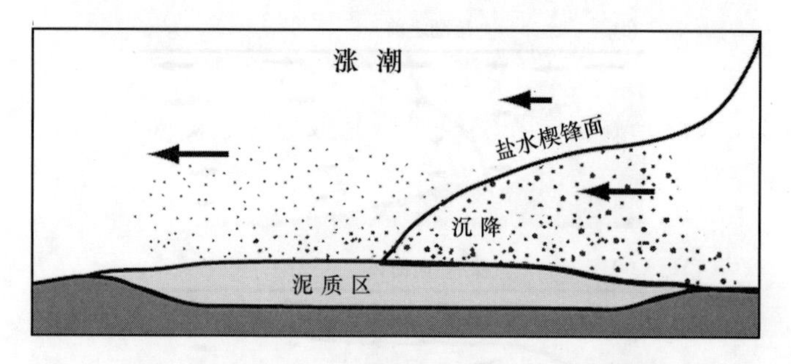


图6.7　颗粒物捕集与“泥质区”的再悬浮以及盐水楔在一个潮汐周期内的位置有关（Geyer, 1993）

性亚层和扩散边界层（DBL）在控制整个沉积物-水界面的分子扩散速率方面特别重要（对这些过程的更多讨论参见第八章）。另一种与BBL相关的现象是移动泥，它们位于BBL的上部，具有高的孔隙度，其中发生着增强的成岩转化过程；移动泥通常形成于大河影响下的陆架边缘海（RiO-Mars），位于河口下游（盐水楔区）以及邻近的陆架区（Aller, 1998；Chen et al.，2003a，b；McKee et al.，2003）。研究发现，与其他陆架环境相比，在亚马孙和飞河三角洲（巴布亚新几内亚）中的移动泥中，有机质再矿化的速率非常高（Aller, 1998）。密西西比河河口下游及其邻近陆架区的移动泥层是一个有机质再矿化的活跃场所（Chen et al.，2003a，b；Sutula et al.，2004），也是河流输送的陆源有机质输运的重要区域（Corbett et al.，2003；Wysocki et al.，2006）。

与此类似，浮泥发生于有大量絮凝颗粒物的河口区域（如ETM），这里水体中的边界减少了颗粒物向上部的混合，并有足够的剪切力以减少颗粒物向海底的沉降（Trowbridge and Kineke, 1994；Allison et al.，2000）。浮泥的定义为质量浓度大于10 g/L的高浓度悬浮沉积物（Kemp, 1986）。在河口和陆架环境中均已发现浮泥的存在（Gallene, 1974；Allen et al.，1980；Wells, 1983；Nichols 1984；Wolanski et al.，1988；Wright et al.，1990；Odd et al.，1993；Kineke and Sternberg, 1995；Alli-

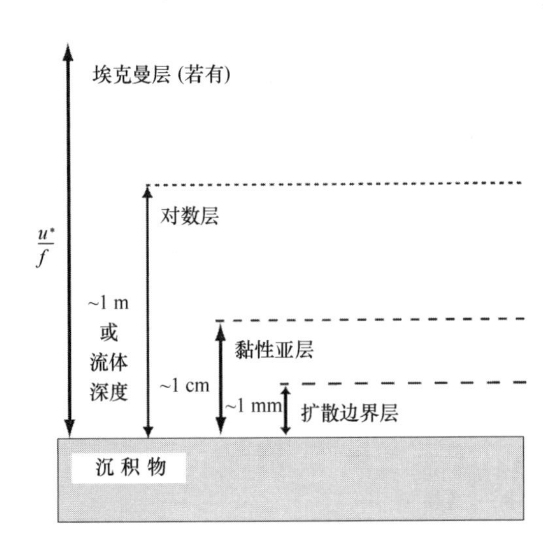


图 6.8　底边界层（BBL）组成的相对大小示意图。当水流受地球自转和底层摩擦力的影响时，沉积物－水界面以上的底层水体存在埃克曼层，这里 $u^*$ 是摩擦速度，$f$ 为科里奥利参数；速度剖面可以用对数函数很好描述的层次称为对数层，黏性亚层由分子黏性形成；扩散边界层的形成则使溶质的迁移受分子扩散控制（Boudreau and Jorgensen, 2001）

son et al., 1995, 2000）。大部分关于浮泥的经典研究都沿着亚马孙三角洲，那里有广泛的浮泥存在，在三角洲顶积层每年约 $31 \times 10^9$ t 的沉积物是以浮泥的形式存在（Keuhl et al., 1986; Allison et al., 1995; Jaeger and Nittrouer, 1995; Kineke and Sternberg, 1995; Aller et al., 1996）。如图 6.9 所示，亚马孙陆架上的浮泥主要在小潮期形成，此时盐度的差异使得水体层化，沉降颗粒物在锋面区域被捕集（Kineke et al., 1996）。大潮期间，水体分层被破坏，海水和浮泥再悬浮形成“混合的”浮泥或移动泥。在亚马孙陆架，浮泥在减小边界剪切应力方面具有重要作用，这影响着沉积物－水界面通量并促进了水下三角洲的发育（Kineke et al., 1996）。研究还发现，在一年中的某些时间，浮泥在河流源有机质从阿查法拉亚湾河口向路易斯安那陆架的输运方面中也发挥着重要作用（Allison et al., 2001; Gordon et al., 2001; Gordon and Goni, 2003）。与移动泥类似，近期的研究表明，浮泥中的生物地球化学转化反应也十分活跃（Abril et al., 2000; de Resseguier, 2000; Tseng et al., 2001; Schafer et al., 2002）。要深入理解这些底部输运过程对河口/陆架边界区（尤其是大河影响下的陆架边缘海，RiOMar）颗粒物和水团的生物地球化学特征的影响，还需要更多的研究。

用传统的野外观测设备（如配有潜水泵、CTD、OBS 和 ADP 的三脚架）对诸如移动泥、浮泥和底边界层等底层输运过程进行详细现场调查在很多情况下是不可能的，因为它们的采样分辨率太过粗糙（如海底上方每 25 cm 测定一次）。因此，水槽就成为一种十分有用的模拟近底的流动条件、研究靠近海底的细微底层过程的实验工具。用于进行边界层输运研究的水槽类型有直通型、跑道形和环形通道（Khalili et al., 2001）。图 6.10 显示的是一个可循环的敞开式直通型水槽的例子；其他水槽设计和操作的例子可参考 Williams（1971）、Vogel（1981）、Nowell 和 Jumars（1987）、Trowbridge 等（1989）、Huettel 和 Gust（1992）等的工作。水槽实验研究提供了很多重要信息，诸如边界层（BL）流对幼虫附着的影响（Butman and Grassle, 1992）、底栖蠕虫产生的孔穴与 BL 流的相互作用（Eckman et al., 1981）以及 BL 流对溶解态（如金属、营养盐和氧）和颗粒态（细颗粒沉积物）组分输运的影响（Sleath，1984；Huettel et al.，1996）。

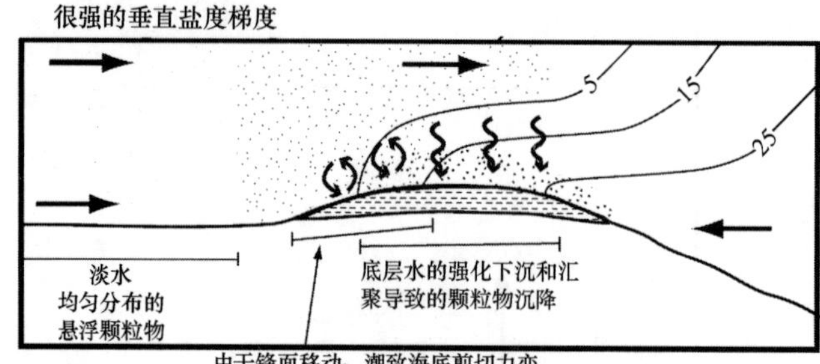


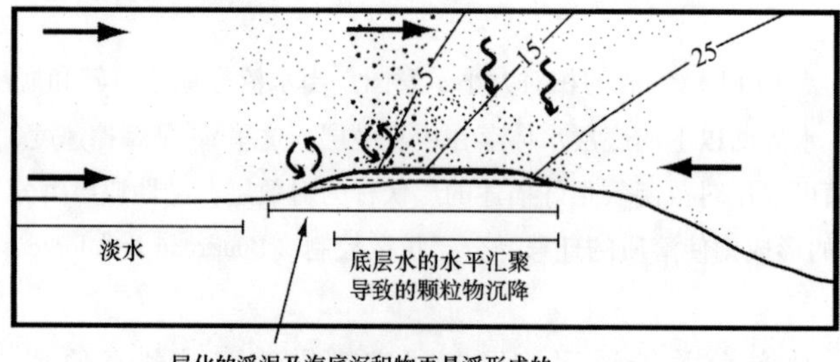


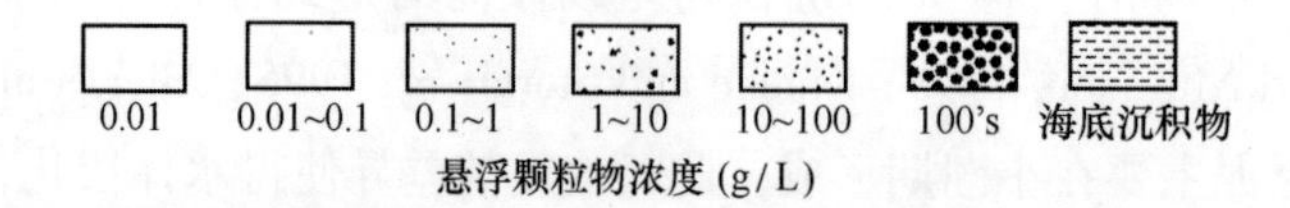


图6.9　浮泥在锋面区形成和破坏示意图：（a）小潮时层化的浮泥层形成，具有很强的垂直盐度梯度；（b）大潮时混合浮泥或移动浮泥形成（此时浮泥层已被破坏，译者注），具有很强的水平盐度梯度（Kineke et al.，1996）

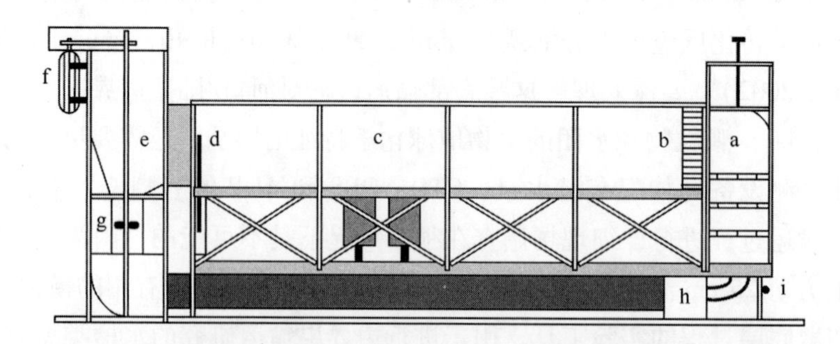


图6.10　一个自循环敞开式直水槽。a为头部水箱，b为准直段，c为敞开式通道，d为堰，e为尾部水箱，f为电动机，g为轴流泵，h为回水管和冷却盘管，i为电动千斤顶（Khalili et al.，2001）

## 本章小结

1. 在地质时期，地球表面的岩石隆起于海平面以上，形成可被风化过程改变成土壤和沉积物的岩石物质。风化通常可分为两类，一类是涉及母岩物质和矿物破碎的物理风化，另一类则是发生了矿物化学蚀变的化学风化。

2. 控制河口沉积动力学的四个主要过程是：（1）河床的侵蚀；（2）输运；（3）沉积；（4）沉积物的固结。

3. 生活于胞外聚合物基质（EPS）表面的微生物层称为微生物席和生物膜，它们对改变河口中沉积物的表面结构和可侵蚀性也很重要。

4. 斯托克斯定律可描述球形的、慢速沉降的单个颗粒物的沉降速度。不过在河口中单个的颗粒物通常并不多，大多数颗粒物都是絮凝物。

5. 小于0.5 μm的颗粒物在水体中的沉降会被布朗运动减慢，而大的砂质颗粒物不受黏滞力影响，在沉降时一般会产生前向压或尾流。

6. 河口通常具有高浓度的细颗粒悬浮物，这些细颗粒悬浮物具有很高的黏结力，容易发生絮凝。细颗粒物的凝聚会在河口形成复杂的多种形式的颗粒物：（1）团聚体；（2）聚集体；（3）絮凝体。

7. 随着排斥力的降低，范德华力起主要作用，絮凝作用将会持续进行。河口中巨大的盐度和潮汐变化使其成为发生凝聚过程的理想环境。

8. 河流中的沉积物以悬移质或推移质形式被直接输运到开阔大洋、近岸陆架或被储存在河口与河流中。

9. 河口最大混浊带（ETM）是指悬浮颗粒物（SPM）浓度显著高于（10倍~100倍）其邻近河流或河口近岸端元的河口区域。ETM的位置一般受潮汐振幅、河流径流量和河道深度控制。

10. 由于ETM具有很高的沉积速率，在底边界层（BBL）积累的颗粒物会形成移动泥和浮泥。浮泥的定义为质量浓度大于10 g/L的高浓度悬浮沉积物。

# 第七章　同位素地球化学

## 第一节　放射性的基本原理

大约有1 700多种放射性同位素（或称放射性核素）可以成为测定地球上各种过程速率的有力工具。“核素”一词通常可以与“原子”一词通用。放射性核素的主要来源有：（1）原生核素（如$^{238}U$,$^{235}U$和$^{232}Th$系列放射性核素）；（2）人工放射性核素或瞬变核素（如$^{137}Cs$,$^{90}Sr$,$^{239}Pu$）；（3）宇宙成因核素（如$^{7}Be$,$^{14}C$,$^{32}P$）。这些核素又可以进一步分为两大类，即颗粒活性和非颗粒活性放射性核素。非颗粒活性放射性核素在水体中的输运途径相对简单，主要由水团控制；与之不同，颗粒活性放射性核素由于被吸附于颗粒物上，其归宿不可避免地与颗粒物联系在一起。因此，这些与颗粒物结合的放射性核素在测定沉积和混合作用速率、研究一些重要元素在河口和近岸生物地球化学循环中的归宿等方面都是非常有用的。

放射性被定义为不稳定核素向更稳定状态转变时原子核的自发调节，放射线（$\alpha$，$\beta$，$\gamma$射线）就是这些核素的原子核转变时以不同形式释放的直接结果。一个原子的组成通常可以简单地由原子序数和质量数来表示，其中原子序数是原子核中质子的个数（$Z$），质量数（$A$）是原子核中中子数（$N$）与质子数（$Z$）之和（$A=Z+N$）。同位素是具有相同质子数但不同中子数的同一种元素的不同形式。原子核间自发的转化途径如下：（1）$\alpha$衰变，即原子核失去一个$\alpha$粒子（一个$^{4}He$原子），结果使原子序数减小2（2个质子），同时质量数减小4个单位（2个质子和2个中子）；（2）$\beta$（负电子）衰变，即一个中子转化为质子同时释放出一个负电子（带负电的电子），从而使原子序数增加一个单位；（3）发射出一个正电子（带正电的电子），使得一个质子变为中子，原子序数相应减小一个单位；（4）电子俘获，即一个质子在结合了俘获的核外电子（来自$K$电子层）后变成中子，并使原子序数减小一个单位。

实验测定放射性原子的衰变速率显示，衰变符合一级反应，即单位时间内衰变的原子数与当前的原子数成正比，可用下面的方程式表示（Faure，1986）：

$$dN/dt = -\lambda N \tag{7.1}$$

其中：$N$为时刻$t$时未衰变的原子数；$\lambda$为衰变常数。

如果将方程7.1重排并从$t=0$到t，从$N_0$到$N$积分，得到：

$$-\int dN/N = \lambda \int dt$$

$$-\ln N = \lambda t + C \tag{7.2}$$

式中：$\ln N$为以$e$为底的$N$的对数；$C$为积分常数。

当$N=N_0$且$t=0$时，式（7.2）可写为

$$C = -\ln N_0 \tag{7.3}$$

将其代入7.2式中得到：

$$-\ln N = \lambda t - \ln N_0 \tag{7.4}$$

$$\ln N - \ln N_0 = -\lambda t$$

$$\ln N/N_0 = -\lambda t$$

$$N/N_0 = e^{-\lambda t}$$

$$N = N_0 e^{-\lambda t} \tag{7.5}$$

除了λ，还可以用半衰期（$t_{1/2}$）来表示衰变速率，即初始数目的原子衰变一半所需的时间。如果将$t = t_{1/2}$和$N = N_0/2$代入7.5式中，可以得到：

$$N_0/2 = N_0 e^{-\lambda t_{1/2}}$$

$$\ln 1/2 = -\lambda t_{1/2}$$

$$\ln 2 = \lambda t_{1/2}$$

$$t_{1/2} = (\ln 2)/\lambda = 0.693/\lambda \tag{7.6}$$

最终，一个放射性原子的预期平均寿命或称平均寿命（$\tau_m$）可以表示为

$$\tau_m = 1/\lambda \tag{7.7}$$

假设一个放射性母体核素通过放射性衰变产生一个稳定的子体核素（$D^*$），在$t=0$时子体核素数目为0，则在任一时刻子体核素的数目可以由下式表示：

$$D^* = N_0 - N \tag{7.8}$$

这一公式是建立在子体原子没有外来添加或者移除、而且母体原子的减少均缘于放射性衰变这一假设之上的。若将7.5式代入7.8式，可以得到：

$$D^* = N_0 - N_0 e^{-\lambda t}$$

$$D^* = N_0(1 - e^{-\lambda t}) \tag{7.9}$$

通过进一步代换，可以得到：

$$D^* = N e^{\lambda t} - N = N(e^{\lambda t} - 1) \tag{7.10}$$

图7.1是放射性核素（$N$）衰变为稳定子体（$D^*$）示意图；母体原子数$N$在放射性衰变过程中逐渐减少，同时其子体原子数相应地增加。假设子体原子总数等于放射成因的原子数加上$t=0$时原有的子体原子数之和，则体系中总的子体原子数（$D$）为

$$D = D_0 + D^* \tag{7.11}$$

将7.10式代入，得到：

$$D = D_0 + N(e^{\lambda t} - 1) \tag{7.12}$$

利用7.12式，岩石和矿物的年龄可以通过测量放射形成的稳定子体而得到。在一个衰变系（如$^{238}U$系）中，如果母体核素半衰期远远大于其子体的半衰期，则在子体半衰期的时间尺度上，母体的原子数是基本不变的（Faure，1986）。此种状态下，当母体与子体的衰变速率相等时，被称为处于"久期平衡"。其表达式为

$$N_1\lambda_1 = N_2\lambda_2 = N_i\lambda_i \tag{7.13}$$

$N_1\lambda_1$代表母体原子，$N_2\lambda_2$或$N_i\lambda_i$代表衰变系中各子体的衰变速率。

样品的放射性是以每分钟衰变数（dpm）来表征的。由于在上述公式中无法用剩余原子数来对

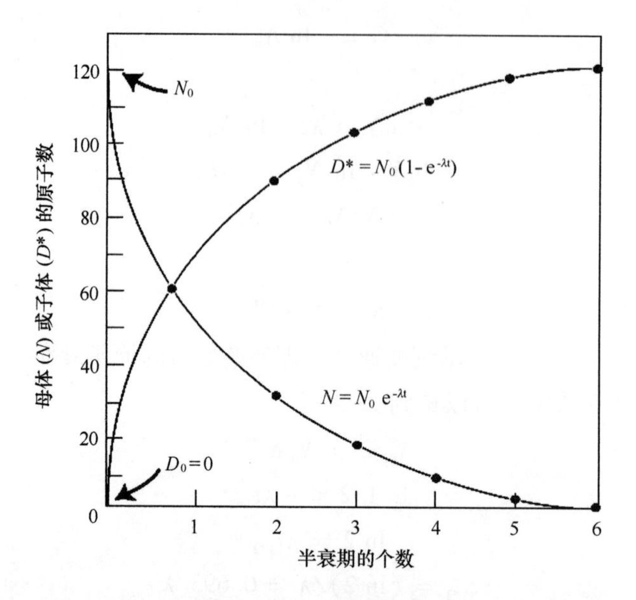


图 7.1　放射性核素（$N$）衰变为稳定子体（$D^*$），母体原子数 N 在放射性衰变过程中逐渐减少，同时其子体原子数相应地增加（Faure，1986）

放射性进行描述，因此样品的放射性活度（$A$）通常用下式来表达：

$$A = \lambda N \tag{7.14}$$

一个核素的放射性活度（$A$）代表的是测得的样品计数率。放射性核素在评价时间尺度为该核素 4 到 5 个半衰期以内的过程时是非常有用的，但超过了这一时间范围，通常只剩下 1% 甚至更少的核素，就不能准确测定了（Nittrouer et al.，1984）。例如，$^{210}$Pb 的半衰期是 22.3 年，其有效的测年范围大约是 112 年，因此测定超过 140 年的沉积物或岩石的年龄就超出了该核素的测年范围。

## 第二节　河口研究中的放射性同位素

放射性同位素已被广泛应用于河口生物地球化学过程的研究（表 7.1）。本节列举了大量的通常应用于河口研究的颗粒活性核素（$^{234}$U/ $^{238}$U，$^{234}$Th，$^{210}$Pb，$^{7}$Be，$^{137}$Cs）和非颗粒活性核素（$^{222}$Rn，$^{226}$Ra）核素循环的例子，重点关注的是颗粒活性放射性核素，因为它们被广泛应用于生物地球化学速率和过程的研究中。影响颗粒活性放射性核素在河口分布的过程主要有（Baskaran，1999）：（1）核素通过沉淀、离子交换或颗粒物表面的疏水作用而迁移或清除出水体（Gearing et al.，1980）；（2）与颗粒物表面吸附的有机物络合（Santschi et al.，1979，1980，1999）；（3）胶体中的放射性核素的絮凝作用（Edzwald et al.，1974；Sholkovitz，1976）；（4）通过共沉淀吸附在铁、锰氧化物表面（Saxby，1969；Boyle et al.，1977；Swarzenski et al.，1999）；（5）通过生物过程直接迁出（Santschi et al.，1999）；（6）从悬浮物（尤其是来自河流的悬浮物）表面解吸（Duinker，1980）；（7）通过物理或生物混合作用从沉积物中释放（Li et al.，1977；Gontier et al.，1991；Baskaran and Naidu，1995）。在详细介绍河口研究中常用的每一个放射性核素的研究案例之前，首先概括介绍估算前述几个过程速率中常用的公式。

**表 7.1 河口及其毗邻的近岸海域生物地球化学过程研究中常用的放射性核素**

| 核素 | 半衰期 | 应用 | 参考文献 |
| --- | --- | --- | --- |
| $^{7}Be$ | 53 d | 颗粒及吸附在颗粒物上的污染物的停留时间，颗粒物混合及短期沉积速率 | Aaboe et al.（1981）；Baskaran and Santschi（1993）；Baskaran et al.（1997） |
| $^{137}Cs$ | 30 a | 流域侵蚀，沉积及混合作用 | Ritchie et al.（1974）；Baskaran and Naidu（1995） |
| $^{210}Pb$ | 22.1 a | 颗粒及吸附在颗粒物上的污染物的停留时间，颗粒物混合及短期沉积速率 | Rama et al.（1961）；Baskaran and Santschi（1993）；Baskaran et al.（1997） |
| $^{224}Ra$ | 3.66 d | 盐沼的生物地球化学过程 | Bollinger and Moore（1993） |
| $^{234}Th$ | 24.1 d | 钍和颗粒活性污染物从溶液中清除的速率，短期颗粒物混合及河口中的沉积速率 | Aller et al.（1980）；McKee et al.（1986） |
| $^{228}Th$ | 1.9 a | 钍和颗粒活性污染物从溶液中清除的速率，短期沉积物堆积 | Kaufman et al.（1981）；Minagawa and Tsunogai（1980） |
| $^{238}U$ | $4.5\times10^{9}$ a | 金属从低盐度河口水体中清除 | Borole et al.（1982） |
| $^{239,240}Pu$ | $2.4\times10^{4}$ a | 沉积和混合作用 | Benninger et al.（1979）；Ravichandran et al.（1995a） |

Baskaran（1999）。

## 一、清除/迁移速率，停留时间，存量及再悬浮速率

为了全面理解各种溶解态和颗粒态组分在河口的循环，需要测定它们在体系中的存留时间和清除速率。获得这一信息的一个最常用的方法是通过 U/Th 衰变系，其详细介绍请见本章稍后部分。通常有两种方法：（1）利用母体/子体核素间的不平衡；（2）精确测定来自大气的放射性核素的通量和浓度。如前所述，在颗粒活性放射性核素及许多污染物在河口的清除中，河口中的颗粒物扮演了重要角色（Baskaran and Santschi，1993）。稳态时，某元素的“存留时间”（$\tau$）被定义为该元素的现存量与其迁出或补充速率之比。假设在稳态条件下，放射性同位素（如$^{234}Th$）被不可逆地转移至颗粒物上（$\tau_s$）或从水体中清除（$\tau_r$），其停留时间可以下式来定义（Baskaran and Santschi，1993）：

$$\tau = \tau_m \times R/(1-R) \tag{7.15}$$

式中，$\tau_m$ 为放射性同位素的平均寿命（$1/\lambda$，对于$^{234}Th$ 而言，$\tau_m = 34.8$ 天）；$R$ 为滤液（对溶解态的存留时间而言）或未过滤水（对总的存留时间而言）中$^{234}Th/^{238}U$ 的活度比。

得克萨斯沿岸河口中总的及溶解态的$^{234}Th$ 存留时间的研究结果表明，在这些河口中$^{234}Th$ 迁移到颗粒物的清除过程存在着明显的季节特征（表 7.2，有关钍的循环将在本章稍后部分详细介绍）。颗粒活性的放射性核素被颗粒物（粒径≥0.4μm）的清除可以用测得的清除速率常数（$\lambda_s$）来表示，$\lambda_s$ 等于存留时间的倒数（见 Baskaran and Santschi，1993 及 Baskaran，1999 的综述）。更多关于颗粒物动力学的细节可以通过研究其分配系数（$K_d$）得到；$K_d$ 在第四章已有讨论，是通过测量放射性核素在滤液和截留的颗粒相中的分配得到的，即

$$K_d = A_p / A_w \quad (7.16)$$

式中，$A_p$ 为悬浮颗粒物中放射性核素的活度；$A_w$ 为水中溶解态放射性核素的活度。

大气输入的放射性核素（如$^{210}Pb$和$^{7}Be$，本章稍后将对这些放射性核素的循环作详细介绍）存留时间的计算公式需要稍做修正，以$^{210}Pb$为例（Baskaran and Santschi，1993）：

$$\tau_r = \ln 2 \times A_{Pb} \times h / I_{Pb} \quad (7.17)$$

其中 $A_{Pb}$为过剩$^{210}Pb$的总活度（$dpm/m^3$）；$I_{Pb}$为$^{210}Pb$的大气输入速率［$dpm/(m^2 \cdot d)$］；$h$ 为河口的平均深度（m）。

**表 7.2　得克萨斯沿岸河口总的及溶解态$^{234}Th$的停留时间（考虑颗粒物清除作用）[a]**

| 样品 | 总的$^{234}Th$的停留时间（d） | | | 溶解态的$^{234}Th$的停留时间（d） | | |
|---|---|---|---|---|---|---|
| | 春 | 夏 | 冬 | 春 | 夏 | 冬 |
| 科帕诺湾 | 3.9 | NM | 0.7 | 2 | NM | 0.4 |
| 圣安东尼奥湾 | 5.3 | NM | 1.7 | 1.5 | NM | 0.9 |
| 阿兰瑟斯湾 | 6.1 | 1.1 | 1.2 | 4.9 | 0.16 | 0.3 |
| 巴芬湾 | 7.8 | 1 | 1.1 | 3.9 | 0.28 | 0.7 |
| 科珀斯克里斯蒂湾 | 0.9 | 1.6 | 1.5 | 0.4 | 0.08 | 0.9 |
| 马德雷潟湖 | 0.9 | 1.3 | 1.3 | 0.5 | 0.09 | 1.1 |
| 阿兰瑟斯湾 | NM | NM | NM | NM | NM | NM |
| 锡达海峡 | NM | NM | NM | NM | NM | NM |
| 加尔维斯顿湾 | NM | 1.1 | NM | NM | 0.1 | NM |

[a]停留时间计算中用到的$^{238}U$的浓度是通过河流端元$^{238}U$的浓度估算的，河水端元$^{238}U$的浓度为0.5 dpm/L（盐度为0），盐度35时$^{238}U$的浓度为2.43 dpm/L（Chen et al.，1986）①。盐度大于35的水样是通过$^{238}U$的浓度和盐度之间的线性关系估算的。

"NM"表示未测量。

Baskaran and Santschi（1993）。

$^{7}Be$和$^{210}Pb$在不同河口的总存留时间和分配系数表明，溶解态和颗粒态组分的浓度在控制这些放射性同位素的动力学方面具有重要作用（表7.3）。

我们用一个简单的一维模型来进一步解释颗粒活性核素在河口的归宿。为检验这一模型，需要依据岩芯中过剩$^{234}Th$的剖面分布，按 McKee et al.（1984）的公式计算$^{234}Th$的沉积态存量（$I$）：

$$I = \sum \rho_s X_i (1 - \varphi_i) A_i \quad (7.18)$$

式中，$I$ 为过剩的放射性核素活度的存量（$dpm/cm^2$）；$\rho_s$为颗粒密度（$g/cm^3$）；$X_i$ 为沉积物深度；$i$ 为采样间隔（cm）；$\varphi$ 为沉积物孔隙率；$A$ 为每一采样间隔的平均过剩活度（dpm/g）。

① 盐度35时的$^{238}U$浓度值为译者据原始文献（Chen et al.，1986）进行的补充。——译者注

表7.3　美国不同河口$^{7}Be$和$^{210}Pb$的总停留时间和分配系数

| 河口名称 | 水深 /m | DOC / (mg/L) | 悬浮颗粒物浓度 / (mg/L)[a] | 水力停留时间 /d[b] | $^{7}Be$停留时间 /d[c] | $^{210}Pb$停留时间 /d[c] | $^{7}Be$分配系数$K_d$ /$10^4$ (cm$^3$/g) |
|---|---|---|---|---|---|---|---|
| 科帕诺湾[d] | 1.1 | NM | 30.4 | NM | 1.9 | NM | 0.71 |
| 圣安东尼奥湾[d] | 1.4 | 4.0~5.8 | 43.5 | 39 | 0.2 | NM | 2.9 |
| 阿兰瑟斯湾[d] | 2.4 | NM | 16.4 | 36 | 3.7 | NM | 2.0 |
| 巴芬湾[d] | 2.4 | NM | 206 | NM | 9.1 | NM | 0.11 |
| 科珀斯克里斯蒂湾[d] | 3.2 | 6.7~7.6 | 17 | 356 | 5.7 | NM | 2.2 |
| 马德雷潟湖[d] | 1.4 | NM | 21.2 | NM | 2.8 | NM | 8.2 |
| 锡达海峡[d] | 0.5 | NM | 7.6 | 41 | 1.8 | NM | NM |
| 加尔维斯顿湾[d] | 2.0 | 5.0~5.8 | 11 | — | 0.87 | 29~117 | 31~113 |
| 切萨皮克湾上游[e] | 8 | NM | NM | — | NM | 2.3~20 | NM |
| 詹姆斯河[e] | 3.5 | NM | NM | — | NM | 0.76~16 | NM |
| 哈得孙河[e] | 6 | NM | NM | — | NM | 1.3~7.5 | NM |
| 拉里坦湾[e] | 6 | NM | NM | — | NM | 3.9~16 | NM |
| 萨宾-内奇斯运河口[f] | 1.8 | 4.8~21.0 | 34.7 | 9 | 3.5~27 | 0.15~8.7 | 0.26~3.7 |

a. 悬浮颗粒物浓度是两到三个季节可用数据的平均值（Baskaran and Santshi, 1983）。b. 水力存留时间数据来自 Solis and Powell (1999)。c. 得克萨斯河口样品采于冬、夏两季，存留时间为这两季的平均值。切萨皮克和拉里坦湾及詹姆斯和哈得孙河的样品采于夏季，萨宾-内奇斯河口样品主要采于春、秋两季。d. 数据来自 Baskaran and Santschi (1993)。e. 数据来自 Olsen et al. (1986)。f. 数据来自 Baskaran et al. (1997)。

"NM"表示未测量。

Baskaran (1999)。

实际测得的存量（$I_0$）可以与根据上覆水中的量估算出的预测存量（$I_p$）相比较而得到一个相对存量（$I_r$），即$I_r = I_0/I_p$。如果$I_r$大于1，意味着放射性核素的存量超过了按照上覆水体中的量估算的完全清除并沉积至海底的总量（Aller et al., 1980; McKee et al., 1984）。这一比值可以用来简单判断该一维模型在河口体系是否适用。

在较浅的河口，自海底再悬浮的颗粒物由于可以清除溶解态的放射性核素而成为决定颗粒活性放射性核素最终归宿的重要因子。再悬浮速率可以通过一个箱式模型对颗粒活性核素进行质量平衡计算而得到（Baskaran et al., 1997; Baskaran, 1999）。在一个较浅的河口，考虑了沉积物和悬浮颗粒物中颗粒态过剩活度（$^{210}Pb_{xs}$）输入和清除项的箱式模型中（图7.2），输入项有：（1）来自颗粒相的母体衰变产物，$^{222}Rn$（$\lambda_{pb}A_{Rn}$）；（2）从河流中吸附了核素的颗粒物的输入（$I_R^{op}$）；（3）总的溶解态的$^{210}Pb$［总溶解态$^{210}Pb$（$A_{Pb}^{Td}$）＝河流输入的溶解态＋大气直接输入＋溶解态$^{222}Rn$衰变产生］迁移至悬浮颗粒物上（$\psi_c^0 A_{Pb}^{Td}$），此处$\psi^0$为从颗粒物迁出过程的复合一级反应速率常数（$a^{-1}$）；（4）沉积物再悬浮（$SA_{Pb}^{s}/H$），这里$S$为沉积物再悬浮速率［g/(cm$^2$·a)］，（$A_{Pb}^{s}$）为再悬浮的表层沉积物中的$^{210}Pb$，$H$为河口的平均深度（m）。类似地，输出的颗粒态$^{210}Pb$包括：（1）颗粒物储库中$^{210}$Pb 的衰变（$\lambda_{Pb}A_{Pb}^{p}$，指颗粒态库中总的颗粒态浓度）；（2）含$^{210}$Pb 的颗粒物的沉降（$SA_{Pb}^{R}/H$），此处 $A_{Pb}^{R}$是悬浮颗粒物中$^{210}$Pb 的浓度；（3）$^{210}$Pb 从颗粒物上解吸（假设此项可忽略不计）。因此，颗粒态$^{210}$Pb 的质量平衡为

$$\lambda_{pb}A_{Rn} + I_{R}^{op} + \psi_{c}^{0}A_{Pb}^{Td} + SA_{Pb}^{s}/H = \lambda_{pb}A_{Pb}^{P} + SA_{Pb}^{R}/H \tag{7.19}$$

将 7.19 式重排，可得到再悬浮速率的表达式为

$$S = H[\lambda_{pb}A_{Pb}^{p} - \lambda_{pb}A_{Rn}{}^{①} - \psi_{c}^{0}A_{Pb}^{Td} - I_{R}^{op}]/[A_{Pb}^{s} - A_{Pb}^{R}] \tag{7.20}$$

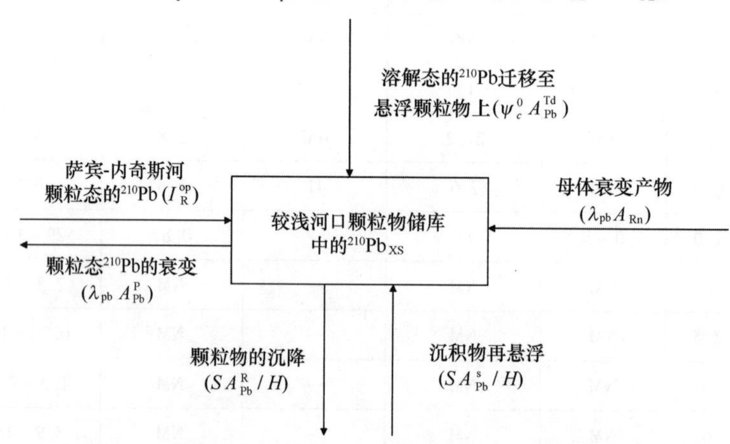


图 7.2　在一个较浅的河口，考虑沉积物和悬浮颗粒物中颗粒态过剩活度（$^{210}$Pb$_{xs}$）输入和清除项的箱式模型（Baskaran，1999）

## 二、沉积物的沉积和堆积/加积速率

沉积物的沉积是指颗粒物暂时沉降在海底，而沉积物的堆积则是指在一个较长时间段内颗粒物沉积和迁移过程的净结果，这明显区别于前述的代表更短时间段的沉积物的沉积（McKee et al.，1983）；类似地，加积（Accretion）则通常是指沼泽地沉积物的净增加（沉积大于迁移）。堆积和加积都会导致地层的保存。要了解海岸边缘地层的形成，需要了解颗粒物堆积和加积作用的重要区别（McKee et al.，1983）。总之，沉积作用一词是指颗粒物输运、沉降于海底以及迁移和保存的综合过程。化学海洋学和地质海洋学的一些早期研究表明，海洋沉积作用随时间的变化可以用放射性核素来测量（Goldberg and Bruland，1974；Turekian and Cochran，1978）。随着颗粒物在海底聚集，沉积物不断向上堆积，并按照随深度增加逐渐变老的顺序被连续地埋藏和保存下来。

由于子体放射性核素的优先清除及随后的搬运，沉积物中子体核素的活度 $A_D$ 可能大于其母体的活度 $A_P$。那些不是直接来自母体核素现场衰变（有支持的衰变）产生的子体核素被称为无支持的活度或过剩活度。如放射性核素的理论剖面所示（图 7.3），无支持的 $A_D$ 等于有支持的 $A_D$ 减去 $A_P$；而且，无支持的 $A_D$ 随深度增加而衰减的程度大于有支持 $A_D$ 的，因为它得不到现场母体核素衰变产物的补充。因此，放射性核素的过剩活度可用来计算某一深度（$x$）的颗粒物自沉降到海底后所经历的时间，不过这一计算必须建立在假设沉积速率和无支持 $A_D$ 的供应保持恒定的基础之上。

① 原著该处漏掉了“$-\lambda_{pb}A_{Rn}$”一项。——译者注

假定颗粒活性的放射性核素和许多其他痕量元素是通过颗粒物沉降被清除出水体，并且沉积物和其中的放射性核素的通量随时间保持恒定，则堆积速率可以由下式计算：

$$A = \lambda x/\ln(C_0/C_x) \tag{7.21}$$

式中：$C_0$ 为表层沉积物放射性核素的活度；$C_x$ 是 $C_0$ 以下深度为 $x$ 处放射性核素的活度；$x$ 为沉积物深度（cm）；$\lambda$ 为衰变常数。

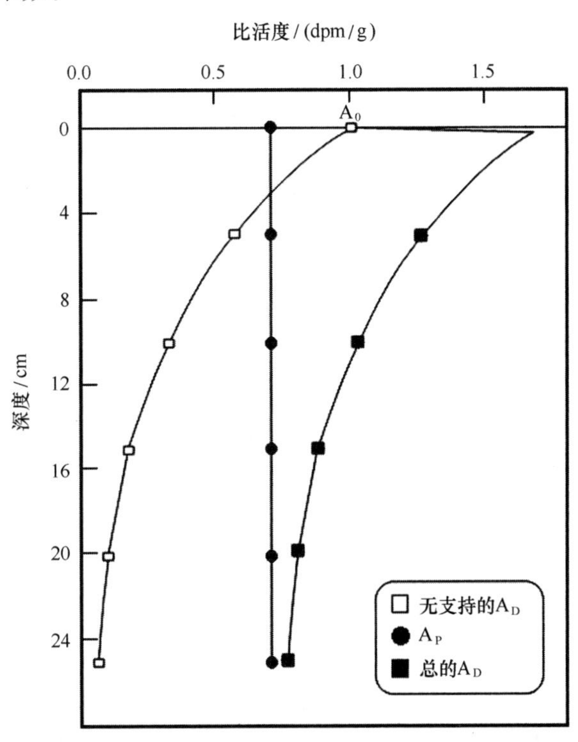


图7.3　无支持或过剩的放射性核素 $A_D$ 的理论剖面图，其值等于总的 $A_D$ 减去 $A_P$。图中无支持的 $A_D$ 随深度增加而衰减的程度大于有支持 $A_D$ 的，因为它得不到现场母体核素衰变的补充（Libes，1992）

如前所述，在如河口和陆架等较浅的近海系统，颗粒物的堆积和埋藏通常并不是一个单一的过程。许多时候颗粒物通过物理及生物过程被重组、混合而产生垂直或水平的位移（Nittrouer et al.，1984）。颗粒物混合通常被作为一维垂直扩散过程来模拟（Goldberg and Koide，1962；Guinasso and Schink，1975；Nozaki et al.，1977；DeMaster and Cochran，1982）。尽管在较短的时间尺度内扩散作用可能并不能代表混合作用，但综合长期的效果看，这种混合具有更多的扩散的特征。Goldberg 和 Koide（1962）首次设计了一种定量方法，尝试通过测定上层生物扰动区放射性核素分布的均匀化程度来确定底栖生物引起的沉积物混合；有关动物－沉积物相互作用及成岩作用的详细内容将在第八章介绍。由于通过界面的物质通量与其浓度梯度成正比，因此扩散混合作用可以用一个比例系数来表示，称为扩散系数或混合系数（$D$）。即使颗粒物本身并没有扩散（Matisoff，1982），这一系数也可以用来定量沉积物的混合（Goldberg and Koide，1962）。许多早期的研究使用这一参数来量化生物扰动作用和混合作用（Aller and Cochran，1976；Robbins et al.，1977；Benninger et al.，1979；

Krishnaswami et al. , 1980, 1984; Olsen et al. , 1981; Aller and DeMaster, 1984)。如果我们假设在沉积物堆积和放射性核素衰变过程中颗粒物的混合与扩散过程类似，则不可交换放射性同位素过剩活度的稳态分布可以用以下的"平流-扩散"公式来表示（Nittrouer et al. , 1984）：

$$D(\partial^2 C/\partial x^2) - A(\partial C/\partial x) - \lambda C = 0 \tag{7.22}$$

对方程7.22进行求解变换得到计算堆积速率的公式为：

$$A = \frac{\lambda x}{\ln(C_0/C_x)} - \frac{D}{x}\ln(C_0/C_x) \tag{7.23}$$

当混合作用不重要时（即 $D=0$），式7.23可以简化为式7.21。当存在混合作用时，用式7.21[①]计算会导致对实际堆积速率的高估（Nittrouer et al. , 1984）。一个计算 $D$ 的经验方法是利用现场沉积物剖面的放射性同位素对混合过程进行时间积分，这种方法适用于混合作用显著且堆积速率很慢的情况（即 $A^2 \ll$[②] $\lambda D$）。这时公式7.23可以转换为：

$$D = \lambda[x/(\ln C_0/C_x)]^2 \tag{7.24}$$

通常$^{234}$Th和$^{7}$Be这类短寿命同位素被用来计算沉积物表层10 cm内的混合速率。$^{234}$Th和$^{210}$Pb分别被用来计算美国福利哥湾的短期混合速率和堆积速率（图7.4；Day et al. , 1995），$^{210}$Pb在表面混合层基线处（虚线）的拐点反映出由衰变产生的过剩活度呈对数减小，由此可以计算堆积速率。许多研究同时利用短寿命和长寿命放射性核素以全面地理解动力学上沉积和堆积速率不一致的问题（McKee et al. , 1983; Smoak et al. , 1996）。

## 三、铀

铀的衰变系始于丰度最高的铀同位素（$^{238}$U），到稳定的$^{206}$Pb结束（图7.5），这一衰变系中产生的许多中间子体的半衰期很短，一般不被用于河口研究中；我们这里要讨论的是几个被用于河口地球化学速率研究的重要子体产物。迄今为止，过去50多年中地球化学家所作的多数关于铀的工作是在海洋环境领域中（Staik and Kolyadin, 1957; Sackett et al. , 1973; Klinkhammer and Palmer, 1991; Cochran, 1992）。铀来自大陆风化产物的释放并通过河流搬运至海洋，自然界发现的三个铀同位素（$^{238}$U、$^{235}$U、$^{234}$U）的半衰期（$>10^5$年）都长于海洋的混合时间（大约$10^3$年）。由于铀通常以稳定的碳酸铀酰（$UO_2[CO_3]_3^{4-}$）的形式存在，因此其在海洋中的浓度和分布相对恒定（Nozaki, 1991; Moore, 1992）。相反的，铀在河流、河口及近海海域的分布和浓度却差别巨大且研究得很不够（Moore, 1967; Bhat and Krishnaswami, 1969; Bertine et al. , 1970; Boyle et al. , 1977; Martin et al. , 1978a, b; McKee et al. , 1987）。关于铀在河流和河口循环的中心问题是：铀在这些体系中的输运是保守的还是非保守的；如果是非保守的，哪种物理/生物过程是控制这些转化过程的主要因子？早期的研究也曾尝试用$^{234}$U/$^{238}$U比值作为河口环境的示踪剂，但是却发现在混合带其变化是难以分辨的（Martin et al. , 1978a）；到目前为止，运用这一同位素比值在河口中的研究没有取得进一步的进展。

早期的许多工作得出了铀在河口区是保守混合的结论（Borole et al. , 1977, 1982; Martin et al. , 1978a, b），但随后的研究则认为非保守混合是铀在河口混合的主要模式（Maeda and Windom,

---

① 原著中此处为公式7.23。——译者注

② 原著中此处为"<"。——译者注

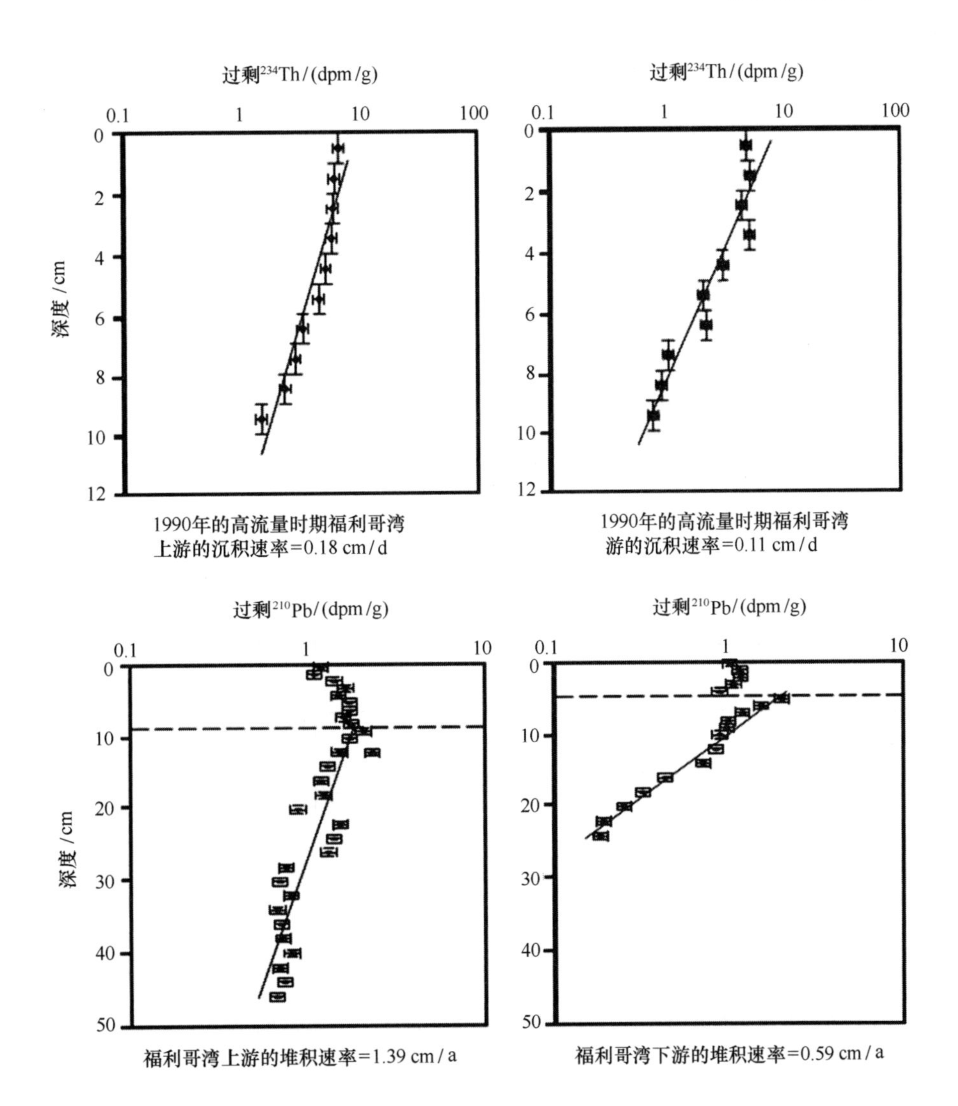


图 7.4　美国福利哥湾$^{234}$Th 和$^{210}$Pb 的岩芯剖面图。通过这些图可计算短期沉积速率和堆积速率。$^{210}$Pb 在表面混合层基线处（虚线）的拐点反映出由衰变产生的过剩活度呈对数减小，据此可以计算堆积速率（Day et al.，1995）

1982；McKee et al.，1987；Cochran，1992；Swarzenski et al.，1999）；铀－盐度关系图（图7.6）给出了一些河口区保守和非保守混合的例子。对一些大的河口体系如亚马孙河、密西西比河口的研究表明，铀的保守和非保守混合行为都有发现。例如，亚马孙河口表层水中的铀随盐度的降低呈非保守行为（图7.7a）；盐度小于15时铀的迁出可能是由于水合金属氧化物在絮凝和聚沉过程中吸附了铀而使之自水体中移除（McKee et al.，1987；Swarzenski and McKee，1998）。与此相反，密西西比河铀的迁出就不受常见的氧化物为载体的吸附/解吸过程所控制；除了如1993年洪水期那种异常高流量的情况外（图7.7b），其总体表现为保守行为。

McKee等（1987）认为在亚马孙河口中等盐度区存在铀源；这些高浓度的铀来自低氧成岩作用，由包覆于沉积物颗粒表面的铁的氢氧化物释放到间隙水中。另外，McKee等（1987）认为碳酸铀酰络合物抑制了溶解态的U（Ⅵ）还原为颗粒活性的U（Ⅳ），使得铀保存在溶液中并且可以在

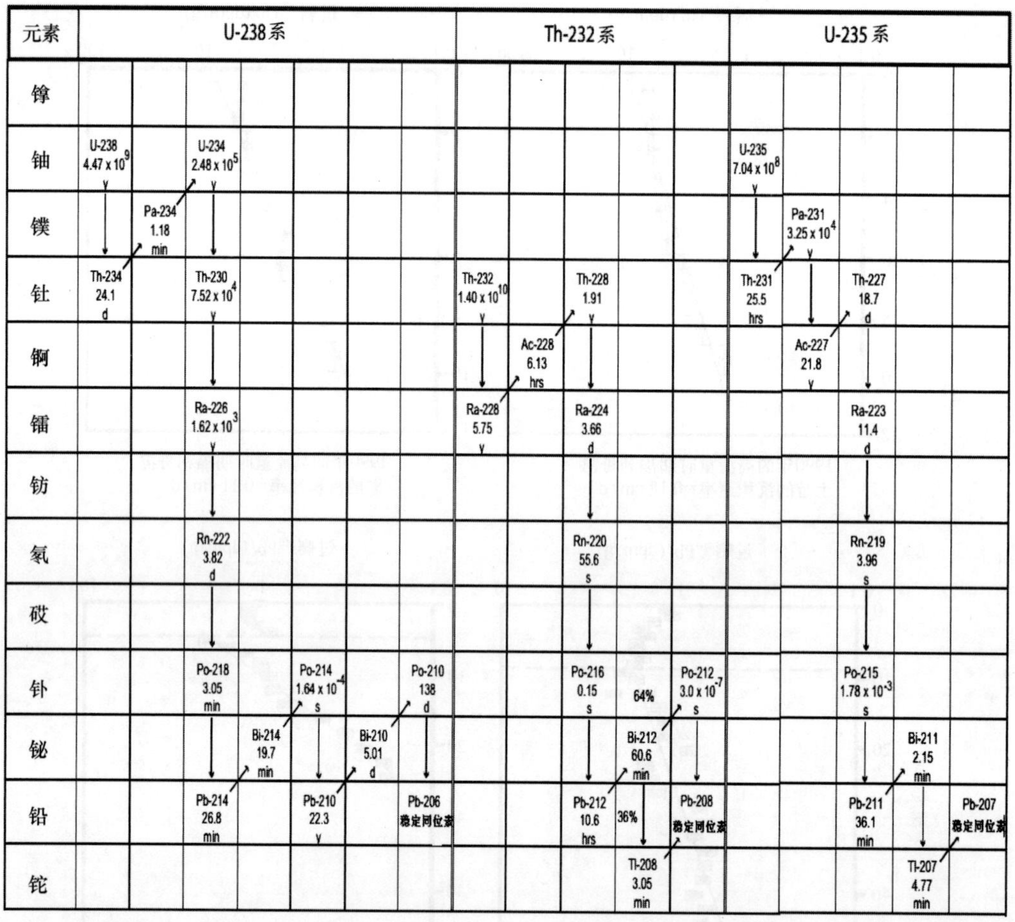

| 元素 | U-238系 | | | | | | | Th-232系 | | | | | U-235系 | | | | |
|---|---|---|---|---|---|---|---|---|---|---|---|---|---|---|---|---|---|
| 镎 | | | | | | | | | | | | | | | | | |
| 铀 | U-238 $4.47 \times 10^9$ y | | U-234 $2.48 \times 10^5$ y | | | | | | | | | | U-235 $7.04 \times 10^8$ y | | | | |
| 镤 | | Pa-234 1.18 min | | | | | | | | | | | | Pa-231 $3.25 \times 10^4$ y | | | |
| 钍 | Th-234 24.1 d | | Th-230 $7.52 \times 10^4$ y | | | | | Th-232 $1.40 \times 10^{10}$ y | | Th-228 1.91 y | | | Th-231 25.5 hrs | | Th-227 18.7 d | | |
| 锕 | | | | | | | | | Ac-228 6.13 hrs | | | | | Ac-227 21.8 y | | | |
| 镭 | | | Ra-226 $1.62 \times 10^3$ y | | | | | Ra-228 5.75 y | | Ra-224 3.66 d | | | | | Ra-223 11.4 d | | |
| 钫 | | | | | | | | | | | | | | | | | |
| 氡 | | | Rn-222 3.82 d | | | | | | | Rn-220 55.6 s | | | | | Rn-219 3.96 s | | |
| 砹 | | | | | | | | | | | | | | | | | |
| 钋 | | | Po-218 3.05 min | | Po-214 $1.64 \times 10^{-4}$ s | | Po-210 138 d | | | Po-216 0.15 s | 64% | Po-212 $3.0 \times 10^{-7}$ s | | | Po-215 $1.78 \times 10^{-3}$ s | | |
| 铋 | | | | Bi-214 19.7 min | | Bi-210 5.01 d | | | | | Bi-212 60.6 min | | | | | Bi-211 2.15 min | |
| 铅 | | | Pb-214 26.8 min | | Pb-210 22.3 y | | Pb-206 稳定同位素 | | | Pb-212 10.6 hrs | 36% | Pb-208 稳定同位素 | | | Pb-211 36.1 min | | Pb-207 稳定同位素 |
| 铊 | | | | | | | | | | | Tl-208 3.05 min | | | | | Tl-207 4.77 min | |

图 7.5　铀、钍和锕衰变系及每种同位素的半衰期，其始于丰度最高的铀同位素（$^{238}U$），结束于稳定的铅同位素（$^{206,207,208}Pb$）。垂直箭头代表 α 衰变，斜线箭头代表 β 衰变（Griffin et al.，1963）

间隙水和上覆水体间进行交换；这种观点也得到了其他低氧区如挪威福拉姆瓦伦湾（Todd et al.，1988；McKee and Todd，1993）和加拿大萨尼奇湾（Todd et al.，1988）的证据支持。最近，Swarzenski 等（1999）的研究也表明，在挪威福拉姆瓦伦湾层化水体的氧化还原过渡区中还原态的 U（Ⅳ）的浓度非常低，U（Ⅵ）的化学/生物还原被极大地抑制了；$K_d$ 值清楚地表明，在 $O_2/H_2S$ 界面下的缺氧水体中没有出现明显的从氧化态的 U（Ⅵ）到 U（Ⅳ）的转化（图 7.8）。然而也有一些研究认为，在波罗的海和世界其他一些缺氧区域的缺氧水体中会出现 U（Ⅵ）向 U（Ⅳ）的转化（Anderson，1987；Anderson et al.，1989）。因此，需要做更多的研究来进一步理解铀在河口的非保守行为中可能涉及的铀的活性与一些过程的复杂的相互作用，这些过程包括载体相（铁锰氧化物）的氧化还原变化、直接和间接的微生物转化以及胶体的络合作用等。

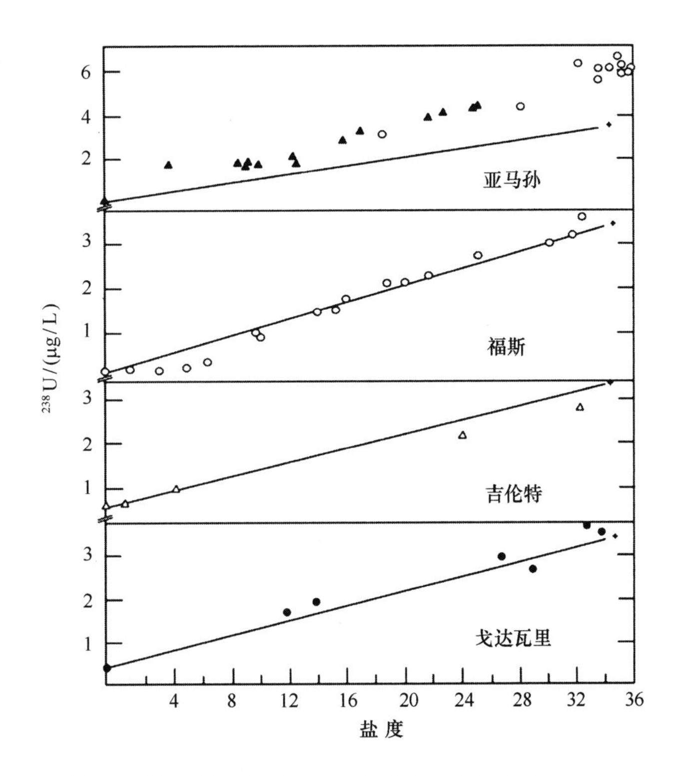


图7.6　河口保守和非保守混合的U-盐度关系图，以巴西亚马孙河口、英国福斯河口、法国吉伦特河口和印度戈达瓦里河口为例（Cochran，1992）

## 四、钍

四种常用的钍同位素（$^{234}$Th、$^{228}$Th、$^{230}$Th和$^{232}$Th）除$^{232}$Th外①皆由母体铀和镭衰变而来。钍以难溶态存在（图7.5），可以被颗粒物快速清除。钍的放射性同位素，特别是$^{234}$Th（$t_{1/2}$ = 24.1 d）和$^{228}$Th（$t_{1/2}$ = 1.91y）主要被用来指示河口区近期沉积的沉积物的混合（Allerand and Cochran，1976；Cochran and Aller，1979；Santschi et al.，1979；Aller et al.，1980；McKee et al.，1983，1986，1995；DeMaster et al.，1985；Corbett et al.，2003），也被用于示踪溶解有机碳和其他颗粒活性元素在河口区的循环（Santschi et al.，1979，1980；Minagawa and Tsunogai，1980；Kaufaman et al.，1981；Guo et al.，1997；Quigley et al.，2002）。$^{234}$Th由海水中其母体核素$^{238}$U的α衰变不断产生，$^{238}$U和$^{234}$Th之间任何偏离久期平衡（不平衡）的现象都是由于生物或非生物颗粒物的清除而产生的。$^{234}$Th和$^{228}$Th的存留时间变化很大，在富含颗粒物的河口/河水环境中只有很短的几小时到几天（Aller and Cochran，1976；Santschi et al.，1979；McKee et al.，1984），但是在悬浮颗粒物含量较低的沿岸水体中可达几天到几个月（Santschi et al.，1979，1980；Li et al.，1981）。

生物和非生物颗粒物在从水体中清除Th（IV）过程中所起的作用已经引起了广泛的关注（McKee et al.，1986；Baskaran et al.，1992，1996，1999）。与河口环境不同，海洋表层水中岩石颗粒的

① “除$^{232}$Th外”为译者补充，因为$^{232}$Th既不是铀的子体也不是镭的子体，它是原生核素。——译者注

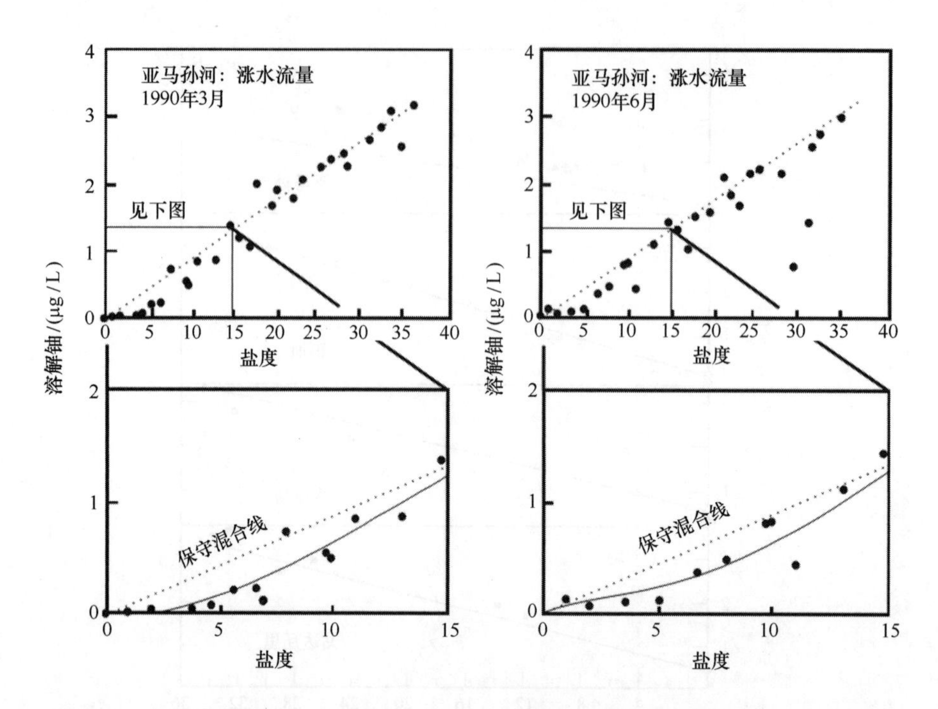


图7.7a　亚马孙河表层水（1990年3月和6月）随盐度降低呈非保守行为，盐度小于15时铀的迁出意味着它在絮凝和聚沉过程中可能被水合金属氧化物吸附而离开水体（Swarzenski and McKee，1998）

含量很低，因此$^{234}$Th的清除被认为主要受浮游植物/浮游植物碎屑的生产所控制（Brulandand Coale，1986；Coale and Bruland，1987；Fisher et al.，1987；Buesseler，1998）。还有研究认为不同浮游植物对Th（Ⅳ）的清除速率不同（Baskaran et al.，1992），这些研究还认为微小颗粒（如1 nm～0.2 μm的胶体）是沿岸（Baskaran et al.，1992）和河口（Guo et al.，1997；Santschi et al.，1999）水体中与钍放射性核素结合的颗粒物的主要组成部分。胶体有机物中与$^{234}$Th结合的配体具有酸性多糖的特性（Guo et al.，2002；Quigley et al.，2002），浮游植物可能是这种多糖的来源，因为浮游植物产生的分泌物中多糖的含量很高（Alldredgeet et al.，1993；Santschi et al.，1998）。

河口水域富含的胶体有机物和岩性矿物是控制放射性核素钍在水体中清除和存留时间的主要因素（Baskaran and Santschi，1993；Baskaran，1999）；金属氧化物的含量以及氧化还原条件的变化也会影响钍的清除速率。例如，一些关于钍在黑海被清除的资料表明，Fe－Mn载体相是控制水体中穿越含氧－缺氧界面处钍分布的重要因素（Wei and Murray，1994）。Quigley等（1996）也证明了微小颗粒（例如赤铁矿）在Th（Ⅳ）清除过程中的重要作用。

钍－颗粒物相互作用的箱式模型同时包含了可逆（Clegg and Whitfield，1993）和不可逆吸附动力学（Honeyman and Santschi，1989，1991）。例如，胶体泵模型（CPM）认为钍的清除始于最小的颗粒组分，然后通过絮凝和聚沉作用转变为较大颗粒（Honeyman and Santschi，1989）。近期的研究证实了这一模型的预测；实验显示，与胶体有机物（COM，分子量1～10 kDa）结合的$^{234}$Th转变为较大的颗粒（＞0.1 μm），肯定了絮凝作用是$^{234}$Th向颗粒相转移的主要步骤（Quigley et al.，2001）；这进一步强调了在含有高浓度胶体有机物的河口体系中COM在结合金属中的重要性。更详细的关于胶体或高分子量溶解有机物（DOM）含量、来源、特性以及胶体泵模型的内容将在第十至

第十四章介绍。

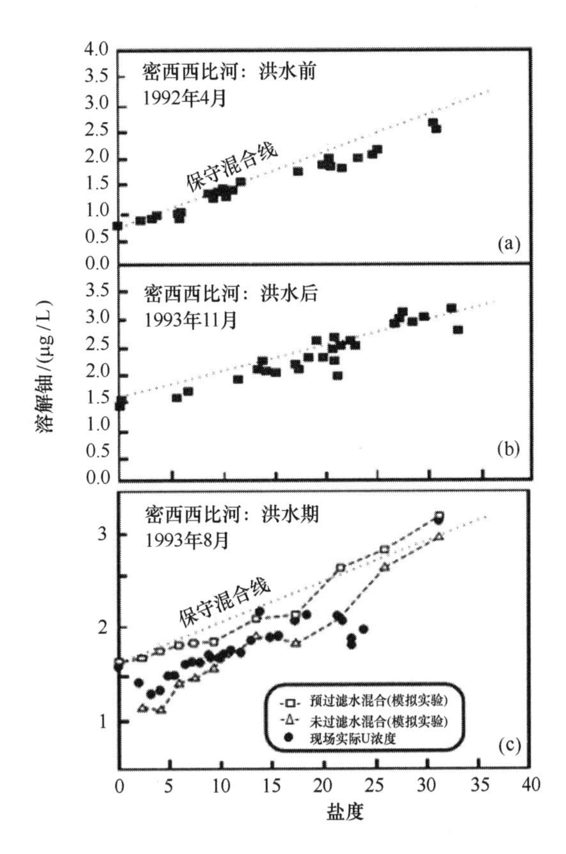


图 7.7b　洪水前、洪水期及洪水后（1992 年 4 月、1993 年 8 月和 1993 年 11 月）密西西比河表层水中铀的行为。密西西比河铀的迁出不受常见的以氧化物为载体的吸附/解吸过程所控制。除了如 1993 年洪水期那种异常高流量的情况外，其总体表现为保守行为（Swarzenski and McKee，1998）

$^{234}$Th 在沉积物中的分布是指示沉积物与上覆水体间短期相互作用的示踪剂，也是河口/河流中沉积物搬运过程的示踪剂（Aller and Cochran，1976；Aller et al.，1980；Cochran and Aller，1979；Santschi et al.，1979；McKee et al.，1983，1986；DeMaster et al.，1985；Corbett et al.，2004）。在富含颗粒物的河口体系如密西西比河口羽状流区，$^{234}$Th 在沉积物中的分布显示，其含量和比值的最高值出现在河口口门附近，这一区域的沉积作用与羽状流区紧密相连（图 7.9）。另一个对美国长岛湾的研究显示，$^{234}$Th 的分布可以用来检验新沉积下来的有机物的侧向输入对叶绿素 $a$ 含量的影响（Cochran and Hirschberg，1991；Sun et al.，1994）。实测$^{234}$Th 的含量与预期含量（来自上覆水中$^{238}$U 的衰变）的比值关系显示，水深较浅站位的这一比值明显高于水深较深站位（图 7.10；Sun et al.，1994）。由于溶解态$^{234}$Th 在长岛湾的浓度较低，因再悬浮过程而增强的清除作用所导致的输入在这些水深较浅的区域不如侧向输入重要。与此相反，在美国哈得孙河口，沉积物和悬浮颗粒物中相似的$^{234}$Th/$^{7}$Be 活度比说明在高流量事件中，再悬浮过程控制着悬浮颗粒物的同位素活度比（Feng et al.，1999）。

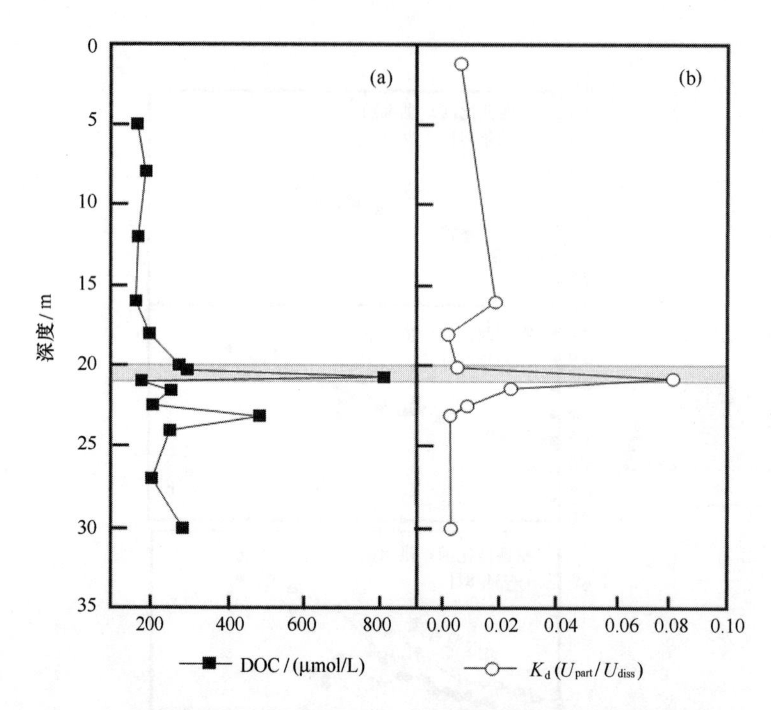


图 7.8 在挪威福拉姆瓦伦湾层化水体中，穿越氧化还原边界层的（a）溶解有机碳（DOC）和（b）$K_d$ 值（颗粒态铀/溶解态铀）剖面图（Swarzenski et al.，1999）

## 五、镭

水体中存在 4 种镭的天然放射性核素，即$^{226}$Ra（$t_{1/2}$ = 1620 a）、$^{228}$Ra（$t_{1/2}$ = 5.76 a）、$^{224}$Ra（$t_{1/2}$ = 3.66 d）和$^{223}$Ra（$t_{1/2}$ = 11.4 d）。镭是近岸体系中一个非常好的示踪剂，因为它有高度颗粒活性的母体（Th）（见图 7.5 的衰变路径），并且它在咸淡水中的吸附系数差别很大（Cochran，1980；Moore，1992）。在河流和地下水中镭被颗粒物强烈地吸附；但是在河口混合区，随着盐度的升高解吸作用逐渐占据主导地位，在海水中镭全部成为溶解态。因此，河口沉积物成为镭的一个稳定的源，它是以颗粒态的形式从河流搬运至此的（Elsinger and Moore，1983；Moore and Todd，1993；Webster et al.，1995；Moore and Krest，2004）。一些早期的关于河口镭的研究显示（美国纳拉甘西特湾），在该河口混合区$^{226}$Ra 和$^{228}$Ra 的浓度呈线性变化（Santschi et al.，1979）。另外一些在哈得孙河口和长岛湾进行的研究表明，河口区镭的解吸过程是沿岸海区$^{226}$Ra 的重要来源（Li et al.，1977；Li and Chan，1979；Cochran et al.，1986）。美国温约湾河口混合区镭的浓度清楚地表明，其活度高于保守混合线（图 7.11）；该河口区来自盐沼的排泄水也被证明是镭的一个重要输入源（Bollinger and Moore，1993；Rama and Moore，1996）。类似的，在诸如亚马孙河（Moore and Edmond，1984；Key et al.，1985）和密西西比河（Moore and Scott，1986）这种大的河流体系中，沉积物的解吸也是镭的重要来源。

最近一些研究表明，镭放射性核素可以用来计算地下水向沿岸水体的输入（Moore，1996；Krest et al.，2000；Krest and Harvey，2003）。还有一些研究则利用镭放射性核素计算水体在河口的存留时

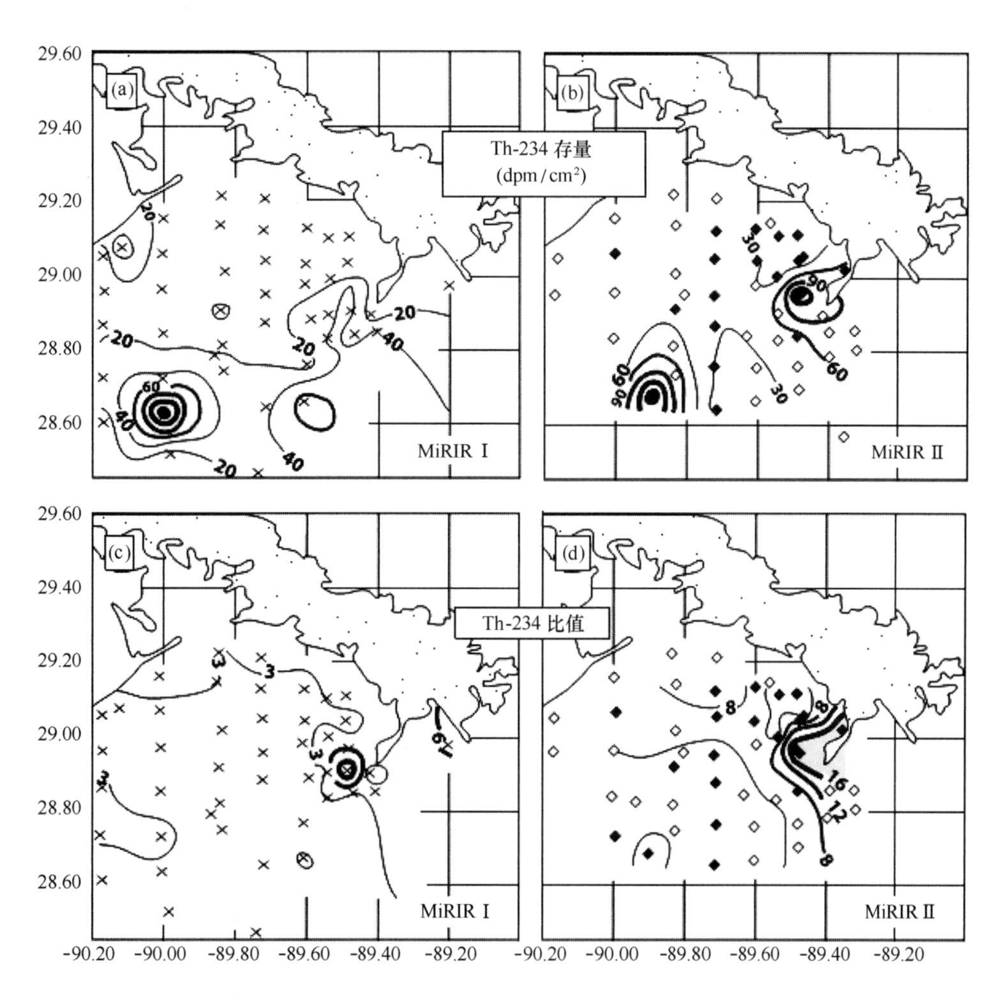


图 7.9　密西西比河口羽状流区沉积物中$^{234}$Th 的空间分布显示，其存量和比值的最高值出现在河口口门附近（Corbett et al.，2004）

间（Turekian et al.，1996；Charette et al.，2001；Kelly and Moran，2002），采用的基本方法基于地下水输入的$^{226}$Ra 与潮水冲刷导致的过剩$^{226}$Ra 输出之间的平衡。例如在美国窄河河口，用短寿命的放射性核素$^{224}$Ra 测得水体的存留时间为（8 ± 4）d（Kelly and Moran，2002）。由镭得出的地下水的通量是通过一个简单的箱式模型计算的；结果表明，窄河河口地下水输入的最高通量出现在夏季 6.4 ~ 20 L/(m$^2$·d)，最低通量出现在冬季 2.1 ~ 6.9 L/(m$^2$·d)（图 7.12）。这些通过镭而得出的地下水通量的季节变化与通过纳潮量模型（tidal prism model）和存留时间得到的含水层补给量的估算是一致的。

## 六、氡

$^{222}$Rn 是一种由$^{226}$Ra 经 α 衰变而来的惰性气体，半衰期为 3.85 天（见图 7.5）。通常$^{222}$Rn 与其母体不平衡的情况出现在沉积物 - 水和水 - 气界面，这是由于其惰性特征以及通过扩散和气体鼓泡而从沉积物进入上覆水体继而进入大气过程中的损失所致（图 7.13；Martens and Chanton，1989）。因此，$^{222}$Rn 在河口的应用主要是估算间隙水在沉积物 - 水界面的扩散速率（Hammond et al.，1977，

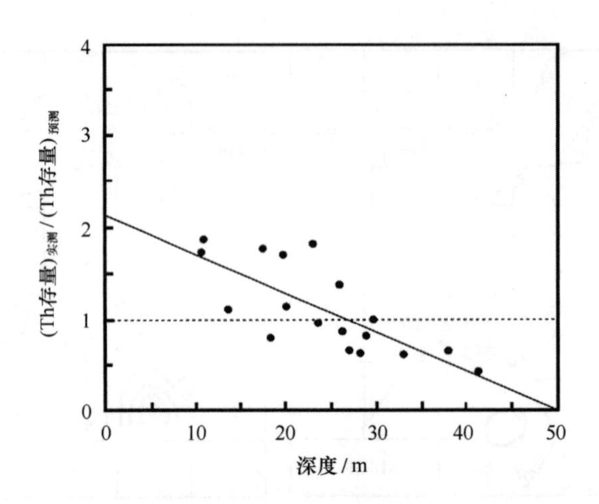


图 7.10　美国长岛湾沉积物中实测$^{234}$Th 含量与预期含量（来自上覆水中$^{238}$U 的衰变）比值与水深的关系。本图说明水深较浅站位的这一比值明显高于水深较深站位（Sun et al.，1994）

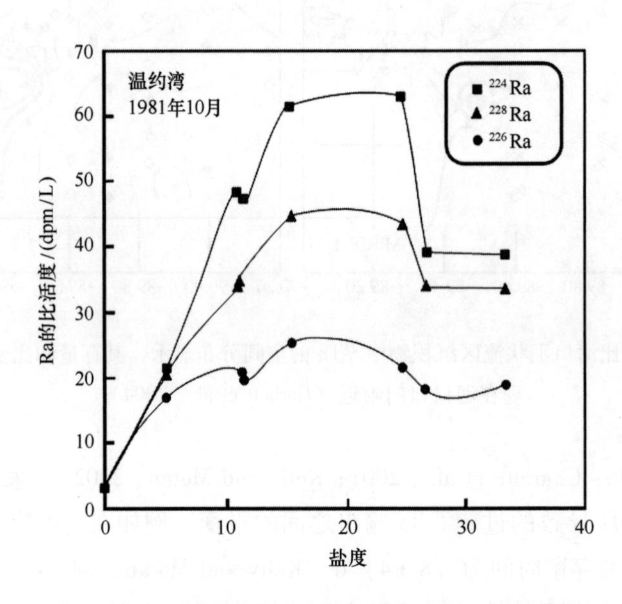


图 7.11　美国温约湾混合区溶解镭的浓度，图中清楚地显示镭的活度高于保守混合线（Moore，1992）

1985；Martens et al.，1980；Smethie et al.，1981；Gruebel and Martens，1984；Martens and Chanton，1989），也用于测定河口和大气之间的气体交换速率（Hammond and Fuller，1979；Kipphut and Martens，1982；Elsinger and Moore，1983；Martens and Chanton，1989），最近又被作为地下水的示踪剂（Bugna et al.，1996；Cable et al.，1996a，b；Corbett et al.，1999，2000）。

一些早期的对于河口氡的研究认为，由于氡自固体的反冲作用以及其整体上的惰性特征，间隙水中存在氡的富集现象（Hammond et al.，1977）。在美国哈得孙河口进行的研究还得出了以下结论：水体中大部分的氡源自沉积物中的分子扩散作用；沉积物再悬浮作用以及潮汐作用导致的平流

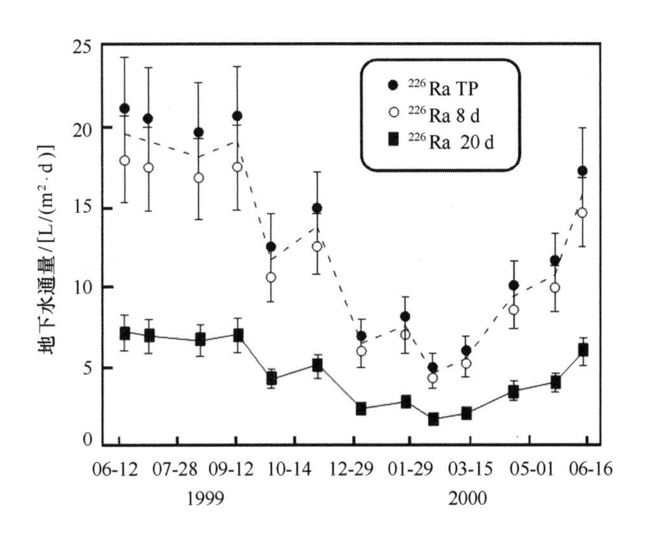


图 7.12　用含水层补给箱式模型，通过镭计算出的美国窄河口地下水通量。图中●、○、■分别是基于纳潮量模型（TP）、存留时间为 8 天和存留时间为 20 d 时的计算结果（Kelly and Moran，2002）

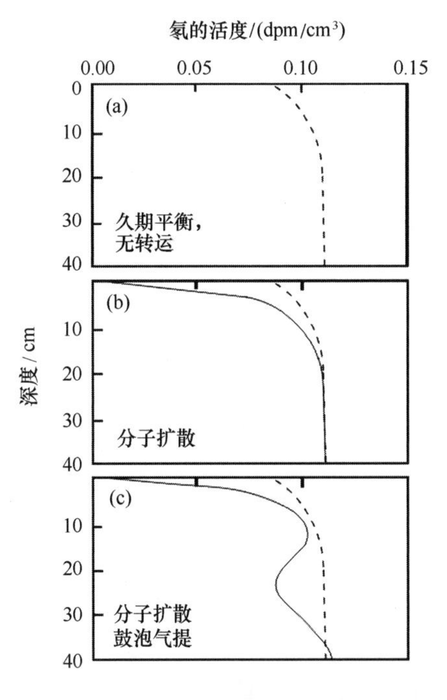


图 7.13　沉积物间隙水中$^{222}$Rn 活度理论剖面图。图中显示：（a）因其本身的惰性特征，在沉积物－水及水－大气界面处与其母体$^{226}$Ra 达到久期平衡；（b）扩散作用导致的损失使其未达久期平衡；（c）通过鼓泡气体从沉积物到上覆水再到大气过程中的气提作用产生损失，使其未达久期平衡（Martens and Chanton，1989）

输入也会影响这种输入。据估计，氡一旦进入水体，即有40% ~65%会因衰变或逸出进入大气而损失掉。Hartman 和 Hammond（1984）的类似研究表明，旧金山湾水体中相当数量的氡进入了大气，其通量在很大程度上取决于风速，这是决定氡迁移系数的主要控制机制。

Martens 和 Chanton（1989）研究发现，表层沉积物$^{226}Ra$和$^{222}Rn$的不平衡现象是由于扩散损失所致，但沉积物中生源气体（如$CH_4$）在溢出（鼓泡）过程中产生的气提作用会加剧这种不平衡。在美国卢考特角湾进行的关于扩散与鼓泡作用在氡的通量中所占相对比例的研究表明，在氡从沉积物表面向大气迁移的总量中，鼓泡作用最多可有48%的贡献（图7.14）。Corbett 等（1999）报道美国佛罗里达湾一些区域含有高活度/浓度的$^{222}Rn$和$CH_4$，这归因于诸如生物扰动产生的湍流混合、鼓泡作用、植物介导传输以及地下水的排放等多个过程。在水井、溶蚀孔、沟渠以及佛罗里达湾中也发现$^{222}Rn$和$CH_4$的活度/浓度有很强的相关性（图7.15）。由于$^{222}Rn$和$CH_4$来自于完全不同的过程，因此研究者认为佛罗里达湾东部的地下水循环可以提供可观的营养盐输入，而这种输入可能与穿越佛罗里达州南部大沼泽地的地表径流带来的营养盐相当（Corbett er al.，2000）。理解地下水的输运机理是评价目前困扰许多研究者的河口富营养化问题的一个关键，这方面的更多细节将在有关营养盐循环的第十章至第十三章中介绍。

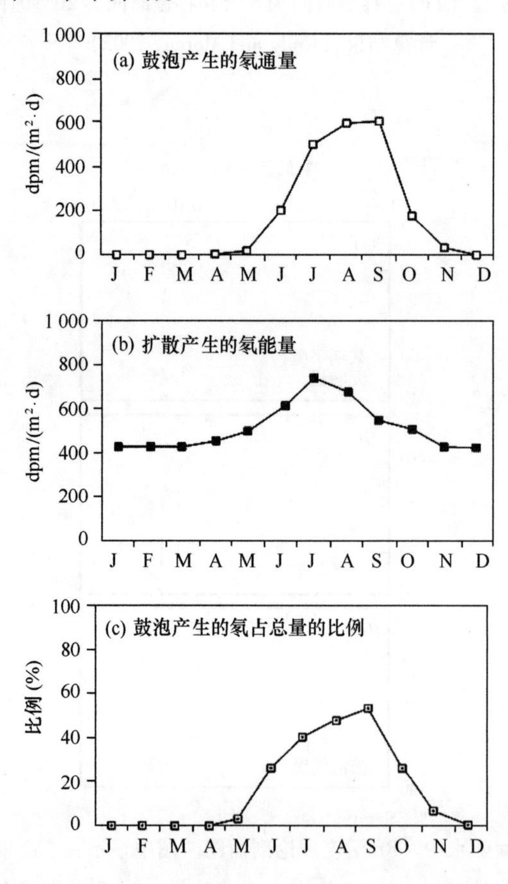


图7.14 美国卢考特角湾（a）鼓泡产生的$^{222}Rn$通量；（b）扩散过程产生的$^{222}Rn$通量；（c）在氡从沉积物表面向大气迁移的总量中鼓泡作用所占比例，其最多可达48%（Martens and Chanton，1989）

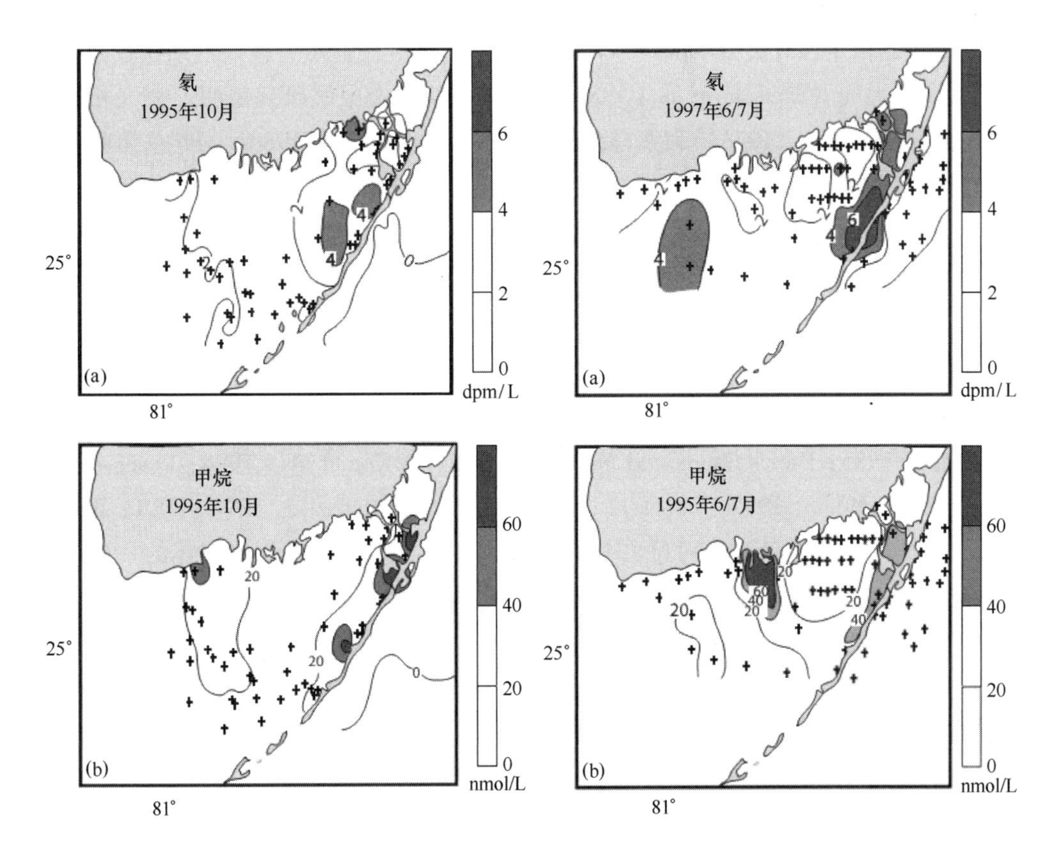


图 7.15　在美国佛罗里达湾（美国）一些选定的区域，$^{222}$Rn 和 $CH_4$ 的活度/浓度有很强的正相关性（Corbett et al.，1999）

## 七、铅

$^{210}$Pb 由$^{222}$Rn 放射性衰变而来（图 7.5），它可以以溶解态/络离子或与颗粒物结合的形式进入河口。大气中$^{222}$Rn 衰变产生的$^{210}$Pb 是大气输入河口的溶解态$^{210}$Pb 的源。一些由土壤中的$^{226}$Ra 衰变产生的$^{222}$Rn 逃逸进入大气，其进一步经过一系列短寿命放射性核素的衰变最终产生$^{210}$Pb（$t_{1/2}$ = 22.3 a）（Appleby and Oldfield，1992）。随着海拔升高，由于来自土壤的$^{222}$Rn 的浓度逐渐减小，因此陆地上空大气中$^{210}$Pb 的浓度随之降低（Moore et al.，1973）；所以大气中$^{210}$Pb 的浓度取决于经度，取决于其位于海洋或陆地上空的位置。大气中的$^{210}$Pb 主要通过干、湿沉降的冲刷而从大气中清除。全球大气中$^{210}$Pb 通量的季节变化已经有详细的报道（Benninger，1978；Krishnaswami and Lal，1978；Nevissi，1982；Turekian et al.，1983；Olsen et al.，1985；Baskaran，1995）。$^{210}$Pb 也可以以颗粒物的形式自河流进入河口，还可以以溶解态和颗粒态形式通过近岸水体进入河口（Moore，1992）。

比较这些输入到河口的不同来源的$^{210}$Pb 的相对重要性是一件困难的事情，这也是许多研究的主题。例如，Heltz 等（1985）早期对美国切萨皮克湾的研究显示，自进入河口的颗粒物上解吸的$^{226}$Ra会导致$^{210}$Pb 相对于与其平衡的$^{226}$Ra 明显过剩。另一个在美国纳拉甘西特湾的研究表明，溶解态的$^{210}$Pb 可以通过颗粒物被清除，其迁移时间随季节变化并且与间隙水中$^{210}$Pb 的再活化、再悬浮率以及胶体络合物的稳定性有关（Santschi et al.，1979）。研究还显示，输入到纳拉甘西特湾潮下带的80%的$^{210}Pb$源自大气（Santschi et al.，1984）。对来源所起作用的研究表明，大气和近岸水体分别是美国长岛湾（Benninger，1978）和亚马孙陆架（DeMaster et al.，1986）$^{210}Pb$总体收支中的主要来源。最近在挪威福拉姆瓦伦海湾进行的研究也表明，大气和陆地径流的输入是$^{210}Pb$的主要来源（Swarzenski et al.，1999）。另外，$^{210}Pb$在水体中的垂直分布很大程度上受峡湾型河口中氧化还原状态控制；溶解态的$^{210}Pb$在锰的有氧还原区域（AMR）的增加说明锰作为载体相比铁更重要，这主要是因为在氧化还原反应序列中，$MnO_2$的还原早于铁氧化物的还原。

迄今为止，许多研究都应用$^{210}Pb$测定河口及其邻近的盐沼/陆架环境中沉积物的堆积和加积速率（Armentano and Woodwell，1975；Krishnaswami et al.，1980；Church et al.，1981；Kuehl et al.，1982；Olsen et al.，1985；Paez－Osuna and Mandelli，1985；McKee et al.，1986；Lynch et al.，1989；Bricker－Urso，1989；Moore，1992；Smoak et al.，1996；Dellapenna et al，1998，2001；Benoit，2001；Corbett et al.，2003）。$^{210}Pb$被认为是对过去100～110年间沉积下来的沉积物定年的一种十分可靠的方法（Krishnaswami et al.，1971）。在没有生物扰动/混合的情况下，沉积物中过剩$^{210}Pb$的活度梯度是沉积物堆积和放射性衰变的净结果，它可以提供有关近期沉积物的沉积速率信息。不幸的是，在许多河口（特别是浅的河口体系）物理混合和生物扰动会对沉积物表层的几厘米产生影响，导致原始的沉积信号被削弱。为了定量地消除混合效应和沉积速率的剧烈变化，通常会引入第二种颗粒活性的放射性示踪剂与$^{210}Pb$法联合使用。

一个运用双放射性核素的例子是在美国萨宾－内奇斯运河口的研究，这是一个较浅的、浑浊且具有高浓度溶解有机碳（DOC）的河口，使用的是$^{210}Pb$和$^{239,240}Pu$放射性核素（Ravichandran et al.，1995a）。钚很早就被有效地和$^{210}Pb$联合使用（Santschi et al.，1980，1984；Jaakkola et al.，1983），关于钚循环的更详细的内容将在本节稍后介绍。在萨宾－内奇斯运河口，过剩$^{210}Pb$随深度的变化不呈指数分布，但其主要控制因素不是沉积物的混合而是存留时间及其在水体中的分配（Baskaran et al.，1997）；更准确地说，是相对较低的$K_d$值、溶解和颗粒态$^{210}Pb$较长的存留时间（由于与DOC结合）以及与其他近岸体系相比较短的水体存留时间导致只有部分颗粒活性的放射性核素迁出该河口（表7.3）。实际上，在该沉积物中测得的过剩$^{210}Pb$和$^{239,240}Pu$的量分别只有总预期量的约10%～34%和19%～50%（Ravichandran et al.，1995a）。与$^{210}Pb$的分布不同，$^{239,240}Pu$的剖面分布与1963年的最大辐射性落尘相对应，据此估算的沉积速率为4～5 mm/a。

McKee等（1983）证明$^{234}Th$和$^{210}Pb$可以分别用于测定中国长江口口门附近100天和100年尺度的沉积和堆积速率；测得的短期的沉积速率大约为每月4.4 cm（图7.16a），而100年累计的堆积速率约为5.4 cm/a（图7.16b）。因此，这个过去100年的地层记录并不完整，因为它仅仅代表了该处沉积物沉积的一部分。如前所述，在一个像河口这样动态的环境中，区分颗粒物的沉积和堆积是很关键的。在一项类似的研究中，Smoak等（1996）也证明了同时使用$^{210}Pb$和$^{234}Th$在理解毗邻亚马孙河口的陆架区不同时间尺度下的沉积过程时十分有效。一个常见的结果是，短寿命示踪剂（$^{234}Th$）的沉积物总量少于其通过长寿命示踪剂（$^{210}Pb$）预测的量；研究者对此的解释是，与海底沉积物中的量相比，$^{234}Th$在流动性浮泥和水体中的含量比例高于$^{210}Pb$的相应比例，并且在过去2年中近岸水体的供给、清除效率以及沉积速率都比过去100年中要低。

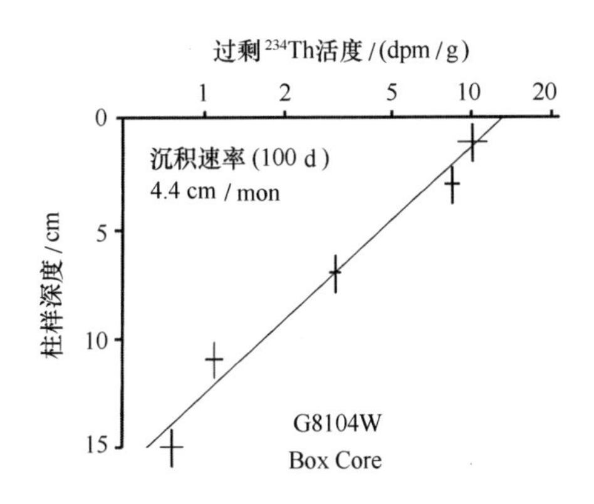


图 7.16a　过剩$^{234}$Th 用于测定中国长江口口门附近 100 天尺度的沉积速率。
短期沉积速率约为 4.4 cm/mon (McKee et al., 1983)

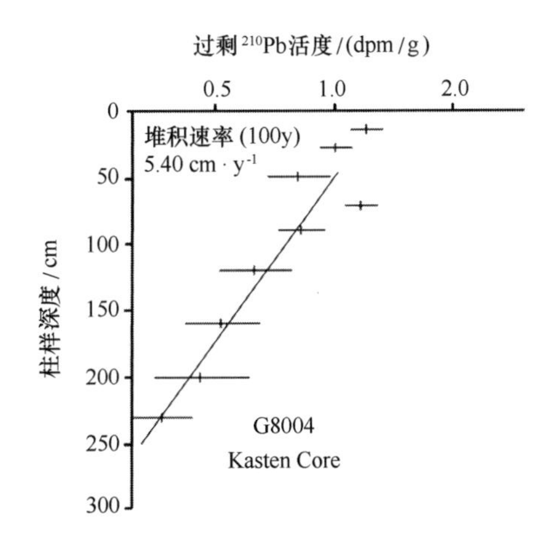


图 7.16b　过剩$^{210}$Pb 用于测定中国长江口口门附近 100 年尺度的堆积速率的。
100 年累计的堆积速率约为 5.4 cm/a (McKee et al., 1983)

过剩$^{210}$Pb 活度也被用来测定沼泽沉积物的加积速率。例如，Bricker - Urso 等（1989）对美国罗德岛沿岸潮间带盐沼加积率与这一地区海平面升高的速率近似相等的假设进行了检验，发现尽管在多数沼泽沉积物岩芯中过剩$^{210}$Pb 具有很好的指数衰变曲线，指示该研究区域具有相对稳定的沉积物加积速率，但有些过剩$^{210}$Pb 对数的变化说明，在全部时间段内沉积物加积率并不总是恒定（图 7.17）。前述的沉积速率与这些图的斜率是成比例的，表明无论低的还是高的沼泽，其加积速率都与当地海平面的升高保持同步，并且这些加积速率处在美国大西洋和墨西哥湾沿岸其他河口体系加积速率的范围内（表 7.4）。尽管拥有最高的加积速率，路易斯安那沼泽却正在快速地丧失，因为这里经历着在所有美国海岸中最高的相对海平面升高（Turner, 1991），详见第二章。

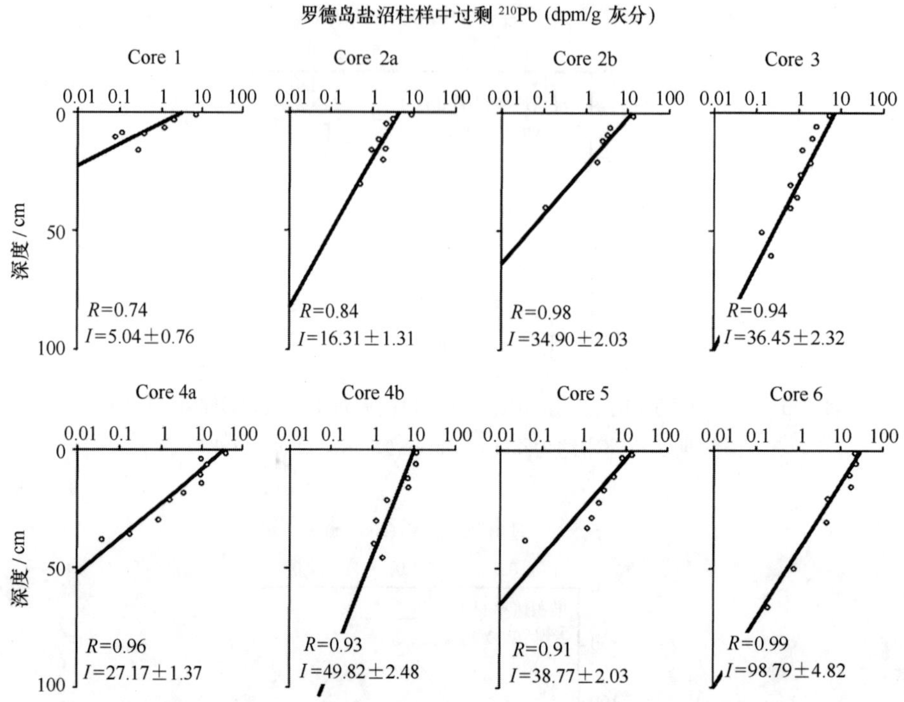

图 7.17　美国罗德岛沿岸潮间带盐沼沉积物加积速率的估算。尽管在大多数沼泽沉积物柱状样中过剩$^{210}$Pb 具有很好的指数衰变曲线，指示该研究区域具有相对稳定的沉积物加积速率，但有些过剩$^{210}$Pb 的变化说明，加积速率可能在全部时间段内并非总是恒定。图中 $R$ 为相关系数，$I$ 为过剩$^{210}$Pb 的量（dpm/cm$^2$）（Benninger, 1979; Olsen et al., 1985）（Bricker - Urso et al., 1989）

**表 7.4　沼泽加积速率与海平面升高速率**

| 地点（美国） | 沼泽类型[a]/参考文献[b] | 加积速率/（cm/a） | 方　法 | SLR[c,20]① |
|---|---|---|---|---|
| 巴恩斯特布尔港 | S. a.[1] | 0.15 ~ 0.27 | $^{14}$C | 0.23 |
| | S. a.[1] | 0.343 ~ 0.79 | 历史数据 | |
| | S. a.[1] | 1.8 | 地层学 | |
| 纳拉甘西特湾 | S. p.[2] | 0.24 | $^{210}$Pb（通量恒定） | 0.26 |
| | S. p.[2] | 0.25 ~ 0.6 | $^{210}$Pb（通量恒定） | |
| 特拉华湾 | S. p.[3] | 0.44 ~ 0.59 | 浓度数据（Pb） | 0.30 |
| | S. p.[4] | 0.47 | $^{210}$Pb | |
| | S. a.[5] | 0.42 ~ 0.78 | $^{210}$Pb | |
| | S. a.[6] | 0.32 ~ 0.45 | $^{210}$Pb | |
| | S. a.[6] | 0.26 ~ 0.43 | $^{137}$Cs | |
| | S. a.[6] | 0.40 | 孢粉 | |

续表

| 地点（美国） | 沼泽类型[a]/参考文献[b] | 加积速率/（cm/a） | 方法 | SLR[c,20] |
|---|---|---|---|---|
| 长岛湾 | S. p.[7] | 0.35 | $^{210}Pb$ | 0.22 |
| | S. p.[8] | 0.2～0.66 | 人工标志层 | |
| | S. p.，S. a.[9] | 0.54～0.81 | 地层学 | |
| | S. a.[10] | 0.47～0.63 | $^{210}Pb$ | |
| | S. a.[11] | 0.2～0.43 | 人工标志层 | |
| | S. a.[12] | 0.25～0.47 | 地层学 | |
| 切萨皮克湾 | N. A.[13] | 0.18～0.75 | 孢粉 | 0.35 |
| 乔治亚 | S. a.[14] | 0.26～1.5 | $^{210}Pb$，$^{239,249}Pu$ | 0.27 |
| 南卡罗来那 | S. a.[15] | 0.14～0.45 | $^{210}Pb$ | 0.34 |
| | S. a.[15] | 0.13～0.25 | $^{137}Cs$ | |
| 路易斯安那 | S. a.[16] | 0.59～1.4 | $^{137}Cs$ | 0.92 |
| | S. a.[17] | 1.35 | $^{137}Cs$ | |
| | S. a.[18] | 0.75～1.35 | $^{137}Cs$ | |
| | N. A.[19] | 0.81～1.4 | $^{210}Pb$，$^{137}Cs$ | |

a. S. a. 指互花米草（*Spartina alterniflora*）或低位沼泽；S. p. 指狐米草（*S. patens*）或高位沼泽；N. A. 指未说明沼泽类型。

b. 参考文献：[1] Redfield (1972)；[2] Bricker－Urso et al. (1989)；[3] Drier (1982)；[4] Church et al. (1981)；[5] Chrzastowski et al. (1987)；[6] Sharma et al. (1987)；[7] Mc Caffrey and Thomson (1980)；[8] Harrison and Bloom (1977)；[9] Siccama and Porter (1972)；[10] Armentano and Woodwell (1975)；[11] Richard (1978)；[12] Flessa et al. (1977)；[13] Ward et al. (1986)；[14] Goldberg et al. (1979)；[15] Sharma et al. (1987)；[16] Hatton et al. (1983)；[17] Delaune et al. (1981)；[18] Delaune et al. (1978)；[19] Delaune et al. (1987)；[20] Hicks et al. (1983).

c. SLR 指 1940－1980 年间相对海平面升高速率（cm/a）。

Bricker－Urso et al. (1989)。

① 原著中的参考文献及标注有误，译者据原始文献（Bricker－Urso et al.，1989）进行了修正。——译者注

## 八、钋

$^{210}Po$ 是 $^{210}Pb$ 的衰变产物，主要产生于水体中，也有部分来自大气输入（Swarzenski et al.，1999）。在开阔大洋中，有相当充分的资料表明 $^{210}Pb/^{210}Po$ 通常处于不平衡状态，这是由于钋优先被海洋浮游植物所摄取（Shannon et al.，1970；Fisher et al.，1983；Harada and Tsunogai，1988）。在河口区，如美国纳拉甘西特湾，由于沉积物的再活化及形成了有机络合物，$^{210}Pb$ 和 $^{210}Po$ 都具有很大的季节差异（Santschi et al.，1979）。在佛罗里达中部进行的另一项研究发现，富含硫化物的地下水中含有过剩的 $^{210}Po$（Harada et al.，1989），说明与氧化还原反应有关。最近的研究也证实，在一个长期缺氧的峡湾型河口（挪威福拉姆瓦伦峡湾），$^{210}Po$ 很大程度上由微生物驱动的强烈的硫循环所控制。更准确地说，$^{210}Po$ 自贫 $^{210}Po$ 的上层水体中迁出在很大程度上受颗粒物清除和沉降所控制。在颗粒物自水体中沉降的过程中，$O_2/H_2S$ 界面处氢氧化物载体相上的 $^{210}Po$ 随着无氧光合微生物（anoxygenic phototrophic microorganisms，例如紫硫细菌和绿硫细菌 *Chromatium/Chlorobium* spp.）的活动而溶解（图 7.18a；Swarzenski et al.，1999）。在该峡湾中 $^{210}Pb$ 的垂直分布也具有类似的模式；但 $^{210}Po$

被有机和无机颗粒物清除的速率比$^{210}Pb$要快得多（图7.18b）。因此，在这一缺氧峡湾明显存在着控制$^{210}Po$和$^{210}Pb$相动力学的重要的氧化还原/微生物组分（Swarzenski et al.，1999）。

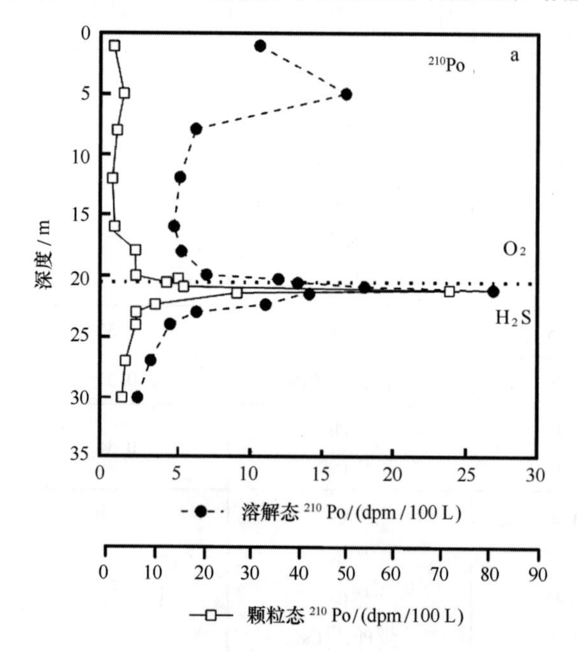


图7.18a 一个长期缺氧的峡湾（挪威福拉姆瓦伦峡湾）中溶解和颗粒态的$^{210}Po$的垂直分布图，图中显示$^{210}Po$在很大程度上受$O_2/H_2S$界面处微生物驱动的强烈的硫循环控制（Swarzenski et al.，1999）

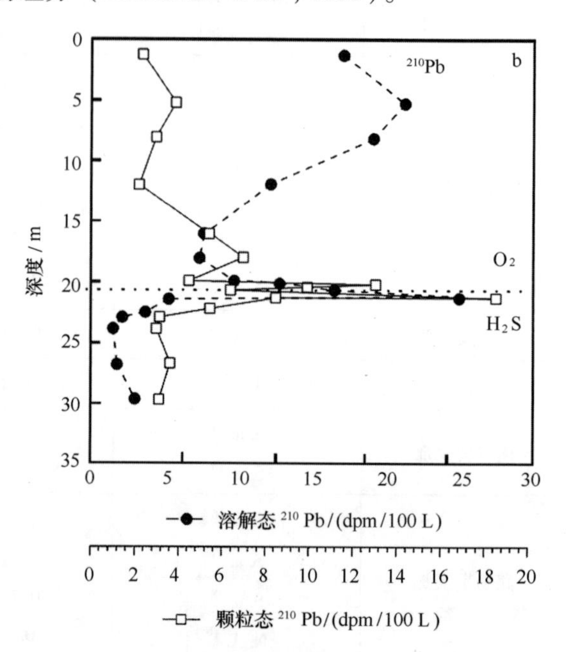


图7.18b 一个长期缺氧的峡湾（挪威福拉姆瓦伦峡湾）中溶解态$^{210}Pb$和颗粒态$^{210}Pb$的垂直分布图，图中显示在这一缺氧峡湾明显存在着控制$^{210}Pb$相动力学的重要的氧化还原/微生物组分（Swarzenski et al.，1999）①

## 九、铍

宇宙成因放射性核素$^{7}Be$（$t_{1/2}=53.3$ d）作为示踪剂被有效地应用于河口体系中短期颗粒物循环及沉积过程的研究（Aaboe et al.，1981；Martin et al.，1986；Olsen et al.，1986；Dibb and Rice，1989a，b；Baskaran and Santschi，1993；Baskaran et al.，1993，1997；Feng et al.，1999；Sommerfield et al.，1999；Allison et al.，2000；Corbett et al.，2003）。$^{7}Be$是在地球大气层中由氮气和氧气通过宇宙射线作用发生裂变产生的，其随后很快被大气层中的微粒和气溶胶所清除（Lal et al.，1958；Lal and Peters，1967；Larsen and Cutshall，1981；Olsen et al.，1981）。它被冲刷离开大气层并通过干、湿沉降到达地球表面（Larsen and Cutshall，1981）；当与酸性雨水反应时，$^{7}Be$被溶解成$Be^{2+}$，这是从大气中搬运来的铍的主要离子形式，其较小的离子半径（0.34 Å）和+2价的价态使得它很快地被细颗粒所清除（Bloom and Crecelius，1983；Olsen et al.，1985）。$^{7}Be$沉降通量的季节性增加通常是由于富含$^{7}Be$的平流层空气进入大气对流层导致的（Olsen et al.，1985；Todd et al.，1989）。由于$^{7}Be$是由宇宙射线产生的，故其沉降通量与纬度有关，并且其浓度随海拔的升高而增加（Lal and Peters，1967）。在美国加尔维斯顿湾（Baskaran et al.，1993；Baskaran，1995）、卢考特角湾（Canuel et al.，

① 原著中该图的图例有误，译者根据原始文献（Swarzenski et al.，1999）进行了修正。——译者注

1990）、长岛湾（Turekian et al.，1983）和切萨皮克湾（Olsen et al.，1985；Dibb，1989）附近采样点的观测结果表明，$^{7}$Be 沉降通量的季节差异一般与降雨量有关。

已有的研究表明，$^{7}$Be 可以作为河流搬运至河口（Dibb and Rice，1989a，b；Baskaran et al.，1997）及陆架（Sommerfield et al.，1999；Allison et al.，2000；Corbett et al.，2004）的沉积性颗粒物的示踪剂。例如，对切萨皮克湾干流一系列站位沉积物中$^{7}$Be 的观测结果（图 7.19a；Dibb and Rice，1989a，b）显示，1986 年 4 月测量的 SUSQ 站（Susquehanna）的含量比 BALT 站（Baltimore）和 CALV（Calvert Cliffs）的存量低，这很可能是由于从海湾顶部输入的被侵蚀的富含$^{7}$Be 的表层沉积物在河口下游再沉积造成的（图 7.19b）。此外，海湾上游站位$^{7}$Be 含量高则是因为悬浮颗粒物在萨斯奎汉纳河径流量降低期间在河口上游的沉降作用加强了。在一些如密西西比河这样的大河口，河流输入的大气成因的$^{7}$Be 更为显著。例如，自密西西比河流域输入的$^{7}$Be 显著高于直接从大气输入到河口下游的量；这一区域的$^{7}$Be 是陆源沉积物的指示剂（Corbett et al.，2004）。相反，在其他一些具有很小流域的河口体系（如美国詹姆斯河口），河流输入的大气成因的$^{7}$Be 只占大气直接输入河口量的不足 5%（Olsen et al.，1986）。

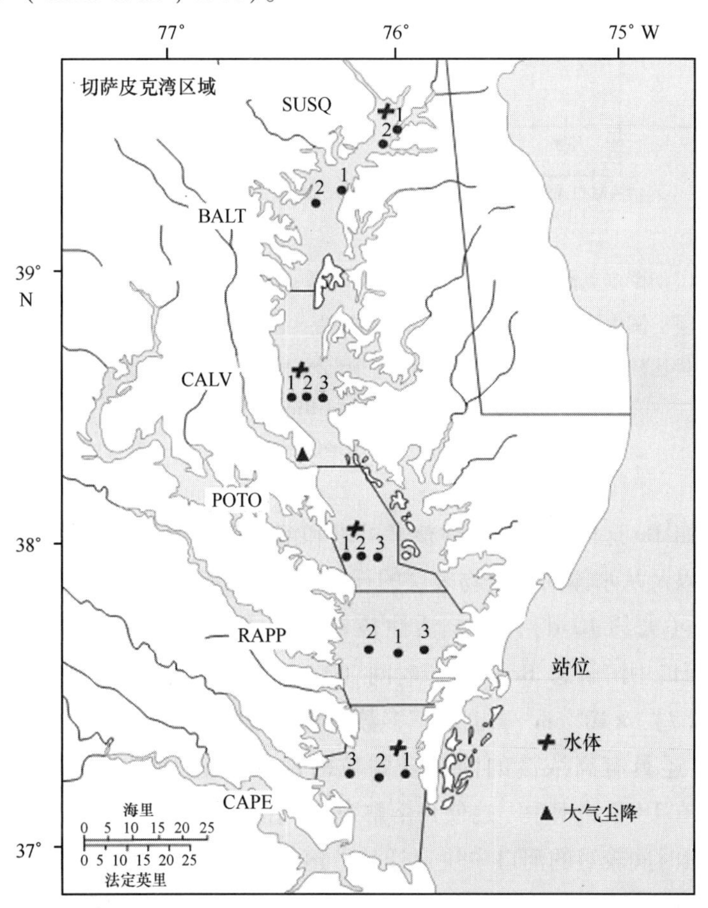


图 7.19a　美国切萨皮克湾干流测量了沉积物中$^{7}$Be 存量的一系列站位。SUSQ 代表萨斯奎汉纳；BALT 代表巴尔的摩；CALV 代表卡尔弗特；POTO 代表波托马克；RAPP 代表拉帕汉诺克；CAPE 代表开普查尔斯（Dibb and Rice，1989a，b）

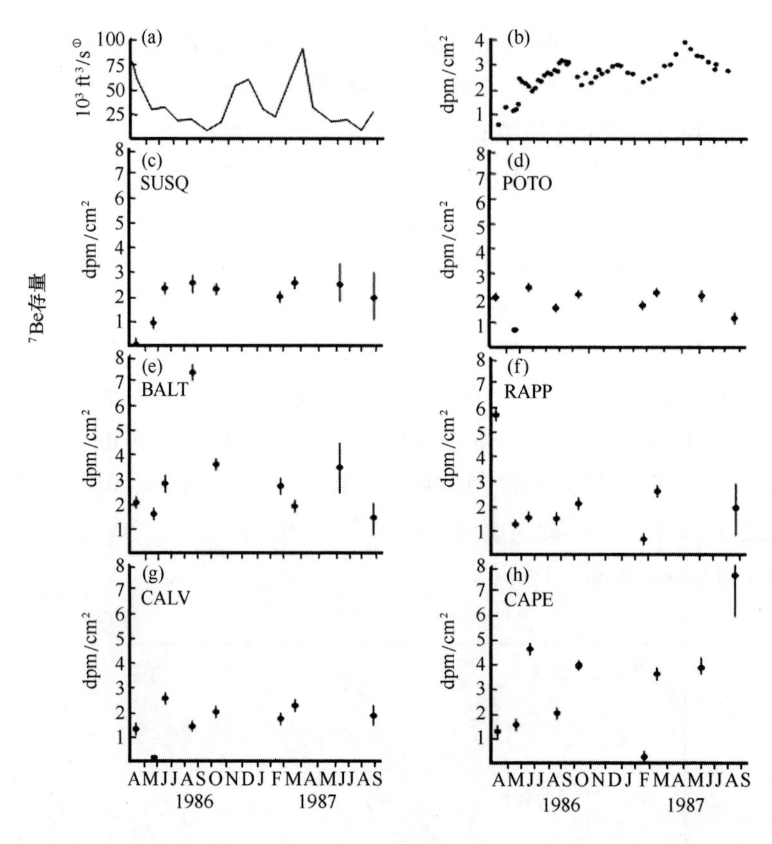


图 7.19b　美国切萨皮克湾（a）萨斯奎汉纳河流量；（b）$^7$Be 的大气沉降量；（c）~（h）各站位$^7$Be 含量。图中显示 1986 年 4 月份 SUSQ 站（萨斯奎汉纳）的含量比较低，BALT 和 CALV 站的含量比较高，这可能是由于从海湾顶部输入的富含$^7$Be 的沉积物在河口下游再沉积造成的（Dibb and Rice，1989a）

① ft 为非法定计量单位，1 ft≈0.304 8 m。——编者注

如前所述，许多如$^7$Be 这样的颗粒活性核素可以和溶解态的有机配体形成络合物，这会影响它们在河口的存留时间以及从水体向沉积物表层的迁移。得克萨斯东南部的萨宾－内奇斯运河口具有较短的水力存留时间（大约 10 d），颗粒活性核素（如$^7$Be）在沉积物中含量也较低（Baskaran et al.，1997）；这个河口中溶解态$^7$Be 的存留时间（0.6～9.6 d）比其他河口要长，并且$^7$Be 的分配系数（$K_d$）（0.15～8.7）×$10^4$ cm$^3$/g 也低于多数河口，表明大多数$^7$Be 以溶解态存在。研究表明，萨宾－内奇斯运河口还具有高浓度的能键合颗粒活性核素的 DOC（Bianchi et al.，1997a）；因此，$^7$Be 很可能被络合在 DOC 储库中，这使得溶解态$^7$Be 在水体中有较长的存留时间，因而可使溶解态$^7$Be 在这一水力存留时间较短的河口中快速迁移。溶解态$^7$Be（与 DOC 络合）被快速冲刷而离开河口也可以对沉积物中较低的$^7$Be 含量作出解释。$^7$Be 在其他河口体系的存留时间和分配系数的值差异很大（表 7.3），产生这些差异的部分原因是，颗粒物和溶解态组分的浓度和来源在不同河口体系中的变化非常大。

与$^{234}$Th 类似，$^7$Be 在岩芯中的剖面分布也可以用来测定河口的沉积速率和沉积物混合速率的季节变化（Canuel et al.，1990）。如前所述，这里需要一个基本的假定，即核素（如$^7$Be）能够示踪颗粒物在沉积物堆积过程中的运动，并且在同一个河口生境中搬运和捕捉核素至沉积物表面是均一的。控制核素随深度分布的三个基本过程是：（1）沉积作用的补给速率；（2）放射性衰变；（3）沉积后颗粒物的混合过程。应当指出的是，当运用$^{7}$Be进行上述有关研究时，需要同步测定大气辐射性落尘中$^{7}$Be的含量（Canuel et al.，1990）。

## 十、铯

核武器实验始于20世纪40年代中期，第一次重要的百万吨级实验发生于1952年（Carter and Moghissi，1977），这导致20世纪50年代早期第一次出现了重大的$^{137}$Cs（$t_{1/2}=30$ a）辐射性落尘，并于1962—1964年达到最大（1963年达到峰值），随后逐渐减小，在20世纪80年代早期降为零。然而，新的$^{137}$Cs输入随着1986年的切尔诺贝利核电站事故又出现了。在一些接受核电站废水的河口（如美国哈得孙河口），通过与源自反应堆的$^{137}$Cs相伴随的其他核素（如$^{134}$Cs，$t_{1/2}\approx 2$ a和$^{60}$Co，$t_{1/2}\approx 5$ a），可以将辐射性落尘中的$^{137}$Cs与反应堆产生的$^{137}$Cs区分开来（Olsen et al.，1981）。$^{137}$Cs被证明是测量河口沉积物堆积速率（Simpson et al.，1975；Olsen et al.，1981；Ravidhandran et al.，1995a，b）和湿地加积速率（Delaune et al.，1978，1983；Nixon，1980；Hatton et al.，1983；Sharma et al.，1987；Lynch et al.，1989；Milan et al.，1995）的有力工具。从表7.4可以看出，$^{137}$Cs测定的沼泽加积速率与其他方法获得的结果相当吻合。

$^{137}$Cs是一种脉冲性标记物，其在沉积物中次表层的最大活度峰值被用于测定堆积速率以及核对用其他示踪方法获得的结果。然而该峰的分辨率可能被物理和生物混合作用所改变；例如，大型底栖动物的摄食活动会影响$^{137}$Cs在沉积物中的垂直迁移（Robbins et al.，1979）。因此，最适合应用这种标记物的环境是那些埋藏迅速并且最高峰深度处扰动很少的地方。然而另外一些研究表明，随着在河口高盐度区出现更多的解吸（Olsen et al.，1981），还会存在与$^{137}$Cs迁移和向下扩散有关的其他问题（Jaakkola et al.，1983）。尽管已有进一步的回顾性研究分析了与$^{137}$Cs和$^{210}$Pb相关的再迁移问题（Sugai et al.，1994），但要解决这些复杂的问题，还需要进行更多的研究（Benoit et al.，2001）。Dellapenna等（1998）采用双示踪剂法（同时运用$^{137}$Cs和$^{210}$Pb）对采自切萨皮克湾下游的沉积物岩芯进行了研究，通过$^{137}$Cs得到的最大活度深度被用来确定由过剩$^{210}$Pb确定的物理混合层的堆积速率（图7.20）。

## 十一、钚

在过去20年间，钚的同位素比值一直被作为河口区一个有效的地球化学示踪剂使用（Benninger et al.，1979；Krishnaswami et al.，1980；Linsalata et al.，1980；Olsen et al.，1981a，b；Santschi et al.，1984；Baskaran et al.，1995；Ravichandran et al.，1995a，b）。在7个长寿命钚同位素中，涉及环境研究的4种主要核素是$^{238}$Pu（$t_{1/2}=87.7$ a）、$^{239}$Pu（$t_{1/2}=2.41\times10^{4}$ a）、$^{240}$Pu（$t_{1/2}=6\ 571$ a）和$^{241}$Pu（$t_{1/2}=14.4$ a）（Baskaran et al.，1995）。陆地和水生生态系统中钚的主要来源都是以下三个：（1）核武器试验（Aarkrog，1988）；（2）1964年在印度洋上空烧毁的$^{238}$Pu动力人造卫星（SNAP 9A）（Hardy et al.，1973）；（3）核工厂排放的放射性废物和泄漏（Sholkovitz，1983）。北半球辐射性落尘中的$^{238/239,240}$Pu的活度比值在SNAP 9A卫星烧毁之前约为0.024，之后则升高到0.05（Hardy et al.，1973）。与$^{137}$Cs类似，$^{239,240}$Pu在沉积物岩芯次表层的最大浓度代表了1963年放射性

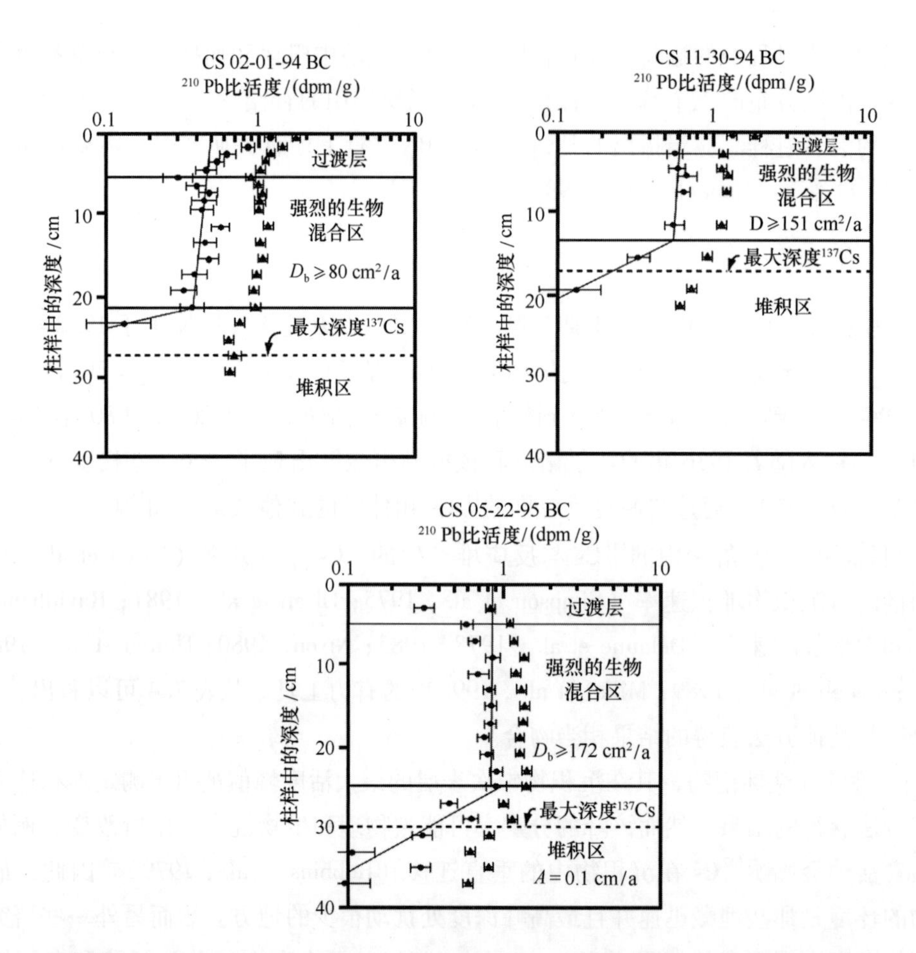


图 7.20　双示踪剂法（同时运用$^{137}$Cs 和$^{210}$Pb）用于采自美国切萨皮克湾下游的沉积物岩芯研究。通过$^{137}$Cs 获得的最大活度深度被用来确定由过剩$^{210}$Pb 确定的物理混合层的堆积速率。图中 ● 为$^{210}$Pb 过剩活度；▲为$^{210}$Pb 总活度（Dellapenna et al.，1998）

峰值时形成的辐射性落尘层（Krishnaswami et al.，1980；Santschi et al.，1980，1984；Jaakkola et al.，1983）。但如前所述，$^{239,240}$Pu 受迁移问题的影响要小于$^{137}$Cs（Santschi et al.，1983）。此外，$^{239,240}$Pu 还一直被作为第二示踪剂，其与$^{210}$Pb 一起可将混合作用从沉积作用中定量地分离出来（Santschi et al.，1980，1984）。根据$^{239,240}$Pu 在萨宾－内奇斯运河口的剖面图，假定最大次表层的峰值是 1963 年的辐射性落尘，则平均沉积速率估计为 4～5 mm/a（图 7.21；Ravichandran et al.，1995a）；从辐射性落尘峰值的 1963 年到这些站位采样的时间（1992），期间的时间间隔为 29 年。萨宾－内奇斯运河口的这一沉积速率与当时墨西哥湾各河口海平面的平均升高速率（6 mm/a）是一致的（Turner，1991）。

## 十二、放射性碳

直到 1934 年，当在一个云雾室中进行中子照射氮气实验时发现产生了一个未知的放射性核素，人们才意识到放射性碳（$^{14}$C）的存在（Kurie，1934）。1940 年，Matin Kamen 制备了可测数量的

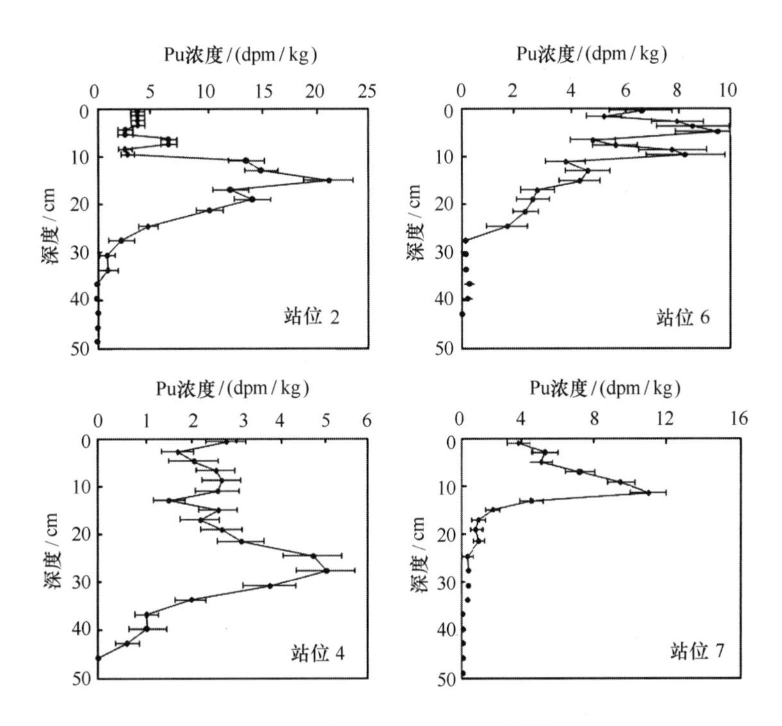


图 7.21 美国萨宾－内奇斯运河口四个站的$^{239,240}Pu$深度剖面图，假定最大次表层的峰值是 1963 年的辐射性落尘，则三个站位的沉积速率在 3～10 mm/a 范围内（Ravichandran et al.，1995a）

$^{14}C$，从而证实了$^{14}C$的存在。在接下来的几十年中，更多的关于大气中$^{14}C$产生速率及在考古样品年代测定方面应用的研究不断出现（Anderson et al.，1947；Arnold and Libby，1949；Anderson and Libby，1951；Kamen，1963；Ralph，1971；Libby，1982）。

与其他宇宙成因的放射性核素类似，$^{14}C$是在宇宙射线与大气中诸如$N_2$、$O_2$以及其他原子反应过程中产生的；这些反应中产生的核碎片被称之为裂变产物（Suess，1958，1968）。这些裂变产物中一部分是中子，它们同样可以与大气中的原子作用产生新的产物，包括$^{14}C$和其他放射性核素（$^3H$，$^{10}Be$，$^{26}Al$，$^{36}Cl$，$^{39}Ar$和$^{81}Kr$）（图 7.22；Broecker and Peng，1982）。因此，中子和氮的反应（$^{14}N + n \rightarrow ^{14}C + p$）是大气中$^{14}C$形成的主要途径。一旦形成了，$^{14}C$就按下式进行衰变［其半衰期为（5 730 ± 40）a］：

$$^{14}C \rightarrow ^{14}N + \beta^- + 中微子 \qquad (7.25)$$

大气中产生的自由$^{14}C$原子被氧化生成$^{14}CO_2$并很快地在大气层中被混合（Libby，1952），随后这种$^{14}C$就结合在其他储库中；例如在生物圈中，其通过光合作用成为被植物固定的碳。据估计，大气和海洋表层之间$^{14}C$的交换大约需要 5 年时间（Broecker and Peng，1982）。

生物圈中活的植物和动物体内$^{14}C$的含量是恒定的，但当它们死亡后就不再与大气发生交换，因此$^{14}C$的活度即以（5 730 ± 40）a 的半衰期减少，这为确定考古对象和化石遗迹的年龄提供了基础。运用$^{14}C$定年，需要假定待测年的材料满足：（1）植物与动物的初始$^{14}C$活度是已知的定值并且与地理位置无关；（2）样品未被现代$^{14}C$污染（Faure，1986）。不幸的是，当测定经树轮年代学定年的木头样品中的$^{14}C$时发现，其初始$^{14}C$的含量是随时间变化的（Anderson and Libby，1951）。图

7.23 给出了过去 1 000 年来大气中 $CO_2$ 的 $^{14}C/C$ 比值（以 Δ 表示）的变化（Stiver and Quay, 1981）。这种变化是以下几个因素共同作用的结果：（1）太阳活动引起的宇宙射线通量的变化；（2）地球磁场的变化；（3）地球碳储库的变化（Faure，1986）。人类活动的影响同时引起大气中 $^{14}C$ 含量的减少和增加（后者几乎是双倍的），这分别是由于过去 100 年间化石燃料的燃烧和核爆炸所致。大气中 $^{14}C$ 含量在过去 1 000 年里的变化是非常明显的。这种由化石燃料燃烧产物的输入而引起的稀释效应被称为苏斯效应（Suess effect），其在 1850 年工业革命兴起以后十分明显（Suess，E，1906；Suess，H. E.，1958，1968）。稀释作用是因为化石中的碳于隔绝空气的条件下在地下储存了相当长的时间，$^{14}C$ 信号已经随时间而消失，成为不含 $^{14}C$ 的碳。两个早期的分别出现于 1710 年和 1500 年前后的 $^{14}C$ 异常高值被称为德弗里斯效应，其产生的原因还不清楚。计算 $\Delta^{14}C$ 的公式如下：

$$\Delta^{14}C = [(^{14}C/C)_{样品} - (^{14}C/C)_{标准}] / [^{14}C/C)_{标准}] \times 1\,000 - IF \qquad (7.26)$$

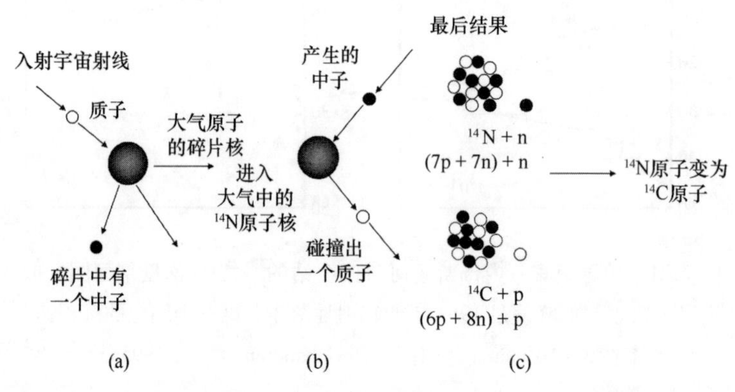


图 7.22 $^{14}C$ 是在宇宙射线与大气中诸如 $N_2$、$O_2$ 以及其他原子反应过程中产生的；这些反应中产生的核碎片被称之为裂变产物。中子和氮的反应（$^{14}N + n \rightarrow {}^{14}C + p$）是大气中 $^{14}C$ 形成的主要途径（Broecker and Peng, 1982）

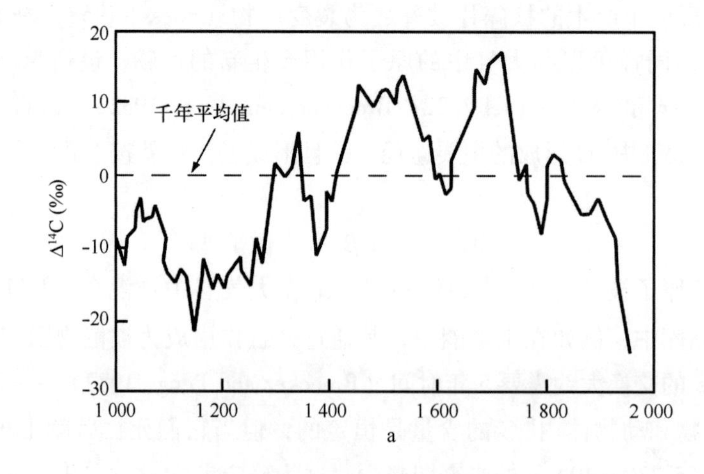


图 7.23 过去 1000 年来大气 $CO_2$ 中 $^{14}C/C$ 比值（‰）的变化（Stiver and Quay, 1981）

将样品比值的测定与一个标准相比较，是为了提高加速器质谱测定方法的准确度和精密度（Elmore and Phillips，1987）。将比值乘以1000得到以‰为单位的Δ值。为了避免苏斯效应，标准样品必须要用1850年工业革命以前收获的木材。工业革命前大气 $CO_2$ 的标准值是13.56 dpm/g 或 $^{14}C/C = 1.176 \times 10^{-12}$（Broecker and Peng，1982）。在这个公式中还减掉了一个反映同位素分馏的修正项（*IF*）。在物理和化学反应过程中，同位素发生了分馏（详见下节），这使得碳同位素（$^{12}C$、$^{13}C$ 和 $^{14}C$）在植物中具有不同的丰度（Faure，1986）。美国国家标准局（National Bureau of Standards）目前提供草酸的 $^{14}C$ 标准样品用于校正；不过，这一标准样品的研制还存在许多问题（Craig，1954，1961；Stuiver and Polach，1977）。

在海洋环境中的有机碳循环研究中，$^{14}C$ 测定得到了广泛的应用（Williams and Gordon，1970；Williams and Druffel，1987；Druffel et al.，1992；Wang et al.，1996；Bauer and Druffel，1998；Bauer et al.，1998；Bauer，2002）。例如，Broecker 和 Peng（1982）通过测定海水中提取出的 $CO_2$ 中的 $^{14}C$ 来确定水龄及表层和底层水体之间的环流。虽然早期只有很少的研究者将这种有机碳循环研究技术应用于近岸和河口区域（Spiker and Rubin，1975；Hedges et al，1986），但近年来这类研究明显增多了（Santschi et al.，1995；Guo et al.，1996；Guo and Santschi，1997；Cherrier et al.，1999；Mitra et al.，2000a；Raymond and Bauer，2001a，b，c）。通常出现在河流/河口体系的一种典型情况是，DOC 总是比颗粒有机碳（POC）富含 $^{14}C$（或者说更年轻）（图7.24；Raymond and Bauer，2001a），这主要是由于来自于表层土壤凋落物新鲜沥滤液所致（Hedges et al.，1986；Raymond and Bauer，2001a）。了解流域盆地土壤和河流/河口体系之间碳的来源的联系对于确定陆地和水生体系的联系至关重要。还有一些研究通过 $^{14}C$ 法测定了土壤中有机碳的存留时间（O'Brien，1986；Trumbore et al.，1989；Schiff et al.，1990；Trumbore，2000）。这些研究支持了这样一种观点，即来自表层土壤的富含 $^{14}C$ 的 DOC 被输运至河流，并且比产生它的土壤中的有机碳更年轻。

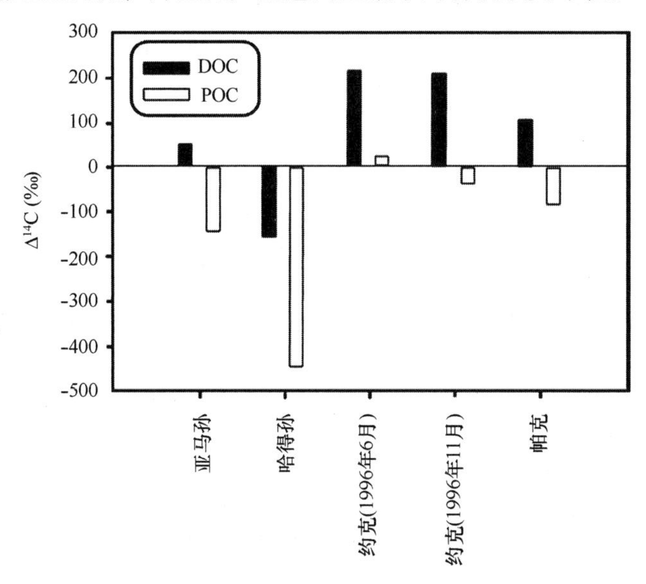


图7.24 巴西亚马孙、美国哈得孙、约克和帕克河流/河口体系放射性碳的数据表明，DOC 总是比颗粒有机碳（POC）更富含 $^{14}C$（或者说更年轻）（Raymond and Bauer，2001a）

由于土壤、沉积物以及溶解态和悬浮颗粒物中有机物的不均匀性，基于$^{14}C$的测年方法变得复杂化。在$^{14}C$含量少于同期的分馏产物的有机碳的测定方面存在很多的不确定性。大量大体积样品的$^{14}C$测定掩盖了混合有新碳和老碳样品的不均匀性；这些组分不同比例的混合物可能得到非常不同的年龄测定结果。最近，自动制备毛细管气相色谱（PCGC）等一些方法出现了，其可以实现对目标化合物的分离并用于加速器质谱（AMS）$^{14}C$分析（Eglinton et al., 1996, 1997; McNichol et al., 2000）。概括地讲，特定化合物同位素分析（CSIA）可以实现对特定化合物年龄的精确测定，这些化合物专属于某种特定来源（如浮游植物），其通常与其他化合物混合于像沉积物（例如陆源沉积物）这样的不均匀基质中。类似地，CSIA在稳定同位素中的应用研究也表明，这是区分河口体系不同类型有机碳来源的有效方法（Goni et al., 1997, 1998）。有关特定化合物同位素方法如何应用于区分河口有机碳和氮的来源的更多内容将在第九章详细介绍。

## 第三节　稳定同位素

稳定同位素在自然生态系统中应用的基本原理是基于化学过程中产生的同位素相对丰度的变化，而不是基于核反应过程（Hoefs, 1980）。由于一种元素的较轻同位素在反应动力学方面具有较快的反应速度，因此自然界反应产物中就会富集较轻的同位素。如下面将要讨论的那样，尽管这种分馏过程可能比较复杂，但是在地质测温、古气候学以及生态系统中有机物来源的研究中却是十分有用的。在海洋和河口研究中最常用的稳定同位素有$^{18}O$、$^{2}H$、$^{13}C$、$^{15}N$和$^{34}S$，优先选择使用这些同位素的原因在于，它们具有较低的原子量、同位素间质量差异明显、拥有共价键的特征、具有多种氧化态，并且稀有同位素也有足够的丰度，特别是聚焦于天然丰度碳和氮稳定同位素的研究已经成功地应用于湖泊和沿岸/河口体系中陆源和水生有机物（Sweeney et al., 1980; Peterson et al., 1985; Williams and Druffel, 1987; Cifuentes et al., 1988; Horrigan et al., 1990; Westerhausen et al., 1993）以及污水和营养盐输入来源的示踪（Voss and Struck, 1997; Caraco et al., 1998; Holmes et al., 2000; Hughes et al., 2000）。在食物网分析中应用稳定同位素的基础在于生物可以保存其吸收的食物中的同位素信号，在DeNiro和Epstein（1978, 1981）的经典著作中对这一现象进行了证明。然而，另一些研究则在试图识别食物来源中的稳定同位素季节变化特征时发现了问题（Cifuentes et al., 1988; Fry and Wainright, 1991; Fogel et al., 1992; Currin et al., 1995），不同营养级间的同位素位移（Fry and Sherr, 1984; Peterson et al., 1986）以及生物残骸分解和沉积物的埋藏（DeNiro and Epstein, 1978, 1981; Benner et al., 1987; Jasper and Hayes, 1990; Meyers, 1994; Montoya, 1994; Sachs et al., 1999）都会对同位素组成产生影响，这使得稳定同位素在河口食物网分析中的应用变得非常复杂。

同位素在地壳、海洋和大气圈中的相对丰度通常用稳定同位素比值来表示，一些同位素相对丰度的平均值列于表7.5中。天然样品中某一特定元素同位素比值的微小差异即可以用质谱仪测量出来，但是准确度和精密度不高（Nier, 1947）。如前述的$^{14}C$测量一样，要解决这一问题，就需要在测量样品时同时测量一个标准样品的同位素比值，这样的确可以获得足够的准确度和精密度。这种相对差值或称$\delta$值可用下式表示：

$$\delta(‰)=[(R_{样品}-R_{标准})/R_{标准}]\times 1\,000 \tag{7.27}$$

式中，$R$ 是以丰度最大的同位素为分母的同位素比值。如前所述，由于公式中乘以1 000，所以δ的单位是千分之一（‰）。当样品中重同位素丰度高于标准时被称为“富集”，结果得到正的δ值；相反，当样品中重同位素丰度低于标准时δ值为负，称作“亏损”；当样品和标准具有相同的同位素组成时，δ值为零。氧、碳、氢、氮和硫的国际标准分别为标准平均大洋海水（SMOW）、皮迪组美洲拟箭石（Pee Dee Belemnite，PDB）化石碳酸盐、SMOW、大气中的氮气（$N_2$）和陨硫铁（Canyon Diablo Triolite，CDT）（表7.6；Faure，1986）。更具体地说，天然材料和标准中的$^{13}C/^{12}C$比值要用同位素比值质谱仪测定（详见Hayes，1983；Boutton，1991）。

**表7.5　一些稳定同位素的相对丰度[a]**

| 原子序数 | 元素符号 | 质量数 | 丰度/% |
|---|---|---|---|
| 1 | H | 1 | 99.99 |
| | | 2 | 0.01 |
| 6 | C | 12 | 98.9 |
| | | 13 | 1.1 |
| | | 14[b] | $10^{-10}$ |
| 7 | N | 14 | 99.6 |
| | | 15 | 0.4 |
| 8 | O | 16 | 99.8 |
| | | 17 | 0.04 |
| | | 18 | 0.2 |
| 16 | S | 32 | 95.0 |
| | | 33 | 0.8 |
| | | 34 | 4.2 |
| | | 36 | 0.2 |

a. 这些值是代表地球地壳、海洋和大气圈的平均值。除了丰度非常低的稀有同位素，其他值按0.1%的精度四舍五入。

b. 放射性核素。

Libes（1992）。

**表7.6　国际公认的氢、碳、氧、氮和硫的稳定同位素标准**

| 元　素 | 标　准 | 缩　写 |
|---|---|---|
| H | 标准平均大洋海水 | SMOW |
| C | 美国南卡罗来纳州白垩纪建造的皮迪组美洲似箭石 | PDB |
| N | 大气中的氮气 | —— |
| O | 标准平均大洋海水<br>美国南卡罗来纳州白垩纪建造的皮迪组美洲似箭石 | SMOW<br>PDB |
| S | 美国亚利桑那州迪亚布洛峡谷（Canyon Diablo）铁陨石中的一种陨硫铁（FeS） | CDT |

Libes（1992）。

## 一、同位素分馏

动力学效应和平衡效应都可能引起同位素分馏。简单直观地讲，物理过程对动力学分馏的影响很大程度上是由于较轻同位素的能量较高、扩散速度较快和发生相转变（例如蒸发）；因此这些分馏是不平衡的。一个分子的能量可以由电子和原子核的自旋、平动、转动以及振动等特征来描述（Faure，1986；Fogel and Cifuentes，1993；Chacko et al.，2001）。包含酶催化动力学过程的生物媒介反应会分馏同位素，这使得底物（或反应物）和产物间的同位素组成明显不同。假定底物不局限于一个反应中，并且产物的同位素比值是在短时间内测量获得的，那么分馏系数（$\alpha$）可以定义为

$$\alpha = R_p/R_s \tag{7.28}$$

式中，$R_p$ 为产物的同位素比值；$R_s$ 为底物（或反应物）的同位素比值。

因此，由于较轻的同位素具有较高的能量，经过生物媒介动力学分馏后，产物中将含有更多的轻同位素，这导致了产物中重同位素的净亏损和负 $\delta$ 值。另外，动力学分馏发生在单向反应中，其反应速度实际上取决于底物和产物的同位素组成。因此，底物的同位素比值与尚未被利用底物的量有关（Mariotti et al.，1981），这可以用瑞利（*Rayleigh*）公式来描述：

$$R_s/R_{s0} = f^{(\alpha-1)} \tag{7.29}$$

式中，$R_{s0}$为初始时刻底物的同位素比值，$f$是尚未反应的底物的分数。

在平衡分馏中，同位素效应将使不同的同位素处于平衡状态，即平衡分馏是由于某一元素的几种同位素在不同分子之间的再分配导致的同位素交换（Faure，1986）。平衡分馏与动力学同位素效应有关，可定义为

$$\alpha_{eq} = k_2/k_1 \tag{7.30}$$

## 二、碳

稳定碳同位素常被用于区分输入河口的“外来” 和 “自生” 的有机碳，由此可以得到的最重要的一条信息就是划分 $C_3$ 和 $C_4$ 植物的输入（Perterson and Fry，1989；Goni et al.，1998；Bianchi et al.，2002b）。另外一些稳定碳同位素在河口应用的前沿性研究表明，它可以用来推断食物链动力学中物种间的营养关系（Fry et al.，1977；Fry and Parker，1979，1984；Fry and Sherr，1984）。在河口中的研究表明，$^{13}C$ 的改变是可预测的，即在捕食者/被捕食者相互作用的每一步都有 1‰～2‰ 的$^{13}C$ 富集（Parsons and Lee Chen，1995）。有机碳是一类不均匀的混合物，其中每一种组分都由于源自不同的生物合成路径而具有不同的$^{13}C$ 值，并且有些种类的有机化合物（如多糖和蛋白质）耐分解能力较其他种类弱（不稳定）。例如，多糖和蛋白质往往比脂类化合物含有更多的$^{13}C$（Deines，1980；Hayes，1993；Schouten et al.，1998）。在 POC 的微生物降解过程中，富含$^{13}C$ 的更易分解的纤维素成分被去除，结果使得富含木质素的残渣中$^{13}C$ 亏损（Benner et al.，1987）。很明显，当把不同的食物来源（如陆地的和水生的）以及生物体的大小和生理特性考虑在内时，这些一般性的趋势就会变得十分复杂（Incze et al.，1982；Hughes and Sherr，1983；Goering et al.，1990；Megens et al.，2002）。河口食物网中$^{13}C$ 季节性亏损的变化趋势则被归因为淡水源输入的 DIC 的变化（Simenstad and Wissmar，1985）。光合作用途径和营养级相互作用所引起的同位素分馏的差别提供了辨析碳来源的基础，更具体地讲，Hayes（1993）认为天然合成的化合物碳同位素组成由以下因素控制：（1）碳的来源；（2）作为生产者的生物体内同化作用过程中的同位素效应；（3）新陈代谢和生物

合成过程中的同位素效应；（4）细胞的碳收支。

Park 和 Epstein（1960）及另外一些学者（O'Leary, 1981；Fogel and Cifuentes, 1993）的经典研究证实了核酮糖-1，5-二磷酸羧化酶（RuBP Carboxylase）控制着植物光合作用过程中的碳同位素分馏。当发生 $C_3$ 途径的光合反应时，空气中或溶解态的 $CO_2$ 被固定并通过酶促转化与1，5-二磷酸核酮糖（RuBP）反应得到2个三碳化合物（3-磷酸甘油酸）。大量的实验室研究已经证实，$C_3$ 植物中光合作用的碳（$\delta^{13}C = -27‰$）和空气中或溶解态的碳（$\delta^{13}C = -7‰$）之间的同位素分馏约为 -20‰（Stuiver, 1978；Guy et al., 1987；O'Leary, 1988）。据此可建立碳同位素在 $C_3$ 植物中的分馏模型：

$$\Delta = a + (c_i/c_a)(b - a) \tag{7.31}$$

其中：$\Delta$ 为同位素分馏值；$a$ 为扩散引起的同位素效应（-4.4‰, O'Leary, 1988）；$b$ 为1，5-二磷酸核酮糖（RuBP）和磷酸烯醇丙酮酸（PEP）羧化酶的联合同位素效应（-27‰）；$c_i/c_a$ 为植物体内与空气中 $CO_2$ 的比值。

该模型假定 $c_i/c_a$ 比值在决定植物组织中碳同位素的组成时至关重要（Farquhar et al., 1982, 1989；Guy et al., 1986）。通常，当供给植物的 $CO_2$ 的量没有限制时，酶促分馏占主导地位；但当 $CO_2$ 的供给量受限时，扩散过程中的分馏将占优势（Fogel and Cifuentes, 1993）。由此可见，这些模型表明 $C_3$ 植物的固碳作用由空气中 $CO_2$ 的可得性（其主要受控于气孔导度）和光合作用过程中的酶促分馏之间的动态过程所控制。对 $CO_2$ 敞开的气孔也允许水分自植物组织散失到大气中，因此利用 $C_3$ 光合作用途径的植物必须在多变的环境中进化出一种保持碳的吸收和水分的散失之间平衡的机制。

随着时间的推移，又进化形成了另一些光合作用体系，例如 $C_4$ 植物和景天科酸代谢（CAM）植物，其在极端环境中能够更有效地吸收碳而又不会有明显的水分散失（Ehleringer et al., 1991）。在 $C_4$ 植物（如玉米、草原上的草以及米草属沼泽植物）中，固定 $CO_2$ 的第一步就产生了一个四碳化合物（草酰乙酸），这一固碳过程是由 PEP 羧化酶催化的。$C_4$ 途径固碳过程中产生的分馏比 RuBP 酶促分馏效应低约 -2.2‰（O'Leary, 1988），这使得 $C_4$ 植物含有更多的 $^{13}C$（-8‰ ~ -18‰）（Smith and Epstein, 1971；O'leary, 1981）。将 $CO_2$ 转化为 $C_4$ 植物中新植物体材料时的效率还存在其他差异，主要出现在通过维管植物的维管束鞘细胞进行的卡尔文循环，这使得碳的同位素分馏进一步减小（Fogel and Cifuentes, 1993）。Farquhar（1983）提出了一个修正的 $C_4$ 植物碳同位素分馏的模型：

$$\Delta = a + (b_4 + b_3\Phi - a)(c_i/c_a) \tag{7.32}$$

其中：$b_4$ 为 $CO_2$ 扩散进入维管束鞘细胞而产生的同位素效应；$b_3$ 为羧化反应产生的同位素分馏（-2‰ ~ -4‰）（O'Leary, 1988）；$\Phi$ 为植物对二氧化碳的漏泄程度。

与陆地上的 $C_3$ 或 $C_4$ 植物不同，$CO_2$ 的扩散过程限制着水生植物的光合作用。结果，藻类植物形成了一种与之相适应的机制，可以通过主动输运或“泵吸”使 $CO_2$ 或 $HCO_3^-$ 穿过细胞膜，从而使 DIC 在细胞中累积（Lucas and Berry, 1985）。尽管碳的固定是通过 RuBP 羧化酶实现的，藻类的分馏效应却远远低于 $C_3$ 植物，因为大部分储备的 $CO_2$ 并没有离开细胞。因此，运用碳同位素区分输入到河口的水生和陆生植物的基本原理是基于如下观点：浮游植物通常利用 $HCO_3^-$ 作为光合作用的碳源（$\delta^{13}C = 0‰$）；与之相反，陆生植物则利用大气中的 $CO_2$（$\delta^{13}C = -7‰$）（Degens et al.,

1968；O'Leary，1981）。这使得藻类比陆生植物更富含$^{13}C$。水生植物中碳的分馏模式可用下式表示：

$$\Delta = d + b_3(F_3/F_1) \quad (7.33)$$

其中：$d$ 为 $CO_2$ 和 $HCO_3^-$ 间的同位素平衡效应；$b_3$ 为羧化作用中的同位素分馏；$F_3/F_1$ 为从细胞漏出的 $CO_2$ 与细胞内 $CO_2$ 量之比。

海洋中浮游植物的碳同位素组成受表层水 $CO_2$ 分压（$pCO_2$）的影响很大（Rau et al.，1989，1992），并且浮游植物引起的碳同位素分馏还与细胞的生长速率、细胞的大小、细胞膜的渗透性以及 $CO_2$（aq）的量有关（Laws et al.，1995；Rau et al.，1997）。

对美国特拉华湾河口生物地球化学的大量研究清楚地表明，DIC 中 $\delta^{13}C$ 的季节性变化并不是造成 POC 中 $\delta^{13}C$ 变化的原因（Galimor，1974；Cifuentes et al.，1988；Fogel et al.，1988；Pennock et al.，1988）。河水端元 POC 中的 $\delta^{13}C$（约 −24‰ ~ −31‰）比海水端元中（约 −22‰ ~ −24‰）低得多，部分原因是特拉华湾河口流域输入的陆源有机物的$^{13}C$ 含量更低（图 7.25；Fogel et al.，1988）。但是，更负的 $\delta^{13}C$ 值通常出现在夏季，即出现在再矿化速率和生产力水平最高的时候，这是由于 $CO_2$ 比 $HCO_3^-$ 被优先吸收（Fogel et al.，1988）。还有研究表明再矿化的 $CO_2$ 与周围水体中的浮游植物类似，含轻同位素较多（Jacobsen et al.，1970；Peterson and Fry，1989）。光合作用中 $CO_2$ 的吸收速度也比 $CO_2$ 和 $HCO_3^-$ 间的同位素平衡要快，这进一步证明了夏季 $CO_2$ 优先吸收的重要性。

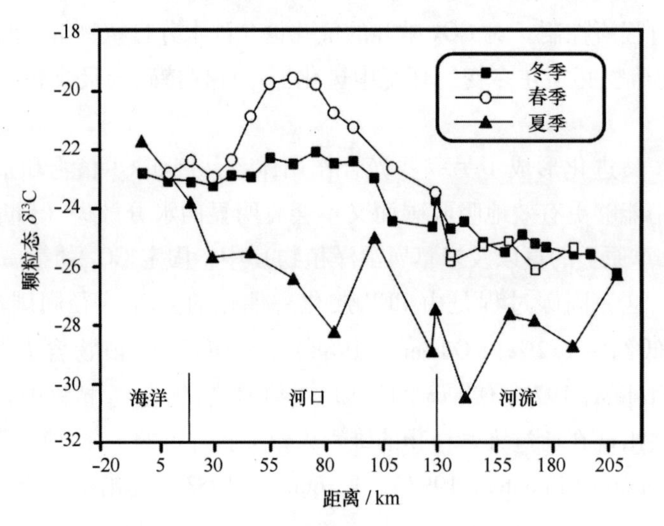


图 7.25　冬、春、夏三季美国特拉华河口区河流、河口和海洋端元 POC 中的 $\delta^{13}C$ 含量（Fogel et al.，1988）

当研究碎屑在沿海鱼类和大型无脊椎动物的食物中所扮演的角色时，运用稳定碳同位素也是非常重要的。Odum（1968）的“上升流假说”认为，盐沼（以及河流）将生物可利用的有机物搬运至近岸水体中，从而加强了陆架区的次级生产力。尽管无法仅用碳同位素方法验证互花米草（*Spartina alterniflora*）沼泽可以支持佐治亚河口次级生产力水平（Haines，1977），但是最近的一些研究利用多种稳定同位素示踪证明了米草类碎屑对河口次级生产力的重要性（Peterson and Howarth，1987；Kwak and Zedler，1997；Stribling and Cornwell，1997）。在美国阿巴拉契科拉湾，最近由 Chanton 和 Lewis（2002）进行的一项利用多种同位素示踪（$^{34}S$ 和$^{13}C$）的研究表明，陆地和海洋的初级生产者可以在研究营养关系之前被有效地识别。当仅测定 POC 的 $\delta^{13}C$ 值时，在近岸区域的信号明显偏低，表明是来自陆源的维管植物；而在离岸较远的区域，信号则要相对高很多，因为在那里浮游生物是 POC 更重要的来源（图 7.26）。关于硫同位素的详细内容将在本章稍后介绍。

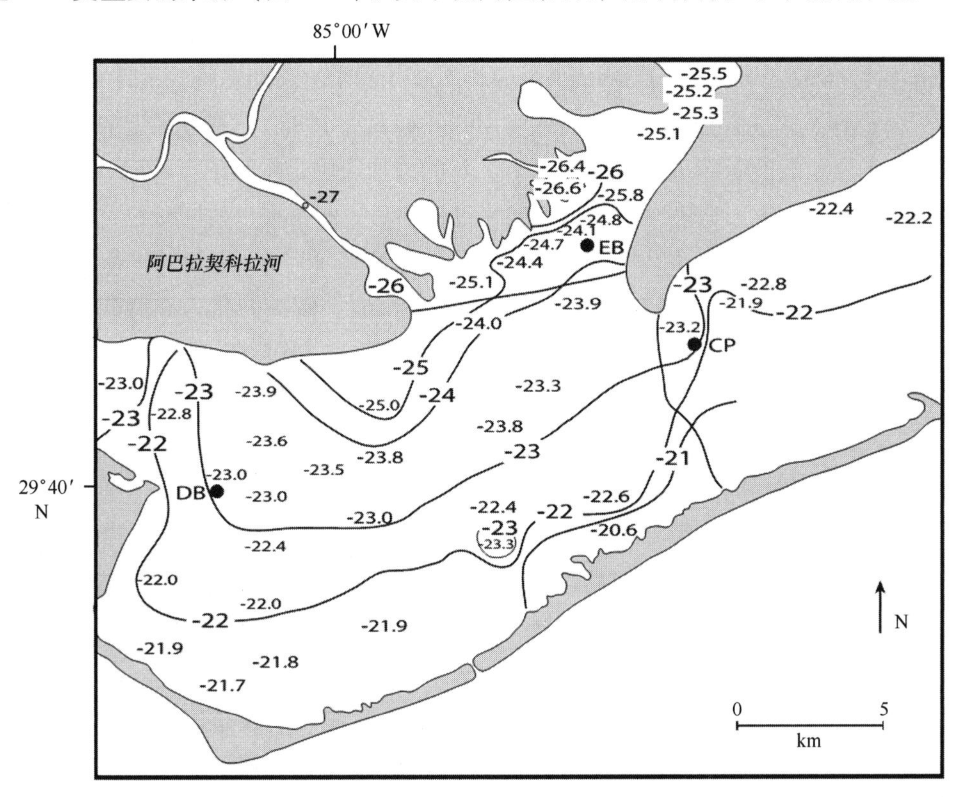


图 7.26　美国阿巴拉契科拉湾 POC 的 $\delta^{13}C$ 分布表明，陆地和海洋的初级生产者可以在研究营养关系之前被有效识别（Chanton and Lewis，2002）

## 三、氮

最大的氮储库存在于大气圈中，氮在其中主要以双原子分子（$N_2$）的形式出现。氮的两种稳定同位素（$^{14}N$ 和 $^{15}N$）的相对丰度分别为 99.64% 和 0.36%（Bigeleisen，1949；Sweeney et al.，1980）。与碳类似，通过生物介导反应产生的氮同位素分馏也可以用来推断生态系统的生物地球化学过程。例如，随着营养级的升高，$\delta^{15}N$ 的值通常也会增大（DeNiro and Epstein，1981；Schoeninger and DeNiro，1984）。生物过程产生的分馏同样会导致 DIN 储库中 $^{15}N:{}^{14}N$ 比值的不同，导致这些改变的基本过程主要有硝化（Mariotti et al.，1981）、反硝化（Miyake and Wada，1971；Mariotti et al.，1981，1982）、$NO_3^-$ 还原为 $NH_4^+$（McCready et al.，1983）以及浮游植物的同化作用（Wada and Hattori，1978）。

初级生产者的氮同位素特征除了反映吸收作用中的分馏过程之外，还反映了其无机源的 $\delta^{15}N$ 水平（Fogel and Cifuentes，1993）。氮的浓度影响着分馏效应的大小和同化作用中的酶促反应（Mariotti et al.，1982；Pennock et al.，1996）。通常情况下，当 DIN 的吸收是速度限制步骤时，分馏作用会降低或者消失（Wada and Hattori，1978；Pennock et al.，1996；Granger et al.，2004）。食物网的研究表明，消费者的 $\delta^{15}N$ 相对于其食物来源会有 +2‰～+4‰的增加，这是因为新陈代谢过程中轻、重同位素的反应动力学不同（Minagawa and Wada，1984）。尽管存在这些分馏效应，PON 的主要来源还是可以通过氮同位素来区分（Wada et al.，1990），例如，海洋浮游植物的 $\delta^{15}N$ 通常比河口区的陆源植物高 +8‰～+10‰（O'Donnell et al.，2003）。$^{15}N$ 的添加实验曾被用来研究分馏过程，但是发现存在天然 DIN 同位素信号的干扰问题（Glibert et al.，1982）；不过最近的研究表明，在人为氮负荷很大而导致天然 DIN 浓度很高的情况下，$^{15}N$ 的添加实验是可行的（Hughes et al.，2000）。

在光合作用中 $N_2$、$NO_3^-$、$NO_2^-$ 和 $NH_4^+$ 的同化过程中，氮同位素分馏同时包含有反应动力学效应和平衡效应。例如，同化酶的动力学效应还同时耦合有 $NH_4^+$ 和 $NH_3$ 之间的平衡效应（-19‰～-21‰）（Hermes et al.，1985）。通过谷氨酸脱氢酶酶促反应，铵被同化为谷氨酸，谷氨酸随后又通过谷酰胺合成酶转化为谷酰胺（Falkowski and Rivkin，1976）。藻类在同化 $NH_4^+$ 的过程中产生的同位素分馏范围在 0‰～-27‰之间（Wada，1980；Macko et al.，1987）。当水体中 $NH_4^+$ 的浓度降到低于 100 μmol/L 时，就会有 $NH_4^+$ 主动穿过细胞膜进入水体（Kleiner，1985）。主动和被动迁移的变化可以在下面 $NH_4^+$ 同化的分馏模式中体现：

$$\Delta = E_q + D + (C_i/C_0)\,[E_{enz} - D] \tag{7.34}$$

其中：$\Delta$ 为同位素分馏值；$E_q$ 为 $NH_4^+$ 和 $NH_3$ 之间的同位素平衡效应；$D$ 为 $NH_3$ 通过扩散进出细胞的同位素效应；$C_i/C_0$ 为细胞内外 $NH_3$ 浓度的比值；$E_{enz}$ 为谷酰胺合成酶或谷氨酸脱氢酶导致的酶促分馏。

氧化态的 DIN（$NO_3^-$ 和 $NO_2^-$）也必须通过硝酸盐还原酶或亚硝酸盐还原酶先转化为氨才可以被固定转变成为有机物。类似地，在氮气的固定过程中也有固氮还原酶促反应发生。与 $NH_4^+$ 相似，在 $NO_3^-$ 的同化过程中，当周围环境中 $NO_3^-$ 浓度较高时，其同位素分馏程度（通过硅藻）也会较高（Wada and Hattori，1978）。在海洋硅藻中发现了 $NO_3^-$ 的主动输运现象，但是关于该反应中膜结合酶的细节还不清楚（Falkowski，1975；Packard，1979）。

非固氮型浮游植物和大型藻类中颗粒氮的典型同位素组成（$\delta^{15}N$ 值）为 -3‰～+18‰（Schoeninger and DeNiro，1984；Cifuentes et al.，1988，Fogel and Cifuentes，1993），固氮的蓝藻和陆生植物的范围分别为 -2‰～+4‰和 -6～+6‰（Fogel and Cifuentes，1993），非固氮型的陆生植物 $\delta^{15}N$ 值的范围在 -5‰～+18‰之间（Fogel and Cifuentes，1993）。类似地，土壤的 $\delta^{15}N$ 值在 -6‰～+18‰之间（Schoeninger and DeNiro，1984）。流域盆地也受到了农业区人为施用化肥的影响；用哈勃-博施法（Haber-Bosch Process）合成的化肥具有特征的同位素信号，其 $\delta^{15}N$ 值大约为 0‰（Black and Waring，1977）。天然肥（如粪肥）中重同位素更加富集，其 $\delta^{15}N$ 值的范围为 +18‰～+35‰（图 7.27；Chang et al.，2002）。

在那些接纳人为来源氮负荷的河口区，稳定氮同位素是硝化和反硝化过程很好的示踪剂，因为这两种过程都会导致外部（流域）氮负荷具有较高的 $\delta^{15}N$ 值（Mariotti et al.，1984）；这是由于轻同位素的反应速度较快（即 $^{15}N$ 亏损的 $N_2$ 逸出），致使流域中土壤残留物（$NH_4^+$ 和 $NO_3^-$）富集重同位素（Hoegberg and Johannisson，1993）。结果，富含 $^{15}N$ 的营养盐进入河口食物网中，使得有机物储库中 $^{15}N$ 富集（Kwak and Zedler，1997；Voss and Struck，1997；McClelland and Valiela，1998；Fry，1999；Voss et al.，2000；Costanzo et al，2001）。来自农业区的地下水输入到近岸沼泽也使得挺

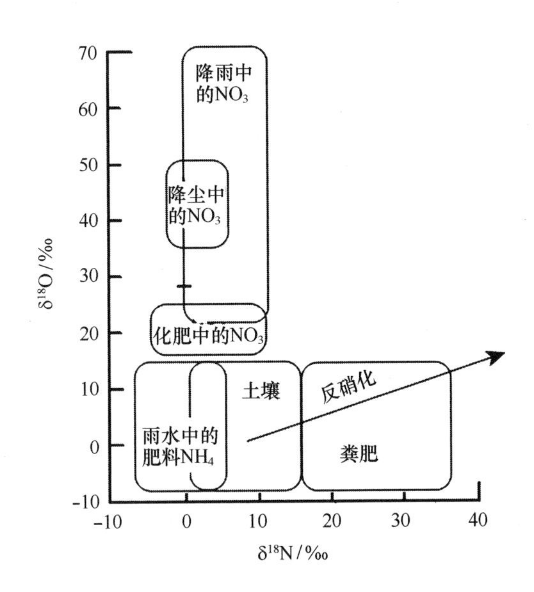


图 7.27　输入河口的不同氮源（如大气干湿沉降、合成的化肥和天然肥、化粪池）中 $\delta^{18}O$ 和 $\delta^{15}N$ 的值（Chang et al.，2002）

水植物组织富集$^{15}N$（Page，1995）。最近的研究表明，这种稳定氮同位素组成的变化（如整体上富集$^{15}N$）应当是河口环境状况的一种反映，因为它与人类活动导致的营养盐负荷的增加有关（McClelland et al.，1997；Fry et al.，2003）。

然而一些研究指出，运用稳定氮同位素作为河口外部输入的指示剂存在风险，因为河口内部存在着富集$^{15}N$ 的硝化和反硝化过程（Cifuentes et al.，1988；Horrigan et al.，1990；Brandes and Devol，1997）。最近的研究已经能够有效地用$^{15}N$ 标记海草组织及其附生植物，并在其消费者虾类中追溯到$^{15}N$ 标记物（Mutchler et al.，2004）；能够在初级消费者中示踪识别出食物来源，说明标记技术在河口研究中很有潜力。最后需要指出的是，过去很多聚焦于河口营养盐负荷的研究表明，有效地测定 $NH_4^+$ 和 $NO_3^-$ 的 $\delta^{15}N$ 一直是这些研究中的一个难题（Fry et al.，2000）；幸运的是，近来这些同位素测定技术取得了很大的进展，这将对今后的研究很有帮助（Sigman et al.，1997；Holmes et al.，1998）。

氮同位素一直被用来识别来自淡水和河口体系中人为源化肥的来源。例如，化肥中的$^{15}N$ 同位素是亏损的，亏损程度取决于化肥的种类，$\delta^{15}N$ 具有很大的变动范围（Freyer and Aly，1974；Heaton，1986），而粪肥中则富集$^{15}N$ 同位素（Owens，1985；Montoya，1994）。通过联合运用 $\delta^{15}N$ 和 $\delta^{18}O$ 可以更好地识别氮的来源（Kendall，1998；Chang et al.，2002）（图 7.27）。河口体系中的诸如反硝化过程等也可以通过这种双示踪剂方法识别，因为留下的 $NO_3^-$ 中这两种同位素都是富集的（Böttcher et al.，1990）。流域氮负荷的历史重建在确定与现状比较时的基准以及未来的管理方面也是十分有用的（Voss and Struck，1997；Hodell and Schelske，1998；Bianchi et al.，2000；Ogawa et al.，2001）。有关这些氮循环过程的更详细内容将在第十章介绍。

## 四、硫

硫同位素可以被有效地用于研究沉积环境中伴随着氧化还原变化的重要地球化学过程。硫的形态受到氧化还原电位、pH 值、生产力、微生物引起的硫酸盐还原以及铁的可用性的强烈影响（Berner, 1984）。通常，在微生物异化硫酸盐还原过程中存在硫同位素的分馏，相对于剩余的 $SO_4^{2-}$ 而言，这一过程使得产生的 $H_2S$ 中富集 $^{32}S$（Kaplan and Rittenberg, 1964；Goldhaber and Kaplan, 1974；Jørgensen, 1979）。在一个 $SO_4^{2-}$ 的量不受限制的体系中，$H_2S$ 可以亏损 $^{34}S$ 至 −40‰；但是如果 $SO_4^{2-}$ 的量受限制，则 $H_2S$ 的 $\delta^{34}S$ 会高一些，剩余的 $SO_4^{2-}$ 中的 $^{34}S$ 也会因 $SO_4^{2-}$ 被消耗而富集（Nakai and Jensen, 1964）。输入的有机物的来源也会对沉积物中硫化物的 $\delta^{34}S$ 分布产生影响。例如，在美国佛罗里达南部的大沼泽地采集的沉积物岩芯中，发现沉积物表层 10 cm 内 E1 站比 U3 站的二硫化物更富含 $^{34}S$，这是由于 U3 站输入了更多倾向于结合较轻硫同位素的海草及其附生生物（图 7.28；Bates et al., 1998）。有机物负荷的增加通常会提高硫酸盐还原的速率，相应地就会降低对稳定硫同位素的选择性（例如，较慢的还原速率会使产物 $H_2S$ 的 $\delta^{34}S$ 值较低）（Kaplan and Rittenberg, 1964；Ohmoto, 1992）。早期的研究认为沉积物中硫同位素的分馏是少数几种细菌的作用（如脱硫肠状菌（*Desulfotomaculum* spp.）和脱硫弧菌（*Delsufovibrio* spp.）（Chambers et al., 1975；Fry et al., 1988）；但是近期的研究表明，自然环境中存在的硫酸盐还原菌的多样性要比过去想象的丰富（Habicht and Canfield, 1997；Llobet – Brossa et al., 1998；Böttcher et al., 1999；Sahm et al., 1999；Ravenschlag et al., 2000）。而且有研究认为，为更好地研究硫酸盐异化还原过程中的硫同位素分馏，必须掌握不同硫酸盐还原菌种特异性的生理特性（Detmers et al., 2001）。

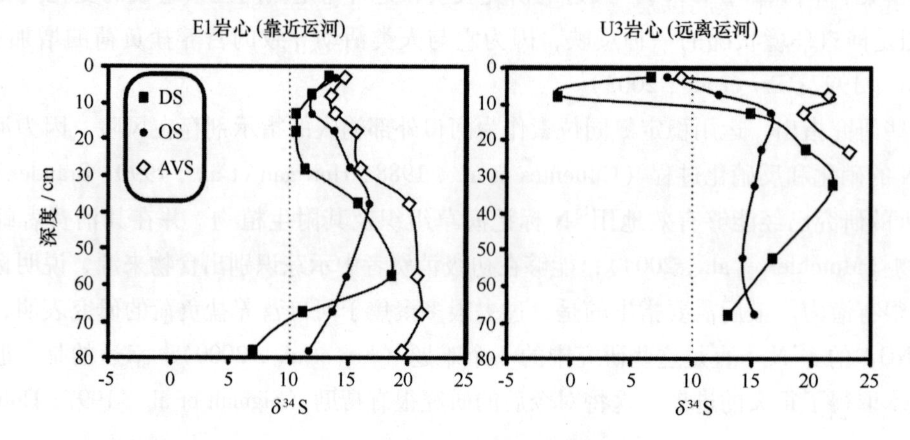


图 7.28　采自美国佛罗里达南部大沼泽的沉积物岩芯中不同形态硫的 $\delta^{34}S$，图中 DS 代表二硫化物，AVS 代表酸可挥发性硫化物，OS 代表有机硫化物（Bates et al., 1998）

相当一部分经由硫酸盐异化还原产生的 $H_2S$ 还会在其他反应中被氧化（Jørgensen, 1982），这些从 $H_2S$ 氧化得到的中间体（如单质硫）可能会富含 $^{34}S$，同样会影响到 $H_2S$ 中总的 $^{34}S$ 信号（Fry et al., 1988；Canfield and Thamdrup, 1994）。自生矿物的稳定硫同位素还被用来解读河口体系过去的氧化还原条件（如在波罗的海沿岸河口）（Böttcher and Lepland, 2000）。由于溶解态的硫化物与 Fe（Ⅱ）反应生成铁的硫化物这一过程是不发生分馏的，因此沉积态的硫化物可以用来指示细菌还原产生的 $H_2S$ 的同位素特征（Böttcher and Lepland, 2000）。

河口中植物的硫同位素组成受河口区许多生物或非生物过程的影响。光合生物吸收利用硫，将 $SO_4^{2-}$ 还原为硫化物，随后再结合进入半胱氨酸中（Fogel and Cifuentes, 1993）。在河口和沿海环境中还可能存在着其他直接利用硫化物的过程。例如，盐沼沉积物中 $SO_4^{2-}$ 的还原会使间隙水中硫化

物的 $\delta^{34}S$ 减小；沼泽植物互花米草（*S. alterniflora*）吸收 $H_2S$ 也会导致植物组织中 $\delta^{34}S$ 的减小（Carlson and Forrest，1982）。因此，沼泽植物从间隙水中吸收利用的 $H_2S$ 越多，互花米草（*S. alterniflora*）植物组织中 $\delta^{34}S$ 的减小就越多。还有研究表明，互花米草（*S. alterniflora*）组织中 $\delta^{34}S$ 的季节变化与其年龄、大小以及与沼泽植物伴生的微生物和真菌有关（Howarth and Giblin，1983；Peterson et al.，1986；Currin et al.，1995；Chanton and Lewis，2002）。河口沼泽植物 $\delta^{34}S$ 的值较低，这也提供了一种识别源自河口的沼泽植物和来源于陆源山地植物的途径，后者利用大气降水中的 $SO_4^{2-}$（$\delta^{34}S$ 为 +2‰ ~ +8‰）（Peterson and Howarth，1987）。相反，河口高盐度水域浮游植物的 $\delta^{34}S$则由于 $SO_4^{2-}$ 显著的缓冲作用而几乎保持恒定。考虑到 $SO_4^{2-}$ 浓度在海水（28 mmol/L）和淡水（<0.2 mmol/L）中的巨大差别，在盐度大于 1① 的河口水体中，海水中 $SO_4^{2-}$ 的同位素信号（+21‰）将占主导（Fry and Smith，2002）。植物通常比 $SO_4^{2-}$ 中的 $\delta^{34}S$ 值低约 -1.5‰，因此，大多数浮游植物的 $\delta^{34}S$ 约为 +19.5‰（Trust and Fry，1992）；早期研究得到的浮游植物和大型藻类的 $\delta^{34}S$ 为 +20.3‰（Kaplan et al.，1963）。不过，底栖微藻由于利用了沉积物中的硫化物而具有更低的 $\delta^{34}S$（Fry and Smith，2002）。关于硫循环的更详细内容将在第十二章介绍。

## 五、氢和氧

河口研究中应用氢和氧同位素的工作相对较少（Smith and Epstein，1970；Estep and Dabrowski，1980；Estep and Hoering，1980；DeNiro and Epstein，1981；Macko et al.，1983）。生物体氘（D）和氢的比值主要受各种各样的新陈代谢和环境过程控制（Smith and Epstein，1970；Estep and Hoering，1980；Stiller and Nissenbaum，1980；Macko et al.，1983）。保守的氢键在生物组织中占优势，这使得氢同位素成为食物网研究中的有用工具（Estep and Dabrowski，1980）。当水被植物吸收时，氢同位素并不发生分馏；然而水一旦进入高等植物的叶片中就开始与气孔接触，气孔会因为气体交换而打开或关闭，也就是在这时，含有轻氢同位素的水分会优先蒸发，结果使留在叶片中的水富集 D（40‰ ~ 50‰）（Estep and Hoering，1980）。尽管存在用氢同位素区分 $C_3$ 和 $C_4$ 植物的可能性，但由于气孔导度的不同，还没有发现明显的趋势（Leaney et al.，1985）。关于氢同位素的研究还不很多，一些研究提出有机结合的氢在分解过程中可能先失去轻同位素（Macko et al.，1983）。还有研究认为，由于在海草和大型藻类的碎屑降解过程中观察到的氢同位素比值比较复杂，所以在食物网研究中不能用氢同位素来区分活的和碎屑有机物（Fenton and Ritz，1988）。有机物中氧同位素分馏的研究仅限于调查纤维素和其他碳水化合物的 $\delta^{18}O$（Fogel and Cifuentes，1993）。但迄今为止还没有研究发现与不同光合作用途径相关的纤维素中 $\delta^{18}O$ 具有明显的差异。

## 本章小结

1. 放射性同位素（或放射性核素）提供了测定地球过程的有用工具。放射性核素的主要来源有：（1）原生核素（$^{238}U$，$^{235}U$ 和 $^{232}Th$② 系列放射性核素）；（2）人工或瞬变核素（如 $^{137}Cs$，$^{90}Sr$，$^{239}Pu$）；（3）宇宙成因核素（如 $^{7}Be$，$^{14}C$，$^{32}P$）。这些同位素又可以进一步分为两组，即颗粒活性和

① 原著中此处为“<1”。——译者注

② 原著中为 $^{234}Th$。——译者注

非颗粒活性放射性核素。

2. 放射性被定义为不稳定核素向更稳定状态转变时原子核的自发调节，放射线（$\alpha$，$\beta$，$\gamma$ 射线）就是这些核素的原子核转变时以不同形式释放的直接结果。

3. 实验测定的放射性原子衰变速率显示，衰变符合一级反应，即单位时间内衰变的原子数与当前的原子数成正比，可以用方程式 $dN/dt = -\lambda N$ 来表示。另一个表示衰变速率的参数是半衰期（$t_{1/2}$），即初始数目的原子衰变一半时所需的时间。当母体与子体衰变速率相等时，则称这两种同位素处于久期平衡。

4. 影响颗粒活性放射性核素在河口分布的主要过程有：（1）核素通过沉淀、离子交换或颗粒物表面的疏水作用而迁移或清除出水体；（2）与颗粒物表面吸附的有机物络合；（3）胶体中的放射性核素的絮凝作用；（4）通过共沉淀吸附在铁、锰氧化物表面；（5）通过生物过程直接迁出；（6）从悬浮物（特别是来自河流的悬浮物）表面解吸；（7）通过物理或生物混合从沉积物中释放。

5. 颗粒活性的放射性核素被颗粒物（粒径≥0. 4 μm）的清除可以用测得的清除速率常数（λs）来表示，λs 等于存留时间的倒数。某元素的存留时间（$\tau$）被定义为该元素的现存量与其迁出或补充速率之比。

6. 沉积物的沉积是指颗粒物暂时沉降在海底，而沉积物的堆积则是指在一个较长时间段内颗粒物沉积和迁移过程的净结果。沉积作用一词是指颗粒物输运、沉降于海底以及迁移和保存的综合过程。

7. 如果假定在沉积物堆积和放射性核素衰变过程中颗粒物的混合与扩散过程类似，则不可交换放射性同位素过剩活度的稳态分布可以用平流 - 扩散方程来描述。

8. 自然界发现的三个铀同位素（$^{238}U$、$^{235}U$、$^{234}U$）的半衰期（$>10^5$ a）都长于海洋的混合时间（大约 $10^3$ 年）。铀在河流、河口及近海海域的分布和浓度差别巨大且研究得很不够。显然，需要做更多的研究来进一步理解铀在河口的非保守行为中可能涉及的铀的活性与一些过程的复杂的相互作用，这些过程包括载体相（铁锰氧化物）的氧化还原变化、直接和间接的微生物转化以及胶体的络合作用等。

9. 四种常用的钍同位素（$^{234}Th$，$^{228}Th$，$^{230}Th$，$^{232}Th$）除 $^{232}Th$ 外由母体铀和镭衰变而来。钍以难溶态存在并且可以被颗粒物快速清除。河口水域富含的胶体有机物和岩性矿物是控制放射性核素钍在水体中清除和存留时间的主要因素。

10. 水体中存在 4 种镭的天然放射性核素，即 $^{226}Ra$（$t_{1/2}$ = 1 620 a）、$^{228}Ra$（$t_{1/2}$ = 5. 76 a）、$^{224}Ra$（$t_{1/2}$ = 3. 66 d）和 $^{223}Ra$（$t_{1/2}$ = 11. 4 d）。镭是近岸体系中一个非常好的示踪剂，因为它有一个高度颗粒活性的母体核素钍。镭放射性核素可以用来测定地下水向近岸水体的输入以及模拟水体在河口的存留时间。

11. $^{222}Rn$ 是一种由 $^{226}Ra$ 通过 α 衰变而产生的惰性稀有气体，半衰期为 3. 85 天。$^{222}Rn$ 在河口的主要应用是估算间隙水在沉积物 - 水界面的扩散速率以及河口和大气间的气体交换速率。

12. $^{210}Pb$ 由 $^{222}Rn$ 放射性衰变而来，它可以以溶解态/络离子态或颗粒结合态从海洋、河流及大气进入河口。迄今为止，许多利用 $^{210}Pb$ 对河口及其邻近的盐沼/陆架环境进行的研究工作都是测定沉积物的堆积速率和加积速率。

13. $^{210}Po$ 是 $^{210}Pb$ 的衰变产物，主要产生于水体中，也有部分来自大气输入。$^{210}Pb$ 和 $^{210}Po$ 在河口水域变化很大，主要归因于它们从沉积物中迁出，并形成了有机络合物。

14. 宇宙成因的放射性核素$^{7}Be$（$t_{1/2}=53.3\ d$）作为示踪剂被有效地应用于河口体系短期的颗粒物循环及沉积过程研究。

15. $^{137}Cs$是一种脉冲性标记物，其在沉积物中次表层的最大活度峰值（或首次出现的活度峰）被用于测定堆积速率。然而该峰的分辨率和首次出现活度峰的深度可能被物理和生物混合作用所改变。大型底栖动物的摄食活动会影响$^{137}Cs$在沉积物中的垂直迁移。最适合应用这种标记物的环境是那些沉积速率高、埋藏迅速并且最高峰深度处扰动很少的地方。

16. 在7个长寿命钚同位素中，涉及环境研究的四种主要核素是$^{238}Pu$（$t_{1/2}=87.7\ a$）、$^{239}Pu$（$t_{1/2}=2.41\times10^{4}\ a$）、$^{240}Pu$（$t_{1/2}=6\ 571\ a$）和$^{241}Pu$（$t_{1/2}=14.4\ a$）。陆地和水生生态系统中钚的主要来源都是以下三个：（1）核武器试验；（2）1964年在印度洋上空烧毁的$^{238}Pu$动力人造卫星（SNAP 9A）；（3）核工厂排放的放射性废物和泄漏。

17. 与其他宇宙成因的放射性核素类似，$^{14}C$是在宇宙射线与大气中诸如$N_2$、$O_2$以及其他原子的反应过程中产生的。生物圈中活的植物和动物体内$^{14}C$的含量是恒定的，但当它们死亡后就不再与大气发生交换，因此$^{14}C$的活度即以（5 730 ± 40）a的半衰期减少，这为确定考古对象和化石遗迹的年龄提供了基础。

18. 聚焦于天然丰度碳和氮稳定同位素的研究已经成功地应用于湖泊和近岸/河口体系中陆源和水生有机物、污水和营养盐输入来源的示踪。在食物网分析中应用稳定同位素的基础在于生物可以保存其吸收的食物中的同位素信号。

19. 通过公式$\delta$（‰）$=[(R_{样品}-R_{标准})/R_{标准}]\times1\ 000$可以计算样品的$\delta$值。当样品中重同位素丰度高于标准时被称为富集，结果得到正的$\delta$值；相反，当样品中重同位素丰度低于标准时$\delta$值为负，称作亏损。动力学效应和平衡效应都会导致同位素分馏。

20. 稳定碳同位素常被用于区分输入河口的外来和自生的有机碳，由此可以得到的最重要的一条信息是划分$C_3$和$C_4$植物的输入。

21. 初级生产者的氮同位素特征除了反映吸收作用中的分馏过程之外，还反映了其无机源的$\delta^{15}N$水平。在那些接纳人为来源氮负荷的河口区，稳定氮同位素是硝化和反硝化过程很好的示踪剂，因为这两种过程都会导致外部（流域）氮负荷具有较高的$\delta^{15}N$值。

22. 硫的稳定同位素可以被有效地用于研究沉积环境中伴随着氧化还原变化的重要地球化学过程。例如，盐沼沉积物中$SO_4^{2-}$的还原会引起间隙水中硫化物的$\delta^{34}S$降低；沼泽植物吸收$H_2S$也会使植物组织中的$\delta^{34}S$降低。

23. 河口研究中应用氢和氧同位素的工作相对较少。生物体氘和氢的比值主要受各种各样的新陈代谢和环境过程控制。有机物中氧同位素分馏的研究仅限于调查纤维素和其他碳水化合物的$\delta^{18}O$。

# 第四篇　有机物的来源与转化

# 第八章　有机物循环

## 第一节　有机物的生产

本章着重讨论控制有机物生产和转化以及影响有机物中生源要素（如碳、氮、磷、硫）化学计量变化的主要过程。化学计量被定义为化学反应的质量平衡，属于化学定比定律和质量守恒定律（Sterner and Elser, 2002）。作为将化学计量守恒用于自然生态系统中的一个最好例证，Alfred C. Redfield（1890—1983）的经典研究发现，对大多数海洋浮游植物，其基质中碳、氮和磷的含量具有相对稳定的摩尔比，即106∶16∶1（Redfield, 1958；Redfield et al., 1963）。特别是当Redfield比较了不同海水中溶解态营养盐的碳、氮和磷之间的比值后，发现它们与海水悬浮颗粒物（主要是浮游植物）中这些营养元素的比值具有相同的线性斜率（图8.1；Redfield et al., 1963）。这一关系表明海洋生物对全球海洋的化学组成起着重要作用。Redfield早期的工作无疑是历史上将化学海洋学与生物海洋学结合在一起的最重要的发现之一（Falkowski, 2000）。而且，近年来通过利用改进后的不同分析方法获得的数据，Redfield比值得到了进一步的验证（Karl et al., 1993；Hoppema and Goeyens, 1999）。此外，也有研究表明，在从沿淡水到开阔大洋水的盐度梯度中，实测的Redfield比值有时会出现可预测的偏差，如图8.2所示，在一些河口区由于反硝化反应和人为富营养化的影响，水体中实测的N∶P比值通常会低于或高于Redfield理论值（Downing, 1997）。

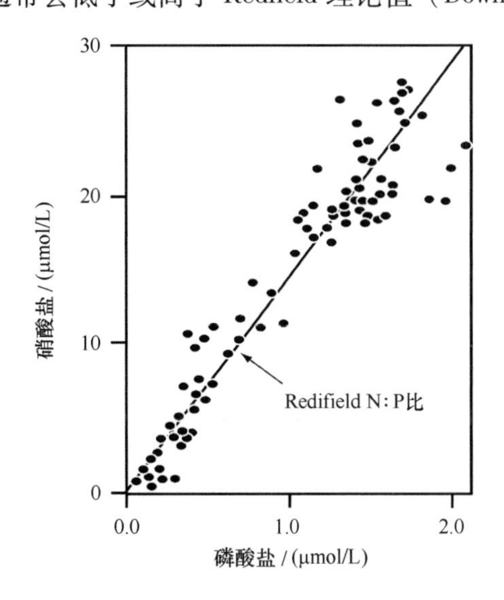


图8.1　西大西洋海水中溶解态硝酸盐和磷酸盐的回归曲线，氮磷比值大约是16∶1（Redfield et al., 1963）

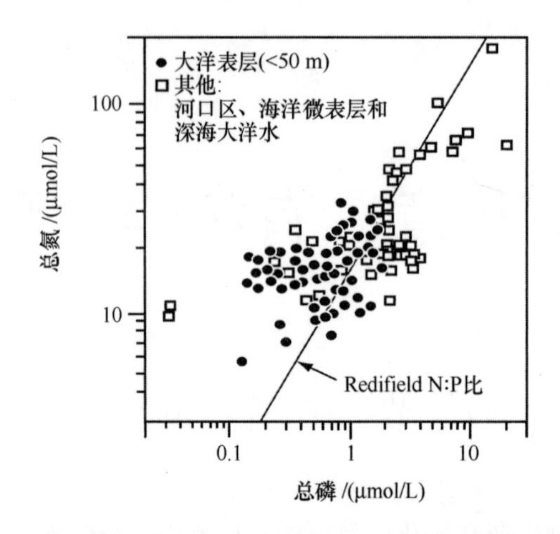


图 8.2 河口区、海洋微表层、大洋表层（<50 m）和深海大洋水中的总氮（溶解态和颗粒态）与总磷的回归曲线，氮磷比值大约是 16:1（Downing, 1997）

维管植物（如红树、盐沼植物和海草）有机物向河口区的输入是导致 C: N: P 比值偏离 Redfield 比值的另一原因。这主要是因为维管植物比藻类富含结构支撑大分子化合物（如纤维素和木质素）和次级代谢抗草食防御化合物（如丹宁），而这些化合物具有较高的 C 和 N 含量（Vitousek et al., 1998）。另外，Redfield 比值又常被用于推断浮游植物是否受资源限制（如海水中相对于氮来说可利用的磷含量）。我们对生物界资源限制的认识基于利比希（Leibig）最低量法则，即生物的生长发育取决于那些处于最少量的必需的营养成分。与 Redfield 比值和资源限制相关的更多有关氮和磷循环的内容将在第十到十二章中详细讨论。基于 Redfield 比值，Stumm 和 Morgan（1996）将光合作用（初级生产）和有机物氧化（降解）的化学反应计量加以改进，用下列方程式表示：

$$106\ CO_2 + 16\ HNO_3 + H_3PO_4 + 122\ H_2O \xleftrightarrow[\text{光合作用}\rightarrow]{\leftarrow\text{氧化(呼吸作用)}} (CH_2O)_{106}(NH_3)_{16}H_3PO_4 + 138\ O_2 \quad (8.1)$$

该反应式从不同的角度阐明了光合作用和有机物降解过程与氧化还原化学过程的关联，以及水环境中许多生物地球化学循环对关键元素可利用性的化学计量约束。如式 8.1 所示，初级生产力被简单定义为通过光合作用合成的有机物的量。其他过程，如化学合成作用则涉及氧化还原过程中化学能量的释放。我们也会用到不同的术语描述初级生产力的组成。例如，总初级生产力（gross primary production, GPP）指的是在单位时间和单位体积内光合生物总的固碳量（即 $CO_2$ 被转化为有机物的量）。同样，净初级生产力（net primary production, NPP）则代表了光合作用中总固碳量减去初级生产者呼吸消耗掉的碳量。而河口区新生产力和旧（或再循环）生产力分别代表的是藻类利用外来营养盐（如河流输入）生成的净初级生产力和利用河口内的再生营养盐（如通过沉积物－水界面扩散至上覆水的来自沉积物中有机物矿化分解产生的营养盐）所产生的生产力。次级生产力则代表了地球上所有以初级生产力为食物来源的生物体，小到细菌大到哺乳动物，以消耗初级生产力并通过食物链传递和转换而生成的有机物的量。在河口区，从浮游到底栖生物产生的次级生产力是消耗河口初级生产力的主要途径。本章后面部分将重点讨论底栖动物与沉积物的相互作用对沉积有机物分解过程的影响。但这些讨论将不详细阐述其他影响河口初级生产力的一些较复杂的生态过程，如营养

/种群动力学、捕食－被捕食模型，以及与次级消费者相关的自上而下和自下而上的捕食控制过程（Valiela，1995）。

河口有机物一般可分为颗粒态（>0.45 μm）和溶解态（<0.45 μm）两大类［即 particulate organic matter（POM）和 dissolved organic matter（DOM）］。有关溶解态/颗粒态和有机态/无机态碳、氮、磷和硫的循环将在第十到十三章中详细阐述。如上所述，河口区主要的生物和非生物（碎屑）有机物来源可分为外来和自生两种，即由外部输入和由河口内部产生。

有机物还可以根据来源进一步划分为异养生物（如动物和真菌）和自养生物（如维管植物和藻类）产生两类，它们或者属于原核生物（单细胞生物，不具有核膜或染色体形式的 DNA），或者属于真核生物（单细胞和多细胞生物，具有核膜和染色体形式的 DNA）。生物界的分类如图 8.3 所示，较早的五界分类系统现已被基于核酸碱基序列的三域分类系统所取代（Engel and Macko，1993）。包括真细菌（细菌）和古菌在内的原核生物是河口区驱使有机物分解循环的重要微生物种群。古菌是近年来才被认识的第三大类微生物，该类微生物具有在极端环境中生存的特性，如厌氧产甲烷菌和嗜盐菌，在河口区均发现这两类古菌的存在。尽管细菌属功能多样化的微生物类群，但在至今发表的很多微生物生态学文献中则忽略了这种分类和功能上的多样性，而把全部细菌过程都作为一个不透明的“黑箱”来处理。直到近年来我们才开始利用分子技术对河口细菌群落的差异进行研究（Heidelberg et al.，2002）。研究发现河口区细菌群落的亲缘组成随温度和盐度的梯度而变化（Valencia et al.，2003）。如 $\alpha$－变形杆菌（紫细菌）（图 8.3）主要生活在高盐度区域，而 $\beta$－变形杆菌则习惯于淡水环境（Yokokawa et al.，2004）。盐度的变化也是影响细菌群落生物量的因素，主要体现于与食物供应和细菌死亡率的关系（Jørgensen et al.，1998）。

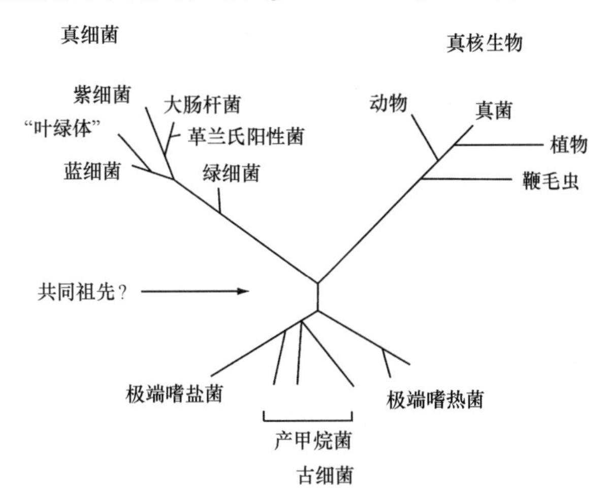


图 8.3　生物分类系统（Engel and Macko，1993）

细菌生产力通常利用细菌吸收放射性 $^3$H 标记的胸腺嘧啶核苷或亮氨酸进行测定（Fuhrman and Azam，1982；Kirchman et al.，1985）。研究发现不同细菌类群生产力变化会很大（Cottrell and Kirchman，2003）。在水环境中，$\gamma$－变形菌通常是占主导的细菌类群（Eilers et al.，2000）。而未被归类为生物体的病毒对 DOM 的循环起着重要作用，这主要是因为病毒可以导致细菌和浮游植物的细胞破裂，从而将可溶性细胞化合物释放为 DOM（Suttle，1994；Wilhelm and Suttle，1999；Wommack and Colwell，2000；Gastrich et al.，2002）。实际上，沉积物中类病毒颗粒（底栖病毒）的丰度和生产力

分别达到 $10^8 \sim 10^9$ 个/mL 沉积物及（0.13～1.6）$\times 10^8$ 个/（h·mL）沉积物，远远高于水体中病毒颗粒（浮游病毒）的丰度和生产力（Mei and Danovaro, 2004）。

河口的外来有机物主要来自河流输入（如陆源植物碎屑和淡水浮游生物，包括自由漂浮和只有较弱游泳能力的生物）、海洋和河口的浮游生物（如浮游植物、浮游动物、细菌浮游生物和病毒浮游生物），以及陆缘湿地（红树林、淡水湿地和盐沼）的贡献。而河口的自生有机物来源主要包括河口区内的浮游生物、底栖和附生的微藻和大型藻、挺水和沉水植物（如海草）以及次级生产者（如浮游动物、鱼类和底栖动物）。

一个河口的地貌在很大程度上决定了该河口区整个生物地球化学循环受浅水或深水区初级生产力影响的程度。河口区开阔水域、植生浅滩、泥沙潮间带，到边缘区沼泽，都会被水体溶解态和颗粒态组分的动态交换连在一起（Correll et al., 1992）。例如，美国切萨皮克湾整个河口区大约有40%的面积水深小于2m，属于典型的宽阔泥质潮间带和湿地河口环境（Spinner, 1969）。而这些浅水和潮间带区是河口有机物生产和生物地球化学循环的重要区域（Roman et al., 1990; Childers et al., 1993, 2000; Buzzelli, 1998; Buzzelli et al., 1998）。

光衰减是控制河口从潮间带到深水区初级生产力的重要因素（McPherson and Miller, 1987; Bledsoe and Phlips, 2000）。虽然控制光的可利用性的因素对底栖和浮游初级生产者有所不同，但其主要受入射辐射强度、光合有效辐射（photosynthetically active radiation, PAR）和水层混合深度的影响。透射光强度随水深的增加而降低，其关系由朗伯－比尔定律或光衰减（$K_d$）公式表示：

$$K_d = \ln(I_0/I_z)/Z \tag{8.2}$$

式中：$I_0$ 为入射辐射强度；$I_z$ 为深度 $Z$ 处的光照强度；$Z$ 为水深。

河口浅水区 DOM 和 POM 的生产与相连深水区的循环和交换有密切联系（Malone et al., 1986; Kuo and Park, 1995）。目前在一些用于大尺度估算河口有机物循环的模型中，都已将浅水区域包含在内（Pinckney and Zingmark, 1993; Madden and Kemp, 1996; Buzzelli et al., 1998）。

## 第二节　河口中的颗粒态和溶解态有机物

植物通过光合作用将溶解无机碳和营养盐转化为植物生物量是河口区中有机物的主要来源。因此，除了了解初级生产者的栖息环境和生长限制因素外，对河口区初级生产者的种群结构必须有一个基本认识。本节将对河口区主要初级生产者（如浮游植物、底栖大型藻类、底栖微藻、海草和湿地植物）的生态学以及与之相关的 POM 和 DOM 的关系做一概述。向河口输入的 DOM、POM 和营养盐既来自近岸海域又来自河流淡水，它们作为食物来源支持着河口不同区域的自养和异养生产力（图 8.4）。特别是在河口浅水区，通过底栖－浮游过程的耦合机制，沉积物的再悬浮和来自沉积物界面的扩散通量会释放大量溶解物质支持初级生产力。由异养和自养微生物驱使的溶解物质的转化是“微生物环”的重要环节，这一环节与发生在河口中不同时间尺度的沉积过程如有机物分解、聚合和絮凝过程密切相关。这里要强调的是，后生动物和微生物（即微生物环）营养级对有机物的消耗与转化对河口 POM 和 DOM 循环至关重要（Wetzel, 1995），相关内容将在本章后面详述。

对于大多数河口，浮游植物代表有机物的一个重要来源。河口区的浮游植物优势类群主要包括硅藻门、隐藻门、绿藻门、甲藻门、金藻门（金－褐鞭毛藻、金藻纲和针胞藻纲）和蓝藻门，而这些浮游植物在河口区丰度和组成的季节性变化主要由河流径流输入、营养盐、潮汐变化、藻类呼吸作用、光可利用性、水平交换和捕食者的消耗所控制（Malcolm and Durum, 1976; Cloern, 1996; O'Donohue and Dennison, 1997; Thompson, 1998; Lucas and Cloern, 2002）。实验室研究（Eppley, 1972）及最近的现场调查数据显示，温度对浮游植物的生长亦有影响（O'Donohue and Dennison, 1997）。夏季高生产力和冬季低生产力的时空格局属于典型的温带河口系统（Boynton et al., 1982）。在温带河口，氮元素通常是限制浮游植物生长的主要营养盐（Fisher et al., 1988; Kemp et al., 1990; Boynton et al., 1982, 1996; Nixon, 1997; Nielsen et al., 2002）；但是，其他一些研究表明浮游植物生长主要受限于磷元素（Smith, 1984; Conley et al., 1995; Glibert et al., 1995; Conley, 2000），或是氮磷限制的转换及两者共限制（D'Elia et al., 1986; Malone et al., 1996; Conley, 1999; Fisher et al., 1999）。因为不同浮游植物对营养盐的需求有所差异，所以不断增加的营养盐输入和营养盐比值变化能够改变浮游植物的种类组成和演替（Schelske and Stoermer, 1971; Sanders et al., 1987; Oviatt et al., 1989）。例如，高营养盐的输入通常会导致硅藻和小型鞭毛藻占优势（Tilman 1977; Kilham and Kilham, 1984; Riedel et al., 2003）。尽管普遍认为河流营养盐输入的多寡是控制河口浮游植物丰度和组成的主要因素，但其他研究亦表明在受近岸海水影响强烈的河口区（如美国太平洋沿岸），近岸海水及浮游植物的输入也会造成河口高浮游植物生产力（Hickey and Banas, 2003）。关于营养盐循环动力学的更多内容将在第十章和第十一章详述。

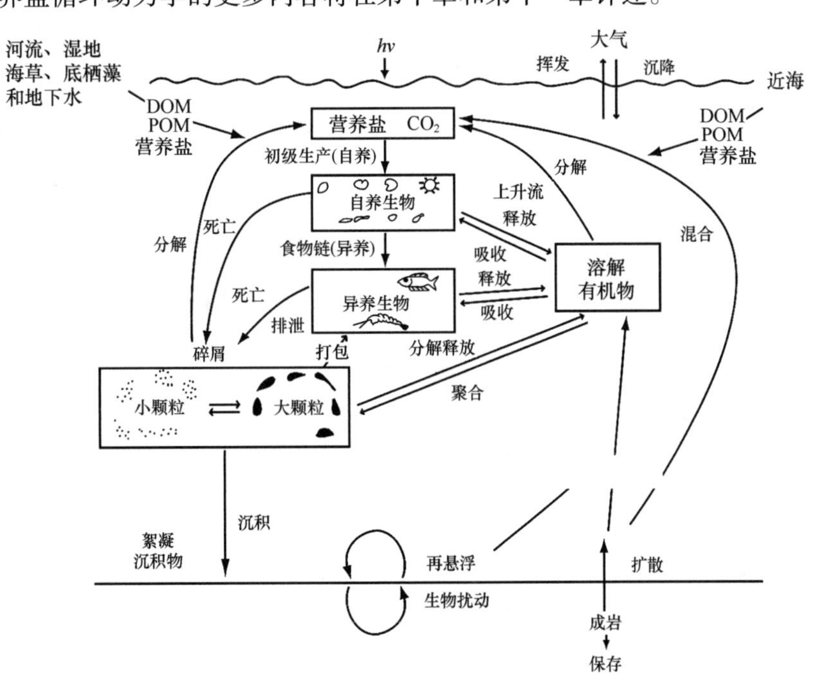


图 8.4　介于河流输入和近岸海域影响下河口区营养盐、DOM 和 POM 的生物地球化学循环（Wakeham and Lee, 1993）

底栖大型藻类和底栖微藻都是河口初级生产力的重要来源，这些底栖藻类同时对海草、潮滩和潮间带沼泽栖息环境有重要影响（Bianchi, 1988; Gould and Gallagher, 1990; Sullivan and Moncrerff, 1999; Rizzo et al., 1992; Pinckney and Zingmark, 1993; de Jonge and Colijn, 1994）。河口区常见的一

些底栖大型藻类通常包括绿藻（如石莼、浒苔）、褐藻（如墨角藻）和红藻（如龙须菜）。不断增加的人为营养盐输入导致了许多大型藻，主要是石莼、浒苔和龙须菜属等种类水华的发生（Rosenberg and Ramus，1984；Duarte，1995；Kamer et al.，2001）。

底栖微藻由一些底栖硅藻类群（主要为羽纹硅藻）组成，它们能够昼夜垂直迁移（Serodiô et al.，1998）。浅水区沉积物再悬浮会导致水体浑浊度增加，从而限制光线的穿透，因此河口潮滩的初级生产主要是在白天光照期间（Guarini et al.，2000，2002）。研究估算的底栖微藻年净初级生产力范围很宽，为5～900 g/（$m^2$·a）（以C计）（Beardall and Light，1994）；但近年来的估算范围缩小到29～314 g/（$m^2$·a）（以C计）（Underwood and Kromkamp，1999）。早期的研究表明底栖微藻的不均匀分布受盐度（Admiraal，1977）、温度/光照（Admiraal and Pelletier，1980；Hopner and Wonneberger，1985；Bianchi，1988；Bianchi and Rice，1988）、沉积地形（Colijin and Dijekma，1981；Rasmussen et al.，1983）、颗粒物粒度（de Jonge，1985）以及流速（Grant et al.，1986）的控制。不断积累的研究证据显示，浅水环境中的大型藻类和底栖微藻在总生物量和生产力方面与浮游植物具有同等重要的地位（Cahoon，1999；Webster et al.，2002；Dalsgaard，2003）。即使在美国南大西洋沿岸较深的水域中，据估计底栖藻类的生产力也占陆架海区总碳生产力的很大一部分（Marinelli et al.，1998；Nelson et al.，1999）。除了作为底栖和浮游生物的食物碳源，底栖微藻还是沉积有机物分解产生并扩散至沉积物－水界面的溶解营养盐的主要吸收者（汇）。很多研究证实，沉积物间隙水中富含的有机物矿化产生的无机营养盐（主要是$NH_4^+$、$NO_3^-$和$NO_2^-$）是河口浮游植物、底栖大型藻类/底栖微藻氮的重要食物来源（Blackburn and Henriksen，1983；Kemp and Boynton，1984；Christensen et al.，1987；Cerco and Seitzinger，1997；Risgaard－Petersen，2003）。例如，Tyler等人对一个温带潟湖的研究表明，底栖微藻和大型藻类对溶解有机氮和无机氮在沉积物－水界面的通量有着显著影响（图8.5；Tyler et al.，2003）。

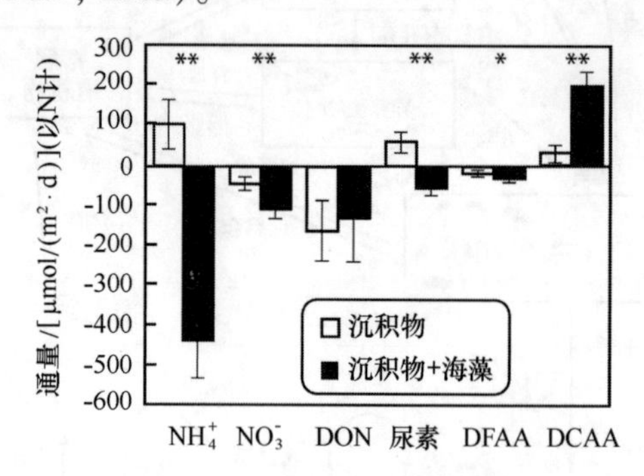


图8.5　美国霍格岛湾的$NH_4^+$、$NO_3^-$、溶解有机氮（dissolved organic nitrogen，DON）、溶解态游离氨基酸（dissolved free amino acids，DFAA）和溶解态结合氨基酸（dissolved combined amino acids，DCAA）的沉积物－水界面扩散通量

沉积物的微表层中也含有活跃的进行光合作用的底栖微藻，起着向水体中释放氧气的重要作用（Webster et al.，2002）。虽然高能量粗颗粒的可渗透性沉积环境（如砂坪）有机物含量要低于低能量细颗粒沉积物环境，但底栖微藻也常生长于粗颗粒沉积环境，从而给微生物和底栖生物提供“高质量”的食物来源，并可导致沉积物中更快、更有效的有机物再矿化作用（Bianchi and Rice，1988）。研究表明，小型底栖动物的摄食也起到对底栖微藻生物量的限制作用（Montagna et al.，

1995；Carman et al.，1997；Goldfinch and Carman，2000）。总之，很多与氧化还原化学反应、有机物降解速率和沉积物－水界面元素通量等相关的生物地球化学过程会因沉积物微表层中底栖微藻的存在而发生变化。表面附着生物代表了另一种向河口输入的藻类形式，同样可以影响沉积物－水界面的物质扩散通量（Gleason and Spackman，1974）。这些不同的水生附着生物在美国佛罗里达大沼泽地尤为重要，在这些沼泽区钙质附着物主要包括蓝藻丝状物和含有碳酸钙结构的硅藻（取决于季节）（Vymazal and Richardson，1995；Rejmankova et al.，2004）。

海草床的存在是很多沿岸浅水河口生态系统的突出特征（den Hartog，1970；Phillips and McRoy，1980；Green and Short，2003），代表着这一区域初级生产力的一个主要来源（Hemminga and Duarte，2000）。目前研究较多的是温带和亚热带以及热带环境中的大叶藻（*Zostera* spp.）（Nixon and Oviatt，1973；Zieman and Wetzel，1980；Dennison and Alberte，1982；Wetzel and Penhale，1983；Zieman and Zieman，1989；Duarte，1995；Nielsen et al.，2002）和泰来藻（*Thalassia* spp.）（Day et al.，1989；Hillman et al.，1989；Czerny and Dunton，1995）。其他一些常见的海草种类包括二药藻（*Halodule* spp.）（Czerny and Dunton，1995；Tomasko and Dunton，1995；Lirman and Cropper，2003）、针叶藻（*Syringodium* spp.）（Zieman et al.，1989）、川蔓藻（*Ruppia* spp.）（Heck et al.，1995；Bortolus et al.，1998）、丝粉藻（*Cymodocea* spp.）（Cebrian et al.，1997，2000）、波喜荡草（*Posidonia* spp.）（Pirc，1985；Cebrian et al.，1997；Hadjichristophorou et al.，1997；Mateo et al.，2003）、海菖蒲（*Enhalus* spp.）（McKenzie and Campbell，2003）和根枝草（*Amphibolis* spp.）（Verduin et al.，1996）。见表8.1，海草的初级生产速率通常在0.4～1.5 g/（$m^2$·d）（以C计）之间（Alongi，1998）。底部沉水植物的覆盖会减小潮汐浅波能量，因此可以更有效的富集自生和外来的悬浮颗粒物（Ward et al.，1984；Fonseca and Kenworthy，1987）。海草床对浅水区和沉积物中碳、氮、磷和氧的生物地球化学循环有着显著影响（Roman and Able，1988；Caffrey and Kemp，1990，1991；Barko et al.，1991）。海草对光衰减的变化很敏感，因此海草可以作为河口区由于高悬浮泥沙输入或清淤过程所导致的水质变化的环境指标（Dennison et al.，1993）。从海草占优势的河口生态体系向大型藻类、底栖微藻和浮游植物基础食物网的转变，通常与人为营养盐的输入有关（Short and Burdick，1996；Kaldy et al.，2002）。另外，由于附生藻类对光照和空间的竞争优势造成的由海草向藻类主导的转变（Twilley et al.，1985；Tomasko and Lapointe，1991；Hauxwell et al.，2001；Drake et al.，2003），亦会造成食物链中高营养级的次级消费者（如鱼类）生存环境的退化（Wyda et al.，2002）。海草自身对光照的屏蔽也会影响生产力，这一因素已被引入新的生物－光学模型中（Zimmerman，2003）。海草的生物量主要由其叶片所决定，海草叶在生长衰亡期会与根茎分离并被输送到其他区域。有研究显示，海草枯叶的输送量可以占其总叶片生物量的50%～60%，大量漂浮的海草枯叶碎屑常沿沙滩堆积（Mateo et al.，2003）。

淡－盐水沼泽和红树林是很多河口系统初级生产力的重要来源（Kirby and Gooselink，1976；Pomeroy and Wiegert，1981）。Odum（1968）早年曾提出的沥出假说（*outwelling hypothesis*）认为，盐沼能够向近岸水域输送生物可利用有机物，从而增加陆架海区次级生产力。但早期的许多研究并不认同这一假说（Teal，1962；Odum and de la Cruz，1967；Haines，1977），直到最近的研究（如Moran et al.，1991）才证实了美国佐治亚海岸6%～36%的DOC来自近岸盐沼，并提高了陆架海区的次级生产力。Bianchi等（1997b）和最近其他一些研究利用有效的生物标志物技术发现，相当高比例的维管植物组分作为POC被输送到陆架和陆坡海区（Moran et al.，1991；Moran and Hodson，

1994; Trefry et al., 1994)。全球范围内估算的红树林和盐沼有机碳输出差别很大，约在 2 ~ 420 g/($m^2$·a)（以 C 计）和 27 ~ 1 052 g/($m^2$·a)（以 C 计）之间(Alongi, 1998)。其他研究表明，湿地产生 DOC 的速率远远高于 POC 的释放速率（Childers et al., 1999)。水文条件是决定湿地系统内 POM 和 DOM 输出和输入的最重要因素之一（Gosselink and Turner, 1978; Kadlec, 1990)。所以，许多近岸湿地的划分是根据其地形地貌和水流等特点确定的（Brinson, 1993)。湿地的沿岸地貌、地球物理以及大小尺度的水文特征对近岸海区和湿地间的物质交换有重要影响（Twilley et al., 1985, 1997; Brinson, 1993; Twilley and Chen, 1998)。有关河口与近岸系统交换的更多细节详见第十六章。

**表 8.1　世界各地沿海一些海草和海藻的净初级生产力**

| 属/种 | 地点 | 净初级生产力 / [g/($m^2$·d)]（以 C 计） | 参考文献 |
|---|---|---|---|
| **巨藻** | | | |
| 海带 | 北美 | 0.3 ~ 65.2 | Mann (1982) |
| 巨藻 | 南美、新西兰、南非 | 1.0 ~ 4.1 | Branch and Griffiths (1988) |
| 昆布 | 澳大利亚、南非 | 1.6 ~ 6.2 | Schiel (1994) |
| **岩相潮间带/潮下大型藻** | | | |
| 各种海藻 | 欧洲 | 0.5 ~ 9.0 | |
| 浒苔 | 香港、美国 | 0.1 ~ 2.9 | |
| 泡叶藻 | 美国、欧洲 | 1.1 | |
| 网翼藻 | 加勒比海 | 0.5 ~ 2.5 | Heip et al. (1995) |
| 墨角藻 | 北美 | 0.3 ~ 12.0 | Thybo - Christensen et al. (1993) |
| 马尾藻 | 加勒比海 | 1.4 | Neil (1977) |
| 石莼 | 欧洲 | 0.6 | |
| 江蓠 | 欧洲 | 0.3 | |
| 刚毛藻 | 欧洲 | 1.6 | |
| **海草** | | | |
| 大叶藻 | 美国、欧洲、澳大利亚 | 0.2 ~ 8.0 | |
| 泰来藻 | 美国、加勒比海、澳大利亚 | 0.1 ~ 6.0 | |
| 二药藻 | 美国、加勒比海 | 0.5 ~ 2.0 | Hillman et al. (1989) |
| 丝粉藻 | 地中海、澳大利亚 | 3.0 ~ 18.5 | Pollard and Moriaty (1991) |
| 波喜荡草 | 地中海、澳大利亚 | 2.0 ~ 6.0 | Stevenson (1988) |
| 海菖蒲 | 东南亚 | 0.3 ~ 1.6 | Fortes (1992) |
| 根枝草 | 澳大利亚 | 0.9 ~ 1.9 | |

Alongi (1998)。

盐沼植被随海拔变化和潮汐影响会有很大区别（Bertness and Ellison, 1987; Wiegert and Freeman, 1990; Fischer et al., 2000)。盐沼可被定义为受涨潮退潮影响的植根植物栖息地。通常，低洼盐沼主要是互花米草（*Spartina alterniflora*）单种占优势（Wiegert and Freeman, 1990)，其他优势盐沼植物如灯芯草（*Juncus* spp.）和盐草（*Distichlis spicata*）的地理分布细节可参考 Chapman (1960) 和 Webster 和 Benfield (1986)。在过去的一个世纪中，美国许多盐沼湿地的优势植物已由芦苇

（*Phragmites australis*）替代了米草（*Spartina* spp.）（Chambers et al.，2003），从而改变了对盐沼沉积物中生物地球化学转化至关重要的一些微生物反应和沉积速率（Harrison and Bloom，1977；Ravit et al.，2003；Rooth et al.，2003）。作为对策，美国曾花费巨资历时多年希望将很多盐沼恢复为米草占主导优势（Meyerson et al.，2000；Rice et al.，2000）。盐沼地也可通过固氮作用引入“新”氮源（Valiela，1983；Capone，1988），但大部分这方面的研究都集中于生长中的互花米草的根际固氮作用（Talbot et al.，1990；Newell et al.，1992）。有研究报道，互花米草枯杆也可以作为固氮附着细菌（Day et al.，1973）和蓝细菌（Green and Edmisten，1974）的食物来源。例如，最近的研究估计，在美国北卡罗来纳盐沼中，每年由互花米草枯杆附着蓝细菌产生的新氮可达2.6 g/（$m^2$·a）（以N计）（Currin and Paerl，1998）。这些新氮对河口中有机物的生物地球化学循环速率和途径有重要影响。过去的一些工作对盐沼潮间带中还原态氮的释放也做了详细研究（Nixon，1980；Childers and Day，1990；Childers et al.，1993）。总之，盐沼中有机物的分解对河口营养盐的季节性变化有着显著影响（Webster and Benfield，1986）。

事实上，60%～75%的热带海岸线都属于高生产力的红树林生态系统（MacGill，1958；Clough，1998）。全球的红树林分为八个不同的科，研究最多的是美洲红树（*Rhizophora*）、黑皮红树（*Avicennia*）、假红树（*Laguncularia*）和木榄（*Bruguiera* spp.）（Lugo and Snedaker，1974；Robertson and Alongi，1992）。“世界红树林图谱”描绘了全球现存红树林的地理分布（Spalding et al.，1997）。从生物地球化学的角度来看，红树林与盐沼系统中有机物的主要差别在于高含量木质碎屑物的存在。红树林的木质产量大约占其净初级生产量的60%（Alongi，1998），这对有机物分解速率有显著影响（见下节所述）。另一方面，红树林树木和盐沼植物也存在相似之处：（1）都适宜生长在湿润低氧的不固定土壤中；（2）生长于盐性环境中；（3）经历潮起潮落的频繁冲击（Day et al.，1989）。

盐沼湿地和红树林的现存生物量干重约500～2 000 g/$m^2$（干重）（Day et al.，1989）和10 000～40 000 g/$m^2$（干重）（Twilley et al.，1992）之间。当对比红树林和盐沼的地面上和地面下部分的生产力时，会发现红树林地面以上的生产力通常比盐沼高很多（表8.2）。但在很多情况下，盐沼地面下的生物量往往超过地上部分（Schubauer and Hopkinson，1984）。相反，红树林地面下部分的生物量通常占其总生物量的50%（Alongi，1998）。其他研究显示盐沼植物互花米草地上部分的生物量与纬度呈负相关性（Turner，1976；Dame，1989），而与潮差呈正相关性（Steever et al.，1976）。研究证明湿地地面下部分的生物量会显著改变土壤的缺氧程度，从而影响pH值，以及营养盐和污染物循环（Howes et al.，1981；Boto and Wellington，1988）。例如，红树林和盐沼植物可以将氧气转存至其根部和根茎部。虽然有些研究对湿地氧化还原状态的时空变化有争议（McKee et al.，1988；Alongi，1996，1998），但大量的地下生物量对沉积物氧化还原状态和相关的微生物/元素循环会造成长期影响则是普遍接受的事实。实际上，红树林或许与热带雨林有几分相似，即作为保持营养的一个机制，大部分有机物储存在其活性生长体中（Archibold，1995；Alongi et al.，2001）。但是，相对河口和近岸水域，红树林是溶解和悬浮有机物以及营养盐的净汇还是源，目前还存在很大的争议（Boto and Bunt，1981；Twilley，1985；Rivera－Monroy and Willey，1996；Alongi，1996；Alongi et al.，1998；Dittmar and Lara，2001）。总的来说，由于红树林区具有净沉积作用和过剩的间隙水营养盐以及大潮潮差的存在，有机物和营养盐的溢出是一种可能的机制（Dittmar and Lara，2003）。

表 8.2　对一些代表性盐沼植物和红树林，其地面上、下部分净初级生产力（NPP）的估算

| 群落类型 | 地点 | 地上部分净初级生产力 /［g/（$m^2$·d)］（干重） | 地下部分净初级生产力 /［g/（$m^2$·d)］（干重） |
|---|---|---|---|
| **沼泽草地** | | | |
| 盐草 | 太平洋沿岸 | 750～1 500 | — |
| | 大西洋沿岸 | — | 1 070～3 400 |
| 灯芯草 | 佐治亚 | 2 200 | — |
| | 墨西哥湾沿岸 | 4 250 | 1 360～7 600 |
| 互花米草 | 大西洋沿岸 | 500～2 000 | 550～4 200 |
| | 墨西哥湾沿岸 | 3 250 | 279～6 000 |
| 狐米草 | 墨西哥湾沿岸 | 7 500 | — |
| | 大西洋沿岸 | — | 310～3 270 |
| **红树林** | | | |
| 正红树 | 东南亚 | 1 900～390 | — |
| 混合红树 | 新几内亚 | 1 750～3 790 | — |
| | 印度尼西亚 | 990～2 990 | — |
| 海莲 | 中国 | 3 500 | — |

河口溶解有机物包括多种自生和外来组成（见综述：Cauwet，2002；Findlay and Sinasbaugh，2003；Sinsabaugh and Findlay，2003）。这些来源主要包括河流输入、藻类和维管植物自生、底层通量、地下水输入以及与近岸水体的交换（图 8.6）。在近岸和开阔大洋水域，溶解有机物浓度一般与浮游植物生物量呈正相关（Guo et al.，1994；Santschi et al.，1995；Hansell and Carlson，2002）。据估计，从淡水到海洋，浮游植物释放的溶解有机物约占其初级生产力的 12%（Baines and Pace，1991）。但在很多河口环境中，由于土壤和湿地陆源植物有机物的输入，水体中溶解有机物含量与浮游植物生物量并非呈正相关关系（Hedges et al.，1994；Argyrou et al.，1997；Guo and Santschi，1997；Harvey and Mannino，2001；Hernes et al.，2001；Jaffé et al.，2004）。

过去的一些研究表明，河流/河口系统的 DOM 主要来自陆地植被和土壤（Malcolm，1990；Opsahl and Benner，1997）。实际上，美国一些具有最高浓度 DOM 的河口均沿墨西哥湾分布（Guo et al.，1999；Engelhaupt and Bianchi，2001），因为这一区域一些土壤中的新鲜植物凋落物的分解速率也最高（图8.7；Meentemeyer，1978）。最近的研究表明，在美国南卡罗莱纳州的北汊河口区森林地下水中，DOC 的浓度高达 50～140 mg/L，但这些 DOC 大部分被地下水层吸附和异养分解而消耗（Goni and Gardner，2003）。即使不考虑 DOC 在输运过程中的这些损失，在北汊河口的年均 DOC 收支中，含盐地下水中 DOC 的输入通量仍高达 600 mg/（$m^2$·d）（以 C 计）。通常认为河流或河口输入的 DOM 不易被降解，且属保守混合（Moore et al.，1979；Mantoura and Woodward，1983；Prahl and Coble，1994；van Heemst et al.，2000），但浮游植物分泌的 DOM 丰度的空间变化（Aminot et al.，1990；Fukushima et al.，2001）、细菌对 DOM 的消耗（Findlay et al.，1991；Gardner et al.，1996；Zweifel，1999；Pakulski et al.，2000）、化学去除过程（如絮凝、分散、吸附、聚合、沉淀）（Sholkovitz，1976；Sholkovitz et al.，1978；Ertel et al.，1986；Lisitzin，1995）、再悬浮过程中间隙水的释放

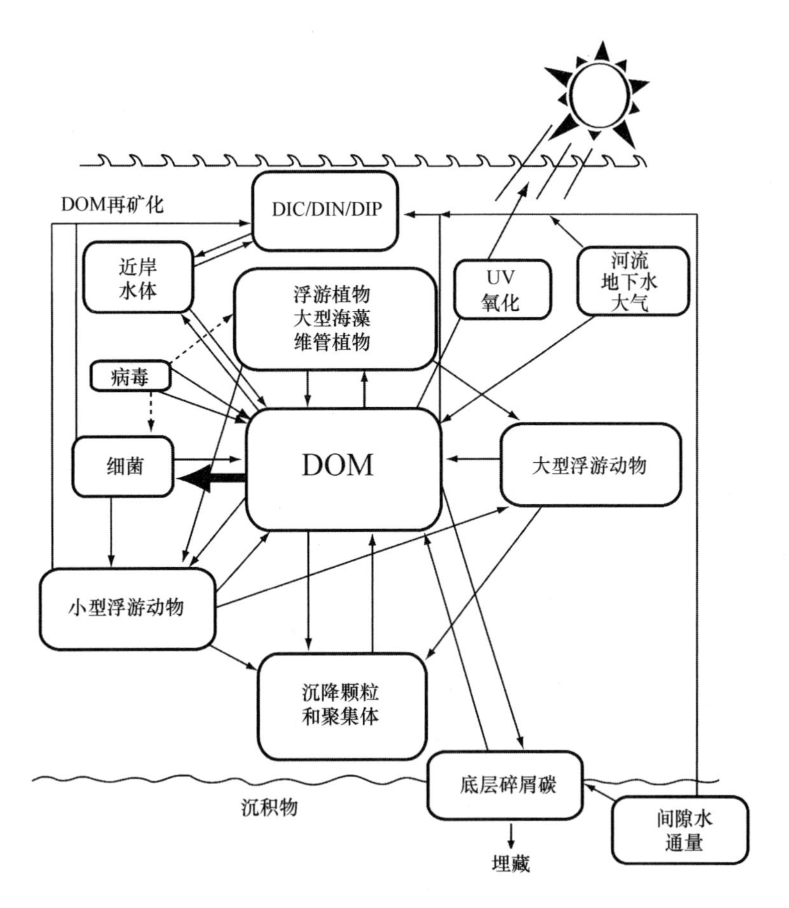


图 8.6 河口溶解有机物的主要来源，包括河流输入、藻类和维管植物自生、底层通量、地下水输入以及与近岸水体的交换（Hansell and Carlson，2002）

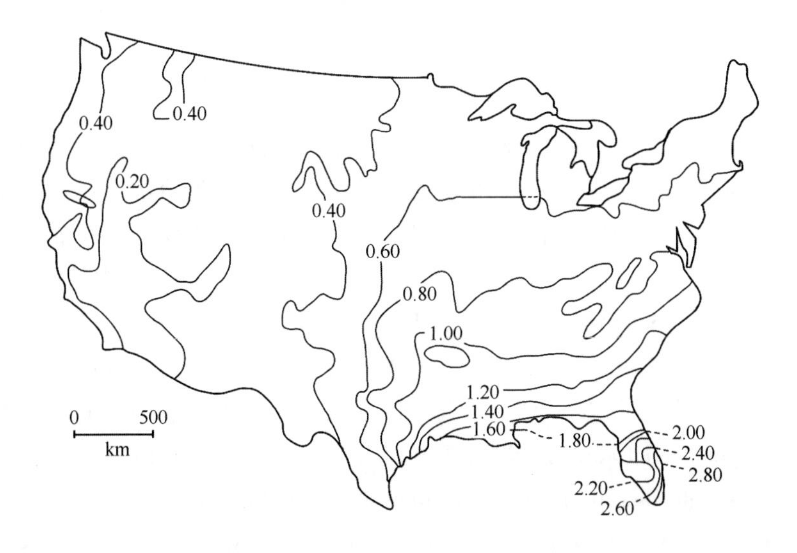


图 8.7 基于土壤水分蒸发速率为变量的模型得到的美国土壤中新鲜凋落植物的分解速率，等值线代表初始年的分解损失速率（$k$）（Meentemeyer，1978）

(Burdige and Homstead, 1994; Middelburg et al. , 1997) 以及大气输入 (Velinsky et al. , 1986) 等过程都可能导致河口区 DOM 的非保守混合行为。

虽然对河口混合区由物理或化学过程导致的溶解有机物去除机制并不完全清楚，但这些过程对河流/河口溶解有机物组成有重要影响。一些早期研究指出，有机物在河口沿盐度梯度的混合过程中，铁元素是导致大部分由腐殖酸组成的腐殖质起始絮凝的重要元素 (Swanson and Palacas, 1965; Eckert and Sholkovitz, 1976; Sholkovitz, 1976; Sholkovitz et al. , 1978; Fox, 1983, 1984)。其他研究表明，在河口最大浑浊带或再悬浮的过程中，潮汐/混合能量和总悬浮物含量的变化对絮凝和散絮过程都有显著影响 (Biggs et al. , 1983; Eisma and Li, 1993)。在荷兰的多拉德河口，研究显示高浓度悬浮物可导致在短时间内形成大的絮凝物，而这些絮凝物会在沉降过程中或在沉积物 - 水界面解体 (Eisma and Li, 1993)。近来的一些实验室模拟试验也表明，一些与矿物表面松散结合的沉积颗粒有机碳和溶解有机碳能够在再悬浮过程中被释放 (Komada and Reimers, 2001)。所以，在很多经常出现再悬浮的浅水河口区域，这可能是另一种向水体不断输入溶解有机物的机制。

在藻类来源较少，而陆源 DOM 占主导且极难降解的河口区，DOM 保守混合较常见。例如，流入北冰洋喀拉海的鄂毕河和叶尼塞河携带高度难降解的陆源 DOM，加之淡水藻类有机物在输送过程中的快速和选择性降解，DOM 在河口区的混合与盐度呈很好的有机物保守性 (图 8.8; Köhler et al. , 2003)。类似的保守混合也存在于美国佛罗里达西南部的一些河口，而输入这些河口的高度难降解 DOM 主要来源于红树林 (Jaffé et al. , 2004)。但在盐度大于 30 后，来自红树林的 DOM 信号则被海洋浮游植物产生的溶解有机物所稀释。

在天然水体中，DOM 也具有不同的粒级 (Sharp, 1973)，而河口 DOM 的大部分由胶体有机物构成 (Whitehouse et al. , 1989; Filella and Buffle, 1993; Guo et al. , 1995, 1999; Martin et al. , 1995; Sempere and Cauwet, 1995; Guo and Santschi, 1997; Cauwet, 2002)。DOM 粒径分级是经由不同孔径的滤膜物理分离后确定；因此，胶体是一个操作上的定义，指的是粒径范围在 0.001 ~ 1 μm 之间的 DOM (Vold and Vold, 1983)。遗憾的是，当考虑这些不同粒级 DOM 的生化差异以及对污染物的反应活性时，这种以粒径为主要特征的胶体分类方法就可能带来很大的误导 (Gustafsson and Gschwend, 1997; Benner, 2002)。

讨论 DOM 就会提到腐殖质。腐殖质通常被定义为黄褐色的复杂的多分子聚合物，其主要来源为植物和土壤 (Hatcher et al. , 2001)。腐殖质也是天然水体中有色溶解有机物 (chromophoric dissolved organic matter, CDOM) 的主要组成部分 (Bliugh and Green, 1995)。本章稍后将对作为 DOM 特殊组分的 CDOM 作详细描述。水中的腐殖质可以根据它们在酸、碱溶液中的溶解度进一步划分为黄腐酸、腐殖酸和胡敏酸 (Schnitzer and Khan, 1973; Aiken, 1988; Parsons, 1988; McKnight and Aiken, 1998)。具体来说，腐殖酸通常分子量大于 100 000 道尔顿 (Da) 并可溶于 pH 值大于 2 的溶液中；黄腐酸的分子量较小 (大约 500 Da) 并可溶于任何 pH 值溶液中；而胡敏酸则不溶于任何 pH 值的溶液中 (Sempere and Cauwet, 1995; McKnight and Aiken, 1998)。为简化起见，高分子量 DOM (high molecular weight dissolved organic matter, HMW DOM) 指分子量大于 1 kDa、粒径小于 0.45 μm 的可溶性有机物，包括胶体和腐殖酸类；低分子量 DOM (low molecular weight dissolved organic matter, LMW DOM) 的分子量小于 1 kDa，对此这里不做进一步区分。

在过去的几十年里发展了很多用于分离 DOM 的技术 (见综述, Benner, 2002; Hedges, 2002)。如用于腐殖质分离的固相离子交换树脂 (如 Amberlite XAD - 2, XAD - 8, XAD - 4) (Aiken et al. ,

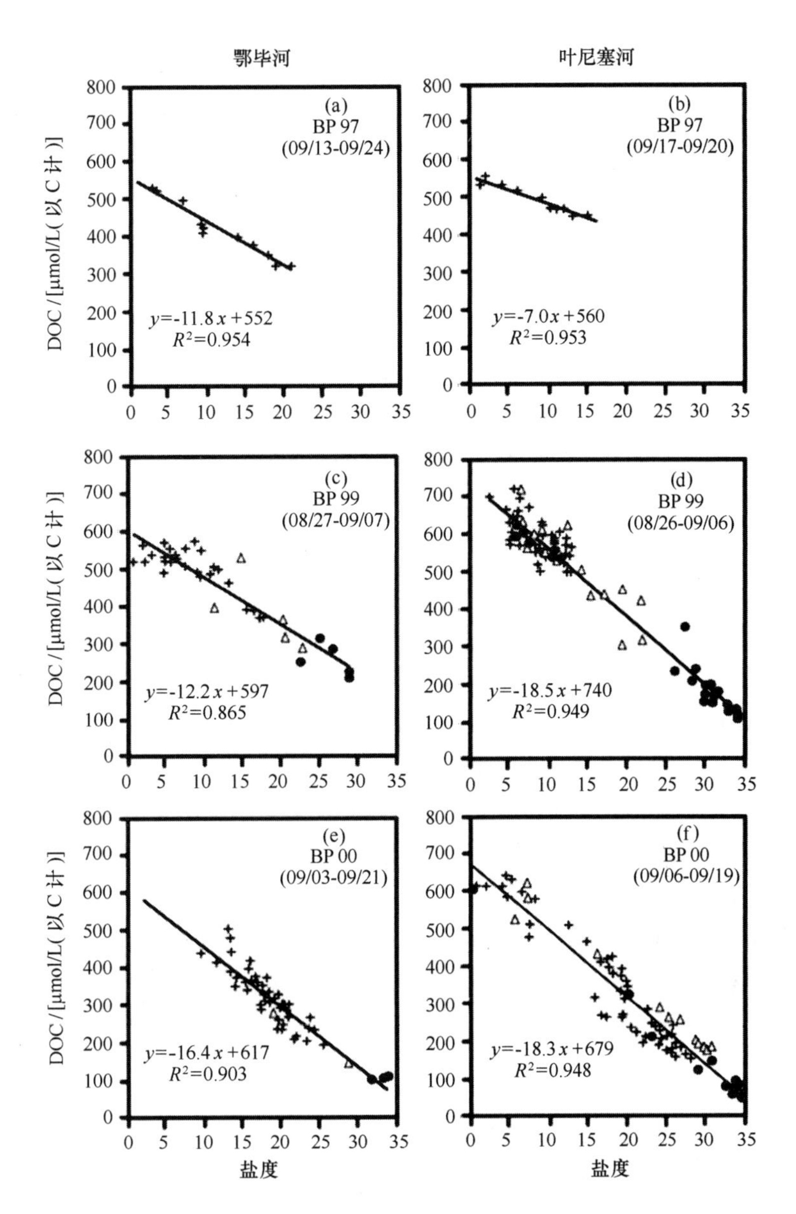


图 8.8 流入北冰洋喀拉海的鄂毕河（Ob）和叶尼塞河（Yenisei）河口区 DOM 和盐度的保守混合关系（Köhler et al.，2003）

1985；Thurman，1985）、凝胶过滤超速离心（Wells and Goldberg，1991；Wells，2002）、场流分离（flow field－flow fractionation）（Beckett et al.，1987；Hassellov et al.，1999；Gustafsson et al.，2001）、硅胶 $C_{18}$ 固定相分离（Louchouaran et al.，2000）、排阻色谱（Chin and Gschwend，1991）、高效排阻色谱（high－performance size－exclusion chromatography）（Minor et al.，2002）、凝胶过滤（gel filtration）（Sakugawa and Handa，1985）和超滤（ultrafiltration）（Benner et al.，1992；Buffle et al.，1993；Buessler et al.，1996；Guo and Santschi，1997）。使用固相萃取（如 XAD 树脂和 $C_{18}$ 柱）的关键问题是 DOM 需要经预处理或酸化（pH 值接近或小于 4）以增加萃取率（吸附到树脂上），但也只能回收约 20% 的 DOM（Hedges et al.，1992）。而且，有人认为在预处理过程中 DOM 的不稳定部分也许

会发生组成上的变化（Benner, 2002）。切向流超滤法（tangential - flow ultrafiltration）是一种应用较广的 DOM 分离方法（见综述，Benner, 2002），通常也称为超滤 DOM（UDOM）。这种方法可以处理大体积水样且不需要对 DOM 进行预处理（Benner et al. , 1992）。但不同厂家生产的膜滤芯用于处理同一样品时往往产生不同结果，因此使用该方法对不同实验室间结果的互校尤为重要（Buessler et al. , 1996；Guo and Santschi, 1996）。并且，用分子探针检测膜滤芯的完整性以防超滤过程中可能发生的 HMW DOM 的穿透泄漏也是非常必要的（Guo et al. , 2000b）。

大量研究表明微生物对不同粒级的 DOM 的利用效率不同（见综述：Tranvik, 1998；Benner, 2002, 2003；Findlay, 2003）。实际上，粒径 - 反应连续性模型表明，大粒径有机物相对于小粒径有机物降解程度更小，更容易被生物利用，而后者作为不断降解过程的产物已很难被继续利用（Amon and Benner, 1996）。然而，正如 Sinsabaugh 和 Foreman（2003）所指出的，DOM 粒径和反应活性的关系很大程度上取决于输入的 DOM 的“年龄”，以及营养级和成岩作用对控制 DOM 组成的相对重要性（图 8. 9）。另外，该模型也和早期的有关腐殖质形成的生物聚合物降解模型（biopolymer degradation, BD）和非生物凝聚模型（abiotic condensation, AC）相矛盾（Hedges, 1988）。BD 模型认为有机物新释放出的有机生物聚合物最终将被分解为更不稳定的小分子化合物（图 8. 10；Hedges, 1988）；相反，AC 模型则表明小分子化合物亦可通过细胞外凝聚反应形成难降解的大分子化合物。近来 Amon 和 Benner（1996）的研究进一步完善了该模型，证实 HMW DOM 组分比 LMW DOM 组分更易被细菌利用和更具有光反应性。这一模型适用于浮游植物为 POM 主要来源的大洋海域，但在很多情况下并不适用于河口和淡水体系，因为河口和淡水体系 DOM 主要来源于河流（具高含量腐殖质的土壤的输入）、沉积物间隙水以及邻近沼泽的输入，这些来源的 DOM 富含木质纤维（特别是木质素）成分从而导致 HMW DOM 组分更难降解，年龄更大（Guo and Santschi, 2000；Mitra et al. , 2000a, b；Mcknight et al. , 2003；Wetzel, 2003）。河口系统 DOM 年龄和生物可利用性的问题较复杂，本书将在第十章到第十三章中结合 DOM 循环中的元素组成（如氮、碳、磷和硫）详细介绍。

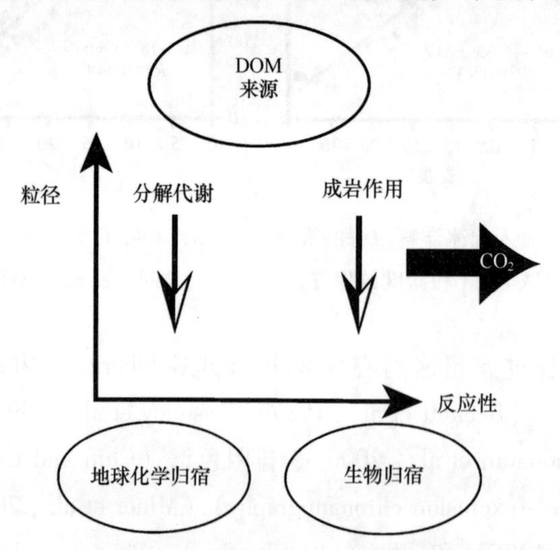


图 8. 9　DOM 粒径和反应性的关系取决于输入系统的 DOM 的“年龄”，以及营养级和成岩作用对控制 DOM 组成的相对重要性（Sinsabaugh and Foreman, 2003）

大量工作对 DOM 的化学组成、粒径和年龄控制其微生物代谢方面做了研究（见综述，Jansson,

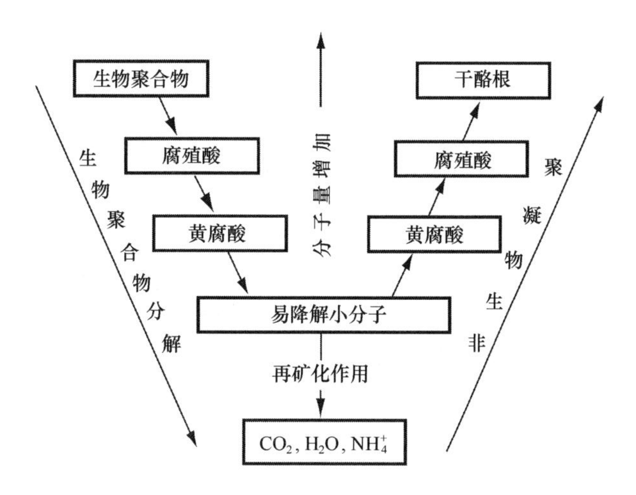


图 8.10 早期的生物聚合物降解模型和非生物凝聚模型描述的有机物降解和腐殖质形成过程（Hedges, 1988）

1998；Tranvik, 1998；Benner, 2002, 2003；Findlay, 2003；Kirchman, 2003）。微生物在 DOM 循环中的重要性已得到确认，并被纳入微食物环理论，该理论首次阐明细菌是控制水生生态系统中 DOM、POM 和无机营养盐之间营养链接的关键因子（图 8.11；Pomeroy, 1974；Azam et al. , 1983）。HMW DOM 矿化的起始步骤是通过细胞外的水解酶进行分解；一旦足够小，LMW DOM 就可以通过细菌壁膜被吸收（Arnosti, 2003）。DOM 的细菌吸收和生产过程在生态时间尺度上要比以上描述的土壤层中腐殖质的形成时间短，但近似于河口中絮凝和散絮过程的时间尺度。尽管我们知道细菌对单体化合物，如氨基酸和葡萄糖的利用率相当高（见综述：Kirchman, 2003），但对大分子化合物分解产生的一些小分子中间产物（如小分子有机酸）的利用情况则了解甚少。河口区大部分细菌生产力可从吸收溶解游离氨基酸（DFAA）获得（Keil and Kirchman, 1991a；Hoch and Kirchman, 1995）。但在河口和淡水中，由于来自土壤和湿地维管植物的 DOM 富含芳香类化合物（丹宁和木质素），从而使得微生物更难降解这些 DOM。总之，在高度动态且外来和自生有机物输入都非常显著的河口区，DOM 中单体小分子和大分子化合物间的相互关系以及它们对细菌代谢的作用是一个需要进一步研究的问题。

近年来研究人员对河口区，特别是在陆架水体中 DOM 中的 CDOM 给予了高度重视（见综述：Blough and Del Vecchio, 2002）。CDOM 通常也被称为黄色物质，与腐殖质密切相关。实际上，CDOM 的主要组成为腐殖酸，在水体中吸收可见光，以及 UV－A（波长范围在 315～400 nm）和 UV－B（波长范围 280～315 nm）（Blough and Del Vecchio, 2002）。如图 8.12 所示，在亚马孙平原上的苏罗莫尼河与奥里诺科河（委内瑞拉）的河水中，CDOM 的吸收随波长的增加呈明显的指数降低（Battin, 1998）。苏罗莫尼河作为流入奥里诺科河的一条小支流具有较高的吸光度，反映其陆源输入 CDOM 的高度芳香化合物特征；而奥里诺科河则不同，其 CDOM 有自生源的贡献。河口和近岸水体中的 CDOM 浓度会对生物和光学过程造成显著影响。例如，尽管 CDOM 有益于生物体减少对 UV－B 光的吸收，但也会减少浮游植物对有效光合辐射（photosynthetically active radiation, PAR）的吸收（Blough and Zepp, 1990；Bidigare et al. , 1993；Vodacek et al. , 1997；Neale and Kieber, 2000）。CDOM 也会对在河口和近岸水体中浮游植物的遥感产生干扰；对此研究人员付出很大努力

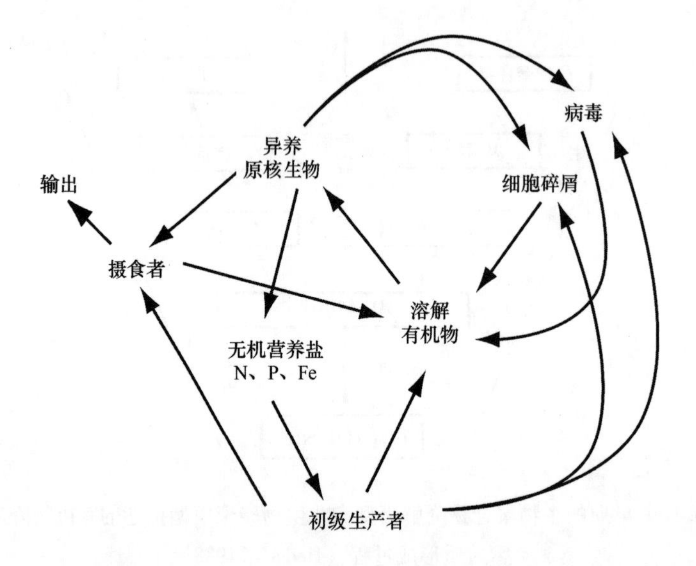


图 8.11 微食物环理论表明在水生生态系统中，细菌是控制 DOM、POM 和无机营养盐间营养链连接的关键因子（Foreman and Covert, 2003）

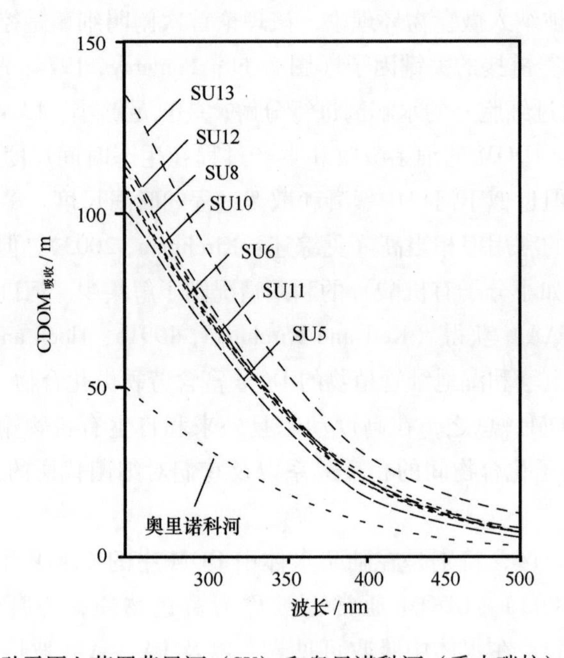


图 8.12 亚马孙平原上苏罗莫尼河（SU）和奥里诺科河（委内瑞拉）中采集的水样中 CDOM 的吸收光谱（Battin, 1998）

改进算法，以便能通过卫星图像预测叶绿素 $a$ 的分布和浮游植物生物量（Carder et al., 1999; Kahru and Mitchell, 2001）。

在河口系统中，CDOM 浓度通常受控于以下因素：(1) 河流淡水带入的流域土壤有机物中的腐殖质（Keith et al., 2002; Wang et al., 2004）；(2) 沉积物再悬浮过程间隙水中 CDOM 的输入（Coble, 1996; Burdige et al., 2004）；(3) 现场藻类和维管植物的降解和生产（Del Castillo et al., 2000）；(4) 来自流域的人为输入（工业和农业）（Bricaud et al., 1981）。最近在美国纳拉甘西特湾的研究表明，CDOM 的光吸收和淡水输入呈显著正相关（图 8.13；Keith et al.，2002）。特别是在仲春至夏季的几个月内，CDOM 的光吸收和淡水流量之间有很强的正相关性（$r^2$ = 0.88 和 0.68）。在晚冬和早春季节，来自流域的营养盐输入导致了浮游植物水华的形成，其对光的吸收远远超过 CDOM。在美国的缅因湾也观察到这种浮游植物对 CDOM 相对吸收的稀释效应（Yentsch and Phinney，1997）。

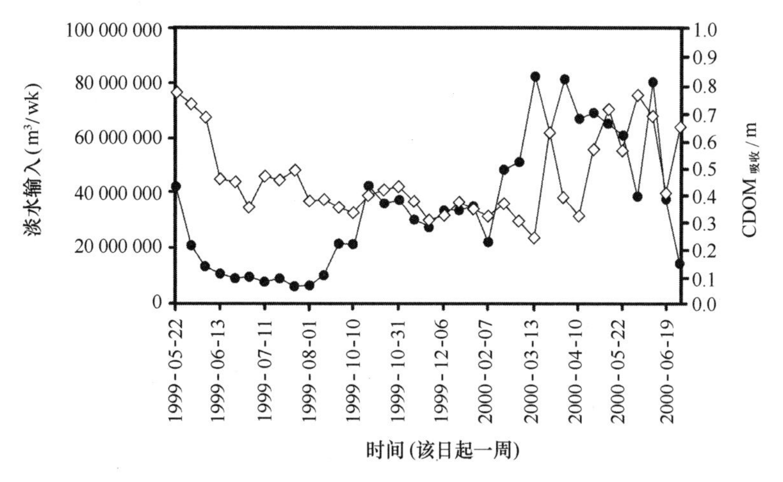


图 8.13 美国纳拉甘西特湾 CDOM 吸收和淡水输入之间的正相关关系（Keith et al.，2002）

CDOM 的光吸收（主要是紫外光）会导致其吸光和荧光特性的衰减（光漂白），并产生一些活性中间体。这些产物对以下几个方面有重要意义：（1）活性氧产物（reactive oxygen species，ROS）（如 $H_2O_2$、$O_2^-$ 和 · OH）的形成会影响金属形态；（2）LMW DOM、细菌物质、溶解无机碳（dissolved inorganic carbon，DIC）和痕量气体（如 CO、$CO_2$ 和 COS）的生成；（3）影响河口和近岸水域中总 DOM 的化学组成（Wetzel，1990；Mopper et al.，1991；Wetzel et al.，1995；Bushaw et al.，1996；Moran and Zepp，1997；Opsahl and Benner，1998；Del Castillo et al.，1999，2000；Moran et al.，2000；Engelhaupt et al.，2002；Keith et al.，2002；Moran and Covert，2003；Yamashita and Tanoue，2003）。对采自美国萨蒂拉河河口的 DOM 进行的光照试验表明，超过 50% 的初始 CDOM 经过 51 天的光照后会分解掉（Moran et al.，2000）。而且，由细菌呼吸作用证实 CDOM 的光分解程度与细菌对 DOM 的吸收呈正相关（图 8.14；Moran et al.，2000）。这些结果也提供了光降解可以提高微生物对萨蒂拉河河口水体富含土壤腐殖质（60%）DOM 的生物降解能力的证据（Beck et al.，1974）。其他研究也报道了河流中难降解 DOM 的光化学分解可以导致微生物对降解 DOM 的快速吸收（Amon and Benner，1996）。这些研究进一步支持了关于陆源 DOM 在河口盐度梯度中会发生显著组成转化和被细菌利用的观点，对理解陆源 DOM 在全球海洋中的缺失提供了有力证据（Meyers - Schulte and Hedges，1986；Hedges et al.，1997；Opsahl and Benner，1997；Hedges，2002）。

荧光方法是近年来用于 CDOM 特征分析的另一手段，这是因为荧光比吸光度测量灵敏度高，且更适用于遥感（Vodacek et al.，1995）。在过去的 10 年里，新的荧光技术，如三维荧光光谱（three - dimensional excitation emission matrix，3D EEM）已被用于检测 DOM 的荧光特性（Coble et al.，1990）。Coble 等人的研究显示，DOM 的荧光特性可被分为三个主要区间：（1）类腐殖质物

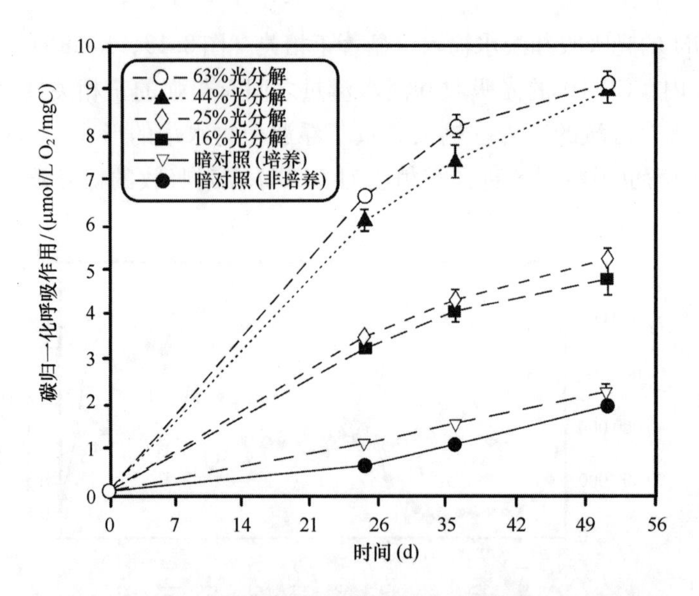


图8.14 使用美国萨蒂拉河河口经紫外光照射处理后的水样，经暗箱培养51天获得的细菌对DOM的呼吸作用，误差棒表示95%置信区间（3个平行样）（Moran et al.，2000）

质（发射光波长范围在370~460 nm）；（2）类蛋白物质（发射光波长范围在305~340 nm）；（3）类叶绿素物质（发射光波长为660 nm）（Coble et al.，1998）。由浮游植物和细菌DOM显示的类蛋白荧光色素也经常在淡水（Wu et al.，2001）、河口（Mayer et al.，1999）和沉积物间隙水（Coble，1996）中被观测到。更具体些，类蛋白质的荧光色素又可被分为类酪氨酸（发射波长约在300 nm）和类色氨酸（发射波长约在350 nm）两类（Coble，1996）。最近在对日本伊势湾河口的研究发现，当将这些芳香族氨基酸浓度与其特定的荧光强度相比较时，河口溶解氨基酸是由小分子肽而不是由蛋白分子分解产生（Yamashita and Tanoue，2003）。最近的其他研究表明，类腐殖质组分中独特的荧光基团［选用国际腐殖质协会（International Humic Substances Society，IHSS）的黄腐酸作为参考物质（Coble，1996；Mobed et al.，1996）］可被用于测定陆源或微生物来源DOM的芳香性（McKnight et al.，2001）。有关利用化学生物标志物研究河口中POM和DOM组成和来源方面的内容将在第九章中详细讨论。

沉积物可能是浅水河口系统中DOM的一个重要来源（见综述，Burdige，2002）。沉积成岩作用使有机物形成大分子聚合有机物（如腐殖质）并分解出小分子单体化合物（如氨基酸），从而使DOM在间隙水中富集（Orem et al.，1986；Burdige，2002）。间隙水DOM通过沉积物－水界面的扩散通量代表了河口总DOM的一个重要来源（Alperin and Reeburgh，1985；Alperin et al.，1992；Burdige et al.，1992；Martens et al.，1992；Burdige and Homstead，1994；Argyrou et al.，1997；Middelburg et al.，1997；Burdige，2001，2002）。有研究认为，这一底层通量是近岸和河口系统DOM的重要来源，其量级（$0.9\times10^{14}$ g/a）（以C计）大约与河流输入海洋的DOC量级［（2~2.3）$\times10^{14}$ g/a］（以C计）相当（Burdige et al.，1992；Burdige and Homstead，1994）。河口和陆架沉积物的再悬浮将间隙水DOM释放至近底雾状层中（benthic nepheloid layer，BNL），这对陆架和陆坡水体中DOM的组成和年龄都可能有重要影响（Guo and Santschi，2000；Mitra et al.，2000a）。同样，间隙水可增强

水体中蛋白质或类氨基酸物质的荧光信号；在沉积物－水界面曾观测到这些信号的最大强度（Coble，1996）。关于沉积有机物（sedimentary organic matter，SOM）的早期成岩作用和 DOM 的产生将在本章的后面部分详述。

## 第三节　有机碎屑的降解

长久以来，人们就已经认识到有机碎屑作为生物的食物资源的重要性及其对近岸系统整个生物地球化学循环的影响。（Tenore，1977；Rice，1982；Tenore et al.，1982；Mann and Lazier，1991）。河口区有机碎屑的主要贡献者是腐烂的植物碎屑和动物排泄物。在很多河口系统中维管植物的碎屑尤为重要，这种难降解的物质需要微生物将其木质纤维素聚合物首先转化为高级消费者可利用的食物资源（Moran and Hodson，1989a，b）。水生有机碎屑的降解通常可分为（1）沥滤；（2）分解；和（3）稳定三个阶段（Olah，1972；Odum et al.，1973；Fell et al.，1975；Harrison and Mann，1975；Rice and Tenore，1981；Valiela et al.，1985；Webster and Benfield，1986）。

在沥滤阶段，可溶性化合物会在几分钟到几星期内自新鲜植物碎屑中快速浸出（图 8.15；Wilson et al.，1986）。对于沼泽植物互花米草，20%～60%的成分会在沥滤阶段损失掉（Wilson et al.，1986）。这些从碎屑颗粒浸出的可溶性 DOM 会被周围水体中大量的游离细菌迅速消耗（Aneiso et al.，2003）。浸出成分可能主要包含短链碳水化合物、蛋白质和脂肪酸（Dunstan et al.，1994；Harvey et al.，1995）。对浸出小分子化合物在有氧和厌氧条件下的降解速率存在相当多的争论。有些研究表明有氧条件下的分解会更快（Bianchi et al.，1991；Lee，1992；Sun et al.，1994；Harvey et al.，1995），而有的研究则显示氧化还原条件对降解速率没有影响（Henrichs and Reeburgh，1987；Andersen，1996），因降解速率与沉积埋藏有关，本章稍后将有更多的讨论。碎屑分解阶段包括微生物和多细胞动物对碎屑的异养分解（如食碎屑和食底泥动物）。与维管植物相比，具有含氮化合物的微藻和大型藻能提供食碎屑动物更多的营养（Findlay and Tenore，1982）。因为微生物在分解阶段会殖生在碎屑中，所以随碎屑的“老化”其氮含量会相对增加（Darnell，1967；Tenore et al.，1982；Rice and Hanson，1984）。早期研究提出大部分氮都可以被视为来自于微生物的“蛋白质富集”（Newell，1965；Odium et al.，1973）。然而，进一步的研究揭示了植物碎屑中非蛋白质氮的存在（Suberkropp et al.，1976）以及氮在腐殖质地质聚合物中的络合（物理和化学的）富集（Hobbie and Lee，1980；Rice，1982；Rice and Hanson，1984），说明蛋白质并非氮的唯一来源。另外，碎屑对氨氮的吸附也能增加总氮的含量（Mackin and Aller，1984）。由于附着细菌比游离细菌更具活性（Griffith et al.，1994），因此对难降解碎屑的分解起关键作用。而且，附着细菌可利用胞外酶溶解 POM，溶解物又被游离细菌利用，这样就提供了微生物生存的连续性（Azam and Cho，1987）。但其他研究表明，吸附的氨氮和附着细菌对互花米草调落物分解过程氮的含量变化并没有影响（Hicks et al.，1991）。下一级的食物演替通常由原生动物控制（Biddanda and Pomeroy，1988；Caron，1987）。

维管植物含有更多的木质和酚类化合物，从而减少了摄食者对其的可利用性（Valiela et al.，1979；Rice and Tenore，1981；Harrison，1982）。植物次生化合物，如苯酚、生物碱、丹宁酸、有机酸、皂角素、萜烯、类固醇、香精油和糖苷具有阻止食草和食碎屑动物的功能（Swain，1977；Ri-

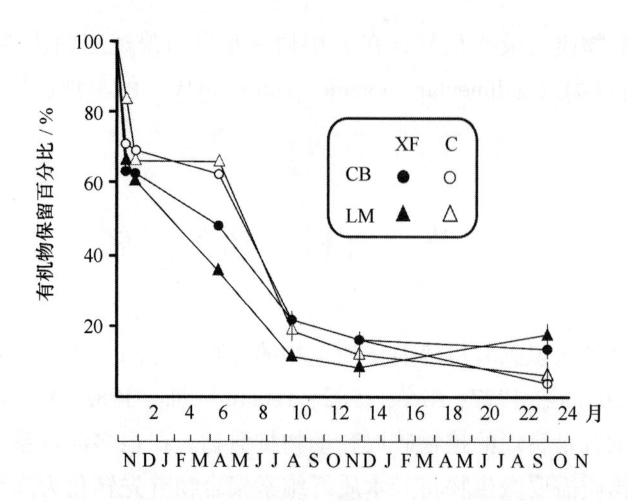


图 8.15　在 23 个月的分解实验期间互花米草碎屑的有机物保留百分比（Wilson et al.，1986）

etsma et al.，1982）。例如，单宁酸属酚类化合物，可以通过沉淀酶蛋白来抑制微生物的活动（Janzen，1974）。这些化合物在腐殖酸和黄腐酸的形成过程中起重要作用，同时也能抑制酶活性（Thurman，1985；Wetzel，2003）。与此类似，$C_4$ 植物（如互花米草、狐米草和盐草）能产生肉桂酸（如阿魏酸和对香豆酸），可以比类似的沼泽 $C_3$ 植物（如灯芯草）更有效地抑制食草动物（Haines and Montague，1979；Valiela et al.，1979；Valiela，1995）。微生物的氮富集功能可以提高作为食物来源的维管植物碎屑的"质量"，微生物同时也能够分解很多无脊椎食碎屑动物或食草动物无法消化的大分子碳水化合物（如纤维素、木聚糖）（Kofoed，1975；Levinton et al.，1984）。这些次级化合物的存在一般会使维管植物的降解速率低于非维管植物（Valiela，1995）。需要提到的是，某些无脊椎动物已经具备了消化这些高度难降解植物的能力。例如，生活在东非红树林中的相手蟹（方蟹科）可以消耗掉 20% ~40% 的红树植物的凋落物（Slim et al.，1997）。最后的碎屑稳定阶段主要以含难降解的木质素和纤维素组分的碎屑为特征（Maccubbin and Hodson，1980；Wilson et al.，1986）。碎屑的来源会明显影响稳定阶段的周期。例如，浮游碎屑的稳定阶段可能持续数周时间，而维管植物则可能持续数月到数年（Valiela，1995；Opsahl and Benner，1999）。最后，温度和碎屑颗粒的大小也是影响降解速率的参数。Hodson 等（1983）早期的研究表明，木质纤维素的降解速率随颗粒物粒径的降低而增加，这是因为随颗粒物表面积与体积比的增加微生物的相对丰度会增加。碎屑袋降解试验显示温度的增加可以增强微生物的活性从而提高碎屑降解速率，这一结果并不令人感到意外（Wilson et al.，1986）。

Berner（1980）首先提出了"1G"模型的概念用于计算有机物分解的一级降解速率常数（$k$）：

$$G_t = G_0 e^{-kt} \tag{8.3}$$

式中，$G_t$ 为 $t$ 时刻的碎屑质量；$G_0$ 为碎屑的初始质量。

这一模型可较好的用于计算不稳定活性有机物，如大型藻和微藻的有机物，但对于难降解有机碎屑，如米草，则不适用（Rice and Hanson，1984）。为了更好地描述难降解碎屑（通常也将不稳定和稳定难降解组分都包含在内）的降解动力学，Rice 和 Hanson（1984）提出了"2G"模型：

$$G_t = G^* + G_{10} e^{-kt} \tag{8.4}$$

式中，$G^*$ 为难降解碎屑的常量，定义为 $G^* = G - G_1$，这里 $G$ 为碎屑总质量，$G_1$ 为不稳定活性物质的质量；$G_{10}$ 为不稳定物质的初始质量；$k_1$ 为不稳定物质的降解常数。

通过比较大型藻（扁江蓠）和维管植物（互花米草）碎屑的降解动力学发现，在较短降解时间（数天）内，“2G”模型能够比“1G”模型更精确的计算其降解常数，而“1G”模型对计算数周到数月时间的降解常数相对较好（Rice and Hanson，1984）。其他研究也证实了大型藻和维管植物中不稳定和稳定有机组分间降解的明显差别，如互花米草中大量难降解的木质纤维素成分降解可持续 40 周，而大型藻和互花米草样品中降解相同量的不稳定脂肪酸都只需大约 3 周时间（图 8.16 和图 8.17；Tenore et al.，1984）。与此类似，Westrich 和 Berner（1984）进行的室内实验表明，沉积物中浮游碎屑的降解可以被分成两部分，即在反应活性上有显著差异的可分解部分和高度难降解（非新陈代谢）部分。这一研究首次为沉积物中有机物的降解可以通过多 G 模型来描述提供了试验依据。

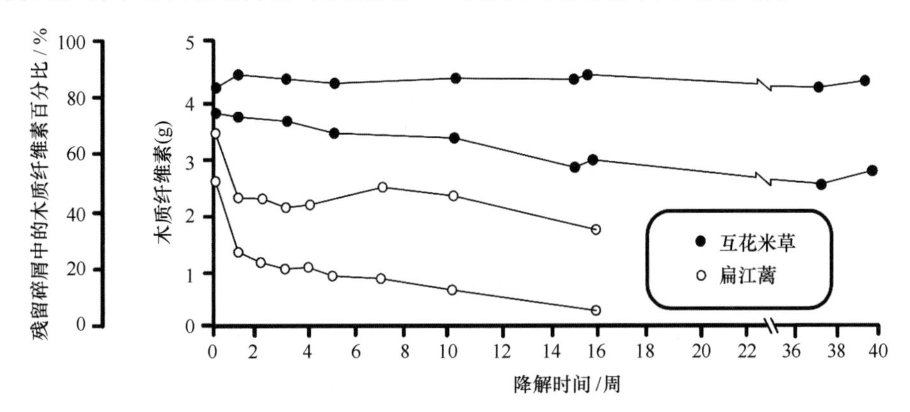


图 8.16　在 40 周的试验期间扁江蓠和互花米草残留碎屑中的木质纤维素的百分比和含量（g）（Tenore et al.，1984）

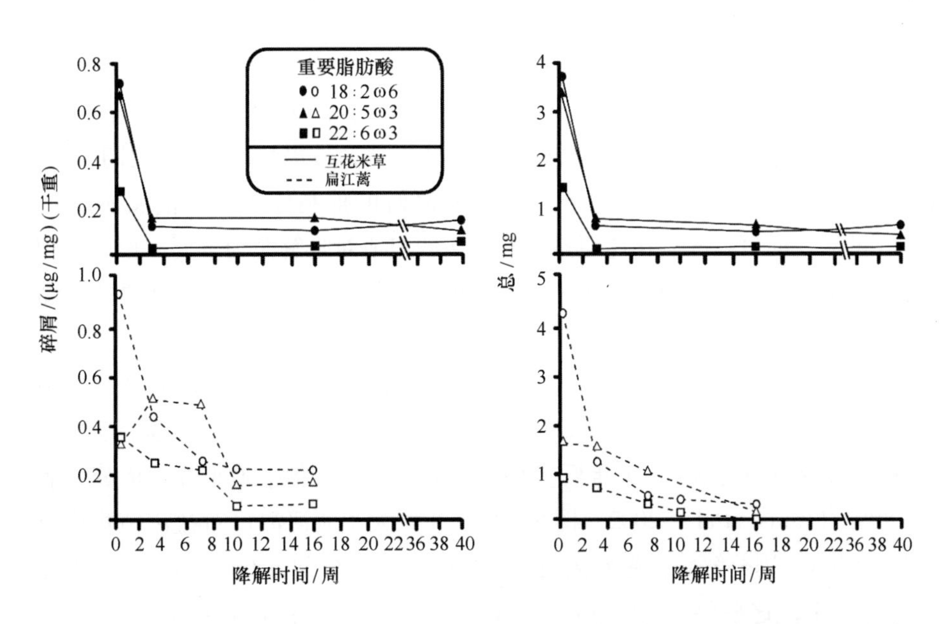


图 8.17　在约 3 周的试验期间扁江蓠和互花米草残留碎屑中的重要脂肪酸的相对丰度和总丰度（Tenore et al.，1984）

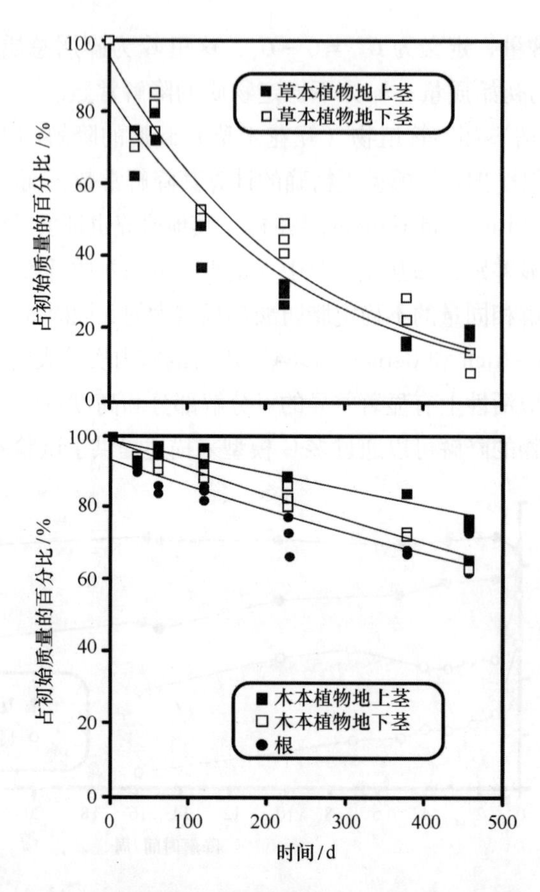


图 8.18　西班牙埃布罗河口沼泽草本植物灌木肉角藜在经过 1 年的分解袋试验后占初始质量的百分比（Curco et al., 2002）

在河口湿地，高等植物地上部分会有少部分被食草动物消耗（Teal, 1962；Valiela, 1995；Alongi, 1998）或被输送到近岸水体（Day et al., 1989；Alongi, 1998）。与大量藻类为主要来源的海区相比，湿地中有机碎屑的分解速率相对较慢。分解速率普遍较慢的原因可归因于（1）厌氧条件；（2）水的酸性；和（3）溶解态腐殖质和次级产物对降解的抑制作用（如前文所述）（Qualls and Haines, 1990）。虽然在河口系统氧化还原条件和碎屑的组成对降解尤为重要，但是河口淡水湿地和潮汐淡水区可能更大程度受到低 pH 值的影响。较低的 pH 值主要是因为含有羧基的高浓度溶解态腐殖质所致（Thurman, 1985；Wetzel, 2003）。

地上或地下沼泽碎屑所处的位置（如被淹没或未被淹没）对维管植物的降解速率有较大影响（Hackney and de la Cruz, 1980；Neckles and Neill, 1994）。最近在西班牙埃布罗河河口对沼泽植物灌木肉角藜所做的装袋降解研究显示，1 年后茎和根（沼泽草本植物中最难降解成分）各占袋中剩余成分的 70% ~80%（Curco et al., 2002；图 8.18）。在意大利波河河口对盐沼植物进行的一项类似降解研究表明，经过 65 周分解后，灌木肉角藜的剩余根和茎分别占 66% 和 64%，芦苇的剩余根和茎分别占 30% ~50%，这些结果与 Curco 等（2002）的研究结果都基本一致（Scarton et al., 2000）。然而，与灌木肉角藜中 4% 的叶片残留相比，芦苇降解过程中很高的（50%）叶片残留进一步支持了芦苇比大部分沼泽植物更耐降解的观点。在海平面不断上升的情况下，芦苇可能会更有效地维持沼泽或沉积物的海拔高度。与此类似，狐米草的缓慢降解速率使其能垂向增生，这对保护路易斯安那沼泽地是非常重要的（Foote and Reynolds，1997）。墨西哥湾和美国大西洋沿岸的沼泽地海拔高度增长率为每年0.15～1.35 cm，而海平面上升速率则是每年0.23～0.92 cm（图7.4）。所以很多红树林沼泽也受到海平面上升的威胁，特别是在泥炭占优势而陆源土壤输入很低的区域（Woodroffe，1995；Kikuchi et al.，1999）。红树林典型的海拔增长速率是每年－0.82～1.6 cm（Bird，1980；Spenceley，1982）。最近的研究显示气生根结构（如支持根和呼吸根）由于其较大的表面摩擦力，可以在潮汐交换期间增强对颗粒物的捕获和沉积（Furukawa and Wolanski，1996；Krauss et al.，2003）。

## 第四节　早期成岩作用

如第二章所述，大部分近代河口系统自5 000～6 000年前形成以来一直经历着沉积填充；这一过程导致有机物在河口系统沉积物中的长期积累和储存。SOM的归宿取决于发生在上层沉积物中的早期成岩反应程度，这些反应主要受控于输入有机碎屑的"质量"（前文已讨论）和沉积环境中的氧化还原条件。Leeder（1982，第32页）将成岩作用定义为"所有发生在沉积物次表层的作用于沉积物颗粒的化学和物理过程"，这一定义与海解作用进一步区分开来。海解作用（海底岩化作用）是指"局限在沉积物－水界面的化学变化"。地圈（下至几千米）中沉积有机物的整个转化序列被划分为以下几个成熟阶段：（1）成岩；（2）退化；和（3）变生（图8.19；Tissot and Welte，1984）。成岩阶段（表层至大约1 000 m）涉及微生物和化学解聚作用，将SOM中大的生物聚合分子（如多糖和蛋白质）转化为单体分子，单体分子再凝结形成腐殖质，最终形成干酪根。在退化和变质阶段，干酪根和特定的类脂化合物会在高温高压下转化成煤、天然气和石油。由于本书所讨论的生物地球化学过程并不涉及高温高压条件下发生的质变过程，因此这里讨论的重点是成岩作用，或者更具体地说是指早期成岩作用。Berner（1980，第38页）将早期成岩作用定义为"在温度没有升高，没有发生海底隆起高出海平面的情况下，沉积物中从埋藏开始至几百米深度所发生的所有变化"。在这个阶段，关键的微生物和化学转化过程会在低温的新沉积层中发生，并对近岸和河口环境中的生物地球化学循环有重要影响。

早期成岩作用通常被描述为稳态过程；然而，除非考虑很长的地质时间尺度，一般在浅水浑浊环境如河口区，稳态条件并不常见。很多因素会导致非稳态条件的发生，例如沉积速率的变化、有机物的输入、底层水和沉积物中的化学反应、生物扰动速率和再悬浮（Lasagna and Holland，1976）。因此，许多研究尝试揭示河口系统短期的非稳态早期成岩作用（Alongi et al.，1996；Luther et al.，1997；Mortimer et al.，1998；Anschutz et al.，2000；Deflandre et al.，2002）。

颗粒物不断沉降到沉积物－水界面会造成沉积物的大量积累从而发生沉积物的垂直压缩，致使间隙水中的溶质会通过向上的物理输送或平流过程进入上覆水。同样，间隙水中的溶质也可以通过浓度梯度扩散至上覆水。总之，沉积物间隙水可以通过平流、分子扩散、生物泵或生物扰灌来输送（Aller，2001；Jørgensen and Boudreau，2001）。水体中的溶质扩散服从菲克扩散定律（Berner，1980）。

用于稳态条件的菲克第一扩散定律如下所示。

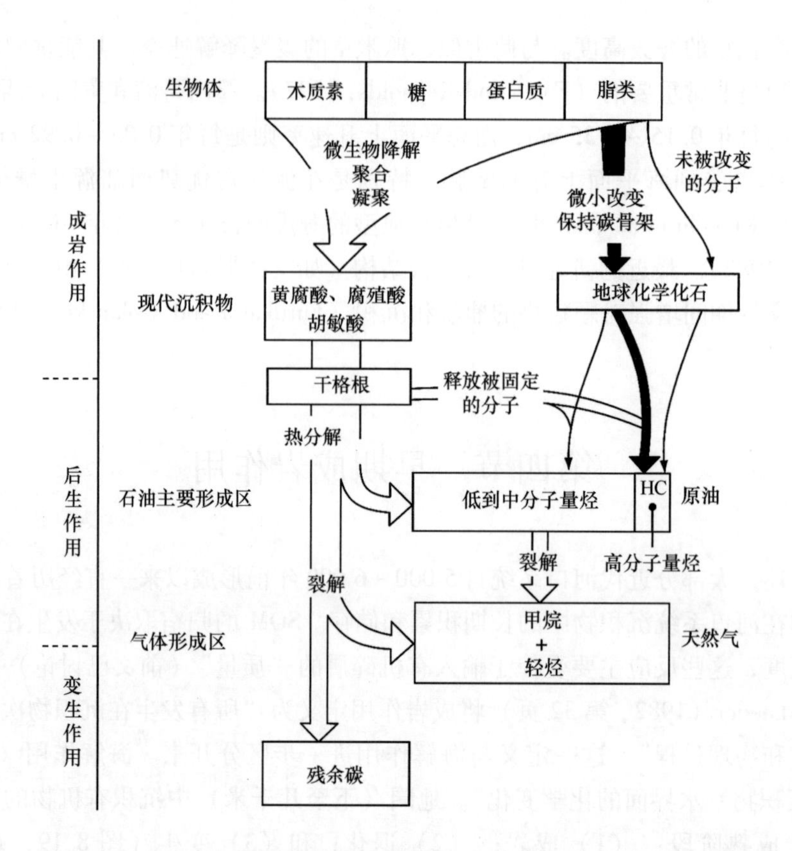


图 8.19　地圈（下至几千米）中沉积有机物的整个转化序列被划分为以下几个成熟阶段：（1）成岩；（2）退化；和（3）质变（Tissot and Welte，1984）

$$J_i = -D_i(\delta C_i/\delta x) \tag{8.5}$$

式中，$J_i$ 为组分 $i$ 在单位时间单位面积内的质量扩散通量；$D_i$ 为组分 $i$ 在单位时间内的面积扩散系数；$C_i$ 为组分 $i$ 在单位时间内的质量浓度；$x$ 为最大浓度梯度的方向（负号表示通量方向与梯度相反）。

用于非稳态条件的菲克第二扩散定律如下所示：

$$\delta C_i/\delta t = D_i(\delta^2 C_i)/\delta x \tag{8.6}$$

使用菲克定律计算沉积物中的溶质扩散通量，必须对这些方程做一些调整以便解决沉积物颗粒对间隙水中溶质的扩散造成的负干扰效应（Lerman，1979；Berner，1980）。例如，使用迂曲度来进行调整。所谓迂曲度是指溶质在一定距离一定深度间隔内围绕颗粒运动的曲折路线长度，可用下式表示（Berner，1980；Krom and Berner，1980a）：

$$\theta = \delta l/\delta x \tag{8.7}$$

式中，$\theta$ 为迂曲度；$\delta l$ 为溶质通过的曲折路线长度；$\delta x$ 为深度间隔。

迂曲度对整体沉积物扩散的作用可以被进一步描述为（Berner，1980）：

$$D_s = D/\theta^2 \tag{8.8}$$

式中，$D_s$ 为整体沉积物扩散系数（单位时间沉积物面积）。

迂曲度可以通过测量去除间隙水的自然沉积物的电阻率而间接确定（Berner，1980），方程式如下：

$$\theta^2 = \varphi F \tag{8.9}$$

式中：$F$ 为沉积物形成系数，$F = R/R_0$；在细颗粒沉积物中 $F$ 值通常为1.5～3.0（Ullman and Aller, 1982；Iverson and Jørgensen, 1993）；$R$ 为沉积物的电阻率；$R_0$ 为间隙水的电阻率。

在对沉积物中的扩散做出这些调整后，饱和沉积物中非保守溶质的质量平衡和垂直浓度分布可用下面的一维平流－扩散一般成岩作用方程（general diagenetic equation, GDE）来描述（Berner, 1980；Aller, 2001；Jørgensen and Boudreau, 2001）：

$$\delta\varphi C/\delta t = \varphi D_s(\delta^2 C/\delta x^2) - \delta\omega_p C/\delta x - \sum R_i \tag{8.10}$$

式中，$C$ 为溶质浓度；$t$ 为时间；$D_s$ 为溶质 $C$ 的整体沉积物扩散系数；$x$ 为相对于表层（$x=0$）的沉积物深度；$\omega_p$ 为相对于沉积物－水体界面间隙水的平流速度；$\sum R_i$ 为影响溶质 $C$ 的所有反应之和。

这些成岩作用模型通常被用来描述氧化还原敏感金属（如锰和铁）的分布，因为它们和沉积物中有机物的矿化有密切联系（Burdige, 1993；Jørgensen and Boudreau, 2001）。特别是，几种稳态模型已被用于描述沉积物中锰和铁的成岩过程（本章后面详述）（Burdige and Gieskes, 1983；Aller, 1990；Boudreau, 1996；Dhaker and Burdige, 1996；van Cappellen and Wang, 1996；Slomp et al., 1997；Overnell, 2002）。最近在对采自苏格兰埃蒂夫湖河口沉积物的分析中，分别用van Cappellen 和 Wang（1996）和 Slomp 等（1997）提出的成岩作用模型对以活性锰和铁氧化物为电子受体的成岩过程做了对比。结论是两个模型对锰和铁在沉积物中的垂直分布模拟既有吻合又有不吻合之处，因此特别鼓励研究者应采用多个成岩作用模型进行比较（Overnell, 2002）。

假定输运（物理混合与生物扰动）、沉降输入（如 POM 的来源/质量和数量）、沉积物的质量累积速率、温度和有机物分解，以及沉积层的平面均匀性都处于稳定状态，那么 POM 的含量将不会随时间而改变。虽然这些条件在河口系统中几乎不可能存在（Berner, 1980），但为了简化讨论，这里仍然使用稳态条件。这样，假设是稳态条件，POM 降解的 GDE 如下所示（Rice and Rhoads, 1989）：

$$\delta G_s/\delta t = D(\delta^2 G_s/\delta x^2) - \omega(\delta G_s/\delta x) - kG_s = 0 \tag{8.11}$$

式中，$t$ 为时间；$x$ 为相对于表层（$x=0$）的沉积物深度；$G_s$ 为沉积物中 POM 的稳态含量（质量/沉积体积）；$D$ 为颗粒物的随机混合系数；$\omega$ 为沉积速率；$k$ 为颗粒有机物的表观一级降解速率，这里 $\delta G_s/\delta t = -kG_s$。

如前文所述，在河口不仅 POM 在沉积物表面的沉积会随时间发生变化，而且在沉积物－水界面还存在不断产生的 POM，如底栖微藻。这是模型面临的一个难题，因为它假设水体中 POM 的供给速率与沉积通量是相等的（Berner, 1980）。有关成岩作用模型的边界约束条件以及 POM 的不稳定性的更详细内容可参见 Aller（1982）与 Rice 和 Rhoads（1989）的文章。当将生物混合作为一维扩散过程处理时，在 GDE 中使用的生物扰动和生物扩散系数与标准菲克扩散率相似（Wheatcroft et al., 1991）。引入生物扩散系数（$D_B$）是假定所有的生物混合活动可随时间集成，从而作为一个类似扩散过程处理。对 $D_B$ 的估算可以通过沉积物中放射性核素随深度衰变的垂直分布获得，见第七章所述。更具体些，生物扩散率可以由改进后的平流扩散公式 7.22（Nittrouer et al., 1984）来描述，这里沉积速率（$A$）由下式表示：

$$A = \lambda x/\ln(C_0/C_x) - D_B/x[\ln(C_0/C_x)] \quad (8.12)$$

式中，λ 为衰变常数（$a^{-1}$）；$C_0$ 为放射性核素垂直分布的上表层（$x=0$）活度；$C_x$ 为放射性核素距上表层（$x=0$）以下 $x$ 处的活度（dpm/g）；$D_B$ 为生物扩散率（$cm^2/a$）。

美国长岛海峡河口和切萨皮克湾中 $D_B$ 的估算值通常在 0.5 ~ 110 $cm^2/a$ 之间（Aller and Cochran，1976；Aller et al.，1980）和 6 $cm^2/a$ ~ >172 $cm^2/a$（Dellapenna et al.，1998）之间。因为混合过程显然不是一个一维过程，所以当混合受水平平流影响时，用垂直分布估算的生物扩散率可能严重低估了质量的输运（Wheatcroft et al.，1991）。

在估算早期成岩过程中有机物的降解速率时，氧化还原状态是一个重要的控制变量。水体中的溶解氧是控制底栖生物和沉积物中元素循环的关键因素（Aller，1980；Yingst and Rhoads，1980；Rosenberg et al.，2001）。沉积物中的氧化还原状态通常由 $E_h$（氧化还原电位）来定义（Stumm and Morgan，1996）。在氧化还原化学反应中，$E_h$可用半反应，即相对于一个标准氢电极的电子活度（伏特）表示（Chester，2003）。这样，溶液中的电子活动就由下式中的电子活度（$p\varepsilon$），一个无量纲单位，或 $E_h$（伏特）来表示：

$$p\varepsilon = F/2.3RT(E_h) \quad (8.13)$$

式中，$F$ 为法拉第常数；$R$ 为气体常数；$T$ 为绝对温度。

$E_h$ 的值主要受控于有机物的产生和降解；正值代表氧化条件，而负值则表示还原条件。氧化还原电位不连续层（Redox potential discontinuity，RPD）的深度通常伴有显著的颜色变化，显示沉积物中氧化和次氧化状态（Fenchel and Riedl，1970；Santschi et al.，1990）。河口沉积物的表层氧化态沉积物（一到几厘米之间）通常呈橙 - 棕色（含铁锰氧化物），接下来是灰 - 黑色的还原区域（单硫化物和多硫化物）。沉积物的 RPD 深度很大程度上受控于有机物输入量、物理混合和生物扰动。最近的研究表明用电极法或用沉积物剖面图像法（sediment profile image，SPIs）测量沉积物柱状样获得的 RPD 位置很接近（Rosenberg et al.，2001）。

**表 8.3　沉积物中有机物氧化途径及每摩尔有机碳反应产生的标准自由能 $\Delta G^0$**

| 反应途径和反应化学计量 | kJ/mol |
|---|---|
| 氧化呼吸：<br>$CH_2O + O_2 \rightarrow CO_2 + H_2O$ | -479 |
| 反硝化：<br>$5CH_2O + 4NO_3^- \rightarrow 2N_2 + 4HCO_3^- + CO_2 + 3H_2O$ | -453 |
| 锰氧化物还原反应：<br>$CH_2O + 3CO_2 + H_2O + 2MnO_2 \rightarrow 2Mn_2^+ + 4HCO_3^-$ | -349 |
| 铁氧化物还原反应：<br>$CH_2O + 7CO_2 + 4Fe(OH)_3 \rightarrow 4Fe_2^+ + 8HCO_3^- + 3H_2O$ | -114 |
| 硫酸盐还原反应：<br>$2CH_2O + SO_4^{2-} \rightarrow H_2S + 2HCO_3^-$ | -77 |
| 甲烷生产：<br>$HCO_3^- + 4H_2 + H^+ \rightarrow CH_4 + 3H_2O$<br>$CH_3COO^- + H^+ \rightarrow CH_4 + CO_2$ | -136<br>-28 |

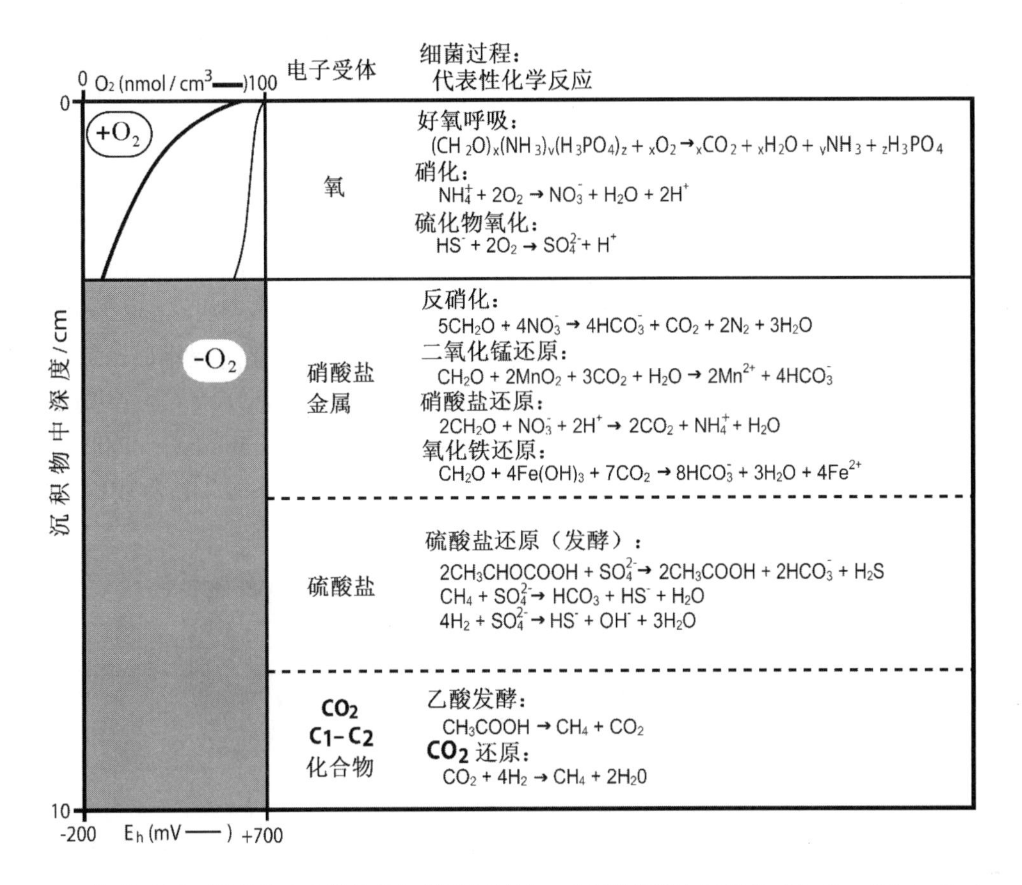


图 8.20　海洋及河口沉积物中有机物的细菌降解通过一系列的终端电子受体（如 $O_2$、$NO_3^-$、$MnO_2$、FeOOH、$SO_4^{2-}$ 和 $CO_2$）和氧化还原条件的改变而进行（Deming and Baross，1993）

如图 8.20 所示，海洋/河口沉积物中有机物的降解反应通过一系列的终端电子受体（如 $O_2$、$NO_3^-$、$MnO_2$、FeOOH、$SO_4^{2-}$ 和 $CO_2$）进行（Richards，1965；Froelich et al.，1979；Canfield，1993）。反应顺序主要由反应中每摩尔有机碳产生的自由能（$\Delta G^0$）（见第四章）来确定（表 8.3）。实质上，一个电子受体的产物会成为另一个电子受体的电子供体，例如 $Fe^{2+}$ 和 FeS 被 $MnO_2$ 和 $NO_3^-$ 所氧化。这一顺序确实决定了有机物降解反应的先后性，但最近的研究表明很多细菌的多功能性可能造成几个反应同时在一个区间发生（Brandes and Devol，1995）。这可能是因为相对于用实验室培养的细菌反应得到的氧化还原反应顺序，沉积物中的天然细菌种群对反应具有更好的适应性的结果（Jørgensen and Boudreau，2001）。同时，研究者认为细菌的互利共生是造成有机物厌氧降解的原因，因为没有任何一种厌氧细菌有能力完成全部的降解过程（Fenchel et al.，1998）。好氧微生物则具有酶解功能，可以完成有机物的整个降解过程（Kristensen and Holmer，2001）。然而，尽管好氧细菌和厌氧细菌共生对有机物的降解能力有差异，但其他研究表明，随沉积深度的增加而减小的降解速率，主要是由于分解的进程、有机物的来源和减少的代谢物交换所致，并非因氧化还原的影响（Canfield，1994；Kristensen et al.，1995；Aller and Aller，1998；Hulthe et al.，1998）。最近的研究也证实新鲜有机物的降解速率相似且不依氧化还原条件而改变（Kristensen and Holmer，2001）。所以，当沉积物氧化还原状态随沉积深度而改变时，有机物分布也随降解过程出现复杂的变化，即从大的有机聚合物（可以通过水解和发酵过程而分解）到小的单体水溶性分子有机物（如甲酸酯、乙酸酯、丙酸酯）（Kristensen and Hansen，1995）。这些小分子（如乙酸酯）又在以厌氧呼吸为主要途径的有机物降解中（如 $NO_3^-$ 和 $SO_4^{2-}$ 的还原）被消耗。

沉积物间隙水中 DOM 循环与水体 DOM 循环的主要差别在于前者的矿化过程主要通过厌氧途径而发生，比如发酵过程。间隙水中的 DOM 分子量大多在 3 kDa 以下，并且难以降解（Burdige，2002）。这与前面描述的 Amon 和 Benner（1996）提出的 DOM 粒径 - 反应连续性模型一致。Burdige 和 Gardner（1998）也提出了一个相似的间隙水粒径/反应活性模型（porewater size/reactivity model，PWSR），用来描述沉积物中的 DOM 循环。与前述水体中 POM 的再矿化过程相似，沉积 POM 会首先被底栖细菌酶解为 DOM；然后进一步水解成单体 LMW DOM（mLMW DOM），这些小分子（如氨基酸、单糖）继而被沉积物中其他细菌的呼吸过程所利用（图 8.21；Burdige，2002）。另一部分 HMW DOM 可以转化成聚合 LMW DOM（pLMW DOM），因为水解过程中的化学变化，pLMW DOM 被认为比 HMW DOM 更难降解（Guo and Santschi，2000）。

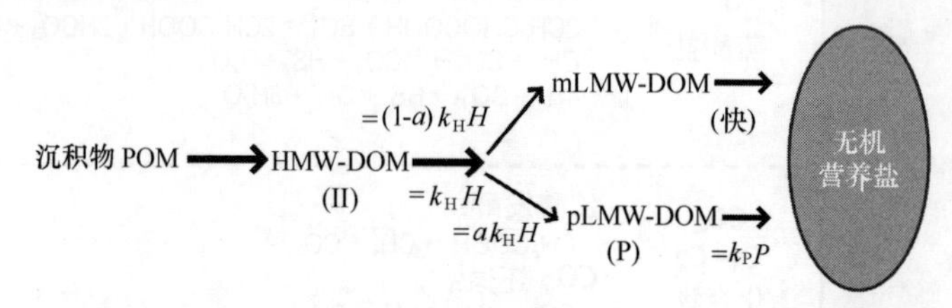


图 8.21　描述沉积物中的 DOM 循环的间隙水粒径/反应活性模型（PWSR）。与前述水体中 POM 的再矿化过程相似，沉积 POM 首先被底栖细菌水解为 HMW DOM；然后被进一步水解成单体 LMW DOM（mLMW DOM）—这些小分子（如氨基酸、单糖）继而被沉积物中其他细菌呼吸过程所利用（Burdige，2002）。$H$ 为 HMW DOM，$P$ 为聚合 LMW DOM（pLMW DOM），$k_H$ 为 HMW DOM 消耗的速率常数，$k_p$ 为 pLMW DOM 消耗的速率常数，$a$ 为 HMW DOM 转化成 pLMW DOM 的比例

如图 8.20 所示，传统观点认为随沉积深度增加而依次发生的单向氧化还原反应顺序中，氧气是首先被利用的终端电子受体。好氧降解过程中会产生其他含氧中间体（如 $\cdot O_2^-$、$H_2O_2$、$\cdot OH$），这些中间体有助于难降解有机物的分解（Canfield，1994）。类似地，在含氧区的间隙水中硝化过程会产生大量 $NO_3^-$。随着有机物降解的延伸和沉积深度的增加，有机物的矿化继而会转变为厌氧过程（Henrichs and Reeburg，1987；Gond and Hollander，1997；Boudreau and Canfield，1993；Roden et al.，1995）。虽然氧化分解的效率较高，但在河口系统中很多有机物是通过次氧化或厌氧过程分解的。例如，在次氧化区，$NO_3^-$ 可以被细菌的反硝化消耗，也可被 $Mn^{2+}$ 的氧化所消耗（Schultz et al.，1994；Luther et al.，1997）。与此相似，在厌氧沉积物中锰氧化物还原的同时 $NH_4^+$ 可被硝酸盐氧化[①]（Hulth et al.，1999；Anschutz et al.，2000）。当由异养细菌分解有机物转变为自养细菌氧化无机化合物时，氧气的消耗也会发生变化。例如，前文讨论的化学和细菌反应产生锰（Ⅲ、Ⅳ）和铁（Ⅲ）氧化物也是沉积物次氧区氧气消耗的一个重要过程（Aller et al.，1986；Aller，1990），这些反

① 原著中此处为氨被硝酸盐氧化为锰氧化物，译者据原文献（Hulth et al.，1999）进行了修正。——译者注

应大部分都是由化能自养细菌介导的（Aller and Rude，1988；Nealson and Saffarini，1994；Dollhopf et al.，2000）。研究证明金属氧化物对控制间隙水中 DOM 的分布也起到重要作用（Tipping，1981；Gu et al.，1995；Chin et al.，1998；Jakobsen and Postma，1999；Filius et al.，2000）。最近在加拿大萨格奈峡湾的研究提供的有力证据表明，当铁和锰的金属氧化物被还原时，吸附的 DOC 会被释放出来（Deflandre et al.，2000）。

对取自丹麦奥胡斯湾河口沉积物间隙水中 $Mn^{2+}$、$Fe^{2+}$ 和 $H_2S$ 的分析显示，$Mn^{2+}$ 和 $Fe^{2+}$ 的垂直浓度分布出现次表层峰值，说明沉积物上层 2～4 cm 发生了锰和铁氧化物的还原（图 8.22；Thamdrup et al.，1994）。而 $Mn^{2+}$ 和 $Fe^{2+}$ 在近沉积物－水界面表层的降低说明这些被还原性的金属再被氧化，并扩散至上覆水中。在 4～8 cm 间当 $Fe^{2+}$ 向下扩散并与 $H_2S$ 反应生成 FeS 或 $FeS_2$（黄铁矿）时，其浓度出现一个急剧降低。$SO_4^{2-}$ 的还原导致 $H_2S$ 浓度随深度的增加而急剧增加。细菌的 $SO_4^{2-}$ 还原代表了缺氧沉积物中有机碳降解的最终阶段（Capone and Kiene，1988）。在 $SO_4^{2-}$ 还原发生最强烈的区域通常硫酸盐是不受限制的（Howarth，1984）。相反，$H_2S$ 的向上扩散会导致硫化物的再氧化。据估算河口系统中几乎有近半量的 $O_2$ 是由于硫化物的再氧化而消耗的（Jørgensen，1977；Boudreau and Canfield，1993）。实际上，研究发现切萨皮克湾的底层低氧水明显受到还原态硫化物（如 $H_2S$）再氧化的影响（Roden and Tuttle，1993a，b；Roden et al.，1995）。对近岸和河口环境的许多研究指出，硫酸盐还原是沉积物中有机物降解的主要途径（Howarth and Teal，1979；Howarth and Giblin，1983；Chanton and Martens，1987a，b；Mackin and Swider，1989；Roden et al.，1995）。在切萨皮克湾，$SO_4^{2-}$ 还原分解的有机物占平均净初级生产力的 30%～35%，可能占总沉积有机碳代谢的 60%～80%（Roden et al.，1995）。$SO_4^{2-}$ 还原的相对重要性很大程度上取决于沉积物中物理和生物扰动的混合程度以及有机物的量。扰动混合将 $O_2$ 带入沉积物会明显提高 $O_2$ 在有机物降解中的重要性（Jørgensen and Revsbech，1985）。

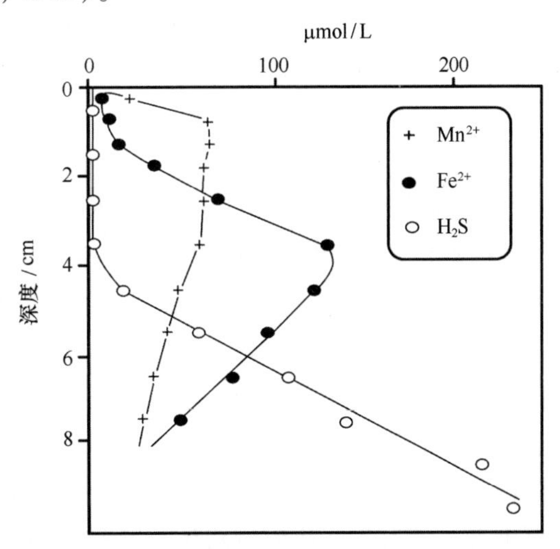


图 8.22　丹麦奥胡斯湾河口沉积物间隙水中 $Mn^{2+}$、$Fe^{2+}$ 和 $H_2S$ 的垂直分布

（Thamdrup et al.，1994）

通常，沉积物中有机物的降解是通过主要降解反应（如硫酸盐还原）所测速率在间隙水和固体颗粒相的垂直分布的成岩模型来描述的（Berner，1980）。与前文所述的“多 G”碎屑降解模型相

似，沉积有机物降解模型也将总有机物分为难降解（非反应性）和不稳定（高度反应性）的不同组分（Burdige，1991；Roden and Tuttle，1996）。Jørgensen（1978）首先提出具有不同反应性的有机物多组分（多G）概念，并由Westrich和Berner（1984）首次用于河口沉积物系列试验中进行验证。这项研究表明浮游植物有机物可被分为$G_1$、$G_2$和$G_3$或$G_{NR}$ 3个组分，即最新鲜最不稳定的可代谢组分（$G_1$），次级可代谢的组分（$G_2$，降解速率为$G_1$的1/10），和实验时间内不降解的非反应性组分（$G_{NR}$，可能几年才能降解）（Westrich and Berner，1984）。其他应用硫酸盐还原速率的有机物降解模型显示，沉积有机物降解是一个从水体中预沉降到随着沉积深度而变化的连续过程（Burdige，1991）。有机物的降解反应活性随沉积深度的增加而降低。例如，用“多G”或“混合”模型对采自切萨皮克湾的沉积物柱样中的有机物降解速率估算的结果表明，上层2 cm内的降解速率常数从8.2/a降低到3.7/a（$G_1$成分），在深度12～14 cm进一步从2.1/a降低到0.2/a（$G_2$和$G_3$成分）（Burdige，1991）。这些速率常数都在早期实验室采用泥浆法测定所得的降解速率范围之内（Martens and Klump，1984；Westrich and Berner，1984；Buridige and Martens，1988；Middelburg，1989）。预沉积降解过程也会对沉积物中的有机物降解速率造成重要影响（Middelburg，1989；Burdige，1991）。Burdige（1991）混合模型的一个附加特点就是强调了沉积物中N和P矿化的重要性，这在以前以S和C为基础的模型中基本被忽略了（Westrich and Berner，1984；Middelburg，1989）。

## 第五节　动物－沉积物关系和有机物循环

很多文献已详细报道了大型底栖动物（大于500 μm的底栖无脊椎动物）对沉积物化学和物理性质的生物扰动作用（Fager，1964；Rhoàs，1974；Aller，1978；Yingst and Rhoads，1978，1980；McCall and Tevesz，1982；Rhoads and Boyer，1982）。早期的工作利用具有颗粒表面吸附活性的放射性核素，如$^{210}$Pb和$^{137}$Cs（Nozaki et al.，1977；Robbins et al.，1977；Gardner et al.，1987）以及$^{234}$Th和$^{7}$Be（Aller and Cochran，1976；Krishnaswami et al.，1980），研究了生物扰动对长期（几年至几十年）和短期（数周到数月）沉积混合的作用机制。相比没有生物扰动的情况，生物扰动引起的沉积物性质变化可导致沉积有机物更快更完全的降解（Andersen and Kristensen，1992；Aller，1994；Banta et al.，1999）。大型底栖动物的扰动活动通常包括栖管注水、移动、粪便颗粒排泄和栖管挖掘（Francois et al.，2001）。实际上，最近的研究已经使用了基于函数变量的生物扰动模型用以描述物理和生物的扰动机制（图8.23）（Francois et al.，2001）。大型底栖动物可以被分为以下五种功能类群：（1）生物扩散者—随机混合沉积物（如片脚类*Pontoporeia hoyi*）（Robbins et al.，1979）；（2）向上输送者——通过肠道排泄将沉积物从深处移动到表层（如多毛类*Leitoscoplos fragilis*）（Rice，1986；Bianchi and Rice，1988）；（3）向下输送者—通过肠道排泄将沉积物从表层移动到深处（如*Nereis diversicolor*）；（4）再生者—通过打洞或挖掘将沉积物转移到表层（如蟹类*Uca pugilator*）（Gardner et al.，1987）；和（5）栖管扩散者—在沉积物中建立栖管系统，通过排泄和移动进行颗粒物的水平运输（如挖掘虾*Callianassa* spp.）（Bianchi，1991）。在较大的区域内，沉积物中颗粒物与氧气通过生物扰动达到的混合深度主要取决于底栖群落的演替阶段（Rhoads，et al.，1978；Rhoads and Boyer，1982）。例如，早期的演替阶段Ⅰ通常以具有较高种群密度和较快生长率的小型机会种为代表，它们会导致一个较浅的RPD层。这与后期的演替阶段Ⅲ相对应，该阶段以具有更多的平衡种（顶级群落）、较小的种群密度、较慢的生长速率和较深的 RPD 层为特征（图 8.24；Zajac, 2001）。演替阶段Ⅱ以底栖种和介于阶段Ⅰ与阶段Ⅲ群落之间的 RPD 层为特征。最近在长岛湾河口的研究表明，在实验改变食泥多毛类动物的分布密度后，沉积物中 $O_2$ 的消耗速率会有显著变化（Zajac, 2001）。该实验通过改变水体中 $O_2$ 的物理输送与沉积物中生物耗氧之间的平衡获得的结果进一步证明了底栖生物的功能多样性与生物地球化学循环之间的关系。

底栖群落的组成和它们对沉积物扰动的潜在作用很大程度上受控于盐度、沉积物粒度和河口中沉积物的沉积梯度。例如，切萨皮克湾南部（河口下游）的细砂和高盐度区域的大型底栖动物主要是具有较大种群的俯首食底泥生物（晚期演替阶段）（Schaffner, 1990; Dellapenna et al., 1998）。这与低盐度、细颗粒沉积的北岸（河口上游）主要为较小种群的表层摄食栖管动物相对应（Dellapenna et al., 1998）。这些底栖群落组成的差异在研究混合深度和生物扰动速率与季节温度变化的关系时可以得到很好的体现（图 8.25；Schaffner et al., 2001）。

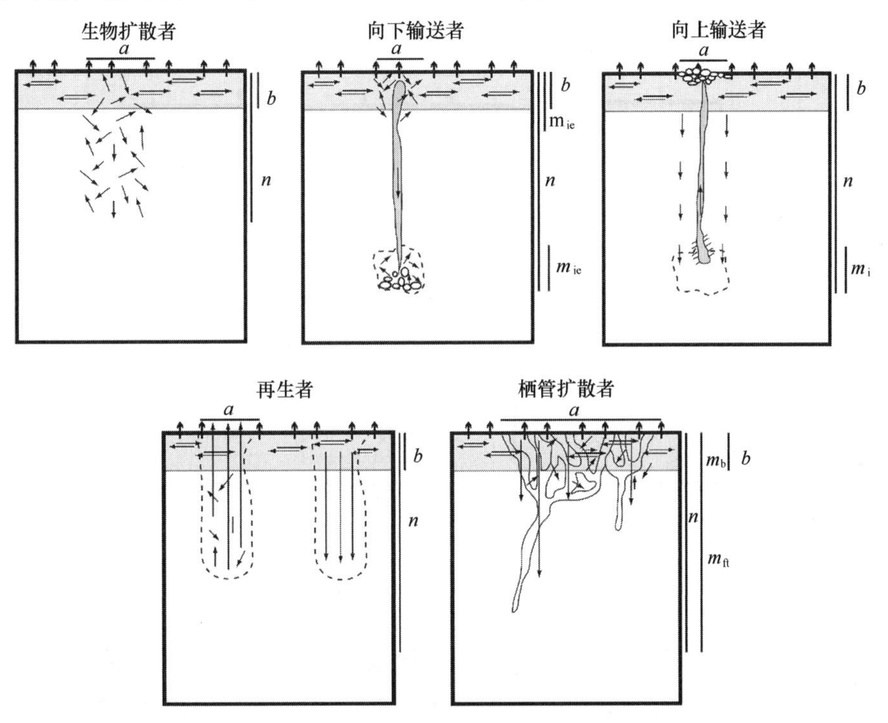


图 8.23 使用函数方法的生物扰动模型描述物理和生物扰动机制。其他混合参数定义为：$a$ 为生物混合区的宽度；$n$ 为生物混合区的深度；$m_{ie}$ 为向下输送生物的摄入－排泄区的高度；$m_b$ 为栖管扩散生物的扩散区高度；$b$ 为模拟矩阵第一行的高度。箭头表示沉积物颗粒的运动方向（Francois et al., 2001）

生物扰动也会影响有机物、营养盐和污染物在河口沉积物中和沉积物－水界面的扩散通量（Kristensen and Blackburn, 1987; Aller, 1994; Kure and Forbes, 1997）。现有的几种用于确定沉积物表面颗粒物归宿的模型基本都选择平流－扩散方程（Goldberg and Koide, 1962; Guinasso and Schink, 1975; Robbins et al., 1979; Berner, 1980; Fisher et al., 1980; Aller, 1982; Rice, 1986; Boudreau, 1996; Aller et al., 2001; Boudreau and Jørgensen, 2001）。Aller（2001）最近的研究描述了生物扰动

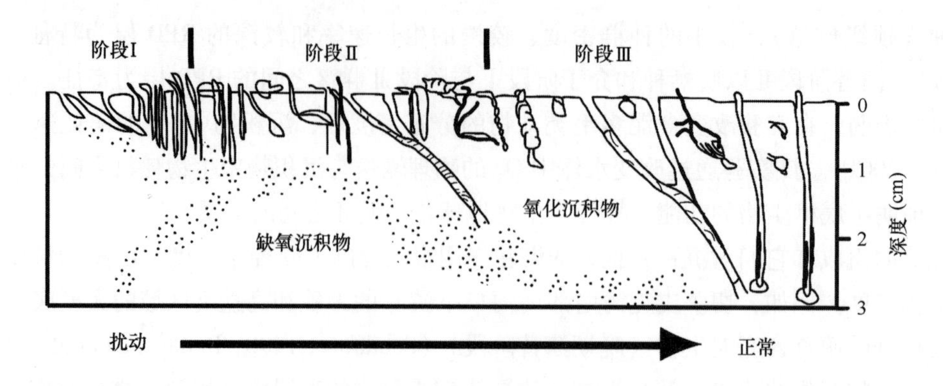


图 8.24　底栖群落的演替阶段（Zajac, 2001）

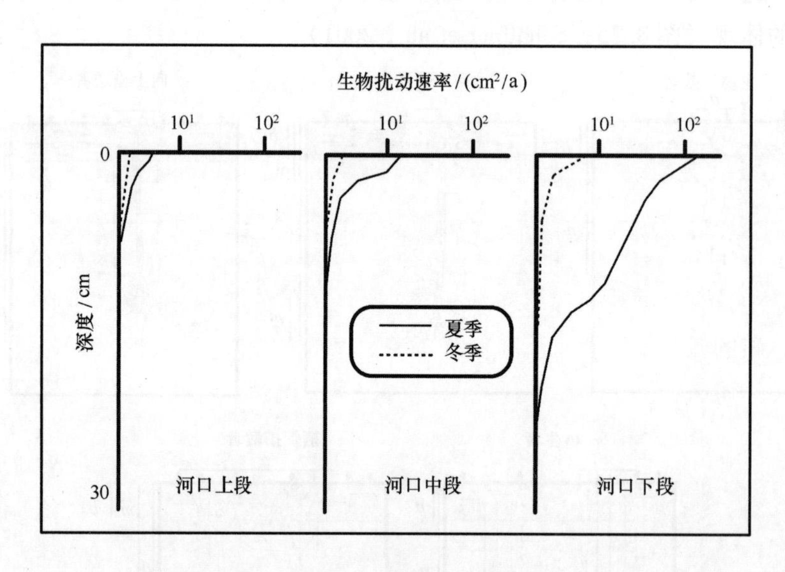


图 8.25　美国切萨皮克湾不同区域与季节温度变化相关的混合深度和生物扰动速率（Schaffner et al. , 2001）

可增加溶解物质输运的一些基本途径（在满足一般成岩作用方程中的参数和假设的情况下）：（1）生物湍流扩散；（2）生物平流；（3）内部源和汇的产生；（4）生物扰灌区的几何模拟（如洞穴结构）。因为大部分平流扩散成岩模型都过于简化，并对沉积物的均匀性做出不实际的假设，所以当模拟溶质的输运时，考虑底栖生物的这些微尺度特征和结构是非常重要的（Wheatcroft et al. , 1991；Aller, 2001）。

## 第六节　河口沉积物中控制有机物保存的因素

近岸和河口沉积物中有机物的保存主要受控于生产力、沉积速率、底层水与沉积物的氧化还原条件以及与沉积物颗粒比表面积有关的吸附作用（见综述，Hedges and Keil, 1995）。本节重点阐述影响河口沉积物中有机物保存的控制因素；有关利用化学生物标志物重建河口古环境的内容将在第十五章讨论。

人们预测的有机物埋藏率和生产力之间的正相关关系首先在河口沉积物中得到证实，并发现这种关系会随有机物的来源和不稳定性而发生转变。例如，研究估算在切萨皮克湾只有14% ~21%的沉降POC（基于沉积物捕获器数据）最终被埋藏于沉积物中（Roden et al.，1995）。这样，尽管在受富营养化影响的河口由于浮游生物的生长优势可导致很高的净初级生产力［如20 ~ 40 mol/（$m^2$/a）］（以C计），但有机物的矿化速率也很高（Jørgensen et al.，1990；Sampou and Oviatt，1991；Roden et al.，1995）。如前文所述，虽然大部分有机物矿化是通过$SO_4^{2-}$的还原而发生，但在这类河口氧化还原作用的影响是难以界定的。如前所述，如此高的矿化率是由于有机物的不稳定性（如浮游植物碎屑），但在大型植物碎屑输入量较大的河口，如美国卢考特角湾河口，会有更多的有机物（约70%）被保存在沉积物中（Martens and Klump，1984）。因此，相对于近岸和深海，对具有不同来源有机物输入的河口系统，能够识别有机物来源的变化是非常关键的，这就需要在对沉积物进行元素分析的同时结合化学生物标志物分析的方法（详见第九章）。

对海洋沉积物中有机物保存随沉积速率升高而增加的最初定量描述，是通过有机物埋藏效率的概念展现的，这样可以避免沉积物的稀释效应（Henrichs and Reeburgh，1987；Cowie and Hedges，1992）。有机物埋藏效率的定义是成岩作用活跃层以下的有机物积累速率除以总的有机物表层沉积通量（Henrich and Reeburgh，1987；Hedges and Keil，1995）。如果以有机碳表示，我们会发现在很多不同的沉积环境中，有机碳的保存率和净沉积速率之间存在正相关关系，但在一些具有最高沉积速率的沉积物中，碳的保存率似乎有所降低（Aller，1998；图8.26）。在大部分情况下，高的沉积速率会导致不稳定浮游植物碎屑免受沉积物表层的氧化降解而被快速埋藏，低的C：P比值也证明了这一点（Ingall and van Capellen，1990）。具有最高净沉积速率（如0.1 ~1 m/a）的河口通常是三角洲系统（Nittrouer et al.，1985；Harris et al.，1993；Aller，1998；McKee et al.，2004）。

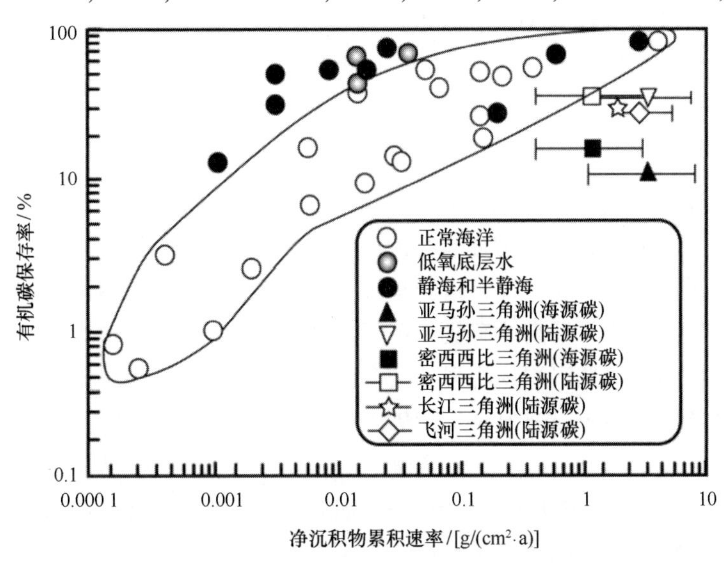


图8.26 不同沉积环境中有机碳保存率和净沉积速率之间的正相关关系（Aller，1998）

在这些区域也存在协变量的问题，因为很多具有高净沉积速率的区域通常也具有较高的生产力（Cadée，1978；Redalje et al.，1994；DeMaster et al.，1996），这主要是由于河流营养盐输入、沿岸上升流和沿岸流的影响（Aller, 1998）。Aller（1998）提出流化床反应器的概念，用以解释这些具有高矿化能力的高沉积速率环境中碳保存率较低的原因，即主要在于：（1）反复的氧化还原状态交替；（2）代谢物交换；和（3）与共代谢和金属循环相联系的有效降解。三角洲环境中沉积物频繁的再悬浮会在沉积物表层形成流化床，流化床中反复的氧化还原交替使其具有高效的有机物再矿化作用（Aller, 1998）。新鲜不稳定有机碳（来源于藻类）与天然难降解物质（即陆源碳）的混合所产生的共代谢过程（此时细菌周转速率提高）可以增加后者的降解（Lohnis 1926; Canfield et al., 1993; Canfield, 1994; Aller, 1998），这一过程可能也是再矿化过程的一个主要控制变量。由于易降解的浮游植物碎屑和陆源碳在三角洲环境中的大量混合，该区域的共代谢过程可能非常显著。同时由于高浓度铁、锰氧化物的输入，三角洲沉积通常会出现频繁的还原－再氧化循环，从而也会提高有机物矿化速率（Aller et al., 1996; Aller, 1998; McKee et al., 2004）。

在过去的20年间，人们对氧气在海洋和近岸沉积有机物保存方面的作用存在较大的争议，直到今天也没有形成定论（Emerson, 1985; Henrichs and Reeburgh, 1987; Canfield, 1989; Lee, 1992; Calvert and Pedersen, 1992; Hedges and Keil, 1995; Dauwe et al., 2001）。由于近岸环境中氧化还原条件的变化性，有人提出用成岩过程的氧接触时间，即根据POM在含氧沉积物间隙水中的存留时间来指示有机物的保存（Hartnett et al., 1998; Hedges et al., 1999）。河口环境由于其浅水和动态混合特性，氧化还原条件易发生较频繁的变化（见第三章）。而且，很多河口处于富营养化状态，并导致低氧条件的扩展（Nixon, 1995; Bricker et al., 1999; Rabalais and Turner, 2001）。长岛湾（Parker and O'Reilly, 1991）、切萨皮克湾（Roden and Tuttle, 1996）、波罗的海（Elmgren and Larsson, 2001）和密西西比河羽状区等河口（Rabalais and Turner, 2001）就是几个正在经历频繁缺氧状态的河口的例子。缺氧的季节性变化对沉积物中有机物保存的重要性也是最近研究的焦点。在河口浅水区，风的模式可能会导致每天的再悬浮过程（Baskaran et al., 1997），或在河流主导的三角洲系统，浮泥也会引起频繁的再悬浮过程（Aller, 1998），而且这些区域全年都可能处于氧化环境，从而促进有机物的降解。同样，生物扰动或生物冲洗作用也可造成沉积物氧化还原条件在几分钟到几小时内不可预测的快速变化（Jumars et al., 1990; Aller, 1994）。因此，前述的氧化还原和生物地球化学速率随着沉积深度的增加呈单向变化的观点，对于生物扰动或物理混合强烈的沉积物来说是不适用的。近来的试验已通过在实验室中控制氧化还原条件的改变来研究这些因素对有机物降解的影响（Sun et al., 2002），更多有关化学生物标志物的研究方法将在第九章中阐述。其他影响氧化还原条件时间尺度的辅助因素涉及正反馈途径，指的是沉积有机物降解产生的营养盐扩散至上覆水，支持了水体中的生产力，从而维持了较高的有机物沉降和低氧状态（Ingall and Jahnke, 1994）。

长期以来，有机物和细颗粒沉积物的强烈结合一直被认为是由于矿物表面对有机物吸附的结果（Weiler and Miller, 1965; Tanoue and Handa, 1979; Mayer, 1999）。但这一观点直到最近的一些研究中才得到进一步验证，显示河流和河口悬浮物中的很大一部分POC为矿物颗粒吸附所致（Keil et al., 1994a, b, 1997; Mayer, 1994a, b; Bergamaschi et al., 1997; Ransom et al., 1998）。更具体些，即大部分沉积有机物可被看作是矿物颗粒结构表面的有机物层，并且可以用单分子层等量吸附来描述（Keil et al., 1994a; Mayer, 1994a, b）。通常蛋白质中有机碳含量的范围反映了单分子层饱和吸附的吸附量（Arai and Norde, 1990），可被作为95%置信区间内的单分子层吸附量（Mayer, 1994a）。而最近更多的研究表明，这种表面有机物可被看作以不连续的细菌和未分化的原生质“泡”的形式存在（Ransom et al., 1997, 1998）。正是因为大部分有机物很难从矿物结构中去除，吸附作用对沉积有机物的保存有重要意义。造成这种稳定性的一个原因可能是有机物被吸附在很小的矿物结构孔隙间，以至于微生物酶无法进入（Mayer，1994a，b）。然而，最新的研究表明，尽管间隙孔吸附对酶的屏蔽是保护有机物的重要机制，但间隙孔中其他更为复杂的微观结构可能也需要考虑（Mayer et al.，2004）。如果我们接受单分子层吸附概念，那么在一个单分子层中有机碳含量随表面积的变化范围在0.5～1.0 mg/m$^2$（以有机碳计）之间（Keil et al.，1994a，b）。亚单分子层（低于单分子层等量吸附范围值）沉积物吸附应表示矿物表面有机物更有效的有机物分解，而超单分子层（高于单分子层等量吸附范围值）沉积物吸附则反映了较低效率的有机物分解。Hedges 和 Keil（1995）描绘了各种海洋沉积环境中总有机物埋藏百分比和单分子层吸附区域之间的联系（图8.27）。对缺氧盆地和沿岸低氧区（oxygen minimum zones，OMZ）沉积物的超单层吸附清晰地表明氧化还原对单分子吸附层的影响。与此相反，三角洲区域沉积物亚单层吸附则反映了该区域中有机物的有效降解（Aller，1998）。河口区沉积物通常都具有等价单分子层吸附，表明有机物在矿物基质表面的稳定性（Mayer，1994a）。然而，需要进行更多的研究以便能更好地理解河口中氧化还原的多变性。

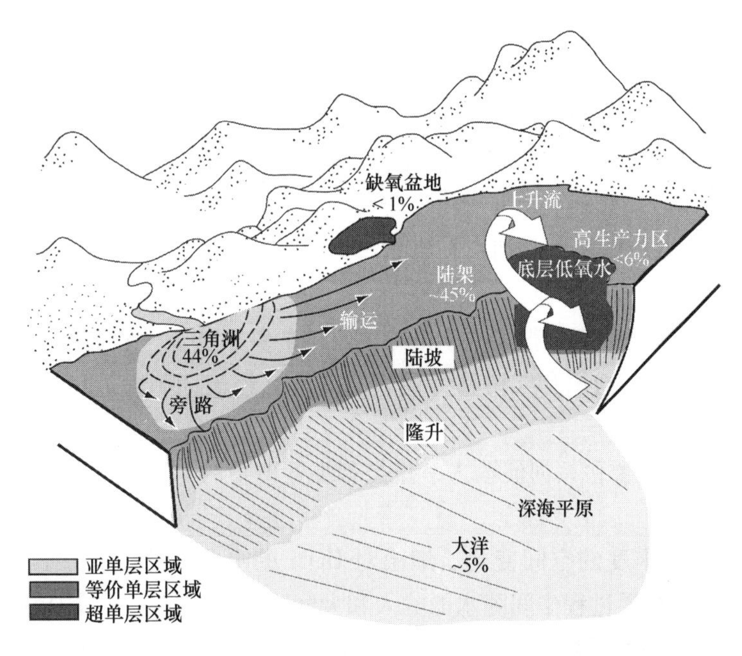


图8.27 各种海洋环境中总有机物埋藏百分比和单分子层吸附区域之间的联系（Hedges and Keil，1995）

由于沉积物中 POM 的降解过程会产生一系列 DOM 中间体，因此对 DOM 在沉积有机物保存中的重要性也要予以考虑。如 PWSR 模型所描述的，沉积物中存在形成高度难降解的高分子腐殖质的机理，从而也会增加沉积有机物的含量（Burdige，2001，2002）。研究曾提出沉积物间隙孔可能有助于提高沉积聚合反应速率（Hedges and Keil，1995）。被吸附 DOM 的量和其难降解性也会影响有机物与矿物基质结合的牢固程度。例如，解吸和吸附过程在 POM 和 DOM 的交换中起到重要作用（Thimsen and Keil，1998）。最近在利用哈得孙河和纽约湾河口的沉积物所做的再悬浮模拟试验中发现，只有极少量的有机碳可以自 POM 转移到水体中（Komada and Reimers，2001）。

## 本章小结

1. 与定比定律和质量守恒定律有关，化学计量学被定义为化学反应的质量平衡。Redfield 比值代表了海洋中大部分浮游植物的碳、氮、磷平均原子比的相对一致性（106∶16∶1），是化学计量差异的最著名例证。

2. 初级生产被简单定义为光合作用合成的有机物的量。其他过程，如化学合成则包括物质被氧化过程中化学能量的释放。次级生产力是指地球上所有以消耗光合作用合成的有机物为食物来源的生物体，从小到细菌大到哺乳动物，所产生的生物有机物转换。

3. 总初级生产力（GPP）代表了光合生物的总固碳量，而净初级生产力（NPP）表示的是总固碳量减去初级生产者呼吸消耗的碳量。

4. 河口有机物可分为颗粒态（$>0.45\ \mu m$）与溶解态（$<0.45\ \mu m$）两部分（即 POM 和 DOM）。河口区的主要生物和非生物（碎屑）有机物可分为外来和自生两种，即由外部输入和由河口内部产生。这些有机物又可以根据来源进一步划分为异养生物和自养生物两类。

5. 河口的外来有机物主要来自河流、海洋/河口浮游生物和陆缘湿地（红树林和淡水/盐沼）输入。自生来源主要包括河口区域内的浮游生物、底栖和附生的微藻与大型藻、挺水或沉水水生植物（如海草）以及次级生产力。

6. 河口中的浮游植物优势类群主要包括硅藻、隐藻、绿藻、甲藻、金藻（金棕鞭毛藻、金藻和针胞藻）和蓝藻。

7. 底栖大型藻类和底栖微藻都是河口初级生产力的重要来源，并对海草、潮滩和潮间带沼泽栖息地有重要影响。

8. 在河口生态系统中海草床是很多浅水沿岸栖息地的突出特征，它们代表了这一区域初级生产力的一个主要来源。以淡水/盐沼和红树林为代表的湿地已经被证明是河口生态系统初级生产力的重要来源。

9. 河口 DOM 的来源主要包括河流输入、藻类和维管植物的自生、底层通量、地下水输入以及与相连近岸水体的交换。

10. 浮游植物分泌物丰度的空间变化、细菌对 DOM 的吸收、化学去除过程（如絮凝、分散、吸附、聚合、沉淀）、再悬浮过程中间隙水的输入和大气输入都有助于河口中 DOM 的非保守行为。

11. 腐殖质代表了天然水系统中被称为有色溶解有机物（CDOM）的很大一部分。水生腐殖质可以根据它们在酸、碱溶液中的溶解性进一步划分为黄腐酸、腐殖酸和胡敏素。

12. 已有相当多的工作对有机物的化学组成、粒径和年龄在调控微生物代谢 DOM 的重要性方面做了研究。微生物在 DOM 循环中的重要性已得到确认，并被纳入了微食物环理论，该理论首次表明在水生生态系统中，细菌是控制 DOM、POM 和无机营养盐间营养联系的关键因子。

13. 水生有机碎屑的降解通常可分为（1）沥滤；（2）分解；和（3）稳定三个阶段。

14. 湿地中有机碎屑的分解速率与藻类相比相对较慢。分解速率普遍较慢的原因是（1）厌氧条件；（2）水的酸性；和（3）溶解态腐殖质成分和次级产物对降解的抑制作用。

15. 早期成岩作用被定义为在温度没有升高，没有发生海底隆起高出海平面的情况下，沉积物中从埋藏开始至几百米深度所发生的所有变化。

16. 颗粒物沉降到沉积物－水界面的结果造成沉积物的不断积累，从而导致沉积物的压缩使间隙水中的溶质会通过向上的物理输送或平流过程进入上覆水。同样，间隙水中的溶质也可以由浓度梯度扩散至上覆水。

17. 天然水环境中的分子扩散服从菲克扩散定律。

18. 饱和沉积物中的非保守溶质的质量平衡和垂直浓度分布可以通过一维平流扩散通用成岩方程来描述。

19. 海洋/河口沉积物中有机物的降解会通过一系列的终端电子受体（如 $O_2$、$NO_3^-$、$MnO_2$、FeOOH、$SO_4^{2-}$ 和 $CO_2$）而进行。

20. 大型底栖动物对沉积物化学和物理性质的生物扰动作用已有很多文献报道。底栖群落的组成和它们对沉积物扰动的潜在作用很大程度上受控于盐度、沉积物颗粒大小和河口区的沉积梯度。

21. 有机物在近岸和河口沉积物中的保存主要受控于生产力、沉积速率、底层水与沉积物的氧化还原状态以及与颗粒物表面特性相关的吸附作用。

22. 由于近岸环境中氧化还原条件的变化性，根据 POM 与沉积物氧化态间隙水的接触时间，提出了成岩过程的氧接触时间作为沉积有机物保存的一个指标。

# 第九章　有机物特性

在第八章中，我们对河口环境中有机物的主要来源做了总体概述。一般来说，河口有机物包括来自淡水、海水的各种天然和人为的外来输入有机物和河口内自生的有机物。了解河口有机物的来源、活性和归宿对于理解河口和近岸系统在全球生物地球化学循环中的作用是很关键的（Simoneit, 1978; Hedges and Keil, 1995; Bianchi and Canuel, 2001）。由于河口中有机物来源和动力混合过程的复杂性，确定各种不同来源有机物在水体和沉积物中的生物地球化学循环的相对重要性仍然是一个很大的挑战。而且，有机物输入的时空变化进一步增加了河口环境的复杂性。近年来，通过使用元素分析、同位素（总有机物或特定化合物）和化学生物标志物的分析手段，我们分辨河口有机物来源的能力有了显著提高。本章将对主要有机物的生物化学以及用于鉴别这些化合物在河口区分布的技术做一概述。

## 第一节　总有机物分析技术

生物循环中重要元素（如碳、氢、氮、氧、硫和磷）的丰度和比值提供了有机物循环的基础信息。例如，总有机碳（Total organic carbon, TOC）含量是最重要的有机物指标，因为大部分有机物中碳的含量约占50%。如第八章所述，河口中的TOC来源广泛，且结构、性质和分解速率差异很大。所以，尽管TOC含量可提供有机物时空动力学的基本信息，但不能提供任何有关有机物来源和年龄的信息。

当将总碳和另外的元素含量结合考虑时，如C/N比值，就可以推断来自藻类和陆源有机物的基本信息（见综述，Meyers, 1997）。生物圈不同来源有机物的C/N比值差别很大，因此可以作为判断有机物来源的基本指标（表9.1）。维管植物（>17）和微藻（5~7）之间C/N比值差异的根本原因是因为前者富含糖类（如纤维素）但缺乏蛋白质，而后者正好相反。维管植物中含量最多的高碳糖类是结构性多糖，如纤维素、半纤维素和果胶（Aspinall, 1970）。最近一项研究应用简单的混合模型，并设海洋和陆源端元有机物的C/N比值分别为6（Müller, 1977）和13（Parrish et al., 1992），估算了近岸沉积物中陆源与海洋有机物的相对重要性（Colombo et al., 1996a, b）。然而，如不考虑其他来源指标而只使用C/N比值确定有机物来源可能会造成误导。在某些情况下，当系统中氮为限制元素时，微生物对氮的选择性利用可能导致不真实的C/N高值，从而造成对有机物来源的误判。同样，细菌和真菌在“老化的”维管植物碎屑中的殖生可以代表碎屑氮库的一个重要部分[因为细菌具有典型的低C/N比值（如3~4）]（Tenore et al., 1982; Rice and Hanson, 1984），从而降低了这些碎屑有机物的C/N比值。最后，测定TOC的标准方法中去除碳酸盐无机碳过程产生的人为误差也能改变C/N比值（Meyers, 2003）。特别是在去除碳酸盐后，残留的氮包括有机和无机氮，所以C/N比值中的氮被定义为总氮（Total nitrogen, TN）。在大部分情况下，残留无机氮在沉积有机物和水体有机物中只占很小一部分。然而，在有机物含量很低的沉积物中（如 < 0.3%），这些残留无机氮的重要性可能就比较显著，会导致 C/N 的计算值偏低（Meyers，2003）。这种情况主要是低有机物含量沉积物对氨的吸附造成的。但由于大部分河口沉积有机物含量超过 1%，因此这一影响相对很小。

**表 9.1 一些陆地和海洋生产者的 C/N 近似比值[a]**

| | C/N 比值 |
|---|---|
| **陆地** | |
| 树叶 | 100 |
| 树木 | 1 000 |
| **海洋维管植物** | |
| 大叶藻 | 17 ~ 70 |
| 互花米草 | 24 ~ 45 |
| 狐米草 | 37 ~ 41 |
| **大型海藻** | |
| 褐藻（墨角藻，昆布藻） | 30（16 ~ 68） |
| 绿藻 | 10 ~ 60 |
| 红藻 | 20 |
| **微藻和微生物** | |
| 硅藻 | 6.5 |
| 绿藻 | 6 |
| 蓝绿藻 | 6.3 |
| 多甲藻 | 11 |
| 细菌 | 5.7 |
| 真菌 | 10 |

a. 数据来源于 Fenchel and Jørgensen（1977）、Alexander（1977）、Fenchel and Blackburn（1979）和 Valiela and Teal（1976）。修改自 Valiela（1995）。

沉积颗粒物的水动力分选是影响河口/近岸沉积物 C/N 比值分布的重要机制（Prahl et al.，1994；Keil et al.，1998；Bianchi et al.，2002b；Galler et al.，2003）。基本假设是由于大的木质植物碎屑的沉降速率高于细颗粒有机物，因此会沉降于粗颗粒的沉积物中，从而导致粗颗粒沉积物具有较高的 C/N 比值。但一般来说，由于粗颗粒沉积物的分选很差，其 C/N 比值的变化范围会更宽。而且，粗颗粒沉积物中总碳的一个重要部分可能来自于底栖微藻（取决于光的可利用性）（Bianchi et al.，1988；Marinelli et al.，1998），这也会降低 C/N 比值，进而增加了 C/N 比值在这些具渗透性沉积物中的可变性。对于细颗粒沉积物，由于具有高的表面积可以吸附富集陆源物质（来自流域的土壤中），因此通常具有比粗颗粒沉积物低的 C/N 比值（Mayer，1994a，b；Keil et al.，1994b，

1998；Mayer，et al.，2004）。不同的陆源有机物来源（如 $C_3$、$C_4$ 植物）也可以和不同粒径的颗粒物结合（Goñi et al.，1997，1998），更多的细节将在本章木质素部分讨论。细颗粒沉积物比粗颗粒沉积物含有的黏土矿物高，因为黏土矿物带负电，可以从间隙水中吸附 $NH_4^+$，导致 C/N 比值降低（Meyers，1997）。尽管应用 C/N 比值作为有机物来源的指标有上述限制，但近期对全球 165 条河流的研究表明，流经不同生态区系的河流所输送的陆源溶解有机碳（dissolved organic carbon，DOC）与相应流域土壤中平均 C/N 比值之间具有很高的相关性（$R^2 = 0.992$，$p < 0.001$）（Aitkenhead and McDowell，2000）；使用这一简单的模型估算的从陆地输入到海洋的 DOC 总通量为 $3.6 \times 10^{14}$ g/a。但是，为更好地理解土壤 C/N 比值与输入到河口/河流的 DOC 的关系，结合使用其他化学生物标志物进行研究是十分必要的。

## 一、同位素混合模型

端元混合模型常被用来评估河口中溶解无机营养盐（碳、氮、硫）（Day et al.，1989；Fry，2002）与颗粒和溶解有机物（POM 和 DOM）（Raymond and Bauer，2001a，b；Gordon and Goñi，2003；McCallister et al.，2004）的来源。然而，由于复杂生态系统中不同来源有机物稳定同位素值的相互重叠性，测定总有机物中的单一和两种同位素已被证明很难辨别多种来源的溶解和颗粒有机碳（Cloern et al.，2002）。最近，研究证明使用多同位素示踪的端元混合模型并结合化学生物标志物测定的新方法是有效的。在本章我们首先介绍用于确定无机营养盐来源的简单的保守混合模型，然后举出几个使用多同位素示踪和化学生物标志物的方法来确定有机物来源的研究实例。

对于营养盐，其来源组成（$C_{mix}$）可通过河流和海洋端元的保守混合模型由下式计算：

$$C_{mix} = fC_R + (1 - f)C_O \tag{9.1}$$

式中，$C$ 为含量；R 为河流端元；O 为海洋端元；$f$ 为淡水比例 =（35 - 测定的盐度）/35。

基于浓度与盐度的关系，端元浓度混合为一典型的直线。如溶解无机碳（dissolved inorganic carbon，DIC）浓度与盐度的关系对于三种不同的淡水：海水混合比值（1∶1，5∶8 和 1∶10）来说，都呈线性保守关系（图 9.1）。然而，当以河口样品加权端元同位素值对盐度做图时，其保守混合为曲线而非线性关系，可用下式表达（Spiker，1980；Fry，2002）：

$$\delta_{mix} = [fC_R\delta_R + (1 - f)C_O\delta_O]/C_{mix} \tag{9.2}$$

图 9.1 给出了相同的淡水：海水混合比例下 DIC 及其 $\delta^{13}C$ 对盐度的曲线关系。Fry（2002）最近对一些有代表性的用于水（氢和氧）及 DIC、DIN 和 $SO_4^{2-}$ 的稳定同位素的淡水 - 海水混合模型做了总结（图 9.2）。这些模型表明 δD 和 $\delta^{18}O$ 与盐度的变化呈线性关系，而且河口中 1∶1 的 $C_R$∶$C_O$ 同位素混合比值保持不变。因此，任何盐度和食物网动态之间的关系都应和这些混合比值的变化联系起来。相反地，在河流流量较低的河口（1∶470），$SO_4^{2-}$ 的同位素值相对稳定，不随盐度梯度而变化。如前所述，这是因为除了盐度很低的水体（如小于 1）外，海水 $SO_4^{2-}$ 同位素信号（+21‰）的加权影响在河口水体中占主导（Fry and Smith，2002）。所以，我们可以预计在河口区食物网中，所有与浮游植物生产力相关的硫同位素值是恒定的。浅河口区沉积物再悬浮过程导致的间隙水中 $\delta^{34}S$ 亏损硫化物的溶入，以及沉积物 - 水界面底栖微藻的直接吸收会导致例外情况的发生（Deegan and Garritt，1997；Chanton and Lewis，1999）。DIC 混合曲线反映了高盐度海水中浮游植物对 DIC 库中较轻的 $^{12}C$ 的选择性吸收的动力学效应，因为高盐度区域的光辐射强，光合作用较高。DIN 模型中高

的河流输入（15∶1）显示了从河流端元输入的$^{15}$N 富集的氮的影响。总之，河口低盐度区域食物网中的生物应该具有相对低的 δD、δ$^{34}$S 和 δ$^{13}$C，而在高盐度区域的生物则具有较高的 δD、δ$^{18}$O、δ$^{13}$C 和 δ$^{34}$S 以及低的 δ$^{15}$N（Fry，2002）。

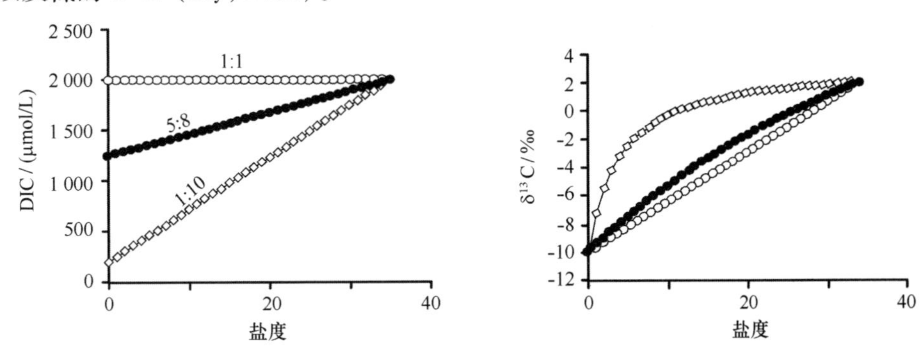


图 9.1　三种不同的盐度梯度下溶解无机碳（DIC）及其同位素组成（DI$^{13}$C）的淡水和海水混合比值。下图：同位素值的变化区间在淡水端元的 -10‰到海水端元的 +2‰之间，两个端元值都是基于含量加权平均值（数据来源：Spiker and Schemel，1979；Spiker，1980）（Fry，2000）

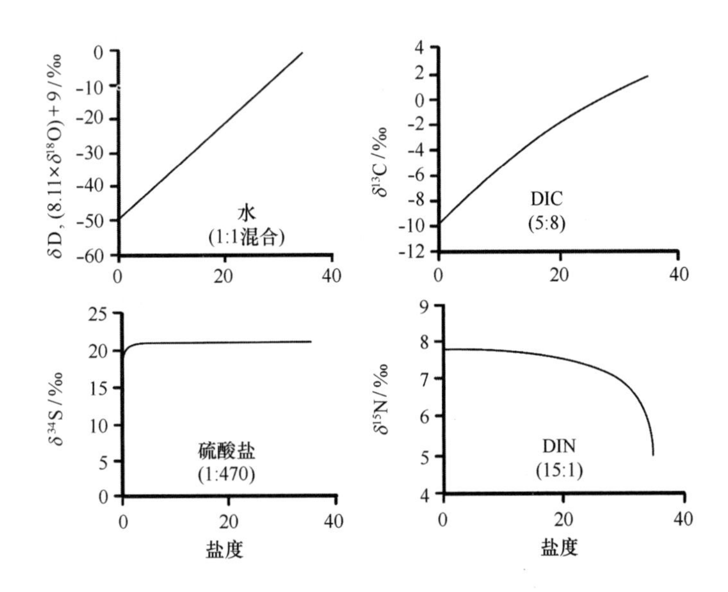


图 9.2　不同盐度条件下氢、氧、硫酸盐、DIC 和 DIN 的淡水 - 海水同位素混合模型。硫酸盐的模型梯度基于 60 μm 对 28 μm 的河水 - 海水浓度比值（数据来源：Kendall and Coplen，2001）（Fry，2002）

如第七章所述，在水环境中利用稳定同位素来示踪有机物来源的应用已非常广泛（Lajtha and Michener，1994；Michener and Schell，1994）。许多研究还使用了稳定和放射性同位素与生物标志物（如木质酚和脂类）的组合方法来确定近岸系统的有机碳来源（如 Smith and Epstein，1971；Hedges and Pparker，1976；Prahl and Muehlhausen，1989；Westerhausen et al.，1993；Goñi et al.，1997，1998；Raymond and Bauer，2001a，b；Gordon and Goñi，2003；McCallister et al.，2004）。表 9.2 为一些河口中不同来源有机物的同位素数值。这些数值很多已被用于确定近岸系统的有机物来源。很多早期的研究均使用双端元混合模型（二元）来确定河口中不同来源有机物的贡献，在这个模型中，陆源有机物的$^{13}C$较亏损（$\delta^{13}C$值偏负），而海源有机物的$^{13}C$较富集（$\delta^{13}C$值偏正）。例如，下面的二元方程式可以用来确定河口中陆源有机物的百分比：

$$\%OC_{Terr} = (\delta^{13}C_{sample} - \delta^{13}C_{marine}) / (\delta^{13}C_{riverine} - \delta^{13}C_{marine}) \quad (9.3)$$

式中，$\delta^{13}C_{sample}$为样品的同位素组成；$\delta^{13}C_{marine}$为海洋浮游植物同位素端元值（见表9.2）；$\delta^{13}C_{riverine}$为河流POM同位素端元值（见表9.2）。

**表9.2　已发表的河口有机物潜在来源的同位素比值范围**

| 来　源 | $\delta^{13}C$/‰ | $\delta^{15}N$①/‰ | $\Delta^{14}C$/‰ | 参考文献 |
|---|---|---|---|---|
| 陆源（维管植物） | −26 ~ −30 | −2 ~ +2 | | Fry and Sherr (1984); Deegan and Garritt (1997) |
| 陆源土壤（表层）/森林垃圾 | −23 ~ −27 | 2.6 ~ 6.4 | +152 ~ +310 | Cloern et al. (2002); Richter et al. (1999) |
| 淡水浮游植物 | −24 ~ −30 | 5 ~ 8 | | Anderson and Arthur (1983); Sigleo and Macko (1985) |
| 海洋/河口浮游植物 | −18 ~ −24 | 6 ~ 9 | | Fry and Sherr (1984); Currin et al. (1995) |
| C−4盐沼植物 | −12 ~ −14 | 3 ~ 7 | | Fry and Sherr (1984); Currin et al. (1995) |
| 底栖微藻 | −12 ~ −18 | 0 ~ 5 | | Currin et al. (1995) |
| C−3淡水/咸水沼泽植物 | −23 ~ −26 | 3.5 ~ 5.5 | | Fry and Sherr (1984); Sullivan and Moncreiff (1990) |
| **针对约克河口** | | | | |
| 淡水水草浸出液 | −29.6 | | | McCallister et al. (2004) |
| 沼泽有机物（0 ~ 6 cm） | −22.3 ~ −26.4 | | +45 ~ +58 | Raymond and Bauer (2001a) |
| 沼泽大型植物 | −23.3 ~ −28.9 | 5.3 ~ 11.0 | | Neubauer (2000) |
| 沼泽微藻（底栖） | −23.7 ~ −27.7 | 8.4 ~ 11.3 | | Neubauer (2000) |
| 浮游植物（淡水端元）[a] | −27.5 ~ −34.6 | | +110 ~ +164 | Raymond and Bauer (2001a) |
| 浮游植物（中等盐度） | −21.8 ~ −24.2 | | +56 ~ +72 | Raymond and Bauer (2001a) |
| 浮游植物(约克河口口门) | −20.1 ~ −22.8 | | +47 ~ +62 | Raymond and Bauer (2001a) |
| 切萨皮克湾溶解有机物 | −23.7 | | −77 | Raymond and Bauer (2001a) |
| 陆源（树叶有机物） | | | +100 | Raymond and Bauer (2001a) |
| HMW DOM（盐度0） | −27.8 ~ −28.1 | 4.0 ~ 4.7 | +434 | McCallister et al. (2004) |
| HMW DOM（盐度10） | −24.0 ~ −24.5 | 5.5 ~ 7.5 | | McCallister et al. (2004) |
| HMW DOM（盐度20） | −22.3 ~ −22.7 | 7.8 ~ 9.2 | | McCallister et al. (2004) |
| 淡水POM | −28.2 ~ −30.0 | 6.4 ~ 7.9 | +24 ~ −190 | Raymond and Bauer (2001a); McCallister et al. (2004) |

续表

| 来　源 | $\delta^{13}C$/‰ | $\delta^{15}N$①/‰ | $\Delta^{14}C$/‰ | 参考文献 |
|---|---|---|---|---|
| 腐殖质（树脂提取） | -27.5 | | +111 | McCallister et al.（2004） |
| **针对哈得孙河** | | | | |
| POM（240 km） | -29.0 | 6.0 | -101 ~ -156 | McCallister et al.（2004）；Raymond and Bauer（2001a） |
| POM（122 km）[b] | -27.1 ~ -27.4 | 2.8 ~ 3.2 | 96 | McCallister et al.（2004）；Raymond and Bauer（2001a） |
| DOC（240 km） | -27.0 ~ -27.2 | | -73 ~ -137 | Bauer et al.，未发表数据 |
| DOC（152 km） | -27.0 | | -110 | Bauer et al.，未发表数据 |
| 浮游植物（240 km） | -30.0 ~ -31.1 | 8.0 | -44 ~ -50 | Bauer et al.，未发表数据；Caraco et al.（1998） |
| 浮游植物（165 km）[c] | -24.2 | | -74 | Caraco，未发表数据 |
| 浮游植物（152 km） | -30.5 | 8.0 | -52 | Bauer et al.，未发表数据；Caraco et al.（1998） |
| 沉水植物 | -21.7 ~ -22.2 | 8.0 | -37 ~ -38 | Caraco et al.（1998）；Caraco，未发表数据 |
| 挺水植物 | -26.0 | 8.0 | +90 | Caraco et al.（1998）；Raymond and Bauer（2001b） |
| 陆地的（树叶有机物） | -27.0 | -2.0 | | Caraco et al.（1998） |
| 陆源（沉积岩石）[d] | -28.6 ~ -29.0 | | -866 ~ -999 | Petsch（2004） |
| 腐殖质（树脂提取） | -27.2 | | +22 | McCallister et al.（2004） |

a. 从测定的 $\delta^{13}C$ - DIC 和 $\delta^{14}C$ - DIC 推测而得的约克和哈得孙河浮游植物同位素数据（除非另外说明），并假定 $\delta^{13}C$ 值的动态分馏为 20‰（Chanton and Lewis，1999）。根据 Stuiver and Polach（1977）原理，$\Delta^{14}C$ 值经 $\delta^{13}C$ 值进行校正，没有进行其他的校正。

b. 152 km 处样品的 $\Delta^{14}C$。

c. 网采浮游植物。

d. 有机物同位素数值来自于玛西拉页岩（Marcellus Shale）的风化剖面（哈得孙/莫霍克河谷，深度 8 cm、57 cm 和 170 cm）。McCallister et al.（2004）。

① 原著中此处为 $\delta^{19}N$。——译者注

近期的工作对应用双端元和三端元模型确定阿查法拉亚河口海洋和陆源有机物的相对丰度的方法进行了比较（Gordon and Goñi，2003）。作者指出了在三端元模型中将三个有机碳来源（土壤、河流和海洋）的生物标志物和稳定同位素结合使用的重要性。这样就将陆源端元分成了两个不同的来源：维管植物和土壤。三端元混合基于以下三个方程式：

$$\delta^{13}C_{sample} = \delta^{13}C_{marine} \times OC_{marine} + \delta^{13}C_{soil} \times OC_{soil} + \delta^{13}C_{vascular\,plant} \times OC_{vascular\,plant} \quad (9.4)$$

$$\Lambda_{sample} = \Lambda_{marine} \times OC_{marine} + \Lambda_{soil} \times OC_{soil} + \Lambda_{vascular\,plant} \times OC_{vascular\,plant} \quad (9.5)$$

$$N/C_{sample} = N/C_{marine} \times OC_{marine} + N/C_{soil} \times OC_{soil} + N/C_{vascular\,plant} \times OC_{vascular\,plant} \quad (9.6)$$

式中，$OC_{marine}$、$OC_{soil}$和 $OC_{vascular\,plant}$分别代表来自海洋、土壤和维管植物的有机碳部分；Λ 是总木质

酚/100 mg OC；N/C 比值基于不同来源有机物的 Redfield 比值。土壤 N/C 比值基于研究的河流及其支流悬浮 POM 有机物的平均值。因为陆源端元的组成种类不同，上述研究的结论是必须使用三端元混合模型才能分离阿查法拉亚河口沉积物中的陆源组分（Gordon and Goñi，2003）。这些模型的一个基本问题是假定水体和沉积物中的降解过程并不改变各端元输入的有机化合物的同位素特征。而生物标志物降解的问题可以得到解决，因为有些化合物可以用来表征降解，并可以作为降解指标被多次使用，关于这些生物标志物将在这一章后半部分详细阐述。如第七章所述，其他使用单一化合物同位素分析（compound specific isotope analysis，CSIA）的工作表明，脂类生物标志化合物在不同的氧化还原机制下会产生不同的同位素分馏（Sun et al.，2004）。在利用 CSIA 确定河口和近岸有机物来源方面，还需要做更多的工作。

测定细菌生物量的$^{13}C$和$^{15}N$值是确定细菌有机物来源的有效方法（Hopkinson et al.，1998；Coffin and Cifuentes，1999）。最近的研究结果表明，测定细菌核酸的放射性碳和$^{13}C$、$^{15}N$稳定同位素分布能有效辨别细菌有机物来源（Cherrier et al.，1999；McCallister et al.，2004）。前期的工作显示，不同来源有机物的$\Delta^{14}C$值（$-1\,000‰\sim+435‰$）相对于$\delta^{13}C$（$-35‰\sim+12‰$）和$\delta^{15}N$（$-2‰\sim+40‰$）值具有更灵敏和更大的动态区间，因此能更好地用于分辨河口环境中有机物的外来和自生来源（Raymond and Bauer，2001a，b；Bauer，2002）。特别是最近的工作表明，相对于哈得孙河口（美国），约克河口（美国）有相当数量的 POC 和 DOC 被细菌消耗，可能是由于这些河口中 POC 和 DOC 的年代差异造成的（例如，在哈得孙河口中两者都要老一些）（Raymond and Bauer，2001b，c）。应用三端元混合模型证实，这种有机碳年龄的差异导致约克河口大量“年轻的”外来 DOC 和 POC 被细菌所消耗，而在哈得孙河口则主要是老的土壤有机物的输入（McCallister et al.，2004）。

## 二、核磁共振

核磁共振（nuclear magnetic resonance，NMR）波谱技术是一种可用于表征有机物的强有力的分析工具。在讨论 NMR 在河口环境中的应用之前，我们将简单地介绍该技术的基本原理。简言之，许多原子核（如$^{1}H$、$^{13}C$、$^{31}P$和$^{15}N$）在强磁场作用下能够产生自旋，同时受到电磁（微波）辐射的照射，并通过磁共振过程吸收能量（Solomons，1980；Levitt，2001），这一共振作为 NMR 信号可被仪器检测。大部分 NMR 仪器采取多磁场强度扫描的方式，这些不同强度的外加磁场和与之自旋方向平行的原子核产生相互作用。液态和固态 NMR 仪器的微波频率一般在 60 ~ 600 MHz 之间，较高的频率会得到更好的分辨率。一个不带电子的原子核感应到的实际磁场与带电子的原子核是不同的，正是这些差异提供了测定分子结构的基础。磁场强度的差异是由相邻原子所带电子的屏蔽和去屏蔽效应造成的，这些电子干扰产生化学位移。原子核的化学位移和外加磁场强度成比例关系，因为许多光谱仪具有不同的磁场强度，所以通常只记录磁场强度的化学位移。相对于磁场强度（MHz 范围），化学位移很小（Hz 范围），因此，根据选用的标样，用$\times10^{-6}$来表示化学位移很方便。电荷极化魔角旋转（charge polarized magic angle spinning，CPMAS）NMR 是另一种常用的方法，它利用高度旋转的分子冲击不旋转的分子，从而可以获得通常不旋转原子的信号，提供非常有用的信息（Levitt，2001）。

质子（$^{1}H$）和$^{13}C$ NMR 是最常用的 NMR 工具，可以在不破坏有机物结构的情况下用于测定水环境中植物、土壤/沉积物和 DOM 中的复杂生物聚合物的官能团（Schnitzer and Preston，1986；Hatcher，1987；Orem and Hatcher，1987；Benner et al.，1992；Hedges et al.，1992，2002）。尽管$^{13}C$ NMR 信号和$^{1}H$信号由同样的方式产生，但$^{13}C$核的化学位移磁场强度则更宽。使用$^{13}C$ NMR 来表征

自然界中有机物的一个主要优势是能够测定主要官能团中碳的相对丰度。虽然$^{13}$C NMR方法不能像使用化学生物标志物那样确定某些生物聚合物的具体降解途径，但该技术确实提供了一种不破坏结构，且能认识有机物主要组成的方法。$^{31}$P NMR（Ingall et al., 1990; Hupfer et al., 1995; Nanny and Minear, 1997; Clark et al., 1998）和$^{15}$N NMR（Almendros et al., 1991; Knicker and Ludemann, 1995; Knicker, 2000）的应用对表征自然界中有机和无机磷、氮化合物也具有一定的用途。最近，二维$^{15}$N－$^{13}$C NMR已被用于研究实验室藻类降解过程中蛋白质的变化（Zang et al., 2001）。

**表9.3 红树林树叶的CPMAS $^{13}$C NMR谱中观察到的主要化学位移的结构表征**

| | |
|---|---|
| $33\times10^{-6}$ | 指示长链脂肪和石蜡结构的亚甲基碳 |
| $73\times10^{-6}$ | 指示多糖（环碳C－2，C－3，C－5）的氧化烷基碳 |
| $105\times10^{-6}$ | 多糖的端基碳C－1（缩醛碳），多糖的缩酮碳，丹宁酸的非质子化芳碳，木质素中的质子化芳基碳（紫丁香基的C－2和C－6） |
| $116\times10^{-6}$ | 质子化芳基碳（如对羟基酚中的C－3和C－5，愈创木基的C－2、C－5和C－6） |
| $130\times10^{-6}$ | 烷基取代芳基碳（如对羟基酚中的C－1、C－2和C－6） |
| $145\times10^{-6}$ | 氧取代芳基碳（邻以及其他芳氧碳）指示丹宁酸（苯二酚和三酚）和木质素（愈疮木基的C－4） |
| $154\times10^{-6}$ | 氧取代芳基碳（间及其他芳氧碳）指示丹宁酸（原花青素）和木质素（紫丁香基的C－3和C－5） |
| $175\times10^{-6}$ | 羧基、酰胺、脂肪族酯中的C＝O |
| $200\times10^{-6}$ | 醛和酮中的C＝O |

Benner et al.（1990）。

$^{13}$C NMR作为一种有力工具在河口的最早应用是用来表征湿地植物降解过程中的化学变化（Benner et al., 1990; Filip et al., 1991）。例如，Benner等（1990）使用了四种碳结构类型（如石蜡、糖类、芳香族的和含羰基的）来确定红树树叶（大红树 *Rhizophora mangle*）在热带河口水体中降解过程的总碳变化。表9.3和图9.3为红树树叶在不同降解阶段主要官能团的化学位移和$^{13}$C NMR谱的结构。这项工作表明在降解过程中糖类会优先损失，而石蜡聚合物得以保存。同样的，对互花米草降解释放的DOM的$^{13}$C NMR分析亦表明其新鲜组织中的糖类优先损失（Filip et al., 1991）。使用二维$^{15}$N－$^{13}$C NMR对$^{13}$C和$^{15}$N同位素标记的微藻降解残留物的分析表明，蛋白质和高度脂肪类化合物会随降解时间保存下来（Zang et al., 2001），这些结果支持了“包裹作用（encapsulation）”概念，即不稳定化合物被大分子组分，如藻胶鞘（algaenan）所保护（Knicker and Hatcher, 1997; Nguyen and Harvey, 2001; Nguyen et al., 2003）。

使用$^{13}$C NMR分析方法表明，河流和沼泽来源的DOM大部分由芳香族碳组成，这反映了来自维管植物的木质素输入（Lobartini et al., 1991; Hedges et al., 1992; Engelhaupt and Bianchi, 2001）。相反，密西西比河中的DOM主要由脂肪族而非芳香族化合物组成，且大部分来自生长于高营养盐和低光照条件下的淡水硅藻（Bianchi et al., 2004）。其他影响河口总有机碳组成的来源包括沉积物间隙水和当地土壤径流的输入。例如，$^{13}$C NMR分析表明，在缺氧条件下间隙水中的DOM主要是由藻类/细菌纤维素和其他未知有机物降解产生的糖类和石蜡结构有机物组成，而木质素降解产物很少（Orem and Hatcher, 1987）。在有氧条件下，间隙水DOM含有较低的糖类和较高的芳香族化合

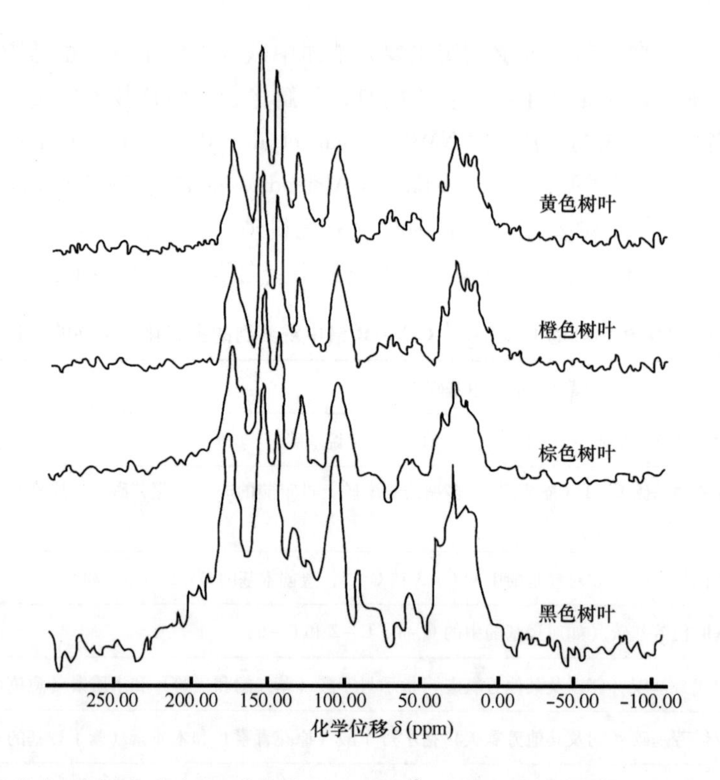


图 9.3 河口水体中不同降解状态的红树林树叶的常规 $^{13}C$ 交叉极化魔角旋转（CP/MAS）固态 NMR 谱。官能团碳的区别由以下几个特征共振谱定义：糖类（$50 \sim 90 \times 10^{-6}$）、羧基（$175 \times 10^{-6}$）和芳香族（$90 \sim 170 \times 10^{-6}$）（Benner et al., 1990）

物。Engelhaupt 和 Bianchi（2001）近期在一个连接庞恰特雷恩湖河口（美国）的潮汐支流所做的工作进一步验证了木质素在低氧条件下的缓慢降解。

## 第二节　分子生物标志物

由于河口有机物来源的复杂性以及前述的用总有机物分析确定有机碳来源所存在的问题，化学生物标志物已被广泛应用于河口研究（Bianchi and Canuel, 2001）。Meyers（2003，第 262 页）将生物标志物分子定义为“具有特定生物来源的化合物，这些化合物在沉积埋藏后即使经历了一些变化，但仍保存了其来源的信息”。这种分子信息在表征有机物来源时比总有机物的元素和同位素分析技术具有更好的特异性和灵敏性，并能够鉴别多种来源（Meyers, 1997, 2003）。

本章要讨论的许多分解代谢和合成代谢过程产生的生物标志物是通过糖酵解和柠檬酸循环的“中间”代谢作用而生成的（Voet and Voet, 2004）。这些化合物的生物合成途径可分为初级代谢和次级代谢两类（图 9.4）。许多化合物并不作为化学生物标志物用于河口研究中，在此列出仅是为了说明它们和本章要讨论的生物标志物的关系。对本章阐述的生物合成途径的更多细节，请参考 Voet 和 Voet（2004）和 Engel 和 Macko（1993）。

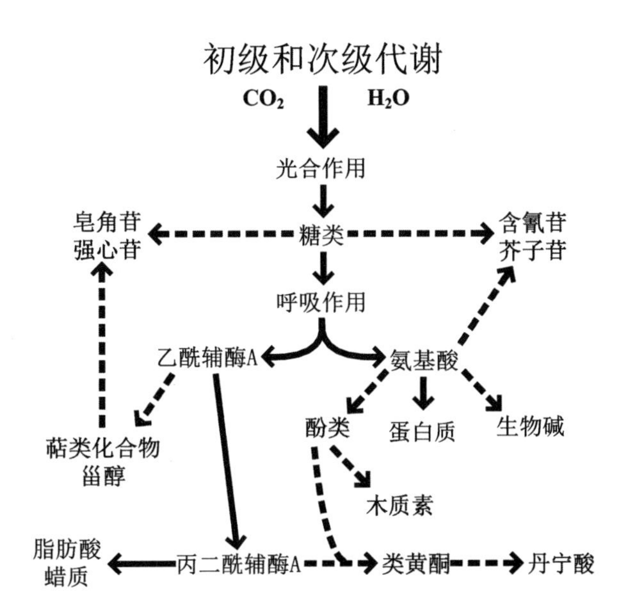


图 9.4　以上所有的生物化学过程统称为代谢，分为初级代谢和次级代谢两类。初级代谢包括所有保持细胞生长的途径，而次级代谢则是整个生物体所需的化合物的产生和分解

## 一、脂类

脂类是非水溶性化合物，可以溶于非极性溶剂（氯仿、苯酚）中。这些富含能量的化合物代表了近岸/河口系统营养级转化中碳通量的一个重要组成部分（Sargent et al.，1977）。实际上，处于活跃生长期的藻类群落，脂类通常占其生物量的10%～20%（干重）（Sargent and Falk－Petersen，1977）。简单的脂类（脂肪），含有三个与丙三醇（$C_3$醇）键合的脂肪酸，即甘油三酸酯（*triglyceride*）（图9.5）。复杂脂类（如磷脂和糖脂）的差别在于它们包含其他的元素（如磷、硫和氮）或者小的亲水化合物（如糖类和某些氨基酸）（图9.6）。在近岸/河口研究中比较关注的两个基本的脂类化合物组分是甘油三酯（*triacylglycerols*）和磷脂（*phospholipids*）（Parrish et al.，2000）。甘油三酯将能量储存于脂肪酸烃链的高度还原态的碳中，被氧化后会释放大量能量。实际上，它们通常作为生物体的状况或“健康”指数。磷脂代表了细胞膜的一个完整的组分，分担和甾醇相类似的功能。蜡脂具有能量储存和为食植动物（如桡足类）提供浮力的重要性（Wakeham et al.，1980；Wakeham and Lee，1989）。脂类是重要的有机物成分并包含多种化合物组分（如烃类、脂肪酸、正构烷醇和甾醇），已被作为有效的有机生物标志物用于近岸和河口研究中（Volman and Maxwell，1984；Prahl，1985；Volkman and Hallegraeff，1988；Yunker et al.，1993，1995；Canuel et al.，1995，1997；Canuel，2001；Sun et al.，2002）。实际上，地质脂类（geolipid）一词已被用于表示沉积物中的耐降解生物标志物，因为脂类通常比有机物中其他生物化学组分更难降解，因此可以在沉积记录中长时间保存（Meyers，1997）。然而，在解释地质脂类数据时，河口中的人为来源脂类（如烃类）会带来另一个问题。如第十五章讨论的，在河口，人为来源烃类（石油烃）的丰度自工业革命以来已显著增加。自然的石油渗漏和沥青固体的侵蚀也会增加河流/河口系统中烃类的丰度和组成（Yunker et al.，1993）。这些石油烃类可通过生物来源烃中通常含长链奇碳烃以及石油烃中更高的化学结构多样性的特征加以区分（Meyers and Takeuchi，1981）。实际上，石油烃中的复杂结构化合

物因难于使用色谱技术进行分离，亦被称为未分离的复杂混合物（unresolved complex mixture，UCM）（Meyers，2003）。

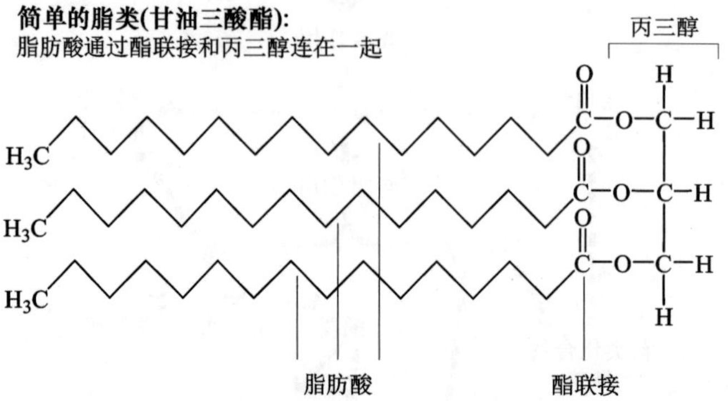

简单的脂类(甘油三酸酯):
脂肪酸通过酯联接和丙三醇连在一起
丙三醇
脂肪酸
酯联接

图 9.5　简单脂类的化学结构，含有三个与丙三醇（$C_3$醇）键合在一起的脂肪酸组成，统称为甘油三酸酯

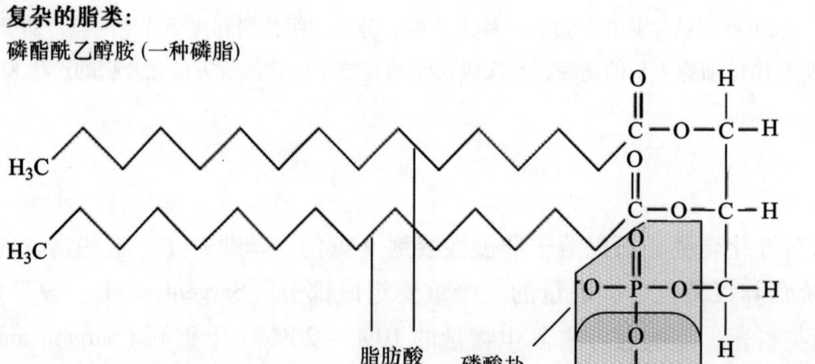

复杂的脂类:
磷酯酰乙醇胺 (一种磷脂)
脂肪酸
磷酸盐
乙醇胺

复杂的脂类:
单半乳糖酰甘油二酯 (一种糖脂)
半乳糖
脂肪酸

图 9.6　复杂脂类的化学结构（如磷脂和糖脂），差别在于含有其他的元素（如 P、S 和 N）或小的亲水化合物（如糖类和某些氨基酸）

## 二、烃类化合物

脂肪烃（如正构烷烃和正构烯烃）已被成功用于分辨河口/近岸系统中的藻类、细菌和陆源碳（Yunker et al.，1991，1993，1995；Canuel et al.，1997）。饱和脂肪烃即烷烃（也称链烷烃），含有1～2个双键的不饱和脂肪烃称为烯烃（也称链烯烃）。图9.7分别为十六烷和1，3－丁二烯的简单结构。应该注意的是，由脂肪酸的酶促脱羧反应生成的正构烷烃趋于含奇数碳链。长链正构烷烃（long－chain hydrocarbons，LCH）（如 $C_{27}$、$C_{29}$和 $C_{31}$）通常为陆源，产自陆地的维管和水生植物（如海草）的表皮蜡质。相反地，短链正构烷烃（short－chain hydrocarbons，SCH）（如 $C_{15}$、$C_{17}$和 $C_{19}$）来源于浮游和底栖藻类（Eglinton and Hamilton，1963，1967；Cranwell，1973，1984；Hostettler et al.，1989；Ficken et al.，2000；Jaffé et al.，2001）（表9.4a）。而一些 $C_{20}$－$C_{28}$链之间的化合物则可能由细菌产生（Grimalt et al.，1985）。来源于石油产品的烷烃，如 $C_{14}$－$C_{36}$之间的烷烃也会对来源的判断产生干扰（Marurek and Simoneit，1984）。碳优势指数（carbon preference index，CPI）被用来分辨这些烷烃的来源，当CPI大于1时，为生物来源；当CPI小于1时，来自人为源（Simoneit et al.，1991）。河口沉积物中的长链正构烷烃指示了维管植物来源。例如，高浓度的 $C_{28}$同源化合物与红树林（Jaffé et al.，2001）和盐沼碎屑（Canuel et al.，1997）输入有关。与此类似，研究发现 $C_{21:6}$［二十一烷六烯（*heneicosahexaene*）］是加拿大马更些河河口悬浮颗粒物中的主要烷烃（Yunker et al.，1993，1995），表明浮游植物为颗粒有机碳的主要来源（Blumer et al.，1971；Lee and Loeblich，1971；Schultze and Quinn，1977）［表9.4（a）］。更特别地，淡水浮游植物被认为富含十七烷二烯（*heptadecadiene*）和十七烯（*heptadecacene*）（Albaigés et al.，1984）。总的来说，长链烃类比短链烃类更难降解（Prahl，1985；Meyers and Ishiwatari，1993；Canuel and Martens，1996）。近期的工作表明，可以用沉积物中的LCH（如 $C_{27}$、$C_{29}$和 $C_{31}$）与SCH（如 $C_{15}$、$C_{17}$和 $C_{19}$）比值区分水生大型植物和浮游植物的来源（Silliman and Schelske，2003）［表9.4（a）］。中链烃类（midchain hydrocarbons，MCH）（$C_{23}$和 $C_{25}$）与LCH的指标比值（$P_{aq}$）在同一研究中被用来区分大型海藻和陆地植物的贡献。陆源输入可以进一步通过指示草类的 $C_{31}$和指示木质植物的 $C_{27}$和 $C_{29}$加以区分（Cranwell，1973）。

$$CH_3-(CH_2)_{14}-CH_3$$

十六烷

$$CH_2=CH-CH=CH_2$$

1,3-丁二烯

图9.7 饱和脂肪烃或烷烃（如十六烷）和不饱和烃或烯烃（如1，3－丁二烯）的化学结构。

支链和环状烃类也被用来作为解释过去有机物来源变化的古标志物，这主要应用于湖泊沉积物（Rowland and Robson，1990；Meyers，2003）。特别地，类异戊二烯烃诸如姥鲛烷（pristane）（$C_{19}$类异戊二烯）和植烷（phytane）（$C_{20}$类异戊二烯）［两者都来源于植醇（phytol）］分别被用来作为草食性动物摄食（Blumer et al.，1964）和甲烷产生（Risatti et al.，1984）的指示物［表9.4（a）；图9.8］。萜烯（terpenes）是一类分布广泛的天然植物化合物，由含有5个碳的异戊二烯（甲基－1，3－丁二烯）单元组成。萜烯的标准分子式是（$C_5H_8$）$_n$，$n$是异戊二烯单元数目。例如，二萜烯

姥鲛烷

植烷

图 9.8　类异戊二烯烃姥鲛烷（C19 类异戊二烯）和植烷（C20 类异戊二烯）的化学结构

(diterpenes)，如含有 4 个异戊二烯单元和 20 个碳原子的植醇；相似地，三萜烯（triterpenes），如类胡萝卜素（在本章后面讨论），具有 6 个异戊二烯单元和 40 个碳原子。尽管最近的工作报道了在佛罗里达沼泽沉积物中存在姥鲛烷和植烷（Jaffé et al.，2001），但这些生物标志物在河口系统中还没有得到关注。然而，随着生物标志物在河口古环境重建中应用的增加（见第十五章），这些生物标志物将可能在未来的研究中发挥重要作用。因为这些化合物可以作为过去（Didyk et al.，1978）和现在（de Leeuw et al.，1977）氧化还原条件的有效指示物，因此研究者对它们作为古氧化还原生物标志物的潜力有特别的兴趣。然而，最近在长岛湾河口的工作指出，由于植醇降解途径的复杂性，这个比值仅能用作早期成岩状态氧化还原的指示（Sun et al.，1998）。

**表 9.4a　应用于水环境的烃类生物标志物**

| 指示物 | 碳数量/结构 | 陆源[a] | 海源[a] | 参考文献 |
|---|---|---|---|---|
| 正构 $C_{15}$—$C_{19}$烷烃 | 15—19 | 石油来源、藻类 | 藻类、细菌 | Comet and Eglinton (1987) |
| 正构 $C_{23}$—$C_{33}$烷烃 | 23—33 | 高等植物 | 细菌 | Eglinton and Hamilton (1967)<br>Countway et al. (2003) |
| 异戊二烯/石墨烯 | 13—20 | 石油来源异戊二烯[b] | 浮游动物（异十九烷） | Blumer et al. (1964)<br>Yunker et al. (1993)<br>Silliman et al. (1998) |
| 高度支链类异戊二烯 | （$C_{20}$、$C_{25}$和 $C_{30}$） | 藻类（硅藻） | | |
| 正构 $C_{21:6}$二十一烷六烯 | 21 | 藻类 | 藻类 | Blumer et al. (1971) |
| 含绵马三萜 | 30 | 细菌 | 细菌 | Ourisson et al. (1987) |
| 成岩藿烷[c] | 27—32 | 石油来源 | — | Peters and Moldowan (1993) |
| 惹烯、卡达烯、海松烯和西蒙内利烯 | 15—19 | 高等植物 | — | Simoneit and Mazurek (1982) |
| 178—278 PAHs[d] | 14—22 | 石油来源、大气和泥炭 | 大气 | Yunker et al. (1993) |
| 苝 | | 成岩过程 | | Silliman et al. (1998) |

a. 石油来源包括侵蚀沥青、石油渗漏等；藻类指浮游植物，包括冰藻、硅藻和超微型浮游植物。b. 确切定义的从 2，6－二甲基十一烷到植烷的 7 个异戊二烯系列（Yunker et al.，1993）。c. 具有 27、29、30、31 和 32 个碳的 17 α (*H*)，21β (*H*) －藿烷和 17β (*H*)，21α (*H*) －降莫烷。d. 分子量 178 到 278 的母体 PAH。甾醇分类在文本里讨论。这些甾醇在马更些河洪水期间以 24－乙基－5－胆甾烯－3β－醇为主要成分；只有 24－甲基胆甾－5 和 22E－二烯－3β－醇来源于高等植物（Volkman，1986）。Yunker et al.（1993）。

表 9.4b　应用于水环境中的外来植物三萜烯生物标志物

| 指示物 | 碳数量/结构 | 陆源[a] | 海源[a] | 参考文献 |
| --- | --- | --- | --- | --- |
| 植物三萜烯 | | | | |
| β - 香树脂醇（齐墩果 - 12 - 烯 - 3β - 醇） | 30 | 高等植物 | — | Volkman et al.（1987） |
| α - 香树脂醇（乌苏 - 12 - 烯 - 3β - 醇） | 30 | 高等植物 | — | Volkman et al.（1987） |
| 24 - 乙基胆甾 - 3，5 - 二烯 - 7 - 酮 | 29 | 高等植物、泥炭 | — | Robinson et al.（1987） |
| 20：0 - 30：0 偶碳正构烷醇 | 20 - 30 | 高等植物 | — | Cranwell et al.（1981） |
| 16：1 - 24：1 偶碳正构烷醇 | 16 - 24 | 高等植物、浮游动物（?） | 浮游动物 | Sargeant et al.（1977） |

a. Yunker et al.（1993）。

某些萜类化合物组分也可作为河流/河口中重要的陆源指示物。三萜类是一大类天然化合物，通常包括类固醇和甾醇。三萜类化合物的另一亚类，藿烷，在细菌中含量很高，可取代胆甾醇（Neunlist et al.，1988；Bravo et al.，2001）。五环三萜，诸如含绵马三萜［17β（H），21β（H）- hop - 21（29）- ene］被有效地用于马更些河口泥炭和植物碎屑中细菌活动的成岩生物标志物（Yunker et al.，1993），以及美国哥伦比亚河口甲烷氧化菌的成岩生物标志物（Prahl et al.，1992；表 9.4a）。一般的藿烷结构和最简单的 $C_{30}$ 藿烷类化合物、含绵马三萜见图 9.10。尽管一些植物和真菌/植物共生体（如蕨类植物、苔藓和地衣）可以合成藿烷，但这些化合物普遍存在于细菌细胞壁中（Ourisson et al.，1987）。其他藿烷，如藿帕烯［hop - 17(21) - ene］，是含绵马三萜的一个降解产物，已被用来作为细菌输入的补充指标（Brassel and Eglinton，1983）。总之，藿烷类化合物主要出现在需氧细菌中，诸如甲烷氧化菌、异养菌和蓝细菌，在某些情况下也会出现在厌氧细菌中（Sinninghe-Damsté et al.，2004）。

多环芳烃（polycyclic aromatic hydrocarbons，PAHs）代表了河口烃类的一个特定来源（Simoneit，1984），即有机物不完全燃烧或石油产品泄漏（Stark et al.，2003）。它们的化学结构含有 2 个或多个连在一起的苯环（图 9.11）。这些化合物具有高度亲油疏水性，有利于吸附在悬浮颗粒物表面并在沉积物中积累，因此，可以作为自然界有机物输运的潜在生物标志物（Meyers and Quinn，1973）。某些分子标准可用来确定 PAHs 的组成、分布以及区分其自然来源与人为来源（Yunker et al.，1993，2002；Dickhut et al.，2000；Countway et al.，2003）。PAHs 比值和分子量分布特征也可用作 PAHs 来源和成岩作用的示踪指标（Gschwend and Hites，1981；Lipiatou and Saliot，1991；Kennicutt and Comet，1992；Yunker et al.，1993）。尽管 PAHs 并不产生于生物体中，但某些来自微生物降解、低温成岩和高温转化的 PAHs 降解产物可以用作有机物输运的示踪物（Dahle et al.，2003；Meyers，2003）。例如，使用烷基 PAHs，诸如惹烯、海松烯和卡达烯可以示踪河口中高等植物的输入（Yunker et al.，1993；表 9.4a）。木材燃烧产生的惹烯在石油和煤中被发现（Barrick and Prahl，1987），也是来自松树树脂的产物（Simoneit，1977；Wakeham et al.，1980）。对湖泊（Wakeham et al.，1980）和河口（Yunker et al.，1993）沉积物研究的结果证实，惹烯和陆源高等植物的成岩转化相关。这些烷基 PAHs 在马更些河口悬浮颗粒物和沉积物中具有和藿烷相似的分布特征（Yunker et al.，1993）。关于 PAHs 在河口的污染化学将在第十五章中详细论述。

脂肪酮，诸如直链烷基 - 2 - 酮，是另一类在水环境中普遍存在的类脂化合物（Volkman et al.，

表 9.4c　应用于水环境中的甾醇示踪物

| 指示物 | 碳数量/结构 | 陆源[a] | 海源[a] | 参考文献 |
| --- | --- | --- | --- | --- |
| 自生的,以海洋甾醇为主[b] | | | | |
| 24 - 降胆甾 -5, 22E - 二烯 -3$\beta$ - 醇 | $26\Delta^{5,22}$ | — | 藻类、浮游动物 | Prahl et al. (1984); Nichols et al. (1990) |
| 胆甾 -5, 22E - 二烯 -3$\beta$ - 醇 | $27\Delta^{5,22}$ | 藻类、高等植物(?)[c] | 浮游动物、藻类 | Gagosian et al. (1968); Nichols et al. (1986) |
| 胆甾 -5 - 烯 -3$\beta$ - 醇 | $27\Delta^{5}$ | 藻类、高等植物(?)[c] | 浮游动物、藻类 | Prahl et al. (1984); Volkman et al. (1986) |
| 胆甾 -5, 24(28) - 二烯 -3$\beta$ - 醇 | $27\Delta^{5,24}$ | — | 浮游动物、藻类 | Prahl et al. (1984) |
| 24 - 甲基胆甾 -5, 22E - 二烯 -3$\beta$ - 醇 | $28\Delta^{5,22}$ | 硅藻、藻类 | 藻类 | Volkman et al. (1986); Nichols et al. (1990) |
| 24 - 甲基胆甾 -5, 24(28) - 二烯 -3$\beta$ - 醇 | $28\Delta^{5,24(28)}$ | 藻类、硅藻 | 藻类 | Volkman et al. (1986); Nichols et al. (1990) |
| 24 - 乙基胆甾 -5, 24(28) E - 二烯 -3$\beta$ - 醇 | $29\Delta^{5,24(28)E}$ | 藻类、高等植物(?)[c] | 藻类 | Volkman et al. (1987) |
| 24 - 乙基胆甾 -5, 24(28) Z - 二烯 -3$\beta$ - 醇 | $29\Delta^{5,24(28)Z}$ | — | 藻类 | Volkman and Hallegraeff (1988) |
| 外来的,植物甾醇 | | | | |
| 5$\alpha$ - 胆甾烷 -3$\beta$ - 醇 | $27\Delta^{0}$ | 石烯醇还原 | 石烯醇还原 | Cranwell and Volkman (1985) |
| 24 - 甲基胆甾 -5 - 烯 -3$\beta$ - 醇 | $28\Delta^{5}$ | 高等植物 | 藻类 | Volkman et al. (1986) |
| 24 - 乙基胆甾 -5, 22 E - 二烯 -3$\beta$ - 醇 | $29\Delta^{5,22}$ | 高等植物 | 藻类 | Volkman et al. (1986) |
| 24 - 乙基 -5 - 胆甾烯 -3$\beta$ - 醇 | $29\Delta^{5}$ | 高等植物 | 藻类 | Volkman et al. (1986); Nichols et al. (1990) |

a. 石油来源包括侵蚀沥青、石油渗漏等;藻类指浮游植物,包括冰藻、硅藻和超微型浮游植物。b. 甾醇分类在文本里讨论。c. 这些甾醇在马更些河洪水期间以 24 - 乙基 -5 - 胆甾烯 -3β - 醇为主要成分;只有 24 - 甲基胆甾 -5 和 22E - 二烯 -3β - 醇来源于高等植物(Volman, 1986); Yunker et al. (1993)。

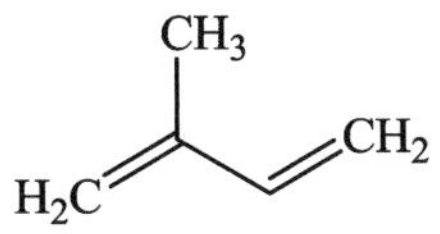

$CH_3$ $H_2C$ $CH_2$

异丁烯

图 9.9 一种含有 5 个碳原子的异丁烯（2 - 甲基 - 1，3 丁二烯）单元的化学结构

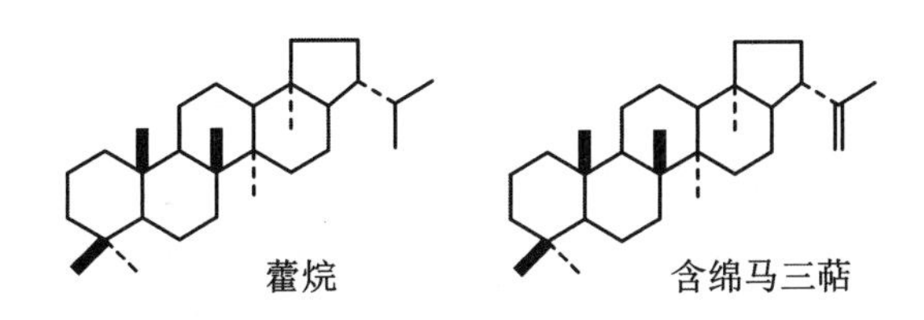


图 9.10 藿烷和最简单的 C30 藿烷类化合物，含绵马三萜的一般化学结构

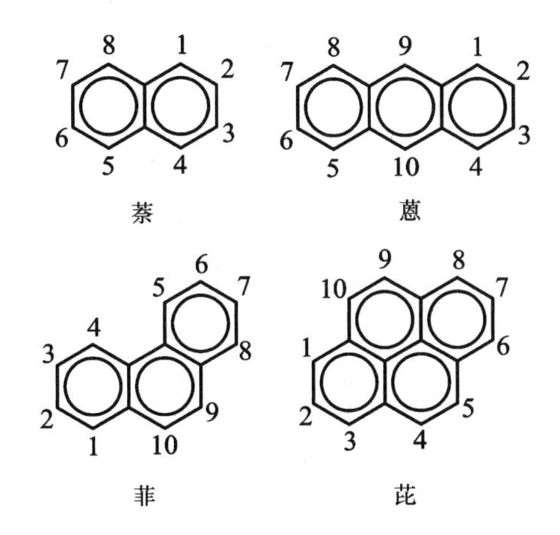


图 9.11 包括两个或更多苯环的多环芳烃—萘、蒽、菲和芘的化学结构

1983；Hernandez et al.，2001；Jaffé et al.，2001）。Hernandez 等（2001）发现，烷基 - 2 - 酮在河口的分布为在上游河口从 $C_{27}$ 到 $C_{31}$，而在下游河口则从 $C_{27}$ 到 $C_{25}$，他将此归因于潮汐引起的海草碎屑输运的变化。近期在河口沉积物中发现的另一个脂肪酮是 6，10，14 - 三甲基十五烷 - 2 - 酮，属于植醇的一个降解产物，可能指示红树林的输入（Jaffé et al.，2001）。

## 三、脂肪酸

脂肪酸是脂类的基本组成部分，代表了水生生物体中总脂的一个重要部分（Vance and Vance，1996；Desvilettes et al.，1997；Abrajane et al.，1998；Feinss and Feulsen，2002；Countway et al.，2003；Dalsgarrd et al.，2003）。脂肪酸的系统命名规则是：A∶BωC，其中 A 是碳原子的数目，B 是双键数量；C 是从羧基端计算双键的位置。自然界中最常见的脂肪酸是链长 $C_{16}$ 和 $C_{18}$ 的饱和与不饱和脂肪酸（Cranwell，1982；Pulchan et al.，2003），如表 9.12 所示。例如，棕榈酸是一个十六碳饱和（不含双键）脂肪酸，油酸是 18 个碳的单不饱和脂肪酸（monounsaturated fatty acid，MUFA）（含一个双键），而亚油酸是 $C_{18}$ 多不饱和脂肪酸（polyunsaturated fatty acid，PUFA）（含有 2 个双键，18∶2ω6）。

脂肪酸的链长与其降解性相关，沉积前后短链脂肪酸会选择性丢失（Kawamura et al.，1987；Canuel and martens，1993；Meyers and Eadie，1993）。饱和脂肪酸较稳定，通常在沉积物中占总脂肪酸的比例随深度的增加而升高（Parker and Leo，1965；Hadda et al.，1992；Sun et al.，1997）。长链（$>C_{22}$）饱和脂肪酸一般被认为是陆地（维管植物和土壤）有机物来源的指示（Tulloch，1976；Brasell et al.，1980；Sergeant et al.，1995；Shi et al.，2001；表9.5）。但长链饱和脂肪酸在沼泽植物、海草（Canuel et al.，1997），甚至在一些硅藻中也有发现（Volkman et al.，1980a）。短链脂肪酸一般来自水生生物（藻类和微生物）（$C_{12} \sim C_{18}$）（Simoneit，1977），包括浮游动物、细菌、底栖动物和沼泽植物（Cranwell，1982；表9.5）。一般将PUFAs作为“新鲜”藻类来源的指示物（Canuel and Martens，1993；Shaw and Johns，1985），但是一些PUFAs也存在于维管植物中。高等植物来源的PUFAs通常以18:2ω6和18:2ω3为代表（Harwood and Russell，1984；表9.5）。一般来说，$C_{18}$ PUFAs在定鞭藻、甲藻、绿藻和隐藻中含量较多，而$C_{16}$和$C_{20}$ PUFAs则在硅藻中更富集（Volkman et al.，1989）。以前的研究显示，许多河口生物如软体动物（Soudant et al.，1995）和多毛目环节动物（Marsh and Tenore，1990）不能合成其代谢所需的许多关键PUFAs（如ω3和ω6 PUFAs），而只能通过食物（如硅藻）来获得（Canuel et al.，1995）。只有植物和一些无脊椎原生动物能够合成PUFAs（Dalsgarrd et al.，2003）。MUFAs通常是藻类种类的指示物（Volkman et al.，1989；Dunstan et al.，1994）。一些单饱和脂肪酸，如18:1ω7，仅在细菌中发现（Parkes and Taylor，1983），而其他的（如18:1ω9）则是大型浮游动物及其粪粒的有效指示物（Wakeham and Canuel，1988）。

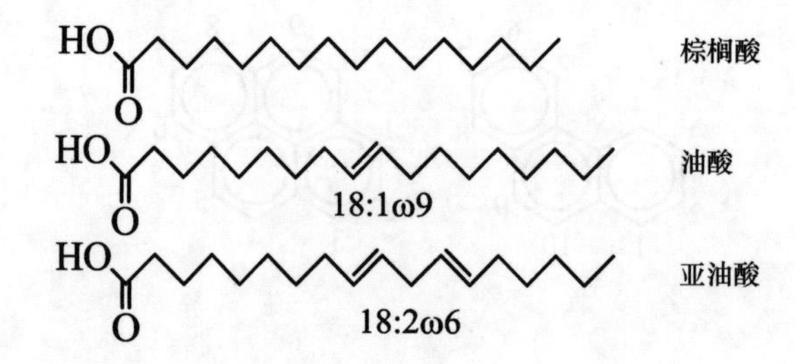


图9.12　一些自然界中发现的常见的脂肪酸的化学结构，通常是链长$C_{16}$和$C_{18}$的饱和和不饱和化合物，如棕榈酸、油酸和亚油酸

**表9.5　水环境中细菌、藻类、动物和陆源的脂肪酸（FA）生物标志物**

| 脂肪酸种类 | 参考文献 |
|---|---|
| 细菌标志物 | |
| 奇碳数+支链FA的总和 | Parkes and Taylor（1983）；Gillan and Johns（1986）；Kaneda（1991）；Budge and Parrish（1998） |
| 异链和反异链$C_{15}$和$C_{17}$ | Kaneda（1991）；Viso and Marty（1993） |
| 18:1（ω-7）/18:1ω9 | Volkman et al.（1980b） |
| 异链和反异链15:0/16:0 | Mancuso et al.（1990）；Kaneda（1991） |
| 异链和反异链15:0/15:0 | Kaneda（1991） |
| 15:0，异链和反异链$C_{15}$和$C_{17}$，18:1ω-$7^2$的总和 | Najdek et al.（2002）；Kaneda（1991） |

续表

| 脂肪酸种类 | 参考文献 |
| --- | --- |
| 支链 $C_{15}$/15:0[a] | Najdek et al.（2002） |
| 藻类 | |
| 通常链长小于正构 - $C_{20}$的脂肪酸；多不饱和脂肪酸（PUFAs）；$C_{27}$和 $C_{28}$固醇（如硅藻 - 16:1ω7，16:0，14:0，20:5ω3，S - 5，S - 6；甲藻 - 16:0，18:5ω3，22:6ω3，4 - 甲基固醇） | Canuel et al.（1995） |
| 动物 | |
| 16:0，18:0 和 18:1ω9；胆甾 - 5 - 烯 - 3β - 醇（S - 3） | Canuel et al.（1995） |
| 陆源标志物 | |
| 18:2ω - 6 | Napolitano et al.（1997） |
| 18:2（ω - 6） + 18:3（ω - 3） >2.5 | Budge et al.（2001） |
| 22:0 + 24:0 | Budge and Parrish（1998） |
| C24:0 - C32:0 总和 | Meziane et al.（1997）；Canuel and Martens（1993） |

a. 作为测定细菌在粘液聚合物中生长的一个指标，因为细菌在适宜的生长条件下产生的支链 $C_{15}$ 多于直链 $C_{15:0}$。Najdek et al.（2002）。

支链脂肪酸（Branched - chain fatty acids，BrFAs）（异链和反异链）被认为主要来自于硫还原细菌（Perry et al.，1979；Cranwell，1982；Canuel et al.，1995；表 9.5）。但应该指出，BrFAs 并不存在于所有的硫还原细菌或其他的异养细菌中（Kaneda，1991；Kohring et al.，1994）。异链和反异链支链脂肪酸代表其在 ω - 1 和 ω - 2 位置分别具有甲基基团。奇数碳脂肪酸（$C_{15}$、$C_{17}$、支链和正构的）主要来自细菌细胞膜的磷脂成分（Kaneda，1991）。偶数异链脂肪酸（如 $C_{12}$ ~ $C_{18}$）也在藻类中检测到（Schnitzer and Khan，1972）。

正构烷醇（脂肪醇）的分布和丰度可以用来分辨水环境中的陆地植物和藻类/细菌的输入（Cranwell，1982）。维管植物的表皮蜡质含有偶数碳（通常是 $C_{22}$ ~ $C_{30}$）的正构烷醇（Eglinton and Hamilton，1967；Rieley et al.，1991）。高等植物中最丰富的一种正构烷醇是 1 - 二十八烷醇［$CH_3(CH_2)_{26}CH_2OH$］。脂肪酸被酶还原生成烷醇，如下面的例子所示：

$$\underset{\text{脂肪酸}}{CH_3(CH_2)_nCOOH} \rightarrow \underset{\text{醛}}{CH_3(CH_2)_nCHO} \rightarrow \underset{\text{醇}}{CH_3(CH_2)_nCH_2OH} \quad (9.7)$$

饱和（$C_{14}$ ~ $C_{18}$）烷醇和不饱和（$C_{16}$ ~ $C_{24}$）烯醇也被用作浮游动物来源的指示物和古生物标志物（表 9.4b）。例如，在不同的沉积物柱状样中发现了异戊二烯类的饱和烷醇，如植醇的产物姥鲛烷醇和植烷醇（图 9.13）。短链烷醇（偶数 $C_{14}$ ~ $C_{18}$）来自于藻类。指示海草来源（Nichols and Johns，1985）的其他正构烷醇（$C_{26}$和 $C_{28}$）能够用来与其他高等植物的输入相区分，如哈尼河和泰勒河河口（美国）颗粒物中 $C_{30}$正构烷醇比 $C_{26}$和 $C_{28}$正构烷醇含量高，表明来自红树林的有机物输入比海草碎屑输入占优势（Jaffé et al.，2001）。细菌和藻类通常含有 $C_{16}$ ~ $C_{22}$的正构烷醇（Robinson et al.，1984；Volkman et al.，1999）。植醇是最主要的单不饱和类异戊二烯烯醇之一，植物叶绿素分子侧链植酯的醇部分就是植醇（图 9.14）。因此，叶绿素降解被认为是水环境中植醇和其降解产物的主要来源，特别是由于植酯很容易被降解（Hansen，1980）。在较深层沉积物中也经常发现植醇的成岩还原转化产物——二氢植醇。这两种化合物一起被用作生物地球化学过程的有效生物标志物（Volman and Maxwell，1984）。例如，二氢植醇与植醇的比值在浮游动物中显著高于浮游植物，这也进一步支持了使用二氢植醇作为无脊椎动物摄食活性的指示物（Prahl et al.，1984；Sun et al.，1998）。近期的工作显示在佛罗里达泥湖的沉积记录中正构 $C_{24}$ 烷醇可以作为蓝细菌输入的指标（Filley et al.，2001）。

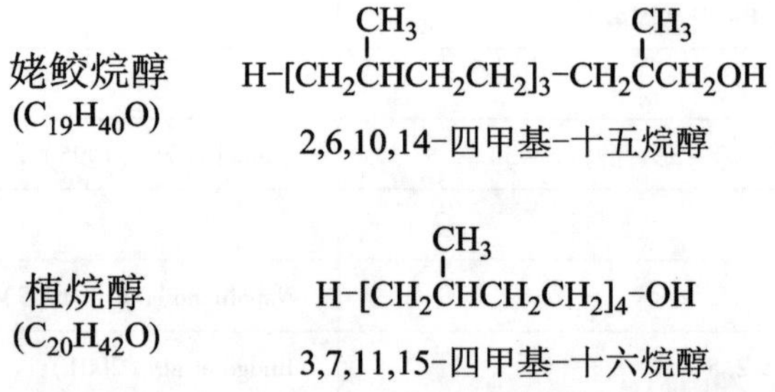

姥鲛烷醇 ($C_{19}H_{40}O$)

$$H\text{-}[CH_2\overset{CH_3}{\overset{|}{C}}HCH_2CH_2]_3\text{-}CH_2\overset{CH_3}{\overset{|}{C}}CH_2OH$$

2,6,10,14-四甲基-十五烷醇

植烷醇 ($C_{20}H_{42}O$)

$$H\text{-}[CH_2\overset{CH_3}{\overset{|}{C}}HCH_2CH_2]_4\text{-}OH$$

3,7,11,15-四甲基-十六烷醇

图 9.13 多支链饱和烷醇姥鲛烷醇和植烷醇的化学结构

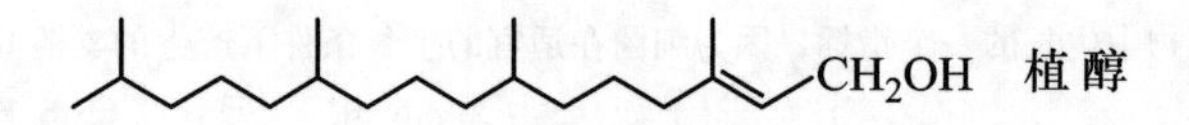


图 9.14 单不饱和类异戊二烯烯醇，植醇的化学结构（参考图 9.37 植醇侧链如何与叶绿素分子连接）

研究证明甾醇和它们相应的衍生物是可用于估算藻类和维管植物对有机物贡献以及成岩指标的一类重要生物标志物（Volkman，1986；Sun and Wakeham，1998；Canuel and Zimmerman，1999）。这些化合物是一类抗皂化的环状醇类（通常在 $C_{26}$ 和 $C_{30}$ 之间）。甾醇是从异丁烯单元经甲羟戊酸途径生物合成，被归类为三萜烯（即含有 5 个异丁烯单元；图 9.15；表 9.4）。陆地植物具有高含量的 24 - 乙基胆甾 - 5 - 烯 - 3$\beta$ - 醇（谷甾醇）（$C_{29}\Delta^5$）和 24 - 甲基胆甾 - 5 - 烯 - 3$\beta$ - 醇（菜油甾醇）（$C_{28}\Delta^5$）（Volkman，1986；Jaffé et al.，1995；表 9.4c）。海草也富含 $C_{29}\Delta^5$（Nishimura and Koyama，1997；Volkman et al.，1981；Nichols and Johns，1985）。尽管 $C_{29}$ 甾醇被认为是在维管植物中发现的主要的甾醇，但某些浅水层蓝细菌和浮游藻类也发现含有大量的 $C_{29}$ 甾醇（Volkman et al.，1981；Jaffé et al.，1995）。在浮游植物中发现的主要甾醇是 $C_{28}$ 甾醇（Volkman，1986）；24 - 甲基胆甾 - 5，22 - 二烯 - 3$\beta$ - 醇（菜子甾醇）在硅藻和隐藻中含量丰富（Volkman et al.，1981）[表 9.4（c）]。其他的浮游植物标志物包括黑海甾醇（甲藻）和 24 - 甲基胆甾 - 5，22（28）二烯 - 3$\beta$ - 醇（24 - 亚甲基胆甾醇）（$C_{28}\Delta^{5,24[28]}$）（硅藻、甲藻和青绿藻）（Volkman，1986）。应用 24 - 乙基粪甾醇与 24 - 乙基胆甾 - 5 - 烯 - 3$\beta$ - 醇（谷甾醇）（$C_{29}\Delta^5$）的比值以及 5$\beta$ - 胆甾 - 3$\beta$ - 醇（粪甾醇）（$C_{27}\Delta^0$）与胆固醇 - 5 - 烯 - 3$\beta$ - 醇（胆甾醇）（$C_{27}\Delta^5$）的比值，可分辨废水和自然来源的有机物（Quemeneur and Marty，1992）。胆甾醇 [胆固醇 - 5 - 烯 - 3$\beta$ - 醇）（$C_{27}\Delta^5$）] 通常被认为来自于甲壳动物组织（如浮游动物和蟹类）（Bergmann，1949）及其粪便，但在某些浮游植物（Gagosian et al.，1983）、沼泽和海草植物，如互花米草、大叶藻中也含有痕量胆甾醇（Canuel et al.，1997）。由于甾醇标志物存在于不同来源有机物中，因此单独使用甾醇分辨陆地和水生有机物来源时应该谨慎

(Volkman et al., 1981; Jaffé et al., 2001)。对有机物来源的确定，使用多种脂类标志物并结合对全样和单一化合物同位素分析技术，会达到更好的效果。

甾烷醇与石烯醇的比值通常被用来作为开放大洋和近岸环境中有机物降解的另一个分子指标(Wakeham and Lee, 1989; Jaffé et al., 2001)。特别是应用5$\alpha$（H）－胆甾烷－3$\beta$－醇（$C_{27}\Delta^0$）与胆固醇－5－烯－3$\beta$－醇（$C_{27}\Delta^5$）的比值可有效估算微生物对甾醇的转化（Wakeham and Lee, 1989; Canuel and Martens, 1993)。Jaffé 等（2001）也发现在美国哈尼河河口上游区域 $C_{27:0}/C_{27:5}$、$C_{28:0}/C_{28:5}$和 $C_{29:0}/C_{29:5}$比值显著高于下游区域，表明"新鲜的"有机物输入对下游河口的重要性，而输入到上游河口的则主要是经降解后的土壤有机物。

角质和软木脂是维管植物组织中的脂类聚合物，分别作为保护层（外皮）和软木细胞的细胞壁成分（Martin and Juniper, 1970; Holloway, 1973)。角质和软木脂的基本单分子单元见图9.16。角质被证明是鉴别维管植物输入到近岸系统的有效生物标志物（Eglinton et al., 1968; Cardoso and Eglinton, 1983; Goñi and Hedges, 1990a, b)。当使用木质素分析中常用的CuO方法（Hedges and Ertel, 1982）将角质氧化后，可以得到一系列的脂肪酸，这些脂肪酸可以分成三类：$C_{16}$羟基酸、$C_{18}$羟基酸和 $C_n$ 羟基酸（Goñi and Hedges, 1990a)。因为木材不含角质，这些化合物与由对羟基木质素产生的肉桂基酚（如反式－对－香豆酸和阿魏酸）相似，因此可以作为非木质维管植物组织的生物标志物。然而，研究发现在针叶林针叶降解中，角质酸比木质素更具活性（Goñi and Hedges, 1990c)，因此不能作为一种像木质素一样有效的维管植物标志物（见下面）(Opsahl and Benner, 1995)。尽管在泥炭和近期沉积物中检测到软木脂（Cardoso and Eglinton, 1983)，但若将其作为有效的生物标志物，则需对其结构和功能做更多的研究（Hedges et al., 1997)。

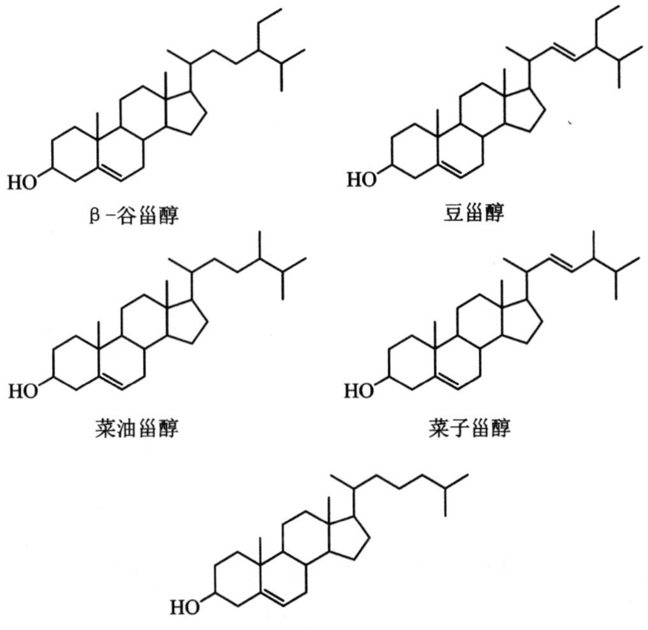

HO
β－谷甾醇
HO
豆甾醇
HO
菜油甾醇
HO
菜子甾醇
HO
胆甾醇

图9.15　一些重要的河口生物标志物甾醇的化学结构
（如$\beta$－谷甾醇、豆甾醇、菜油甾醇、菜子甾醇和胆甾醇）

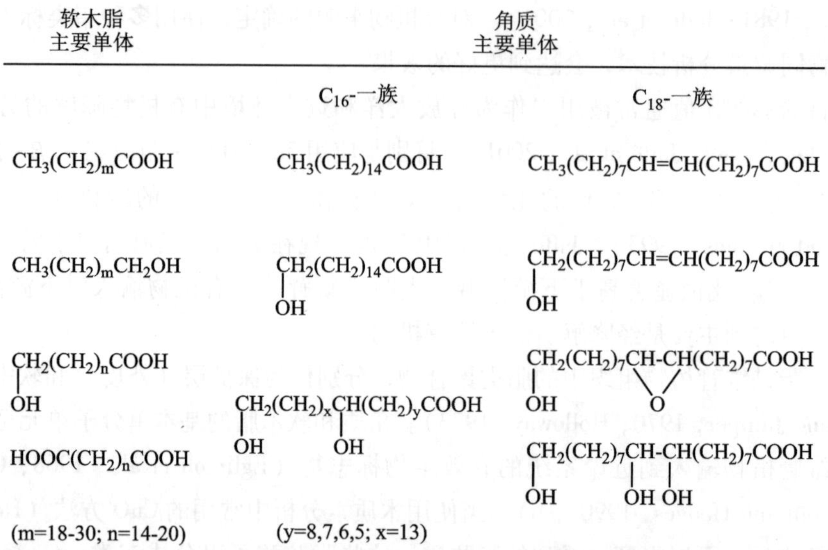

| 软木脂主要单体 | 角质主要单体 C$_{16}$-一族 | 角质主要单体 C$_{18}$-一族 |
| --- | --- | --- |
| $CH_3(CH_2)_mCOOH$ | $CH_3(CH_2)_{14}COOH$ | $CH_3(CH_2)_7CH{=}CH(CH_2)_7COOH$ |
| $CH_3(CH_2)_mCH_2OH$ | $CH_2(CH_2)_{14}COOH$ <br> OH | $CH_2(CH_2)_7CH{=}CH(CH_2)_7COOH$ <br> OH |
| $CH_2(CH_2)_nCOOH$ <br> OH | $CH_2(CH_2)_xCH(CH_2)_yCOOH$ <br> OH OH | $CH_2(CH_2)_7CH\text{-}CH(CH_2)_7COOH$ <br> OH O |
| $HOOC(CH_2)_nCOOH$ | | $CH_2(CH_2)_7CH\text{-}CH(CH_2)_7COOH$ <br> OH OH OH |
| (m=18-30; n=14-20) | (y=8,7,6,5; x=13) | |

图 9.16 角质的化学结构，主要由酯化的羟基和环氧羟基脂肪酸组成的链长在16或18个碳原子的生物聚酯（C$_{16}$和C$_{18}$类）。同样，软木脂的脂肪单体的化学结构，由通常的脂肪酸生物合成途径产生，即来自于棕榈酸（16:0）、硬脂酸（18:0）和油酸

在过去的10年里，已有越来越多的研究应用脂类生物标志物分析控制河口DOM和POM中以及沉积物储存过程中不同有机组分之间关系的一些核心问题。例如，近期的工作表明美国特拉华河河口POM和DOM中的脂类主要为饱和脂肪酸（图9.17；Mannino and Harvay，1999）。POM中脂肪酸含量显著高于DOM中的含量；且在DOM库中，脂肪酸占有机碳的比例在特高分子量DOM中（30 kDa ~ 0.2 μm）要高于在HMW DOM中（1 ~ 30 kDa）的比例。最近在对美国特拉华湾河口、圣地亚哥湾河口、波士顿港河口和旧金山湾河口的对比研究也表明，HMW DOM（< 0.2 μm ~ > 1 kDa）中含量较高的脂类是偶碳（C$_{14}$—C$_{18}$）脂肪酸，其次为细菌来源的奇碳支链（C$_{15}$—C$_{17}$）和正构脂肪酸（Zou et al.，2004）。而且，长链脂肪酸（> C$_{20}$）在HMW DOM中的缺失进一步支持了Mannino和Harvay（1999）的研究结果，即由于絮凝和光氧化作用，来自维管植物的化合物沿河口盐度梯度被快速移除（Benner and Opsahl，1995）。从跨系统比较看，不同HMW DOM中高含量的细菌来源脂肪酸和酰胺化合物支持了海洋中大部分DOM来源于细菌膜成分的观点（Liu et al.，1998；McCarthy et al.，1998），这些化合物最终会形成脂质体（Borch and Kirchman，1998）。

在河口HMW DOM中PUFAs的缺失和低含量的MUFAs（两者都来自于浮游植物）（Zou et al.，2004）的结果支持了其他研究揭示的不饱和脂肪酸比饱和脂肪酸优先降解的结论（Gomez - Belinchon et al.，1988；Wakeham and Lee，1989；Sun and Wakeham，1994；Harvey and Macko，1997；Parrish et al.，2000）。因此，河口HMW DOM中很大一部分除了细菌膜组分外，还来自于经细菌降解过的植物碎屑物质。但是，POM中的脂类组成和脂类化合物的不稳定性差异也是控制被细菌降解和最终溶入DOM库的重要因素。例如，其他的实验工作揭示了在氧化条件下不饱和甾醇的快速降解，表明化学结构（如不饱和性）本身并不总是代表分解难易的最好指标（Harvey and Macko，1997）。不过，不同河口系统中HMW DOM组成的高度相似性说明细菌作用对控制HMW DOM中脂类生物化学特征的重要性（Zou et al.，2004）。最后应该指出的是，物理过程如溶解度和吸附/解吸作用对

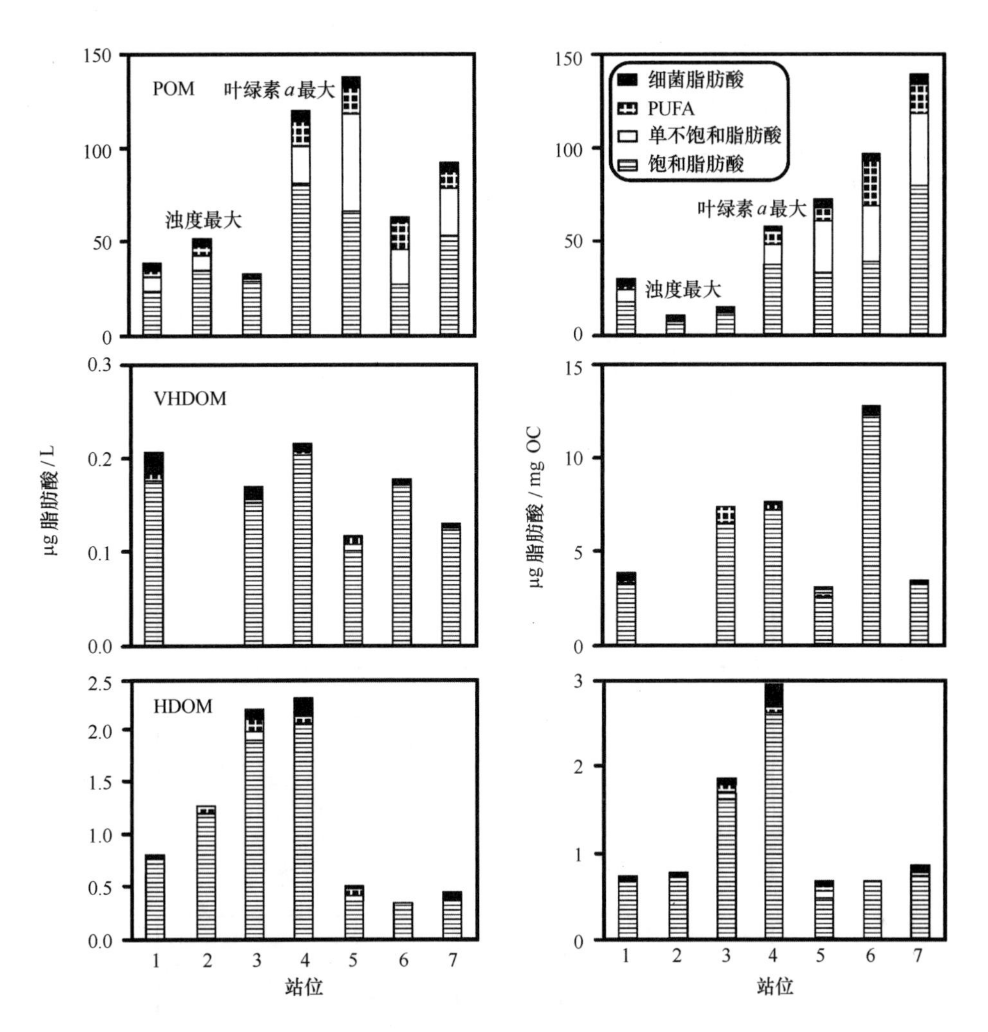


图 9.17　特拉华湾河口中颗粒有机物（POM）、特高分子量 VHDOM（30 kDa ~ 0.2 μm）和 HDOM（1 ~ 30 μm）中主要脂肪酸（μg 脂肪酸/L 和 μg 脂肪酸/mg OC）的分布。细菌脂肪酸包括支链和正构饱和脂肪酸以及 15: 1Δ4 和多不饱和脂肪酸（PUFAs）。(Mannino and Harvay, 1999)

控制 HMW DOM 中物质的组成也很重要。

如上所述，由于脂类比有机物的其他生物化学成分更耐降解，因此有地质类脂之称。实际上，Harvey 等（1995）的研究显示无论是在有氧还是缺氧条件下，蓝细菌（聚球藻）碎屑经过 93 天的降解实验后，都有约 33% 的脂类保存下来，明显高于蛋白质或糖类。进一步的结论指出，硅藻和蓝细菌碎屑物质的细胞成分在有氧条件下降解更快，这支持了第八章讨论过的氧化还原控制机制在保存有机物方面的重要性。其他对河口沉积物所做的实验数据显示，相对于缺氧条件，甾醇和脂肪酸在有氧条件下会大量降解（Sun et al.，1997；Sun and Wakeham，1998）。Harvey 等（1995）提出脂类相对较长的降解时间可能受以下机制所控制：（1）游离硫与脂类的结合——特别是在缺氧沉积物中（Kohnen，et al.，1992；Russell and Hall，1997）；（2）相对其他化合物，其结构含有较少的氧功能原子。最近对长岛湾河口沉积物进行的实验中提出了一个氧化还原条件振荡频率机制（Sun et al.，2002）。通过 $^{13}C$ 标记的脂类降解速率和途径证明脂类降解是一个氧化还原振荡频率的函数。

该实验使用的振荡模式见图9.18。脂类降解速率随着振荡频率的增加及与氧接触时间的增加而显著提高；在有些情况下降解速率是线性的，而在另一些情况下则呈指数关系（图9.19）。这支持了其他的研究发现，表明交替的氧化还原条件（Aller，1998）及与氧接触时间（Harnett et al.，1998）是有机物在河口系统被保存的重要控制变量。有机物在不同氧化还原条件下降解过程的差异和某些生物化合物能够在几天内被降解的事实，反映了使用短寿命生物标志物对认识浅水动态河口系统中成岩过程的重要性（Canuel and Martens，1996）。

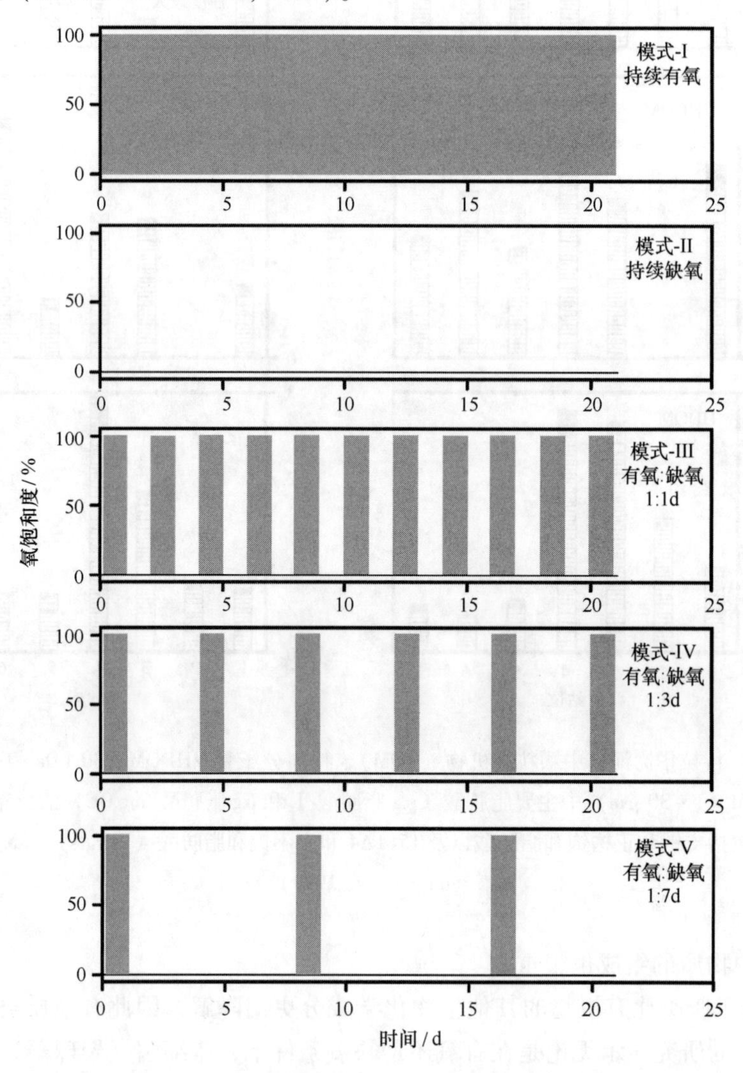


图9.18　氧百分含量振荡模式图例：（Ⅰ）持续有氧；（Ⅱ）持续缺氧；（Ⅲ）1天有氧：1天缺氧；（Ⅳ）1天有氧：3天缺氧；（Ⅴ）1天有氧：7天缺氧（Sun et al.，2002）

如前所述，我们在使用多个化学生物标志物和多变量统计方法鉴定控制河口有机物来源、含量和分布的主导因素方面已经取得了显著进展。但是由于许多河口所具有的独特的区域特征，对不同河口体系采用统一的分析方法仍然是困难的。Canuel（2001）在其文章中采用脂肪酸来比较POM在两个不同河口系统［切萨皮克湾（Chesapeake Bay，CB）和旧金山湾（San Francisco Bay，SFB）］中

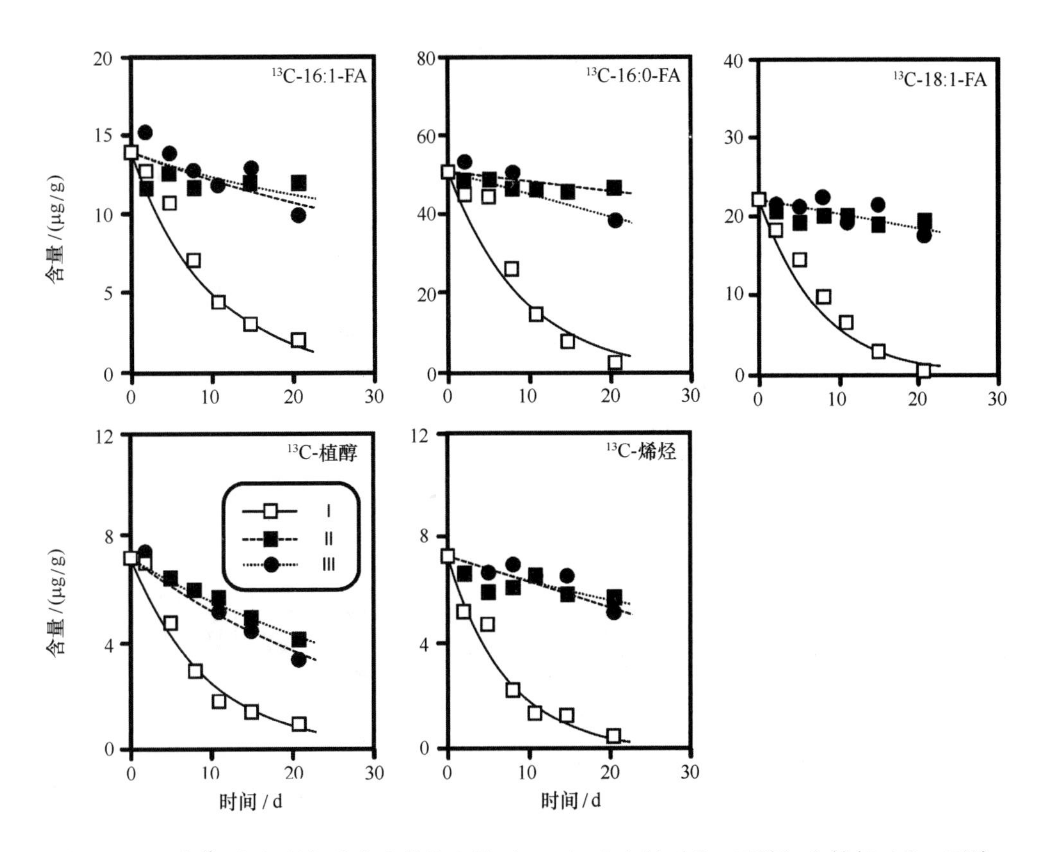


图 9.19 五种 $^{13}$C 标记的细胞化合物的含量（μg/g）在有氧（Ⅰ：开放）和缺氧（Ⅱ：开放；Ⅲ：封闭）降解条件下的变化。直线和曲线被用来拟合含量的一级降解模型（Sun et al.，2002）

的特征。Canuel（2001）发现在两个河口区都存在总脂肪酸自上游淡水到河口（高盐区）的富集（图 9.20）。两个河口区脂肪酸的组成（14∶0、16∶0、16∶1ω7、18∶1ω9 和 18∶0）显示了浮游植物、浮游动物、细菌和维管植物的来源。但由短链脂肪酸的丰度可知两个系统中藻类来源占优势。总脂肪酸和 PUFAs 的含量在切萨皮克湾中明显高于旧金山湾，说明即使在非水华期 POM 也易分解（图 9.20 和 9.21）。切萨皮克湾的北部区域也具有以 16∶1ω7、正构支链奇碳酸和 18∶1ω9 为主的脂肪酸组成特征，显示细菌和淡水/河口浮游植物的来源。虽然两个河口区营养盐的输入在过去的一世纪都有显著增加；但旧金山湾中的浮游植物生产力仍然受到光照和底栖双壳类摄食的限制（Alpine and Cloern，1992）。因此，从脂类组成显示，切萨皮克湾的 POM 整体上含量和易降解性都高于旧金山湾，尤其是在河口附近和高盐度区域。

## 四、糖类

糖类是地球上最丰富的一类生物聚合物（Aspinall，1983）并是水环境中 POM 和 DOM 的重要组成部分（Cowie and Hedges，1984a，b；Arnosti et al.，1994；Aluwihare et al.，1997；Bergamaschi et al.，1999；Opsahl and Benner，1999；Burdige et al.，2000；Hung et al.，2003a，b）。糖类是重要的结构和能量储存分子，并在陆地和水生生物的代谢中起重要作用（Aspinall，1970）。一般的糖类组成结构式是 $(CH_2O)_n$；这些化合物可被更专业的定义为多羟基醛和酮－或者能够水解成这些产物的化合物。糖类可以被进一步分成单糖（简单糖类）、双糖（两个共价连接单糖）、寡糖（少量共

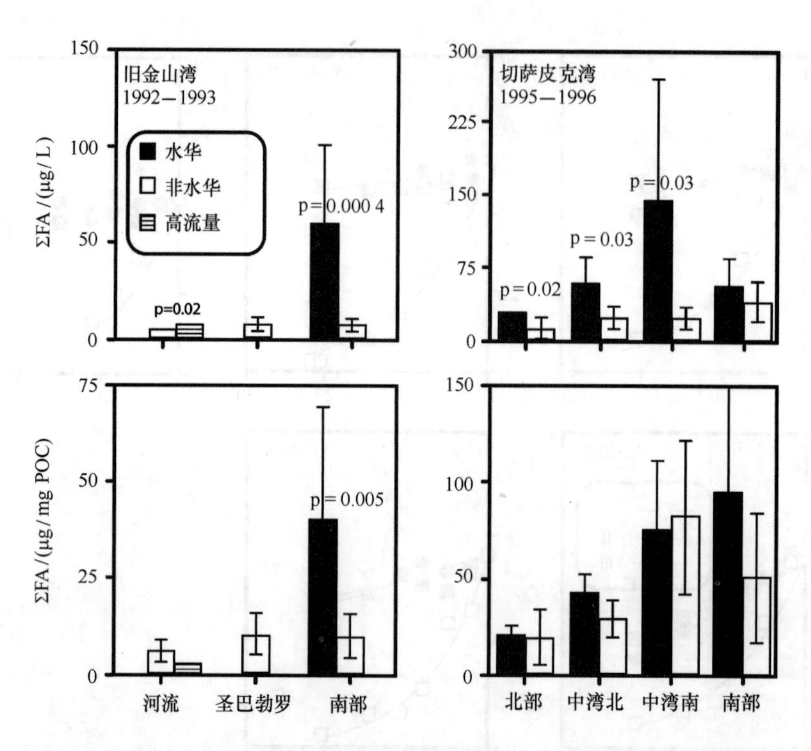


图 9.20　旧金山湾（SFB）和切萨皮克湾（CB）1992—1993 年和 1995—1996 年水体（μg/L）和 POC（μg/mg OC）中的总脂肪酸（∑FA）含量。水华条件定义为叶绿素 $a$ >10 μg/L。仅测定了 SFB 的高流量和低流量状况（Canuel, 2001）

价连接单糖）和多糖（单糖和双糖链状聚合物）。根据碳原子的数量，单糖（如 3、4、5 和 6 个碳的糖）或简单糖类通常被命名为丙糖、丁糖、戊糖和己醣。糖类有手性中心（通常不止一个），可出现对映体（镜像），$n$ 个手性中心就会有 $2^n$ 个立体异构体。如，葡萄糖有两个立体异构体：一个反射平面偏振光到右边［右旋性的（D）］，另一个反射到左边［左旋性的（L）］－如传统的非舍尔投影所示（图 9.22）。自然界产生的几乎所有单糖都以右旋构型存在；图 9.22 和 9.24 列出一些醛醣和酮糖。当醛或酮基和一个末端碳原子的末端羟基反应时，戊糖和己醣能够变成环形。例如，在葡萄糖中，C－1 和 C－5 反应形成吡喃糖环，典型的哈沃斯投影见图 9.23。这导致形成两个围绕不对称中心 C－1 相互平衡的非对映异构体；当端基碳 C－1 上的羟基（OH）处于环平面的上方或下方时，分别称为 $\beta$ 和 $\alpha$ 差向异构体。与此类似，当 C－2 酮基和 C－5 上的羟基反应时，果糖能形成名为呋喃糖的五碳环（图 9.24）。纤维素，一种富含于植物细胞壁中的多糖，是由长直链葡萄糖单元以 1, 4′－$\beta$－糖苷键连接形成（图 9.25）。这些 $\beta$－糖苷键增强了链内的氢键以及范德华力，从而可形成直的刚性微纤丝链，使纤维素非常难以被许多异养生物所消化（Voet and Voet, 2004）。

在浮游植物中，糖类是重要的能量储存、结构支撑和细胞信号传导的组成部分（Lee, 1980; Bishop and Jennings, 1982）。糖类约占浮游植物细胞生物量的 20% ~40% 和维管植物重量的 75%（Aspinall, 1983）。维管植物中的结构多糖，如 $\alpha$－纤维素、半纤维素和胶质是植物生物量的主要组分，且纤维素是最丰富的生物聚合物（Aspinall, 1983; Boschker et al., 1995）。某些糖类也是植物中发现的其他结构化合物（如木质素）和次级化合物（如丹宁酸）的重要成分（Zucker, 1983）。

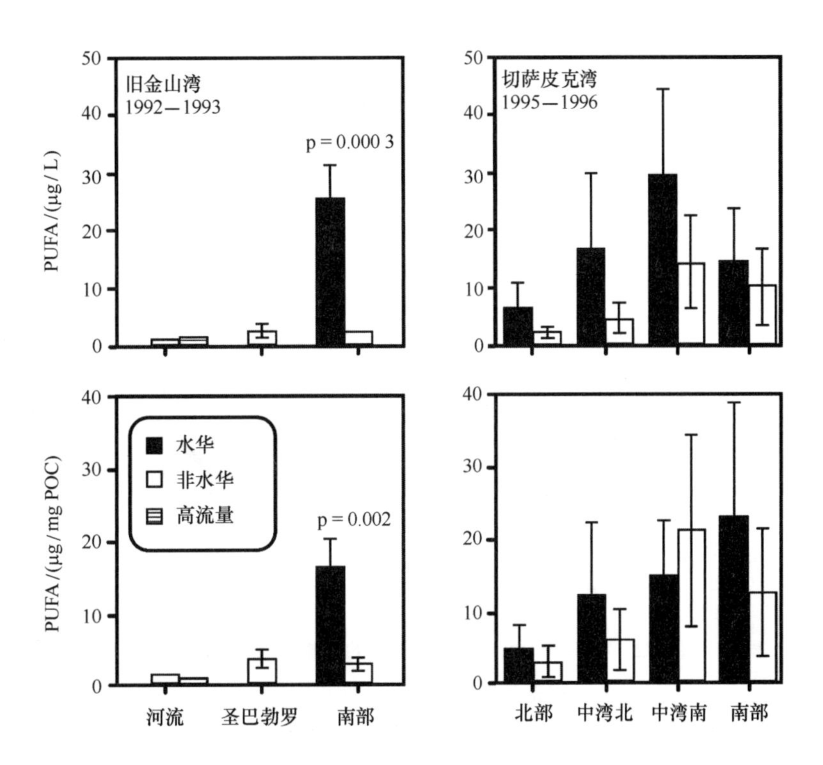


图 9.21　旧金山湾（SFB）和切萨皮克湾（CB）1992—1993 年和 1995—1996 年水体（μg/L）和 POC（μg/mg OC）中的多不饱和脂肪酸（PUFA）含量。水华条件定义为叶绿素 *a* 大于 10 μg/L。仅测定了 SFB 的高流量和低流量状况（Canuel, 2001）

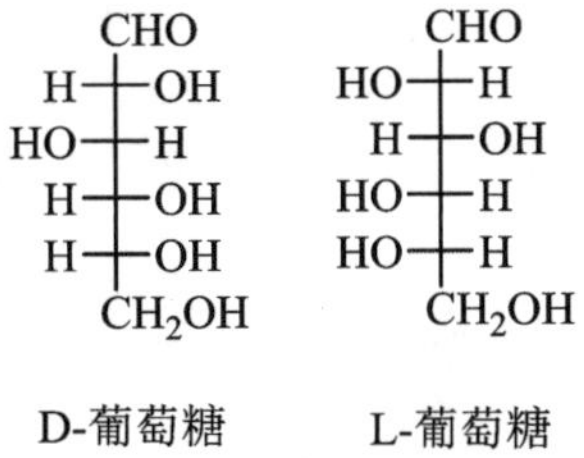

| D-葡萄糖 | L-葡萄糖 |
| --- | --- |
| CHO | CHO |
| H—OH | HO—H |
| HO—H | H—OH |
| H—OH | HO—H |
| H—OH | HO—H |
| $CH_2OH$ | $CH_2OH$ |

图 9.22　两个葡萄糖立体异构体的传统非舍尔投影式，一个反射平面偏振光到右边［右旋性的（*D*）］，另一个反射到左边［左旋性的（*L*）］

糖类是生成土壤和沉积物中主要有机物 - 腐殖质（如干酪根）的前体（Nissenbaum and Kaplan, 1972; Yamaoka, 1983）。胞外多糖对微生物与其附着表面的结合、无脊椎动物摄食管和粪粒形成以及微生物污着膜的形成都具有重要作用（Fazio et al. , 1982）。例如，在荷兰西斯海尔德河河口潮滩带，糖类的存在改变了沉积物侵蚀的机理，即从单一的滚动颗粒变为再悬浮的团状物（Lucas et al. , 2003）。在多糖中富集的纤维状物质是水环境中胶体有机物的重要成分（Buffle and Leppard, 1995; Santschi et al. , 1998）。糖类在“海雪”（生物碎屑形成的絮状物）的形成中也很重要（Alldredge et al. , 1993; Passow, 2002）。多糖可被进一步划分为主导糖类（存在于大部分有机物中）或主要糖类，以及其他一些更具特定来源的小分子糖类。尽管在使用这些糖类化合物组分作为水环境

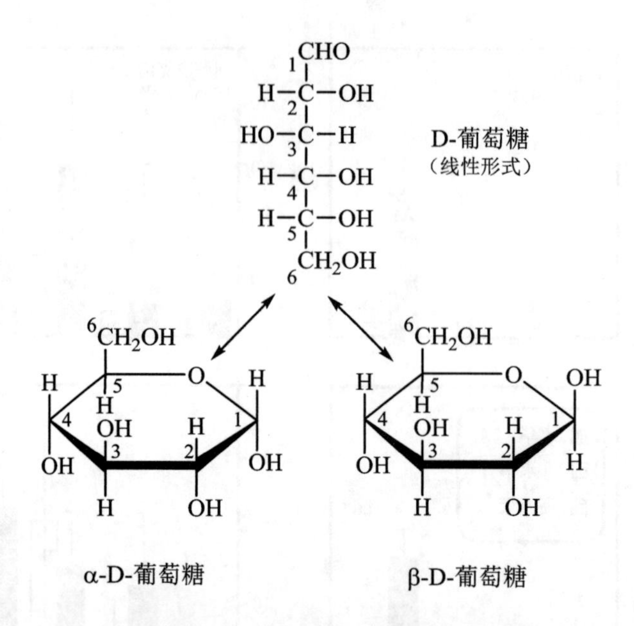


图 9.23　C－1 和 C－5 连接形成的醛糖、葡萄糖的吡喃糖环的典型的哈沃斯投影式

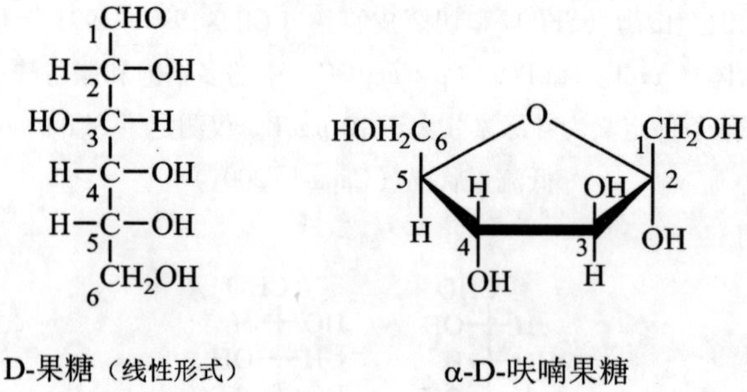

D-果糖（线性形式）　　α-D-呋喃果糖

图 9.24　酮糖、果糖的传统菲舍尔投影式和哈沃斯投影式。当 C－2 酮基和 C－5 上的羟基反应时，果糖能形成叫做呋喃糖的五碳环，如在 $\alpha$－D－呋喃果糖中所示

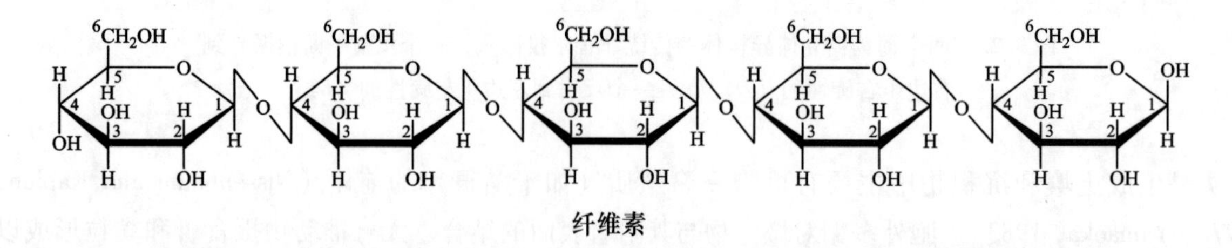


图 9.25　多糖纤维素的化学结构，由长直链葡萄糖单元以 1，4′－$\beta$－糖苷键连接形成

中有效的有机物生物标志物时存在一些问题（因为缺少来源特定性），但由于糖类是有机物的主要成分，用其作为生物标志物的研究兴趣一直存在。

大量的研究用于测定主要糖类的相对丰度（Mopper，1977；Cowie and Hedges，1984b；Hamilton and Hedges，1988）。这些主要糖类可被进一步分为未取代的醛醣和酮糖。醛糖或中性糖类（鼠李糖、海藻糖、来苏糖、核糖、树胶醛醣、木糖、甘露糖、半乳糖和葡萄糖）（图9.26）是维管植物优势结构多糖（如纤维素和半纤维素）的单体。例如，纤维素仅由葡萄糖单体组成，使其成为维管植物中最丰富的中性糖。因为中性糖类占了生物圈有机物的主要成分，通常将测定的自然有机物中中性糖分子组成作为总糖含量（Opsahl and Benner，1999）。早期的工作表明，在维管植物中几乎不存在的海藻糖却富含于浮游植物和细菌中，因此有可能将其作为一个水生有机物来源的良好指标（Aspinall，1970；Percival，1970，1983）。对高盐潟湖的研究表明，海藻糖、核糖、甘露糖和半乳糖是细菌和蓝细菌来源的良好指示物（Moers and Larter，1993）。同样，研究认为木糖或甘露糖/木糖可作为被子植物相对于裸子植物组织的指示物，而树胶醛醣+半乳糖相对于来苏糖+树胶醛醣，可作为分离木质和非木质维管植物的有用指标（Cowie and Hedges，1984a，b）。另外，树胶醛醣含量与潟湖沉积物中红树林植物碎屑有关（Moers and Larter，1993），但也存在于微咸水和海水的微表层中（Compiano et al.，1993），并确信为浮游植物来源（Ittekkot et al.，1982）。一般来说，尽管相对丰度可能随着来源不同而改变，但所有生物都含有相同的单糖补充机制。因此，中性糖类所缺少的来源特征及稳定性差异（Hedges et al.，1988；Macko et al.，1989；Cowie et al.，1995），在某些情况下削弱了它们作为生物标志物的有效性。例如，采自一个缺氧海湾（加拿大萨尼奇湾）中的沉积物捕集和沉积物样品表明，维管植物碎屑颗粒中的葡萄糖、来苏糖和甘露糖均在上层沉积物中降解（Hamilton and Hedges，1988）。与此相反，鼠李糖和海藻糖则在现场由富含脱氧糖的细菌产生（Cowie and Hedges，1984b）。一个长期的降解实验（4年）比较了5个不同的维管植物组织［红树树叶和木质体（黑皮红树）］、丝柏针叶和木质体（落羽松）和米草（互花米草）内糖类丰度和组成的变化，结果显示当葡萄糖和木糖随着时间降解的同时，脱氧糖类的相对含量在增加，表明微生物生物量随碎屑年龄增加的重要性（Opsahl and Benner，1999；图9.27）。

有些小分子糖类，如酸性糖类、氨基糖和甲氧基糖比主要糖类具有更好的来源特定性，有可能为研究生物地球化学循环提供进一步的信息（Mopper and Larsson，1978；Klok et al.，1984a，b；Moers and Larter，1993；Bergamaschi et al.，1999）。对于氨基糖，如一个氨基取代了一个羟基的氨基葡萄糖，在某些情况下可能被乙酰化为α-D-N-乙酰氨基葡萄糖（图9.28）。小分子糖类存在的形式多种多样，且因为一个或多个羟基被其他官能团取代而不同于单糖（Aspinall，1983）。小分子糖类在总糖中占的比例在某些有机物来源中已确定（图9.29，Bergamachi et al.，1999）。例如，酸性糖类如糖醛酸是微生物量（Uhlinger and White，1993）以及DOM和POM中细菌来源的指示物（Benner and Kaiser，2003）。糖醛酸是重要的细胞外多聚物，被微生物用于与表面的结合、无脊椎动物用于进食管道网的构建和粪粒的形成（Fazio et al.，1982）。糖醛酸也是半纤维素和胶质的重要成分（Aspinall，1970，1983），因此被认为是被子植物和裸子植物的来源指示物（生物标志物）（Aspinall，1970，1983；Whistler and Richards，1970）。例如，葡萄糖醛酸和半乳糖醛酸是维管植物中最丰富的糖醛酸（Danishefsky et al.，1970；Bergamachi et al.，1999）。蓝细菌、定鞭藻和异养细菌被认为是近岸上层水体中酸性多糖的生产者（Hung et al.，2003a，b）。一般来说，浮游植物、原核动物和大型藻类是酸性多糖的主要来源（Decho and Herndl，1995；Biddanda and Benner，1997；Hung et al.，2003a，b）。与此类似，在土壤和沉积物（Mopper and Larsson，1978；Klok et al.，1984a，b；Bergamaschi et al.，1999）、细菌（Kenne and Lind berg，1983）、维管植物（Stephen，1983）和藻类（Painter，1983）中能够发现甲氧基糖类。在某些有机物来源中，如鳗草（大叶藻），小分子糖类占总糖的比例要高于中性糖（图9.29）。某些甲氧基糖类和氨基糖类有可能作为潜在的丝状蓝细菌

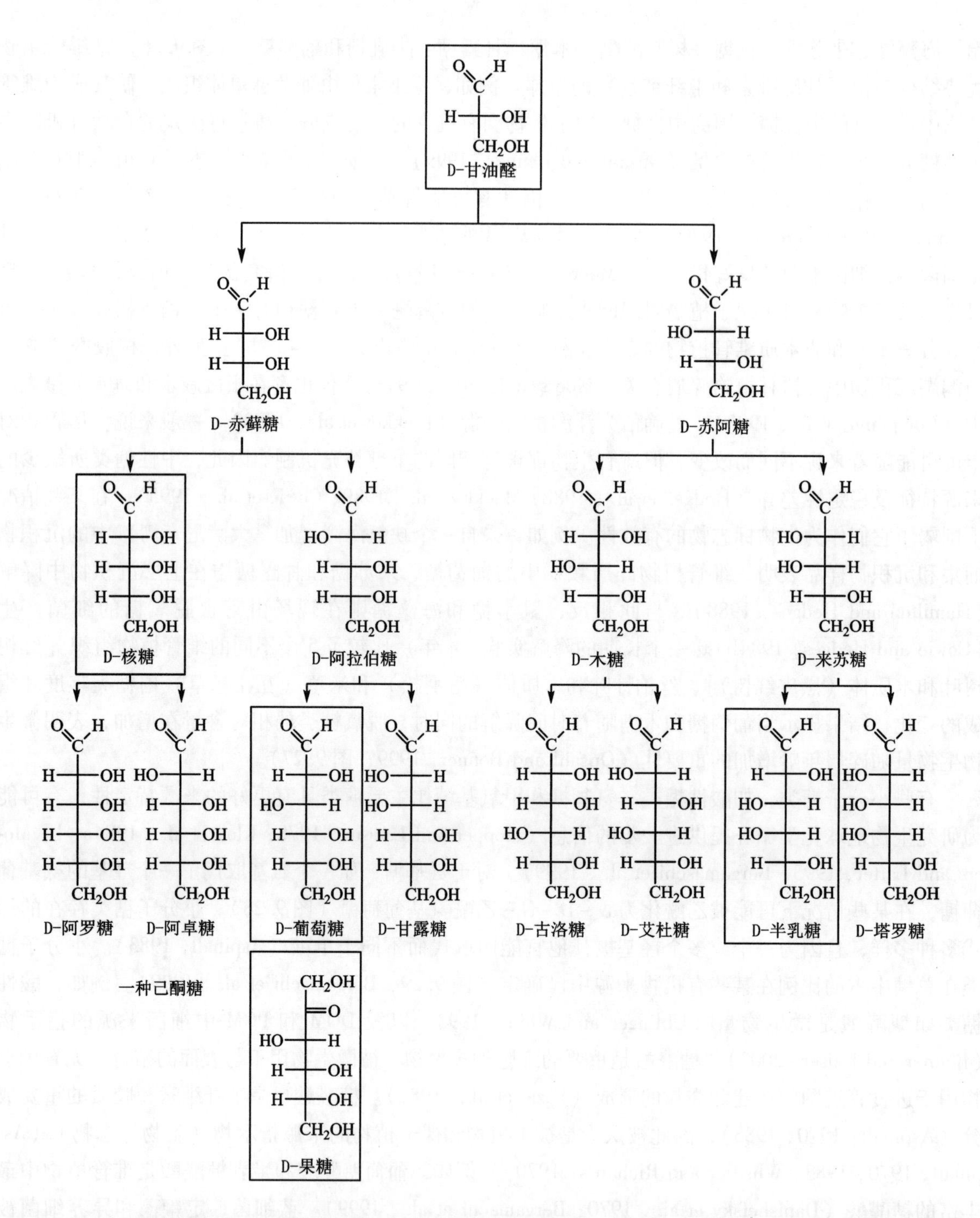


图 9.26　主要糖类被划分为未取代的醛醣和酮糖。醛糖或中性糖类（鼠李糖、海藻糖、来苏糖、核糖、树胶醛醣、木糖、甘露糖、半乳糖和葡萄糖）是维管植物优势结构多糖（如纤维素和半纤维素）的单体

（如2/4－甲氧基木糖、3和4－甲氧基海藻糖、3和4－甲氧基阿拉伯糖、2/4－甲氧基核糖和4－甲氧基葡萄糖）、球状蓝细菌和发酵菌、硫酸根还原和产甲烷细菌（如氨基葡萄糖、氨基半乳糖、2和4－甲氧基鼠李糖、2/5－甲氧基半乳糖和3/4－甲氧基甘露糖）来源的特定指示物（Moers and

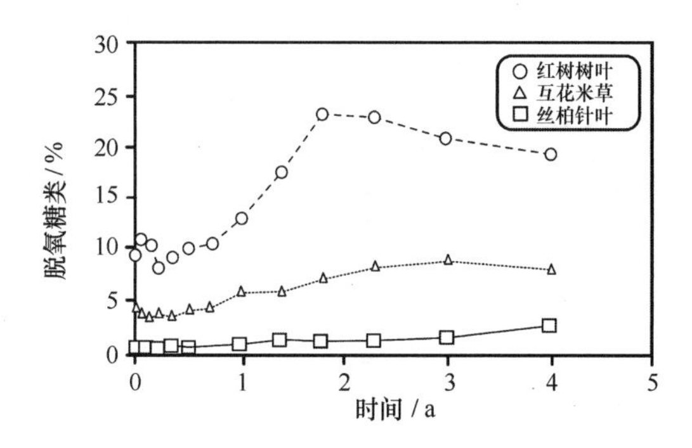


图 9.27 在历时 4 年的实验室降解实验中，红树树叶、互花米草和丝柏针叶降解产生的脱氧糖类占总中性糖的相对丰度（%）随降解时间的变化（Opsahl and Benner，1999）

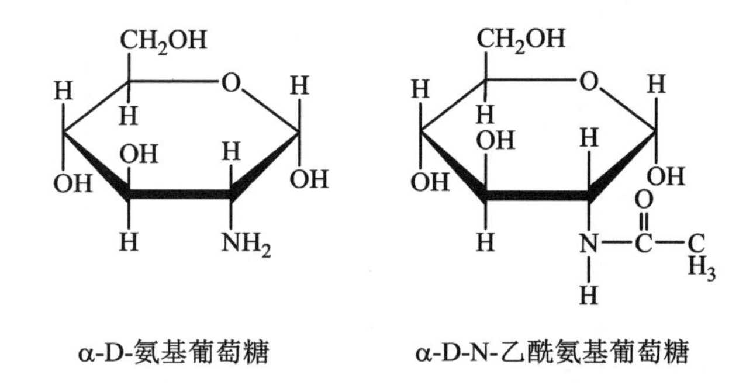


图 9.28 氨基糖，氨基葡萄糖和一个氨基取代了羟基的 α－D－N－乙酰氨基葡萄糖的化学结构

Larter，1993)。

尽管糖类是海洋（20%～30%）（Pakulski and Benner，1994）和河口水体中（9%～24%）DOC 库的一个重要组分（Senior and Chevolot，1991；Murrell and Hollobaugh，2000；Hung et al.，2001)，但目前对河口区细菌对糖类的吸收动力学和糖类总的循环所知甚少，对多糖（如木聚糖、昆布糖、普鲁兰多糖和岩藻依聚糖）的降解了解的也很少。近期的研究指出，分子量大小作为一个变量在控制这些大分子化合物胞外水解方面可能不像之前想的那么重要（Arnosti and Repeta，1994；Keith and Arnosti，2001)。尽管我们确信中性糖类是水体中总糖的主要成分（40%～50%）（Borch and Kirchmanm，1996；Mannino and Harvey，2000)，但对于细菌吸收利用这些单糖的差异却了解甚少（Rich et al.，1996；Kirchmanm，2003；Kirchmanm and Borch，2003)。许多高含量的糖类（如葡萄糖和鼠李糖）通常以溶解态组合中性糖（dissolved combined neutral sugars，DCNS）存在（Kirchmanm and Borch，2003)。其他研究发现，尽管在特拉华湾河口 DOC 和 POC 分布有显著变化，但 DCNS 组成却具有很好的时空稳定性（Kirchmanm and Borch，2003)。葡萄糖（23%，摩尔百分比）和阿拉伯糖（6%，摩尔百分比）分别为 DCNS 组成中最多和最少的组分。中性糖类的相对丰度，特别是葡萄糖（Hernes et al.，1996)，通常被看作是有机物不稳定性的指标（Amon et al.，2001；Amon and Benner，2001)。因此，值得注意的是，特拉华湾河口中 DCNS 组成没有显示明显的季节

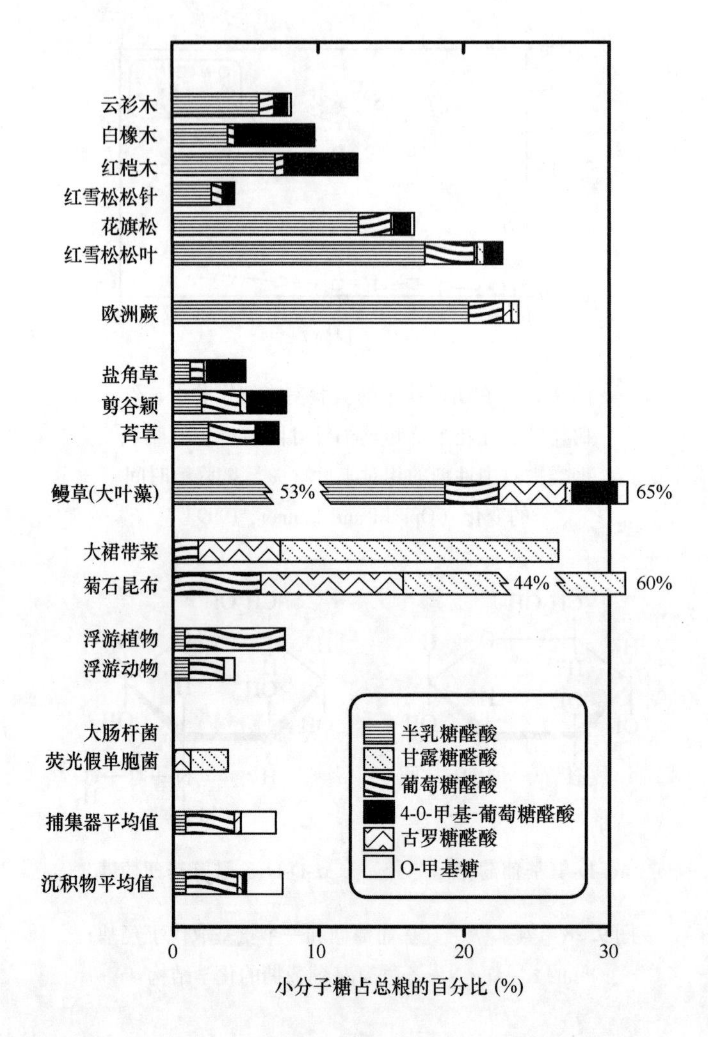


图 9.29　在一些有机物中小分子糖占总糖的百分比（Bergamaschi et al.，1999）

变化，且和大洋中的组成相似（Borch and Kirchmanm，1997；Skoog and Benner，1997）。

不同水体中 DCNS 组成的相似性归因于有机物在细菌分解过程所产生的难降解的杂多糖（Kirchmanm and Borch，2003）。同样，其他的研究发现，在不同水环境的 HMW DOM 中，高含量的酰基杂多糖（acylheteropolysaccharides，APS）来自淡水浮游植物（Repeta et al.，2002）。实际上，HMW DOM 中 7 个主要的中性糖类（鼠李糖、海藻糖、阿拉伯糖、木糖、甘露糖、葡萄糖和半乳糖）的相对丰度是相似的，且相对含量在不同水环境样品中也几乎相同（图 9.30）。

尽管海洋和淡水微藻都能够生产 APS（Aluwihare et al.，1997；Repeta et al.，2002），但对控制 APS 在水环境中循环的因素了解很少。光谱和分子分析数据表明，APS 在多种系统的 HMW DOM 中特性很相似（Aluwihare et al.，1997）。使用直接温度分辨质谱（direct temperature - resolved mass spectrometry，DT - MS）的多变量分析显示，来自切萨皮克湾和荷兰东斯海尔德河口的 HMW DOM（>1 kDa）主要由氨基糖类、脱氧糖类和甲氧基糖类组成，表明了细菌过程的存在（Minor et al.，2001，2002）。这些研究进一步支持了早前提出的假设，即不同河口 DOM 中相似的脂类组成或“特征”（Zou et al.，2004）可归结于沿河口盐度梯度的细菌过程所致。这些分子研究也支持了河口中

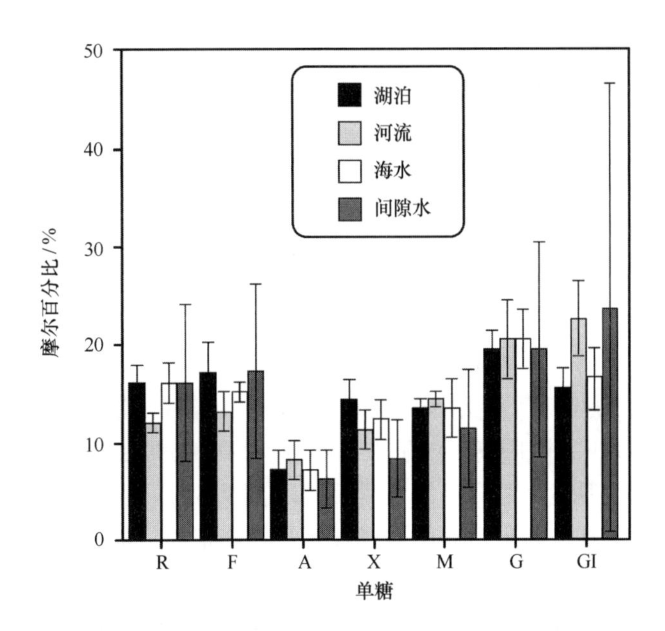


图 9.30　不同的水环境中 HMW DOM（>1 kDa）所含 7 个主要的中性糖类（鼠李糖、海藻糖、阿拉伯糖、木糖、甘露糖、葡萄糖和半乳糖）的相对丰度（摩尔百分比）（Repeta et al.，2002）

大部分 DOC 是由不稳定和难降解的成分组成的说法（Raymond and Bauer，2000，2001a；Cauwet，2002；Bianchi et al.，2004），大部分不稳定组分在输送到大洋之前就已降解。

在沉积物中，糖类约占总有机物的 10%～20%（Hamilton and Hedges，1988；Cowie et al.，1992；Martens et al.，1992）。和水体一样，对于沉积物中的溶解和颗粒态糖类来说，对控制其降解及多糖转化为单糖的胞外水解过程的因素也了解很少（Lyons et al.，1979；Lions and Gaudette，1979；Boschker et al.，1995；Arnosti and Holmer，1999）。近期的工作表明，中性糖类占切萨皮克湾间隙水中溶解糖类的 30%～50%（Burdige et al.，2000）。间隙水中性糖类的百分比丰度范围从高端的葡萄糖（28%）到低端的鼠李糖（6%）和阿拉伯糖（7%）（Burdige et al.，2000）；这些结果和特拉华湾水体中发现的 DCNS 的相对百分比一致（Kirchmanm and Borch，2003）。然而，切萨皮克湾沉积物中颗粒态和溶解态糖类的含量是非耦合的，间隙水中的 HMW DOM 含有更多的溶解糖类。颗粒和溶解态糖类组分的浓度差异在其他研究中也有报道（Arnosti and Holmer，1994）。在 HMW DOM 中相对高丰度的溶解糖类可能反映了 POC 在沉积物再矿化过程中产生的高分子量中间产物在间隙水中的积累（Burdige et al.，2000）。

## 五、蛋白质

海洋生物体中 50% 的有机物（Romankevitch，1984）及 85% 的有机氮由蛋白质组成（Billen，1984）。肽和蛋白质是大洋和近岸水体中 POC（13%～37%）、颗粒有机氮（particulate organic nitrogen，PON）（30%～81%）（Cowie and Hedges，1992；Nguyen and Harvey，1994；van Mooy et al.，2002）、溶解有机氮（dissolved organic nitrogen，DON）（5%～20%）和 DOC（3%～4%）（Sharp，1983）的重要组分。在沉积物中，蛋白质约占有机碳的 7%～25%（Degens，1977；Burdige and Martens，1988；Keil et al.，1998，2000）和总氮的 30%～90%（Henrichs et al.，1984；Burdige and Martens，1988；Haugen and Lichtentaler，1991；Cowie and Hedges，1992）。其他不稳定的有机氮组分包括氨基糖类、多胺、脂肪胺、嘌呤和嘧啶。

蛋白质由大约20种α-氨基酸组成，可以根据它们的功能基团分成不同的类别（图9.31）。1个α-氨基酸包括1个胺基、1个羧基、1个氢原子和1个与碳原子键合在一起的不同的R基团（侧链），这个碳原子被称为α-碳，因为它与羧基直接相连。因为氨基酸包含碱性（$-NH_2$）和酸性（-COOH）两种基团，所以属两性化合物。在干态下，氨基酸是双极性的离子，羧基以羧酸根离子（$-COO^-$）存在，而胺基以氨基的形式（$-NH_3^+$）存在，这种双极性离子叫做两性离子。在液态溶液中，在双性离子和阴、阳离子之间存在一个平衡。因此，氨基酸的优势形态主要取决于溶液的pH；不同基团的酸性强度被定义为p*Ka*。在高度酸性和碱性条件下，氨基酸分别以阳离子和阴离子形式存在。在中性pH下，阴阳离子处于平衡时两性离子的含量最高，即等电点。一个氨基酸的羧基和另一个氨基酸的胺基发生缩合反应生成肽键（图9.32）。由于α-碳的不对称结果，每一个氨基酸都以两个对映体存在；在生命体中的氨基酸几乎都是*L*-异构体。但细菌细胞壁的肽聚糖层却富含*D*-氨基酸。近期的工作表明，浮游细菌中4个主要的*D*-氨基酸是丙胺酸、丝氨酸、天门冬氨酸和谷氨酸；在低浓度碳条件下，细菌可能依赖摄取*D*-氨基酸（Perez et al.，2003）。因此，DOM中高的D/L比值可能表明来自细菌生物量的贡献或这些物质更高等的细菌循环。最近，*D/L*比值已被成功地用来指示DON的成岩状态（Dittmar et al.，2001；Dittmar，2004）。生物体中可能产生*D*-氨基酸的另一过程是外消旋作用，它将*L*-氨基酸转化成对应的*D*-形式。研究发现河口无脊椎动物组织可通过这一过程产生*D*-氨基酸（Preston，1987；Preston et al.，1997）。通过放射性碳测定校正后的贝壳中氨基酸的外消旋速率，也已被用作近岸侵蚀的历史重建指标（Goodfriend and Rollins，1998）。

在大洋和近岸水体中，蛋白质可通过水解作用产生像肽和游离氨基酸一样的小分子化合物（Billen，1984；Hoppe，1991）。尽管许多大型捕食者可以在体内水解食物中的蛋白质，但是细菌必须依赖蛋白质的胞外水解（通过体外或胞外酶）（Payne，1980）。胞外水解后能够使更小的分子通过细胞膜—通常大于600 Da的分子不能通过微生物细胞膜（Nikaido and Vaara，1985）。有研究使用非特异性蛋白水解酶（蛋白酶-k）方法测定了不同食物来源中蛋白质的消化率，该方法可以将大分子多肽从小的低聚物和单体中分离出来（Mayer et al.，1986，1995）。这也导致了另一类氨基酸，即通常被称为酶促水解氨基酸（enzymatically hydrolysable amino acids，EHHAs）的分类集合的产生，可用来确定哪些必需氨基酸对生物是受限的（Dauwe et al.，1999）。最近，我们才开始认识到多肽在近海氨基酸循环中的作用。并非所有的肽都能够被水解，大于两个氨基酸的肽比二肽水解更快（Pantoja and Lee，1999）。某些浮游植物也能对多肽和氨基酸进行胞外水解（Palenik and Morel，1991）。氨基酸的胞外氧化过程会释放出$NH_4^+$，可作为初级生产者所需的DIN的重要来源被再次利用。近期的工作表明，在美国昆塔克湾口褐潮藻抑食金球藻（*Aureococcus anophagefferens*）（一种海金藻）吸收的$NH_4^+$中约33%来自氨基酸的氧化（Mulholand et al.，2002）。这和早期关于长岛河口浮游植物水华期间氨基酸氧化速率增加的报导结果一致（Pantoja and Lee，1994；Mulholand et al.，1998）。

氨基酸是所有生物所必需的，因此代表了有机氮循环的最重要的组成部分。不同生物体中蛋白质氨基酸组成的摩尔百分比含量基本一致（图9.33；Cowie and Hedges，1992）。所以，水体和/或沉积物中观测到的任何氨基酸组成的差异可能是由于降解所致（Dauwe and Middelburg，1998；Dau-

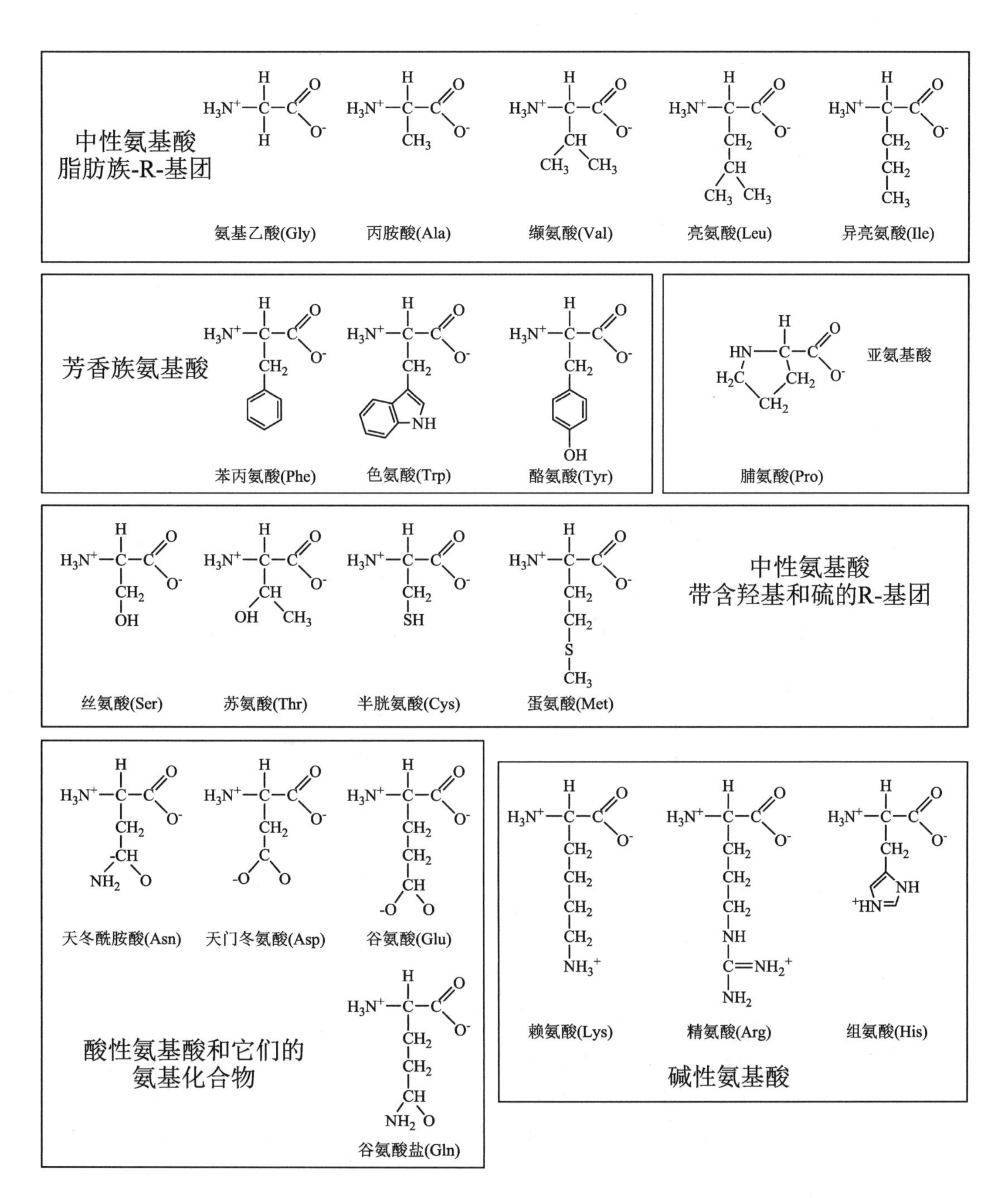


图 9.31　根据不同的官能团划分的 6 类氨基酸

we et al.，1999）。实际上，通过对不同样品包括从淡水浮游植物到高度降解的浊流沉积物进行的主成分分析（principal components analysis，PCA），得到了下面的氨基酸“降解指数”（degradative index，DI）：

$$DI = \sum_i [(var_i - avg\ var_i / std\ var_i) loading_i] \tag{9.8}$$

式中，$var_i$ 为氨基酸摩尔百分比（mol%）；avg $var_i$ 为平均氨基酸摩尔百分比；std $var_i$ 为氨基酸摩尔百分比标准偏差，$loading_i$ 为 PCA 导出的氨基酸因子得分。

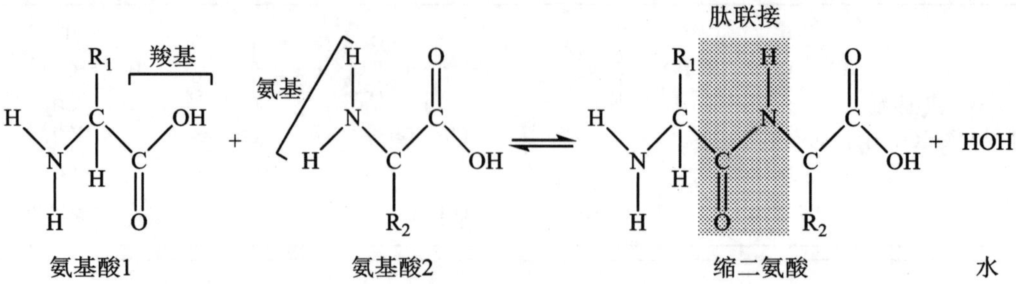

肽联接

羧基　氨基

氨基酸1 + 氨基酸2 ⇌ 缩二氨酸 + HOH 水

图 9.32　一个氨基酸的羧基和另一个氨基酸的胺基发生缩合反应生成肽键的图例

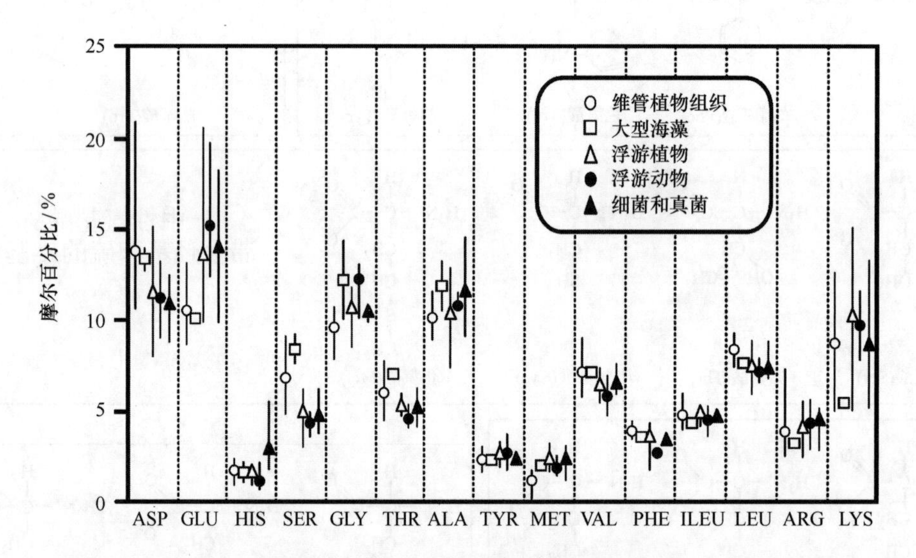


图 9.33　不同来源生物体中蛋白质氨基酸的平均含量和范围（摩尔百分比）

（Cowie and Hedges, 1992）

DI 值越负，样品的降解程度越大，正的 DI 值则表明新鲜物质。非蛋白质氨基酸（nonprotein amino acids, NPAAs）摩尔百分比的增加（>1%）也曾被用作有机物降解的指标（Lee and Bada, 1977；Whelan and Emeis, 1992；Cowie and Hedges, 1994；Keil et al.，1998）。例如，$\beta$-丙胺酸、$\gamma$-氨基丁酸和鸟氨酸等氨基酸是其前体天门冬氨酸、谷氨酸和精氨酸在酶作用下分别降解产生的。$\beta$-谷氨酸是在海洋沉积物间隙水中发现的另一种 NPAA（Henrichs and Farrington, 1979, 1987），其前体可能是谷氨酸（Burdige, 1989）。

实验室中对培养的浮游植物所做的蛋白质和氨基酸在有氧和缺氧条件下的降解实验显示，这些化合物的降解具有很少的选择性（Nguyen and Harvey, 1997）。但是，在缺氧条件下，有 15% ~ 95% 的主要由多肽/蛋白质组成的总颗粒氨基酸被降解；而在有氧条件下则为 8% ~65%。实验室浮游植物降解过程中颗粒氨基酸组成的相似性与在特拉华湾河口的研究一致，该研究显示溶解态组合氨基酸（dissolved combined amino acid, DCAA）的组成也具有相似性（Keil and Kirchman, 1993）。

在水环境中，根据氨基酸特性通常测定其溶解和颗粒两部分。如，在近岸水体中总氨基酸可分为水体 POM（Cowie and Hedges, 1992；van Mooy et al.，2002）和沉积有机物（sedimentary organic matter, SOM）（Cowie and Hedges, 1992）中的总可水解氨基酸（total hydrolyzable amino acids,

THAAs）及DOM中的溶解态游离氨基酸（dissolved free amino acids，DFAA）和DCAA（Mopper and Lindroth，1982；Coffin，1989；Keil and Kirchman，1991a）。一般情况下，河口DCAA的浓度高于DFAA，DCAA占总DON的13%（Keil and Kirchman，1991a）。此外，在河口中，DCAA可大约支持细菌所需氮和碳的50%（Keil and Kirchman，1991a，1993）和25%（Middelboe et al.，1995）。尽管大部分DFAA是由POM和DOM中多肽和蛋白质的异养降解产生，但在烟酰胺腺嘌呤二核苷酸磷酸（nicotinamide adenine dinucleotide phosphate，NADPH）（还原型）存在的条件下，$NH_4^+$和一些羧酸反应时亦可生成DFAA（De Stefano et al.，2000）。例如，$NH_4^+$与$\alpha$-酮戊二酸反应可形成谷氨酸（De Stefano et al.，2000）。不管来源如何，DFAAs无疑是河口和近岸系统微生物群落所需碳和氮的重要来源（Crawford et al.，1974；Dawson and Gocke，1978；Keil and Kirchman，1991；Middelboe et al.，1995）。实际上，研究发现氨基酸在哈得孙河口羽状区（Ducklow and Kizchman，1983）和切萨皮克湾河口（Fuhrman，1990）的近岸水体中可快速降解（几分钟），表明浮游植物来源DFAA与细菌之间强烈的耦合作用。

通常认为氨基酸比水体和沉积物中的总有机碳和氮更不稳定，并被用作"新鲜"有机物向表层沉积物输送通量的有效指示物（Henrichs and Farrington，1987；Burdige and Martens，1988）。实际上，90%的初级生产力生成的氨基酸和氮在沉积前即被消耗，尤其是被浮游动物摄食（Cowie and Hedges，1992）。沉积物中氨基酸的主要部分存在于固相，只有很少一部分以游离溶解态存在（1%～10%）（Henrichs et al.，1987）。间隙水中低浓度的DFAA可能也反映了其具有高的降解速率（Christensen and Blackburn，1980；Jørgensen，1987），因为微生物会优先利用DFAA（Coffin，1989）。沉积物中很大一部分的THAA会和腐殖质以及矿物质结合，从而难以降解（Hedges and Hare，1987；Alberts et al.，1992）。因此，氨基酸化合物之间的降解差异是由其功能性和细胞内隔离的差异所控制。像芳香氨基酸（如酪氨酸和苯丙氨酸），还有谷氨酸和精氨酸就比一些较难降解的氨基酸（如氨基乙酸、丝氨酸、丙胺酸和赖氨酸）降解的更快（Burdige and Martens，1988；Cowie and Hedges，1992）。丝氨酸、氨基乙酸和苏氨酸主要存在于硅藻细胞壁的硅质外壳中，这一结构有可能起到屏蔽作用而使其免受细菌降解（Kröger et al.，1999；Ingalls et al.，2003）。在碳酸盐沉积物中，钙质生物外壳对氨基酸的吸附和结合也会加强氨基酸的保存（King and Hare，1972；Constantz and Weiner，1988）。相反，由于胺基净的正电荷和铝硅酸盐黏土矿物质净的负电荷之间的吸引，碱性氨基酸会被优先吸附到河流/河口系统中的细颗粒物上（Gibbs，1967；Rosenfeld，1979；Henrichs et al.，2000；Aufdenkampe et al.，2001）。分子形状/结构和质量（范德华力随质量增加而加强）也会影响胺的吸附（Wang and Lee，1993）。相似地，氨基酸被黏土颗粒的优先吸附会得到与黏土表面其他氨基酸的混合物（Henrichs and Sugai，1993；Wang and Lee，1993，1995）或和其他有机分子反应，如在颗粒表面发生葡萄糖和酸性、中性和碱性氨基酸的缩合反应形成类黑素聚合物（melanoidin polymers）（Hedges，1978）。

氧化还原条件是决定氨基酸的降解速率和被选择性利用的一个重要控制因素。近期工作发现，在次氧化水体的POM中富含氮的氨基酸会比非氨基酸部分优先被细菌利用（van Mooy et al.，2002）。这种氨基酸的选择性利用被认为是支持水体反硝化过程的原因。其他对近岸浅水区的研究也证明了氧对氨基酸降解的影响（Haugen and Lichtentaler，1991；Cowie et al.，1992）。实验发现，浮游植物蛋白质在缺氧条件下（15%～95%）比在有氧条件下（8%～65%）保存得更多（Nguyen

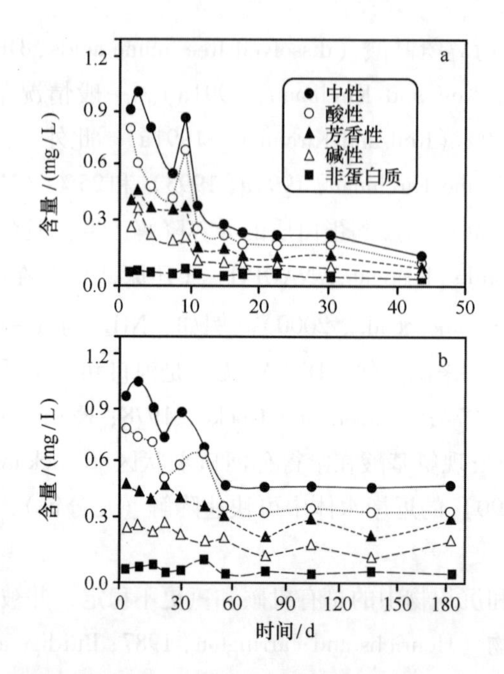


图 9.34 不同时间周期内微小原甲藻在有氧和缺氧降解期间总水解氨基酸（THAA）的含量（mg/L）变化。羟基氨基酸没有展示，非蛋白质氨基酸为β-丙胺酸和β-氨基丁酸（Nguyen and Harvey，1997）

and Harvey，1997）。然而，基于功能性差异所导致的氨基酸选择性损失在 THAA 库中很少发生（图 9.34）。在近岸有氧和无氧沉积物中都发现氨基酸组成随沉积物深度的变化很小（Rosenfield，1979；Henrichs and Farrington，1987）。这表明在早期成岩过程中浮游植物中含有的两组主要氨基酸（酸性和中性氨基酸）被细菌利用的效率相同。然而，Nguyen 和 Harvey（1997）在实验室硅藻降解实验中确实发现了氨基乙酸和丝氨酸的选择性保存，进一步支持了这些氨基酸因为和硅藻细胞壁中的硅质骨架结合在一起而更难降解的观点（见上文）。

溶解氨基酸在富含有机物的缺氧间隙水中的生物地球化学循环受以下“内在”转化过程控制：（1）沉积氨基酸向 DFAA 的转化；（2）微生物降解（如作为电子供体或直接被硫还原菌吸收）（Hanson and Gardner，1978；Gardner and Hanson，1979）；（3）在沉积物中被细菌吸收或结合成大分子［如地质聚合物形成（geopolymerization）］（Burdige and Martens，1988，1990；Burdige，2002）。如图 9.35 所示，间隙水中的 DFAAs 被认为是生物和非生物过程的中间体（Burdige and Martens，1988）。在 POM 向沉积物表面沉降期间，有机物可能被完全矿化成无机营养盐或转化成 DOM。沉积后有机物的降解会导致低分子量化合物（诸如 DFAAs 和简单糖类）随着沉积物深度增加的选择性损失（Henrichs et al.，1984），如美国卢考特角湾沉积物 DFAA 剖面所示（图 9.36；Burdige and Martens，1990）。相对于沉积物深层（2~5 μmol/L）和上覆水（<1 μmol/L）中较低的相近浓度，间隙水中 DFAA 的最高浓度通常存在于沉积物表层几厘米深度（20~60 μmol/L）。这些间隙水中的主要 DFAAs 是由发酵过程产生的 NPAA（β-谷氨酸、δ-氨基正戊酸和β-丙胺酸）。上覆水和沉积物表层间隙水之间 DFAAs 的高浓度梯度可通过生物作用和扩散过程导致沉积物-水界面之间不断地扩散通量。在卢考特角湾估算的总 DFAAs 自沉积物向上覆水的最高扩散输出速率在夏季月份

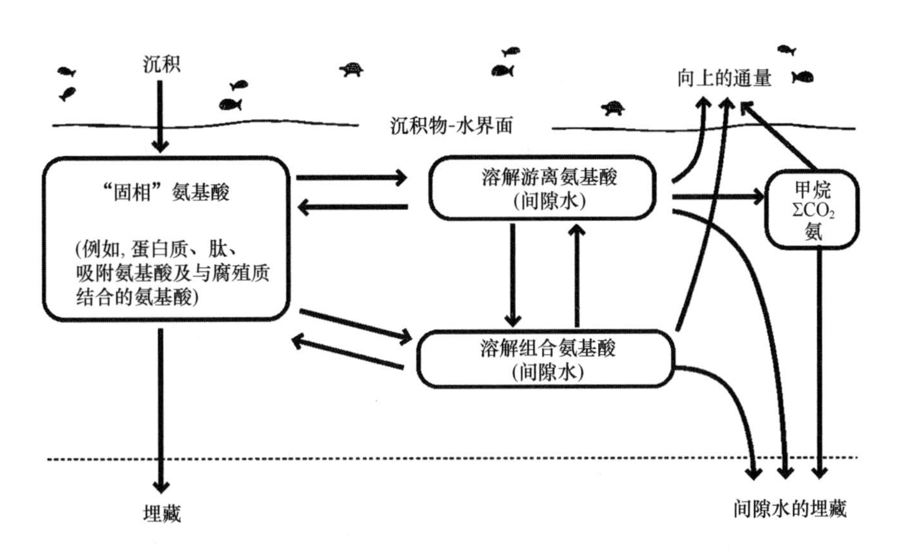


图 9.35　间隙水中颗粒和溶解氨基酸［包含游离和组合氨基酸（DFAA 和 DCAA）］的循环，这些氨基酸被认为是生物和非生物过程的中间体

处于 0.019 mol/($m^2$·a) 到 0.094 mol/($m^2$·a) 或 52～257 μmol/($m^2$·d) 之间（Burdige and Martens, 1990）。这些通量显著高于其他近岸环境的值，如瑞典古尔马峡湾［～18 μmol/($m^2$·d)］和北海东北的斯卡格拉克海峡［－20～13 μmol/($m^2$·d)］（Landen and Hall, 2000）。尽管在表层沉积物中，细菌对 DFAAs 的吸收降低了沉积物－水界面的 DFAA 扩散通量（Jørgensen, 1984），但对卢考特角湾如此高的扩散速率的可能解释是高含量的 SOM 所致。另外，间隙水中 DFAA 和 DCAA 之间的相互作用对于了解沉积物中碳的保存可能非常重要（Burdige, 2002）。但遗憾的是，对于间隙水中 DCAAs 的研究非常少（Caughey, 1982；Colombo et al., 1998；Lomstein et al., 1998；Pantoja and Lee, 1999），初步的研究结果表明沉积物中 DCAA 的量是 DFAA 的 1～4 倍。

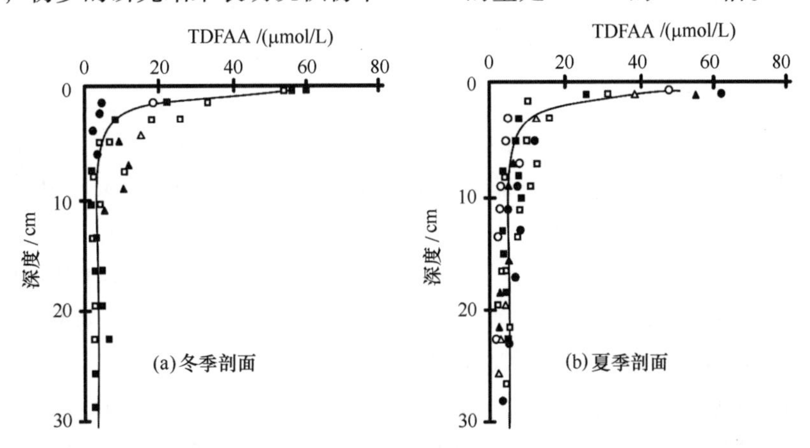


图 9.36　美国卢考特角湾沉积物柱状样中冬季（a）和夏季（b）总溶解游离氨基酸（TDFAA）的含量随深度的变化（Burdige and Martens, 1990）

## 六、光合色素

能够吸收光合有效辐射（photosynthetically active radiation，PAR）的主要光合色素是叶绿素、类胡萝卜素和藻胆素，其中叶绿素是最主要的光合色素。尽管陆地上存在大量叶绿素，但全球每年75%（~$10^9$ Mg）的叶绿素产生在海洋、湖泊和河流/河口中（Vesk and Jeffrey，1987；Brown et al.，1991；Jeffrey and Mantoura，1997）。所有的捕光色素都和蛋白质结合在一起，形成独特的类胡萝卜素和叶绿素－蛋白复合体。藻类和高等植物中的色素蛋白复合体位于叶绿体的类囊体膜上。叶绿素由环状四吡咯配位络合一个镁原子组成（图9.37；Rowan，1989）。叶绿素 *a* 是用来估算水环境中藻类生物量的主要色素。尽管叶绿素不像类胡萝卜素那样可作为有效的特定生物标志物，但它们可提供一些分类上的区别（表9.6）。叶绿素 *a* 和叶绿素 *b* 包含一个与 $C_{20}$ 植醇酯化的丙酸；而叶绿素 $c_1$ 和 $c_2$ 用丙烯酸取代了丙酸（图9.37）。叶绿素也可以用来分辨原核和真核生物的贡献。例如，真核细胞和蓝细菌生存于含氧水体中，而与此相反绿硫和紫硫细菌则被发现于缺氧或低氧环境中（Wilson et al.，2004）。细菌叶绿素 *a* 是紫硫细菌（如着色菌）主要的捕光色素；氧气的存在会抑制它的合成（Squier et al.，2004）。相似地，细菌叶绿素 *e* 被证实可指示绿硫细菌（例如，褐弧状绿菌和褐杆状绿菌）（Repeta et al.，1989；Chen et al.，2001），而在其他绿菌属中则可发现细菌叶绿素 *c* 和叶绿素 *d*。由于与其生存环境的氧化还原条件有关联，细菌叶绿素被成功地用于重建水环境古氧化还原状态的一个指标（Chen et al.，2001；Squier et al.，2002，2004），更多相关细节见第十五章。

类胡萝卜素是一组包括1个 $C_{40}$ 链和共轭键的四萜类重要化合物。这些色素存在于细菌、藻类、真菌和高等植物中（表9.6），可作为水环境中特定类别分类研究的主要色素生物标志物。对类胡萝卜素生物合成的研究表明，番茄红素是大部分类胡萝卜素合成的一个重要前体（Liaaen－Jensen，1978；Goodwin，1980；Schutte，1983）。在色素蛋白复合体中，类胡萝卜素用来捕光和光保护（Porra et al.，1997）。类胡萝卜素可以被分成两组：胡萝卜素（如β－胡萝卜素），属于碳氢化合物；叶黄素（如百合黄素、紫黄素和岩藻黄素），其分子至少包含1个氧原子（Rowan，1989；图9.38）。含氧官能团，如56′－环氧基，可以使一些叶黄素，如岩藻黄素比胡萝卜素更容易被细菌降解（Porra et al.，1997）。最后，有两类熟知的“叶黄素循环”被光合自养生物用于过量辐射期间的光防护作用：（1）绿藻和高等植物在环氧基得失时可使用玉米黄素↔百合黄素↔紫黄素的互变；（2）藻类，如金藻和甲藻使用玉米黄素↔硅藻黄素↔硅甲藻黄素的互变（图9.39；Hager，1980）。与类胡萝卜素和叶绿素不同，藻胆素是水溶性的色素并可分为4个主要的类型：藻蓝蛋白、藻红蛋白、别藻蓝蛋白和藻红蓝蛋白（Rowan，1989）。它们是在蓝细菌、红藻和隐藻中与脱辅基蛋白结合的捕光色素。由于这些色素在其他的藻类种群中很少出现并且缺少成熟的HPLC方法对其进行快速分析，所以它们不像类胡萝卜素那样广泛地用于分类研究中。

主要由异养过程形成的叶绿素的降解产物是沉积物中含量最丰富的色素（Daley，1973；Repeta and Gogosian，1987；Leavitt and Carpenter，1990；Brown et al.，1991；Bianchi et al.，1993；Chen et al.，2001；Louda et al.，2002）。这些色素的降解产物可用于推断不同来源有机物对消费者的可利用性。例如，在海洋和淡水/河口系统中发现的叶绿素的4种主要的四吡咯衍生物（脱植基叶绿素、脱镁叶绿酸甲酯、脱镁叶绿素和焦脱镁叶绿酸甲酯）产生于细菌的自溶细胞裂解和后生动物的摄食活动（Sanger and Gorham，1970；Jeffrey，1974；Welschmeyer and Lorenzen，1985；Bianchi et al.，1988，1991；Head and Harris，1996）。更特别的是，当硅藻受到生理压力时，叶绿素的叶绿素酶介

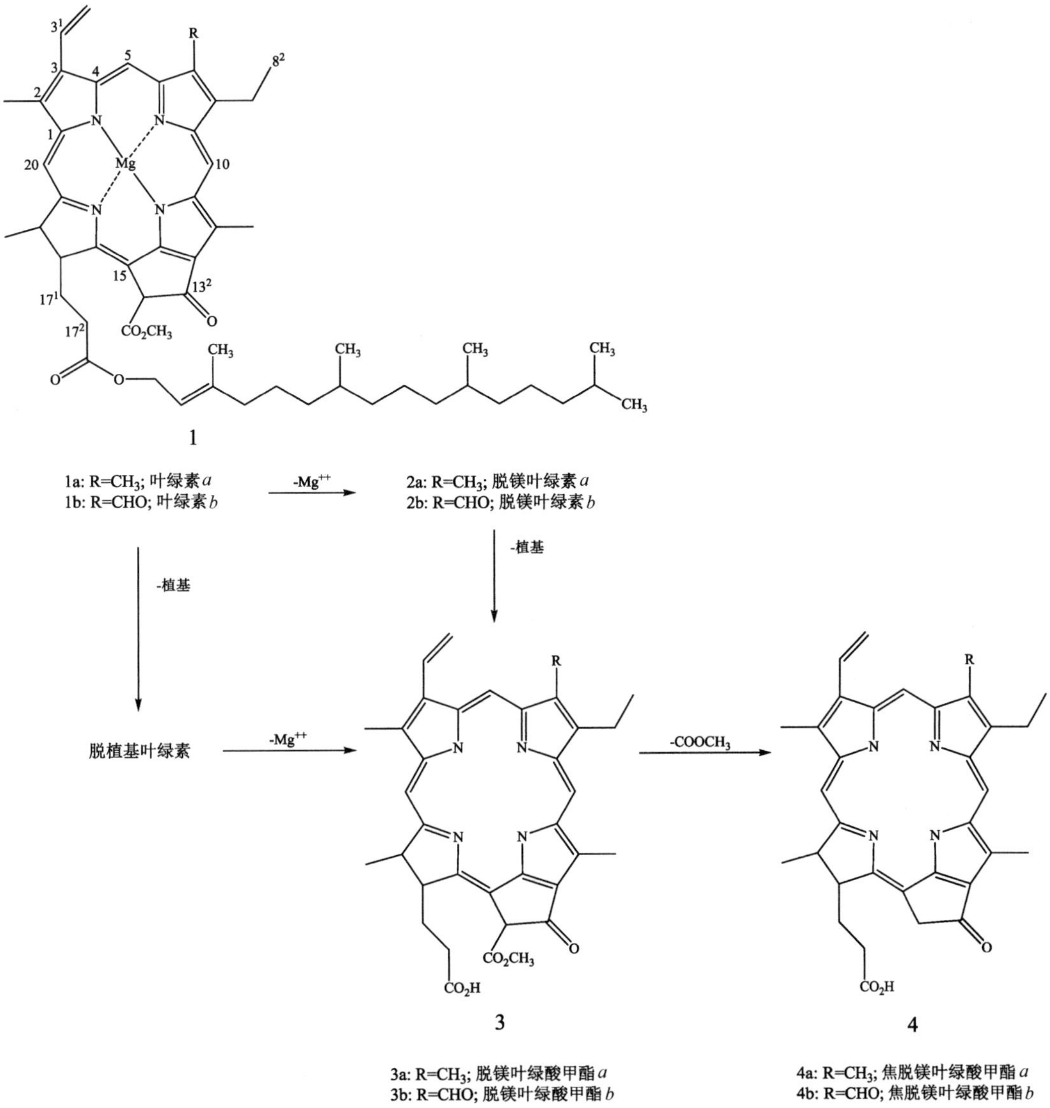

1

1a: $R=CH_3$; 叶绿素 *a*
1b: R=CHO; 叶绿素 *b*

$-Mg^{++}$

2a: $R=CH_3$; 脱镁叶绿素 *a*
2b: R=CHO; 脱镁叶绿素 *b*

-植基

-植基

脱植基叶绿素 $-Mg^{++}$

$-COOCH_3$

3

4

3a: $R=CH_3$; 脱镁叶绿酸甲酯 *a*
3b: R=CHO; 脱镁叶绿酸甲酯 *b*

4a: $R=CH_3$; 焦脱镁叶绿酸甲酯 *a*
4b: R=CHO; 焦脱镁叶绿酸甲酯 *b*

图 9.37 叶绿素 *a* 和叶绿素 *b* 的化学结构，包含一个和 $C_{20}$ 植醇酯化的丙酸；叶绿素 $c_1$ 和叶绿素 $c_2$ 用丙烯酸取代了丙酸。图中也包括脱镁色素，在海洋和淡水/河口系统中发现的叶绿素（脱镁色素）的四个主要的四吡咯衍生物（脱植基叶绿素、脱镁叶绿酸甲酯、脱镁叶绿素和焦脱镁叶绿酸甲酯）。更具体地说，叶绿素的叶绿素酶介导的脱酯化反应（失去植醇链）会产生脱植基叶绿素。镁原子从叶绿素中心失去后可以形成脱镁叶绿素。从脱植基叶绿素去除镁或从脱镁叶绿素去除植醇链形成脱镁叶绿酸甲酯，而从 C-13 丙酸基团上去除碳环上的羧甲基（$-COOCH_3$）形成焦化脱镁色素，如焦脱镁叶绿酸甲酯和焦脱镁叶绿素

导的脱酯化反应（失去植醇链）会产生脱植基叶绿素（Holden，1976；Jeffrey and Hallegraeff，1987；图 9.37）。在细菌降解、后生动物摄食和细胞裂解过程中，镁原子从叶绿素中心失去可形成脱镁叶绿素（Daley and Brown，1973）。脱镁叶绿酸甲酯是由脱植基叶绿素去除镁或脱镁叶绿素去除植醇链而形成，这主要发生于草食性动物的摄食活动（Shuman and Lorenzen，1975；Welschmeyer and

**表 9.6　用于海洋藻类种群和海洋过程标志物的特征色素汇总**

| 色素 | 藻类种群或过程 | 参考文献 |
|---|---|---|
| **叶绿素** | | |
| 叶绿素 $a$ | 所有的光合微藻(除了原绿藻) | Jeffrey et al.（1997） |
| 二乙烯基叶绿素 $a$ | 原绿藻 | Goericke and Repeta（1992） |
| 叶绿素 $b$ | 绿藻类:绿藻、青绿藻、裸藻 | Jeffrey et al.（1997） |
| 二乙烯基叶绿素 $b$ | 原绿藻 | Goericke and Repeta（1992） |
| 叶绿素 $c$ 家族 | 有色藻类 | Jeffrey（1999） |
| 叶绿素 $c_1$ | 硅藻、一些定鞭藻、一些淡水金藻、针胞藻 | Jeffrey（1976b）; Stauber and Jeffrey（1988）; Jeffrey（1989）; Andersen and Mulkey（1983） |
| 叶绿素 $c_2$ | 大部分硅藻、甲藻、定鞭藻、针胞藻、隐藻 | Jeffrey et al.（1975）; Stauber and Jeffrey（1988）; Andersen and Mulkey（1983） |
| 叶绿素 $c_3^c$ | 一些定鞭藻、一种金藻、几种硅藻和甲藻 | Jeffrey and Wright（1987）; Vesk and Jeffrey（1987）; Jeffrey（1989）; Johnsen and Sakshaug（1993） |
| 叶绿素 $c_{CS-170}$ | 一种青绿藻 | Jeffrey（1989） |
| 含植醇的类叶绿素 $c^c$ | 一些定鞭藻 | Nelson and Wakeham（1989）; Jeffrey and Wright（1994） |
| MgDVP | 一些青绿藻 | Ricketts（1966）; Jeffrey（1989） |
| 细菌叶绿素 | 缺氧沉积物 | Repeta et al.（1989）; Repeta and Simson（1991） |
| **类胡萝卜素** | | |
| 别黄素 | 隐藻 | Chapman（1966）; Pennington et al.（1985） |
| 19'-丁酰氧基岩藻黄素[a] | 一些定鞭藻、一种金藻、几种甲藻 | Bjørnland and Liaaen-Jensen（1989）; Bjørnland et al.（1989）; Jeffrey and Wright（1994） |
| $\beta$, $\varepsilon$-胡萝卜素 | 隐藻、原绿藻、红藻、绿藻 | Bianchi et al.（1997c）; Jeffrey et al.（1997） |
| $\beta$, $\beta$-胡萝卜素 | 除了隐藻和红藻之外的所有藻类 | Bianchi et al.（1997c）; Jeffrey et al.（1997） |
| 隐藻黄素 | 隐藻(次要色素) | Pennington et al.（1985） |
| 硅甲藻黄素 | 硅藻、甲藻、定鞭藻、金藻、针胞藻、裸藻 | Jeffrey et al.（1997） |
| 甲藻黄素 | 甲藻 | Johansen et al.（1974）; Jeffrey et al.（1975） |

续表

| 色素 | 藻类种群或过程 | 参考文献 |
|---|---|---|
| 海胆酮 | 蓝藻 | Foss et al. (1987) |
| 岩藻黄素[a] | 硅藻、定鞭藻、金藻、针胞藻、几种甲藻 | Stauber and Jeffrey (1988); Bjørnland and Liaaen – Jensen (1989) |
| 19′ – 己酰氧基岩藻黄素[a] | 定鞭藻、几种甲藻 | Arpin et al. (1976); Bjørnland and Liaaen – Jensen (1989) |
| 叶黄素 | 绿藻类:绿藻、青绿藻、高等植物 | Bianchi and Findlay (1990); Bianchi et al. (1997c); Jeffrey et al. (1997) |
| Micromonal | 一些青绿藻 | Egeland and Liaaen – Jensen (1992, 1993) |
| 蓝隐藻黄素 | 隐藻(次要色素) | Pennington et al. (1985) |
| 9 – 顺新黄素 | 绿藻类:绿藻、青绿藻、裸藻 | Jeffrey et al. (1997) |
| 多甲藻黄素 | 甲藻 | Johansen et al. (1974); Jeffrey et al. (1975) |
| 多甲藻黄醇[a] | 甲藻(次要色素) | Bjørnland and Liaaen – Jensen (1989) |
| 青绿藻黄素 | 一些青绿藻 | Foss et al. (1984) |
| Pyrrhoxanthin [a] | 甲藻(次要色素) | Bjørnland and Liaaen – Jensen (1989) |
| 管藻黄素[b] | 几种青绿藻、一种裸藻 | Bjørnland and Liaaen – Jensen (1989); Fawley and Lee (1990) |
| 无隔藻黄素酯[a] | 黄绿藻 | Bjørnland and Liaaen – Jensen (1989) |
| 紫黄素 | 绿藻类:绿藻、青绿藻、黄绿藻 | Jeffrey et al. (1997) |
| 玉米黄素 | 蓝藻、原绿藻、红藻、绿藻、黄绿藻(次要色素) | Guillard et al. (1985); Gieskes et al. (1988); Goericke and Repeta (1992) |
| **胆蛋白质** | | |
| 别藻蓝蛋白 | 蓝藻、红藻 | Rowan (1989) |
| 藻蓝蛋白 | 蓝藻、隐藻、红藻(次要色素) | Rowan (1989) |
| 藻红蛋白 | 蓝藻、隐藻、红藻 | Rowan (1989) |
| **叶绿素降解产物** | | |
| 脱镁叶绿素 *a* [d] | 浮游动物粪粒、沉积物 | Vernet and Lorenzen (1987); Bianchi et al. (1988, 1991, 2000a) |
| 脱镁叶绿素 *b* [d] | 原生动物粪粒 | Bianchi et al. (1988); Strom (1991, 1993); Bianchi et al. (2000a) |

续表

| 色素 | 藻类种群或过程 | 参考文献 |
| --- | --- | --- |
| 脱镁叶绿素 $c$ [d] | 原生动物粪粒 | Strom（1991，1993） |
| 脱镁叶绿酸甲酯 - $a$ | 原生动物粪粒 | Strom（1991，1993）；Head et al.（1994）；Welschmeyer and Lorenzen（1985） |
| 脱镁叶绿酸甲酯 - $b$ | 原生动物粪粒 | Strom（1991，1993） |
| 脱植基叶绿素 $a$ | 衰老硅藻：提取人工产物 | Jeffrey and Hallegraeff（1987） |
| 蓝绿叶绿素 $a$ 衍生物（内酯、10 - 羟基叶绿素） | 衰老微藻 | Hallegraeff and Jeffrey（1985） |
| 焦叶绿素 $a$ | 沉积物 | Chen et al.（2003a，b） |
| 焦脱镁叶绿素 $a$ | 沉积物 | Chen et al.（2003a，b） |
| 焦脱镁叶绿酸甲酯 - $a$ | 桡脚类动物牧食：粪粒 | Head et al.（1994） |
| 脱镁叶绿酸 - $a$ 甲酯 | 沉积物 | Chen et al.（2003a，b） |

a. 许多痕量类胡萝卜素比列出的分布更广（Bjørnland and Liaaen - Jense，1989）。

b. 一些“非典型的”色素含量反映了内共生事件。

c. 在这些组分中发现了两个光谱差异明显的色素（Garrido et al.，2000）。

d. 这些组分中的每一个都在多种区域中发现（Strom，1993）。

Jeffrey et al.（1997）。

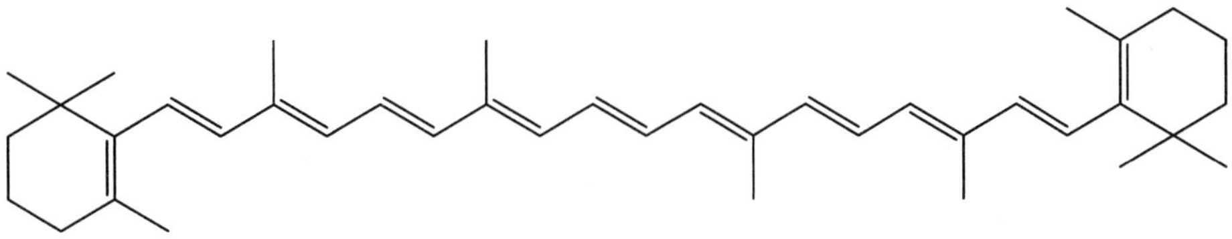

β-类萝卜素

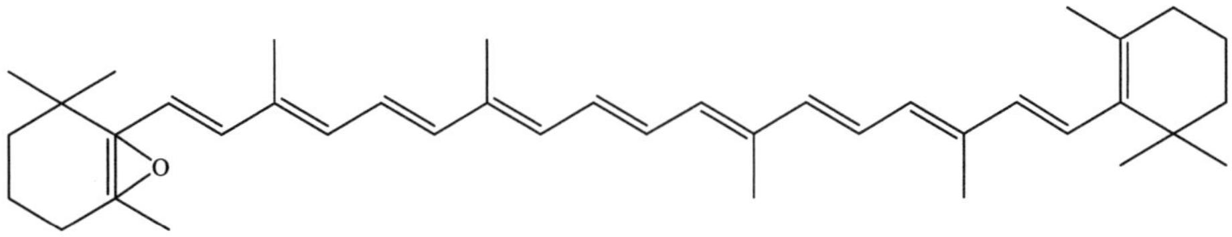

百合黄素

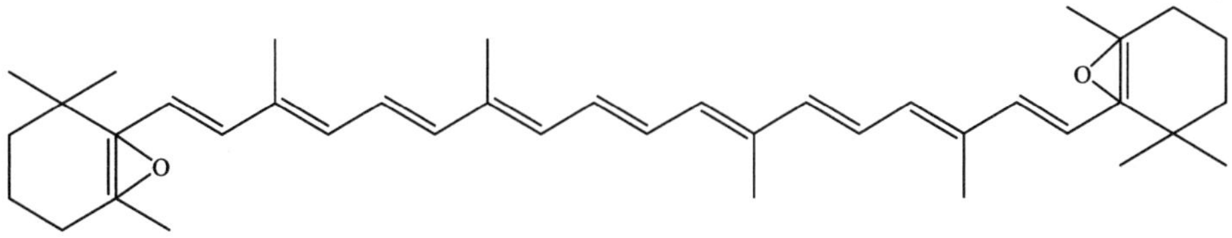

紫黄素

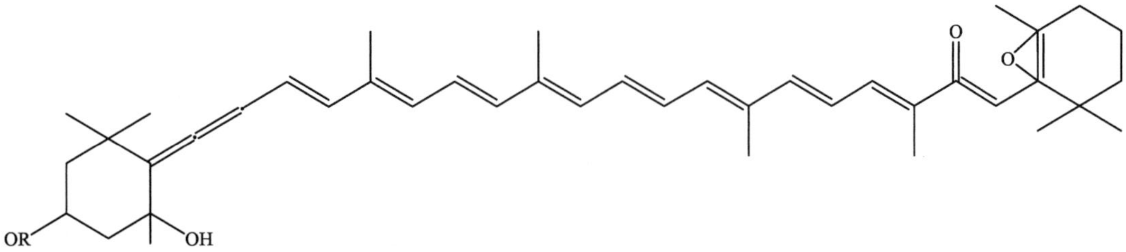

(R=-$COCH_3$) 岩藻黄素
(R=-H) 岩藻黄素醇

图 9.38 类胡萝卜素的化学结构可以分成两组：胡萝卜素（如 β－胡萝卜素），属于碳氢化合物；叶黄素（如紫黄素和岩藻黄素），分子至少包含一个氧原子

Lorenzen, 1985；Bianchi et al.，2000a）。焦化脱镁色素，如焦脱镁叶绿酸甲酯和焦脱镁叶绿素，主要是通过摄食过程（Hawkins et al.，1986），从 C－13 丙酸基团上去除碳环上的羧甲基（－$COOCH_3$）而形成（Ziegler et al.，1988）。这些化合物是水体颗粒物（Head and Harris, 1994, 1996）和沉积物（Keely and Maxwell, 1991；Chen et al.，2003a，b）中降解色素的主要部分。叶绿素 *a* 的环状衍生物，如环状脱镁叶绿酸甲酯－*a* 烯醇（Harris et al.，1995；Goericke et al.，2000；Louda et al.，2000）及其氧化产物叶绿素酮－*a* 在水环境中也很丰富，这些化合物形成于后生动物的肠内（Harradine et al.，1996；Ma and Dolphin, 1996）。产生于透光层的大部分叶绿素被降解成无色的化合物：发色团的破坏表明大环的开裂［根据 Brown 等（1991）为类型Ⅱ反应］。叶绿素类型Ⅱ反应的主要机制是光氧化，包括激发态单线态氧的攻击和酶促降解（Gossauer and Engel, 1996）。另一组稳定的非极性叶绿素 *a* 降解产物是甾醇绿素酯（steryl chlorin esters，SCEs）和胡萝卜醇绿素酯（carotenol chlorin esters，CCEs）（Furlong and Carpenter, 1988；King and Repeta, 1994；Talbot et al.，1999；Chen et al.，2003a，b）。这些化合物通过脱镁叶绿酸甲酯－*a* 和/或焦脱镁叶绿酸甲酯－*a* 与甾醇和类胡

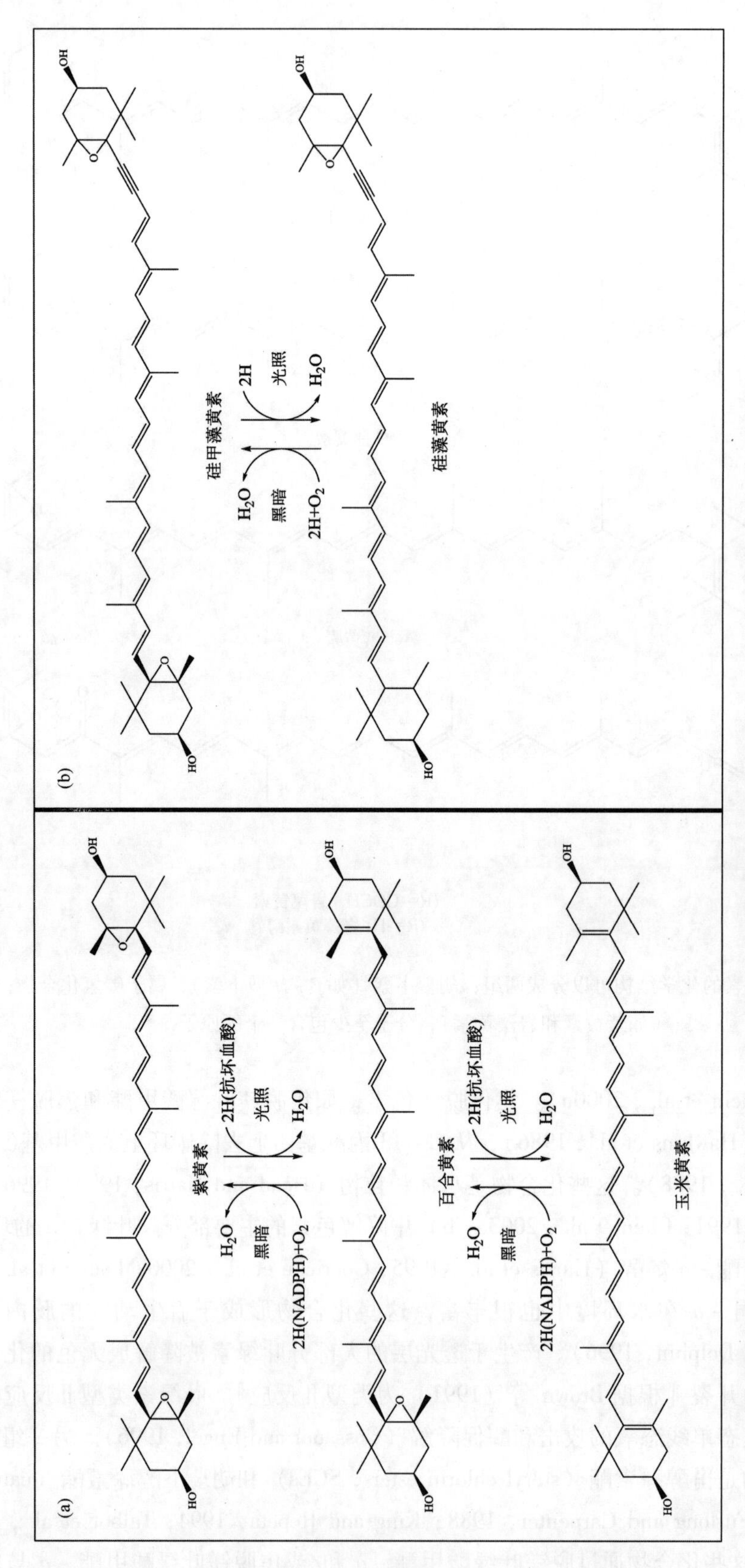


图9.39 熟知的"叶黄素循环"作为光自养生物用于在过量辐射期间的光防护：(a) 绿藻和高等植物在环氧基得失时可使用玉米黄素↔百合黄素↔紫黄素的互变；(b) 藻类如金藻和甲藻使用玉米黄素↔硅藻黄素↔硅甲藻黄素的互变（Hager, 1980）

萝卜素的酯化反应形成；这些化合物主要在浮游动物和细菌的摄食过程中产生（King and Repeta, 1994; Harradine et al. , 1996）。

沉积叶绿素的季节存量表明长岛湾河口叶绿素和脱镁色素最大存量在时间上有差异（Sun et al. , 1994）。这些存量上的差异可能反映了浮游植物生长模式（冬季到早春）和浮游动物粪便生产（4月和5月）的差异（图9.40）。这些结果强调了河口系统底栖-浮游耦合的重要性。植物色素生物标志物的降解差异可以提供有机物沉积前后降解过程以及底栖和浮游过程的解耦关系的更多信息。例如，叶绿素 $a$ 的降解速率常数在缺氧和有氧沉积物中都保持不变，在存在和不存在大型底栖动物情况下大约都是0.07 $d^{-1}$左右（Leavitt and Carpenter, 1990; Bianchi and Frindlay, 1991; Sun et al. , 1994; Bianchi et al. , 2000a）。与结构化合物如高等植物中的木质素或表层蜡质"结合"的色素，其降解速率常数均慢于那些非维管来源的相似色素（Webster and Benfield, 1986; Bianchi and Findlay, 1990）。其他的研究显示，在河口沉积物中色素以"游离"或"结合"状态存在对降解亦有重要影响（Sun et al. , 1994）。

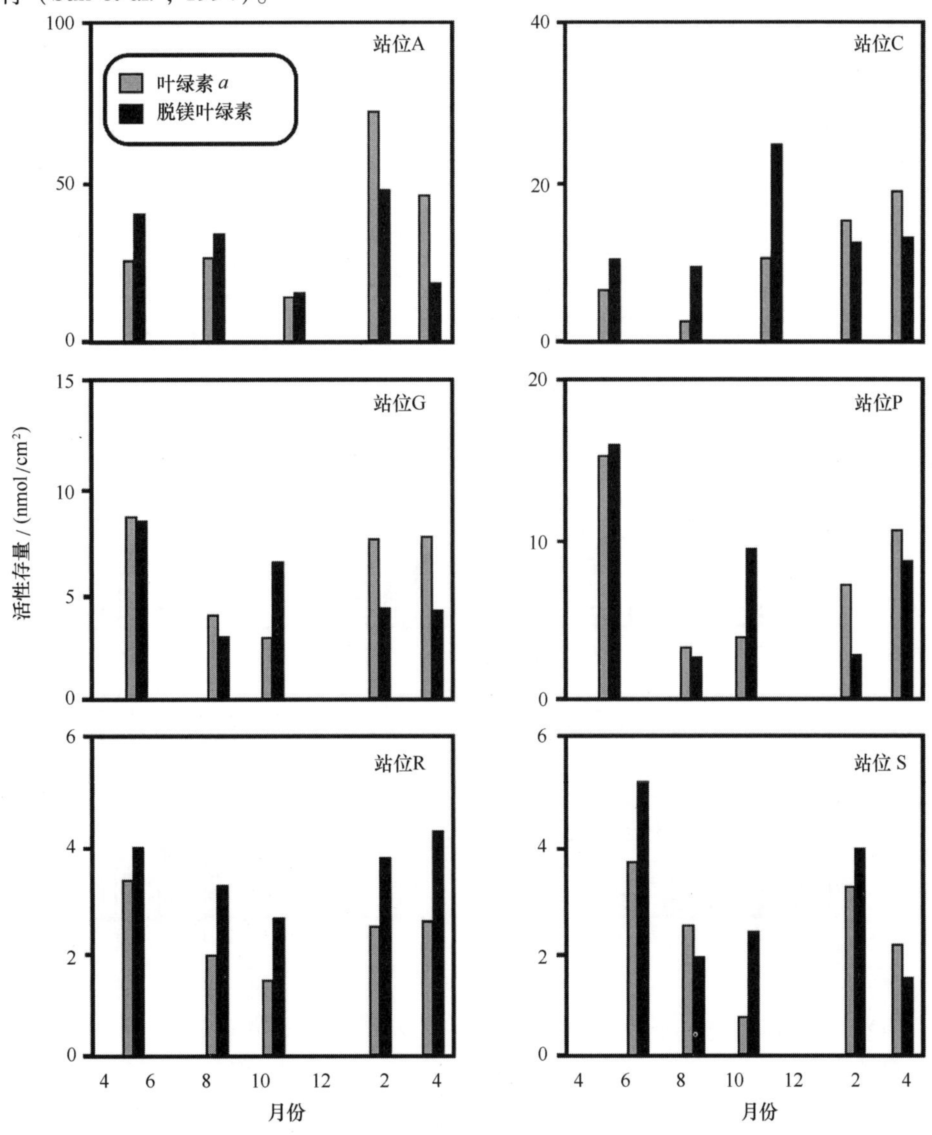


图9.40　美国长岛湾河口沉积叶绿素（叶绿素 $a$ 和脱镁色素）的季节存量（Sun et al. , 1994）

植物色素是河口生态系统中有用的生物标志物（见综述 Millie et al.，1993）。例如，类胡萝卜素和其降解产物叶黄素是不同种群浮游植物的有效生物标志物（Jeffrey et al.，1975；Jeffrey，1976a，1997），而叶绿素则被广泛地用作一种估计浮游植物生物量的方法（Jeffrey，1997）。大量的研究表明，光合色素浓度和不同种类的显微镜细胞计数结果有很好的相关性（Tester et al.，1995；Roy et al.，1996；Meyer - Harms and von Bodungen，1997；Schmid et al.，1998），进一步确证了植物色素是可靠的化学生物标志物。例如，岩藻黄素、多甲藻黄素和别黄素分别是优势的硅藻、甲藻和隐藻的辅助色素（表 9.6；Jeffrey，1997）。总之，色素生物标志物已表明硅藻是大部分河口系统的优势浮游植物类群（Bianchi et al.，1993，1997a，b，c，2002a；Lemaire et al.，2002）。这也在研究欧洲河口不同季节岩藻黄素浓度与其他特征胡萝卜素及叶绿素 $a$ 的关系中得到证实（图 9.41；Lemaire et al.，2002）。矩阵因子化程序 - 化学分类方法（CHEMTAX）被用来根据特征色素的浓度计算主要藻类类群的相对贡献（Mackey et al.，1996；Wright et al.，1996）。例如，CHEMTAX 被用来估算美国纽斯河河口不同的微藻类群对总生物量和水华的相对重要性（Pinckney et al.，1998）。估算的 1994 年—1996 年间纽斯河河口中隐藻、甲藻、硅藻、蓝细菌和绿藻的总贡献分别为 23%、22%、20%、18% 和 17%。这项研究揭示了浮游植物和水华的相对丰度在 3 年期间有显著的变化，DIN 的

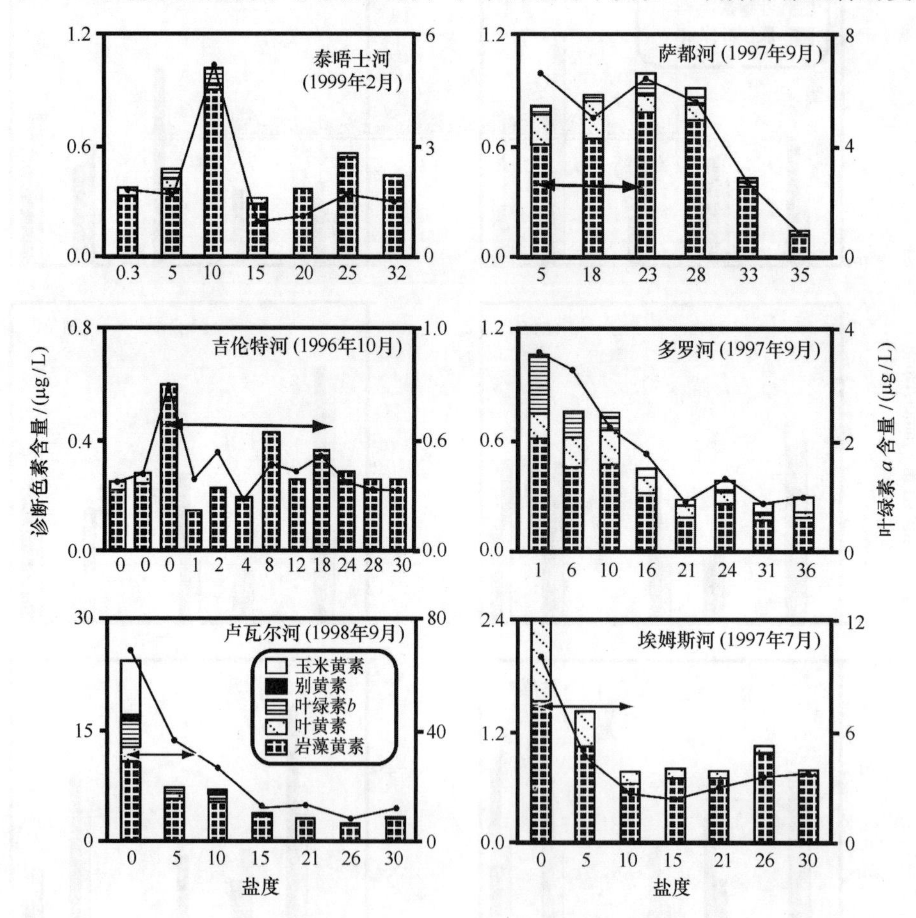


图 9.41　特征类胡萝卜素和叶绿素 $a$ 和 $b$ 在六个欧洲河口［泰晤士河（英国）、吉伦特河（法国）、卢瓦尔河（法国）、萨都河（葡萄牙）、多罗河（葡萄牙）和埃姆斯河（荷兰）］中不同季节的浓度分布（μg/L）（Lemaire et al.，2002）

输入对隐藻、绿藻和蓝细菌水华的发生起很大作用（图9.42）。使用选择性光合色素HPLC分离结合在线液闪计数分析放射性标记（$^{14}C$）叶绿素$a$技术也能提供浮游植物在不同环境条件下的生长率信息（Redalje, 1993；Pinckney et al., 1996, 2000）。沉积色素（fossil pigments）也是有用的藻类和细菌群落的古示踪物（Swain, 1985；Leavitt, 1993；Chen et al., 2001；Bianchi et al., 2002）。更多关于色素和其他化学生物标志物在河口历史重建中的应用将在第十五章详细介绍。

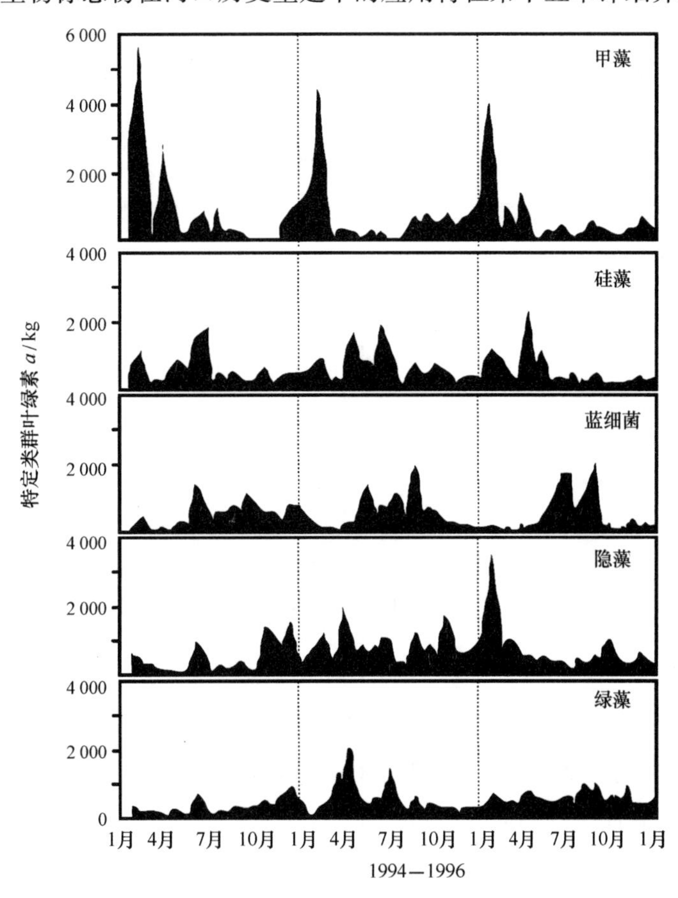


图9.42　美国纽斯河河口自1994年到1996年不同微藻类群（隐藻、甲藻、硅藻、蓝细菌和绿藻）叶绿素$a$的变化（Pinckney et al., 1998）

## 七、木质素

木质素已被证实是一类输入到河口/近岸陆架沉积物中的来自维管植物的有用的化学生物标志物（Gardner and Menzel, 1974；Hedges and Parker, 1976；Goñi and Hedges, 1992；Hedges et al., 1997；Louchouaran et al., 1997；Bianchi et al., 1999b, 2002b）。纤维素、半纤维素和木质素通常组成了大于75%的木质植物生物量（Sjöström, 1981）。木质素是一类存在于维管植物细胞壁中的大分子杂聚物（600～1 000 kDa），由苯基丙烷单元组成（Sarkanen and Ludwig, 1971；de Leeuw and Largeau, 1993）。莽草酸途径是植物、细菌和真菌中用以合成芳香氨基酸（如色氨酸、苯丙氨酸和酪氨酸）的常用途径，并为木质素中的苯基丙烷单元的合成提供了母体化合物。更具体地说，木质素的主要构建模块是以下的木质素单体：对-香豆醇、松柏醇和介子醇（Goodwin and Mercer，1972；图9.43）。这些单元通过碳-碳键及主要的$\beta-O-4$芳基-芳基醚键交叉连接，从而使木质素成为非常稳定的化合物（图9.44）。使用CuO氧化方法对木质素进行氧化（Hedges and Parker，1976；Hedges and Ertel，1982）可得到11个主要的酚单体并可将其分成4类：对-羟基（*p*-hydroxyl，P）、香草基（vanillyl，V）、紫丁香基（syringyl，S）和肉桂基（cinnamyl，C）酚类（Hedges and Ertel，1982）（图9.45）。香草基衍生物是木质和非木质被子植物独有的，而肉桂基酚类通常存在于非木质被子植物和裸子植物中（Hedges and Parker，1976；Hedges and Mann，1979）。因此，S/V和C/V比值可以分别提供关于被子植物相对于裸子植物来源和木质相对于非木质来源的相对重要性的信息（图9.46）。但是，所有的裸子植物和被子植物木质和非木质组织都能生成香草基酚作为其氧化产物。在使用木质素作为维管植物输入到河口/近岸系统的指示物时，不包括羟基酚，因为非木质素组分也能产生对羟基酚（Wilson et al.，1985）。

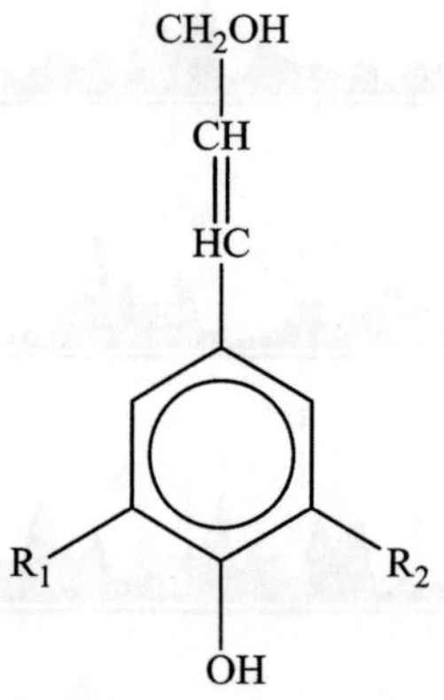

图9.43　木质素单体结构，式中$R_1=R_2=H$：肉桂基类；$R_1=H$，$R_2=OCH_3$：松柏醇；$R_1=R_2=OCH_3$：介子醇（de Leeuw and Largeau，1993）

在CuO氧化过程中，木质素中的大部分醚键断裂；但许多连接芳香环的碳-碳键仍然保存（Chang and Allen，1971）。因此，这些酚的二聚物保留了环对环和环对侧链连接的特征。除以上单体外，氧化过程可产生另外的30（或更多）种CuO氧化产物，也可以用于鉴定维管植物分类来源（Goñi and Hedges，1990a）。而且，更多的二聚物实际上可能只是来自多聚木质素，不同于以溶解态或与酯结合存在的单体。因此，木质素二聚物可能更好地记录了自然系统中多聚木质素的输入（Goñi and Hedges，1990a）。然而，后来在对不同维管植物组织的长期降解实验中发现，使用二聚物与单体比值显示单体完全是木质素多聚物的降解产物（Opsahl and Benner，1995）。

一种新开发的使用四甲基氢氧化铵（tetramethylammonium hydroxide，TMAH）的热化学裂解方法能够成功地分析沉积物中的木质素（Clifford et al.，1995；Hatcher et al.，1995；Hatcher and Minard，1996）。TMAH热化学裂解过程可有效地将酯和醚键水解及甲基化，导致木质素中主要的$\beta-O-4$醚键分裂（McKinney et al.，1995；Hatcher and Minard，1996；Filley et al.，1999）。因此，这一技术已被证明可有效测定陆地（Martin et al.，1994，1995；Fabbri et al.，1996；Chefetz et al.，2000；Filley，2003）和水环境（Pulchan et al.，1997，2003；Mannino and Harvey，2000；Galler et al.，

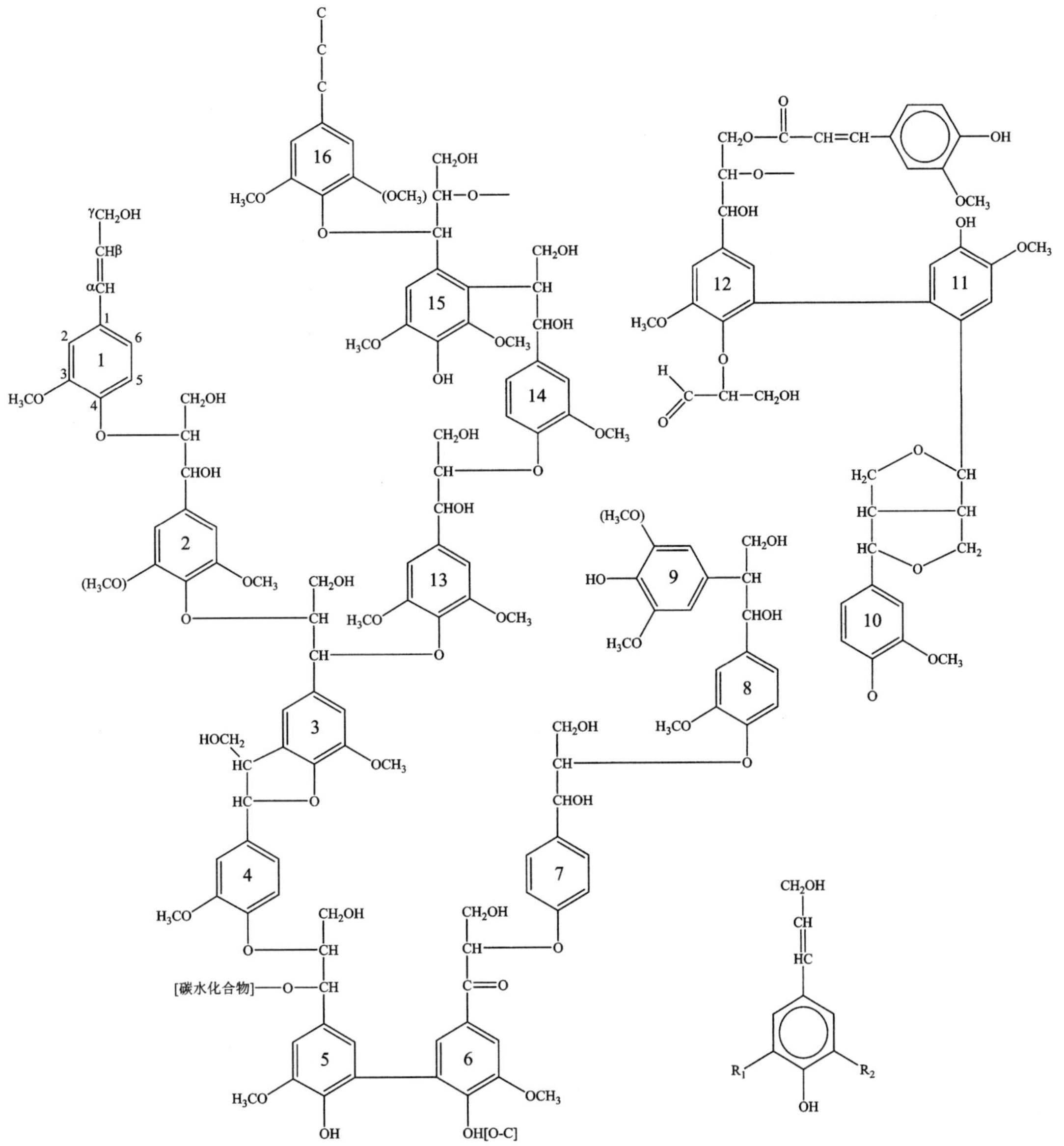

图 9.44　通过碳－碳键及主要的 $\beta$－O－4 芳基－芳基醚键交叉连接的单元组成的木质素化合物

2003）中维管植物的丰度和来源。

木质素被认为是维管植物组织中一些最稳定的化合物，通常它们被选择性地保存在陆地（Bates and Hatcher, 1989）和水环境中（Moran and Hodson, 1989a; Opsahl and Benner, 1995; Bianchi et al., 1999b, 2002b）。由于木质素复杂的结构和化学键的多样性，它们不适合作为微生物的食物来源（Martin and Haider, 1986）。早期的工作表明，在氧化土壤条件下，木质素的降解主要由真菌（如白腐和褐腐真菌）和几种细菌进行（Crawford, 1981; Kogel－Knabner et al., 1991）。侧链氧化相对于芳香环裂解的相对重要性也可作为真菌之间降解木质素机制差异的指示（Hedges, 1988）。肉桂基酚被认为比紫丁香基和香草基更容易降解，因为它们在大分子中的键（如酯键连接）比在其他酚中的键（碳－碳或 $\beta$－芳基醚键）稳定性要差一些（Haddad et al., 1992）。和本章中描绘的其他降解

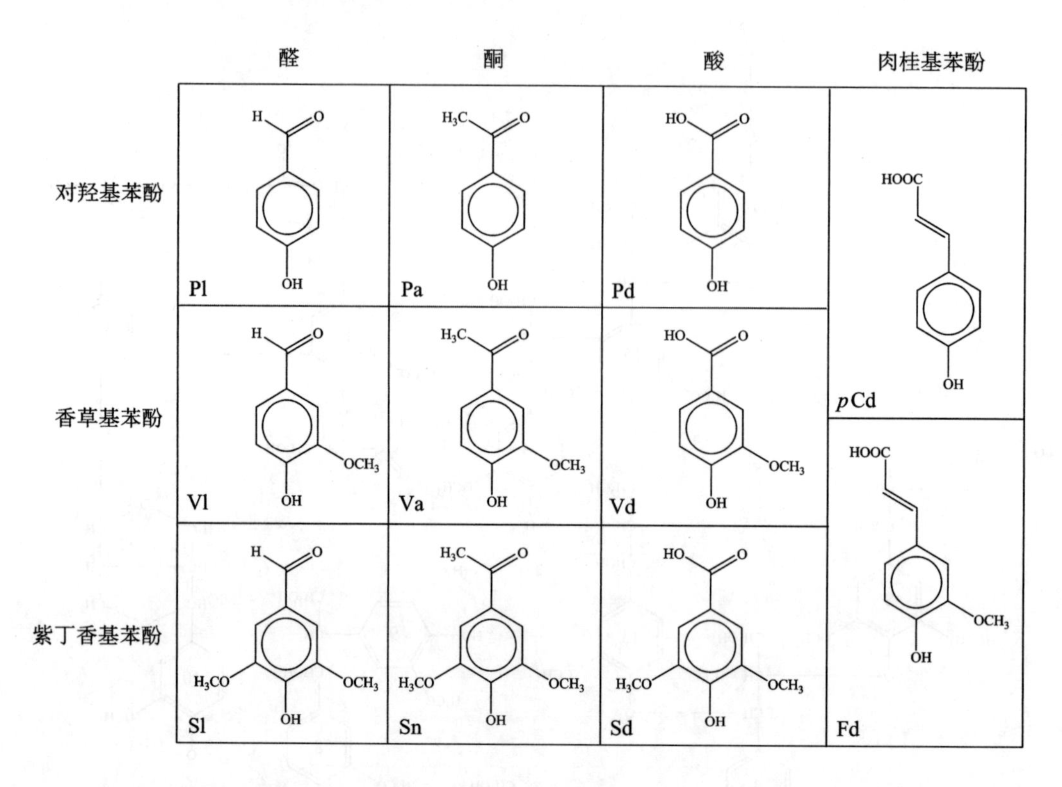


图 9.45　木质素经 CuO 氧化后产生的 11 个主要的酚类单体，这些化合物可以被分成 4 类：对－羟基（P）、香草基（V）、紫丁香基（S）和肉桂基（C）酚（Hedges and Ertel，1982）

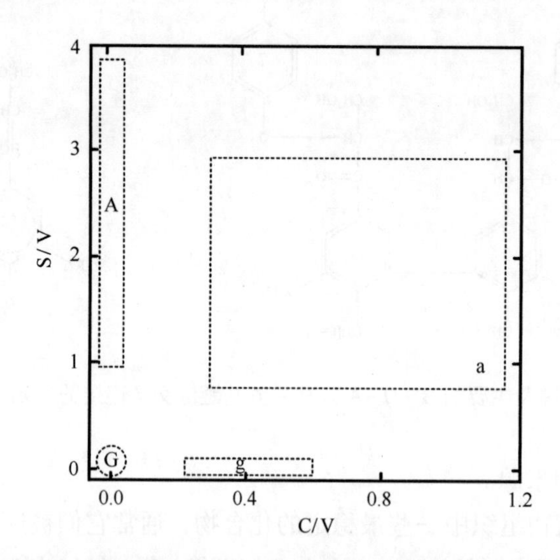


图 9.46　紫丁香基酚对香草基酚比值（S/V）与肉桂基酚对香草基酚（C/V）比值，用来提供关于被子植物相对于裸子植物来源和木质对非木质植物来源相对重要性的信息。A：被子植物木质组织；a：被子植物非木质组织；G：裸子植物木质组织；g：裸子植物非木质组织

指数相似，Ertel 和 Hedges（1982）发现木质素成分的氧化与香草基和紫丁香基酚中酸醛比［$(Ad/Al)_v$ 和 $(Ad/Al)_s$］的增加呈正相关。作为河口区有机碳的通常来源，维管植物中木质素在水中的降解清楚地表明，随着成岩状态的增进，两个比值随时间都有显著提高（Opsahl and Benner，1995）

(图9.47)。沉积物中不同的矿物相(铁、锰和铝氧化物)也能够影响木质素的降解。例如,铁氧化物减少了木质素的降解(Miltner and Zech, 1998),这对于考虑陆源物质在富含铁氧化物的河口和河流羽状区水体中的降解有应用意义。

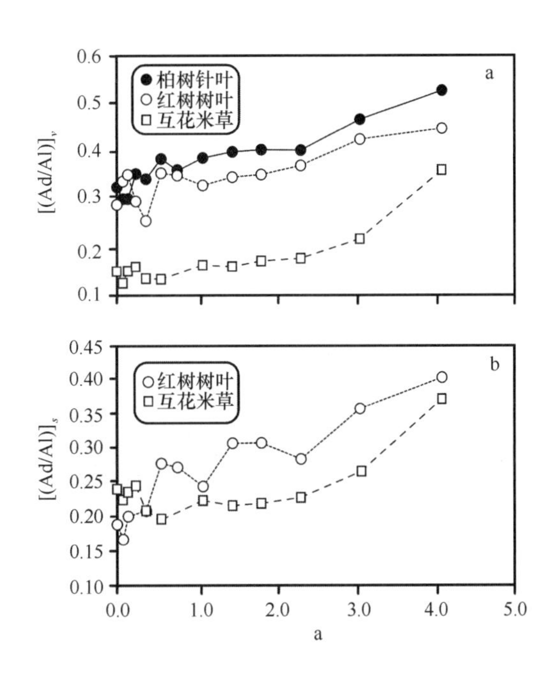


图9.47 在连续4年的实验室降解实验中,维管植物木质素在降解过程中其香草基酚和紫丁香基酚中酸醛比[$(Ad/Al)_v$和$(Ad/Al)_s$]的变化(Opsahl and Benner, 1995)

在河口区,通常会发现维管植物输入POM的浓度从河口上部到河口口门呈梯度降低(Bianchi and Argyrou, 1997; Goñi and Thomas, 2000)。在波罗的海,在水体POC中可看到图9.48(a)所示的木质酚的浓度梯度(Bianchi et al., 1997d);采样站位从吕勒河(Lu)站到波罗的海(Bp)站为从河口上端(北)到河口口门(南)。Hedges和Parker(1976)使用λ指数来量化木质素与特定碳量的关系;例如,λ-6($\Lambda_6$或λ)被定义为香草基(香草醛、乙酰香兰酮和香草酸)和紫丁香基(丁香醛、乙酰丁香酮和丁香酸)酚两者之和的总量(mg),并归一化为100 mg OC所含质量,而λ-8($\Lambda_8$)包括肉桂基酚(对香豆酸和阿魏酸)。这些结果支持了以前的工作,证实在北波罗的海淡水输入越多的地方,外来物质输入越多。S/V和C/V比值的趋势表明,木质素的主要来源是木质裸子植物(图9.48b)。这些结果和针叶林是波罗的海沿岸大部分区域的优势植被的事实相一致。与此类似,采自美国东南部北汉河口区域沿森林-咸水沼泽-盐度梯度的土壤和沉积物样品也表明,木质与非木质裸子和被子植物来源在森林站点SOM中占优势,而非木质沼泽植物(大米草和灯芯草)在沼泽站点占优势(图9.49; Goñi and Thomas, 2000)。森林站点木质素的降解最强烈,而在缺氧环境的盐沼站点则很少发生木质素降解。

研究发现在河流/河口系统中,DOM中来源于淡水和陆源的木质素也存在梯度变化。例如,Benner和Opsahl(2001)发现在密西西比河下游和河口外羽状区域,$\Lambda_8$值在HMW DOM中从0.10增至2.30,与其他河流/近岸盐度梯度测定的HMW DOM变化一致(Opsahl and Benner, 1997; Op-

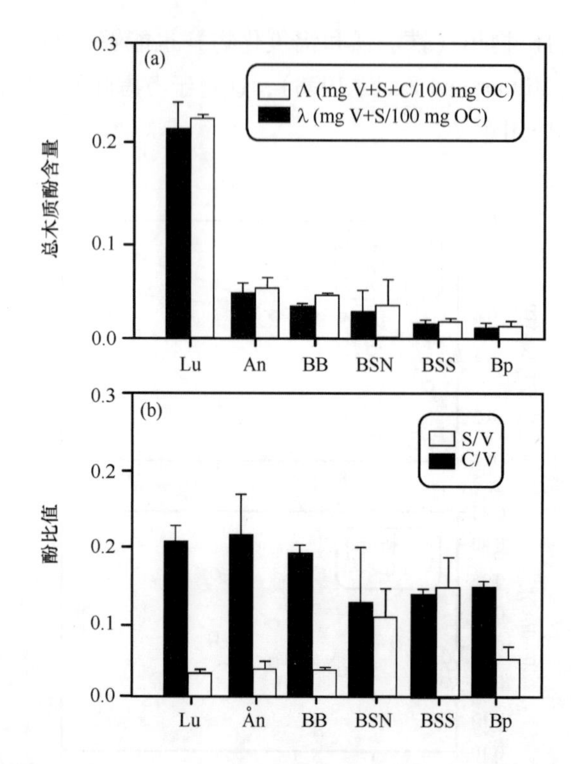


图 9.48 波罗的海从吕勒河（Lu）站位到波罗的海（Bp）站位，即从河口上游（北）到河口口门（南）木质酚在（a）水体 POC 中木质素的含量［Λ：V、S 和 C 三个系列 8 种酚的含量（mg/100 mg OC），λ：V 和 S 两个系列 6 种酚的含量（mg/100 mg OC）］；（b）POC 中紫丁香基酚对香草基酚（S/V）和肉桂基酚对香草基酚（C/V）的比值。其他站位分别是：Ån 为盎格曼大河；BB 为波西尼亚湾；BSN 为波西尼亚海北部；BSS 为波西尼亚海南部（Bianchi et al.，1997）

sahl et al.，1999）。控制河口/近岸水体中 DOM 木质素含量的因素可能包括：现场细菌降解损失（前已述及）、絮凝、吸附和再悬浮沉积物的解吸过程（Guo and Santschi，2000；Mitra et al.，2000a；Mannino and Harvey，2000）和光化学降解（Opsahl and Benner，1998；Benner and Opsahl，2001）。实际上，在中大西洋湾（Middle Atlantic Bight，MAB）底层水中 HMW DOM 具有很“老”的年龄且富含木质素，被认为主要是由来自切萨皮克湾和沿美国东北边缘的其他河口系统中沉积物颗粒的解吸所致（Guo and Santschi，2000；Mitra et al.，2000a）。这些过程时空变化的相对重要性通常也能导致总 DOM 和木质素浓度在河口的非保守行为。陆源 DOM 在河口/陆架区的去除可能是其在全球海洋中浓度很低的原因（Opsahl and Benner，1997；Hedges et al.，1997）。

在过去的 10 年里，特定化合物同位素分析（compound－specific isotopic analysis，CSIA）已经作为一个全样同位素分析的补充手段来更好地鉴定沉积物中有机物的来源和归宿（Freeman et al.，1990；Hayes，1993；Schoell et al.，1992）。这一技术也被用于分析近岸/河口生态系统水体及沉积中的有机物（Abrajano et al.，1994，1998；Qian et al.，1996；Canuel et al.，1997；Ramos et al.，2003；Zou et al.，2004）。因为它更能体现不同来源，如细菌、浮游动物和藻类的有机碳的特定成分的同位素差异多样性，而到目前为止使用全样同位素分析仍是无法体现这些差异的（Cifuentes and Salata，2001）。更特别的是，CSIA 可以提供与真光层中碳的固定相关的生物地球化学条件及有机物的

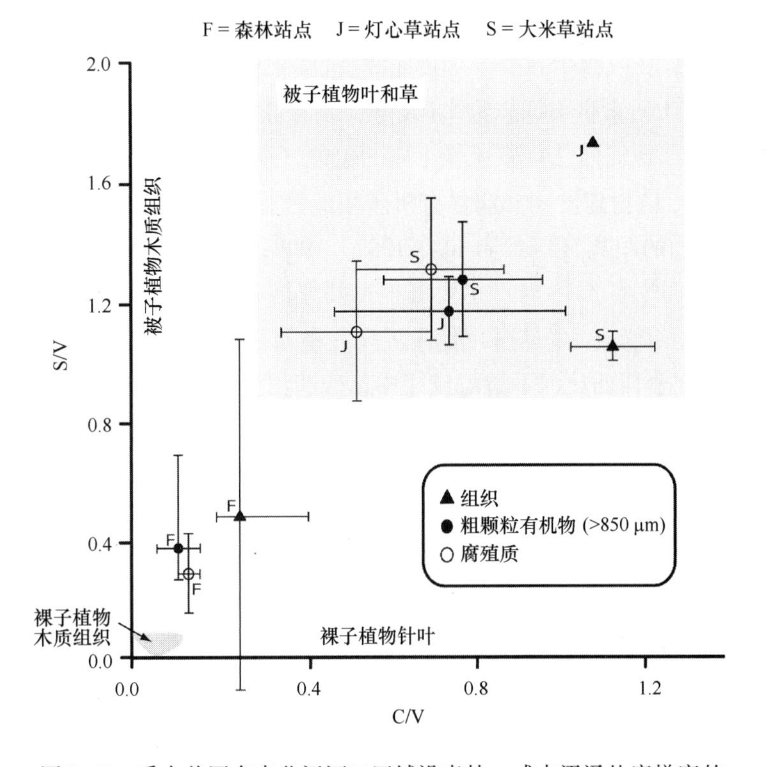


图 9.49　采自美国东南北汉河口区域沿森林－咸水沼泽盐度梯度的土壤和沉积物样品中紫丁香基酚对香草基酚（S/V）和肉桂基酚对香草基酚（C/V）的比值（Goñi and Thomas, 2000）

特定来源的信息（Bieger et al., 1997; Freeman, 2001）。尽管到目前为止大部分使用 CSIA 的工作聚焦碳，但氮同位素分析最近也得到了应用（Sachs et al., 1999）。

最近在加拿大纽芬兰河口的工作表明，单体脂肪酸的 $\delta^{13}C$ 可以区分两种底栖贻贝（紫贻贝和偏顶蛤）中来自河口水体不同食物来源的 $\delta^{13}C$ 信号（Abrajano et al., 1994）。相对于总生物有机物，脂类合成通常会造成 3‰～5‰的碳同位素分馏（Monson and Hayes, 1980, 1982; Freeman, 2001）；在这些纽芬兰河口中，脂肪酸同位素值范围处于预测的浮游植物水华物质（Abrajano et al., 1994; Ramos et al., 2003）总有机碳 $\delta^{13}C$ 值分馏范围之间（Ostrom et al., 1997）。应用 CSIA 也有助于了解河口系统中的细菌资源。例如，培养的细菌的磷脂脂肪酸（phospholipid fatty acids, PLFA）与复杂的有机物底物之间的碳同位素差别通常在 5‰以内。这样的差别可以判定互花米草碎屑不是河口盐沼沉积物中细菌的主要碳来源（Boschker et al., 1999）。

脂肪酸的 $\delta^{13}C$ 也被用来测定美国 4 个不同区域河口（波士顿港/马萨诸塞湾、特拉华湾/切萨皮克湾、圣迭戈湾和旧金山湾）中 HMW DOM 的来源（Zou et al., 2004）。这项工作表明一部分 HMW DOM 来源于浮游植物和细菌，这部分 HMW DOM 产生于细菌细胞膜和细菌对浮游植物有机碳的改造过程。最后，同位素（$\delta^{13}C$）在 PLFA 和较小的不稳定分子（如醋酸、甲烷和甲醇）之间的分馏显著大于（如大于 20‰）在复杂有机物中发现的分馏值，这一发现使这种同位素的区别更为明显。

对采自密西西比河散布系统内的河流悬浮颗粒物和海床样品的全样有机碳和碳同位素进行测定

(Eadie et al., 1994; Trefry et al., 1994)，表明河流颗粒物的$^{13}C$是亏损的（相对于海洋有机碳），埋藏在与河流相连的陆架沉积物中60% ~80%的有机碳来源于海洋（由沉积物中富集的$^{13}C$值确定）。随后，有人根据对木质素生物标志物CSIA分析结果指出，大部分输送到陆架的TOC来自$C_3$和$C_4$植物以及来自密西西比河西北草原流域土壤的侵蚀（Goñi et al., 1997, 1998）。这些发现和其他研究者的结论表明，$C_4$植物碎屑（和海洋有机碳相似具有富集的$^{13}C$值）具有更小的颗粒粒径特征，可被输运至离岸更远的距离（Goñi et al., 1997, 1998; Onstad et al., 2000; Gordon and Goñi, 2003)，而$C_3$陆地植物碎屑（$^{13}C$亏损）主要沉积在陆架区（Goñi et al., 1997）。然而，最近的分析结果提出木质被子植物组织（$^{13}C$亏损）优先沉降在密西西比河下游和陆架区散布系统的近岸部分。最近的研究证实，在密西西比河下游海侵相中，残遗沼泽泥炭的侵蚀也能向路易斯安那近海区输送"老"的维管植物碎屑（Galler et al., 2003）。

因为分布广泛而适用于CSIA分析的另一类化合物是植物色素（Bidigare et al., 1991; Kennicutt et al., 1992)。叶绿素和类胡萝卜素是包含在产生有机物的光合自养反应中，因此能提供藻类营养和光照条件的信息（Welschmeyer and Lorenzen, 1985; Jeffrey et al., 1997）。实际上，最近的工作已经表明，无论在现场还是培养实验中，叶绿素$a$相对于总氮有5.1‰的氮同位素亏损；这表明浮游植物$\delta^{15}N$可以通过将颗粒物和沉积物中的叶绿素$a$的$\delta^{15}N$值简单加上5.1‰来确定（Sachs et al., 1999)。对得克萨斯海岸几个河口的悬浮颗粒有机物（suspended particulate organic matter, SPOM)、脂类和植物色素的CSIA分析证明该技术可有效确定有机碳及DIN的来源（Qian et al., 1996)。$\delta^{13}C$值在这些河口中的范围（-18‰ ~ -22‰）表明相对于浮游植物来源，陆源输入到这些河口的SPOM是很少的（图9.50a）。脂类和叶绿素$a$的同位素特征通常比SPOM要亏损2‰到4‰，并能更准确地反映浮游植物来源输入。SPOM、脂类和叶绿素的稳定氮同位素组成变化范围为+4 ~ +14‰，且在不同河口间没有显著差异（图9.50b），说明这些河口中氮来源的一致性。

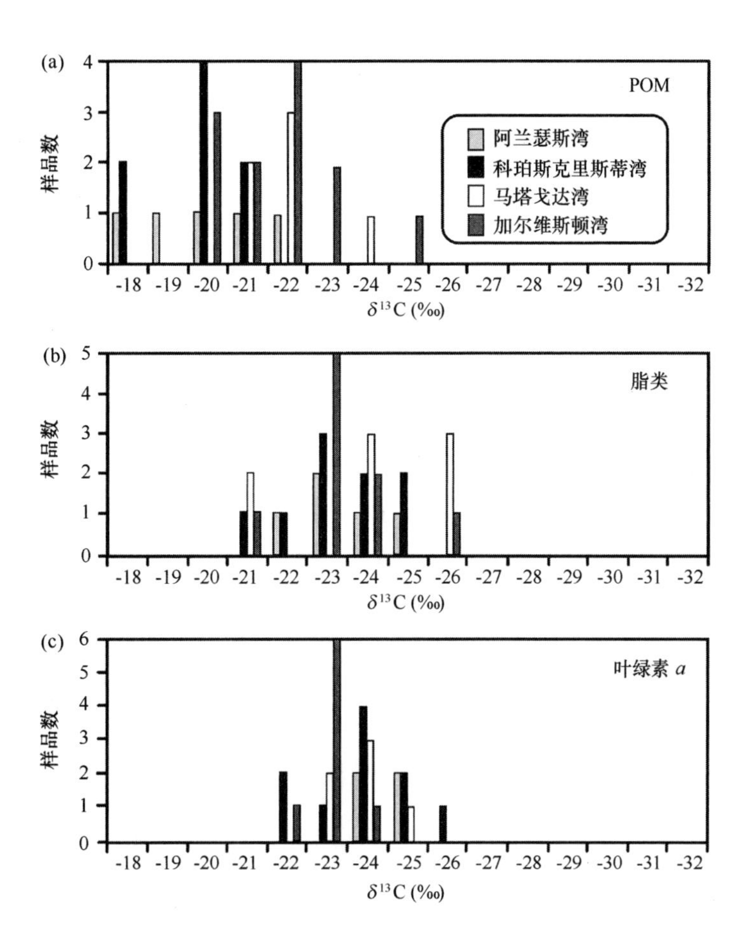


图 9.50a　对美国得克萨斯沿岸的几个河口中悬浮颗粒有机物（SPOM）、脂类和植物色素的特定化合物稳定同位素分析（CSIA）。$\delta^{13}C$ 值在这些河口中的范围是 −18‰ ~ −22‰（Qian et al.，1996）

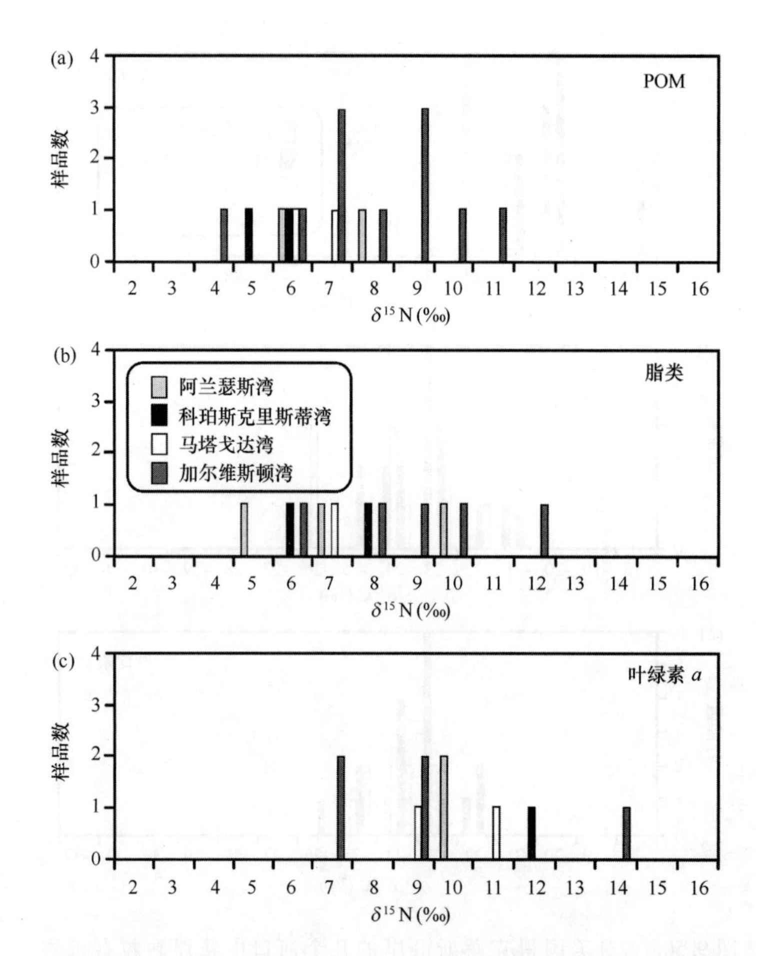


图9.50b　对美国得克萨斯沿岸几个河口的悬浮颗粒有机物（SPOM）、脂类和植物色素的特定化合物稳定同位素分析（CSIA）。$\delta^{15}N$ 值在这些河口中的范围是 +4‰ ~ +14‰（Qian et al., 1996）

## 本章小结

1. 近年来，通过使用元素、同位素（总有机碳和特定化合物/化合物组分）和化学生物标志物方法等分析工具，我们分辨河口有机物来源的能力得到显著改进。

2. 生物圈中不同来源有机物的 C/N 比值范围很宽，可以作为判断有机物来源的最基本指标。然而，在没有其他来源指标的情况下，C/N 比值在判定有机物来源时能够造成误导。

3. 端元混合模型常被用来评价河口中溶解无机营养盐（碳、氮和硫）和有机物（POM 和 DOM）的来源。很多调查是基于双端元（二元）模型，最近，三端元混合模型，包括一个或两个更亏损的 $\delta^{13}C$ 陆源有机碳端元加之较富集的 $\delta^{13}C$ 海洋浮游植物端元，可用于计算河口环境中不同来源有机物的相对含量。

4. 核磁共振（NMR）光谱技术是一种用于表征有机物的强有力的分析工具，可用于有机物的定性。质子（$^1H$）和 $^{13}C$ NMR 是最常用的 NMR 工具，在用于分析水环境中植物、土壤/沉积物和 DOM 时，不会破坏复杂生物大分子的官能团。

5. 生物标志物分子一词最近被定义为“具有特定生物来源的化合物，这些化合物在沉积埋藏后即使经历了一些变化但仍保存了其来源的信息”。生成许多生物标志化合物的分解代谢和合成代谢途径是由糖酵解和柠檬酸循环的“中间”代谢而发生。

6. 脂类是重要的有机物成分，包括多种化合物类别（如烃类、脂肪酸、正-烷醇和甾醇），并已作为有效的有机物生物标志物用于近岸和河口系统。这些不溶于水的化合物通常占生长藻类生物量的10%～20%（干重）。

7. 脂肪烃，诸如正构烷烃和正构烯烃已被成功用于分辨河口/近岸系统来自藻类、细菌、陆源及人为化石源（如石油烃）的有机物。

8. 支链和环状烃类主要作为湖泊沉积物中的古标志物，用来解释过去有机物来源的变化。特别是类异戊二烯烃诸如姥鲛烷（pristane）（$C_{19}$类异戊二烯）和植烷（phytane）（$C_{20}$类异戊二烯）[两者都来自于植醇（phytol）] 分别被用来作为草食性动物摄食和甲烷生成的指示物。

9. 正构烷醇（脂肪醇）可被用于分辨水环境中的陆地植物和藻类/细菌来源。例如，维管植物的表皮蜡质含有偶数碳的正构烷醇（通常是$C_{22}$～$C_{30}$）。

10. 甾醇和其相应的衍生物已被证实是重要的生物标志物，能够用来估算藻类和陆源对有机物的贡献及作为成岩指标。这些化合物属于脂类（通常为$C_{26}$～$C_{30}$），具有抗皂化性，也可被划分为三萜类化合物。

11. 有机物的选择性降解过程受氧化还原条件的影响，以至于某些生物化合物能够在几天时间内降解，这反映了使用短寿命生物标志物研究河口系统成岩过程的重要性。

12. 糖类是地球上最丰富的一类生物聚合物，并代表着水环境中POM和DOM中的重要成分。小分子糖类，如酸性糖类、氨基糖和甲氧基糖比主要糖类具有更好的来源特定性，对了解糖类的生物地球化学循环可能提供进一步的信息。

13. 海洋生物体中50%的有机物及85%的有机氮由蛋白质组成。更具体些，肽和蛋白质是大洋和近岸水体中POC（13%～37%）和PON（30%～81%），以及DON（5%～20%）和DOC（3%～4%）的重要组分。氨基酸是所有生物必需的，也是有机氮循环中最重要的组成部分。其他不稳定的有机氮组分包括氨基糖类、多胺、脂肪胺、嘌呤和嘧啶。

14. 用来吸收有效光辐射的主要光合色素是叶绿素、类胡萝卜素和藻胆素，其中叶绿素代表主要的光合色素。尽管陆地上可发现大量的叶绿素，但每年全球75%（～$10^9$ Mg）的叶绿素产生在海洋、湖泊和河流/河口中。

15. 细菌叶绿素 $a$ 是紫硫细菌（如着色菌）主要的捕光色素，其合成受氧气的抑制。类似地，细菌叶绿素 $e$ 可用于指示绿硫细菌（如褐弧状绿菌和褐杆状绿菌），而细菌叶绿素 $c$ 和 $d$ 可在其他的绿菌属中发现。

16. 木质素是一类在维管植物细胞壁中发现的大分子杂聚物（600～1 000 kDa），由类苯基丙烷单元组成。木质素已被证明是确定输入到河口/近岸陆架沉积物中的维管植物的有用的一类化学生物标志物。纤维素、半纤维素和木质素通常组成了大于75%的木质植物生物量。

# 第五篇　生源要素和痕量金属的循环

# 第十章　氮循环

## 第一节　河口中氮的来源

氮气占空气的80%（体积比），是大气中含氮气体的主要形态。由于氮原子之间存在非常强的三键，氮气一般呈惰性，因此尽管其在大气中的丰度非常高，但大部分的氮气不能被生物所利用。实际上，通常情况下只有2%的氮气能够被生物利用（Galloway，1998）。因此，氮气必须被“固定”成离子形态后（例如$NH_4^+$）才能被植物利用。由于氮是合成氨基酸和蛋白质必不可少的，而且其浓度一般很低，所以在很多生态系统中氮通常是生物生长的限制元素。氮有5个价电子，其氧化态涵盖了从+Ⅴ到-Ⅲ这样一个很宽的范围，$NO_3^-$和$NH_4^+$分别是其最高氧化态和最低还原态。自然界中一些常见的氮化合物及其沸点、$\Delta H^0$、$\Delta G^0$等列于表10.1中（Jaffe，2000）；这些热力学参数可以用于计算平衡浓度。

**表10.1　环境中重要氮化合物的化学参数**

| 氧化态 | 化合物 | 沸点/℃ | $\Delta_f H^0$ (kJ/mol，298 K) | $\Delta_f G^0$ (kJ/mol，298 K) |
|---|---|---|---|---|
| +Ⅴ | $N_2O_5$（g） | 11① | 115 | |
| | $HNO_3$（g） | 83 | -135 | -75 |
| | Ca（$NO_3$）$_2$（s） | | -900 | -720 |
| | $HNO_3$（aq） | | -200 | -108 |
| +Ⅳ | $NO_2$（g） | 21 | 33 | 51 |
| | $N_2O_4$ | | 9 | 98 |
| +Ⅲ | $HNO_2$（g） | | -80 | -46 |
| | $HNO_2$（aq） | | -120 | -55 |
| +Ⅱ | NO（g） | -152 | 90 | 87 |
| +Ⅰ | $N_2O$（g） | -89 | 82 | 104 |
| 0 | $N_2$（g） | -196 | 0 | 0 |
| -Ⅲ | $NH_3$（g） | -33 | -46 | -16.5 |
| | $NH_4$（aq） | | -72 | -79 |

续表

| 氧化态 | 化合物 | 沸点/℃ | $\Delta_f H^0$ /（kJ/mol，298 K） | $\Delta_f G^0$ /（kJ/mol，298 K） |
|---|---|---|---|---|
| | $NH_4Cl$（s） | | -201 | -203 |
| | $CH_3NH_2$（g） | | -28 | 28 |
| | $H_2O$ | 100 | -242 | -229 |

Jaffe，2000。

① 此处应为47℃。$N_2O_5$（g）在10℃以上分解，32℃时升华并明显分解，47℃时完全分解。——译者注

人类活动显著改变了全球氮循环的通量（Vitousek et al.，1997；Galloway et al.，2004）。例如，主要是由于化石燃料燃烧，大气中许多氮氧化物的通量有了显著增加并导致光化学烟雾和酸沉降（表10.2；Jaffe，2000）。与此类似，为补充大多数农作物普遍不能利用 $N_2$ 导致的氮缺乏而发明了人造氮肥（例如哈伯-波希制氨法就是通过工业过程将 $N_2$ 固定为 $NH_3$），却使得世界范围内从土壤和污水输入到河流和河口中的氮增加，造成这些水生态系统严重的富营养化问题。例如，在19世纪以前，生物固氮是新增固氮的主要部分（约90～130 Tg/a）（以N计）（Galloway et al.，1995）。然而20世纪以来，由于化肥的生产、农业豆科植物生物固氮的增加、化石燃料燃烧产生的 $NO_x$ 沉降的增加等，固氮的数量增加了一倍。预测模型表明，从1990—2050年，在全球化肥使用更多的情况下，河流入海的氮通量将会从74 Tg/a（以N计）增加到182 Tg/a（以N计）（增加145%），其中经由河流输出的90%的溶解无机氮（DIN）源于人类活动（Kroeze and Seitzinger，1998）。

表10.2　全球氮循环的通量　　单位：Tg/a（以N计）

| | Stedman 和 Shetter（1983） | Jaffe（1992） | Galloway 等（1995） | 范围[a] |
|---|---|---|---|---|
| **陆地—大气** | | | | |
| 1. 自然生物固氮（不包括农业） | 110 | | 90～130 | 90～170 |
| 2. 种植固氮作物固定的氮 | | | 43 | |
| 3. 总生物固氮（上述1+2） | | 150 | | |
| 4. 工业固氮（化肥生产） | | 40 | 78 | 30～78 |
| 5. 自然反硝化脱氮（不包括农业） | 124.5 | 124 | 80～180 | 80～243 |
| 6. 农业产生的脱氮 | | 23 | 50～110 | |
| 7. 微生物产生的 $NO_x$ | 10 | 8 | 4 | 4～89 |
| 8. 微生物产生的 $N_2O$（自然的） | 38 | 7 | 8 | 12～69 |
| 9. 氨挥发 | 82[b] | 122 | 68 | 16～244 |
| 10. 生物质燃烧产生的 $N_2O$ | | | 2 | |
| 11. 生物质燃烧产生的 $NO_x$ | 5 | 12 | 8 | 5～15 |
| 12. 人类活动产生的 $N_2O$（所有来源） | 11 | 5 | 3.4 | 3～11 |

续表

| | Stedman 和 Shetter (1983) | Jaffe (1992) | Galloway 等 (1995) | 范围[a] |
|---|---|---|---|---|
| **海洋—大气** | | | | |
| 13. 生物固氮 | 40 | 40 | 40 ~ 200 | 10 ~ 200 |
| 14. 反硝化脱氮 | 30. 5 | 30 | 150 ~ 180 | 25 ~ 180 |
| **大气—大气** | | | | |
| 15. 雷电产生的 $NO_x$ | 3 | 5 | 3 | 0. 5 ~ 10 |
| 16. 工业燃烧产生的 $NO_x$ | 20 | 20 | 21 | 15 ~ 40 |
| **陆地—海洋** | | | | |
| 17. 河流输送 | | 34 | 34 | 14 ~ 40 |

a. 这里没有报道的另外的通量估算值参见 Jaffe（1992）。

b. 仅包括北半球。

（Jaffe, 2000）

河口氮循环一般受地表水和地下水输入、大气干/湿沉降输入以及水体和沉积物中氮的再循环影响（图 10. 1；Paerl et al. , 2000）。输入河口的氮主要与河流淡水的输入有关（Nixon et al. , 1995, 1996；Boynton and Kemp, 2000；Seitzinger et al. , 2005）。人口膨胀是世界范围内河流、河口中氮输入增加的直接原因（Smullen et al. , 1982；Peierls et al. , 1991；Cole et al. , 1993；Howarth et al. , 1996；de Jonge et al. , 2002；Bouwman et al. , 2005）。现在输入到大西洋和墨西哥湾沿岸美国河口的氮比工业革命以前高 2 ~ 20 倍（Boynton et al. , 1995；Howarth et al. , 1996；Goolsby, 2000）。在 1986 年至 1996 年间对斯基达韦河口的密集监测显示，人口的增加对于该河口溶解态营养盐的负荷有显著影响，而这些营养盐最终会转化成为颗粒有机物（Verity, 2002a, b）。同时，全球氮的输入存在明显的纬度差异。例如，北半球输出到近岸区域的溶解无机氮（DIN）占全球的 90%，这显然与北半球占据全球主要的大陆面积并产生很高的流域物质排放有关。在这些流域，合成化肥的使用（94%）、$NO_y$ 沉降（80%）以及庞大的人口数量（86%）都占全球最主要的份额（图 10. 2；Seitzinger et al. , 2002a）。人口数量可能是最关键的因素。例如，利用模型预测的全球 2050 年溶解无机氮的输送结果显示，在诸如南美洲和非洲这样一些区域，由于人口的增加，溶解无机氮的输送量可能达到 1990 年的 3 倍（图 10. 3；Seitzinger et al. , 2002a）。与此类似，在东亚和南亚，为满足人口增加的需要而大量使用化肥，对化石燃料需求的增加将产生更多的 $NO_y$ 沉降，这些都会使得本地区溶解无机氮的输出量急剧增加。

由于许多河口是氮限制因此输入流域并进而输出到近岸水域的氮通常会导致初级生产的增加（Nixon, 1986, 1995；D'Elia et al. , 1992；Howarth et al. , 2000）。这会导致有害藻华（HABs）的形成和低氧，最坏的情形则是形成缺氧水体（Valieia et al. , 1990；Boynton et al. , 1995；Paerl, 1997；Richardson, 1997）。氮的其他人为效应将在第十五章中讨论。对丹麦 23① 个峡湾和近岸水体的 162

① 原著中此处为 27。——译者注

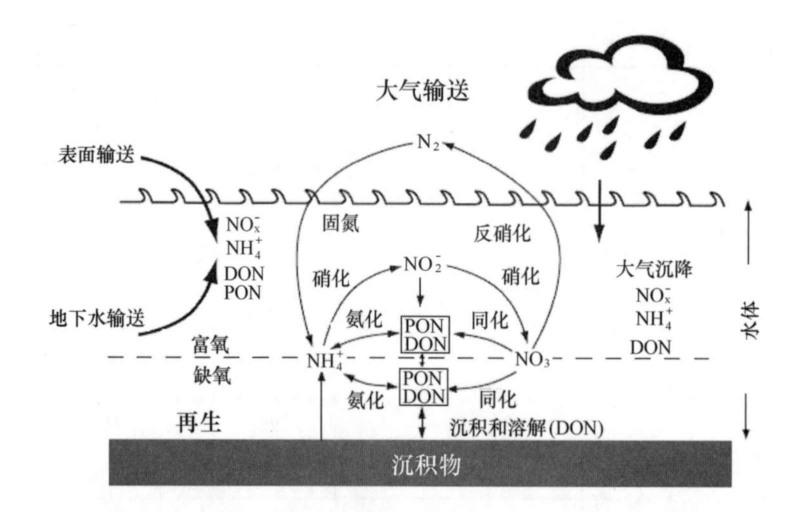


图 10.1 河口氮的来源和循环示意图。氮的来源包括农业面源扩散、城市和农村点源排放（例如废水、工业排放、雨水、溢流排放）等多种来源，涉及广阔的流域（例如城市、农业区、高地和低地森林）（Paerl et al.，2002）

个站位的浮游植物生物量（以叶绿素 $a$ 表示）和总氮的分析表明，氮的输入与河口浮游植物生物量正相关（图 10.4；Nielsen et al.，2002）。流域和大气大量的氮输入也与河口富营养化呈正相关关系，如美国的纽斯河口（Paerl et al.，1990；Pinckney et al.，1998）。尽管对输入的氮的化学组成或形态对浮游植物的群落组成有显著影响这一观点仍然存在争议（Collos，1989），但已有研究证实，在美国的纽斯河口，水动力和水体层化在控制浮游植物的群落结构方面比氮的形态更为重要（Richardson et al.，2001）。这一河口中引起鱼类死亡和人类健康问题的有毒甲藻水华（如费氏杀鱼藻）也被认为与富营养化有关（Burkholder et al.，1992；Burkholde and Glasgow，1997；Glasgow and Burkholde，2000）。在法国庞泽河口，其他有毒甲藻水华（如微小亚历山大藻）的发生也与富营养化有关（Maguer et al.，2004）

输入到大西洋以及墨西哥湾沿岸城市河口的氮与人口密度显著相关，其中污水排放占氮输入总量的57%（11 个流域的平均值）（表 10.3；Castro et al.，2003）。在 20 个受农业影响较大的河口，氮主要来自化肥（46%）和有机肥（32.3%）的输入（20 个流域的平均值）。河流建坝也会改变颗粒氮向沿岸区域的输送（Vörösmarty et al.，1997）。以密西西比河为例，溶解无机氮在建坝以来的几十年里一直增加，而悬移质则持续减少，1950 年至 1982 年期间输入到近岸区域的颗粒氮占河流中总氮的比例从 58% 减少到 40%（Mayer et al.，1998）。在河流与河口的这些发现进一步支持了这样一种理念，即实施流域治理项目的重点是削减氮的输入（National Research Council，2000；Paerl et al.，2002）。同时，作为管理计划的一部分，了解流域中氮在哪里（例如水库、溪流和河流）以及在何时发生了转化也是非常重要的（Seitzinger et al.，2002b）。例如，通过模型对一些河口流域（如美国沃阔伊特湾河口）氮的输入和转化的详细刻画，已有效地改善了氮负荷的管理方案，这将有助于全面恢复水质（Bowen and Valiela，2004）。与此类似，纽斯河口也在实施模拟和监测项目以努力改善水质（Reckhow and Gray，2000）；这些模拟方法中包含了 Ulanowicz（1987）最早提出的氮循环生态系统网络分析（Christian and Thomas，2003）。

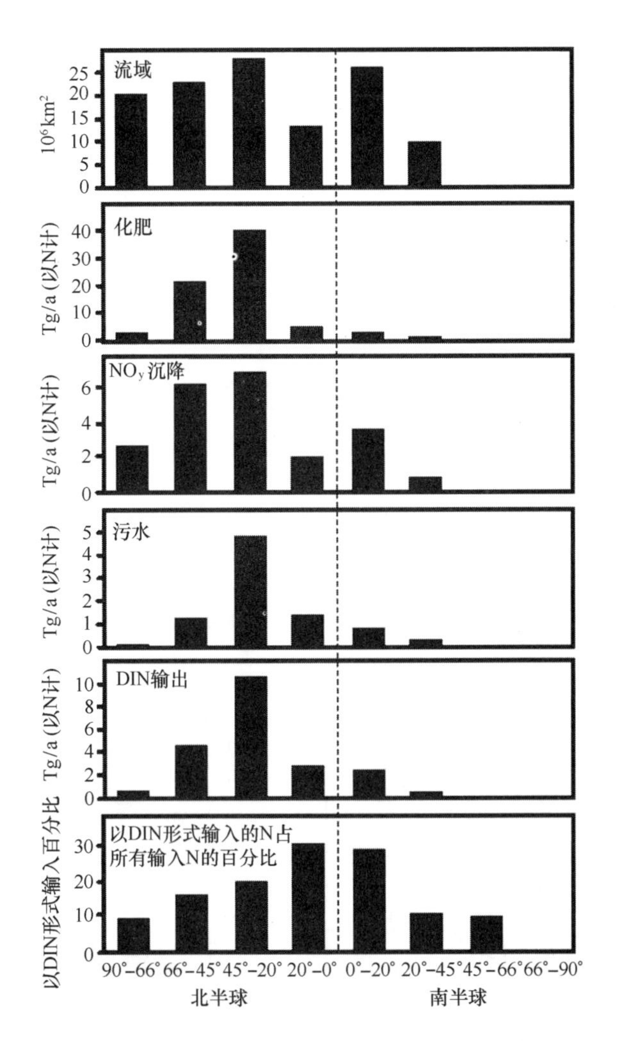


图 10.2　南、北半球各纬度溶解无机氮（DIN）的输出量［Tg/a（以 N 计）］
（Seitzinger et al.，2002a）

海底地下水排放（SGD）中的氮向河口的输入也很重要，尤其是那些以喀斯特地貌为主的地表径流/河流输入量很小的系统（尽管不全是如此），墨西哥尤卡坦北部地区就是这样的一个例子。在那里，排放到当地潟湖中的地下水中硝酸盐和氨氮的浓度范围分别是 20～160 μmol/L 和 0.1～4 μmol/L（Herrera－Silveria，1994）。这些潟湖地下水排放的季节性波动由降雨驱动，还没有引起任何广泛的水体富营养化（Pennock et al.，1999）。然而，由于海底地下水排放驱动的淡水/海水平衡和水体存留时间不同，这些有着相似的地貌和气候特征的沿岸潟湖却具有不同的营养状态（例如，贫营养的、中等营养的和中等富营养的）（Herrera－Silveira et al.，2002）。确定生态系统的生产力和每一种初级生产者（例如海草、浮游植物、大型藻类）的相对贡献是有效理解这些沿岸潟湖营养动力学的一种有效方法。在其他一些碳酸盐体系中（例如美国的佛罗里达湾），通过海底地下水排放输送的氮与经由沼泽地表水输入的量相当［（110±60）mmol/($m^2$·a)（以 N 计）］（Corbeet et al.，1999）。类似地，在硅酸盐体系中（例如美国的大南湾），通过海底地下水排放输入的硝酸盐超过总输入量的 50% 以上（Capone and Bautista，1985；Capone and Slater，1990）。

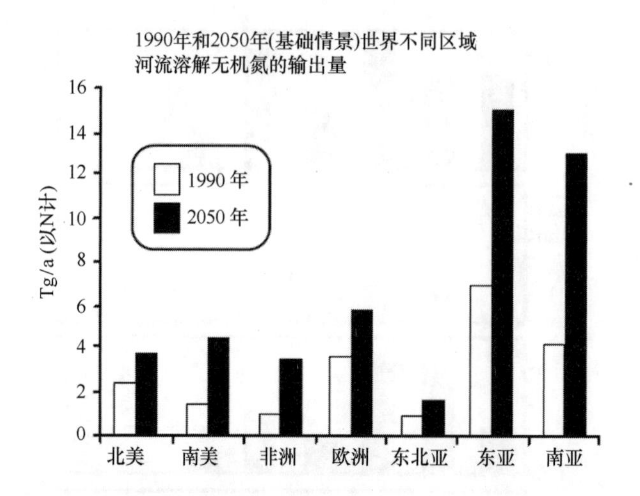


图 10.3　世界不同区域溶解无机氮（DIN）2050 年模型预测输出量和 1990 年实测值对比［Tg/a（以 N 计）］（Seitzinger et al.，2002a）

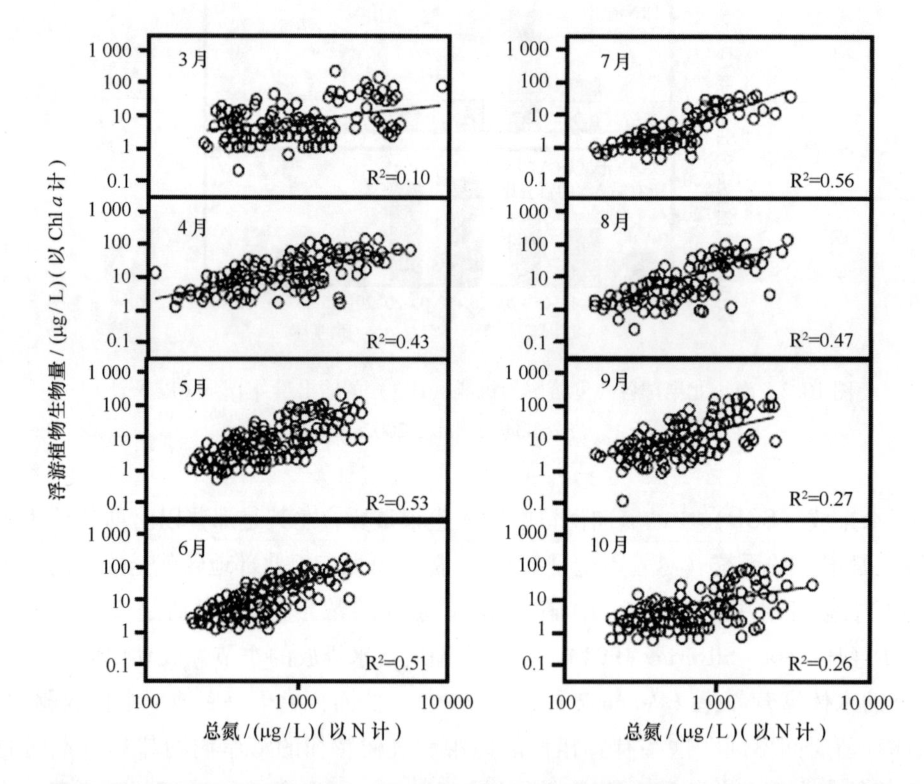


图 10.4　丹麦 23 个沿岸水体中，3 月到 10 月总氮月平均浓度（μg/L）（以 N 计）和浮游植物生物量（μg/L）（以 Chl *a* 计）之间的关系。直线代表对数转换数据的最小二乘法回归拟合线（Nielsen et al.，2002）

在位于大西洋东部沿岸的温带河口（例如西班牙伊比利亚半岛西北的加利西亚河口）中，上升流的输送是海源氮的一个主要来源（Prego and Bao，1997；Prego，2002）。在经常发生上升流的冬

**表 10.3 不同流域输出到河口的氮的量[kg/(hm$^2$ · a)(以 N 计)]及不同来源氮所占百分比(括号内)**

| 流域－河口系统 | 流域类型 | 农业排放 | 面源 | 山地森林排放 | 城市生活污水 | 大气沉降 | 总量 |
|---|---|---|---|---|---|---|---|
| 卡斯科湾，缅因 | 城市 | 0.7(12.6) | 0.8 (15.0) | 0.3 (5.5) | 1.9 (36.3) | 1.6 (30.6) | 5.3 |
| 格雷特湾，新罕布什尔州 | 城市 | 1.3 (19.2) | 1.4 (19.9) | 0.3 (4.6) | 2.5 (36.4) | 1.4 (19.8) | 6.8 |
| 梅里马克河，马萨诸塞 | 城市 | 0.8 (8.5) | 0.5 (5.1) | 0.6 (6.5) | 5.7 (59.7) | 1.9 (20.2) | 9.5 |
| 马萨诸塞湾，马萨诸塞 | 城市 | 1.8 (3.7) | 0.1 (0.3) | 0.1 (0.2) | 41.9 (85.5) | 5.0 (10.3) | 49.0 |
| 巴泽兹湾，马萨诸塞 | 城市 | 5.2 (23.8) | 0.3 (1.2) | 0.3 (1.5) | 12.3 (56.4) | 3.7 (17.1) | 21.8 |
| 纳拉甘西特湾，罗德岛 | 城市 | 3.0 (11.1) | 0.7 (2.7) | 0.4 (1.5) | 19.3 (70.7) | 3.8 (13.9) | 27.2 |
| 长岛峡湾，康涅狄格 | 城市 | 2.0 (15.4) | 0.5 (4.1) | 0.9 (6.8) | 7.3 (56.7) | 2.2 (17.0) | 12.9 |
| 哈得孙河－拉里坦湾，纽约 | 城市 | 2.8 (11.5) | 0.8 (3.4) | 0.8 (3.1) | 15.7 (65.5) | 3.9 (16.4) | 24.0 |
| 特拉华湾，特拉华 | 城市 | 6.4 (31.9) | 0.4 (2.1) | 0.7 (3.6) | 8.8 (43.8) | 3.7 (18.5) | 20.2 |
| 查尔斯顿港，南卡罗来纳 | 城市 | 3.9 (28.6) | 0.2 (1.5) | 0.2 (1.4) | 8.4 (62.2) | 0.9 (6.4) | 13.5 |
| 特勒博恩湾－坦巴利耶湾，路易斯安那 | 城市 | 1.4 (13.2) | 0.2 (1.6) | 0.002 (0.02) | 5.1 (47.9) | 3.9 (37.3) | 10.6 |
| **平均值** | | **2.7 (16)** | **0.5 (5)** | **0.4 (3)** | **11.7 (57)** | **2.9 (19)** | **18.3** |
| 格雷特湾，新泽西 | 农业 | 4.7 (47.4) | 0.1 (1.2) | 0.7 (6.8) | 1.4 (14.1) | 3.0 (30.5) | 9.9 |
| 切萨皮克湾 | 农业 | 7.2 (53.4) | 0.2 (1.5) | 1.0 (7.5) | 2.1 (15.3) | 3.0 (22.3) | 13.5 |
| 帕姆利科－庞戈湾，北加里福尼亚 | 农业 | 13.5 (74.1) | 0.1 (0.3) | 0.3 (1.7) | 2.6 (14.4) | 1.8 (9.6) | 18.2 |
| 温约湾，南卡罗来纳 | 农业 | 8.9 (70.2) | 0.1 (0.6) | 0.3 (2.1) | 2.2 (17.5) | 1.2 (9.5) | 12.7 |
| 圣海伦娜湾，南卡罗来纳 | 农业 | 4.7 (81.8) | 0.0 (0.2) | 0.1 (2.4) | 0.1 (1.2) | 0.8 (14.5) | 5.7 |
| 奥尔塔马霍河，佐治亚 | 农业 | 6.6 (70.6) | 0.1 (0.6) | 0.3 (2.8) | 1.6 (16.7) | 0.9 (9.3) | 9.4 |
| 印第安河，佛罗里达 | 农业 | 21.3 (73.1) | 0.3 (1.1) | 0.01 (0.05) | 4.1 (13.9) | 3.4 (11.8) | 29.1 |
| 夏洛特港，佛罗里达 | 农业 | 15.4 (85.2) | 0.03 (0.2) | 0.02 (0.12) | 1.1 (6.2) | 1.5 (8.4) | 18.1 |
| 坦帕湾，佛罗里达 | 农业 | 21.1 (78.3) | 0.2 (0.7) | 0.02 (0.07) | 2.7 (9.9) | 3.0 (11.0) | 26.9 |
| 阿巴拉契湾，佛罗里达 | 农业 | 4.5 (81.2) | 0.1 (0.9) | 0.2 (3.5) | 0.2 (3.5) | 0.6 (10.8) | 5.6 |

续表

| 流域－河口系统 | 流域类型 | 农业排放 | 面源 | 山地森林排放 | 城市生活污水 | 大气沉降 | 总量 |
|---|---|---|---|---|---|---|---|
| 阿巴拉契科拉湾,佛罗里达 | 农业 | 7.2 (72.1) | 0.1 (1.3) | 0.2 (2.2) | 1.6 (16.3) | 0.8 (8.0) | 10.0 |
| 莫比尔湾,阿拉巴马 | 农业 | 4.6 (54.3) | 0.1 (1.3) | 0.4 (4.7) | 2.3 (26.9) | 1.1 (12.8) | 8.5 |
| 西密西西比海峡,密西西比 | 农业 | 5.7 (63.1) | 0.1 (1.3) | 0.6 (6.8) | 1.6 (18.1) | 1.0 (10.7) | 9.1 |
| 卡尔克苏湖,路易斯安那 | 农业 | 5.9 (50.7) | 0.1 (0.55) | 0.5 (4.5) | 2.6 (22.3) | 2.6 (22.0) | 11.7 |
| 萨宾湖,得克萨斯 | 农业 | 6.1 (66.3) | 0.1 (0.79) | 0.3 (3.8) | 1.6 (17.3) | 1.1 (11.9) | 9.3 |
| 加尔维斯顿湾,得克萨斯 | 农业 | 7.8 (47.2) | 0.2 (1.36) | 0.1 (0.8) | 6.7 (40.4) | 1.7 (10.2) | 16.5 |
| 马塔戈达湾,得克萨斯 | 农业 | 3.0 (75.7) | 0.04 (0.91) | 0.0 (1.2) | 0.5 (13.6) | 0.3 (8.6) | 4.0 |
| 科珀斯克里斯蒂湾,得克萨斯 | 农业 | 1.6 (67.5) | 0.01 (0.35) | 0.0 (1.7) | 0.6 (25.0) | 0.1 (5.4) | 2.4 |
| 马德雷潟湖上部,得克萨斯 | 农业 | 0.7 (70.3) | 0.01 (0.91) | 0.0 (1.1) | 0.1 (8.9) | 0.2 (18.7) | 1.0 |
| 马德雷潟湖下部,得克萨斯 | 农业 | 6.6 (76.7) | 0.03 (0.34) | 0.0 (0.2) | 1.3 (15.0) | 0.7 (7.8) | 8.7 |
| **平均值** | | **7.9 (68)** | **0.1 (0.8)** | **0.3 (3)** | **1.8 (16)** | **1.4 (13)** | **11.5** |
| 巴尼加特湾,新泽西 | 大气 | 2.6 (34.9) | 0.1 (2.0) | 0.6 (8.4) | 0.3 (3.7) | 3.7 (51.0) | 7.3 |
| 圣凯瑟琳斯－萨佩洛,佐治亚 | 大气 | 0.3 (14.7) | 0.4 (15.5) | 0.3 (11.3) | 0.01 (0.64) | 1.3 (57.9) | 2.3 |
| 巴拉塔里亚湾,路易斯安那 | 大气 | 2.3 (27.5) | 0.2 (2.1) | 0.003 (0.04) | 2.6 (31.8) | 3.2 (38.6) | 8.3 |
| **平均值** | | **1.7 (26)** | **0.2 (7)** | **0.3 (7)** | **1.0 (12)** | **2.8 (49)** | **6.0** |

注:流域类型依据每个河口氮的主要来源确定。氮主要来自城市的(例如点源、粪便和面源排放)划为城市型流域,氮主要来自农业的(例如化肥、固氮和粪肥)划为农业型流域,氮主要来自大气沉降的则划为大气沉降型流域。巴尼加特湾流域经过污水处理厂处理的生活污水为离岸排放,这里的输入巴尼加特湾河口的污水指的是来自于流域中化粪池系统的排放(Castro et al., 2003)。

季、春季以及夏季，上升流在河口的余流速度可能达到平时的 3 倍（Prego and Fraga, 1997）。以西班牙的维哥湾为例，上升流引起的增强环流导致更多的氮由河口输出到近海（Prego, 2002）。例如，在上升流存在时，由光合作用产生的有机氮的量很高（10 mol/s）（以 N 计）；但是其中大多都被输出（6.5 mol/s）（以 N 计）或是沉降到海湾的底部［50 mg/($m^2$ · d)］（以 N 计）了。因此，由上升流自远岸带来的氮所产生的施肥效应的确导致了这些河口营养盐的增加，因为在这期间同时观察到氮的高输出。这与美国切萨皮克湾和纳拉甘西特湾这样的大西洋西部的沿岸河口形成鲜明的对比，在这些河口中，河流和大气输入的氮导致河口严重的富营养化问题（Nixon et al., 1996）。

大气输入也是河口中氮的一个重要的来源（Paerl, 1995; Fisher and Oppenheimer, 1991; Valigura et al., 1996; Paerl et al., 2002）。实际上，经由纽斯河输入到美国帕姆利科湾河口的氮中有40%来自大气（Pearl and Fogel, 1994; Whitall and Paerl, 2001）。大气氮的输入通过湿沉降（氮溶解于雨水或雪里）或干沉降（如气体吸附在沉降的干颗粒上）的方式实现（Paerl et al., 2002）。大气中氮的主要形态是无机态，通常以气态氧化态（如 $HNO_3$、$NO_2$、气溶胶中的 $NO_3^-$）和还原态存在（例如气溶胶中的 $NH_4^+$），其中大部分来源于人类活动（Likens et al., 1974; Galloway et al., 1994）。一部分大气氮也以有机氮的形态存在，在某些情况下甚至在沉降到河口流域的氮中占有相当的比例（Correll and Ford, 1982; Skudlark and Church, 1994; Whitall and Paerl, 2001）。实际上，在估算通过河流输送到北大西洋的氮时发现，通过大气沉降的 $NO_y$ 比农业氮源高了 7 倍（Howarth et al., 1996, 2000; Howarth, 1998）。这些结果进一步支持了这一观点，即在北美减少流域和水生态系统氮负荷的关键是控制化石燃料来源的大气中的氮（Howarth et al., 2000）。遗憾的是，目前对于农业施肥和水生生态系统氮输入之间的关系仍然知之甚少（Howarth et al., 2000）。例如，通过施用化肥进入农田的氮大约有一半会在作物收获的时候被去除（Bock, 1984）。这些收获作物的大部分又作为饲料喂养了家畜，这会使大量的氮挥发到大气中或者通过淋滤返回表层水体；在比较氮负荷时，进行这样完整的食物 - 农业系统分析就比仅仅依据农田面积进行估算可靠得多（Howarth et al., 2000）。

在河流及河口中，溶解有机氮（DON）是总溶解氮（TDN）的重要组成部分（表 10.4; Berman and Bronk, 2003）。河口 DON 可能来自生长活跃的浮游植物群落，它们释放诸如溶解态游离氨基酸（DFAA）这样非常适宜于细菌利用的小分子化合物，但这部分 DON 只占全部 DON 的很小部分（约小于 10%）（Anita et al., 1991; Bronk et al., 1994, 1998; Bronk and Ward, 1999; Diaz and Raimbault, 2000; Bronk, 2002）。实际上，浮游植物分泌 DON 的速率与光辐照度成正比（Zlotnik and Dubinsky, 1989）。病毒引起的细胞裂解和浮游植物衰老过程中的自溶也是浮游植物释放 DON 的途径（Gardner et al., 1987; Agusti et al., 1998）。除了浮游植物的直接释放外，由于浮游动物“邋遢摄食”（sloppy feeding）以及原生动物摄食造成的 DON 输入可能也是非常重要的（Strom and Strom, 1996）。例如，在密西西比河羽状流区，浮游植物和浮游细菌生产力最高的中等盐度区域也是氮的再生速率（例如氨基酸和 DIN）最高的地方（Chin - Leo and Benner, 1992; Bronk and Glibert, 1993; Gardner et al., 1993, 1996, 1997）。

来自地表径流、植物碎屑浸出、土壤沥滤、沉积物以及大气沉降等外源 DON 的输入也是河口 DON 的重要来源（Berman and Bronk, 2003）。河流和河口中 DON 通常可占 TDN 的 60% ~ 69%（Berman and Bronk, 2003）。DON 的主要组成包括尿素、溶解的结合态氨基酸（DCAA）、溶解的游离态氨基酸（DFAA）、蛋白质、核酸、氨基糖和腐殖质（Berman and Bronk, 2003）；但目前只有不到20%的DON可以进行化学表征。

在河口和近岸海域，涉及氮的生物地球化学循环的主要过程包括：（1）生物固氮（BNF）；（2）氨的同化作用；（3）硝化作用；（4）硝酸盐同化还原；（5）氨化或称氮的再矿化；（6）氨氧化；（7）反硝化和硝酸盐异化还原成氨氮；（8）DON的同化作用（图10.5；Libes, 1992）。如下一节将要讨论到的，这些过程本质上由细菌驱动，在某些情况下是产生能量的过程，或者通过与其他生物共生发生。河口的这些异养过程可能会增加（例如固氮）或者减少（例如反硝化）氮。

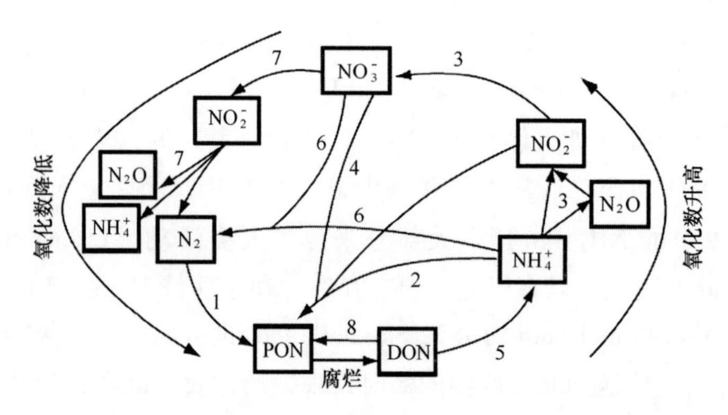


图10.5　河口及近岸海域中涉及氮的生物化学循环的主要过程：（1）生物固氮（BNF）；（2）氨的同化作用；（3）硝化作用；（4）硝酸盐同化还原；（5）氨化或称氮的再矿化；（6）氨氧化；（7）反硝化和硝酸盐异化还原成氨氮；（8）DON的同化作用（Libes, 1992）

**表10.4　河流和河口中的总溶解氮（TDN）和溶解有机氮（DON）**

| 位　置 | 深度 | TDN（μmol/L）①<br>（以N计） | DON（μmol/L） | 文　献 |
|---|---|---|---|---|
| **河口** | | | | |
| 欣纳科克湾，纽约 | 表层 | 2.0～-4.9 | 0.6～4.3 | Berg et al.（1997）；Lomas et al.（1996） |
| 沃阔伊特湾，马萨诸塞州 | 表层 | 140 | 40.0 | Hopkinson et al.（1996） |
| 切萨皮克湾，中盐区 | 表层 | 34.1±12.3 | 21.3±16.0 | Bronk et al.（1998） |
| 切萨皮克湾，中盐区 | 表层 | 42.5±3.7 | 2.3±9.2 | Bronk and Glibert（1993） |
| 切萨皮克湾，中盐区 | 表层 | 23.1±1.7 | 22.2±1.6 | Bronk and Glibert（1993） |
| 切萨皮克湾，口门 | 表层 | | 16.3±5.5 | Bates and Hansell（1999） |
| 阿巴拉契湾 | 表层 | 23 | 14.8±1.0 | Mortazavi et al.（2000） |
| 特拉华河口 | 表层 | | 40.8±29.3 | Karl（1993） |
| 易北河口 | 表层 | 72.2±17.6 | 65.0±12.2 | Kerner and Spitzy（2001） |
| 北汉，南卡罗来纳 | 表层 | 19.4～35.3 | 18.0～30.8 | Lewitus et al.（2000） |
| 托马莱斯湾 | 表层 | | 5.8～12.6 | Smith et al.（1991） |

续表

| 位置 | 深度 | TDN（μmol/L） | DON（μmol/L） | 文献 |
| --- | --- | --- | --- | --- |
| **河流** | | | | |
| 流到北极的俄罗斯河流 | 表层 | | 27.0 ± 5.0 | Gordeev et al.（1996）；Wheeler et al.（1997） |
| 流入波罗的海的河流 | 表层 | 48.9 ± 41.9 | 29.6 ± 14.8 | Stepanauskas et al.（2002） |
| 萨斯奎汉纳河，马里兰 | 表层 | 116 | 23.0 | Hopkinson et al.（1998） |
| 萨蒂拉河，格鲁吉亚 | 表层 | 62.6 | 59.0 | Hopkinson et al.（1998） |
| 帕克河，马里兰 | 表层 | 37 | 26.0 | Hopkinson et al.（1998） |
| 特拉华河 | 表层 | | 29.7 ± 23.7 | Seitzinger and Sanders（1997） |
| 哈得孙河 | 表层 | | 33.5 | Seitzinger and Sanders（1997） |
| 查普唐克河 | 表层 | 41.3 | 26.9 | Bronk and Glibert（1993a） |
| 佐治亚和南卡罗来纳河 | 表层 | | 35.9 ± 10.7 | Alberts and Takacs（1999） |
| 瑞典河流 | 表层 | | 24.3 ± 7.4 | Stepanauskas et al.（2000） |
| 瑞典湿地（全 DON） | 表层 | | 98.0 ± 68.0 | Stepanauskas et al.（1999） |
| 拉古尼塔溪（流入托马莱斯湾） | 表层 | | 3.9 ~ 17.9 | Smith et al.（1991） |

Berman and Bronk（2003）。

① 原著中此处为 mL。——译者注

当研究河口氮的输入和损失时可以发现，从河口净输出的氮基本上是淡水在河口存留时间的函数（表 10.5；Nixon et al.，1996；Nowicki et al.，1997）。实际上，应用一个仅包含淡水存留时间的简单稳态模型就可以很好地估计上游输入的氮从河口输出或反硝化的比例（Dettmann，2001）。尽管通过河流、大气和径流等外部来源输入河口的氮很高，但河口中浮游植物利用的氮主要来自内部循环（Nixon，1981；Wallast，1993）。如图 10.5 所示，内部循环包含了很多过程，这些过程在水体和沉积物中都可以发生。全球近岸海域氮收支表明，在这一海域中浮游植物直接利用的氮绝大部分来源于再循环过程，来自河流的溶解态氮只占 2.8%（图 10.6；Wallast，1993）。这是因为大量的氮的内部循环发生在河口。据估计，河口中有 30% ~65% 的总氮通过内部循环过程保留或者损失，这由此减少了经由河口输入到近岸海域的氮（Nixon et al.，1996）。原生动物和浮游动物对水体和沉积物中营养盐再生的贡献主要取决于细菌底物的质量和温度（Gardner et al.，1997）。需要指出的是，由于河流的确向河口输入了大量的氮，因此作为“最重要”的来源项，河流输入实际上要比图 10.6 中所显示的更为重要。然而同样重要的一点是，由于河流中发生了氮的移除过程，经由河流输入河口的氮的量要少于输入河流的量（Seitzinger and Kroeze，1998）。

## 第二节 无机氮和有机氮的转化与循环

由于氧化还原条件、有机碳输入量、人类活动的影响等协变量的不同，在河口的不同区域，控

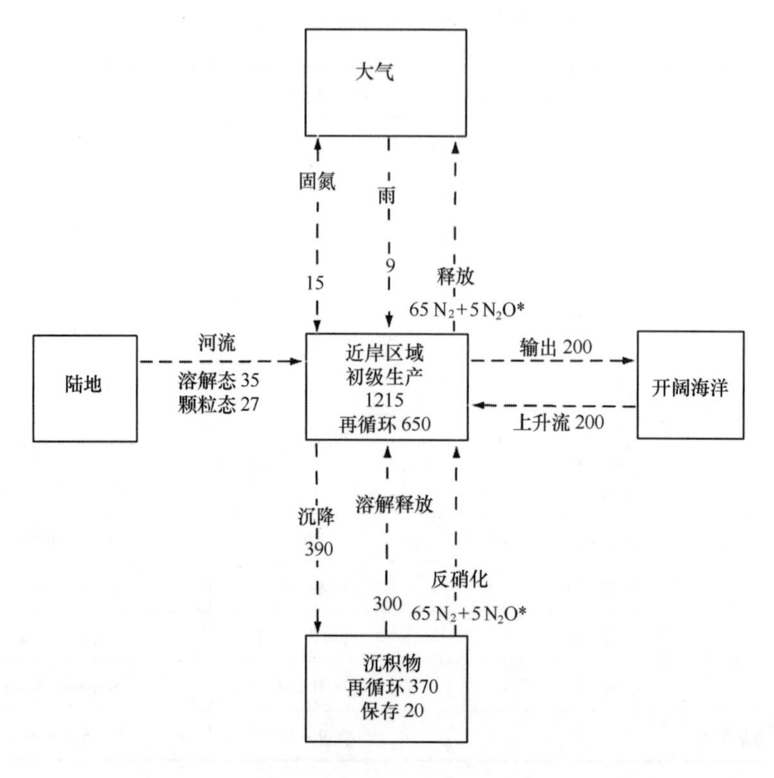


图 10.6　全球近岸区域氮的收支［通量单位 Tg/a（以 N 计）］

* 最新估算的河口及陆架沉积物的反硝化速率为（200～300）Tg/a（以 N 计）

（Seitzinger and Gilblin, 1996; Codispoti et al., 2001）（Wollast, 1993）

制河口氮收支的生物地球化学过程（图 10.5）的相对重要性变化很大。比较河口和近岸区域的氮储库可以发现，$NH_4^+$ 在总氮收支占了相当大的部分，这是由于与较深的陆架环境相比，河口沉积物和水体之间的联系更强（图 10.7；Anita et al., 1991；Berman and Bronk, 2003）。氨氮通常是沉积物中 DIN 的主要存在形式。下面我们将就图 10.5 中所示有关氮循环的生物地球化学过程进行逐一剖析，因为涉及不同的河口系统，所以首先从生物固氮作用（BNF）开始，它从大气中吸收氮并输入河口，是河口唯一一个接受氮输入的自然过程。

**表 10.5　不同近岸海洋系统中氮的负荷和反硝化作用**

单位：mmol/（$m^2$·a）（以 N 计）

| 近岸体系 | 溶解无机氮 | 总氮 | 反硝化作用 | 反硝化去除溶解无机氮的百分比 | 反硝化去除总氮的百分比 | 存留时间[a]/月 | 注[b] |
|---|---|---|---|---|---|---|---|
| 特拉华湾 | 1 368 | 1 900 | 832 | 61 | 44 | 3.3 | 1 |
| 波士顿港 | 4 320 | 9 095 | 666 | 15 | 7 | 0.33 | 2 |
| 加尔维斯顿湾 | 2 350 |  | 321 | 14 |  | 2.3 | 3 |
| 瓜达卢普河口 | 629 | 949 | 356 | 57 | 38 | 3 | 4 |
| 诺斯敏讷峡湾 | 11 541 |  | 320 | 3 |  | 0.17 | 5 |
| 奥克洛科尼湾 | 1 577 | 5 991 | 700 | 44 | 12 | 0.15 | 6 |
| 波罗的海 | 95 | 191 | 88～161 | 93～169 | 46～84 | 240 | 7 |

续表

| 近岸体系 | 溶解无机氮 | 总氮 | 反硝化作用 | 反硝化去除溶解无机氮的百分比 | 反硝化去除总氮的百分比 | 存留时间[a]/月 | 注[b] |
|---|---|---|---|---|---|---|---|
| 纳拉甘西特湾湾 | 1 442 | 1 980 | 384～517 | 27～36 | 19～26 | 0.85 | 8 |
| 波托马克河口 | 1 299 | 2 095 | 330 | 25 | 16 | 5 | 9 |
| 帕塔克森特河口 | 695 | 902 | 282 | 41 | 31 | | 10 |
| 查普唐克河口 | 207 | 305 | 271 | 131 | 89 | | 11 |
| 切萨皮克湾（中部） | 1 027 | 1 467 | 351 | 34 | 24 | | 12 |
| 切萨皮克湾（全湾） | 657 | 938 | 243 | 37 | 26 | 7 | 13 |
| 塔霍河口 | 4 468 | | 2 059 | 46 | | | 14 |
| 斯海尔德河口 | | 13 400 | 5 420 | | 40 | 3 | 15 |

a. 除特别说明外，存留时间来自 Nixon et al.（1996），

b. 1. TN 引自 Nixon et al.（1996）；假设 DIN 占 TN 的 72% 估算 DIN；反硝化数据引自 Seitzinger（1998b）；2. Nowicki（1994）；3. Zimmerman and Berner（1994）；4. Yoon and Berner（1992）；存留时间数据引自 Zimmerman and Berner（1994）；5. Nielsen et al.（1995）；6. Seitzinger（1987）；TN 引自 Seitzinger 未发表数据；7. TN 引自 Nixon et al.（1996）；假设 DIN 占 TN 的 50% 估算 DIN（Granéli et al.，1990）；反硝化的数据引自 Shaffer and Rönner（1984）（波罗的海深层海水测定值）和 Nixon et al.（1996）（利用 TN 的收支平衡计算）；8. DIN 和 TN 引自 Nixon et al.（1995）[DIN 的数据来自 Nixon（1981）早期的报导]；反硝化数据来自 Nowicki（1994）（384）和 Seitzinger 等（1984）（517）；9. Boynton et al.（1995）；假设 DIN 占 TN 的 62% 估算 DIN（USGS 未发表数据）；10. Boynton et al.（1995）；假设 DIN 占 TN 的 77% 估算 DIN（USGS 未发表数据）；11. Boynton et al.（1995）；假设 DIN 占 TN 的 68% 估算 DIN（USGS 未发表数据）；12. Boynton et al.（1995）；假设 DIN 占 TN 的 70% 估算 DIN（利用 USGS 未发表数据取萨斯奎汉纳河，波托马克河，查普唐克河以及帕塔克森特河的平均值）；13. Nixon et al.（1996）；DIN 的计算同 12；14. Seitzinger（1988a）；15. Nixon et al.（1996）。

Nixon et al.（1996）。

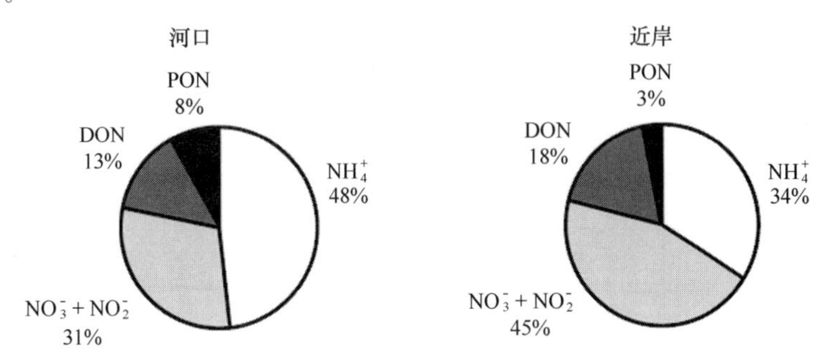


图 10.7 河口水体中氮的平均组成（不包括溶解 $N_2$）。DON 为溶解有机氮，PON 为颗粒有机氮（Berman and Bronk，2003）

## 一、生物固氮

生物固氮是由原核生物（既有异养的，也有光能营养的，有时与其他生物共生）将 $N_2$ 经过酶催化作用还原成为 $NH_3$、$NH_4^+$ 或有机氮化合物的过程（Jaffe，2000）。固氮的生物也叫固氮菌。打破氮的三键所需要的高活化能使得生物固氮成为一个消耗巨大能量的过程，这限制了能够发生生物

固氮作用的生物群体。生物固氮作用是水环境中一个重要的过程（Howarth et al.，1998a，b）；近岸和河口体系中一些具有生物固氮能力的异养和光能营养细菌见表10.6。一些如闪电这样的非生物过程也可以使氮气固定而生成$NH_3$，但是全世界非生物固氮的最主要来源是运用哈伯－波希制氨法建立的合成氨工业（Jaffe，2000）。在生物固氮时，原核生物利用的一种称为固氮酶的复合酶由以下金属蛋白组成：（1）一种能够提供电子以保持还原能力的铁蛋白；（2）一种能够将$N_2$结合到酶上的钼－铁蛋白（Jaffe，2000）。由于涉及$O_2$与复合酶中铁化合物的反应，固氮酶对$O_2$高度敏感，这使得$O_2$成为生物固氮的一个限制性因素（Burns and Hardy，1975）。因此，只有生活在厌氧环境或虽然生活在有氧环境中但能创造缺氧微环境的生物才会发生生物固氮作用。例如，河口中常见的一种具有生物固氮能力的蓝细菌节球藻就是形成了密封性很好的异形细胞（Moisander and Pearl，2000）。此外，生物固氮作用对淡水和河口系统氮限制的影响也一直是一个存在着很大争议的令人关注的问题（Howarth et al.，1998a；Paerl，1996；Vitousek et al.，2002）。在淡水体系中，当N:P比值较低时，蓝藻产生的生物固氮作用将主导浮游植物群落，调节氮的浓度，这使得高生产力的淡水环境通常是磷限制（Schidler，1977；Howarth et al.，1988a，b）。与此相反，温带河口的N:P比较低时，固氮蓝藻的固氮量不足以补偿氮的消耗（Howarth et al.，1988a，b）。一般认为出现这一现象的主要的原因是：（1）河口增强的湍流混合使蓝藻丝状物破碎，将固氮酶暴露在氧气中（Paerl，1985）；（2）钼限制，这是由于硫酸根的空间位阻效应干扰了固氮蓝藻对钼酸盐的吸收（Howarth and Cole，1985；Marino et al.，1990）；（3）浮游动物对蓝藻的摄食（Howarth et al.，1999）。不过近期有关波罗的海的研究显示，水体中出现最高的TDN浓度与丝状固氮蓝藻的丰度有关（图10.8；Larsson et al.，2001）。波罗的海固氮丝状菌的优势种是水华束丝藻（*Aphanizomenon flos－aquae*）、泡沫节球藻（*Nodularia spumigena*）（Wasmund，1997），偶尔也有累氏鱼腥藻（*Anabaena lemmermannii*）（Laamanen，1997）。在波罗的海北部水域上混合层中，每年夏天TDN的增加都应是蓝藻固氮的结果，这似乎控制着该水域的新生产力（Dugdale and Goering，1967）。实际上，波罗的海固氮速率的估算值为2.3～5.9 mmol/（$m^2$·d），这支撑了6月至8月期间整个水层总生产力的30%～90%（Larsson et al.，2001）。

**表10.6　海洋环境中分离出的固氮细菌**

| 异养 | | 光能营养 | |
|---|---|---|---|
| 种属及与氧气的关系 | 栖息地 | 种属 | 栖息地 |
| 1. 好氧菌 | | 1. 蓝藻 | |
| 固氮菌（*Azotobacter* spp.） | 黑海沉积物 | A 色球藻 | |
| | 海草沉积物 | 聚球藻 *Synechococcus* sp. | 蜗牛壳，潮间带 |
| | 大型藻（刺松藻） | | 热带沉积物 |
| | 潮间带沉积物 | 粘球藻 *Gloeocapsa* sp. | 微生物席 |
| | 河口沉积物 | B 宽球菌细菌群 | |
| | 盐沼沉积物 | 皮果藻 *Dermocarpa* sp. | 海水养殖池 |
| 2. 微型好氧菌 | | 异球藻 *Xenococcus* sp. | 海水养鱼池 |

续表

| 异养 | | 光能营养 | |
|---|---|---|---|
| 种属及与氧气的关系 | 栖息地 | 种属 | 栖息地 |
| 固氮螺旋菌（*Azospirillum* spp.） | 互花米草根 | 粘囊藻 *Myxosarcina* sp. | 蜗牛壳，潮间带 |
| | 大叶藻根部 | 宽球藻 *Pleurocapsa* sp. | 岩石片 |
| | 海水 | C 颤藻 | |
| 弯曲杆菌（*Campylobacter* spp.） | 互花米草根 | 鞘丝藻/织线藻/席藻群落 | 蜗牛壳，潮间带 |
| 贝氏硫菌（*Beggiatoa* spp.） | 沉积物表层 | 颤藻 *Oscillatoria* sp. | 潮间带区域 |
| | 船蛆 | 微鞘藻 *Microcoleus* sp. | 沼泽地带 |
| 3. 兼性厌氧菌 | 海滩沉积物 | 席藻 *Phormidium* sp. | 微生物席 |
| 肠杆菌（*Enterobacter* spp.） | 潮间带沉积物 | D. 念珠藻科 | |
| 克雷伯菌（*Klebsiella* spp.） | 河口沉积物 | 鱼腥藻 *Anabaena* sp. | 藻床 |
| | 二药藻根 | 眉藻 *Calothrix* sp. | 微生物席 |
| | 海滩沉积物 | 节球藻 *Nodularia* sp. | 微生物席 |
| | 红树林树皮 | 念珠藻 *Nostoc* sp. | 微生物席 |
| | 海胆 | 2. 原绿藻目 | |
| 弧菌（*Vibrio* spp.） | 海水 | 原绿藻[a] *Prochloron* | 海鞘 |
| | 红树林树皮 | 3. 无氧光细菌 | |
| 4. 严格厌氧菌 | | A 红螺菌科 | |
| 脱硫弧菌（*Desulfovibrio* spp.） | 海草沉积物 | 红假单胞菌 *Rhodopseudomonas* sp. | 港口淤泥 |
| | 潮间带沉积物 | B 着色菌科 | |
| | 盐沼沉积物 | 荚硫细菌 *Thiocapsa* sp. | 厌氧环境 |
| | 河口沉积物 | | |
| | 海草沉积物 | | |
| 梭菌（*Clostridium* spp.） | 潮间带沉积物 | | |
| | 盐沼沉积物 | | |
| | 河口沉积物 | | |

a. 共生环境下可能的固氮者。

数据来源见（Cape，1988），修改自（Howarth et al.，1988a，b）。

底栖环境如蓝藻垫（Carpenter et al.，1978；Savela，1983；Hanson，1983）、盐沼根际（Marsho et al.，1975；Teal et al.，1979；Hanson，1983）、海草床（Capone，1982）和红树林根系（Vitousek et al.，2002；Ravikumar et al.，2004）中的生物固氮作用可能是河口氮的一个重要来源。在这些潮间带环境发现的最高固氮速率达 100～150 mg/（$m^2$·d）（以 $N_2$ 计），最可能的原因是还原条件下沉积物中金属的高可用性、低的摄食压力和较低的湍流（Howarth et al.，1988a）。海洋和河口体

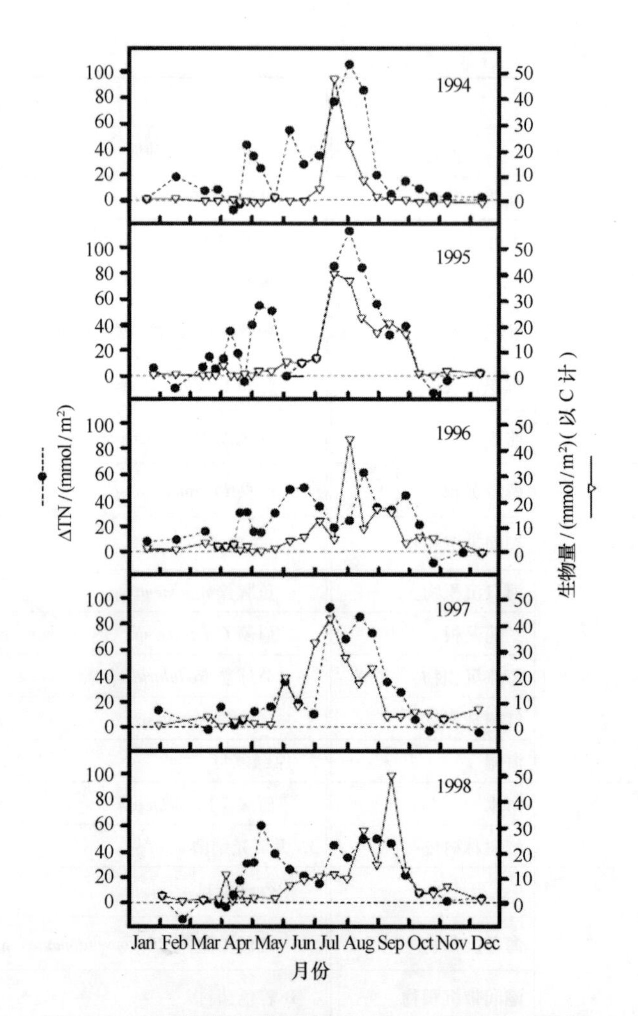


图 10.8 波罗的海兰索特深水区 1994 年至 1998 年期间，20 m 以上水体总氮平均浓度（mmol/m²）相对于 25～30 m 水体总氮平均浓度的增加量与 20 m 以上水体中能产生异形胞的蓝藻生物量（mmol/m²）之间的关系（Larsson et al.，2001）。

系中能够形成固氮蓝藻席的一些常见种类是眉藻、微鞘藻、鞘丝藻、颤藻（Vitousek et al.，2002）。据估算，通过鞘丝藻形成的藻席产生的生物固氮支撑了初级生产所需氮的约 44%（Bebout et al.，1994）。在某些情况下，反硝化可能是蓝藻席内部的一个竞争过程，在这个过程中被固定的氮有 20% 可能会损失掉，这使得蓝藻席既是氮的源又是汇（Joye and Paerl，1993，1994）。总体来说，河口中的反硝化速率大大超过了生物固氮作用速率（Nixon et al.，1996）。海洋环境中固氮细菌和维管植物（例如红树林）根系共生也有很好的记载（Ogan，1990；Ravikulmar et al.，2004）。例如，近期的研究表明，与红树林根系共生的固氮螺菌显著提高了红树林幼苗的生长和色素的产生。这些细菌可以合成植物激素 - 吲哚乙酸（IAA），是促进植物生长的一个重要组分（Ravikumar et al.，2004）。

## 二、氨的同化

氨的同化是将 $NH_3$ 或 $NH_4^+$ 吸收并转化为有机氮分子进入生物体的过程（Jaffe, 2000），以 $NH_4^+$ 为例，如下所示：

$$NH_4^+ \rightarrow N(NH_3) - 有机物 \tag{10.1}$$

生物吸收这些还原态氮具有独特的优势，因为这是一种直接获得还原态氮的方式，它没有像吸收硝酸盐那样需要首先将硝酸盐还原这样一个额外的步骤。但有些浮游植物优先吸收硝酸盐而不是 $NH_4^+$ 作为氮源。$NH_4^+$ 是河口沉积物中 DIN 的主要存在形式，但由于与矿物内部基质结合，有些沉积物中的 $NH_4^+$ 并不能被吸收利用（Rosenfield, 1979；Korm and Berner, 1980b）。

## 三、硝化作用

硝化是将 $NH_3$ 或 $NH_4^+$ 通过下面两个产能反应氧化成为 $NO_2^-$ 或 $NO_3^-$ 的过程，（Delwiche, 1981）：

$$NH_4^+ + 3/2(O_2) \rightarrow NO_2^- + H_2O + 2H^+, \Delta G^0 = -290\ kJ/mol \tag{10.2}$$

$$NO_2^- + 1/2(O_2) \rightarrow NO_3^-, \Delta G^0 = -89\ kJ/mol \tag{10.3}$$

反应式 10.2 为 $NH_4^+$ 氧化成为 $NO_2^-$ 的过程，主要是亚硝化单胞菌属（硝化囊菌属的某些种类也可以）作用的结果（Dat et al., 1989），反应式 10.3 为 $NO_2^-$ 被继续氧化成为 $NO_3^-$ 的过程，是由硝化杆菌属完成的。在氧化 $NH_4^+$ 的过程中，这些细菌利用二氧化碳作为碳源并将其合成为有机物。因此，这些细菌被认为是化能自养生物。它们从化学氧化反应中得到能量，并不需要依靠外部来源的有机物。由于对反应产物的利用是相互依存的，这些细菌通常以不同种类细菌混合组成的群落或称“联合体”（consortia）的形式存在（Capone, 2000）。最后需要指出的是，硝化作用需要氧；因此，沉积物中的这些硝化细菌的活性对溶解氧的缺乏特别敏感（Henriksen et al., 1981；Kemp et al., 1982）。

硝化过程中产生的如 $NH_2OH$、NO、$N_2O$ 等（Jaffe, 2000）都是河口重要的生物气体（在第五章中讨论过）。例如，$N_2O$ 主要产生于美洲红树林沉积物中的硝化过程（不排除反硝化过程）（Bauza et al., 2002）。如图 10.9 所示，$NO_3^-$ 与 $N_2O$ 之间显著相关。氨氮和这些氧化形态的溶解无机氮之间则呈负相关，因为在氧化状态下，铵离子被氧化成为 $NO_3^-$；硝化过程通常发生在 $E_h$ 大于 200 mV 时（Smith et al., 1983），这些工作支持另外一项研究的结果，即在根际发达的美洲红树林沉积物中，$N_2O$ 是该区域氮收支的一个重要的源（Kroike and Terauchi, 1996）。在这些邻近沉积物-水界面的环境中，硝化作用大多都发生在具有良好氧化条件的动物洞穴及根际区（Boto, 1982）。总的来说，硝化过程和反硝化过程都控制着 $N_2O$ 的产生，因而在区域和全球模型中对海底释放 $N_2O$ 进行估算时，都是假设 $N_2O$ 随两个过程的进行按比例增加（Capone, 1996；Seitzinger and Kroeze, 1998）。

## 四、硝酸盐同化还原为铵

$NO_3^-$ 同化还原为 $NH_4^+$（ARNA）的过程涉及同时发生的硝酸盐还原和生物吸收氮转化为生物质的过程，如下所示：

$$NO_3^- + H^+ \rightarrow NH_3 - 有机物 \quad (10.4)$$

当还原态氮的浓度很低时，这一反应途径占主导地位，如在河口氧化性的水体中即是如此。河口中生物吸收氮的这一重要途径使其既可吸收还原态也可吸收氧化态的氮（Collos，1989）。

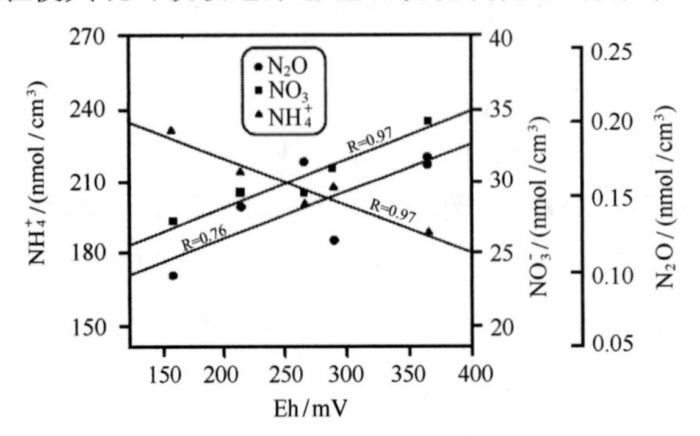


图 10.9 美洲红树沉积物中 $NH_4^+$（三角形）、$NO_3^-$（正方形）、$N_2O$（圆点）浓度（nmol/cm³）与氧化还原电位（mV）的关系（Bauza et al.，2002）

## 五、氨化作用

氨化作用是指生物分解有机氮时产生 $NH_3$ 或 $NH_4^+$ 的过程（又称氮的再矿化）。在大多数情况下，含氮有机化合物是蛋白质，氨化过程中肽键首先被破坏，随后氨基酸脱氨基产生 $NH_3$ 或 $NH_4^+$。氨化过程将 DON 转化为铵盐（DON → $NH_4^+$）。这一过程是通过异养细菌介导的植物和动物的腐烂（Blackburn and Henriksen，1983；Jenkins and Kemp，1984；Nowickiand Nixon，1985；Henriksen and Kemp，1988）或通过动物的排泄实现的（Rowe et al.，1975；Bianchi and Rice，1988；Gardner et al.，1993）。氨化作用在沉积物和水体中均可发生，但在较浅的近岸海域，大部分矿化作用发生在沉积物中，因为这里的颗粒较深水区更快地沉降到沉积物表面。在近岸海域水体中，$NH_4^+$ 再生速率的范围是 0～0.2 μmol/h，吸收速率为 0.01～0.22 μmol/h（Selmer，1988）。其他的一些研究也表明，在美国特拉华湾、佐治亚近岸湿地、密西西比河口羽状流水域，$NH_4^+$ 的再生速率处于类似的范围（分别为 0.02～0.62 μmol/h、0.02～0.35 μmol/h、0.08～0.75 μmol/h）（Lipschulty et al.，1986；Gardner et al.，1997）。

## 六、氨氧化

厌氧氨氧化是指在厌氧环境下通过氨氧化细菌[①]用 $NO_2^-$[②]将 $NH_4^+$ 氧化为氮气的过程，这可能是河口/近岸海域氮损失的另一种机制。研究表明，氨氧化过程产生的氮气占温带陆架海域沉积物中产生氮气的 20%～67%（Thamdrup and Dalsgaard，2002）；但目前对于自然环境中厌氧氨氧化反应途径的认识还十分有限。看起来厌氧氨氧化的最优条件的确与反硝化过程是不同的（Rysgaard and

① 译者在此处添加了“通过氨氧化细菌”。——译者注

② 原著中此处为 $NO_3^-$。——译者注

Glud, 2004)。虽然目前尚没有任何证据表明河口存在厌氧氨氧化过程，但是在多种其他环境中，例如废水处理厂（Mulder et al., 1995）、缺氧水体（Dalsgaard et al., 2003; Kuypers et al., 2003）、温带大陆架沉积物（Thamdrup and Dalsgaard, 2002）、北极海冰（Rysgaard and Glud, 2004）、北极陆架沉积物（Dalsgaard et al., 2004）中都已经发现厌氧氨氧化的存在。河口沉积物是有机物再矿化作用剧烈的场所，会产生高浓度的 $NO_3^-$ 和 $NH_4^+$（Blackburn and Henriksen, 1983; Nowicki and Nixon, 1985），而这正是厌氧氨氧化所需要的。其他的一些过程，例如 Mn（Ⅱ）被 $NO_3^-$ 氧化或 Mn（Ⅳ）被 $NH_4^+$ 还原（Luther et al., 1997），同样会使低氧沉积物释放 $N_2$（详见第十四章）。因此，厌氧氨氧化很可能在河口环境中存在，本章中是将其作为河口氮损失的一个潜在的过程。

## 七、反硝化

反硝化也称为 $NO_3^-$ 或 $NO_2^-$ 的异化还原，是由微生物将 $NO_3^-$ 或 $NO_2^-$ 还原为 NO、$N_2O$、$N_2$ 等气态形式氮的过程，当还原产物为 $N_2$ 时，反应如下式所示：

$$CH_2O + NO_3^- + 2H^+ \rightarrow CO_2 + 1/2N_2 + 2H_2O \tag{10.5}$$

反硝化的反应途径涉及 $NO_2^-$、NO 和 $N_2O$ 等中间产物的产生。近些年来发展了很多测定反硝化作用的方法，包括乙炔抑制法（Sørensen, 1978）、氮标记示踪（Nishio et al., 1982; Rysgaard et al., 1993）、直接测定氮气通量（Seitzinger et al., 1980; Nowicki, 1994）、测定水体和沉积物中 $N_2$ 变化量（Devol, 1991）、利用氮同位素进行岩芯样品的培养（Nielsen, 1992）等，Lamontagne 和 Valiela（1995）对这些方法进行了详细地比较。反硝化是河口氮损失的主要途径，其与平均水体存留时间的对数值成正比（图 10.10; Nixon et al., 1996）。在河流和河口中，反硝化作用与平均水体存留时间的对数值之间存在显著的正相关关系（$r^2 = 0.75$），表明随着水体存留时间的增加，水体及沉积物中的氮会更大程度地参与再循环，促进了反硝化作用（Nixon et al., 1996）。控制河口反硝化速率的其他重要因素包括沉积物－水界面 $NH_4^+$ 的交换（Kemp et al., 1990）、沉积物中氧的消耗（Seitzinger, 1990）和氮的外部输入（Seitzinger, 1988, 2000; Nixon et al., 1996）。河流中的反硝化作用也会使得从河流输入到河口的氮减少；模型估算显示，自外部输入河流的氮会因此损失1%～75%（Howarth et al., 1996; Alexander et al., 2000; Seitzinger et al., 2002a）。控制河流中反硝化作用的因素包括 $NO_3^-$ 的浓度、氮的输入量、河流长度和水深、流速、水的存留时间、氧的浓度、沉积物中有机物的含量以及季节变化。分析 14 个河口的结果可以发现，输入河口的氮有 3%～100% 被反硝化作用清除，平均值为（48±39）%（表 10.5; Seitzinger, 2000）。尽管 DIN 输入和反硝化速率之间没有明显的关系，但是从这些数据的频率分布可以看到，在大约一半的河口中，30%～60% 的氮被清除。

17 个属的兼性厌氧菌（例如假单胞菌属和芽孢杆菌）能够在无氧或低氧环境下进行反硝化作用，它们在无氧呼吸时利用 $NO_3^-$ 作为电子受体（Jaffe, 2000）。实际上，很多河口中的反硝化作用受限于 $NO_3^-$ 的供给（Koike and Sørensen, 1998; Cornwell et al., 1999）。反硝化作用中的 $NO_3^-$ 和 $NO_2^-$ 来自上覆水体的扩散输入和沉积物中的硝化作用（Jenkins and Kemp, 1984）。此外，在缺氧条件下其他细菌过程会影响反硝化细菌的活性；例如在缺氧沉积物中会发生 $SO_4^{2-}$ 的还原，硫酸盐被还原成为硫化物（Morse et al., 1992）（详见第十二章）；而已有研究表明，硫化物对包括参与硝化作用和反硝化作用在内的许多细菌都是有毒的（Joye and Hollibaugh, 1995）。

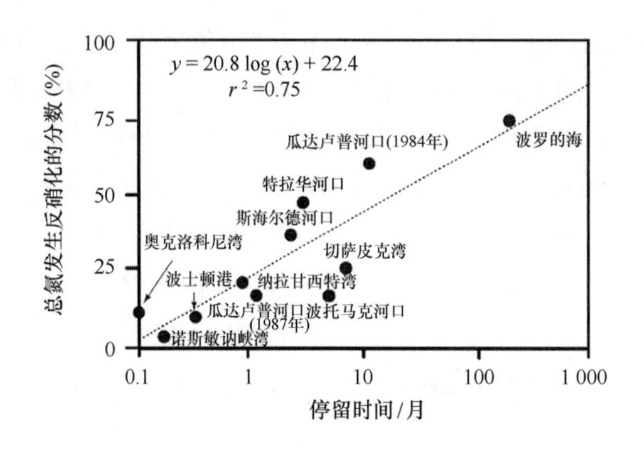


图 10.10　不同河口中陆源和大气输入的总氮发生反硝化的分数（%）与存留时间（月）的关系（Nixon et al.，1996）

文献中对于反硝化作用可以发生的最低氧气浓度长期存在着争论（Robertson and Kuenen，1984）。一些研究者认为反硝化作用能够在有氧－无氧界面进行（Christensen and Tiedje，1998；Bonin et al.，1989），另外一些研究者则认为低氧环境会抑制反硝化作用所必需的一些酶的合成（Payne 1976；Kapralek et al.，1982）。有时也有人推测在有氧环境中的缺氧微环境也能发生反硝化作用（Jannasch，1960）。实验室研究表明，氧气对反硝化过程的不同步骤有不同的影响，$NO_3^-$ 还原过程对于氧气影响的敏感度低于 $NO_2^-$ 或 $N_2O$ 还原步骤（Bonin and Raymond，1990）。

总体来说，$NO_3^-$ 还原成为 $N_2$ 减少了整个体系中可利用的氮（Howarth et al.，1998a，b）。但如果我们考虑另外一种反应途径，即 $NO_3^-$ 异化还原为 $NH_4^+$（DNRA），则我们会发现氮将保留在系统中，这会增加生物可利用的总氮量（Koike and Hattori，1978；Jørgensen，1989；Patrick et al.，1996）。关于 DNRA 的生态后果还知之甚少（Sørensen，1987；Cornwe et al.，1999），但已经知道在水深较浅的河口和潮滩，DNRA 速率可能与反硝化反应速率一样快（Koike and Hattori，1978；Jørgensen，1989；Rysgaard et al.，1995；Bonin et al.，1998；Tobias et al.，2001）。最近在美国马德雷潟湖/巴芬湾的研究则显示，尽管硫化物会抑制反硝化作用（图 10.11），但它却可以通过提供电子供体来促进 DNRA，这可能会有利于河口中可利用氮的保留（An and Gardner，2002）。一些研究表明，化能自养细菌利用硫化物作为电子供体将 $NO_3^-$ 转化成为 $NH_4^+$（Schedel and Truper，1980）。因此，在近岸的沉积物中，通过 $NO_3^-$ 和存储硫细菌（例如辫硫菌属、贝日阿托氏菌属、硫珠菌属）之间的关联，$NO_3^-$ 和硫化物之间可能会发生化能自养耦合（Schulz et al.，1999；An and Gardner，2002）。对水浅、高盐的马德雷潟湖/巴芬湾的研究还表明，通过 DNRA 保留的氮和 BNF（生物固氮）增加的氮这两种途径增加了水体中可利用总氮的量，这是该水域由氮限制转变为磷限制的一个重要原因（Cotner et al.，2004）。

尽管通过河流及大气沉降输入了大量的氮，但是大多数温带河口的浮游植物和大型海藻通常还是受到氮的限制（Malone et al.，1988；Paerl et al.，1990；Peckol et al.，1994；Nixon，1995；Tomasky and Valiela，1995）。反硝化作用是造成河口氮限制的原因之一，其一般包括直接消耗水体中的硝酸盐（直接反硝化）和消耗沉积物中硝化作用产生的 $NO_3^-$（硝化－反硝化耦合）两种方式（LaMontagne et al.，2002）。河口中通过反硝化作用损失的总氮通常为 25%～40%（Berner et al.，1992；Nixon et al.，1996；Bronk，2002）。营养盐输入（Seitzinger，1988）和沉积物中有机物的增加

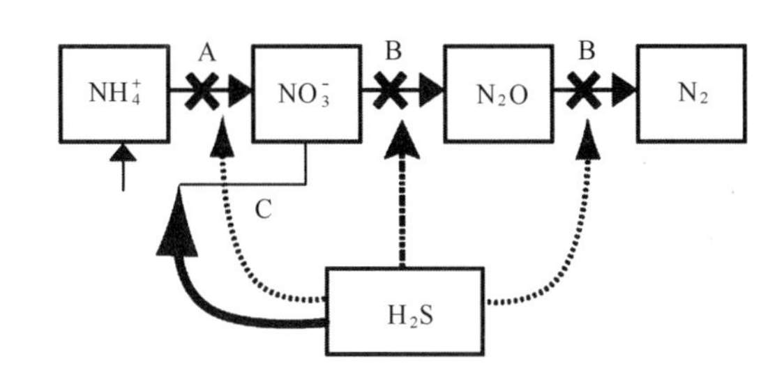


图 10.11　沉积物中硫化物和氮循环的关系。实线箭头代表正影响，虚线代表负影响（An and Gardner, 2002）。A：硝化；B：反硝化；C：硝酸盐异化还原为氨

（Nowicki et al.，1999）是提高反硝化速率的重要因素。然而，其他的一些因素如沉积物含氧量和碳含量、温度、水深以及底栖生物的扰动（Kemp et al.，1990）也会影响反硝化作用。

## 八、DON 的同化作用

溶解有机氮（DON）的同化作用是自养和异养生物吸收有机形态的氮（例如氨基酸）并将其转化成生物质的过程。河口中 DON 的源和汇复杂多样（Bronk and Ward, 2000；Bronk, 2002），是河口氮循环的一个重要组成部分（Sharp, 1983；Jackson and Williams, 1985）。不过迄今为止的大部分工作还是聚焦于河口的 DIN 负荷。输入河口的 DIN 增加通常也会伴随着 DON 的增加（Correll and Ford, 1982）。实际上，河流作为河口中氮的关键来源，其总氮中 80% 以上是以 DON 形式存在的（Meybeck, 1982；Seitzinger and Sanders, 1997；Bronk, 2002）。DON 最主要的“汇”或者说消耗途径是通过细菌（Anita et al.，1991；Bronk, 2002）、古菌（Ouverney and Fuhrman, 2000）完成的，有时也涉及原生生物（Tranvik et al.，1993）。浮游植物也可以利用某些溶解有机氮化合物。有机氮的产生源自细菌对 DIN 的利用以及大气固氮都表明，颗粒态异养有机氮（HON）在水生态系统中是非常重要的（Kirchman, 1994）。根据外源输入（有机物的）呼吸作用与现场生产的比值对 HON 进行的估算显示，与海洋、河口及湖泊相比，河流和溪流中 HON/AON 以及 HON 占总有机氮的比例是最高的（图 10.12；Caraco and Cole, 2003）。因此，与河口和海洋体系相比，河流中的异养有机氮相对更加重要。河口则由于输入来源的多样性而使得 HON 占总有机氮的比例具有更宽的范围。特拉华河口的 HON 只占 5%，因为现场生产占优势，而大米草碎屑支持着很高的外源输入（有机物的）呼吸作用，由此使撒佩罗岛的 HON 高达 78%（Kirchman, 1994；Hoch and Kirchman, 1995）。

相当一部分 DON 通过微生物食物网矿化后可以被浮游植物吸收利用（Lewitus et al.，2000；Bronk, 2002；Seitzinger et al.，2002b），但不是所有的 DON 都可以被微生物利用（Manny and Wetzel, 1973）。例如，特拉华河口和哈得孙河口的细菌只能分别同化 40% 和 72% 的 DON（Seitzinger and Sanders, 1997）。细菌对 DIN 和 DON 均可直接利用，有关细菌吸收 DON 的研究大多集中在对 DCAA（溶解结合态氨基酸）和 DFAA（溶解游离态氨基酸）的利用（Gardner and Lee, 1975；Coffin, 1989；Fuhrman, 1990；Keil and Kirchman, 1991a，b；Jøgensen et al.，1993；Kirchman, 1994；Kroer et al.，1994；Middelboe et al.，1995；Gardner et al.，1998）。有文献记载尿素可以被细菌充分利用（Zobell and Feltham, 1935；Middelburg and Nieuwenhuize, 2000），甚至可以被细菌在相当程度上重复利用（Cho et al.，1996；Jøgensen et al.，1999）。其他的一些研究也表明，细菌可以利用复杂的自然和人为来源的 DON（Carlsson et al.，1999；Stepanauskas et al.，2000；Wiegner and Seitzinger, 2001；

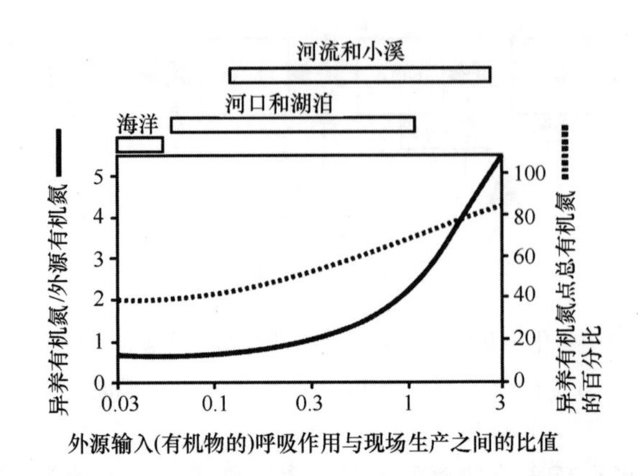


图 10.12　在不同的水环境中，根据外源输入（有机物的）呼吸作用与现场生产之间的比值估算的异养有机氮/外源有机氮和异养有机氮占总有机氮的比例（Caraco and Cole, 2003）

Seitzinger et al. , 2002c）。DON 对细菌的生物可利用性也取决于其来源（如大气、牧场土壤、阔叶林土壤来源）（Timperley et al. , 1985; Peierls and Parel, 1997; Seitzinger and Sanders, 1999）。比如最近的一项研究表明，与牧场和森林来源的 DON 相比较，来自城市/郊区雨水中的 DON 可被生物利用的比例最高（图 10.13; Seitzinger et al. , 2002c）。同样，大气来源的 DON 已被证明可以选择性提高兼性异养和光合异养浮游植物（如甲藻和蓝细菌）的生长速率（Neilson and Lewin, 1974; Paerl, 1991）。这些结果清楚地表明，如果我们想要有效地预测氮输入到河口和近岸系统的影响，则氮收支中不仅需要包括 DON，而且还需要区别出其中多少是可以被生物利用的。

溶解无机氮（如 $NO_3^-$ 和 $NH_4^+$）通常是浮游植物和其他藻类利用的氮的主要形态。但小分子的 DON（标称分子量小于 600）也可以被浮游植物利用，有时大分子 DON 经胞外酶作用同样可被利用（Pantoja and Lee, 1994; Berg et al. , 1997; Mulholland et al. , 1998）。尤其是在浮游植物水华演替过程中，当 DIN 被耗尽时，水华的形成切实利用了 DON（Butler et al. , 1979; Berman and Chava, 1999; Anderson et al. , 2002）。例如在里加湾（波罗的海），夏季和春季期间 DON 占总溶解氮（TDN）的 85%，是浮游植物和蓝细菌的主要氮源（Berg et al. , 2001）。特别值得指出的是，尿素被证明是可以被浮游植物充分利用的（Savidge and Hutley, 1977; Tamminen and Irmsich, 1996）。研究表明，经由一些藻华生物繁殖而使得浮游植物生产力得以提高与异养细菌对氮更强的矿化作用之间存在联系，这进一步支持了这样一种观点，即 DOM 刺激了异养细菌的活动并进而提高了藻华生物的生产力（Berg et al. , 1997; Maestrini et al. , 1999）。从雨水中 DON 的输入也能够刺激浮游植物生产并提高浮游植物生物量（Timperley et al. , 1985; Peierls and Paerl, 1997; Seitzinger and Sanders, 1999）。

正如第八章所述，DOM 的光降解会释放出小分子的有机和无机分子（Kieber et al. , 1990; Mopper et al. , 1991; Miller and Morsn, 1997）。Rao 和 Dhar（1934）首先发现，通过 DON 光降解产生 DIN 的过程会释放酰胺、胺和氨基酸等副产品。随后的许多其他研究也表明，DON 的光降解可以产生 $NH_4^+$（Bushaw et al. , 1996; Gao and Zepp, 1998; Wang et al. , 2000; Buffam and McGlathery, 2003）、$NO_3^-$（Kieber et al. , 1999; Buffam and McGlathery, 2003）和尿素（Buffam and McGlathery,

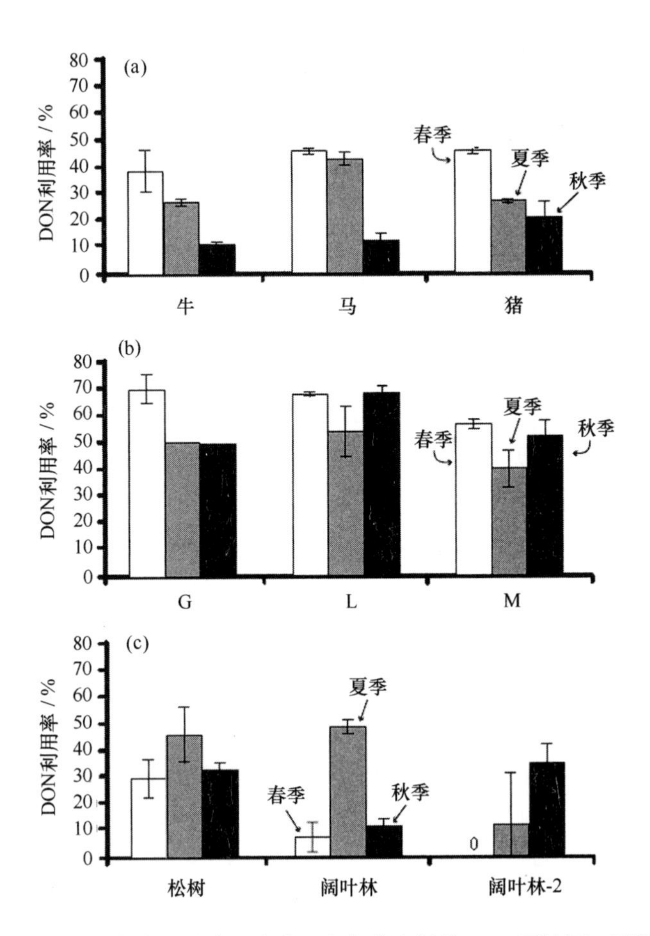


图 10.13 不同季节（春季、夏季和秋季）中各种来源的 DON 可被河口浮游生物利用的比例：(a) 农业来源；(b) 市区/郊区雨水（M 和 L 位于住宅区雨水流经处，G 位于接收住宅和商业区雨水的下水道井口处）；(c) 牧场和森林来源（Seitzinger et al., 2002c）

2003)。$NH_4^+$ 和 DFAA 的光产生速率范围很宽，这取决于 DON 的来源（表 10.7；Buffam and McGlathery, 2003）。如在美国东南部富含腐殖质的水体中（Bushaw et al., 1996；Gao and Zepp, 1998），$NH_4^+$ 的释放速率一直高达 0.3 μmol/（L·h）（以 N 计）。光产生效应也会使氨基酸的浓度升高，其产生速率的变化范围为（0.03 ~9.5）nmol/（L·h）（以 N 计）（Tarr et al., 2001）。这一项研究还发现，许多氨基酸可以通过光降解反应转化为 $NH_4^+$，但这不是 $NH_4^+$ 的主要来源。

## 第三节　溶解态氮的沉积物 - 水界面交换

河口和近岸沉积物是细菌对营养盐再矿化的重要场所（Rowe et al., 1975；Nixon, 1981；Blachburn and Henriksen, 1983；Boynton et al., 1982；Nowicki and Nixon, 1985；Sundbäck et al., 1991；Warnken et al., 2000），其通过沉积物 - 水界面的营养盐交换也支持着浅海沿岸水体的生物生产（Cowan and Boynton, 1996）。因此，有机物输入到沉积物的沉积通量长期以来一直被作为控制营养盐再生和通量的重要因素（Nixon et al., 1976；Nixon, 1981；Kelly and Nixon, 1984；Billen et al.,

1991；Blachburn，1991；Twilley et al.，1999）。再矿化速率和沉积物－水界面的营养盐通量通常随着水温的升高而增加（Hargrave，1969；Kemp and Boynton，1984）。其他的影响因素，如沉积物和上覆水体的氧化还原状况、吸附/解吸过程、微生物的呼吸、底栖生物的排泄等也会影响沉积物－水界面营养盐的交换（Henriksen et al.，1980；Kemp and Boynton，1981；Kanneworff and Christensen，1986；Cowan and Boynton，1996）。

对比不同河口沉积物－水界面营养盐的交换通量很容易发现，DIN 向水体中释放的通量对于河口系统来说是非常重要的（表 10.8）。Nixon（1981）的研究表明，河口中 $NH_4^+$ 的交换通量和有机物的生产之间存在很好的相关性。在一些更富营养的温带体系（例如切萨皮克湾和帕塔克森特河）中，可以清楚地看到其释放到水体中的 $NH_4^+$ 的通量要高于墨西哥湾的一些河口，因为这些体系中输入到沉积物的有机物更多。在美国莫比尔湾，中等程度的沉积物耗氧量（SOC）和盐度分层使得缺氧/低氧事件出现的时间延长（图 10.14；Cowan et al.，1996），这导致沉积物向水体中释放的几乎主要是 $NH_4^+$，而 $NO_3^-$ 和 $NO_2^-$ 的通量只是中等水平，并且释放和吸收发生交替。在莫比尔湾，尽管全年都存在 $NH_4^+$ 由沉积物向水体的释放，但由于输入沉积物中的易降解有机物较少（Cowan et al.，1996），其实际释放速率相对其他河口只是处于中等偏低的水平（表 10.8）。$NH_4^+$ 的释放对于河口浮游植物的生长非常重要，特别是在底栖－浮游系统耦合增强的浅水水域中。以切萨皮克湾为例，8 月份藻类生长所需的 13% ~40% 的营养盐来源于沉积物释放的 $NH_4^+$（Boynton and Kemp，1985）。外部输入的氮也会使经沉积物－水界面释放到水体中的 DON 通量增加。如前所述，作为氮循环中的一个重要中间产物，尿素通常被认为是由细菌参与的 POM 内部循环控制（Jørgensen et al.，1999），它可以被浮游植物吸收（Tamminen and Irmisch，1996）。在切萨皮克湾，自养和异养两个过程共同作用使尿素在底层水体中的含量比表层水体高（Lomas et al.，2002）。通过沉积物－水界面释放到水体的尿素和主要的有机胺化合物的伯胺通量在（140 ~1 000）μmol/（$m^2$·d）之间（Lomstein et al.，1989；Giblin et al.，1997；Rysgaard et al.，1999），这必然会使底层水体中的浓度明显增加，特别是在光限制条件下浮游植物吸收很少的情况下（Lomas et al.，2002）。

沉积物中营养盐再生后的比值偏离 Redfield 比值，这被认为是控制水深较浅的河口中生物代谢的重要因素（Smith，1991）。例如，纳拉甘西特湾的 N∶P 小于 16，这是因为沉积物中剧烈的再矿化作用使得无机氮的产率相对于磷而言要低（Nixon and Pilson，1983）。低的 N∶P 比值的出现主要是由于反硝化过程中氮的损失（例如 $N_2$ 和 $N_2O$ 的产生）（Seitzinger et al.，1980；Nixon，1981；Kemp et al.，1990；Nixon et al.，1996）。如果 $NH_4^+$ 是氨化作用的最终产物，那么沉积物水界面的交换通量中的 O∶N 比值应该是 13；然而，如果氧化的结果是硝酸盐（氨化作用与硝化作用耦合），则 O∶N 比值应该是 17（Twilley et al.，1999）。已经观测到非常高的 O∶N 比值（大于 100），这可能是由于硝化过程和反硝化过程的耦合所致，在这一耦合作用过程中，再生的 $NH_4^+$ 转化成 $N_2$ 并从系统中损失（Boynton and Kemp，1985）。得克萨斯沿岸墨西哥湾的 4 个河口的反硝化速率介于 4.5 ~9.0 g/（$m^2$·a）之间，意味着输入这些河口的氮平均损失了 14% ~136%（Zimmerman and Benner，1994）。这些河口氮的损失率的上限显著高于其他河口的平均值 40% ~50%（Seitzinger et al.，1980）。得克萨斯沿岸河口氮损失速率如此之高的原因是河流输入的氮较少，这使得硝化过程产生的 $NO_3^-$ 和 $NO_2^-$ 被用于促进反硝化作用，而不是被沉积物所吸收（Zimmerman and Benner，1994；Twilley et al.，1999）。

**表 10.7 围绕氮循环动力学开展的 $NH_4^+$ 和 DFAA 光生产速率及其他 DOM 光降解研究结果总结**

| 使用的水样 | 光照方式 | $NH_4^+$ 产生速率 [μmol/(L·h)] (以 N 计) | 归一化的 $NH_4^+$ 产生速率[a] [μmol/(L·h)] (以 N 计)① | 产生的 $NH_4^+$ 占初始 DON 的比例 | 测定的其他有机胺组分的产生速率 [μmol/(L·h)] (以 N 计) | 参考文献 |
| --- | --- | --- | --- | --- | --- | --- |
| 富含腐殖质的池塘、沼泽和河流水样以及从中分离的腐殖质 | 自然光照或模拟太阳光照，18 h，总的光照强度为 860 W/m$^2$ | 0.05～0.34 | 0.003 2～0.004 2 | 0.25～0.92 | 未测 | Bushaw et al. (1996) |
| 富含腐殖质的萨蒂拉河河水 | 模拟太阳光照，4 h，相当于 34°N 6 月中旬的光照 | 0.1 | 0.011 | 0.25 | 未测 | Gao and Zepp (1998) |
| 瑞典清澈的湖水，表层变温层和底层均温层 | 自然光照，7 h，总的光照强度为 345 W/m$^2$ | 不变 | 不变 | 不变 | 0.010～0.017[b] (DFAA) 0.057[b] (DCSS，仅变温层) | Jorgensen et al. (1998) |
| 从河水和河口水中浓缩的腐殖酸 | 自然光照，7 h，UV 光照强度为 9.4 W/m$^2$ | 0.058～0.060 | 0.001 0～0.001 5 | 0.11～0.17 | 0.009～0.041 (DPA) | Bushaw – Newton and Moran(1999) |
| 瑞典富含腐殖质的湖泊、溪流及河水 | UVA－340 紫外灯，12 h，光照强度：2.1 W/m$^2$ UV－B，20 W/m$^2$ UV－A，5 W/m$^2$ PAR | 不变 | 不变 | 不变 | 未测 | Bertilsson et al. (1999) |
| 里加湾近岸水 | UVA－340 紫外灯，12 h，光照强度：0.3 W/m$^2$ UV－B，20 W/m$^2$ UV－A，6.1 W/m$^2$ PAR | －0.03～0.0 | 未报告 | －0.16～0.0 | －0.014～0.006 (DFAA) 0.0～0.17 (DCAA) | Jørgensen et al. (1999) |
| 富含腐殖质的河水和河口水，河水中分离的腐殖酸和富里酸 | 模拟太阳光照，10 h；总的光照强度为 600 W/m$^2$ 或 765 W/m$^2$ | 0.11～1.9 | 0.002～0.056 | 0.8～2.6 | 可高达 0.011 (不同的氨基酸速率不同) | Wang et al. (2000) Tarr et al. (2001) |

续表

| 使用的水样 | 光照方式 | $NH_4^+$ 产生速率[μmol/(L·h)](以N计) | 归一化的 $NH_4^+$ 产生速率[a][μmol/(L·h)](以N计)① | 产生的 $NH_4^+$ 占初始DON的比例 | 测定的其他有机胺组分的产生速率[μmol/(L·h)](以N计) | 参考文献 |
|---|---|---|---|---|---|---|
| 地下水，浓缩了DOM的河口水 | 自然光照或模拟太阳光照，5～10 h | −0.31～0.13 | −0.002～0.001 5 | −0.81～0.91 | 大多数样品是不变的 | Koopmans and Bronk (2002) |
| 互花米草渗滤液，高盐潟湖样品 | UVA－340 灯管，36 h，光照强度：4 W/m² UV－B，42 W/m² UV－A，57 W/m² PAR | 0.006～0.032 | 0.000 5～0.007 | 0.028～0.087 | 可高达0.000 94[c](不同的氨基酸速率不同) | Buffam and McGlathery (2003) |
| 互花米草渗滤液，高盐潟湖样品 | UVA－314 灯管，36 h，光照强度：27 W/m² UV－B，25 W/m² UV－A，47 W/m² PAR | 0.001～0.046 | 0.000 9～0.010 | 0.013～0.208 | 可高达0.011[c](不同的氨基酸速率不同) | Buffam and McGlathery (2003) |

a. 产生速率归一化为350 nm时水的吸收。

b. 通过图估得数据得到的生产速率。

c. DFAA只测定了地下水样品。

Buffam and McGlanthery(2003)

① 原著中此处为 $\mu mol\ N \cdot L^{-1} \cdot m \cdot h^{-1}$。——译者注

表 10.8 近岸海洋环境中沉积物－水界面营养盐交换通量的平均值

| 河口 | 营养盐通量/[μmol/(m$^2$·h)] | | | | | | SOC [g/(m$^2$·d)] | 注[a] |
|---|---|---|---|---|---|---|---|---|
| | $PO_4^{3-}$ | $NO_3^- + NO_2^-$ ① | $NO_3^-$ | $NH_4^+$ | DIN | $N_2$ | | |
| 奥克洛科尼湾 | | 16.0 | | 18.7 | 34.7 | 88.4 | 0.90 | 1 |
| 阿巴拉契科拉湾 | | －30.3 | －37.2 | 38.0 | 7.7 | | | 2 |
| 莫比尔湾 | 3.9 | 16.1 | 14.2 | 62.8 | 76.9 | | 0.55 | 3,4 |
| 密西西比河岸线 | 17.5 | －9.17 | －15.8 | 126.3 | 117.3 | | 0.84 | 5,6 |
| 福利哥湾 | 1.4 | －54.7 | | 141.7 | 86.9 | | 1.03 | 7,8 |
| 福利哥湾 | －8.0 | －19 | | 129 | 110 | | 1.2 | 9 |
| 特里尼蒂－圣哈辛托河口 | 0.6. | －2.7 | | 11.7 | 9.0 | 18.5 | 0.15 | 10 |
| 瓜达卢普河口 | －3.1 | 176.2 | 183.1 | －155.3 | 20.9 | | 0.98 | 11 |
| 瓜达卢普河口 | | 8～10 | | 30～60 | | 5～30 | | 12 |
| 纽埃西斯河口 | －6.4 | 106.5 | －16.8 | 54.5 | 29.1 | | 0.73 | 11 |
| 纽埃西斯河口 | | 0～10 | | 8～50 | | 4～59 | | 12 |
| 马德雷潟湖－上游 | －0.2 | 0.0 | 0.1 | 1.6 | 1.5 | | 1.68 | 11 |
| 旧金山湾 | －4.2～54 | | 0～33 | 17～208 | | | 0.35～0.70 | 13 |
| 纳拉甘西特湾 | 38～233 | 10 | | 75～500 | | 59 | | 14 |

续表

| 河口 | 营养盐通量/[μmol/($m^2$·h)] | | | | | | SOC [g/($m^2$·d)] | 注[a] |
|---|---|---|---|---|---|---|---|---|
| | $PO_4^{3-}$ | $NO_3^-+NO_2^-$ ① | $NO_3^-$ | $NH_4^+$ | DIN | $N_2$ | | |
| 切萨皮克湾 | | | | | | | | 15 |
| 湾北部 | -16.3 | | -117~9 | -34~101 | | | 0.1~0.65 | |
| 湾中部 | 0.0~148 | | -100~12 | 9~507 | | | 0.01~0.86 | |
| 湾下部 | -1.5~13 | | -8~19 | 15~181 | | | 0.3~0.75 | |
| 帕塔克森特河口 | 0~15 | | 12.5~37.5 | 10~200 | | 133 | 0.75~2.25 | 16 |
| 纽斯河口 | -2.3~46 | | 0~6.4 | 71~454 | | | 0.70~1.87 | 17 |
| 绍斯里弗 | -8.3~23 | | 0.0~5.8 | 0.0~267 | | | 0.71~2.72 | 17 |
| 加的斯湾 | 21~379 | | | 258~1 525 | | | 2.2~7.5 | 18 |

a. 1. Seitzinge(1987);2. Mortazavi 未发表数据;3. Coawn et al. (1996);4. Miller – Way 未发表数据;5. Twilley and McKee (1996);6. Bourgeois (1994);7. Miller – Way (1994);8. Twilley未发表数据;9. Teague et al. (1998);10. Zimmerman and Benner (1994);11. Montagna 未发表数据;12. Yoon and Benner (1992);13. Hammond et al. (1985);14. Elderfield et al. (1981a,b);15. Coawn and Boynton (1996);16. Boynton et al. (1991);17. Fisher et al. (1982);18. Forja et al. (1994)(Cowan et al.,1996)。

① 原著中此处为NN。——译者注

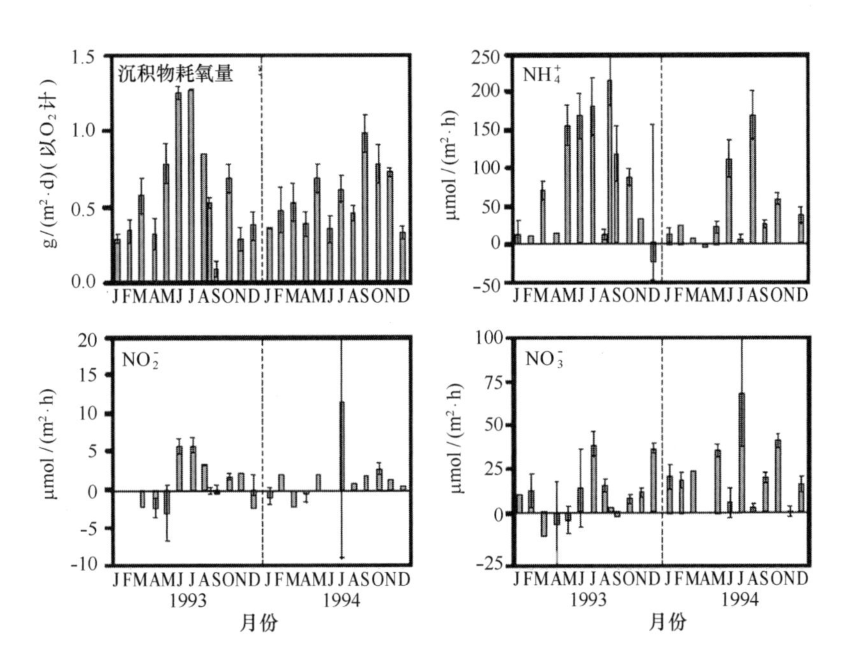


图 10.14　1993 年 1 月至 1994 年 12 月，美国莫比尔湾 DR7 站沉积物耗氧量[①] [g/（$m^2$·d)]（以 $O_2$ 计）和营养盐（$NO_3^-$、$NO_2^-$、$NH_4^+$）通量 [μmol/（$m^2$·h)] 的逐月平均值。通量的正值和负值分别代表营养盐自沉积物释放和向沉积物输入（Cowan et al.，1996）

沉积物中氮循环的主要途径受到底层水体和沉积物中氧化还原条件的强烈影响（图 10.15）。扩散和对流过程决定着氧和氮化合物的分布，最终影响着硝化过程和反硝化过程的耦合（Jørgensen and Boudreau，2001）。例如，含氮有机质的厌氧降解将产生 DON 和 $NH_4^+$（氨化作用），进而释放到水体中或氧化成为 $NO_3^-$ 和 $NO_2^-$（硝化作用）。取决于扩散梯度的情况，$NO_3^-$ 也可能会向下迁移，从而在沉积物中的富氧－贫氧界面以下发生反硝化作用（图 10.15；Henrikson and Kemp，1988；Kristensen，1988；Rysgaard et al.，1994）。沉积物中氮的加富实验显示，加入中度负荷的氮会促进反硝化作用并增加氮的清除，但高负荷的氮输入时，反硝化速率会降低（Sloth et al.，1995）。沉积物中 $NO_3^-$ 的吸收或损失也取决于是否存在生物扰动以及生物扰动的类型（Aller，2001）。由于沉积物中硝化作用和反硝化作用的空间差异很小，因此底栖结构（洞穴的大小和间距）是十分关键的。作为蛋白质分解的最终产物，氨氮也是无脊椎动物分泌 DIN 的最主要形态（Le Borgne，1986）。因此，除了通过微生物循环产生再矿化的氮之外，考虑多细胞动物产生 $NH_4^+$ 的作用也是很重要的。例如，在密西西比河羽状流区附近的沉积物中，据估计底栖大型无脊椎动物排泄氮的速率为 7～18 μmol/（$m^2$·h）（以 $NH_4^+$ 计），占这些沉积物中 $NH_4^+$ 净通量的 50%（Gardner et al.，1993）。这一 $NH_4^+$ 的排泄速率与在丹麦沿海水域（Blackburn and Henriksen，1983）和美国巴泽兹湾（Florek and Rowe，1983）等其他地区观测到的底栖无脊椎动物 $NH_4^+$ 的排泄速率是一致的。

底栖微藻和大型底栖藻控制着沉积物－水界面营养盐的交换通量，并使氮保留在河口中，这一

① 原著中此处为氧气浓度，译者根据原始文献（Cowan et al.，1996）进行了修正。——译者注

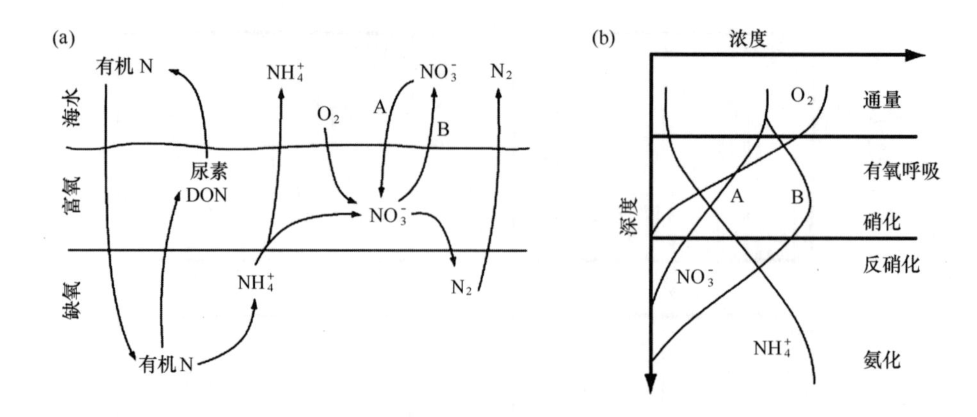


图 10.15 (a) 沉积物中主要的氮循环途径，其中底层水体和沉积物中的氧化还原状况对氮循环具有重要影响；(b) 主要由扩散和对流过程控制着氧和氮化合物的分布，并最终影响着硝化作用和反硝化作用的耦合（Jørgensen and Boudreau, 2001）

点与使得氮在河口中损失的反硝化作用（Nixon et al., 1996; An and Joye, 2000; Bronk, 2002）和厌氧氨氧化过程（Thamdrup and Dalsgaard, 2002）是不同的。因此，底栖微藻和大型底栖藻对于控制河口 DIN（Sundbäck and Graneli, 1988; Caffrey and Kemp, 1990; McGlathery et al., 1997; Tyler et al., 2003）和 DON（Tyler et al., 2003）底栖 - 浮游系统的耦合具有重要作用。例如，在美国水深较浅的沿岸潟湖 - 霍格岛湾，经常分布有密集的大型藻藻床，这里的沉积物往往是自养的，会对氮产生净吸收（例如 DIN、尿素、DFAA 和 DCAA）（Tyler et al., 2003）。相反，缺乏藻类的沉积物是净异养的，这会导致 DIN 的释放，尤其是以 $NH_4^+$ 的释放形式。在美国柴尔兹河口，大型藻类抑制了反硝化作用而使氮被保留，这进而通过耦合提高了氮的可利用性并促进了微藻生长，形成了一个正反馈（LaMontagne et al., 2002）。硝化 - 反硝化耦合在某种程度上也受到底栖微藻的控制（Risgaard - Petersen, 2003; Sundback et al., 2004）。硝化作用的产物（例如 $NO_3^-$ 和 $NO_2^-$）跨越氧化还原边界会发生硝化 - 反硝化的耦合（Jenkins and Kemp, 1984）。底栖微藻产生的 $O_2$ 通过刺激硝化过程也会促进硝化 - 反硝化的耦合（An and Joye, 2001）。然而，如果氮的含量太低，则反硝化作用会由于底栖微藻和硝化细菌之间竞争氮而受到抑制（Rysgaard et al., 1995; Risgaard - Petersen, 2003）。氮限制通常发生在砂质沉积物中，这里底栖微藻对氮的吸收远超过了反硝化作用的消耗（Sundbäck and Miles, 2000）。与之相反，在泥质沉积物中氮限制则比较少见，因为这种情况下底栖微藻对氮的吸收与反硝化作用相当甚至更低（Dong et al., 2000）。这些研究大多都是围绕沿岸沉积物进行的，近期的研究也证实了在潮下带沉积物中底栖微藻对氮循环也有类似影响（Sundbäck et al., 2004）。

缺氧环境下沉积物中产生的氨氮通常会在间隙水和沉积物之间达到平衡，然后扩散到表层沉积物（Rosenfield, 1979; Krom and Berner, 1980b）。通常利用扩散 - 反应动力学模型来估算 $NH_4^+$ 的通量（例如，Berner, 1980; Aller, 2001），但只是在缺氧条件下有效（Ullman and Aller, 1989）。这是因为在氧气存在的条件下，$NH_4^+$ 能被氧化成为 $NO_3^-$，随后全部或部分被反硝化成为 $N_2$（Seitzinger et al., 1984）。$NH_4^+$ 是海洋环境中沉积物 - 水界面 DIN 交换通量很重要的组成部分之一（Blackburn and Henriksen, 1983; Nowickiand Nixon, 1985; Hopkinsen et al., 2001; Laursen and Seitzinger, 2002），

但在淡水体系中却只占很小部分（Gardner et al.，1987，1991）。推测认为，造成这种交换速率差异的原因是控制 $NH_4^+$ 在这两种类型沉积物中扩散的化学机理不同（图 10.16；Gardner et al.，1991）。Gardner 等人（1991）提出的概念模型认为，尽管在这两种类型沉积物中吸附或离子交换都会减少 $NH_4^+$ 的扩散，但河口中的盐类将有效中和阳离子交换位点，由此促进了 $NH_4^+$ 的扩散并最终提高了交换速率。针对这种“盐效应”进行的实验研究表明，改变淡水和河口岩芯样品上覆水体的离子组成的确会使 $NH_4^+$ 的交换通量增加 30%（Gardner et al.，1991）。一项类似的研究是将沉积物在淡水和海水中培养，结果进一步证明了淡水体系中沉积物的可交换 $NH_4^+$ 浓度比海水体系中高 3 ~ 6.5 倍（Seitzinger et al.，1991）。这是因为，在淡水体系的间隙水中与 $NH_4^+$ 竞争交换位点的阳离子浓度要远远低于海水中的（Berner，1980；Simon and Kennedy，1987）。然而，在富含有机质的沉积物中，$NH_4^+$ 的吸附常数可能更多地受到“黏土－腐殖质复合物”的控制（Boatman and Murray，1982）。与淡水沉积物中高浓度的可交换态 $NH_4^+$ 相伴随的是更高比例的 $NH_4^+$ 首先被硝化，随后发生反硝化作用，由此使得淡水体系的 $NH_4^+$ 交换通量低于海洋和河口体系（Seitzinger et al.，1991）。

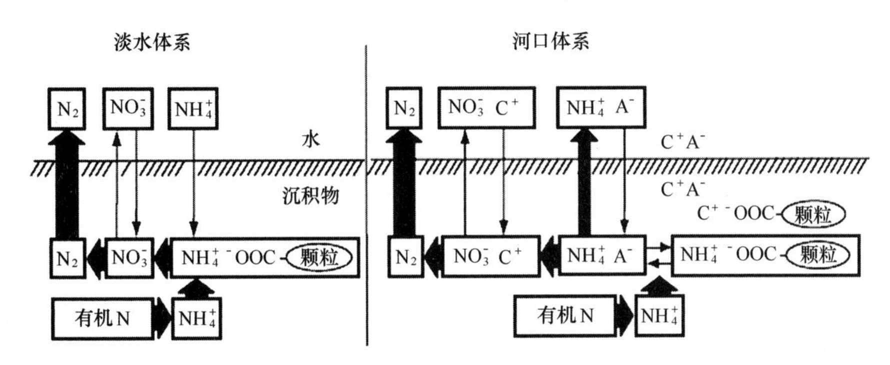


图 10.16　Gardner 等（1991）提出的概念模型认为，尽管在这两种类型沉积物中吸附或离子交换都会减少 $NH_4^+$ 的扩散，但河口中的盐类将有效中和阳离子交换位点，由此促进了 $NH_4^+$ 的扩散并最终提高了交换速率（Gardner et al.，1991）

扩散进入沉积物的 $O_2$ 和 $NO_3^-$ 的同位素分馏有助于更好地理解沉积物的成岩作用和水体的氮循环。例如，细菌主导的反硝化作用排斥对含有 $^{15}N$ 和 $^{18}O$ 的 $NO_3^-$ 分子的利用而优先利用含有 $^{14}N$（Cline and Kaplan，1975；Mariotti et al.，1981）和 $^{16}O$（Lehmann et al.，2003）的 $NO_3^-$ 分子。因此，与“正常”的含氧水体相比，因反硝化作用产生的同位素分馏使得低氧水体中的 $NO_3^-$ 分子富集 $^{15}N$ 和 $^{18}O$（Cline and Kaplan，1975）。尽管近岸沉积物中向下扩散的 $NO_3^-$ 发生反硝化时的同位素分馏很小，但同周围的有机物和上覆水中的 $NO_3^-$ 相比，自沉积物向外扩散的 $NH_4^+$ 的 $^{15}N$ 同位素信号富集了 4.5‰（Branders and Devol，1997；Sebilo et al.，2003；Lehmann et al.，2004）。$NH_4^+$ 和有机物同位素特征上的这一差异是由于 $NH_4^+$ 在氧化区发生硝化作用时的同位素分馏造成的。对荷兰斯海尔德河口的研究表明，其淡水端和海水端 $NO_3^-$ 的 $\delta^{15}N$ 十分接近，分别为 8.8‰和 8‰（变化范围为 -2.2‰ ~ +12.7‰）（图 10.17；Middelburg and Nieuwenhuize，2001）。硝化作用与反硝化作用的平衡在斯海尔德河口不同水域是不断变化的（Soetaert and Herman，1995），这使得对同位素数据的解释非常困难。不过，河口下游相对较贫的 $\delta^{15}NO_3^-$ 数据可能反映了增强的硝化作用的影响。硝化细菌优先利用$^{14}NH_4^+$ 会导致较贫的 $\delta^{15}NO_3^-$ 的输出（Mariotti et al.，1984）。最后需要指出的是，其他一些研究表明，沉积物中通过 DNRA（硝酸盐异化还原为铵）过程产生的 $NH_4^+$ 分子中$^{15}N$ 极度贫乏（McCready et al.，1983），利用这一点可以进一步识别沉积物中发生的涉及氮的过程。以上研究都强调如何解读不同形态 DIN 中氮的同位素特征，毫无疑问，这些研究有助于我们认识河口和近岸海域中颗粒物沉积前后硝化和反硝化过程在氮循环中的作用。

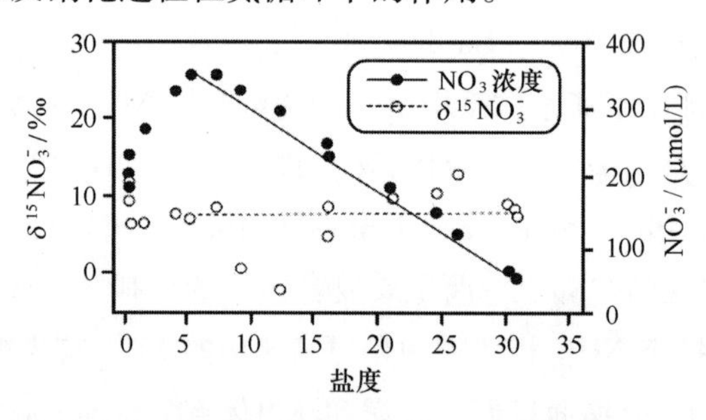


图 10.17 荷兰斯海尔德河口不同盐度条件下 $NO_3^-$（μmol/L）和 $\delta^{15}NO_3^-$（‰）的关系（Middelburg and Nieuwenhuize，2001）

## 第四节 一些河口的氮收支

营养盐的收支计算提供了一种定量比较各河口异同点的方法。正如我们在本章前面所讨论的，它也提供了一种确定各种源和汇的手段，这使得我们可以据此去理解和预测输入一个体系的营养盐的输运和归宿。最早在近岸地区构建氮的物质平衡模式的尝试是在一个世纪前的北海（Johnstone，1908）。从那时起，已有非常多的关于温带河口（例如 Billen et al.，1985，2001；Wulff and Stigebrandt，1989；Boynton et al.，1995；Nixon et al.，1995，1996；Kemp et al.，1997；Smith and Hollibaugh，1997；Savchuk，2000，2002；Prego，2002）、热带河口和亚热带河口（Smith，1984；Eyre，1995；Eyre et al.，1999；Mckee et al.，2000；Mortazavi et al.，2000；Brock，2001；Eyre and Mckee，2002；Ferguson et al.，2004）营养盐收支估算的文献发表。基于不同时空尺度的实测数据建立的经验公式或收支模式试图描述营养盐输入的季节变化，这对于阐明外源营养盐输入的重要性是非常有用的（例如，Boynton et al.，1995；Nixon et al.，1996）。然而，这种方法在估算河口和近海之间营养盐的交换时通常存在问题（Nixon，1987）。这是由于其利用了河口某种特定组分的输入和保留量的差值来估算交换速率这样一种简单方法。但是在河－海交界处，实测数据的时空变化非常大，加之特定组分的净交换量相对强潮流而言很小，因此这种一级收支模式实际上是存在问题的（Jay et al.，1997；Ferguson et al.，2004）。河口中营养盐的净输入或损失通常利用确定河口营养盐非保守行为的盐度混合曲线来评估（Officer，1979；Smith，1987）。

这种模式的研究大部分集中在北美和欧洲，通常的情形是，春季河流输入的营养盐很高，在低盐区颗粒物吸附作用强而中等盐度区浮游植物生产力很高（Kemp and Boynton，1984；Malone et al.，1996；Nixon et al.，1996）；随后是夏季月份中颗粒态营养盐的再循环，显示出与物理混合和光照条件密切相关的明显的季节变化（Kemp and Boynton，1984；Malone et al.，1996）。相比之下，热带和亚热带河口（研究相对不足）则存在完全不同的控制因素。例如，很多澳大利亚的河口会接收到偶发性的大流量的淡水输入，但大部分时间却是小流量的淡水输入并在相当长时间内很少变化（Eyre and Twigg，1997）。而且，这些河口通常水深很浅且全年不受光限制（Ferguson et al.，2004）。

在这一节中，我们首先根据 Nixon 等人（1996）的研究结果比较温带和热带河口氮的收支，并参考了 Dettmann（2001）对这些河口收支的最新估算（表 10.9）。随后，将这些结果与其他一些在温带和热带/亚热带河口开展的氮收支研究结果进行比较，试图找出控制这些河口氮循环的生物地球化学过程的异同。

分析切萨皮克湾、纳拉甘西特湾、波罗的海等温带河口氮的收支可以看出，总体上讲，大部分的氮来自上游的污水和化肥输入（Nixon et al.，1996）。湾内的总氮（TN）是净输出的（图 10.18；Boynton et al.，1995）。这些结果与以前的估算一致，即大约有 30% 的 TN 输出到近岸海域（Nixon，1987）。上述研究清楚地表明，来自陆源和大气的无机营养盐在输入切萨皮克湾后被非常快地处理掉了，反映了河口中元素的动态循环。还有其他一些对有着长期水质记录的温带河口的研究，这些对收支模型的构建并进而分析河口对流域中人类活动的响应很有帮助。例如，过去 50 年来，城市来源的氮输入法国塞纳河口的量基本没有变化，但是随着农业生产的发展，农业来源输入的氮增加了 5 倍（图 10.19；Billen et al.，2001）。虽然在 1950—1980 年期间巴黎经历了城市的迅速扩张，通过废水排放的氮确实增加了，但是由于废水处理能力与这一增长同步发展，因此基本上抵消了氮负荷的增长。然而由于流域水文条件的变化，现在自流域输入塞纳河的氮的总通量较 20 世纪 50 年代增加了很多。这使得流域中的反硝化作用以及河岸对氮的滞留效率降低了。例如，在 20 世纪 50 年代，高达 70% 的氮被流域中的河岸湿地去除；但由于自然变化和人类活动造成的流域水文条件的改变，与 20 世纪 50 年代相比，目前有更多的氮通过各种面源自流域输出而进入到河口中。

Nixon（1982，1992）发现在海洋和河口水体中渔业总产量与初级生产之间存在某种联系。虽然河口中初级生产对生物地球化学参数（例如营养盐，光照）的响应已经研究得很透彻，但是高营养级生物对初级生产的响应尚不十分清楚（Kremer et al.，2000）。在某些情况下，渔业产量可能对下行控制有很好的响应。生态系统网络分析非常详细地显示了切萨皮克湾底栖生物和浮游生物营养途径之间的相互作用，表明底栖食物资源与渔业生产密切相关（Baird and Ulanowicz，1989）。另外的一项研究表明，波罗的海中从初级生产到鱼类的营养转换效率高于切萨皮克湾（Ulanowicz and Wulff，1991）。输入到切萨皮克湾的总氮中约 9% 被鱼类所利用（主要是鲱鱼）（图 10.18；Boynton et al.，1995）。由于没有考虑鱼类种群迁徙的影响，被鱼类吸收的氮很可能被低估了（Kremer et al.，2000）。以墨西哥湾为例，鲱鱼的离岸迁徙可将初级生产固定的碳中约 5% ~ 10% 从近岸水体中去除（Deegan，1993）。

在热带/亚热带河口（例如澳大利亚的不伦瑞克河口），一个考虑了淡水存留时间和营养盐的简单模型就可以有效地预测浮游植物的生物量（Ferguson et al.，2004）。基于对全年不同流量时收支的情景模拟，已在不伦瑞克河口建立了一个氮循环的概念模型（图 10.20）。模型中描绘的氮循环的四个阶段是：高流量期、再循环增强期、秋季丰水期（中等流量期）和低流量期。在高流量期［图 10.20（a）］，水的存留时间小于 1 d，这使得颗粒态和溶解态物质从河口迁移到近岸水体中。体系中只有粒径较大的总颗粒氮（TPN）在低盐度区被截留下来。与北部温带河口类似，此时颗粒

**表 10.9　七个北美河口和四个欧洲河口氮的收支**

单位：mmol/($m^2$ · a)

| 河口输出 | 高地输入的氮 | | | | | 氮的保存 | 氮的损失 | | | | | 净值 |
|---|---|---|---|---|---|---|---|---|---|---|---|---|
| | 大气 | 固氮 | 河流和废水 | 其他来源 | 总输入 | 水柱 | 反硝化 | 沉积 | 渔业捕捞 | 其他 | 总损失 | |
| 波士顿港 | 203[a] | 0[i] | 7 554[a,b] | 134[a,c] | 7 891 | 0[j] | 683[d] | 187[e] | 很小[e] | 150[e,f] | 1 020 | 6 871 |
| 纳拉甘西特湾 | 91[g] | nd | 1 775[g] | 122[g] | 1 988 | 0[g] | 384[h] | 215[i] | 13[g,j] | na | 612 | 1 376 |
| 特拉华河口 | 见总量 | 见总量 | 见总量 | 见总量 | 2 100[k] | 0[j] | 825[l] | 255[j] | 很小[j] | na | 1 080 | 1 020 |
| 切萨皮克湾 | 113[m] | nd | 826[m] | nd | 939 | 0[j] | 245[m] | 326[m] | 83[m] | na | 654 | 285 |
| 波托马克河口 | 113[m] | nd | 1 981[m] | nd | 2 094 | 0[j] | 331[n] | 836[m] | 96[m] | na | 1 263 | 831 |
| 奥克洛科尼湾 | 82[o] | <3.5[p] | 5 910[j,o] | nd | 5 995 | 0 | 639[o] | 115[p] | 很小[j] | na | 754 | 5 241 |
| 瓜达卢普河口 | | | | | | | | | | | | |
| 1984 | 71[q] | 42[q] | 407[q] | nd | 520 | 24[q] | 281[q] | 1[q] | 30[q] | na | 312 | 184 |
| 1987 | 69[q] | 42[q] | 1 743[q] | nd | 1 854 | 29[q] | 281[q] | 59[q] | 74[q] | na | 414 | 1 411 |
| 波罗的海 | 60[r] | 26[r] | 126[r] | na | 212 | 14[t] | 162[s] | 11[r] | 5[r] | na | 178 | 20[s] |
| 诺斯敏讷峡湾 | 77[t] | nd | 11 795[t] | na | 11 872 | 115[t] | 207[t] | 见其他[u] | 见其他[u] | 123[u] | 330 | 11 427[v] |
| 西斯海尔德水道 | | | | | | | | | | | | |
| 20 世纪 70 年代 | nd | nd | 8 289[w] | 5 615[w] | 13 904 | nd | 5 615[w] | 1 070[w] | nd | na | 6 685 | 7 219[w] |
| 20 世纪 80 年代 | nd | nd | 9 626[x] | 8 022[x] | 17 648 | nd | 2 941[x] | 1 070[x] | nd | na | 4 011 | 13 637[x] |
| 北亚得里亚海 | 46[y] | 8[y] | 861[y] | na | 915 | nd | 287[y] | 77[y] | 14[y] | na | 378 | 537[y] |

a. Alber and Chan (1994)；b. 包括河流，污水，CSOs(合流制溢流污水)，污泥；c. 径流和地下水；d. Nowicki et al. (1997)；e. Kelly and Nowicki (1992)；f. 疏浚损失；g. Nixon et al. (1995). ；h. Nowicki (1994)；I. 215 是 Nixon (1995)总结的 134～296 的中值；j. Nixon et al. (1996)；k. Jaworski 私人通信；l. 825 是 Nixon (1995)总结的 825～1025 的低值，这个值是根据沉积物类型获得的(Biggs and Beasley，1988)，即假设反硝化只发生在非砾石(或碎石砂)的沉积物中；m. Boynton et al. (1995)；n. Hendry and Brezonik (1980)；o. Seitzinge(1987)；p. 115 是 Nixon 等人(1996)给定范围的中值；q. Brock et al. 未发表手稿，Brock 私人通讯；r. Larsson et al. (1985)；s. Wulff and Stigebrandt (1989)，反硝化是通过计算差值得到的；t. Nielsen et al. (1995)；u. 其他损失的总和(沉积和渔业)，计算差值得到(Nielsen et al.，1995)；v. 直接测定(Nielsen et al.，1995)；w. Billen et al. (1985)，反硝化是通过计算差值得到的；x. Soetaert and Herman (1995)；y. Degobbis et al. (1986)，反硝化是通过计算差值得到的；对于特拉华河口，上游各种来源的输入归并为总的输入。各项中标明“未测定(nd)”或“很小”的，在计算时按“零”计；na 为无法获得。净输出是通过计算差值得到的(净输出 = 总输入 - 保存在水体中的氮 - 总的损失)(Dettmann,2001)。

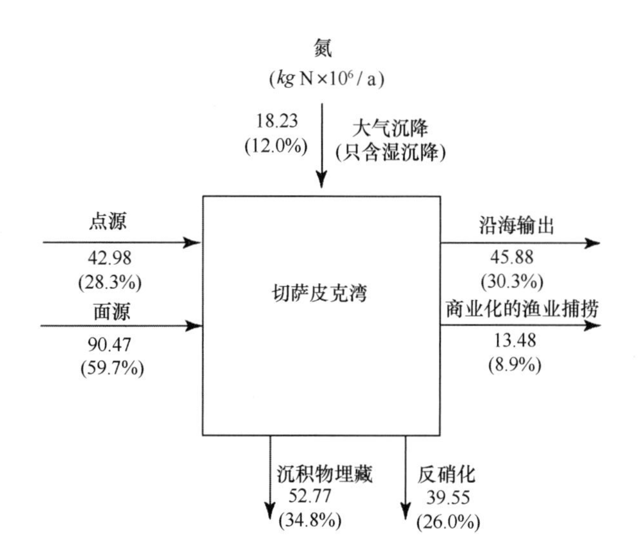


图 10.18　切萨皮克湾总氮的收支（$\times 10^6$ kg/a）（以 N 计）（Boynton et al.，1995）

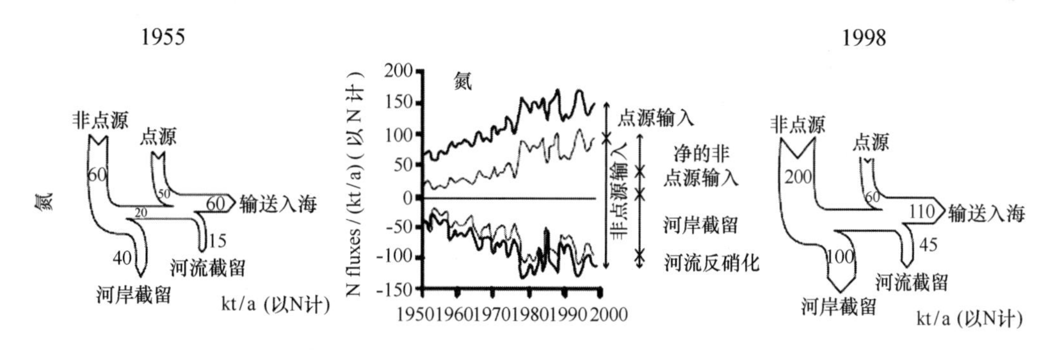


图 10.19　过去 50 年中输入到法国塞纳河口的氮（kt/a）（以 N 计）（Billen et al.，2001）

物对氮的吸附可能也非常重要（Kemp and Boynton，1984）。在再循环期［图 10.20（b）］，浮游植物对于 DIN 的吸收变得更加重要，此时 PN 连同再循环产生的 DON 成为氮的一个重要储库。很高的植物碎屑输入提供了大量易降解的有机物，导致沉积物释放出大量的 $NH_4^+$，随后又返回水体中为进一步的初级生产提供所需的营养盐。在这一时期，有相当一部分的 DON 可能会自河口输出到近岸水体。在丰水期（中等流量期）［图 10.20（c）］，由于大部分的氮已被输出到近海，因此没有明显的水华发生。同时，细菌引起的反硝化作用和对 DIN 的同化作用成为氮去除的主要机制。最后，在低流量期［图 10.20（d）］，主要由污水处理厂（STP）输入的 DIN 绝大部分被藻类水华和沉积物所消耗。低流量同时也减少了悬浮物的输入，这使得光照条件得以改善并刺激底栖微藻（BMA）吸收更多的氮；BMA 与硝化细菌之间的竞争造成了 $NO_3^-$ 的限制，降低了反硝化作用。应当指出的是，尽管在热带河口这种情景事实上可以在一年中的任何时间发生，但营养盐供应和淡水的存留时间似乎是控制这些情景能否发生的最重要因素（Eyre，2000；Ferguson et al.，2004）。

在澳大利亚的另外一个热带河口（莫顿湾），氮的输入主要是来自生物固氮（BNF）（9 177 t/a），这进一步突出了其与温带河口的区别，因为在温带河口，氮的固定相对不那么重要（例如 Boynton et al.，1995；Nixon et al.，1995；表 10.10）。莫顿湾中氮的第二个重要来源是大气沉

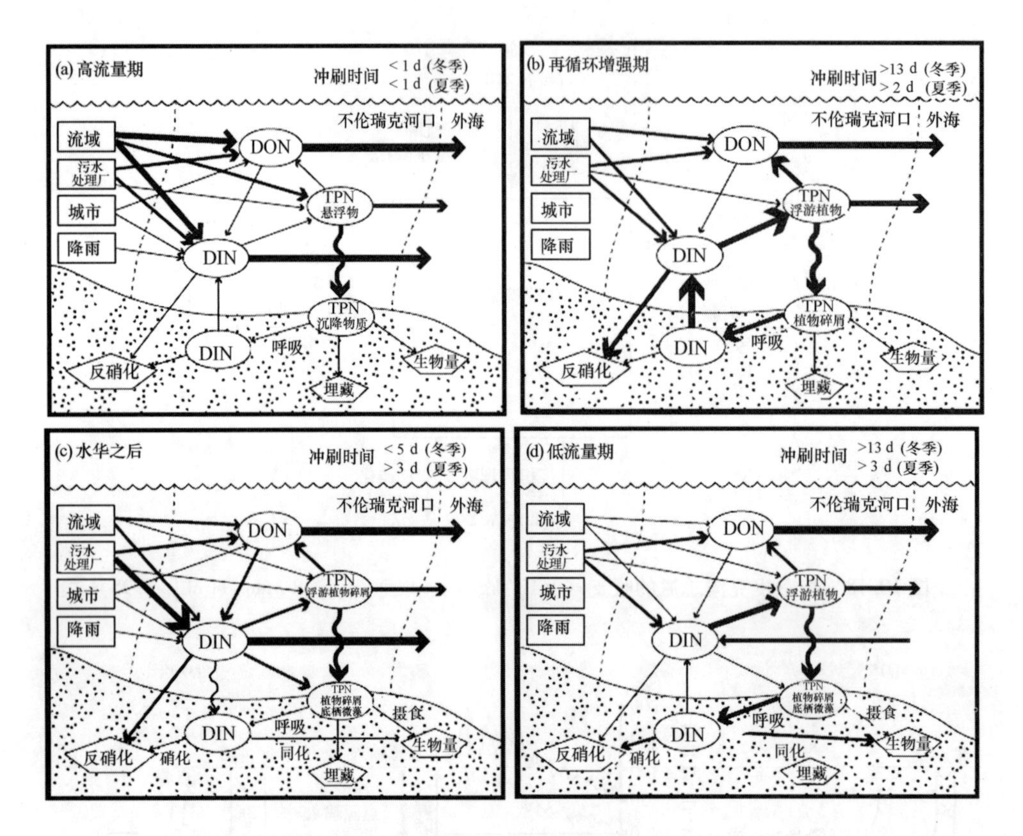


图 10.20　基于对澳大利亚不伦瑞克河口全年不同流量时收支的情景模拟建立的氮循环概念模型（Ferguson et al.，2004）

降（1 692 t/a），但只占全部氮输入的11%，与许多污染较重的温带河口相比，这个比例也是相对较低的（Paerl，1995）。不过，昆士兰州东南部是世界上城市化发展最快的5个区域之一，由于人口增长和输入河口的氮之间存在显著的正相关关系，因此，氮的输入会持续增加（Caraco，1995）。输入莫顿湾的氮大约有41%输出到近海，约56%的氮则通过反硝化作用而去除（Eyre and McKee，2002；表10.10）。因此，莫顿湾和很多温带河口之间的最大区别是：生物过程（例如BNF和反硝化作用）在莫顿湾氮的输入和损失中占据主导地位，而在温带河口则是由物理因素（例如径流量和存留时间）主导（Nixon et al.，1996）。相比于切萨皮克湾较低的反硝化速率和氮循环，莫顿湾很高的反硝化速率很可能是由于氮的快速再循环所致（Eyre and McKee，2002）。在其他一些沿墨西哥湾的亚热带河口，如美国的阿巴拉契科拉湾（Mortazavi et al.，2000）和纽埃西斯湾（Brock，2001）河口，反硝化作用是氮去除的主要因素。例如，纽埃西斯河口25%～40%的氮是由于反硝化作用而去除的（Brock，2001）。不过，在进行这样的概括时必须十分谨慎。比如，作为存留时间的函数，反硝化作用也可以是控制温带河口氮去除的主要因素（Nixon et al.，1996）。与以前的认识相比，人们现在意识到在波罗的海这样的温带河口，固氮可能是总氮收支的一个更为重要的组成部分（Larson et al.，2001）。

表 10.10　澳大利亚莫顿湾营养盐的收支

单位：t/a

| 收支组成 | 氮 |
| --- | --- |
| **现存量** | |
| 沉积物（固相） | 68 081 |
| 沉积物（间隙水） | 92 |
| 水体（总） | 777 |
| 生物体 | 33 695 |
| **输入** | |
| 点源 | 3 383 |
| 面源 | 571 |
| 大气 | 1 692 |
| 地下水 | 120 |
| 初级生产 | — |
| 固氮 | 9 177 |
| 总量 | 14 883 |
| **输出** | |
| 反硝化 | -8 152 |
| 浮游生物呼吸 | — |
| 底栖生物呼吸 | — |
| 疏浚 | -187 |
| 埋藏 | -31 |
| 渔业捕捞 | -147 |
| 浮石通道 | -160 |
| 海水交换 | -6 206 |
| **再循环** | |
| 海水-沉积物界面通量 | 5 841 |
| 生物吸收 | 73 000 |
| 浮游植物沉降 | 21 469 |

Eyre and McKee, 2002。

## 本章小结

1. 氮气占空气的 80%（体积比），是大气中含氮气体的主要形态。由于氮原子之间存在非常强的三键，氮气一般呈惰性，因此尽管其在大气中的丰度非常高，但大部分的氮气不能被生物所利用。

2. 河口中氮的来源是多样的，包括农业面源输入、城市和农村点源排放（例如废水、工业排放、雨水、溢流排放）等，涉及广阔的流域（例如城市、农业区、高地和低地森林）。

3. 由于许多河口是氮限制，因此输入流域并进而输送到近岸水域的氮通常会导致初级生产的增加，这会导致有害藻华（HABs）的形成和低氧，最坏的情形则是形成缺氧水体。氮增加的其他效应将在第十五章中讨论。

4. 在河流及河口中，溶解有机氮是TDN（总溶解态氮）的重要组成部分。

5. 河口中自生的DON可能来自生长活跃的浮游植物群落，它们释放诸如溶解态游离氨基酸（DFAA）这样非常适宜于细菌利用的小分子化合物。来自地表径流、植物碎屑浸出、土壤沥滤、沉积物以及大气沉降等外源DON的输入也是河口DON的重要来源。

6. 河口和近海涉及氮的生物地球化学循环的主要过程包括：（1）BNF（生物固氮）；（2）氨的同化；（3）硝化作用；（4）硝酸盐同化还原；（5）氨化或称氮的再矿化；（6）厌氧氨氧化；（7）反硝化和硝酸盐异化还原为$NH_4^+$；（8）DON的同化作用。

7. 生物固氮是由原核生物（既有异养的，也有光能营养的，有时还与其他生物共生）将$N_2$经过酶催化作用还原成为$NH_3$、$NH_4^+$或有机氮化合物的过程。

8. 氨的同化是$NH_3$或$NH_4^+$被生物吸收转化为有机氮分子的过程。

9. 硝化作用是$NH_3$或$NH_4^+$被氧化成为$NO_3^-$或$NO_2^-$的过程。

10. $NO_3^-$同化还原为$NH_4^+$的过程涉及同时发生的$NO_3^-$还原和生物吸收氮转化为生物质的过程。

11. 氨化作用或称氮的再矿化是指生物分解有机氮时产生$NH_3$或$NH_4^+$的过程。在大多数情况下，含氮有机化合物是蛋白质，氨化过程中肽键首先被破坏，随后氨基酸脱氨基产生$NH_3$或$NH_4^+$。

12. 厌氧氨氧化是指在厌氧条件下$NO_2^-$氧化$NH_4^+$，这可能是河口/近海海域以$N_2$形式发生氮损失的另一种机制。

13. 反硝化也称硝酸盐异化还原，是指微生物将$NO_3^-$还原成为NO、$N_2O$和$N_2$等气态形式氮化合物的过程。

14. DON的同化作用是指自养生物和异养生物吸收有机态氮（例如氨基酸）并将其转化为生物质的过程。

15. 相当一部分DON通过微食物网矿化并可被浮游植物利用。

16. 河口和近岸沉积物是细菌对营养盐再矿化的重要场所，其通过沉积物－水界面的营养盐交换也支持着浅海沿岸水体的生物生产。

17. 沉积物中营养盐再生后的比值偏离Redfield比值，这被认为是控制水深较浅的河口中生物代谢的重要因素。

18. 底栖微藻和大型底栖藻控制着沉积物－水界面营养盐的交换通量，并使氮保留在河口中；这与反硝化作用不同，其虽然也影响着沉积物－水界面营养盐的交换通量，但不会使氮保留在河口中。

19. 扩散进入沉积物的$O_2$和$NO_3^-$同位素分馏有助于更好地理解沉积物的成岩作用和水体的氮循环。例如，细菌主导的反硝化作用排斥对含有$^{15}N$和$^{18}O$的$NO_3^-$分子的利用而优先利用含有$^{14}N$

和$^{16}O$的$NO_3^-$分子。

20. 营养盐的收支计算提供了一种定量比较各河口异同点的方法。它也提供了一种确定各种源和汇的手段，这使得我们可以据此去理解和预测输入一个体系中的营养盐的输运和归宿。

21. 这种模拟研究大部分集中在北美洲和欧洲，通常的情形是，春季河流输入的营养盐很高，在低盐区颗粒物吸附作用强而中等盐度区浮游植物生产力很高；随后是夏季月份中颗粒态营养盐的再循环，显示出与物理混合和光照条件密切相关的明显的季节变化。相比之下，研究相对不足的热带和亚热带河口则存在完全不同的控制因素。

# 第十一章 磷和硅循环

## 第一节 河口中磷的来源

磷是水生态系统中研究最充分的营养盐之一，这是因为从生态和地质时间尺度上看，磷都起着限制初级生产的作用（van Capellen and Berner, 1989; Holland, 1994; Tyrell, 1999; van Capellen and Ingall, 1996）。磷与生物系统的另外一个重要联系是：它是构成遗传物质（RNA 和 DNA）、细胞膜（磷脂）和能量转化分子（例如 ATP 等）的一种必不可少的基本成分。因此，近几十年来海洋中的磷，尤其是涉及其收支平衡中的源和汇受到了广泛地关注（Froelich et al., 1982; Meybeck, 1982; Ruttenberg, 1993; Sutula et al., 2004）。向通常是氮限制的河口系统输入过量的氮，则会转变为磷限制；在这种情况下，磷会限制初级生产，N: P 比值会超过 Redfield 比值（16: 1），但是由于氧化还原条件改变所引起的沉积物产生的磷向水体的扩散又会对此进行补充。例如，最初输入的氮会使初级生产力增加，从而使系统变成磷限制；随后这些在氮输入早期产生的植物碎屑会因表层沉积物缺氧而再矿化，增强磷从沉积物向上覆水体的释放，从而再次促进初级生产。在氮输入高的河口，尤其是浅水系统，来自沉积物的磷对于初级生产的作用已被证实（Timmons and Price, 1996; Cerco and Seitzinger, 1997）。另一方面，许多沿海地区一直承受着大量人为来源的磷输入，某些地区甚至比工业革命前要高 10 ~ 100 倍（Caraco et al., 1993）。在许多情况下，磷和氮同时输入到河口系统，区分各自的影响是非常困难的（例如 HELCOM, 2001）。

在河口，磷的循环及可利用性主要取决于磷的形态。传统上，总磷（TP）被分为总溶解磷（TDP）和总颗粒磷（TPP）两种形态（Juday et al., 1972），进一步可以分为溶解和颗粒有机磷（DOP 和 POP）以及溶解和颗粒无机磷（DIP 和 PIP）。总磷储库中另一种被定义的组分是活性磷（RP），通常用来表征潜在的生物可利用磷（BAP）（Duce et al., 1991; Delaney, 1998）。迄今为止的许多工作聚焦于溶解活性磷（SRP），这一磷组分的特征是在酸性条件下可以生成磷钼酸盐化合物（Strickland and Parsons, 1972）。相当一部分的溶解活性磷是正磷酸盐（$H_2PO_4^-$）和酸不稳定有机化合物，例如磷酸单糖（McKelvie et al., 1995）。DIP 由 $PO_4^{3-}$、$HPO_4^{2-}$、$H_2PO_4^-$ 和 $H_3PO_4$ 组成，其在淡水和海水中的解离常数见表 11.1（Atlas, 1975; Stumm and Morgan, 1981）。这些形态的相对丰度随水生态系统中 pH 的变化而变化，$H_2PO_4^-$ 和 $HPO_4^{2-}$ 分别是淡水和海水中的常见形态（图 11.1; Morel, 1983）。通过 TDP 和 SRP 的差值可以估算 DOP，最近则将其称为溶解非活性磷（SNP）（Benitez - Nelson and Karl, 2002）；它可能代表了比 SRP 更大的一个磷的储库，也是海洋生物的一个重要磷源（Benitez - Nelson and Karl, 2002）。利用 $^{31}P$ 核磁共振波谱（NMR）发现，海洋环境中磷化合物[①]的优势组分是膦酸酯、磷酸单酯、正磷酸盐、磷酸二酯、焦磷酸盐、三聚或四聚磷酸盐（图 11.2；Clark et al.，1998；Kolowith et al.，2001），而在河流/河口中关于这方面的工作开展得很少。应当指出的是，膦酸酯是一大类具有 C－P 键的化合物，通常存在于磷蛋白（Quin，1967）和磷脂中（Hori et al.，1984）。

表 11.1　25℃时磷酸的解离常数

| | 蒸馏水[a]（p$K$） | 海水[b]（p$K$） |
|---|---|---|
| $H_3PO_4 \leftrightarrow H^+ + H_2PO_4^-$ | 2.2 | 1.6 |
| $H_2PO_4^- \leftrightarrow H^+ + HPO_4^{2-}$ | 7.2 | 6.1 |
| $HPO_4^{2-} \leftrightarrow H^+ + PO_4^{3-}$ | 12.3 | 8.6 |

a. Stumm and Morgan（1981）；

b. Atlas（1975）.

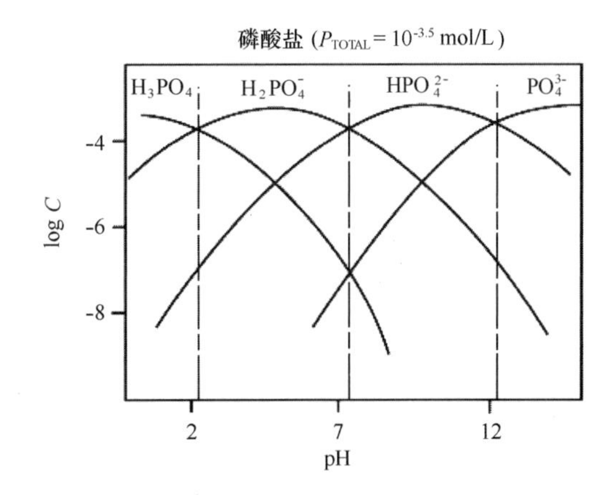


图 11.1　不同形态溶解无机磷的相对丰度与水生态系统中 pH 的关系，$H_2PO_4^-$ 和 $HPO_4^{2-}$ 分别是淡水和海水中的常见形态（Morel，1983）

河流是通过河口输入到海洋中的磷的主要来源，而河口是磷输送到海洋之前发生化学和生物转化的主要场所（Froelich et al.，1982；Conley et al.，1995）。输入河流的磷主要来自岩石的风化，这也是陆地系统磷损失的主要途径（表 11.2，Jahnke，2000）。磷是地球上丰度排第十位的元素，在地壳中的平均含量为 0.1%（Jahnke，2000）。磷灰石是地壳中磷含量最高的矿物，占地壳中磷总量的 95% 以上。风化过程中磷的产率取决于岩石类型。例如，磷在花岗岩中的含量较低（0.13%～0.27%），页岩中的含量较高（0.15%～0.40%），在玄武岩中的含量最高（0.40%～0.80%）（Kornitnig，1978）。每年有机物合成所利用的磷高于通过土壤损失或河流输送的量，这一事实突出了自然环境中磷循环的重要性（Berner and Berner，1996）。据估计，人类出现以前通过风化作用自河流输送入海的总磷通量在（9.8～16.8）$\times 10^{12}$ g/a 之间，包括 DIP、DOP、POP（土壤来源）以及

① 原著中此处为 DOP。——译者注

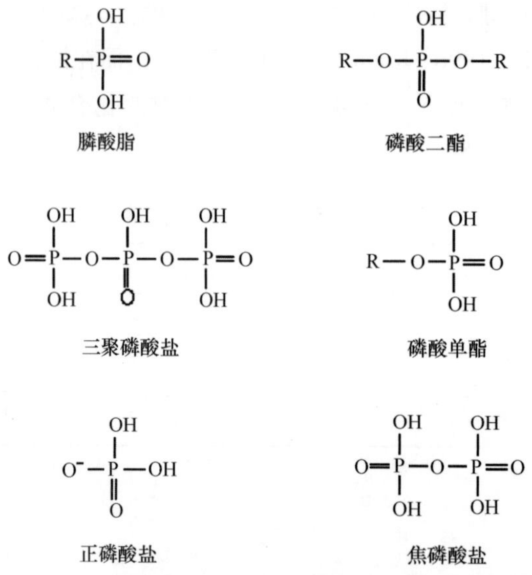

膦酸脂　　　磷酸二酯

三聚磷酸盐　　　磷酸单酯

正磷酸盐　　　焦磷酸盐

图 11.2　海洋环境中磷化合物的主要组分（膦酸酯、磷酸单酯、正磷酸盐、磷酸二酯、焦磷酸盐、三聚或四聚磷酸盐（Kolowith et al. , 2001）

铁结合态 PIP（表 11.3a；Compton et al. , 2000）。人类出现以前，DIP（正磷酸盐，包括 $H_2PO_4^-$、$HPO_4^{2-}$、$PO_4^{3-}$）的通量在（0.3 ~ 0.5）$\times 10^{12}$ g/a 之间；这是基于未受污染的河流中磷平均浓度在 7 ~ 10 μg/L 基础上得到的（Meybeck, 1982, 1993；Savenko and Zakharova, 1995）。DOC 中 C/P 重量比是1 000，据此计算出 DOP 的通量是 $0.2 \times 10^{12}$ g/a（Meybeck, 1982）；POP 的通量则是通过 POM 中C/P为 193 而计算得出的（Meybeck, 1983；Ramirez and Rose, 1992）。正如预期的那样，目前河流磷的输送通量更高了，DIP[①] 的通量范围在（0.8 ~ 1.4）$\times 10^{12}$ g/a 之间（表 11.3b）。通量升高主要是由于 PIP 和 DIP 的输入更高了，而风成的输入（其中大部分是颗粒）因为人类活动也增加了（Compton et al. , 2000）。由河流输送到海洋中的活性磷的通量范围比较宽，主要原因有两点：(1) 相比于溶解磷，颗粒磷占据主导地位；(2) 在穿过河口时，颗粒磷的溶解程度不同（Froelich, 1988）。因此，活性磷在小溪、河流和河口的季节性存储对于由河流向沿海输送的活性磷的组成和含量有显著影响。在过去的几十年里，由陆地侵蚀而来的颗粒物约 90% 保留在河流系统中（Meade and Parker, 1985），这对于磷的储存及再迁移具有重大意义，因为它涉及碳的输送、再矿化和沉积速率以及沉积物的氧化还原，具体将稍后在本章讨论。

**表 11.2　磷储库的量、总通量和停留时间**

| 储　库 | 总量 $A$/（$\times 10^{12}$ mol） | $\sum$通量/（$\times 10^{12}$ mol/a） | 停留时间/a |
| --- | --- | --- | --- |
| 大气 | 0.000 09 | 0.15 | 0.0006 (5.3 h) |
| 陆地生物 | 96.9 | 6.0 | 16.2 |

① 原著中此处为 total P。——译者注

续表

| 储　库 | 总量 $A$/（$\times 10^{12}$ mol） | $\sum$通量/（$\times 10^{12}$ mol/a） | 停留时间/a |
|---|---|---|---|
| 陆地 | 6460 | 9.81 | 949 |
| 表层海洋 | 87.5 | 34.2 | 2.56 |
| 海洋生物 | 1.6~4.0 | 33.6 | 0.048–0.19（18d–69 d） |
| 深海 | 2812 | 1.98 | 1420 |
| 沉积物 | $1.29\times 10^8$ | 0.71 | $1.82\times 10^8$ |
| 海洋系统总量 | 2902 | 0.12 | 24，180 |

Jahnke，2000。

**表 11.3a　人类出现之前磷入海通量**

| | $\times 10^{12}$ g/a① |
|---|---|
| **河流源磷** | |
| DIP | 0.3~0.5 |
| DOP | 0.2（最大值） |
| POP（0.5 源于土壤；0.4 源于页岩） | 0.9（最大值） |
| PIP，Fe 结合态（吸附到铁锰氧化物/氢氧化物上的磷） | 1.5~3.0 |
| PIP，碎屑 | 6.9~12.2 |
| **总河流磷** | 9.8~16.8 |
| 风成磷（干沉降磷） | 1.0（其中 20% 是活性的） |
| 总河流磷 + 干沉降磷通量 | 10.8~17.8 |
| 人类出现之前总潜在活性磷通量（DIP + DOP + POP + 铁结合态 PIP + 干沉降磷中活性部分） | 3.1~4.8 |

Compton et al.，2000.

① 原著中此处为 $\times 10^{12}$ $g^{-1}\cdot y$。——译者注

**表 11.3b　现代磷入海通量**

| | $\times 10^{12}$ g/a① |
|---|---|
| **河流源磷** | |
| DIP | 0.8~1.4 |
| DOP | 0.2（平均值） |
| POP（0.5 源于土壤；0.4 源于页岩） | 0.9（平均值） |
| PIP，Fe 结合态（吸附到铁锰氧化物/氢氧化物上的磷） | 1.3~7.4 |
| PIP，碎屑 | 14.5~20.5 |

续表

| | $\times 10^{12}$ g/a |
|---|---|
| **总河流磷** | 17.7 ~ 30.4 |
| 风成磷（干沉降磷） | 1.05（其中20%是活性的） |
| 总河流磷 + 干沉降磷通量 | 18.7 ~ 31.4 |
| 当今[②]总潜在活性磷通量（DIP + DOP + POP + 铁结合态 PIP + 干沉降磷中活性部分） | 3.4 ~ 10.1 |

Compton et al.，2000.

① 原著中此处为 $\times 10^{12}$ $g^{-1} \cdot y$。——译者注

② 原著中此处为"prehuman"。——译者注

一般认为大气来源的磷对沿海海域是无足轻重的；实际上，其只占河流输入活性磷通量的不足10%（Duce et al.，1991；Delaney，1998）。只有在高度寡营养的区域，例如大洋环流区和地中海东部（Krom et al.，1991，1992），大气输入的磷才会对初级生产有显著的影响；如在夏季和春季的地中海东部的黎凡特海盆（Levantine Basin），大气沉降的 DIP 对新生产的贡献高达38%（Markaki et al.，2003）。虽然气态的氮和硫化合物是自然环境中重要的组成部分，但是在水环境中没有发现相当数量的稳定的气态磷化合物。不过，磷化氢（$PH_3$）已经在缺氧的淡水沉积物、淹没湿地和污水处理设施中被检测出，这是在磷循环中产生的一种挥发性气体（Gassmann，1994；Glindemann et al.，1996）。水体沉积物中纳摩尔浓度的 $PH_3$ 不会对河流中的磷负荷有明显的贡献，但有助于磷从湿地中释放到大气中并进而迁移到其他区域（Wetzel，2001）。人类出现之前，源自沙尘和海盐粒子的风成干沉降输入到海洋的磷通量是 $1.0 \times 10^{12}$ g/a①，而现在源自沙尘、工业排放物和海盐粒子的风成干沉降则是 $1.05 \times 10^{12}$ g/a（表11.3a 和表11.3b；Compton et al.，2000）。

## 第二节　沉积物－水界面磷的交换通量

河口沉积物释放磷是一个普遍和重要的过程，并且随时间和空间的变化而不同。早期的一些利用海底界面通量现场培养装置进行的实验研究表明，在美国的纳拉甘西特湾（Elderfield et al.，1981a，b）、波托马克河口（Callender and Hammond，1982）、旧金山湾（Hammond et al.，1985）和瓜达卢普湾（Montagna，1989），磷的交换通量范围在30 ~ 230 mg/($m^2 \cdot d$)（以 P 计）之间。将墨西哥湾的河口与美国东海岸和欧洲的一些河口比较也可以发现，磷的交换通量差异很大（表11.4；Twilley et al.，1999）。除了密西西比河口之外，墨西哥湾磷的通量明显较低，这主要是因为输入这些地区的磷较少以及较短的存留时间。另一个控制沉积物中磷释放的关键因素是温度；例如，在很多温带河口，沉积物中大部分磷是经由微生物过程再生的，因此在夏季出现典型的高值。与此类似，沉积物中磷的释放还有一个基本模式，即释放量随盐度的增加而降低；在美国加尔维斯顿湾，水体中磷酸盐在温度较高和盐度较低的区域含量较高，这一自上游到下游横跨河口断面的时空分布

① 原著中此处为 $\times 10^{12}$ $g^{-1} \cdot y^{-1}$。——译者注

特征很好地诠释了上述模式（图 11.3；Santschi，1995）。空间上，处于潮下带和潮间带的不同位置也会影响磷浓度的时空分布；例如，潮间带泥滩被认为是磷的重要储库，会增加河口磷来源的空间差异（Flindt et al.，1997；Coelho et al.，2004；Lillebo et al.，2004）。暴露在空气中的沉积物比潮下带沉积物对磷具有更高的吸附容量（Lillebo et al.，2004）。实际上，葡萄牙蒙德古河口潜在的可输出 DIP 总量的 79% 存储在泥滩（Lillebo et al.，2004）。盐沼和海草植物覆盖的沉积物中释放的磷会大幅减少，这是由于沉积物中的磷被植物的根茎所吸附所致（Lillebo et al.，2004）。尽管可以从整体上来预测河口中磷从沉积物向上覆水体释放的季节变化模式，但具体机制仍然不很清楚。在下节我们将比较一些沉积物释放磷的关键机制来解释这些基本模式。

**表 11.4　近岸海洋环境中一些河口的沉积物－水界面平均交换通量**

| 河口 | 营养盐（$PO_4$）通量 /［μmol/（$m^2$·h）］ | 沉积物耗氧率（SOC）/［g/（$m^2$·d）］ | 参考文献[a] |
|---|---|---|---|
| **墨西哥湾河口** | | | |
| 奥克洛科尼湾 | | 0.90 | 1 |
| 阿巴拉契湾 | | | 2 |
| 莫比尔湾 | 3.9 | 0.55 | 3，4 |
| 密西西比河岸线 | 17.5 | 0.84 | 5，6 |
| 福利哥湾 | 1.4 | 1.03 | 7，8 |
| 福利哥湾 | －8.0 | 1.2 | 9 |
| 特里尼蒂－圣哈辛托河口 | 0.6 | 0.15 | 10 |
| 瓜达卢普河口 | －3.1 | 0.98 | 11，12 |
| 纽埃西斯河口 | －6.4 | 0.73 | 8，12 |
| 马德雷潟湖－上游 | －0.2 | 1.68 | 13 |
| **其他美国河口** | | | |
| 旧金山湾 | －4.2～54 | 0.35～0.70 | 13 |
| 纳拉甘西特湾 | 38～233 | | 14 |
| 切萨皮克湾 | | | |
| 　北湾 | －16.3 | 0.1～0.65 | 15 |
| 　中湾 | 0.0～148 | 0.01～0.86 | 15 |
| 　下湾 | －1.5～13 | 0.3～0.75 | 15 |
| 帕塔克森特河口 | 0.0～15.0 | 0.75～2.25 | 16 |
| 纽斯河口 | －2.3～46.0 | 0.70～1.87 | 17 |
| 绍斯里弗河口 | －8.3～23 | 0.71～2.72 | 17 |

a. 文献：1. Seitzinger（1987）；2. Mortazavi，未发表数据；3. Cowan et al.（1996）；4. Miller－Way，未发表数据；5. Twilley and McKee（1996）；6. Bourgeois（1994）；7. Miller－Way（1994）；8. Twilley，未发表数据；9. Teague et al.（1988）；10. Zimmerman and Berner（1994）；11. Montagna，未发表数据；12. Yoon and Berner（1994）；13. Hammond et al.（1985）；14. Elderfield et al.（1981a，b）；15. Cowan and Boynton（1996）；16. Boynton et al.（1991）；17. Fisher et al.（1982）。

Twilley et al.，1999。

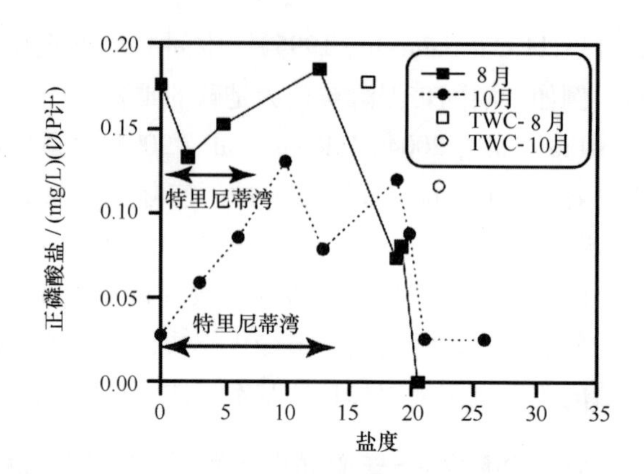


图 11.3　1989 年 8 月和 10 月，美国加尔维斯顿湾自上游到下游横跨河口断面磷的时空分布特征。得克萨斯水利委员会（Texas Water Commission，TWC）的数据比 Santschi（1995）采样早一周（Santschi，1995）

在有关淡水（例如，Roden and Edmonds，1997；Wetzel，1999；Hupfer et al.，2004）和海水（例如，Krom and Berner，1981；Sundby et al.，1992；Gunnars and Blomqvist，1997；Anschutz et al.，1998；Rozan et al.，2002；Sutula et al.，2004）体系中控制沉积物中磷释放和输送的机制方面已经开展了大量的研究工作。由于沉积物中的总磷不能反映磷的交换容量或生物可利用性，因此连续化学提取技术被用于有效地区分不同的磷储库（Ruttenberg，1992；Jensen and Thamdrup，1993）。沉积物中的磷一般分为以下几部分：(1) 有机磷；(2) 铁结合态磷；(3) 自生磷矿物［例如碳氟磷灰石（CFA），鸟粪石和蓝铁矿］；(4) 碎屑磷矿物（例如长石）（见 Ruttenberg，1993；Ruttenberg and Berne，1993）。更重要的是，在磷再生并通过间隙水从沉积物中释放出来的过程中，有机磷（Ingall and Jahnke，1997）和铁结合态磷（Krom and Berner，1981）被认为是活性最高的。

人们普遍认识到沉积物中大量的无机磷与铁和钙结合在一起，但对有机形态的磷缺乏了解。某些有机磷组分以植酸、核酸和腐殖质（Ogram et al.，1987；de Groot，1990）的形式存在。在有机物的成岩过程中有机磷发生再矿化而释放出 $PO_4^{3-}$。沉降有机颗粒中磷的显著减少进一步证明了异养细菌在将有机磷转化成磷酸盐过程中的重要作用（Wetzel，1999；Kleeberg，2002）。对于铁结合态磷而言，由于在厌氧环境中铁的氧化物被还原，从而使得磷从铁氧化物中释放出来（McManus et al.，1997）。许多铁结合态磷并非是晶体态的铁复合物，而是一类无定形的铁复合物（Anschutz et al.，1998）；无定形铁复合物定义为可被抗坏血酸滤取的那部分（ASC－Fe）。其他的一些实验研究显示，河口和淡水沉积物中磷的释放在很大程度上受控于 FeOOH 的还原（Gunnars and Blomqvist，1997）。因此，磷通过这些途径的释放又进一步受控于氧化还原条件的稳定性以及自生磷矿物形成的程度。

自生磷矿物的形成被证明对控制海水①中磷的去除起着重要作用（Ruttenberg and Berner，1993；Slomp et al.，1996）。与此类似，氧化的底层水可以减少磷的释放，这是由于间隙水中大部分的磷被铁（Ⅲ）氧化物吸附（Ingall and Jahnke，1997）。pH 的升高可增强 $OH^-$ 通过配体交换机制与 $PO_4^{3-}$ 竞争的能力，促进被水合铁铝氧化物吸附的磷释放（Lijklema，1977）。在碳酸盐体系中，pH 的降

① 原著中此处为沉积物。——译者注

低使吸附在方解石上的磷释放（Stumm and Leckie，1971；Staudinger et al.，1990）。磷灰石的化学沉淀一般有两条途径（Krajewski et al.，1994）：第一种途径中，间隙水相对于磷灰石而言是过饱和的，诸如磷酸八钙（OCP）或无定形磷酸钙（ACP）这一类前体化合物在过饱和的溶液中成核（Jahnke et al.，1983；van Cappellen and Berner，1988）；另一种则是在未饱和的间隙水中磷灰石直接成核（van Cappellen and Berner，1989）。许多近期的研究进一步支持磷酸八钙前体成核的途径而不是磷灰石直接成核（Gunnars et al.，2004）。显然，在河口沉积物释放磷的过程中，有关非生物和生物过程的作用还需要做更多的工作。

与淡水体系相比，海洋与河口体系中铁和硫之间的相互作用（Canfield，1989；Kosta and Luther，1995）使得控制磷释放的机制更加复杂。例如，Gunnar 和 Blomqvist（1997）的实验研究表明，FeOOH 的还原在控制沉积物－水界面磷的释放和流出过程中起着最为重要的作用。此外，淡水沉积物释放的流出液中溶解 Fe∶P 比值等于 1，但是海洋沉积物释放的流出液中这个比值小于 1。进一步的结果显示，与硫酸根含量较低的淡水系统相比，在具有高含量硫酸盐的海洋系统中，磷从沉积物中的迁出量（碳归一化）要高大约 5 倍（Caraco et al.，1990）。这种比值上的差别可能是由于 $Fe^{2+}$ 在海洋及河口体系中被铁的硫化物快速清除，结果生成了 FeS 和 $FeS_2$（黄铁矿）沉淀（Taillefert et al.，2000）；FeS 和 $FeS_2$ 在硫化氢存在的情况下很容易形成（Luther，1991；Richard and Luther，1997；Theberge and Luther，1997）。在海水及淡水体系中，缺氧的底层水中的硫化物的浓度与 $Fe^{2+}$ 的浓度呈显著负相关（图 11.4；Gunnar et al.，2004）；形成铁硫化物沉淀所需要的大部分硫化物来自厌氧环境下硫酸盐的还原（Postgate，1984）。关于铁和硫之间反应的更详细内容将在第十二章介绍。最近的研究表明，在美国里霍博斯湾，铁、硫和磷在溶解态和固相之间的转移与有机物输入负荷和氧化还原反应的季节性变化联系在一起（图 11.5；Rozan et al.，2002）。在夏季月份，由于生长在沉积物表面的大型藻类吸收磷酸盐，从而使得控制磷酸盐释放到上覆水体的机制更加复杂。一般来说，沉积物在夏季更偏还原性，而秋末和冬季则是偏氧化性的。在沉积物偏氧化性的时候，大部分的磷与 Fe（Ⅲ）的氧化物结合；在偏还原性条件下，铁结合态磷则释放出 $PO_4^{3-}$，并被那里的大型底栖藻类所吸收。研究表明，景观尺度上磷酸盐含量的变化与以底层碎屑为基础的热带溪流的上行控制有关（Rosemond et al.，2002）。其他一些微生物介导的过程也可以控制沉积物中磷的释放。例如，在淡水到半咸水体中，好氧的铁还原菌将无定形的 Fe（Ⅲ）化合物转变为 Fe（Ⅱ），并释放出与铁化合物结合的 $PO_4^{3-}$（图 11.6；Roden and Edmonds，1997）。好氧菌吸收的过量磷可以聚磷酸盐的形式储存下来；在还原性条件下，这些储存的磷又会因细菌在厌氧环境中的迅速分解而释放出来（Gäther and Mayer，1993；Hupfer et al.，1995）。在厌氧条件下，吸附在锰的氧化物上的磷也可以伴随着氧化物的还原溶解过程而被释放出来。

在淡水和河口/海洋体系中，控制沉积物磷释放机制的这些差异对在这些体系中观察到的氮限制和磷限制的差异有重要影响（Caraco et al.，1989，1990）。这些体系中的氮循环也不相同，并对这种基本范式的形成产生影响（例如，Paerl et al.，1987；Howarth et al.，1988a，b；Seitzinger et al.，2000，2002b）。已被普遍接受的观点是：淡水体系中的初级生产主要受磷限制（Hecky and Kilham，1988；Schindler，1977），而在海洋中则更多的是氮限制（Vince and Valiela，1973；Caraco et al.，1987；Geaneli，1987）。早期的研究表明，由近岸沉积物释放的营养盐中 N∶P 比值［$(NH_4^+ + NO_3^-)$/RP］约为 8，只是浮游生物生长所需的一半。氮限制被归因于沿岸水域很高的反硝化速率

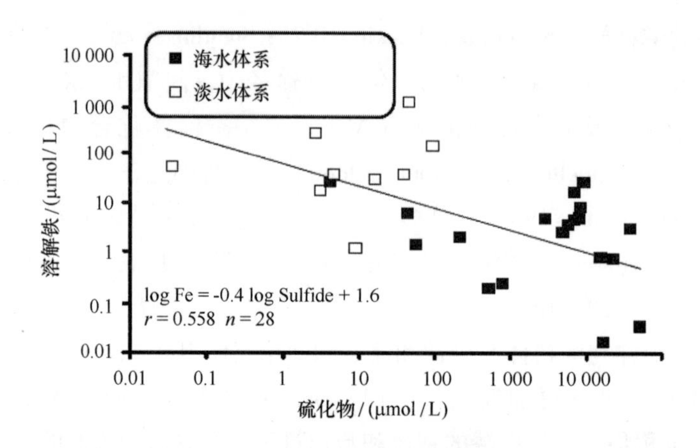


图 11.4 在海水和淡水体系中，缺氧的底层水中硫化物浓度（μmol/L）与 $Fe^{2+}$（μmol/L）浓度的对数值之间呈负相关（Gunnar et al.，2004）

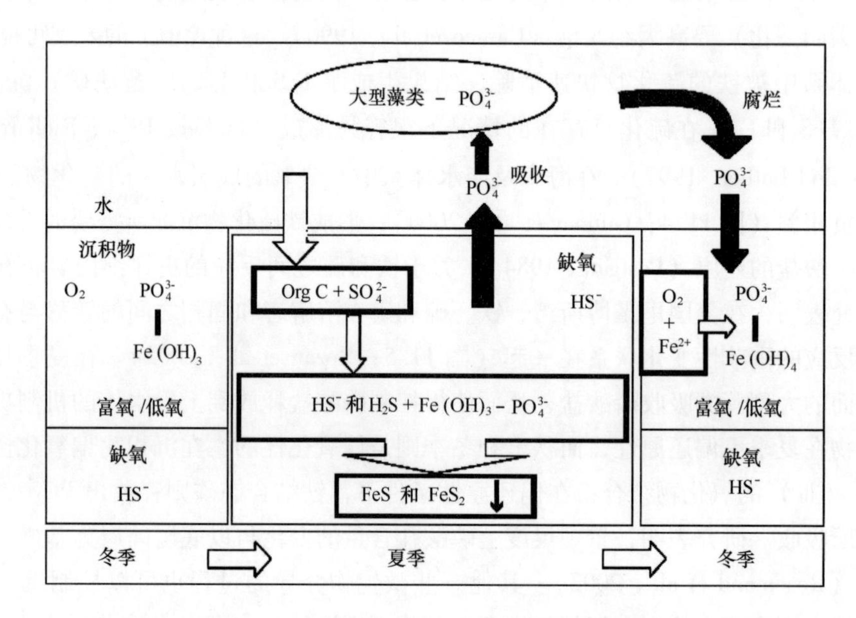


图 11.5 在美国里霍博斯湾，不同季节中铁、硫和磷在溶解态和固相间的转移及其与有机物输入负荷和氧化还原条件变化之间的关系（Rozan et al.，2002）

所造成的氮损失（Seitzinger et al.，2000）以及磷自沉积物中返回水体的高补充量。与此相反，由于低的反硝化速率和沉积物对磷很强的固定能力，可以预期在淡水体系中会有更多的磷限制（Caraco et al.，1990）。

与温带河口不同，热带碳酸盐河口体系往往是磷限制而不是氮限制，部分原因是热带体系中普遍存在着固氮作用（Carpenter and Capone，1981；Smith，1984；Short et al.，1985；Powell et al.，1989）。例如，对诸如丝粉藻这样的热带海草来说，是磷而非氮的可利用性对海草的生产起决定性作用（Smith and Atkinson，1984；Short et al.，1990）。与温带硅质碎屑体系的另一个重要的差异是，在热带碳酸盐体系中磷酸根离子以很高的速度吸附到碳酸盐岩基质上（Berner，1974；DeKanel and Morse，1978；Gaudette and Lyons，1980；Krom and Berner，1980b）；这就是为什么碳酸盐沉积物的间

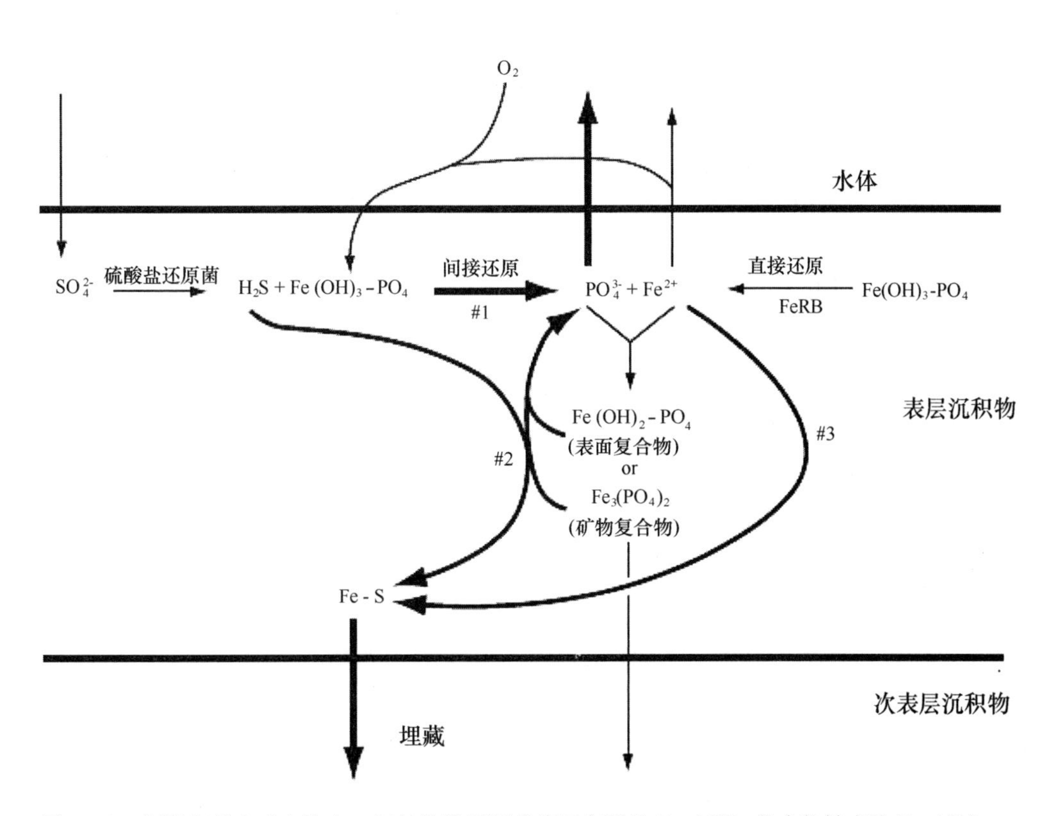


图 11.6　在淡水到半咸水体中，好氧的铁还原菌将无定形的 Fe（Ⅲ）化合物转变为 Fe（Ⅱ），并释放出与铁化合物结合的 $PO_4^{3-}$（Roden and Edmonds，1997）

隙水中溶解无机磷的浓度通常很低（Berner，1974；Morse and Cook，1978）。这方面的一个很好的例证是在美国的大西洋沿岸，从温带硅质碎屑体系到热带碳酸盐体系，生长在潮间带的大型藻类从氮限制转变为磷限制（Laponite et al.，1992）。类似地，有研究证明碳酸盐沉积物中有机磷的分解是与 DIP 的释放及被海草群落根系的快速吸收紧密耦合在一起的（Short，1987）。由于红树林湿地通常都是磷限制（Alongi et al.，1992；Rivera－Monroy et al.，1995；Davis et al.，2001），因此，这样的体系一般都表现出对 DIP 和 DOP 净吸收的趋势（Nixon et al.，1984；Boto and Wellington，1988）。最后需要指出的是，河口水域氮限制和磷限制的情况随时间变化也可以发生改变。例如，许多河口在春季是磷限制，夏季则转为氮限制（Conley，1999）。在春季和冬季，磷以铁结合态形式被储存，在夏季则伴随着温度的变化而释放出来，这可以解释在河口中观察到的营养盐限制随时间变化的大部分情况（Jensen et al.，1995）。这种氮限制和磷限制随时间变化而表现出的不同特征引起了关于河口营养盐管理策略的激烈争论（Conley，1999）。有关营养盐管理策略的更多内容将在第十五章讨论。

## 第三节　无机磷和有机磷的循环

在淡水和河口体系中，DIP 的浓度与悬浮颗粒物负荷之间均存在密切联系。实际上，在很多河口的研究都发现，存在着一个稳定的（或称“平衡的”）DIP 浓度范围（0.5～2 μmol/L）（Pomeroy et al.，1965；Liss，1976；Froelich，1988；Ormaza－Gonzalez and Statham，1991）。通过 DIP 在金属氧化物表面的吸附与解吸反应而产生的“缓冲”作用可使DIP的浓度保持稳定（Mortimer，1941；Carrit and Goodgal，1954；Stirling and Wormald，1977）。由于存在浮游植物的吸收以及阴离子对表面吸附点位的竞争，高盐度水体中SRP（活性磷）的可利用性很低，而这种磷的“缓冲”作用恰是对SRP低可利用性的一个有效补偿（Froelich，1988；Fox，1989）。例如，在美国特拉华湾（Lebo，1991）和荷兰斯海尔德河口，TPP（总颗粒磷）的浓度随盐度增加而减小，说明DIP从铝和铁的氧化物上解吸的重要性（DIP的解吸使得颗粒物中磷含量降低，但是这发挥了“缓冲”作用，有效地补偿了高盐度水域活性磷的不足）。类似地，密西西比河下游及路易斯安那内陆架水体中TPP含量随盐度增加而减小，也暗示存在磷的缓冲作用（图11.7；Sutula et al.，2004）。与此相反，Hobbie等人（1975）报道，进入美国帕姆利科河口的DIP有60%被颗粒物清除而进入沉积物中。其他的研究也显示，在像亚马孙河这样的大河体系中，DIP的浓度很大程度上受无定形氢氧化铁的控制（Fox，1989）。近期在亚马孙河及河口的研究表明，磷从铁的氧化物/氢氧化物上释放是近岸海域磷的一个重要来源，细菌降解河流输送的有机物则是磷的另一个重要来源（Berner and Rao，1994）。随盐度增加pH随之改变，这除了使FeOOH的表面电荷改变之外，还会使磷的形态由$H_2PO_4^-$转变为$HPO_4^{2-}$），从而阻止了磷酸盐与FeOOH结合（Zwolsman，1994）。此外，在河口的高盐度水域，方解石也可以作为吸附磷的载体（de Jonge and Villerius，1989）。不过另外一些研究则显示，在切萨皮克湾的各个区域，无机交换过程不能对DIP的浓度产生“缓冲”作用（Taft and Taylor，1976；Fisher et al.，1988；Conley et al.，1995）。当利用柠檬酸盐－连二硫酸盐－重碳酸盐提取液（CDB）研究表层和底层悬浮颗粒物的Fe:P比值时，可以清楚地看到这一比值随盐度的增加而降低（图11.8；Conley et al.，1995）。在加拿大圣劳伦斯河口，也观察到用CDB提取方法得到的Fe:P比值随盐度增加而降低的现象（Lucotte and d' Anglejan，1983）。这一利用CDB方法提取得到的Fe:P比值比切萨皮克湾要高10倍；说明切萨皮克湾悬浮颗粒物通过磷与铁的氧化物相互作用而产生的对磷的吸附容量较低（Conley et al.，1995）。因此，切萨皮克湾铁结合态磷的转化更多地受生物生产控制（例如浮游植物）。这一点与在切萨皮克湾中游和下游高盐度水域存在较低的Fe:P比值（CDB方法提取）相一致；在此区域，DIP的循环与浮游植物丰度之间存在很好的相关性，特别是在夏季尤为突出（Malone et al.，1988）。

另一个控制河口水体中磷浓度的地球化学/物理机制可能涉及颗粒物分选以及颗粒物－胶体之间的相互作用。例如，美国加尔维斯顿河口的颗粒磷与悬浮颗粒物（SPM）、正磷酸盐的分配系数（$K_d$）与SPM之间存在负相关关系，其中正磷酸盐的分配系数$K_d$＝［TPP（mg/kg）］/［正磷酸盐（mg/L）］（图11.9；Santschi，1995）。这个体系中总磷与正磷酸盐浓度呈显著正相关关系，说明大部分总磷由正磷酸盐组成。分配系数$K_d$和SPM之间的负相关关系通常被称为“颗粒物浓度效应”，放射性核素和痕量金属的有关研究工作为这种效应的存在提供了很好的支持（例如Honeyman and Santschi，1988；Baskaran et al.，1996；Benoit et al.，1994）。当一部分磷或痕量元素和放射性核素与粒径小于0.45 μm但分子量大于1 kDa的胶体结合时，这种效应就会出现（Benoit et al.，1994）。实际上，胶体磷占到了滤液中有机磷浓度的30%～80%，可观的数量足以说明这一效应。在淡水和海水体系中，胶体磷均已被证明与铁、腐殖酸以及其他有机分子结合（例如Carpenter and Smith，1984；Ridal and Moore，1990；Hollibaugh et al.，1991）。因此，这是与前面介绍的缓冲机制完全不同的另外一种控制P浓度的磷酸盐缓冲机制。

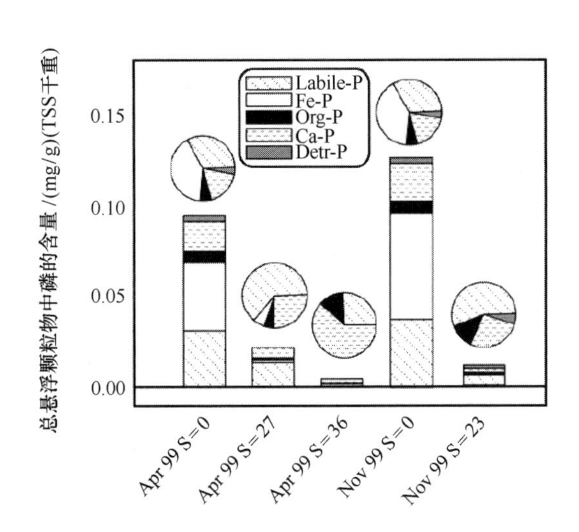


图 11.7 密西西比河下游和路易斯安那内陆架水体总悬浮颗粒物（TSS）中总颗粒磷的含量（μg/g）（TSS 干重）随季节和盐度增加的变化，总颗粒磷包括可交换磷（labile-P）、铁结合态磷（Fe－P）、有机磷（Org－P）、磷酸钙（Ca－P）和碎屑磷（Detr－P）（Sutula et al.，2004）

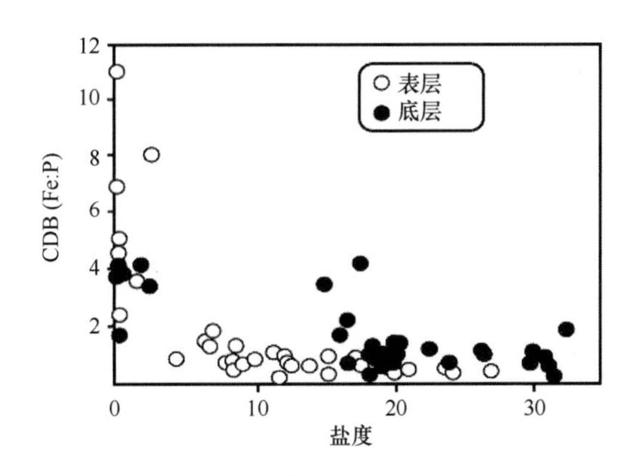


图 11.8 用柠檬酸盐－连二硫酸盐－重碳酸盐（CDB）提取的悬浮颗粒物提取液中 Fe: P 摩尔比随盐度的变化，样品采自美国切萨皮克湾不同盐度水域的表层（空心圆圈）和底层（实心圆点）水体（Sutula et al.，2004）

如前所述，在确定沉积物是磷的源还是汇时，沉积物和底层水体中溶解氧的浓度是一个重要的协变量。埋藏在波罗的海沉积物中的大部分磷被认为是与磷灰石结合的（Carman and Jonsson，1991）。在波罗的海的研究发现，底层水体中 DIP 与缺氧（低于 2.0 mL/L）水体覆盖的底部面积相关，而与过去 20 年来输入的总磷的变化无关（Conley et al.，2002）。缺氧底层水的扩展主要是由于这一时期波罗的海与北海输入的盐水之间的交换减少。磷的年际变化主要受水体交换减弱的影响，但长期地看，富营养化可能仍然具有实质性的影响。底层水体中 DIP 与溶解氧浓度之间存在负相关关系，表明沉积物向水体中释放 DIP（图 11.10；Conley et al.，2002）。向波罗的海沉积物岩芯样品中添加植物碎屑进行有机物输入负荷增加的试验，结果表明，从沉积物释放到上覆水体中的 DIP 显著增加（Conley and Johnstone，1995）。尽管在波罗的海通过削减磷和氮来降低富营养化的必要性存在相当大的争议（HELCOM，1993，1998，2001），但这项研究表明，气候因素驱动的底层水存留时

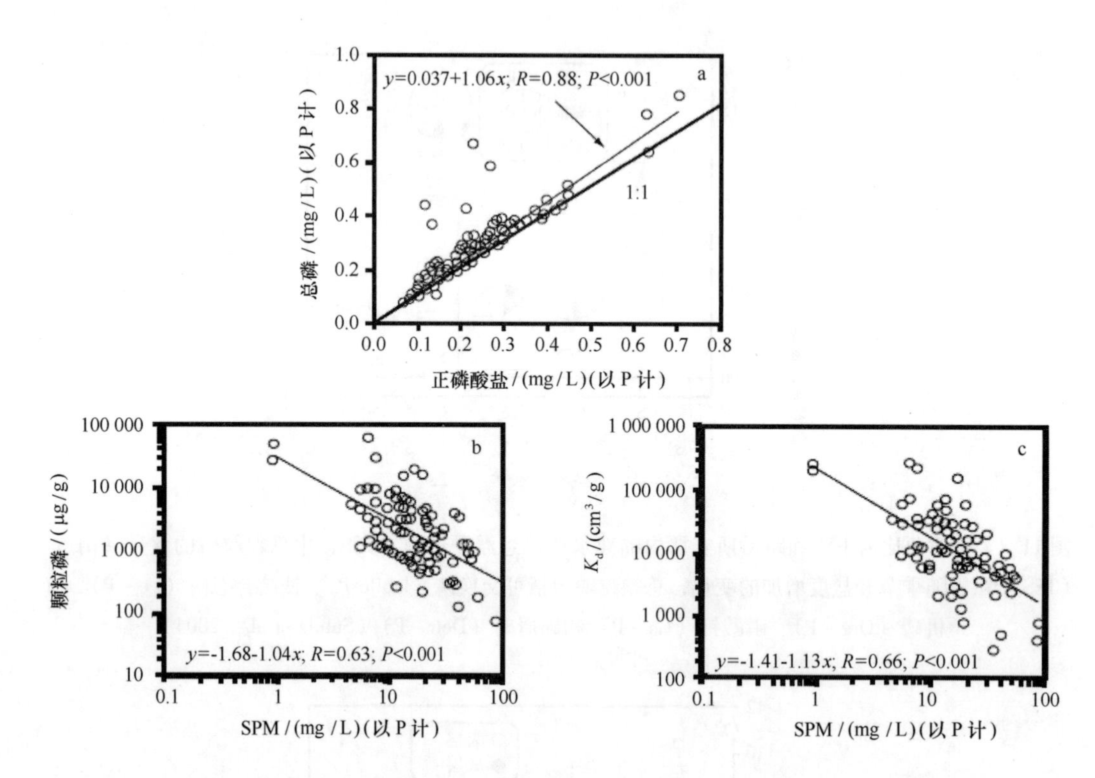


图 11.9　美国加尔维斯顿河口，颗粒磷与悬浮颗粒物（SPM）、正磷酸盐的分配系数 $K_d$ 与 SPM 之间存在负相关关系，其中 $K_d$ = ［TPP（mg/kg）］/［磷酸盐（mg/L）］（Santschi，1995）

间的变化以及随之而来的溶解氧浓度的变化可能控制着磷向上覆水体的释放，这对于未来控制波罗的海营养盐负荷的管理决策来说是一个重要的发现。

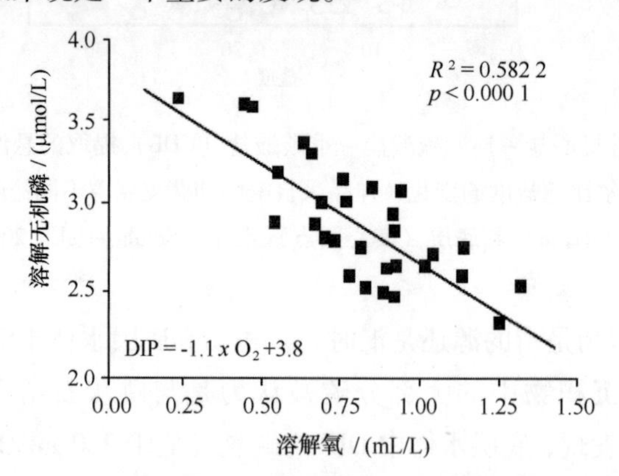


图 11.10　波罗的海底层水中溶解无机磷（μmol/L）和溶解氧浓度（mL/L）之间存在负相关关系（Conley et al.，2002）

在近海和河口体系中，DIP 在食物网中的可利用性所具有的空间和时间上的重要性因方法学问题而未得到充分认识。简单测定 DIP 的浓度仅能提供磷如何影响初级生产的有限信息。再次研读有关近海和河口的文献可以发现，新的磷放射性同位素技术是理解磷的动力学的一种非常有效的手段（Lal and Lee，1988；Waser et al.，1996；Benitez - Nelson and Buessler，1999）。这两种磷的放射性同位素是$^{32}P$（$t_{1/2}=14.3$ d）和$^{33}P$（$t_{1/2}=25.3$ d）；这两种同位素的衰变速率在时间尺度上肯定适用于河口体系中许多生物控制的过程。中国东海沿岸水体中TDP（溶解态总磷）的存留时间非常短（3～4 d），这表明即使非常低的磷浓度也足以支持高的初级生产（Zhang et al.，2004）。这项研究进一步说明，只测定DIP的浓度尚不足以充分理解磷在浮游植物研究中的作用。在那些DIP和DOP的时空动态更为活跃的河口体系中，类似的工作更是必需的。

虽然河流及河口中DOP的特性大多被忽略，但在密西西比河开展的一些研究显示，SNP的组成主要包括磷酸二酯、磷酸单酯、膦酸酯、正磷酸酯和三聚、四聚磷酸盐（Nanny and Minear，1997），海洋中的组成基本上也是如此（Kolowith et al.，2001）。在开阔海洋中，HMW DOM（高分子量的溶解有机物）中发现的大部分DOP由磷脂（75%）和膦酸酯（25%）组成（Kolowith et al.，2001）。无论如何，由于DOM会随时间而发生降解，因此相比于更具有生物可利用性的磷脂，反应活性较低的膦酸酯会在总DOM中占有更大的比例。膦酸酯和难降解磷脂在海洋沉积物中也十分丰富，这可能代表了有机磷的一个重要的汇（Ingall et al.，1990）。与此不同，最近的研究却显示，相对于其他生物可利用的磷脂，膦酸酯在缺氧水体中可能被优先去除（Benitez－Nelson et al.，2004）。从土壤输入的角度来看，在河口的河流端元，某些土壤中90%的总有机磷是以磷酸单酯的形式存在（Condron et al.，1985），也有一些膦酸酯存在（Hawkes et al.，1984）。通过输入河口的海洋端元和陆地端元的比较，至少可为河口中DOP的可能组成提供一些认识。

## 第四节　河口磷的收支

由于河口通常是氮限制而在淡水体系中是磷限制，因此早期关于磷循环的经典工作始于湖沼且重点在于磷负荷和缺氧情况的动态变化（Einsele，1936；Hutchinson，1938；Mortimer，1941）。随后开展了以湖泊富营养化为重点的磷收支研究并将收支研究成果应用于管理中（例如Vollenweider，1968，1975；Janus and Vollenweider，1984）。Vollenweider开展的大部分早期的模型工作聚焦于总磷的输出及保留，并利用物质平衡和经验模型来进行预测。更具体地说，这些研究首次建立了外部输入的磷负荷与湖泊中藻类生物量之间的关系。此后很久，研究者才开始关注河口中磷的作用（例如Smith，1984；Smith et al.，1991）。然而，淡水模型和河口模型的一个重要的根本性区别是，湖泊中强调的是总磷的保留，而在河口中则更重视溶解磷的输出（见Harris于1999年发表的综述）。

对欧洲和美国的许多温带河口进行的磷的收支研究显示，在过去的一个世纪中，人类活动输入的磷显著地增加了（Boynton et al.，1995；Nixon et al.，1996；Billen et al.，2001）。例如，输入切萨皮克湾的总磷比美国殖民前时期高13～24倍；不过近年来的削减行动使切萨皮克湾的某些支流磷的输入大大减少了。仅在最近的30年（1950—1980年）里，塞纳河口中由生活和工业源输入的磷就增加了3倍，这导致藻类生物量显著增加（图11.11；Billen et al.，2001）。与多数温带河口磷的收支不同，输入塞纳河口的磷大部分来自点源。随着时间的推移，更为急剧的氮输入量的增加（近50年增加5倍）使这个体系在更多的情况下是磷限制。在研究切萨皮克湾磷的收支时可以发现，总磷存在向陆的净交换，总氮的情况则恰好相反①（图11.12；Boynton et al.，1995）。由渔业捕捞引

① 原著中此处为“相似”。——译者注

起的总磷损失总体上很少，但是埋藏的PP（颗粒磷）是大量的，其超过了陆源和大气输入的量。总氮向近海是净输出，总磷则是净输入（自近海向河口）。而且，总磷的输入量与陆源和大气的输入量之间存在正相关关系。切萨皮克湾中保留的总磷量与河口的形态和环流模式有关（Boynton et al.，1995）。正如第十章中所讨论的，保留时间对河口中的氮和磷而言都是控制其净输入或输出的关键因素（Nixon et al.，1996）。在波罗的海，磷的存留时间相对于氮而言要更长，这使模型的建立更加复杂；这些模型试图预测磷的减少（相对于氮）对浮游植物生产力的影响（Savchuk and Wulff，2001）。虽然大部分的总磷留在了切萨皮克湾，但是这些磷对浮游植物的可利用性如何却仍然不能确定（Keefe，1994）；这再次说明需要对不同形态的磷进行更具体的研究以评估这些问题。在纳拉甘西特湾，从河流输入的磷在丰水年和枯水年间差别不大（Nixon et al.，1995）；这表明大部分的DIP和DOP是由上游点源输入到河流的；不过非点源过程似乎控制着大部分TPP（总颗粒磷）的输入（Nixon et al.，1995，1996）。由近岸海域输入纳拉甘西特湾的磷通量与由陆源排放、上游排污、施肥等途径进入湾内的磷通量大致相当（Nixon et al.，1995）。污水排放输入的磷约占总磷输入量的20%。

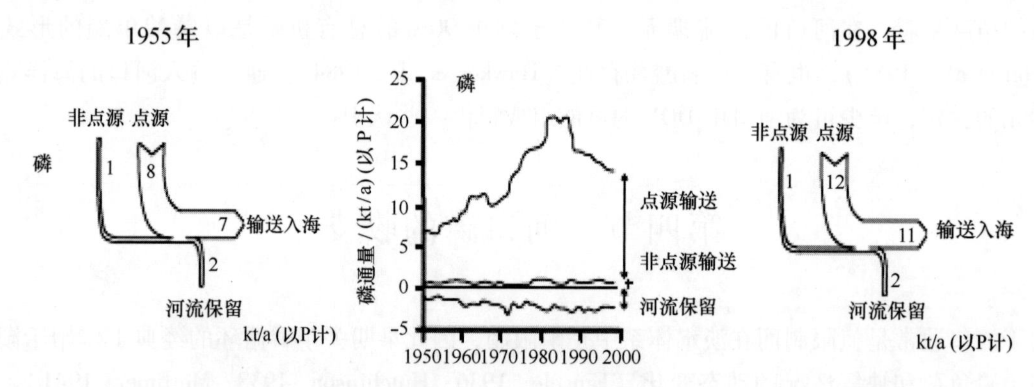


图11.11 过去30年来由生活和工业源输入到塞纳河口的磷的量（kt/a）（以P计）（Billen et al.，2001）

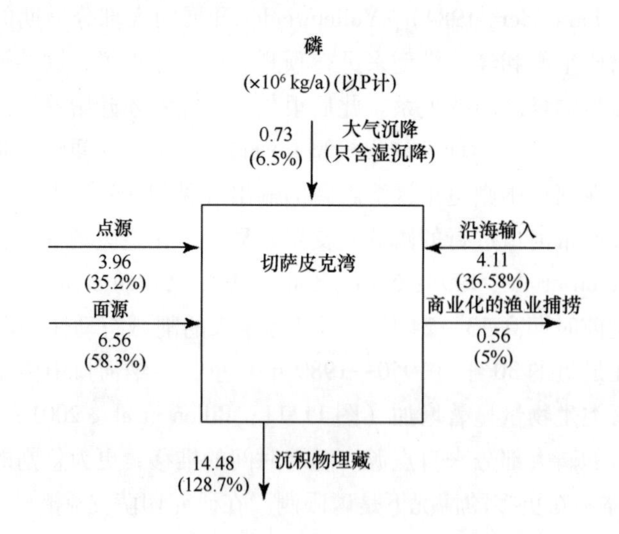


图11.12 切萨皮克湾总磷的收支（$\times 10^6$ kg/a）（以P计）（Boynton et al.，1995）

热带和温带水域磷的收支的主要差别，即点源是热带河口中磷的最主要来源，这在澳大利亚的莫顿湾尤为明显（表 11.5；Eyre and McKee，2002）。Nixon 等（1996）建立了氮和/或磷从河口向海洋的净输送量与平均存留时间的对数之间的函数关系，据此估计 70% 的磷自莫顿湾输出了。与其他近岸浅水系统相似，莫顿湾的存留时间较短（46 d），这是系统中磷大量流失的直接原因。与氮不同，在某些亚热带和温带系统，磷的归宿受相似的生物地球化学过程控制。在这些系统中，尽管因 DIN 被快速吸收而使得 DIN: DIP 比值较低，但大部分氮却可以通过固氮作用补充，所以较低的 DIN: DIP 比值并不能够使磷满足初级生产的需要（Smith，1991）。因此，尽管具有很高的固氮速率和反硝化速率，莫顿湾还是磷限制（Eyre and McKee，2002）。

**表 11.5 澳大利亚莫顿湾磷的收支** 单位：t/a

| 收支项 | 磷 |
|---|---|
| **现存量** | |
| 沉积物（固相） | 38 870 |
| 沉积物（间隙水） | 25 |
| 水体（总量） | 172 |
| 生物体 | 2 282 |
| **输入** | |
| 点源 | 1 182 |
| 非点源 | 131 |
| 大气 | 95 |
| 地下水 | 2 |
| 初级生产 | — |
| 固氮 | — |
| 总量 | 1 429 |
| **输出** | |
| 反硝化 | — |
| 浮游呼吸 | — |
| 底栖呼吸 | — |
| 疏浚 | -309 |
| 埋藏 | 36 |
| 渔业捕捞 | -6 |
| 浮石通道 | -71 |
| 海洋交换 | -1 007 |

续表

| 收支项 | 磷 |
| --- | --- |
| **再循环** | |
| 海底通量 | 2 885 |
| 生物吸收 | 9 960 |
| 浮游植物沉降 | 2 974 |

Eyre and McKee, 2002.

## 第五节　河口中硅的来源

虽然硅是地壳中含量位居第二位的元素，但是它在生物地球化学循环中的重要性相对有限（Conley, 2002；Ragueneau et al. , 2005a, b）。迄今为止大部分研究都集中在硅的风化（Wollast and MacKenzie, 1983）以及海洋中的硅循环（DeMaster, 1981；Tréguer et al. , 1995）；人们只是在最近才认识到，陆地生态系统的硅循环从全球尺度看是重要的（Conley, 2002）。输入海洋的硅大部分来自河流（占80%），而硅的损失则主要受控于生物硅或蛋白石的沉积（图 11. 13；Tréguer et al. , 1995）。全球河流中溶解二氧化硅（DSi）的平均浓度是150 μmol/L（Conley, 2002）；河流中 pH 值范围通常是7. 3 ~ 8. 0，溶解硅主要以硅酸（$H_4SiO_4$）形式存在（图 11. 14）。需要指出的是，近期的一些研究表明全球硅的收支显然存在一些不确定的问题，可能需要认真地重新进行评估。例如，赋存在颗粒物中的硅藻和植物硅酸体以无定型硅的形式输入到海洋中，其作用可能比之前估计的要大得多（Conley, 1997；Conley et al. , 2000）。类似地，近期的研究表明，生物硅在南极的埋藏可能被高估了35%（DeMaster, 2002）。另外一些研究还发现，由于海洋硅藻的细胞壁在埋藏时可以迅速转化为各种形式的自生铝硅酸盐，因此，硅的反风化作用在一些特定的环境（三角洲）中确实存在（例如亚马孙和密西西比三角洲）（Michalopoulos and Aller, 1995, 2004；Michalopoulos et al. , 2000）；不过这一过程对于硅收支是否具有全球意义尚不确定。在本章下一节，将重点讨论控制河口及河流中硅循环的关键生物地球化学过程。

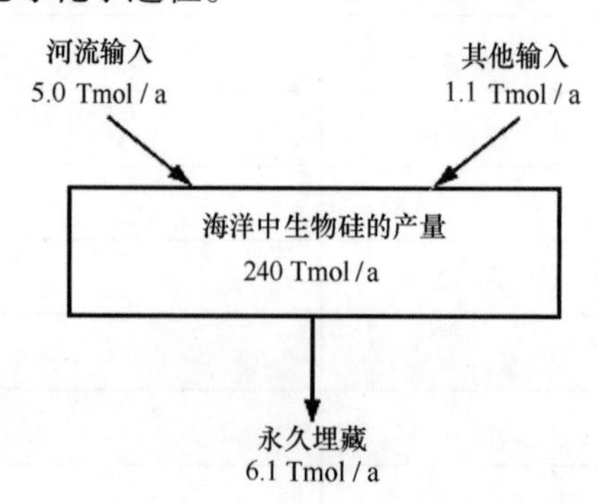


图 11. 13　全球海洋硅循环中硅的输入通量（Tmol/a）及埋藏量（Tréguer et al. , 1995）

海洋中的硅被假定处于稳态，即来自河流和其他一些次要来源的输入被因埋藏作用所产生的输

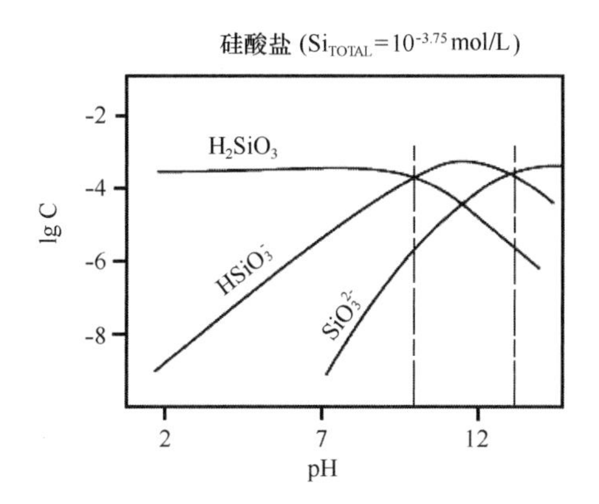


图 11.14　基于全球河流中溶解 $SiO_2$（DSi）的平均浓度为 150 μmol/L，河流中 pH 值通常为 7.3～8.0，计算出河流中以硅酸（$H_2SiO_3$）形式存在的溶解硅几种形态的相对丰度（Conley，1997）

出所平衡（Tréguer et al.，1995）。然而，在这些输入和输出过程之间存在着许多生物过程参与的再循环。例如，通过硅藻的生产过程，自河流输入到海洋中的硅被转化为生物 $SiO_2$（BSi）沉淀，形成一个巨大的生物硅储库，但其中只有很少一部分（3%）被埋藏。硅藻（硅藻纲）代表了 50% 的全球初级生产，其形成的细胞壁外壳由生物硅或蛋白石组成（van Cappellen et al.，2002）。尽管海洋沉积物中大部分的 BSi 来自硅藻、放射虫和海绵骨针（DeMaster，1981），但其他的组分例如植硅体（植物组织中积累的蛋白石）在近岸乃至开放海洋体系中可能也是重要的（Conley，2002）。海洋沉积物中 BSi 的输入较低，这是由于大部分硅藻蛋白石在沉降过程中都被溶解并重新返回到硅藻生产过程（Billen et al.，1983；Nelson et al.，1995）。在开放海洋的真光层中，BSi 的沉降是一个重要的过程，因为摄食引起的有机物再矿化要比生物硅溶解快得多，这使得硅在沉降中的颗粒物上相对于氮而言更加富集。因为与 BSi 有关，这个过程被称为“硅酸盐泵”（Dugdale et al.，1995），最近则又被称为“硅泵”（Brzezinski et al.，2003）。悬浮颗粒物中无定形硅的溶解要比难熔硅酸盐矿物容易得多（DeMaster，1981；Hurd，1983；Müller and Schneider，1993）。BSi 进入到沉积物后也会在间隙水中溶解（Jahnke et al.，1982；McManus et al.，1995）；因此间隙水中 DSi 的剖面分布呈现指数增长的形式，其最低浓度位于沉积物－水界面。铝的含量、硅藻细胞壁外壳表面积、温度、饱和度以及生物扰动的不同都会影响到沉积物中硅的溶解速率（van Cappellen et al.，2002）。最近的实验室试验（Bidle and Azam，1999，2001）及野外研究（Bidle et al.，2003）结果表明，去除硅藻细胞壁外壳上的有机层提高了 BSi 的溶解速率。应当指出的是，BSi 一直作为硅藻生物量和生产力的古示踪剂被广泛应用（Conley，1988；Ragueneau et al.，1996）；有关这方面的内容详见第三章。最后需要说明的是，虽然用于测定沉积物中 BSi 的方法有很多（大多是碱性溶液提取方法），但对两种应用最广泛的方法进行实验室间的比较发现，其结果是可比的（Conley，1988）。

全球海洋中通过河口输入的 DSi 中，河流是最主要的来源（80%）；然而，人类活动已开始改变河流中硅的含量和来源（Tréguer et al.，1995；Conley，2002）。例如，由于输入河流的氮增加使流域内硅藻生产和沉降增加，密西西比河输入近岸海域的 DSi 减少了（Turner and Rabalais，1991；Turner et al.，2003）。不过，大坝的增加也会使经河流输送入海的溶解硅减少（Conley，1993）。多瑙河（Humborg et al.，1997）和瑞典的一些河流（Humborg et al.，2000，2002）中 DSi 的减少也被归因于硅藻生产的增加促进了对 DSi 的吸收。在阿斯旺高坝建成后，埃及尼罗河的 DSi 锐减（降低了 200 μmol/L)(Wahby and Bishara, 1979)。这些因河流建坝而形成的高沉积速率和高初级生产区域的出现被称为“人工湖效应”(van Bennekom and Solomons, 1981)。最近在瑞典北部的研究表明，大坝建设使得河流水体与植被和陆面过程的联系丧失(即筑坝使水土流失减少、植被覆盖度改变，这减少了 DSi 向海洋的输入)[1]，这是 DSi 减少的第二种机制(Humborg et al., 2002, 2004)。河流悬浮物中负载的以硅藻和植硅体形式存在的 BSi 也是全球硅收支的一个重要的源，这需要进一步的评估(Conley, 1997, 2002)。因此，大坝建设引起颗粒物的损失、特别是悬浮物中植硅体的损失可能是 DSi 减少的第三种机制(Conley, 2002)。与其他一些被污染的体系不同，在过去的 50 年中，塞纳河营养盐负荷的改变实际上促进了硅藻的现场生产并使硅的保留增加(图 11.15; Billen et al., 2001)；更具体地讲，塞纳河硅藻生产增加，随后使 DSi 在泛滥平原(河漫滩)和沉积物中储存，这并没有改变硅向近岸海域的输送量。河流中 BSi 的另外一个来源是那些生长在小河流“静水区”的底栖硅藻，它们在洪水期可以离开栖息地并输送到较大的河流体系(Steveson, 1990; Reynolds, 1995)。在硅循环中还有一个因素需要考虑，即海洋硅藻单位体积中硅的含量比淡水硅藻低一个数量级(Conley et al., 1989)；人们假定这一差异可能是源于盐度的不同或海洋物种对低 DSi 环境的进化适应。

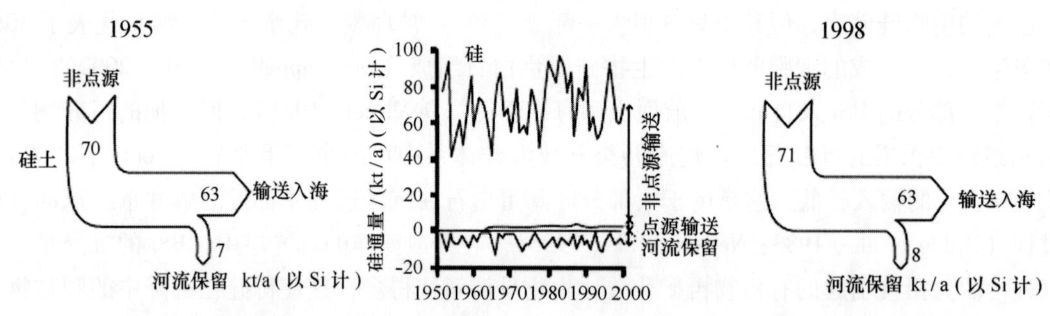


图 11.15 过去 50 年来塞纳河硅负荷(kt/a)(以 Si 计)的变化(Billen et al., 2001)

输入河口及近岸海域的其他一些 DSi 的次要来源包括海底地下水排放(SGD)和大气输入，在河口还包括来自近岸上升流的 DSi 输入(Ragueneau et al., 2005a, b)。就地下水排放而言，据目前的估计，其排放通量占地表径流通量的 0.01% ~10% (Taniguchi et al., 2002)。关于地下水中 DSi 对河口生物地球化学过程的影响，还需要进行更多的研究才能得出确切的结论。全球海洋中大气输入的硅约为 0.5 Tmol/a(以 Si 计)(Duce et al., 1991)，只占每年海洋中 BSi 总生产量的 0.2% 以及河流输送的 10%。河口及近岸水体也可能会接收到含植硅体的尘埃。有研究表明植硅体是尘埃粒子的一个重要组分(Romero et al., 2003)，尤其是当沿海大量焚烧森林和沼泽植被时。最后需要指出的是，沿岸上升流带来的 DSi 会使河口中的 DSi 产生脉冲式的明显升高。以位于大西洋东部海岸线的温带河口为例，比如位于西班牙伊比利亚半岛西北的加利西亚溺湾，上升流向溺湾提供了大量的来自海洋的硅[2](Prego and Bao, 1997; Prego, 2002)；在蓬特韦德拉溺湾，DSi 也会出现类似的现象(Dale and Prego, 2002)。

---

① 括号中的内容为译者所加。——译者注

② 原著此处为“氮”，译者根据上下文修改为“硅”。——译者注

# 第六节　硅循环

河口 DSi 在一年中的时空变化主要由河流输入和生物吸收的变化所引起。在切萨皮克湾，冬季和春季 DSi 的主要来源是河流输送（图 11.16；Conley and Malone，1992）。从河口上游到口门，DSi 从最大值降低到最小值，这主要是由于淡水输入的影响逐步减少。在夏季，相当一部分 DSi 来自底部的再生。湾内底层水体 DSi 的最高浓度也出现在夏季，因为 BSi 的溶解受到温度的强烈影响（Kamatani，1982）。在切萨皮克湾，硅藻对 DSi 需求中的大部分可以由沉积物中再生而释放到水体中的那部分来支持（D'Elia et al.，1983）。从空间角度来看，DSi 的最高浓度出现在中等盐度和海湾下游的底层水中，这里的再生速率最高。但春季硅藻对 DSi 的最大吸收速率也是在中等盐度水域，这导致了明显的硅限制（图 11.16；Conley and Malone，1992）。

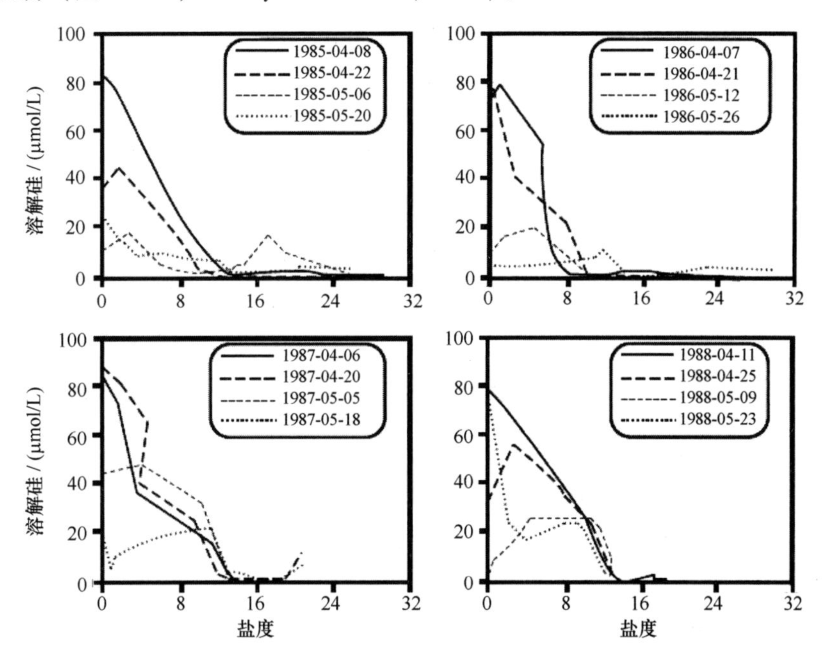


图 11.16　切萨皮克湾溶解硅浓度随盐度的时间变化

DSi 的可获得性控制着浮游植物的种类组成（Kilham，1971；Officer and Ryther，1980；Egge and Aksnes，1992）。例如，硅藻的生长依赖于 DSi 的可获得性，但非硅藻类浮游植物种类则与此无关。硅藻对 DSi 的吸收甚至可以发生在受到光限制的底层水或浑浊的表层水中（Nelson et al.，1981；Brzezinski and Nelson，1989）。然而，一旦 DSi 的供应减少，硅藻的生产就会降低，其他浮游植物种类将取代硅藻。切萨皮克湾的硅限制导致硅藻快速减少而蓝藻增加（Malone et al.，1991）。与此相似，从 20 世纪 50 年代到 80 年代，据估计密西西比河的 DSi 降低了 50%（Turner and Rabalais，1991），这使得路易斯安那近岸海域的硅藻受到了硅限制（Dortch and Whitledge，1992）。有害藻华（HABs）与 Si∶N 和 Si∶P 的降低有关（Smayda，1990；Anderson et al.，2002；Ragueneau et al.，2005a，b），许多比较常见的藻华种类是有毒甲藻（Stedinger and Baden，1984）、定鞭金藻（Lancelot et al. , 1987）以及某些硅藻（如澳大利亚伪菱形藻，*Pseudo - nitzchia australis*）（Scholln et al. , 2000）。

河口中 DSi 从沉积物向上覆水体的释放是硅藻所需溶解硅的一个重要的来源（D'Elia et al. , 1983），特别是在经常出现底栖 - 浮游耦合的浅水系统中。在河口及近岸海域，影响沉积物 - 水界面 DSi 交换通量的可能因素包括沉积物的渗透性、生物沉积和底栖微藻等（Ragueneau et al. , 2005a, b）。河口及沿岸陆架区 DSi 在海底 - 水体界面的交换通量典型值见表 11.6（Ragueneau et al. , 2005a）。通常粗颗粒沙质沉积物具有高的渗透性，由此引起的高冲刷速率和氧化性环境（Middelburg and Soetaert, 2003; Precht and Huettel, 2003）将促进有机物的再矿化速率（Marinell et al. , 1998; Jahnke et al. , 2000）。砂质沉积物中 BSi 的高溶解速率也被认为与有机物的高周转速率有关（Shum and Sundby, 1996; Ehrenhauss and Huttel, 2004）。DSi 自间隙水的涌出以及生物扰动的影响可能是 BSi 具有高溶解速率的原因（Ehrenhauss et al. , 2004）。食悬浮体动物或食底泥生物产生的生物沉积会引起絮凝状物质的积累，其密度和组成都与周围沉积物完全不同。表层生物沉积的变化对沉积物的物理和化学特性有显著影响，并可能改变硅的循环（Asmus, 1986; Dame et al. , 1991）。实际上已有研究表明，高密度的底栖滤食性生物使得 BSi 在沉积物中随季节不同而出现不同程度的保留（Chauvaud et al. , 2000）。不管 DSi 的扩散是受浓度梯度控制的菲克扩散驱动还是受前述提到的对流过程驱动，底栖硅藻都直接利用了上覆底层水或间隙水中的溶解硅（Facca et al. , 2002）；而底栖硅藻对溶解硅的吸收也会改变 DSi 的扩散通量（Graneli and Sundbäck, 1991）。

**表 11.6　不同近岸生态系统中溶解硅（DSi）在海底 - 水体间的交换通量**

单位：mmol/（$m^2$·d）

| 地　点 | DSi 通量 | 时　间 | 文　献 |
|---|---|---|---|
| 密歇根湖 | 2.2 ~ 10.1 | 4—8 月（1983—1985 年） | Conley et al.（1988） |
| 布雷斯特湾 | 0.8 ~ 2.6 | 4—6 月（1992 年） | Ragueneau et al.（1994） |
| 布雷斯特湾 | 0.11 ~ 6.25 | 5—11 月（2000 年） | Ragueneau et al.（2005b） |
| 波罗的海 | 0.2 ~ 1.8 | 1995 年 6 月 | Ragueneau et al.（2005b） |
| 圣尼古拉斯海盆 | 0.9 ~ 1.3 | 1983 年 8 月—1985 年 4 月 | Berelson et al.（1987） |
| 圣佩德罗湾 | 0.48 ~ 0.90 | 1983 年 8 月—1985 年 4 月 | Berelson et al.（1987） |
| 波托马克河口 | 1 ~ 25 | 1979 年 8 月 | Callender and Hammond（1982） |
| 切萨皮克湾 | 3.6 ~ 43.2 | 1980 年 7 月—1981 年 5 月 | D'Elia et al.（1983） |
| 斯卡格拉克海峡 | 0.55 ~ 3.97 | 3—9 月（1991—1994 年） | Hall et al.（1996） |
| 黑海西北部 | 0.2 ~ 6.7 | 1997 年 5 月，1995 年 8 月 | Friedrich et al.（2002） |
| 长岛峡湾 | 0.8 ~ 1.1 | 冬季 | Ullman and Aller（1982） |
| 白令海外陆架 | 0.3 ~ 0.8 | 1979—1982 年 | Banahan and Goering（1986） |

续表

| 地 点 | DSi 通量 | 时 间 | 文 献 |
| --- | --- | --- | --- |
| 亚马孙陆架 | 0.13～1.25 | 1989 年 8 月—1991 年 11 月 | DeMaster and Pope (1996) |
| 东斯海尔德水道 | 7.2～112.8 | | Prins and Smaal (1994) |
| 蓬特韦德拉溺湾 | 0.5～5.0 | 1998 年 2—10 月 | Dale and Prego (2002) |

Ragueneau et al., 2005a, b.

## 本章小结

1. 磷是水生态系统中研究最充分的营养盐之一，这是因为从生态和地质时间尺度上看，磷都起着限制初级生产的作用。磷与生物系统的另外一个重要联系是：它是组成遗传物质（RNA 和 DNA）、细胞膜（磷脂）和能量转化分子（例如 ATP 等）的一种必不可少的基本成分。

2. 在河口，磷的循环及可利用性主要取决于磷的形态。传统上，总磷被分为总溶解磷和总颗粒磷两种形态，进一步可以分为溶解和颗粒有机磷以及溶解和颗粒无机磷。总磷储库中另一种被定义的组分是活性磷，通常用来表征潜在的生物可利用磷。迄今为止的许多工作聚焦于溶解活性磷，这一磷组分的特征是在酸性条件下可以生成磷钼酸盐化合物。

3. 河流是通过河口输入到海洋中磷的主要来源，而河口是磷输送到海洋之前发生化学和生物转化的主要场所。

4. 一般认为大气来源的磷对沿海海域是无足轻重的；实际上，其只占河流输入活性磷通量的不足 10%。

5. 河口沉积物释放磷是一个普遍和重要的过程，并且随时间和空间变化而不同。

6. 沉积物中的磷一般分为以下几部分：(1) 有机磷；(2) 铁结合态磷；(3) 自生磷矿物 [例如碳氟磷灰石 (CFA)，鸟粪石和蓝铁矿]；(4) 碎屑磷矿物（例如长石）。

7. 与淡水体系相比，海洋与河口体系中铁和硫之间的相互作用使得控制磷的释放具有更加复杂的机制。FeOOH 的还原在控制沉积物 - 水界面磷的释放和流出过程中起着最为重要的作用。

8. 其他一些微生物介导的过程也可以控制沉积物中磷的释放。例如，在淡水到半咸水体中，好氧的铁还原菌将无定形的 Fe（Ⅲ）化合物转变为 Fe（Ⅱ），并释放出与铁化合物结合的 $PO_4^{3-}$。

9. 通过 DIP 在金属氧化物表面的吸附与解吸反应而产生的“缓冲”作用可使 DIP 浓度保持稳定。由于存在浮游植物的吸收以及阴离子对表面吸附点位的竞争，高盐度水体中 SRP（活性磷）的可利用性很低，而这种磷的“缓冲”作用恰是对 SRP 低可利用性的一个有效补偿。

10. 虽然河流及河口中 DOP 的特性大多被忽略，但在密西西比河开展的一些研究显示，SNP（溶解非活性磷，即 DOP）的组成主要包括磷酸二酯、磷酸单酯、膦酸酯、正磷酸酯和三聚、四聚磷酸盐。

11. 热带和温带水域磷的收支有一个主要差别，即点源是热带河口中磷的最主要来源。

12. 经由河口输入海洋的主要是溶解硅和悬浮颗粒物上的生物硅，而硅的损失则主要源于生物硅的沉降。

13. 河流输入到河口及海洋中的 DSi 通过硅藻的生长而被转化为一个大的 BSi 储库。

14. 密西西比河输入近岸海域 DSi 的减少被归因于输入河流的氮负荷增加，这促进了流域内的硅藻生产和沉降增加。

15. 河口 DSi 在一年中的时空变化主要由河流输入和生物吸收的变化所引起。

16. 河口中 DSi 从沉积物向上覆水体的释放是硅藻所需溶解硅的一个重要的来源。

# 第十二章　硫循环

## 第一节　河口硫的来源

硫（S）是河口中一个重要的氧化还原元素，因为它与 $SO_4^{2-}$ 还原（Howarth and Teal，1979；Jorgensen. 1982；Luther et al.，1986；Roden and Tuttle，1992，1993a，b；Miley and Kiene，2004）、黄铁矿（$FeS_2$）的形成（Giblin，1988；Hsieh and Yang，1997；Motrse and Wang，1997）、金属循环（Krezel and Bal，1999；Leal et al.，1999；Tang et al.，2000）、生态系统能量学（King et al.，1982；Howarth and Giblin，1983；Howes et al.，1984）及大气硫的释放（Dacey et al.，1987；Tuner et al.，1996；Simo et al.，1997）等生物地球化学过程存在着联系。在这些过程中形成的硫的中间体的价态在 + Ⅵ到 - Ⅱ之间。许多重要的天然存在的硫的分子形态列于表 12.1。在全球尺度上，大部分硫存在于岩石圈；然而在水圈、生物圈及大气圈间存在着重要的相互作用，会发生硫的迁移（Charlson，2000）。例如，煤炭及生物质的燃烧、火山喷发将 $SO_2$ 释放进入大气，其在大气中被进一步氧化，并在雨水中以 $SO_4^{2-}$ 形式被移除（Galloway，1985）。一个生源硫形成的例子是，海水中 $SO_4^{2-}$ 被浮游植物还原为硫化物，结果被结合形成二甲巯基丙酸（DMSP）；DMSP 又被转化为挥发性的二甲基硫［DMS；$(CH_3SCH_3)_m$］并进入大气。$SO_4^{2-}$ 是海水中的一种主要离子，其浓度的变化范围为（24 ~28）mmol/L，显著高于淡水中 $SO_4^{2-}$ 的浓度（~0.1 mmol/L）。这种显著差别使海水成为河口硫的主要来源，并在河口生物地球化学循环中建立了一个重要的梯度。本章重点讨论与河口及近岸水体生物地球化学循环相关的硫的非人为源的生物转化。

全球进入大气的硫通量中约 50% 来源于海洋 DMS 的释放。DMS 在大气中被氧化形成 $SO_4^{2-}$ 气溶胶，这能够影响全球气候模式（Charlson et al.，1987；Andreae and Crutzen，1997）。控制 DMS 从海洋真光层释放的关键过程是细菌代谢、水柱混合及光化学反应（Kieber et al.，1996；Kiene and Linn，2000）。在海洋中 DMS 的一种主要前体化合物是调节藻类细胞渗透压的 DMSP［$(CH_3)_2S^+CH_2CH_2COO^-$］（Charlson et al.，1987；Dacey et al.，1987）；DMS 形成自 DMSP 的酶裂解（Kiene，1990）。生物直接分泌、病毒裂解和摄食过程皆能释放溶解态的 DMSP（$DMSP_d$）（Dacey and Wakeham，1986；Malin et al.，1998）。$DMSP_d$ 一旦释放出来，浮游细菌就可通过代谢作用将其转化为硫酸盐、DMS 及甲硫醇（$MeCH_3$、$CH_3SH$）（Kiene and Linn，2000）。实际上，一种浮游细菌（如玫瑰杆菌，*Roseobacter* spp.）通常就可能完成海洋中大部分 $DMSP_d$ 的代谢以及 DMS 的产生（Zubkov et al.，2001）。DMS 的光化学降解产生非海盐硫酸盐、甲磺酸（$CH_3SO_3H$）和二氧化硫（Andreae，1986）。最近的研究也表明，DMSP 及其降解产物能够消除羟基自由基，可作为海洋藻类的抗氧化系统（Sunda et al.，2002）。尽管 $DMSP_d$ 被认为是 DMS 的一个重要来源，但 $DMSP_d$ 向 DMS 转化的效率较低（Kiene and Linn，2000；Kiene et al.，2000）。

表 12.1 天然存在的一些重要的硫化合物

| 价态 | 气态 | 气溶胶 | 液态 | 土壤 | 矿物 | 生物体 |
| --- | --- | --- | --- | --- | --- | --- |
| －Ⅱ | $H_2S$，RSH，RSR<br>OCS<br>$CS_2$ | | $H_2S$，$HS^-$，$S^{2-}$<br>$RS^-$ | $S^{2-}$，$HS^-$<br>MS | $S^{2-}$<br>HgS | 蛋氨酸<br>$CH_3S(CH_2)_2CHNH_2COOH$<br>半胱氨酸<br>$HSCH_2CHNH_2COOH$<br>胱氨酸 |
| －Ⅰ | RSSR | | RSSR | $SS^{2-}$ | $FeS_2$ | |
| 0 | $CH_3SOCH_3^+$ | | | $S_8$ | | |
| Ⅱ | | | $S_2O_3^{2-}$ | | | |
| Ⅳ | $SO_2$ | $SO_2 \cdot H_2O$<br>$HSO_3^-$ | $SO_2 \cdot H_2O$<br>$HSO_3^-$<br>$SO_3^{2-}$<br>$HCHOSO_2$ | $SO_3^{2-}$ | | |
| Ⅵ | $SO_3$ | $H_2SO_4$，$HSO_4^-$<br>$SO_4^{2-}$<br>$(NH_4)_2SO_4$ 等<br>$Na_2SO_4$<br>$CH_3SO_3H$ | $SO_4^{2-}$<br>$HSO_4^-$，$SO_4^{2-}$<br>$CH_3SO_3^-$ | $CaSO_4$<br>$ROSO_3$ | $CaSO_4 \cdot H_2O$<br>$MgSO_4$ | |

Charlson，2000

虽然迄今为止只有少数的研究，但已有的研究结果表明，近岸河口羽状流水域（Turner et al.，1996；Simo et al.，1997）和河口（Iverson et al.，1989；Cerqueira and Pio，1999）对大气 DMS 的贡献不可忽视。其他一些硫化合物，如羰基硫化物（COS）、二硫化碳（$CS_2$）等也可能是河口挥发性硫的来源。例如，在四个欧洲的河口中发现羰基硫、二硫化碳的浓度十分可观，分别高达（220 ± 150）pmol/L 和（25 ± 6）pmol/L（Sciare et al.，2002）。羰基硫是大气中最丰富的硫化合物，羰基硫和二硫化碳在全球辐射收支中可能发挥重要作用（Zepp et al.，1995）。近期的估算表明，$CS_2$ 在河口中水－气界面的通量可能与开阔大洋中的水－气界面通量相当，二者均占全球收支的约 30%（Watts，2000）。

## 第二节　河口沉积物中无机和有机硫的循环

在河口沉积物中，厌氧条件下的代谢是硫循环的一个重要途径（Jørgensen，1977，1982；Crill and Martens，1987；Roden and Tuttle，1992）。特别是在 $SO_4^{2-}$ 充足的条件下，$SO_4^{2-}$ 的还原（SR）是

在缺氧沉积物中发生的最后一个微生物呼吸过程，这导致 $H_2S$ 的生成（Capone and Kiene，1988）。有研究表明，在高生产力的浅水潮下带和盐沼环境中，硫酸盐的还原对于硫和碳的化学过程特别重要（Gardner，1973；Howarth and Teal，1979；King et al.，1985；Kostka and Luther，1994；Ravenschl et al.，2000）。实际上，一些硫酸盐还原菌（SRB）与互花米草（*S. alterniflora*）的根系密切相关，二者的交互作用在控制沼泽沉积物的生物地球化学循环中起关键作用（Hines et al.，1989）。脱硫弧菌科（*Desulfovibrionaceae*）和脱硫细菌（*Desulfobacteriaceae*）科的一些硫酸盐还原菌的优势属包括去磺弧菌（*Desulfovibrio desulfuricans*）、丙酸脱硫葱球菌（*Desulfobulbus propionicus*）、脱硫菌（*Desulfobacter* spp.）、杂食脱硫球菌（*Desulfococcus multivorans*）、可变脱硫八叠球菌（*Desulfosarcina variabilis*）和脱硫杆菌（*Desulfobacterium* spp.）（Rooney－Varga et al.，1997；King et al.，2000）。在被污染的沉积物中，一些硫酸盐还原菌在甲基汞（$CH_3Hg$）的形成过程中也很重要（详见第十四章）。输入到沉积物－水界面的硫酸盐及碎屑硫是沉积物中硫的来源。通过硫酸盐还原（SR）分解有机质的反应可用下式表示（Richards，1965；Lord and Church，1983）：

$$2[(CH_2O)_c(NH_3)_n(H_3PO_4)_p] + c(SO_4^{2-}) \rightarrow 2c(HCO_3^-) + 2n(NH_3) + 2p(H_3PO_4) + c(H_2S) \quad (12.1)$$

其中，$c$、$n$ 和 $p$ 分别代表被分解有机质的 C:N:P 比值中的碳、氮、磷的摩尔数。

很大一部分硫酸盐还原反应产生的硫化物在沉积物氧化－还原界面又被重新氧化成硫酸盐。例如在切萨皮克湾沉积物中，在不同季节硫酸盐还原都导致间隙水中硫酸根浓度随深度增加而降低，而 $H_2S$ 浓度随深度增加而升高（图 12.1；Marvin－DiPasquale et al.，2003）。由于有机质含量和组成的差异及温度对微生物活动的影响，海湾中部水域沉积物间隙水中 $SO_4^{2-}$ 随深度消耗的速率明显高于海湾上游和下游水域。这个结果支持了早期的一项研究，即有机物是控制硫酸盐还原速率（SRR）的主要机制（Berner，1964；Goldhaber and Kaplan，1974；Lyons and Gaudette，1979）。近岸浅水体系和河口中硫酸盐还原速率的范围列于表 12.2（Roden and Tuttle，1993a）；由于在河口体系中影响硫酸盐还原的因素有很多，因此硫酸盐还原速率的变化范围较大。例如，在研究切萨皮克湾硫酸盐还原的时空变化时发现，在一年中硫酸盐还原速率随时间所发生的变化中，温度的贡献可达 33%～68%（Marvin－DiPasquale and Capone，1998；图 12.2）。尽管在实验室试验中硫酸盐还原动力学通常被按照具有饱和效应的一级莫诺型（Monod－type）反应来描述，这涉及 $SO_4^{2-}$ 浓度和有机物含量两个因素，但在很多情况下温度的影响可能最大（Nedwell and Abram，1979）。$SO_4^{2-}$ 对硫酸盐还原速率的限制作用只有在其浓度非常低（<3 mmol/L）的情况下才会出现（Boudreau and Westrich，1984）。切萨皮克湾三个区域中硫酸盐还原速率的空间变化主要受有机物的组成与含量、$SO_4^{2-}$ 的可利用性、生物扰动、上覆水中溶解氧的浓度、硫化物的再氧化速率以及铁的硫化物矿物的可利用性控制（Marvin－DiPasquale and Capone，1998；图 12.2）。应当指出的是，尽管在海湾上游水域硫酸盐还原速率较低，但在河口的淡水区和寡盐区，硫酸盐还原菌与 $SO_4^{2-}$ 的相关性高于 $SO_4^{2-}$ 浓度更高的区域（Loverley and Klug，1983；Roden and Tuttle，1993b）。对完整的岩芯样品（整个柱状样）进行动力学培养实验得到，切萨皮克湾寡盐区 $SO_4^{2-}$ 的半饱和浓度为 34 μmol/L；这个浓度大约是中等盐度水域沉积物岩芯中 $SO_4^{2-}$ 浓度的 1/20（Roden and Tuttle，1993b）。

硫酸盐还原过程中在间隙水中产生的溶解硫化物（DS）（$DS = S^{2-} + HS^- + H_2S$）能扩散进入到底层上覆水体中，并导致河口中溶解氧的损耗（Tuttle et al.，1987）。硫化物也能通过与羟基氧化铁

表 12.2 浅水潮下带和潮间带近岸沉积物中深度积分的硫酸盐还原速率[①]（上层 10～15 cm）

| 区 域 | 沉积物特性 | 水深/m | 温度/℃ | 硫酸盐还原速率/[mmol/(m$^2$·d)] | | 文 献 |
|---|---|---|---|---|---|---|
| | | | | 实测值 | 校正值[a] | |
| 切萨皮克湾中游 | 粉砂－黏土，有(无)生物扰动 | 10～40 | 25 | 10～90 | 10～90 | Roden and Tuttle, 1993a,b |
| 切萨皮克湾下游 | 砂－粉砂，有生物扰动 | 12 | 25 | 25～125 | 25～125 | |
| 美国长岛湾 Sachem | 粉砂－黏土，潟湖环境 | 2 | 23 | 10 | 12 | Berner and Westrich, 1985 |
| BH | 粉砂－黏土，潟湖环境 | ? | 22 | 50 | 70 | |
| NWC | 粉砂－黏土，有生物扰动 | 15 | 21 | 2 | 3 | |
| FOAM | 粉砂－黏土，有生物扰动 | 8 | 20 | 8 | 14 | Goldhaber et al., 1977 |
| DEEP | 粉砂－黏土，有生物扰动 | 34 | 22 | 2 | 3 | Aller, 1980 |
| 美国马萨诸塞州秃鹰湾 | 细颗粒，有生物扰动 | 15 | 19 | 12 | 23 | Novelli et al., 1988 |
| 美国马萨诸塞州上城湾 | 细颗粒，潟湖环境 | ? | 21 | 118 | 183 | |
| 美国罗德岛州纳拉甘西特湾，MERL 围隔生态系 | 细颗粒，有生物扰动 | 5 | 22 | 35～120 | 50～170 | Sampou and Oviatt, 1991 |
| 美国南卡罗纳州泥湾 | 细颗粒，有生物扰动 | 2 | 22 | 9 | 13 | Aller, 1980 |
| 美国北卡罗来纳州卢考特角湾 | 细颗粒，潟湖环境 | 10 | 25～27 | 90～180 | 90～180 | Crill and Martens, 1987 |
| 丹麦利姆水道 | 粉砂－黏土，有生物扰动 | 4～12 | 15～20(17.5) | 7～15 | 16～34 | Jørgensen, 1977 |
| 丹麦近岸潟湖 | 粉砂－砂 | 1 | 10 | 21.7 | 113 | Thode－Andersen and Jørgensen, 1989 |
| | 大叶藻碎屑 | 1 | 18 | 62.1 | 134 | |
| | 粉砂，有大型海藻 | 2 | 19 | 45.8 | 89 | |
| 波罗的海 | 粉砂－黏土，有生物扰动 | 10 | 10～12(11) | 4～8 | 19～37 | Bagander, 1977 |

续表

| 区　域 | 沉积物特性 | 水深/m | 温度/℃ | 硫酸盐还原速率/[mmol/($m^2$·d)] | | 文　献 |
|---|---|---|---|---|---|---|
| | | | | 实测值 | 校正值[a] | |
| 波罗的海-北海交汇区 | 泥质砂层/砂质泥 | 12~16 | 5~10 | 3~30 | 21~205 | Jørgensen, 1989 |
| | 细的或中等粒度砂质 | 7~16 | 5~10 | 0.2~1.4 | 1~10 | |
| | 粉砂质淤泥 | 15~17 | 5~10(7.5) | 7~13 | 48~49 | |
| 瑞典西北海岸 | 细颗粒,有生物扰动 | 8~13 | 15 | 12 | 36 | Gunnarsson and Ronnow, 1982 |
| | 贻贝养殖区 | 8~13 | 15 | 30 | 90 | |
| 荷兰西南部斯海尔德河口东部 | 贻贝床 | ? | 17~20(18.5) | 37~140 | 76~285 | Oenema, 1990a |
| | 废弃的河道(细颗粒) | ? | 15~16(15.5) | 10~60 | 28~170 | |
| 新西兰纳尔逊,特拉华入海口 | 泥质潮间带 | | 12 | 20 | 83 | Mountfort et al., 1980 |
| 苏格兰,泰河口 | 泥质潮间带 | | 12.5 | 22.3 | 88 | Parks and Buckingham, 1986 |

a 假定 $Q_{10}$ 为 3,校正为温度 25℃时的值;如果报道的温度是一个范围,则括号内的数值作为温度校正的基准值。本表修改自(Roden and Tuttle,1993a)。

① 本表的英文缩写代表具体采样点,如其中 MERL 为 Marine Ecosystem Research Laboratory,即海洋生态研究实验室。BH: Black Hole,黑洞;NWC: Northwest control,西北对照点;FOAM: Friends of anoxic mud,缺氧泥之友;DEEP:深水站位。——译者注

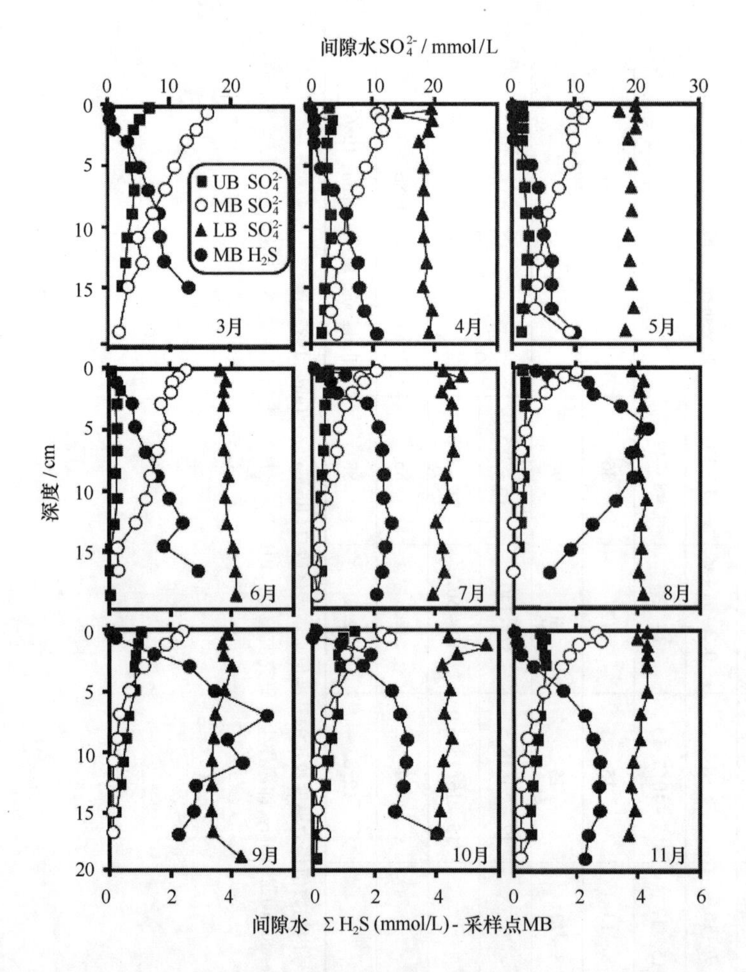


图 12.1　切萨皮克湾上游（UB）、中游（MB）和下游（LB）沉积物间隙水中 $SO_4^{2-}$（mmol/L）和 $H_2S$ 的深度剖面图（Marvin DiPasquale et al.，2003）

反应生成黄铁矿（$FeS_2$）而从间隙水中去除（Berner，1970，1984）。除了垂直方向的分子扩散控制着溶解态硫化物的迁移之外，在硫酸盐还原区下 $CH_4$ 生成过程中产生的气体鼓泡作用也会对间隙水中溶解态硫化物的驱除发挥重要作用（Roden and Tuttle，1992）。对切萨皮克湾（Roden and Tuttle，1993a）、长岛湾（Berner and Westrich，1985）和丹麦近岸沉积物（Jørgensen，1977）的研究表明，沉积物中形成的硫化物在经过一年的循环后大多数都不会在沉积物中保留。对切萨皮克湾中游和下游水域每一年中硫酸盐还原和硫化物埋藏的对比研究显示，产生的总硫化物中只有不足30%被永久埋藏在海湾中游的沉积物中（Roden and Tuttle，1993a）；近期的一些研究则表明这个比例可能低至4%～8%（Marvin－DiPasquale and Capone，1998）。然而在海湾上游，由于大量易反应性铁的存在和极低的生物扰动作用，每年却有超过50%的还原态硫被埋藏在这里；这项研究也支持了早期的一项研究结果，即还原性铁的可获得性（Berner，1970；Pyzik and Sommer，1981）、生物扰动以及沉积速率（Chanton et al.，1987a）是控制硫化物在沉积物中保留的关键因素。相对快速的硫循环在河口底层水体中碳的矿化以及溶解氧的消耗过程中具有显著贡献。

虽然硫酸盐还原一直被认为是厌氧的盐沼沉积物中有机物氧化的主要途径（Howarth，1993；

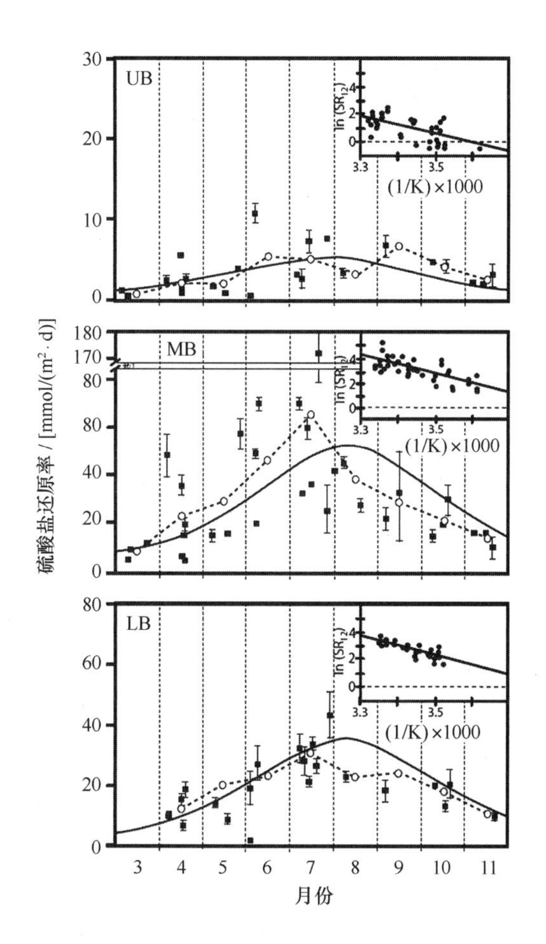


图 12.2 切萨皮克湾上游、中游和下游（UB、MB 和 LB）三个区域中 $SO_4^{2-}$ 还原速率（SRR）[mmol/(m$^2$·d)] 的时空分布（Marvin－DiPasquale and Capone, 1998）

Alongi, 1998)，但另外一些研究表明 Fe（Ⅲ）的微生物还原（FeR）也是控制这些沉积物中有机碳氧化的关键过程，并且这个过程和硫酸盐还原产生的溶解硫化物紧密联系在一起（Kpstka and Luther, 1995）。海洋和河口沉积物中 Fe（Ⅲ）、Mn（Ⅳ）和 U（Ⅵ）氧化物在有机物的非酶促氧化方面的作用已有研究报道（Aller et al., 1986; Sørensen and Jørgensen, 1987; Canfield et al., 1993）；然而最近的研究表明，在淡水和海洋沉积物中通过铁还原细菌（FeRB）发生的酶促反应在数量贡献上要比非酶促过程更为重要（Lovely, 1991; Lovely et al., 1991, 1993）。早期应用 16S rRNA 系统发育分析方法对淡水沉积物和水体进行了研究，鉴定出的铁还原菌优势种主要有金属还原地杆菌（*Geobacter metallireducens*）（Lovely et al., 1987）、腐败希瓦菌（*Shewanella putrefaciens*）（Lovely et al., 1989）和假单胞菌（*Pseudomonas* sp.）（Balashova and Zavarzin, 1980）；近期研究则表明在海洋和河口沉积物中乙酸氧化脱硫单胞菌（*Delsulfuromonas acetoxidans*）能还原 Fe（Ⅲ）和 Mn（Ⅳ）（Roden and Lovely, 1993）。在有机物分解过程中，大分子一般通过水解及发酵作用形成小分子量的脂肪酸、羟基酸、乙醇及分子氢（$H_2$）（Novelli et al., 1988）。特别是乙酸根（$CH_3COO^-$）和 $H_2$ 被认为是硫酸盐还原菌及铁还原菌能够利用的最丰富的发酵作用产物（Jørgensen, 2000; Thamdrup, 2000; Kostka et al., 2002a）。这两个微生物呼吸途径的化学计量式如下：

$$SO_4^{2-} + CH_3COO^- + 2H^+ \rightarrow 2CO_2 + 2H_2O + HS^- \quad (12.2)$$

$$8FeOOH + CH_3COO^- + 17H^+ \rightarrow 2CO_2 + 14H_2O + 8Fe^{2+} \quad (12.3)$$

需要指出的是，被还原的 $SO_4^{2-}$ 与被氧化的碳的摩尔比为1:2，这一点在现场沉积物的观测中已得到证实（Jørgensen，2000；Kostka.，2002b）。与不利用 $CH_3COO^-$ 的硫酸盐还原菌相比，利用 $CH_3COO^-$ 的硫酸盐还原菌似乎居于主导地位（Rooney - Varge et al.，1997；King et al.，2000）。应用 $^{14}C$ 标记的乙酸根进行实验，估算结果显示，在河口沉积物中约2% ~100%的乙酸根被利用，且生物可利用乙酸根的浓度随沉积物深度的增加而降低（Novelli et al.，1988）。对于铁还原菌而言，虽然无定形铁（如羟基氧化铁）被认为是铁还原菌还原的最主要形态，但晶体态铁化合物（如针铁矿）也可以被铁还原菌利用（Roden and Zachara，1996）。

在有植被覆盖和生物扰动的沉积物中铁还原菌的活性更高（Kostka et al.，2002b）。生物扰动和大型植物也是控制硫酸盐还原速率的一个重要因素，因为氧化剂［如 $O_2$、Fe（Ⅲ）和 $SO_4^{2-}$］藉生物扰动和大型植物可混合到沉积物的相当深度（Hins et al.，1989；Hines，1991；Kostka et al.，2002a，b）。以招潮蟹为例，它们钻出的洞穴有5 ~25 cm深，洞穴密度每平方米可达224 ~280个（Bertness，1985）。与此类似，沼泽植物（如米草）具有的根系区则可通过蒸发蒸腾作用及被动扩散促进沉积物与上覆水和大气间 $O_2$ 的交换（Dacey and Howes，1984）。大型植物的根系也可能会提供可被硫酸盐还原菌作为底物直接利用的DOM和POM（Schubauer and Hopkinson，1984）。在研究美国佐治亚有生物扰动（招潮蟹洞穴）与植被覆盖（互花米草）的沼泽沉积物和没有生物扰动与植被覆盖的沼泽沉积物这两种不同情况下固相铁、硫的分布时发现，在无生物扰动与植被覆盖的河岸（NUC）沉积物中总铁①含量明显低于有生物扰动与植被覆盖的堤坝（BVL）沉积物中的含量（图12.3；Kostka et al.，2002b）。总还原态硫（$TRS = H_2S + S^0 + FeS + FeS_2$）在沉积物中随深度的变化趋势与铁相反；即总还原态硫在NUC和BVL两种不同特征的沼泽沉积物中随深度增加分别升高和降低（图12.3）。在有生物扰动与植被覆盖的堤坝（BVL）沉积物中铁还原菌（FeRB）的数量（$10^7$个/g）也比无生物扰动与植被覆盖的河岸（NUC）沉积物中高两个数量级。上述结果表明在NUC沉积物中硫酸盐还原过程是主要的呼吸作用途径，而在BVL沉积物中铁还原是主导过程；因此，在盐沼沉积物中生物扰动和植被的活动能够刺激铁还原菌的活性并超过硫还原菌（Kostka et al.，200a，b）。在羟基氧化铁（Ⅲ）存在的情况下，异化铁还原在热力学上比硫酸盐的还原更易发生；然而由于硫酸盐还原菌产生的硫化物可作为Fe（Ⅲ）的还原剂（Yao and Millero，1996；von Gunten and Furrer，2000），因此硫酸盐还原菌能够通过活性羟基氧化铁（Ⅲ）的非生物还原而限制铁还原菌的活性（Butdige，1993；Wang and van Cappellen，1996）。在对美国萨佩洛岛（Sapelo Island）沼泽沉积物的研究中发现到，当夏季硫酸盐还原菌以很快的速率产生硫化物并导致羟基氧化铁（Ⅲ）还原时，铁还原菌的活性受到了抑制（Korestky et al.，2003）。早期关于硫酸盐还原的大多数研究集中在大米草为优势种的沼泽，最近的研究发现，一些湿地沉积物中最高硫酸盐还原速率出现在美国墨西哥湾沿岸的灯芯草（*Juncus roemerianus*）（针状草 *Needle rush*）沼泽中，其最高的年累积硫酸盐还原速率达22.0 mol $SO_4^{2-}$/（$m^2$·a）（Miley and Kiene，2004）。尽管具有如此高的硫酸盐还原速率，但间隙水中的溶解硫化物浓度却较低（<73 μmol/L），说明快速氧化或沉淀过程的重

① 原著为“总铁（Ⅱ）”，译者根据原始文献（Kostka et al.，2002b）更正为“总铁”。——译者注

要性。在这些亚热带体系显然需要更多的研究工作。

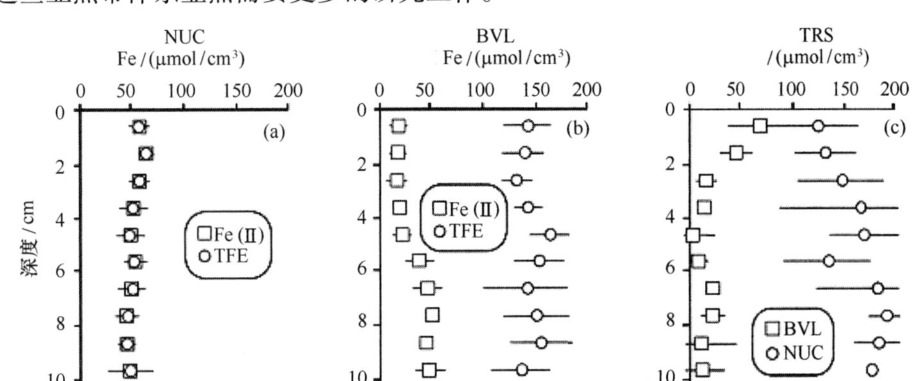


图 12.3 美国佐治亚沼泽沉积物中固相 Fe（Ⅱ）、硫和总还原态硫（TRS = $H_2S + S^0 + FeS + FeS_2$）的分布，BVL 代表有生物扰动（招潮蟹洞穴）与植被覆盖（互花米草），NUC 代表无生物扰动与植被覆盖（Kostka et al.，2002b）

在某些情况下，沉积物 - 水界面溶解硫化物的通量可能会受到河口中化能自养细菌垫的强烈影响；这些硫氧化细菌出现在有氧 - 缺氧界面处。分布在 $O_2$ 与 $H_2S$ 界面微区内（约 1 ~ 2 mm）的无色细菌主要是贝日阿托氏菌（*Beggiatoa*）及卵硫细菌（*Thiovulum*）（Jørgensen and Revsbech，1983；Jørgensen and Des Marais，1986）；这项早期的研究通过运用微电极技术证实，细菌生活在 $O_2$ 与 $H_2S$ 的微梯度中（图 12.4；Jørgensen and Revsbech，1983）。$O_2$ 和 $H_2S$ 浓度梯度发生突变的界面厚度通常为 0 ~ 0.5 mm。在 $O_2$ 存在的情况下，这些细菌将 $H_2S$ 氧化为 $S^0$，并可进一步氧化为 $SO_4^{2-}$（Nelson and Castenholz，1981）。尽管非生物氧化 $H_2S$ 的速度较快，但在 $O_2$ 存在情况下这些细菌通过酶促反应氧化 $H_2S$ 起主要作用。常见的有色硫细菌是绿硫菌［如江口突柄绿菌（*Prosthecochloris aestuarii*）］，这是一种专性厌氧菌（obligate anaerobe），主要利用 $H_2S$ 作为电子给予体①，属光能无机自养型生物（Massé et al.，2002）；通常在半咸水到高盐水中会发现这些绿硫菌与棕色绿硫菌［如弧形绿菌（*Chlorobium vibriforme*）］一起出现（Pfennig，1989）。绿硫菌（特别是江口突柄绿菌）会对表层沉积物光照水平的变化产生响应，实验中已经观测到其形态和超微结构发生了变化（Guyoneaud et al.，2001）。与其他绿硫菌相比，棕色浮游绿硫菌具有明显不同的类胡萝卜素和叶绿素（Repeta et al.，1989；Overmann et al.，1992）；这些浮游细菌通常出现在深水缺氧的海盆或浅水环境中，水柱中具有适宜的透光度和硫化物浓度（Repeta and Simpson，1991；Chen et al.，2001）。另一类有色的硫细菌是紫硫菌［如桃红荚硫菌（*Thiocapsa roseopersicina*）］，这类细菌为化能无机营养型生物，实际上可以在 $O_2$ 存在的条件下生存并且以 $O_2$ 作为电子接受体。除了以上所述的硫细菌外，还有一类非硫氧化的蓝细菌垫［如原型微鞘藻（*Microcoleus chthonoplastes*）］，这些蓝细菌可通过光合作用产生的 $O_2$ 也对表层沉积物中硫化物的氧化产生间接影响（Canfield and Des Marais，1993）。

由于 $H_2S$ 对很多生物具有高致毒性，因此根植于缺氧沉积物中的湿地植物对硫化物的吸收存在着应对毒性的问题（Howarth and Teal，1979）。研究表明，溶解硫化物也能抑制耦合的硝化 - 反硝

① 原著中此处为“电子接受体”，译者根据原始文献（Massé et al.，2002）更正为“电子给予体”。——译者注

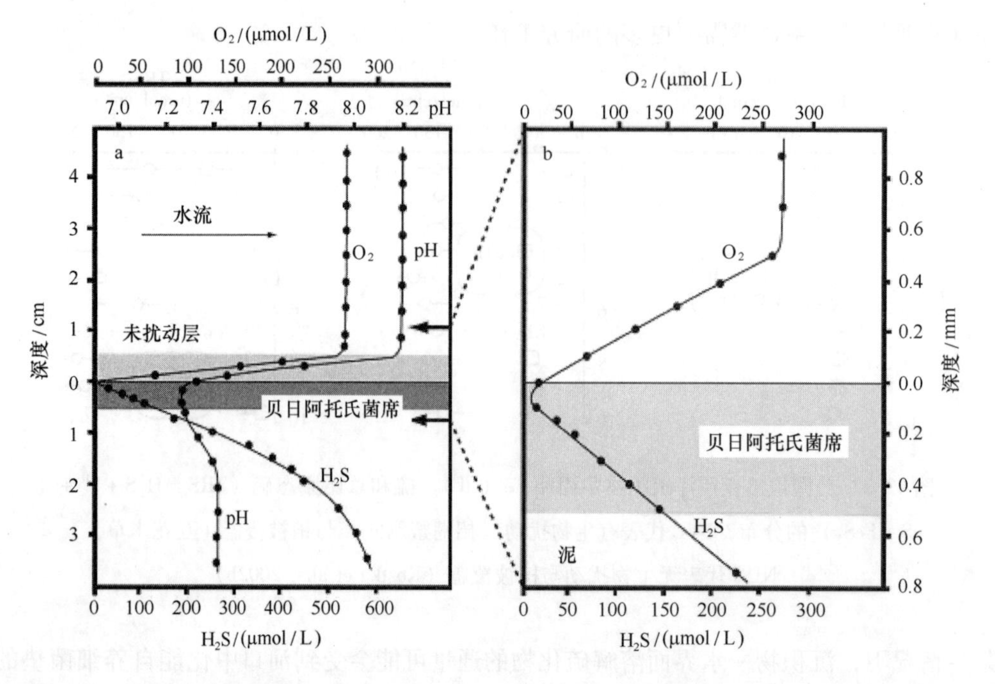


图 12.4 沉积物 - 水界面 $O_2$ 和 $H_2S$ 微区（约 1 ~ 2 mm）的深度剖面，微区内贝日阿托氏菌（*Beggiatoa*）和卵硫细菌（*Thiovulum*）生长旺盛（Jørgensen and Revsbech，1983）

化作用（Joye and Hollibaugh，1995）。硫的稳定同位素可用来确定河口中生物的营养途径及硫的可能来源。对稳定同位素的研究表明，在河口中存在着具有不同 $\delta^{34}S$ 值的四种硫的储库：（1）海水 $SO_4^{2-}$（+20‰）；（2）硫酸盐还原产生的硫化物（-23‰ ~ -24‰）；（3）间隙水 $SO_4^{2-}$（+15‰ ~ +17‰）；（4）雨水输入（+6.3‰）（Fry et al.，1982）。例如，研究表明硫酸盐还原菌一般利用较轻的硫同位素（Goldhaber and Kaplan，1974；Chambers and Trudinger，1978）。根据河口中这些硫储库的可利用性和不同沼泽植物组织中的 $\delta^{34}S$ 值，看起来植物可通过光合作用将硫化物转化为无毒的形态（Knobloch，1966；Winner et al.，1981）。不过海洋藻类和维管沼泽植物对硫化物具体的吸收及解毒机制尚不十分清楚，需要进一步的研究。另一个影响这些不同硫同位素对生物体可利用性的重要因素是这些硫同位素在沉积物中不同的对流和扩散输运过程；如通常可以发现 $^{32}S$ 在许多海洋沉积物中富集（Goldhaber and Kaplan，1980）。为了获得硫循环的完整过程，基于硫质量及硫同位素的通量建立了近岸海洋沉积物的硫收支模型（图 12.5；Chanton and Martens，1987b）。这一收支成功地预测了埋藏的硫同位素组成在 0.5 ‰以内，从而证实同位素沿着沉积物 - 水界面的浓度梯度而扩散。而且，这项研究表明具有不同同位素组成的化合物随浓度梯度的扩散情况不同，扩散通过沉积物 - 水界面后的化合物与局限在沉积物 - 水界面上的化合物的同位素组成可能会不同（Jørgensen，1979；Chanton and Martens，1987b）。

在沉积物中，铁硫化物通常可分为酸挥发性硫化物（AVS）和黄铁矿（$FeS_2$）两类；其中酸挥发性硫化物指通过加酸蒸馏能产生挥发性 $H_2S$ 的那部分硫化物，一般是一些无定形硫化物（如四方硫铁矿 FeS、硫复铁矿 $Fe_3S_4$、磁黄铁矿 FeS）（Morse and Cornwell，1987）。在某些情况下，AVS 可以代表河口沉积物中硫化物的优势储库（Oenera，1990a）。黄铁矿是河口体系尤其是盐沼沉积物中的主要 Fe - S 矿物（Hsieh and Yang，1997）。在具有高浓度硫化物的沉积物中，羟基氧化铁（III）

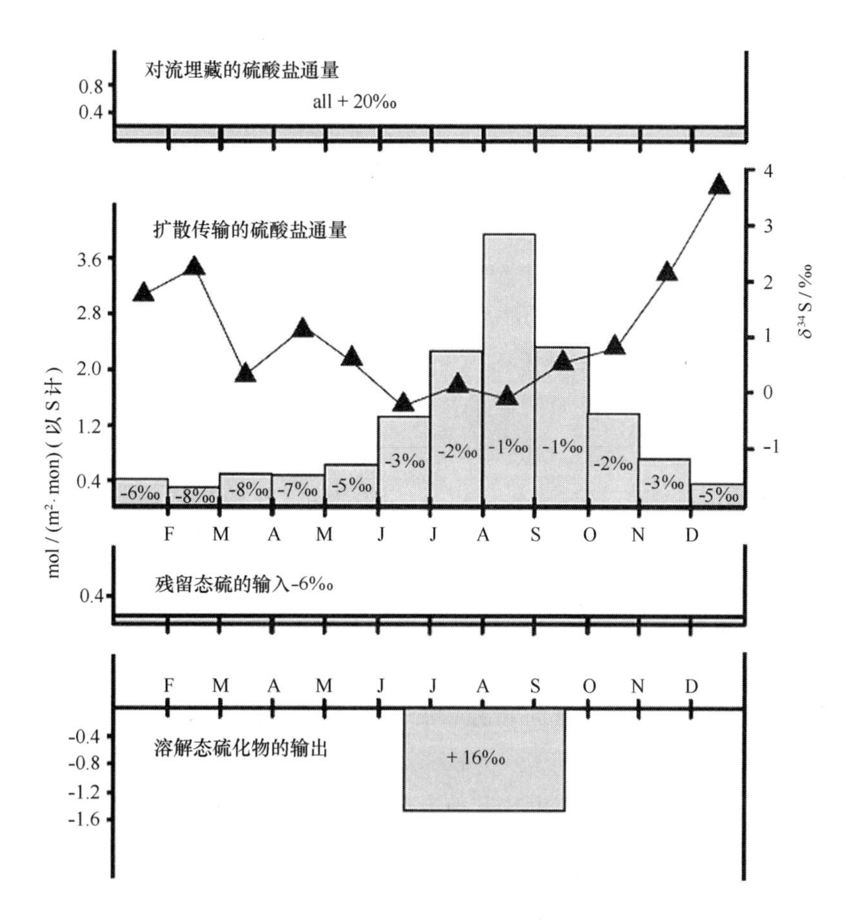


图 12.5　美国北卡罗来纳卢考特角湾近岸海洋沉积物中基于同位素质量通量（柱状图）及其同位素组成的硫同位素逐月收支图，单位为 mol S/（$m^2$ · mon）（Chanton and Martens，1987b）

相的还原溶解将产生 $FeS_{aq}$和 $FeS_2$，如下式所示：

$$Fe^{2+} + HS^- \rightarrow H^+ + FeS_{aq} \tag{12.4}$$

在缺氧条件下，$H_2S$ 和 S（0）（以 $S_8$ 或多硫化物（$S_x^{2-}$）形式）与溶解态和固态 FeS 反应，这使得黄铁矿化以相对较快的速率进行，反应方程如下：

$$FeS_{aq} + H_2S_{aq} \rightarrow FeS_2 + H_2 \tag{12.5}$$

$$FeS_{aq} + S_x^{2-}(\text{或 } S_8) \rightarrow FeS_2 + S_{(x-1)}^{2-} \tag{12.6}$$

黄铁矿在还原条件下非常稳定，可以在较长的地质年代下保存，从而保留了较高的能量（Howarth，1984）；然而，在氧化条件下 $FeS_2$ 迅速分解。尽管不同的氢氧化铁前体矿物的黄铁矿化速率有很大不同（Canfield and Berner，1987；Canfield，1989；Canfield et al.，1992；Raiswell and Canfield，1996），但实际矿化效果似乎仅取决于最初铁的硫化而并非黄铁矿化速率（Canfield et al.，1992；Morse and Wang，1997）。在控制黄铁矿化速率方面，pH、硫化物浓度、有机质丰度和组成等因素比各种不同的氢氧化铁晶体矿物（如针铁矿 FeOOH、赤铁矿 $Fe_2O_3$ 和磁铁矿 $Fe_2O_3$）更加重要（Morse and Wang，1997）。$FeS_2$ 自形单晶可直接形成（Richard，1975；Luther et al.，1982），与之不同的则是通过 FeS 与一些中间体形成的更为广泛存在的草莓状 $FeS_2$（Sweeney and Kaplan，1973；Raiswell，

1982)。最后应当指出的是，在$\sum H_2S$浓度梯度较小的情况下，向氧化还原边界层的扩散会较慢，这将限制还原态硫的形成，AVS 向 $FeS_2$ 的转换就会受到抑制，从而导致沉积物中 AVS 的积累(Gagnon et al.，1995)。

黄铁矿化程度（DOP）最早被 Berner（1970）用来作为区分 $FeS_2$ 形成是受铁限制还是受碳限制的一个参数（Raiswelland Berner，1985）；它可以指示原有的可还原态或反应性铁被转化为 $FeS_2$ 的程度。近年来考虑到反应性非硫化铁的操作定义，对最初定义黄铁矿化程度的方程进行了一些修改；最近 Rozan 等（2002）采用了修改后的 DOP 方程：

$$DOP = [FeS_2] / ([FeS_2] + [AVS - Fe] + [S_2O_4^{2-} - Fe]) \quad (12.7)$$

其中：$FeS_2$ 为以黄铁矿形式存在的还原态硫的浓度；AVS 为酸挥发性硫，包括溶解态和固态 FeS；$[S_2O_4^{2-} - Fe]$ 为非硫化铁的含量。

应当指出的是，“反应性铁”是一个操作定义，即指连二亚硫酸盐①可提取铁减去以 FeS 形式存在的铁，这个定义包括了晶体 Fe（Ⅲ）矿物及自生硅酸盐，因其在连二亚硫酸盐提取过程中可能转化为可溶解态（Kostka and Luther，1994）。表层沉积物中多数反应性 Fe（Ⅲ）以无定形 Fe（Ⅲ）矿物存在，而在沉积物深层则相反，那里反应性铁主要以晶体 Fe（Ⅲ）② 矿物形式存在(Kostka and Luther，1994)。针对含有高浓度 AVS 的沉积物，Boesen and Postma（1988）首次提出了一个称为硫化程度（DOS）的参数，最近 Rozan 等（2002）对其进行了改进：

$$DOS = ([FeS_2] + [FeS]) / ([FeS_2] + [AVS - Fe] + [S_2O_4^{2-} - Fe]) \quad (12.8)$$

黄铁矿在盐沼沉积物中的再循环速度比其他近岸体系快（Howarth，1979；King，1983；Lord and Church，1983)。在盐沼沉积物中，潮汐节律、根系代谢及大气中的氧暴露时间创造了一个动态的氧化还原条件，这非常有利于 $FeS_2$ 的形成（Oenema，1990b)。在某些季节，浅的潮下带和潮间带中上层沉积物的氧化还原条件变为氧化性，从而使硫化物和硫化矿物被氧化为硫醇和 $SO_4^{2-}$（Lord and Church，1983；Luther and Church，1988)。实际上，米草沼泽具有很强的氧化能力和结合溶解态硫化物的能力，并与根系区的蒸发蒸腾和水分的吸收相耦合（Fry et al.，1982；Dacey and Howes，1984)。因此，水文学及沼泽植被在控制 $FeS_2$ 积累方面发挥着重要作用。例如，在荷兰东斯海尔德河的米草盐沼，在深度范围为 15 ~ 20 cm 范围内 $FeS_2$ 的生成速率及黄铁矿化程度（DOP）的变化范围为 2.6 ~ 3.8 mol/（$m^2$ · a)（以 $FeS_2$ 计)，其随沼泽的高度不同而发生变化（Oenema，1990b)。在中、高沼泽表层 5 ~ 10 cm，黄铁矿的氧化最为剧烈，此处 $O_2$ 可能通过扩散和沼泽植物组织的气孔输送到根系区上部（图 12.6)（Mendelsohn et al.，1981)。$FeS_2$ 在这些沉积物中的分布主要受以下几个因素控制：(1) 碎屑 $FeS_2$ 的沉积；(2) 根系区上层 $FeS_2$ 的氧化；(3) 次氧化区和缺氧区之间界面处 $FeS_2$ 的生成（Oenema，1990b)。在春季和夏季，互花米草根际区氧化能力增强使得沼泽沉积物中 $FeS_2$ 的氧化作用加快（Giblin and Howarth，1984；Gardner et al.，1988；Kostka and Luther，1994)。另外一项研究表明，通常在盐沼中发现的异常高浓度的硫醇（如谷胱甘肽）可能对控制这些环境中 $FeS_2$ 的周转起重要作用（Luther et al.，1986)。实际上，$FeS_2$ 矿物可作为硫醇生产的初始原料，其中的 S（0)、S（Ⅱ)（均存在于 $FeS_2$ 矿物中）被化能合成细菌利用并形成硫醇（RSH)（如谷胱甘肽）和 $SO_4^{2-}$（图 12.7)。在 $O_2$ 或 $NO_3^-$ 存在的情况下，黄铁矿也能被硫杆菌（*Thiobacillus* spp.)

① 原著中此处为“连二硫酸盐”。——译者注
② 原著中此处为“Fe（Ⅱ)”。——译者注

氧化（King，1983）；这代表了沼泽沉积物中 $FeS_2$ 动态循环过程中将无机硫和有机硫联系在一起的一个至关重要的步骤。

早期的研究证实盐沼是局部的高硫释放区（Hitchcock，1975；Goldberg et al.，1981；Steudler and Peterson，1985）。在高植被覆盖的盐沼中，硫的释放通量主要来自 $H_2S$ 和 DMS 两种气体的贡献（Steudler and Peterson，1985；De Mello et al.，1987）。对不同沼泽植物的比较发现，互花米草叶子的 DMSP 含量最高［300 ~ 800 μmol/g（干重）］，而其根和根茎中的浓度则较低［20 ~ 60 μmol/g（干重）］（Dacey et al.，1987）；其他一些沼泽草类（如大米草 *S. anglica*）（van Diggelen et al.，1986）、大型藻类（如石莼 *Ulva* sp.）（Jørgensen and Okholm – Hansen，1985；Sørensen，1988）及海草（如大叶藻 *Zostera marina*）（White，1982）也含有相对较高的 DMSP。需要指出的是大叶藻产生 DMSP 可能受海草上附生藻的影响。$H_2S$（0.1%/d）和 DMSP（100% ~30 000%/d）周转时间的巨大差异（Howes et al.，1985）表明，控制这两种气体循环的来源及转化过程完全不同。后来的一项研究证实，这种差异源于两种气体产生和循环的生物途径不同。例如，盐沼沉积物中 $H_2S$ 的释放主要发生在无植被覆盖的沉积物中，且被厌氧分解过程所控制；与此不同，DMS 的释放则更多的是被植物中 DMSP 的分布及与之相关的生理状态所控制（Dacey et al.，1987）。

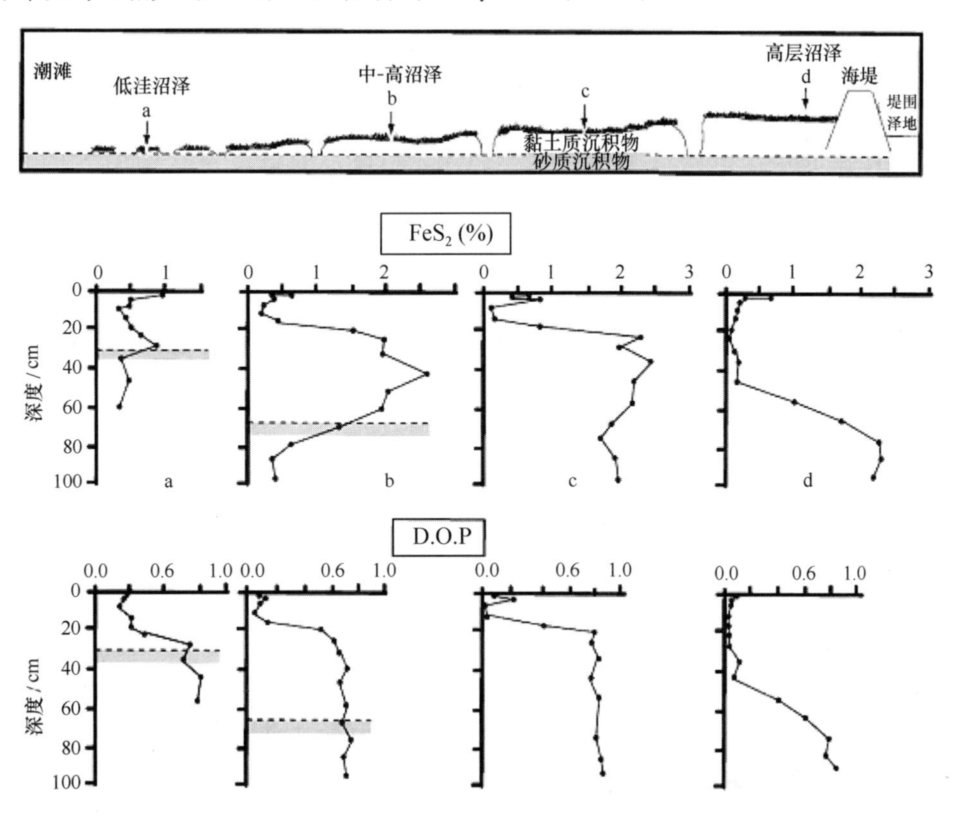


图 12.6 荷兰东斯海尔德河不同高度拉泰卡伊米草盐沼沉积物中 $FeS_2$ 形成和黄铁矿化程度（DOP）的深度分布（Oenema，1990b）

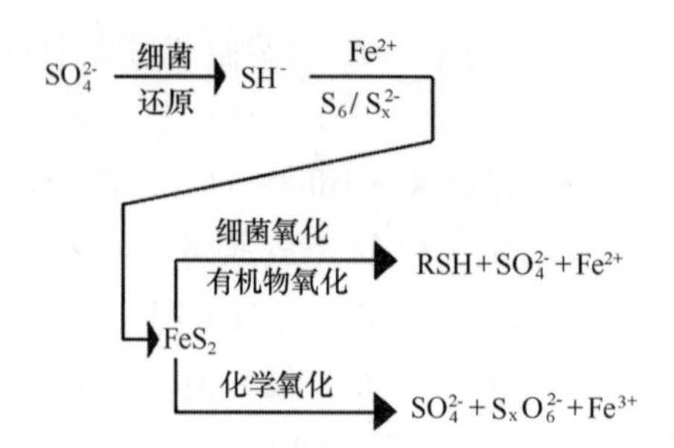


图 12.7　$SO_4^{2-}$ 的还原途径，其中 $FeS_2$ 矿物可能作为硫醇生产的初始原料，化能合成细菌利用 S（0）和 S（Ⅱ）（均存在于 $FeS_2$ 矿物中）形成硫醇（如谷胱甘肽）和 $SO_4^{2-}$（Luther et al.，1986）

## 第三节　河口水体中无机和有机硫的循环

溶解硫化物自沉积物释放进入层化的底层水体中对河口底层水中 $O_2$ 的消耗有重要贡献（Tuttle et al.，1987；Roden and Tuttle，1992）。例如前面讨论过的切萨皮克湾中盐度水域中，沉积物释放的溶解硫化物对控制底层水的缺氧条件起重要作用。切萨皮克湾底层水中 $H_2S$ 的浓度可高达 60 μmol/L，这会危及底栖生物（Seliger et al.，1985）甚至整个鱼类和贝类生物资源（Officer et al.，1984）。近期对美国里霍博斯湾的研究发现，在海湾的一些沟渠和小河中发现大量鱼类死亡[250 万条大西洋油鲱（*Brevoortia tyrannus*）幼鱼]，这些小河的表层水中 $H_2S$ 的浓度高达 400 μmol/L（Luther et al.，2004）。$H_2S$ 的毒性源于其与血细胞中的铁血红蛋白结合的能力，这使得它能够取代 $O_2$ 从而抑制呼吸作用（Smith et al.，1977）。河口底层水中 $H_2S$ 的浓度与保持受很多因素的控制，如硫酸盐还原速率（SRR）和控制 $H_2S$ 通过沉积物－水界面通量及向表层水输送的参数，其中硫酸盐还原速率受有机质和营养盐的输入和温度的影响，而控制 $H_2S$ 通量及向表层水输送的因素则包括扩散、对流过程及硫氧化细菌。

还原性硫化物（如硫化物、硫醇）是水生系统中与 B 型金属（过渡金属）配位的一类最重要的金属配位体（Krezel and Bal，1999）。特别是谷胱甘肽，它是生物体中含量最丰富的硫醇之一，在保护细胞不受辐射及高浓度重金属损害方面发挥着重要作用（Giovanelli，1987）。谷胱甘肽中的巯基（－SH）可与大多数金属如铜、铅、汞、镉和锌发生配位反应（Krezel and Bal，1999）。金属键合的多肽或植物螯合肽的产生对浮游植物应对金属的压力至关重要（Ahner et al.，1994，1995，1997，2002）。河口和近岸体系中谷胱甘肽浓度的典型变化范围为 20～600 pmol/L（Matrai and Vetter，1988）。谷胱甘肽是浮游植物体内重要的低分子量硫醇（Rijstenbil and Wijnholds，1996），是水体中谷胱甘肽重要的现场来源。美国加尔维斯顿湾中谷胱甘肽在水体、胶体及颗粒物中的双峰分布表明，谷胱甘肽可能主要来自浮游植物而非河流的输送（图 12.8；Tang et al.，2000）；谷胱甘肽与叶绿素 *a* 含量呈正相关关系进一步支持了这一观点（图 12.9）。通过酶的作用控制（Meister and Anderson，1983）以及浮游动物的摄食活动，浮游植物细胞可释放谷胱甘肽。

由于只有某些种类的浮游植物会产生 DMS（Andreae，1986；Turner et al.，1988），而浮游植物

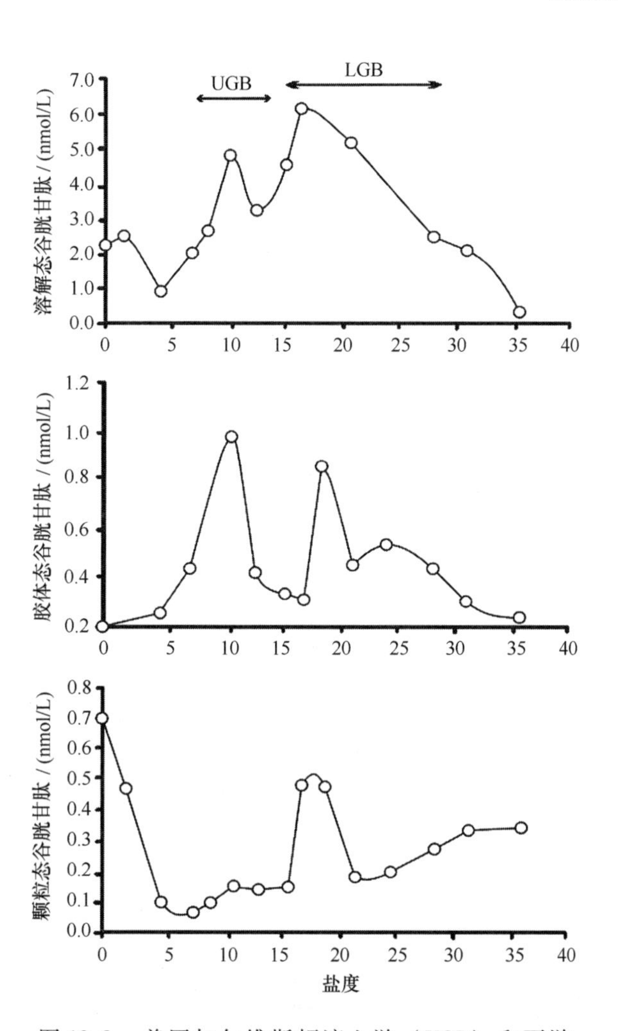


图 12.8　美国加尔维斯顿湾上游（UGB）和下游（LGB）溶解态、胶体及颗粒态谷胱甘肽沿盐度梯度的双峰分布（Tang et al.，2000）

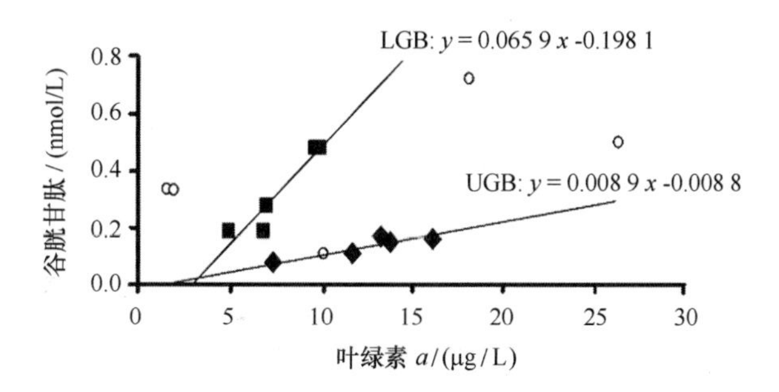


图 12.9　美国加尔维斯顿湾上游和下游（UGB 和 LGB）叶绿素 $a$（μg/L）与谷胱甘肽（nmol/L）的相关关系。圆圈代表的站位（河流和海水端元）未参与回归（Tang et al.，2000）

的种类组成又会发生季节性的变化，因此叶绿素 *a*、浮游植物生产力/生物量与 DMS 之间缺乏很强的相关性（Barnard et al. , 1984；Turner et al. , 1988）。在美国特拉华湾和切萨皮克湾，盐度与 $DMSP_d$ 和 DMS 之间的正相关关系反映了浮游植物的种类组成由产生 DMSP 较少的河口浮游植物（如硅藻）向产生 DMSP 较多的近岸和大洋种群（如棕囊藻 *Phaeocystis* spp. ）的转变（Iverson et al. , 1989）。

**表 12.3　开阔大洋、近岸、陆架及河口水体中 DMS、COS 和 $CS_2$ 浓度的比较**

| 区　域 | DMS /（nmol/L） | COS /（pmol/L） | $CS_2$ /（pmol/L） | 参考文献 |
|---|---|---|---|---|
| 开阔大洋（西欧周边） | | | | |
| 北大西洋（夏季） | 2.5 | | | Berresheim et al. , 1991 |
| 全球（冬季） | 3.3 | | | Andreae, 1990 |
| （夏季） | 9.0 | | | |
| 北大西洋 | | 5 ~ 19 | | Ulshofer et al. , 1995 |
| 北大西洋 | | | 8 ± 4 | Kim and Andreae, 1987 |
| 陆架/近岸 | | | | |
| 北海南部（12 月/5 月） | 1.8 ~ 5.9 | | | Turner et al. , 1996 |
| 北大西洋陆架 | | | 17 ± 4 | Kim and Andreae, 1987 |
| 地中海 | | 18 ~ 23 | | Mihalopoulos et al. , 1992 |
| 伊奥尼亚海 | | 43 ± 24 | | Ulshofer et al. , 1996 |
| 北海，英吉利海峡 | | 142 ± 90 | | Watts, 2000 |
| 北美近岸水体 | 2.43 ~ 3.58 | | | Iverson et al. , 1989 |
| 河口 | | | | |
| 6 个欧洲潮汐河口 | 0.6（< 0.02 ~ 10） | 220（60 ~ 1 010） | 25（2 ~ 117） | Sciare et al. , 2002 |
| 英国雅茅斯 | | 130 | 263 | Watts, 2000 |
| 美国东部海滨 | | | 120 | Bandy et al. , 1982 |
| 葡萄牙米拉运河河口（冬季/夏季） | 2.9 ~ 5.3 | | | Cerqueira and Pio, 1999 |
| 北美河口 | 0.31 ~ 1.67 | 61 ~ 1 466 | | Iverson et al. , 1989<br>Zhang et al. , 1998 |

Sciare et al. , 2002。

在波罗的海表层水中，DMS 的浓度呈明显的季节变化，其变化范围为 2 ~ 200 ng/L（Leck et al. , 1990）。尽管 DMS 与叶绿素 *a* 浓度和浮游植物生产力之间没有相关性，但在某些特定的时间尺度下对于某些种类的浮游植物，三个参数之间却可能存在相关性（图 12.10）。例如在波罗的海，硅藻与 DMS 的产生之间没有相关性，但某些甲藻及蓝细菌在有些情况下却与 DMS 的产生有相关性

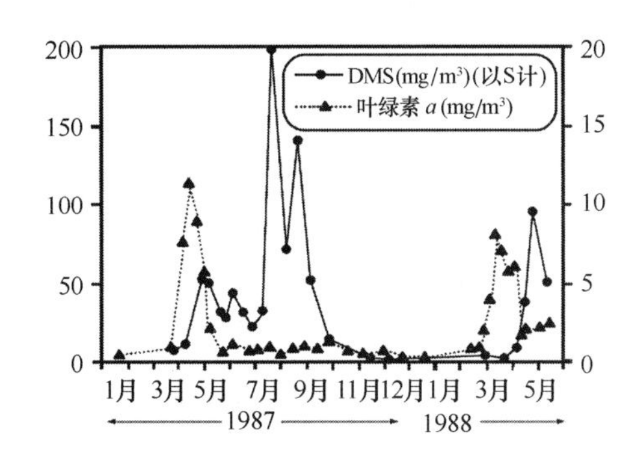


图 12.10　1987 年到 1988 年波罗的海表层海水中 DMS 浓度（μg/m³）（以 S 计）及叶绿素 *a*（mg/m³）浓度的周年变化（Leck et al.，1990）

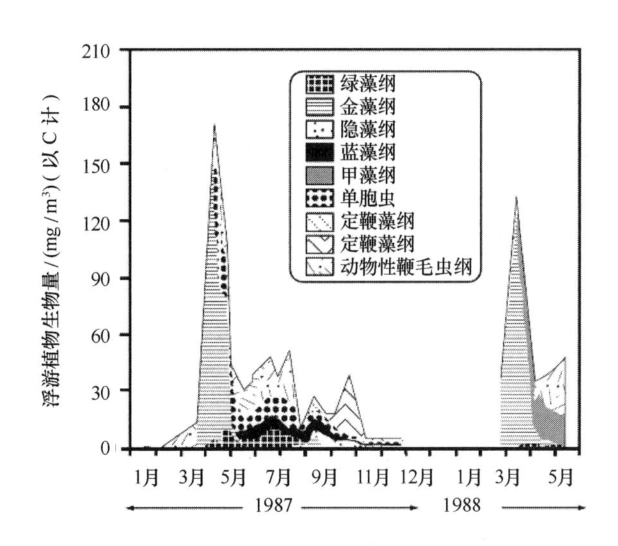


图 12.11　1987 年到 1988 年波罗的海表层海水中浮游植物生物量（mg/m³）（以 C 计）的周年变化（Leck et al.，1990）

（Leck et al.，1990）。不过需要指出的是，DMS 与桡足类及总浮游动物间总是存在显著的相关关系（图 12.11）。早期的研究表明，DMSP 可在浮游动物的消化道内以及粪便颗粒的分解过程中转化为 DMS（Dacey and Wakeham，1986）。因此在波罗的海，在浮游动物的摄食连同伴随发生的细胞溶解及细菌作用与浮游植物细胞释放 DMSP 及其随后发生的 DMS 形成之间具有很强的相关性（Leck et al.，1990）。采自长岛海湾的五种桡足类哲水蚤的肠道内容物中也发现含有 DMSP，且 DMSP 与碳的比值和浮游植物体内的比值相近（Tang et al.，1999）。这些研究表明，在今后对 DMSP 的生物地球化学循环研究中，应当继续将浮游动物作为 DMSP 的一个重要来源考虑在内。因此，河口中 DMS 的去除过程很大程度上受细菌引起的生物消耗和水柱中的脱气过程控制（Froelich et al.，1985）。当将河口与陆架海及开阔大洋进行比较时可以清楚地看到，河口释放并不是大气中 DMS 的主要来源（表 12.3；Sciare et al.，2002）。然而正如前面提到的，COS 和 $CS_2$ 却可能代表了河口中硫的一个重要的潜在来源（Watts，2000；Sciare et al.，2002）；这两种硫化合物在河口中的浓度比近岸及开阔大洋中高 5～50 倍（表 12.3）。显然，为降低其时空分布的不确定性，评估它们在全球硫收支中的作用，还需要对这些硫化合物进行更多的研究。

## 本章小结

1. 在全球尺度上，大部分硫存在于岩石圈；然而在水圈、生物圈及大气圈间存在着重要的相互作用，会发生硫的迁移。

2. 全球进入大气的生源硫通量中约50%来源于DMS的自然释放，这对全球气候模式有重要影响。

3. 虽然迄今为止只有少数的研究，但已有的研究结果表明，近岸羽状流水域和河口对大气DMS的贡献不可忽视。其他一些硫化合物，如羰基硫化物（COS）、二硫化碳（$CS_2$）等也可能是河口硫的来源。

4. 在$SO_4^{2-}$充足的条件下，$SO_4^{2-}$的还原（SR）是在缺氧沉积物中发生的最后一个微生物呼吸过程，这导致$H_2S$的生成。研究表明，在高生产力的浅水潮下带和盐沼环境中，硫酸盐的还原对于硫和碳的化学循环过程特别重要。

5. 硫酸盐还原主要发生在沉积物中，其还原速率受有机质的组成与含量、$SO_4^{2-}$的可利用性、生物扰动、上覆水中溶解氧的浓度、硫化物的再氧化速率以及铁的硫化物矿物的可利用性控制。

6. 硫酸盐还原过程中在间隙水中产生的溶解硫化物（DS）（$DS = S^{2-} + HS^- + H_2S$）能扩散进入到底层上覆水体中，并导致河口中溶解氧的损耗。

7. 虽然硫酸盐还原一直被认为是厌氧的盐沼沉积物中有机质氧化的主要途径，但另外一些研究表明Fe（Ⅲ）的微生物还原（FeR）也是控制这些沉积物中有机碳氧化的关键过程，并且这个过程和硫酸盐还原产生的溶解硫化物紧密联系在一起。

8. 在某些情况下，沉积物－水界面溶解硫化物的通量可能会受到河口中化学自养细菌席的强烈影响；这些硫氧化细菌以无色或有色的形式出现在有氧－缺氧界面处。

9. 由于$H_2S$对很多生物具有高致毒性，因此根植于缺氧沉积物中的湿地植物对硫化物的吸收存在着应对毒性的问题。

10. 对稳定同位素的研究表明，在河口中存在着具有不同$\delta^{34}S$值的四种硫的储库：（1）海水$SO_4^{2-}$（+20‰），（2）硫酸盐还原产生的硫化物（-23‰～-24‰），（3）间隙水$SO_4^{2-}$（+15‰～+17‰），（4）雨水输入（+6.3‰）；已经证实当硫酸盐被还原时，硫酸盐还原菌（SRB）优先利用较轻的硫同位素。

11. 在沉积物中，铁硫化物通常可分为酸挥发性硫化物（AVS）和黄铁矿（$FeS_2$）两类；其中酸挥发性硫化物指通过加酸蒸馏能产生挥发性$H_2S$的那部分硫化物，一般是一些无定形硫化物（如四方硫铁矿FeS、硫复铁矿$Fe_3S_4$、磁黄铁矿FeS）。

12. $FeS_2$在沉积物中的分布主要受以下几个因素控制：（1）碎屑$FeS_2$的沉积，（2）根系区上层$FeS_2$的氧化，（3）次氧化区和缺氧区之间界面处$FeS_2$的生成。

13. 盐沼沉积物中$H_2S$的释放主要发生在无植被覆盖的沉积物中，且被厌氧分解过程所控制；与此不同，DMS的释放则更多的是被植物中DMSP的分布及与之相关的生理状态所控制。

14. 溶解硫化物自沉积物释放进入层化的底层水体中对河口底层水中$O_2$的消耗有重要贡献。

# 第十三章　碳循环

## 第一节　全球碳循环

碳是地球上生命的关键元素，存在于超过百万种化合物中（Holmén, 2000; Benner, 2004）。独特的共价长链和芳香族碳化合物形成了有机化学的基础，也是从细胞到生态系统水平理解生命的“路线图”。碳原子的氧化状态从+Ⅳ到-Ⅳ；甲烷（$CH_4$）是碳的最还原形式（-Ⅳ），二氧化碳（$CO_2$）和其他碳酸盐形式以最氧化态存在（+Ⅳ）。碳主要储存在地壳中，大部分是无机碳酸盐，其余的是有机碳（例如干酪根）（图13.1; Sundquist, 1993）。根据不同的碳库周转时间的巨大差异，全球碳循环可以分成短期和长期循环（Berner, 2004）。碳酸盐储库可以分成两个主要的子库：（1）海洋中的溶解无机碳（DIC，包括 $H_2CO_3$、$HCO_3^-$ 和 $CO_3^{-}$）；（2）固体碳酸盐矿物［$CaCO_3$、$CaMg(CO_3)_2$ 和 $FeCO_3$］（Holmén, 2000）。尽管全球碳循环相当复杂，但却可能是所有的生物活性元素循环中研究最透彻的。实际上，关于这一循环有大量的综述性文章（例如，Keeling, 1973; Degens et al., 1984; Siegenthaler and Sarmiento, 1993; Sundquist, 1993; Schimel et al., 1995; Holmén, 2000）。近年来对全球碳循环的兴趣很大程度上源于环境问题，涉及与碳有关的温室气体（如 $CO_2$ 和 $CH_4$）及在全球气候变化中的作用（Dickinson and Cicerone, 1986）。如第八章所述，短期碳循环很大程度上受控于两个过程，即自养生物通过光合作用吸收固定无机碳和异养生物以有机碳为食物将有机碳以无机碳的形式再循环返回系统中。短期循环允许碳在岩石圈、水圈、生物圈和大气圈之间以几天到几千年的周期迁移，这个周期和40多亿年的地球年龄相比是很短的（图13.1）。相反，长期碳循环涉及碳进入和迁出岩石圈导致的大气二氧化碳变化，但这一变化并非是短期碳循环的作用（Berner, 2004）。

本章将重点关注河口碳循环的整体模型，因为第八章已对河口中优势自养生物、异养生物以及降解途径进行了详细阐述（图13.2）；第九章在介绍化学生物标志物时也涉及许多碳的重要的有机形式和在河口中它们的来源。不过，本章将对河口水体和沉积物中有机碳循环的某些部分进行简要论述，这些部分在之前的章节中没有涉及。以下从此前没有讨论过的DIC循环开始。

## 第二节　溶解无机碳的转化和循环

我们对水环境中DIC循环的理解始于能够满足对DIC进行精确测定的分析技术的发展（Dyrssen and Sillén, 1967）。当二氧化碳溶解在水中时，可以形成 $H_2CO_3$，$H_2CO_3$ 可进一步解离成 $HCO_3^-$

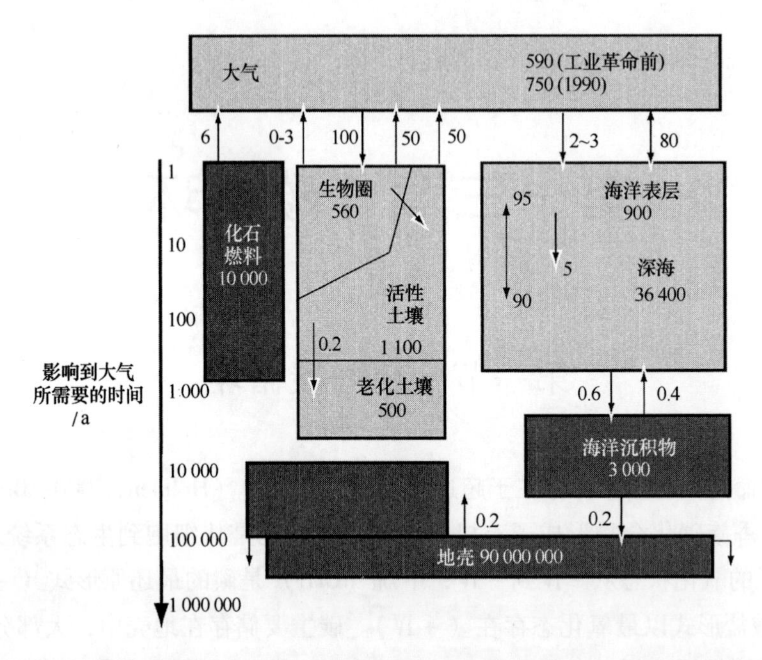


图 13.1　和年代相关的全球碳循环的主要储库和通量。储存量和通量的单位分别是 Pg（1 Pg = $10^{15}$ g）（以 C 计）和 Pg/a（以 C 计）（Sundquist, 1993）

和 $CO_3^{2-}$，如下列方程式所示：

$$CO_2 + H_2O \leftrightarrow H_2CO_3 \tag{13.1}$$

$$H_2CO_3 \leftrightarrow H^+ + HCO_3^- \tag{13.2}$$

$$HCO_3^- \leftrightarrow H^+ + CO_3^{2-} \tag{13.3}$$

$HCO_3^-$ 和 $CO_3^{2-}$ 离子也存在下面的平衡：

$$HCO_3^- + H_2O \leftrightarrow H_2CO_3 + OH^- \tag{13.4}$$

$$CO_3^{2-} + H_2O \leftrightarrow HCO_3^- + OH^- \tag{13.5}$$

$$H_2CO_3 \leftrightarrow CO_2 + H_2O \tag{13.6}$$

**表 13.1　不同温度下一些重要的碳酸盐的平衡常数（Larson and Buswell, 1942）**

| 反应 | 温度/℃ | | | | | | |
|---|---|---|---|---|---|---|---|
| | 5 | 10 | 15 | 20 | 25 | 40 | 60 |
| 1. $CO_{2(g)} + H_2O \leftrightarrow CO_{2(aq)}$；$pK_h$ | 1.20 | 1.27 | 1.34 | 1.41 | 1.47 | 1.64 | 1.8 |
| 2. $H_2CO_3 \leftrightarrow HCO_3^- + H^+$；$pK_{a,1}$ | 6.52 | 6.46 | 6.42 | 6.38 | 6.35 | 6.30 | 6.30 |
| 3. $HCO_3^- \leftrightarrow CO_3^{2-} + H^+$；$pK_{a,2}$ | 10.56 | 10.49 | 10.43 | 10.38 | 10.33 | 10.22 | 10.14 |
| 4. $CaCO_{3(s)} \leftrightarrow Ca^{2+} + CO_3^{2-}$；$pK_{SO}$ | 8.09 | 8.15 | 8.22 | 8.28 | 8.34 | 8.51 | 8.74 |
| 5. $CaCO_{3(s)} + H^+ \leftrightarrow Ca^{2+} + HCO_3^-$；$p(K_{SO}/K_{a,2})$ | −2.47 | −2.34 | −2.21 | −2.10 | −1.99 | −1.71 | −1.40 |

不同温度下碳酸盐的平衡常数列于表 13.1 中（Larson and Buswell, 1942）。因为产生 $OH^-$，平衡式（13.4）和（13.5）所代表的反应能使水的碱性增加；在流域盆地具有高碳酸盐的湖泊和河

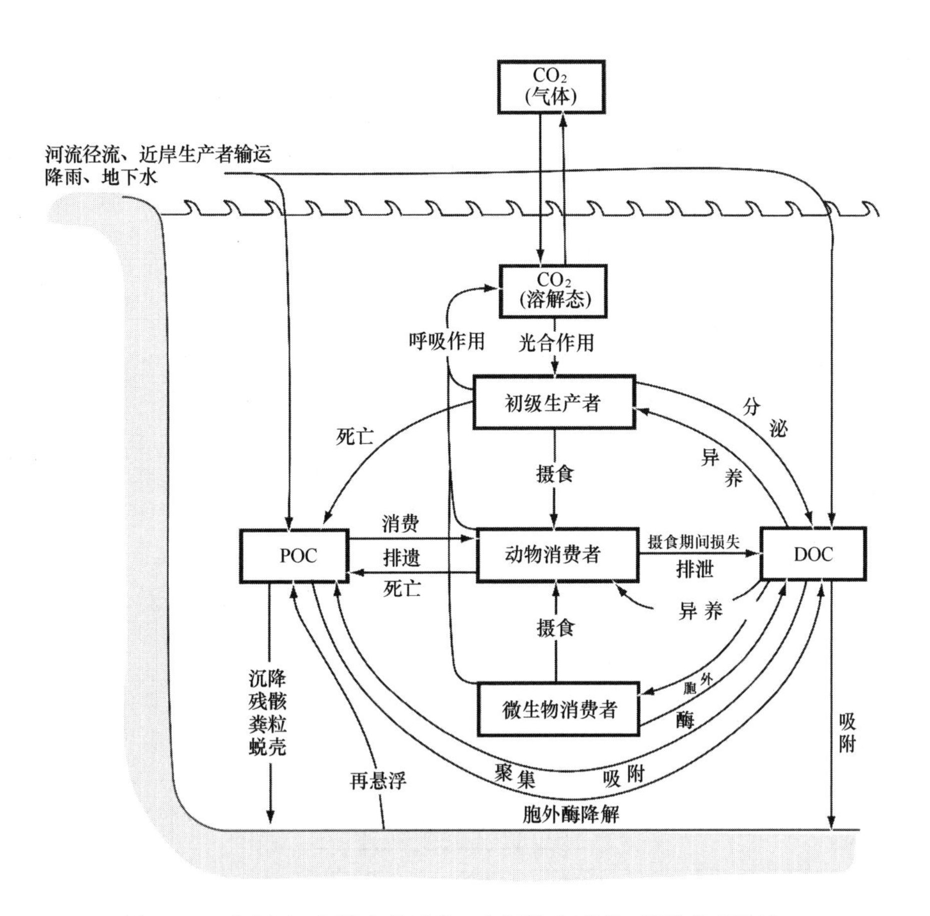


图 13.2 碳在河口环境中的迁移。方框代表储库，箭头代表通量；本图中对无机碳部分进行了简化（Valiela，1995）

流中这一点是很典型的。水对土壤的渗滤作用将植物和微生物降解过程产生的 $CO_2$ 富集并形成 $H_2CO_3$，$H_2CO_3$ 随即溶解富含碳酸钙的岩石矿物形成［Ca（$HCO_3$）$_2$］，而后者的离子化则增加了 $HCO_3^-$ 和 $CO_3^{2-}$ 的量。$CO_2$ 在水中的溶解度也随着 $CO_3^{2-}$ 浓度的增高而增加（Wetzel，2001）。河流中大部分 DIC 来自碳酸盐岩的溶解（80%），其余部分（20%）来自铝硅酸盐的风化，如式（6.1）。与之相应，超过 97% 的径流为 Ca（$HCO_3$）$_2$ 型，这使得 $HCO_3^-$、$Ca^{2+}$、$SO_4^{2-}$ 和 $SiO_2$ 成为地球表面河水中主要的溶解成分（表 4.4）。如之前提到的，控制自然水体中 $CO_2$ 含量的另一个重要因素是呼吸和光合作用。尽管河流通常被看作净的异养体系，但大坝的增加、悬浮物输入的减少和较少的光限制已经导致了河流中浮游植物对 $HCO_3^-$ 更大的消耗（Humborg et al.，2000；Bianchi et al.，2004）。与之相反，河口沼泽体系高的分解率则导致 DIC 的输出，其可与经由河流输出到近岸水体中的 DIC 相匹敌（Wang and Cai，2004）。有关呼吸和光合作用的影响将在本章的其他部分详细讨论。

海洋、河口和淡水与大气 $CO_2$ 接近平衡；然而这些平衡受温度和盐度的影响。二氧化碳比氧气的溶解度大 200 倍；基于和大气中的交换，在不同的温度下 $CO_2$ 的典型溶解量是：在 0℃ 时为 1.1 mg/L、15℃ 时为 0.6 mg/L，30℃ 时为 0.4 mg/L（Wetzel，2001）。海水中的总 DIC 储库（$\Sigma CO_2$：$CO_2$、$H_2CO_3$、$HCO_3^-$ 和 $CO_3^{2-}$）包含大约 2 mmol/L（以 C 计）（大部分是 $HCO_3^-$），在河

口和淡水中 $\Sigma CO_2$ 则变化很大，主要受 pH 的控制（Wetzel，2001）。DIC 的主要存在形态取决于自然水体的 pH（图 13.3）；例如海水的平均 pH 为 8.2，则海水中 $HCO_3^-$ 占优势。更具体地说，除了硅酸盐和磷酸盐以及缺氧水体中 $S^{2-}$ 和 $HS^-$ 的少量贡献外，控制海水 pH 缓冲能力的共轭对主要是 $HCO_3^-/CO_3^{2-}$ 和 $B(OH)_3/B(OH)_4^-$（Holmén，2000）。例如，在河口的高盐区域一些最重要的缓冲反应是：

$$H^+ + B(OH)_4^- \leftrightarrow B(OH)_3 + H_2O \tag{13.7}$$

$$H^+ + HPO_4^{2-} \leftrightarrow H_2PO_4^- \tag{13.8}$$

$$H^+ + H_3SiO_4^- \leftrightarrow H_2SiO_3 + H_2O^{①} \tag{13.9}$$

$$H^+ + NH_3 \leftrightarrow NH_4^+ \tag{13.10}$$

$$H^+ + OH^- \leftrightarrow H_2O \tag{13.11}$$

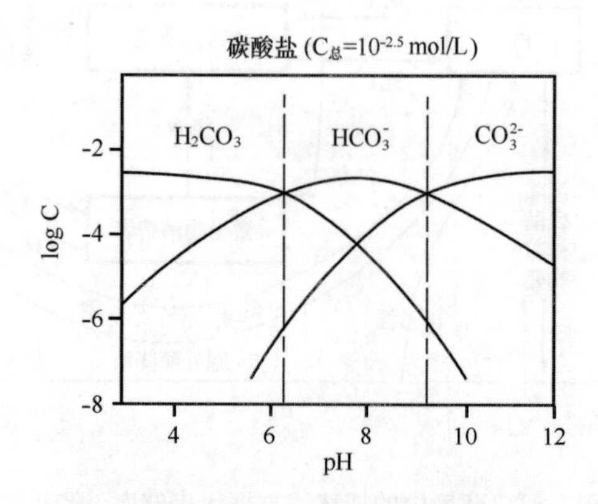


图 13.3 天然水体不同 pH 值条件下 DIC 的主要存在形态（Morel，1983）

因为 pH 值小于 4.5 和大于 9.5 时通常对许多生物是致命的，因此天然水体缓冲能力的重要性无论怎么强调都不为过。现在一般用碱度（alkalinity，Alk）来表征天然水体的酸中和能力（acid neutralizing capacity，ANC），它被定义为能够和 $H^+$ 反应的“负离子”的含量，可以下式表示（Libes，1992）：

$$\begin{aligned} Alk = & 2[CO_3^{2-}] + [HCO_3^-] + [OH^-] - H^+ \\ & + [B(OH)_3] + [H_3SiO_4^-] + [HPO_4^{2-}] + [NH_3] \\ & + [\text{其他弱酸的共轭基}] \end{aligned} \tag{13.12}$$

碱度通常被表述为用强酸滴定所测得的碱的总量（与 $HCO_3^-$ 和 $CO_3^{2-}$ 平衡）（Hutchinson，1957）。总碱度的单位为用来中和 1 L 水中的“负离子”所需要的酸的毫当量（meq/L），详见 Stumm 和 Morgan 的文章（1996）。在以 $HCO_3^-$ 和 $CO_3^{2-}$ 为 DIC 主要存在形态的高盐水体中，总碱度可按下式以碳酸盐碱度（carbonate alkalinity，CA）来确定：

$$\text{碳酸盐碱度} = 2[CO_3^{2-}] + [HCO_3^-] \tag{13.13}$$

① 原著中此式为 $H^+ + H_3SiO_4^- \leftrightarrow H_2SiO_4$。——译者注

实际上，最近的工作表明，由于密西西比流域降雨和化学风化作用的显著增强，密西西比河碳酸盐碱度的输出在过去的半个世纪里增加了（Raymond and Cole，2003）；而且，流域中森林覆盖地区呈现出比农田体系更少的碱度传输。尽管对碱度输出的机制尚无很深入的理解，但这些结果对流域中土地使用模式的管理具有重要意义，因为它和固碳问题有关。

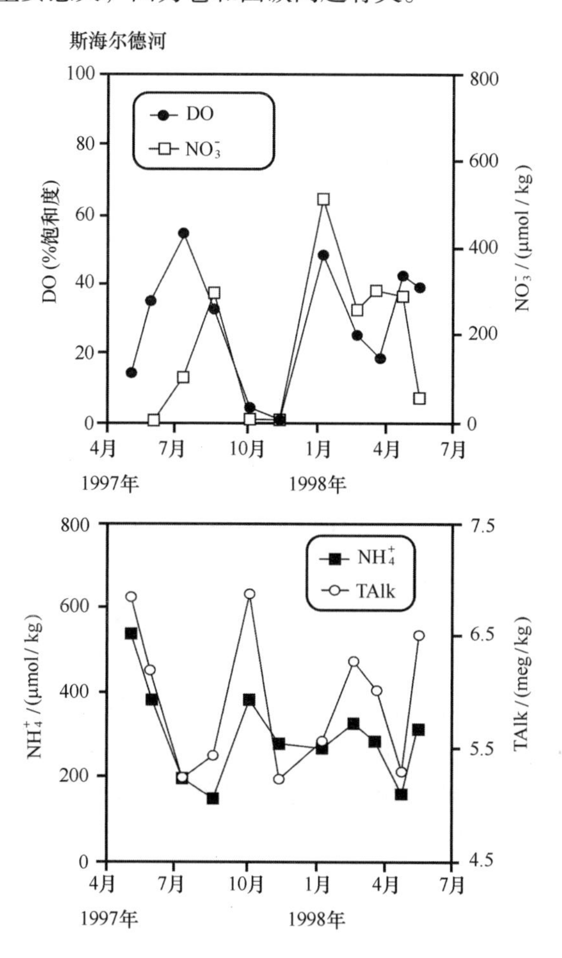


图 13.4　1997 年 4 月至 1998 年 5 月，斯海尔德流域溶解氧（DO）、$NO_3^-$、$NH_4^+$ 和总碱度（TAlk）的季节变化（Abril and Frankignoulle，2001）

在具有高缓冲能力的水环境中，碱度通常被假定为具有保守性（Kempe，1990）。然而，在接受高的有机物和营养盐输入的体系，保守行为的假定不再适用，因为伴随着氧化还原反应的发生存在质子和电子之间的迁移（Stumm and Morgan，1996）。例如在荷兰斯海尔德河口，硝化过程对碱度有显著的影响（Frankignoulle et al.，1996）。更进一步在斯海尔德河口的工作中显示，总碱度与 $NH_4^+$ 之间以及 $NO_3^-$ 与 $O_2$ 之间分别呈现相似的变化趋势（图 13.4；Abril and Frankignoulle，2001）。这项工作得到的结果是：除了 1 个站位外，所有其他站位与氨化、硝化和反硝化相关的 $NO_3^-$ 和 $NH_4^+$ 含量随时间的变化可解释 28% ~62% 的碱度变化。还有研究表明，在一个缺氧的峡湾，碱度的产生与 Mn（Ⅳ）、Fe（Ⅲ）和 $SO_4^{2-}$ 相关（Yao and Millero，1995）。

除了通过河流向河口输入碱度之外，附近的湿地也可以向河口输入碱度。例如 Cai 等（1999）指出，美国佐治亚河流/河口的呼吸速率不能解释 $O_2$ 的消耗和 $CO_2$ 的去除。后来的研究表明“丢失的”DIC 来源于美国萨蒂拉河口的盐沼（Cai et al.，2000）。其他的一些研究也表明潮间带盐沼是河口 DIC 的重要来源（Raymond et al.，1997，2000；Neubauer and Anderson，2003）。有研究者进一步提出，盐沼草地的 $CO_2$ 固定及随后的 DIC 和有机碳向近岸的输出可描绘成“盐沼泵”，它可能对全球碳存储有重要影响（Cai et al.，2004；Wang and Cai，2004）。地下水排放可能也是 DIC 从盐沼向河流/河口输出的一个重要路径（Cai et al.，2003）；然而，DIC 和总碱度（TAlk）可能在输运过程中主要由于成岩反应而发生变化，而这可以作为过去发生的相互作用的指标以提供地下水的重要地球化学特征。控制 DIC 的三个主要的成岩反应是需氧呼吸（见式 8.1）、$SO_4^{2-}$ 还原（sulfate reduction，SR）和产甲烷作用（详见下一节）。另外的一些研究表明，这些过程的某些计量比值可以提供十分有用的成岩过程特征（Canfield et al.，1993；van Cappellen and Wang，1996；Cai et al.，2002）。例如，在有氧呼吸过程中，如果 1 mol 有机碳被呼吸掉，ΔTAlk/ΔDIC 基本上保持不变；但在通过 SR 进行的无氧呼吸过程中，$\Delta DIC/\Delta SO_4^{2-}$ 大约是 2，ΔTAlk/ΔDIC 则约等于 1；而当最后 $SO_4^{2-}$ 被耗尽时，产甲烷作用成为无氧呼吸的主要形式，它可以通过发酵作用或 $CO_2$ 还原这两个途径中的任一途径继续进行，如下所示：

$$\text{发酵} \quad CH_3COOH \leftrightarrow CO_2 + CH_4 \tag{13.14}$$

$$CO_2\text{还原} \quad CO_2 + 4H_2 \leftrightarrow CH_4 + 2\,H_2O \tag{13.15}$$

发酵过程中的 ΔTAlk/ΔDIC 值约为 0。发酵通常更多发生在淡水体系，而 $CO_2$ 还原通常发生在海洋体系中（Whiticar，1999）。发酵过程中产生的 $CO_2$ 将被 $CaCO_3$ 的解离所中和，当然这取决于 $CaCO_3$ 在体系中的可利用性。运用这些基本的比值作为成岩模型的指标，近来的研究结果表明：在美国北汉河口的整个盐度范围内，地下水被经由 SR 产生的 $CO_2$ 输入显著地改变，而发酵作用和 $CaCO_3$ 解离在低盐度区起主导作用（Cai et al.，2003）。这也表明，如果来自北汉河口的地下水 DIC 通量被外推到这一区域其他沼泽，则经由盐沼的地下水 DIC 代表了南大西洋湾 DIC 的一个重要来源。详见第十六章中的河口向近海的输送部分。

## 第三节　河口二氧化碳和甲烷的释放

近期的工作显示，河口二氧化碳和甲烷的释放存在很大的时空变化（Abril and Borges，2004）。如第五章提到的，近期研究控制欧洲河口气体排放的大型合作计划之一就是生物气体在河口的迁移（Biogas Transfer in Estuaries，BIOGEST，1996—1999）。这一计划的一个主要目标是估算气体在河口的迁移速率（$k$），它比湖泊和海洋中的气体迁移速率高，而且在确定穿过水-气界面的气体通量时至关重要。由于在河口这样一个相对较短的距离内存在着很大的物理化学梯度，加之用来测定 $k$ 的技术存在差异，因此对于何种技术适宜于用在这样一个动态体系中的争论一直很多，这一点已在第五章中详细介绍过。

表 13.2 河口内 $pCO_2$ 的范围和 $CO_2$ 通量（Abril and Borges，2004）

| 河口 | 航次数 | 平均 $pCO_2$ 范围 /μatm | 平均 $CO_2$①通量范围 /［mmol/（$m^2$·d）］ | 测定 $k$ 的方法[a] | 参考文献[b] |
|---|---|---|---|---|---|
| 奥尔塔马霍河（美国佐治亚） | 1 | 380 ~ 7 800 | | | 1 |
| 斯海尔德河（比利时/荷兰） | 10 | 495 ~ 6 650 | 260 ~ 660 | 浮动室（Floating chamber） | 2 |
| 萨度河（葡萄牙） | 1 | 575 ~ 5 700 | 760 | 浮动室 | 2 |
| 萨蒂拉河（美国佐治亚） | 2 | 420 ~ 5 475 | 50 | $k$ = 12 cm/h | 1 |
| 塞纳河（法国） | 2 | 826 ~ 5 345 | — | | 3 |
| 泰晤士河（英国） | 1 | 560 ~ 3 755 | 210 ~ 290 | 浮动室 | 2 |
| 吉伦特河（法国） | 5 | 500 ~ 3 535 | 50 ~ 110 | 浮动室 | 2 |
| 卢瓦尔河（法国） | 3 | 770 ~ 2 780 | 100 ~ 280 | 浮动室 | 4 |
| 曼杜比 - 祖阿里河（印度） | 2 | 400 ~ 2 500 | 11 ~ 67 | W92 | 5 |
| 杜罗河（葡萄牙） | 1 | 1 330 ~ 2 200 | 240 | 浮动室 | 2 |
| 约克河（美国弗吉尼亚） | 12 | 350 ~ 1 895 | 12 ~ 17 | C95 和 C96 | 6 |
| 塔马河（英国） | 2 | 390 ~ 1 825 | 90 ~ 120 | $k$ = 8 cm/h | 2 |
| 莱茵河（荷兰） | 4 | 570 ~ 1 870 | 70 ~ 160 | 浮动室 | 2 |
| 哈得孙河（美国纽约） | 6 | 515 ~ 1 795 | 16 ~ 36 | M、H93 和 C95 | 7 |
| 拉帕汉诺克河（美国弗吉尼亚） | 9 | 474 ~ 1 613 | — | | 6 |
| 詹姆斯河（美国弗吉尼亚） | 10 | 284 ~ 1 361 | — | | 6 |
| 易北河（德国） | 1 | 580 ~ 1 100 | 180 | 浮动室 | 2 |
| 哥伦比亚河（美国俄勒冈） | 1 | 560 ~ 950 | — | | 8 |
| 波托马克河（美国马里兰） | 12 | 646 ~ 878 | — | | 6 |

a. 通量要么用浮动室直接测定，要么通过一个固定的活塞速度（数据在表中已列出）或各种风速关系式计算：W92 是 Wanninkhof（1992）；C95 和 C96 是 Clark et al.（1994）和 Carini et al.（1996）的组合关系；M、H93 和 C95 是 Marino and Howarth（1993）和 Clark et al.（1994）的组合关系。

b. 参考文献：1. Cai and Wang（1998）和 Cai et al.（1999）；2. Frankignoulle et al.（1998）以及其他 BIOGEST 计划未发表数据；3. Abril et al.，未发表数据；4. Abril et al.（2003）和未发表数据；5. Sarma et al.（2001）；6. Raymond et al.（2000）；7. Raymond et al.（1993）；8. Park et al.（1969）。平均 $pCO_2$ 范围是通过将每一个断面的最低和最高值平均所得，它给出了从河口上部（最高 $pCO_2$）到河口口门（最低 $pCO_2$）的空间变化。与此不同，平均 $CO_2$ 通量范围则是通过对每一个航次中整个河口水域表面通量进行平均而给出最高和最低平均值，反映的是不同航次之间的差异（时间变化）。

① 原著中此处为 $pCO_2$。——译者注

近期 BIOGEST 的研究工作进一步表明，内水、潮滩和沼泽可能是 $CO_2$ 释放最活跃的地点。例如，源自陆地和沼泽的有机碳使得从这些河口生境中向大气释放的 $CO_2$ 达到 10 ~ 1 000 mmol/（$m^2$·d）（Abril and Borges，2004）。一些河口体系典型的 $CO_2$ 通量范围列于表 13.2。这支持了这样

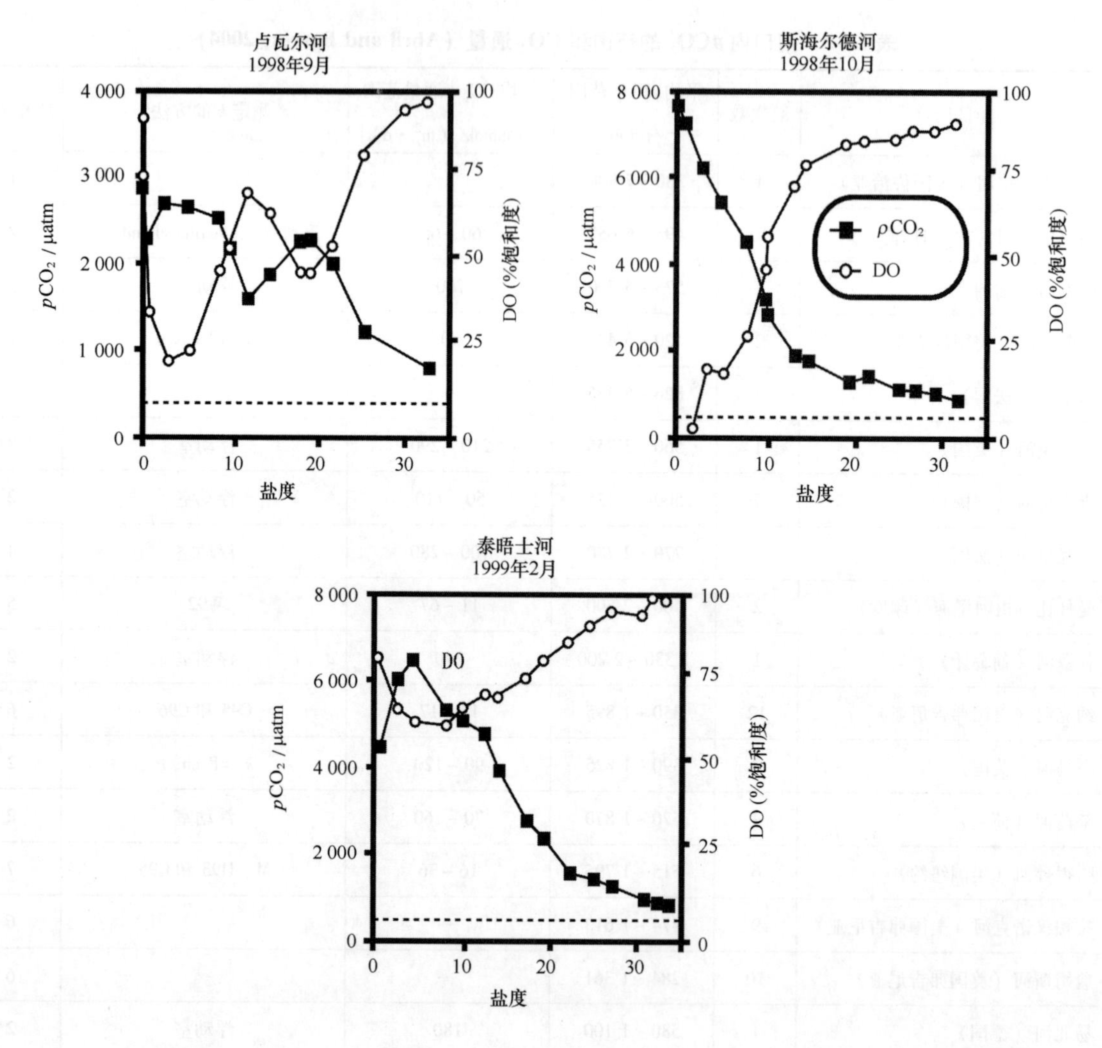


图 13.5 卢瓦尔河、斯海尔德河及泰晤士河河口表层水体中 $O_2$ 含量（DO）和 $pCO_2$ 随盐度的变化（Abril and Borges，2004）

一种观点，即这些区域中源自生长在潮间带泥滩的淹没/半淹没大型藻类、微型底栖生物和陆地维管植物的有机物在河口整个净代谢中起了十分重要的作用。外来物质向这一体系的“过量”输入结果是，在很多情况下河口被认为是净异养的（详见下一节）（Smith and Hollobaugh，1993，1997；Frankignoulle et al.，1998；Cai et al.，1999；Raymond et al.，2000）。因此，在河口中通常会发现 $O_2$ 亏损的同时伴随 $CO_2$ 的过饱和，如在卢瓦尔河（法国）、斯海尔德河（荷兰）和泰晤士河（英国）河口都有这种现象（图 13.5）。而且，进入河口顶部的河水通常表现出 $CO_2$ 含量较高和 $O_2$ 含量较低的特征，因为从河流输入的水体具有很高的 $pCO_2$，这源于其含有来自土壤、沿岸淡水湿地以及河口上部沉积物再悬浮等的矿化“特征”（Raymond et al.，2000；Cole and Caraco，2001；Richey et al.，2002）。这一河口低盐区域通常也是典型的最大混浊带（maximum turbidity zone，MTZ）或河口混浊最大值（estuarine turbidity maximum，ETM）出现的地方，这进一步促进了剧烈的异养活动及有机物的再循环，导致 $O_2$ 的消耗和 $CO_2$ 的产生。例如，研究表明，法国吉伦特河口的最大浑浊带就是一个易降解的 DOC 积累在移动污泥（mobile muds）中的区域（Abril et al.，1999），而这有助

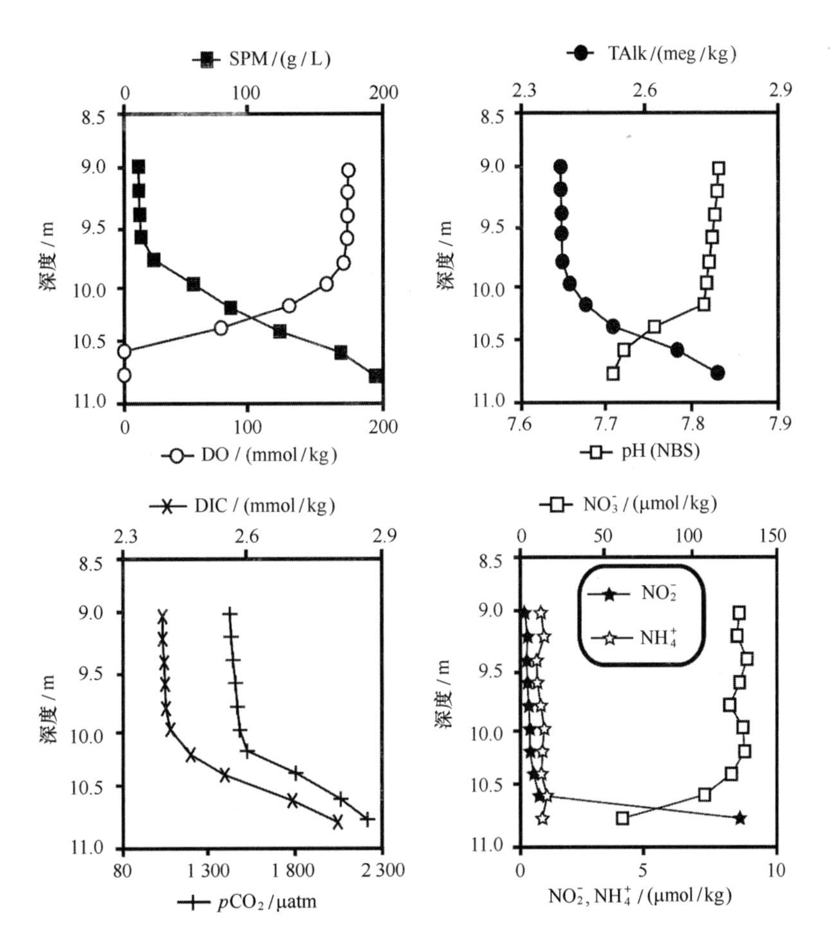


图 13.6 吉伦特河口底层水体和浮泥中悬浮颗粒物（SPM）、DO、TAlk、pH、计算的 DIC 以及 $pCO_2$、$NO_3^-$、$NO_2^-$ 和 $NH_4^+$ 的垂直分布（Abril et al.，1999）

于难降解 POC 的共代谢（Abril et al.，1999），从而使得这一区域类似于三角洲泥质区中的流化床反应器（Aller et al.，1998）。在最大浑浊带中的浮泥（fluid muds）上方，有氧/缺氧界面上的高再矿化活动导致水体中更高的悬浮颗粒物（suspended particulate matter，SPM）、$pCO_2$、DIC、$NH_4^+$ 和 TAlk，并伴随着 $O_2$、pH 和 $NO_3^-$ 的降低（图 13.6；Abril et al.，1999）。吉伦特河口中最大浑浊带增强了的异养活动明显地对整个 DIC 收支产生了影响（表 13.3；Abril et al.，1999）；$HCO_3^-$ 主要来自厌氧分解和 $CaCO_3$ 的解离。尽管 $CaCO_3$ 的解离可能在许多河口并不重要，但它的确是导致法国卢瓦尔河口（Abril et al.，2003）和印度戈达瓦里河口（Bouillon et al.，2003）TAlk 发生很大变化的一个重要原因。中国长江河口（Zhang et al.，1999）、孟加拉国恒河三角洲的曼杜比－祖阿里河河口（Mukhopadhyay et al.，2002）和中国珠江河口（Zhai et al.，2005）的最大浑浊带也有高的 $pCO_2$ 数值。河口外缘和羽状流区通常具有更好的光照条件以及更大的浮游植物生物量（取决于整个异养活动的情况），这一区域可能是 $CO_2$ 的汇。例如，亚马孙河口羽状流区吸收 $0.014\times10^{15}$ g/a（以 C

计），就代表了 $CO_2$ 的一个汇，而亚马孙流域河流和湿地体系则是 $CO_2$ 的源（Richey et al.，2002）①。与此相似，在密西西比河口羽状流区，根据DIC和TAlk计算得到的生物吸收速率［1.5～3 g/（$m^2$·d）（以C计）］是世界大河和河口区中最高的（Cai，2003）。相反，高度富营养化的吉伦特河口则是一个向大气排放 $CO_2$ 的净源；由于很高的污染物输入，该河口一年中大部分时间水体 $CO_2$ 处于过饱和状态（高达700 μatm）（Borges and Frankignoulle，2002）。因此，由于输入的有机物性质和数量的不同以及诸如存留时间和湍流等物理参数的变化，这些体系中自养和异养过程的平衡情况可能发生很大的变化。

**表13.3 1997年9月法国吉伦特河口无机碳收支（Abril et al.，1999）**

单位：t/d（以C计）

| | |
|---|---|
| MTZ中产生的 $HCO_3^-$ | 180[a] |
| 向海输出的 $HCO_3^-$ | 1234[b] |
| 迁移到大气中的 $CO_2$ | 380[c] |

a. 总碱度（TAlk）增加0.32 meq/kg，河流流量500 $m^3/s$。MTZ为最大混浊带。

b. 线性外推到0盐度，得到此处总碱度（2.38 meq/kg）和河流流量。

c. 直接测定海气通量（Frankignoulle et al.，1998）。

和 $CO_2$ 相似，甲烷的释放速率在河口也变化很大，其在潮滩和沼泽环境中的释放速率较高（表13.4）。最近的一项研究显示，河口向大气释放甲烷的估计值［（1.8～3.0）$\times 10^{12}$ g/a］（以 $CH_4$ 计）不到全球海洋甲烷释放量的10%，仅占全球来源的1%～10%（Bange et al.，1994），因此河口来源的甲烷对其全球收支而言是微不足道的。如之前提到的，当有大量的易降解有机碳输入而环境中又缺少 $O_2$ 或者诸如 $SO_4^{2-}$ 这样的替代性电子受体时，沉积物中可以通过两条途径［式（13.14）和式（13.15）］产生甲烷（Martens and Berner，1974；Magenheimer et al.，1996）。硫酸盐还原（SR）与产甲烷作用的时空差异主要由每摩尔有机碳的自由能（$\Delta G^0$）产率决定（见表8.3），通常硫酸盐还原菌（SRB）会在与甲烷细菌（产甲烷菌）竞争乙酸（$CH_3COOH$）的过程中取得主导地位（Capone and Kiene，1988）。在加拿大萨尼奇入海口的缺氧峡湾中，沉积物岩芯样品中 $CH_4$ 和 $SO_4^{2-}$ 的剖面分布很好地说明了硫酸盐还原（SR）和甲烷产生过程之间的这种关系（图13.7；Murray et al.，1978；Devol et al.，1984）。在淡水环境中甲烷的产生比在海洋环境中更常见；比较淡水和咸水区的甲烷释放速率可以看到，前者比后者高两个数量级（表13.4），这些数据很清楚地说明了这一点。在沼泽沉积物中，甲烷的高生产速率也可能源自沉积物深处植物根部输入的易降解有机物（van der Nat and Middelburg，2000）。例如，除了乙酸（$CH_3COOH$）之外，其他一些产甲烷菌易利用的甲基底物可能包括甲醇（$CH_3OH$）和甲胺（$CH_3NH_3^+$）。

沉积物中植物的存在也会影响甲烷释放的途径。在无植被覆盖的沉积物中，50%～90%的甲烷

① 原著中此处为"For example, the Amazon plume region takes up 0.014 $\times 10^{15}$ g C $y^{-1}$ and represents almost as much of a sink as the rivers and wetlands systems in the Amazonian Basin（Richey et al.，2002）."，经与作者讨论，修改为"For example, the Amazon plume region takes up 0.014 $\times 10^{15}$ g C $y^{-1}$ and represents almost as much of a $CO_2$ sink as the rivers and wetlands systems in the Amazonian Basin are a source（Richey et al.，2002）."。——译者注

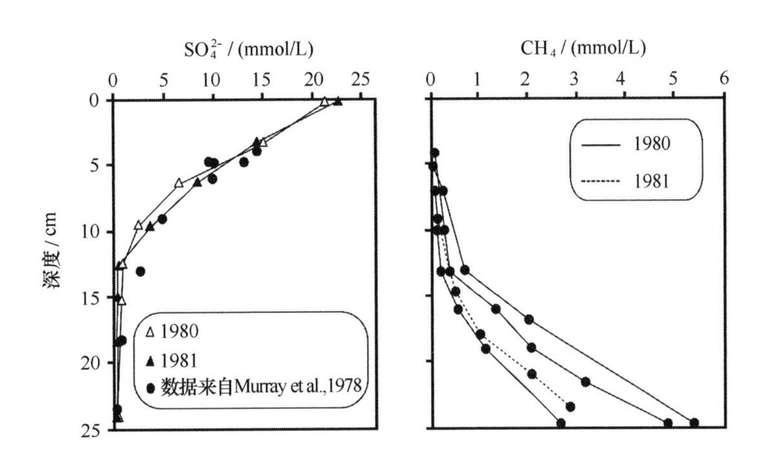


图 13.7 加拿大萨尼奇入海口缺氧峡湾中，沉积物中 $SO_4^{2-}$ 和 $CH_4$ 的垂直分布（Murray et al.，1978；Devol et al.，1984）

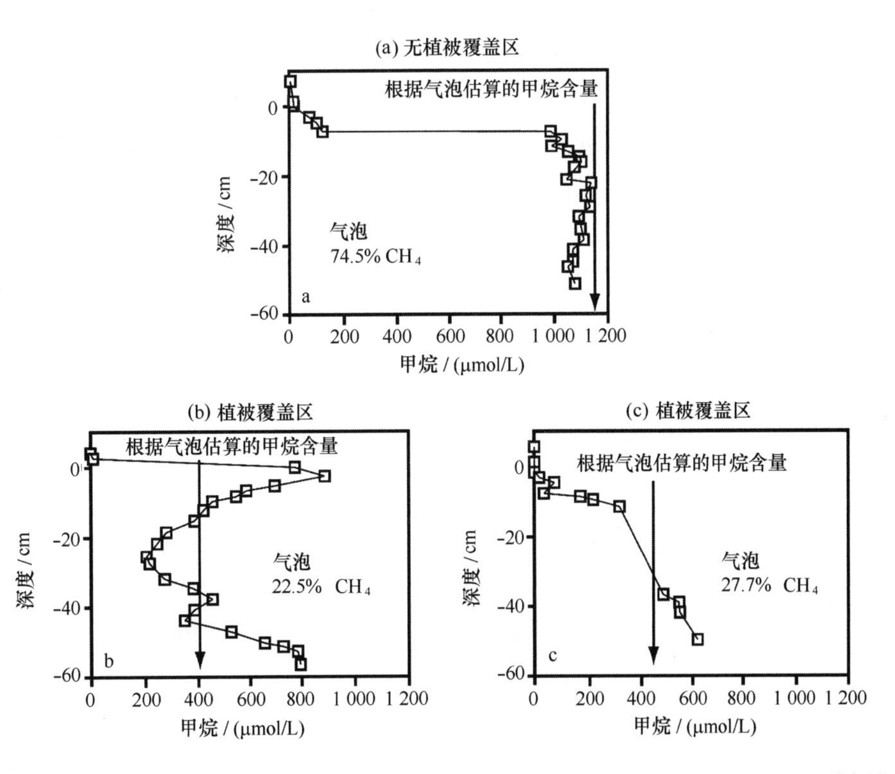


图 13.8 美国弗吉尼亚纽波特纽斯沼泽中无植被覆盖区（a）和植被（*Peltandra* spp.，一种楯蕊芋属植物）覆盖区（b，c）沉积物间隙水中溶存甲烷浓度和沉积物气泡中甲烷的含量。根据沉积物气泡中甲烷的含量和甲烷溶解度数据（Yamamoto et al.，1976）估算的平衡时间隙水中溶解态甲烷的浓度用箭头指示（Chanton and Dacey，1991）

以大体积气泡的形式存在（Chanton et al.，1989a，b）；这是由于甲烷释放使之分压总和高于沉积物中的静水压力。在河口的不同区域，溶解态甲烷和气泡中甲烷之间的平衡受温度、溶解态甲烷浓度以及气泡中甲烷的分压控制（Chanton et al.，1989a）。在无植被覆盖沉积物中，气体的传输是通过沉积物－水界面的扩散和冒泡两种机制进行的；在美国怀特奥克河河口，每一种机制都对沉积物释放的总通量贡献约50%（Kelley et al., 1990）。而在植被覆盖的沉积物中，大体积的甲烷也可能以气泡形式存在，但是其中的一些也可能存在于植物的根部和根茎（Chanton et al., 1989a; Sass et al., 1991; Schutz et al., 1991）。水生维管植物地表以下的组织大部分是通气组织（aerenchymatous，薄壁组织围成的空腔），其特征是具有大的气室。实际上，这些气室占据了沼泽里互花米草根部和根茎中气体体积的相当一部分（9～15 L/$m^3$）（Dacey and Howes, 1984）。在美国纽波特纽斯沼泽，与无植被覆盖的沉积物相比，植被覆盖的沉积物中溶解态和气泡中的甲烷含量都降低了，特别是在根部区（图13.8；Chanton and Dacey, 1991）。因此，作为甲烷传输的一种机制，冒泡在植被覆盖的沉积物中就不及在无植被覆盖的沉积物中重要。通过植物进行的甲烷传输机制通常有单纯的分子扩散（因沉积物、植物和大气之间分压的不同）（Lee et al., 1981）、对流传输（通过腔隙增压）（Dacey, 1981）和渗出（因植物孔隙分压的差异）（Dacey, 1987）。甲烷从植物中释放的日变化也主要归因于温度（Whiting and Chanton, 1992; Chanton et al., 1993）和光照水平的变化（King, 1990; Whiting and Chanton, 1996）。最后应当指出的是，不同的传输机制对甲烷的同位素分馏效应不同。例如，在扩散和渗出过程中，轻的同位素（$^{12}C$）优先丢失，结果使保存在植物组织中的甲烷相对于沉积物中而言富集了$^{13}C$（Chanton et al., 1992）；周日变化可能会影响这些分馏模式（Chanton and Whiting, 1996）。当植物采用对流方式传输甲烷时，植物和沉积物中的$^{13}C$同位素特征没有差异；然而在没有光照的情况下，某些植物（如香蒲）可能从对流传输转换成分子扩散方式（Chanton and Whiting, 1996）。因此，植被在控制甲烷从河口的释放中发挥着至关重要的作用。而且，在确定河口中有植物参与的甲烷传输机制研究中，$^{13}C$同位素特征看来是一种有用的方法。

**表13.4　河口区甲烷的通量（Middelburg et al., 2002）**

| 地　点 | 注　释 | 甲烷释放/［mmol/（$m^2$·d）］ | 参考文献[a] |
|---|---|---|---|
| **河口内主槽** | | | |
| 亚奎纳湾和阿尔西厄湾（美国俄勒冈） | 年平均 | 0.18 | 1 |
| 哈得孙感潮河段（美国纽约） | 年平均 | 0.35 | 2 |
| 博登峡湾（德国） | 年平均，空间变化范围 | 0.03～0.21 | 3 |
| 托马莱斯湾（美国加利福尼亚） | 季节变化范围，空间平均 | 0.007～0.01 | 4 |
| 欧洲感潮河口 | 9个河口的中值，18个航次 | 0.13 | 5 |
| 兰讷斯峡湾河口（丹麦） | 年平均，空间变化范围 | 0.07～0.41 | 6 |
| **河口羽状流区** | | | |
| 莱茵河和斯海尔德河（北海南部） | 1989年3月空间变化范围 | 0.006～0.6 | 7 |
| 阿姆夫拉基亚湾（爱琴海） | 1993年7月空间平均 | 0.014 | 8 |
| 多瑙河（黑海西北部） | 1995年7月空间变化范围 | 0.26～0.47 | 9 |
| **潮　滩** | | | |
| 白橡树河口（美国北卡罗来纳） | 年平均 | 1.2 | 10 |
| （淡水站点） | 季节变化范围 | 1～45 | 10 |
| | 潮汐变化 | 2.5～6.3 | 10 |

续表

| 地 点 | 注 释 | 甲烷释放/［mmol/（$m^2$·d）］ | 参考文献[a] |
|---|---|---|---|
| 查普唐克河口（美国马里兰） | 年平均（盐度1～10） | 2.4 | 11 |
| 斯海尔德河（比利时/荷兰） | 年平均 | | |
| | 淡水站点 | 500 | 12 |
| | 咸水站点（盐度25） | 0.1 | 12 |
| **潮汐沼泽** | | | |
| 白橡树河口（美国北卡罗来纳） | 年平均 | | |
| （淡水沼泽） | 总释放速率 | 7.1 | 13 |
| | 冒泡产生的释放 | 3.5 | 13 |
| | 扩散产生的释放 | 3.5 | 13 |
| 湾树溪盐沼（美国弗吉尼亚） | 年平均，三个站点（盐度5～23） | 2.6—8.1 | 14 |
| 约克河（美国弗吉尼亚） | 年平均 | | |
| | 盐度2.6 | 3.0 | 15 |
| | 盐度5.5 | 3.8 | 15 |
| | 盐度8.8 | 0.9 | 15 |
| **北斗湾** | 年平均 | | |
| （加拿大新不伦瑞克） | 盐度20.6～23.5 | 0.13 | 16 |
| | 盐度31～35 | 0.03 | 16 |

a. 参考文献：1. De Angelis and Lilley（1987）；2. De Angelis and Scranton（1993）；3. Bange et al.（1998）；4. Sansone et al.（1998）；5. Middelburg et al.（2002）；6. Abril and Iversen（2002）；7. Scranton and McShane（1991）；8. Bange et al.（1996）；9. Amouroux et al.（2002）；10. Kelley et al.（1995）。季节平均来自于4个岸边站位的数据，季节变化范围是这些站位在10月至次年3月和8—9月数据的平均，潮汐变化来自1991年8月一个岸边站位。11. Lipschultz（1981）；12. Middelburg et al.（1996）（特别高的数值来自一个被城市污水输入污染的区域）；13. Chanton et al.（1989b）；14. Bartlett et al.（1985）；15. Bartlett et al.（1987）；16. Magenheimer et al.（1996）。

甲烷氧化细菌（又称甲烷氧化菌，methanotrophs）通过将甲烷转化成细菌生物量或二氧化碳，在减少甲烷从河口中的释放方面起着十分关键的作用（Topp and Hanson，1991）。据估计，淡水沉积物中的甲烷氧化菌能够消耗多达90%的沉积物中产生的甲烷（Reeburgh et al.，1993）。甲烷氧化菌和氨氧化细菌通过单加氧酶的联系而存在着密切的进化关系（Holmes et al.，1995）；两者都是变形菌门γ和α亚门内的专性好氧化学自养生物（Hanson and Hanson，1996）。在美国加尔维斯顿湾的工作表明，$CH_4$和$NH_4^+$的氧化速率变化非常大（图13.9；Carini et al.，2003）。在水浅、有生物扰动、有机物含量低、砂质的沉积物中，甲烷的浓度通常都较低。正如预期的那样，甲烷氧化的最高活性区域出现在沉积物顶部10 cm。甲烷氧化菌群落和氨氧化菌之间有一些有趣的联系，表明对$NH_4^+$中氮的“掩蔽”（sequestering）可能最终会限制氨氧化细菌对$NH_4^+$的利用（Carini et al.，2003）；对于这些微生物间潜在的相互作用需要进一步的研究。

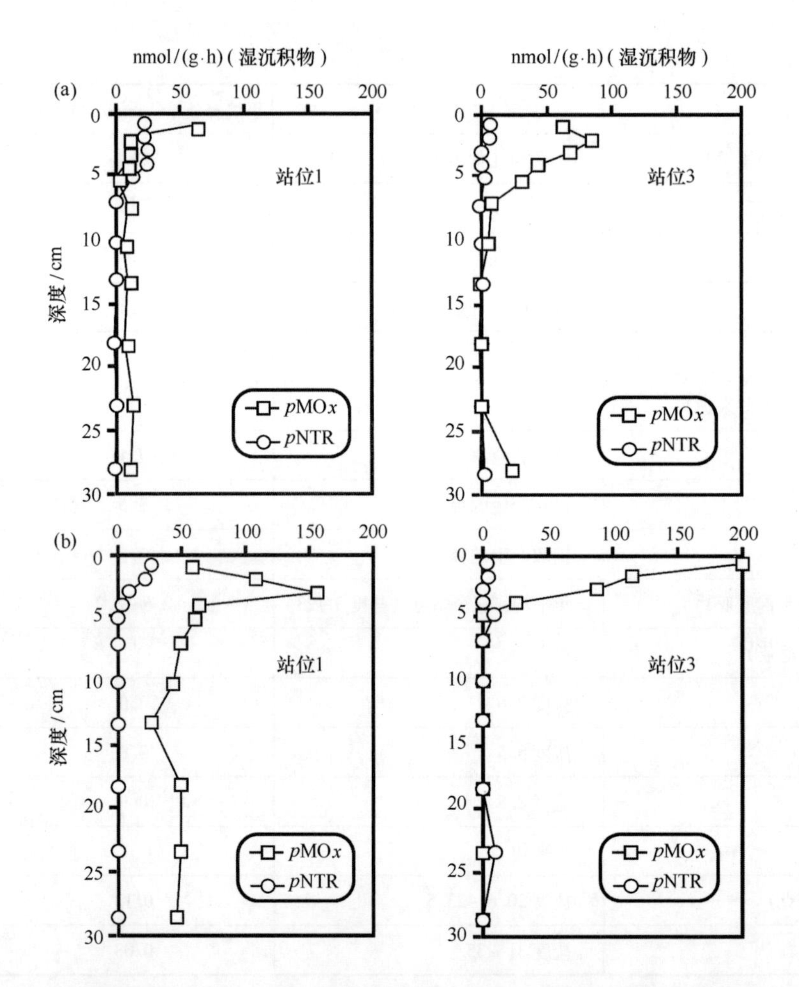


图 13.9 加尔维斯顿湾不同季节、不同站位沉积物中 $NH_4^+$（*p*NTR）和 $CH_4$（$pMO_x$）氧化速率的剖面分布，(a) 1998 年 8 月，(b) 1998 年 11 月（Carini et al.，2003）

河口水体中的甲烷浓度通常高于与大气平衡的水中甲烷的浓度（2～3 nmol/L），并且在大部分情况下，甲烷浓度从淡水端向海洋端是增加的（De Angelis and Lilley，1987；Bange et al.，1998；Abril and Iverson，2002；Middelburg et al.，2002；Vander borght et al.，2002；Abril and Borges，2004）。由 BIOGEST 计划获得的吉伦特河口（法国）、泰晤士河口（英国）、斯海尔德河口（比利时/荷兰）和萨多河口（葡萄牙）的数据表明，甲烷的空间分布模式变化很大（Middelburg et al.，2002；Abril and Borges，2004）。在吉伦特河和泰晤士河口，河流来源的高的甲烷输入发生在河口顶部；与之不同，来自邻近潮滩的甲烷则在斯海尔德河口和萨多河口的高盐度区输入（Middelburg et al.，2002），这进一步说明了河口水体中甲烷空间分布的变化性。

## 第四节　溶解和颗粒有机碳的转化与循环

河口中颗粒有机碳和溶解有机碳由外源的和自生源的多元混合物组成（详见第八章）。水力存留时间、河流流量、潮交换和再悬浮发生的频率等等是决定有机碳在河口的归宿和活性的重要物理控制变量。本节仅给出在河口水体和沉积物中 POC 和 DOC 循环动力学的概要，这需要在第七至第九章中介绍的有关有机碳来源、化学生物标志物和全样同位素（单一和双端元）模型的知识。

在许多河口，POC 含量和悬浮颗粒物紧密相关，而悬浮颗粒物则可能取决于河流流量和再悬浮情况。例如在美国萨宾－内奇斯运河口，当总悬浮颗粒物低于 20～30 mg/L 时，POC 含量随着总悬浮颗粒物含量的降低而显著增加（图 13.10；Bianchi et al.，1997a）。在大的河流体系中可以看到这种关系；然而，由于许多河流都有很高的悬浮物输入，所以 POC 百分含量随悬浮颗粒物含量的降低而增加这一现象通常只是发生在悬浮物含量低于 50 mg/L 时（Meybeck et al.，1982）。这一普遍模式归因于在高的河流流量时沉积物输入对 POC 百分含量的稀释效应，并且在高的总悬浮颗粒物（total suspended particulates，TSP）和低的光可利用性情况下，浮游植物的生产会降低[①]。在不同盐度的区域中，TSP 和浮游植物生物量（以叶绿素 *a* 含量表示）之间的这种关系在特拉华湾河口显示得非常清楚（图 13.11；Harvey and Mannino，2001）。图 13.12 则是旧金山湾和切萨皮克湾河口 POC 含量的季节变化，这种季节变化模式对许多河口来说是很典型的，并且不同的体系之间没有显著差异（图 13.12；Canuel，2001）。两个体系之间 POC 的季节和空间差异主要由河流流量和光可利用性控制。然而，使用脂肪酸生物标志物进行进一步的分析表明：切萨皮克湾中浮游植物对 POC 的贡献较旧金山湾中要大（Canuel，2001）（详见第九章）。因此，尽管全样 POC 分析提供了一个外源和自生碳总输入的综合指标，但考虑整个碳的循环动力学时，单独使用 POC 指标则可能会产生误导。

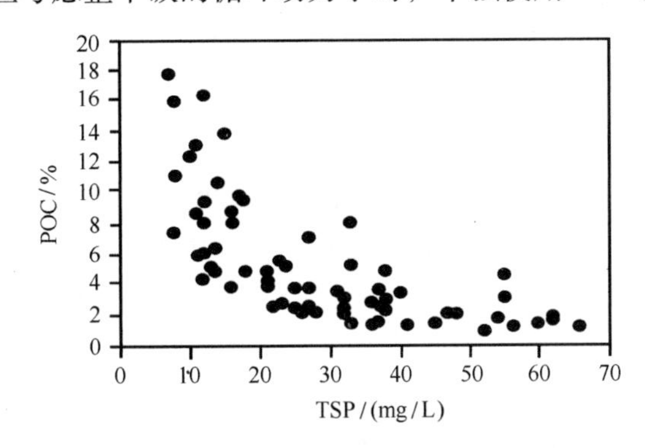


图 13.10　美国萨宾－内奇斯运河口三个区域水体中 POC 百分含量和总悬浮颗粒物（TSP）。采样时间从 1992 年 3 月至 1993 年 10 月（Bianchi et al.，1997a）

DOC 含量的盐度梯度常被用来研究 DOC 在河口的保守和非保守行为（Guo et al.，1999）。墨西哥湾 6 个不同河口中 DOC 的典型混合梯度清楚地表明，DOC 含量随盐度的增加而降低，其河口行为是非保守的（图 13.13）。低盐区域 DOC 的高含量是由于河流的输入。浮游植物水华的季节变化有时可以改变 DOC 在河口的分布，因为光衰减率较低，高含量的 DOC 和水华藉此可在河口下游同时出现。低盐区域是 DOC 重要的汇（图 13.13）；这个区域位于河口最大浑浊带（ETM），其中部分 DOC 可能因聚沉、絮凝和其他过程而被去除（详见第四章）。一组河口中的 DOC 含量范围见表 13.5。如第八章所述，总 DOC 储库的其他重要组分是高分子量（HMW DOC）和低分子量溶解有机

① 原著中此处为“升高”。——译者注

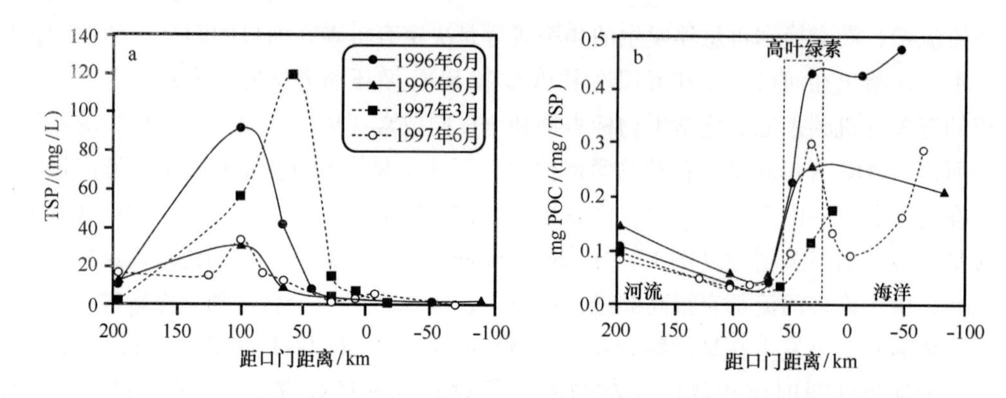


图 13.11　特拉华湾河口不同季节（a）总悬浮颗粒物（TSP）和（b）颗粒有机碳（POC）沿盐度梯度和距口门距离的分布（Harvey and Mannino, 2001）

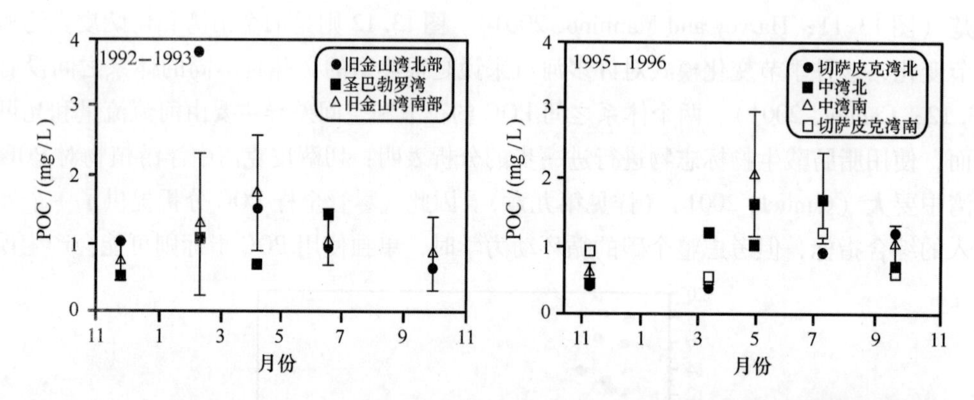


图 13.12　旧金山湾（1992—1993）和切萨皮克湾（1995—1996）河口不同区域颗粒有机碳（POC）的季节变化。误差棒代表三个站点平均含量的标准偏差（Canuel, 2001）

碳（LMW DOC）；HMW DOC 有时被称为胶体有机碳（colloidal organic carbon, COC）（表 13.5）。如果暂且不考虑不同的技术和滤膜可能对收集 HMW DOC 的数量和组成的影响，我们会看到 HMW DOC 在不同河口的相对重要性有显著差异。HMW DOC 的来源可能是来自陆地径流的老的土壤物质、新鲜垃圾，或者是河口中更不稳定的藻类（底栖和浮游藻类）。两个粒级 HMW DOC 的放射性碳数值表明，小分子量部分（>1 kDa）比大分子量部分（>10 kDa）更年轻，两者的放射性碳丰度在特拉华湾河口的低盐区域都很高（图 13.14；Guo and Santschi, 1997）。这些差异缘于再悬浮沉积物间隙水中老的 HMW DOC（经过更深度的地质聚合反应）的输入。在中大西洋陆架的近岸底层水体中，老的 HMW DOC 从间隙水向河口水体的输入也是十分重要的（Mitra et al, 2000a）。这个结果不支持 Amon 和 Benner（1996）提出的开放大洋粒级 - 活性模型（size - reactivity model），根据该模型预测，“老的” HMW DOC 将保留在分子量更低的部分中，通常出现在深层水体中。不过在大洋水体中，粒级 - 活性模型通常是适用的，这是由于真光层中产生的 POC 在水体中沉降时，易分解的“年轻的”碳被选择性去除，从而在深层水体中积累“老的”低分子量 DOC（Amon and Benner, 1996；Guo et al., 1996）。

总 POC 和 DOC 储库的全样放射性碳和 $^{13}C$ 信号可有效确定在河口中其可能的来源（McCallister

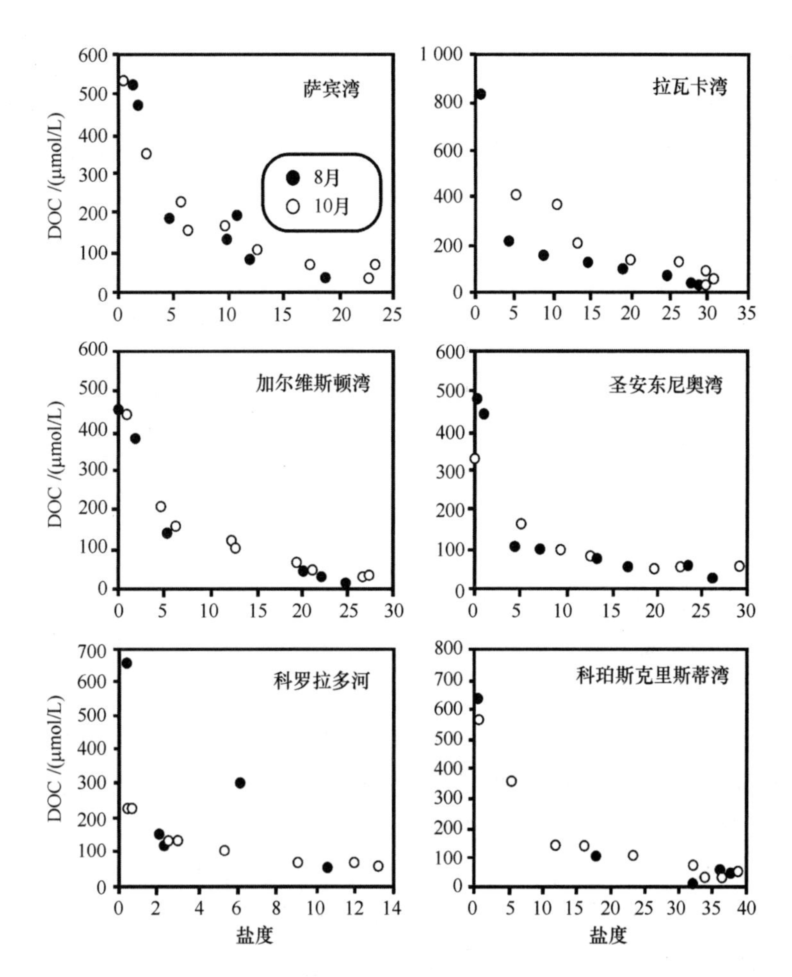


图 13.13　8 月和 10 月得克萨斯 6 个河口不同盐度水体中 DOC 含量（Benoit et al.，1994）

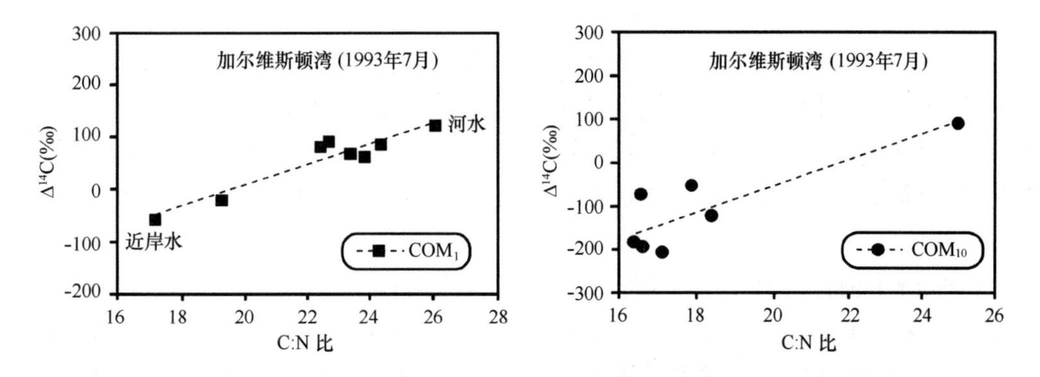


图 13.14　1993 年 7 月美国加尔维斯顿湾大分子胶体有机物（COM）中 $\Delta^{14}C$ 和 C:N 比值的关系（$COM_1 \geq 1$kDa，粒径 $< 0.02\mu m$；$COM_{10} \geq 10$ kDa，粒径 $< 0.2\ \mu m$）（Guo et al.，1997） et al.，2004）（详见第七至第九章）。例如，美国东海岸河口沿岸的$\Delta^{14}C-DOC$总是比$\Delta^{14}C-POC$①更富集$^{14}C$（图7.24；Raymond and Bauer，2001a）。由于富集$^{14}C$的DOC也更亏损$^{13}C$，由此可见这些差异是因为富集$^{14}C$的土壤和从土壤中沥滤出来的有机物的巨大贡献。与此相似，一项运用双同位素示踪方法（$\delta^{13}C$和$\Delta^{14}C$）对采集自不同区域的细菌核酸和潜在碳源物质的同位素特征的研究表明，该方法能够很好地刻画约克河口中来自水生和陆地系统的碳源（图13.15；McCallister et al.，2004）。这些双同位素示踪方法的研究结果表明，粗略地对有机碳进行分类以及不加区别地使用"老的"（old）和"难降解的"（refractory）这些词汇，这在许多情况下通常是不恰当的。实际上，哈得孙河口高度亏损$^{14}C$的老的有机碳（1000年—5000年）看来是这个河流系统中支持异养生物生长的一个重要的易分解有机物的来源（Cole and Caraco，2001）。因此，在土壤和岩石中储存几百年到上千年的有机物实际上成为了在数周到几个月内可被水体中微生物利用的物质（Petsch et al.，2001），从而实现了河流中的代谢过程和流域盆地中有机物保存历史之间的独特联系（Cole and Caraco，2001）。

在河口沉积物中，总有机碳（TOC）、$\delta^{13}C$和C:N比等岩芯样品的全样碳指标可以作为沉积物中POC输入和来源的综合指标。正如第八章和第九章讨论过的，应用C:N比作为有机物来源的唯一判据存在很多问题；然而，如果与同位素和化学生物标志物方法相结合，就可以更好地确定来源。如果我们用全样碳指标分析沉积物岩芯样品的剖面分布就会发现，约克河口沉积物中TOC和C:N比清楚地反映了浮游植物输入的优势，其表层沉积物TOC百分含量最高，之后随深度增加、成岩作用"烧掉"部分TOC而逐渐降低（图13.16；Arzayus and Canuel，2004）。全样$\delta^{13}C$信号也反映了浮游植物来源的输入。与之不同的是，在法属圭亚那锡纳马里河河口有大量的红树林碎屑输入，当我们分析其沉积物岩芯样品的剖面分布时，可以看到表层沉积物具有很高的C:N比和很低的TOC含量，反映了难降解的维管植物［本例中是黑皮红树（*Avicennia germinans*）］输入的缓慢再矿化（图13.17；Marchand et al.，2004）。全样$\delta^{13}C$信号也反映了更亏损的$^{13}C$特征，表明是$C_3$维管植物的来源。沉积物岩芯样品间隙水中全样DOC和DOM的C:N比的剖面分布也可反映POM再矿化速率的变化。切萨皮克湾3个站点沉积物岩芯样品中DOC、C:N比和$\sum CO_2$的剖面分布可说明这一点（图13.18；Burdige and Zheng，1998），其DOC剖面分布的差异主要由海湾中不同区域沉积物中的不同物理和生物地球化学过程所控制。具体地讲，同海湾上游和下游站位相比，海湾中部站位沉积物间隙水中具有较高的DOC浓度，主要是由于其较高的再矿化程度以及较低的溶解氧和较弱的物理混合作用而使其更好地保存了再矿化的"信号"（如DOC和$\Sigma CO_2$）。这些站位间隙水中DOM的C:N比的变化可能是因为富含氮的DOM被选择性利用，而并不是如原来所认识的是输入来源的差异（如陆地和海洋）（Burdige，2001）。因此，氧化还原条件和大型底栖动物存在与否是决定切萨皮克湾沉积物中POM再矿化为DOM以及DOM总保存量的最重要控制因素。最后需要指出的是，HMW DOC和LMW DOC在沉积物总DOC中所占比例在很大程度上取决于POC的输入来源和沉积物中的氧化还原条件，这可以由第八章中介绍过的间隙水粒级/活性模型（PWSR）给予很好地解释。

沉积物中全样碳的剖面分布特征通常也被用来推断有机物在沉积物中再矿化的效率。例如，在

① 原著中此处为$\Delta^{14}C-DOC$，译者根据原始文献（Raymond and Bauer，2001a）更正为$\Delta^{14}C-POC$。——译者注

表 13.5 墨西哥湾河口中 DOC 浓度及其混合行为（Guo et al.，1999）

| 区　域 | 河　口 | [DOC]（λmol/L）[a] | DOC 的混合行为 | 参考文献 |
|---|---|---|---|---|
| Ⅰ（得克萨斯） | 科珀斯克里斯蒂湾 | 560～630 | 混合时显著地去除 | Benoit et al.（1994） |
| | 圣安东尼奥湾 | 330～480 | 混合时显著地去除 | Benoit et al.（1994） |
| | 拉瓦卡湾 | — | 混合时显著地去除 | Benoit et al.（1994） |
| | 加尔维斯敦湾 | 460 | 混合时显著地去除 | Benoit et al.（1994） |
| | 萨宾－内奇斯运河 | 530 | 混合时显著地去除 | Benoit et al.（1994） |
| | | 550 | — | Stordal et al.（1996） |
| | | 367～1350 | — | Bianchi et al.（1997a） |
| | 加尔维斯敦湾 | 420～480 | 7 月份在低盐区域为输入源 | Guo and Santschi（1997） |
| Ⅱ（路易斯安那和阿拉巴马） | 密西西比河羽状锋 | 270～330 | 冬季保守混合，夏季为输入源 | Benner et al.（1992） |
| | 庞恰特雷恩湖 | 425～483 | 充分混合 | Argyrou et al.（1997） |
| | 莫比尔湾 | 424±105 | 保守的 | Pennock et al.（unpublished） |
| Ⅲ（佛罗里达） | 奥克洛科尼河 | ～1 050 | 非保守混合，LMW 部分为输入而 HMW 部分为去除 | Powell et al.（1996） |
| | 鲁克里湾 | 580～1 250 | — | Twilley（1985） |
| Ⅳ（墨西哥） | 马德雷潟湖 | 312[b] | — | Amon and Benner（1996） |
| | 特米诺斯潟湖 | 60～330[c] | — | Rivera－Monroy et al.（1995） |
| | 塞勒斯顿潟湖 | [d] | — | Herrera－Silveria and Remirez－Remirez（1996） |

a. DOC 含量为河流端元数据或河口平均值。b. 盐度约 22 的样品数据。c. 根据 DON 和 Redfield 比转换而来的 DOC 含量。d. 只有丹宁酸（天然酚类物质）含量（范围从小于 1 mg/L 到 18 mg/L）。“—”表示没有数据。

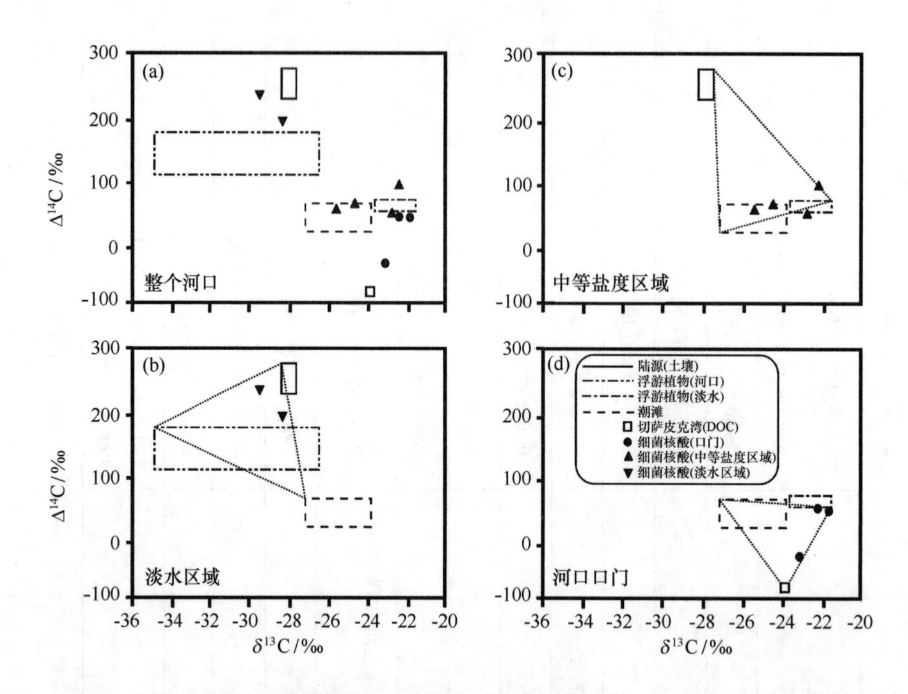


图 13.15　约克河口中细菌核酸和潜在来源有机碳的 $\Delta^{14}C \sim \delta^{13}C$（a）整个约克河口；（b）淡水；（c）中等盐度区域；（d）高盐度（口门）区域（McCallister et al.，2004）。框内表示约克河口中潜在有机碳95%置信区间的端元值。点线代表模型一次运算的解空间

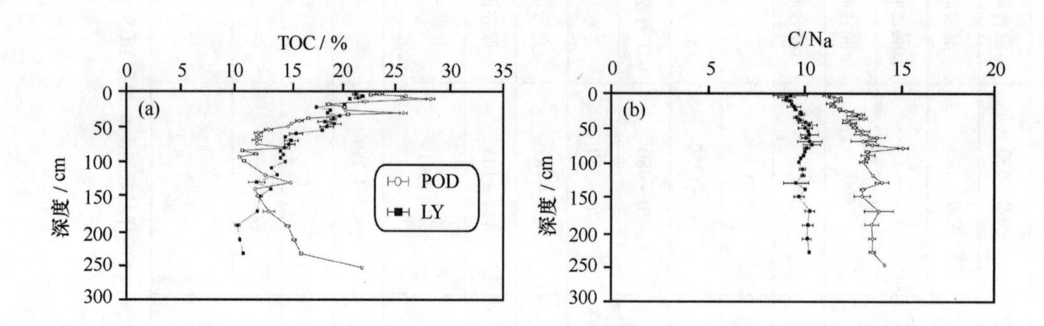


图 13.16　约克河口两个站点沉积物岩芯样品的（a）总有机碳（TOC）和（b）C∶N 比的剖面分布（Arzayus and Canuel，2004）

受到生物强烈扰动和充分暴露于氧气中的巴布亚三角洲（巴布亚新几内亚）沉积物中，沉积有机物得到了充分的再矿化（Aller and Blair，2004）。由图可见（图 13.19），在 $\delta^{13}C$ 数值为 –27‰ ~ –19‰ 的范围内，间隙水中 $\sum CO_2$ 的分布和 $\sum CO_2$ 中 $\delta^{13}C$ 的分布形状极为相似（互为镜像），表明海源和陆源有机物都已被完全再矿化为 $CO_2$ 了。在近岸站位（HM13）（13 m 水深）发现了最老的（最负的）$\sum CO_2$ $\Delta^{14}C$，表明在这里老的陆源有机物比在深层站位更容易分解。河口三角洲环境中的沉积物代表了最具成岩活性的一类沉积物；而峡湾中的缺氧沉积物则可能代表了相反的另一类沉积物，其具有较低的成岩活性和较高的碳保存率。

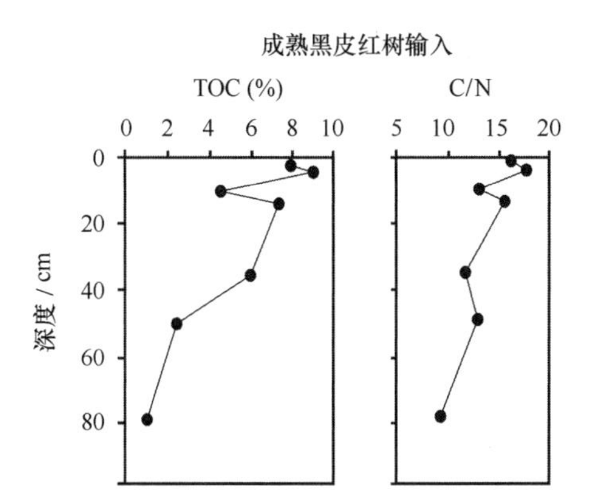


图 13.17 法属圭亚那锡纳马里河河口沉积物岩芯样品中总有机碳（TOC）和 C∶N 比的剖面分布（Marchand et al.，2004）

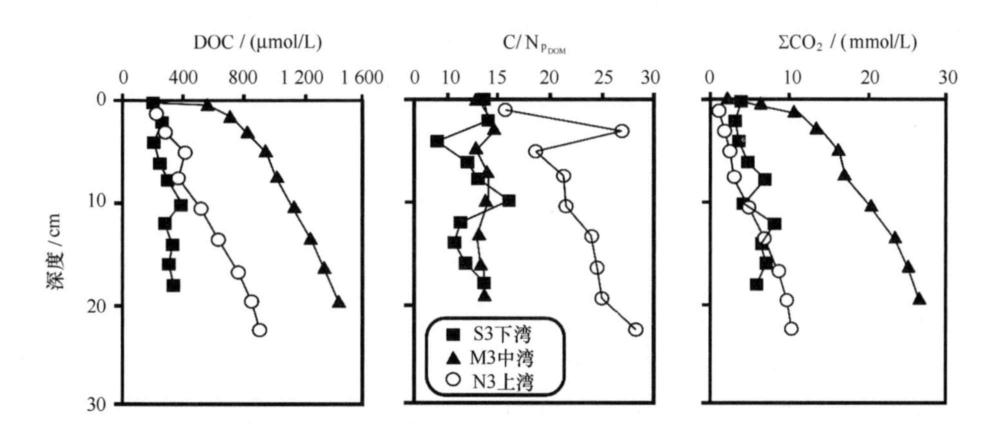


图 13.18 美国切萨皮克湾三个站点沉积物岩芯样品间隙水中溶解有机碳（DOC）、C∶N 比和 $\Sigma CO_2$ 的剖面分布（Burdige and Zheng，1998）

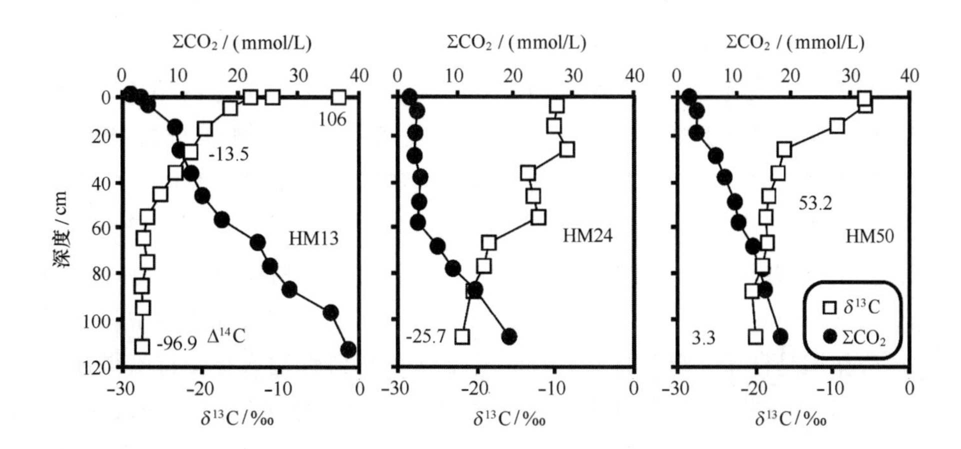


图 13.19 巴布亚湾三角洲三个站位沉积物岩芯样品间隙水中 $\Sigma CO_2$ 和 $\delta^{13}C$ 的剖面分布。$\Sigma CO_2$ 数据来自 Aller 等（2004）（Aller and Blair，2004）

# 第五节 碳的生态迁移

生产和消费之间的平衡对控制不同生物组分（从个体到生态系统水平）对整个碳循环的贡献是至关重要的。在讨论这些之前，首先需要回顾几个术语。具体地讲，当生产超过消费时体系是净自养的，当消费超过生产时则是净异养的。如第八章所述，总初级生产力（GPP）是光合生物单位时间和单位体积内固碳（$CO_2$ 转化成有机物）的数量，净初级生产力（NPP）则是总固碳量减去初级生产者呼吸的数量（$R_a$）。净的生态系统生产力（NEP）为 GPP 和生态系统呼吸之间的差值，后者包括异养和自养两个过程。当 NEP 为负值、GPP/R 小于 1 时，体系被称为是净异养的。因此，NEP 在确定碳在近岸环境中的源汇时特别重要（Smith and Hollibaugh, 1993; Gattuso et al., 1998; Caffrey, 2004）。在很多情况下，诸如营养盐输入增加等人类活动的影响增加了河口水域的现场生产力，并且其影响超过呼吸作用，从而形成自养过程主导的 NEP，或者称净生态系统代谢（net ecosystem metabolism, NEM）（D'Avanzo et al., 1996）。然而，在一些有机碳输入（外源和自生的）很高的河口，NEM 则是异养的（Smith and Hollibaugh, 1993, 1997; Frankignoulle et al., 1998; Cai et al., 1999; Raymond et al., 2000）。事实上，一项对海洋/河口生态系统的调查发现，总光合产物中浮游植物胞外释放（extracellular release, ER）的 DOM 仅能提供浮游细菌生长所需要碳的不足一半（Baines and Pace, 1991）。因此，在决定一个体系是向净自养的还是净异养的方向发展时，碳和营养盐输入量的大小是十分重要的（Kemp et al., 1997; Caffrey, 2004）。

NEM 自养和异养的时空变化在河口中常被观测到。例如，随深度的增加 NEM 能从异养转变成自养（Howarth et al., 1996; Raymond et al., 2000），因为浅水区域比更浑浊的、光限制的河口湿地更具有自养的特性（Kemp et al., 1997; Caffrey et al., 1998）。最近有一项针对美国国家河口研究保护区（National Estuarine Research Reserves, NERR）内涉及多种生境的 42 个河口站位的研究，其通过溶解氧数据确定了 1995—2000 年的初级生产力、呼吸作用和 NEM（Caffrey, 2004）。结果表明，温度是影响各站位代谢速率变化的最重要参数。而且除了 5① 个站位以外，其他站位的年平均值都显示是异养的，NEM 的变化范围为 $-7.6 \sim 0.9$ g/($m^2 \cdot d$)（以 $O_2$ 计）（表 13.6）。需要指出的是，淡水站位比咸水区的站位呈现更多的异养特性，而那些更浅的区域（例如红树林和湿地潮沟）异养特性最为突出，因为其比河口深水区接收了更多外源的碳输入。哈得孙河口 3 个站位表层混合层 $CO_2$ 通量随时间变化的结果显示，异养过程控制着哈得孙河的碳通量（图 13.20; Taylor et al., 2003）。更具体地说，这些对碳通量的估计是基于对小型浮游生物的呼吸作用与 NPP 和细菌净生产力（BNP）的比较（Taylor et al., 2003）。除了 5 次观测之外，所有其他观测中呼吸作用都超过了自养生产力，呼吸作用是自养生产力的 1.1 ~ 340 倍，说明外源性输入在支持哈得孙河口异养过程中的重要性。这项工作支持了之前的其他研究结果，即哈得孙河口感潮的淡水区是净异养的（Kempe, 1984; Findlay et al., 1991; Howarth et al., 1996; Raymond et al., 1997; Cole and Caraco, 2001）。

① 原著中此处为 3 个，译者根据原始文献（Caffrey, 2004）更正为 5 个。——译者注

表 13.6　美国国家河口研究保护区（NERR）总初级生产力、总呼吸作用和净生态系统代谢作用（NEM）年平均值（Caffrey, 2004）　单位：g/（$m^2$·d）（以 $O_2$ 计）

| 区域/保护区/站位 | 生产力 | | 呼吸作用 | | NEM | |
|---|---|---|---|---|---|---|
| | 平均值 | 标准偏差 | 平均值 | 标准偏差 | 平均值 | 标准偏差 |
| **加勒比海和墨西哥湾** | | | | | | |
| 霍伯斯湾 10 | 4.2 | 0.3 | 6.8 | 0.5 | -2.6 | 0.4 |
| 霍伯斯湾 09 | 5.7 | 0.4 | 10.0 | 0.6 | -4.3 | 0.4 |
| 鲁克里湾，黑水河 | 3.9 | 0.4 | 11.5 | 0.4 | -7.6 | 0.3 |
| 鲁克里湾，亨德森上部 | 5.6 | 0.3 | 11.6 | 0.4 | -5.9 | 0.3 |
| 阿巴拉契科拉湾 底层 | 3.1 | 0.2 | 5.6 | 0.4 | -1.6 | 0.2 |
| 阿巴拉契科拉湾 表层 | 2.8 | 0.2 | 4.4 | 0.3 | -2.5 | 0.3 |
| 威克斯湾，鱼河 | 7.7 | 0.9 | 7.4 | 1.0 | -2.2 | 0.3 |
| 威克斯湾，威克斯湾 | 6.9 | 1.3 | 7.0 | 1.2 | -2.0 | 0.3 |
| **东南沿岸** | | | | | | |
| 萨佩罗溪谷码头 | 18.4 | 1.5 | 22.1 | 1.7 | -3.7 | 0.3 |
| 萨佩罗沼泽地 | 9.2 | 0.8 | 11.1 | 1.0 | -1.9 | 0.3 |
| Ashepoo, Combahee and South Edisto（ACE），大湾溪 | 12.4 | 0.7 | 17.9 | 0.9 | -5.4 | 0.7 |
| ACE，圣皮埃尔 | 12.0 | 0.6 | 14.7 | 0.8 | -2.6 | 0.3 |
| 北汉－温约湾，牡蛎滩 | 7.0 | 0.3 | 7.9 | 0.4 | -2.2 | 0.3 |
| 北汉－温约湾，万顷溪 | 4.7 | 0.3 | 5.6 | 0.3 | -3.0 | 0.2 |
| 北卡罗来纳，梅森布罗湾 | 5.5 | 0.3 | 7.7 | 0.5 | -0.9 | 0.2 |
| 北卡罗来纳，齐克岛 | 3.5 | 0.3 | 6.4 | 0.4 | -0.9 | 0.2 |
| **大西洋中部沿岸** | | | | | | |
| 切萨皮克湾，弗吉尼亚古德温岛 | 5.2 | 0.4 | 4.7 | 0.5 | 0.5 | 0.2 |
| 切萨皮克湾，弗吉尼亚塔斯基纳斯溪 | 8.9 | 0.6 | 8.5 | 0.7 | -2.1 | 0.2 |
| 切萨皮克湾，马里兰壶湾 | 6.8 | 0.5 | 12.3 | 0.6 | -5.6 | 0.4 |
| 切萨皮克湾，马里兰帕塔克森特公园 | 8.2 | 1.6 | 10.2 | 1.4 | -2.0 | 0.4 |
| 特拉华湾，黑水河码头 | 11.2 | 1.0 | 13.9 | 1.2 | -2.7 | 0.2 |
| 特拉华湾，斯科顿码头 | 9.4 | 0.9 | 11.0 | 1.1 | 1.6 | 0.4 |
| 马利卡河 126 号浮标 | 5.8 | 0.6 | 5.9 | 0.6 | -0.03 | 0.2 |
| 马利卡河 下游河岸 | 2.7 | 0.3 | 4.8 | 0.5 | -2.1 | 0.3 |

续表

| 区域/保护区/站位 | 生产力 | | 呼吸作用 | | NEM | |
|---|---|---|---|---|---|---|
| | 平均值 | 标准偏差 | 平均值 | 标准偏差 | 平均值 | 标准偏差 |
| **东北沿岸** | | | | | | |
| 老妇河，2号州际公路 | 2.3 | 0.2 | 6.4 | 0.3 | -4.1 | 0.3 |
| 老妇河，6号州际公路 | 2.7 | 0.2 | 6.3 | 0.4 | -3.6 | 0.3 |
| 哈得孙河，蒂沃利南 | 3.0 | 0.3 | 4.6 | 0.1 | -1.6 | 0.2 |
| 纳拉甘西特湾，波特湾 | 8.2 | 0.6 | 9.9 | 0.8 | -1.7 | 0.3 |
| 纳拉甘西特湾，T型码头 | 8.0 | 1.0 | 9.4 | 1.2 | -1.3 | 0.4 |
| 沃阔伊特湾，中央海盆 | 6.6 | 0.3 | 8.8 | 0.4 | 0.3 | 0.2 |
| 沃阔伊特湾，米塔齐特采样点 | 5.6 | 0.4 | 7.2 | 0.5 | -0.1 | 0.4 |
| 格雷特湾，格雷特湾浮标 | 7.6 | 0.6 | 7.8 | 0.6 | -0.2 | 0.2 |
| 格雷特湾，斯夸姆斯科特河 | 6.5 | 0.6 | 7.1 | 0.7 | -0.6 | 0.3 |
| 韦尔斯湾感潮区上部 | 3.3 | 0.4 | 6.9 | 0.8 | -3.6 | 0.5 |
| 韦尔斯湾 | 5.1 | 0.5 | 4.9 | 0.5 | 0.9 | 0.3 |
| **太平洋沿岸** | | | | | | |
| 帕迪亚湾，全湾 | 11.4 | 1.1 | 11.7 | 1.0 | -0.4 | 0.2 |
| 南劳斯河，斯坦斯塔克分支 | 14.4 | 1.4 | 16.5 | 1.4 | -2.1 | 0.2 |
| 南劳斯河，温彻斯特分支 | 10.0 | 0.9 | 11.3 | 1.0 | -1.3 | 0.2 |
| 埃尔克霍恩沼泽，阿泽维多池塘 | 11.0 | 0.5 | 13.3 | 0.5 | -2.2 | 0.2 |
| 埃尔克霍恩沼泽，南部沼泽 | 3.0 | 0.2 | 4.4 | 0.2 | 1.4 | 0.2 |
| 蒂华纳河，奥尼昂塔沼泽 | 15.1 | 0.9 | 19.1 | 1.0 | -4.0 | 0.3 |
| 蒂华纳河，感潮区 | 28.1 | 2.1 | 32.3 | 2.3 | -4.1 | 0.4 |

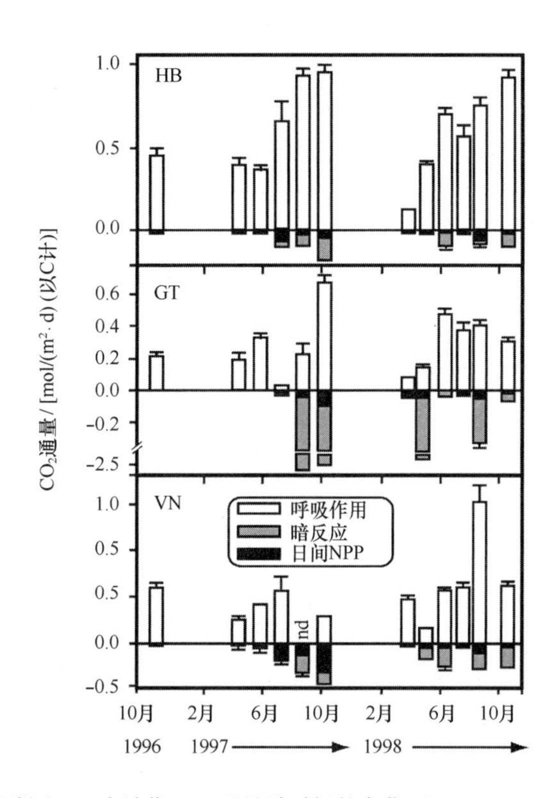


图 13.20　哈得孙河口三个站位 $CO_2$ 通量随时间的变化（Taylor et al.，2003）。正值和负值分别代表 $CO_2$ 的产生和消耗。$CO_2$ 消耗是指净初级生产（NPP）在真光层的积分值和暗反应在表层混合层积分值的总和。误差棒代表 ±1 标准偏差

# 第六节　一些河口碳的收支

河口和大型河流体系的口门是位于陆地和海洋之间的一个重要的界面，陆源物质在进入陆架前可能在此被改变。据估计，陆架提供了 0.1 Pg/a（以 C 计）的净 $CO_2$ 汇，而该区域初级生产的输出［2 Pg/a（以 C 计）］占全球生物泵的 20%（Liu et al.，2000）。遗憾的是，边缘海在全球碳收支中的重要性最近才开始得到应有的重视（Bauer and Druffel，1998；Liu et al.，2000）（有关这方面内容详见第十六章）。因此，要更好地理解这些边缘海对全球碳循环的影响，认识陆海界面碳的生物地球化学循环是至关重要的。理解陆地－边缘海物质交换的一个关键步骤是建立碳的收支，以定量重要的生物地球化学过程和各营养级之间的通量和储库。例如，建立河口和河流体系的碳收支能够帮助我们确定有多少碳在这里生产、埋藏或输出到毗邻的陆架。但由于人为输入的营养盐数量巨大且变化很大（Howarth et al.，2000），其已经导致了世界范围的河口富营养化（Cloern，2001），因此，建立河口体系可靠的碳收支是特别困难的。

如前所述，哈得孙河口感潮淡水部分是高度净异养的，呼吸作用主要由来自流域的外源有机物输入（非点源）控制（Cole and Caracl，2001）。一个通用的流域负荷函数（Generalized Watershed Loading Function，GWLF）模型被用来确定自然和人为过程在控制河口有机碳输入通量中的作用

(Howarth et al., 2000)。这个模型最早是用于估算流域氮和磷的通量（Haith and Shoemaker, 1987），后来经修改用于估算碳通量（Howarth et al., 1991; Swaney et al., 1996）。

图13.21是GWLF模型的结构，包括水文及对DOC输入的控制部分、土壤/沉积物在森林和农业区的迁移以及在城市和郊外中的迁移部分（Howarth et al., 2000）。具体地说，GWLF是基于一种简单的质量平衡方法来估算地下水和地表水的水文通量［图13.21（a）］。关于土壤/沉积物的迁移，GWLF使用通用的土壤流失方程来估计森林和农业区中的侵蚀［图13.21（b）］，使用STORM模型（Hydraulic Engineering Center, 1977）估算城市和郊区中的沉积物迁移［图13.21（c）］。运用模型估算的结果表明，农业区单位面积输出的有机碳比森林区高10倍（表13.7）。值得一提的是，尽管由农业区向哈得孙河输入的有机碳占非点源途径输送量的74%，森林区的输送只占18%，但是哈得孙河流域大部分区域却是森林区（总面积的65%），农业区只占流域总面积的28%（表13.7）。与本区域其他河流相比，哈得孙河具有较高的“老的”POC输入量（见图7.24），这可能正是农业区向其中输入了更多有机碳所致；因为农业区较高的输入可能增加了土壤侵蚀，从而使得深层富含古老碳（如干酪根）的土层暴露出来（Raymond and Bauer, 2001a）。城市和郊区面积加起来大约占流域面积的7%，其有机碳输入仅占8%（表13.7）。历史上，哈得孙河谷森林覆盖面积很大，后来经历了一段森林砍伐和农田开垦时期，并在20世纪早期达到顶峰，此后直至今日，这一带一直在弃耕还林（Rod et al., 1998）。因此可以说，早期被原始森林覆盖的哈得孙河的异养化程度应当比现在低（Howarth et al., 1996）。

**表13.7　自流域非点源向哈得孙河感潮淡水区输入的有机碳估算值（Howarth et al., 1996）**

| | |
|---|---|
| 回归分析：哈得孙河平均值 | 3.1 |
| 模型结果：所有陆地的平均值 | 1.7 |
| 模型结果：森林区 | 0.47 |
| 模型结果：农业区 | 4.5 |
| 模型结果：城市和郊区 | 1.9 |

注：回归分析基于Gladden等（1988）的方法，运用哈得孙河平均淡水径流量，对哈得孙河各支流单位面积径流量的对数值与单位面积有机碳输出量的对数值进行回归（Howarth et al., 1996）。模型结果是Swaney等（1996）运用GWLF模型进行估算获得的。所有的估算都是针对降水量和径流量的多年平均值。

和其他河流体系相比，在波罗的海建立食物网和碳的模型方面开展的工作最多（Elmgren, 1984; Wulff and Ulanowicz, 1989; Kuparinen et al., 1996; Donali et al., 1999; Sandberg et al., 2000, 2004），这在很大程度上缘于波罗的海是世界上研究最为充分的河口体系之一，有大量的数据可用。第一个也是最全面的建模研究是Elmgren（1984）对波罗的海3个主要区域，即波的尼亚湾（Bothnian Bay, BB）、波的尼亚海（Bothnian Sea, BS）和波罗的海（Baltic proper, Bp）的比较。尽管模型没有包括碎屑流和呼吸作用损失，但它明确了在食物网中，总生产力在Bp最高，其次是BS，再次是BB（Elmgren, 1984）。图13.22所示为Bp中的碳质量平衡模型。为了能够对碳的质量平衡模型进行定量，模型必须处于稳态；但是早期Elmgren（1984）的工作并没有这样做。近来随着食物网建模能力的提高，已经能够使用更加定量化的方法。例如，假设体系处于稳态，近期通过生态系统网络分析（Ecopath Ⅱ软件）对波罗的海的碳收支进行了重新分析，发现碳的质量平衡明显偏离

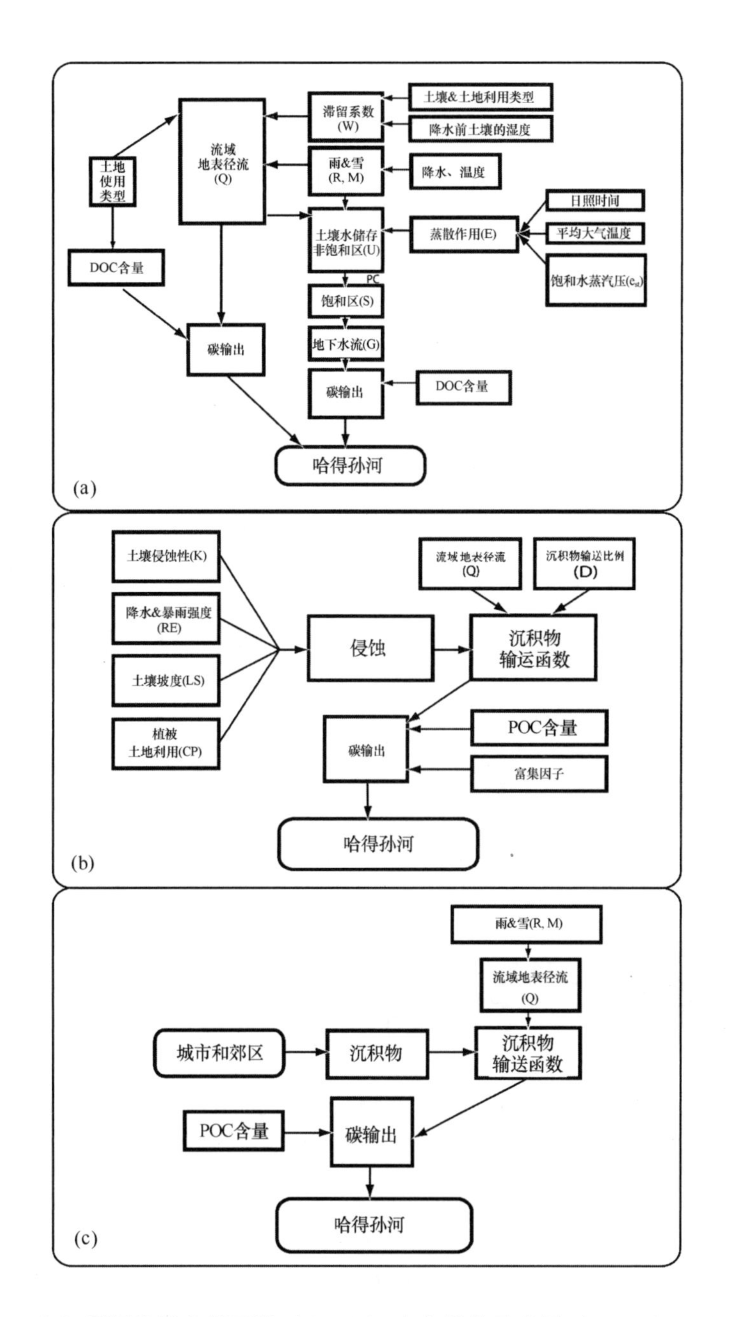


图 13.21　(a) 通用流域负荷函数 (GWLF) 水文部分示意图 (Howarth et al., 1991)。溶解有机碳 (DOC) 浓度被赋值给与土地利用类型相关的地下水或地表水。(b) GWLF 中沉积物在森林和农业区中迁移路径示意图；基于通用的土壤流失方程。POC 含量被赋值给与土地利用相关的侵蚀土壤。(c) GWLF 中沉积物在城市和郊区的迁移路径示意图

稳态 (Sandberg et al., 2000)。具体而言，发现在 Bp、BS 和 BB 的开阔水域有机碳分别过量 45 g/ ($m^2$ · a) (以 C 计)、25 g/ ($m^2$ · a) (以 C 计) 和 18 g/ ($m^2$ · a) (以 C 计) (Sandberg et al., 2000)。和 Elmgren (1984) 的第一个模型结果相似，3 个区域的总碳流也是按照 Bp、BS 和 BB 的顺序递减 (Sandberg et al., 2000)。每一个区域都有盈余有机碳，这表明某些碳没有被生物消耗，这些过量的碳实际上可能来自波罗的海北部河流的输入 (Rolff et al., 2000)。

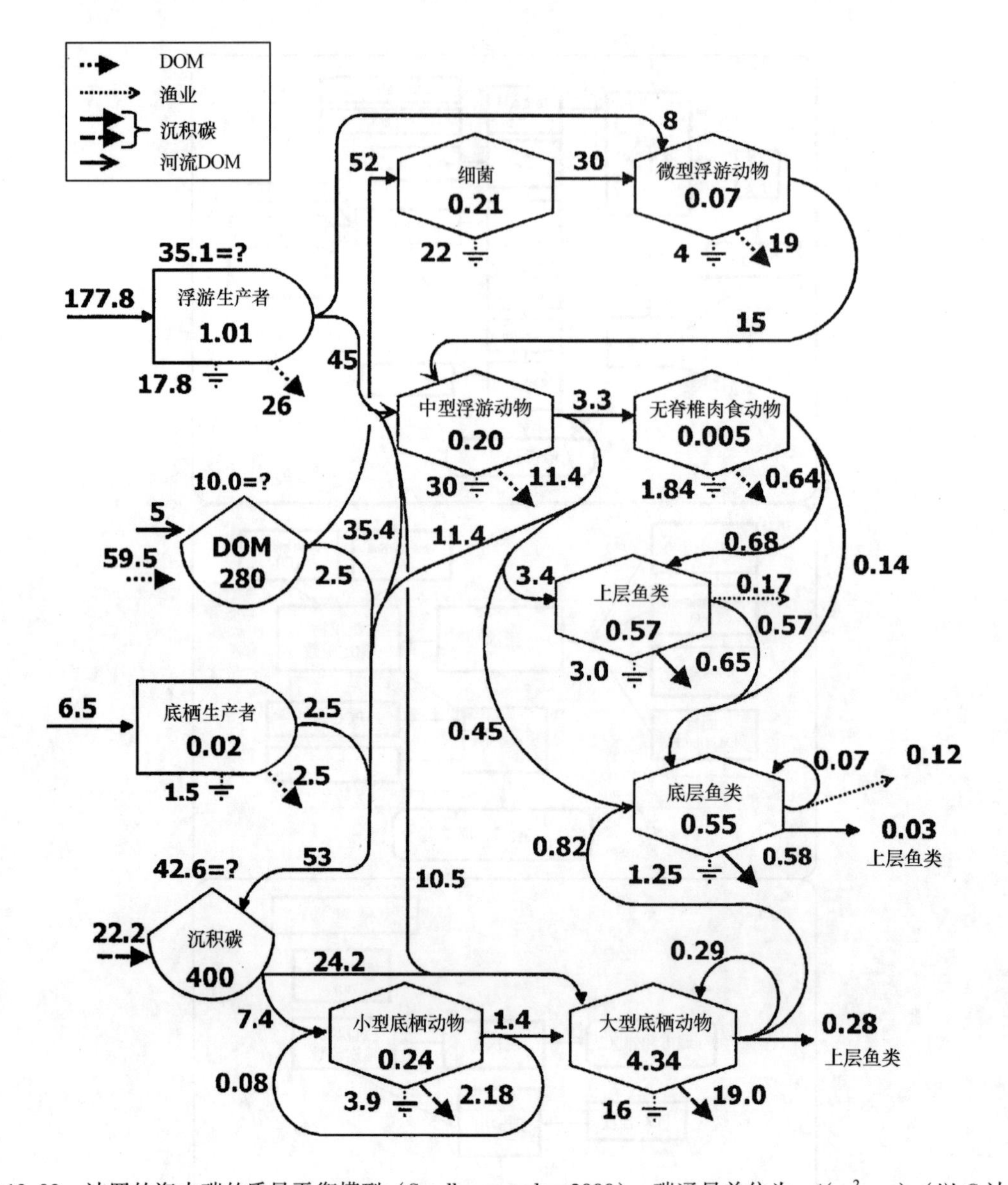


图 13.22　波罗的海中碳的质量平衡模型（Sandberg et al.，2000）。碳通量单位为 g/($m^2$·a)（以 C 计），碳储库单位为 g/($m^2$·a)（以 C 计）。不平衡的通量以问号标记出来，每一种生物组成底部的垂直箭头表示呼吸作用（Elmgren，1984）

最近在波罗的海北部的 BB、厄勒河口（ÖE）和 BS3 个地点开展了 1 项研究，评估了陆源 DOC（TDOC）作为次级生产者（例如细菌）碳源的作用及其对该区域食物网结构的影响（Sandberg et al.，2004）。图 13.23 为模型中的食物网和生物结构。这项研究的结果表明，细菌对浮游植物生物量的比值（B/P）在 BB 中（44%）要比在 ÖE（17%）和 BS（24%）中高，这支持了浮游植物以外的碳源输入控制了细菌碳需求的观点。如前所述，对海洋和淡水体系中不同区域的比较表明，B/P 比值在 30% 左右（Cole et al.，1998；Baines and Pace，1991）。图 13.24 比较了中上层水体中所有供给细菌 DOC 的来源以及损失（如通过对流）情况。需要注意的是，与之前波罗的海碳收支模型相比，这一模型增加了鞭毛类生物与细菌、微型浮游动物及病毒之间的 3 个营养联系。在 DOC

收支中，BB 亏损了 12 mmol/dm² （以 C 计），而 ÖE 和 BS 则分别盈余 16 mmol/dm² （以 C 计）和 17 mmol/dm² （以 C 计）。而且，来自河流的 TDOC 的贡献分别占 BB、ÖE 和 BS 中总碳输入的 37%、83% 和 7%。尽管输入到 ÖE 中的陆源 DOC 是最高的，但由于对流和沉降造成的损失，结果却是 TDOC 对 BB 的影响最大。这一结果与早期的研究相一致，即 TDOC 在控制波的尼亚湾浮游生物丰度和食物网结构方面发挥了重要作用。

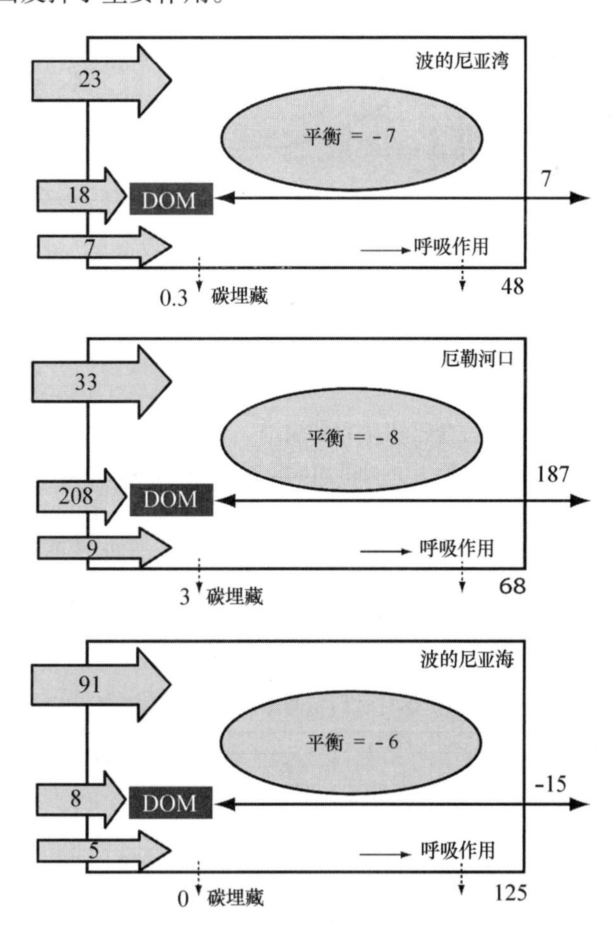


图 13.23　波的尼亚湾食物网和生物结构模型（Sandberg et al.，2004）。箭头表示通量，椭圆形阴影区代表微型异养生物，椭圆内数值代表微型异养生物产生或消耗的数量，虚线箭头代表流向碎屑储库。所有值的单位都是 mmol/（dm² · a）（以 C 计）。DOM 为溶解有机物

美国纳拉甘西特湾是另一个在过去几年里受到相当关注的河口体系，也是首先建立碳收支的河口之一，尽管其不及一些最近的研究全面（Nixon et al.，1995）。输入到这个河口的碳的主要形态来自浮游植物，估计只有 20% 来自陆地流域和人为排放（表 13.8）。沉积物每年捕获（575～880）× $10^6$ mol 有机碳，代表仅有 5%～10% 的总有机碳被保存或埋藏。与此相似，仅有 0.2% 的初级生产被体系中的主要渔业所消耗（表 13.8）。尽管在纳拉甘西特湾并没有直接测定碳的输出，但基于营养盐输入（例如来自陆地、大气和近岸的 DIN 和 DIP）和含量的化学计量学初步估算表明，输出到近岸水体的碳最低为 90 × $10^6$ mol/a（以 C 计），最高可达 925 × $10^6$ mol/a（以 C 计）（Nixon and Pil-

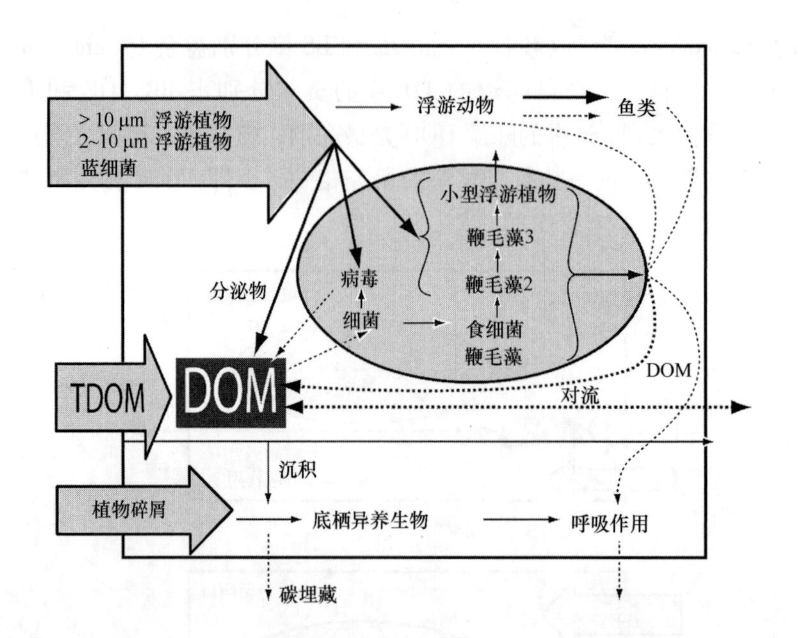


图 13.24 波的尼亚湾食物网和生物结构模型（Sandberg et al.，2000）。模型结构和箭头与图 13.23 中的外部组成相同。TDOM 为总溶解有机物

son，1983）。最高值仅占离开海湾的初级生产的 10%。因此，与哈得孙湾（Findlay et al.，1991）、卢瓦尔河口（Relexans et al.，1998）、波罗的海（Sandberg et al.，2004）和塞纳河口（法国）（Garnier et al.，2001）不同，纳拉甘西特湾是净自养的（Nixon et al.，1995）。

**表 13.8 纳拉甘西特湾碳的年质量平衡**[①] 单位：$\times 10^6$mol/a

| | 碳 |
|---|---|
| **输　入** | |
| 大气沉降 | |
| 生物固定 | 9 600 |
| 陆地流域 | 1 815 |
| 垃圾排放 | 235 |
| 远　岸 | |
| 合　计* | 11 650 |
| **输　出** | |
| 反硝化 | |
| 贝类收获 | 7 ~ 14 |
| 有机物远岸输出 | |

续表

| | 碳 |
|---|---|
| 湾内形成的 | 790 ~ 1 565 |
| 河流 DOM 输出的 75% | 1 080 |
| 无机输出[a] | 8 100 ~ 9 200 |
| 沉积物中累积 | 575 ~ 880 |
| 合　计* | 11 650 |

a. 差值计算；范围设定为低和高反硝化估算（导致高或低的外源有机碳的估算）与埋藏估算的上限和下限的组合，保留 2 ~ 3 位有效数字（Nixon et al.，1995）。

①　原著中该表格有误，译者根据原始文献重新绘制；表中*标记的两个合计项为译者添加；该表首先利用收支平衡获得碳的总输出量，然后通过差减各个输出分项计算碳的无机输出量的范围。——译者注

亚热带的莫顿湾河口（澳大利亚）的碳收支表明，大部分碳的损失来自与底栖藻和水体中呼吸作用相关的二氧化碳的大气交换（Eyre and Mckee，2002）。如前所述，大部分温带河口体系都已经建立了碳收支（Nixon et al.，1995）。和纳拉甘西特湾相似，莫顿湾的渔业收获占总碳的比例低于 0.1%（表 13.9）。根据其他几个河口体系中初级生产和渔业收获之间的正相关关系推算（Alongi，1998），莫顿湾的预期渔业收获（总产量）应是 71 kg/（$hm^2$·a），显著高于 26 kg/（$hm^2$·a）的实际渔获量。通过物理作用输入和输出的碳的差值得到 39 338 t 碳的净输出（表 13.9），占总初级生产的 8%。因此，莫顿湾碳的输出量多于输入量，是一个净自养的体系。

**表 13.9　澳大利亚莫顿湾碳的收支①（Eyre and Mckee，2002）**　　单位：t/a

| 收支组成 | 碳 |
|---|---|
| **现存量** | |
| 沉积物（固相） | 116 872 |
| 水体（总量） | 3667 |
| 生物量 | 2 313 766 |
| **输　入** | |
| 点源 | 4 330 |
| 非点源 | 6 395 |
| 大气 | 5 223 |
| 地下水 | 1 |
| 初级生产力 | 501 000 |
| 输入总量 | 516 949 |
| **输　出** | |

续表

| 收支组成 | 碳 |
|---|---|
| 水层呼吸作用 | −63 187 |
| 底层呼吸作用 | −465 632 |
| 疏　浚 | −2 560 |
| 埋　藏 | −1 291 |
| 渔业收获 | −488 |
| 浮石通道（Pumice stone passage） | −2 776 |
| 海洋交换 | −48 171 |
| **再循环** | |
| 浮游植物沉降 | 121 944 |

① 原著中此处为营养盐，译者根据原始文献（Nixon et al.，1995）更正为碳。——译者注

## 本章小结

1. 碳的主要储库在地壳中，大部分是无机碳酸盐，其余为有机碳（例如干酪根）。

2. 研究二氧化碳的水化学时，首要的一点是，当二氧化碳溶解在水中后即可被水合而形成 $H_2CO_3$，$H_2CO_3$ 又可进一步解离成 $HCO_3^-$ 和 $CO_3^{2-}$。

3. 海水中的总 DIC 储库（$\sum CO_2$: $CO_2$、$H_2CO_3$、$HCO_3^-$ 和 $CO_3^{2-}$）约为 2 mmol/L（以 C 计）（大部分是 $HCO_3^-$）；在河口和淡水中 $\Sigma CO_2$ 则变化很大，主要受 pH 的控制。

4. 现在一般用碱度（Alk）来表征天然水体的酸中和能力（ANC），它被定义为能够和 $H^+$ 反应的负离子的含量。

5. 控制 DIC 的三个主要的成岩反应是需氧呼吸、$SO_4^{2-}$ 还原（SR）和产甲烷作用。

6. 当 $SO_4^{2-}$ 被耗尽时，产甲烷作用成为无氧呼吸的主要形式，它可以通过发酵或 $CO_2$ 还原这两个途径中的任一途径继续进行。

7. 除了容纳从河流输入的碱度外，河口也能接收从邻近湿地输入的碱度。

8. 外来物质向河口体系的“过量”输入结果是，其在很多情况下被认为是净异养的。

9. 进入河口顶部的河水通常 $CO_2$ 的含量较高而 $O_2$ 的含量较低。这是因为从河流输入的水体具有很高的 $pCO_2$，这源于其含有来自土壤、沿岸淡水湿地以及河口上部沉积物再悬浮等的矿化“特征”。

10. 和 $CO_2$ 相似，甲烷的释放速率在河口也变化较大，其在潮滩和沼泽环境中的释放速率较高。

11. 植物中的甲烷传输机制通常有单纯的分子扩散（因沉积物、植物和大气之间分压的不同）、对流传输（通过腔隙增压）和渗出（因植物孔隙分压的差异）。

12. 甲烷氧化细菌（又称甲烷氧化菌，methanotrophs）通过将甲烷转化成细菌生物量或二氧化碳，在减少甲烷从河口中的释放方面起着十分关键的作用。

13. 在许多河口，POC 含量与悬浮颗粒物紧密相关，而悬浮颗粒物则取决于河流流量和再悬浮情况。

14. 低盐区域 DOC 浓度取决于河流的输入。浮游植物水华的季节变化有时可以改变 DOC 在河口的分布；因为较低的光衰减率，高含量的 DOC 和水华借此可在河口下游同时出现。

15. 净初级生产力（NPP）是总固碳量减去初级生产者呼吸的数量（$R_a$）。净的生态系统生产力（NEP）为总初级生产力（GPP）和生态系统呼吸之间的差值，后者包括异养和自养两个过程。

16. 河口和大型河流体系的口门是位于陆地和海洋之间的一个重要的界面，陆源物质在进入陆架前可能在此被改变。

17. 由于人为输入的营养盐数量巨大且变化很大，其已经导致了世界范围的河口富营养化，因此建立河口体系可靠的碳收支是特别困难的。

# 第十四章　痕量金属循环

## 第一节　痕量金属的来源与丰度

和其他很多元素一样，天然背景水平的痕量元素存在于地壳岩石中，如页岩、砂岩、变质岩和火成岩（Benjamin and Honeyman, 2000）。尤其是通过比较火成岩与沉积岩、变质岩在地壳组成中的相对分数可知，大部分的痕量金属来自火成岩。尽管存在诸如采矿、建筑和燃煤（释放粉煤灰）等大规模的人为干扰，痕量金属从地壳岩石中的释放主要还是受物理和化学风化等自然作用的控制。正如本章后面所讨论的，人为活动负荷可通过反映生物圈中金属浓度与地壳中该金属平均组成之间差异的富集系数来体现。风化中的生物作用，如植物根系生长以及与呼吸相关的有机酸的释放同样也有助于这些风化过程。有些痕量金属比其他金属更容易挥发，因而火山活动释放的痕量金属是具有这些特性的痕量金属的另外一个来源（例如铅、镉、砷和汞）。正如 Goldschmidt（1954）基于地球化学特性的相似性将元素分组（例如亲铁的、亲铜的、亲石的、亲气的元素）那样，痕量金属同样也是一组具有相似化学特性的元素。这些元素的一个特别重要的特点是，它们与许多种化合物的结合是可逆的（Benjamin and Honeyman, 2000）。因此，输入到河口的痕量金属主要来源于河流、大气和人为源的输入。

虽然痕量元素的浓度通常低于 $1 \times 10^{-9}$（十亿分之一）（或用 μg/L 表示，也有用摩尔单位表示的），但是由于其毒性效应以及可以作为许多生物的微量营养元素，因此这些元素在河口很重要。河口中痕量元素的归宿和迁移受到氧化还原条件、离子强度、表面吸附点的多少、pH 等各种因素的控制（Wen et al., 1999）。河口体系的物理和化学特性变化剧烈，这使得其中的痕量金属的循环比其他水环境中更为复杂（Morel et al., 1991; Millward and Turner, 1995）。以河口中痕量金属在颗粒态和溶解态之间的分配为例，其会受到诸如河口最大浑浊带（ETM）中的聚沉和絮凝、沉积物和间隙水的再悬浮、沉积作用等剧烈变化的现场过程的影响（图 14.1; Santschi et al., 1997），所有这些过程都会增加河口中痕量金属形态的复杂性（Boyle et al., 1977; Shiller and Boyle, 1987; Honeyman and Santschi, 1989; Buffle et al., 1990; Santschi et al., 1997, 1999; Wen et al., 1999）。大尺度的内部和外部过程，例如风暴、潮交换、风的影响以及河流和邻近湿地的输入对于河口重金属的整体分配也有影响。本章中，我们将会介绍上面提到的、控制着金属离子化学的这些关键过程的整体性背景知识，并讨论几个河口水体和沉积物中痕量金属循环的更具体的实例。

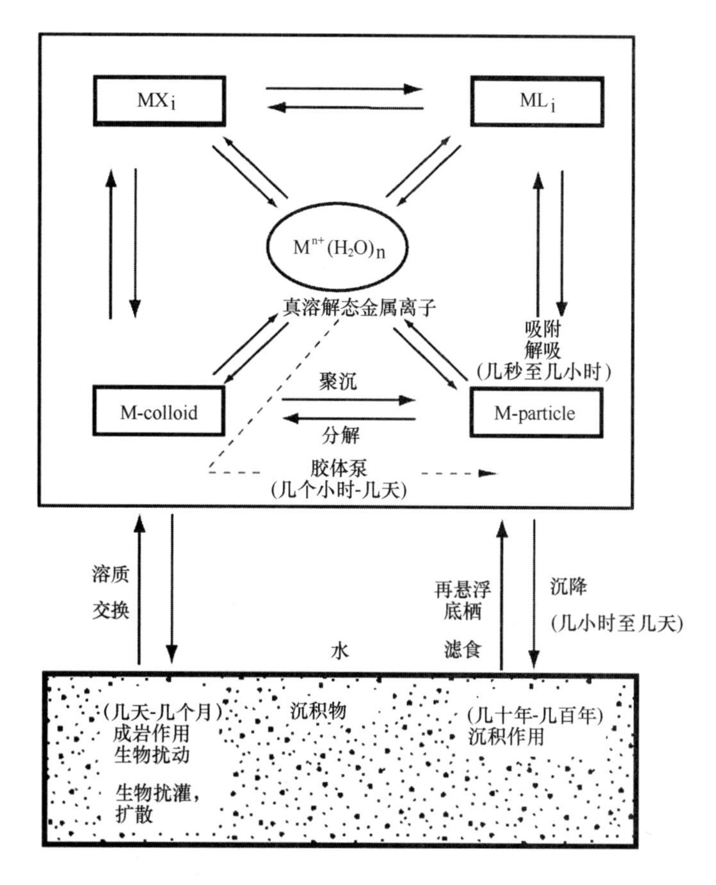


图 14.1　控制水体中痕量金属形态及金属在水和沉积物之间交换的关键过程（Santschi et al.，1997）

# 第二节　金属离子化学基础

金属通常存在多种氧化态，由于其亲电性，一般以正化合价（例如，Ⅰ到Ⅵ）与其他元素结合（Benjamin and Honeyman，2000）。常见的向金属提供孤对电子的原子是氧、氮、硫（作为路易斯碱）；这些元素与金属之间的共价键比金属与水分子之间的键合作用更强。自然环境中金属离子的热力学稳定形态主要受控于环境的氧化电位，在决定生物过程中金属的行为和归宿时这一点至关重要。例如，在缺氧条件下，二价铁 Fe（Ⅱ）是可溶于水的；如果水体暴露在氧气中，Fe（Ⅱ）会被氧化成为三价铁 Fe（Ⅲ）并形成沉淀自水溶液中析出，从而使溶解铁的浓度显著降低。与此类似，痕量金属的毒性会随着氧化还原条件的改变而变化，如 As（Ⅲ）的毒性要比 As（Ⅴ）大得多（Santschi et al.，1997；Benjamin and Honeyman，2000）。痕量金属的挥发同样可以显著影响气相与液相间的热力学平衡，这主要受控于亨利常数（见第五章）。例如，尽管绝大多数的痕量金属通常具有较低的蒸汽压和挥发性，但也有一些例外，例如汞和有机金属化合物。以甲基汞（$CH_3Hg^+$）为例，由于其具有较低的分压，其总是趋向于从液相迁移到气相中（Sunderland et al.，2004）（本章中后面将详细讨论汞循环）。

金属离子与水分子的络合作用干扰了水分子间的氢键或静电键合作用。正如第四章中所述，如果某些化学物质要充分溶于水，需要破坏强的氢键和水分子团簇。如果溶质与水之间形成强的化学键替代了水分子之间的化学键，则将处于热力学稳定状态，溶解才会发生［图 14.2（a）］（Benjamin and Honeyman，2000）。反之，如果溶质与水之间的化学键比较弱，则溶解是不稳定的，溶质相对不易于溶解［图 14.2（b）］。因此，金属阳离子与水分子中的氧原子结合形成强的化学键，大部分金属被多个水分子（例如4～8 个）形成的“内水化层”包围，外部则形成一个较弱的“外水化层”（Benjamin and Honeyman，2000）。这些化学键的强度随着金属离子电荷数的增加和离子半径的减小而增强；这种金属与水分子之间形成的化学键通常以 Me $(H_2O)_x^{n+}$ 表示。这种情况下形成的是单配体络合物，水分子作为无机配体，其中氧原子为金属离子提供电子对。然而，其他溶解组分也可以替代水化层中的水分子作为配体，形成混合配体络合物（图 14.3；Benjamin and Honeyman，2000）。当两个或更多不同的溶解组分替代水分子时，形成的络合物被称为多齿络合物。能够形成这种多齿络合物的配体称为螯合剂，例如乙二胺四乙酸（EDTA），而整个络合物被称为螯合物。应当记住的是，尽管许多配体是阴离子，但有些分子（例如 $NH_3$ 分子呈电中性）也可以作为某些金属的强络合剂（配体）（详见 Benjamin and Honeyman，2000）。金属与无机配体的络合作用通常以热力学缔合平衡模型和配合物的稳定常数来进行理论处理和表征（例如 Turner et al.，1981；Millero，1985；Hering and Morel，1989），但这种方法忽略了有机配体的影响。

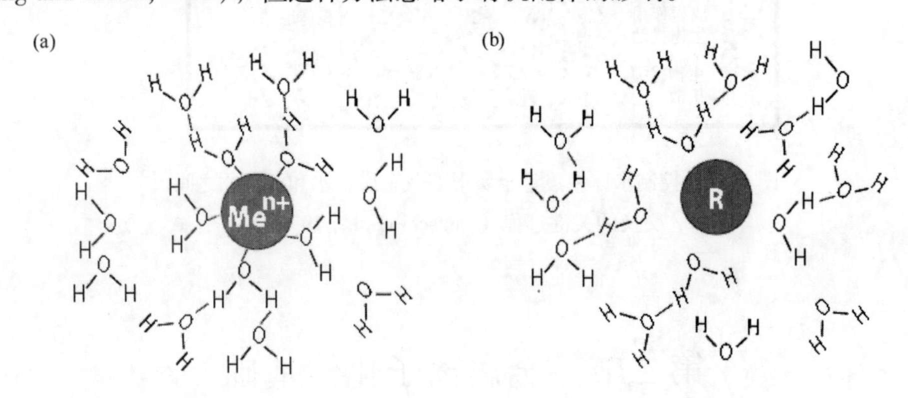


图 14.2　图中显示带电溶质（亲水的）对水的结构和分子取向排列的影响：（a）溶质与水分子之间形成强化学键，有利于溶解；（b）溶质与水分子之间形成弱化学键，不利于溶解（Benjamin and Honeyman，2000）

在过去的 10 年中，大量的研究证明了有机配体在络合痕量金属方面的重要性（Sunda and Ferguson，1983；Coale and Bruland，1988；Santschi et al.，1997，1999），特别是强调了胶体有机配体的重要性（胶体的大小为 1 nm～1 μm，图 4.7）（Benoit et al.，1994；Martin et al.，1995；Guentzel et al.，1996；Powell et al.，1996）。这些研究清楚地显示了胶体络合金属和真溶解态金属的不同行为（Buffle et al.，1990；Buffle and Leppard，1995；Wen et al.，1999；Santschi et al.，1999）。如第八章中所述，有机物有三个迥然不同的储库：POC（大于 0.2～0.45 μm）、DOC（小于 0.2～0.45 μm）和 HMW DOC/LMW DOC（小于 0.2～0.45 μm 且分子量大于 1 kDa）；胶体有机碳（COC）一般是无机化学家使用的术语，生物化学家则常用 HMW DOC（有关这一术语的进一步讨论见 Wells，2002）。因此，直径 1 nm 的球体相当于一个标称分子量为 1 kDa 的大分子（Chin and Gschwend，1991）。就

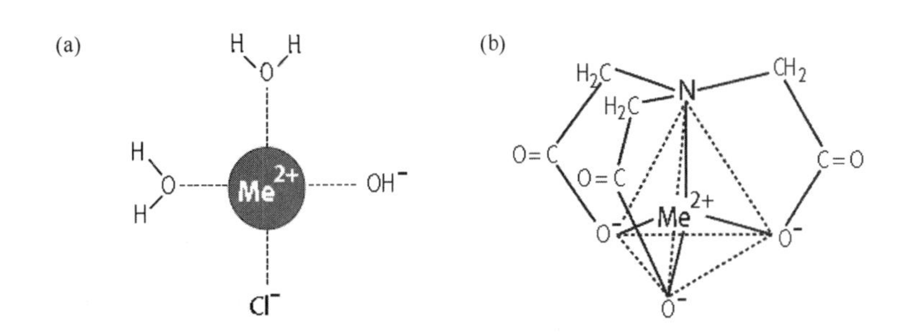


图 14.3　(a) 混合配体络合物 [Me (OH) Cl]$^0$ 示意图；(b) 二价金属离子与次氨基三乙酸形成的四面体构型多齿螯合物 (Benjamin and Honeyman, 2000)

与痕量金属循环有关的方面而言，大分子有机物的其他重要特征包括组成（见第八章和第九章）、大小以及分子量等方面的复杂多样，一般都具有聚合、多电子、多功能、两亲性和多分散性的特点(Santschi et al., 1997)。pH 和离子强度可以改变天然有机物的构象。Santschi 等 (1999) 用下式这样一种最简单的形式描述了金属络合作用中的有机配体交换：

$$M_1L_1 + M_2L_2\text{①} = M_1L_2 + M_2L_1 \qquad (14.1)$$

式中：$M_1$ 是痕量金属；$M_2$ 是主要金属或质子；$L_1$ 是水或无机配体；$L_2$ 是有机配体。

尽管溶解和颗粒态无机化合物在自由金属离子络合作用中的重要性不言而喻 (Millward and Turner, 1995)，但金属与有机配体的络合作用是河口水体中的一个关键过程 (van den Berg, 1987; Kozelka and Bruland, 1998; Wells et al., 1998; Tang et al., 2001, 2002)。总体来讲，河口中痕量金属的分布和形态取决于它们的浓度、溶解络合配体的浓度以及在胶体和颗粒物上的络合点位 (Kozelka and Bruland, 1998)。更具体地说，在溶解相中，金属离子可以三种形态存在：(1) 自由水合离子 ($M^{n+}$)；(2) 无机络合物 (M′)；(3) 有机络合物 ($ML_i$)。已经建立了几种测定天然水体中自由离子浓度和形态的方法，主要基于铜的形态研究建立的两种最常用的方法是阳极溶出伏安法(ASV) 和配体竞争平衡/阴极吸附溶出伏安法 (CLE-ACSV) (详见 Bruland et al., 2000)。结合金属离子滴定分析的这些电化学技术可以得到配体浓度和条件稳定常数，据此可以确定有多少配体参与了金属离子络合以及形成的络合物稳定性的相对大小。条件稳定常数如下式所示：

$$K_{MLi,M'} = [ML]/[M'][L'] \qquad (14.2)$$

式中：[L′] 是未与金属离子络合的配体，[L′] = 总溶解配体 [$L_T$] − 与金属离子络合的配体 [ML]。

尽管天然水体中很多痕量金属的无机形态已经研究得很清楚了 (表 14.1; Stumn and Morgan, 1981; Turner et al., 1981; Millero and Hawke, 1992)，但应用这些方法对有机配体的来源和官能团的详细情况的研究还很不够。一些有机物的主要官能团如 $-COOH$、$-OH$、$-NR_2$、$-SR_2$ ($R = -CH_2$ 或 $-H$) 通常可与痕量金属形成非常稳定的络合物，尽管络合反应的速度较慢 (Hering and Morel, 1989)。谷胱甘肽中的巯基 ($-SH$) 能够与铜、铅、汞、镉和锌等大部分金属形成络合物 (Krezel and Bal, 1999; Tang et al., 2001, 2002)。一些含有这些官能团的天然来源的物质有植物螯合素 (铁载体，siderophores)、生物聚合物 (例如蛋白质) 以及腐殖质 (关于这些化合物的详细情

① 原著中此处为 $M_1L_2$。—— 译者注

况见第八和第九章)。像植物螯合素这一类的化合物常被藻类(Donat and Bruland,1995)和高等植物(Grill et al.,1985)利用以提高在自然环境中吸收金属的能力,尤其是在那些金属离子浓度特别低的体系中。

**表 14.1 天然水体中金属离子形态的模型结果[a]**

| | 淡水体系 | | | 海水体系 | |
|---|---|---|---|---|---|
| | 无机, | 无机, | 无机 + 有机 | 无机 | 无机 + 有机 |
| | pH = 6 | pH = 9 | pH = 7 | pH = 8.2 | pH = 8.2 |
| $Ag^+$ | 72, Cl | 65, Cl, $CO_3$ | 65, Cl | <1, Cl | <1, Cl |
| $Al^{3+}$ | <1, OH, F | <, OH | | <1, OH | |
| $Cd^{2+}$ | 96, Cl, $SO_4$ | 47, $CO_3$, OH | 87, org.[b], $SO_4$ | 3, Cl | 1, Cl |
| $Co^{2+}$ | 98, $SO_4$ | 20, $CO_3$, OH | | 58, Cl, $CO_3$, $SO_4$ | 63, Cl, $SO_4$ |
| $Cr^{3+}$ | <1, OH | <1, OH | | <1, OH | |
| $Cu^{2+}$ | 93, $CO_3$, $SO_4$ | <1, $CO_3$, OH | <1, org. | 9, $CO_3$, OH, Cl | <1, org., $CO_3$ |
| $Fe^{2+}$ | 99 | 27, $CO_3$, OH | | 69, Cl, $CO_3$, $SO_4$ | |
| $Fe^{3+}$ | <1, OH | <1, OH | <1, org., OH | <1, OH | <1, OH, org. |
| $Hg^{2+}$ | <1, Cl, OH | <1, OH | | <1, Cl | |
| $Mn^{2+}$ | 98, $SO_4$ | 62, $CO_3$ | 91, $SO_4$ | 58, Cl, $SO_4$ | 25, Cl, $SO_4$ |
| $Ni^{2+}$ | 98, $SO_4$ | 9, $CO_3$ | | 47, Cl, $CO_3$, $SO_4$ | 50, org., Cl, $SO_4$ |
| $Pb^{2+}$ | 86, $CO_3$, $SO_4$ | <1, $CO_3$, OH | 9, $CO_3$, org. | 3, Cl, $CO_3$, OH | 2, $CO_3$, OH |
| $Zn^{2+}$ | 98, $SO_4$ | 6, OH, $CO_3$ | 95, $SO_4$, org. | 46, Cl, OH, $SO_4$ | 25, OH, Cl, org. |

a. 淡水和海水体系中无机配体的数据引自 Turner 等(1981)。无机 + 有机配体的数据引自 Stumn 和 Morgan(1981)。表中涉及的9个(原著为6个,译者注)有机配体的含量相当于2.3 mg/L 的总溶解有机碳。两项研究中水模型的稳定常数和无机组成不完全相同,因此,定性上比较两者一致,但定量上可能有细微的差别。每一项中都首先给出了自由水合离子占总金属的百分比,然后按照预期形成络合物浓度递减的顺序排列主要配体。例如,在含有无机配体的淡水中 pH 为9 时,银主要以自由水合离子(65%)、氯络合物(25%)和碳酸盐络合物(9%)的形式存在。

b. 表中 org. 指有机配体。

有机物中不同官能团与痕量金属络合的条件稳定常数会因痕量金属的不同而有很大变化,这对于预测痕量金属形态是至关重要的。键合常数的大小在很大程度上是离子半径、原子序数和价态的函数(遵循欧文 - 威廉斯化学序列,Irving - Williams series)(Santschi et al.,1997)。总的来说,确定痕量金属与大分子的键合常数有两个方法:利用一个离散模型,只针对两种类型官能团(例如羧基和酚)中的一种,每一种都有特定的 $K$ 值;利用多点位模型,允许 $K$ 值对每个点位都有一个变化范围(Perdue and Lytle,1983;Dzomback et al.,1986)。其他的一些研究显示,络合作用受控于具有很高金属结合特异性的低浓度有机配体(Hering and Morel,1989),而相反的观点则认为,金属的可利用性受其空间位阻的控制,认为金属被胶体聚集体所"捕获"(Honeyman and Santschi,1989)。

在第二种情况中，金属可利用性的主要限制因素是迁移限制，这种络合模型涉及胶体中金属的键合（例如胶体泵）（Honeyman and Santschi，1989），或是金属在大分子/胶体层之间的分层（例如洋葱模型）（Mackey and Zirino，1994），他们都明确强调胶体有机物在控制痕量金属形态中的重要性。

当测定痕量金属与有机物的络合作用时，电化学家仍然常用离散模型（Buffle，1990；Donat and Bruland，1995）。然而，最近研究更多的是平衡形态模型的应用，在氧化态保持相对稳定和络合物的形成或吸附是可逆的情况下，该模型在水生体系中的应用效果是最好的（Tipping et al.，1998）。这一模型的一个应用实例是温德米尔腐殖酸－水溶液模型（Windermere Humic – Aqueous Model，WHAM），这个模型已被用于计算河流与河口表层水、地下水、沉积物以及土壤中碱土金属离子、痕量金属、放射性核素的平衡形态分布（Tipping and Hurley，1992；Tipping，1993，1994；Tipping et al.，1991，1995a，b，1998）（详见第四章）。尽管如此，由于河口体系有机物组成以及有关的键合常数变化很大，因而预测河口中痕量金属的形态仍然是非常困难的。

金属与配体的络合作用也决定着金属的毒性。很久以来人们就知道痕量金属的毒性更多地取决于它们的离子活度而不是其总浓度（Sunda and Guillard，1976；Anderson and Morel，1978；Morel，1983）。如前所述，像 pH 值、硬度和 DOM 浓度等都是控制金属离子毒性和形态的关键因素。一个生物配体模型（BLM）被用于描述生物体特征部位的情形，在这个部位，金属－配体位点的金属浓度达到了临界浓度，对于鱼类来说，这个特征部位就是鱼鳃（Di Toro et al.，2001；Santore et al.，2001；Heijerick et al.，2002）。因此，生物配体被定义为生物体某些部位的一种特定的受体，在这些部位金属的络合作用引起了生物的急性毒性。实际上，生物配体模型常用于预测水环境中存在其他竞争反应的情况下金属与生物配体的相互作用。与自由的水合痕量金属离子相比，和胶体结合的痕量金属的生物可利用性和毒性也是不同的（Wrighe，1997；Campbell，1995；Doblin，1999；Wang and Guo，2000）。在金属与胶体结合是加大还是减小其生物可利用性方面仍有很多的疑问，一些研究显示胶体铁（例如 $Fe_2O_3$ 和 FeOOH）不利于海洋浮游植物对铁的利用（Wells et al.，1983；Rich and Morel，1990），另一些研究则表明胶体形式会增加浮游植物的吸收速率（Wang and Guo，2000）。有关与河口络合过程相关的金属毒性方面的内容详见第十五章。

颗粒物与痕量金属间的相互作用在控制河口中痕量金属浓度方面也是非常重要的。例如，河口的吸附、解吸、絮凝、聚沉、再悬浮以及生物扰动等过程对控制溶解痕量金属（自由水合离子）与颗粒物之间的相互作用方面尤其重要（Santschi et al.，1997，1999；Benjamin and Honeyman，2000）。特别是，在铁和锰的氢氧化物、碳酸盐、黏土和 POC/COC 上存在重要的键合位点，这些位点对于控制痕量金属的吸附/解吸作用是至关重要的。物理作用（也就是外层的库仑作用）和化学作用（内层电子的共价键）都是控制痕量金属键合到颗粒物表面的关键（Santschi et al.，1997）。在很多情况下，金属氧化物或氢氧化物作为固相或吸附相来描述这些固－液反应。例如，当考虑金属离子和氢离子键合到氧化物表层的竞争反应时，pH 将是一个重要的控制变量。一般来说，在 pH 高的情况下金属离子的吸附会增加，而在 pH 低的情况下吸附会减少；吸附突跃曲线表明，阳离子和颗粒物的结合是“金属性”的，而阴离子（此时是非金属）的结合是“配体性”的（图 14.4；Santschi et al.，1997）。在非金属情况下，该曲线与阳离子的曲线相反，这是由于非金属的阴离子与 $OH^-$ 竞争键合位点，使其在 pH 较低时的键合更加有效（Dzombak and Morel，1990）。

颗粒物之间的相互作用可能涉及金属氧化物、黏土矿物和大分子（胶体），这种作用对于痕量金属在河口的行为会有显著的影响。这种效应通常被称为颗粒物浓度效应（PCE），Santschi 等

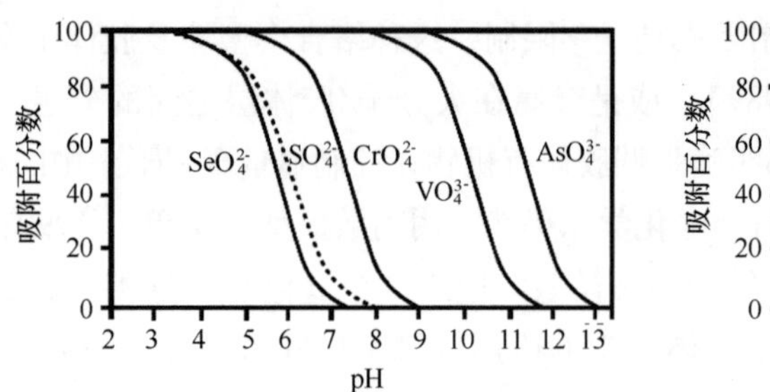


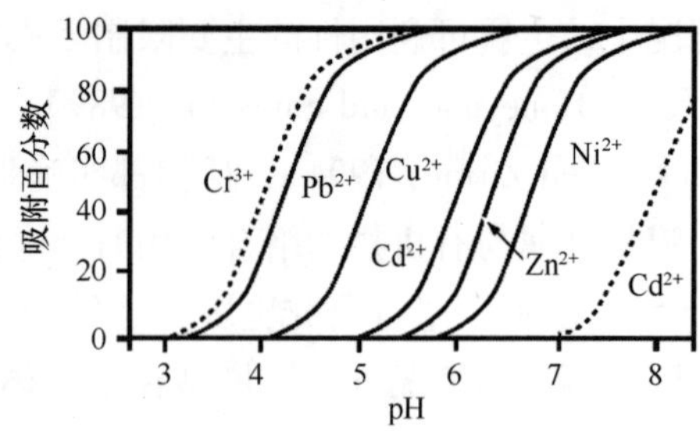


图 14.4　一些阴离子和阳离子吸附在铁氧化物颗粒上的典型吸附突跃曲线，反映了“配体性”和“金属性”络合物的特征（Santschi et al.，1997）

（1997，第 112 页）将其定义为“一种总分配系数随颗粒物浓度增加而减小的物理效应，并且无机配体和有机配体都具有这种效应”。例如，Benoit 等（1994）证实在美国得克萨斯的 6 个河口中，锌、铅、铜和银都存在颗粒物浓度效应，即当颗粒物浓度较低时，颗粒物会更加富集这些金属（图 14.5）。尽管颗粒物粒径（Duinker，1983）、胶体（Gschwend and Wu，1985；Honeyman and Santschi，1989）和颗粒表面的竞争都对颗粒物浓度效应有影响，但胶体的作用最为重要（Santschi et al.，

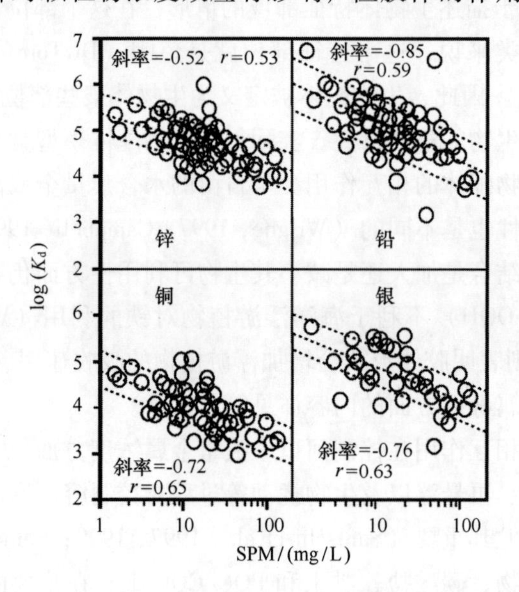


图 14.5　颗粒物浓度效应显示某些痕量金属离子的颗粒态/溶解态分配系数（$K_d$）与悬浮颗粒物（SPM）浓度之间存在负相关关系。数据来自美国得克萨斯的 6 个河口（Benoit et al.，1994）

1997）。因此，河口中颗粒物浓度效应的主要结果是：（1）当颗粒物浓度较低时，痕量金属的清除增加了；（2）与颗粒物浓度较高时这些化学物质的分配系数预期值相比，发生再悬浮时痕量金属自颗粒物的解吸降低了。由于河口的动态特性，颗粒物浓度效应的时空变化也可能会非常大。例如，在河口的上游邻近最大浑浊带（ETM）处颗粒物浓度效应的动力学过程更快，在这里与胶体结合的痕量金属的聚沉将在更短的时间内完成（Stordal et al.，1997）。如前所述，河口有机物的异质性可以促进胶体中不同有机成分的凝聚（Santschi et al.，1999）。实际上，某些金属（例如 $Mg^{2+}$、$Ca^{2+}$、

$Mn^{2+}$）可能通过某种机制将胶体中这些成分桥连在一起（Chin et al.，1998）。例如，在克莱德湾（苏格兰）内的研究显示，金属－选择性配体在胶体/溶解态的分配是控制本区域痕量金属行为的核心因素（Muller，1998）。更具体地说，研究发现这些弱结合的聚集物（通过二价阳离子的桥连键合作用）由于电荷效应而与天然配体交换了其他金属（例如铜、铅、镉）（Muller，1999）。

## 第三节　水体中痕量金属的循环

具有颗粒活性（例如铅）或类营养盐行为（例如镉）的痕量金属，在水体中垂直迁移的过程中通常通过吸附作用从表层水中被清除。正如在波罗的海观察到的，清除的过程更有可能发生在较深的河口，在这里河口颗粒物停留在跃层或氧化还原边界层，再悬浮对其影响较小（Pohl and Hennings，1999）。铁和锰的水合氧化物在河口痕量金属的吸附清除中的重要性已得到广泛认同（Perret et al.，2000；Turner et al.，2004）。这些结合在颗粒物载体上的金属在河口中的水平和纵向分布主要受控于颗粒物动力学，这与其他一些金属（例如铜、锌、钴）不同，后者更多地受控于生物吸收过程。另一种金属是钛，它在河口中的行为与熟知的地球化学活性金属（例如铁、锰、钴）相似（Biggs et al.，1983；Church et al.，1986）。实际上，美国特拉华河口中高达65%～80%的溶解钛在盐度大于14时被清除（图14.6；Skrabal et al.，1992）。在切萨皮克湾和亚马孙河口的高盐度水域也观察到了钛的这种清除模式（Skrabal，1995）。

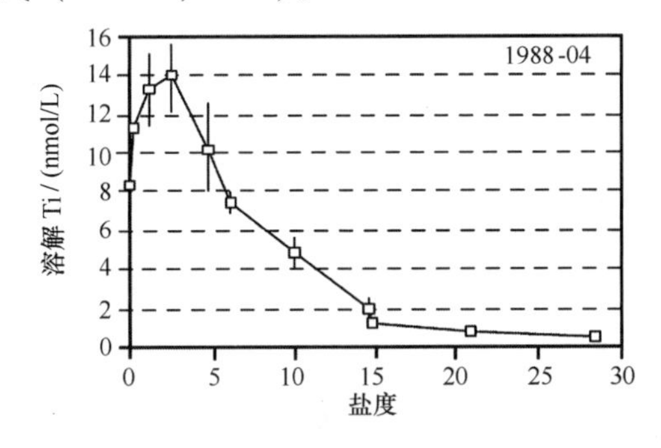


图14.6　1988年4月美国特拉华湾河口中溶解钛的浓度随盐度的变化（Skrabal et al.，1992）

水体中痕量金属循环途径的差异可以从颗粒态金属在水柱中迁移的垂直通量上得到反映。实际上，近期在波罗的海通过沉积物捕集器的研究显示，颗粒态铁和锰的通量主要受控于密度跃层和氧化还原跃层之间的距离（Pohl et al.，2004）。具体地讲，沉降颗粒中铁和锰的浓度在7月和8月最低，这是由于氧化还原界面上升到水深约120 m处（沉积物捕集器布放处）（图14.7），在这里铁和锰的氧化物被还原。在冬季，沉积物捕集器得到的颗粒物中铁和铝的浓度有所增加，反映出有更多的岩生矿物输入；而在夏末，颗粒物中镉、锌、镍的含量增加，反映出颗粒有机物的输入。夏季颗粒有机物的通量占总物质输送通量的63%。在2001年2月，锌、砷、铁、锰和铅的浓度升高，这主要是因为河流的水平输入增加了。在峡湾体系中，弱的环流通常会形成持久的氧化还原跃层，其一般发生在水深相对较浅的水体，具有很大的化学梯度。在挪威福拉姆瓦伦峡湾（Todd et al.，1988；McKee and Todd，1993）和加拿大萨尼奇湾（Todd et al.，1988）这样缺氧的海湾，这些梯度变化都有很充分的记载。在福拉姆瓦伦峡湾，氧化还原跃层存在于水深20m处，厚度约为2 m (Hallberg and Larsson，1999)。Swarzenski等（1999）研究表明，在存在分层的福拉姆瓦伦峡湾，还原态的U（Ⅳ）浓度非常低，U（Ⅵ）的化学/生物还原在氧化还原过渡层受到了很大的抑制。福拉姆瓦伦峡湾氧化还原跃层中其他金属（例如铜、镉、锌）浓度的剧烈变化则主要受控于有机配体的螯合/络合作用（Hallberg and Larsson，1999）。

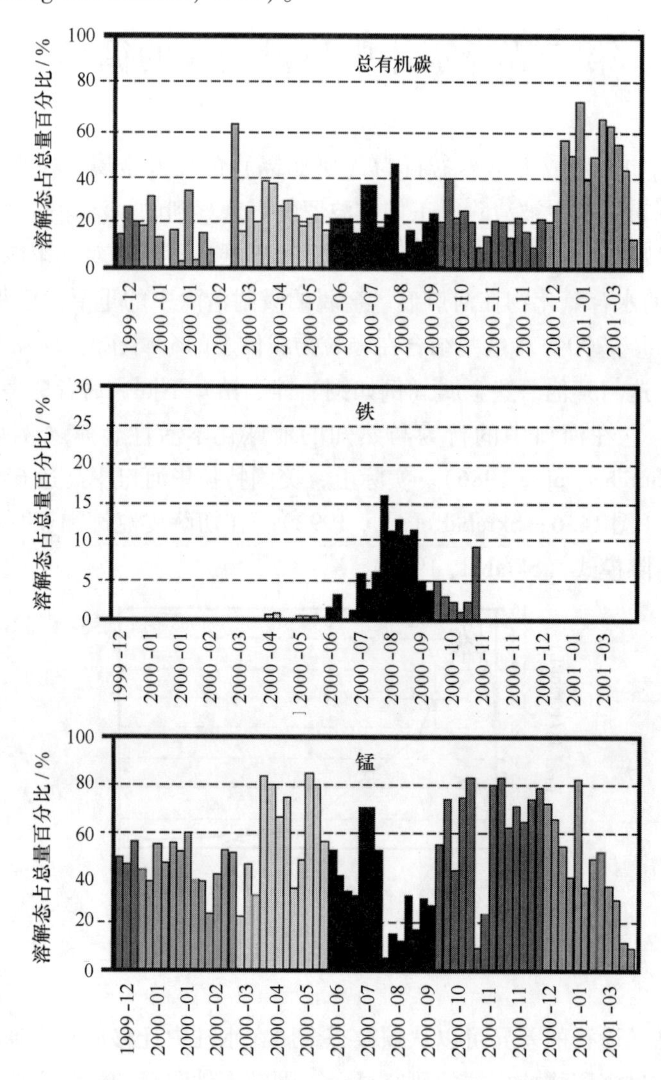


图14.7　1999年12月至2001年3月期间在波罗的海放置的沉积物捕集器收集瓶上清液中溶解态铁和锰占总量的百分比。沉积物捕集器布放在水深约120m处（Pohl et al.，2004）

河口中溶解态铁和锰的非保守行为在很大程度上受控于悬浮颗粒物的吸附/解吸和沉积物的通量（Klinkhammer and Bender，1981；Yang and Sanudo - Wilhelmy，1998）。从富含锰的间隙水中扩散出来的锰随即被水体中的颗粒物所吸收，这通常被认为是控制河口溶解态锰季节变化的一个重要机制（Morris et al.，1987）。与很多河口体系中的情形相似，在美国哥伦比亚河口整个水域中，溶解态锰的行为都表明河口中的锰可能来源于颗粒物的解吸、海湾的输入或现场的产生（图14.8）(Klinkhammer and McManus，2001)；该河口中溶解态锰、盐度和悬浮颗粒物（SPM）的垂直分布显示，锰在次表层的峰要比悬浮颗粒物的峰宽得多（图 14.9）（Klinkhammer and McManus，2001）。哥伦比亚河口溶解态锰的水平和垂向的梯度变化主要是锰的氧化物现场被还原所致，这是基于以下的证据：（1）在不同盐度的地方，锰的最大浓度都出现在同样的深度，这排除了锰从海湾输入的可能性；（2）在整个河口锰的最大浓度都是出现在水体的中层；（3）次表层锰的峰值出现在河口最大浑浊带（ETM）的顶部，而这里微生物的活动是最强的。水体中锰的还原需要同时具备缺氧的环境和锰的氧化物。已有的研究表明，颗粒物的聚集是锰迁移的重要机制，而由于聚集物内部形成了缺氧的微环境，因而也同时提供了锰还原的场所。这项研究提供了河口水体中颗粒聚集物是锰还原场所的第一手证据。

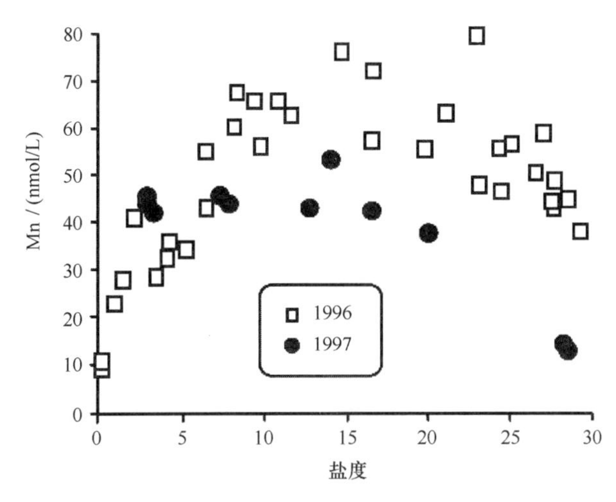


图 14.8　美国哥伦比亚河口水域溶解态锰的分布，过滤的水样采集于 1997 年（实心圆）及 1996 年（空心正方形）（Klinkhammer and McManus，2001）

尽管在很多情况下铁和锰都是说明吸附/解吸过程对控制溶解态金属浓度重要性的理想例子，但其他许多更具有生物活性的金属其实也有类似的趋势，虽然河口的特性可能差异很大。对哈得孙河口（HRE）和旧金山湾（SFB）中钴循环的比较研究就是例子（Tovar – Sanchez et al.，2004）。作为盐度的函数，两个河口中溶解态钴的浓度都随着悬浮颗粒物浓度①的升高呈明显的非线性降低（图 14.10）。尽管悬浮颗粒物的浓度不同，气候和水文条件也存在巨大差异，但是颗粒物和溶解态钴的浓度之间的关系是相似的。两个河口中高盐度时钴的解吸都增加，这一结果与钴在颗粒态 – 溶解态之间交换的盐效应一致（Turner et al.，2002）。这一研究中没有测定 DOC 的浓度，因此无法评估有机配体对钴的相间分配的影响，但是两个河口中 DOC 的浓度都不是很高。像硒这样的生物活性金属的生物吸收和释放在现场有机物循环中（例如光合作用和呼吸作用）是非常显著的（Baines et al.，2001），但这些过程的影响常常被人类活动输入的大量痕量金属所掩盖，例如旧金山湾中的硒就是这种情形（Cutter and Cutter，2004）。

在河口不同盐度和混合条件下，痕量金属的形态和分布都受到无机和有机胶体物质浓度的显著影响（Dai et al.，1995；Millward and Turner，1995；Rustenbil and Wijnholds，1995；Santschi et al.，1997）。如前所述，无机胶体物质（Sholkovitz et al.，1978）和有机胶体物质（Wells et al.，2000）

① 原著中此处为盐度。——译者注

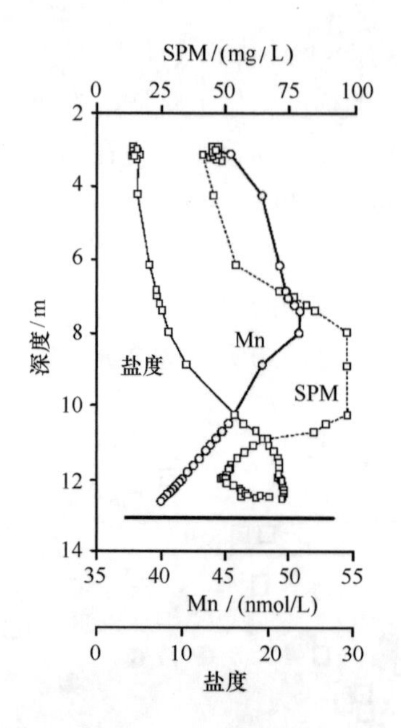


图 14.9　哥伦比亚河口最大浑浊带处溶解态锰、盐度和悬浮颗粒物（SPM）的垂直分布（Klinkhammer and McManus, 2001）

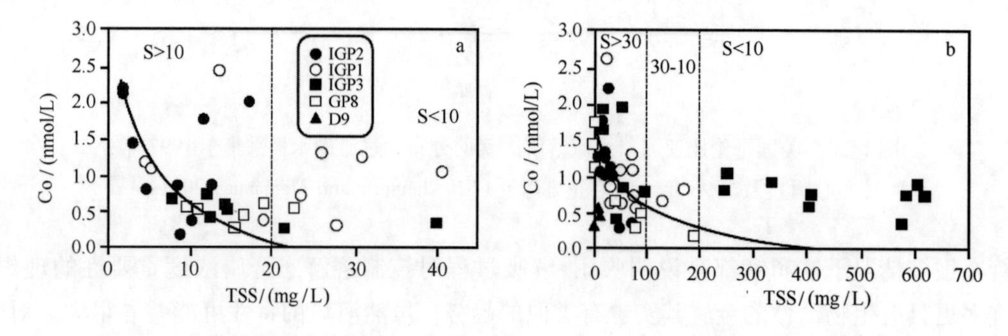


图 14.10　不同盐度水域溶解态钴浓度与总悬浮颗粒物（TSS）的关系，(a) 哈得孙河口；(b) 旧金山湾河口。实线代表钴与总悬浮颗粒物之间的最佳回归线（Tovar - Sanchez et al. , 2004）

的浓度和组成一直以来都被认为是控制痕量金属行为的重要因素。在美国加尔维斯顿湾不同盐度水体中，胶体痕量金属的浓度随盐度的增加逐渐降低，说明胶体源自河流的输入（Guo et al. , 2000 a, b）。特别是像铜、钴、镍和锌等痕量金属，其空间分布与水体中有机物百分含量的分布趋势相似，进一步证明了胶体络合可能发挥的作用。在美国纳拉甘西特湾，溶解态和胶体痕量金属浓度随盐度升高分别降低和升高，也说明了胶体物质在痕量金属分配中的作用（图 14.11；Wells et al. , 2000）。进一步的研究显示，胶体泵促进了铁和镍从溶解态向颗粒态的迁移，在这个过程中胶体将金属转移到颗粒相上（Farley and Morel, 1986；Honeyman and Santschi, 1989）。另有研究表明，汞很容易发生胶体和颗粒物之间的吸附/解吸交换反应（Stordal et al. , 1996）。近期在旧金山湾河口的研究则发现，当河流的输入较低时，胶体汞来自河口内部（通过再悬浮）；相反，当河流的输入较高时，超过50%的胶体汞来自河流输入（Choe et al. , 2003）。

胶体络合作用的重要性因考虑的痕量金属不同而不一样。例如，河流中大部分的铁可能以胶体

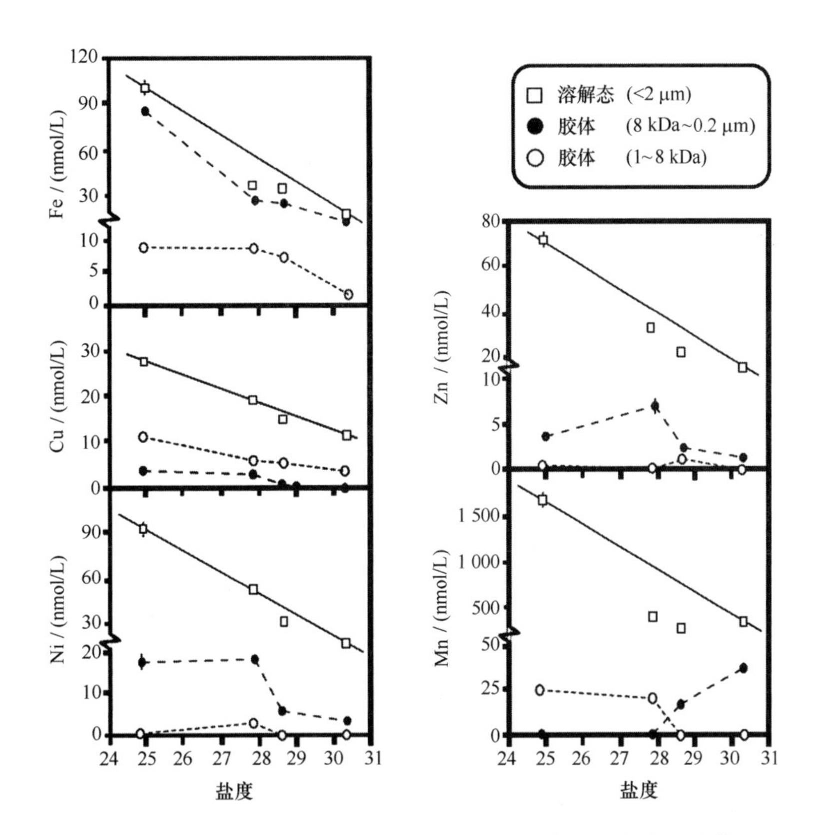


图 14.11　美国纳拉甘西特湾河口不同盐度水体中溶解态和胶体痕量元素的浓度（Wells et al.，2000）

形式存在，它在河口中通过聚沉/聚集作用清除铁的过程中至关重要（Millward and Turner，1995）。另一方面，镉和镍对胶体物质的亲和力则较低（Dai et al.，1995）。在美国奥克洛科尼河口，铁和锰的行为不保守，在很大程度上受胶体多少的影响（Powell et al.，1996）。在英国的比尤利河口，河口混合过程中镍总体上是非活性的（Turner et al.，1998）；这主要是由于镍与颗粒物的亲和力低而与溶解有机物之间的亲和力高，颗粒物－水之间的相互作用有限。尤其是一些特殊的溶解有机配体和小的悬浮颗粒物使得镍在混合区呈现非活性行为。根据在奥克洛科尼河口的研究可知，镍最初在河流中与胶体物质结合，随着盐度的增加其转变成低分子量的物质，因此看起来大部分镍是与低分子量溶解有机物结合的（图 14.12；Powell et al.，1996）。在河口的中下游，胶体金属的不稳定性受丰富的浮游植物释放的生物大分子的影响，这与在河口上游主要受离子强度变化的影响完全不同（Wells et al.，2000）。这种反应活性随盐度变化的情形也在铜和镉等其他金属中观察到了，表明相对于配体交换，金属的不稳定性可以基于欧文－威廉斯序列进行预测。在动力条件剧烈变化的环境中，痕量金属与不同粒级溶解态和颗粒态的无机物和有机物的反应动力学对于深入理解痕量金属的行为是十分重要的。

在不同的河口，控制不同痕量金属络合作用的重要配体的数目和作用差异很大。例如，在美国纳拉甘西特湾，镉和锌被三类配体所控制（Kozelka et al.，1997），而在旧金山湾（Kozelka et al.，1997）和纳拉甘西特湾河口（Kozelka and Bruland，1998），铅只受两类配体控制。对铜来说，较强一类配体的浓度［$L_1$］一般等于或大于总溶解铜的浓度［$Cu_T$］，这种情况在其他河口中也是常见

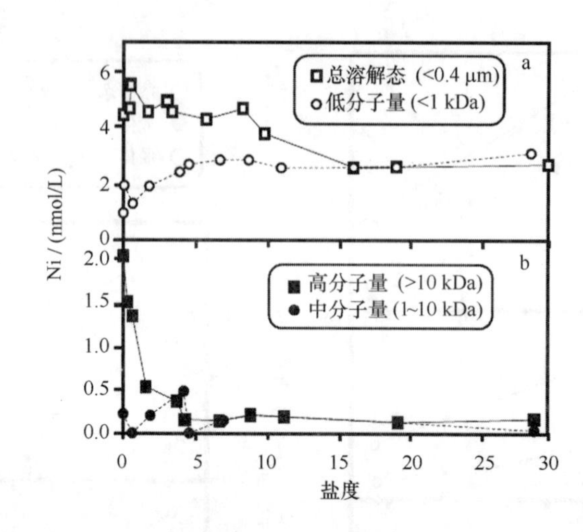


图 14.12　美国奥克洛科尼河口不同盐度水体中溶解态和胶体态镍的浓度（Powell et al.，1996）

的（Kozelka and Bruland，1998）。室内实验和现场测定的结果都显示，浮游植物产生的［$L_1$］是与［$Cu^{2+}$］的浓度相对应的。例如，当［$L_1$］>［$Cu_T$］时，$CuL_1$ 将是主要的形态；然而，当人为活动输入的金属进入河口时，［$Cu_T$］可能会大于［$L_1$］。在这种情况下，由浮游细菌/浮游植物产生的较弱的配体（例如［$L_2$］和［$L_3$］）会发生“缓冲作用”而去络合剩余的铜（Kozelka and Bruland，1998；Gordon et al.，2000）。其他的一些研究显示，强键合作用的配体是由微生物产生的，而较弱键合作用的配体具有更多的腐殖酸特性（Moffett et al.，1997；Vachet and Callaway，2003）。铜的条件稳定常数的变化范围通常为 $K'_{L1}=10^{11\sim14}$ 和 $K'_{L2}=10^{8\sim10}$（Coale and Bruland，1988；Donat and van Berg，1992）。表 14.2 列出了纳拉甘西特湾铜、铅、锌、镉的溶解态浓度、配体的浓度以及条件稳定常数（Kozelka and Bruland，1998）。

关于水环境中螯合剂的核心问题是，这些化合物是由浮游生物主动分泌产生以用于缓冲细胞外金属浓度的，还是由异养摄食过程产生的细胞内容物的释放，抑或是通过微生物分解衰老的细胞而产生（Wells et al.，1998）。对不同大小配体的物理化学动力学的进一步研究可能对理解这个问题有一些启示。在纳拉甘西特湾，铜、铅、镉、锌与多种溶解的和胶体的配体络合（Wells et al.，1998）。例如，在强配体［$L_1$］存在的情况下，在湾内不同区域，铅和铜的形态受溶解和胶体配体的共同控制，$Pb-L_1$ 型络合物的主导形态是胶体；另一方面，镉和锌的形态主要是溶解态络合物。然而可以发现，在所有情况下，弱配体在胶体中远比在溶解态中稳定；这与其他河口不同粒度中铅的分布是吻合的（Benoit et al.，1994；Muller，1999）。因此，非生物活性的金属铅与胶体配体络合，而锌、镉、铜等生物活性的金属却与溶解配体络合。这表明，与小分子配体络合的生物活性金属的跨膜输运在动力学上很少受到限制。

确定河口中金属配体的活性化学官能团及可能来源对于深入理解其生物地球化学是很重要的。尽管早就知道大洋水中铜的形态以有机络合物为主（Coale and Bruland，1988；Donat and Bruland，1995），但是直到最近才对官能团化学有了更多的了解。特别是发现以硫醇形式［例如谷胱甘肽（GSH）］存在的巯基化合物是最主要的有机配体，这类化合物是浮游植物在铜限制的情况下释放的（Leal et al.，1999）。另一项研究显示，在加尔维斯顿湾与铜络合的配体都是还原态的硫（Tang

表 14.2　1994 年 6 月在纳拉甘西特湾 3 个站位收集的样品中溶解态（$<0.2$ μm）铜、铅、锌、镉的浓度与根据线性化方法计算的配体浓度以及条件稳定常数

| | 地点 | $[Cu_T]$ /(nmol/L) | $L_1$ /(nmol/L) | $L_2$ /(nmol/L) | $\log K_{CuL2,Cu'}$ | $L_3$ /(nmol/L) | | $\log K_{CuL3,Cu'}$ | |
|---|---|---|---|---|---|---|---|---|---|
| Cu | 海湾上游 | 27.9 ±0.5 | ~38 | 40 ±5 | 8.8 ±0.4 | 100 ±10 | | 7.7 ±0.4 | |
| | 海湾中部 | 16.1 | ~16 | 20 ±2 | 8.8 ±0.1 | 54 ±4 | | 7.7 ±0.05 | |
| | 海湾下游 | 12.7 | ~16 | 15 ±3 | 9.2 ±0.1 | 57 ±17 | | 7.5 ±0.3 | |
| Pb | 地点 | $[Pb_T]$ /(nmol/L) | $[Pb']$ /(nmol/L) | $L_1$ /(nmol/L) | $\log K_{PbL1,Pb'}$ | $L_2$ /(nmol/L) | $\log K_{PbL2,Pb'}$ | 有机铅 (%) | $[Pb^{2+}]$ (pM) |
| | 海湾上游 | 0.32 ±0.02 | 0.03 | 0.8 ±0.2 | 10.0 ±0.4 | 5.1 ±0.8 | 8.8 ±0.3 | 93.7% | 1.2[a] |
| | 海湾中部 | 0.13 | 未检出 | 0.6 | 10.2 | 6.0 | 8.6 | 81% | 1[b] |
| | 海湾下游 | 0.15 | 0.01 | 1.0 | 9.9 | 8.2 | 8.6 | 67% | 0.4[a] |
| Zn | 地点 | $[Zn_T]$ /(nmol/L) | $[Zn']$ /(nmol/L) | $[L_T]$ /(nmol/L) | $\log K_{ZnL,Zn'}$ | 有机锌 (%) | | $[Zn^{2+}]$ /(nmol/L)[c] | |
| | 海湾上游 | 71.5 | 26.6 | 48.2 | ≥9 | 63 | | 13.3 | |
| | 海湾中部 | 23.7 ± 0.8 | 0.6 ± 0.03 | 38.4 ± 0.9 | 9.4 ± 0.04 | 97 | | 0.3 | |
| | 海湾下游 | 16.3 ± 1.7 | 8.0 ± 0.8 | 10.6 ± 0.7 | 9.0 ± 0.04 | 51 | | 4.0 | |
| Cd | 地点 | $[Cd_T]$ /(nmol/L) | $[Cd']$ /(nmol/L) | $[L_T]$ /(nmol/L) | $\log K_{CdL,Cd'}$ | 有机镉 (%) | | $[Cd^{2+}]$ (pM)[d] | |
| | 海湾上游 | 0.80 ± 0.03 | 0.22 ± 0.02 | 3.7 ± 0.4 | 8.9 ± 0.2 | 73 | | 7 | |
| | 海湾中部 | 0.29 | 0.05 | 3.8 | 9.0 | 83 | | 2 | |
| | 海湾下游 | 0.30 | 0.07 | 3.6 | 9.1 | 77 | | 2 | |

a. 据 $\alpha_{Pb'}=25$ 计算，[Pb′]采用差示脉冲阳极溶出伏安法（DPASV）。

b. 通过[Li] $K^{cond}_{PbL,Pb}$，和 $\alpha_{Pb'}$ 计算，$\alpha_{Pb'}$ 根据 Turner 等（1981）和 Byrne 等（1988）的结果及样品的 pH 确定。

c. 据 $\alpha_{Zn'}=2$ 计算（Turner et al.，1981；Byrne et al，1988）。

d. 据 $\alpha_{Cd'}=30$ 计算（Turner et al.，1981；Byrne et al.，1988）。

Kozelka and Bruland，1998。

et al. , 2001）。更新的研究显示，溶解态镉、铅、铜的浓度与谷胱甘肽之间存在线性关系（图 14. 13；Tang et al. , 2002），进一步证明了河口环境中还原态的硫对金属络合的重要性。在加尔维斯顿湾低盐度区，胶体与重金属的络合尤其明显（图 14. 13），而这里恰是河流胶体物质最有可能发生絮凝的地方（Sholkovitz et al. , 1978；Windom et al. , 1989，1991；Powell et al. , 1996）。相反，铝、锰、钛等陆源金属随盐度或有机物的变化并无类似变化趋势。胶体中金属/有机碳比值的相似性也说明这些胶体主要是来自腐殖质和浮游生物的有机物。人为活动的变化可能会改变胶体分子大小在络合痕量金属中的相对重要性。例如在热带流域（如亚马孙雨林中部），无节制地砍伐森林导致了土壤灰化的加剧（Eyrolle et al. , 1996）。在大多数热带环境中，铜和铝等痕量金属与低分子量的溶解有机碳络合（ <5 kDa）；然而在土壤高度灰化的区域，钙、镁、铁的形态主要受高分子量的胶体物质（ >20 kDa）控制。这些络合类型的变化对于热带河口上游河段痕量金属的循环有重要的意义。

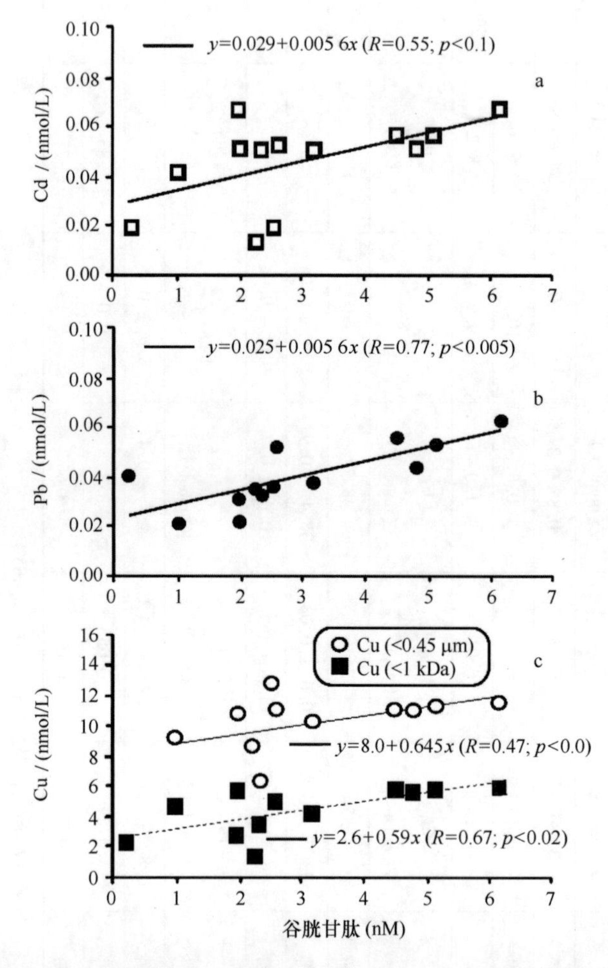


图 14. 13　美国加尔维斯顿湾水体中痕量金属与谷胱甘肽浓度之间的关系。(a) 镉 (0. 45 μm 滤膜过滤)；(b) 铅 (0. 45 μm 滤膜过滤)；(c) 铜 (分别经 0. 45 μm 滤膜过滤和小于 1 kDa 膜超滤) (Tang et al. , 2002)

如前所述，金属配体可能来自浮游植物之外的其他来源；在这种情况下，在河流输入较高的区域，配体的数量和产生可能与浮游植物之间没有紧密的耦合关系（Shank et al.，2004）。例如近来的一项研究估计，美国南大西洋湾高达50%的铜的强键合配体来自开普菲尔河溶解有机物的输入（Shank et al.，2004）。近期在密西西比河羽状流区（MRP）对铁的络合作用的研究显示只有一种配体类型存在（Powell and Wilson－Finelli，2003）。这些支持了大洋铁的络合配体的研究结果，即有证据显示，大洋中既有一种配体类型（Powell and Donat，2001）、也有两种配体类型（Rue and Bruland，1995）并存的情况。值得指出的是，尽管大洋中有机配体可能直接来自浮游细菌和浮游植物（Gonzalez－Davila et al.，1995；Moffett and Brand，1996），或者是经过浮游细菌的次生过程产生（Bruland et al.，1991），但是密西西比羽状流区中来自浮游细菌、浮游植物和陆源有机物（Bianchi et al.，2004）的多来源有机配体都是重要的（Powell and Wilson－Finelli，2003）。最后，沉积物可能是河口中配体的另一个重要来源，尤其是在浅的河口中（详见下一节）。

## 第四节　沉积物中痕量金属的循环与通量

河口中的沉积物既可能是痕量金属的源也可能是汇。水体中的外源输入、现场过程以及沉积物中的沉积期后过程（postdepositional processes）在很大程度上决定了河口的源/汇作用。本节首先讨论影响沉积物中痕量金属累积的全样沉积物特性，也将讨论痕量金属的沉积期后过程，其本质上与有机物的循环和氧化还原条件相关。本节还要讨论无机和有机配体的重要性，因为这些配体与金属的形态和沉积物－水界面的通量有关。最后还会简要提到硫化物在键合沉积物中痕量金属（例如铁）中的作用，有关这方面的详细讨论见第十二章［因为涉及黄铁矿化程度（DOP）］。

河口沉积物提供了河流、大气、人为来源输入的痕量金属积累的长期记录（Kennish，1992；Windom，1992）。如前所述，由于在这些区域通常存在广泛的人类活动，因此在很多情况下人为输入超过了源于岩石风化的自然背景水平。此外，由于沉积物中砂、粉砂和黏土的分选很差，河口沉积物中痕量金属的含量通常变化很大。因而，我们需要有一种方法将背景水平和人类活动输入区分开来，并且能解释沉积物组成的自然变化。一种方法是通过一些载体相（例如铝、铁、锂、有机碳或粒度）对痕量元素进行归一化（Wen et al.，1999）。在运用元素比的情况下，铝经常被用于痕量元素浓度的归一化，因为它在地壳岩石中的自然丰度高而在人为来源中的浓度通常又很低。金属/铝的比值已被有效地用于指示河流和近岸体系中的污染源（Windom et al.，1988；Summers et al.，1996）。沉积物柱状样中归一化的痕量金属浓度的剖面分布也被有效地用于研究输入河口的污染物的历史变化（Alexander et al.，1993）。利用粒度进行归一化时通常要分析沉积物中小于63 μm的部分，因为粗颗粒的沉积物（例如碳酸盐和砂）对于沉积物中痕量金属的浓度具有稀释效应（Morse et al.，1993）。放射化学示踪剂（例如$^{137}$Cs和$^{210}$Pb）通常用于获得河口的沉积速率和颗粒物改造速率（见第七章），将其与痕量金属浓度结合起来运用有助于加深对痕量金属浓度水平和垂直分布变化的理解（Wen et al.，1999）。这些放射性核素可以帮助确定痕量金属在水平梯度上改造程度的变化，也可提供河口痕量金属历史积累的信息（Ravichandran et al.，1995b）。

早期的调查显示，在河口和近岸浅水体系中，间隙水中痕量金属的浓度一般要高于上覆的底层水中的浓度（Presley et al.，1967；Elderfield et al.，1981a，b；Emerson et al.，1984）。这种浓度差异产生了浓度梯度，使得痕量金属自沉积物间隙水向上覆水中扩散（Elderfield and Hepworth，1975）。

除了通过扩散而释放，间隙水中的金属也可以通过吸附、络合作用和沉淀重新结合进入沉积物中（Chester, 1990, 2003）。因此，沉积物中金属的整体浓度可以反映近期自然或人为来源的输入，而再循环的部分可以反映出长期的成岩变化（Chester, 2003）。所以，为有效确定沉积物中金属的行为，必须对沉积物的来源和金属在沉积物－水界面的扩散进行评估。虽然传统的采样方法（例如整柱压榨，whole－core squeezers）通常被用于提取柱状样间隙水中的痕量金属（Presley et al., 1967, 1980; Presley and Trefrey, 1980），但是后来的研究中都是用一种更直接的现场培养方法（chamber method）监测浓度随时间的变化（Rowe et al., 1992）。早期的梯度方法是基于菲克第一定律处理间隙水中金属的扩散，只能提供稳态的通量信息（Berner, 1980）（见第七章），而现场培养方法可以得到更接近实际的非稳态的信息。在研究泰国邦巴功河口金属的沉积与扩散通量时发现，铜、铅、锌、镉、铬、镍的沉积（成岩）通量 0.1 ~ 16.8 μg/（$cm^2$ · a）远高于扩散通量 0.01 ~ 4.8 μg/（$cm^2$ · a）（Cheevaporn et al., 1995）；表明成岩通量占总通量的 10% ~90%。这些扩散通量数值在已报道的数值范围之内，例如英国威尔士北部康威河口、英格兰蒂斯河口（Elderfield and Hepworth, 1975）、美国特里尼蒂河口（Santschi et al., 1999）。在很多河口体系，沉积物中金属的成岩再活化对于金属经再沉积过程重新进入表层沉积物有非常大的贡献。

河口沉积物中铁和锰的循环与氧化还原作用和有机物的成岩作用密切相关（Overnell, 2002）。如第八章中所述（图 8.20），海洋/河口沉积物中有机物的降解过程需经由一系列最终电子受体（例如 $O_2$, $NO_3^-$, $MnO_2$, FeOOH, $SO_4^{2-}$, $CO_2$）（Richards, 1965; Froelich et al., 1979; Canfield, 1993）。反应的顺序主要取决于每摩尔有机碳产生的自由能变化量（$\Delta G^0$）（参见表 8.3 和第四章）。许多沉积物的颜色变化与氧化还原电位的突变有关，指示着金属络合物氧化态和还原态的差异（Fenchel and Riedl, 1970; Santschi et al., 1990）。例如，河口沉积物的表层氧化层（1 到几厘米）通常是橙褐色的（铁和锰的氧化物），随后即是灰黑色的还原层（单硫化物和多硫化物）。氧化还原电位突变的深度主要受有机物输入量、物理混合以及生物扰动控制。这些与铁和锰有关的反应大部分都是微生物介导的过程（例如化能无机自养过程）（Srensen, 1982; Lovley and Phillips, 1988; Nealson and Myers, 1992; Nealson and Saffarini, 1994, 1992），特别是细菌还原铁和锰氧化物的反应（Burdige and Nealson, 1986; Lovely, 1991; Nealson and Myers, 1992）。铁和锰的氧化物也能够在厌氧条件下将硫化物氧化为硫酸盐（Aller and Rude, 1988），将氨氧化成为硝酸盐（Luther et al., 1997）。另外一类金属氧化物参与的重要反应是，在有氧条件下通过锰的氧化物将 $NH_3$ 氧化为 $N_2$（Luther et al., 1997）。对亚马孙河口和新几内亚巴布亚湾南部沿岸的河流沉积物的研究显示，由于存在着广泛的低氧成岩过程，在沉积物一定深度有大量的铁和锰被还原（Aller, 1986; Mackin and Aller, 1986; Alongi et al., 1992, 1993, 1996）；巴布亚湾缺氧沉积物间隙水中溶解铁和锰的剖面分布就是这样的一个例子（图 14.14; Alongi et al., 1996）。显然，这些作为载体相的颗粒物是影响河口水体和沉积物中有关过程的重要部分。

另一个在沉积物－水界面附近可以氧化 Mn（Ⅱ）的氧化剂是碘酸盐（$IO_3^-$），其可以溶解态存在也可吸附到颗粒物上（Ullman and Aller, 1985）。已知碘可以在有机物的再矿化过程中从间隙水中释放出来（Ullman and Aller, 1983, 1985; Kennedy and Elderfield, 1987）；一旦产生，碘随即通过微生物过程被氧化为碘酸盐，并吸附到金属氧化物表面（Ullman and Aller, 1985）。近期的研究表明，沉积物中存在着一个碘化物分布的峰值，是由 Mn（Ⅱ）还原 $IO_3^-$ 产生的，在峰值以上的区域碘

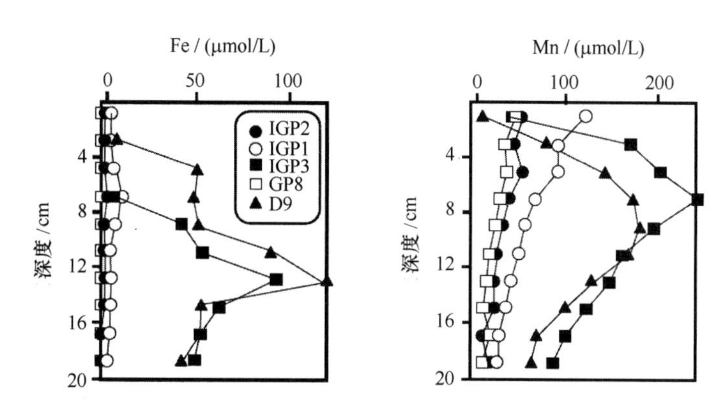


图 14.14 巴布亚湾低氧沉积物间隙水中溶解铁和溶解锰的剖面分布（Alongi et al., 1996）

化物被重新氧化为 $IO_3^-$；因此，所有向上扩散的 Mn（Ⅱ）被 $IO_3^-$ 氧化应当是碘化物形成的原因（Anschutz et al., 2000）。

如前所述，铜的循环与有机物密切相关，这在很大程度上是由于金属通过水体中的生物（例如浮游植物）再循环（Morel and Hudson, 1985）。间隙水中铜的浓度通常高于底层水体中的浓度，这使得铜具有潜在的底部扩散通量，但其他金属自沉积物向上覆水中的扩散通量较低（Elderfield et al., 1981a, b; Skrabal et al., 1997）。在前面提到的许多主要无机矿物对于沉积物中铜的循环都有重要影响。例如，微生物还原铁和锰的氧化物过程中使得与之结合的铜释放（Morse and Arakaki, 1993），硫化物矿物的氧化也可使其结合的铜释放出来（Mackin and Swider, 1989），这些都会影响到沉积物中铜在溶解态和固相之间的分配。然而，间隙水中铜的分布也与沉积物中有机物的循环密切相关（Shaw et al., 1990; Widerlund, 1996）。虽然对水体中生物产生的以及河流输送的腐殖质这些金属络合配体已有相当多的研究，但间隙水中潜在的配体输出却被大大地忽略了。考虑到在某些河口溶解有机碳的扩散通量很高（Burdige and Homstead, 1994; Alperin et al., 1999），因此间隙水向底层水体中输入的配体数量可能十分显著。

近期在切萨皮克湾的研究显示，间隙水中铜络合配体的浓度比溶解铜高几个数量级，约 87% ~ 99% 的铜被络合（Skrabal et al., 1997, 2000）。另有研究表明，间隙水中的配体许多是“强”络合配体，只有在那些存留时间较长的河口中，这些配体才能经由底部释放对河口水体产生显著影响（Shank et al., 2004a, b）。例如在美国开普菲尔河口，由于水体的存留时间较短，这阻碍了沉积物 - 水界面交换成为河口水体中铜络合配体的一个重要来源。在诸如旧金山湾（Donat et al., 1994）和切萨皮克湾（Donat et al., 1994）这样一些河口，总溶解铜通常低于 $L_1$ 配体的浓度，来自沉积物的贡献是特别重要的。这些研究指出，从沉积物间隙水中释放的铜的络合配体是影响河口中铜的形态的重要因素（Skrabal et al., 2000）。

河口中金属的毒性与沉积物的某些过程有关。例如，河口中甲基汞的循环与诸如黏土矿物、硫化物、有机物、铁和锰的氢氧化物等许多沉积相有关（Huerta - Diaz and Morse, 1990; Bloom et al., 2003; Hammerschmidt et al., 2004）。近岸和河口沉积物是近岸环境食物网中甲基汞的主要来源（Gill et al., 1999; Mason et al., 1999; Hammerschmidt et al., 2004）。实际上，近岸沉积物提供了过去 150 年来汞污染积累的一个极好的记录（“遗留的汞”, legacy Hg）（Fitzgerald and Lamborg, 2003）。汞经甲基化成为甲基汞主要由硫酸盐还原菌（SRB）介导（Gilmour et al., 1992）。在佛罗里达大沼泽，汞的甲基化速率最高处位于沉积物中氧化还原突变层的过渡区，这里的间隙水中硫化物含量丰富（Gilmour et al.，1992）。硫化物的浓度似乎控制着汞络合物的形态（如 $HgHS_2^-$，$HgHS^+$，$HgS^0$），其中 $HgS^0$ 是细菌最容易利用的（Benoit et al.，2001）。尽管甲基化也受控于 Hg（Ⅱ）的可利用性，但其他一些因素在控制汞的分配方面也很重要。例如在美国长岛峡湾（LIS）河口，Hg（Ⅱ）和 $CH_3Hg$ 在沉积物－水之间的分配主要受上层 10cm 沉积物中有机物的控制（Hammerschmidt et al.，2004）。另有研究显示，在英国的默西河口，POM 在汞的清除方面比铁和锰的氧化物更为重要（Turner et al.，2004）。生物扰动促进了硫酸盐还原菌介导的汞的甲基化过程，这是因为它一方面为深层细菌增加了活性有机基质和汞的供给，另一方面可从深处将那些能够降低细菌代谢速率的代谢产物冲洗出来（Maillacheruvu and Parkin，1996；Beonit et al.，1999）。沉积物中甲基汞生成后，其他因素例如氧化还原突变层的位置（Gill et al.，1999）、铁的氧化物多少（Bloom et al.，1999）和去甲基化细菌的丰度（Marvin－DiPasquale and Oremland，1998）都会影响沉积物中甲基汞的迁移和通量。近期的研究显示，长岛峡湾河口中沉积物－水界面甲基汞的平均扩散通量是 55 mol/a，超过了外部来源的输入（Hammerschmidt et al.，2004）。实际上，长岛峡湾河口浮游植物中绝大多数的甲基汞来自沉积物的扩散。近岸及河口沉积物中汞的甲基化仍然是一个重要的毒理学问题，因为人类消费的海洋鱼类大多数来自近岸地区。更详细的有关汞毒性的内容见第十五章。

汞的甲基化基本上发生在沉积物中，但河口体系中的汞主要来自大气。例如，“佛罗里达大气汞研究（Florida Atmospheric Mercury Study，FAMS）”项目在美国佛罗里达州不同地点测定了汞的沉降（Gill et al.，1995；Guentzel et al.，1998；Landing et al.，1998）；这项研究的启动在很大程度上是对佛罗里达大沼泽中不同营养级生物体中汞浓度过高问题的一个响应。研究表明夏季汞的沉降通量是其他季节的 5～8 倍，主要是由于更多的降雨。研究还发现，夏季大型对流性雷暴的高度足以达到平流层，因此可从全球储库中清除活性的气态汞；不过在冬季，由当地发电厂排放到大气中的汞主要沉降到本地区。在佛罗里达大沼泽进行的研究将大气输入和汞的甲基化速率相结合（Gilmour et al.，1998），这使得此项研究成为区域和全球汞输入研究中最全面的案例之一。

## 本章小结

1. 根据火成岩与沉积岩和变质岩在地壳中的相对分数可知，大部分的痕量金属来自火成岩。

2. 输入到河口的痕量金属主要来源于河流、大气以及人为输入。

3. 河口中痕量金属在溶解态和颗粒态之间的分配受河流流量变化、潮汐和风的能量、风暴、聚沉和河口最大浑浊带（ETM）的絮凝、再悬浮（沉积物和间隙水）以及湿地和滩涂过程输入的影响。

4. 金属通常存在多种氧化态，由于其亲电性，一般以正化合价（例如Ⅰ到Ⅵ）与其他元素结合。

5. 金属离子与水分子的络合作用干扰了水分子间的氢键或静电键合作用。

6. 这些化学键的强度随着金属离子电荷数的增加和离子半径的减小而增强；这种金属与水分子之间形成的化学键通常以 $Me(H_2O)_x^{n+}$ 表示。这种情况下形成的是单配体络合物，水分子作为无机配体，其中氧原子为金属离子提供电子对。

7. 在过去的 10 年中，大量的研究证明了有机配体特别是胶体有机配体（胶体大小为 1 nm～

1 μm）在络合痕量金属方面的重要性。

8. 河口中痕量金属的分布和形态取决于它们的浓度以及溶解的络合配体浓度和胶体与颗粒物上的络合点位。

9. 一些有机物的主要官能团如 - COOH、 - OH、 - $NR_2$、 - $SR_2$（R = - $CH_2$ 或 - H）通常可与痕量金属形成非常稳定的络合物，尽管络合反应的速度较慢。一些含有这些官能团的天然来源的物质是植物螯合素（铁载体）、生物聚合物（例如蛋白质）以及腐殖质。

10. 河口的吸附、解吸、絮凝、聚沉、再悬浮以及生物扰动等过程对控制溶解痕量金属（自由水合离子）与颗粒物之间的相互作用非常重要。尤其是在铁和锰的氢氧化物、碳酸盐、黏土和 POC/COC 上存在重要的键合位点，这对于控制痕量金属的吸附/解吸作用是至关重要的。

11. “颗粒物浓度效应”被定义为“一种总分配系数随颗粒物浓度增加而减小的物理效应，并且对无机配体和有机配体都具有这种效应”。

12. 结合在颗粒物载体上的金属在河口中的水平和纵向分布主要受控于颗粒物动力学，而另一些金属（例如铜、锌、钴）与之不同，它们更多地受控于生物吸收过程。

13. 在某些峡湾的氧化还原跃层中，一些金属（例如铜、镉、锌）浓度的剧烈变化主要受控于有机配体的螯合/络合作用。

14. 河口中溶解态铁和锰的非保守行为在很大程度上受控于悬浮颗粒物的吸附/解吸和沉积物的通量。

15. 与痕量金属络合的配体受控于多种溶解的和胶体大小的络合物。

16. 水体中的外源输入、现场过程以及沉积物中的沉积期后过程在很大程度上决定了河口的源/汇作用。

17. 铁和锰参与的反应大部分都是微生物介导的过程（例如化能无机自养过程），特别是细菌还原铁和锰氧化物的反应。铁和锰的氧化物也能够在厌氧条件下将硫化物氧化为硫酸盐，将氨氧化成为硝酸盐。另外一类金属氧化物参与的重要反应是，在有氧条件下通过锰的氧化物将氨氧化为氮气。

18. 间隙水中的配体是“强”络合配体，只有在那些停留时间较长的河口中，这些配体才能经由底部释放对河口水体产生显著影响。

19. 河口中金属的毒性与沉积物的某些过程有关。例如，河口中甲基汞的循环与诸如黏土矿物、硫化物、有机物以及铁和锰的氢氧化物等许多沉积相有关。

20. 在佛罗里达大沼泽进行的研究将大气输入和汞的甲基化速率相结合，这使得此项研究成为区域和全球汞输入研究中最全面的案例之一。

# 第六篇　河口的人为输入

# 第十五章　河口中人类活动的压力

## 第一节　河口中人类活动的变化

从20世纪80年代以来，人类对水生生态系统和陆地生态系统的需求在全球范围快速增长，可能已超过了地球的再生能力。到2025年，预计全世界将有75%的人口（63亿）居住在沿海地区，因此在未来几十年里对水产资源的需求将会进一步增加（Tilman et al.，2001）。本世纪内全球人口将达到90亿，由此导致的污染物负荷增加的后果和人类对生物多样性的影响仍然不清楚。如果按照它们所能提供的重要资源的经济价值估算，全球受到扰乱和威胁的近岸生态系统可能造成高达12.6万亿美元的损失（Costanza et al.，2001）。世界上许多地区的情况都日益清楚地表明，被认为主要由诸如气候、植被及岩石类型控制的地球系统，现在已经转变为受社会与经济因素（如人口增长、城市化、工业化和水利工程）控制（Meybeck，2002，2003）。最近人们还提出，在过去的50至200年里，自然因素作为地球系统的控制因素被取代这个阶段可以称为人类世（Vernadski于1926年最早提出），是全新世之后的一个新的地质纪元（Crutzen and Stoermer，2000）。另外一些研究则在大时空尺度上建立了人类对地球系统的影响（Turner et al.，1990）和水生态系统（Costanza et al.，1990，1997；Meybeck，2002，2003；Meybeck and Vörösmarty，2004）之间的关联，这些研究结果均表明，要有效地预测未来和进行管理决策，还需要对人类世进行更加综合和精细化的诠释。

人口的增长和迁移产生了外来物种入侵这种形式的重大应激响应，改变了全球生物多样性分布模式。例如，世界范围内外来物种的入侵改变了很多生态系统的群落组成和结构（Elton，1958；Vitousek et al.，1997）。如在旧金山湾北部这样的河口系统，自从1987年黑龙江河蓝蛤（*Potamocorbula amurensis*）这种亚洲蛤入侵后，其食物网底层生产力在近几十年里出现了大幅降低（Carlton et al.，1990）。一种名为东亚壳菜蛤（*Musculista senhousia*）的亚洲蛤贝入侵了美国西海岸，改变了这里的群落动力学，现已传播到澳大利亚西部、新西兰和地中海（Mistri，2002）。更值得注意的是一种名为斑马纹贻贝（*Dreissena polymorpha*）的双壳类入侵种。

像早期研究预测的那样（Strayer and Smith，1993），它在美国的河流、湖泊及河口出现了灾难性的扩散。例如，这些贻贝每2天就可将相当于哈得孙河整个感潮淡水区域的水过滤一遍，这极大地改变了河口的悬浮物负荷和浮游植物群落（Roditi et al.，1996）。与此类似，在美国东海岸，入侵的芦苇（*Phragmites australis*）这类湿地植物已取代沼泽植物大米草（*Spartina* spp.）这一原有的优势种（Chambers et al.，2003）（详见第八章）。

人类侵占近岸系统的后果是污染物负荷的急剧增加，如痕量金属、疏水性有机污染物（HOCs）（如烃类、氯代烃类）和营养盐输入的快速增长（Wollast，1988；Schmidt and Ahring，1994；Jonsson，2000；Cloern，2001；Elmgren，2001）。这些多重压力的输入能够产生交互作用以降低、增加和/或掩盖每一种单一压力的影响（Breitburg et al.，1999）。以 HOCs 为例，这些化合物通常是亲脂性的，很容易发生生物积累和生物放大，并通过营养相互作用沿食物网向上层传递。众所周知，诸如营养盐和污染物这类压力的输入能够改变浮游植物群落动力学（Cloern，1996；Riedel et al.，2003）。虽然这些压力在生态系统中一般被作为独立的因素来分析，但痕量金属可作为浮游植物的微量营养元素，因此会影响其对营养盐的吸收（Riedel，1984，1985）。例如，近期的围隔实验研究表明，当同时添加痕量元素时，浮游植物对营养盐的添加没有响应（Riedel et al.，2003）。因此，为有效管理河口系统，发展包含多重压力交互作用的模型是十分必要的（Breitburg et al.，1999a，b）。1993 年瑞典环境保护署提出了一个名为 EUCON（EUtrophication and CONtaminants①）的新研究计划，以研究富营养化与污染物之间的相互作用（Skei et al.，2000）。该计划的研究结果表明，富营养化过程会增加波罗的海 HOCs 的生物可利用性。

由于有关痕量金属的来源与迁移的内容在第十四章已进行详细讨论，因此这里仅就金属作为污染物做一简要介绍。许多在河口污染物循环研究中涉及的金属被称为重金属，其原子量在 63.546 到 200.590 之间且外层电子壳具有相似的电子分布（如镉、锌）（Viarengo，1989）。这些重金属可进一步分为过渡金属（如钴、铁、锰）和类金属（如砷、铅、汞），前者在低含量时为新陈代谢所必需，但在高含量时具有潜在毒性，后者则并非新陈代谢所必需，在低含量时即具有毒性（Presley et al.，1980；Kennish，1997）。一些最常见的重金属的人为来源有采矿、冶炼、精炼、电镀、发电、汽车尾气、污水污泥、疏浚泥、粉煤灰、防污漆等。对近岸系统来说，这些来源中的许多都属于局地输入，但像汞这一类金属可以通过大气而分布于全球。在北美地区，尽管从 20 世纪 70 年代以来汞的排放量减少了 50%（Sunderland and Chmura，2000），但在同一区域的海鸟、鱼类及贝类体内汞的含量却并没有降低。污染物排放与其在生物体内含量之间并无相关性这一事实表明，如果要获得有效的管理策略，则还需要对汞的循环做进一步研究（Sunderland et al.，2004）。

金属在生物体内的毒性变化很大，但是其在组织中的积累通常受温度、盐度、摄食、排卵及生物对金属浓度控制能力的影响。例如，在原核生物和真核生物体内发现了某些低分子量的金属结合蛋白，研究表明，这种称为金属硫蛋白的物质能够螯合金属并解除其毒性（Roesijadi，1994）。某些细胞中的细胞器，如甲壳动物、软体动物、环节动物及水螅生物中的溶酶体也能螯合生物体内的重金属（Engel and Brouwer，1993）。水生无脊椎动物具有的解毒机制使得它们对这些污染物产生耐受力（Deeds and Klerks，1999），并导致这些污染物通过食物网沿营养级传递（Klerks and Lentz，1998）。一个河口中生物产生金属耐受力的极好例子是在哈得孙河口的芳得利湾，这个地区是世界上镉污染最严重的地区之一，其沉积物中镉的含量高达 10 000 mg/kg（Klerks and Levinton，1989）。芳得利湾最丰富的无脊椎动物是寡毛纲霍甫水丝蚓（*Limnodrilus hoffmeisteri*），研究表明，这种生物已经进化形成了对镉的耐受力，因而被认为促进了金属在生态系统中的传递。经过一次重大的污染清除行动后［这是美国环保署政府有毒废物堆场污染清除基金（EPA Superfund）的一部分］，霍甫水丝蚓在 20 世纪 90 年代中期随着污染的消除而随即丧失了对镉的耐受力（Levinton et al.，2003）。这项研究说明了一些河口生物在面对人类活动影响时是如何在相对较短的时间内进行遗传适应的。

估计每年有 $1.7 \times 10^6 \sim 8.8 \times 10^6$ t 的石油烃被排入海洋系统（National Research Council，1985）。这些持久性污染物（尤其是在沉积物中）会对河口底栖群落的恢复产生长期影响（Elmgren et al.，

① 英文全称为译者补充。——译者注

1983）。这些污染物中，柴油燃料因其多环芳烃（PAHs）含量高而呈现出最强的毒性（Kennish，1992）；其中包括诸如苯并［a］芘这样的高致癌性化合物（Gelboin，1980；Denissenkon et al.，1996）。一些多环芳烃的化学结构见图 15.1。除了通过现场存在的生物来源前体化合物快速转化过程产生 PAHs 外，人类活动和自然燃烧过程也都会产生 PAHs（Wakeham and Farrington，1980；

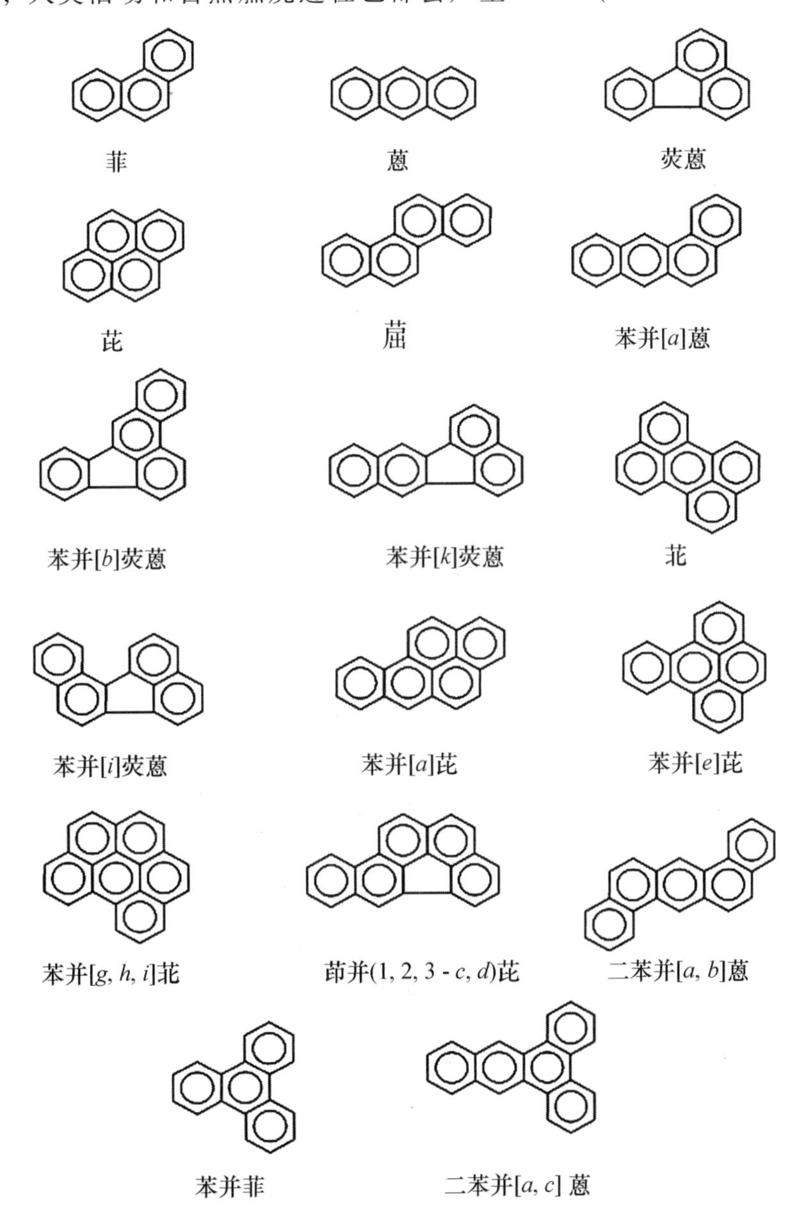


图 15.1　一些多环芳烃（PAHs）的化学结构

Wright and Welbourn，2002）。许多 PAHs 与黑炭（BC）有关，而黑炭来源于有机分子的汽相凝结（如石墨或烟灰）或物质燃烧的残留物（如炭灰）（Goldberg，1985）。实际上，黑炭不仅是控制 HOCs 分布的一个重要因素，而且可能是全球碳循环的一个重要的碳储库（Kuhlbusch，1998；Masiello and Druffel，1998；Mitra et al.，2002）。PAHs 也可通过诸如萜烯类、色素及甾类化合物等生物来源前体化合物产生（Laflamme and Hites，1979；Prahl and Carpenter，1979. 1983；Wakeham et al.，1980a，b；Budzinski et al.，1997）（具体见第九章）。许多释放到海洋中（~$1.7 \times 10^5$ t/a）的 PAHs 在河口积累；沉积记录表明，在美国，大约 80~100 年前人类活动开始将 PAHs 排放到环境中（Gschwend and Hites，1981）。另一类重要的 HOCs 是多氯联苯（PCBs），这类化合物曾经在工业生产中大量应用，但后来由于健康问题而被禁用；这是一类非常稳定的亲脂性化合物，在水生生物食物网中能够被生物放大（Cairns et al.，1986）。PCBs 是 209 种可能的同系物的混合物；图 15.2 是 PCBs 的一个基本化学结构和一些 PCBs 的化学分子式。

(a)

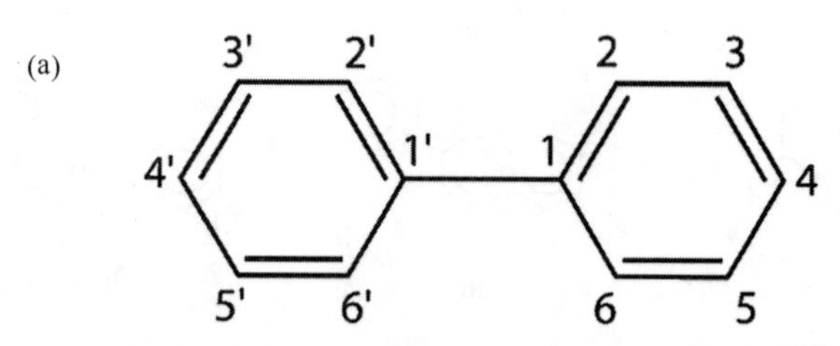


(b)

| IUPAC no. | 名称 |
|---|---|
| 8 | 2,4'- 二氯联苯 |
| 18 | 2,2',5- 三氯联苯 |
| 16 } | 2,2',3- 三氯联苯 |
| 32 } | 2,4',6- 三氯联苯 |
| 28 | 2,4,4'- 三氯联苯 |
| 31 | 2,4',5- 三氯联苯 |
| 33 } | 2',3,4- 三氯联苯 |
| 21 } | 2,3,4- 三氯联苯 |
| 22 | 2,3,4'- 三氯联苯 |
| 49 | 2,2',4,5'- 四氯联苯 |
| 52 | 2,2',4,5'- 四氯联苯 |
| 66 } | 2,3',4,4'- 四氯联苯 |
| 95 } | 2,2',3,5',6- 五氯联苯 |
| 92 } | 2,2',3,5,5'- 五氯联苯 |
| 84 } | 2,2',3,3',6- 五氯联苯 |
| 101 | 2,2',4,5,5'- 五氯联苯 |
| 87 | 2,2',3,4,5'- 五氯联苯 |
| 110 | 2,3,3',4',6- 五氯联苯 |
| 149 | 2,2',3,4',5',6- 六氯联苯 |
| 118 | 2,3',4,4',5- 五氯联苯 |
| 138 | 2,2',3,4,4',5'- 六氯联苯 |
| 153 | 2,2',4,4',5,5'- 六氯联苯 |
| 170 | 2,2',3,3',4,4',5- 七氯联苯 |
| 174 | 2,2',3,3',4,5,6'- 七氯联苯 |
| 180 | 2,2',3,4,4',5,5'- 七氯联苯 |

图 15.2 （a）多氯联苯（PCBs）的基本结构单元；（b）一些同系物的化学分子式

尽管污染物输入河口的历史很长，但是对河口系统中诸如卤代烃、PCBs、二氯二苯三氯乙烷（DDT）这类禁用污染物的清除却只是取得了有限的成功。例如在波罗的海，20 世纪 60 年代认识到这些物质的环境危害后（Jensen et al.，1969），在 70 年代即严格禁止其使用，结果波罗的海某些洋鸟体内的 DDT、PCBs 含量显著降低（Larsson et al.，2000；Olsson et al.，2000）。在波罗的海的工作表明，一种环境问题一旦得以确认，社会就一个相应的应对方案达成共识并使之有效执行可能需要几十年的时间（Elmaren，2001）。总体而言，波罗的海 DDT 污染的完全恢复用了大约 20 年，针对富营养化的行动计划达成一致又用了 20 年，到目前这一行动已经被证明是有效的。在很多情况下，正是科学界不能就应对环境问题的最基本方法达成一致；Elmgren（2001，第 225 页）生动地表述了这一令人失望的窘况，他写道“幸运的是，政治家们在科学界达成共识之前就开始采取措施减少向波罗的海的汞、PCBs、DDT 和营养盐的排放”。

本章将讨论河口水体和沉积物中上面提到的一些污染物迁移的基本控制因素。虽然在近岸环境中有五类污染物（石油烃、卤代烃、重金属、放射性核素和垃圾）是十分重要的（Waldichuk, 1989），但本章的重点是聚焦那些与其他压力（如营养盐）相关的典型污染物的生物地球化学动力学过程。有关河口中上述污染物毒性数据的综合评价、污染物分布和输入速率的调查等方面的更多内容，可参考 Kennish（1997）。

## 第二节　痕量金属的分配与毒性

河口中金属在溶解相与颗粒相之间的分配受众多因素（如无机氧化物、pH、有机质）的影响。一个特别重要的因素是天然有机质的丰度。由于有关金属分配的内容在第十四章中已进行详细讨论，因此本节将重点讨论影响金属对水生生物毒性及生物可利用性的一些关键参数。

过去的研究表明，由于天然配体可键合金属并降低游离态金属浓度，因此有机质的存在可降低金属的毒性（Campbell, 1995；Carvalho et al. , 1999；Doblin et al. , 1999）。游离离子活度模型指出，游离金属离子（相对于总金属离子浓度）是生物可利用的主要形态，并假定胶体络合态金属具有较低的生物可利用性（Campbell, 1995）。因此，这个模型并未考虑螯合态金属（Sunda and Lewis, 1978）。而且，这个模型还认为生物对金属的吸收受金属 - 细胞表面络合物浓度的强烈控制，而这取决于细胞周围游离金属的浓度。有毒金属（例如银）可能有高达 60% 的溶解态部分与胶体有机质有关（Wen et al. , 2002）。如第十四章中所述，键合中的相当大一部分可能与巯基有关。胶体有机质与金属的络合如何影响着金属对水生生物的生物可利用性？我们在这方面的知识还有相当的不足。例如一些研究表明，胶体络合态金属可能会促进、也可能会减少金属的生物可利用性（Guo et al. , 2001）。

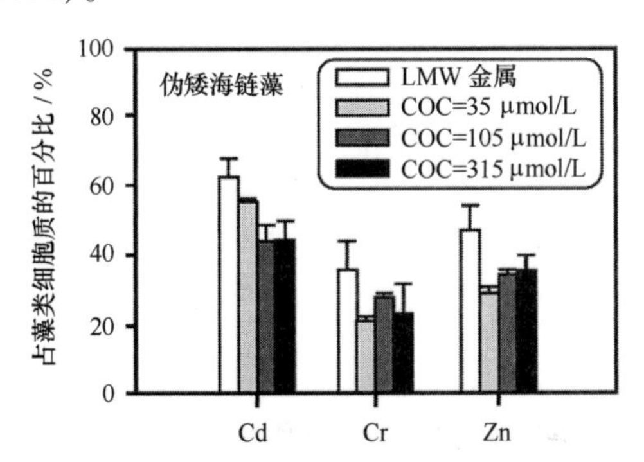


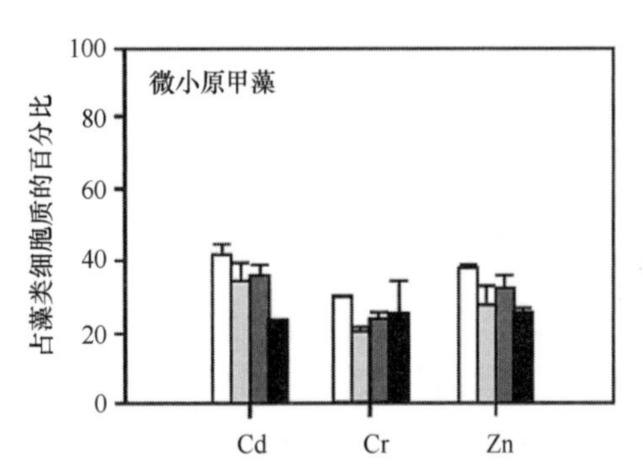


图 15.3　暴露于低分子量（LMW）结合态金属和胶体结合态金属（COC）中一天后，硅藻（伪矮海链藻，*Thalassiosira pseudonana*）和甲藻（微小原甲藻，*Procentrum minimum*）细胞质中镉、铬及锌的百分含量（Wang and Guo, 2000）

由于胶体物质具有亲水和亲脂双重特性，因此可透过膜表面，而透过脂类可能是金属吸收的一个重要机制。亲脂性金属（如有机汞）已被证明可被水生生物吸收（Phinney and Bruland, 1994；

Mason et al. , 1996）。其他一些胶体结合态金属（如镉、铬和锌）已被证明可进入硅藻和甲藻细胞内的细胞质（图 15.3）（Wang and Guo, 2000）。无机络合态金属和有机胶体络合态金属的生物可利用性有很大差别。例如，针铁矿（FeOOH）和赤铁矿（$Fe_2O_3$）中的胶体铁不能被硅藻吸收，而水合氧化铁胶体则可被硅藻吸收（Wells et al. , 1983）。还需要进一步的研究以更好地理解浮游植物吸收的金属在食物网中如何沿着营养级向上传递。过去有关无脊椎动物吸收金属的研究主要集中于“溶解态”和“颗粒态”金属的比较，且以双壳贝类为重点（Hamelink et al. , 1994; Wang and Fisher, 1997; Roditi and Fisher, 1999）。这在很大程度上是由于在监测项目中将双壳贝类作为污染指示生物（Goldberg et al. , 1983; Rainbow and Phillips, 1993）。不过，这些早期的工作没有研究“溶解”相中胶体物质的作用，而现在这一部分已被明确定义为一个完全不同的组分，其中的污染物具有迥然不同的行为特性（Gustafsson and Gschwend, 1997）。

水生生物能够从悬浮颗粒物或直接从溶液中获得金属（Luoma, 1989; Louma et al. , 1992），海洋无脊椎动物从溶液中吸收金属被认为是“被动的”，而从颗粒物中吸收则是通过“主动”摄取。生物体中金属的积累尽管在很大程度上取决于溶液中的金属形态（Zamuda and Sunda, 1982），但也在相当程度上受 pH（Hart and Scaife, 1977）、盐度（Part et al. , 1985）、DOM 丰度（Laegreid et al. , 1983）和其他金属的含量（Wright, 1977）的控制。游离态金属离子在穿过细胞膜前可以和有机配体络合（Bruland et al. , 1991），因而螯合作用也能够降低金属的吸收。有机－金属络合物的电荷及亲脂性是控制金属穿过海洋/河口生物上皮组织、腮和内脏中细胞膜的重要因素（Simkiss and Taylor, 1989; Carvalho et al. , 1999）。不过，有机物的两亲性使得预测有机物的络合作用将对金属的生物可利用性产生何种影响变得特别困难。一项有关棕虾幼体（*Penaeus aztecus*）对胶体络合态和游离态重金属[①]（银、镉、钡、铁、锡、锌、钴、汞及锰）的吸收和生物积累的研究表明，两者的吸收动力学非常相似（Carvallho et al. , 1999）。还应当指出的是，在甲壳动物中的研究表明，大部分胶体络合态金属积累在肝胰腺体中，而游离态金属大多发现于腹部。近期，更多的研究还证明了胶体络合态金属对诸如斑纹贻贝斑纹蚌（*Dreissena polymorpha*）（Roditi et al. , 2000）和牡蛎（*Crassostrea virginica*）（Guo et al. , 2001, 2002）这类无脊椎动物的生物可利用性。

生物配体模型（BLM）被用于表述一种特征位点，在这种特征位点上，当通过金属－生物配体作用积累的金属浓度达到一个临界值时，会对受体生物产生急性毒性效应；对鱼类而言，这种特征位点就位于鱼鳃上（Di Toro et al. , 2001; Santore et al. , 2001; Heijerick et al. , 2002）。本质上讲，生物配体模型就是在考虑水环境中其他竞争反应的基础上来预测金属与生物配体的相互作用。该模型是游离离子活度模型的推广，与之不同的是该模型增加了生物配体这样一种竞争配体。当与生物配体络合的金属总含量超过阈值时，就会导致生物死亡。这一模型自鱼鳃－表面特征位点相互作用模型（GSIM）发展而来，而 GSIM 模型的主要假定是鱼鳃上分布着作为主要活性位点的配体（Cleven and van Leeuwen, 1986）；模型也可以应用于其他无脊椎动物（图 15.4；Di Toro et al. , 2001）。该模型充分考虑了其他阳离子（如 $Na^+$、$Ca^{2+}$）、有机物络合以及无机配体对游离金属离子－生物配体键合作用的竞争。生物配体模型可有效预测铜对受试生物的半致死浓度（LC50），其对淡水鱼的预测值在实测值的两倍范围内（Santore et al. , 2001）。生物配体模型也可有效预测锌对无脊椎动物的半数效应浓度（EC50）（Heijerick et al. , 2002）。

---

① 原著中此处为放射性金属，译者根据原文献改为重金属。——译者注

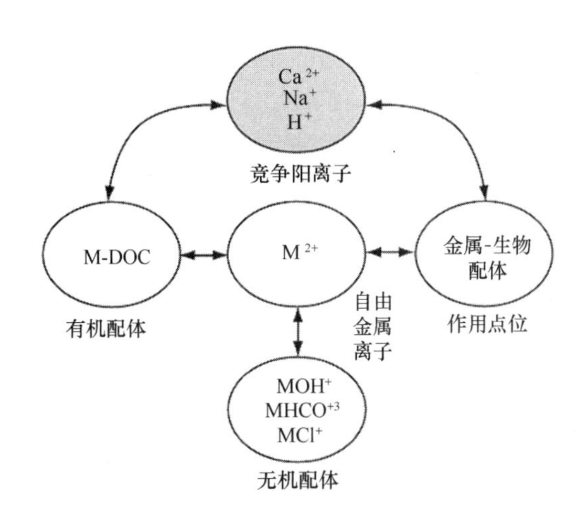


图 15.4　生物配体模型示意图（Di Toro et al.，2001）

## 第三节　疏水性有机污染物的分配与毒性

水生系统中疏水性有机污染物（HOCs）的迁移与归宿很大程度上受颗粒物的吸附作用控制（McCarthy et al.，1989；Santschi et al.，1999）。特别是 POC 有时被用来预测 HOC 的分布（Rutherford et al.，1992）。当研究固－液相吸附作用时，溶解态的中性 HOC（NHOC）被称作溶质，当其同固体（吸附剂）表面接触时称为吸附质（被吸附物[①]）。当吸附质与吸附剂（或者说溶质与溶剂）之间的吸引力大于排斥力时就会产生吸附（Adamson，1976）。NHOC 的溶解度一般很低，因而吸附是一种弱的溶质－溶剂之间的相互作用，而不是一种较强的吸附质－吸附剂之间的相互作用（Santschi et al.，1999）。由于这些分子的特征是没有亲水性，因此将这种涉及弱的溶质－溶剂作用和吸附质－吸附剂作用的吸附过程称为疏水性吸附（Karickhoff，1984）。

河口中无机和有机化合物的迁移和归宿取决于它们在颗粒相和溶解相两相之间的分配。如第四章和第七章中所述，化合物在游离溶解相和吸附相之间的分配可用分配系数（$K_d$）表示。由于 HOCs 对碳具有很强的亲合力，因此，吸附剂中有机碳的含量（对碳含量≥0.1%的吸附剂）也需要考虑（Schwarzenbach et al.，1993）。就 HOCs 而言，根据其在水中的溶解度（$S$）或辛醇/水分配系数（$K_{ow}$），依据方程 15.1 和 15.2 可确定这类化合物在有机碳和水之间的分配系数（$K_{oc}$）（Karickhoff et al.，1979；Means et al.，1980）。$K_{ow}$越高，一种特定的 HOC 对 TOC 的亲和力越大。这些方程如下：

$$\log K_{oc} = 1.00 \log K_{ow} - 0.317 \quad (15.1)$$

$$\log K_{oc} = -0.686 \log S + 4.273 \quad (15.2)$$

其中：$K_{ow}$为辛醇－水分配系数（辛醇相中的化合物浓度/水相中的化合物浓度），$S$ 为化合物在水中的溶解度（μg/mL）。

① “被吸附物”为译者补充。——译者注

这些模型的应用有一定的局限性，例如模型假设液相与固相之间实现了可逆平衡，吸附量没有超过吸附剂的吸附容量等等（Santschi et al. , 1999）。限制化合物在溶液中溶解的因素就可能会增加其分配到颗粒物上的量；盐析效应就是这种过程的一个例子。随着溶液中固体物质溶解量的增加将发生盐析效应，这可改变 NHOCs 的溶解度（Means，1995）。胶体有机物质也十分重要，研究表明其可以作为吸附 NHOCs 的另一类吸附相（Means and Wijayaratne，1982；Wijayaratne and Means，1984a，bBrownawall and Farrington，1985；Periera and Rostad，1990；Burgess et al. , 1996；Mitra and Dickhut，1999）。氢键和疏水作用是控制胶体与 HOCs 之间相互作用的主要因素（Means and Wijayaratne，1982）。

很多通过燃烧产生的 PAHs 在环境温度下与气溶胶密切相关。虽然已知 HOCs（如 PAHs）在大气中的输运十分重要，但对其输运路径还知之甚少（Bouloubassi and Saliot，1993）。研究表明，化石燃料的燃烧、煤炭的气化和液化、石油裂解、垃圾焚烧以及煤焦沥青、焦炭、炭黑和沥青的生产都可能是 PAHs 的来源（McVeety and Hites，1988）。应用一些特定的比值可判别 PAHs 的来源，例如，可通过总甲基菲与菲的比值来判别热解或石油污染产生的 PAHs（Laflamme and Hites，1978；Prahl and Carpenter，1983）。另外一些 PAHs 异构体的比值被用于确定 PAHs 在输运过程中的转化，如菲/蒽比值、荧蒽/芘比值（Mitra et al. , 1999b；Dickhut et al. , 2000）。在切萨皮克湾应用异构体比值研究发现，机动车是致癌性多环芳烃（苯并［*a*］芘、苯并［*a*］蒽和苯并［*b*］荧蒽）的主要来源（Dickhut et al. , 2000）。一些 PAHs 的异构体比值和对应的排放源列于表 15. 1（Dickhut et al. , 2000）。进一步研究发现，由水柱向沉积物的输运过程中残留下来的 PAHs 的分布是有选择性的。来源于煤炭的 PAHs 在表层沉积物中含量较高，而致癌性 PAHs 则更多地保存于表层水中；这是由于苯并［*a*］芘、苯并［*a*］蒽及苯并［*b*］荧蒽在水柱中大量分解，并（或）可能与沉积物中之前沉积的源于煤炭燃烧的 PAHs 稀释有关。

**表 15. 1　多环芳烃主要排放源中一些异构体的比值**

| 来源[a] | BaA/苯并［*a*］菲 | BbF/BkF | BaP/BeP | IP/BghiP |
|---|---|---|---|---|
| 机动车 | 0. 53 ±0. 06 | 1. 26 ±0. 19 | 0. 88 ±0. 13 | 0. 33 ±0. 06 |
| 煤炭/焦炭 | 1. 11 ±0. 06 | 3. 70 ±0. 17 | 1. 48 ±0. 03 | 1. 09 ±0. 03 |
| 木材 | 0. 79 ±0. 13 | 0. 92 ±0. 16 | 1. 52 ±0. 19 | 0. 28 ±0. 05 |
| 冶炼厂 | 0. 60 ±0. 06 | 2. 69 ±0. 20 | 0. 81 ±0. 04 | 1. 03 ±0. 15 |

a. 在环境温度下，这些多环芳烃 50% 以上存在于大气气溶胶颗粒中。表中：苯并［*a*］蒽（BaA）、苯并［*b*］荧蒽（BbF）、苯并［*k*］荧蒽（BkF）、苯并［*a*］芘（BaP）、苯并［*e*］芘（BeP）、茚并［123 - *cd*］芘（IP）、苯并［*ghi*］苝（BghiP）（Dickhut et al. , 2000）。

许多高分子量（低挥发性）PAHs 一般与颗粒物产生不可逆结合，因而不能再参与分配（McGroddy and Farrington，1995；McGroddy et al. , 1996），但低分子量气态 PAHs（高疏水性）看起来很容易与表层水中浮游生物迅速结合（Countway et al. , 2003）。例如，大多数菲（ >90% ）在环境温度下通常以气态存在（Bidlemen，1988）。在切萨皮克湾的另一项研究表明，自大气中吸收 PAHs（如菲和芴）是表层水体获得 PAHs 的重要途径（Gustafson and Dickhut，1997a，b，c）。与 PAHs 不同，PCBs 具有低的蒸汽压，这使得其倾向于与细颗粒有机质结合，因而更易于分配于沉积物中而不是留在水相中（Brownawall and Farrington，1986；Pierard et al.，1996）。不过有关波罗的海PCBs的收支计算表明，大气源的输入贡献相当大（77%），其中湿沉降和干沉降各贡献7%，自大气中的吸收则贡献了63%（Axelman et al.，2000）。最近的研究还证实，相对容易挥发的PAHs会以气态形式穿过海－气界面进入切萨皮克湾水体中，这些化合物成为浮游植物现场生产的碳储库的一部分（Countway et al.，2003）。

鉴于天然水体中HOCs分配动力学的复杂性，为很好地理解HOCs的输运与归宿，准确测定它们的相分布是很有必要的。图15.5显示了切萨皮克湾南部表层水中四种不同PAHs颗粒态和溶解态组分的平均浓度，由此可见其存在多么大的空间变化性（Gustafson and Dickhut，1997a）。虽然从近岸向外海颗粒态PAHs的分布有一个变化梯度，但溶解态和颗粒态PAHs不存在季节变化趋势。一般来说，如果$\log K_{oc}$对$\log K_{ow}$作图其斜率近似为1，则根据平衡分配理论（EqP），溶解态和颗粒态PAHs之间的分配可判断为达到或接近平衡（Schwarzenbach et al.，1993）。研究切萨皮克湾南部这些分配系数之间的关系可以看出，PAHs在表层水体中已处于分配平衡状态（图15.5，Gustafson and Dickhut，1997a）。如前所述，更具挥发性的PAHs与切萨皮克湾下游和约克河表层水体中的不稳定的现场生产的碳储库密切相关；这项研究也表明，源于煤烟的PAHs与外源的碳之间存在更紧密的耦合关系（Countway et al.，2003）。在更进一步的研究中，根据异构体比值确定了苝这种PAHs化合物源于煤烟，而其与依据化学生物标志物确定的陆源有机质输入有关。这与在华盛顿近岸沉积物（Prahl and Carpenter，1983）和加拿大不列颠哥伦比亚省南部沿岸（Yunker et al.，1999）的研究结果吻合，即苝与陆源有机质之间存在着相互作用。

研究还发现，HOCs的归宿和它们分配平衡的整体动力学特性还受吸附基质的生物地球化学特性以及HOCs固有的不同特性的影响。例如，浮游动物粪便中PAHs和PCBs的含量都高于它们摄食的小型浮游生物体内的含量（Baker et al.，1991）。颗粒物捕集器收集的颗粒物中PAHs和PCBs的含量也高于表层水体颗粒物中的含量；因为颗粒物沉降过程中对发生了HOCs的活性吸附。一些研究认为，随着颗粒物的分解和沉降时间的延长，其吸附能力也增加（Koelmans et al.，1997）。实际上，波罗的海水体中PCBs的停留时间估计不足1年（Jonsson，2000）。实验室培养的浮游植物对HOCs的吸附实验也表明，经过一个月以上的培养也未能达到吸附平衡，因为藻类的生长速率快于其对HOCs的吸附速率（Swackhamer and Skoglund，1991，1993）。在切萨皮克湾，HOCs（PAHs和PCBs）在较短时间尺度的循环受再悬浮事件的控制，也在较低的程度上受生物颗粒的影响，而从更长时间尺度来看，控制HOCs循环的主要因素则是其与富含有机质的颗粒物结合并最终在沉积物中埋藏这些过程（Ko and Baker，1995）。

尽管在通过应用分子指标来确定HOCs中自然和人为来源的比例方面做了大量尝试（Yunker et al.，2002；Hellou et al.，2002），但特征的重叠使得来源的确定非常困难。也有研究采用单体化合物同位素分析技术（CSIA）（见第九章）以更好地识别人为来源的PAHs（O'Malley et al.，1994；Mazes and Budzinski，2001）。最近在加拿大圣劳伦斯河的研究发现，水样中不同PAHs的$\delta^{13}C$与采样点距铝厂的距离间存在很强的相关性（图15.6；Stark et al.，2003）。同样，CSIA在确定PCBs同系物的存在及类型方面也十分有用（Jarman et al.，1998；Drenzek et al.，2001；Yanik et al.，2003）。

HOCs在河口沉积物中的积累很大程度上取决于颗粒物的组成和反应活性以及短期的沉积和侵蚀动力学（Bopp et al.，1982；Olsen et al.，1993）。虽然HOCs与有机质在沉积前的结合是极其重要的（Karickhoff，1984），但沉积后HOC－有机质复合物也可能随成岩过程的改变而发生变化（Ber-

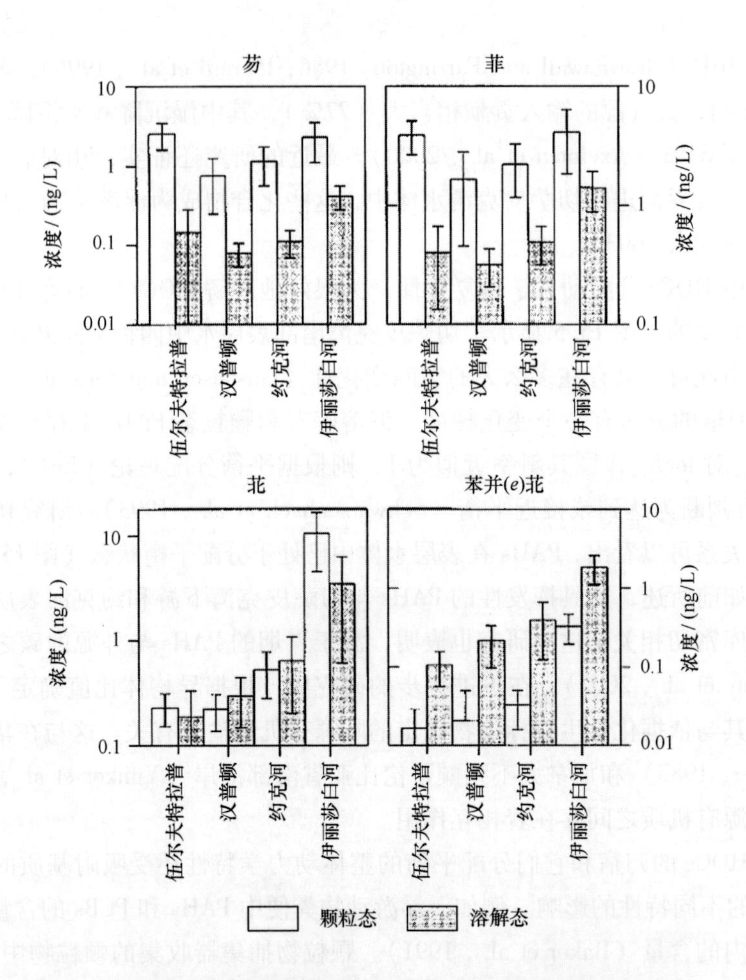


图 15.5 切萨皮克湾南部表层水中四种多环芳烃的颗粒态和溶解态组分的平均浓度（Gustafson and Dickhut，1997c）

原著该图中没有标出溶解态与颗粒态，本图为译者根据原始文献（Gustafson and Dickhut，1997c）重绘。——译者注

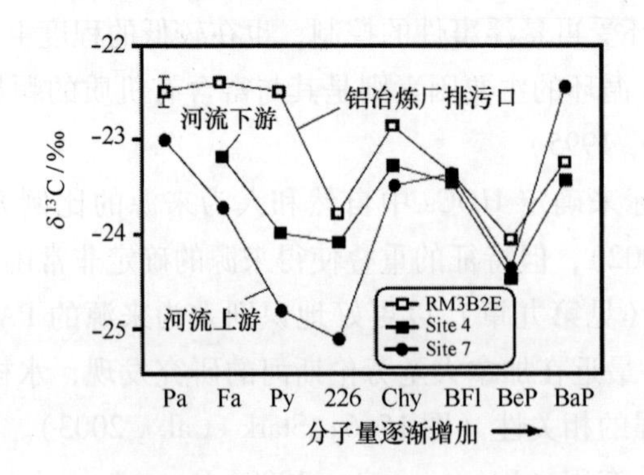


图 15.6 加拿大圣劳伦斯河河水中不同多环芳烃的 $\delta^{13}C$ 与采样点距铝冶炼厂距离之间的关系（Stark et al.，2003）

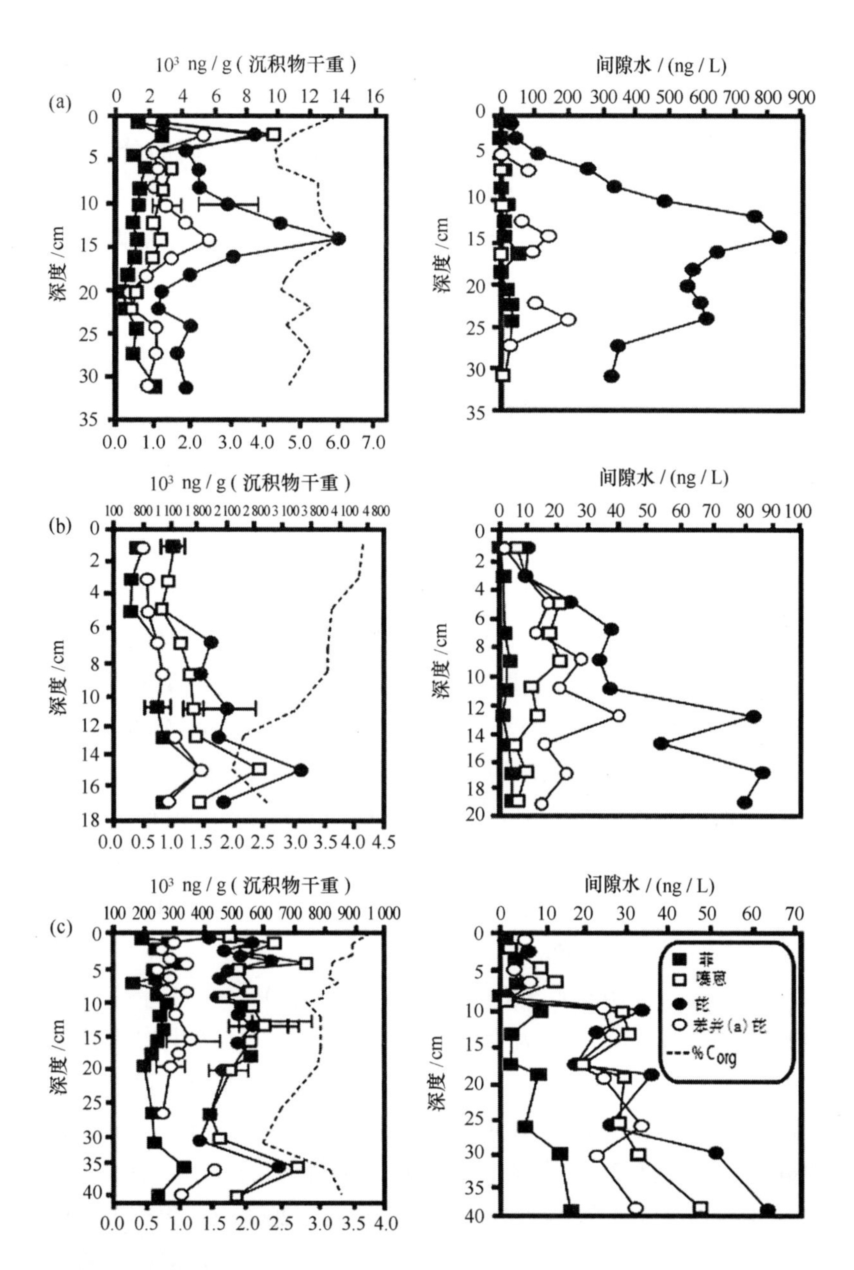


图 15.7　美国波士顿港沉积物和间隙水中多环芳烃的含量；a. 水前区港道（Fort Point channel），b. 斯佩克特尔岛（Spectacle Island），c. 佩多克斯岛（Peddocks Island）（McGroddy and Farrington, 1995）

ner, 1980；见第八章）。并且，这些复合物随时间可逆的程度也受有机质含量与组成的影响（Brownawall and Farrington, 1986）。另一项在河口的研究也表明，碳归一化的 PAHs 在沉积物 - 间隙水之间的分配（ $[K_{oc}]_{obs}$）很大程度上受沉积碳的组成（McGroddy et al. , 1996）及沉积物的沉积/再悬浮控制（Mitra et al. , 1999a, b）。这些类型的 PAHs 复合物连同许多其他的影响因素一起，使得天然体系中的吸附通常处于不平衡状态（Socha and Carpenter, 1987）。例如在美国波士顿港，沉积物和间隙水中 PAHs 的浓度之间存在明显的不平衡（图 15.7；McGroddy and Farrington, 1995），其主要原因是：（1）PAHs 在间隙水中发生快速生物降解，（2）PAHs 向上覆水体中迁移所产生的损失，（3）沉积物中 PAHs 的量不足以支持达到平衡。

研究发现，间隙水中胶体的存在会使 PCBs 在间隙水和沉积物之间的分配不平衡（Brownawall and Farrington, 1986）。尽管间隙水中许多 PCBs 是与胶体结合在一起的，但每一种氯代联苯的含量随深度而发生显著的变化却是由于微生物的降解所致。沉积后 PCBs 降解的两个主要途径是好氧和厌氧脱氯作用（Yanik et al., 2003）。在好氧降解过程中，PCBs 同系物被分解成氯苯甲酸（Williams and May, 1997），而在厌氧降解过程中，高氯化度同系物被转变成低氯化度同系物（Pulliam - Holoman et al., 1998）。这些沉积后的变化使得自沉积物中观测到的特征信号十分复杂，因此前面提到的源解析新技术（如 CSIA）就显得尤为重要。

同金属的情形相似，就有机物和 HOCs 结合对生物可利用性的影响存在相当大的争议。一些有关沉积物的研究结果表明，当 HOCs 与有机物结合时，底栖无脊椎动物对 HOCs 的吸收会增强（Kukkonen and Oikari, 1991；Haitzer et al., 1998）、降低（Landrum et al., 1985；Freidig et al., 1998）或观测不到明显的影响（Lores et al., 1993）。尤其是有机物中碳的功能性（如芳香烃）对生物可利用性也有重要影响（McCarthy et al., 1989；Chin et al., 1997；Haitzer et al., 1999）。底栖生物可以从沉积物和水体中吸收 HOCs，这取决于它们的进食方式（如食碎屑动物与滤食性动物）；这一因素在控制底栖生物对 PCBs 的生物积累方面相当重要（Burges and McKinney, 1999）。实际上，根据平衡分配法（EqP）可预测，与周围环境处于平衡的底栖生物会有一个稳态的 HOC 浓度（与其脂类储库有关），这一浓度与现场环境中间隙水的 HOC 浓度以及沉积有机碳含量处于平衡状态（Schwarzenbach et al., 1993）。在法国塞纳河口的研究表明，进食嗜好、浮游植物脂类含量和碎屑中有机质的含量是确定食物网中 PCBs 生物积累的最重要因素（Loizeau et al., 2001）。这种关系通常用生物 - 沉积物累积因子（BSAF）表示：

$$\mathrm{BSAF} = (C_{org}/f_{TLE})/(C_{sed}/f_{OC}) \tag{15.3}$$

其中，$C_{org}$为生物体中化合物的含量；$f_{TLE}$为生物体内脂类含量；$C_{sed}$为生物体摄食的沉积物中化合物的含量；$f_{OC}$为沉积物中有机碳的含量。如果平衡分配理论的假设成立，则 HOCs 的 BSAFs 与颗粒物及生物体的性质应当无关，而只会随着 HOC 疏水性的变化而变化（DiToro et al., 1991）。一些研究获得的 BSAFs 的范围列于表 15.2。近期在两个污染点进行的长时期的 BSAFs 观测研究表明，河口中 HOC 的生物积累不应当视为一个平衡过程（Mitra et al., 2000b）。得到这些结论是基于这样一个事实，即 POC 和 DOC 的质量（这决定着其营养价值和吸附能力）对河口中两种底栖无脊椎动物中 PAHs 的生物积累有显著影响。

**表 15.2　一些研究获得的生物 - 沉积物累积因子**　　单位：g OC/（g TLE）[①]

| 化合物 | 生物 | BSAFs | 参考文献[①] |
|---|---|---|---|
| 狄试剂 | 夹杂带丝蚓 | 约 0.25 ~ 2.5 | Standley, 1997 |
| PCBs（六氯到十氯） | 短刀小长臂虾 | 0.04 ~ 0.5 | Maruya and Lee, 1998 |
| $^{14}$C - 四氯联苯 | 蛇尾虫 | 1.1 ~ 4.4 | Gunnarsson et al., 1999 |
| PAHs（总量） | 小龙虾[a] | 0.01 ~ 0.1 | Thomann and Komlos, 1999 |
| PAHs（总量） | 黑龙江河蓝蛤 | 0.06 ~ 5.4 | Maruya et al., 1997 |

续表

| 化合物 | 生物 | BSAFs | 参考文献 |
|---|---|---|---|
| | 日本缀绵蛤 | 0.01 ~ 2.1 | |
| | 多毛类 | 0.4 ~ 2.0 | |
| $^{14}C$ - 邻菲咯啉，$^{3}H$ - 苯并芘 | 草虾 | 0.18 ~ 1.5 | Mitra et al., 2000b |
| $^{14}C$ - 邻菲咯啉，$^{3}H$ - 苯并芘 | 河口马珂蛤 | 0.13 ~ 1.7 | Mitra et al., 2000b |

[a] 文献中没有鉴定属或种（Mitra et al., 2000b）。

① g OC/（g TLE）指生物体中单位总脂提取物中的有机碳含量。——译者注

早期的研究表明，沉积物中的 PAHs 对底栖群落可产生显著的有害影响（Wakeham and Farrington, 1980；Bauer and Capone, 1985a, b；Bunch, 1987）。尤其是如盐沼这样的低能量环境特别容易富集高浓度的 PAHs（Little, 1987）。PAHs 具有易于和沉积物结合性以及存留时间长的特性，因此底栖微藻特别容易受 PAHs 的影响（Plante - Cuny et al., 1993；Carman et al., 1997）。然而在某些情况下，PAHs 对底栖微藻也会产生正面影响（Bennett et al., 2000）。例如在路易斯安那盐沼沉积物中，受到高浓度 PAHs 污染的沉积物中底栖微藻的丰度高于低污染沉积物中的丰度，这主要是由于含氮 PAHs 或自然地质聚合物的再矿化使得高污染站点沉积物中的间隙水提供了更多的底栖微藻所需的 $NH_4^+$（Bennett et al., 1999, 2000）。可能正是低分子量的 PAHs 提供了细菌所需的食物底物而促进了细菌周转，并因此增强了再矿化作用。由于海上/近岸广泛的钻探活动，美国路易斯安那河口沿岸沼泽已受到高浓度的石油烃污染（Long, 1992）。另一项研究发现，向采自路易斯安那的盐沼沉积物中加入烃类后进行实验室培养，可降解烃类的细菌丰度会提高（Nyman, 1999）。更确切地说，PAHs（例如菲）在路易斯安那沉积物中很容易发生细菌降解。与此类似，研究发现致癌性 PAHs 苯并［*a*］蒽可被沉积物中的细菌有效降解（Hinga et al., 1980）。总而言之，这些都说明这一地区的细菌群落已经适应了石油烃的长期暴露，这与沉积物中有机物和污染物降解作用的增强直接相关。

除了沉积物中 HOCs 和微生物种群间的相互作用外，有证据表明，污染物可影响底栖食物网的整个营养结构。如第八章所述，底栖微藻是许多底栖无脊椎动物的重要食物来源（Levinton and Bianchi, 1981；Levinton et al., 1984）。对前面谈到的路易斯安那沼泽沉积物的后续研究表明，沉积物受柴油污染后会引起底栖硅藻的爆发，主要是由于哲水蚤（*harpacticoid copepods*）对硅藻的摄食压力降低以及可利用的 DIN 量增加（Carman and Todaro, 1996；Carman et al., 1996, 2000）。图 15.8a 清楚地说明了这一现象，即在黑暗条件下由于藻类吸收受到限制，$NH_4^+$ 在间隙水中大量积累，而同样在黑暗条件下添加柴油后，$NH_4^+$ 含量达到了最高（Carman et al., 2000）；相应地，代表着底栖微藻生物量的叶绿素 *a* 含量在添加柴油后明显增加（图 15.8b）。PAHs 与颗粒态和溶解态有机物间的诸多联系会随着沉积物中成岩转化作用的变化而变化（Prahl and Carpenter, 1983）。尽管 PAHs 在沉积物中高度富集，将对底栖生物的生活史（Bridges et al., 1994）和免疫系统（Tahir et al., 1993）产生严重的毒性效应，但大型底栖生物也能够对 HOCs 的迁移和归宿产生显著影响。例如模拟试验显示，大型底栖动物在调节沉积物中 HOCs 的损失方面起着重要作用（Schaffner et al., 1997）。在波罗的海的研究也表明，大型底栖动物通过从沉积物中释放 HOCs 而在底栖 - 浮游耦合

中发挥着重要作用（Gunnarrson et al.，1999）。

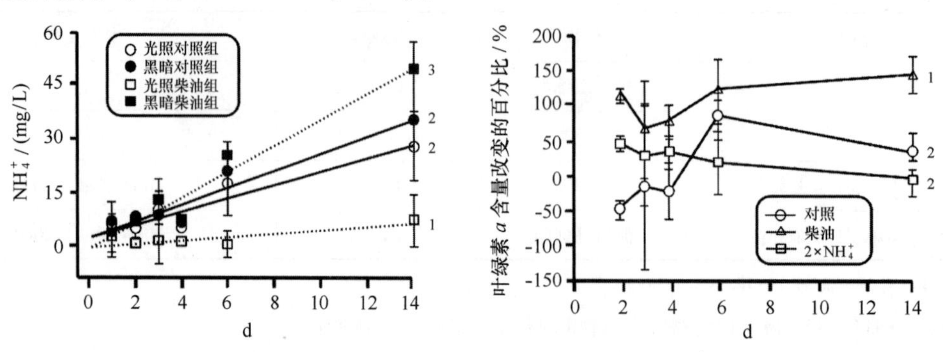


图 15.8　经过为期 14 天的围隔实验后：(a) 培养液中 $NH_4^+$ 的含量；(2) 叶绿素 $a$ 含量改变的百分比。对照组代表没有添加柴油燃料。每条线末端的数字表示明显不同的回归斜率（Carman et al.，2000）

## 第四节　营养盐输入和富营养化

在前面几章中，我们已经就营养盐输入的具体途径和形式以及与之相关的氮、磷、硫、硅的循环进行了讨论，因此本节将重点把富营养化作为一个大尺度过程进行讨论。Cloern（2001，第 224 页）将富营养化定义为“陆－海界面生态系统对人类活动引起的营养加富所产生的各种各样直接或间接的生物地球化学及生态响应”。这个新近的定义不会与湖泊富营养化定义相混淆；湖泊富营养化是指随着湖泊年龄的增长，逐步由贫营养转变为更富营养的状态，由此引起从湖泊到池塘、最终成为沼泽这样一种演替转变过程（Wetzel，2001）。当前，营养盐输入是河流和河口的最大问题（Nixon，1995；Conley et al.，2000；Rabalais and Tuner，2001；Conley et al.，2002；Howarth et al.，2002）。如前几章中所述，氮、磷是引起富营养化最重要的营养元素，其他元素如硅、有时还包括像铁、钼这样的微量营养元素也是潜在的限制性影响因素。根据美国国家海洋和大气管理局国家河口评价项目估计，所调查的 139 个河口中约 33% 存在富营养化征兆（图 1.3），而如果不采取措施改变这种状况，那么到 2020 年每三个河口中将有两个会受到营养盐过量输入的影响（Brick et al.，1999）。由于人口的持续增长，作为营养盐主要来源的化肥和化石燃料的使用量也会相应增加。研究表明，1960 至 1980 年期间，世界化肥消耗量、氮氧化物排放量（通过化石燃料燃烧）增加与近岸富营养化程度的历史数据之间存在密切关系，这支持了上述预测（图 15.9；Boesh，2002）。这个时期以前的历史变化也表明，从 17 世纪开始人类在切萨皮克湾河口流域的定居似乎就导致了河口排放物的增加，并在 19 世纪末达到高峰（Cooper and Brush，1991；Walker et al.，2000）。西欧的情形与此类似，伴随着该地区 N、P 由河流向近岸海域输送量的增加，19 世纪开始出现了富营养化迹象（Billen et al.，1999）。对富营养化进程的历史重建是基于运用多种古环境示踪方法对岩芯样品的研究（Zimmerman and Canuel，2000），下一节将对此进行详细讨论。

Cloern（2001）的一篇文章对过去 30 年来富营养化概念模型的发展进行了深入的分析总结，并针对未来管理中的问题提出了若干富有见地的解决方法。在 20 世纪 60 年代末，主要根据湖泊学方

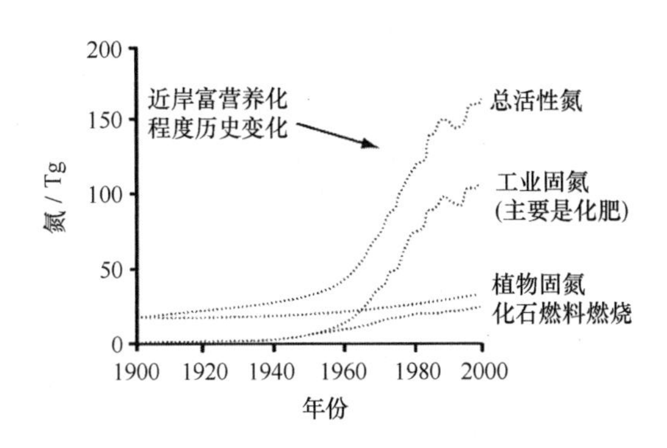


图 15.9　1900 年到 2000 年间世界化肥消耗量、氮氧化物排放量（通过化石燃料燃烧）增加与近岸富营养化程度历史数据之间的关系（Boesch, 2002）

法提出了第一代富营养化概念模型（阶段Ⅰ）（Vollenweider, 1976; Schindler, 1987）。这个模型强调营养盐负荷的大小，因为作为对营养盐输入的响应，浮游植物初级生产力和生物量会相应增加，增加多少与营养盐负荷的大小成比例。随后提出的新一代模型（阶段Ⅱ）则包含了更多的关于近岸富营养化的现代观点，同第一代模型相比，主要有以下几点进步：(1) 更全面地考虑了对营养盐输入的直接和间接响应；(2) 考虑了能作为“过滤器”以缓冲这类响应的系统特性；(3) 主要通过减少营养盐输入使河口系统得以修复的管理措施（Cloern, 2001）。第三代近岸富营养化概念模型（阶段Ⅲ）则着眼于未来的管理决策，该模型聚焦以下几个方面并取得了更深入地认识：(1) 能够对营养盐输入的响应产生缓冲作用的系统属性；(2) 营养盐输入如何与系统中其他压力相关联（假定营养盐输入仅仅是许多可能的压力之一）；(3) 近岸生态系统变化对全球的影响及其与人类食物供给的关系；(4) 在对近岸富营养化的科学认识更加全面深入的基础上，修复/恢复近岸生态系统可以采取的更大规模的管理计划（图 15.10；Cloern, 2001）。这个模型的构成在某种程度上与德国全球变化咨询委员会（GACGC, 2000, 第 23 页）最近提出的全球“综合症”的概念很相似，该委员会将全球“综合征”定义为“一种典型的人与环境间有问题的相互作用模式，其在世界范围存在并已在某些区域对人类社会产生破坏”。该方法已被应用于出现以下症状的河流：(1) 流量调节；(2) 河道片段化；(3) 泥沙不均衡；(4) 新的无流区（河流径流量急剧降低）；(5) 化学污染；(6) 酸化；(7) 富营养化；及 (8) 微生物污染（Meybeck, 2003）。富营养化概念模型和这种分类研究方法对促进区域和全球尺度上水生态系统的比较应当是十分有用的。

与近岸富营养化有关的一个令人感兴趣的问题是低氧（$O_2 < 2$ mg/L）事件的发生（Rabalais and Turner, 2001）。快速生长的浮游植物、底栖微型及大型藻类对营养盐增加的一个适应性响应便是导致沉积物中 $O_2$ 消耗的增加。更确切地说，是有机物供给的增加促进了底栖微生物的代谢加快，这使得营养盐的再矿化及释放速率更大、$O_2$ 消耗更多，还会引起沉积物化学的其他众多改变（如金属硫化物的积累）（Jørgensen, 1996）（详细情况见第十二章）。近年来缺氧和低氧区急剧扩大，其对浮游和底栖生物种类产生的生态后果是极为严重的（Stanley and Nixon, 1992; Diaz and Rosenberg, 1995; Cloern, 2001; Elmgren, 2001; Rabalais and Turner, 2001）。对墨西哥湾北部的数据进行初步分析表明，鱼类的生产、补充及种群健康尚未受到这一区域低氧的影响（Chesney and Baltz, 2001）；不过还需要更多的工作以确证这些早期的发现。对 14 个欧洲河口的研究结果表明，有些情况下，在富营养环境中的食浮游生物鱼类和底栖鱼类的渔获量要高于寡营养环境（De Leiva Moreno

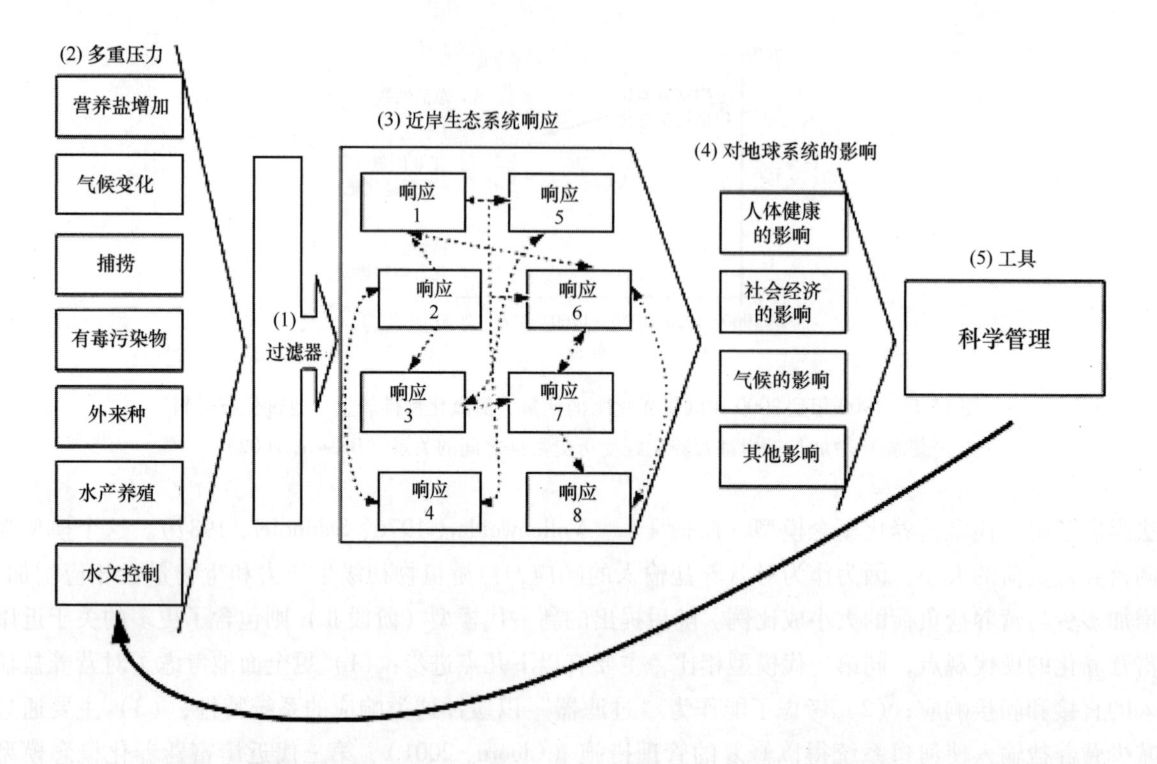


图 15.10 基于以下概念的富营养化概念模型：(1) 过滤器的属性；(2) 营养盐增加是许多压力中的一种；(3) 多重压力间存在复杂的联系；(4) 近岸环境变化会产生全球尺度的影响；(5) 将广义的富营养化概念应用于解决管理问题 (Cloem, 2001)

et al., 2000)。这可能是由于在这些"缺氧区"中富氧的、低氧的和缺氧的区域在空间上呈现马赛克式的镶嵌结构，其中的富氧水体中营养盐丰富，增加了可供鱼类捕食的饵料。取决于这些 $O_2$ 含量不同的多重区域的持续时间和空间变化，如果鱼类能在生产力较高的区域找到饵料又能够远离低氧区，那么富营养化的整体效应对这些鱼类而言就是正面的 (Breitburg, 2002)。现在在河口系统中"寻找"新的低氧区几乎达到了"流行"的程度，不过需要记住的一个重要事实是，$O_2$ 的溶解度随着季节温度的改变而改变，这也可以使水体中溶解氧的含量降低；令人遗憾的是，这一点在最近的一些研究中被忽视了。

尽管藻华的发生是一种自然现象，但过去几十年来有害藻华 (HABs) 在全球的扩张和发生频率的增加却提出了新的问题，即 HABs 可能与富营养化有关。HABs 有两种基本类型：一种是有毒种类，会导致海洋生物死亡及人类食用海产品中毒；另一种是无毒种类，可通过改变氧气的消耗、产生遮光效果及改变营养盐结构对环境产生消极影响 (Anderson et al., 2002)。通常在淡水湖泊中发现的很多有毒蓝藻水华与磷的增加有关 (Schindler, 1997)。与此类似，在河口系统 (如波罗的海) 中有毒蓝藻如泡沫节球藻 (*Nodularia spumigena*) 也与磷的增加有关 (Niemi, 1979; Kononen, 1992; Elmgren, 2001)。大部分近岸及河口 HABs 是微型鞭毛藻 [如亚历山大藻 (*Alexandrium* spp.)、鳍藻 (*Dinophysis* spp.)、裸甲藻 (*Gymnodinium* spp.)、费氏藻 (*Pfiesteria* spp.)] 引起的 (Anderson et al., 2002)。爆发的臭名昭著的甲藻 HABs 之一是高毒性的费氏藻引发的，主要发生在美国北卡罗来纳州的纽斯河、帕姆利科及纽河河口 (Burkholder et al., 1995, 1997; Glasgow et al., 2001)。这些生物具有在甲藻中发现的许多竞争适应性中的一种，能够利用混合营养或同时吸收无机和有机营养物质（Burkholder et al., 2001）。然而，除了营养盐之外，许多因素如天气条件、存在的藻类种类、水体冲刷存留时间、食植动物的存在和丰度、不同 HABs 种类在某一特定时间地点的不同演化结果等，这些对于决定赤潮是否爆发以及何时暴发都很重要。在美国缅因湾和西海岸北部，许多未受污染的水体中都发现了能产生麻痹性贝毒（PSP）的有毒亚历山大藻大量增殖，这不能用营养盐的增加来解释（Anderson et al., 2002）。因此，尽管在许多情况下将近岸系统中 HABs 的发生与营养盐增加紧密地联系起来尚存困难，但在许多其他系统中也已发现存在这种联系。例如在密西西比河口羽状流区对拟菱形藻（*Pseudo - nitzchia* spp.）的研究就是极好的例子，这项研究中的实验室培养实验和现场观测结果均表明，营养盐增加与 HABs 之间存在联系（Dortch et al., 1997, 2000）。

## 第五节　环境变化历史的重建

有机和无机磷、氮、碳及生源硅的沉积物纹层年代学被用于研究湖泊系统富营养化的长期趋势（Conley et al., 1993）。而且，诸如植物色素（见第九章）这样的化学生物标志物也被作为一种有用的反映湖泊系统浮游植物组合历史变化的古环境示踪剂，因为层化的沉积物为化学生物标志物提供了极好的保存环境（Watts and Maxwell, 1977）。沉积色素也已被用于古湖泊学的研究，以更好地理解细菌群落组成、营养水平、氧化还原条件、湖泊酸化及 UV 辐射水平的历史变化（Leavitt and Hodgson, 2001）。在河口系统，高度变化的物理条件、极端的空间梯度及生物扰动限制了这些技术的应用（Nixon, 1988）。尽管有这些限制，但过去的研究结果表明，在 20 世纪河口总有机碳（TOC）的保存量增加了（Cooper and Brush, 1993；Eadie et al., 1994；Gong and Hollander, 1997；Louchouarn et al., 1997；Bianchi et al., 2000c, 2002a；Tunnicliffe, 2000；Zimmerman and Canuel, 2000）。近期的一项在希默兰湾（波罗的海）的长期研究对生态数据（如浮游植物生物量和组成、营养盐、底栖生物）与沉积物纹层中保存的植物色素进行了比较。从 20 世纪 80 年代开始，一直在这个海湾监测城市污水和农田径流对近岸富营养化的影响（Elmgren and Larsson, 2001）。这项研究得出的基本结论是，尽管对冷冻岩芯采用了高分辨率的沉积物分层采样方法（每年一层），沉积物中保存的色素与浮游植物生物量之间并没有相关性（Bianchi et al., 2002a）。然而，当按较长时间间隔（5 年）对沉积色素数据进行平均时，硅藻生物量的年均值与岩芯样品中的岩藻黄素含量成正比（图 15.11）。这表明，在适宜的沉积物保存条件下（如存在纹层结构），植物色素可被用于示踪河口中浮游植物的历史变化。最近在四个欧洲河口的研究也表明，应用植物色素进行生态历史重建的可靠性变化很大（Reuss et al., 2005）。

许多年以来，波罗的海的富营养化问题一直是人们研究的课题（Fonselius, 1972；Cederwall and Elmgren, 1980；Larsson et al., 1985；HELCOM, 1993, 1996, 1998, 2001）。从 20 世纪 60 年代早期以来，沉积物纹层的增厚及沉积物中 TOC 含量的增加已被用作波罗的海近期富营养化的常用示踪剂（Jonsson et al., 1990）。实际上，从 1982 年以来（尤其是夏季），在波罗的海表层水体中就观察到了固氮蓝藻［大多是节球藻（*Nodularia* spp.）］大量聚集（Niemi, 1979；Kononen, 1992），这被认为是温暖的天气所致（Kahru et al., 1994；Kahru, 1997）。在澳大利亚的皮尔－哈维河口（Lenanton et al., 1985）也观察到了这种水华。而在波罗的海表层水体发生水华期间，也常出现束丝藻属

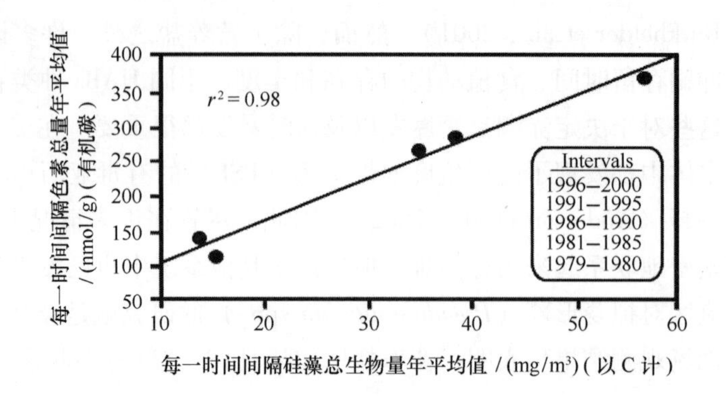


图 15.11 瑞典希默兰湾沉积物纹层中岩藻黄素含量与硅藻生物量的关系，均按 5 年一个时间间隔进行平均（Bianchi et al.，2002a）

(*Aphanizomenon*)（Wasmund，1997）。一些传闻的证据显示，在 19 世纪就曾爆发过大规模的蓝藻水华，那时还没有任何人为营养盐的输入（Lindström，1855）。不过值得注意的是，由于有关蓝藻水华的早期研究始于 20 世纪 60 年代这一现象变得相对常见之后，因此此前的有关营养盐输入和蓝藻水华的关系都只是推测（Finni et al.，2001）。近期应用类胡萝卜素（海胆烯酮、蓝藻叶黄素和玉米黄素）作为蓝藻的生物标志物对岩芯样品中这些色素垂直分布的研究表明，在 20 世纪 60 年代初泡沫节球藻和束丝藻水华就开始变得比较常见（Poutanen and Nikkila，2001）。这些色素数据还显示，蓝藻水华爆发时间早于 20 世纪 40 年代中期的可能性极小。这些研究结果都说明，藻华的发生在某种程度上与人为营养盐输入的增加有关，而在波罗的海，这种人为输入营养盐的增加也正是从 20 世纪 60 年代中期开始的（Finni et al.，2001）。

另有研究表明，波罗的海大型蓝藻水华可能是这一海域的自然特征，这种现象已经存在了几千年。例如，近期对蓝藻色素生物标志物及 $\delta^{15}N$ 在岩芯样品中垂向变化的研究证明，固氮藻水华的历史几乎与波罗的海的咸水相一样古老，这可追溯到距今 7000 年前，即波罗的海由最后一个淡水期（安希勒斯湖期）转变为最终的咸水期（滨螺海期）后不久（Bianchi et al.，2000c）。海水侵入安希勒斯湖源于海平面上升，由此形成了波罗的海南部的丹麦海峡和现在的波罗的海。富含磷的海水的涌入以及海水入侵形成的盐跃层使得沉积物在缺氧条件下释放出更多的磷，这些都增加了生物可利用磷的量，由此诱发了蓝藻水华的发生（Bianchi et al.，2000c；Vestman et al.，2003）。依据过渡期沉积物纹层中微体化石和自生矿物（如 $FeS_2$）的变化，也可追溯研究安希勒斯 - 滨螺分界（Andren and Sohlenius，1995；Sternbeck et al.，2000）。因此，当准备努力将波罗的海本身恢复到更加自然的状态时，需要考虑到多少年来藻类水华就已经在这一海域存在、甚至是波罗的海的一部分这个事实。

沉积物中的硅藻微体化石、TOC、黄铁矿化程度（DOP）及营养盐作为沉积示踪剂也被应用于研究切萨皮克湾流域环境的历史变化（Cooper and Brush，1991，1993）。在切萨皮克湾河口流域，始于 17 世纪的移民可能使得进入河口的排放物增加，并在 19 世纪末达到高峰（Cooper and Brush，1991；Walker et al.，2000）。营养盐输入的增加则可能始于 19 世纪末，并于 20 世纪初伴随着化肥的使用而急剧增加（Wines，1985；Cornwell et al.，1996）。实际上，早在 20 世纪 30 年代就有切萨皮克湾存在缺氧水体的记载（Newcomber et al.，1938）。近期的工作提供了与富营养化有关的缺氧事件发生的更加精确的年代学研究结果，表明切萨皮克湾中盐度区的环境在1934—1948年间发生了重大变化（Zimmerman and Canuel, 2000）。特别值得注意的是，源于浮游生物和微生物的有机物恰恰就在1934年以后开始增加（图15.12）。根据无机指标来判断，这个时间也与生产力（BSi和TOC）以及缺氧程度（AVS/NAVS，非酸挥发性硫化物）的增加相对应（Zimmerman and Canuel, 2000）。合成氮肥在20世纪40年代开始使用（Vitousek et al., 1997），上述这些变化也都与马里兰州以及整个美国无机化肥使用量的增加相对应（图15.12）。1975年以来，有机物增加了4~12倍，与之相伴随的是，N和P的输入分别增加了5~8倍和13~24倍（Boynton et al., 1995）。

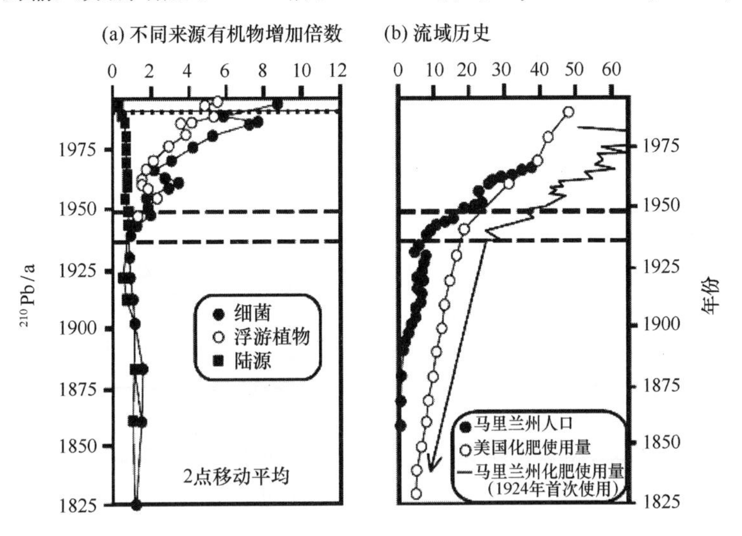


图15.12　(a) 切萨皮克湾岩芯样品中源于浮游植物、细菌及陆源输入的有机物增加的倍数；(b) 美国化肥使用量（$\times10^6$ t/a）、马里兰州化肥使用量（$\times6\,000$ t/a）及人口增长的历史纪录（Zimmerman and Canuel, 2000）

在大西洋西岸，最大的沿岸缺氧区之一位于墨西哥湾北部（Rabalais and Turner, 2001）。尽管通过密西西比－阿查法拉亚河流系统输入的营养盐增加被认为是导致该水域缺氧事件发生的主要原因（Turner and Rabalais, 1994），但是与这些事件有关的具体机制仍然不清楚。例如，由于缺乏该水域氧的长期观测数据，因此尚不清楚缺氧事件是否在密西西比河人为营养盐的输入之前就已经发生过。一些研究显示，50年前当密西西比河向路易斯安那沿岸输入的营养盐增加时，沉积物岩芯样品中酸挥发性硫化物（AVS）的含量开始增加（Morse and Rowe, 1999）。在路易斯安那沿岸陆架沉积物中应用底栖有孔虫微体化石指示过去的氧化还原条件，研究结果也支持上述观测事实（Sen Gupta et al., 1981, 1996; Sen Gupta and Machain－Castillo, 1993; Osterman et al., 2005）。Rabalais et al.（1996）这一研究显示，20世纪50年代以来发生严重缺氧事件期间，耐受低氧的有孔虫种类帕金森卷转虫（*Ammonia parkinsonniana*）的丰度超过了希望虫（*Elphidium*），仅次于另一种已知的耐低氧有孔虫先科虫（*Fursenkoina*）的丰度。运用岩芯样品中色素生物标志物的含量分布开展的一些更新的研究发现，不产氧光合细菌－棕色的绿硫细菌［如褐弧状绿菌（*Chlorobium phaeovibroides*）和褐杆状绿菌（*C. phaeobacteroides*）］在路易斯安那沿岸的出现与营养盐输入的增加有关（Chen et al., 2001）。这些绿菌属的种类都以细菌叶绿素*e*作为主要的光合叶绿素（Gloe et al., 1975）。除了需要光照以外，它们的生长还需要还原性硫化物（$H_2S$、SO），因此这些绿硫细菌通常存在于能同时满足这两种条件的水体中。通常在浅水湖泊水体（Fry，1986）和水较深的低氧海盆（如黑海）（Repeta，1993）中，褐杆状绿菌（*C. phaeobacteroides*）会大量繁殖，因为在这些地方，缺氧沉积物中产生的 $H_2S$ 可渗透进入底层水体中。沉积物岩芯样品中细菌叶绿素 *e* 同系物和更为稳定的细菌脱镁叶绿素 *e* 的垂直分布均显示，1960 年至今这一个时期的含量最高（图 15.13；Chen et al.，2001）。而这个时期与密西西比河营养盐输入的增加恰相吻合。所有这些研究都说明，低氧底层水体在路易斯安那陆架至少已存在了 40 年。

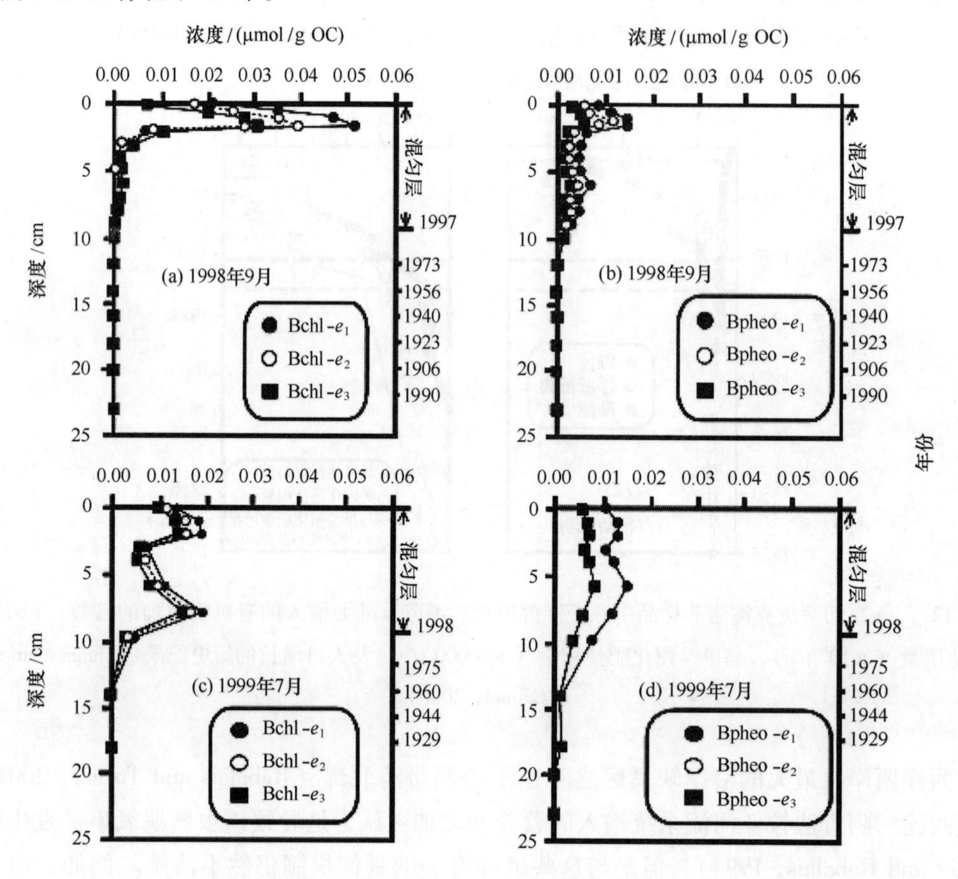


图 15.13　1998 年和 1999 年，采自路易斯安那陆架低氧区的沉积物中细菌叶绿素 - *e* 同系物和更加稳定的细菌脱镁叶绿素 - *e* 的垂向分布（Chen et al.，2001）

稀土元素（REEs）是另外一组用于重建河口及近岸系统人为输入历史变化的元素。这些在元素周期表中从镧到镥的元素具有相似的电子构型，因而具有相似的物理和化学性质（Henderson，1984）。通常将稀土元素分为轻稀土元素（LREEs）（从镧到钐）和重稀土元素（HREEs）（从钆到镥）两类（Henderson，1984）。用作裂解催化剂（指用于裂解复杂物质的催化剂，特别是指用于将石油裂解成更小分子以提取诸如汽油这一类低沸点组分的催化剂）原料的主要稀土矿物是独居石和氟碳铈矿，与页岩相比，这两种矿物更富含 LREEs（Olmez et al.，1991）。尽管称为稀土，但许多情况下它们在近岸沉积物中的含量却比痕量金属要高。由于稀土元素被用于沸石中以改进汽油和燃油生产中的流化催化裂解过程，其使用量从 20 世纪 50 年代开始增加。对稀土元素需求的增长持续到 20 世纪 70 年代，但是到 20 世纪 80 年代加铅汽油开始使用时，对稀土元素的需求又降低了

（Olmez and Gordon, 1985）。Olmez and Goron（1985）和 Kitto 等（1992）首先发现源自炼油厂排放和废弃物（如煤灰）的 LREEs 信号增强了，随后在加利福尼亚沿岸离岸更远的沉积物中也观察到了 LREEs 含量的增加（Olmez et al., 1992）。因此，如同应用脉冲式输入的放射性核素（如$^{137}Cs$）（见第七章）一样，LREEs 输入的历史变化也可用于确定一些人为输入的年代。值得注意的是，最近在美国萨宾－内奇斯运河河口的一项研究表明，这里形成于 20 世纪 60 年代到 70 年代的沉积物中，LREEs 的含量并没有像预期的那样增加（Ravichandran, 1996）。这个河口位于美国炼油最发达的地区之一，是一个高度工业化的区域；因此人们预计这个河口的沉积物中 REEs 的含量应该很高。该河口中的 REEs 并未有效地向沉积物中转移，这很可能与工业废水中的 DOC 和 REEs 之间很强的络合作用有关，这些络合物随后会被冲刷出河口。其他一些研究表明，该河口的确具有 DOC 含量高、水力存留时间短的特征，这支持了上述观点（Ravichandran et al., 1995a, b; Bianchi et al., 1996）。不过应当指出的是，正常情况下 REEs 通过河口混合过程从水体中去除（Sholkovitz, 1993, 1995），但在如此高浓度 DOC 条件下，其输运机制实际上也改变了。

## 本章小结

1. 到 2025 年，预计全世界将有 75% 的人口（63 亿）居住在沿海地区，因此在未来几十年里对水产资源的需求将会进一步增加。

2. 世界范围内外来物种的入侵改变了很多生态系统的群落组成和结构。

3. 人类侵占近岸系统的后果是污染物负荷的急剧增加，如痕量金属、疏水性有机污染物（HOCs，如烃类、氯代烃类）和营养盐输入的快速增长。

4. 除了通过现场存在的生物来源前体化合物快速转化过程产生 PAHs 外，人类活动和自然燃烧过程也都会产生 PAHs。

5. 一些最常见的重金属的人为来源有采矿、冶炼、精炼、电镀、发电站、汽车尾气、污水污泥、污水污泥、疏浚泥、粉煤灰和防污油漆等。

6. 研究表明，由于天然配体可键合金属并降低游离态金属浓度，因此有机质的存在可降低金属的毒性。游离离子活度模型认为，游离金属离子（相对于总金属离子浓度）是生物可利用的主要形态，并假定胶体络合态金属具有较低的生物可利用性。

7. 由于胶体物质具有亲水和亲脂双重特性，因此可透过膜表面，而透过脂类可能是金属吸收的一个重要机制。

8. 生物配体模型（BLM）被用于表述一种特征位点，在这种特征位点上，当通过金属－生物配体作用积累的金属浓度达到一个临界值时，会对受体生物产生急性毒性效应；对鱼类而言，这种特征位点就位于鱼鳃上。本质上讲，生物配体模型就是在考虑水环境中其他竞争反应的基础上来预测金属与生物配体的相互作用。

9. 当研究固－液相吸附作用时，溶解态的中性 HOC（NHOC）被称作“溶质”，当其同固体（吸附剂）表面接触时称为吸附质。

10. 就 HOCs 而言，根据其在水中的溶解度（$S$）或辛醇/水分配系数（$K_{ow}$）建立方程，即可确定这类化合物在有机碳和水之间分配系数（$K_{oc}$）。

11. 限制化合物在溶液中溶解的因素可能会增加其分配到颗粒物上的量；盐析效应就是这种过程的一个例子。随着溶液中固体物质溶解量的增加将发生盐析效应，这可改变 NHOCs 的溶解度。

12. 应用一些特定的比值可判别 PAHs 的来源，例如，可通过总甲基菲与菲的比值来判别热解或石油污染产生的 PAHs。也可采用单体化合物同位素分析技术（CSIA）以更好地识别人为来源的 PAHs。

13. Cloern（2001，第 224 页）将富营养化定义为“陆 - 海界面生态系统对人类活动引起的营养加富所产生的各种各样直接或间接的生物地球化学及生态响应”。当前，营养盐输入是河流和河口中存在的最大问题。

14. 近年来，缺氧和低氧区急剧扩大，这对浮游和底栖生物种类产生了严重的生态后果。

15. 除了营养盐之外，许多因素如天气条件、存在的藻类种类、水体冲刷停留时间、食植动物的存在和丰度、不同 HABs 种类在某一特定时间和地点的不同演替结果等等，这些对于决定赤潮是否暴发以及何时暴发都很重要。

16. 有机和无机磷、氮、碳及生源硅的沉积物纹层年代学被用于研究湖泊系统富营养化的长期趋势。沉积色素也已被用于古湖泊学及河口研究中，以更好地理解细菌群落组成、营养水平、氧化还原条件、湖泊酸化及 UV 辐射水平的历史变化。

17. 稀土元素（REEs）是另外一组用于重建河口及近岸系统人为输入历史变化的元素。

# 第七篇　河口的全球影响

# 第十六章　河口－近海相互作用

## 第一节　河流、河口和近海

近海是河流、河口、海洋、陆地及大气交互作用的一个动态区域（Walsh，1988；antoura et al.，1991；Alongi，1988；Wollast，1998）。全球海岸线估计超过35 000千米，通常将从高潮线到陆架坡折处的区域称为近海（图16.1；Alongi，1998），其约占全球海洋面积的7%（$26\times10^6$ $km^2$）（Gattuso et al.，1998）。尽管面积相对较小，但这一高生产力区域（占全球海洋全部净初级生产力的30%）支持了全球渔获量的90%之多（Holligan，1992）。近些年来，由于认识到近海在全球的重要性，一些国家及国际计划相继出台，例如，作为国际地圈生物圈计划（IGBP）核心计划的海岸带陆海相互作用（LOICZ）（Pernetta and Milliman，1995）、欧盟近海核心计划（欧盟陆海相互作用研究，ELOISE）（Cadée et al.，1994）、美国陆架边缘交换过程计划（SEEP Ⅰ和SEEP Ⅱ）（Walsh et al.，1988；Anderson et al.，1994）、近海海洋过程计划（CoOP）、边缘海计划（OMP）、陆地—边缘海生态系统研究（LMER）等等。其中，实施SEEP Ⅰ及SEEP Ⅱ旨在验证Walsh等（1985）的假说，即人类活动引起的输入近海的营养盐负荷的增加会促进近岸水体中新生产力的离岸输出，从而增加有机质在陆架边缘海的埋藏。尽管离岸输出及埋藏增加的假说在美国东海岸的某些区域是成立的，但别的区域更多的是有机质沿陆架的输运（Walsh，1994）。更近期的边缘海计划（OMP）重新审视了SEEP Ⅰ及SEEP Ⅱ的目标，发现在北卡莱罗纳陆架斜坡上部沉积物中积累的有机质仅占该区域整个陆架边缘总初级生产的不到1%（DeMaster et al.，2002）。近岸水体中生产的有机物是否以及有多少会发生离岸输出最终取决于很多因素。一些边缘海接收从河口线源①（由许多河口组成的体系）输入的陆源物质，受河流的直接影响很少；而其他一些如三角洲这样的区域则会接收来自河流的大量直接输入；这些差异会对陆源物质再循环的量（再循环在陆源物质进入近岸水域之前就已经开始）以及这些颗粒态和溶解态物质如何被输送到外海产生重大影响。

全球25条大河输送入海的淡水及颗粒物的通量占全球所有河流入海通量的近40%（Milliman and Meade，1983；Meade，1996）（见表4.2和4.3）。据估计，河流每年向边缘海输送的泥沙量为20 Pg（$1Pg=10^{15}g=10$亿吨）（Meybeck，1982；Meade，1996），其携带的POC的量约为0.21 Pg（Hedges and Keil，1995；McKee et al.，2004）。全球河流输入海洋的DOC通量约为（0.25～0.36）Pg/a（Meybeck，1982；Degens et al.，1991；Aitkenhead and McDowell，2000）。对磷和氮而言，每年输入海洋的磷约0.02 Pg，其中91%是以颗粒态形式入海的（Berner and Berner，1996；Compton et al.，2000）；与之相似，入海总氮中约50%以颗粒态形式存在，不过不同河流系统中颗粒氮占总

---

① 线源是指无数个等强度或不等强度的点源所组成的线。——译者注

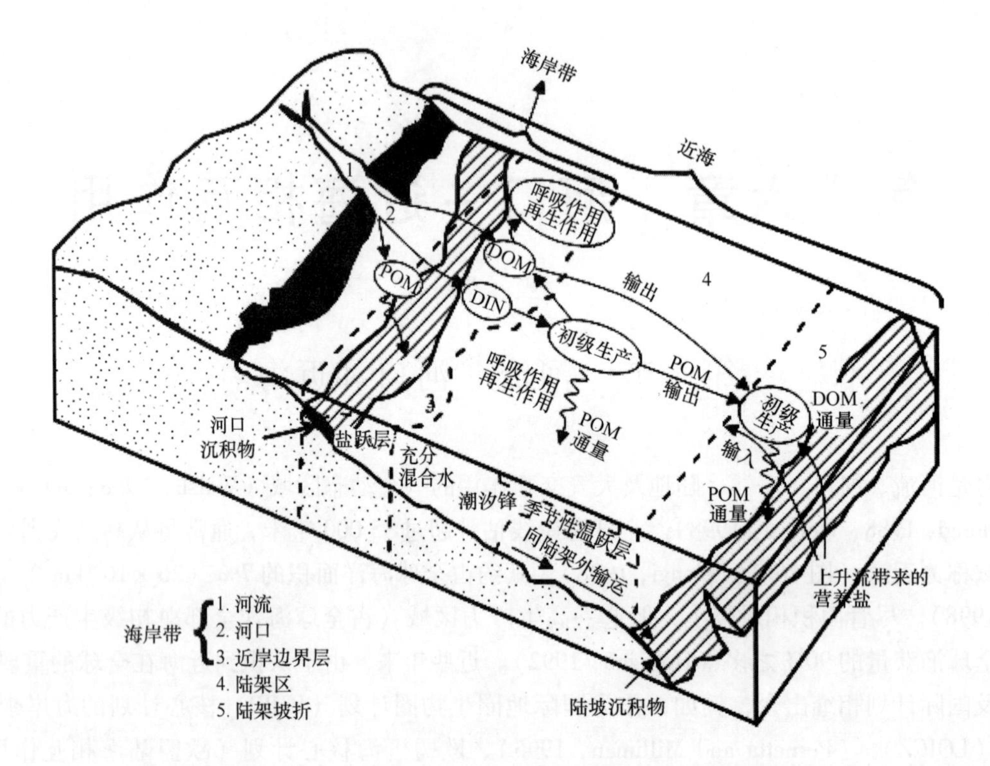


图 16.1　近海的组成和一些联系陆海交互作用的关键生物地球化学过程示意图（Alongi，1998）

氮的比例变化很大（40% ~86%）（Mayer et al.，1998）。世界范围内溶解态无机营养盐（氮和磷）的入海通量已经增加了 2 倍以上（Meybeck，1998）。与其相反，溶解态硅（硅酸盐）等其他溶解态营养盐在近海的含量则降低了（Conley et al.，1993）。这是由于氮和磷输入的增加促进了硅藻生长，从而使更多的 DSi 被从水体中移除，同时生物硅从水柱向沉积物中沉降的通量也增加了（Billen et al.，1991；Ittekkot et al.，2000）。生物活性元素相对丰度的选择性变化也会导致 Redfield 比值的变化，在某些情况下这将使近海浮游植物的组成和丰度发生重大转变（Dortch and Whitledge，1992；Turner and Rabalais，1994；Nelson and Dortch，1996）。近海在全球碳收支计算中被忽视了，近期的研究表明，陆架区实际上可能是 $CO_2$ 的汇，其通量为 -0.95 Pg/a（以 C 计），被称作“陆架泵”（Tsunogai et al.，1999）。与此不同，其他一些研究发现，在以沼泽为主的河口区异养活动促进了 $CO_2$ 向大气的释放（Cai et al.，2003；Wang and Cai，2004）。尽管存在这些差异，近海仍然是全球碳转移的活跃区域，显然需要进一步的研究。

河口是河流与近海之间的重要界面，输入到河口中的陆源物质在进入近岸海域之前会被显著地改造和再循环。与河流直接输入大型三角洲的情况不同，在河口中，水文作用显著降低，水体存留时间延长，这会使输入的物质发生更多的再循环（Wollast，1983）。例如，河口最大混浊带（ETM，见第六章）能显著增加河流输入的颗粒物在河口的存留时间。事实上，很大一部分来自陆地的颗粒物在河口被捕获而永远不会到达陆架区。不过不同地区的河口其输出特性变化很大。根据模型对北大西洋海盆沿岸河口反硝化作用随纬度分布的预测可知，约 50% 的反硝化作用发生在高纬度河口［图 16.2（a）；Seitzinger，2000］。高纬度河口氮输出实际上随着纬度升高在减少，因为热带地区的大河（如亚马孙河）有 70% 的 TN 可以绕过河口而直接被输送入海（图 16.2b）。如在第十、第十

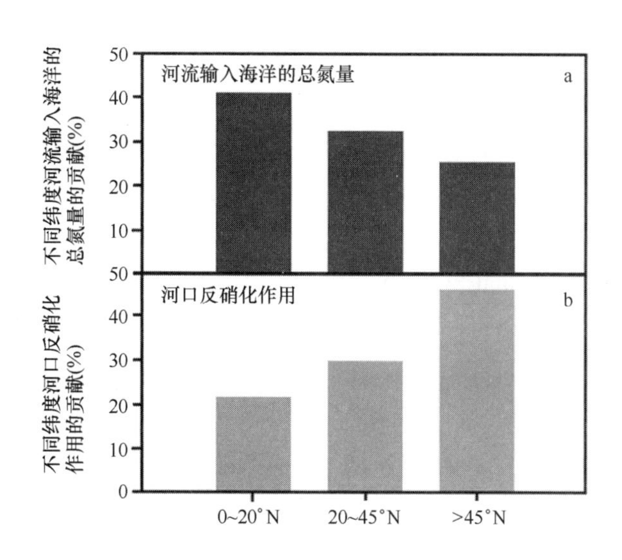


图 16.2 模型预测的北大西洋海盆（a）河流输入海洋的总氮量，（b）河口反硝化作用随纬度变化的分布（Seitzinger，2000）

一及第十三章中所讨论的，北大西洋海盆高纬度河口氮、磷和碳的归宿在很大程度上取决于这些元素在河口中的存留时间，其通常要比大河系统长很多（Boynton et al.，1995；Nixon et al.，1995，1996）。这一点在大河系统尤其明显，如密西西比河接受了大量人类活动输入的营养盐，导致海域富营养化和缺氧事件的发生（Rabalais and Turner，2001）。

近年来，河口在海岸带 $CO_2$ 交换中的作用受到广泛关注（Gattuso et al.，1998；Cai et al.，2004；Borges，2005）。但河口的作用依然存在很大的不确定性，其部分原因是河口边界的界定问题。在第二章曾经提到，很多三角洲河口的边界延伸到海岸线以外，水体中生物地球化学变化确定了“延伸的河口”的实际边界。Ketchum（1983，第3页）首次定义河口的外延区为“浮于密度更大的近岸海水之上的淡水羽状流，可从地理意义上的河口口门向外延伸数英里”。将高纬度地区近海海域 $CO_2$ 的吸收考虑在内，全球海洋吸收的 $CO_2$ 总量增加了57%［从－1.56 Pg/a（以C计）增加到－1.93 Pg/a（以C计）］（Borges，2005）。尽管尚未获得河口外延部分对全球 $CO_2$ 通量贡献的估计值，但就河口内的贡献而言，如果假定该区域 $CO_2$ 的50%来自于河流POC再矿化的贡献（Abril et al.，2002），则全球河口内区域的贡献约为0.09 Pg/a（以C计）（Abril and Borges，2004）。在河口系统，邻近湿地和人为源输入的总有机碳（TOC）和DIC比河流的输入更重要（Cai and Wang，1998；Neubauer and Anderson，2003）。例如在热带及亚热带河口，红树林输出的碳对近海 $CO_2$ 的释放有显著贡献（Borges et al.，2005）。

## 第二节 大河影响下的陆架边缘海

大河影响下的陆架边缘海（RiOMars）是一个既接收陆源又接收海源有机碳输入的动态多变的区域。RiOMars对全球有机碳埋藏的重要性（Hedges and Keil，1995）在于，在这些河流控制区域存在着巨大的物质通量（Dagg et al.，2004；McKee et al.，2004）（也可参见美国国家科学基金网：

http://www. tulane. edu/ ~riomar)。在这些环境中，来自陆地的主要源自维管植物的有机物的输入十分显著（Hedges and Parker, 1976; Hedges and Ertel, 1982; Hedges, 1992），同时，河流径流携带的大量营养盐输入也使得这些海域具有很高的海洋初级生产力（Lohrenz et al., 1990, 1994, 1997, 1999; Turner and Rabalais, 1991; Redalje et al., 1994; Hedges and Keil, 1995）。不过值得一提的是，尽管大河在有机质输送和陆海关联中起重要作用，但全球入海泥沙的40% ~70%却是由更多的小的山区河流输送的（Milliman and Syvitski, 1992）。对有机碳进行质量平衡计算可以发现，大部分自外部输入海洋的有机碳并没有保存在海洋沉积物中（Hedges, 1992）。近期的研究指出，大部分有机碳在近岸海域发生了再矿化，但再矿化的机制还很不清楚（Aller, 1998）。近岸海域有机碳的来源具有高度的时空变化性、有机碳经历着水动力分选（Bianchi et al., 2002b）以及沉积机制多样且有机碳的再矿化速率各不相同，这些都是对再矿化机制缺乏了解的重要原因（Aller, 1998; McKee et al., 2004）。岩生及生源颗粒通过河流和河口被输送到近海的过程中要经历很多动力学过程（如聚集、絮凝和解吸），因此会在陆架产生很大的生物地球化学梯度（Dagg et al., 2004）。在这些河口/河流羽状流区，时空动态变化很大，这主要取决于淡水强迫作用状况——即取决于淡水是来自河口的直接输入（如三角洲区域），还是来自于一系列空间上十分接近的小河口组成的“线源”的间接输入。风力、河流流量、温度及太阳辐射的季节变化是影响羽状流区动力变化的重要物理控制变量。随着颗粒物在羽状流区“上游”的沉降，中盐度区的透光度将增加，从而使得羽状流区“下游”的初级生产力升高（Dagg et al., 2004）。透光度的增加不仅使初级生产力增加，而且使浮游细菌的生产也增加了，其通过微食物环影响到正常的营养级联，导致释放出更多的溶解态无机营养盐和DOM。河流流量的季节变化会使羽状流区生产力峰区的位置发生移动。例如，与1990年7月河流低流量时期相比，1991年3月高流量时，密西西比河羽状流区的生产力高值区被推到离岸更远的高盐度区（图16.3; Lohrenz et al., 1999; Dagg et al., 2004）。高光照也促进了羽状流区中盐度区DOM的光化学过程（Kieber et al., 1990; Miller and Zepp, 1995; Benner and Opsahl, 2001）。如第八章所述，羽状流区中河流输入的有色溶解有机物（CDOM）由于近岸海水的稀释及光化学漂白作用而发生了显著改变。

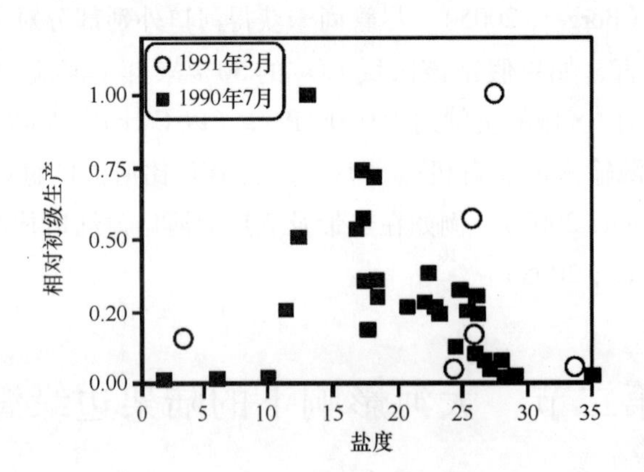


图16.3　1990年7月和1991年3月密西西比河流羽状流区初级生产与盐度的关系（Lohrenz et al., 1999）

河流/河口羽状流区颗粒物的高垂直通量会使颗粒物在水体底部大量积累，从而形成底边界层（BBL）和/或移动泥及浮泥（详见第六章）。Boudreau 和 Jørgensen（2001，第 1 页）将底边界层定义为“其性质和过程直接受到沉积物－水界面影响的那部分沉积物和水体”。移动泥一般出现在 RiOMars 的河口下游（盐楔区），毗邻陆架，这个区域的成岩转化过程通常会增强（Aller，1998；Chen et al.，2003a，b；McKee et al.，2004）。浮泥的存在也可能会增加物质穿越陆架边缘的输运。例如，在一年中的某些时间，在来自河流的有机碳由美国阿查法拉亚湾河口向路易斯安那陆架输运过程中，浮泥发挥了重要作用（Allison et al.，2001；Gordon et al.，2001；Gordon and Goňi，2003）。

在边缘海中被埋藏的有机碳中约 50% 埋藏在三角洲海域（Berner，1989；Hedges and Keil，1995）。取决于人为输入的营养盐的量以及流域的地质状况，这些海域的有机物有多种来源，通常是包含有河流输送的陆源物质和新的初级生产过程产生的很不稳定的有机物的混合物（Blair et al.，2003，2004）。据估计，尽管每年有 0.10 Pg 老的有机碳（如干酪根）在边缘海被氧化（Hedges，1992；Berner，2004），但也有相当量的有机碳（0.08 Pg/a）逃过氧化（Meybeck，1993）并被输送到全球大洋。最近的估计则是每年有 0.04 Pg 的老有机碳被输送到全球大洋（Blair et al.，2003）。如第八和九章所述，有机碳在边缘海的保存主要取决于生产力、底层水中氧的含量、沉积物堆积速率、有机物的特性和混合速率（Hedges and Keil，1995）。同样，矿物基质通过和有机物的结合而产生的对有机物的保护作用（Mayer，1994a，b；Keil et al.，1997），也对控制边缘海有机碳的埋藏效率具有重要作用。与此相反，当沉积物上的这些陆源物质由于氧化作用被去除时，更不稳定的海洋有机碳会被吸附在黏土组分上（Blair et al.，2003，2004）。

在边缘海，海洋有机碳取代陆源有机碳的情况在不同的海域差别很大。以美国鳗鱼河与南美亚马孙河为例，对比这两条河流可以很好地说明，储存和搬运时间对输送到陆架边缘海的 POC 的组成相当重要（Blair et al.，2004）。在鳗鱼河系统，流域里发生的滑坡作用（mass wasting）输送了来自基岩和土壤中的维管植物（$\delta^{13}C$ 的亏损指示这一点），其在向近海的输送过程中只发生很微小的改变［图 16.4(a)；Blair et al.，2003］。这些物质随着洪水沉积被快速埋藏；同时离岸沉积物中有机碳的年龄随之增加，恰反映了古老有机碳（干酪根）输入。老有机碳只发生最微小的变化即在离岸海域快速埋藏，这在短源河流和活动大陆边缘会聚的海域是十分典型的，在那里一年中的输入都是“闪现式”的或暂时性的极端事件。另一方面，亚马孙河具有更广大的流域，有机碳在低地土壤中有大量的储存及处理时间，这使得有机碳在被沉积和埋藏于陆架边缘前有足够的时间发生特性的改变［图 16.4(b)］。由于来源于表层土壤和海洋有机碳，这些物质的年代也并不古老。因此，尽管亚马孙河口和鳗鱼河口这两个河口系统都被认为是大河影响下的陆架边缘海，但由于亚马孙河口的存留时间更长，所以陆源有机碳在其中所发生的改变比在鳗鱼河口中要大。

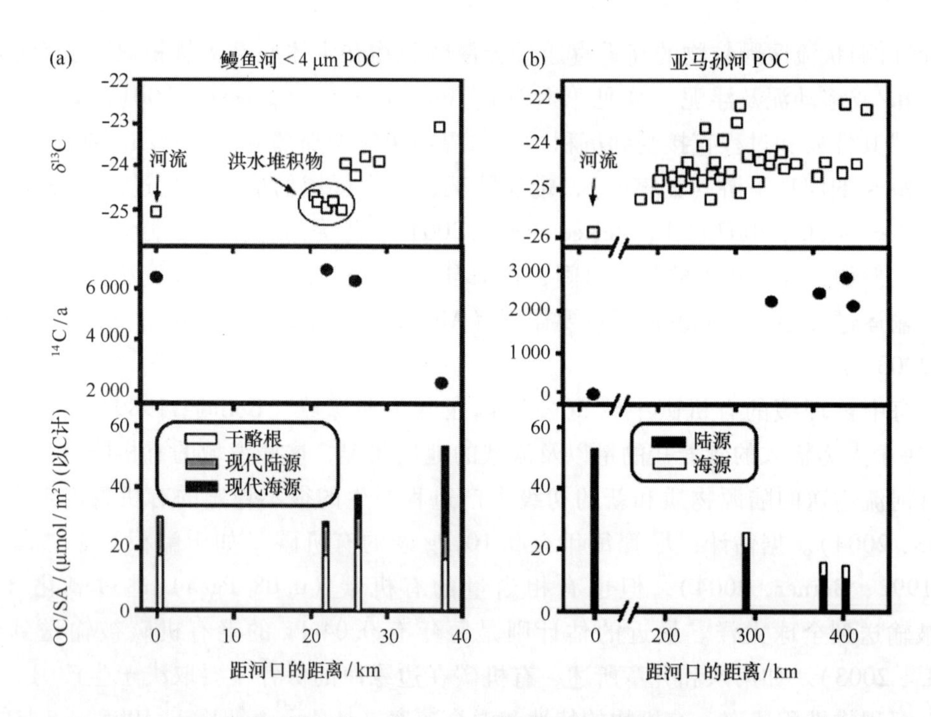


图 16.4 采集自（a）鳗鱼河（美国）和（b）亚马孙河的 POC 特征［$\delta^{13}C$、$^{14}C$ 年龄、有机碳（OC）/表面积比值］对比。在鳗鱼河，河流颗粒物携带的干酪根进入近海后损失很小，海源有机碳不断吸附在这些颗粒物上是颗粒物的年代随离岸距离的增加而逐渐降低的主要原因。与此不同，在亚马孙陆架海域，由于颗粒物在近海选择性地失去“年轻”的不稳定陆源有机碳，而海源有机碳并没有完全补充到颗粒物上，因此这些颗粒物的年龄随离岸距离的增加而增加（Blair et al.，2004）

# 第三节 地下水向近海的输入

近年来，海底地下水排放（SGD）引起了相当的关注，这主要是由于在向近海输送物质通量方面其具有潜在的重要性（Bokuniewicz et al.，2003；Burnett et al.，2003；Moore et al.，2003；McKenna and Martin，2004）。如第三章所述，Burnett et al.（2003，第 6 页）最近将海底地下水排放定义为“在陆架边缘上所有自海底输入近海的水体，无论输入流体的组成或驱动力是什么”（图 16.5）。如图所示，SGD 的主要动力是对流、水力水头、潮汐泵及波浪引起的水量增减。穿越海底的淡水流可以称为 SGD，这是穿过海底的排放流，而穿过海底补充回去的水流称为海底地下水补给（SGR）；净排放为 SGD 与 SGR 之间的差值（图 16.5）。沉积物中通过这些过程所替换的水称作海底间隙水交换（SPE）。生物扰灌（bioirrigation）、波浪和潮汐泵以及对流作用引起的 SGD 作用于富含营养盐的间隙水，由此增强了 SGD 在河口中的作用（Martin et al.，2004）。实际上，在美国印第安河潟湖，间隙水对流输运占总 SGD 的高达 80%（Cable et al.，2004）。就全球范围而言，假设全球河流的平均径流量为 37 500 $km^3/a$，则 SGD 约为全球河流流量的 0.3% ~ 16%（Burnett et al.，2003）。许多研究表明，通过 SGD 排放的陆源淡水约为经由地表水输送入海量的 6% ~ 10%。应用渗流仪对美国大南湾海域进行了研究，估算出在近岸线和离岸 100 m 处 SGD 通量分别约为 5 cm/d 及 1.5 cm/d① (Bokuniewicz et al., 2004)。

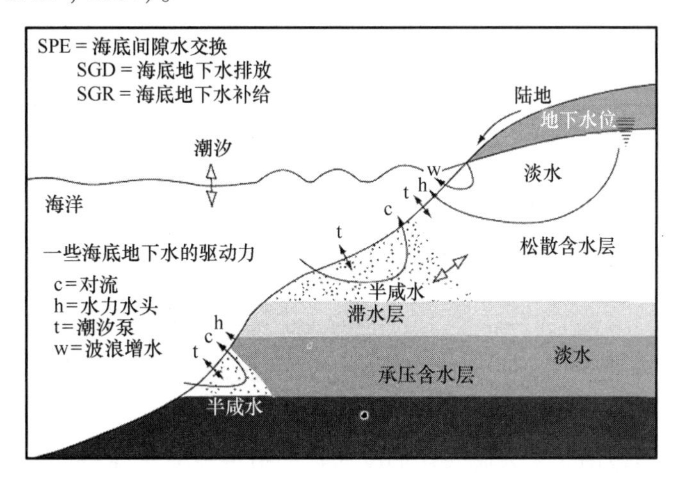


图 16.5　与海底地下水排放和补给有关的流体输运过程示意图。
箭头表示流体的流动方向 (Burnett et al., 2003)

指出地下水向近海的输入具有潜在重要性的早期标志性工作之一是 Johannes 的论文 (1980)，随后是 Valiela 和 D'Elia (1990) 的重要工作。这两篇论文都反映出，早期关于地下水输入重要性的认识主要是基于推测，而要提供这种输入的证据却很难。自那时以来，随着通过水色、温度、盐度以及一些地球化学参数来识别地下水的输入，有关 SGD 的证据极大地丰富起来 (Burnett et al., 2003)。在很多地方，盐度异常被广泛用于证明 SGD 的输入 (Valiela et al., 1990; Matciak et al., 2001)。$CH_4$、$H_2S$、溶解硅及 $CO_2$ 等化学示踪物的浓度梯度也被用于确定 SGD 的输入 (Cable et al., 1996; Moore, 2003; Bokuniewicz et al., 2003)。如第三章所述，放射性化学示踪物也被用于这类研究；如 Schwartz (2003) 在特拉华河口采用过剩 $^{222}Rn$ 作示踪剂来示踪地下水的输入，计算得到地下水的通量为 14.5～29.3 $m^3/s$，这相当于特拉华河第二大支流斯库尔基尔河和第三大支流布兰迪万河两条河流径流量之和。在这里，研究者对自口门至上游 200 km 间的河道开展了 SGD 排放研究，发现距口门 74 km 至 86 km 处存在显著的 SGD 排放，这相当于一个流速为 5～10 cm/d 的上升流的贡献②。另一个备受关注的使用镭示踪 SGD 输入的研究区域是佛罗里达沿岸的阿巴拉契湾，这里的地下含水层仅位于地表以下几米处，含水层与近岸地下水输入之间的关系已经得到证实 (Bugna et al., 1996; Cable et al., 1996, 1997; Rutkowski et al., 1999)。沿着南卡罗莱纳和佐治亚海岸，从地下水和盐沼向近海水域输入的氮、磷高于该区域河流的输入 (Simmons, 1992; Krest et al., 2000)。近岸含水层被称作“地下河口” (Moore, 1999)，在这里排放的地下水实际上可避开在河口通常发生的陆源物质强烈的再循环。表 16.1 是一些已经测定过海底地下水 DIN 和 DIP 排放通量的河口。

---

① SGD 通量单位的一种表示形式，亦可写为 $cm^3/(cm^2 \cdot d)$，表示单位时间通过单位区域面积的地下水排放体积。——译者注

② 译者根据原始文献 (Schwartz, 2003) 对研究区域进行了补充说明。——译者注

表 16.1 海底地下水排放的营养盐通量

| 河流/河口 | DIN 通量 /[mmol/($m^2$·a)] | DIP 通量 /[mmol/($m^2$·a)] | 参考文献 |
|---|---|---|---|
| 佛罗里达湾东部 | 110±60 | 0.21 | Corbett et al.(1999) |
| 沃阔伊特湾 | 61.0[a] | | Valiela et al.(1992) |
| 窄河 | 61~80 | 4.4±13 | Kelly and Moran(2002) |
| 伊丽莎白河 | (1.64±1.68)×$10^3$ | 58±62 | Charette and Buessler(2004) |

a. 只有硝酸盐的数据。

SGD 向近海输入营养盐会产生一系列的生物响应，包括富营养化、发生有害藻华及大型藻类入侵。刚毛藻（*Cladophora* spp.）、石莼（*Ulva* spp.）、浒苔（*Entermorpha* spp.）、江蓠（*Gracilaria* spp.）这些大型藻类通常被用作人为输入（如废水）的指示物种（Lapointe and Matzie，1996；Hadjichristophorou et al.，1997）。以佛罗里达群岛为例，这里经历的大型海藻的扩张就与 SGD 输入的营养盐有关（Lapointe et al.，1990）。在河口及近海，"褐潮"的发生以及海草床被不断发展的大型藻床所取代也被归因于 SGD 的输入（Valiela et al.，1990；LaRoche et al.，1997）。在几个新英格兰河口，SGD 导致的富营养化被认为是导致鱼及贝类死亡的原因（Valiela and D'Elia，1990）。今后，为更好地理解 SGD 对全球近海海域的影响，研究应集中于那些已知具有高 SGD 输入的目标区域（如三角洲、岩溶地貌和沿海平原），重点关注那些能指示 SGD 输入变化和影响 SGD 输入量变化的关键环境信号（如温度、降水）（Burnett et al.，2003）。

## 本章小结

1. 近海是河流、河口、海洋、陆地及大气交互作用的一个动态区域，通常是指从高潮线到陆架坡折处的区域。全球海岸线估计超过 35 000 千米。

2. 一些边缘海接收从河口线源（许多河口组成的系统）输入的陆源物质，受河流的直接影响很少；而其他一些如三角洲这样的区域则会接收来自河流的大量直接输入；这些差异会对陆源物质再循环的量（再循环在陆源物质进入近岸水域之前就已经开始）以及这些颗粒态和溶解态物质如何被输送到外海产生重大影响。

3. 河流每年向边缘海输送的泥沙量估计为 20 Pg（$1Pg = 10^{15} g = 10^{8} t$），其携带的 POC 的量约为 0.21Pg。全球河流输入海洋的 DOC 通量约为（0.25~0.36）Pg/a。

4. 近海在全球碳收支计算中被忽视了，近期的研究表明，陆架区实际上可能是 $CO_2$ 的汇，其通量为 -0.95 Pg/a（以 C 计），被称作"陆架泵"。

5. 河流/河口输送的生物活性元素相对丰度的选择性变化也会导致 Redfield 比值的变化，在某些情况下这将使近海浮游植物的组成和丰度发生重大转变。

6. 高纬度河口 N 的输出实际上随着纬度升高在减少，因为热带地区的大河（如亚马孙河）有 70% 的 TN 可以绕过河口而直接被输送入海。

7. 将高纬度地区近海海域 $CO_2$ 的吸收考虑在内，全球海洋吸收的 $CO_2$ 总量增加了 57%［从 -1.56 Pg/a（以 C 计）增加到 -1.93 Pg/a（以 C 计）］。

8. 在大河影响下的陆架边缘海中，来自陆地的主要源自维管植物的有机物的输入十分显著，同时，河流径流携带的大量营养盐输入也使得这些海域具有很高的海洋初级生产力。

9. 尽管大河在有机质输送和陆海关联中起重要作用，但全球入海泥沙的40%～70%却是由更多的小的山区河流输送的。

10. 岩生及生源颗粒通过河流和河口被输送到近海的过程中要经历很多动力学过程（如聚集、絮凝和解吸），因此会在陆架产生很大的生物地球化学梯度。

11. 最近的研究表明，每年大约有0.04 Pg的古老有机碳被输送到全球大洋。

12. 假设全球河流的平均径流量为37 500 $km^3/a$，则海底地下水排放约为全球河流径流量的0.3%～16%。

13. 近岸含水层被称作“地下河口”，在这里排放的地下水能够避开通常在河口发生的陆源物质的强烈再循环。

14. 海底地下水排放向近海输入营养盐会产生一系列的生物响应，包括富营养化、发生有害藻华和大型藻类入侵。

# 参考文献


Aaboe, E., Dion, E. P., and Turekian, K. K. (1981) $^{7}$Be in Sargasso Sea and Long Island Sound waters. J. Geophys. Res. 86, 3255 - 3257.

Aarkog, A. (1988) Worldwide data on fluxes on $^{239,240}$Pu and $^{238}$Pu to the oceans. *In* Inventories of Selected Radionuclides in the Ocean. IAEA - TECDOC - 481, pp. 103 - 138.

Abelson, P. H., and Hoering, T. C. (1960) The biogeochemistry of stable isotopes of carbon. Carnegie Inst. Wash. 59, 158 - 165.

Abelson, P. H., and Hoering, T. C. (1961) Carbon isotope fractionation in formation of amino acids by photosynthetic organisms. Proc. Natl. Acad. Sci. USA. 47, 623 - 632.

Abrajano, Jr., T. A., Bieger, T., and Hellou, J. (1998) Reply to Grossi and de Leeuw. Org. Geochem. 28, 137 - 142.

Abrajano, Jr., T. A., Murphy, D. E., Fang, J. Comet, P., Brooks, J. M. (1994) $^{13}C/^{12}C$ ratios in individual fatty acids of marine mytilids with and without bacterial symbionts. Org. Geochem. 21, 611 - 617.

Abramopoulos, F., Rosensweig, C., and Choudhury, B. (1988) Improved ground hydrology calculations for global climate models (GCMs): soil water movement and evapotranspiration. J. Climate 1, 921 - 941.

Abril, G., and Borges, A. V. (2004) Carbon dioxide and methane emissions from estuaries. *In* Greenhouse Gas Emissions: Fluxes and Processes, Hydroelectric Reservoirs, and Natural Environments (Tremblay, A., Varfalvy, L., Roehm, C., and Garneau, M., eds.), pp. 187 - 212, Springer, Berlin.

Abril, G., Etcheber, H., Delille, B., Frankignoulle, M., and Borges, A. V. (2003) Carbonate dissolution in the turbid and eutrophic Loire estuary. Mar. Ecol. Prog. Ser. 259, 129 - 138.

Abril, G., Etcheber, H., Le Hir, P., Bassoullet, P., Boutier, B., Frankignoulle, M. (1999) Oxic - anoxic oscillations and organic carbon mineralization in an estuarine maximum turbidity zone (The Gironde, France). Limnol. Oceanogr. 44, 1304 - 1315.

Abril, G., and Frankignoulle, M. (2001) Nitrogen - alkalinity interactions in the highly polluted Scheldt Basin (Belgium). Wat. Res. 35, 844 - 850.

Abril, G., and Iverson, N. (2002) Methane dynamics in a shallow, non - tidal, estuary (Randers Fjord, Denmark). Mar. Ecol. Prog. Ser. 230, 171 - 181.

Abril, G., Nogueira, E., Hetcheber, H., Cabecadas, G., Lemaire, E., and Brogueira, M. J. (2002) Behaviour of organic carbon in nine contrasting European estuaries. Estuar. Coastal Shelf Sci. 54, 241 - 262.

Abril, G., Riou, S. A., Etcheber, H., Frankigoulle, M., deWitt, R., and Middelburg, J. J. (2000) Transient, tidal time - scale, nitrogen transformations in an estuarine turbidity maximum - fluid mud system (The Gironde, south - west France). Estuar. Coastal Shelf Sci. 50, 703 - 715.

Adamson, A. W. (1976) Physical Chemistry of Surfaces. Wiley, New York.

Admiraal, W. (1977) Salinity tolerance of benthic estuarine diatoms as tested with a rapid polarographic measurement of photosynthesis. Mar. Biol. 39, 11 - 18.

Admiraal, W., and Pelletier, H. (1980) Distribution of diatoms on an estuarine mudflat and experimental analysis of the selective factor of stress. J. Exp. Mar. Biol. Ecol. 46, 157 - 175.

Agusti, S., Satta, M. P., Mura, M. P., and Benavent, E. (1998) Dissolved esterase activity as a tracer of phytoplankton lysis: evidence of high phytoplankton lysis rates in the northeastern Mediterranean. Limnol. Oceanogr. 43, 1836 – 1849.

Ahner, B. A., Kong, S., and Morel, F. (1995) Phytochelatin production in marine algae. 1. An interspecies comparison. Limnol. Oceanogr. 40, 649 – 657.

Ahner, B. A., Morel, F. M. M., and Moffet, J. W. (1997) Trace metal production of phytochelatin production in coastal waters. Limnol. Oceanogr. 42, 601 – 608.

Ahner, B. A., Price, N. M., Morel, F. M. M. (1994) Phytochelatin production by marine phytoplankton at low metal ion concentrations: laboratory studies and field data from Massachusetts Bay. Proc. Natl. Acad. Sci. USA. 91, 8433 – 8436.

Ahner, B. A., Wei, L., Oleson, J. R., and Ogura, N. (2002) Glutathione and other low molecular weight thiols in marine phytoplankton under metal stress. Mar. Ecol. Prog. Ser. 232, 93 – 103.

Aiken, G. R. (1988) A critical evaluation of the use of macroporous resins for the isolation of aquatic humic substances. *In* Humic Substances and their Role in the Environment (Frimmel, F. H., and Christman, R. F., eds.), pp. 4 – 15, John Wiley, New York.

Aiken, G. R., McKnight, D. M., Wershaw, R. L., and MacCarthy, P. (1985) Humic Substances in Soil, Sediment, and Water. John Wiley, New York.

Aitkenhead, J. A., and McDowell, W. H. (2000) Soil C: N ratio as a predictor of annual riverine DOC flux at local and global scales. Global Biogeochem. Cycles 14, 127 – 138.

Albaigés, J. Grimalt, J., Bayona, J. M., Risebrough, R., and de Lappe, B., and Walker, W. (1984) Dissolved, particulate and sedimentary hydrocarbons in deltaic environments. Org. Geochem. 6, 237 – 248.

Alber, T., and Chan, J. (1994) Sources of contaminants to Boston Harbor: Revised loading estimates. *In* Massachusetts Water Resources Authority Environmental Quality Department Technical Report Series No. 94 – 1. Massachusetts Water Resources Authority, Boston, MA.

Alberts, J. J., Filip, Z., Price, M. T., Hedges, J. I., and Jacobsen, T. R. (1992) CuO – oxidation products, acid hydrolysable monosaccharides and amino acids of humic substances occurring in a salt marsh estuary. Org. Geochem. 18, 171 – 180.

Alberts, J. J., and Takacs, M. (1999) Importance of humic substances for carbon and nitrogen transport into southeastern United States estuaries. Org. Geochem. 30, 385 – 395.

Alexander, C. R., Calder, F. D., and Windom, H. L. (1993) The historical record of metal enrichment in two Florida estuaries. Estuaries 16, 627 – 637.

Alexander, M. (1977) Introduction to Soil Microbiology. John Wiley, New York.

Alexander, R. B., Smith, R. A., and Schwarz, G. E. (2000) Effect of stream channel size on the delivery of nitrogen to the Gulf of Mexico. Nature 403, 758 – 761.

Alldredge, A., and Cohen, Y. (1987) Can microscale chemical patches persist in the sea? Microelectrode study of marine snow, fecal pellets. Science 235, 689 – 691.

Alldredge, A., Passow, U., and Logan, B. (1993) The abundance and significance of a class of large, transparent organic particles in the ocean. Deep Sea Res. 40, 1131 – 1140.

Allen, G. P., Salmon, J. C., Bassoulet, P., Du Penhoat, Y., and De Grandpre, C. (1980) Effects of tides on mixing and suspended – sediment transport in macrotidal estuaries. Sediment. Geol. 26, 69 – 90.

Allen, J. R. L. (1985) Principles of Physical Sedimentology. George Allen and Unwin, London.

Aller, R. C. (1978) Experimental studies of changes produced by deposit – feeders on pore water, sediment and overlying water chemistry. Am. J. Sci. 278, 1185 – 1234.

Aller, R. C. (1980) Diagenetic processes near the sediment - water interface of Long Island Sound. II. Fe and Mn. Adv. Geophys. 22, 351 - 415.

Aller, R. C. (1982) The effects of macrobenthos on chemical properties of marine sediment and overlying water. *In* Animal - Sediment Relations (McCall, P. L., and Tevesz, M. J. S., eds.), pp. 53 - 102, Plenum Press, New York.

Aller, R. C. (1990) Bioturbation and manganese cycling in hemipelagic sediments. Phil. Trans. Royal Soc. London 331, 51 - 68.

Aller, R. C. (1994) Bioturbation and remineralization of sedimentary organic matter: effects of redox oscillation. Chem. Geol. 114, 331 - 345.

Aller, R. C. (1998) Mobile deltaic and continental shelf muds as suboxic, fluidized bed reactors. Mar. Chem. 61, 143 - 155.

Aller, R. C. (2001) Transport and reactions in the bioirrigated zone. *In* The Benthic Boundary Layer (Boudreau, B. P., and Jøgensen, B. B., eds.), pp. 269 - 301, Oxford University Press, New York.

Aller, R. C., and Aller, J. Y. (1998) The effect of biogenic irrigation intensity and solute exchange on diagenetic reactions rates in marine sediments. J. Mar. Res. 56, 905 - 936.

Aller, R. C., Aller, J. Y., and Kemp, P. F. (2001) Effects of particle and solute transport on rates and extent of remineralization in bioturbated sediments. *In* Organism - Sediment Interactions (Aller, J. Y., Woodin, S. A., and Aller, R. C., eds.), pp. 315 - 334, University of South Carolina Press, Columbia, SC.

Aller, R. C., Benninger, L. K., and Cochran, J. K. (1980) Tracking particle - associated processes in nearshore environments by use of $^{234}Th/^{238}U$ disequilibrium. Earth Planet. Sci. Lett. 47, 161 - 175.

Aller, R. C., and Blair, N. E. (2004) Early diagenetic remineralization of sedimentary organic C in the Gulf of Papua deltaic complex (Papua New Guinea): Net loss of terrestrial C and diagenetic fractionation of carbon isotopes. Geochim. Cosmochim. Acta 68, 1815 - 1825.

Aller, R. C., Blair, N. E., Xia, Q., and Rude, P. D. (1996) Remineralization rates, recycling and storage of carbon in Amazon shelf sediments. Cont. Shelf Res. 16, 753 - 786.

Aller, R. C., and Cochran, J. K. (1976) $^{234}Th - ^{238}U$ disequilibrium in nearshore sediment: particle reworking and diagenetic time scales. Earth Planet. Sci. Lett. 29, 37 - 50.

Aller, R. C., and DeMaster, D. J. (1984) Estimates of particle flux reworking at the deep - sea floor using $^{234}Th/^{238}U$ disequilibrium. Earth Planet. Sci. Lett. 67, 308 - 318.

Aller, R. C., Hannides, A., Heilbrun, C., and Panzeca, C. (2004) Coupling of early diagenetic processes and sedimentary dynamics in tropical shelf environments: the Gulf of Papua deltaic complex. Cont. Shelf Res. 24, 2455 - 2486.

Aller, R. C., Mackin, J. E., and Cox, R. T. (1986) Diagenesis of Fe and S in Amazon inner shelf muds: apparent dominance of Fe reduction and implications for the genesis of ironstones. Cont. Shelf Res. 6, 263 - 289.

Aller, R. C., and Rude, P. D. (1988) Complete oxidation of solid phase sulfides by manganese and bacteria in anoxic marine sediments. Geochim. Cosmochim. Acta 52, 751 - 765.

Allison, M. A. (1998) Historical changes in the Ganges - Brahmaputra delta front. J. Coast. Res. 14, 1269 - 1275.

Allison, M. A., Kineke, G. C., Gordon, E. S., and Goni, M. A. (2001) Development and reworking of a seasonal flood deposit on the inner continental shelf off the Atchafalaya River. Cont. Shelf Res. 20, 2267 - 2294.

Allison, M. A., Nittrouer, C. A., and Kineke, G. C. (1995) Seasonal sediment storage on mudflats adjacent the Amazon River. Mar. Geol. 125, 303 - 328.

Almendros, G., Frund, R., Gonzalez - Vila, F. J., Haider, K. M., Knicker, H., and Ludemann, H. D. (1991) Analysis of $^{13}C$ and $^{15}N$ CPMAS NMR - spectra of soil organic matter and composts. Fed. Europ. Biochem. Soc. 282,

119 – 121.

Alongi, D. M. (1996) The dynamics of benthic nutrient pools and fluxes in tropical mangrove forests. J. Mar. Res. 54, 123 – 148.

Alongi, D. M. (1998) Coastal Ecosystem Processes. CRC Press, New York.

Alongi, D. M., Ayukai, T., Brunskill, G. J., Clough, B. F., and Wolanski, E. (1998) Effect of exported mangrove litter on bacterial productivity and dissolved organic carbon fluxes in adjacent tropical nearshore sediments. Mar. Ecol. Prog. Ser. 56, 133 – 144.

Alongi, D. M., Boto, K. G., and Robertson, A. I. (1992) Nitrogen and phosphorus cycles. *In* Tropical Mangrove Systems (Robertson, A. I., and Alongi, D. M., eds.), pp. 251 – 292, American Geophysical Union, Washington, DC.

Alongi, D. M., Boyle, S. G., Tirendi, F., and Payn, C. (1996) Composition and behavior of trace metals in post – oxic sediments of the Gulf of Papua, Papua New Guinea. Estuar. Coast. Shelf Sci. 42, 197 – 211.

Alongi, D. M., Tirendi, F., and Christoffersen, P. (1993) Sedimentary profiles and sediment – water solute exchange of iron and manganese in reef – and river – dominated shelf regions of the Coral Sea. Cont. Shelf Res. 13, 287 – 305.

Alongi, D. M., Wattayakorn, G., Pfitzner, J., Tirendi, F., Zagorskis, I., Brunskill, G. J., Davidson, A., and Clough, B. F. (2001) Organic carbon accumulation and metabolic pathways in sediments of mangrove forests in southern Thailand. Mar. Geol. 179, 85 – 103.

Alperin, M. J., Blair, N. E., Albert, D. B., Hoehler, T. H., and Martens, C. S. (1992) Factors that control isotopic composition of methane produced in an anaerobic marine sediment. Global Biogeochem. Cycles 6, 271 – 329.

Alperin, M. J., Martens, C. S., Albert, D. B., Suayah, I. B., Benninger, L. K., Blair, N. E., and Jahnke, R. A. (1999) Benthic fluxes and porewater concentration profiles of dissolved organic carbon in sediments from the North Carolina continental slope. Geochim. Cosmochim. Acta 63, 427 – 448.

Alperin, M. J., and Reeburgh, W. S. (1985) Inhibition experiments on anaerobic methane oxidation. Appl. Environ. Microbiol. 50, 940 – 945.

Alperin, M. J., Reeburgh, W. S., and Devol, A. H. (1992) Organic carbon remineralization and preservation in sediments of Skan Bay, Alaska. *In* Productivity, Accumulation, and Preservation of Organic Matter in Recent and Ancient Sediments (Whelan, J. K., and Farrington, J. W., eds.), pp. 99 – 122, Columbia University Press, New York.

Alpine, A. E., and Cloern, J. E. (1992) Trophic interactions and direct effects control phytoplankton biomass and production in an estuary. Limnol. Oceanogr. 37, 946 – 955.

Aluwihare, L. I., Repeta, D. J., and Chen, R. F. (1997) A major biopolymeric component to dissolved organic carbon in surface sea water. Nature 387, 166 – 169.

Aminot, A., El – Sayed, M. A., and Kerouel, R. (1990) Fate of natural and anthropogenic dissolved organic carbon in the macro – tidal Elorn estuary. Mar. Chem. 29, 255 – 275.

Amon, R. M. W., and Benner, R. (1996) Photochemical and microbial consumption of dissolved organic carbon and dissolved oxygen in the Amazon River system. Geochim. Cosmochim. Acta 60, 1783 – 1792.

Amon, R. M. W., and Benner, R. (2003) Combined neutral sugars as indicators of the diagenetic state of dissolved organic matter in the Arctic Ocean. Deep – Sea Res. I 50, 151 – 169.

Amon, R. M. W., Fitznar, H. P., and Benner. R. (2001) Linkages among the bioreactivity, chemical composition, and diagenetic state of marine dissolved organic matter. Limnol. Oceanogr. 46, 287 – 297.

Amouroux, D., Roberts, G., Rapsomanikis, S., and Andreae, M. O. (2002) Biogenic gas ($CH_4$, $N_2O$, DMS) emission to the atmosphere from near – shore and shelf waters of the north – western Black Sea. Estuar. Coastal Shelf Sci. 54, 575 – 587.

An, S., and Gardner, W. S. (2002) Dissimilatory nitrate reduction to ammonium (DNRA) as a nitrogen link, versus denitrification as a sink in a shallow estuary (Laguna Madre/Baffin Bay, Texas). Mar. Ecol. Prog. Ser. 237, 41 - 50.

An, S. M., and Joye, S. B. (2001) Enhancement of coupled nitrification - denitrification by benthic photosynthesis in shallow estuarine sediments. Limnol. Oceanogr. 46, 62 - 74.

Andersen, F. O., and Kristensen, E. (1992) The importance of benthic macrofauna in decomposition of microalgae in a coastal marine sediment. Limnol. Oceanogr. 37, 1392 - 1403.

Andersen, R. A., and Mulkey, T. J. (1983) The occurrence of chlorophylls $c_1$ and $c_2$ in the Chrysophyceae. J. Phycol. 19, 289 - 294.

Anderson, D. M., Glibert, P. M., and Burkholder, J. M. (2002) Harmful algal blooms and eutrophication: nutrient sources, composition, and consequences. Estuaries 25, 704 - 726.

Anderson, D. M., Glibert, P. M., and Burkholder, J. M. (2002) Harmful algal blooms and eutrophication: nutrient sources, composition, and consequences. Estuaries 25, 704 - 726.

Anderson, D. M., and Morel, F. M. (1978) Copper sensitivity of *Gonyaulax tamarensis*. Limnol. Oceanogr. 23, 283 - 295.

Anderson, E. C., and Libby, W. F. (1951) Worldwide distribution of natural radiocarbon. Phys. Rev. 81, 64 - 69.

Anderson, E. C., Libby, W. F., Weinhouse, S., Reid, A. F., Kirshenbaum, A. D., and Grosse, A. V. (1947) Natural radiocarbon from cosmic radiation. Phys. Rev. 72, 931 - 936.

Anderson, R., Rowe, G., Kemp, P., Trumbore, S., and Biscaye, P. (1994) Carbon budget for the mid - slope depocenter of the Middle Atlantic Bight. Deep - Sea Res. II 41, 669 - 703.

Anderson, R. F. (1987) Redox behavior of uranium in an anoxic marine basin. Uranium 3, 145 - 164.

Anderson, R. F., Fleisher, M. Q., and LeHuray, P. (1989) Concentration, oxidation state, and particulate flux of uranium in the Black Sea. Geochim. Cosmochim. Acta 53, 2215 - 2224.

Anderson, T. F., and Arthur, M. A. (1983) Stable isotopes of oxygen and carbon and their application to sedimentologic and paleoenvironmental problems. *In* Stable Isotopes in Sedimentary Geology (Arthur, M. A., Anderson, T. F., Kaplan, I. R., Veizer, J., and Land, L. S., eds.), pp. 1 - 151, Soc. Econ. Paleontol. Mineral.

Andreae, M. O. (1986) The ocean as a source of atmospheric sulfur compounds. *In* The Role of Air - Sea Exchange in Geochemical Cycling (Buat - Menard, P., ed.), pp. 331 - 362, Riedel, Dordrecht.

Andreae, M. O., (1990) Ocean - atmosphere interactions in the global biogeochemical sulfur cycle. Mar. Chem., 30, 1 - 29.

Andreae, M. O., and Crutzen, P. J. (1997) Atmospheric aerosols: Biogeochemical sources and role in atmosphere chemistry. Science 276, 1052 - 1058.

Andren, T. A., and Sohlenius, G. (1995) Late Quaternary development of the north - western Baltic proper—results from the clay - varve investigation. Quart. Intl. 27, 5 - 10.

Aneiso, A. M., Abreu, B. A., and Biddanda, B. A. (2003) The role of free and attached microorganisms in the decomposition of estuarine macrophyte detritus. Estuar. Coastal Shelf Sci. 56, 197 - 201.

Angel, M. V., and Fasham, M. J. R. (1983) Eddies and biological processes. *In* Eddies in Marine Science. (Robinson, A. R., ed.), pp. 492 - 524, Springer Verlag, Berlin.

Anita, N. J., Harrison, P. J., and Oliveira, L. (1991) Phycological reviews: the role of dissolved organic nitrogen in phytoplankton nutrition, cell biology, and ecology. Phycologia 30, 1 - 89.

Anschutz, P., Sundby, B., Lefrancois, L., Luther, III, G. W., and Mucci, A. (2000) Interaction between metal oxides and species of nitrogen and iodine in bioturbated marine sediments. Geochim. Cosmochim. Acta 64, 2751 - 2763.

Anschutz, P., Zhong, S., and Sundby, B. (1998) Burial efficiency of phosphorus and the geochemistry of iron in continental margin sediments. Limnol. Oceanogr. 43, 53 - 64.

Appleby, P. G., and Oldfield, F. (1992) Application of lead - 210 to sedimentation studies. *In* Uranium - series Disequilibrium: Applications to Earth, Marine, and Environmental Problems. (Ivanovich, M., and Harmon, R. S. eds.), pp. 731 - 778, Clarendon Press, Oxford, UK.

Archibold, O. W. (1995) Ecology of World Vegetation. Chapman and Hall, London, UK.

Argyrou, M. E., Bianchi, T. S., and Lambert, C. D. (1997) Transport and fate of dissolved organic carbon in the Lake Pontchartrain estuary, Louisiana, USA. Biogeochemistry 38, 207 - 226.

Ari, T., and Norde, W. (1990) The behaviour of some model proteins at solid - liquid interfaces: adsorption from single protein solutions. Colloids Surfaces 51, 1 - 15.

Armentano, T. V., and Woodwell, G. M. (1975) Sedimentation rates in a Long Island marsh determined by $^{210}Pb$ dating. Limnol. Oceanogr. 20, 452 - 455.

Arnold, J. R., and Libby, W. F. (1949) Age determinations by radiocarbon context: checks with samples of known age. Science 110, 678 - 680.

Arnosti, C. (2003) Microbial extracellular enzymes and their role in dissolved organic matter cycling. *In* Aquatic Ecosystems: Interactivity of Dissolved Organic Matter (Findlay, S. E. G., and Sinsabaugh, R. L., eds.), pp. 316 - 337, Academic Press, New York.

Arnosti, C., and Holmer, M. (1999) Carbohydrate dynamics and contributions to the carbon budget of an organic - rich coastal sediment. Geochim. Cosmochim. Acta 63, 393 - 403.

Arnosti, C., and Repeta, D. J. (1994) Oligosaccharide degradation by an aerobic marine bacteria: characterization of an experimental system to study polymer degradation in sediments. Limnol. Oceanogr. 39, 1865 - 1877.

Arnosti, C., Repeta, D. J., and Blough, N. V. (1994) Rapid bacterial degradation of polysaccharides in anoxic marine systems. Geochim. Cosmochim. Acta 58, 2639 - 2652.

Arpin, N., Svec, W. A., and Liaaen - Jensen, S. (1976) Anew fucoxanthin - related carotenoid from *Coccolithus huxleyi.* Phytochemistry 15, 529 - 532.

Arzayus, K. M., and Canuel, E. A. (2004) Organic matter degradation of the York River estuary: effects of biological vs. physical mixing. Geochim. Cosmochim. Acta 69, 455 - 463.

Asmus, R. (1986) Nutrient flux in short - term enclosures of intertidal sand communities. Ophelia 26, 1 - 18.

Aspinall, G. O. (1970) Pectins, plant gums and other plant polysaccharides. *In* The Carbohydrates; Chemistry and Biochemistry, 2nd edn. (Pigman, W., and Horton, D., eds.), pp. 515 - 536, Academic Press, New York.

Aspinall, G. O. (ed.) (1983) The Polysaccharides. Academic Press, New York.

Aston, S. R. (1980) Nutrients, dissolved gases, and general biogeochemistry in estuaries. *In* Chemistry and Biogeochemistry of Estuaries (Olausson, E., and Cato, I., eds.), pp. 233 - 257, John Wiley, New York.

Atlas, E. L. (1975) Phosphate equilibria in seawater and interstitial waters. Ph. D Thesis, Oregon State University.

Atwater, B. F. (1979) Ancient processes at the site of Southern San Francisco Bay: movement of the crust and changes in sea level. *In* San Francisco Bay: The Urbanized Estuary (Conomos, T. J., ed.), pp. 31 - 45, Pacific Division, America Association Advancement Science, California Academy of Science, San Francisco.

Atwater, B. F., Hedel, C. W., and Helley, E. J. (1977) Late Quaternary depositional history, Holocene sea - level changes, and vertical crustal movement, southern San Francisco Bay, California. U. S. Geological Survey Professional paper 1014. Washington, DC.

Aufdenkampe, A., Hedges, J. I., and Richey, J. E. (2001) Sorptive fractionation of dissolved organic nitrogen and amino acids onto fine sediments within the Amazon Basin. Limnol. Oceanogr. 46, 1921 – 1935.

Axelman, J., Broman, D., and Naf, C. (2000) Vertical flux of particulate/water dynamics of polychlorinated biphenyls (PCBs) in the open Baltic Sea. Ambio 29, 210 – 216.

Azam, F., and Cho, B. (1987) Bacterial utilization of organic matter in the sea. *In* Ecology of Microbial Communities (Fletcher, M., Gray, T. R., and Jones, G., eds.), pp. 261 – 281, Society for General Microbiology, Cambridge University Press, New York.

Azam, F., Fenchel. T., Field, J. G., Gray, J. S., Meyer – Reil, L. A., and Thingstad, F. (1983) The ecological role of water – column microbes in the sea. Mar. Ecol. Prog. Ser. 10, 257 – 263.

Bach, S. D., Thayer, G. W., and Lacroix, M. W. (1986) Export of detritus from eelgrass (*Zostera marina*) beds near Beaufort, North Carolina, USA. Mar. Ecol. Prog. Ser. 28, 265 – 278.

Bagander, L. E. (1977) Sulphur fluxes of the sediment and water interface. In situ study of closed systems, Eh, pH. Ph. D. Thesis, University of Stockholm.

Baines, S. B., Fisher, N. S., Doblin, M. A., and Cutter, G. A. (2001) Uptake of dissolved organic selenides by marine phytoplankton. Limnol. Oceanogr. 46, 1936 – 1944.

Baines, S. B., and Pace, M. L. (1991) The production of dissolved organic matter by phytoplankton and its importance to bacteria: patterns across marine and freshwater systems. Limnol. Oceanogr. 36, 1078 – 1090.

Baird, D., and Ulanowicz, R. (1989) The seasonal dynamics of the Chesapeake Bay ecosystem. Ecol. Monogr. 59, 329 – 364.

Baker, J. E., Eisenreich, S. J., and Eadie, B. J. (1991) Sediment trap fluxes and benthic recycling of organic carbon, polycyclic aromatic hydrocarbons, and polychlorinatedbiphenyl cogeners in Lake Superior. Environ. Sci. Technol. 25, 500 – 509.

Balashova, V. V., and Zavarzin, G. A. (1980) Anaerobic reduction of ferric iron by hydrogen bacteria. Microbiology 48, 635 – 639.

Baldock, J. A., and Skjemstad, J. O. (2000) Role of soil matrix and minerals in protecting natural organic material against biological attack. Org. Geochem. 31, 697 – 710.

Banahan, S., and Goering, J. J. (1986) The production of biogenic silica and its accumulation on the southeastern Bering Sea shelf. Cont. Shelf Res. 5, 199 – 213.

Bandy, A. R., Scott, D. L., Blomquist, B. W., Chen, S. M., and Thornton, D. C. (1982) Low yields from dimethyl sulfide oxidation in the marine boundary layer, Geophys. Res. Lett. 19, 1125 – 1127.

Bange, H. W., Bartell, U. H., Rapsomanikis, S., and Andreae, M. O. (1994) Methane in the Baltic and North Seas and a reassessment of the marine emissions of methane. Global Biogeochem. Cycles 8, 465 – 480.

Bange, H. W., Dahlke, S., Ramesh, R., Meyer – Reil, L. A., Rapsomanikis, S., and Andrea, M. O. (1998) Seasonal study of methane and nitrous oxide in the coastal waters of the southern Baltic Sea. Estuar. Coastal Shelf Sci. 47, 807 – 817.

Bange, H. W., Rapsomanikis, S., and Andreae, M. O. (1996) The Aegean Sea as a source of atmospheric nitrous oxide and methane. Mar. Chem. 53, 41 – 49.

Banta, G. T., Holmer, M., Jensen, M. H., and Kristensen, E. (1999) Anaerobic effect of two polychaete worms, *Nereis diversicolor* and *Arenicola marine*, on aerobic and anaerobic decomposition in organic – poor marine sediment. Aquat. Microb. Ecol. 19, 189 – 204.

Barko, J. W., Gunnison, D., and Carpenter, S. R. (1991) Sediment interactions with submerged macrophyte growth and community dynamics. Aquat. Bot. 41, 1 – 65.

Barnard, W. R., Andreae, M. O., and Iverson, R. L. (1984) Dimethylsulfide and *Phaeocystis poucheti* in the south eastern Bering Sea. Cont. Shelf Res. 3, 103 – 113.

Baross, J. A., Crump B., and Simenstad, C. A. (1994) Elevated "microbial loop" activities in the Columbia River estuarine turbidity maximum. *In* Changes in Fluxes in Estuaries: Implications from Science to Management (Dyer, K. R., and Orth, R. J., eds.), pp. 459 – 464, Olsen and Olsen, Fredensborg, Denmark.

Barrick, R. C., and Prahl, F. G. (1987) Hydrocarbon geochemistry of the Puget Sound Region III. Polycyclic aromatic hydrocarbons in sediments. Estuar. Coastal Shelf Sci. 25, 175 – 191.

Barrie, C. Q., and Piper, D. J. W. (1982) Late Quaternary Geology of Makkovik Bay, Labrador, Canada. Geol. Survey Canada, Paper 81 – 17, 1 – 37.

Barry, R. G., Crane, R. C., Locke, C. W., and Miller, G. H. (1977) The coastal environment of southern Baffin Island and northern Labrador – Ungava. Final Report, Project 136, to Imperial oil Limited, Aquitaine Co. of Canada, Ltd., and Canada – Cities Services Ltd. Inst. of Arctic and Alpine Res., University of Colorado, Boulder.

Bartlett, K. B., Bartlett, D. S., Harris, R. G., and Sebacher, D. I. (1987) Methane emissions along a salt marsh salinity gradient. Biogeochemistry 4, 183 – 202.

Bartlett, K. B., Harris, R. C., and Sebacher, D. I. (1985) Methaneflux from coastal salt marshes. J. Geophys. Res. 90, 5710 – 5720.

Baskaran, M. (1995) A search for the seasonal variability on the depositional fluxes of $^{7}$Be and $^{210}$Pb. J. Geophys. Res. 100, 2833 – 2840.

Baskaran, M. (1999) Particle – reactive radionuclides as tracers of biogeochemical processes in estuarine and coastal waters of the Gulf of Mexico. *In* Biogeochemistry of Gulf of Mexico Estuaries (Bianchi, T. S., Pennock, J. R., and Twilley, R. R., eds.), pp. 381 – 404, John Wiley, New York.

Baskaran, M., Asbill, S., Santschi, P. H., Davis, T., Brooks, J. M., Champ, M. A., Makeyev, V., and Khlebovich, V. (1995) Distribution of $^{239,240}$Pu and $^{238}$Pu concentrations in sediments from the Ob and Yenisey rivers and the Kara Sea. Appl. Radiat. Isot. 46, 1109 – 1119.

Baskaran, M., Coleman, C. H., and Santschi, P. H. (1993) Atmospheric depositional fluxes of $^{7}$Be and $^{210}$Pb at Galveston and College Station, Texas. J. Geophys. Res. 98, 20, 555 – 20, 571.

Baskaran, M., and Naidu, S. (1995) $^{210}$Pb – derived chronology, and the fluxes of $^{210}$Pb and $^{137}$Cs isotopes into continental shelf sediments, East Chukchi Sea, Alaskan Arctic. Geochim. Cosmochim. Acta 59, 4435 – 4448.

Baskaran, M., Ravichandran, M., and Bianchi, T. S. (1997) Cycling of $^{7}$Be and $^{210}$Pb in a high DOC, shallow, turbid estuary of southeast Texas. Estuar. Coastal Shelf Sci. 45, 165 – 176.

Baskaran, M., and Santschi, P. H. (1993) The role of particles and colloids in the transport of radionuclides in coastal environments of Texas. Mar. Chem. 43, 95 – 114.

Baskaran, M., Santschi, P. H., Benoit, G., and Honeyman, B. D. (1992) Scavenging of Th isotopes by colloids in seawater of the Gulf of Mexico. Geochim. Cosmochim. Acta 56, 3375 – 3388.

Baskaran, M., Santschi, P. H., Guo, L., Bianchi, T. S., and Lambert, C. (1996) $^{234}$Th: $^{238}$U disequilibria in the Gulf of Mexico: the importance of organic matter and particle concentration. Cont. Shelf Res. 16, 353 – 380.

Bates, N., and Hansell, D. A. (1999) Hydrographic and biogeochemical signals in the surface ocean between Chesapeake Bay and Bermuda. Mar. Chem. 67, 1 – 16.

Bates, A. L., and Hatcher, P. G. (1989) Solid – state $^{13}$C NMR studies of a large fossil gymnosperm from the Yallourn Open Cut, Latrobe Valley, Australia. Org. Geochem. 14, 609 – 617

Bates, A. L., Spiker, E. C., and Holmes, C. W. (1998) Speciation and isotopic composition of sedimentary sulfur in the

Everglades, Florida, USA. Chem. Geol. 146, 155 – 170.

Battin, T. J. (1998) Dissolved organic matter and its optical properties in blackwater tributary of the upper Orinoco River, Venezuela. Org. Geochem. 28, 561 – 569.

Bauer, J. E. (2002) Carbon isotopic composition of DOM. *In* Biogeochemistry of Marine Dissolved Organic Matter (Hansell, D. A., and Carlson, C. A., eds.), pp. 405 – 453, Academic Press, Elsevier Science, New York.

Bauer, J. E., and Capone, D. G. (1985a). Effects of four aromatic organic pollutants on microbial glucose metabolism and thymidine incorporation in marine sediments. Appl. Environ. Microbiol. 49, 828 – 835.

Bauer, J. E., and Capone, D. G. (1985b) Degradation and mineralization of the polycyclic aromatic hydrocarbons anthracene and naphthalene in intertidal marine sediments. Appl. Environ. Microbiol. 50, 81 – 90.

Bauer, J. E., and Druffel, E. R. M. (1998) Ocean margins as a significance source of organic matter to the deep ocean. Nature 392, 482 – 485.

Bauer, J. E., Wolgast, D. W., Druffel, E. R. M., Griffin, S., and Masiello, C. A. (1998) Distributions of dissolved organic and inorganic carbon and radiocarbon in the eastern North Pacific continental margin. Deep Sea Res. II. 45, 689 – 714.

Bauza, J. F., Morell, J. M., and Corredor, J. E. (2002) Biogeochemistry of nitrous oxide production in red mangrove (*Rhizophora mangle*) forest sediments. Estuar. Coastal Shelf Sci. 55, 697 – 704.

Beardall, J., and Light, B. (1994) Biomass, productivity and nutrient requirements of microphytobenthos. Tech. Rep. 16. Port Phillip Bay Environmental Study, Commonwealth Scientific and Industrial Research Organization, Canberra, Australia.

Bebout, B. M., Fitzpatrick, M. W., and Paerl, H. W. (1993) Identification of the sources of energy for nitrogen fixation and physiological characterization of nitrogen – fixing members of a marine microbial mat community. Appl. Environ. Microbiol. 59, 1495 – 1503.

Bebout, B. M., Paerl, H. W., Bauer, J. E., Canfield, D. E., and Des Marais, D. J. (1994) Nitrogen cycling in microbial mat communities: the quantitative importance of N – fixation and other sources of N for primary productivity. *In* Microbial Mats (Lucas, J., and Caumette, P., eds.), pp. 32 – 42, Springer – Verlag, Berlin.

Beckett, R., Jue, Z., and Giddings, J. C. (1987) Determination of molecular weight distributions of fulvic and humic acids using field flow fractionation. Environ. Sci. Technol. 21, 289 – 295.

Belknap, D. F., and Kraft, J. C. (1977) Holocene relative sea – level changes and coastal stratigraphic units on the northwest flank of the Baltimore Canyon trough geosyncline. J. Sed. Petrol. 47, 610 – 629.

Benedetti, M. F., Milne, C. J., Kinniburgh, D. G., van Riemsdijk, W. H., and Koopal, L. K. (1995) Metal – ion binding to humic substances—application of the non – ideal competitive adsorption model. Environ. Sci. Technol. 29, 446 – 457.

Benitez – Nelson, C. R., and Buessler, K. O. (1999) Temporal variability of inorganic and organic phosphorus turnover rates in the coastal ocean. Nature 398, 502 – 505.

Benitez – Nelson, C. R., and Karl, D. M. (2002) Phosphorus cycling in the North Pacific Subtropical Gyre using cosmogenic $^{32}P$ and $^{33}P$. Limnol. Oceanogr. 47, 762 – 770.

Benitez – Nelson, C. R., O'Neill, L., Kolowith, L. C., Pellechia, P., and Thunell, R. (2004)
Phosphonates and particulate organic phosphorus cycling in an anoxic marine basin. Limnol. Oceanogr. 49, 1593 – 1604.

Benjamin, M. M., and Honeyman, B. D. (2000) Trace Metals. *In* Earth System Science—from Biogeochemical Cycles to Global Change (Jacobson, M. C., Charlson, R. J., Rodhe, H., and Orians, G. H., eds.), pp. 377 – 411, Academic Press, New York.

Benner, R. (2002) Chemical composition and reactivity. *In* Biogeochemistry of Marine Dissolved Organic Matter (Hansell, D. A., and Carlson, C. A., eds.), pp. 59 - 85, Academic Press, New York.

Benner, R. (2003) Molecular indicators of bioavailability of dissolved organic matter. *In* Aquatic Ecosystems: Interactivity of Dissolved Organic Matter (Findlay, S. E. G., and Sinsabaugh, R. L., eds.), pp. 122 - 135, Academic Press, New York.

Benner, R., Fogel, M. L., Sprague, E. K., and Hodson, R. E (1987) Depletion of $^{13}C$ in lignin and its implications for stable carbon isotope studies. Nature 329, 708 - 710.

Benner, R., Hatcher, P. G., and Hedges, J. I. (1990) Early diagenesis of mangrove leaves in a tropical estuary: Bulk chemical characterization using solid - state 13C NMR and elemental analyses. Geochem. Cosmochim. Acta 54, 2003 - 2013.

Benner, R., and Kaiser, K. (2003) Abundance of amino sugars and peptidoglycan in marine particulate and dissolved organic matter. Limnol. Oceanogr. 48, 118 - 128.

Benner, R., and Opsahl, S. (2001) Molecular indicators of the sources and transformations of dissolved organic matter in the Mississippi River plume. Org. Geochem. 32, 597 - 611.

Benner, R., Pakulski, J. D., McCarthy, M., Hedges, J. I., and Hatcher, P. G. (1992) Bulk chemical characteristics of dissolved organic matter in the ocean. Science 255, 1561 - 1564.

Bennett, A. Bianchi, T. S., and Means, J. C. (2000) The effects of PAH contamination and grazing on the abundance and composition of microphytobenthos in salt marsh sediments (Pass Fourchon, LA, USA): II: the use of plant pigments as biomarkers. Estuar. Coastal Shelf Sci. 50, 425 - 439.

Bennett, A. Bianchi, T. S., Means, J. C., and Carman, K. R. (1999) The effects of PAH contamination and grazing on the abundance and composition of microphytobenthos in salt marsh sediments (Pass Fourchon, LA, USA): I. A microcosm experiment. J. Exp. Mar. Biol. Ecol. 242, 1 - 20.

Benninger, L. K. (1978) $^{210}Pb$ balance in Long Island Sound. Geochim. Cosmochim. Acta 42, 1165 - 1174.

Benninger, L. K., Aller, R. C., Cochran, J. K., and Turekian, K. K. (1979) Effects of biological sediment mixing on the $^{210}Pb$ chronology and trace metal distribution in a Long Island Sound sediment core. Earth Planet. Sci. Lett. 43, 241 - 259.

Benoit, G. (2001) $^{210}Pb$ and $^{137}Cs$ dating methods in lakes: a retrospective study. J. Paleolimnol. 25, 455 - 465.

Benoit, G., Gilmour, C. C., and Mason, R. P. (1999) Sulfide controls on mercury speciation and bioavailability to methylating bacteria in sediment pore waters. Environ. Sci. Technol. 33, 951 - 957.

Benoit, G., Gilmour, C. C., and Mason, R. P. (2001) The influence of sulfide on solidphase mercury bioavailability for methylation by pure cultures of *Desulfobulbus propionicus*. Environ. Sci. Technol. 35, 127 - 132.

Benoit, G., Oktay - Marshall, S., Cantu, A., hood, E. M., Coleman, C., Corapcioglu, O., and Santschi, P. H. (1994) Partitioning of Cu, Pb, Ag, Zn, Fe, Al, and Mn between filter - retained particles, colloids, and solution in six Texas estuaries. Mar. Chem. 45, 307 - 336.

Berelson, W. M., Hammond, D. E., and Johnson, K. (1987) Benthic fluxes and the cycling of biogenic silica and carbon in two southern California borderland basins. Geochim. Cosmochim. Acta 51, 1345 - 1363.

Berg, G. M., Glibert, P. M., Jøgensen, N. O. G., Balode, M., and Purina, I. (2001) Variability in inorganic and organic nitrogen uptake associated with riverine nutrient input in the Gulf of Riga, Baltic Sea. Estuaries 24, 204 - 214.

Berg, G. M., Glibert, P. M., Lomas, M. W., and Burford, M. (1997) Organic nitrogen uptake and growth by the Chrysophyte *Aurecoccus anophagefferens* during a brown tide event. Mar. Biol. 129, 377 - 387.

Bergamaschi, B. A., Tsamakis, E., Keil, R. G., Eglinton, T. I., Montlucon, D. B., and Hedges, J. I. (1997) The effect of grain size and surface area on organic matter, lignin, and carbohydrate concentration, and molecular compositions in Peru margin sediments. Geochim. Cosmochim. Acta 61, 1247 - 1260.

Bergamaschi, B. A., Walters, J. S., and Hedges, J. I. (1999) Distributions of uronic acids and *O* - methyl sugars in sinking and sedimentary particles in two coastal marine environments. Geochim. Cosmochim. Acta 63, 413 - 425.

Berger, U., and Heyer, J. (1989) Utersuchungen zum Methankreislauf in der Saale. J. Basic Microb. 29, 195 - 213.

Bergmann, W. (1949) Comparative biochemical studies on the lipids of marine invertebrates with special reference to the sterols. J. Mar. Res. 8, 137 - 176.

Berman, T., and Bronk, D. A. (2003) Dissolved organic nitrogen: a dynamic participant in aquatic ecosystems. Aquat. Microb. Ecol. 31, 279 - 305.

Berman, T., and Chava, S. (1999) Algal growth on organic compounds as nitrogen sources. J. Plank. Res. 21, 1423 - 1437.

Berner, R. A. (1964) Iron sulfide formed from aqueous solution at low temperatures and atmospheric pressure. J. Geol. 72, 293 - 306.

Berner, R. A. (1970) Sedimentary pyrite formation. Am. J. Sci. 268, 1 - 23.

Berner, R. A. (1974) Kinetic models for early diagenesis of nitrogen, sulfur, phosphorus, and silicon in anoxic marine sediments. *In* The Sea (Goldberg, E. D., ed.), pp. 427 - 450, John Wiley, New York.

Berner, R. A. (1980) Early Diagenesis: A Theoretical Approach. Princeton University Press, N. J.

Berner, R. A. (1984) Sedimentary pyrite formation. Am. J. Sci. 268, 1 - 23.

Berner, R. A. (1989) Biogeochemical cycles of carbon and sulphur and their effect of atmospheric oxygen over Phanerozoic time. Paleogeogr. Paleoclim. Paleoecol. 75, 97 - 122.

Berner, R. A. (2004) The Phanerozoic Carbon Cycle: $CO_2$ and $O_2$. Oxford University Press, New York.

Berner, E. K., and Berner, R. A. (1987) The Global Water Cycle: Geochemistry and Environment. Prentice Hall, New York.

Berner, R. A., and Berner, R. A. (1996) Global Environment: Water, Air, and Geochemical Cycles. Prentice Hall, New York.

Berner, R. A., and Rao, J. (1994) Phosphorus in sediments of the Amazon River and estuary: implications for the global flux of phosphorus to the sea. Geochim. Cosmochim. Acta 38, 2333 - 2339.

Berner, R. A., and Westrich, J. T. (1985) Bioturbation and the early diagenesis of carbon and sulfur. Am. Sci. 285, 193 - 206.

Berresheim, H., M. O. Andreae, R. L. Iverson, and Li, S. M. (1991) Seasonal variations of dimethylsulfide emissions and atmospheric sulfur and nitrogen species over the western north Atlantic Ocean. Tellus 43, 353 - 372.

Berthelot, M. (1862) Essai d'une Theorie sur la formation des ethers. Ann Chim. Phys. 66, 110 - 128.

Bertilsson, S., Stepanauskas, R., Cuadros - Hansson, R. Graneli, W., Wilkner, J., and Tranvik, L. J. (1999) Photochemically induced changes in bioavailable carbon and nitrogen pools in a boreal watershed. Aquat. Microb. Ecol. 19, 47 - 56.

Bertine, K. K., Chan, L. H., and Turekian, K. K. (1970) Uranium determination in deepsea sediments and natural waters using fission tracks. Geochim. Cosmochim. Acta 34, 641.

Bertness, M. D. (1985) Fiddler crab regulation of *Spartina alterniflora* production on a New England salt - marsh. Ecology 66, 1042 - 1055.

Bertness, M. D. and Ellison, A. M. (1987) Determinants of pattern in a New England salt marsh plant community. Ecol. Monogr. 57, 129 - 147.

Bhat, S. G., and Krishnaswami, S. (1969) Isotopes of uranium and radium in Indian rivers. Proc. Indian Acad. Sci. 70, 1 – 17.

Bianchi, T. S. (1988) Feeding ecology of subsurface deposit – feeder *Leitoscoloplos fragilis* Verrill I. Mechanisms affecting particle availability on an intertidal sandflat. J. Exp. Mar. Biol. Ecol. 115, 79 – 97.

Bianchi, T. S. (1991) Density – dependent consumer effects on resource quality in carbonate sediments. Tex. J. Sci. 43, 283 – 295.

Bianchi, T. S., and Argyrou, M. E. (1997) Temporal and spatial dynamics of particulate organic carbon in the Lake Pontchartrain estuary, southeast Louisiana, USA. Estuar. Coastal Shelf Sci. 45, 557 – 569.

Bianchi, T. S., Argyrou, M., and Chipett, H. F. (1999b) Contribution of vascularplant carbon to surface sediments across the coastal margin of Cyprus (eastern Mediterranean). Org. Geochem. 30, 287 – 297.

Bianchi, T. S., Baskaran, M., Delord, J., and Ravichandran, M. (1997a) Carbon cycling in a shallow turbid estuary of southeast Texas: the use of plant pigments as biomarkers. Estuaries 20, 404 – 415.

Bianchi, T. S., and Canuel, E. A. (2001) Organic geochemical tracers in estuaries. 32, 451 – 452.

Bianchi, T. S., Dawson, R., and Sawangwong, P. (1988) The effects of macrobenthic deposit – feeding on the degradation of chloropigments in sandy sediments. J. Exp. Mar. Biol. Ecol. 122, 243 – 255.

Bianchi, T. S., Engelhaupt, E., McKee, B. A., Miles, S., Elmgren, R., Hajdu, S., Savage, C., and Baskaran, M. (2002a) Do sediments from coastal sites accurately reflect time trends in water column phytoplankton? A test from Himmerfjarden Bay (Baltic Sea proper). Limnol. Oceanogr. 47, 1537 – 1544.

Bianchi, T. S., Engelhaupt, E., Westman, P., Andren, T., Rolff, C., and Elmgren, R. (2000c) Cyanobacterial blooms in the Baltic Sea: natural or human – induced? Limnol. Oceanogr. 45, 716 – 726.

Bianchi, T. S., Filley, T., Dria, K., and Hatcher, P. G. (2004) Temporal variability in sources of dissolved organic carbon in the lower Mississippi River. Geochim. Cosmochim. Acta 68, 959 – 967.

Bianchi, T. S., and Findlay, S. (1990) Plant pigments as tracers of emergent and submergent macrophytes from the Hudson River. Can. J. Fish. Aquat. Sci., 47, 492 – 494.

Bianchi, T. S., and Findlay, S. (1991) Decomposition of Hudson estuary macrophytes: photosynthetic pigment transformations and decay constants. Estuaries 14, 65 – 73.

Bianchi, T. S., Findlay, S., and Dawson, R. (1993) Organic matter sources in the water column and sediments of the Hudson River estuary: the use of plant pigments as tracers. Estuar. Coastal Shelf Sci. 36, 359 – 376.

Bianchi, T. S., Findlay, S., and Fontvieille, D. (1991) Experimental degradation of plant materials in Hudson River sediments. I. Heterotrophic transformations of plant pigments. Biogeochemistry 12, 171 – 187.

Bianchi, T. S., Freer, M. E., and Wetzel, R. G. (1996) Temporal and spatial variability and the role of dissolved organic carbon (DOC) in methane fluxes from the Sabine River floodplain (Southeast Texas, USA). Arch. Hydrobiol. 136, 261 – 287.

Bianchi, T. S., Johansson, B., and Elmgren, R. (2000a) Breakdown pf phytoplankton pigments in Baltic sediments: effects of anoxia and loss of deposit – feeding macrofauna. J. Exp. Mar. Biol. Ecol. 251, 161 – 183.

Bianchi, T. S., Kautsky, K., and Argyrou, M. (1997c) Dominant chlorophylls and carotenoids in macroalgae of the Baltic Sea (Baltic Proper): their use as potential biomarkers. Sarsia 82, 55 – 62.

Bianchi, T. S., Lambert, C. D., Santschi, P. H., and Guo, L. (1997b) Sources and transport of land – derived particulate and dissolved organic matter in the Gulf of Mexico (Texas shelf/slope): the use of lignin – phenols and loliolides as biomarkers. Org. Geochem. 27, 65 – 78.

Bianchi, T. S., Mitra, S., and McKee, M. (2002b) Sources of terrestrially – derived carbon in the Lower Mississippi River and Louisiana shelf: Implications for differential sedimentation and transport at the coastal margin. Mar. Chem. 77, 211 – 223.

Bianchi, T. S., Pennock, J. R., and Twilley, R. R. (eds.) (1999a) Biogeochemistry of Gulf of Mexico estuaries: implications for management. *In* Biogeochemistry of Gulf of Mexico Estuaries, pp. 407 – 421, John Wiley, New York.

Bianchi, T. S., and Rice, D. L. (1988) Feeding ecology of *Leitoscoloplos fragilis*. II. Effects of worm density on benthic diatom production. Mar. Biol. 99, 123 – 131.

Bianchi, T. S., Rolfe, C., and Lambert, C. D. (1997d) Sources and composition of particulate organic carbon in the Baltic Sea: the use of plant pigments and lignin – phenols as biomarkers. Mar. Ecol. Prog. Ser. 156, 25 – 31.

Bianchi, T. S., P. Westman, C. Rolff, E. Engelhaupt, T. Andren, and Elmgren, R. (2000b) Cyanobacterial blooms in the Baltic Sea: Natural or human – induced? Limnol. Oceanogr. 45, 716 – 726.

Biddanda, B. A., and Benner, R. (1997) Carbon, nitrogen, and carbohydrate fluxes during the production of particulate and dissolved organic matter by marine phytoplankton. Limnol. Oceanogr. 42, 506 – 518.

Biddanda, B. A., and Pomeroy, L. R. (1988) Microbial aggregation and degradation of phytoplankton – derived detritus in seawater. I. Microbial succession. Mar. Ecol. Prog. Ser. 42, 79 – 88.

Bidigare, R. R., Kennicutt II M. C., and Keeney – Kennicutt, W. L. (1991) Isolation and purification of chlorophylls *a* and *b* for the determination of stable carbon and nitrogen isotope compositions. Anal. Chem. 63, 130 – 133.

Bidigare, R. R., Ondrusek, M. E., and Brooks, J. M. (1993) Influence of the Orinoco River outflow on distributions of algal pigments in the Caribbean Sea. J. Geophys. Res. 98, 2259 – 2269.

Bidle, K., and Azam, F. (1999) Accelerated dissolution of diatom silica by marine bacterial assemblages. Nature 397, 508 – 512.

Bidle, K. D., and Azam, F. (2001) Bacterial control of silicon regeneration from diatom detritus: significance of bacterial ectohydrolases and species identity. Limnol. Oceanogr. 46, 1606 – 1623.

Bidle, K., Brzezinski, M. A., Long, R. A., Jones, J. L., and Azam, F. (2003) Diminished efficiency in the oceanic silica pump caused by bacteria – mediated silica dissolution. Limnol. Oceanogr. 48, 1855 – 1868.

Bidleman, T. F. (1988) Atmospheric processes: wet and dry deposition of organic compounds are controlled by their vapor – particle partitioning. Environ. Sci. Technol. 22, 361 – 367.

Bieger, T., Abrajano, Jr., T. A., and Hellou, J. (1997) Generation of biogeneic hydrocarbons during a spring bloom in Newfoundland coastal (NWAtlantic) waters. Org. Geochem. 26, 207 – 218.

Bigeleisen, J. (1949) The relative reaction velocities of isotopic molecules. J. Chem. Phys. 17, 675 – 678.

Biggs, R. B., and Beasley, E. L. (1988) Bottom and suspended sediments in the Delaware River and estuary. *In* Ecology and restoration of the Delaware River Basin. (S. K. Majumdar, S. K., Miller, E. W., and Sage, L. E., eds.), pp. 116 – 151, Pennsylvania Academy of Sciences, Philadelphia.

Biggs, R. B., and Howell, B. A. (1984) The estuary as a sediment trap: alternate approaches to estimating its filtering efficiency. *In* The Estuary as a Filter (Kennedy, V. S., ed.), pp. 107 – 129, Academic Press, New York.

Biggs, R. B., Sharp, J. H., Church, T. M., and Tramontano, J. M. (1983) Optical properties, suspended sediments, and chemistry associated with the turbidity maxima of the Delaware estuary. Can. J. Fish. Aquat. Sci. 40, 172 – 179.

Billen, G. (1984) Heterotrophic utilization and regeneration of nitrogen. *In* Heterotrophic utilization and regeneration of nitrogen (Hobbie, J. E., and Williams, P. J., eds.), pp. 313 – 355, Plenum Press, New York.

Billen, G., Garnier, J., Deligne, C., and Billen, C. (1999) Estimates of early industrial inputs of nutrients to river systems: Implications for coastal eutrophication. Sci. Total Environ. 243/244, 43 – 52.

Billen, G., Garnier, J., Ficht, A., and Cun, C. (2001) Modeling the response of water quality in the Seine River estuary to human activity in its watershed over the last 50 years. Estuaries 24, 977 – 993.

Billen, G., Lancelot, C., and Meybeck, M. (1991) N, P, and Si retention along the aquatic continuum from land to ocean. *In* Ocean margin Processes in Global Change (Mantoura, R. F. C., Martin, J. M., and Wollast, R., eds.), pp. 19 – 44, John Wiley, New York.

Billen, G., Somville, M., de Becker, E., and Servais, P. (1985) A nitrogen budget of the Scheldt hydrographical basin. Neth. J. Sea Res. 19, 223 – 230.

Billet, D. S. M., Lampitt, R. S., Rice, A. L., and Mantoura, R. F. C. (1983) Seasonal sedimentation of phytoplankton to the deep sea benthos. Nature 302, 520 – 522.

Bird, E. C. F. (1980) Mangroves and coastal morphology. Victorian Naturalist 97, 48 – 58.

Bird, E. C. F., and Schwartz, M. L. (1985) The World's Coastline. Van Nostrand Reinhold, New York.

Birkeland, P. W. (1999) Soils and Geomorphology, 2nd ed. Oxford University Press, New York.

Bishop, C. T., and Jennings, H. J. (1982) Immunology of polysaccharides. *In* The Polysaccharides (Aspinall, G. O., ed.), pp. 292 – 325, Academic Press, New York.

Bjønland, T., and Liaaen – Jensen, S. (1989) Distribution patterns of carotenoids in relation to chromophyte phylogeny and systematics. *In* The Chromophyte Algae: Problems and Perspectives (Green, J. C., and Diver, B. S. C., eds.), pp. 37 – 60, Clarendon Press, Oxford, UK.

Black, A. S., and Waring, S. A. (1977) The natural abundance of $^{15}N$ in the soil – water system of a small catchment area. Aust. J. Soil Res. 15, 51 – 57.

Blackburn, T. H. (1991) Accumulation and regeneration: Processes at the benthic boundary layer. *In* Ocean margin Processes in Global Change (Mantoura, R. F. C., Martin, J. M., and Wollast, R., eds.), pp. 181 – 195, John Wiley, New York.

Blackburn, T. H., and Henriksen, K. (1983) Nitrogen cycling in different types of sediments from Danish waters. Limnol. Oceanogr. 28, 477 – 493.

Blair, N. E., Leithold, E. I., and Aller, R. C. (2004) From bedrock to burial: the evolution of particulate organic carbon across coupled watershed – continental margin systems. Mar. Chem. 92, 141 – 156.

Blair, N. E., Leithold, E. I., Ford, S. T., Peeler, K. A., Holmes, J. C., and Perkey, D. W. (2003) The persistence of memory: the fate of ancient sedimentary organic carbon in a modern sedimentary system. Geochim. Cosmochim. Acta 67, 63 – 73.

Blake, A. C., Kineke, G. C., Milligan, T. G., and Alexander, C. (2001) Sediment trapping and transport in the ACE basin, South Carolina. Estuaries 24, 721 – 733.

Bledsoe, E. L., and Phlips, E. J. (2000) Relationships between phytoplankton standing crop and physical, chemical, and biological gradients in the Suwannee river and plume region, USA. Estuaries 23, 458 – 473.

Bloom, N. S., and Crecelius, E. A. (1983) Solubility behavior of atmospheric $^{7}Be$ in the marine environment. Mar. Chem. 12, 323 – 331.

Bloom, N. S., Gill, G. A., Cappellino, S., Dobbs, C., McShea, L., Drsicoll, C., Mason, R., and Rudd, J. (1999) Speciation and cycling of mercury in Lavaca Bay, Texas, sediments. Environ. Sci. Technol. 33, 7 – 13.

Bloom N. S., Preuss, E., Katon, J., and Hiltner, M. (2003) Selective extractions to assess the biogeochemically relevant fractionation of inorganic mercury in sediments and soils. Anal. Chim. Acta 479, 233 – 248.

Blough, N. V., and Del Vecchio, R. (2002) Chromophoric DOM in the Coastal Environment. *In* Biogeochemistry of Marine Dissolved Organic Matter (Hansell, D. A., and Carlson, C. A., eds.), pp. 509 – 546, Academic Press, New York.

Blough, N. V., and Green, S. A. (1995) Spectroscopic characterization and remote sensing of non – living organic matter.

*In* The Role of Non – living Organic Matter in the Earth's Carbon Cycle (Zepp, R. G., and Sonntag, C., eds.), pp. 23 – 45, john Wiley, Chichester, UK.

Blough, N. V., and Zepp, R. G. (eds.) (1990) Effects of Solar Ultraviolet Radiation on Biogeochemical Dynamics in Aquatic Environments. Woods Hole Oceanographic Institution Technical Report, WHOI – 90 – 09.

Blumer, M., Guillard, R. R. L., and Chase, T. (1971) Hydrocarbons of marine phytoplankton. Mar. Biol. 8, 183 – 189.

Blumer, M., Mullin, M. M., and Thomas, D. S. (1964) Pristane in zooplankton. Science 140, 974.

Boatman, C. D., and Murray, J. W. (1982) Modeling exchangeable $NH_4^+$ adsorption in marine sediments: process and controls of adsorption. Limnol. Oceanogr. 27, 99 – 110.

Bock, B. R. (1984) Efficient use of nitrogen in cropping systems. *In* Nitrogen in Crop Production (Hauck, R. D., ed.), pp. 273 – 294, American Society of Agronomy, Madison, WI.

Boesch, D. F. (2002) Challenges and opportunities for science in reducing nutrient overenrichment of coastal ecosystems. Estuaries 25, 886 – 900.

Boesch, D. F., Burger, J., D'Elia, C. F., Reed, D. J., and Scavia, D. (2000) Scientific synthesis in estuarine management. *In* Estuarine Science: A Synthetic Approach to Research and Practice (Hobbie, J. E., ed.), pp. 507 – 526, Island Press, Washington, DC.

Boesen, C., and Postma, D. (1988) Pyrite formation in anoxic sediments of the Baltic. Am. J. Sci. 288, 575 – 603.

Boicourt, W. C. (1990) The influences of circulation processes on dissolved oxygen in Chesapeake Bay. *In* Oxygen Dynamics in Chesapeake Bay, USA, A Synthesis of Recent Research (Smith, D. E., Leffler, M., and Mackiernan, eds.), pp. 1 – 59.

Maryland Sea Grant, College Park, MD. Bokuniewicz, H. (1995) Sedimentary systems of coastal – plain estuaries. *In* Geomorphology and Sedimentology of Estuaries. Developments in Sedimentology 53 (Perillo, G. M. E., ed.), pp. 49 – 67, Elsevier Science, New York.

Bokuniewicz, H., Pollack, M., Blum, J., and Wilson, R. (2004) Submarine ground water discharge and salt penetration across the sea floor. Ground Water 42, 983 – 989.

Bollinger, M. S., and Moore, W. S. (1993) Evaluation of salt marsh hydrology using radium as a tracer. Geochim. Cosmochim. Acta 57, 2203 – 2212.

Bonin, P., Gilewicz, M., and Bertrand, J. C. (1989) Effects of oxygen on each step of denitrification on *Pseudomonas nautica*. Can. J. Microbiol. 35, 1061 – 1064.

Bonin, P., Omnes, P., and Chalamet, A. (1998) Simultaneous occurrence of denitrification and nitrate ammonification in sediments of the French Mediterranean coast. Hydrobiologia 389, 169 – 182.

Bonin, P., and Raymond, N. (1990) Effects of oxygen on denitrification in marine sediments. Hydrobiologia 207, 115 – 122.

Bopp, R. F., Simpson, H. J., Olsen, C. R., Trier, R. M., and Kostyk, N. (1982) Chlorinated hydrocarbons and radionuclide chronologies in sediments of the Hudson River and estuary, New York. Environ. Sci. Technol. 15, 210 – 218.

Borch, N. H., and Kirchman, D. L. (1999) Protection of labile organic matter from bacterial degradation by submicron particles. Aquat. Microb. Ecol. 16, 265 – 272.

Borges, A. V. (2005) Do we have enough pieces of the jigsaw to integrate $CO_2$ fluxes in the coastal ocean? Estuaries 28, 3 – 27.

Borges, A. V., Delille, B., Schiettecatte, L., Gazeau, F., Abril, G., and Frankignoulle, M. (2004) Gas transfer velocities of $CO_2$ in three European estuaries (Randers Fjord, Scheldt, and Thames). Limnol. Oceanogr. 49, 1630 – 1641.

Borges, A. V., and Frankignoulle, M. (2002) Distribution and air – water exchange of carbon dioxide in the Scheldt plume off the Belgian coast. Biogeochemistry 59, 41 – 67.

Borole, D., Krishnaswami, S., and Somayajulu, B. L. K. (1977) Investigations on dissolved uranium, silicon, and particulate trace elements in estuaries. Estuar. Coastal Shelf Sci. 5, 743 – 754.

Borole, D., Krishnaswami, S., and Somayajulu, B. L. K. (1982) Uranium isotopes in rivers, estuaries and adjacent coastal sediments of western India: their weathering, transport and oceanic budget. Geochim. Cosmochim. Acta 46, 125 – 137.

Borsuk, M., Stowe, C., Luettich, R. A., Paerl, H., and Pinckney, J. (2001) Modeling oxygen dynamics in an intermittently stratified estuary: estimation of process rates using field data. Estuar. Coastal Shelf Sci. 52, 33 – 49.

Bortolus, A., Iribarne, O. O., and Martinez, M. M. (1998) Relationship between waterfowl and the seagrass *Ruppia maritima* in a southwestern Atlantic coastal lagoon. Estuaries 21, 710 – 717.

Boschker, H. T. S., Bertilsson, S. A., Dekkers, E. M. J., and Cappenberg, T. E. (1995) An inhibitor – based method to measure initial decomposition of naturally occurring polysaccharides in sediments. Appl. Environ. Microbiol. 61, 2186 – 2192.

Boschker, H. T. S., de Brower, J. F. C., and Cappenberg, T. E. (1999) The contribution of macrophyte – derived organic matter to microbial biomass in salt – marsh sediments: Stable carbon isotope analysis of microbial biomarkers. Limnol. Oceanogr. 44, 309 – 319.

Boto, K. G. (1982) Nutrient and organic fluxes in mangroves. *In* Mangrove Ecosystems in Australia (Clough, B. F., ed.), pp. 239 – 257, Australian National University Press, Canberra.

Boto, K. G., and Bunt, J. S. (1981) Tidal export of particulate organic matter from a northern Australian mangrove system. Estuar. Coastal Shelf Sci. 13, 247 – 255.

Boto, K. G., and Wellington, J. T. (1988) Seasonal variations in concentrations and fluxes of dissolved organic materials in a tropical, tidally – dominated, mangrove waterway. Mar. Ecol. Prog. Ser. 50, 151 – 160.

Bøtcher, M. E., and Lepland, A. (2000) Biogeochemistry of sulfur in a sediment core from the west – central Baltic Sea: evidence from stable isotopes and pyrite textures. J. Mar. Syst. 25, 299 – 312.

Bøtcher, M. E., Sievert, S. M., and Kuever, J. (1999) Fractionation of sulfur isotopes during assimilatory reduction of sulfate thermophilic gram – negative bacterium at 60 degrees C. Arch. Microbiol. 172, 125 – 128.

Bøtcher, M. E., Strebel, O., Voerkelius, S., and Schmidt, H. L. (1990) Using isotope fractionation of nitrate – nitrogen and nitrate – oxygen for evaluation of microbial denitrification in a sandy aquifer. J. Hydrol. 114, 413 – 424.

Boudreau, B. P. (1996) The diffusive tortuosity of fine – grained unlithified sediments. Geochim. Cosmochim. Acta 60, 3139 – 3142.

Boudreau, B. P., and Canfield, D. E. (1993) A comparison of closed – and open – system models for porewater pH and calcite dissolution. Geochim. Cosmochim. Acta 57, 317 – 334.

Boudreau, B. P., and Jøgensen, B. B. (eds.) (2001) The Benthic Boundary Layer: Transport Processes and Biogeochemistry, Oxford University Press, Oxford, UK.

Boudreau, B. P., and Westrich, J. T. (1984) The dependence of bacterial sulfate reduction on sulfate concentration in marine sediments. Geochim. Cosmochim. Acta 48, 2503 – 2516.

Bouillon, S., Frankignoulle, M., Dehairs, F., Velimirov, B., Eiler, A., Abril, G., Etcheber, H., and Borges, A. V. (2003) Inorganic and organic carbon biogeochemistry in the Gautami Godavari estuary (Andhra Pradesh, India) during pre – monsoon: the local impact of extensive mangrove forests. Global. Biogeochem. Cycles 17, 1114.

Bouloubassi, I., and Saliot, A. (1993) Dissolved, particulate and sedimentary naturally derived polycyclic aromatic hydrocarbons in coastal environment: geochemical significance. Mar. Chem. 42, 127 – 143.

Bourgeois J. (1994) Patterns of benthic nutrient fluxes on the Louisiana continental shelf. M. S. thesis, University of Southwestern Louisiana.

Boutton, T. W. (1991) Stable carbon isotope ratios of natural materials: II. Atmospheric terrestrial, marine, and freshwater environments. *In* Carbon Isotope Techniques (Coleman, D. C., and Fry, B., eds.), pp. 173 – 185, Academic Press, NY.

Bouwman, A. F., van Drecht, G., Knoop, J. M., Beusen, A. H. W., and Meinardi, C. R. (2005) Exploring changes in river nitrogen export to the worlds oceans. Global Biogeochem. Cycles 19, doi: 1029/2004GB002314.

Bowden, K. F. (1967) Circulation and diffusion. *In* Estuaries (Lauff, G. H., ed.), pp. 15 – 36, American Association for the Advancement of Science, Washington, DC.

Bowden, K. F. (1980) Physical factors: salinity, temperature, circulation, and mixing processes. *In* Chemistry and Biogeochemistry of Estuaries (Olausson, E., and Cato, I., eds.), pp. 38 – 68, John Wiley, New York.

Bowen, J. L., and Valiela, I. (2004) Nitrogen loads to estuaries: using loading models to assess the effectiveness of management options to restore estuarine water quality. Estuaries 27, 482 – 500.

Boyd, R., and Penland, S. (1988) A geomorphic model for Mississippi delta evolution. Trans. Gulf Coast Assoc. Geol. Soc. 38, 443 – 452.

Boyer, J. N., Christian, R. R., and Stanley, D. W. (1993) Patterns of phytoplankton primary productivity in the Neuse River estuary, North Carolina, USA. Mar. Ecol. Prog. Ser. 97, 287 – 297.

Boyle, E. A., Edmond, J. M., and Sholkovitz, E. R. (1977) The mechanism of iron removal in estuaries. Geochim. Cosmochim. Acta 41, 1313 – 1324.

Boynton, W. R., Boicourt, W., Brant, S., Hagy, J., Harding, E. Houde, E., Holliday, D. V., Jech, M., Kemp, W. M., Lascara, C., Leach, S. D., Madden, A. P., Roman, M., Sanford, L., and E. M. Smith. (1997) Interactions between physics and biology in estuarine turbidity maximum (ETM) of Chesapeake Bay, USA. CM 1997/S: 11. International Council for the Exploration of the Sea, Copenhagen, Denmark.

Boynton, W. R., Garber, J. H., Summers, R., and Kemp, W. M. (1995) Inputs, transformations, and transport of nitrogen and phosphorus in Chesapeake Bay and selected tributaries. Estuaries 18, 285 – 314.

Boynton, W. R., and Kemp, W. M. (1985) Nutrient regeneration and oxygen consumption by sediments along an estuarine gradient. Mar. Ecol. Prog. Ser. 23, 45 – 55.

Boynton, W. R., and Kemp, W. M., (2000) Influence of river flow and nutrient loads on selected ecosystem processes—a synthesis of Chesapeake Bay data. *In* Estuarine Science: A Synthetic Approach to Research and Practice (Hobbie, J. E., ed.), pp. 269 – 298, Island Press, Washington, DC.

Boynton, W. R., Kemp, W. M., and Keefe, C. W. (1982) A comparative analysis of nutrients and other factors influencing estuarine phytoplankton production. *In* Estuarine Comparisons (Kennedy, V. S., ed.), pp. 69 – 90, Academic Press, New York.

Boynton, W. R., Matteson, L. L., Watts, J. L., Stammerjohn, S. E., Jasiniski, D. A., and Rohland, F. M. (1991) Maryland Chesapeake Bay water quality monitoring programs: ecosystem processes component level 1 interpretive report No. 8. UMCEES, CBL Ref. No. 91 – 110.

Boynton, W. R., Murray, L., Hagy, J. D., Stokes, C., and Kemp, W. M. (1996) A comparative analysis of eutrophication patterns in a temperate coastal lagoon. Estuaries 19, 408 – 421.

Branch, G. M., and Griffiths, C. L. (1988) The Benguela ecosystem. Part V. The coastal zone. Oceanogr. Mar. Biol. Ann. Rev. 26, 395.

Brandes, J. A., and Devol, A. H. (1995) Simultaneous nitrate and oxygen respiration in coastal sediments: evidence for discrete diagenesis. J. Mar. Res. 53 (5), 771 – 797.

Brandes, J. A., and Devol, A. H. (1997) Isotopic fractionation of oxygen and nitrogen in coastal marine sediments. Geochim. Cosmochim. Acta 61, 1793 – 1801.

Brasse, S., Nellen, M., Seifert, R., and Michaelis, W. (2002) The carbon dioxide system in the Elbe estuary. Biogeochemistry 59, 25 – 40.

Brassell, S. C., Comet, P. A., Eglinton, G., Isaacson, P. J., McEvoy, J., Maxwell, J. R., Thomson, I. D., Tibbetts, P. J., and Volkman, J. K., (1980) The origin and fate of lipids in the Japan Trench. *In* Advances in Organic Geochemistry (Douglas, A. G., and Maxwell, J. R. eds.), pp. 375 – 392, Pergamon Press, Oxford, UK.

Brassell, S. C., and Eglinton, G. (1983) The potential of organic geochemical compounds as sedimentary indicators of upwelling. *In* Coastal Upwelling: Its Sediment Record (Suess, E., and Thiede, J., eds.), pp. 545 – 571, Plenum Press, New York.

Bravo, J. M., Perzi, M., Hartner, T., Kannenberg, E. L., and Rohmer, M. (2001) Novel methylated triterpenoids of the gammacerane series from the nitrogen – fixing bacterium *Bradyrhizobium japonicum* USDA 110. Eur. J. Biochem. 286, 1323 – 1331.

Breitburg, D. L. (2002) Effects of hypoxia, and balance between hypoxia and enrichment, on coastal fishes and fisheries. Estuaries 25, 767 – 781.

Breitburg, D. L., Sanders, J. G., Gilmour, C. C., Hatfield, C. A., Osman, R. W., Riedel, G. F., Seitzinger, S. P., and Sellner, K. P. (1999) Variability in responses to nutrients and trace elements, and transmission of stressor effects through an estuarine food web. Limnol. Oceanogr. 44, 837 – 863.

Brenon, I., and Le Hir, P. (1999) Modelling the turbidity maximum in the Seine estuary (France): Identification of formation processes. Estuar. Coastal Shelf Sci. 49, 525 – 544.

Brezonik, P. L. (1994) Chemical Kinetics and Process Dynamics in Aquatic Systems. Lewis Publishers, London.

Bricaud, A., Morel, A., and Prieur, L. (1981) Absorption by dissolved organic matter in the sea (yellow substance) in the UV and visible domains. Limnol. Oceanogr. 26, 43 – 53.

Bricker, S. B., Clement, C. G., Pirhalla, D. E., Orlando, S. P., and Farrow, D. G. G. (1999) National Estuarine Eutrophication Assessment: Effects of Nutrient Enrichment in the Nation's Estuaries. National Ocean Service, NOAA, Silver Springs, MD.

Bricker – Urso, S., Nixon, S. W., Cochran, J. K., Hirschberg, D. J., and Hunt, C. (1989) Accretion rates and sediment accumulation in Rhode Island salt marshes. Estuaries 12, 300 – 317.

Bridges, T. S., Levin, L. A., Cabrera, D., and Plaia, G. (1994) Effects of sediment amended with sewage, algae, or hydrocarbons on growth and reproduction in two opportunistic polychaetes. J. Exp. Mar. Biol. Ecol. 177, 99 – 119.

Brinson, M. M. (1993) A hydrogeomorphic classification for wetlands. Waterways Experiment Station, Vicksburg, MS. NTIS No. AD A270 053.

Brock, D. A. (2001) Nitrogen budget for low and high freshwater inflows, Nueces Estuary, Texas. Estuaries 24, 509 – 521.

Broecker, W. S., and Peng, T. H. (1974) Gas exchange rates between the air and the sea. Tellus 26, 21 – 35.

Broecker, W. S., and Peng, T. H. (1982) Tracers in the Sea, LDGEO Press, New York. Bronk, D. A. (2002) Dynamics of organic nitrogen. *In* Biogeochemistry of Marine Dissolved Organic Matter (Hansell, D. A., and Carlson, C. A., eds.), pp. 153 – 231, Academic Press, San Diego, CA.

Bronk, D. A., and Glibert, P. M. (1993) Contrasting patterns of dissolved organic nitrogen release by two size fractions of estuarine plankton during a period of rapid $NH_4^+$ consumption and $NO_2$ – production. Mar. Ecol. Prog. Ser. 96, 291 –299.

Bronk, D. A., Glibert, P. M., Malone, T. C., Banahan, S., and Sahlsten, E. (1998) Inorganic and organic nitrogen cycling in Chesapeake Bay: autotrophic versus heterotrophic processes and relationships to carbon flux. Aquat. Microb. Ecol. 15, 177 – 189.

Bronk, D. A., Glibert, P. M., and Ward, B. B. (1994) Nitrogen uptake, dissolved organic nitrogen release, and new production. Science 265, 1843 – 1846.

Bronk, D. A., and Ward, B. B. (1999) Gross and net nitrogen uptake and DON release in the euphotic zone of Monterey Bay, California. Limnol. Oceanogr. 44, 573 – 585.

Bronk, D. A., and Ward, B. B. (2000) Magnitude of DON release relative to gross nitrogen uptake in marine systems. Limnol. Oceanogr. 45, 1879 – 1883.

Brown, S. B., Houghton, J. D., and Hendry, G. A. F. (1991) Chlorophyll breakdown. *In* Chorophylls (Scheer, H., ed.), pp. 465 – 489, CRC Press, Boca Raton, FL.

Brownawall, B. J., and Farrington, J. W. (1985) Partitioning of PCBs in marine sediments. *In* Marine and Estuarine Geochemistry (Sigleo, A. C., and Hattori, A., eds.), pp. 97 – 120, Lewis Publishers, Boca Raton, FL.

Brownawall, B. J., and Farrington, J. W. (1986) Biogeochemistry of PCBs in interstitial waters of a coastal marine sediment. Geochim. Cosmochim. Acta 50, 157 – 169.

Bruland, K. W., and Coale, K. H. (1986) Surface water $^{234}Th/^{238}U$ disequilibria: spatial and temporal variations of scavenging rates within the Pacific Ocean. *In* Dynamic Processes in the Chemistry of the Upper Ocean (Burton, J. D., ed), pp. 159 – 172, Plenum Publications, New York.

Bruland, K. W., Donat, J. R., and Hutchins, D. A. (1991) Interactive influences of bioactive trace metals on biological production in oceanic waters. Limnol. Oceanogr. 36, 1555 – 1577.

Bruland, K. W., Rue, E. L., Donat, J. R., Skrabal, S. A., and Moffett, J. W. (2000) Intercomparison of voltammetric techniques to determine the chemical speciation of dissolved copper in a coastal seawater sample. Anal. Chim. Acta 405, 99 – 113.

Brzezinski, M. A., Jones, J. L., Bidle, K. D., and Azam, F. (2003) The balance between silica production and silica dissolution in the sea: insights from Monterey Bay, California, applied to the global data set. Limnol. Oceanogr. 48, 1846 – 1854.

Brzezinski, M. A., and Nelsen, D. M. (1989) Seasonal changes in the silicon cycle within a Gulf Stream warm – core ring. Deep – Sea Res. 36, 1009 – 1030.

Budge, S. M., and Parrish, C. C. (1998) Lipid biogeochemistry of plankton, settling matter and sediments in Trinity Bay, Newfoundland. II. Fatty acids. Org. Geochem. 29, 1547 – 1559.

Budzinski, H., Jones, I., Bellocq, C., and Garrigues, P. (1997) Evaluation of sediment contamination by polycyclic aromatic hydrocarbons in the Gironde estuary. Mar. Chem. 58, 85 – 97.

Buessler, K. O. (1998) The decoupling of production and particulate export in the surface ocean. Global Biogeochem. Cycles 12, 297 – 310.

Buessler, K., Bauer, J., Chen, R., Eglinton, T., Gustafsson, O., Landing, W., Mopper, K., Moran, S. B., Santschi, P., Vernon Clark, R., and Wells, M. (1996) An intercomparison of cross – flow filtration techniques used for sampling marine colloids: overview and organic carbon results. Mar. Chem. 55, 1 – 32.

Buffam, I., and McGlathery, K. J. (2003) Effect of ultraviolet light on dissolved nitrogen transformations in coastal lagoon water. Limnol. Oceanogr. 48, 723 – 734.

Buffle, J. (1990) Complexation Reactions in Aquatic Systems. An Analytical Approach. Ellis Horwood, New York.

Buffle, J., Altmann, R. S., Filella, M., and Tessier, A. (1990) Complexation by natural heterogeneous compounds: site occupation distribution functions, a normalized description of metal complexation. Geochim. Cosmochim. Acta 54, 1535 - 1554.

Buffle, J., and Leppard, D. L. (1995) Characterization of aquatic colloids and macromolecules: 2. key role of physical structures on analytical results. Environ. Sci. Technol. 29, 2169 - 2175.

Buffle, J., Perret, D., and Newman, M. (1993) The use if filtration and ultrafiltration for size fractionation of aquatic particles, colloids, and macromolecules. *In* Environmental Particles (Buffle, J., and van Leeuwen, P., eds.), pp. 171 - 230, Lewis Publishers, Boca Raton, FL.

Bugna, G. C., Chanton, J. P. Cable, J. E., Burnett, W. C., and Cable, P. H. (1996) The importance of groundwater discharge to the methane budgets of nearshore and continental shelf waters of the northwestern Gulf of Mexico. Geochim. Cosmochim. Acta 60, 4735 - 4746.

Bunch, J. N. (1987) Effects of petroleum releases on bacterial numbers and microheterotrophic activity in the water and sediment of an Arctic marine ecosystem. Arctic 40, 172 - 183.

Burdige, D. J. (1989) The effects of sediment slurrying on microbial processes, and the role of amino acids as substrates for sulfate reduction in anoxic marine sediments. Biogeochemistry 8, 1 - 23.

Burdige, D. J. (1991) The kinetics of organic matter mineralization in anoxic marine sediments. J. Mar. Res. 49, 727 - 761.

Burdige, D. J. (1993) The biogeochemistry of manganese and iron reduction in marine sediments. Earth Sci. Rev. 35, 249 - 284.

Burdige, D. J. (2001) Dissolved organic matter in Chesapeake Bay sediment pore waters. Org. Geochem. 32, 487 - 505.

Burdige, D. J. (2002) Sediment pore waters. *In* Biogeochemistry of Marine Dissolved Organic Matter (Hansell, D. A., and Carlson, C. A., eds.), pp. 612 - 653, Academic Press, New York.

Burdige, D. J., Alperin, M. J., Homstead, J., and Martens, C. S. (1992) The role of benthic fluxes of dissolved organic carbon in oceanic and sedimentary carbon cycling. Geophys. Res. Lett. 19, 1851 - 1854.

Burdige, D. J., and Gardner, K. G. (1998) Molecular weight distribution of dissolved organic carbon in marine sediment pore waters. Mar. Chem. 62, 45 - 64.

Burdige, D. J., and Gieskes, J. M. (1983) A pore water/solid phase diagenetic model for manganese in marine sediments. Am. J. Sci. 283, 29 - 47.

Burdige, D. J., and Homstead, J. (1994) Fluxes of dissolved organic carbon from Chesapeake Bay sediments. Geochim. Cosmochim. Acta 58, 3407 - 3424.

Burdige, D. J., Kline, S. W., and Chen, W. (2004) Fluorescent dissolved organic matter in marine sediment pore waters. Mar. Chem. 89, 289 - 311.

Burdige, D. J., and Martens, C. S. (1988) Biogeochemical cycling in an organic - rich marine basin: 10. The role of amino acids in sedimentary carbon and nitrogen cycling. Geochim. Cosmochim. Acta 52, 1571 - 1584.

Burdige, D. J., and Martens, C. S. (1990) Biogeochemical cycling in an organic - rich coastal marine basin: 11. The sedimentary cycling of dissolved, free amino acids. Geochim. Cosmochim. Acta 54, 3033 - 3052.

Burdige, D. J., and Nealson, K. H. (1986) Chemical and microbiological studies of sulfidemediated manganese reduction. Geomicrobiol. J. 4, 361 - 387.

Burdige, D. J., Skoog, A., and Gardner, K. (2000) Dissolved and particulate carbohydrates in contrasting marine sediments. Geochim. Cosmochim. Acta 64, 1029 - 1041.

Burdige, D. J., and Zheng, S. (1998) The biogeochemical cycling of dissolved organic nitrogen in estuarine sediments. Limnol. Oceanogr. 43, 1796 – 1813.

Burgess, R. M., and McKinney, R. A. (1999) Importance of interstitial, overlying water and whole sediment exposures to bioaccumulation by marine bivalves. Environ. Pollut. 104, 373 – 382.

Burgess, R. M., McKinney, R. A., Brown, W. A., and Quinn, J. G. (1996) Isolation of marine sediment colloids and associated polychlorinated biphenyls: An evaluation of ultrafiltration and reverse – phase chromatography. Environ. Sci. Technol. 30, 1923 – 1932.

Burkholder, J. M., and Glasgow, H. B. (1997) *Pfiesteria piscicida* and other toxic *Pfiesteria*like dinoflagellates: Behavior, impacts, and environmental controls. Limnol. Oceanogr. 42, 1052 – 1075.

Burkholder, J. M., Glasgow, H. B., and Deamer – Melia, N. J. (2001) Overview and present status of the toxic *Pfiesteria* complex. Phycologia 40, 186 – 214.

Burkholder, J. M., Glasgow, H. B., and Hobbs, C. W. (1995) Fish kills linked to a toxic ambush – predator dinoflagellate: distribution and environmental conditions. Mar. Ecol. Prog. Ser. 124, 42 – 61.

Burkholder, J. M., Mallin, M. A., Glasgow, H. B., Larsen, L. M., McIver, M. R., Shank, G. C., Deamer – Melia, N. J., Briley, D. S., Springer, J., Touchette, B. W., and Hannon, E. K. (1997) Impacts to a coastal river and estuary from rupture of a large swine waste holding lagoon. J. Environ. Qual. 26, 1451 – 1466.

Burkholder, J. M., Noga, E. J., Hobbs, C. W., Glasgow, H. B., and Smith, S. A. (1992) New "phantom" dinoflagellate is the causative agent of major estuarine fish kills. Nature 358, 407 – 410.

Burnett, W. C., Bokuniewicz, H., Huettel, M., Moore, W. S., and Taniguchi, M. (2003) Groundwater and pore water inputs to the coastal zone. Biogeochemistry 66, 3 – 33.

Burnett, W. C., Taniguchi, C. M., and Oberdorfer, J. (2001) Measurement and significance of the direct discharge of groundwater into the coastal zone. J. Sea Res. 46, 109 – 116.

Burns, R. C., and Hardy, R. W. F. (1975) Nitrogen Fixation in Bacteria and Higher Plants. Springer – Verlag, Heidelberg.

Burton, J. D., and Liss, P. S. (1976) Basic properties and processes in estuarine chemistry. *In* Estuarine Chemistry (Burton, J. D., and Liss, P. S. eds.), pp. 1 – 36. Academic Press, New York.

Busch, P. L., and Stumm. W. (1968) Chemical interactions in the aggregation of bacteria bioflocculation in waste treatment. Environ. Sci. Technol. 2, 49 – 53.

Bushaw, K. L., Zepp, R. G., Tarr, M. A., Schulz – Jander, D., Bourbonniere, R. A., Hodson, R. E., Miller, W. L., Bronk, D. A., and Moran, M. A. (1996) Photochemical release of biologically available nitrogen from aquatic dissolved organic matter. Nature 381, 404 – 407.

Bushaw – Newton, K. L., and Moran, M. A. (1999) Photochemical formation of biologically available nitrogen from dissolved humic substances in coastal marine systems. Aquat. Microb. Ecol. 18, 285 – 292.

Butcher, S. S., and Anthony, S. E. (2000) Equilibrium, rate, and natural systems. *In* Earth System Science, from Biogeochemical Cycles to Global Change (Jacobson, M. C., Charlson, R. J., Rodhe, H, and Orians, G. H., eds.), pp. 85 – 105, International Geophysics Series, Academic Press, New York.

Butler, E. I., Knox, S., and Liddicoat, M. I. (1979) The relationship between inorganic and organic nutrients in sea water. J. Mar. Biol. Assoc. UK 59, 239 – 250.

Butman, C. A., and Grassle, J. P. (1992) Active habitat selection by *Capitella* – sp. I. larvae. Two – choice experiments in still water and flume flows. J. Mar. Res. 50, 669 – 715.

Buzzelli, C. P. (1998) Simulation modeling of littoral zone habitats in lower Chesapeake Bay. I. An ecosystem characterization related to model development. Estuaries 21, 659 – 672.

Buzzelli, C. P., Wetzel, R. I., and Meyers, M. B. (1998) Dynamic simulation of littoral zone habitats in lower Chesapeake Bay. II. Seagrass habitat primary production and water quality relationships. Estuaries 21, 673 – 689.

Byrne, R. H., Kump, L. R., and Cantrell, K. J. (1988). The influence of temperature and pH on trace metal speciation in seawater. Mar. Chem. 25, 166 – 181.

Cable, J. E., Bugna, G., Burnett, W., and Chanton, J. (1996b) Application of $CH_4$ for the assessment of groundwater discharge to the coastal ocean. Limnol. Oceanogr. 41, 1347 – 1353.

Cable, J. E., Burnett, W. C., Chanton, J. P., Corbett, D. R., and Cable, P. H. (1997) Field evaluation of seepage meters in the coastal marine environment. Estuar. Coastal Mar. Sci. 45, 367 – 375.

Cable, J. E., Burnett, W. C., Chanton, J. P., and Weatherly, G. L. (1996a) Estimating groundwater discharge into the northeastern Gulf of Mexico using radon – 222. Earth Planet. Sci. Lett. 144, 591 – 604.

Cable, J. E., Martin, J. B., Swarzenski, P. W., Lindenberg, M. K., and Steward, J. (2004) Advection within shallow pore waters of a coastal lagoon, Florida. GroundWater 42, 1011 – 1020.

Cacchione, D., Drake, D. E., Kayen, R., Sternberg, R. W., Kineke, G. C., and Tate, G. B. (1995) Measurements in the bottom boundary layer on the Amazon subaqueous delta. Mar. Geol. 125, 235 – 258.

Caddy, J. F. (1993) Towards a comparative evaluation of human impacts on fishery ecosystems of enclosed and semi – enclosed seas. Rev. Fish. Sci. 1, 57 – 95.

Cadée, G. C. (1978) Primary production and chlorophyll – a in the Zaire River estuary and plume. Neth. J. Sea Res. 12, 368 – 381.

Cadée, G. C., Dronkers, J., Heip, C., Martin, J. M., and Nolan, C. (eds.) (1994) ELOISE (European Land – Ocean Interaction Studies) Science Plan, Luxemborg: Off. Official Publ. Eur. Communities.

Caffrey, J. M. (2004) Factors controlling net ecosystem metabolism in U. S. estuaries. Estuaries 27, 90 – 101.

Caffrey, J. M., Cloern, J. E., and Grenz, C. (1998) Changes in production and respiration during a spring phytoplankton bloom in San Francisco Bay, California, U. S. A: implications for net ecosystem metabolism. Mar. Ecol. Prog. Ser. 172, 1 – 12.

Caffrey, J. M., and Kemp, W. M. (1990) Nitrogen cycling in sediments with estuarine populations of *Potamogeton perfoliatus* and *Zostera marina*. Mar. Ecol. Prog. Ser. 66, 147 – 160.

Caffrey, J. M., and Kemp, W. M. (1991) Seasonal and spatial patterns of oxygen production, respiration, and root – rhizome release in *Potamogeton perfoliatus* and *Zostera marina*. Aquat. Bot. 40: 109 – 128.

Cahoon, L. B. (1999) The role of benthic microalgae in neritic ecosystems. Oceanogr. Mar. Biol.: Ann. Rev. 37, 47 – 86.

Cai, W. J. (2003) Riverine inorganic carbon flux and rate of biological uptake in the Mississippi River plume. Geophys. Res. Lett. 30, 1032, doi10. 1029/2002GL016312.

Cai, W. J., Pomeroy, L. R., Moran, M. A., and Wang, Y. (1999) Oxygen and carbon dioxide mass balance in the estuarine/intertidal marsh complex of five rivers in the southeastern U. S. Limnol. Oceanogr. 44, 639 – 649.

Cai, W. J., and Wang, Y. (1998) The chemistry, fluxes and sources of carbon dioxide in the estuarine waters of the Satilla and Altamaha Rivers, Georgia. Limnol. Oceanogr. 43, 657 – 668.

Cai, W. J., Wang, Y., Krest, J., and Moore, W. S. (2003) The geochemistry of dissolved inorganic carbon in a surficial groundwater aquifer in North Inlet, South Carolina, and the carbon fluxes to the coastal ocean. Geochem. Cosmochim. Acta 67, 631 – 637.

Cai, W. J., Wang, Z. A., and Wang, Y. (2004) The role of marsh – dominated heterotrophic continental margins in transport of $CO_2$ between the atmosphere, the land – sea interface and the ocean. Limnol. Oceanogr. 49, 348 – 354.

Cai, W. J., Wiebe, W. J., Wang, Y., and Sheldon, J. E. (2000) Intertidal marsh as a source of dissolved inorganic carbon and a sink of nitrate in the Satilla River estuarine complex in the southeastern U. S. Limnol. Oceanogr. 45, 1743 – 1752.

Cai, W. J., Zhao, P., Theberge, S. M., Wang, Y., and Luther III, G. (2002) Porewater redox species, pH and $pCO_2$ in aquatic sediments—electrochemical sensor studies in Lake Champlain and Sapelo Island. *In* Environmental Electrochemistry: Analysis of Trace Element Biogeochemistry (Taillefert, M., and Rozan, T., eds.), pp. 188 – 209, American Chemical Society, Washington, DC. Cairns, T., Doose, G. M., Froberg, J. E., Jacobson, R. A., and Siegmund, E. G. (1986) Analytical chemistry of PCBs. *In* PCBs and the Natural Environment (Ward, J. S., ed.), pp. 2 – 45, CRC Press, Boca Raton, FL.

Callender, E., and Hammond, D. E. (1982) Nutrient exchange across the sediment – water interface in the Potomac River estuary. Estuar. Coastal Shelf Sci. 15, 395 – 413.

Calvert, S. E., and Pedersen, T. F. (1992) Organic carbon accumulation and preservation in marine sediments: how important is anoxia? *In* Organic Matter (Whelan, J., and Farrington, J. W., eds.), pp. 231 – 263, Columbia University Press, New York.

Campbell, P. G. C. (1995) Interactions between trace metals and organisms: critique of the free – ion activity model. *In* Metal Speciation and Bioavailability in Aquatic Systems (Tessier, A., and Turner, D. R., eds.), pp. 45 – 102, John Wiley, Chichester, UK.

Canfield, D. E. (1989) Reactive iron in marine sediments. Geochim. Cosmochim. Acta 53, 619 – 632.

Canfield, D. E. (1993) Organic matter oxidation in marine sediments. *In* NATO – ARW Interactions of C, N, P and S Biogeochemical Cycles and Global Change (Wollast, R., Chou, L., and Mackenzie, F., eds.), pp. 333 – 365, Springer, New York.

Canfield, D. E. (1994) Factors influencing organic carbon preservation in marine sediments. Chem. Geol. 114, 315 – 329.

Canfield, D. E., and Berner, R. A. (1987) Dissolution and pyritization of magnetite in anoxic marine sediments. Geochim. Cosmochim. Acta 51, 645 – 659.

Canfield, D. E., and Des Marais, D. J. (1993) Biogeochemical cycles of carbon, sulfur, and free oxygen in a microbial mat. Geochim. Cosmochim. Acta 57, 3971 – 3984.

Canfield, D. E., Raiswell, R., and Bottrell, S. (1992) The reactivity of sedimentary iron minerals toward sulfide. Am. J. Sci. 292, 659 – 683.

Canfield, D. E., and Thamdrup, B. (1994) The production of $^{34}S$ – depleted sulfide during bacterial disproportionation of elemental sulfur. Science 266, 1973 – 1975.

Canfield, D. E., Thamdrup, B., and Hansen, J. W. (1993) The anaerobic degradation of organic matter in Danish coastal sediments: iron reduction, manganese reduction, and sulfate reduction. Geochim. Cosmochim. Acta 57, 3867 – 3883.

Canuel, E. A. (2001) Relations between river flow, primary production and fatty acid composition of particulate organic matter in San Francisco and Chesapeake Bays: a multivariate approach. Org. Geochem. 32, 563 – 583.

Canuel, E. A., Cloern, J. E., Ringelborg, D. B., Guckert, J. B., and Rau, G. H. (1995) Molecular and isotopic tracers used to examine sources or organic matter and its incorporation into food webs of San Francisco Bay. Limnol. Oceanogr. 40, 67 – 81.

Canuel, E. A., Freeman, K. H., and Wakeham, S. G. (1997) Isotopic compositions of lipid biomarker compounds in estuarine plants and surface sediments. Limnol. Oceanogr. 42, 1570 – 1583.

Canuel, E. A., and Martens, C. S. (1993) Seasonal variation in the sources and alteration of organic matter associated with recently - deposited sediments. Org. Geochem. 20, 563 - 577.

Canuel, E. A., and Martens, C. S. (1996) Reactivity of recently deposited organic matter: degradation of lipid compounds near the sediment - water interface. Geochim. Cosmochim. Acta 60, 1793 - 1806.

Canuel, E. A., Martens, C. S., and Benninger, L. K. (1990) Seasonal variations of $^7Be$ activity in the sediments of Cape Lookout Bight, North Carolina. Geochim. Cosmochim. Acta 54, 237 - 245.

Canuel, E. A., and Zimmerman, A. R. (1999) Composition of particulate organic matter in the Southern Chesapeake Bay: sources and reactivity. Estuaries 22, 980 - 994.

Capone, D. G. (1982) Nitrogen fixation (acetylene reduction) by rhizosphere sediments of the eelgrass *Zostera marina*. Mar. Ecol. Prog. Ser. 10, 67 - 75.

Capone, D. G. (1988) Benthic nitrogen fixation. *In* Nitrogen Cycling in Coastal Environments (Blackburn, T. H., and Søensen, J., eds.), pp. 85 - 123, John Wiley, New York.

Capone, D. G. (1996) A biologically constrained estimate of oceanic $N_2O$ flux. Ver. Der Inst. Verein. fur Theo. Angew. Limnol. 25, 105 - 113.

Capone, D. G. (2000) The marine nitrogen cycle. *In* Marine Microbial Ecology. (Kirchman, D., ed.), pp. 455 - 493, John Wiley, New York.

Capone, D. G., and Bautista, M. F. (1985) A groundwater source of nitrate in nearshore marine sediments. Nature 313, 214 - 216.

Capone, D. G., and Kiene, R. P. (1988) Comparison of microbial dynamics in marine and freshwater sediments: contrast in anaerobic carbon catabolism. Limnol. Oceanogr. 33, 725 - 749.

Capone, D. G., and Slater, J. M. (1990) Interannual patterns of water table height and groundwater derived nitrate in near-shore sediments. Biogeochemistry 10, 277 - 288.

Caraco, N. F. (1995) Influence of human population on P transfers to aquatic systems: a regional scale study using large rivers. *In* Phosphorus in the Global Environment (Tiessen, H., ed.), pp. 235 - 244, John Wiley, New York.

Caraco, N. F., and Cole, J. J. (2003) The importance of organic nitrogen production in aquatic systems: a landscape perspective. *In* Aquatic Ecosystems: Interactivity of Dissolved Organic Matter (Findlay, S. E. G., and Sinsabaugh, R. L., eds.), pp. 263 - 283, Academic Press, New York.

Caraco, N. F., Cole, J. J., and Likens, G. E. (1989) Evidence for sulphate - controlled phosphorus release from sediments of aquatic systems. Nature 341, 316 - 318.

Caraco, N. F., Cole, J. J., and Likens, G. E. (1990) A comparison of phosphorus immobilization in sediments of freshwater and coastal marine systems. Biogeochemistry 9, 277 - 290.

Caraco, N. F., Cole, J. J., and Likens, G. E. (1993) Sulfate control of phosphorus availability in lakes. Hydrobiologia 252, 275 - 280.

Caraco, N. F., Lapman, G., Cole, J. J., Limburg, K. E., Pace, M. L., and Fischer, D. (1998) Microbial assimilation of DIN in a nitrogen rich estuary: implications for food quality and isotope studies. Mar. Ecol. Prog. Ser. 167, 59 - 71.

Caraco, N. F., Tamse, A., Boutros, O., and Valiela, I. (1987) Nutrient limitation of phytoplankton growth in brackish coastal ponds. Can. J. Fish. Aquat. Sci. 44, 473 - 476.

Carder, K. L., Chen, F. R., Lee, Z. P., Hawes, S. K., and Kamykowski, D. (1999) Semianalytic moderate - resolution imaging spectrometer algorithms for chlorophyll *a* and absorption with biooptical domains based on nitrate - depletion temperatures. J. Geophys. Res. 104, 5403 - 5421.

Cardoso, J. N., and Eglinton, G. (1983) The use of hydroxy acids as geochemical indicators. Geochem. Cosmochim. Acta

47, 723 - 730.

Carini, S., Orcutt, B. N., and Joye, S. B. (2003) Interactions between methane oxidation and nitrification in coastal sediments. Geomicrobiol. J. 20, 355 - 374.

Carini, S., Weston, N., Hopkinson, C., Tucker, J., Giblin, A., and Vallino, J. (1996) Gas exchange in the Parker estuary. Mar. Biol. Bull. 191, 333 - 334.

Carlson, P. R., and Forrest, J. (1982) Uptake of dissolved sulfide by *Spartina alterniflora*: evidence from natural sulfur isotope abundance ratios. Science 216, 633 - 635.

Carlsson, P., Graneli, E., and Segatto, Z. (1999) Cycling of biologically available nitrogen in riverine humic substances between marine bacteria, a heterotrophic nanoflagellate and a photosynthetic dinoflagellate. Aquat. Microbiol. Ecol. 18, 23 - 36.

Carlton, J. T., Thompson, J. K., Schemel, L. E., and Nichols, F. H. (1990) The remarkable invasion of San Francisco Bay (California, USA) by the Asian clam *Potamocorbula amurensis*. I, Introduction and dispersal. Mar. Ecol. Prog. Ser. 66, 81 - 94.

Carman, K. R., Bianchi, T. S, and Kloep, F. (2000) The influence of grazing and nitrogen on benthic algal blooms in diesel - contaminated saltmarsh sediments. Environ. Sci. Technol. 34, 107 - 111.

Carman, K. R., Fleeger, J. W., and Pomarico, S. M. (1997) Responses of a benthic food web to hydrocarbon contamination. Limnol. Oceanogr. 42, 561 - 571.

Carman, K. R., Means, J. C., and Pomarico, S. C. (1996) Response to sedimentary bacteria in a Louisiana salt marsh to contamination by diesel fuel. Aquat. Microb. Ecol. 10, 231 - 241.

Carman, K. R., and Todaro, M. A. (1996) Influence of polycyclic aromatic hydrocarbons on the meiobenthic - copepod community of a Louisiana salt marsh. J. Exp. Mar. Biol. Ecol. 198, 37 - 54.

Carman, R., and Jonsson, P. (1991) Distribution patterns of different forms of phosphorus in some surficial sediments of the Baltic Sea. Chem. Geol. 90, 91 - 106.

Caron, D. A. (1987) Grazing of attached bacteria by heterotrophic microflagellates. Microb. Ecol. 13, 203 - 218.

Carpenter, E. J., and Capone, D. G. (eds.) (1981) Nitrogen in the Marine Environment. Academic Press, New York.

Carpenter, E. J., van Raalte, C. D., and Valiela, I. (1978) Nitrogen fixation by algae in a Massachusetts salt marsh. Limnol. Oceanogr. 23, 318 - 327.

Carpenter, P. D., and Smith, J. D. (1984) Effect of pH, iron and humic acid on the estuarine behavior of phosphate. Environ. Sci. Technol. Lett. 6, 65 - 72.

Carritt, D. E., and Goodgal, S. (1954) Sorption reactions and some ecological implications. Deep - Sea Res. 1, 224 - 243.

Carter, M. W., and Moghissi, A. A. (1977) The decades of nuclear testing. Health Phys. 33, 55 - 71.

Carvalho, R. A., Benfield, M. C., and Santschi, P. H. (1999) Comparative bioaccumulation studies of colloidally complexed and free - ionic heavy metals in juvenile brown shrimp *Penaeus aztacus* (Crustacea: Decapoda: Penaeidae). Limnol. Oceanogr. 44, 403 - 414.

Castaing, P., and Guilcher, A. (1995) Geomorphology and sedimentology of rias. *In* Geomorphology and Sedimentology of Estuaries. Developments in Sedimentology 53 (Perillo, G. M. E., ed.), pp. 69 - 111, Elsevier Science, New York.

Castro, M. S., Driscoll, C. T., Jordan, T. E., Reay, W. G., and Boynton, W. R. (2003) Sources of nitrogen to estuaries in the United States. Estuaries 26, 803 - 814.

Caughey, M. E. (1982) Astudy of the dissolved organic matter in pore waters of carbonaterich sediment cores from Florida Bay. M. S. Thesis, University of Texas at Dallas.

Cauwet, G. (2002) DOM in the coastal zone. *In* Biogeochemistry of Marine Dissolved Organic Matter (Hansell, D. A., and Carlson, C. A., eds.), pp. 579 – 602, Academic Press, New York.

Cebrian, J., Duarte, C. M., Marba, N., and Enriquez, S. (1997) Magnitude and fate of the production of four co – occurring Western Mediterranean seagrass species. Mar. Ecol. Prog. Ser. 155, 29 – 44.

Cebrian, J., Pedersen, M. F., Kroeger, K. D., and Valiela, I. (2000) Fate of production of seagrass *Cymodocea nodosa* in different stages of meadow formation. Mar. Ecol. Prog. Ser. 204, 119 – 130.

Cederwall, H., and Elmgren, R. (1980) Biomass increase of benthic macrofauna demonstrates eutrophication of the Baltic Sea. Ophelia 1, 287 – 304.

Cerco, C. F., and Seitzinger, S. P. (1997) Measured and modeled effects of benthic algae on eutrophication in Indian River – Rehoboth Bay, Delaware. Estuaries 20, 231 – 248.

Cerqueira, M. A., and Pio, C. A. (1999) Production and release of dimethylsulphide from an estuary in Portugal. Atmos. Environ. 33, 3355 – 3366.

Chacko, T., Cole, D. R., and Horita, J. (2001) Equilibrium oxygen, hydrogen and carbon isotope fractionation factors applicable to geologic systems. *In* Reviews in Mineralogy and Geochemistry: Stable Isotope Geochemistry (Valley, J. W., and Cole, D. R., eds.), Vol. 43, pp. 1 – 81, Mineralogical Society of America, Chantilly, VA.

Chambers, L. A., and Trudinger, P. A. (1978) Microbiological fractionation of stable sulfur isotopes: a review and critique. J. Geomicrobiol. 1, 249 – 295.

Chambers, L. A., Trudinger, P. A., Smith, J. W., and Burns, M. S. (1975) Fractionation of sulfur isotopes by continuous cultures of *Desulfovibrio desulfuricans*. Can. J. Microbiol. 21, 1602 – 1607.

Chambers, R. M., Osgood, D. T., Bart, D. J., and Montalto, F. (2003) *Phragmites australis* invasion and expansion in tidal wetlands: interactions among salinity, sulfide, and hydrology. Estuaries 26, 398 – 406.

Chang, C. C. Y., Kendall, C., Silva, S. R., Battaglin, W. A., and Campbell, D. H. (2002) Nitrate stable isotopes: tools for determining nitrate sources among different land uses in the Mississippi River basin. Can. J. Fish. Sci. 59, 1874 – 1885.

Chang, H. M., and Allen, G. G. (1971) Oxidation. *In* Lignins (Sarkanen, K. V., and Ludwig, C. H., eds.), pp. 433 – 485, Wiley Interscience, New York.

Chanton, J. P., Crill, P. M., Baertlett, K. B., and Martens, C. S. (1989b) Amazon Capims (floating grassmats): a source of $^{13}C$ – enriched methane to the troposphere. Geophys. Res. Lett. 16, 799 – 802.

Chanton, J. P., and Dacey, J. W. H. (1991) Effects of vegetation on methane flux, and carbon isotopic composition. *In* Trace Gas Emissions by Plants (Mooney, H. A., and Sharkey, T. eds.), pp. 65 – 92, Academic Press, San Diego, CA.

Chanton, J. P., and Lewis, F. G. (1999) Plankton and dissolved inorganic carbon isotopic composition in a river – dominated estuary: Apalachicola Bay, Florida. Limnol. Oceanogr. 22, 575 – 583.

Chanton, J. P., and Lewis, F. G. (2002) Examination of coupling between primary and secondary production in a river – dominated estuary: Apalachicola Bay, Florida. Limnol. Oceanogr. 47, 683 – 697.

Chanton, J. P., and Martens, C. S. (1987a) Biogeochemical cycling in an organic – rich coastal marine basin. 7. Sulfur mass balance, oxygen uptake and sulfide retention. Geochim. Cosmochim. Acta 51, 1187 – 1199.

Chanton, J. P., and Martens, C. S. (1987b) Biogeochemical cycling in an organic – rich coastal marine basin. 8. A sulfur isotopic budget balanced by differential diffusion across the sediment – water interface. Geochim. Cosmochim. Acta 51, 1201 – 1208.

Chanton, J. P., and Martens, C. S. (1988) Seasonal variations in ebullitive flux and carbon isotopic composition of methane in a tidal freshwater estuary. Global Biogeochem. Cycles 2, 289 – 298.

Chanton, J. P., Martens, C. S., and Kelley, C. A. (1989a) Gas transport from methanesaturated, tidal freshwater and wetland sediments. Limnol. Oceanogr. 34, 807 – 819.

Chanton, J. P., Smith, C. J., and Patrick, W. (1993) Methane release from Gulf coast wetlands. Tellus 35, 8 – 15.

Chanton, J. P., and Whiting, G. J. (1996) Methane stable isotopic distributions as indicators of gas transport mechanisms in emergent aquatic plants. Aquat. Bot. 54, 227 – 236.

Chanton, J. P., Whiting, G. L. Showers, W. J., and Crill, P. M. (1992) Methane flux from *Petulandra virginica* stable isotope tracing and chamber effects. Global Biogeochem. Cycles 6, 15 – 31.

Chapman, V. J. (1960) Salt Marshes and Salt Deserts of the World. Plant Science Monographs, Leonard Hill, London.

Chapman, V. J. (1966) Three new carotenoids isolated from algae. Phytochemistry 5, 1331 – 1333.

Characklis, W. G., and Marshall, K. C. (1989) Biofilms. John Wiley, New York.

Charette, M., and Buessler, K. O. (2004) Submarine groundwater discharge of nutrients and copper to an urban subestuary of Chesapeake Bay (Elizabeth River). Limnol. Oceanogr. 49, 376 – 385.

Charette, M., Buesseler, K. O., and Andrews, J. E. (2001) Utility of radium isotopes for evaluating the input and transport of groundwater – derived nitrogen to a Cape Cod estuary. Limnol. Oceanogr. 46, 465 – 470.

Charlson, R. J. (2000) The atmosphere. *In* Earth System Science, from Biogeochemical Cycles to Global Change (Jacobson, M. C., Charlson, R. J., Rodhe, H, and Orians, G. H., eds.), pp. 132 – 158, International Geophysics Series, Academic Press, New York.

Charlson, R. J., Lovelock, J. E., Andreae, M. O., and Warren, S. G. (1987) Oceanic phytoplankton atmospheric sulphur, cloud albedo and climate. Nature 326, 655 – 661.

Chauvaud, L., Jean, F., Ragueneau, O., and Thouzeau, G. (2000) Long – term variation of the Bay of Brest ecosystem: pelagic – benthic coupling revisited. Mar. Ecol. Prog. Ser. 200, 35 – 48.

Cheevaporn, V., Jacinto, G. S., and San Diego – McGlone, M. L. (1995) Heavy metal fluxes in Bang Pakong River estuary, Thailand: sedimentary versus diffusive fluxes. Mar. Pollut. Bull. 31, 290 – 294.

Chefetz, B., Chen, Y., Clapp, C. E., and Hatcher, P. G. (2000) Characterization of organic matter in soils by thermochemolysis using tetramethylammonium hydroxide (TMAH). Soil Sci. Am. J. 64, 583 – 589.

Chen, J. H., Lawrence, R. E., and Wasserburg, G. J. (1986) $^{238}U$, $^{234}U$, and $^{232}Th$ in seawater. Earth Planet. Sci. Lett. 80, 241 – 251.

Chen, N., Bianchi, T. S., and Bland, J. M. (2003a) Novel decomposition products of chlorophyll – *a* in continental shelf (Louisiana shelf) sediments: Formation and transformation of carotenol chlorine esters. Geochim. Cosmochim. Acta 67, 2027 – 2042.

Chen, N., Bianchi, T. S., McKee, B. A., and Bland, J. (2001) Historical trends of hypoxia on the Louisiana shelf: application of pigments as biomarkers. Org. Geochem. 32, 543 – 561.

Chen, N., Bianchi, T. S., McKee, B. A., and Bland, J. (2003b) Fate of chlorophyll – *a* in the lower Mississippi River and Louisiana shelf: Implications for pre – versus post – depositional decay. Mar. Chem. 83, 37 – 55.

Cherrier, J., Bauer, J. E., Druffel, E. R. M., Coffin, R. B., and Chanton, J. C. (1999) Radiocarbon in marine bacteria: evidence for the ages of assimilated carbon. Limnol. Oceanogr. 44, 730 – 736.

Chesney, Jr., E. J. (1989) Estimating the food requirements of striped bass larvae *Morone saxatilis*: Effects of light, turbidity and turbulence. Mar. Ecol. Prog. Ser. 53, 191 – 200.

Chesney, Jr., E. J., and Baltz, D. M. (2001) The effects of hypoxia on the northern Gulf of Mexico coastal ecosystem: a fisheries perspective. *In* Coastal hypoxia: Consequences for Living Resources and Ecosystems (Rabalais, N. N., and

Turner, R. E., eds.), pp. 321 - 354, Coastal and Estuarine Studies 58, American Geophysical Union, Washington, DC.

Chester, R. (1990) Marine Geochemistry. Unwin Hyman, London. Chester, R. (2003) Marine Geochemistry. Blackwell, London.

Childers, D. L., Davis, S. E., Twilley, R., and Rivera - Monroy, V. H. (1999) Wetland - water column interactions and the biogeochemistry of estuary - watershed coupling around the Gulf of Mexico. *In* Biogeochemistry of Gulf of Mexico Estuaries (Bianchi, T. S., Pennock, J. R., and Twilley, R. R., eds.), pp. 211 - 235, John Wiley, New York.

Childers, D. L., and Day, J. W. (1990) Marsh - water column interactions in two Louisiana estuaries. I. Sediment dynamics. Estuaries 13, 393 - 403.

Childers, D. L., Day, J. W., and McKellar, H. N. (2000) Twenty more years of marsh and estuarine studies: revisiting Nixon (1980). *In* Concepts and Controversies in Tidal Marsh Ecology (Weinstein, M. P., and Kreeger, D. Q., eds.), pp. 385 - 414, Kluwer Academic, New York.

Childers, D. L., McKellar, H. N., Dame, R. F., Sklar, F. H., and Blood, E. R. (1993) A dynamic nutrient budget of subsystem interactions in a salt marsh estuary. Estuar. Coastal Shelf Sci. 36, 105 - 131.

Chin, Y. P., Aiken, G. R., and Danielsen, K. M. (1997) Binding of pyrene to aquatic and commercial humic substances: the role of molecular weight and aromaticity. Environ. Sci. Technol. 31, 1630 - 1635.

Chin, Y. P., and Gschwend, P. M. (1991) The abundance, distribution, and configuration of porewater organic colloids in recent sediments. Geochim. Cosmochim. Acta 55, 1309 - 1317.

Chin, W. C., Orellana, M. V., and Verdugo, P. (1998) Spontaneous assembly of marine dissolved organic matter into polymer gels. Nature 391, 568 - 572.

Chin - Leo, G., and Benner, R. (1992) Enhanced bacterioplankton production at intermediate salinities in the Mississippi River plume. Mar. Ecol. Prog. Ser. 87, 87 - 103.

Cho, B. C., Park, M. G., Shim, J. H., and Azam, F. (1996) Significance of bacteria in urea dynamics in coastal waters. Mar. Ecol. Prog. Ser. 142, 19 - 26.

Choe, K. Y., Gill, G. A., and Lehman, R. (2003) Distribution of particulate, colloidal, and dissolved mercury in San Francisco Bay estuary. 1. Total mercury. Limnol. Oceanogr. 48, 1535 - 1546.

Christensen, D., and Blackburn, T. H. (1980) Turnover of tracer ($^{14}C$, $^{3}H$ labeled) alanine in inshore marine sediments. Mar. Biol. 58, 97 - 103.

Christensen, J. P., Smethie, W. M., and Devol, A. H. (1987) Benthic nutrient regeneration and denitrification on the Washington continental shelf. Deep Sea Res. 34, 1027 - 1047.

Christensen, S., and Tiedje, J. M. (1988) Sub - parts - per - billion nitrate method: Use of an $N_2O$ producing denitrifier to convert $NO_3$ - or $^{15}NO_3$ - to $N_2O$. Appl. Environ. Microbiol. 54, 1409 - 1413.

Christian, R. R., and Thomas, C. R. (2003) Network analysis of nitrogen inputs and cycling in the Neuse River estuary, North Carolina, USA. Estuaries 26, 815 - 828.

Chrzastowski, M. J., Kraft, J. C., and Stedman, S. M. (1987) Coastal Delaware sea - level rise based on marsh mud accumulation rates and $^{210}Pb$ dating. Geol. Soc. Am. (Abstracts and Programs) 9, 8.

Chuang, W. S., and Wiseman, W. J. (1983) Coastal sea level response to frontal passages on the Louisiana - Texas coast. J. Geophys. Res. 88, 2615 - 2620.

Church, J. A., Gregory, J. M., Huybrechts, P., Kuhn, M., Lambeck, K., Nhuan, M. T., Qin, D., and Woodworth, P. L. (2001) Changes in sea level. *In* Climate Change 2001. The Scientific Basis (Houghton, J. T., Ding, Y., Griggs, D. J., Noguer, M., van der Linden, P. J., Dai, X., Maskell, K., and Johnson, C. A., eds.), pp. 639 -

694.

Cambridge University Press, Cambridge, UK. Church, T. M., Lord, C. J., and Somayajula, L. K. (1981) Uranium, thorium, and lead nuclides in a Delaware salt marsh sediment. Estuar. Coastal Shelf Sci. 13, 267 – 275.

Church, T. M., Tramontano, J. M., and Murray, S. (1986) Trace metal fluxes through the Delaware Bat estuary. Rapp. P. V. Reun. Cons. Inl. Explor. Mer. 186, 271 – 276.

Cicerone, R. J., and Oremland, R. S. (1988) Biogeochemical aspects of atmospheric methane. Global Biogeochem. Cycles 2, 299 – 327.

Cifuentes, L. A., and Salata, G. G. (2001) Significance of carbon isotope discrimination between bulk carbon and extracted phospholipid fatty acids in selected terrestrial and marine environments. Org. Geochem. 32, 613 – 621.

Cifuentes, L. A., Sharp, J. H., and Fogel, M. L. (1988) Stable carbon and nitrogen isotope biogeochemistry in the Delaware estuary. Limnol. Oceanogr. 33, 1102 – 1115.

Clark, J. E., Henricks, M., Timmermans, M., Struck, C., and Hilbrunda, K. J. (1994) Glacial isostatic deformation of the Great Lakes region. Geol. Soc. Am. 106, 19 – 31.

Clark, J. F., Schlosser, P., Stute, M., and Simpson, H. J. (1996) SF36 – He tracer release experiment: a new method of determining longitudinal dispersion coefficients in large rivers. Environ. Sci. Technol. 30, 1527 – 1532.

Clark, J. F., Simpson, H. J., Bopp, R. F., and Deck, B. (1992) Geochemistry and loading history of phosphate and silica in the Hudson estuary. Estuar. Coastal Shelf Sci. 34, 213 – 233.

Clark, L. L., Ingall, E. D., and Benner, R. (1998) Marine phosphorus is selectively remineralized. Nature 393, 426.

Clauzon, G. (1973) The eustatic hypotheses and the pre – Pliocene cutting of the Rhone valley. Init. Rep. DSDP 13, 1251 – 1256.

Clegg, S. L., and Whitfield, M. (1993) Applications of a generalized scavenging model to times series $^{234}$Th and particle data obtained during the JGOFS North Bloom Experiment. Deep Sea Res. 40, 1529 – 1545.

Cleven, R. F. M. J., and van Leeuwen, H. P. (1986) Electrochemical analysis of the heavy metal/humic acid interaction. J. Environ. Anal. Chem. 27, 11 – 28.

Clifford, D. J., Carson, D. M., McKinney, D. E., Bortiatynski, J. M., and Hatcher, P. G. (1995) A new rapid technique for the characterization of lignin in vascular plants: thermochemolysis with tetramethylammonium hydroxide (TMAH). Org. Geochem. 23, 169 – 175.

Cline, J. D., and Kaplan, I. R. (1975) Isotopic fractionation of dissolved nitrate during denitrification in the eastern tropical North Pacific Ocean. Mar. Chem. 3: 271 – 299.

Cloern, J. E. (1996) Phytoplankton bloom dynamics in coastal ecosystems: a review with some general lessons from sustained investigation of San Francisco Bay, California. Rev. Geophys. 34, 127 – 168.

Cloern, J. E. (2001) Our evolving conceptual model of the coastal eutrophication problem. Mar. Ecol. Prog. Ser. 210, 223 – 253.

Cloern, J. E., Canuel, E. A., and Harris, D. (2002) Stable carbon and nitrogen isotopic composition of aquatic and terrestrial plants in the San Francisco Bay estuarine system. Limnol. Oceanogr. 47, 713 – 729.

Clough, B. (1998) Mangrove forest productivity and biomass accumulation in Hinchbrook Channel, Australia. Mangroves Salt Marshes 77, 171 – 182.

Coale, K. H., and Bruland, K. W. (1987) Oceanic stratified euphotic zone as elucidated by $^{234}$Th : $^{238}$U disequilibria. Limnol. Oceanogr. 32, 189 – 200.

Coale, K. H., and Bruland, K. W. (1988) Copper complexation in Northeast Pacific. Limnol. Oceanogr. 33, 1084 – 1101.

Coble, P. G. (1996) Characterization of marine and terrestrial DOM in seawater using excitation – emission matrix spectroscopy. Mar. Chem. 51, 325 – 346.

Coble, P. G., Del Castillo, C. E., and Avril, B. (1998) Distribution and optical properties of CDOM in the Arabian Sea during the 1995 Southwest Monsoon. Deep – Sea Res. Part II. 45, 2195 – 2223.

Coble, P. G., Green, S. A., Blough, N. V., and Gagosian, R. B. (1990) Characterization of dissolved organic matter in the Black Sea by fluorescence spectroscopy. Nature 348, 432 – 435.

Cochran, J. K. (1980) The flux of Ra – 226 from deep – sea sediments. Earth Planet. Sci. Lett. 49, 381 – 392.

Cochran, J. K. (1992) The oceanic chemistry of the U – and Th – series nuclides. *In* Uranium Series Disequilibrium: Applications to Environmental Sciences (Ivanovich, M., and Harmon, R. S., eds.), pp. 334 – 395, Clarendon Press, Oxford, UK.

Cochran, J. K., and Aller, . C. (1979) Particle reworking in sediments from the New York Bight: evidence from $^{234}Th/^{238}U$ disequilibrium. Estuar. Coastal Shelf Sci. 9, 739 – 747.

Cochran, J. K., Carey, A., Sholkovitz, E. R., and Surprenant, L. D. (1986) The geochemistry of uranium and thorium in coastal sediments and sediment pore waters. Geochim. Cosmochim. Acta 50, 663 – 680.

Cochran, J. K., and Hirschberg, D. (1991) 234Th as an indicator of biological reworking and particle transport. *In* Long Island Sound Study: Sediment Geochemistry and Biology (Cochran, J. K., Aller, R. C., Aller, J. Y., Hirschberg, D. J., and Mackin, J. E. eds.), EPA Final Report, CE 002870026.

Codispoti, L. A., Brandes, J. A., Christensen, J. P., Devol, A. H., Naqvi, S. W. A., Paerl, H. W., and Yoshinari, T. (2001) The oceanic fixed nitrogen and nitrous oxide budgets: Moving targets as we enter the anthropocene? Sci. Mar. 65 (Suppl. 2), 85 – 105.

Coelho, J. P., Flindt, M. R., Jensen, H. S., Lillebo, A. I., and Pardal, M. A. (2004) Phosphorus speciation and availability in intertidal sediments of a temperate estuary: relation to eutrophication and annual P – fluxes. Estuar. Coastal Shelf Sci. 61, 583 – 590.

Coffin, R. B. (1989) Bacterial uptake of dissolved free and combined amino acids in estuarine waters. Limnol. Oceanogr. 34, 531 – 542.

Coffin, R. B., and Cifuentes, L. A. (1999) Stable isotope analysis of carbon cycling in the Perdido estuary, Florida. Estuaries 22, 917 – 926.

Cole, J. J., and Caraco, N. F. (2001) Carbon in catchments: connecting terrestrial carbon losses with aquatic metabolism. Mar. Freshwat. Res. 52, 101 – 110.

Cole, J. J., Findlay, S., and Pace, M. L. (1988) Bacterial production in fresh and saltwater ecosystems: a cross – system overview. Mar. Ecol. Prog. Ser. 43, 1 – 10.

Cole, J. J., Peierls, B. L., Caraco, N. F., and Pace, M. L. (1993) Nitrogen loading of rivers as a human – driven process. *In* Humans as Components of Ecosystems (McDonnell, M. J., and Pickett, S. T. A., eds.), pp. 141 – 157, Springer – Verlag, New York.

Coleman, J. M. (1969) Brahmaputra River: channel processes and sedimentation. Sediment. Geol. 3, 131 – 239.

Coleman, J. M., and Gagliano, S. M. (1964) Cyclic sedimentation in the Mississippi River deltaic plain. Trans. Gulf Coast Assoc. Geol. Soc. 14, 67 – 80.

Coleman, J. D., and Wright, L. D. (1975) Modern river deltas: variability of processes and sand bodies. *In* Deltas, Models for Exploration (Broussard, M. L., ed.), pp. 99 – 149, Houston Geological Society, Houston, TX.

Colijn, F., and Dijekma, K. S. (1981) Species composition of the benthic diatoms and distribution of chlorophyll – *a* on an intertidal flat in the Dutch Wadden Sea. Mar. Ecol. Prog. Ser. 4, 9 – 21.

Collier, A., and Hedgepeth, J. (1950) An introduction to the hydrography of tidal waters of Texas. Contrib. Mar. Sci. 1, 121.

Collos, Y. (1989) A linear model of external interactions during uptake of different forms of inorganic nitrogen by microalgae. J. Plank. Res. 11, 521 – 533.

Colombo, J. C., Silverberg, N., and Gearing, J. N. (1996a) Biogeochemistry or organic matter in the Laurentian Trough. I. Composition and vertical fluxes of rapidly settling particles. Mar. Chem. 51, 277 – 293.

Colombo, J. C., Silverberg, N., and Gearing, J. N. (1996b) Biogeochemistry of organic matter in the Laurentian Trough. II. Bulk composition of the sediments and the relative reactivity of major components during early diagenesis. Mar. Chem. 51, 295 – 314.

Colombo, J. C., Silverberg, N., and Gearing, J. N. (1998) Amino acid biogeochemistry in the Laurentian Trough: vertical fluxes and individual reactivity during early diagenesis. Org. Geochem. 29, 933 – 945.

Colquhoun, D. J. (1968) Coastal plains. *In* The Encyclopedia of Geomorphology (Fairbridge, R. W., ed.), pp. 144 – 150, Reinhold Book Corp. New York.

Comet, P. A., and Eglinton, G. (1987) The use of lipids as facies indicators. *In* Marine Petroleum Source Rocks. Geological Society Special Publication 26, 99 – 117.

Compiano, A. M., Romano, J. C., Garabetian, F., Laborde, P., and Giraudiere, I. (1993) Monosaccharide composition of particulate hydrolysable sugar fraction in surface microlayers from brackish and marine waters. Mar. Chem. 42, 237 – 251.

Compton, J., Mallinson, D., Glenn, C. R., Filippelli, G., Follmi, K., Shields, G., and Zanin, Y. (2000) Variations in the global phosphorus cycle. *In* Authigenesis: from Global to Microbial to Microbial (Glenn, C. R., Prevot – Lucas, L, and Lucas, J., eds.), pp. 21 – 33, Spec. Publ – SEPM, Vol. 66, Tulsa, OK.

Condron, L. M., Goh, K. M., and Newman, R. H. (1985) Nature and distribution of soil phosphorus as revealed by a sequential extraction method followed by 31P nuclear magnetic resonance analysis. J. Soil Sci. 36, 199 – 207.

Conley, D. (1988) Biogenic silica as an estimate of siliceous microfossil abundance in Great Lake sediments. Biogeochemistry 6, 161 – 179.

Conley, D. J. (1997) Riverine contribution of biogenic silica to the oceanic silica budget. Limnol. Oceanogr. 42, 774 – 777.

Conley, D. J. (2000) Biogeochemical nutrient cycles and nutrient management strategies. Hydrobiologia 410, 87 – 96.

Conley, D. J. (2002) Terrestrial ecosystems and the global biogeochemical silica cycle. Global Biogeochem. Cycle 16, 774 – 777.

Conley, D. J., Humborg, C., Rahm, L., Savchuk, O. P., and Wulff, F. (2002) Hypoxia in the Baltic Sea and basin – scale changes in phosphorus biogeochemistry. Environ. Sci. Technol. 36, 5315 – 5320.

Conley, D. J., and Johnstone, R. W. (1995) Biogeochemistry of N, P, and Si in Baltic Sea sediments: response to a simulated deposition of a spring diatom bloom. Mar. Ecol. Prog. Ser. 122, 265 – 276.

Conley, D. J., Kaas, H., Mohlenberg, F., Rasmussen, B., and Windole, J. (2000) Characteristics of Danish estuaries. Estuaries 23, 820 – 837.

Conley, D. J., Kilham, S. S., and Theriot, E. (1989) Differences in silica content between marine and freshwater diatoms. Limnol. Oceanogr. 34, 205 – 212.

Conley, D. J., and Malone, T. C. (1992) Annual cycle of dissolved silicate in Chesapeake Bay: implications for the production and fate of phytoplankton biomass. Mar. Ecol. Prog. Ser. 81, 121 – 128.

Conley, D. J., Quigley, M. A., and Schelske, C. L. (1988) Silica and phosphorus flux from sediments: Importance of internal recycling in Lake Michigan. Can. J. Fish. Aquat. Sci. 45, 1030 – 1035.

Conley, D. J., Schleske, C. L., and Stoermer, E. F. (1993) Modification of the biogeochemical cycle of silica with eutrophication. Mar. Ecol. Prog. Ser. 101, 179 – 192.

Conley, D. J., Smith, W. M., Cornwell, J. C., and Fisher, T. R. (1995) Transformation of particle – bound phosphorus at the land – sea interface. Estuar. Coastal Shelf Sci. 40, 161 – 176.

Costanza, R., Low, B., Ostrom, E., and Wilson, J. (eds.) (2001) Institutions, Ecosystems, and Sustainablilty. Lewis/CRC Press, Boca Raton, FL.

Constantz, B., and Weiner, S. (1988) Acidic macromolecules associated with the mineral phase of Scleractinian coral skeletons. J. Exp. Zool. 248, 253 – 258.

Cooper, S. R., and Brush, G. S. (1991) Long – term history of Chesapeake Bay anoxia. Science 254, 992 – 996.

Cooper, S. R., and Brush, G. S. (1993) A 2, 500 – year history of anoxia and eutrophication in Chesapeake Bay. Estuaries 16, 627 – 626.

Corbett, D. R., Chanton, J., Burnett, W., Dillon, K., and Rutkowski, C. (1999) Patterns of groundwater discharge into Florida Bay. Limnol Oceanogr. 44, 1045 – 1055.

Corbett, D. R., Dillon, K., Burnett, W., and Chanton, J. (2000) Estimating the groundwater contribution into Florida Bay via natural tracers, $^{222}Rn$ and $CH_4$. Limnol. Oceanogr. 45, 1546 – 1557.

Corbett, D. R., McKee, B. A., and Duncan, D. (2004) An evaluation of mobile mud dynamics in the Mississippi River deltaic region. Mar. Geol. 209, 91 – 112.

Cornwell, J. C., Conley, D. J., Owens, M., and Stevenson, J. C. (1996) A sediment chronology of the eutrophication of Chesapeake Bay. Estuaries 19, 488 – 499.

Cornwell, J. C., Kemp, W. M., and Kana, T. M. (1999) Denitrification in coastal ecosystems: methods, environmental controls and ecosystem level controls, a review. Aquat. Ecol. 33, 41 – 54.

Correll, D. L., and Ford, D. (1982) Comparison of precipitation and land runoff as sources of estuarine nitrogen. Estuar. Coastal Shelf Sci. 15, 45 – 56.

Correll, D. L., Jordan, T. E., and Weller, D. E. (1992) Nutrient flux in a landscape: effects of coastal land use and terrestrial community mosaic on nutrient transport to coastal waters. Estuaries 15, 431 – 442.

Costanza, R., d'Arge, R., de Groot, R., Farber, S., Grasso, M., Hanon, B., Limburg, K., Naeem, S., and van den Belt, M. (1997) The value of the world's ecosystem services and natural capital. Nature 387, 253 – 260.

Costanza, R., Sklar, F. H., and White, M. L. (1990) Modeling coastal landscape dynamics. BioScience 40, 91 – 107.

Costanza, R., and Voinov, A. (2000) Integrated ecological economic regional modeling: linking consensus: Building and analysis for synthesis and adaptive management. *In* Estuarine Science: A Synthetic Approach to Research and Practice (Hobbie, J. E., ed.), pp. 461 – 506, Island Press, Washington, DC.

Costanzo, S. D., O'Donohue, M. J., Dennison, W. C., Lonerargan, R. R., and Thomas, M. (2001) A new approach for detecting and mapping sewage inputs. Mar. Pollut. Bull. 42, 149 – 156.

Cotner, J. B., Suplee, M. W., Chen, N. W., and Shormann, D. E. (2004) Nutrient, sulfur and carbon dynamics in a hypersaline lagoon. Estuar. Coastal Shelf Sci. 59: 639 – 652.

Cottrell, M. T., and Kirchman, D. L. (2003) Contribution of major bacterial groups to bacterial biomass production (thymidine and leucine incorporation) in the Delaware estuary. Limnol. Oceanogr. 48, 168 – 178.

Countway, R. E., Dickut, R. M., and Canuel, E. A. (2003) Polycyclic aromatic hydrocarbons (PAH) distributions and associations with organic matter in surface waters of the York River, VA estuary. Org. Geochem. 34, 209 – 224.

Cowan, J. L., and Boynton, W. R. (1996) Sediment water oxygen and nutrient exchanges along the longitudinal axis of

Chesapeake Bay: seasonal patterns, controlling factors and ecological significance. Estuaries 9, 562 – 580.

Cowan, J. L., Pennock, J. R., and Boynton, W. R. (1996) Seasonal and interannual patterns of sediment – water nutrient and oxygen fluxes in Mobile Bay, Alabama (USA): regulating factors and ecological significance. Mar. Ecol. Prog. Ser. 141, 229 – 245.

Cowie, G. L., and Hedges, J. I. (1984a) Carbohydrate sources in a coastal marine environment. Geochim. Cosmochim. Acta 48, 2075 – 2087.

Cowie, G. L., and Hedges, J. I. (1984b) Determination of neutral sugars in plankton, sediments and wood by capillary gas chromatography of equilibrated isomeric mixtures. Anal. Chem. 56, 497 – 504.

Cowie, G. L., and Hedges, J. I. (1992) The role of anoxia in organic matter preservation in coastal sediments: relative stabilities of the major biochemical's under oxic and anoxic depositional conditions. Org. Geochem. 19, 229 – 234.

Cowie, G. L., and Hedges, J. I. (1994) Biochemical indicators of diagenetic alteration in natural organic matter mixtures. Nature 369, 304 – 307.

Cowie, G. L., Hedges, J. I., and Calvert, S. E. (1992) Sources and relative reactivities of amino acids, neutral sugars, and lignin in an intermittently anoxic marine environment. Geochim. Cosmochim. Acta 56, 1963 – 1978.

Cowie, G. L., Hedges, J. I., Prahl, F. G., and de Lange, G. L. (1995) Elemental and biochemical changes across an oxidation front in a relict turbidite: an oxygen effect. Geochim. Cosmochim. Acta 59, 33 – 46.

Cox, R. A., Culkin, E., and Riley, J. P. (1967) The electrical conductivity/chlorinity relationship in natural seawater. Deep Sea Res. 14, 203 – 220.

Craig, H. (1961) Isotopic variations in meteoric waters. Science 133, 1702 – 1703.

Cranwell, P. A. (1973) Chain – length distribution of *n* – alkanes from lake sediments in relation to post – glacial environmental change. Freshwat. Biol. 3, 259 – 265.

Cranwell, P. A. (1981) Diagenesis of free and bound lipids in terrestrial detritus in a lacustrine sediment. Org. Geochem. 3, 79 – 89.

Cranwell, P. A. (1982) Lipids of aquatic sediments and sedimenting particles. Prog. Lipid Res. 21, 271 – 308.

Cranwell. P. A. (1984) Lipid geochemistry of sediments from Upton Broad, a small productive lake. Org. Geochem. 7, 25 – 37.

Cranwell, P. A., and Volkman, J. K. (1985) Alkyl and steryl esters in a recent lacustrine sediment. J. Chem. Geol. 32, 29 – 43.

Craig, H. (1954) Carbon – 13 in plants and the relationships between carbon – 13 and carbon – 14 variations in nature. J. Geol. 62, 115 – 149.

Crawford, C. C., Hobbie, J. E., and Webb, K. L. (1974) The utilization of dissolved free amino acids by estuarine microorganisms. Ecology 55, 551 – 563.

Crawford, R. L. (1981) Lignin Biodegradation and Transformation. JohnWiley, New York.

Crill., P. M., and Martens, C. S. (1987) Biogeochemical cycling in an organic – rich coastal marine basin. 6. Temporal and spatial variation in sulfate reduction rates. Geochim. Cosmochim. Acta 51, 1175 – 1186.

Crusius, J., and Wanninkhof, R. (2003) Gas transfer velocities measured at low wind speed over a lake. Limnol. Oceanogr. 48, 1010 – 1017.

Crutzen, P. J., and Stoermer, E. F. (2000) The "Anthropocene." IGBP Newslett. 41, 17 – 18.

Culkin, F., and Cox, R. A. (1966) Sodium, potassium, magnesium, calcium and strontium in sea water. Deep – Sea Res. 13, 789 – 804.

Cur'co, A., Ibanez, C., Day, J. W., and Prat, N. (2002) Net primary production and decomposition of salt marshes of the Ebre delta (Catalonia, Spain). Estuaries 25, 309 –324.

Curray, J. R. (1965) Late Quaternary history. Continental shelves of the USA. *In* Quaternary of the United States (Wright, N. E., and Frey, D. G., eds.), pp. 725, Princeton University Press, NJ.

Currin, C. A., Newell, S. Y., and Paerl, H. W. (1995) The role of standing dead *Spartina alterniflora* and benthic microalgae in salt marsh food webs: considerations based on multiple stable isotope analysis. Mar. Ecol. Prog. Ser. 121, 99 –116.

Currin, C. A., and Paerl, H. W. (1998) Epiphytic nitrogen fixation associated with standing dead shoots of smooth cordgrass, *Spartina alterniflora*. Estuaries 21, 108 –117.

Cutter, G. A., and Cutter, L. S. (2004) Selenium biogeochemistry in the San Francisco Bay estuary: changes in water column behavior. Estuar. Coastal Shelf Sci. 61, 463 –476.

Czerny, A. B., and Dunton, KH. (1995) The effects of in situ light reduction on the growth of two subtropical seagrasses, *Thalassia testudinum* and *Halodule wrightii*. Estuaries 18, 418 –427.

Dacey, J. W. H. (1981) How aquatic plants ventilate. Oceanus 24, 43 –51.

Dacey, J. W. H. (1987) Knudsen – transitional flow and gas pressurization in leaves of *Nelumbo*. Plant Physiol. 85, 199 – 203.

Dacey, J. W. H., and Howes, B. L. (1984) Water uptake by roots control water table movement and sediment oxidation in a short *Spartina* marsh. Science 224, 487 –489.

Dacey, J. W. H., King, G. M., and Wakeham, S. G. (1987) Factors controlling emission of dimethylsulfide from salt marshes. Nature 330, 643 –645.

Dacey, J. W. H., and Wakeham, S. G. (1986) Oceanic dimethylsulfide: Production during zooplankton grazing on phytoplankton. Science 233, 1314 –1316.

Dagg, M., Benner, R., Lohrenz, S., and Lawrence, D. (2004) Transformation of dissolved and particulate materials on continental shelves influenced by large rivers: plume processes. Cont. Shelf Res. 24, 833 –858.

Dahle, S., Savinov, V. M., Matishov, G. G., Evenset, A., and Naes, K. (2003) Polycyclic aromatic hydrocarbons (PAHs) in bottom sediments of the Kara Sea shelf, Gulf of Ob and Yenisei Bay. Sci. Total Environ. 306, 57 –71.

Dai, M. H., Martin, J. M., and Cauwet, G. (1995) The significant role of colloids in the transport and transformation of organic carbon and associated trace metals (Cd, Cu, and Ni) in the Rhone delta (France). Mar. Chem. 51, 159 –175.

Dale, A. W., and Prego, R. (2002) Physico – biogeochemical controls on benthic – pelagic coupling of nutrient fluxes and recycling in a coastal inlet affected by upwelling. Mar. Ecol. Prog. Ser. 235, 15 –28.

Daley, R. J. (1973) Experimental characterization of lacustrine chlorophyll diagenesis. II. Bacterial, viral, and herbivore grazing effects. Arch. Hydrobiol. 72, 409 –439.

Daley, R. J., and Brown, S. R. (1973) Experimental characterization of lacustrine chlorophyll diagenesis. 1. Physiological and environmental effects. Arch. Hydrobiol. 72, 277 –304.

Dalrymple, R. W., Zaitlin, B. A., and Boyd, R. (1992) A conceptual model of estuarine sedimentation. J. Sed. Petrol. 62, 1130 –1146.

Dalsgaard, J., St. John, M., Kattner, G., Muller – Navarra, D., and Hagen, W. (2003) Fatty acid trophic markers in the pelagic marine environment. Adv. Mar. Biol. 46, 225 –340.

Dalsgaard, T. (2003) Benthic primary production and nutrient cycling in sediments with benthic microalgae and transient accumulation of macroalgae. Limnol. Oceanogr. 48, 2138 –2150.

Dalsgaard, T., Canfield, D. E., Petersen, J., Thamdrup, B., and Acuna – Gonzalez, J. (2003) $N_2$ production by ammonex reaction in the anoxic water column of Golfo Dulce, Costa Rica. Nature. 422, 606 –608.

Dame, R. F. (1989) The importance of *Spartina alterniflora* to Atlantic coast estuaries. Crit. Rev. Aquat. Sci. 1, 639 – 660.

Dame, R. F., Alber, M., Allen, D., Mallin, M., Montague, C., Lewitus, A., Chalmers, A., Gardner, R., Gilman, C., Kjerfve, B., Pinckey, J., and Smith, N. (2000) Estuaries of the South Atlantic Coast of North America: their geographical signatures. Estuaries 23, 793 – 819.

Dame, R. F., Dankers, N., Prins, T., Jongsma, H., and Smaal, A. (1991) The influence of mussel beds on nutrients in the western Wadden Sea and the eastern Scheldt estuaries. Estuaries 14, 130 – 138.

Danishefsky, I., Whistler, R. L. and Bettleheim, F. A. (1970) Introduction to polysaccharide chemistry. *In* The Carbohydrates: Chemistry and Biochemistry, 2nd edn. (Pigman, W., and Horton, D., eds.), pp. 375 – 412, Academic Press, New York.

Darnell, R. M. (1967) The organic detritus problem in estuaries. American Association for the Advancement of Science, Publication No. 83, 374 – 375.

Dauwe, B., and Middelburg, J. J. (1998) Amino acid and hexosamines as indicators of organic matter degradation state in North Sea sediments. Limnol. Oceanogr. 43, 782 – 798.

Dauwe, B., Middelburg, J. J., and Herman, P. M. J. (2001) The effect of oxygen on the degradability of organic matter in subtidal and intertidal sediments of the North Sea. Mar. Ecol. Prog. Ser. 215, 13 – 22.

Dauwe, B., Middelburg, J. J., van Rijswijk, Sinke, J., Herman, P. M. J., and Heip, C. H. R. (1999) Enzymatically hydrolysable amino acids in the North Sea sediments and their possible implication for sediment nutritional values. J. Mar. Res. 57, 109 – 134.

D'Avanzo, C., Kremer, J. N., and Wainright, S. C. (1996) Ecosystem production and respiration in response to eutrophication in shallow temperate estuaries. Mar. Ecol. Prog. Ser. 141, 263 – 274.

Davis, R. A. (1996) Coasts. Prentice Hall, Englewood cliffs, NJ.

Davis, R. A. (1985) Coastal Sedimentary Environments. Springer – Verlag, New York.

Davis III, S. E., Childers, D. L., Day, J. W., Rudnick, D. T., and Sklar, F. H. (2001) Wetland – water column exchange of carbon, nitrogen, and phosphorus in a southern everglades dwarf mangrove. Estuaries 24, 610 – 622.

Dawson, R., and Gocke, K. (1978) Heterotrophic activity in comparison to the free amino acid concentration in Baltic Sea water samples. Oceanol. Acta 1, 45 – 54.

Day, J., Hall, C. S., Kemp, W. M., and Yanez – Arancibia, A. (1989) Estuarine Ecology. John Wiley, New York.

Day, J. W., Madden, C., Twilley, R., Shaw, R., McKee, B. A., Dagg, M., Childers, D., Raynie, R., and Rouse, L. (1995) The influence of the Atchafalaya River discharge on Fourleague Bay, LA. *In* Changes in Fluxes in Estuaries (Dyer K., and Orth, R., eds.), pp. 151 – 160, Olsen and Olsen, Copenhagen, Denmark.

Day, J. W., Smith, W. G., Wagner, P. R., and Stowe, W. C. (1973) Community structure and carbon budget of a salt marsh and shallow bar estuarine system in Louisiana. Office of Sea Grant Development, Center for Wetland Resources, Louisiana State University, Baton Rouge.

De Angelis, M. A., and Lilley, M. D. (1987) Methane in surface waters of Oregon estuaries and rivers. Limnol. Oceanogr. 32, 716 – 722.

De Angelis, M. A., and Scranton, M. D. (1993) Fate of methane in the Hudson River and estuary. Global Biogeochem. Cycles 7, 509 – 523.

de Beer, D., and Kühl, M. (2001) Interfacial Microbial Mates and Biofilms. *In* The Benthic Boundary Layer (Boudreau, B. P., and Jøgensen, B. B., eds.), pp. 374 – 394, Oxford University Press, New York.

Decho, A. W., and Herndl, G. J. (1995) Microbial activities and the transformation of organic matter within mucilaginous material. Sci. Total Environ. 165, 33 – 42.

Decho, A. W., and Lopez, G. R. (1993) Exopolymer microenvironments of microbial flora: multiple and interactive effects on trophic relationships. Limnol. Oceanogr. 38, 1633 – 1645.

Deeds, J. R., and Klerks, P. L. (1999) Metallothionein – like proteins in the freshwater oligochaete *Limnodrilis udekemianus* and their role as a homeostatic mechanism against cadmium toxicity. Environ. Pollut. 106, 381 – 389.

Deegan, C. E., and Garritt, R. H. (1997) Evidence for spatial variability in estuarine food webs. Mar. Ecol. Prog. Ser. 147, 31 – 47.

Deegan, C. E., Kirby, R., and Rae, I. (1973) The superficial deposits of the Firth of Clyde and its sea lochs. Inst. Geol. Sci. Rep. 73/9, 135 pp.

Deegan, L. A. (1993) Nutrient and energy transport between estuaries and coastal marine ecosystems by fish migration. Can. J. Fish. Aquat. Sci. 50, 74 – 79.

Deflandre, B., Mucci, A., Gagne, J., Guignard, C., and Sundby, B. (2002) Early diagenetic processes in coastal marine sediments disturbed by catastrophic sedimentation event. Geochim. Cosmochim. Acta 66, 2547 – 2558.

Deflandre, B., Sundby, B., Gremare, a., Lefranis, L., and Gagné, J. P. (2000) Effects of sedimentary microenvironments on the vertical distributions of oxygen and DOC in coastal marine sediments: scales of variability. EOS: Trans Am. Geophys. Union 80, 115.

Degens, E. T. (1977) Molecular nature of nitrogenous compounds in seawater and recent marine sediments. *In* Organic Matter in Natural Waters (Hood, D. W., ed.), pp. 77 – 106, University of Alaska Press, Fairbanks, AK.

Degens, E. T. (1989) Perspectives on Biogeochemistry. Springer – Verlag, New York.

Degens, E. T., Guillard, R. R. L., Sackett, W. M., and Hellebust, J. A. (1968) Metabolic fractionation of carbon isotopes in marine plankton. I. Temperature and respiration experiments. Deep Sea Res. 15, 1 – 9.

Degens, E. T., Kempe, S., and Richey, J. E. (eds.) (1991) Biogeochemistry of Major Rivers. John Wiley, New York.

Degens, E. T., Kempe, S., and Spitzy, A. (1984) Carbon dioxide: a biogeochemical portrait. *In* The Handbook of Environmental Chemistry (Hutzinger, O., ed.), Vol. 1 (Part C), Springer – Verlag, New York.

Degobbis, D., Gilantin, M., and Relevante, N. (1986) An annotated nitrogen budget calculation for the North Adriatic Sea. Mar. Chem. 20, 159 – 177.

de Groot, C. (1990) Some remarks on the presence of organic phosphates in sediments. Hydrobiologia 207, 303 – 309.

Deines, P. (1980) The isotopic composition of reduced carbon. *In* Handbook of Environmental Isotope Geochemistry. Vol. I. The Terrestrial Environment (Fitz, P., and Fontes, J. C., eds.), pp. 329 – 406, Elsevier, Amsterdam.

de Jonge, V. N. (1985) The occurrence of "episammic" diatom populations a result of interaction between physical sorting of sediments and certain properties of diatom species. Estuar. Coastal Shelf Sci. 21, 607 – 622. 716 – 722.

de Jonge, V. N., and Colijn, F. (1994) Dynamics of microphytobenthos in the Ems estuary measured as chlorophyll – a and carbon. Mar. Ecol. Prog. Ser. 104, 185 – 196.

de Jonge, V. N., Elliott, M., and Orive, E. (2002) Causes, historical development, effects and future challenges of a common environmental problem: eutrophication. Hydrobiologia 475/476, 1 – 19.

de Jonge, V. N., and Villerius, L. A. (1989) Possible role of carbonate dissolution in estuarine phosphate dynamics. Limnol. Oceanogr. 34, 332 – 340.

DeKanel, J., and Morse, J. W. (1978) The chemistry of orthophosphate uptake from seawater onto calcite and aragonite. Geochim. Cosmochim. Acta 42, 1335 – 1340.

Delaney, M. L. (1998) Phosphorus accumulation in marine sediments and the oceanic phosphorus cycle. Global Biogeochem. Cycles 12, 563 – 572.

Delaune, R. D., Patrick, W. H., and Buresh, R. J. (1978) Sedimentation rates determined by $^{137}Cs$ dating in a rapidly accreting salt marsh. Nature 275, 532 – 533.

Delaune, M. L., Reddy, C. N., and Patrick, W. H. (1981) Accumulation of plant nutrients and heavy metals through sedimentation processes and accretion in a Louisiana salt marsh. Estuaries 4, 328 – 334.

Delaune, R., Smith, C. J., Patrick, W. H. (1983) Methane release from Gulf coast wetlands. Tellus 35, 8 – 15.

Delaune, R., Smith, C. J., and Patrick, W. H., and Roberts, H. H. (1987) Rejuvenated marsh and bay – bottom accretion on the rapidly subsiding coastal plain of the U. S. Gulf Coast: A second – order effect of the emerging Atchafalaya delta. Estuar. Coastal Shelf Sci. 25, 381 – 389.

Del Castillo, C. E., Coble, P. E., Morell, P. E., Lopez, J. M., and Corredor, J. E. (1999) Analysis of the optical properties of the Orinoco River plume by absorption and fluorescence spectroscopy. Mar. Chem. 66, 35 – 51.

Del Castillo, C. E., Gilbes, F., Coble, P. G., and Muller – Karger, F. E. (2000) On the dispersal of riverine colored dissolved organic matter over the West Florida Shelf. Limnol. Oceanogr. 45, 1425 – 1432.

de Leeuw, J. W., and Largeau, C. (1993) A review of macromolecular organic compounds that comprise living organisms and their role in kerogen, coal, and petroleum formation. *In* Organic Geochemistry—Principle and Applications (Engel, M. H., and Macko, S. A., eds.), pp. 23 – 72, Plenum Press, New York.

de Leeuw, J. W., Simoneit, B. R., Boon, J. J., Rijpstra, W. I. C., de Lange, F., van der Leedee, J. C. W., Correia, V. A., Burlingame, A. L., and Schenck, P. A. (1977) Phytol compounds in the geosphere. *In* Advances in Organic Geochemistry (Campos, R., and Goni, J., eds.), pp. 61 – 79, Enadisma, Madrid.

De Leiva Moreno, J. I., Agnostini, V. N., Caddy, J. F., and Carocci, F. (2000) Is the pelagic – demersal ratio from fishery landings a useful proxy for nutrient availability? A preliminary data exploration for the semi – enclosed seas around Europe, ICES. J. Mar. Sci. 57, 1091 – 1102.

D'Elia, C. F., Boynton, W. R., and Sanders, J. G. (2003) A watershed perspective on nutrient enrichment, science, and policy in the Patuxent River, Maryland: 1960 – 2000. Estuaries 26, 171 – 185.

D'Elia, C. F., Harding, L. W., Leffler, M., and Mackiernan, G. B. (1992) The role and control of nutrients in Chesapeake Bay. Wat. Sci. Technol. 26, 2635 – 2644.

D'Elia, C. F., Nelson, D. M., and Boynton, W. R. (1983) Chesapeake Bay nutrient and plankton dynamics III. The annual cycle of dissolved silicon. Geochim. Cosmochim. Acta 47, 1945 – 1955.

D'Elia, C. F., Sanders, J. G., and Boynton, W. R. (1986) Nutrient enrichment studies in a coastal plain estuary: phytoplankton growth in large – scale, continuous cultures. Can. J. Fish. Aquat. Sci. 43, 397 – 406.

Dellapenna, T. H., Kuehl, S. A., and Pitts, L. (2001) Transient, longitudinal, sedimentary furrows in the York River subestuary, Chesapeake Bay: furrow evolution and effects on seabed mixing and sediment transport. Estuaries 24, 215 – 227.

Dellapenna, T. M., Kuehl, S. A., and Schaffner, L. C. (1998) Sea – bed mixing and particle residence times in biologically and physically dominated estuarine systems: a comparison of lower Chesapeake Bay and York River subestuary. Estuar. Coastal Shelf Sci. 46, 777 – 795.

Delwiche, C. C. (1981) Atmospheric chemistry of nitrous oxide. *In* Denitrification, Nitrification, and Atmospheric Nitrous Oxide pp. 17 – 44. John Wiley, New York.

DeMaster, D. J. (1981) The supply and accumulation of silica in the marine environment. Geochim. Cosmochim. Acta 64, 2467 – 2477.

DeMaster, D. J. (2002) The accumulation and cycling of biogenic silica in the Southern Ocean: revisiting the marine silica cycle. Deep – Sea Res. II, 49, 3155 – 3167.

DeMaster, D. J., and Cochran, J. K. (1982) Particle mixing rates in deep – sea sediments determined from excess $^{210}Pb$ and $^{32}Si$ profiles. Earth Planet. Sci. Lett. 61, 257 – 271.

DeMaster, D. J., Kuehl, S. A., and Nittrover, C. A. (1986) Effects of suspended Sediments and geochemical processes near the mouth of the Amazon River: examination of biological silica uptake and the fate of particle – reactive elements. Cont. Shelf Res. 6, 107 – 125.

DeMaster, D. J., McKee, B. A., Nittrouer, C. A., Jiangchu, Q., and Quodong, C. (1985) Rates of sediment accumulation and particle reworking based on radiochemical measurements from the continental shelf deposits in the East China Sea. Cont. Shelf Res. 4, 143 – 158.

DeMaster, D. J., and Pope, R. H. (1996) Nutrient dynamics in Amazon shelf waters: results from AMASSEDS. Cont. Shelf Res. 16, 263 – 289.

DeMaster, D. J., Smith, W. O., Nelson, D. M., and Aller, J. Y. (1996) Biogeochemical processes in Amazon shelf waters: chemical distributions and uptake rates of silicon, carbon, and nitrogen. Cont. Shelf Res. 16, 617 – 643.

DeMaster, D. J., Thomas, C. J., Blair, N. E., Fornes, W. L., Plaia, G., and Levin, L. A. (2002) Deposition of bomb $^{14}C$ in continental slope sediments of the Mid – Atlantic Bight: assessing organic matter sources and burial rates. Deep – Sea Res. II. 49, 4667 – 4685.

De Mello, W. Z., Cooper, D. J., Cooper, W. J., Saltzman, E. S., Zika, R. G., Savoie, D. L., and Prospero, J. M. (1987) Spatial and diel variability in the emissions of some biogenic sulfur compounds from Florida *Spartina alterniflora* coastal zone. Atmos. Environ. 21, 987 – 990.

Deming, J. W., and Baross, J. A. (1993) The early diagenesis of organic matter: bacterial activity. *In* Organic Geochemistry (Engel, M. H., and Macko, S. A., eds.), pp. 119 – 144, Plenum Press, New York. den Hartog, C. (1970) The Seagrasses of the World. North – Holland, Amsterdam.

DeNiro, M. J., and Epstein, S. (1978) Influence of diet on the distribution of carbon isotopes in animals. Geochim. Cosmochim. Acta 42, 495 – 506.

DeNiro, M., and Epstein, S. (1981) Influence of diet on the distribution of nitrogen isotopes in animals. Geochim. Cosmochim. Acta 45, 341 – 351.

Denissenko, M. K., Pao, A., Tang, M., and Pfeifer, G. P. (1996) Preferential formation of benzo [*a*] pyrene adducts at lung cancer mutational hotspots in P53. Science 274, 430 – 432.

Dennison, W. C., and Alberte, R. A. (1982) Photosynthetic responses of *Zostera marina* L. (eelgrass) to in situ manipulations of light intensity. Oecologia 55, 137 – 144.

Dennison, W. C., Orth, R. J., Moore, K. A., Stevenson, J. C., Careter, V., Kollar, S., Bergstrom, P. W., and Batiuk, R. A. (1993) Assessing water quality with submerged aquatic vegetation. Bioscience 43, 86 – 94.

de Resseguier, A. (2000) A new type of horizontal in – situ water and fluid mud sampler. Mar. Geol. 163, 409 – 411.

De Stefano, C., Foti, C., Gianguzza, A., and Sammartano, S. (2000) The interaction of amino acids with the major constituents of natural waters at different ionic strengths. Mar. Chem. 72, 61 – 76.

Desvilettes, C., Bourdier, G., Amblard, C., and Barth, B. (1997) Use of fatty acids for the assessment of zooplankton grazing on bacteria, protozoans, and microalgae. Freshwat. Biol. 38, 629 – 637.

Detmers, J., Bruchert, V., Habicht, K. S., and Kuever, J. (2001) Diversity of sulfur isotope fractionations by sulfate – reducing Prokaryotes. Appl. Environ. Microbiol. 67, 888 – 894.

Dettmann, E. H. (2001) Effect of water residence time on annual export and denitrification of nitrogen in estuaries: a model analysis. Estuaries 24, 481 – 490.

Devol, A. H. (1991) Direct measurement of nitrogen gas fluxes from continental shelf sediments. Nature. 349: 319 – 321.

Devol, A. H., Anderson, J. J., Kuivila, K., and Murray, J. W. (1984) A model for coupled sulfate reduction and methane oxidation in the sediments of Saanich Inlet. Geochim. Cosmochim. Acta 48, 993 – 1004.

Devol, A. H., Quay, P. D., Richey, J. E., and Martinelli, L. A. (1987) The role of gas exchange in the inorganic carbon, oxygen, and 222Rn budgets of the Amazon River. Limnol. Oceanogr. 32, 235 – 248.

de Wilde, H. P. J., and De Bie, M. J. M. (2000) Nitrous oxide in the Scheldt estuary: production by nitrification and emission to the atmosphere. Mar. Chem. 69, 203 – 216.

Dhakar, S. P., and Burdige, D. J. (1996) A coupled, non – linear, steady state model for early diagenetic processes in pelagic sediments. Am. J. Sci. 296, 296 – 330.

Diaz, F., and Raimbault, P. (2000) Nitrogen regeneration and dissolved organic nitrogen release during spring in a NW Mediterranean coastal zone (Gulf of Lions); implications for the estimation of new production. Mar. Ecol. Prog. Ser. 197, 51 – 65.

Diaz, R. J., and Rosenberg, R. (1995) Marine benthic hypoxia: a review of its ecological effects and the behavioral responses of benthic macrofauna. Oceanogr. Mar. Biol. Ann. Rev. 33, 245 – 303.

Dibb, J. E. (1989) Atmospheric deposition of beryllium – 7 in Chesapeake Bay region. J. Geophys. Res. 94, 2261 – 2265.

Dibb, J. E., and Rice, D. L. (1989a) Temporal and spatial distribution of beryllium – 7 in the sediments of Chesapeake Bay. Estuar. Coastal Shelf Sci. 28, 395 – 406.

Dibb, J. E., and Rice, D. L. (1989b) The geochemistry of beryllium – 7 in Chesapeake Bay. Estuar. Coastal Shelf Sci. 28, 379 – 394.

Dickhut, R. M., Canuel, E. A., Gustafson, K. E., Liu, K., Arzayus, K. M., Walker, S. E., Edgecombe, G., Gaylor, M. O., and Macdonald, E. H. (2000) Automotive sources of carcinogenic polycyclic aromatic hydrocarbons associated with particulate matter in the Chesapeake bay region. Environ. Sci. Technol. 34, 4635 – 4640.

Dickinson, R. E., and Cicerone, R. J. (1986) Future global warming from atmospheric trace gases. Nature 319, 109 – 115.

Dickson, A. G. (1992) Thermodynamics of the dissociation of boric acid in synthetic seawater from 273.15 to 318.15 K. Deep – Sea Res. 37, 755 – 766.

Dickson, A. G. (1993) The measurement of pH in seawater. Mar. Chem. 44, 131 – 142.

Didyk, B. M., Simoneit, B. R. T., Brassell, S. C., and Eglinton, G. (1978) Organic geochemical indicators of paleoenvironmental conditions of sedimentation. Nature 272, 216 – 222.

Di Toro, D. M., Allen, H. E., Bergman, H. L., Meyer, J. S., Paquin, P. R., and Santore, R. C. (2001) Biotic ligand model of the acute toxicity of metals. 1. Technical basis. Environ. Toxicol. Chem. 20, 2383 – 2396.

Di Toro, D. M., Hallden, J. A., and Plafkin, J. L. (1991) Modeling ceriodaphnia toxicity in the Naugatuck river. 2. copper, hardness, and effluent interactions. Environ. Toxicol. Chem. 10, 261 – 274.

Dittmar, T. (2004) Evidence for terrigenous dissolved organic nitrogen in the Arctic deep sea. Limnol. Oceanogr. 49, 149 – 156.

Dittmar, T., Fitznar, H. P., and Kattner, G. (2001) Origin and biogeochemical cycling of organic nitrogen in the eastern Arctic Ocean as evident from *D* – and *L* – amino acids. Geochim. Cosmochim. Acta 65, 4103 – 4114.

Dittmar, T., and Lara, R. J. (2001) Driving forces behind nutrient and organic matter dynamics in a mangrove tidal creek in North Brazil. Estuar. Coastal Shelf Sci. 52 (2), 249 – 259.

Doblin, M. A., Blackburn, S. I., and Hallegraeff, G. M. (1999) Growth and biomass stimulation of the toxic dinoflagellate *Gymnodinium* by dissolved organic substances. J. Exp. Mar. Biol. Ecol. 236, 33 – 47.

Dodson, J. J., Dauvin, J. C., Ingram, R. G., and D'Anglejan, B. (1989) Abundance of larval rainbow smelt (*Osmerus mordax*) in relation to the maximum turbidity zone and associated macrozooplanktonic fauna of the middle St. Lawrence estuary. Estuaries 12, 66 – 81.

Dollhopf, M. E., Nealson, K. H., Simon, D. M., and Luther III, G. W. (2000) Kinetics of Fe (III) and Mn (IV) reduction by the Black Sea strain of *Shewanella putrifaciens* using solid state voltammetric Au/Hg electrodes. Mar. Chem. 70, 171 – 180.

Donali, E., Olli, K., Heiskanen, A. S., and Andersen, T. (1999) Carbon flow patterns in the planktonic food web of the Gulf of Riga, the Baltic Sea: a reconstruction by the inverse method. J. Mar. Syst. 23, 251 – 268.

Donat, J. R., and Bruland, K. W. (1995) Trace elements in the oceans. *In* Trace Metals in Natural Waters (Salbu, B., and Steinnes, E., eds.), pp. 247 – 281, CRC Press, Boca Raton, FL.

Donat, J. R., Lao, K. A., and Bruland, K. W. (1994) Speciation of dissolved copper and nickel in South San Francisco Bay; a multi – method approach. Anal. Chim. Acta 284, 547 – 571.

Donat, J. R., and van den Berg, C. M. G. (1992) A new cathodic stripping voltammetric method for determining organic copper complexation in seawater. Mar. Chem. 38, 69 – 90.

Dong, L. F., Thornton, D. C. O., Nedwell, D. B., and Underwood, G. J. C. (2000) Denitrification in sediments of the River Colne estuary. Mar. Ecol. Prog. Ser. 203, 109 – 122.

Dortch, Q., Parsons, M. L., Doucette, G. J., Fryxell, G. A., Maier, A., Thessen, A., Powell, C. L., and Soniat, T. M. (2000) *Pseudo – nitzschia* spp. in the northern Gulf of Mexico: Overview and response to increasing eutrophication. *In* Symposium on Harmful Algae in the U. S., pp. 27, Dec. 4 – 9, Marine Biological Laboratory, Woods Hole, MA.

Dortch, Q., Robichaux, R., Pool, S., Milsted, D., Mire, G., Rabalais, N. N., Soniat, T. M., Fryxell, G. A., Turner, R. E., and Parsons, M. L. (1997) Abundance and vertical flux of *Pseudo – nitzschia* in the northern Gulf of Mexico. Mar. Ecol. Prog. Ser. 146, 249 – 264.

Dortch, Q., and Whitledge, T. E. (1992) Does nitrogen or silicon limit phytoplankton production in the Mississippi River plume and nearby regions? Cont. Shelf Res. 12, 1293 – 1309.

Downing, J. A. (1997) Marine nitrogen: phosphorus stoichiometry and the global N: P cycle. Biogeochemistry 37, 237 – 252.

Drake, L. A., Dobbs, F. C., and Zimmerman, R. C. (2003) Effects of epiphyte load on optical properties and photosynthetic potential of the seagrasses *Thalassia testudinum* Banks ex Konig and *Zostera marina* L. Limnol. Oceanogr. 48, 456 – 463.

Drenzek, N. J., Eglinton, T. I., Wirsen, C. O., May, H. D., Wu, Q., Sowers, K. R., and Reddy, C. M. (2001) The absence and application of stable carbon isotopic fractionation during reductive dechlorination of polychlorinated biphenyls. Environ. Sci. Technol. 35, 3310 – 3313.

Drier, C. A. (1982) Trace metal accumulations in Delaware salt marshes. M. S. Thesis, Univ. of Delaware, Newark, DE.

Druffel, E. R. M., Williams, P. M., Bauer, J. E., and Ertel, J. (1992) Cycling of dissolved and particulate organic matter in the open ocean. J. Geophys. Res. 97, 15639 – 15659.

Duarte, C. M. (1995) Submerged aquatic vegetation in relation to different nutrient regimes. Ophelia 41, 87 – 112.

Duce, R. A., Liss, P. S., Merill J. T., et al. (1991) The atmospheric input of trace species to the world ocean. Global Biogeochem. Cycle 5, 193 – 259.

Ducklow, H. W., and Kirchman, D. L. (1983) Bacterial dynamics and distribution during a spring diatom bloom in the

Hudson River plume, USA. J. Plankton Res. 5, 333 - 355.

Dugdale, R. C., and Goering, J. J. (1967) Uptake of new and regenerated forms of nitrogen in primary productivity. Limnol. Oceanogr. 12, 196 - 206.

Dugdale, R. C., Wilkerson, F. P., and Minas, H. J. (1995) The role of a silicate pump in driving new production. Deep - Sea Res. I. 42, 697 - 719.

Duinker, J. C. (1980). Suspended matter in estuaries. *In* Chemistry and Biogeochemistry of Estuaries (Olausson, E., and Cato, I., eds.), pp. 121 - 152, JohnWiley, Chichester, UK.

Duinker, J. C. (1983) Effects of particle size and density on the transport of metals to the ocean. *In* Trace Metals in Sea Water (Wong, C. S., Boyle, E., Bruland, K., Burton, J. D., and Goldberg, E. D., eds.), pp. 209 - 226, Plenum Press, New York.

Dunne, T., and Leopold, L. B. (1978) Water in Environmental Planning. W. H. Freeman, San Francisco.

Dunstan, G. A., Volkman, J. K., Barrett, S. M., Leroi, J. M., and Jeffrey, S. W. (1994) Essential polyunsaturated fatty acids from 14 different species of diatom (Bacillariophyceae). Phytochemistry 35, 155 - 161.

Dyer, K. R. (1973) Estuaries: A Physical Introduction. John Wiley, New York.

Dyer, K. R. (ed.) (1979) Estuaries and estuarine sedimentation. *In* Estuarine Hydrography and Sedimentation—A Handbook pp. 1 - 18, Cambridge University Press, Cambridge, UK.

Dyer, K. R. (1986) Coastal and Estuarine Sediment Dynamics. JohnWiley, Chichester, UK.

Dyer, K. R., and Manning, A. J. (1999) Observation of the size, settling velocity and effective density of flocs, and their fractal dimensions. Neth. J. Sea Res. 41, 87 - 95.

Dyer, K. R., and Taylor, P. A. (1973) A simple segmented prism model of tidal mixing in well - mixed estuaries. Estuar. Coastal Shelf Sci. 1, 411 - 418.

Dyke, P. P. G. (2001) Coastal and Shelf Sea Modeling. Kluwer International Series: Topics in Environmental Fluid Mechanics. Kluwer Academic, London.

Dyrssen, D., and Sillén, L. G. (1967) Alkalinity and total carbonate in sea water. A plea for the P - T - independent data. Tellus 19, 113 - 120.

Dzombak, D. A., Fish, W., and Morel, F. M. M. (1986) Metal - humate interactions. 1. Discrete ligand and continuous distribution models. Environ. Sci. Technol. 20, 669 - 675.

Dzombak, D. A., and Morel, F. M. M. (1990) Surface Complexation Modeling. Hydrous Ferric Oxide. Wiley - Interscience, New York.

Eadie, B. J., McKee, B. A., Lansing, M. B., Robbins, J. A., Metz, S., and Trefrey, J. H. (1994) Records of nutrient - enhanced coastal ocean productivity in sediments from the Louisiana continental shelf. Estuaries 17, 754 - 765.

Eckert, J. M., and Sholkovitz, E. R. (1976) The flocculation of iron, aluminum and humates from river water by electrolytes. Geochim. Cosmochim. Acta 40, 847 - 848.

Eckman, J. E., Nowell, A. R. M., and Jumars, P. A. (1981) Sediment destabilization by animal tubes. J. Mar. Res. 39, 361 - 374.

Edzwald, J. K., and O'Melia, C. R. (1975) Clay distributions in recent marine sediments. Clays Clay Miner. 23, 39 - 44.

Edzwald, J. K., Upchurch, J. B., and O'Melia, C. R. (1974) Coagulation in estuaries. Environ. Sci. Technol. 8, 58 - 63.

Egeland, E. S., and Liaaen - Jensen, S. (1992) Eight new carotenoids from a chemosystematic evaluation of Prasinophyceae. Proceedings of 7th International Symposium on Marine Natural Products, Capri.

Egeland, E. S., and Liaaen - Jensen, S. (1993) New carotenoids and chemosystematics in the Prasinophyceae. Porceedings of 10th Symposium on Carotenoids, Tron II heim Norway.

Egge, J. K., and Aksnes, D. L. (1992) Silicate as regulating nutrient in phytoplankton competition. Mar. Ecol. Prog. Ser. 83, 281 - 289.

Eglinton, G., and Calvin, M. (1967) Chemical fossils. Sci. Am. 216, 32 - 43.

Eglinton, G., and Hamilton, R. J. (1963) The distribution of alkanes. *In* Chemical Plant Taxonomy (Swain, T., ed.), pp. 187 - 217, Academic Press, New York.

Eglinton, G., and Hamilton, R. J. (1967) Leaf epicuticular waxes. Science 156, 1322 - 1335.

Eglinton, G., Hunneman, D. H., and Douraghi - Zadeh, K. (1968) Gas chromatographicmass spectrometric studies of long chain hydroxyl acids—II. The hydroxy acids and fatty acids of a 5000 year - old lacustrine sediment. Tetrahedron 24, 5929 - 5941.

Eglinton, T. I., Aluwihare, L., Bauer, J. E., Druffel, E. R. M., and McNichol, A. P. (1996) Gas chromatographic isolation of individual compounds from complex matrices for radiocarbon dating. Anal. Chem. 68, 904 - 912.

Eglinton, T. I. Benitez - Nelson, B., McNichol, A., Bauer, J. E., and Druffel, E. R. M. (1997) Variability in radiocarbon ages of individual organic compounds from marine sediments. Science 277, 796 - 799.

Ehleringer, J., Phillips, S. L., Schuster, W. S. F., and Sandquist, D. R. (1991) Differential utilization of summer rains by desert plants. Oecologia 88, 430 - 434.

Ehrenhauss, S., and Huettel, M. (2004) Advective transport and decomposition of chain - forming planktonic diatoms in permeable sediments. J. Sea Res. 52, 179 - 198.

Ehrenhauss, S., Witte, U., Janssen, F., and Huettel, M. (2004) Decomposition of diatoms and nutrient dynamics in permeable North Sea sediments. Cont. Shelf Res. 24, 721 - 737.

Eilers, H., Pernthaler, J., Glockner, F. O., and Amann, R. (2000) Culturability and *in situ* abundance of pelagic bacteria from the North Sea. Appl. Environ. Microbiol. 66, 3044 - 3051.

Einsele, W. (1936) Uber die Beziehungen des Eisenkreislaufs zum Phosphatkreislauf im eutrophen See. Arch. Hydrobiol. 29, 664 - 686.

Eisma, D. (1986) Flocculation and de - flocculation of suspended matter in estuaries. Neth. J. Sea Res. 20, 183 - 199.

Eisma, D., and Li, A. (1993) Changes in suspended matter floc size during the tidal cycle in the Dollard estuary. Neth. J. Sea. Res. 31, 107 - 117.

Elderfield, H., and Hepworth, A. (1975) Diagenesis, metals, and pollution in estuaries. Mar. Pollut. Bull. 6, 85 - 87.

Elderfield, H., Luedtke, N., McCaffrey, R. J., and Bender, M. L. (1981a) Benthic flux studies in Narragansett Bay. Am. J. Sci. 281, 768 - 787.

Elderfield, H., McCaffrey, R. J., Luedtke, N., Bender, M., and Truesdale, V. W. (1981b) Chemical diagenesis in Narragansett Bay sediments. Am. J. Sci. 281, 1021 - 1055.

Elliot, M., and McLusky, D. S. (2002) The need for definitions in understanding estuaries. Estuar. Coastal Shelf Sci. 55, 815 - 827.

Elliott, T. (1978) Clastic shorelines. *In* Sedimentary Environments and Facies (Reading, H. G., ed.), pp. 143 - 175, Elsevier, New York.

Elmgren, R. (1984) Trophic dynamics in the enclosed, brackish Baltic Sea. Rapp. Reun. Cons. Intl. Explor. Mer. 183, 152 - 169.

Elmgren, R. (2001) Understanding human impact on the Baltic ecosystem: changing views in recent decades. Ambio 30, 222 - 231.

Elmgren, R., Hansson, S., Larsson, U., Sundelin, B., and Boehm, P. D. (1983) The "Tsesis" oil spill: acute and long - term impacts on the benthos. Mar. Biol. 73, 51 - 65.

Elmgren, R., and Larrson, U. (2001) Eutrophication in the Baltic Sea area: integrated coastal management issues. *In* Science and Integrated Coastal Management (von Bodungen, B., and Turner, R. K., eds.), pp. 15 - 35, Dahlem University Press, Berlin.

Elmore, D., and Phillips, F. M. (1987) Accelerator mass spectrometry for measurements of long - lived radioisotopes. Science 236, 543 - 550.

Elsinger, R. T. and Moore, W. S. (1983) $^{224}Ra$, $^{228}Ra$, and $^{226}Ra$ in Winyah Bay and Delaware Bay. Earth Planet. Sci. Lett. 64, 430 - 436.

Elton, C. S. (1958) The Ecology of Invasions by Animals and Plants. Methuen, London.

Embelton, C., and King, C. A. M. (1970) Glacial and Periglacial Geomorphology. Macmillan of Canada, Toronto.

Emerson, S. (1985) Organic carbon preservation in marine sediments. *In* The Carbon Cycle and Atmospheric $CO_2$: Natural Variations Archean to Present (Sundquist, E. T., and Broecker, W. S., eds.), pp. 78 - 87, American Geophysical Union, Washington, DC.

Emerson, S., Jahnke, R., and Heggie, D. (1984) Sediment water exchange in shallow water estuarine sediments. J. Mar. Res. 4, 709 - 730.

Emery, K. O., and Aubrey, D. G. (1991) Sea Levels, Land Levels and Tide Gauges. Springer - Verlag, New York.

Emery, K. O., and Uchupi, E. (1972) Western Atlantic Ocean: Topography, Rocks, Structure, Water, Life, and Sediments. American Association of Petroleum Geology Memoires 17, Washington, DC.

Emmett, R., Llanso, R., Newton, J., Thom, R., Hornberger, M., Morgan, C., Levings, C., Copping, A., and Fishman, P. (2000) Geographical signatures of North America West Coast Estuaries. Estuaries 23, 765 - 792.

Engel, D. W., and Brouwer, M. (1993) Crustaceans as models for metal metabolism. I. Effects of the molt cycle on blue crab metal metabolism and metallothionein. Mar. Environ. Res. 35, 1 - 12.

Engel, M. H., and Macko, S. A. (1993) Organic Geochemistry—Principles and Applications. Plenum Press, New York.

Engelhaupt, E., and Bianchi, T. S. (2001) Sources and composition of high - molecularweight dissolved organic carbon in a southern Louisiana tidal stream (Bayou Trepagnier). Limnol. Oceanogr. 46, 917 - 926.

Engelhaupt, E., Bianchi, T. S., Wetzel, R. G., and Tarr, M. A. (2002) Photochemical transformations and bacterial utilization of high - molecular - weight dissolved organic carbon in southern Louisiana tidal stream (Bayou Trepagnier). Biogeochemistry 62, 39 - 58.

Eppley, R. W. (1972) Temperature and phytoplankton growth in the sea. Fishery Bull. 70, 1063 - 1085.

Ernissee, J. J., and Abbott, W. H. (1975) Binding of mineral grains by a species of *Thallassiosira*. Nova. Hedwigia. Beth. 53, 241 - 252.

Ertel, J. R., and Hedges, J. I. (1984) Sources of sedimentary humic substances: vascular plant debris. Geochim. Cosmochim. Acta 48, 2065 - 2074.

Ertel, J. R., Hedges, J. I., Devol, A. H., and Richey, J. E. (1986) Dissolved humic substances of the Amazon River system. Limnol. Oceanogr. 31, 739 - 754.

Estep, M. F., and Dabrowski, H. (1980) Tracing food webs with stable hydrogen isotopes. Science 209, 1537 - 1538.

Estep, M. F., and Hoering, T. C. (1980) Biogeochemistry of the stable hydrogen isotopes. Geochim. Cosmochim. Acta 44, 1197 - 1206.

Etemad - Shahidi, A., and Imberger, J. (2002) Anatomy of turbulence in a narrow and weakly stratified estuary. Mar. Freshwater Res. 53, 757 - 768.

European Union (2000) Parliament and Council Directive 2000/60/EC of the 23rd October 2000, Establishing a framework for community action in the field of water policy. Official Journal PE - CONS 3639/1/00 REV 1, Brussels.

Eyre, B. D. (1995) A first - order nutrient budget for the tropical Moresby estuary and catchment of North Queensland, Aust. J. Coast. Res. 11, 717 - 732.

Eyre, B. D. (2000) A regional evaluation of nutrient transformation and phytoplankton growth in nine river dominated sub - tropical East Australian estuaries. Mar. Ecol. Prog. Ser. 205, 61 - 83.

Eyre, B. D., and McKee, L. J. (2002) Carbon, nitrogen, and phosphorus budgets for a shallow subtropical coastal embayment (Moreton Bay, Australia). Limnol. Oceanogr. 47, 1043 - 1055.

Eyre, B. D., Pepperell, P., and Davies, P. (1999) Budgets for Australian estuarine systems: Tropical systems. *In* Australian Estuarine Systems: Carbon, Nitrogen, and Phosphorus fluxes (Smith, S. V., and Crossland, C. J., eds.), pp. 9 - 11, LOICZ Reports and Studies 12.

Eyre, B. D., and Twigg, C. (1997) Nutrient behavior during post - flood recovery of the Richmond River estuary, northern NSW, Australia. Estuar. Coastal Shelf Sci. 44, 311 - 326.

Eyrolle, F., Benedetti, M. F., Benaim, J. Y., and Fevrier, D. (1996) The distributions of colloidal and dissolved organic carbon, major elements, and trace elements in small tropical catchments. Geochim. Cosmochim. Acta 60, 3643 - 3656.

Fabbri, D., Chiavari, G., and Galletti, G. C. (1996) Characterization of soil humin by pyrolysis (methylation) —gas chromatography/mass spectrometry: structural relationships with humic acids. J. Anal. Appl. Pyrol. 37, 161 - 172.

Facca, C., Sfriso, A., and Socal, G. (2002) Temporal and spatial distribution of diatoms in the surface sediments of the Venice Lagoon. Bot. Mar. 452, 170 - 183.

Fager, E. W. (1964) Marine sediments: effects of a tube - building polychaete. Science 143, 356 - 359.

Fain, A. M., Jay, D. A., Wilson, D., Orton, P. M., and Baptista, A. M. (2001) Seasonal and tidal monthly patterns of particulate matter dynamics in the Columbia River estuary. Estuaries 24, 770 - 786.

Fairbridge, R. W. (1961) Eustatic changes of sea level. Phys. Chem. Earth 4, 99 - 185.

Fairbridge, R. W. (1980) The estuary: its definition and geologic cycle. *In* Chemistry and Biogeochemistry of Estuaries (Olausson, E., and Cato, I., eds.), pp. 1 - 36, Wiley - Interscience, New York.

Falkowski, P. G. (1975) Nitrate uptake in marine phytoplankton: (Nitrate, chloride) - activated adenosine triphosphate from *Skeletonema costatum* (Bacillariophyceae). J. Phycol. 11, 323 - 326.

Falkowski P. G. (2000) Rationalizing elemental ratios in unicellular algae. J. Phycol. 36, 3 - 6.

Falkowski, P. G., and Rivkin, R. B. (1976) The role of glutamine synthetase in the incorporation of ammonium in *Skeletonema costatum* (Bacillariophyceae) J. Phycol. 12, 448 - 450.

Farley, K. J., and Morel, F. M. M. (1986) Role of coagulation in the kinetics of sedimentation. Environ. Sci. Technol. 20, 187 - 195.

Farquhar, G. D. (1983) On the nature of carbon isotope discrimination in $C_4$ species. Aust. J. Plant Physiol. 10, 205 - 226.

Farquhar, G. D., Hubrick, K. T., Condun, A. G., and Richard, R. A. (1989) Carbon isotope fractionation and plant water - use efficiency. *In* Stable Isotopes in Ecological Research (Rundel, P. W., Ehleringer, J. R., and Nagy, K. A., eds.), pp. 21 - 41, Springer Verlag, Berlin.

Farquhar, G. D., O'Leary, M. H., and Berry, J. A. (1982) On the relationship between carbon dioxide discrimination and the intracellular carbon dioxide concentration in leaves. Aust. J. Plant Physiol. 9, 121 - 137.

Faure, G. (1986) Principles of Isotope Geology. John Wiley, New York.

Fawley, M. N., and Lee, C. M. (1990) Pigment composition of the scaly green flagellate *Mesostigma virde* (Micromonadophyceae) is similar to that of the siphonous green alga *Bryopsis plumose* (Ulvophyceae). J. Phycol. 26, 666-670.

Fazio, S. A., Uhlinger, D. L., Parker, J. H., and White, D. C. (1982) Estimations of uronic acids as quantitative measures of extracellular and cell wall polysaccharide polymers from environmental samples. Appl. Environ. Microbiol. 43, 1151-1159.

Fell, J. W., Cefalu, R. C., Master, I. M., and Tallman, A. S. (1975) Microbial activities in the mangrove (*Rhizophora mangle*) detrital system. *In* Proceedings of the International Symposium on the Biology and Management of Mangroves (Walsh, G. E., Snedaker, S. C., and Teas, H. J., eds.), pp. 661-679, University Press, University of Florida, Gainesville.

Fenchel, T. M., and Blackburn, T. H. (1979) Bacteria and Mineral Cycling. Academic Press, New York.

Fenchel, T. M., and Jøgensen, B. B. (1977) Detritus food chains of aquatic ecosystems: the role of bacteria. Adv. Microb. Ecol., 1, 1-57.

Fenchel, T. M., King, G. M., and Blackburn, T. H. (1998) Bacterial Biogeochemistry: the Ecophysiology of Mineral Cycling. Academic Press, New York.

Fenchel, T. M., and Riedl, R. J. (1970) The sulfide system: a new biotic community underneath the oxidized layer of marine sand bottoms. Mar. Biol. 7, 255-268.

Feng, H., Cochran, J. K., and Hirschberg, D. J. (1999) $^{234}$Th and $^{7}$Be as tracers for the transport and dynamics of suspended particles in partially mixed estuary. Geochim. Cosmochim. Acta 63, 2487-2505.

Fenton, G. E., and Ritz, D. A. (1988) Changes in carbon and hydrogen stable isotope ratios of macroalgae and seagrass during decomposition. Estuar. Coastal Shelf Sci. 26, 429-436.

Ferguson, A., Eyre, B., and Gay, J. (2004) Nutrient cycling in the sub-tropical Brunswick estuary, Australia. Estuaries 27, 1-17.

Festa, J. F., and Hansen, D. V. (1978) Turbidity maxima in partially mixed estuaries: A two-dimensional numerical model. Estuar. Coastal Shelf Sci. 7, 347-359.

Fetter, C. W. (1988) Applied Hydrogeology. Prentice Hall, Englewood Cliffs, NJ.

Fetter, C. W. (2001) Applied Hydrology. Prentice Hall, Englewood Cliff, NJ.

Fettweis, M., Sas, M., and Monbaliu, J. (1998) Seasonal neap-spring and tidal variations of cohesive sediment concentration in the Scheldt estuary, Belgium. Estuar. Coastal Shelf Sci. 47, 21-36.

Ficken, K. J., Li, B., Swain, D. L., and Eglinton, G. (2000) An *n*-alkane proxy for the sedimentary input of submergent/floating freshwater aquatic macrophytes. Org. Geochem. 31, 745-749.

Filella, M., and Buffle, J. (1993) Factors controlling the stability of sub-micron colloids in natural waters. Colloids Surf. 73, 255-273.

Filip, Z., Newman, R. H., and Alberts, J. J. (1991) Carbon-13 nuclear magnetic resonance characterization of humic substances associated with salt marsh environments. Sci. Total Environ. 101, 191-199.

Filius, J. D., Lumsdon, D. G., Meeussen, J. C., Hiemstra, T., and van Riemsdijk, W. H. (2000) Adsorption of fulvic acid on goethite. Geochim. Cosmochim. Acta 64, 51-60.

Filley, T. R. (2003) Assessment of fungal wood decay by lignin analysis using tetramethylammonium hydroxide (TMAH) and 13-labelled TMAH thermochemolysis. *In* Wood Deterioration and Preservation: Advances in Our Changing World (Goodell, T., Nicholas, A., and Schultz, C., eds.), pp. 119-139, ACSociety, Series 845, American chemical Society, Washington, DC.

Filley, T. R., Freeman, K. H., Bianchi, T. S., Baskaran, M., Colarusso, L. A., and Hatcher, P. G. (2001) An isotopic biogeochemical assessment of shifts in organic matter input to Holocene sediments from Mud lake, Florida. Org. Geochem. 32, 1153 – 1167.

Filley, T. R., Minard, R. D., and Hatcher, P. G. (1999) Tetramethylammonium hydroxide (TMAH) thermochemolysis: proposed mechanisms based upon the application of $^{13}C$ – labeled TMAH to a synthetic model lignin dimer. Org. Geochem. 30, 607 – 621.

Findlay, S. E. G. (2003) Bacterial response to variation in dissolved organic matter. *In* Aquatic Ecosystems: Interactivity of Dissolved Organic Matter (Findlay, S. E. G., and Sinsabaugh, R. L., eds.), pp. 363 – 379, Academic Press, New York.

Findlay, S. E. G., Pace, M. L., Lints, D., Cole, J. J., Caraco, N. F., and Peierls, B. (1991) Weak coupling of bacterial and algal production in a heterotrophic ecosystem: the Hudson River estuary. Limnol. Oceanogr. 36, 268 – 278,

Findlay, S. E. G., and Sinsabaugh, R. L. (eds.) (2003) Aquatic Ecosystems—Interactivity of Dissolved Organic Matter. Academic Press, New York.

Findlay S. E. G., and Tenore K. R. (1982) Effect of a free – living marine nematode (*Diplolaimella chitwoodi*) on detrital carbon mineralization. Mar. Ecol. Prog. Ser. 8, 161 – 166.

Finni, T., Laurila, S., and Laakonen, S. (2001) The history of eutrophication in the sea of Helsinki in the 20th century. Long – term analysis of plankton assemblages. Ambio 30, 264 – 271.

Fischer, J. M., Klug, J. L., Reed – Andersen, T., and Chalmers, A. G. (2000) Spatial pattern of localized disturbance along a southeastern salt marsh tidal creek. Estuaries 23, 565 – 571.

Fisher, D., and Oppenheimer, M. (1991) Atmospheric nitrogen deposition and the Chesapeake Bay estuary. Ambio 20, 102 – 108.

Fisher, H. B. (1972) Mass transport mechanisms in partially stratified estuaries. J. Fluid Mech. 53, 671 – 687.

Fisher, H. B. (1976) Mixing and dispersion in estuaries. Ann. Rev. Fluid. Mech. 8, 107 – 133.

Fisher, J. B., Lick, W. J., McCall, P. L., and Robbins, J. A. (1980) Vertical mixing of lake sediments by tubificid oligochaetes. J. Geophys. Res. 85, 3997 – 4006.

Fisher, N. S., Burns, K. A., Cherry, R. D., and Heyraud, M. (1983) Accumulation and cellular distribution of $^{241}Am$, $^{210}Pb$ and $^{210}Po$ in two marine algae. Mar. Ecol. Prog. Ser. 11, 233 – 237.

Fisher, N. S., Teyssie, J. L., Krishnaswami, S., and Baskaran, M. (1987) Accumulation of Th, Pb, U, and Ra in marine phytoplankton and its geochemical significance. Limnol. Oceanogr. 32, 131 – 142.

Fisher, R. R., Carlson, P. R., and Barber, R. T. (1982) Sediment nutrient regeneration in three North Carolina estuaries. Estuar. Coastal Shelf Sci. 14, 101 – 116.

Fisher, T. R., Gustaffson, A. B., Sellner, K., Lacouture, R., Haas, I. W., Wetzel, R. L., Magnien, R., Everitt, D., Michaels, B., and Karrh, R. (1999) Spatial and temporal variation of resource limitation in Chesapeake Bay. Mar. Biol. 133, 763 – 778.

Fisher, T. R., Harding, L., Stanley, D. W., and Ward, L. G. (1988) Phytoplankton, nutrients, and turbidity in the Chesapeake, Delaware, and Hudson estuaries. Estuary. Coastal Shelf Sci. 27, 61 – 93.

Fisk, H. N. (1944) Geological Investigation of the Alluvial Valley of the lower Mississippi River. Mississippi River Commission, Vicksburg, MS.

Fisk, H. N. (1955) Sand facies of Recent Mississippi Delta Deposits. World Petroleum Congress, Rome.

Fisk, H. N. (1960) Recent Mississippi River sedimentation and peat accumulation. Compte Rendu 4th Congrès 'l Avancement des études de Stratigraphie et de Geologie du Carbonifère, Heerlen 1958, 1: 187 – 199.

Fitzgerald, W. F., and Lamborg, C. H. (2003) Geochemistry of mercury in the environment. *In* Treatise in Geochemistry,

Vol. 9 (Sherwood – Lollar, B, ed.), pp. 107 – 148, Elsevier, New York.

Flessa, K. W., Constantine, K. J., and Cushman, M. K. (1977) Sedimentation rates in a coastal marsh determined from historical records. Ches. Bay Sci. 18, 172 – 176.

Flindt, M. R., Kamp – Nielsen, L., Marques, J. C., Pardal, S. E., Bocci, M., Bendoricho, G., Nielsen, S. N., and Jøgensen, S. E. (1997) Description of the three shallow estuaries: Mondego River (Portugal), Rosklide Fjord (Denmark) and the Lagoon of Venice (Italy). Ecol. Model. 102, 17 – 31.

Florek, R. J., and Rowe, G. T. (1983) Oxygen consumption and dissolved inorganic nutrient production in marine coastal and shelf sediments of the Middle Atlantic Bight. Intl. Rev. Gesmaten. Hydrobiol. 68, 73 – 112.

Fogel, M. L., and Cifuentes, L. A. (1993) Isotope fractionation during primary production. *In* Organic Geochemistry—Principle and Applications (Engel M. H., and Macko, S. A., eds.), pp. 73 – 98, Plenum Press, New York.

Fogel, M. L., Cifuentes, L. A., Velinsky, D. J., and Sharp, J. H. (1992) Relationships of carbon availability in estuarine phytoplankton to isotopic composition. Mar. Ecol. Prog. Ser. 82, 291 – 300.

Fogel, M. L., Velinsky, D. J., Cifuentes, L. A., Pennock, J. R., and Sharp, J. H. (1988) Biogeochemical processes affecting the stable carbon isotopic composition of particulate carbon in the Delaware Estuary. Carnegie Inst. Wash. Annu. Rep. Director, 107 – 113.

Fonseca, M. S., and Kenworthy, W. J. (1987) Effects of current on photosynthesis and distribution of seagrasses. Aquat. Bot. 27, 59 – 78.

Fonselius, S. H. (1972) Marine pollution and sea Life. Mar. Pollut. Bull. 26, 64 – 67.

Foote, A. L., and Reynolds, K. A. (1997) Salt meadow cordgrass (*Spartina patens*) decomposition and its importance in Louisiana coastal marshes. Estuaries 20, 579 – 588.

Foreman, C. M., and Covert, J. S. (2003) Linkages between dissolved organic matter composition and bacterial community. *In* Aquatic Ecosystems: Interactivity of Dissolved Organic Matter (Findlay, S. E. G., and Sinsabaugh, R. L., eds.), pp. 343 – 359, Academic Press, New York.

Forja, J. M., Blasco, J., and Gomez – Parra, A. (1994) Spatial and seasonal variation of in situ benthic fluxes in the Bay of Cadiz (south – west Spain). Estuar. Coastal Shelf Sci. 39, 127 – 141.

Fortes, M. D. (1992) Comparative study of structure and productivity of seagrass communities in the ASEAN region. *In* Third ASEAN Science and Technology Conference Proceedings, Vol. 6, Marine Science: Living Coastal Resources, Department of Zoology, National University of Singapore and National Science Technology Board, Singapore.

Foss, P., Levin, R. A., and Liaaen – Jensen, S. (1987) Carotenoids of *Prochloron* sp. (Prochlorophyta). Phycologia 26, 142 – 144.

Fox, L. E. (1983) The removal of dissolved humic acid during estuarine mixing. Estuar. Coastal Shelf Sci. 16, 413 – 440.

Fox, L. E. (1984) The relationship between dissolved humic acids and soluble iron in estuaries. Geochim. Cosmochim. Acta 48, 879 – 884.

Fox, L. E. (1989) A model for inorganic control of phosphate concentrations in river waters. Geochim. Cosmochim. Acta 53, 417 – 428.

Francois, F., Poggiale, J., Durbec, J., and Stora, G. (2001). A new model of bioturbation for a functional approach to sediment reworking resulting from macrobenthic communities. *In* Organism – Sediment Interactions (Aller, J. Y., Woodin, S. A., and Aller, R. C., eds.), pp. 73 – 86, University of South Carolina Press, Columbia.

Frank, H. S., andWen, W. Y. (1957) Structural aspects of ion – solvent interaction in aqueous solutions: a suggested picture of water structure. Disc. Faraday Soc. 24, 133 – 140.

Frankignoulle, M., Abril., G., Borges, A., Bourge, I., Canon, C., Delille, B., Libert, E., and Theate, J. M.

(1998) Carbon dioxide emission from European estuaries. Science 282, 434 – 436.

Frankignoulle, M., and Bourge, I. (2001) European continental shelf as a significant sink for atmospheric $CO_2$. Global Biogeochem. Cycles 15, 569 – 576.

Frankignoulle, M., Bourge, I., and Wollast, D. (1996) Atmospheric $CO_2$ fluxes in a highly polluted estuary (the Scheldt). Limnol. Oceanogr. 41, 365 – 369.

Frankignoulle, M., and Middelburg, J. J. (2002) Biogases in tidal European estuaries: the BIOGEST project. Biogeochemistry 59, 1 – 4.

Frazier, D. E. (1967) Recent deltaic deposits of the Mississippi River: their development and chronology: Gulf Coast Assoc. Geol. Soc. Trans. 17, 287 – 315.

Freeman, K. H. (2001) Isotopic biogeochemistry of marine organic carbon (stable isotope geochemistry). *In* Reviews in Mineralogy and Geochemistry (Valley, J., and Colemen, D., eds.), pp. 579 – 606, Mineralogical Society of America, Washington, DC.

Freeman, K. H., Hayes, J. M., Trendel, J. M., and Albrecht, P. (1990) Evidence from carbon isotope measurements for diverse origins of sedimentary hydrocarbons. Nature 343, 254 – 256.

Freeze, R. A., and Cherry, J. A. (1979) Groundwater. Prentice Hall, Englewood Cliffs, NJ. Freidig, A. P., Garciano, E. A., Busser, F. J. M., and Hermens, J. L. P. (1998) Estimating impact of humic acid on bioavailability and bioaccumulation of hydrophobic chemical in guppies using kinetic solid – phase extraction. Environ. Toxicol. Chem. 17, 998 – 1004.

Freyer, H. D., and Aly, A. I. M. (1974) Nitrogen – 15 variations in fertilizer nitrogen. J. Environ. Qual. 3, 405 – 406.

Friedrich, J., Dinkel, C., Friedl, G., Pimenov, N., Wijsman, J., Gomoiu, M. – T., Cociasu, A., Popa, L., and Wehrli, B. (2002) Benthic nutrient cycling and diagenetic pathways in the north – western Black Sea. Estuar. Coastal Shelf Sci. 54, 369 – 383.

Froelich, P. N. (1988) Kinetic control of dissolved phosphate in natural rivers and estuaries: a primer on the phosphate buffer mechanism. Limnol. Oceanogr. 33, 649 – 668.

Froelich, P. N., Bender, M. L., and Luedtke, N. A. (1982) The marine phosphorus cycle. Am. J. Sci. 282, 474 – 511.

Froelich, P. N., Klinkhammer, G. P., Bender, M. L., Luedtke, N. A., Heath, G. R., Cullen, D., Dauphin, P., Hammond, D, Hartman, B., and Maynard, V. (1979) Early oxidation of organic matter in pelagic sediments of the eastern equatorial Atlantic: suboxic diagenesis. Geochim. Cosmochim. Acta 43, 1075 – 1091.

Fry, B. (1986) Sources of carbon and sulfur nutrition for consumers in three meromictic lakes of New York State. Limnol. Oceanogr. 31, 79 – 88.

Fry, B. (1999) Using stable isotopes to monitor watershed influences on aquatic trophodynamics. Can. J. Fish. Aquat. Sci. 56, 2167 – 2171.

Fry, B. (2002) Conservative mixing of stable isotopes across estuarine salinity gradients: a conceptual framework for monitoring watershed influences on down stream fisheries production. Estuaries 25, 264 – 271.

Fry, B., Bern, A. L., Ross, M. S., and Meeder, J. F. (2000) $\delta^{15}N$ studies of nitrogen use by the red mangrove, *Rhizophora mangle* L. in south Florida. Estuar. Coastal Shelf Sci. 50, 291 – 296.

Fry, B., Gace, A., and McClelland, J. W. (2003) Chemical indicators of anthropogenic nitrogen loading in four Pacific estuaries. Pacific Sci. 57, 77 – 101.

Fry, B., Gest, H., and Hayes, J. M. (1988) $^{34}S/^{32}S$ fractionation in sulfur cycles catalyzed by anaerobic bacteria. Appl. Environ. Microbiol. 54, 250 – 256.

Fry, B., and Parker, P. L. (1979) Animal diets in Texas seagrass meadows: $^{13}C$ evidence for the importance of benthic plants. Estuar. Coastal Shelf Sci. 8, 499 - 509.

Fry, B., and Parker, P. L. (1984) $^{13}C$ enrichment and oceanic food web structure in the northwestern Gulf of Mexico. Contrib. Mar. Sci. 27, 49 - 63.

Fry, B., Scalan, R. S., Winters, J. K., and Parker, P. L. (1977) Stable carbon isotope evidence for two sources of organic matter in coastal sediments: seagrasses and plankton. Geochim. Cosmochim. Acta 41, 1876 - 1877.

Fry, B., Scalan, R. S., Winters, J. K., and Parker, P. L. (1982) Sulfur uptake by salt grasses, mangroves, and seagrasses in anaerobic sediments. Geochim. Cosmochim. Acta 46, 1121 - 1124.

Fry, B., and Sherr, E. B. (1984) $\delta^{13}C$ measurements as indicators of carbon flow in marine and freshwater ecosystems. Contrib. Mar. Sci. 27, 13 - 47.

Fry, B., and Smith III, T. J. (2002) Stable isotope studies of red mangrove and filter feeders from the shark river estuary, Florida. Bull. Mar. Sci. 70, 870 - 890.

Fry, B., and Wainwright, S. C. (1991) Diatom sources of $^{13}C$ - rich carbon in marine food webs. Mar. Ecol. Prog. Ser. 76, 149 - 157.

Fuhrman, J. (1990) Dissolved free amino acid cycling in an estuarine outflow plume. Mar. Ecol. Prog. Ser. 66, 197 - 203.

Fuhrman, J., and Azam, F. (1982) Thymidine incorporation as a measure of heterotrophic bacterioplankton production in marine surface waters—evaluation of field results. Mar. Biol. 66, 109 - 120.

Fukushima, T., Ishibashi, T., and Imai, A. (2001) Chemical characterization of dissolved organic matter in Hiroshima Bay, Japan. Estuar. Coastal Shelf Sci. 53, 51 - 62.

Furlong, E. T., and Carpenter, R. (1988) Pigment preservation and remineralization in oxic coastal marine sediments. Geochim. Cosmochim. Acta 52, 87 - 99.

Furukawa, K., andWolanski, E. (1996) Sedimentation in mangrove forests. *In* Mangroves and Salt marshes, Vol. I., pp. 3 - 10, SPB Academic Publishing, Amsterdam.

GACGC (2000) World in transition. Strategies for managing global environmental risks. German Advisory Council on Global Change, Annual Report 1998, Springer, Berlin.

Gøhter, R., and Meyer, J. S. (1993) The role of microorganisms in mobilization and fixation of phosphorus in sediments. Hydrobiologia 253, 103 - 121.

Gagnon, C., Micci, A., and Pelletier, E. (1995) Anomalous accumulation of acid - volatile sulphides (AVS) in a coastal marine sediment, Sagueny Fjord, Canada. Geochim. Cosmochim. Acta 59, 2663 - 2675.

Gagosian, R. B., Nigrelli, G. E., and Volkman, J. K. (1983) Vertical transport and transformation of biogenic organic compounds from sediment trap experiment off the coast of Peru. *In* Coastal Upwelling: Its Sediment Record. Part A. Response of the Sedimentary Regime to Present Coastal Upwelling (Suess, E., and Thiede, J., eds.), pp. 241 - 272, Plenum Press, New York.

Galimov, E. M. (1974) Organic geochemistry of carbon isotopes. *In* Advances in Organic Geochemistry 1973 (Tissot, B., and Bienner, F., eds.), pp. 439 - 452, Editions Technip, Paris.

Gallenne, B. (1974) Study of fine material in suspension in the estuary of the Loire and its dynamic grading. Estuar. Coastal Shelf Sci. 2, 261 - 272.

Galler, J. J., Bianchi, T. S., Allison, M. A., Campanella, R., and Wysocki, L. A. (2003) Biogeochemical implications of levee confinement in the lower - most Mississippi River. EOS. Vol. 84, No. 44, 469, 475 - 476.

Galloway, J. N. (1985) The deposition of sulfur and nitrogen from the remote atmosphere. *In* The Biogeochemical Cycling of Sulfur and Nitrogen in the Remote Atmosphere (Galloway, J., Charlson, M., Andreae, O., and Rodhe, H., eds.), pp. 97 – 106, Reidel, Dordrecht.

Galloway, J. N. (1998) The global nitrogen cycle: changes and consequences. *In* Proceedings of the First International Nitrogen Conference, pp. 15 – 24, Elsevier Science, New York.

Galloway, J. N., Dentener, F. J., Capone, D. G., Boyer, E. W., Howarth, R. W., Seitzinger, S. P., Asner, G. P., Clevland, C., Green, P., Holland, E., Karl, D. M., Michaels, A. F., Porter, J. H., Townsend, A., and Vmarty, C. (2004) Nitrogen cycles: past, present and future. Biogeochemistry 70, 153 – 226.

Galloway, J. N., Levy, H., and Kasibhatia, P. (1994) Consequences of population growth and development on deposition of oxidized nitrogen. Ambio 23, 120 – 123.

Galloway, J. N., Schlesinger, W. H., Levy, II, V., Michaels, A., and Schnoor, J. L. (1995) Nitrogen fixation: anthropogenic enhancement—environmental response. Global Biogeochem. Cycles 9: 235 – 252.

Galloway, W. E. (1975) Process framework for describing the morphologic and stratigraphic evolution of deltaic depositional systems. *In* Deltas, Models for Exploration (Broussard, M. L., ed.), pp. 87 – 98, Houston Geological Society, Houston, TX.

Gao, H. Z., and Zepp, R. G. (1998) Factors influencing photoreactions of dissolved organic matter in a coastal river of the southeastern United States. Environ. Sci. Technol. 32, 2940 – 2946.

Gardner, L. R. (1973) The effect of hydrologic factors on the pore water chemistry of intertidal marsh sediments. Southeast. Geol. 15, 17 – 28.

Gardner, L. R., Sharma, P., and Moore, W. S. (1987) A regeneration model for the effect of bioturbation by fiddler crabs on $^{210}Pb$ profiles in salt marsh sediments. J. Environ. Radioact. 5, 25 – 36.

Gardner, L. R., Wolaver, T. G., and Mitchell, M. (1988) Spatial variations in the sulfur chemistry of salt marsh sediments at North Inlet, South Carolina. J. Mar. Res. 46, 815 – 836.

Gardner, W. S., Benner, R., Amon, R., Cotner, J., Cavaletto, J., and Johnson, J. (1996) Effects of high molecular weight dissolved organic matter on the nitrogen dynamics on the Mississippi River plume. Mar. Ecol. Prog. Ser. 133, 287 – 297.

Gardner, W. S., Cavaletto, J. F., Bootsma, H. A., Lavrentyev, P. J., and Tanvone, F. (1998) Nitrogen cycling rates and light effects in tropical Lake Maracaibo, Venezuela. Limnol. Oceanogr. 43, 1814 – 1825.

Gardner, W. S., Cavaletto, J. F., Cotner, J. B., and Johnson, J. R. (1997) Effects of natural light on nitrogen cycling rates in the Mississippi River plume. Linmol. Oceanogr. 42, 273 – 281.

Gardner, W. S., Escobar – Broines, E., Cruz – Kaegi, E., and Rowe, G. T. (1993) Ammonium excretion by benthic invertebrates and sediment – water nitrogen flux in the Gulf of Mexico near the Mississippi River outflow. Estuaries 16, 799 – 808.

Gardner, W. S., and Hanson, R. B. (1979) Dissolved free amino acids in interstitial waters of Georgia salt marsh soils. Estuaries 2, 113 – 118.

Gardner, W. S., and Lee, G. F. (1975) The role of amino acids in the nitrogen cycle of Lake Mendota. Limnol. Oceanogr. 20, 379 – 388.

Gardner, W. S. and Menzel, D. W. (1974) Phenolic aldehydes as indicators of terrestrially derived organic matter in the sea. Geochim. Cosmochim. Acta 38, 813 – 822.

Gardner, W. S., Nalepa, T. F., and Malczyk, J. M. (1987) Nitrogen mineralization and denitrification in lake Michigan sediments. Limnol. Oceanogr. 32, 1226 – 1238.

Gardner, W. S., Seitzinger, S. P., and Malczyk, J. M. (1991) The effects of sea salts on the forms of nitrogen released from estuarine and freshwater sediments: does ion pairing affect ammonium flux? Estuaries 14, 157 – 166.

Garnier, J., Servais, P., Billen, G., Akopian, M., and Brion, N. (2001) Lower Seine River and estuary (France) carbon and oxygen budgets during low flow. Estuaries 24, 964 – 976.

Garrido, J. L., Otero, J., Maestro, M. A., and Zapata, M. (2000) The main nonpolar chlorophyll – c from *Emiliana huxleyi* (Prymnesiophyceae) is a chlorophyll $c_2$ – monogalactosyldiacylglyceride ester: A mass spectrometry study. J. Phycol. 36, 497 – 505.

Gassmann, G. (1994) Phosphine in the fluvial and marine hydrosphere. Mar. Chem. 45, 197 – 205.

Gastrich, M. D., Anderson, O. R., and Cosper, E. M. (2002) Viral – like particles (VLP) in the alga, *Aurecoccus anophagefferens* (Pelagophyceae). during 1999 – 2000 brown tide blooms in Little Egg Harbor, New Jersey. Estuaries 25, 938 – 943.

Gøcher, R., and Meyer, J. S. (1993) The role of microorganisms in mobilization and fixation of phosphorus in sediments. Hydrobiologia 253, 103 – 121.

Gattuso, J. P., Frankignoulle, M., and Wollast, R. (1998) Carbon and carbonate metabolism in coastal aquatic ecosystems. Annu. Rev. Ecol. Syst. 29, 405 – 434.

Gaudette, H. E., and Lyons, W. B. (1980) Phosphate geochemistry in nearshore carbonate sediments: suggestion of apatite formation. Soc. Econ. Paleon. Min. Spec. Publ. 29, 215 – 225.

Gearing, P. J., Gearing, J. N., Pruell, R. J., Wade, T. S., and Quinn, J. G. (1980) Partitioning of No. 2 fuel oil in controlled estuarine ecosystems. Sediments and suspended particulate matter. Environ. Sci. Technol. 14, 1129 – 1136.

Gelboin, H. (1980) Benzo [*a*] pyrene metabolism, activation, and carcinogenesis: Role and regulation of mixed functional oxidases and related enzymes. Physiol. Rev. 60, 1107 – 1166.

Geyer, W. R. (1993) The importance of suppression of turbulence by stratification on the estuarine turbidity maximum. Estuaries 16, 113 – 125.

Geyer, W. R., and Beardsley, R. C. (1995) Introduction to a special session on physical oceanography of the Amazon shelf. J. Geophys. Res. 100, 2281 – 2282.

Geyer, W. R., Morris, J. T., Prahl, F. G., and Jay, D. A. (2000) Interaction between physical processes and ecosystem structure: a comparative approach. *In* Estuarine Science: A Synthetic Approach to Research and Practice (Hobbie, J. E., ed.), pp. 177 – 206, Island Press, Washington, DC.

Geyer, W. R., and Nepf, H. (1996) Tidal pumping of salt in a moderately stratified estuary. Coast. Estuar. Stud. 53, 213 – 226.

Geyer, W. R., and Signell, R. P. (1992) A reassessment of the role of tidal dispersion in estuaries and bays. Estuaries 15, 97 – 108.

Geyer, W. R., Signell, R., and Kineke, G. (1998) Lateral trapping of sediment in a partially mixed estuary. *In* Physics of Estuaries and Coastal Seas: Proceedings of the 8th International Biennial Conference on Physics of Estuaries and Coastal Seas (Dronkers, J., and Sheffers, M., eds.), pp. 115 – 126, Rotterdam, The Netherlands.

Geyer, W. R., Woodruf, J. D., and Traykovski, P. (2001) Sediment transport and trapping in the Hudson River Estuary. Estuaries 24, 670 – 679.

Gibbs, R. J. (1967) The geochemistry of the Amazon River System: Part I. The factors that control the salinity and the composition and concentration of the suspended solids. Geol. Soc. Am. Bull. 78, 1203 – 1232.

Gibbs, R. J. (1970) Mechanisms controlling world water chemistry. Science 170, 1088 – 1090.

Giblin, A. E. (1988) Pyrite formation in marshes during early diagenesis. Geomicrobiol. J. 6, 77 – 97.

Giblin, A. E., Hopkinson, C. S., and Tucker, J. (1997) Benthic metabolism and nutrient cycling in Boston Harbor, Massachusetts. Estuaries. 20, 346 – 364.

Giblin, A. E., and Howarth, R. W. (1984) Porewater evidence for dynamics sedimentary iron cycle in salt marshes. Limnol. Oceanogr. 29, 47 – 63.

Gieskes, W. W. C., Kraay, G. W., Nontji, W., Setiapermana, A., and Sutomo, D. (1988) Monsoonal alternation of a mixed and layered structure in the phytoplankton of the euphotic zone of the Banda Sea (Indonesia): a mathematical analysis of algal pigment fingerprints. Neth. J. Sea Res. 22, 123 – 137.

Gill, G. A., Bloom, N. S., Cappellino, S., Driscoll, C. T., Mason, R., and Rudd, J. W. M. (1999) Sediment – water fluxes of mercury in Lavaca Bay, Texas. Environ. Sci. Technol. 33, 663 – 669.

Gill, G. A., Guentzel, J. J., Landing, W. M., and Pollman, C. D. (1995) Total gaseous mercury measurements in Florida: The FAMS Project (1992 – 1994). Wat. Air Soil Pollut. 80, 235 – 244.

Gillan, F. T., and Johns, R. B. (1986) Chemical biomarkers for marine bacteria: fatty acids and pigments. *In* Biological Markers in the Sediment Record (Johns, R. B., ed.), pp. 291 – 309, Elsevier, New York.

Gilmour, C. C., Henry, E. A., and Mitchell, R. (1992) Sulfate stimulation of mercury methylation in freshwater sediments. Environ. Sci. Technol. 26, 2281 – 2288.

Gilmour, C. C., Reidel, G. S., Ederington, M. C., Bell, J. T., Benoit, G. A., Gill, G. A., and Stordal, M. C. (1998) Methylmercury concentrations and production rates across a trophic gradient in the northern Everglades. Biogeochemistry 40, 327 – 345.

Giovanelli, J. (1987) Sulfur amino acids of plants: An overview. Methods Enzymol. 143, 419 – 426.

Gladden, J. B., Cantelmo, F. R., Croom, J. M., and Shabot, R. (1988) Evaluation of the Hudson River ecosystem in relation to the dynamics of fish populations. Amer. Fish. Soc. Monogr. 4, 37 – 52.

Glasby, G. P. (ed.) (1978) Sedimentation and sediment geochemistry of Caswell, Nancy and Milford Sounds, New Zealand. Mem. N. Z. Oceaogr. Inst. 79, 7 – 9.

Glasgow, H. B., and Burkholder, J. M. (2000) Water quality trends and management implications from a five – year study of a poorly flushed, eutrophic estuary. Ecol. Appl. 10, 1024 – 1046.

Glasgow, H. B., and Burkholder, J. M., Mallin, M. A., Deamer – Melia, N. J., and Reed, R. E. (2001) Field ecology of toxic *Pfiesteria* complex species, and conservative analysis of their role in estuarine fish kills. Environ. Health Perspec. 109, 715 – 730.

Gleason, P. J., and Spackman, W., Jr. (1974) Calcareous periphyton and water chemistry in the Everglades. *In* Environments of South Florida: Past and Present (Gleason, P. J., ed.), pp. 146 – 181, Miami Geological Society, Coral Gables, FL.

Glibert, P. M., Conley, D. J., Fisher, T. R., Harding, L. W., and Malone, T. C. (1995) Dynamics of the 1990 winter/spring bloom in Chesapeake Bay. Mar. Ecol. Prog. Ser. 122, 27 – 43.

Glibert, P. M., Lipshultz, F., McCarthy, J. J., and Altabet, M. A. (1982) Isotope dilution models and remineralization of ammonium by marine plankton. Limnol. Oceanogr. 27, 639 – 650.

Glindemann, D., Stottmeister, U., and Bergmann, A. (1996) Free phosphine from the anaerobic biosphere. Environ. Sci. Pollut. Res. 3, 17 – 19.

Gloe, A., Pfenning, N., Brockmann, H., and Trowitzsch, W. (1975) A new bacteriochlorophyll from brown – colored Chlorobiaceae. Arch. Microbiol. 102, 103 – 109.

Goericke, R., and Repeta, D. J. (1992) The pigments of *Prochlorococcus marinus*: the presence of divinyl chlorophyll *a* and *b* in a marine prokaryote. Limnol. Oceanogr. 37, 425 – 433.

Goericke, R., Strom, S. L., and Bell, M. A. (2000) Distribution and sources of cyclic pheophorbides in the marine environment. Limnol. Oceanogr. 45, 200 – 211.

Goering, J., Alexander, V., and Haubenstock, N. (1990) Seasonal variability of stable carbon and nitrogen isotope ratios of organisms in a North Pacific Bay. Estuar. Coastal Shelf Sci. 30, 239 – 260.

Goldberg, A. B., Maroulis, P. J., Wilner, L. A., and Brandy, A. R. (1981) Study of $H_2S$ emissions in a salt water marsh. Atmos. Environ. 15, 11 – 18.

Goldberg, E. D. (1985) Black Carbon in the Environment: Properties and Distribution. John Wiley, New York.

Goldberg, E. D., and Bruland, K. (1974) Determination of marine chronologies using natural radionuclides. *In* The Sea (Goldberg, E. D., ed.), pp. 34 – 48, Wiley – Interscience, New York.

Goldberg, E. D., Griffin, J. J., Hodge, V., Koide, M., and Windom, H. (1979) Pollution history of the Savannah River Estuary. Environ. Sci. Technol. 3, 588 – 594.

Goldberg, E. D., and Koide, M. (1962) Geochronological studies of deep sea sediments by ionium/thorium method. Geochim. Cosmochim. Acta 26, 417 – 450.

Goldberg, E. D., Koide, M., Hodge, M., Flegal, A. R., and Martin, J. (1983) U. S. mussel watch: 1977 – 1978 results on trace metals and radionuclides. Estuar. Coastal Shelf Sci. 16, 69 – 93.

Goldfinch, A. C., and Carman, K. R. (2000) Chironomid grazing on benthic microalgae in a Louisiana salt marsh. Estuaries 23, 536 – 547.

Goldhaber, M. B., Aller, R. C., Cochran, J. K., Rosenfeld, J. K., Martens, C. S., and Berner, R. A. (1977) Sulphate reduction, diffusion, and bioturbation in Long Island Sound sediments. Report of the FOAM group. Am. J. Sci. 277, 193 – 237.

Goldhaber, M. B., and Kaplan, I. R. (1974) The sulfur cycle. *In* The Sea, Vol. 5 (Goldberg, E. D., ed.), pp. 569 – 655, Chichester, UK.

Goldschmidt, V. M. (1954) Geochemistry. Oxford University Press, Fairlawn, NJ.

Gomez – Belinchon, J. I., Llop, R., Grimalt, J. O., and Albaiges, J. (1988) The decoupling of hydrocarbons and fatty acids in the dissolved and particulate water phases of a deltaic environment. Mar. Chem. 25, 325 – 348.

Gong, C., and Hollander, D. J. (1997) Differential contribution of bacteria to sedimentary organic matter in oxic and anoxic environments, Santa Monica basin, California. Org. Geochem. 26, 545 – 563.

Goñi, M. A., Gardner, R. L. (2003) Seasonal dynamics in dissolved organic carbon concentrations in a coastal water – table aquifer at the forest – marsh interface. Aquat. Geochem. 9, 209 – 232.

Goñi, M. A., and Hedges, J. I. (1990a) Potential applications of cutin – derived CuO reaction products for discriminating vascular plant sources in natural environments. Geochim. Cosmochim. Acta 54, 3073 – 3083.

Goñi, M. A., and Hedges, J. I. (1990b) Cutin derived CuO reaction products from purified cuticles and tree leaves. Geochim. Cosmochim. Acta 54, 3065 – 3072.

Goñi, M. A., and Hedges, J. I. (1990c) The diagenetic behavior of cutin acids in buried conifer needles and sediments from a coastal marine environment. Geochim. Cosmochim. Acta 54, 3083 – 3093.

Goñi, M. A., and Hedges, J. I. (1992) Lignin dimers: Structures, distribution, and potential geochemical applications. Geochim. Cosmochim. Acta 56, 4025 – 4043.

Goñi, M. A., Ruttenberg, K. C., and Eglinton, T. I. (1997) Sources and contribution of terrigenous organic carbon to surface sediments in the Gulf of Mexico. Nature 389, 275 – 278.

Goñi, M. A., Ruttenberg, K. C., and Eglinton, T. I. (1998) A reassessment of the sources and importance of land – derived organic matter in surface sediments from the Gulf of Mexico. Geochim. Cosmochim. Acta 62, 3055 – 3075.

Goñi, M. A., and Thomas, K. A. (2000) Sources and transformations of organic matter in surface soils and sediments from a tidal estuary (North Inlet, South Carolina, U. S. A). Estuaries 23, 548 – 564.

Gontier, G., Gerino, M., Stora, G., and Melquiond, J. (1991) A new tracer technique for in situ experimental study of bioturbation processes. *In* Radionuclide in the Study of Marine Processes (Kershaw, P. J., and Woodhead, D. S., eds.), pp. 198 – 196, Elsevier Science, New York.

Gonzalez – Davila, M., Santana – Casiano, J. M., Perez – Pena, J., and Millero, F. J. (1995) Binding of Cu (II) to the surface and exudates of the alga *Dunaliella tertiolecta* in seawater. Environ. Sci. Technol. 29, 289 – 301.

Goodberlet, M. A., Swift, C. T., Kiley, K. P., Miller, J. L., and Zaitzeff, J. B. (1997) Microwave remote sensing of coastal zone salinity. J. Coastal Res. 13, 363 – 372.

Goodfriend, G. A., and Rollins, H. B. (1998) Recent barrier beach retreat in Georgia: Dating exhumed salt marshes by aspartic acid racemization and post – bomb radiocarbon. J. Coast. Res. 14, 960 – 969.

Goodwin, T. W. (1980) The Biochemistry of the Carotenoids, 2nd edn., Vol. 1. Chapman and Hall, London.

Goodwin, T. W., and Mercer, E. I. (1972) Introduction to Plant Biochemistry. Pergamon Press, Oxford, UK.

Goolsby, D. A. (2000) Mississippi basin nitrogen flux believed to cause Gulf hypoxia. EOS Trans. 2000, 321.

Gordeev, V. V., Martin, J. M., Sidorov, I. S., and Sidorova, M. V. (1996) A reassessment of the Eurasian River input of water sediment, major elements, and nutrients to the Arctic Ocean. Am. J. Sci. 296, 664 – 691.

Gordon, A. S., Donat, J. R., Kango, R. A., Dyer, B. J., and Stuart, L. M. (2000) Dissolved copper – complexing ligands in cultures of marine bacteria and estuarine water. Mar. Chem. 70, 149 – 160.

Gordon, E. S., and Goñi, M. A. (2003) Sources and distribution of terrigenous organic matter delivered by the Atchafalaya River to sediments in the northern Gulf of Mexico. Geochim. Cosmochim. Acta 67, 2359 – 2375.

Gordon, E. S., Goñi, M. A., Roberts, Q. N., Kineke, G. C., and Allison, M. A. (2001) Organic matter distribution and accumulation on the inner Louisiana shelf west of the Atchafalaya River. Cont. Shelf Res. 21, 1691 – 1721.

Gossauer, A., and Engel, N. (1996) Chlorophyll catabolism structures, mechanisms, and conversions. J. Photochem. Photobiol. 32, 141 – 151.

Gosselink, J. G., and Turner, R. E. (1978) The role of hydrology in freshwater wetland ecosystems. *In* Freshwater Wetlands: Ecological Processes and Management Potential (Good, R. E., Whigham, D. F., and Simpson, R. L., eds.), pp. 63 – 78, Academic Press, New York.

Gould, D., and Gallagher, E. (1990) Field measurements of specific growth rate, biomass, and primary production of benthic diatoms of Savin Hill Cove, Boston. Limnol. Oceanogr. 35, 1757 – 1770.

Graneli, E. (1987) Nutrient limitation of phytoplankton biomass in a brackish water bay highly influenced by river discharge. Estuar. Coastal Shelf Sci. 25, 555 – 565.

Graneli, W., and Sundbk, K. (1986) Can microphytobenthic photosynthesis influence below – halocline oxygen conditions in the Kattegat? Ophelia 26, 195 – 206.

Granéli, E., Wallstrom, K., Larsson, U., Graneli, W., and Elmgren, R. (1990) Nutrient limitation of primary production in the Baltic Sea. Ambio 19, 142 – 151.

Granger, J., Sigman, D. M., Needoba, J. A., and Harrison, P. J. (2004) Coupled nitrogen and oxygen isotopic fractionation of nitrate during assimilation by cultures of marine phytoplankton. Limnol. Oceanogr. 49, 1763 – 1773.

Grant, J., Bathmann, U. V., and Mills, E. L. (1986) The interaction between benthic diatom films and sediment transport. Estuar. Coastal Shelf Sci. 23, 225 – 238.

Green, E. P., and Short, F. T. (2003) World Atlas of Seagrass. California University Press, Berkeley, CA.

Green, F., and Edmisten, J. (1974) Seasonality of nitrogen fixation in Gulf Coast salt marshes. *In* Phenology and Seasonality Modeling (Lieth, H, ed.), pp. 113 – 126, Springer – Verlag, New York.

Griffin, C., Kaufman, A., and Broeker, W. S. (1963) J. Geophys. Res. 68, 1749 – 1757.

Griffith, P., Shiah, F. K., Gloersen, K., Ducklow, H. W., and Fletcher, M. (1994) Activity and distribution of attached bacteria in Chesapeake Bay. Mar. Ecol. Prog. Ser. 108, 1-10.

Griffith, T. W., and Anderson, J. B. (1989) Climatic controls on sedimentation in bays and fjords of the northern Antarctic Peninsula. Mar. Geol., 85, 181-204.

Grill, E., Winnacker, E. L., and Zenk, M. H. (1985) Phytochelatins: the principal heavy-metal complexing peptides of higher plants. Science 230, 674-676.

Grimalt, J., Albaiges, J., Al-Saad, H. T., and Douabul, A. A. Z. (1985) *n*-Alkane distributions in surface sediments from the Arabian Gulf. Naturwissenschaften 72, 35-37.

Gruebel, T. F., and Martens, C. S. (1984) Radon-222 tracing of sediment-water chemical transport in estuarine sediment. Limnol. Oceanogr. 29, 587-597.

Gschwend, P., and Hites, R. A. (1981) Fluxes of the polycyclic aromatic compounds to marine and lacustrine sediments in the northeastern United States. Geochim. Cosmochim. Acta 45, 2359-2367.

Gschwend, P., and Wu, S. C. (1985) On the constancy of sediment-water partitioning coefficients of hydrophobic organic pollutants. Environ. Sci. Technol. 19, 90-96.

Gu, B., Schmitt, J., Chen, Z., Liang, L., and McCarthy, J. F. (1995) Adsorption and desorption of different organic matter fractions on iron oxide. Geochim. Cosmochim. Acta 59, 219-229.

Guarini, J., Blanchard, G. F., Gros, P., Gouleau, D., and Bacher, C. (2000) Dynamic model of the short-term variability of microphytobenthic biomass on temperate intertidal mudflats. Mar. Ecol. Prog. Ser. 195, 291-303.

Guarini, J., Cloern, J. E., Edmunds, J., and Gros, P. (2002) Microphytobenthic potential productivity estimated in three tidal embayments of the San Francisco Bay: a comparative study. Estuaries 25, 409-417.

Guentzel, J. L., Landing, W. M., Gill, G. A., and Pollman, C. D. (1998) Mercury and major ions in rainfall: throughfall and foliage from the Florida Everglades. Sci. Total Environ. 213, 43-51.

Guentzel, J. L., Landing, W. M., Gill, G. A., and Pollman, C. D. (2001) Processes influencing rainfall deposition of mercury in Florida: The FAMS Project (1992-1996), Environ. Sci. Technol. 35, 863-873.

Guentzel, J. L., Powell, R. T., Landing, W. M., and Mason, R. P. (1996) Mercury associated with colloidal material in an estuarine and an open-ocean environment. Mar. Chem. 55, 177-188.

Guillard, R. R. L., Murphy, L. S., Foss, P., and Liaaen-Jensen, S. (1985) *Synechcoccus* spp. as a likely zeaxanthin-dominant ultraphytoplankton in the north Atlantic. Limnol. Oceanogr. 30, 412-414.

Guinasso, N. L., and Schink, D. R. (1975) Quantitative estimates of biological mixing rates in abyssal sediments. J. Geophys. Res. 80, 3032-3043.

Gunnars, A., and Blomqvist, S. (1997) Phosphate exchange across the sediment-water interface when shifting from anoxic to oxic conditions: an experimental comparison of freshwater and brackish-marine systems. Biogeochemistry 37, 203-226.

Gunnars, A., Blomqvist, S., and Martinsson, C. (2004) Inorganic formation of apatite in brackish seawater from the Baltic Sea: an experimental approach. Mar. Chem. 91, 15-26.

Gunnarsson, J. S., Grandberg, M. E., Nilsson, H. C., Rosenberg, R., and Hellman, B. (1999) Influence of sediment-organic matter quality on growth and polychlorobiphenyl bioavailability in Echniodermata (*Amphiura filiformis*). Environ. Toxicol. Chem. 18, 1534-1543.

Gunnarsson, L. A. H., and Ronnow, P. H. (1982) Inter-relationships between sulfate reducing and methane producing bacteria in coastal sediments with intense sulfide production. Mar. Biol. 69, 121-128.

Guo, L., Coleman, C. H., and Santschi, P. H. (1994) The distribution of colloidal and dissolved organic carbon in the

Gulf of Mexico. Mar. Chem. 45, 105 – 119.

Guo, L., Hunt, B. J., Santschi, P. H., and Ray, S. M. (2001) Effect of dissolved organic matter on the uptake of colloidal organic carbon in seawater. Mar. Chem. 55, 113 – 127.

Guo, L., and Santschi, P. H. (1996) A critical evaluation of the cross – flow ultrafiltration techniques for sampling colloidal organic carbon in seawater. Mar. Chem. 55, 113 – 127.

Guo, L., and Santschi, P. H. (1997) Composition and cycling of colloids in marine environments. Rev. Geophys. 35, 17 – 40.

Guo, L., and Santschi, P. H. (2000) Sedimentary sources of old high molecular weight dissolved organic carbon from the ocean margin benthic nepheloid layer. Geochim. Cosmochim. Acta 64, 651 – 660.

Guo, L., Santschi, P. H., and Baskaran, M. (1997) Interaction of thorium isotopes with colloidal organic matter in oceanic environments. Colloids Surf. A, Physiochem. Eng. Aspect 120, 255 – 271.

Guo, L., Santschi, P. H., and Bianchi, T. S. (1999) Dissolved organic matter in estuaries of the Gulf of Mexico. *In* Biogeochemistry of Gulf of Mexico Estuaries (Bianchi, T. S., Pennock, J., and Twilley, R. R., eds.), pp. 269 – 299, John Wiley, New York.

Guo, L., Santschi, P. H., Cifuentes, L. A., Trumbore, S. E., and Southon, J. (1996) Cycling of high molecular – weight dissolved organic mater in the Middle Atlantic Bight as revealed by carbon isotopic ($^{13}C$ and $^{14}C$) signatures. Limnol. Oceanogr. 41, 1242 – 1252.

Guo, L., Santschi, P. H., and Ray, S. M. (2002) Metal partitioning between colloidal and dissolved phases and its relation with bioavailability to American oysters. Mar. Environ. Res. 54, 49 – 64.

Guo, L., Santschi, P. H., and Warnken, K. W. (1995) Dynamics of dissolved organic carbon (DOC) in oceanic environments. Limnol. Oceanogr. 40, 1392 – 1403.

Guo, L., Santschi, P. H., and Warnken, K. W. (2000a) Trace metal composition of colloidal organic matter in marine environments. Mar. Chem. 70, 257 – 275.

Guo, L., Wen, L., Tang, D., and Santschi, P. H. (2000b) Re – examination of cross – flow ultrafiltration for sampling aquatic colloids: evidence from molecular probes. Mar. Chem. 69, 75 – 90.

Gustafson, K. E., and Dickhut, R. M. (1997a) Gaseous exchange of polycyclic aromatic hydrocarbons across the air – water interface of southern Chesapeake Bay. Environ. Sci. Technol. 31, 1623 – 1629.

Gustafson, K. E., and Dickhut, R. M. (1997b) Particle/gas concentrations and distribution of PAHs in the atmosphere of southern Chesapeake Bay. Environ. Sci. Technol. 31, 140 – 147.

Gustafson, K. E., and Dickhut, R. M. (1997c) Distribution of polycyclic aromatic hydrocarbons in southern Chesapeake Bay surface waters: evaluation of three methods for determining freely dissolved water concentrations. Environ. Sci. Technol. 16, 452 – 461.

Gustafsson, O., Bucheli, T. D., Kukulska, Z., Andersson, M., Largeau, C., Rouzaud, J. N., Reddy, C. M., and Eglinton, T. I. (2001) Evaluation of a protocol for the quantification of black carbon in sediments, soils and aquatic particles. Global Biogeochem. Cycles 15, 881 – 890.

Gustafsson, O., and Gschwend, P. M. (1997) Aquatic colloids: concepts, definitions, and current challenges. Limnol. Oceanogr. 42, 519 – 528.

Guy, R. D., Fogel, M. L., Berry, J. A., and Hoering, T. C. (1987) Isotope fractionation during oxygen production and consumption by plants. Prog. Photosyn. Res. III. 9, 597 – 600.

Guy, R. D., Reid, D. M., and Krouse, H. R. (1986) Factors affecting $^{13}C/^{12}C$ ratios of inland halophytes. I. Controlled studies on growth and isotopic composition of *Puccinella nuttalliana*. Can. J. Bot. 64, 2693 – 2699.

Guyoneaud, R., Borrego, C. M., Martinez - Planells, A., Buitenhuis, E. T., and Garcia - Gil, L. J. (2001) Light responses in the green sulfur bacterium *Prosthecochloris aestuarii*: changes in prosthecae length, ultrastructure, and antenna pigment composition. Arch. Microbiol. 176, 278 - 284.

Habicht, K. S., and Canfield, D. E. (1997) Sulfur isotope fractionation during bacterial sulfate reduction in organic sediments. Geochim. Cosmochim. Acta 24, 5351 - 5361.

Hackney, C. T., and de la Cruz, A. A. (1980) *In situ* decomposition of roots and rhizomes of two tidal marsh plants. Ecology 61, 226 - 231.

Haddad, R. I., Newell, S. Y., Martens, C. S., and Fallon, R. D. (1992) Early diagenesis of lignin - associated phenolics in the salt marsh grass *Spartina alterniflora*. Geochim. Cosmochim. Acta 56, 3751 - 3764.

Hadjichristophorou, M., Argyrou, M., Demetropoulos, A., and Bianchi. T. S. (1997) A species list of the sublittoral soft - bottom macrobenthos of Cyprus. Acta Adriatica 38, 3 - 31.

Hager, A. (1980) The reversible, light - induced conversions of xanthophylls in the chloroplast. *In* Pigments in Plants, 2nd edn. (Czygan, F. C., ed.), pp. 57 - 79, Fischer, Stuttgart.

Hahn, J., and Crutzen, P. J. (1982) The role of fixed nitrogen in atmosphere photochemistry. Phil. Trans. R. Soc. Lond. 296, 521 - 541.

Haines, E. B. (1977) The origins of detritus in Georgia salt marsh estuaries. Oikos 29, 254 - 260.

Haines, E. B., and Montague, C. L. (1979) Food sources of estuarine invertebrates analyzed using $^{13}C/^{12}C$ ratios. Ecology 60, 48 - 56.

Haith, D. A., and Shoemaker, L. I. (1987) Generalized watershed loading functions for stream flow nutrients. Wat. Res. Bull. 23, 471 - 478.

Haitzer, M., Abbt - Braun, G., Traunspurger, W., and Steinberg, C. E. W. (1999) Effects of humic substances on the bioconcentration of polycyclic aromatic hydrocarbons: correlations with spectroscopic and chemical properties of humic substances. Environ. Sci. Technol. 18, 2782 - 2788.

Haitzer, M., Hoss, S., Traunspurger, W., and Steinberg, C. (1998) Effects of dissolved organic matter (DOM) on the biogeochemistry of organic chemicals in aquatic organisms, a review. Chemosphere 37, 1335 - 1362.

Hall, P. O. J., Hulth, S., and Hulthe, G. (1996) Benthic nutrient fluxes on a basin - wide scale in the Skagerrak (north - eastern North Sea). J. Sea Res. 35, 123 - 137.

Hallberg, R. O., and Larsson, C. (1999) Biochelates as a cause of metal cycling across the redoxcline. Aquat. Geochem. 5, 269 - 280.

Hallegraeff, G. M. (1988) Three estuarine Australian dinoflagellates that can produce paralytic shellfish toxins. J. Plank. Res. 10, 533 - 541.

Hallegraeff, G. M., and Jeffrey, S. W. (1985) Description of new chlorophyll *a* alteration products in marine phytoplankton. Deep - Sea Res. 32, 697 - 705.

Hamelink, J. L., Landrum, P. F., Bergman, H. L., and Benson, W. H. (1994) Bioavailability, Physical, Chemical, and Biological Interactions. Lewis Publications, Boca Raton, FL.

Hamilton, S. E., and Hedges, J. I. (1988) The comparative geochemistries of lignins and carbohydrates in an anoxic fjord. Geochim. Cosmochim. Acta 52, 129 - 142.

Hammerschmidt, C. R., Fitzgerald, W. F., Lamborg, C. H., Balcom, P. H., and Visscher, P. T. (2004) Biogeochemistry of methyl mercury in sediments of Long Island Sound. Mar. Chem. 90, 31 - 52.

Hammond, D. E., and Fuller, C. (1979) The use of radon - 222 to estimate benthic exchange and atmospheric rates in San Francisco Bay. *In* Investigation into the Natural History of San Francisco Bay and Delta with Reference to the Influence of

Man (Conomos, J. J., ed.), pp. 31 – 43, Pacific Division of the American Association for the Advancement of Science, San Francisco, CA.

Hammond, D. E., Fuller, C., Harmon, D., Hartman, B., Korosec, M., Miller, L. G., Rea, R. L., Warren, S., Berelson, W., and Hager, S. (1985) Benthic fluxes in San Francisco Bay. Hydrobiologia 129, 69 – 90.

Hammond, D. E., Simpson, H. J., and Mathieu, G. (1977) Radon – 222 distribution and transport across the sediment – water interface in the Hudson River estuary. J. Geophys. Res. 82, 3913 – 3920.

Handbook of Environmental Chemistry, (1986) (Hutzinger, O., ed.), pp. 1 – 58, Springer – Verlag, Berlin.

Hansell, D. A., and Carlson, C. A. (eds.) (2002) Biogeochemistry of Marine Dissolved Organic Matter. Academic Press, New York.

Hansen, D. V., and Rattray, M. (1965) Gravitational circulation in straits and estuaries. J. Mar. Res. 23, 104 – 122.

Hansen, D. V., and Rattray, M. (1966) New dimensions in estuary classification. Limnol. Oceanogr. 11, 319 – 326.

Hansen, R. P. (1980) Phytol: its metabolic products and their distribution. A review. NZ J. Sci. 23, 259 – 275.

Hanson, R. B. (1983) Nitrogen fixation activity (acetylene reduction) in the rhizosphere of a salt marsh angiosperm, Georgia, USA. Bot. Mar. 26, 49 – 59.

Hanson, R. B., and Gardner, W. S. (1978) Uptake and metabolism of two amino acids by anaerobic microorganisms in four diverse salt marsh soils. Mar. Biol. 46, 101 – 107.

Hanson, R. S., and Hanson, T. E. (1996) Methanotrophic bacteria. Microb. Rev. 60, 439 – 471.

Harada, K., Burnett, W. C., LaRock, P. A., and Cowart, J. B. (1989) Polonium in Florida groundwater and its possible relationship to the sulfur cycle and bacteria. Geochim. Cosmochim. Acta 53, 143 – 150.

Harada, K., and Tsunogai, S. (1988) Is lead soluble at the surface of sediments in biologically productive seas? Cont. Shelf Res. 8, 387 – 396.

Hardy, E. P., Krey, P. W., Volchok, H. L. (1973) Global inventory and distribution of fallout plutonium. Nature 241, 444 – 445.

Hargrave, B. T. (1969) Similarity of oxygen uptake by benthic communities. Limnol. Oceanogr. 14, 801 – 805.

Harnett, H. E., Keil, R. G., Hedges, J. I., and Devol, A. (1998) Influence of oxygen exposure time on organic carbon preservation in continental margin sediments, Nature 391, 572 – 574.

Harradine, P. J., Harris, P. G., Head, R. N., Harris, R. P., and Maxwell, J. R. (1996) Steryl chlorine esters are formed by zooplankton herbivory. Geochim. Cosmochim. Acta 60, 2265 – 2270.

Harris, G. P. (1999) Comparison of the biogeochemistry of lakes and estuaries: ecosystem processes, functional groups, hysteresis effects and interactions between macro – and microbiology. Mar. Freshwater Res. 50, 791 – 811.

Harris, P. G., Carter, J. F., Head, R. N., Harris, R. P., Eglinton, G., and Maxwell, J. R. (1995) Identification of chlorophyll transformation products in zooplankton faecal pellets and marine sediment extracts by liquid chromatography/mass spectrometry atmospheric pressure chemical ionization. Rapid Commun. Mass Spectrom. 9, 1177 – 1183.

Harris, P. T., Baker, E. K., Cole, A. R., and Short, S. A. (1993) A preliminary study of sedimentation in the tidally dominated Fly River Delta, Gulf of Papua. Cont. Shelf Res. 13, 441 – 472.

Harris, P. T., and Collins, M. B. (1985) Bedform distributions and sediment transport paths in the Bristol Channel and Severn Estuary, UK. Mar. Geol. 62, 153 – 166.

Harrison, E. Z., and Bloom, A. L. (1977) Sedimentation rates on tidal salt marshes in Connecticut. J. Sed. Petrol. 47, 1484 – 1490.

Harrison, P. G. (1982) Control of microbial growth and of amphipod grazing by water soluble compounds from leaves of *Zostera marina*. Mar. Biol. 67, 225 – 230.

Harrison, P. G., and Mann, K. H. (1975) Detritus formation from eelgrass (*Zostera marina*): the relative effects of fragmentation, leaching, and decay. Limnol. Oceanogr. 20, 924 - 934.

Hart, B. A., and Scaife, B. D. (1997) Toxicity and bioaccumulation of cadmium in *Chlorella pyrenoidosa*. Environ. Res. 14, 401 - 417.

Hart, B. S. (1995) Delta front estuaries. *In* Geomorphology and Sedimentology of Estuaries. Developments in Sedimentology 53. (Perillo, G. M. E., ed.), pp. 207 - 224, Elsevier Science, New York.

Hart, B. S., Prior, D. B., Barrie, J. V., Currie, R. A., and Lutenauer, J. L. (1992) A river mouth submarine landslide and channel complex, Fraser Delta, Canada. Sed. Geol. 81, 73 - 87.

Hartman, B., and Hammond, D. E. (1984) Gas exchange rates across the sediment - water and air - water interfaces in the South San Francisco Bay. J. Geophys. Res. 89, 3593 - 3603.

Hartnett, H. E., Keil, R. G., Hedges, J. I., and Devol, A. H. (1998) Influence of oxygen exposure time on organic carbon preservation in continental margin sediments. Nature 391, 572 - 574.

Harvey, R. H., and Macko, S. A. (1997) Kinetics of phytoplankton decay during simulated sedimentation: changes in lipids under oxic and anoxic conditions. Org. Geochem. 27, 129 - 140.

Harvey, R. H., and Mannino, A. (2001) The chemical composition and cycling of particulate and macromolecular dissolved organic matter in temperate estuaries as revealed by molecular organic tracers. Org. Geochem. 32, 527 - 542.

Harvey, R. H., Tuttle, J. H., and Bell, J. T. (1995) Kinetics of phytoplankton decay during simulated sedimentation: changes in biochemical composition and microbial activity under oxic and anoxic conditions. Geochim. Cosmochim. Acta 59, 3367 - 3377.

Harwood, J. L. and Russell, N. J. (1984) Lipids in Plants and Microbes. George Allen and Unwin, London.

Hassellov, M., Lyven, V., Haraldsson, C., and Sirinawin, W. (1999) determination of continuous size and trace element distribution of colloidal material in natural water by on - line coupling of flow field fractionation with ICPMS. Anal. Chem.. 71, 3497 - 3502.

Hatcher, P. H. (1987) Chemical structural studies of natural lignin by dipolar dephasing solid state 13C nuclear magnetic resonance. Org. Geochem. 11, 31 - 39.

Hatcher, P. H., Dria, K. J., Kim, S., and Frazier, S. W. (2001) Modern analytical studies of humic substances. Soil Sci. 166, 770 - 794.

Hatcher, P. G., and Minard, R. D. (1996) Comparison of dehydrogenase polymer (DHP) lignin with native lignin from gymnosperm wood by thermochemolysis using tetramethylammonium hydroxide (TMAH). Org. Geochem. 24, 593 - 600.

Hatcher, P. G., Nanny, M. A., Minard, R. D., Dible, S. C., and Carson, D. M. (1995)
Comparisons of two thermochemolytic methods for the analysis of lignin in decomposing wood: The CuO oxidation method and the method of thermochemolysis with TMAH. Org. Geochem. 23, 881 - 888.

Hatton, R. S., Delaune, R. D., and Patrick, W. H. (1983) Sedimentation, accretion, and subsidence in marshes of Barataria Basin, Louisiana. Limnol. Oceanogr. 28, 494 - 502.

Haugen, J. E., and Lichtentaler, R. (1991) Amino acid diagenesis, organic carbon and nitrogen mineralization in surface sediments from the inner Oslofjord, Norway. Geochim. Cosmochim. Acta 55, 1649 - 1661.

Hauxwell J., Cebrian J., Herrera - Silveira J. A., Ramirez J., Zaldivar A., Gomez N., and Aranda - Cirerol N. (2001) Measuring production of Halodule wrightii Ascherson: additional evidence suggests clipping underestimates growth rate. Aquat. Bot. 69, 41 - 54.

Hawkes, G. E., Powlson, D. S., Randall, E. W., and Tate, K. R. (1984) A $^{31}P$ nuclear magnetic resonance study of the phosphorus species in alkali extracts from long - term field experiments. J. Soil Sci. 35, 35 - 45.

Hawkins, A. J. S., Bayne, B. L., Mantoura, R. F. C., and Llewellyn, C. A. (1986) Chlorophyll degradation and absorption through the digestive system of the blue mussel *Mytilus edulis*. J. Exp. Mar. Biol. Ecol. 96, 213 – 223.

Hayes, J. M. (1983) Geochemical evidence bearing on the origin of aerobiosis, a speculative interpretation. *In* The Earth's Earliest Biosphere: Its Origin and Evolution (Schopf, J. W., ed.), pp. 291 – 301, Princeton University Press, Princeton, NJ.

Hayes, J. M. (1993) Factors controlling the $^{13}C$ contents of sedimentary organic compounds: Principles and evidence. Mar. Geol. 113, 111 – 125.

Hayes, J. M. (2004) Isotopic order, biogeochemical processes, and Earth history. Geochim. Cosmochim. Acta 68, 1691 – 1700.

Hayes, M. O. (1975) Morphology and sand accumulations in estuaries. *In* Estuarine Research (Cronin, L. E., ed.), pp. 3 – 22, Academic Press, New York.

Head, E. J. H., Hargrave, B. T., and Subba Rao, D. V. (1994) Accumulation of a phaeophorbide *a* – like pigment in sediment traps during late stages of a spring bloom: a product of dying algae? Limnol. Oceanogr. 39, 176 – 181.

Head, E. J. H., and Harris, L. R. (1994) Feeding selectivity by copepods grazing on natural mixtures of phytoplankton determined by HPLC analysis of pigments. Mar. Ecol. Prog. Ser. 110, 75 – 83.

Head, E. J. H., and Harris, L. R. (1996) Chlorophyll destruction by *Calanus* grazing on phytoplankton: kinetic effects of ingestion rate and feeding history, and a mechanistic interpretation. Mar. Ecol. Prog. Ser. 135, 223 – 235.

Heaton, T. H. E. (1986) Isotopic studies of nitrogen pollution in the hydrosphere and atmosphere: a review. Chem. Geol. 59, 87 – 102.

Heck, K. L., Able, K. W., Roman, C. T., and Fahay, M. P. (1995). Composition, abundance, biomass, and production of macrofauna in a New England estuary: comparisons among eelgrass meadows and other nursery habitats. Estuaries 18, 379 – 389.

Hecky, R. E., and Kilham, P. (1988) Nutrient limitation of phytoplankton in freshwater and marine environments: a review of recent evidence on the effects of enrichment. Limnol. Oceanogr. 33, 796 – 822.

Hedges, J. I. (1978) The formation and clay mineral reactions of melanoidins. Geochim. Cosmochim. Acta 42, 69 – 76.

Hedges, J. I. (1988) Polymerization of humic substances in natural environments. *In* Humic Substances and their Role in the Environment (Frimmel, F. H., and Christman R. F., eds.), pp. 45 – 58, John Wiley, New York.

Hedges, J. I. (1992) Global biogeochemical cycles: progress and problems. Mar. Chem. 39, 67 – 93.

Hedges, J. I. (2002) Why dissolved organic matter? *In* Biogeochemistry of Marine Dissolved Organic Matter (Hansell, D. A., and Carlson, C. A., eds.), pp. 1 – 27, Academic Press, New York.

Hedges, J. I., Baldock, J. A., Gelinas, Y., Lee, C., Peterson, M. L., and Wakeham, S. G. (2002) The biochemical and elemental compositions of marine plankton: a NMR perspective. Mar. Chem. 78, 47 – 63.

Hedges, J. I., Clark, W. A., and Cowie, G. L. (1988) Organic matter sources to the water column and surficial sediments of a marine bay. Limnol. Oceanogr. 33, 1116 – 1136.

Hedges, J. I., Cowie, G. L., Richey, J. E., and Quay, P. (1994) Origins and processing of organic matter in the Amazon River as indicated by carbohydrates and amino acids. Limnol. Oceanogr. 39, 743 – 761.

Hedges, J. I. and Ertel, J. R. (1982) Characterization of lignin by gas capillary chromatography of cupric oxide oxidation products. Anal. Chem. 54, 174 – 178.

Hedges, J. I., Ertel, J. R., Quay, P. D., Grootes, P. M., Richey, J. E., Devol, A. H., Farwell, G. W., Schmidt, F. W, and Salati, E. (1986) Organic carbon – 14 in the Amazon River system. Science 231, 1129 – 1131.

Hedges, J. I., and Hare, P. E. (1987) Amino acid adsorption by clay minerals in distilled water. Geochim. Cosmochim.

Acta 51, 255 - 259.

Hedges, J. I., Hatcher, P. H., Ertel, J. R., and Meyers - Schulte. (1992) A comparison of dissolved humic substances from seawater with Amazon River counterparts by $^{13}C$ - NMR spectrometry. Geochim. Cosmochim. Acta 56, 1753 - 1757.

Hedges, J. I., Hu, F. S., Devol, A. H., Hartnett, H. E., Tsamakis, E., and Keil, R. G. (1999) Sedimentary organic matter preservation: a test from selective degradation under oxic conditions. Am. J. Sci. 299, 525 - 555.

Hedges, J. I., and Keil, R. (1995) Sedimentary organic matter preservation; an assessment and speculative synthesis. Mar. Chem. 49, 81 - 115.

Hedges, J. I., Keil, R., and Benner, R. (1997) What happens to terrestrially - derived organic matter in the ocean? Org. Geochem. 27, 195 - 212.

Hedges, J. I. and Mann, D. C. (1979) The characterization of plant tissues by their lignin oxidation products. Geochim. Cosmochim. Acta 43, 1809 - 1818.

Hedges, J. I., Mayorga, E., Tsamakis, E., McClain, M. E., Aufdenkampe, A., Quay, P., Richey, J. E., Benner, R., Opsahl, S., Black, B., Pimental, T., Quintanilla, J., and Maurice, L. (2000) Organic matter in Bolivian tributaries of the Amazon River: A comparison to the lower mainstream. Limnol. Oceanogr. 45, 1449 - 1466.

Hedges, J. I. and Parker, P. L. (1976) Land - derived organic matter in the surface sediments from the Gulf of Mexico. Geochim. Cosmochim. Acta 40, 1019 - 1029.

Heidelberg, J. F., Heidelberg, K. B., and Colwell, R. R. (2002) Seasonality of Chesapeake bay bacterioplankton species. Appl. Environ. Microbiol. 68, 5488 - 5497.

Heijerick, D. G., De Schamphelaere, A. C., and Janssen, C. R. (2002) Predicting acute toxicity for *Daphnia magna* as a function of key chemistry characteristics: development and validation of a biotic ligand model. Environ. Toxicol. Chem. 21, 1309 - 1315.

Heip, C. H. R., Goosen, N. K., Herman, P. M., Kromkamp, J., Middelburg, J. J., and Soetaert, K. (1995) Production and consumption of biological particles in temperate tidal estuaries. Oceanogr. Mar. Biol. Rev. 33, 1.

HELCOM (1993) Second Baltic Sea Pollution Load Compilation. Baltic Sea Environment Proceedings No. 45, Helsinki.

HELCOM (1996) Third Periodic Assessment of the State of the Marine Environment of the Baltic Sea, 1989 - 1993. Helsinki Commission, Baltic Sea Environment Proceedings 69, Helsinki.

HELCOM (1998) Third Baltic Sea Pollution Load Compilation. Baltic Sea Environment Proceedings No. 70, Helsinki.

HELCOM (2001) Fourth Periodic Assessment of the State of the Baltic Marine Area, 1994 - 1998; Baltic Sea Environment Proceedings No. 82, Helsinki.

Hellou, J., Steller, S., and Albaiges, J. (2002) Alkanes, gerpanes, and aromatic hydrocarbons in superficial sediments of Halifax Harbor. Intl. J. Polycycl. Aromat. Compounds. 22, 631 - 642.

Heltz, G. R., Setlock, G. H., Cantillano, and Moore, W. S. (1985) Processes controlling the regional distribution of $^{210}Pb$, $^{226}Ra$ and anthropogenic zinc in estuarine sediments. Earth Planet. Sci. Lett. 76, 23 - 34.

Hemminga, M. A., and Duarte, C. M. (2000) Seagrass Ecology. Cambridge University Press, Cambridge, UK.

Henderson, P. 1984. General geochemical properties and abundances of the rare Earth elements. *In* Rare Earth Element Geochemistry (Henderson, P., ed.), pp. 1 - 29, Elsevier, New York.

Henderson - Sellers, A. (1996) Soil moisture simulation: achievements of the RICE and PILPS intercomparison workshop and future directions. Global Planet. Change 13, 99 - 116.

Hendry, C. D., and Brezonik, P. L. (1980) Chemistry of precipitation at Gainesville, Florida. Environ. Sci. Technol. 14, 843 - 849.

Henrichs, S. M., and Farrington, J. W. (1979) Amino acids in interstitial waters of marine sediments. Nature 279, 319 -

322.

Henrichs, S. M., and Farrington, J. W. (1987) Early diagenesis of amino acids and organic matter in two coastal marine sediments. Geochim. Cosmochim. Acta 51, 1 – 15.

Henrichs, S. M., Farrington, J. W., and Lee, C. (1984) Peru upwelling region sediments near 15°S. 2. Dissolved free and total hydrolyzable amino acids. Limnol. Oceanogr. 29, 20 – 34.

Henrichs, S. M., and Reeburgh, W. S. (1987) Anaerobic mineralization of marine sediment organic matter: rates and the role of anaerobic processes in the oceanic carbon economy. Geomicrobiol. J. 5, 191 – 237.

Henrichs, S. M., and Sugai, S. F. (1993) Adsorption of amino acids and glucose by sediments of Resurrection Bay, Alaska, USA: Functional group effects. Geochim. Cosmochim. Acta 57, 823 – 835.

Henriksen, K., Hansen, J. I., and Blackburn, T. H. (1980) The influence of benthic infauna on exchange rates of inorganic nitrogen between sediment and water. Ophelia 1, 249 – 256.

Henriksen, K., Hansen, J. I., and Blackburn, T. H. (1981) Rates of nitrification, distribution of nitrifying bacteria, and nitrate fluxes in different types of sediment from Danish waters. Mar. Biol. 61, 299 – 304.

Henriksen, K., and Kemp, W. M. (1988) Nitrification in estuarine and coastal marine sediments. *In* Nitrogen Cycling in Coastal Marine Environments. SCOPE (Blackburn,

T. H., and Søensen, J., eds.), pp. 207 – 249, John Wiley, New York.

Henshaw, P. C., Charlson, R. J., and Burges, S. J. (2000) Water and the hydrosphere. *In* Earth System Science—From Biogeochemical Cycles to Global Change (Jacobson, M. C., Charlson, R. J., Rodhe, H., and Orians, G. H., eds.), pp. 109 – 131, Academic Press, New York.

Herczeg, A. C., and Hesslein, R. H. (1984) Determination of hydrogen ion concentration in softwater lakes using carbon dioxide equilibria. Geochim. Cosmochim. Acta 48, 837 – 845.

Hering, J., and Morel, F. M. (1989) Slow coordination reactions in seawater. Geochim. Cosmochim. Acta 53, 611 – 618.

Herman, P. M., and Heip, C. H. P. (1999) Biogeochemistry of the MAximum TURbidity zone of Estuaries (MATURE): some conclusions. J. Mar. Syst. 22, 89 – 104.

Hermes, J. D., Weiss, P. M., and Cleland, W. W. (1985) Use of nitrogen – 15 and deuterium isotopes effects to determine the chemical mechanism of phenylalanine ammonia – lyase. Biochem. 24, 2959 – 2967.

Hernandez, M. E., Mead, R. N., Peralba, M. C., and Jaffé, R. (2001) Linear *n* – alkane – 2 – ones as potential biomarkers for seagrass – derived organic matter in coastal environments. Org. Geochem. 32, 21 – 32.

Hernes, P. J., Benner, R., Cowie, G. L., Goni, M. A., Bergamaschi, B. A., and Hedges, J. I. (2001) Tannin diagenesis in mangrove leaves from a tropical estuary: a novel molecular approach. Geochim. Cosmochim. Acta 65, 3109 – 3122.

Hernes, P. J., Hedges, J. I., Peterson, L., Wakeham, S. G., and Lee, C. (1996) Neutral carbohydrate geochemistry on particulate material in the central equatorial Pacific. Deep sea res. II. 43, 1181 – 1204.

Herrera – Silveira, J. A., (1994) Nutrients from underground water discharges in a coastal lagoon (Celestun, Yucatan, Mexico). Verh. Intl. Ver. Limnol. 25, 1398 – 1401.

Herrera – Silveira, J. A., Medina – Gomez, I., and Colli, R. (2002) Trophic status based on nutrient concentration scales and primary producers community of tropical coastal lagoons influenced by groundwater discharges. Hydrobiologia 475/476, 91 – 98.

Herrera – Silveira, J. A., and Remirez – Remirez, J. (1996) Effects of natural phenolic material (tannin) on phytoplankton growth. Limnol. Oceanogr. 41, 1018 – 1023.

Hickey, B. M., and Banas, N. (2003) Oceanography of the U. S. Pacific Northwest coastal ocean and estuaries with application to coastal ecology. Estuaries 26, 1010 – 1031.

Hicks, R. E., Lee, C., and Marinucci, A. C. (1991) Loss and recycling of amino acids and protein from smooth cordgrass (*Spartina alterniflora*) litter. Estuaries 14, 430 – 439.

Hicks, S. D., Debaugh, H. A., Hickman, J. E. (1983) Sea level variations for the United States 1855 – 1980. U. S. Dept. of Commerce, NOAA, Rockville, MD.

Hill, P. S., Milligan, T. G., and Geyer, W. R. (2000) controls on effective settling velocity of suspended sediment in the Eel River flood plume. Cont. Shelf Res. 20, 2095 – 2111.

Hillman, K., Walker, D. I., Larkum, A. W. D. and McComb, A. J. (1989) Productivity and nutrient limitation. *In* A Treatise on the Biology of Seagrasses with Special Reference to the Australian Region. Aquatic Plant Studies 2A. (Larkum, W. D., McComb, A. J., and Shepherd, S. A. eds.), pp. 635 – 685, Elsevier, Amsterdam.

Hines, M. E. (1991) The role of certain infauna and vascular plants in the mediation of redox reactions in marine sediments. *In* Diversity of Environmental Biogeochemistry (Berthelin, J., ed.), pp. 275 – 286, Elsevier, Amsterdam.

Hines, M. E., Knollmeyer, S. L., and Tugel, J. B. (1989) Sulfate reduction and other sedimentary biogeochemistry in a northern New England salt marsh. Limnol. Oceanogr. 34, 578 – 590.

Hinga, K. R., Pilson, M. E. Q., Lee, R. F., Farrington, J. W., Tjessem, K., and Davis, A. C. (1980) Biogeochemistry of benzanthracene in an enclosed marine ecosystem. Environ. Sci. Technol. 14, 1136 – 1143.

Hinga, K. R., Sieburth, J., and Heath, G. R. (1979) The supply and use of organic material at the deep – sea floor. J. Mar. Res. 37, 557 – 579.

Hitchcock, D. (1975) Dimethyl sulfide emissions to the global atmosphere. Chemosphere 3, 137 – 138.

Hitchcock, G. L., Olson, D. B., Cavendish, S. L., and Kanitz, E. C. (1996) A tracked surface drifter with cellular telemetry capabilities. Mar. Tech. Soc. J. 30, 44 – 49.

Hobbie, J. E. (ed.) (2000) Estuarine science: the key to progress in coastal ecological research. *In* Estuarine Science: A Synthetic Approach to Research and Practice, pp. 1 – 11, Island Press, Washington, DC.

Hobbie, J. E., Copeland, B. J., and Harrison, W. G. (1975) Sources and fate of nutrients of the Pamlico River estuary, N. C. *In* Estuarine Research. Vol. 1. Chemistry, Biology, and the Estuarine System (Cronin, L. E., ed.), pp. 287 – 302, Academic Press, New York.

Hobbie, J. E., and Lee, C. (1980) Microbial production of extracellular material: importance in benthic ecology. *In* Marine Benthic Dynamics (Tenore, K., and Coull, B., eds.), pp. 341 – 346. Belle W. Baruch Institute for Marine Biology, University of South Carolina Press, Columbia.

Hoch, M. P., and Kirchman, D. L. (1995) Ammonium uptake by heterotrophic bacteria in the Delaware estuary and adjacent coastal waters. Limnol. Oceanogr. 40, 886 – 897.

Hodell, D. A., and Schelske, C. L. (1998) Production, sedimentation and isotopic composition of organic matter in Lake Ontario. Limnol. Oceanogr. 43, 200 – 214.

Hodson, R. E, Christian, R. R., and Maccubbin, A. E. (1983) Lignocellulose and lignin in the salt marsh grass *Spartina alterniflora*: initial concentration and short – term, post – depositional changes in detrital matter. Mar. Biol. 81, 1 – 7.

Hoefs, J. (1980) Stable Isotope Geochemistry. Springer – Verlag, Heidelberg, Germany.

Hoegberg, P., and Johannisson (1993) $^{15}N$ abundance of forests is correlated with losses of nitrogen. Plant Soil 157, 147 – 150.

Holden, M. (1976) Chlorophylls. *In* Chemistry and Biochemistry of Plant Pigments, 2nd edn. (Goodwin, T. W., ed.), pp. 2 – 37, Academic Press, London.

Holland, H. D. (1978) The Chemistry of the Atmosphere and Oceans. John Wiley, New York.

Holland, H. D. (1994) The Chemical Evolution of the Atmosphere and the Oceans. Princeton University Press, Princeton, NJ.

Hollibaugh, J. T., Buddemeier, R., and Smith, S. V. (1991) Contributions of colloidal and high molecular weight dissolved material to alkalinity and nutrient concentrations in shallow marine and estuarine systems. Mar. Chem. 34, 1 – 27.

Holligan, P. M. (1992) Do marine phytoplankton influence global climate? *In* Primary Productivity and Biogeochemical Cycles in the Sea (Falkowski, P. G., andWoodhead, A. D., eds.), pp. 487 – 501.

Holloway, P. J. (1973) Cutins of *Malus pumila* fruits and leaves. Phytochemistry 12, 2913 – 2920.

Holmén, K. (2000) The global carbon cycle. *In* Earth System Science—from Biogeochemical Cycles to Global Change (Jacobson, M. C., Charlson, R. J., Rodhe, H, and Orians, G. H., eds.), pp. 282 – 321, Academic Press, International Geophysics Series, New York.

Holmes, A. J., Costello, A., Lidstrom, M. E., and Murrell, J. C. (1995) Evidence that particulate methane monooxygenase and ammonia monooxygenase may be evolutionary related. FEMS Microbial. Lett. 132, 203 – 208.

Holmes, R. M., McClelland, J. W., Sigman, D. M., Fry, B., and Peterson, B. J. (1998) Measuring $^{15}N-NH_4^+$ in marine, estuarine and fresh waters: an adaptation of the ammonia diffusion method for samples with low ammonium concentrations. Mar. Chem. 60, 235 – 243.

Holmes, R. M., Peterson, B. J., Gordeev, V. V., Zhulidov, A. V., Meybeck, M., Lammers, R. B., and Vorosmarty, C. J. (2000) Flux of nutrients from Russian rivers to the Arctic Ocean: can we establish a baseline against which to judge future changes? Wat. Resour. Res. 36, 2309 – 2320.

Honeyman, B. D., and Santschi, P. H. (1988) Critical review: metals in aquatic systems. Predicting their scavenging residence times from laboratory data remains a challenge. Environ. Sci. Technol. 22, 862 – 871.

Honeyman, B. D., and Santschi, P. H. (1989) A Brownian – pumping model for oceanic trace metal scavenging: evidence from Th isotopes. J. Mar. Res. 47, 951 – 992.

Honeyman, B. D., and Santschi, P. H. (1991) Coupling of trace metal adsorption and particle aggregation: kinetics and equilibrium studies using $^{59}Fe$ – labelled hematite. Environ. Sci. Technol. 25, 1739 – 1747.

Hopkinson, C. S., Buffam, I., Hobbie, J., Vallino, J., Perdue, M., Eversmeyer, B., Prahl, F., Covert, J., Hodson, R., Moran, M. A., Smith, E., Baross, J., Crump, B., Findlay, S., and Foreman, K. (1998) Terrestrial inputs or organic matter to coastal ecosystems: an intercomparison of chemical characteristics and bioavailability. Biogeochemistry 43, 211 – 234.

Hopkinson, C. S., Giblin, A. E., Tucker, J., and Garritt, H. (2001) Benthic metabolism and nutrient regeneration on the continental shelf off eastern Massachusetts, USA. Mar. Ecol. Prog. Ser. 224, 1 – 19.

Hopner, T., and Wonneberger, K. (1985) Examination of the connection between the patchiness of benthic nutrient efflux and epiphytobenthos patchiness on intertidal flats. Neth. J. Sea. Res. 11, 14 – 23.

Hoppe, H. G. (1991) Microbial extracellular enzyme activity: a new key parameter in aquatic ecology. *In* Microbial Enzymes in Aquatic Environments (Chrost, R. J., ed.), pp. 60 – 83, Springer – Verlag, New York.

Hoppema, J. M. J. (1991) The seasonal behaviour of carbon dioxide and oxygen in the coastal North Sea along the Netherlands. Neth. J. Sea Res. 28, 167 – 179.

Hoppema, J. M. J., and Goeyens, L. (1999) Redfield behavior of carbon, nitrogen, and phosphorus depletions in Antarctic surface waters. Limnol. Oceanogr. 44, 220 – 224.

Hori, T., Horiguchi, M., and Hayashi, A. (1984) Biogeochemistry of Natural C – P Compounds. Maruzen, Shiga, Japan.

Horne, R. A. (1969) Marine Chemistry. The Structure of Water and the Chemistry of the Hydrosphere. Wiley – Interscience, New York.

Horrigan, S. G., Montoya, J. P., Nevins, J. L., and McCarthy, J. J. (1990) Natural isotopic composition of dissolved inorganic nitrogen in the Chesapeake Bay. Estuar. Coastal Shelf Sci. 30, 393 – 410.

Horton, R. E. (1933) The role of infiltration in the hydrologic cycle. Trans. Am. Geophys. Union 14, 446 – 460.

Horton, R. E. (1940) An approach toward a physical interpretation of infiltration capacity. Soil Sci. Soc. Am. 4, 399 – 417.

Hostettler, F. D., Rapp, J. B., Kvenvolden, K. A., and Luoma, S. N. (1989) Organic markers as source discriminants and sediment transport indicators in south San Francisco Bay, California. Geochim. Cosmochim. Acta 53, 1563 – 1576.

Houde, E. D., and Rutherford, E. S. (1993) Recent trends in estuarine fisheries: Predictions of fish production and yield. Estuaries 16, 161 – 176.

Houghton, J. T., Meiro – Filho, L. G., Bruce, J., Hoesung, L., Callander, B. A., Haites, E., Harris, N., and Maskell, K. (1995) Climate change 1994, radiative forcing of climate change and an evaluation of the IPCC IS92 emission scenarios: reports of working groups I and II of the international panel on climate change. Cambridge University Press, New York.

Howard, J. D., Remmer, G. H., and Jewitt, J. L. (1975) Hydrography and sediments of the Duplin River, Sapelo Island, Georgia. Senckenberg. Mar. 7, 237 – 256.

Howarth, R. W. (1979) Pyrite: Its rapid formation in a salt marsh and its importance in ecosystem metabolism. Science 203, 49 – 51.

Howarth, R. W. (1984) The ecological significance of sulfur in the energy dynamics of salt marsh and coastal sediments. Biogeochemistry 1, 5 – 27.

Howarth, R. W. (1993) Microbial processes in salt – marsh sediments. *In* An Ecological Approach (Ford, T. E., ed.), pp. 239 – 259, Blackwell Publishers, Cambridge, MA.

Howarth, R. W. (1998) An assessment of human influences on inputs of nitrogen to the estuaries and continental shelves of the North Atlantic Oceans. Nutr. Cycl. Agroecosyst. 52, 213 – 223.

Howarth, R. W., Billen, G., Swaney, D., Townsend, A., Jawarski, N., Lajtha, K., Downing, J. A., Elmgren, R., Caraco, N., Jordon, T., Berendse, F., Freney, J., Kudeyarov, V., Murdoch, P., and Zhao – ling, Z. (1996) Regional nitrogen budgets and riverine inputs of N & P for the drainages to the North Atlantic Ocean: natural and human influences. Biogeochemistry 35, 75 – 139.

Howarth, R. W., Chan, F., and Marino, R. (1999) Do top – down and bottom – up controls interact to exclude nitrogen – fixing cyanobacteria from the plankton of estuaries?: explorations with a simulation model. Biogeochemistry 46, 203 – 231.

Howarth, R. W., and Cole, J. J. (1985) Molybdenum availability, nitrogen limitation, and phytoplankton growth in natural waters. Science 229: 653 – 655.

Howarth, R. W., Fruci, J. R., and Sherman, D. (1991) Inputs of sediment and carbon to an estuarine ecosystem: influence of land use. Ecol. Appl. 1, 27 – 39.

Howarth, R. W., and Giblin, A. E. (1983) Sulfate reduction in the salt marshes at Sapelo Island, Georgia. Limnol. Oceanogr. 28, 70 – 82.

Howarth, R. W., Jaworski, N., Swaney, D., Townsend, A., and Billen, G. (2000) Some approaches for assessing human influences on fluxes of nitrogen and organic carbon to estuaries. *In* Estuarine Science: A Synthetic Approach to Research and Practice (Hobbie, J. E., ed.), pp. 17 – 42, Island Press, Washington, DC.

Howarth, R. W., Marino, R., and Cole, J. J. (1988b) Nitrogen fixation in freshwater, estuarine, and marine ecosystems. 2. Biogeochemical controls. Limnol. Oceanogr. 33, 688 – 701.

Howarth, R. W., Marino, R., Lane, R., and Cole, J. J. (1988a) Nitrogen fixation in freshwater, estuarine, and marine ecosystems. 1. Rates and importance. Limnol. Oceanogr. 33, 669 – 687.

Howarth, R. W., Sharpley, A., and Walker, D. (2002) Sources of nutrient pollution to coastal waters in the United States: Implications for achieving coastal water quality goals. Estuaries 25, 656 – 676.

Howarth, R. W., and Teal, J. M. (1979) Sulfate reduction in a New England salt marsh. Limnol. Oceanogr. 24, 999 – 1013.

Howes, B. L., Dacey, J. W. H., and King, G. M. (1984) Carbon flow through oxygen and sulfate reduction pathways in salt marsh sediments. Limnol. Oceanogr. 29, 1037 – 1051.

Howes, B. L., Dacey, J. W. H., and Wakeham, S. G. (1985) Effects of sampling technique on measurements of porewater constituents in salt marsh sediments. Limnol. Oceanogr. 30, 221 – 227.

Howes B. L., Howarth R. W., Teal J. M., and Valiela I. (1981) Oxidation – reduction potentials in a salt marsh. Spatial patterns and interactions with primary production. Limnol. Oceanogr. 26, 350 – 360.

Hsieh, Y., and Yang, C. (1997) Pyrite accumulation and sulfate depletion as affected by root distribution in a *Juncus* (needlerush) salt marsh. Estuaries 20, 640 – 645.

Huang, W. Y., and Meinschein, W. G. (1979) Sterols as ecological indicators. Geochim. Cosmochim. Acta 43, 739 – 745.

Huerta – Diaz, M. A., and Morse, J. W. (1990) A quantitative method for determination of trace metal concentrations in sedimentary pyrite. Mar. Chem. 29, 119 – 144.

Huettel, M., Forster, S., Kloser, S., and Fossing, H. (1996) Vertical migration in the sediment – dwelling sulfur bacteria *Thiploca* spp. in overcoming diffusion limitations. Appl. Environ. Microbiol. 62, 1863 – 1872.

Huettel, M., and Gust, G. (1992) Solute release mechanisms from confined sediment cores in stirred benthic chambers and flume flows. Mar. Ecol. Prog. Ser. 82, 187 – 197.

Hughes, E. H., and Sherr, E. B. (1983) Subtidal food webs in a Georgia estuary: $\delta^{13}C$ analysis. J. Exp. Mar. Biol. Ecol. 67, 227 – 242.

Hughes, F. W., and Rattray, M. (1980) Salt flux and mixing in the Columbia River estuary. Estuar. Coast. Mar. Sci. 10, 479 – 493.

Hughes, J. E., Deegan, L. A., Peterson, B. J., Holmes, R. M., and Fry, B. (2000) Nitrogen flow through the food web in the oligohaline zone of a New England estuary. Ecology 81, 433 – 452.

Huheey, J. E., (1983) Inorganic Chemistry, 3rd edn., Harper and Row, New York.

Hulth, S., Aller, R. C., and Gilbert, F. (1999) Coupled anoxic nitrification/manganese reduction in marine sediments. Geochim. Cosmochim. Acta 63, 49 – 66.

Hulthe, G., Hulth, S., and Hall, P. O. J. (1998) Effect of oxygen on degradation rate of refractory and labile organic matter in continental margin sediments. Geochim. Cosmochim. Acta 62, 1319 – 1328.

Humborg, C., Blomqvist, S., Avsan, E., Bergensund, Y., Smedberg, E., Brink, J., and Morth, C. M. (2002) Hydrological alterations with river damming in northern Sweden: implications for weathering and river biogeochemistry. Global Biogeochem. Cycles 16, 1039.

Humborg, C., Conley, D. J., Rahm, L., Wulff, F., Cociasu, A., and Ittekkot, V. (2000) Silica retention in river basins: far – reaching effects on biogeochemistry and aquatic food webs in coastal marine environments. Ambio 29, 45 – 50.

Humborg, C., Ittekot, V., Cociasu, A., and von Bodungen, B. (1997) Effect of Danube river on Black Sea biogeochemistry and ecosystem structure. Nature 386, 385 – 388.

Humborg, , C., Smedberg, E., Blomqvist, S, Mörth, C., Brink, J., Rahm, L., Danielsson, A., and Sahlberg, J. (2004) Nutrient variations in boreal and subarctic Swedish Rivers: Landscape control of land – sea fluxes. Limnol. Oceanogr. 49, 1871 – 1883.

Hume, T. H., and Herdendorf, C. H. (1988) A geomorphic classification of estuaries and its application to coastal resource management—a New Zealand example. Ocean Shoreline Manag. 11, 249 – 274.

Hung, C., Guo, L., Santschi, P. H., Alvarado – Quiroz, N., and Haye, J. M. (2003a) Distributions of carbohydrate species in the Gulf of Mexico. Mar. Chem. 81, 119 – 135.

Hung, C., Guo, L., Schultz, G. E., Pinckney, J. L., and Santschi, P. H. (2003b) Production and flux of carbohydrate species in the Gulf of Mexico. Global Biogeochem. Cycles 17, 24 – 1.

Hung, C., Tang, D., Warnken, K. W., and Santschi, P. H. (2001) Distributions of carbohydrates, including uronic acids, in estuarine waters of Galveston Bay. Mar. Chem. 73, 305 – 318.

Hupfer, M., and Gachter, R., and Ruegger, H. (1995) Polyphosphate in lake sediments: $^{31}$P NMR spectroscopy as a tool for its identification. Limnol. Oceanogr. 40, 610 – 617.

Hupfer, M., Rube, B., and Schmieder, P. (2004) Origin and diagenesis of polyphosphate in lake sediments: a $^{31}$P – NMR study. Limnol. Oceanogr. 49, 1 – 10.

Hurd, D. C. (1983) Physical and chemical properties of the siliceous skeletons. *In* Silicon Geochemistry and Biogeochemistry (Aston, S. R., ed.), pp. 187 – 244, Academic Press, New York.

Hutchinson, G. E. (1938) On the relation between the oxygen deficit and the productivity and typology of lakes. Intl. Rev. Gesmaten Hydrobiol. 36, 336 – 355.

Hutchinson, G. E. (1957) A Treatise on Limnology. 1. Geography, Physics, and Chemistry. John Wiley, New York.

Incze, L. S., Mayer, L. M., Sherr, E. B., and Macko, S. A. (1982) Carbon inputs to bivalve mollusks: A comparison of two estuaries. Can. J. Fish. Aquat. Sci. 39, 1348 – 1352.

Ingall, E. D., and Jahnke, R. (1994) Evidence for enhanced phosphate regeneration from marine sediments overlain by oxygen depleted waters. Geochim. Cosmochim. Acta 58, 2571 – 2575.

Ingall, E. D., and Jahnke, R. (1997) Influence of water column anoxia on the elemental fractionation of carbon and phosphorus during sediment diagenesis. Mar. Geol. 139, 219 – 229.

Ingall, E. D., Schroeder, P. A., and Berner, R. A. (1990) The nature of organic phosphorus in marine sediments: new insights from $^{31}$P NMR. Geochim. Cosmochim. Acta 54, 2617 – 2620.

Ingall, E. D., and van Cappellen, P. (1990) Relation between sedimentation rate and burial of organic phosphorus and organic carbon in marine sediments. Geochim. Cosmochim. Acta 54, 373 – 386.

Ingalls, A. E., Lee, C., Wakeham, S. G., and Hedges, J. I. (2003) The role of biominerals in the sinking flux and preservation of amino acids in the Southern Ocean along 170. W. Deep – Sea Res. II 50, 713 – 738.

Ingram, R. G., and El – Sabh, M. I. (1990) Fronts and mesoscale features in the St. Lawrence Estuary. *In* Oceanography of a Large – Scale Estuarine System, The St. Lawrence (El – Sabh, M. I., and Silverberg, N, eds.), pp. 71 – 93, Springer – Verlag, New York.

Isla, F. I. (1995) Coastal lagoons. *In* Geomorphology and Sedimentology of Estuaries. Developments in Sedimentology 53 (Perillo, G. M. E., ed.), pp. 241 – 272, Elsevier Science, New York.

Ittekkot, V., Degens, E. T., and Brockmann, U. (1982) Monosaccharide composition of acid – hydrolyzable carbohydrates in particulate matter during a plankton bloom. Limnol. Oceanogr. 27, 770 – 776.

Ittekkot, V., Humborg, C., and Schaefer, P. (2000) Hydrlogical alterations and marine biochemistry: a silicate issue? Bioscience 50, 776 – 782.

Iverson, N., and Jørgensen, B. B. (1993) Diffusion coefficients of sulfate and methane in marine sediments: Influence of porosity. Geochim. Cosmochim. Acta 57, 571 – 578.

Iverson, R. L., Nearhof, F. L., and Andreae, M. O. (1989) Production of dimethylsulfonium proprionate and dimethylsulfide by phytoplankton in estuarine and coastal waters. Limnol. Oceanogr. 34, 53 – 67.

Jaakkola, T., Tolonen, K., Huttunen, P., and Leskinen, S. (1983) The use of fallout $^{137}Cs$ and $^{239,240}Pu$ for dating of lake sediments. Hydrobiologia 109, 15 – 19.

Jackson, G. A., and Williams, P. W. (1985) Importance of dissolved organic nitrogen and phosphorus to biological nutrient cycling. Deep – Sea Res. 32, 223 – 235.

Jacobsen, B. S., Smith, B. N., Epstein, S., and Laties, G. G. (1970) The prevalence of carbon – 13 in respiratory carbon dioxide as an indicator of the type of endogenous substrate. J. Gen. Physiol. 55, 1 – 17.

Jacobsen, R., and Postma, D. (1999) Redox zoning, rates of sulfate reduction and interactions with Fe – reduction and methanogenesis in a shallow sandy aquifer, Romo, Denmark. Geochim. Cosmochim. Acta 63, 137 – 151.

Jaeger, J. M., and Nittrouer, C. A. (1995) Tidal controls on the formation of fine – scale sedimentary strata near the Amazon River mouth. Mar. Geol. 125, 259 – 282.

Jaffe, D. A. (1992) The nitrogen cycle. *In* Global Biogeochemical Cycles (Butcher, S. S., Charlson, R. J., Orians, G. H., and Wolfe, G. U., eds.), pp. 263 – 284, Academic Press, New York.

Jaffe, D. A. (2000) The nitrogen cycle. *In* Earth System Science—from Biogeochemical Cycles to Global Change (Jacobson, M. C., Charlson, R. J., Rodhe, H., and Orians, G. H., eds.), pp. 322 – 342, Academic Press, New York.

Jaffé, R., Boyer, J. N., Lu, X., Maie, N., Yang, C., Scully, N. M., and Mock, S. (2004) Source characterization of dissolved organic matter in a subtropical mangrove – dominated estuary by fluorescence analysis. Mar. Chem. 84, 195 – 210.

Jaffé, R., Mead, R., Hernandez, M. E., Peralba, M. C., and DiGuida, O. A. (2001) Origin and transport of sedimentary organic matter in two subtropical estuaries: a comparative, biomarker – based study. Org. Geochem. 32, 507 – 526.

Jaffé, R., Wolff, G. A., Cabrera, A. C., and Carvajal – Chitty, H. (1995) The biogeochemistry of lipids in rivers from the Orinoco basin. Geochim. Cosmochim. Acta 59, 4507 – 4522.

Jahnke, R. A. (2000) The phosphorus cycle. *In* Earth System Science—from Biogeochemical Cycles to Global Change (Jacobson, M. C., Charlson, R. J., Rodhe, H., and Orians, G. H., eds.), pp. 360 – 376, Academic Press, New York.

Jahnke, R. A., Emerson, S. R., Roe, K. K., and Burnett, W. C. (1983) The present day formation of apatite in Mexican continental margin sediments. Geochim. Cosmochim. Acta 47, 259 – 266.

Jahnke, R. A., Heggie, D., Emerson, S., and Graham, D. (1982) Pore waters of the central Pacific Ocean: nutrient results. Earth Planet. Sci. Lett. 61, 233 – 256.

Jahnke, R. A., Nelson, J. R., Marinelli, R. L., and Eckman, J. E. (2000) Benthic flux of biogenic elements on the southeastern U. S. continental shelf: influence of porewater advective transport and benthic microalgae. Cont. Shelf Res. 20, 109 – 127.

Jakobsen, R., and Postma, D. (1999) Redox zoning, rates of sulfate reduction and interactions with Fe – reduction and methanogenesis in a shallow sandy aquifer, Romo, Denmark. Geochim. Cosmochim. Acta 63, 137 – 151.

Jannasch, H. W. (1960) Denitrification as influenced by photosynthetic oxygen production. J. Gen. Microbiol. 23, 55 – 63.

Jansson, M. (1998) Degradation of dissolved organic matter in humic waters by bacteria. *In* Aquatic Humic Substances Ecology and Biogeochemistry (Hessen, D. O., and Tranvik, L. J., eds.), pp. 177 – 196, Springer – Verlag, Berlin.

Janus, L. L., and Vollenweider, R. A. (1984) Phosphorus residence time in relation to trophic conditions in lakes. Verh. Intl. Verein. Theor. Angew. Limnol. 22, 179 – 184.

Janzen, D. H. (1974) Tropical blackwater rivers, animals, and mast fruiting by the Dipterocarpaceae. Biotropica 6, 69 - 103.

Jarman, W. M., Hilkert, A., Bacon, C. E., Collister, J. W., Ballschmiter, K., and Risebrough, R. W. (1998) Compound - specific carbon isotopic analysis of Aroclors, Clophens, Kaneclors, and Phenoclors. Environ. Sci. Technol. 32, 833 - 836.

Jasper, J. P., and Hayes, J. M. (1990) A carbon - isotope record of $CO_2$ levels during the late Quaternary. Nature 347, 462 - 464.

Jay, D. A., Rockwell, W. R., and Montgomery, D. R. (2000) An ecological perspective on estuarine classification. *In* Estuarine Science: A Synthetic Approach to Research and Practice (Hobbie, J. E., ed.), pp. 149 - 176, Island Press, Washington, DC.

Jay, D. A., and Smith, J. D. (1988) Circulation in and classification of shallow, stratified estuaries. *In* Physical Processes in Estuaries (Dronkers, J., and van Leussen, W.), pp. 21 - 41, Springer - Verlag, Berlin.

Jay, D. A., Uncles, R. J., Largier, J., Geyer, W. R., Vallino, J., and Boynton, W. R. (1997) A review of recent developments in estuarine scalar flux estimation. Estuaries 20, 262 - 280.

Jeffrey, S. W. (1974) Profiles of photosynthetic pigments in the ocean using thin - layer chromatography. Mar. Biol. 26, 101 - 110.

Jeffrey, S. W. (1976a) The occurrence of chlorophyll $c_1$ and $c_2$ in algae. J. Phycol. 12, 349 - 354.

Jeffrey, S. W. (1976b) A report on green algal pigments in the central North Pacific Ocean. Mar. Biol. 37, 33 - 37.

Jeffrey, S. W. (1989) Chlorophyll *c* pigments and their distribution in the chromophyte algae. *In* The Chromophyte Algae: Problems and Perspectives (Green J. C., Leadbeater, B. S. C., and Diver, W. L., eds.), pp. 13 - 36, Clarendon Press, Oxford, UK.

Jeffrey, S. W. (1997) Application of pigment methods to oceanography. *In* Phytoplankton Pigments in Oceanography (Jeffrey, S. W., Mantoura, R. F. C., and Wright, S. W., eds.), pp. 127 - 178, UNESCO Publishing, Paris.

Jeffrey, S. W., and Hallegraeff, G. M. (1987) Phytoplankton pigments, species and photosynthetic pigments in a warm - core eddy of the East Australian Current. I. Summer populations. Mar. Ecol. Prog. Ser. 3, 285 - 294.

Jeffrey, S. W., and Mantoura, R. F. C. (1997) Development of pigment methods for oceanography: SCOR - supported working groups and objectives. *In* Phytoplankton Pigments in Oceanography (Jeffrey, S. W., Mantoura, R. F. C., and Wright, S. W., eds.), pp. 19 - 13, UNESCO Publishing, Paris.

Jeffrey, S. W., Sielicki, M., and Haxo, F. T. (1975) Chloroplast pigment patterns in dinoflagellates. J. Phycol. 11, 374 - 384.

Jeffrey, S. W., and Wright, S. W. (1987) Anew spectrally distinct component in preparations of chlorophyll *c* from the microalga *Emiliana huxleyi* (Prymnesiophyceae). Biochim. Biophys. Acta 894, 180 - 188.

Jeffrey, S. W., and Wright, S. W. (1994) Photosynthetic pigments in the Haptophyta. *In* The Haptophyte Algae (Green, J. C., and Leadbeater, B. S. C., eds.), pp. 111 - 132, Clarendon Press, Oxford, UK.

Jenkins, M. C., and Kemp, W. M. (1984) The coupling of nitrification and denitrification in two estuarine sediments. Limnol. Oceanogr. 29: 609 - 619.

Jensen, H. S., Mortensen, P. B., Andersen, F. O., Rasmussen, E., and Jensen, A. (1995) Phosphorus cycling in a coastal marine sediment, Aarhus Bay, Denmark. Limnol. Oceanogr. 40, 908 - 917.

Jensen, H. S., and Thamdrup, B. (1993) Iron - bound phosphorus in marine sediments as measured by bicarbonate - dithionite extraction. Hydrobiologia 252, 47 - 59.

Jensen, K., Sloth, N. P., Rysgaard - Petersen, N., Rysgaard, S., and Revsbech, N. P. (1994) Estimation of nitrification and denitrification from microprofiles of oxygen and nitrate in model sediments. Appl. Environ. Microbiol. 60, 2094 – 2100.

Jensen, S., Johnels, A. G., Olsson, M., and Otterlind, G. (1969) DDT and PCB in marine animals from Swedish waters. Nature 224, 247 – 250.

Johannes, R. (1980) The ecological significance of the submarine discharge of ground water. Mar. Ecol. Prog. Ser. 3, 365 – 373.

Johansen, J. E., Svec, W. A., Liaaen – Jensen, S., and Haxo, F. T. (1974) Carotenoids of the Dinophyceae. Phytochemistry 13, 2261 – 2271.

Johnsen, G., and Sakshaug, E. (1993) Bio – optical characteristics and photoadaptive responses in the toxic and bloom – forming dinoflagellates *Gymnodinium aureolum*, *G. galatheanum*, and two strains of *Prorocentrum minimum*. J. Phycol. 29, 627 – 642.

Johnstone, J. (1908) Nitrate flux into the euphotic zone near Bermuda. Nature 331, 521 – 523.

Jones, J. B., and Mulholland, P. J. (1998) Influence of drainage basin topography and elevation on carbon dioxide and methane supersaturation of stream water. Biogeochemistry 40, 57 – 72.

Jones, R. D., and Amador, J. A. (1993) Methane and carbon monoxide production, oxidation and turnover times in the Caribbean Sea as influenced by the Orinoco river. J. Geophys. Res. 98, 2353 – 2359.

Jonsson, P. (2000) Sediment burial of PCBs in the offshore Baltic Sea. Ambio 29, 260 – 267.

Jonsson, P. Carman, R., and Wulff, F. (1990) Laminated sediments in the Baltic—a tool for evaluating nutrient mass balances. Ambio 19, 152 – 158.

Jordan, T. E., Correll, D. L., and Weller, D. E. (1997) Relating nutrient discharges from watersheds to land use and stream flow variability. Wat. Resource. Res. 33, 2579 – 2590.

Jøgensen, B. B. (1977) The sulfur cycle of coastal marine sediment (Limfjorden, Denmark). Limnol. Oceanogr. 28, 814 – 822.

Jøgensen, B. B. (1978) A comparison of methods for the quantification of bacterial sulfate reduction in coastal marine sediments. 1. Measurements with radiotracer techniques. Geomicrobiol. J. 1, 11 – 27.

Jøgensen, B. B. (1979) A theoretical model of the stable sulfur isotope distribution in marine sediments. Geochim. Cosmochim. Acta 43, 363 – 374.

Jøgensen, B. B. (1982) Mineralization of organic matter in the sea—the role of sulfate reduction. Nature 296, 643 – 645.

Jøgensen, B. B. (1989) Biogeochemistry of chemoautotrophic bacteria. *In* Autotrophic Bacteria (Shlegel, H. G., and Bowien, B., eds.), pp. 117 – 146, Science Technical Publishers, Madison, WI and Springer – Verlag, New York.

Jøgensen, B. B. (1996) Material flux in the sediments. *In* Eutrophication in Coastal Marine Ecosystems (Jøgensen, B. B., and Richardson, K., eds.), pp. 115 – 135, American Geophysical Union, Washington, DC.

Jøgensen, B. B. (2000) Bacteria and marine biogeochemistry. *In* Marine Geochemistry, (Schulz, H. D., and Zabel, M., eds.), pp. 173 – 207, Springer – Verlag, Berlin.

Jøgensen, B. B., Bang, M., and Blackburn, T. H. (1990) Anaerobic mineralization in marine sediments from the Baltic Sea – North sea transition. Mar. Ecol. Prog. Ser. 59, 55 – 61.

Jøgensen, B. B., and Boudreau, B. P. (2001) Diagenesis and sediment – water exchange. *In* The Benthic Boundary Layer (Boudreau, B. P., and Jøgensen, B. B., eds.), pp. 211 – 244, Oxford University Press, New York.

Jøgensen, B. B., and Des Marais, D. J. (1986) Competition for sulfide among colorless and purple sulfur bacteria in cyanobacterial mats. FEMS Microbiol. Ecol. 38, 179 – 186.

Jøgensen, B. B., and Okholm – Hansen, B. (1985) Emissions of biogenic sulfur gases from a Danish estuary. Atmos. Environ. 19, 1737 - 1749.

Jøgensen, B. B., and Revsbech, N. P. (1983) Colorless sulfur bacteria, *Beggiatoa* spp. and *Thiovulum* spp., on $O_2$ and $H_2S$ microgradients. Appl. Environ. Microbiol. 45, 1261 - 1270.

Jøgensen, B. B., and Revsbech, N. P. (1985) Diffusive boundary layer and the oxygen uptake of sediments and detritus. Limnol. Oceanogr. 30, 111 - 122.

Jøgensen, B. B., and Richardson, K. (1996) Eutrophication in Coastal Marine Systems. American Geophysical Union, Washington, DC.

Jøgensen, K. S. (1989) Annual pattern of denitrification and nitrate ammonification in estuarine sediment. Appl. Environ. Microbiol. 55, 1841 - 1847.

Jøgensen, N. O. G. (1984) Microbial activity in the water - sediment interface: assimilation and production of dissolved free amino acids. Oceanus 10, 347 - 365.

Jøgensen, N. O. G. (1987) Free amino acids in lakes: Concentrations and assimilation rates in relation to phytoplankton and bacterial production. Limnol. Oceanogr. 32, 97 - 111.

Jøgensen, N. O. G., Kroer, N., Coffin, R. B., and Hoch, M. P. (1999) Relations between bacterial nitrogen metabolism and growth efficiency in an estuarine and an open water ecosystem. Aquat. Microb. Ecol. 18, 247 - 261.

Jøgensen, N. O. G., Kroer, N., Coffin, R. B., Yang, X. H., and Lee, C. (1993) Dissolved free amino acids, combined amino acids, and DNA as sources of carbon and nitrogen to marine bacteria. Mar. Ecol. Prog. Ser. 98, 135 - 148.

Jøgensen, N. O. G., Tranvik, L. J., Edling, H., Graneli, W., and Lindell, M. (1998) Effects of sunlight on occurrence and bacterial turnover of specific carbon and nitrogen compounds in lake water. FEMS Microb. Ecol. 25, 217 - 227.

Josefson, A. B., and Rasmussen, B. (2000) Nutrient retention by benthic macrofaunal biomass of Danish estuaries: importance of nutrient load and residence time. Estuar. Coastal Shelf Sci. 50, 205 - 216.

Joye, S. B., and Hollibaugh, J. T (1995) Sulfide inhibition of nitrification influences nitrogen regeneration in sediments. Science 270, 623 - 625.

Joye, S. B., and Paerl, H. W. (1993) Contemporaneous nitrogen fixation and denitrification in marine microbial mats: rapid response to runoff events. Mar. Ecol. Prog. Ser. 94, 267 - 274.

Joye, S. B., and Paerl, H. W. (1994) Nitrogen cycling in marine microbial mats: rates and patterns of denitrification nitrogen fixation. Mar. Biol. 119, 285 - 295.

Juday, C., Birge, E. A., Kemmerer, G. I., and Robinson, R. J. (1927) Phosphorus content of lake waters in northwestern Wisconsin. Trans. Wis. Acad. Arts. Lett. 23, 233 - 248.

Jumars, P. A., Mayer, L. M., Deming, J. W., Baross, J. A., and Wheatcroft, R. A. (1990) Deep - sea deposit - feeding strategies suggested by environmental and feeding constraints. Trans. Royal Soc. London 331, 85 - 102.

Junge, C. E. (1974) Residence time and variablility of troposheric trace gases. Tellus 26, 477 - 488.

Kadlec, R. H. (1990) Overload flow in wetlands: vegetation resistance. J. Hydraul. Eng. 116, 691 - 706.

Kahru, M. (1997) Using satellites to monitor large - scale environment change: a case study of cynaobacterial bloom in the Baltic Sea. *In* Monitoring Algal Bloom: New Techniques for Detecting Large - Scale Environmental Change (Kahru, M., and Brown, C. W., eds.), pp. 43 - 61, Landes Bioscience, Georgetown, TX.

Kahru, M., Horstmann, U., and Rud, O. (1994) Satellite detection of increased cyanobacteria in the Baltic Sea: natural fluctuation or ecosystem change? Ambio 23, 469 - 472.

Kahru, M., and Mitchell, B. G. (2001) Seasonal and nonseasonal variability of satellitederived chlorophyll and dissolved organic matter concentration in the California Current. J. Geophys. Res. 106, 2517 - 2529.

Kaldy, J. F., Onuf, C. P., Eldridge, P. M., and Cifuentes, L. A. (2002) Carbon budget for a subtropical dominated coastal lagoon: how important are seagrasses to total ecosystem net primary production? Estuaries 25, 528 - 539.

Kamatani, A. (1982) Dissolution rates of silica from diatoms decomposing at various temperatures. Mar. Biol. 68, 91 - 96.

Kamen, M. D. (1963) Early history of carbon - 14. Science 140, 584 - 590.

Kamer, K., Boyle, K. A., and Fong, P. (2001) Macroalgal bloom dynamics in a highly eutrophic southern California estuary. Estuaries 24, 623 - 635.

Kaneda, T. (1991) Iso - and anteiso - fatty acids in bacteria: biosynthesis, function, and taxonomic significance. Microbiol. Rev. 288 - 302.

Kanneworff, E., and Christensen, H. (1986) Benthic community respiration in relation to sedimentation of phytoplankton in the Oresund. Ophelia 26, 269 - 284.

Kaplan, I. R., Emer, K. O., and Rittenberg, S. C. (1963) The distribution and isotopic abundance of sulfur in recent marine sediments of Southern California. Geochim. Cosmochim. Acta 27, 297 - 331.

Kaplan, I. R., and Rittenberg, S. C. (1964) Microbiological fractionation of sulfur isotopes. J. Microbiol. 34, 195 - 212.

Kappenberg, J., and Grabemann, I. (2001) Variability of the mixing zones and estuarine turbidity maxima in the Elbe and Weser Estuaries. Estuaries 24, 699 - 706.

Kapralek, F., Jechova, E., and Otavova, M. (1982) Two sites of oxygen control in induced synthesis of respiratory nitrate reductase in *Escherichia coli*. J. Bacteriol. 149, 1142 - 1145.

Karickhoff, S. W. (1984) Organic sorption in aquatic systems. J. Hydraulic Eng. 110, 707 - 735.

Karickhoff, S. W., Brown, B. S., and Scott, T. A. (1979) Sorption of hydrophobic pollutants on natural sediments. Wat. Res. 13, 241 - 248.

Karl, D. M., Tien, G., Dore, J., and Winn, C. D. (1993) Total dissolved nitrogen and phosphorus concentrations at United States - JGOFS station ALOHA—Redefield reconciliation. Mar. Chem. 41, 203 - 208.

Kaufman, A., Li, Y. H., and Turekian, K. K. (1981) The removal rates of $^{234}$Th and $^{228}$Th from waters of the New York Bight. Earth Planet. Sci. Lett. 54, 385 - 392.

Kawamura, K., Ishiwatari, R., and Ogura, K. (1987) Early diagenesis of organic matter in the water column and sediments: microbial degradation and resynthesis of lipids in Lake Haruna. Org. Geochem. 11, 251 - 264.

Keefe, C. W. (1994) The contribution of inorganic compounds to the particulate carbon, nitrogen, and phosphorus in suspended matter and surface sediments of Chesapeake Bay. Estuaries 17, 122 - 130.

Keeling, C. D. (1973) Industrial production of carbon dioxide from fossil fuels and limestone. Tellus 25, 174 - 198.

Keely, B. J., and Maxwell, J. R. (1991) Structural characterization of the major chlorins in recent sediments. Org. Geochem. 17, 663 - 669.

Keil, R., and Kirchman, D. (1991a) Contribution of dissolved free amino acids and ammonium to the nitrogen requirements of heterotrophic bacterioplankton. Mar. Ecol. Prog. Ser. 72, 1 - 10.

Keil, R., and Kirchman, D. (1991b) Dissolved combined amino acids in marine waters as determined by vapor - phase hydrolysis method. Mar. Chem. 33, 243 - 259.

Keil, R. G., and Kirchman, D. (1993) Dissolved combined amino acids: chemical form and utilization by marine bacteria. Limnol. Oceanogr. 38, 1256 - 1270.

Keil, R. G., Mayer, L. M., Quay, P. D., Richey, J. E., and Hedges, J. I. (1997) Loss of organic matter from riverine particles in deltas. Geochim. Cosmochim. Acta 61, 1507 - 1511.

Keil, R. G., Montlucon, D. B., Prahl, F. G., and Hedges, J. I. (1994a) Sorptive preservation of labile organic matter in marine sediments. Nature 370, 549 - 552.

Keil, R. G., Tsamakis, E, Fuh, C. B., Giddings, J. C., and Hedges, J. I. (1994b) Mineralogical and textural controls on the organic composition of coastal marine sediments: hydrodynamic separation using SPLITT - fractionation. Geochim. Cosmochim. Acta 58, 879 - 893.

Keil, R. G., Tsamakis, E., Giddings, J. C. and Hedges, J. I. (1998) Biochemical distributions (amino acids, neutral sugars, and lignin phenols) among size - classes of modern marine sediments from the Washington coast. Geochim. Cosmochim. Acta 62, 1347 - 1364.

Keil, R. G., Tsamakis, E., Hedges, J. I. (2000) Early diagenesis or particulate amino acids in marine sediments. *In* Perspectives in Amino Acid and Protein Chemistry (Goodfriend, G. A., Collins, M. J., Fogel., M. L., Macko, S. A., and Wehmiller, J. F., eds.), pp. 69 - 82, Oxford University Press, New York.

Keith, D. J., Yoder, J. A., and Freeman, S. A. (2002) Spatial and temporal distribution of colored dissolved organic matter (CDOM) in Narragansett Bay, Rhode Island: Implications for phytoplankton in coastal waters. Estuar. Coastal Shelf Sci. 55, 705 - 717.

Keith, S. C., and Arnosti, C. (2001) Extracellular enzyme activity in a river - bay - shelf transect: variations in polysaccharide hydrolysis rates with substrate and size class. Aquat. Microb. Ecol. 24, 243 - 253.

Kelley, C. A., Martens, C. S., and Chanton, J. P. (1990) Variations in sedimentary carbon remineralization rates in the White Oak River estuary, N. C. Limnol. Oceanogr. 35, 372 - 383.

Kelley, C. A., Marten, C. S., and Ussler III, W. (1995) Methane dynamics across a tidally flooded riverbank margin. Limnol. Oceanogr. 40, 1112 - 1129.

Kelly, J. R., and Nixon, S. W. (1984) Experimental studies of the effect of organic deposition on the metabolism of a coastal marine bottom community. Mar. Ecol. Prog. Ser. 17, 157 - 169.

Kelly, J. R., and Nowicki, B. L. (1992) Sediment denitrification in Boston harbor. MWRA Technical Report 92 - 2.

Kelly, R. P., and Moran, S. B. (2002) Seasonal changes in groundwater input to a well - mixed estuary estimated using radium isotopes and implications for coastal nutrient budgets. Limnol Oceanogr. 47, 1796 - 1807.

Kemp, G. P. (1986) Mud deposition at the shoreface: wave and sediment dynamics in the chenier plain of Louisiana. Ph. D Dissertation, Louisiana State University, Baton Rouge, pp. 147.

Kemp, W. M., and Boynton, W. R. (1980) Influence of biological and physical processes on dissolved oxygen dynamics in an estuarine system: implications for measurement of community metabolism. Estuar. Coastal Shelf Sci. 11, 407 - 431.

Kemp, W. M., and Boynton, W. R. (1981) External and internal factors regulating metabolic rates of an estuarine benthic community. Oecologia 51, 19 - 27.

Kemp, W. M., and Boynton, W. R. (1984) Spatial and temporal coupling of nutrient inputs to estuarine primary production: the role of particulate transport and decomposition. Bull. Mar. Sci. 35, 522 - 535.

Kemp, W. M., Sampou, P., Caffrey, J., Mayer, M., Henriksen, K., and Boynton, W. R. (1990) Ammonium recycling versus denitrification in Chesapeake Bay sediments. Limnol. Oceanogr. 35, 1545 - 1563.

Kemp, W. M., Sampou, P., Garber, J., Tuttle, J., and Boynton, W. R. (1992) Seasonal depletion of oxygen from bottom waters of Chesapeake Bay—roles of benthic and planktonic respiration and physical exchange processes. Mar. Ecol. Prog. Ser. 85, 137 - 152.

Kemp, W. M., Smith, E. M., Marvin - DiPasquale, M., and Boynton, W. R. (1997) Organic carbon balance and NEM in Chesapeake Bay. Mar. Ecol. Prog. Ser. 150, 229 - 248.

Kemp, W. M., Wetzel, R., Boynton, W., D'Elia, C., and Stevenson, J. (1982) Nitrogen cycling and estuarine interfaces: some current research directions. *In* Estuarine Interactions (Kennedy, V., ed.), pp. 209 - 230, Academic Press, New York.

Kempe, S. (1982) Valdivia cruise, October 1981: carbonate equilibria in the estuaries of Elbe, Weser, Ems, and in the southern German Bight. Mitt. Geol. Paleont. Inst. Univ. Hamburg, SCOPE/UNEP, Sonderband 52, 719 – 742.

Kempe, S. (1984) Sinks of the anthropogenically enhanced carbon cycle in surface fresh waters. J. Geophys. Res. 89, 4657 – 4676.

Kempe, S. (1990) Alkalinity: the link between anaerobic basins and shallow water carbonates? Naturwiaaenschaffer 7, 426 – 427.

Kempe, S., Pettine, M., and Cauwet, G. (1991) Biogeochemistry of Europe rivers. *In* Biogeochemistry of Major World Rivers (Degens, E. T., Kempe, S., and Richey, J. E., eds.), pp. 169 – 211, John Wiley, New York.

Kendall, C. (1998) Tracing nitrogen sources and cycling in catchments. *In* Isotope tracers in catchment hydrology (Kendall, C., and McDonnell, J. J., eds.), pp. 534 – 569, Elsevier, New York.

Kendall, C., and Coplen, T. B. (2001) Distribution of oxygen – 18 and deuterium in river waters across the USA. *In* Water Quality of Large U. S. Rivers: Results from the U. S. Geological Survey's National Stream Quality Accounting Network (Hooper, R. P., and Kelly, V. P., eds.), pp. 1361 – 1393, John Wiley, New York.

Kenne, L., and Linberg, B. (1983) Bacterial polysaccharides. *In* The Polysaccharides (Aspinall, G. O., ed.), pp. 287 – 363, Academic Press, New York.

Kennedy, H. A., and Elderfield, H. (1987) Iodine diagenesis in pelagic deep – sea sediments. Geochim. Cosmochim. Acta 51, 2489 – 2504.

Kennicutt II, M. C., Bidigare, R. R., Macko, S. A., and Keeney – Kennicutt, W. L. (1992) The stable isotopic composition of photosynthetic pigments and related biochemicals. Chem. Geol. 101, 235 – 245.

Kennicutt II, M. C., and Comet, P. A. (1992) research of sediment hydrocarbon sources: multiparameter approaches. *In* Organic Matter: Productivity, Accumulation, and Preservation in Recent and Ancient Sediments (Whelan, J. K., and Farrington, J. K., eds.), pp. 308 – 338, Columbia University Press, New York.

Kennish, M. J. (1986) Ecology of Estuaries. Vol. 1: Physical and Chemical Aspects. CRC Press, Boca Raton, FL.

Kennish, M. J. (1992) Ecology of Estuaries: Anthropogenic Effects. CRC Press, Boca Raton, FL.

Kennish, M. J. (1997) Practical handbook of Estuarine and Marine Pollution. CRC Press, Boca Raton, FL.

Kerner, M., and Spitzy, A. (2001) Nitrate regeneration coupled to degradation of different size fractions of DON by the picoplankton in the Elbe estuary. Microb. Ecol. 41, 69 – 81.

Kester, D. R. (1975) Dissolved gases other than $CO_2$. *In* Chemical Oceanography, 2nd edn. (Riley, J. P., and Skirrow, G., eds.), pp. 497 – 556, Academic Press, New York.

Ketchum, B. H. (ed.) (1983) Estuarine characteristics. *In* Estuaries and Enclosed Seas, pp. 1 – 13, Elsevier, New York.

Key, R., Stallard, R. F., Moore, W. S., and Sarmiento, J. L. (1985) Distribution and flux of $^{226}$Ra and $^{228}$Ra in the Amazon River estuary. J. Geophys. Res. 90, 6995 – 7004.

Khalil, M. A., and Rasmussen, R. A. (1992) The global sources of nitrous oxide. J. Geophys. Res. 97, 14651 – 14660.

Khalili, A., Huettel, M., and Merzkirch, W. (2001) Fine – scale flow measurements in the benthic boundary layer. *In* The Benthic Boundary Layer: Transport Processes and Biogeochemistry (Boudreau, B. P., and Jøgensen, B. B., eds.), pp. 44 – 77, Oxford University Press, New York.

Kieber, R. J., Jiao, J., Kiene, R. P., and Bates, T. S. (1996) Impact of dimethylsulfide photochemistry on methyl sulfur cycling in the Equatorial Pacific Ocean. J. Geophys. Res. 101, 3715 – 3722.

Kieber, R. J., Li, A., and Seaton, P, J. (1999) Production of nitrite from the photodegradation of dissolved organic matter in natural waters. Environ. Sci. Technol. 33, 993 – 998.

Kieber, R. J., Zhou, X., and Mopper, K. (1990) Formation of carbonyl compounds from UV – induced photodegradation of humic substances in natural waters: fate of riverine carbon in the sea. Limnol. Oceanogr. 35, 1503 – 1515.

Kiene, R. P. (1990) Dimethyl sulfide production from dimethylsulfoniopropionate in coastal seawater samples and bacterial cultures. Appl. Environ. Microbiol. 56, 3292 – 3297.

Kiene, R. P., and Linn, L. (2000) The fate dissolved dimethylsulfoniopropionate (DMSP) in seawater: Tracer studies using $^{35}S$ – DMSP. Geochim. Cosmochim. Acta 64, 2797 – 2810.

Kiene, R. P., Linn, L. J., and Bruton, J. A. (2000) New and important roles for DMSP in marine microbial communities. J. Sea Res. 43, 209 – 224.

Kikuchi, Y., Mochida, Y., Miyagi, T., Fujimoto, K., and Tsuda, S. (1999) Mangrove forests supported by peaty habitats on several islands in the Western Pacific. Tropics 8, 197 – 205.

Kilham, P. (1971) A hypothesis concerning silica and freshwater planktonic diatoms. Limnol. Oceanogr. 16, 10 – 18.

Kilham, S. S., and Kilham, P. (1984) The importance of resource supply rates in determining phytoplankton community structure. *In* Trophic Interactions Within Aquatic Systems (Meyers, D. G., and Strickler, J. R., eds.), pp. 7 – 28, Westview Press, Boulder, CO.

Kim, K. H., and Andreae, M. O. (1987) Carbon disulfide in seawater and the marine atmosphere over the North Atlantic. J. Geophys. Res. 92, 14733 – 14738.

Kineke, G. C., and Sternberg, R. W. (1989) The effects of particle settling velocity on computed suspended – sediment concentration profiles. Mar. Geol. 90, 159 – 174.

Kineke, G. C., and Sternberg, R. W. (1995) Distribution of fluid muds on the Amazon continental shelf. Mar. Geol. 125, 193 – 233.

Kineke, G. C., Sternberg, R. W., Trowbridge, J. H., and Geyer, W. R. (1996) Fluid – mud processes on the Amazon continental shelf. Cont. Shelf Res. 16, 667 – 696.

King, G. M. (1983) Sulfate reduction in Georgia salt marsh soils: an evaluation of pyrite formation by use of $^{35}S$ and $^{55}Fe$ tracers. Limnol. Oceanogr. 28, 987 – 995.

King, G. M. (1988) Patterns of sulfate reduction and the sulfur cycle in a South Carolina salt marsh. Limnol. Oceanogr. 33, 376 – 390.

King, G. M. (1990) Regulation by light of methane emissions from a wetland. Nature 345, 513 – 515.

King, G. M., Howes, B. L., and Dacey, J. W. H. (1985) Short – term endproducts of sulfate reduction in a salt marsh: the significance of acid volatile sulfide, elemental sulfur, and pyrite. Geochim. Cosmochim. Acta 49, 1561 – 1566.

King, G. M., Klug, M. J., Wiegert, R. G., and Chalmers, A. G. (1982) Relation of soil water movement and sulfide concentration to *Spartina alterniflora* production. Science 218, 61 – 63.

King, J., Kostka, J., Frischer, M., and Saunders, F. (2000) Sulfate – reducing bacteria methylate mercury at variable rates in pure cultures and in marine sediments. Appl. Environ. Microbiol. 66, 2430 – 2437.

King, K., and Hare, P. E. (1972) Amino acid composition of planktonic foraminifera: A paleobiochemical approach to evolution. Science 175, 1461 – 1463.

King, L. L., and Repeta, D. J. (1994) Novel pyropheophorbide steryl esters in Black Sea sediments. Geochim. Cosmochim. Acta 55, 2067 – 2074.

Kipphut, G. W., and Martens, C. S. (1982) Biogeochemical cycling in an organic – rich coastal marine basin, 3, Dissolved gas transport in methane saturated sediments. Geochim. Cosmochim. Acta 46, 2049 – 2060.

Kirby, C. J., and Gosselink, J. G. (1976) Primary production in a Louisiana Gulf Coast *Spartina alterniflora* marsh. Ecology 57, 1072 – 1059.

Kirchman, D. L. (1994) The uptake of inorganic nutrients by heterotrophic bacteria. Microbiol. Ecol. 28, 255 – 271.

Kirchman, D. L. (2003) The contribution of monomers and other low – molecular weight compounds to the flux of dissolved organic material in aquatic ecosystems. *In* Aquatic Ecosystems: Interactivity of Dissolved Organic Matter (Findlay, S. E. G., and Sinsabaugh, R. L., eds.), pp. 218 – 237, Academic Press, New York.

Kirchman, D. L., and Borch, N. H. (2003) Fluxes of dissolved combined neutral sugars (polysaccharides) in the Delaware estuary. Estuaries 26, 894 – 904.

Kirchman, D. L., K'Nees, E., and Hodson, R. (1985) Leucine incorporation and its potential as a measure of protein synthesis by bacteria in natural aquatic systems. Appl. Environ. Microbiol. 49, 599 – 607.

Kistner, D. A., and Pettigrew, N. R. (2001) A variable turbidity maximum in the Kennebec Estuary, Maine. Estuaries 24, 680 – 687.

Kitto, M. E., Anderson, D. L., Gordon, G. E., and Olmez, I. (1992) Rare Earth distribution in catalysts and airborne particles. Environ. Sci. Technol. 267, 1368 – 1375.

Kjerfve, B. J. (ed.) (1994) Coastal lagoons. *In* Coastal lagoon Processes, pp. 1 – 7, Elsevier Oceanography Series, New York.

Kjerfve, B. J., Greer, J. E., and Crout, R. L. (1978) Low – frequency response of estuarine sea level to non – local forcing. *In* Estuarine Interactions (Wiley, M. L., ed.), pp. 497 – 513, Academic Press, New York.

Kjerfve, B. J., and Magill, K. E. (1989) Geographic and hydrodynamic characteristics of shallow coastal lagoons. Mar. Geol. 88, 187 – 199.

Kleeberg, A. (2002) Phosphorus sedimentation in seasonal anoxic Lake Scharmutzel, N. E. Germany. Hydrobiologia 472, 53 – 65.

Kleiner, D. (1985) Bacterial ammonium transport. FEMS Microbiol. Rev. 32, 87 – 100.

Klerks, P. L., and Lentz, S. A. (1998) Resistance to lead and zinc in the western mosquito fish *Gambusia affinis* inhabiting contaminated Bayou Trepagnier. Ecotoxicology 7, 11 – 17.

Klerks, P. L., and Levinton, J. S. (1989) Rapid evolution of metal resistance in a benthic oligochaete inhabiting a metal – polluted site. Biol. Bull. 176, 135 – 141.

Klinkhammer, G. P., and Bender, M. L. (1981) Trace metal distributions in the Hudson River estuary. Estuar. Coastal Shelf Sci. 12, 629 – 643.

Klinkhammer, G. P., and McManus, J. (2001) Dissolved manganese in the Columbia River estuary: production in the water column. Geochim. Cosmochim. Acta 65, 2835 – 2841.

Klinkhammer, G. P., and Palmer, M. R. (1991) Uranium in the oceans: where it goes and why. Geochim. Cosmochim. Acta 55, 1799 – 1806.

Klok, J., Cox, H., Baas, M., Schuyl, P. J. W., de Leeuw, J. W., and Schenck, P. A. (1984a) Carbohydrates in recent marine sediments. I. Origin and significance of deoxy and *O* – methyl sugars. Org. Geochem. 7, 73 – 84.

Klok, J., Cox, H., Baas, M., Schuyl, P. J. W., de Leeuw, J. W., and Schenck, P. A. (1984b) Carbohydrates in recent marine sediments. II. Occurrence and fate of carbohydrates in a recent stromatolitic environment. Org. Geochem. 7, 101 – 109.

Knicker, H. (2000) Solid – state 2D double cross polarization magic angle spinning $^{15}N$ $^{13}C$ NMR spectroscopy on degraded algal residues. Org. Geochem. 31, 337 – 340.

Knicker, H., and Hatcher, P. G. (1997) Survival of protein in an organic – rich sediment. Possible protection by encapsulation in organic matter. Naturwissenschaften 84, 231 – 234.

Knicker, H., and Ludemann, H. D. (1995) N – 15 and C – 13 CPMAS and solution NMR studies of N – 15 enriched plant material during 600 days of microbial degradation. Org. Geochem. 23, 329 – 341.

Knobloch, K. (1966) Photosynthetische Sulfid - Oxidation gruner Pflanzen I. Mitteilung. Planta (Berl.) 70, 73 - 86.

Knudsen, M. (1902) Berichte uber die Konstantenbestimmungen zur Aufstellung der hydrographischen Tabellen. Kon Danske Videnskab. Selsk. Skrifter, 6 Raekke, Naturvidensk. Mathemat. Vol. XII, pp. 1 - 151.

Ko, F. C., and Baker, J. E. (1995) Partitioning of hydrophobic organic contaminants to resuspended sediments and plankton in the mesohaline Chesapeake Bay. Mar. Chem. 49, 171 - 188.

Koelmans, A. A., Gillissen, F., Makatita, W., and van den Berg, M. (1997) Organic carbon normalisation of PCB, PAH, and pesticide concentrations in suspended solids. Wat. Res. 31, 461 - 470.

Kofoed, L. H. (1975) The feeding biology of *Hydrobia ventrosa* Montagu. II. Allocation of the carbon budget and the significance of the secretion of dissolved organic material. J. Exp. Mar. Biol. Ecol. 19, 233 - 241.

Kogel - Knabner, I., Hatcher, P. G., and Zech, W. (1991) Chemical structural studies of forest soil humic acids: aromatic carbon fraction. Soil Sci. Soc. Am. J. 55, 241 - 247.

Köler, H., Meon, B., Gordeev, V. V., Spitzy, A., and Amon, R. M. W. (2003) Dissolved organic matter (DOM) in the estuaries of Ob and Yenisei and the adjacent Kara sea, Russia. *In* Siberian River Run - off in the Kara Sea (Stein, R., Fahl, K., Futterer, D. K., Galimov, E. M., and Stepanets, O., eds.), pp. 281 - 308, Elsevier Science, New York.

Kohnen, M. E. L., Schouten, S., Sinninghe - Damste, J. S., de Leeuw, J. W., Merritt, D. A., and Hayes, J. M. (1992) Recognition of paleobiochemicals by a combined molecular sulfur and isotopic geochemical approach. Science 256, 358 - 362.

Kohring, L. L., Ringelberg, D. B., Devereux, R., Stahl, D. A., Mittelmann, M. M., and White, D. C. (1994) Comparison of phylogenetic relationships based on phospholipids' fatty acid profiles and ribosomal RNA sequence similarities among dissimilatory sulfate - reducing bacteria. FEMS Microbiol. Lett. 119, 303 - 308.

Koike, I., and Hattori, A. (1978) Denitrification and ammonia formation in aerobic coastal sediments. Appl. Environ Microbiol. 35, 278 - 282.

Koike, I., and Søensen, J. (1988) Nitrate reduction and denitrification in marine sediments. *In* Nitrogen Cycling in Coastal Marine Environments. SCOPE 33 (Blackburn, T. H., and Søensen, J., eds.), pp. 251 - 274, John Wiley, New York.

Koike, I., and Terauchi, K. (1996) Fine scale distribution of nitrous oxide in marine sediments. Mar. Chem. 52, 185 - 193.

Kolowith, L. C., Ingall, E. D., and Benner, R. (2001) Composition and cycling of marine phosphorus. Limnol. Oceanogr. 46, 309 - 320.

Komada, T., and Reimers, C. E. (2001) Resuspension - induced partitioning of organic carbon between solid and solution phases from a river - ocean transition. Mar. Chem. 76, 155 - 174.

Kononen, K. (1992) Dynamics of the toxic cyanobacterial blooms in the Baltic Sea. Finn. Mar. Res. 261, 1 - 36.

Koopmans, D. J., and Bronk, D. A. (2002) Photochemical production of inorganic nitrogen from dissolved organic nitrogen in waters of two estuaries and adjacent surficial groundwaters. Aquat. Microb. Ecol. 26, 295 - 304.

Koretsky, C. A., Moore, C. M., Lowe, K. L., Meile, C., Dichristina, T. J., and van Capellen, P. (2003) Seasonal oscillation of microbial iron and sulfate reduction in saltmarsh sediments (Sapelo Island, GA, USA.). Biogeochemistry 64, 179 - 203.

Kornitnig, S. (1978) Phosphorus in Handbook of Geochemistry, Vol. 2 (Wedephol, K. H., ed.), pp. 15E1 - 15E9, Springer - Verlag, New York.

Kostka, J. E., Gribsholt, B., Petrie, E., Dalton, D., Skelton, H., and Kristensen, E. (2002b) The rates and pathways of carbon oxidation in bioturbated saltmarsh sediments. Limnol. Oceanogr. 47, 230 – 240.

Kostka, J. E., and Luther III, G. W. (1994) Partitioning and speciation of solid phase iron in saltmarsh sediments. Geochim. Cosmochim. Acta 58, 1701 – 1710.

Kostka, J. E., and Luther III, G. W. (1995) Seasonal cycling of reactive Fe in salt – marsh sediments. Biogeochemistry 29, 159 – 181.

Kostka, J. E., Roychoudhury, A., and van Capellen, P. (2002a) Rates and controls of anaerobic microbial respiration across spatial and temporal gradients in saltmarsh sediments. Biogeochemistry 60, 49 – 76.

Kozelka, P. B., and Bruland, K. W. (1998) Chemical speciation of dissolved Cu, Zn, Cd, Pb in Narragansett Bay, Rhode Island. Mar. Chem. 60, 267 – 282.

Kozelka, P. B., Sanudo – Wilhelmy, S., Flegal, A. R., and Bruland, K. W. (1997) Physicochemical speciation of lead in south San Francisco Bay. Estuar. Coastal Shelf Sci. 44, 649 – 658.

Kraft, J. C., Allen, E. A., Belknap, D. F., John, C. J., and Maurmeyer, E. M. (1979) Processes and morphologic evolution of an estuarine and coastal barrier system. *In* Barrier Islands from the Gulf of St. Lawrence to the Gulf of Mexico (Leatherman, S. P., ed.), pp. 149 – 183, Academic Press, New York.

Krajewski, K. P., van Cappellen, P., Trichet, J., Kuhn, O., Lucas, J., Martin – Algarra, A., Prevot, L., Tewari, V. C., Gaspar, L., Knight, R. I., and Lamboy, M. (1994) Biological processes and apatite formation in sedimentary environments. Ecol. Geol. Helv. 87, 701 – 745.

Krauss, K. W., Allen, J. A., and Cahoon, D. R. (2003) Differential rates of vertical accretion and elevation change among aerial root types in Micronesian mangrove forests. Estuar. Coastal Shelf Sci. 56, 251 – 259.

Kremer, J. N., Kemp, W. M., Giblin, A., Valiela, I., Seitzinger, S. P., and Hofmann, E. E. (2000) Linking biogeochemical processes to higher trophic levels. *In* Estuarine Science: A Synthetic Approach to Research and Practice (Hobbie, J. E., ed.), pp. 299 – 341, Island Press, Washington, DC.

Kremer, J. N., Nixon, S. W., Buckley, B., and Roques, P (2003b) Technical note: conditions for using the floating chamber method to estimate air – water gas exchange. Estuaries 26, 985 – 990.

Kremer, J. N., Reischauer, A., and D'Avanzo, C. (2003a) Estuary – specific variation in the air – water gas exchange coefficient for oxygen. Estuaries 26, 829 – 836.

Krest, J. M., and Harvey, J. W. (2003) Using natural distributions of short – lived radium isotopes to quantify groundwater discharge and recharge. Limnol. Oceanogr. 48, 290 – 298.

Krest, J. M., Moore, W. S., Gardner, L. R., and Morris, J. T. (2000) Marsh nutrient export supported by groundwater discharge: evidence from radium isotope measurements. Global Biogeochem. Cycles 14, 167 – 176.

Krest, J. M., Moore, W. S., and Rama, J. (1999) $^{226}Ra$ and $^{228}Ra$ in the mixing zones of the Mississippi and Atchafalaya Rivers: indicators of groundwater input. Mar. Chem. 64, 129 – 152.

Krezel, A., and Bal, W. (1999) Coordination chemistry of glutathione. Acta Biochim. 46, 567 – 580.

Krishnaswami, S., Benninger, L. K., Aller, R. C., and Von Damm, K. L. (1980) Atmospherically – derived radionuclides as tracers of sediment mixing and accumulation in near – shore marine and lake sediments: evidence from $^{7}Be$, $^{210}Pb$, and $^{239,240}Pu$. Earth Planet. Sci. Lett. 47, 307 – 318.

Krishnaswami, S., and Lal, D. (1978) Radionuclide limnolochronology. *In* Lakes, Chemistry, Geology, Physics (Lerman, A., ed.), pp. 153 – 177, Springer – Verlag, New York.

Krishnaswami, S., Lal, D., Martin, J., and Meybeck, M. (1971) Geochronology of lake sediments. Earth Planet. Sci. Lett. 11, 407.

Krishnaswami, S., Monaghan, M. C., Westrich, J. T, Bennett, J. T., and Turekian, K. K. (1984) Chronologies of sedimentary processes of the FOAM site, Long Island Sound, Connecticut. Am. J. Sci. 284, 706 – 733.

Kristensen, E. (1988) Benthic fauna and biogeochemical processes in marine sediments: microbial activities fluxes. *In* Nitrogen Cycling in Coastal Marine Environments. SCOPE (Blackburn, T. H., and Søensen, J., eds.), pp. 275 – 299, Scope, Chichester, UK.

Kristensen, E., Ahmed, S. I., and Devol, A. H. (1995) Aerobic and anaerobic decomposition of organic matter in marine sediment: Which is fastest? Limnol. Oceanogr. 40, 1430 – 1437.

Kristensen, E., and Blackburn, H. (1987) The fate of organic carbon and nitrogen in experimental marine sediment systems: influence of bioturbation and anoxia. J. Mar. Res. 45, 231 – 257.

Kristensen, E., and Hansen, K. (1995) Decay of plant detritus in organic – poor marine sediment: production rates and stoichiometry of dissolved C and N compounds. J. Mar. Res. 53, 675 – 702.

Kristensen, E., and Holmer, M. (2001) Decomposition of plant materials in marine sediment exposed to different electron acceptors ($O_2$, $NO_3^-$, and $SO_4^{2-}$), with emphasis on substrate origin, degradation kinetics, and the role of bioturbation. Geochim. Cosmochim. Acta 65, 419 – 433.

Kroer, N., Jøgensen, N. O. G., and Coffin, R. B. (1994) Utilization of dissolved nitrogen by heterotrophic bacterioplankton: a comparison of three ecosystems. Appl. Environ. Microbiol. 60, 4116 – 4123.

Kroeze, C., and Seitzinger, S. P. (1998) Nitrogen inputs to rivers, estuaries and continental shelves and related nitrous oxide emissions in 1990 and 2050: a global model. Nutrient Cycl. Agroecosyst. 52: 195 – 212.

Kröger, N., Deutzmann, R., and Sumper, M. (1999) Polycationic peptides from diatom biosilica that direct silica nanosphere formation. Science 286, 1129 – 1132.

Krom, M. D., and Berner, R. A. (1980a) The diffusion coefficients of sulfate, ammonium, and phosphate ions in anoxic marine sediments. Limnol. Oceanogr. 25, 327 – 337.

Krom, M. D., and Berner, R. A. (1980b) Adsorption of phosphate in anoxic marine sediments. Limnol. Oceanogr. 25, 797 – 806.

Krom, M. D., and Berner, R. A. (1981) The diagenesis of phosphorus in a near shore marine sediment. Geochim. Cosmochim. Acta 45, 207 – 216.

Krom, M. D., Brenner, S., Kress, N., Neori, A., and Gordon, L. I. (1992) Nutrient dynamics and new production in a warm – core eddy from the eastern Mediterranean Sea. Deep – Sea Res. 39, 467 – 480.

Krom, M. D., Kress, N., Brenner, S., and Gordon, L. I. (1991) Phosphorus limitation of primary productivity in the eastern Mediterranean Sea. Limnol. Oceanogr. 36, 424 – 432.

Krone, R. B. (1962) Flume studies of the transport of sediment in estuarial shoaling processes. Univ. of California, Hydraulics and Engineering Lab. and Sanitarian Engineering Research Lab. Berkeley, pp. 110.

Krumbein, W. C., and Sloss, L. L. (1963) Stratigraphy and Sedimentation, 2nd ed. p. 660, W. H. Freeman, San Francisco.

Kuehl, S. A., DeMaster, D. J., and Nittrourer, C. A. (1986) Nature of sediment accumulation on the Amazon continental shelf. Cont. Shelf Res. 6, 209 – 225.

Kuehl, S. A., Nittrouer, C. A., and DeMaster, D. J. (1982) Modern sediment accumulation and strata formation on the Amazon continental shelf. Mar. Geol. 49, 279 – 300.

Kuelegan, G. H. (1949) Interfacial instability and mixing in stratified flows. J. Res. Nat. Bur. Stds. 43, 487 – 500.

Kuhlbusch, T. A. J. (1998) Black carbon and the carbon cycle. Science 280, 1903 – 1904.

Kukkonen, J., and Oikari, A. (1991) Bioavailability of organic pollutants in boreal waters with varying levels of dissolved organic material. Wat. Res. 25, 455 – 463.

Kuo, A. Y., and Park, K. (1995) A framework of coupling shoals and shallow embayments with main channels in numerical modeling of coastal plain estuaries. Estuaries 18, 341 - 350.

Kuo, A. Y., Park, K., and Moustafa, M. Z. (1991) Spatial and temporal variability of hypoxia in the Rappahannock River, Virginia. Estuar. Coastal Shelf Sci. 14, 113 - 121.

Kuparinen, J., Leonardsson, K., Mattila, J., and Wilkner, J. (1996) Food web structure and function in the Gulf of Bothnia, the Baltic Sea. Ambio 8, 12 - 20.

Kure, L. K., and Forbes, T. L. (1997) Impact of bioturbation by *Arenicola marina* on the fate of particle - bound fluoranthene. Mar. Ecol. Prog. Ser. 156, 157 - 166.

Kurie, F. N. D. (1934) A new mode of disintegrations induced by neutrons. Phys. Rev. 45, 904 - 905.

Kuypers, M. M., Slickers, A. O., Lavik, G, Schmid, M., Jøgensen, B. B., Kuenen, J. G., Sinninghe - Damste, J. S., Strous, M., and Jetten, M. S. (2003) Anaerobic ammonium oxidation by ammonox bacteria in the Black Sea. Nature 422, 608 - 611.

Kwak, T. J., and Zedler, J. (1997) Food web analysis of southern California coastal wetlands using multiple stable isotopes. Oecologia 110, 262 - 277.

Laamanen, M. J. (1997) Environmental forms affecting the occurrence of different morphological forms of cyanprokaryotes in northern Baltic Sea. J. Plankton Res. 19, 1385 - 1403.

Laegreid, M., Alstad, J., Klaveness, D., and Seip, H. M. (1983) Seasonal variation of cadmium toxicity toward the algae *Selenatrum capricornutum* Printz in two lakes with different humus content. Environ. Sci. Technol. 17, 357 - 359.

Laflamme, R. E., and Hites, R. A. (1978) Tetra - and pentacyclic, naturally - occurring aromatic hydrocarbons in recent sediments. Geochim. Cosmochim. Acta 43, 1687 - 1691.

Lajtha, K., and Michener, R. H. (eds.) (1994) Stable Isotopes in Ecology and Environmental Science. Blackwell Scientific, Oxford.

Lal, D., and Lee, T. (1988) Cosmogenic $^{32}P$ and $^{33}P$ used as tracers to study phosphorus recycling in the upper ocean. Nature 333, 752 - 754.

Lal, D., Malhorta, P. K., and Peters, B. (1958) On the production of radioisotopes in the atmosphere by cosmic radiation and their application to meteorology. J. Atmos. Terr. Phys. 12, 306 - 328.

Lal, D., and Peters, B (1967) Cosmic ray produced activity on the Earth. Hanbuch Phys. 46, 551 - 612.

LaMontagne, M. G., Astorga, V., Giblin, A. F., and Valiela, I. (2002) Denitrification and stoichiometry of nutrient regeneration in Waquoit Bay, Massachusetts. Estuaries 25, 272 - 281.

LaMontagne, M. G., and Valiela, I. (1995) Dentrification measured by direct $N_2$ flux method in sediments of Waquoit Bay, MA. Biogeochemistry 31, 63 - 83.

Lamontagne, R. A., Swinnerton, J. W., Linnenbom, V. J., and Smith, W. D. (1973) Methane concentrations in various marine environments. J. Geophys. Res. 78, 5317 - 5323.

Lancelot, C., Billen, G., Sournia, A., Weisse, T., Colijn, F., Veldhuis, M. J. W., Davies, A., and Wassman, P. (1987) *Phaeocystis* blooms and nutrient enrichment in the continental coastal zones of the North Sea. Ambio 16, 38 - 46.

Landen, A., and Hall, P. O. J. (2000) Benthic fluxes and pore water distributions of dissolved free amino acids in the open Skagerrak. Mar. Chem. 71, 53 - 68.

Landing, W. M., Guentzel, J. L., Perry, J. J., and Pollman, C. D. (1998) Methods for measuring mercury and other trace species in rainfall and aerosols in Florida. Atmos. Environ. 32, 909 - 918.

Landrum, P. F., Reinhol, M. D., Nihart, S. R., and Eadie, B. J. (1985) Predicting the bioavailability of organic xenobiotics to *Pontoporeia hoyi* in the presence of humic and fulvic materials and natural dissolved organic matter. Environ.

Toxicol. Chem. 4, 459 - 467.

Langhorne, D. N. (1977) Consideration of meteorological conditions when determining the navigational water depth over a sand wave field. Intl. Hydrogr. Rev. LIV, 17 - 30.

Lapointe, B. E., Littler, M. M., and Littler, D. S. (1992) Nutrient availability to macroalgae in siliciclastic versus carbonate - rich coastal waters. Estuaries 15, 75 - 82.

Lapointe, B. E., and Matzie, W. R. (1996) Effects of stormwater nutrient discharges on eutrophication processes in nearshore waters of the Florida Keys. Estuaries 19, 422 - 435.

Lapointe, B. E., O'Connell, J. D., and Garrett, G. S. (1990) Nutrient couplings between on - site disposal systems, groundwaters, and nearshore surface waters of the Florida Keys. Biogeochemistry 10, 289 - 307.

LaRoche, J., Nuzzi, R., Waters, R., Wyman, K., Falkowski, P. G., and Wallace, D. W. R. (1997) Brown tide blooms in Long Island's coastal waters linked to interannual variability in groundwater flow. Global Change Biol. 3, 397 - 410.

Larsen, I. L., and Cuttshall, N. H. (1981) Direct determination of $^7$Be in sediments. Earth Planet. Sci. Lett. 54, 379 - 384.

Larson, T. E., and Buswell, A. M. (1942) Calcium carbonate saturation index and alkalinity interpretations. J. Am. Wat. Works Assoc. 34, 1664.

Larsson, P. Andersson, A., Broman, D., Nordback, J., and Lundberg, E. (2000) Persistent organic pollutants (POPs) in pelagic systems. Ambio 29, 202 - 209.

Larsson, U., Elmgren, R., and Wulff, F. (1985) Eutrophication and the Baltic Sea: causes and consequences. Ambio 14, 9 - 14.

Larsson, U., Hadju, S., Walve, J., and Elmgren, R. (2001) Baltic Sea nitrogen fixation estimated from summer increase in upper mixed layer total nitrogen. Limnol. Oceanogr. 46, 811 - 820.

Lasagna, A. C., and Holland, H. D. (1976) Mathematical aspects of non - steady state diagenesis. Geochim. Cosmochim. Acta 40, 257 - 266.

Laursen, A. E., and Seitzinger, S. P. (2002) Measurement of denitrification in rivers: an integrated, whole reach approach. Hydrobiologia 485, 67 - 81.

Laws, E. A., Popp, B. N., Bidigare, R. R., Kennicutt, M. C., and Macko, S. A. (1995) Dependence of phytoplankton carbon isotopic composition on growth rate and [$CO_2aq$]: theoretical considerations and experimental results. Geochem. Cosmochim. Acta 59, 1131 - 1138.

Leal, M. F. C., Vasconcelos, M. T. S. D., and van den Berg, C. M. G. (1999) Copper induced release of complexing ligands similar to thiols by *Emiliana huxleyi* in seawater cultures. Limnol Oceanogr. 44, 567 - 580.

Leaney, F. W., Osmond, C. B., Allison, G. B., and Ziegler, H. (1985) Hydrogen - isotope composition of leaf water in $C_3$ and $C_4$ plants: its relationship to the hydrogen - isotope composition of dry matter. Planta 164, 215 - 220.

Leavitt, P. R. (1993) A review of factors that regulate carotenoids and chlorophyll deposition and fossil pigment abundance. J. Paleolimnol. 1, 201 - 214.

Leavitt, P. R., and Carpenter, S. R. (1990) Aphotic pigment degradation in the hypolimnion—Implications for sedimentation studies and paleolimnology. Limnol. Oceanogr. 35, 520 - 534.

Leavitt, P. R., and Hodgson, D. A. (2001) Sedimentary pigments. *In* Tracking Environmental Changes Using Lake Sediments (Smol, J. P., Birks, H. J. B., and Last, W. M., eds.), pp. 2 - 21, Kluwer, New York.

Lebo, M. E. (1991) Particle - bound phosphorus along an urbanized coastal plain estuary. Mar. Chem. 34, 225 - 246.

Le Borgne, R. (1986) The release of soluble end products of metabolism. *In* The Biological Chemistry of Marine Copepods,

(Corner, D. S., and O'Hara, S. C. M., eds.), pp. 109 – 164. Oxford University Press, Oxford, UK.

Leck, C., Larsson, U., Bagander, L. E., Johansson, S., and Hajdu, S. (1990) Dimethyl sulfide in the Baltic Sea: annual variability in relation to biological activity. J. Geophys. Res. 95, 3353 – 3364.

Lee, C. (1992) Controls on organic carbon preservation: the use of stratified water bodies to compare intrinsic rates of decomposition in oxic and anoxic systems. Geochim. Cosmochim. Acta 56, 3323 – 3335.

Lee, C., and Bada, J. L. (1977) Dissolved amino acids in the equatorial Pacific, the Sargasso Sea and Biscayne Bay. Limnol. Oceanogr. 22, 502 – 510.

Lee, K. K., Holst, R. W., Watanabe, I., and App, A. (1981) Gas transport through rice. Soil Sci. Plant Nutr. 27, 151 – 158.

Lee, R. F. (1980) Phycology. Cambridge University Press, Cambridge, UK.

Lee, R. F., and Loeblich, A. R. (1971) Distribution of 21: 6 hydrocarbon and its relationship to 21: 6 fatty acid in algae. Phytochemistry 10, 593 – 602.

Leeder, M. (1982) Sedimentology: Process and Product. George Allen and Unwin, London.

Lehmann, M. F., Reichert, P., Bernasconi, S. M., Barbieri, A., and McKenzie, J. A. (2003) Modeling nitrogen and oxygen isotope fractionation during denitrification in a lacustrine redox – transition zone. Geochim. Cosmochim. Acta 67, 2529 – 2542.

Lehmann, M. F., Sigman, D. M., and Berelson, W. M. (2004) Coupling the $^{15}N/^{14}N$ and $^{18}O/^{16}O$ of nitrate as a constraint on benthic nitrogen cycling. Mar. Chem. 88: 1 – 20.

Lemaire, E. A., Abril, G., de Wit, R., and Etcheber, H. (2002) Distribution of phytoplankton pigments in nine European estuaries and implications for an estuarine typology. Biogeochemistry 59, 5 – 23.

Lenanton, R. C., Longeragan, N. R., and Potter, I. (1985) Blue – green algal blooms and the commercial fishery of a large Australian estuary. Mar. Pollut. Bull. 16, 477 – 482.

Leonard, L. A., and Luther, M. E. (1995) Flow hydrodynamics in tidal marsh canopies. Limnol. Oceanogr. 40, 1474 – 1484.

Leppard, G. G, Flannigan, D. T., Mavrocordatos, D., Marvin, C. H., Bryant, D. W., and McCarry, B. E. (1998) Binding of polycyclic aromatic hydrocarbons by size classes of particulate matter in Hamilton harbor water. Environ. Sci. Technol. 32, 3633 – 3639.

Lerman, A. (1979) Geochemical Processes: Water and Sediment Environments. Wiley – Interscience, New York.

Levinton, J. S., and Bianchi, T. S. (1981) Nutrition and food limitation of deposit – feeders. I. The role of microbes in the growth of mud snails (Hydrobiidae). J. Mar. Res. 39, 531 – 545.

Levinton, J. S., Bianchi, T. S., and Stewart, S. (1984) What is the role of particulate organic matter in benthic invertebrate nutrition? Bull. Mar. Sci. 35, 270 – 282.

Levinton, J. S., Suatoni, E., Wallace, W., Junkins, R., Kelaher, B., and Allen, B. J. (2003) Rapid loss of genetically based resistance to metals after clean – up of a Superfund site. Proc. Natl. Acad. Sci. USA. 100, 9889 – 9891.

Levitt, M. H. (2001) Spin Dynamics: Basics of Nuclear Magnetic Resonance. John Wiley, New York.

Lewis, E. (1978) The Practical Salinity Scale 1978 and its antecedents. J. Ocean. Eng. 5, 3 – 8.

Lewitus, A. J., Koepfler, E. T., and Pigg, R. J. (2000) Use of dissolved organic nitrogen by a salt marsh phytoplankton bloom community. Arch. Hydrobiol. Spec. Issues Adv. Limnol. 55, 441 – 456.

Lewitus, A. J., Willis, B. M., Hayes, K. C., Burkholder, J. M., Glasgow, J. M., Glibert, P. M., and Burke, M. K. (1999) Mixotrophy and nitrogen uptake by *Pfiesteria piscicda* (Dinophyceae). J. Phycol. 35, 1430 – 1437.

Liaaen – Jensen, S. (1978) Marine carotenoids. *In* Marine Natural Products: Chemical and Biological Perspectives, Vol. 2

(Scheuer, P. J., ed.), pp. 1 - 73, Academic Press, New York.

Li, C., Chen, G., Yao, M., and Wang, P. (1991) The influence of suspended load on the sedimentation in the coastal zones and continental shelves of China. Mar. Geol. 96, 341 - 352.

Li, Y. H., and Chan, L. H. (1979) Desorption of barium and $^{226}$Ra from river - borne sediments in the Hudson Estuary. Earth Planet. Sci. Lett. 43, 343 - 350.

Li, Y. H., Mathieu, G., Biscaye, P., and Simpson, H. J. (1977) The flux of Ra - 226 from estuarine and continental shelf sediments. Earth Planet. Sci. Lett. 37, 237 - 241.

Li, Y. H., Santschi, P. H., Kaufman, A., Benninger, L. K., and Feely, H. W. (1981) Natural radionuclides in waters of the New York Bight. Earth Planet. Sci. Lett. 55, 217 - 228.

Libby, W. F. (1982) Nuclear dating. *In* An Historical Perspective (Currie, L. A, ed.), pp. 516, Nuclear and Chemical Dating Techniques. American Chemical Society Symposium Series, Washington, DC.

Libby, W. L. (1952) Radiocarbon Dating. University of Chicago Press, Chicago.

Libes, S. M. (1992) An Introduction to Marine Biogeochemistry. John Wiley, New York.

Lijklema, L. (1977) The role of iron in the exchange of phosphorus between water and sediments. *In* Interactions Between Sediments and Freshwater (Golterman, H. L., ed.), pp. 313 - 317, Dr. W. Junk B. V., The Hague.

Likens, G., Borman, F., and Johnson, M. (1974) Acid rain. Environment 14, 33 - 40.

Lillebo, A. I., Neto, J. M., Flindt, M. R., Marques, J. C., and Pardal, M. A. (2004) Phosphorus dynamics in a temperate intertidal estuary. Estuar. Coastal Shelf Sci. 61, 101 - 109.

Lin, J., and Kuo, A. Y. (2001) Secondary turbidity maximum in a partially mixed microtidal estuary. Estuaries 24, 707 - 720.

Lindström, G. (1855) Birdag till Känedomen om Ötersjös invertebratfauna. Stockholm, Öfversigt af Knogi. Ventenskaps Akad. Föhandlingar 12, 49 - 73.

Linsalata, P., Wrenn, M. E., Cohen, N., and Singh, N. P. (1980) $^{239,240}$Pu and $^{238}$Pu in sediments of the Hudson River estuary. Environ. Sci. Technol. 12, 1519.

Lipiatouk, E., and Saliot, A. (1991) Fluxes and transport of anthropogenic and natural polycyclic aromatic hydrocarbons in the western Mediterranean Sea. Mar. Chem. 32, 51 - 71.

Lipschultz, F. (1981) Methane release from a brackish intertidal salt - marsh embayment of Chesapeake Bay, Maryland. Estuaries 4, 143 - 145.

Lipschultz, F., Wofsy, S. C., and Fox, L. E. (1986) Nitrogen metabolism of the eutrophic Delaware River ecosystem. Limnol. Oceanogr. 31, 701 - 716.

Lirman, P. S., and Cropper, W. P. (2003) The influence of salinity on seagrass growth, survivorship, and distribution within Biscayne Bay, Florida: field, experimental, and modeling studies. Estuaries 26, 131 - 141.

Lisitzin, A. P. (1995) The marginal filter of the ocean. Oceanol. 34, 671 - 682.

Liss, P. S. (1976) Conservative and non - conservative behavior of dissolved constituents during estuarine mixing. *In* Estuarine Chemistry (Burton, J. D., and Liss, P. S., eds.), pp. 93 - 130, Academic Press, London.

Little, D. I. (1987) The physical fate of weathered crude and emulsified fuel oils as a function of intertidal sedimentology. *In* Fate and Effects of Oil in Marine Ecosystems (Kuiper, J., and van den Brink, W. J., eds.), pp. 3 - 18, Martinus Nijhoff, Boston, MA.

Liu, K. K., Atkinson, L., Chen, C. T., Gao, S., Hall, J., Macdonald, R. W., McManus, L. T., and Quinones, R. (2000) Exploring continental margin carbon fluxes on a global scale. EOS 81, 641 - 642.

Liu, Q., Parrish, C. C., and Helleur, R. (1998) Lipid class and carbohydrate concentrations in marine colloids. Mar.

Chem. 60, 177 – 188.

Livingstone, D. A. (1963) Chemical composition of rivers and lakes. Prof. Pap. U. S. Geol. Surv. 440.

Llobet – Brossa, E., Rossello, R., and Amann, R. (1998) Microbial community composition of Wadden Sea sediments as revealed by fluorescence in situ hybridization. Appl. Environ. Microbiol. 64, 2691 – 2696.

Lobartini, J. C., Tan, K. H., Asmussen, L. E., Leonard, R. A., Himmelsbach, D., and Gingle, A. R. (1991) Chemical and spectral differences in humic matter from swamps, streams and soils in the southeastern United States. Geoderma 49, 241 – 254.

Loder, T. C., and Liss, P. S. (1985) Control by organic coatings of the surface – charge of estuarine suspended particles. Limnol. Oceanogr. 30, 418 – 421.

Lofty, M. F., and Frihy, O. E. (1993) Sediment balance in the nearshore zone of the Nile Delta coast, Egypt. J. Coastal Res. 9, 654 – 662.

Lohnis, F. (1926) Nitrogen availability of green manure. Soil Sci. 22, 253 – 290.

Lohrenz, S. E., Dagg, M. J., and Whitledge, T. E. (1990) Enhanced primary production at the plume oceanic interface of the Mississippi River. Cont. Shelf Res. 10, 639 – 664.

Lohrenz, S. E., Fahnenstiel, G. L., and Redalje, D. G. (1994) Spatial and temporal variations of photosynthetic parameters in relation to environmental conditions in coastal waters of the northern Gulf of Mexico. Estuaries 17, 779 – 795.

Lohrenz, S. E., Fahnenstiel, G. L., Redalje, D. G., Lang, G. A., Chen, X. G., and Dagg, M. J. (1997) Variations in primary production of northern Gulf of Mexico continental shelf waters linked to nutrient inputs from the Mississippi River. Mar. Ecol. Prog. Ser. 155 45 – 54.

Lohrenz, S. E., Fahnenstiel, G. L., Redalje, D. G., Lang, G. A., Dagg, M. J., Whitledge, T. E., and Dortch, Q. (1999) Nutrients, irradiance, and mixing as factors regulating primary production in coastal waters impacted by the Mississippi River plume. Cont. Shelf Res. 19, 1113 – 1141.

Loizeau, U., Abarnou, A., Cugier, P., Jaouen – Madoulet, A., Le Guellec, A. M., and Menesguen, A. (2001) A model of PCB bioaccumaulation in the sea bass food web from Seine estuary (eastern English Channel). Mar. Pollut. Bull. 43, 242 – 255.

Lomas, M. W., Glibert, P. M., Berg, G. M., and Burford, M. (1996) Characterization of nitrogen uptake by natural populations of *Aurecoccus anaphagefferens* (Chrysophyceae) as a function of incubation duration, substrate concentrations, light, and temperature. J. Phycol. 32, 907 – 916.

Lomas, M. W., Trice, T. M., Glibert, P. M., Bronk, D. A., and McCarthy, J. J. (2002) Temporal and spatial dynamics of urea uptake and regeneration rates and concentrations in Chesapeake Bay. Estuaries 25, 469 – 482.

Lomstein, B. A., Blackburn, T. H., and Henriksen, K. (1989) Aspects of nitrogen and carbon cycling in the Northern Bering shelf sediment. I. The significance of urea turnover in the mineralization of $NH_4^+$. Mar. Ecol. Prog. Ser. 57, 237 – 247.

Lomstein, B. A., Jensen, A. G. U., Hansen, J. W., Andreasen, J. B., Hansen, L. S., Berntsen, J., and Kunzendorf, H. (1998) Budgets of sediment nitrogen and carbon cycling in the shallow water of Knebël Vig. Denmark. Aquat. Microb. Ecol. 14, 69 – 80.

Long, E. R. (1992) Ranges in chemical concentrations in sediments associated with adverse biological effects. Mar. Pollut. Bull. 24, 38 – 45.

Lord, C. J., III., and Church, T. M. (1983) The geochemistry of salt marshes: sedimentary iron diffusion. Sulfate reduction, and pyritization. Geochem. Cosmochim. Acta 47, 1381 – 1391.

Lores, E. M., Patrick, J. M., and Summers, J. K. (1993) Humic acid effects on uptake of hexachlorobenzene and hexachlorobiphenyl by sheepshead minnows in static sediment/water systems. Environ. Toxicol. Chem. 12, 541 - 550.

Louchouaran, P., Lucotte, M., Canuel, R., Gagne, J. P., and Richard, L. F. (1997) Sources and early diagenesis of lignin and bulk organic matter in the sediments of the lower St. Lawrence estuary and the Saguenay Fjord. Mar. Chem. 58, 3 - 26.

Louchouaran, P., Opsahl, S., and Benner, R. (2000) Isolation and quantification of dissolved lignin from natural waters using solid - phase extraction (SPE) and GC/MS SIM. Anal. Chem. 72, 2780 - 2787.

Louda, W. J., Liu, L., and Baker, E. W. (2002) Senescence - and death - related alteration of chlorophylls and carotenoids in marine phytoplankton. Org. Geochem. 33, 1635 - 1653.

Louda, J. W., Loitz, J. W., Rudnick, D. T., and Baker, E. W. (2000) Early diagenetic alteration of chlorophyll - *a* and bacteriochlorophyll - *a* in a contemporaneous marl ecosystem: Florida Bay. Org. Geochem. 31, 1561 - 1580.

Lovley, D. (1991) Dissimilatory Fe (III) and Mn (IV) reduction. Microbiol. Rev. 55, 259 - 287.

Lovley, D., and Klug, M. J. (1983) Sulfate reducers can outcompete methanogens at freshwater sulfate concentrations. Appl. Environ. Microbiol. 45, 187 - 192.

Lovley, D., and Phillips, E. J. P. (1988) Novel mode of microbial energy metabolism: organic carbon oxidation coupled to dissimilatory reduction of iron or manganese. Appl. Environ. Mocrobiol. 54, 1472 - 1480.

Lovley, D., Phillips, E. J. P., and Lonergan, D. J. (1989) Hydrogen and formate oxidation coupled to dissimilatory reduction of iron and manganese by *Alteromonas putrefaciens*. Appl. Environ. Microbiol. 55, 700 - 706.

Lovley, D., Phillips, E. J. P., and Lonergan, D. J. (1991) Enzymatic versus non enzymatic mechanisms for Fe (III) reduction in aquatic sediments. Environ. Sci. Technol. 25, 1062 - 1067.

Lovley, D., Roden, E. E., Phillips, E. J. P., and Woodward, J. C. (1993) Enzymatic iron and uranium reduction by sulfate - reducing bacteria. Mar. Geol. 113, 41 - 53.

Lovley, D., Stolz, J. F., Nord, G. L., and Phillips, E. J. P. (1987) Anaerobic production of magnetite by a dissimilatory iron - reducing microorganism. Nature 330, 252 - 254.

Lucas, C. H., Widdows, J., and Wall, L. (2003) Relating spatial and temporal variability in sediment chlorophyll *a* and carbohydrate distribution with erodability of a tidal flat. Estuaries 26, 885 - 893.

Lucas, L. V., and Cloern, J. E. (2002) Effects of tidal shallowing and deepening on phytoplankton production dynamics: modeling study. Estuaries 25, 497 - 507.

Lucas, W. J., and Berry, J. A. (1985) Inorganic Carbon Uptake by Aquatic Photosynthetic Organisms. American Society of Plant Physiology, Rockville, MD.

Lucotte, M., and d'Angleian, B. (1993) Forms of phosphorus and phosphorus - iron relationships in the suspended matter of the St. Lawrence estuary. Can. J. Fish. Aquat. Sci. 20, 1880 - 1890.

Lugo, A. E., and Snedaker, S. C. (1974) The ecology of mangroves. Ann. Rev. Ecol. and Syst. 5, 39 - 64.

Luoma, S. (1989) Can we determine the biological availability of sediment - bound trace elements? Hydrobiologia 176/177, 379 - 396.

Luoma, S. N., Johns, C., Fisher, N. S., Steinberg, N. S., Oremland, R. S., and Reinfelder, J. R. (1992) Determination of selenium bioavailability to a benthic bivalve from particulate and solute pathways. Environ. Sci. Technol. 26, 485 - 492.

Luther III, G. W. (1991) Pyrite synthesis via polysulfide compounds. Geochim. Cosmochim. Acta 55, 2839 - 2849.

Luther III, G. W., and Church, T. M. (1988) Seasonal cycling of sulfur and iron in porewaters of a Delaware salt marsh. Mar. Chem. 23, 295 - 309.

Luther III, G. W., Church, T. M., Scudlark, J. R., and Cosman, M. (1986) Inorganic and organic sulfur cycling in salt – marsh pore waters. Science 232, 746 – 779.

Luther III, G. W., Giblin, A., Howarth, R. W., and Ryans, R. A. (1982) Pyrite and oxidized iron mineral phases formed from pyrite oxidation in salt marsh and estuarine sediments. Geochim. Cosmochim. Acta 46, 2665 – 2669.

Luther III, G. W., Ma, S., Trouwborst, R., Glazer, B., Blickley, M., Scarborough, R. W., and Mensinger, M. G. (2004) The roles of anoxia, $H_2S$ and storm events in fish kills of dead – end canals of Delaware inland bays. Estuaries 27, 551 – 560.

Luther III, G. W., Sundby, B., Lewis, B. L., Brendel, P. J., and Silverberg, N. (1997) Interactions of manganese with nitrogen cycle: alternative pathways to dinitrogen. Geochim. Cosmochim. Acta 61, 4043 – 4052.

Lyman, J., and Flemming, R. (1940) Composition of seawater. J. Mar. Res. 3, 134.

Lynch, J. C., Meriwether, J. R., McKee, B. A., Vera – Herrera, F., and Twilley, R. R. (1989) Recent accretion in mangrove ecosystems based on $^{137}Cs$ and $^{210}Pb$. Estuaries 12, 284 – 299.

Lyons, W. B., and Gaudette, H. E. (1979) Sulfate reduction and the nature of organic matter in estuarine sediments. Org. Geochem. 1, 151 – 155.

Lyons, W. B., Gaudette, H. E., and Hewitt, A. D. (1979) Dissolved organic matter in pore waters of carbonate sediments from Bermuda. Geochim. Cosmochim. Acta 43, 433 – 437.

Ma, L., and Dolphin, D. (1996) Stereoselective synthesis of new chlorophyll a related antioxidants isolated from margin organisms. J. Org. Chem. 61, 2501 – 2510.

Maccubbin, A. E., and Hodson, R. E. (1980) Mineralization of detrital lignocelluloses by salt marsh sediment microflora. Appl. Environ. Microbiol. 40, 735 – 740.

MacGill, J. T. (1958) Map of coastal landforms of the world. Geogr. Rev. 48, 402 – 405.

Mackey, D. J., and Zirino, A. (1994) Comments on trace metal speciation in seawater or do "onions" grow in the sea? Anal. Chim. Acta 284, 635 – 647.

Mackey, M., Mackey, D., Higgins, H., and Wright, S. (1996) CHEMTAX—a program for estimating class abundances from chemical markers: application to HPLC measurements of phytoplankton. Mar. Ecol. Prog. Ser. 144, 265 – 283.

Mackin, J. E., and Aller, R. C. (1984) Ammonium adsorption in marine sediments. Limnol. Oceanogr. 29, 250 – 257.

Mackin, J. E., and Aller, R. C. (1986) The effects of clay mineral reactions on dissolved Al distributions in sediments and waters of the Amazon continental shelf. Cont. Shelf Res. 6, 245 – 262.

Mackin, J. E., and Swider, K. T. (1989) Organic matter decomposition pathways and oxygen consumption in coastal marine sediments. J. Mar. Res. 47, 681 – 716.

Macko, S. A., Estep, M. L., and Lee, W. Y. (1983) Stable hydrogen isotope analysis of food webs on laboratory and field populations of marine amphipods. J. Exp. Mar. Biol. Ecol. 72, 243 – 249.

Macko, S. A., Fogel, M. L., Hare, P. E., and Hoering, T. C. (1987) Isotopic fractionation of nitrogen and carbon in the synthesis of amino acids by microorganisms. Chem. Geol. 65, 79 – 92.

Macko, S. A., Helleur, R., Hartley, G., and Jackman, P. (1989) Diagenesis of organic matter—a study using stable isotopes of individual carbohydrates. Adv. Org. Geochem. 16, 1129 – 1137.

Madden, C. J., and Kemp, W. M. (1996) Ecosystem model of an estuarine submersed plant community: calibration and simulation of eutrophication responses. Estuaries 19, 457 – 474.

Maeda, M., and Windom, H. L. (1982) Behavior of uranium in two estuaries of the southeastern United States. Mar. Chem. 11, 427 – 436.

Maestrini, S. Y., Balode, M., Bechemin, C., and Purina, I. (1999) Nitrogenous organic substances as potential nitrogen sources, for summer phytoplankton in the Gulf of Riga, eastern Baltic Sea. Plankton Biol. Ecol. 46, 8 – 17.

Magenheimer, J. F., T. R. Moore, T. R., Chmura, G. L., and Daoust, R. J. (1996) Methane and carbon dioxide flux from a macrotidal salt marsh. Bay of Fundy, New Brunswick. Estuaries 19, 139 – 145.

Maguer, J., Wafer, M., Madec, C., Morin, P., and Denn, E. (2004) Nitrogen, and phosphorus requirements of an *Alexandrium minutum* bloom in the Penzé Estuary, France. Limnol. Oceanogr. 49, 1108 – 1114.

Maillacheruvu, K. Y., and Parkin, G. F. (1996) Kinetics of growth, substrate utilization and sulfide toxicity for proprionate, acetate, and hydrogen utilizers in anaerobic systems. Water Environ. Res. 68, 1099 – 1106.

Malcolm, R. I. (1990) The uniqueness of humic substances in each of soil, stream, and marine environments. Anal. Chim. Acta 232, 19 – 30.

Malcolm, R. I., and Durum, W. H. (1976) Organic carbon and nitrogen concentrations and annual organic carbon load of six selected rivers of the U. S. Geol. Surv. Water – Supply Paper 1817 – F, Reston, VA.

Malin, G., Wilson, W. H., Bratbak, G., Liss, P. S., and Mann, N. H. (1998) Elevated production of dimethylsulfide resulting from viral infection of cultures of *Phaeocystis pouchetii*. Limnol. Oceanogr. 43, 1389 – 1393.

Malone, T. C., Boynton, W., Horton, T., and Stevenson, C. (1993) Nutrient loadings to surface waters: Chesapeake Bay case study. *In* Keeping Pace with Science and Engineering (Uman, M. F., ed.), pp. 8 – 38, National Academy Press. Washington, DC.

Malone, T. C., Conley, D. J., Fisher, T. R., Glibert, P. M., Harding, I. W., and Sellner, K. G. (1996) Scales of nutrient – limited phytoplankton productivity in Chesapeake Bay. Estuaries 19, 371 – 385.

Malone, T. C., Crocker, L. H., Pike, and Wendler, B. W. (1988) Influences of river flow on the dynamics of phytoplankton production in a partially stratified estuary. Mar. Ecol. Prog. Ser. 48, 235 – 249.

Malone, T. C., Ducklow, H. W., Peele, E. R., and Pike, S. E. (1991) Picoplankton carbon flux in Chesapeake Bay. Mar. Ecol. Prog. Ser. 78, 11 – 22.

Malone, T. C., Kemp, W. M., Ducklow, H. W., Boynton,, W. R., Tuttle, J. H., and Jonas, R. B. (1986) Lateral variation in the production and fate of phytoplankton in a partially stratified estuary. Mar. Ecol. Prog. Ser. 32, 149 – 160.

Mancuso, C. A., Franzmann, P. D., Pourtan, H. A., and Nichols, P. D. (1990) Microbial community structure and biomass estimates of a methanogenic Antarctic lake ecosystem as determined by phospholipid analyses. Microb. Ecol. 19, 73 – 95.

Mann, K. H. (1982) Ecology of Coastal Waters, A System Approach. University of California Press, Berkeley.

Mann, K. H., and Lazier, J. R. N. (1991) Dynamics of Marine Ecosystems—Biological – Physical Interactions in the Oceans. Blackwell Scientific Publications, Boston, MA.

Mannino, A., and Harvey, H. R. (1999) Lipid composition in particulate and dissolved organic matter in the Delaware Estuary: sources and diagenetic patterns. Geochim. Cosmochim. Acta 63, 2219 – 2235.

Mannino, A., and Harvey, H. R. (2000) Biochemical composition of particles and dissolved organic matter along an estuarine gradient: sources and implications for DOM reactivity. Limnol. Oceanogr. 45, 775 – 788.

Manny, B. A., andWetzel, R. G. (1973) Diurnal changes in dissolved organic and inorganic carbon and nitrogen in a hard – water stream. Freshwater Biol. 3, 31 – 43.

Mantoura, R. F. C., Dickson, A., and Riley, J. P. (1978) The complexation of metals with humic materials in natural waters. Estuar. Coastal Shelf Sci. 6, 387 – 408.

Mantoura, R. F. C., Martin, J. M., and Wollast, R. (eds.) (1991) Ocean Margin Processes in Global Change. John Wiley, Chichester, UK.

Mantoura, R. F. C., and Woodward, E. (1983) Conservative behavior of riverine dissolved organic matter in the Severn estuary. Geochim. Cosmochim. Acta 47, 1293 – 1309.

Marchand, C., Baltzer, F., Lallier – Verges, E., and Alberic, P. (2004) Interstitial water chemistry in mangrove sediments in relationship to species composition and development stage (French Guiana). Mar. Geol. 208, 361 – 381.

Marinelli, R. L., Jahnke, R. A., Craven, D. B., Nelson, J. R., and Eckman, J. E. (1998) Sediment nutrient dynamics on the South Atlantic Bight continental shelf. Limnol. Oceanogr. 43, 1305 – 1320.

Marino, R., and Howarth, R. W. (1993) Atmospheric oxygen exchange in the Hudson River: dome measurements and comparison with other natural waters. Estuaries 16, 433 – 445.

Marino, R., Howarth, R. W., Shamess, J., and Prepas, E. E. (1990) Molybdenum and sulfate as controls on the abundance of nitrogen – fixing cyanobacteria in saline lakes in Alberta. Limnol. Oceanogr. 35, 245 – 259.

Mariotti, A., Germon, J. C., Hubert, P., Kaiser, P., Letolle, R., Tardieux, A., and Tardieux, P. (1981) Experimental determination of nitrogen kinetic isotope fractionation, some principles; illustration for the denitrification and nitrification principles. Plant Soil 62, 413 – 430.

Mariotti, A., Lancelot, C., and Billen, G. (1984) Natural isotopic composition of nitrogen as a tracer of origin for suspended matter in the Scheldt Estuary. Geochim. Cosmochim. Acta 48, 549 – 555.

Mariotti, A., Mariotti, F., Champigny, M. L., Amarger, N., and Moyse, A. (1982) Nitrogen isotope fractionation with nitrate reductase activity and uptake of $NO_3$ – by pearl millet. Plant Physiol. 69, 880 – 884.

Markaki, Z., Oikonomou, K., Kocak, M., Kouvarakis, G., Chaniotaki, A., Kubilay, N., and Mihalopoulos, N. (2003) Atmospheric deposition of inorganic phosphorus in the Levantine Basin, eastern Mediterranean: Spatial and temporal variability and its role in seawater productivity. Limnol. Oceanogr. 48, 1557 – 1568.

Marmorino, G. O., and Trump, C. L. (2000) Shore – based acoustic Doppler measurement of near – surface currents across a small embayment. J. Coastal Res. 16, 864 – 869.

Marsh, A. G. and K. R. Tenore (1990) The role of nutrition in regulating the population dynamics of opportunistic, surface deposit feeders in a mesohaline community. Limnol. Oceanogr. 35, 710 – 724.

Marsho, T. V., Burchard, R. P., and Fleming, R. (1975) Nitrogen fixation in the Rhode River estuary of Chesapeake Bay. Can. J. Microbiol. 21, 1348 – 1356.

Martens, C. S., and Berner, R. A. (1974) Methane production in the interstitial waters of sulfate depleted sediments. Science 185, 1067 – 1069.

Martens, C. S., and Chanton, J. P. (1989) Radon as a tracer of biogenic gas equilibration and transport from methane – saturated sediments. J. Geophys. Res. 94, 3451 – 3459.

Martens, C. S., Haddad, R. I., and Chanton, J. P. (1992) Organic matter accumulation, remineralization and burial in an anoxic marine sediment. *In* Productivity, Accumulation, and Preservation of Organic Matter in Recent and Ancient Sediments (Whelan, J. K., and Farrington, J. W., eds.), pp. 82 – 98, Columbia University Press, New York.

Martens, C. S., Kipphut, G. W., and Klump, J. V. (1980) Coastal sediment – water chemical exchange traced by in situ $^{222}Rn$ flux measurements. Science 208, 285 – 288.

Martens, C. S., and Klump, J. V. (1984) Biogeochemical cycling in an organic – rich coastal marine basin. 4. An organic carbon budget for sediments dominated by sulfate reduction and methanogenesis. Geochim. Cosmochim. Acta 48, 1987 – 2004.

Martin, F., Gonzalez – Vila, F. J., del Rio, J. C., and Verdejo, T. (1994) Pyrolysis derivatization of humic substances: I. Pyrolysis of fulvic acids in the presence of tetramethylammonium hydroxide. J. Anal. Appl. Pyrolysis 28, 71 – 80.

Martin, F., Gonzalez – Vila, F. J., del Rio, J. C., and Verdejo, T. (1995) Pyrolysis derivatization of humic substances: II. Pyrolysis of soil humic acids in the presence of tetramethylammonium hydroxide. J. Anal. Appl. Pyrolysis 31,

75 – 83.

Martin, J. B., Cable, J. E., Swarzenski, P. W., and Lindenberg, M. K. (2004) Mixing of ground and estuary waters: influences on ground water discharge and contaminant transport. Ground Water 42, 1000 – 1010.

Martin, J. M., Dai, M. H., and Cauwet, G. (1995) Significance of colloids in the biogeochemical cycling of organic carbon and trace metals in a coastal environment—example of the Venice Lagoon (Italy). Limnol. Oceanogr. 40, 119 – 131.

Martin, J. M., and Meybeck, M. (1979) Elemental mass – balance of material carried by major world rivers. Mar. Chem. 7, 173 – 206.

Martin, J. M., Meybeck, M., and Pusset, M. (1978b) Uranium behavior in the Zaire estuary. Netherlands J. Sea Res. 12, 338 – 344.

Martin, J. M., Mouchel, J. L., and Thomas, A. J. (1986) Time concepts in hydrodynamic systems with an application to $^{7}$Be in the Gironde estuary. Mar. Chem. 18, 369 – 392.

Martin, J. M., Nijampurkar, V. M., and Salvadori, F. (1978a) Uranium and thorium isotope behavior in estuarine systems. *In* Biogeochemistry of Estuarine Sediments (Goldberg, E. D., ed.), pp. 111 – 127, UNESCO, Paris.

Martin, J. M., and Whitfield, M. (1981) The significance of river input of chemical elements to the ocean. *In* Trace Metals in the Sea (Wong, C. S., Boyle, E., Bruland, K. W., Burton, J. D., and Goldberg, E. D., eds.), pp. 265 – 296, Plenum Press, New York.

Martin, J. P. and Haider, K. (1986) Influence of mineral colloids on turnover rates of soil organic matter. *In* Interactions of Soil Minerals with Natural Organics and Microbes, (Huang, P. M., and Schnitzer, M., eds.), pp. 283 – 304, Soil Science Society of American Special Publication, Madison.

Martin, J. T., and Juniper, B. E. (1970) The Cuticles of Plants. Edward Arnold, London.

Maruya, K. A., and Lee, R. F. (1998) Aroclor 1268 and toxaphene in fish from a southeastern U. S. estuary. Environ. Sci. Technol. 32, 1069 – 1075.

Maruya, K. A., Loganathan, B. G., Kannan, K., McCumber – Kahn, S., and Lee, R. F. (1997) Organic and organometallic compounds in estuarine sediments from the Gulf of Mexico (1993 – 1994). Estuaries 20, 700 – 709.

Marvin – DiPasquale, M. C., Boynton, W. R., and Capone, D. G. (2003) Benthic sulfate reduction along the Chesapeake Bay central channel. II. Temporal controls. Mar. Ecol. Prog. Ser. 260, 55 – 70.

Marvin – DiPasquale, M. C., and Capone, D. G. (1998) Benthic sulfate reduction along the Chesapeake Bay central channel. I. Spatial trends and controls. Mar. Ecol. Prog. Ser. 168, 213 – 228.

Marvin – DiPasquale, M. C., and Oremland, R. S. (1998) Bacterial methylmercury degradation in Florida Everglades peat sediment. Environ. Sci. Technol. 32, 2556 – 2563.

Masiello, C. A., and Druffel, E. R. M. (1998) Balck carbon in deep – sea sediments. Science 280, 1911 – 1913.

Mason, R. P., Lawson, N. M., Lawrence, A. L., Leaner, J. J., Lee, J. G., and Sheu, G. R. (1999) Mercury in the Chesapeake Bay. Mar. Chem. 65, 77 – 96.

Mason, R. P., Reinfelder, J. R., and Morel, F. M. M. (1996) Uptake, toxicity, and trophic transfer of mercury in a coastal diatom. Environ. Sci. Technol. 30, 1835 – 1845.

Massé, A., Pringault, O., and de Wit, R. (2002) Experimental study of interactions between purple and green sulfur bacteria in sandy sediments exposed to illumination deprived of near – infrared wavelengths. Appl. Environ. Microbiol. 68, 2972 – 2981.

Matciak, M., Urbanski, J., Piekarek – Jankowska, H., and Szymelfenig, M. (2001) Presumable groundwater seepage influence on the upwelling events along the Hel Peninsula. Oceanol. Stud. 30, 125 – 132.

Mateo, M. A., Lizaso – Sanchez, J. L., and Romero, J. (2003) *Poisidonia oceania* ‘banquettes’: a preliminary assessment of the relevance for meadow carbon and nutrients budget. Estuar. Coastal Shelf Sci. 56, 85 –90.

Matisoff, G. (1982) Mathematical models of bioturbation. *In* Animal – Sediment Relations (McCall, P. L., and Tevesz, M. J. S., eds.), pp. 289 –330, Plenum Press, New York.

Matrai, P. A., and Vetter, R. D. (1988) Particulate thiols in coastal waters: The effect of light and nutrients on their planktonic production. Mar. Chem. 33, 624 –631.

Mayer, L. M. (1982) Retention of riverine iron in estuaries. Geochim. Cosmochim. Acta 46, 1003 – 1009.

Mayer, L. M. (1994a) Surface area control of organic carbon accumulation on continental shelf sediments. Geochim. Cosmochim. Acta 58, 1271 – 1284.

Mayer, L. M. (1994b) Relationships between mineral surfaces and organic carbon concentrations in soils and sediments. Chem. Geol. 114, 347 –363.

Mayer, L. M. (1999) Extent of coverage of mineral surfaces by organic matter in marine sediments. Geochim. Cosmochim. Acta 63, 207 –215.

Mayer, L. M., Keil, R. G., Macko, S. A., Joye, S. B., Ruttenburg, K. C., and Aller, R. C. (1998) Importance of suspended particulates in riverine delivery of bioavailable nitrogen to coastal zones. Global Biogeochem. Cycles 12: 573 –579.

Mayer, L. M., Schick, L. S., Hardy, K. R., Wagai, R., and McCarthy, J. (2004) Organic matter in small mesopores in sediments and soils. Geochim. Cosmochim. Acta 68, 3863 –3872.

Mayer, L. M., Schick, L. S., Sawyer, T., Plante, C. J., Jumars, P. A., and Self, R. L. (1995) Bioavailable amino acids in sediments: A biomimetic, kinetic – based approach. Limnol. Oceanogr. 40, 511 –520.

Mayer, L. M., Schick, L. S., and Setchell, F. S. (1986) Measurement of protein in nearshore marine sediments. Mar. Ecol. Prog. Ser. 30, 159 – 165.

Mazeas, L., and Budzinski, H. (2001) Polycyclic aromatic hydrocarbon $^{13}C/^{12}C$ ratio measurement in petroleum and marine sediments: application to standard reference material and a sediment suspected of contamination from Erika oil spill. J. Chrom. 923, 165 – 176.

Mazurek, M. A., and Simoneit, B. R. T. (1984) Characterization of biogenic and petroleum – derived organic matter in aerosols over remote, rural and urban areas. *In* Identification and Analysis of Organic Pollutants in Air (Keith, L. H., ed.), pp. 353 –370, Ann Arbor Science/Butterworth, Boston, MA.

McCaffrey, R. J., and Thomson, J. (1980) A record of the accumulation of sediments and trace metals in a Connecticut salt marsh. *In* Advances in Geophysics, Estuarine Physics and Chemistry: Studies in Long Island Sound (Saltzman, B., ed.), pp. 165 –236, Academic Press, New York.

McCall, P. L., and Fisher, J. B. (1980) Effects of tubificid oligochaetes on physical and chemical properties of Lake Erie sediments. *In* Aquatic Oligochaetes Biology (Brinkhurst, K. O., and Cook, D. G., eds.), pp. 253 –318, Plenum Press, New York.

McCall, P. L., and Tevesz, M. J. S. (1982) The effects of benthos on physical properties of freshwater sediments. *In* Animal – Sediment Relations: The Biogenic Alteration of Sediments, Topics in Geobiology, Vol. 2 (McCall, P. L., and Tevesz, M. J., eds.), pp. 105 –176, Plenum Press, New York.

McCallister, S. L., Bauer, J. E., Cherrier, J. E., and Ducklow, H. W. (2004) Assessing sources and ages of organic matter supporting river and estuarine bacterial production: A multiple – isotope ($^{14}C$, $\delta^{13}C$, and $\delta^{15}N$) approach. Limnol. Oceanogr. 49, 1687 –1702.

McCarthy, J. F., Roberson, L. E., and Burrus, L. W. (1989) Association of benzo [*a*] pyrene with dissolved organic matter: prediction of *K*dom from structural and chemical properties of the organic matter. Chemosphere 19, 1911 –1920.

McCarthy, M. D., Hedges, J. I., and Benner, R. (1998) Major bacterial contribution to marine dissolved organic nitrogen. Science 281, 231 – 234.

McCave, I. N., (ed.) (1976) The Benthic Boundary Layer. Plenum Press, New York.

McClelland, J. W., Valiela, I. (1998) Linking nitrogen in estuarine producers to land – derived sources. Limnol. Oceanogr. 43, 577 – 585.

McClelland, J. W., Valiela, I., and Michener, R. H. (1997) Nitrogen – stable isotope signatures in estuarine food webs: A record of increasing urbanization in coastal watersheds. Limnol. Oceanogr. 42, 930 – 937.

McCready, R. G. L., Gould, W. D., and Barendregt, R. W. (1983) Nitrogen isotope fractionation during the reduction of $NO_3^-$ to $NH_4^+$ by *Desulvovibrio* sp. Can. J. Microbiol. 29: 231 – 234.

McDonnell, J., and Kendall, C. (1994) Isotope Tracers in Catchment Hydrology. Elsevier, Amsterdam.

McFarlan, E. (1961) Radiocarbon dating of Late Quaternary deposits, South Louisiana. Geol. Soc. Am. Bull. 72, 129 – 158.

McGlathery, K. J., Krause – Jensen, D., Rysgaard, S., and Christensen, P. B. (1997) Patterns of ammonium uptake within dense mats of the filamentous macroalga *Chaetomorpha linum*. Aquat. Bot. 59, 99 – 115.

McGowen, J. H., and Scott, A. J. (1975) Hurricanes as geologic agents on the Texas Coast. *In* Estuarine Research, Vol. 2. Geology and Engineering (Cronin, L. E., ed.), pp. 23 – 46, Academic Press, New York.

McGroddy, S. E., and Farrington, J. W. (1995) Sediment porewater partitioning of ploycyclic aromatic hydrocarbons in three cores from Boston Harbor, Massachusetts. Environ. Sci. Technol. 29, 1542 – 1550.

McGroddy, S. E., Farrington, J. W., and Gschwend, P. M. (1996) Comparison of in situ and desorption sediment – water partitioning of polycyclic aromatic hydrocarbons and polychlorinated biphenyls. Environ. Sci. Technol. 30, 172 – 177.

McKee, B. (1972) Cascadia: The Geological Evolution of the Pacific Northwest. McGraw – Hill, New York.

McKee, B. A., Aller, R. C., Allison, M. A., Bianchi, T. S., and Kineke, G. C. (2004) Transport and transformation of dissolved and particulate materials on continental margins by major rivers: benthic boundary layer and seabed processes. Cont. Shelf Res. 24, 899 – 926.

McKee, B. A., and Baskaran, M. (1999) Sedimentary processes of the Gulf of Mexico. *In* Biogeochemistry of Gulf of Mexico Estuaries (Bianchi, T. S., Pennock, R., and Twilley, R. R., eds.), pp. 63 – 81, John Wiley, New York.

McKee, B. A., DeMaster, D. J., and Nittrouer, C. A. (1984) The use of $^{234}Th/^{238}U$ disequilibrium to examine the fate of particle – reactive species on the Yangtze continental shelf. Earth Planet. Sci. Lett. 68, 431 – 442.

McKee, B. A., DeMaster, D. J., and Nittrouer, C. A. (1986) Temporal variability in the partitioning of thorium between dissolved and particulate phases on the Amazon shelf: implications for the scavenging of particle – reactive species. Cont. Shelf Res. 6, 87 – 106.

McKee, B. A., DeMaster, D. J., and Nittrouer, C. A. (1987) Uranium geochemistry on the Amazon Shelf: evidence for uranium release from bottom sediments. Geochim. Cosmochim. Acta 51, 2779 – 2786.

McKee, B. A., Nittrouer, C. A., and DeMaster, D. J. (1983) Concepts of sediment deposition and accumulation applied to the continental shelf near the mouth of the Yangtze River. Geology 11, 631 – 633.

McKee, B. A., and Skei, J. (1999) Framvaren Fjord as a natural laboratory for examining biogeochemical processes in anoxic environments. Mar. Chem. 67, 147 – 148.

McKee, B. A., and Todd, J. F. (1993) Uranium behavior in a permanently anoxic fjord: microbial control? Limnol. Oceanogr. 38, 408 – 414.

McKee, B. A., Wiseman, W., and Inoue, M. (1995) Salt water intrusion and sediment dynamics in a bar – built estuary: Terrebonne Bay, LA. *In* Changes in Fluxes in Estuaries, pp. 13 – 16, Olsen and Olsen, Copenhagen.

McKee, K. L., Mendelssohn, I. A., and Hester, M. W. (1988) Reexamination of pore water sulfide concentrations and redox potentials near the aerial roots of *Rhizophora mangle* and *Avicenna germinans*. Am. J. Bot. 75: 1352 – 1359.

McKee, L. J., Eyre, B. D., and Hossan, S. (2000) Transport and retention of nitrogen and phosphorus in the sub – tropical Richmond River estuary, Australia. Biogeochemistry 50, 241 – 278.

McKelvie, I. D., Peat, D. M., and Worsfold, P. J. (1995) Techniques for the quantification and speciation of phosphorus in natural waters. Anal. Proc. Incl. Anal. Comm. 32, 437 – 445.

McKenna, T. E., and Martin, J. B. (2004) Ground water discharge to estuarine and coastal ocean environments. Ground Water 42, 1 – 5.

McKenzie, L., and Campbell, S. (2003) Seagrass resources of the Booral Wetlands and the Great Sandy Straight. Queensland Department of Primary Industries Information Series, No Q103016, QDPI, Brisbane.

McKinney, D. E., Carson, D. M., Clifford, D. J., Minard, R. D., and Hatcher, P. G. (1995) Off – line thermochemolysis versus flash pyrolysis for the in situ methylation of lignin: is pyrolysis necessary? J. Anal. Appl. Pyrol. 34, 41 – 46.

McKnight, D. M., and Aiken, G. R. (1998) Sources and age of aquatic humus. *In* Aquatic Humic Substances: Ecology and Biogeochemistry (Hessen, D. O., and Tranvik, L. J., eds.), pp. 9 – 39, Springer – Verlag, Berlin.

McKnight, D. M., Boyer, E. W., Westerhoff, P. K., Doran, P. T., Kulbe, T., and Andersen, D. T. (2001) Spectrofluorметric characterization of dissolved organic matter for indication of precursor organic material and aromaticity. Limnol. Oceanogr. 46, 38 – 48.

McKnight, D. M., Hood, E., and Klapper, L. (2003) Trace organic moieties of dissolved organic material in natural waters. *In* Aquatic Ecosystems: Interactivity of Dissolved Organic Matter (Findlay, S. E. G., and Sinsabaugh, R. L., eds.), pp. 71 – 93, Academic Press, New York.

McManus, J. (2002) Deltaic responses to changes in river regimes. Mar. Chem. 79, 155 – 170.

McManus, J., Berelson, W. M., Coale, K. H., Johnson, K. S., and Kilgore, T. E. (1997) Phosphorus regeneration in continental margin sediments. Geochim. Cosmochim. Acta 61, 2891 – 2902.

McManus, J., Hammond, D. E., Berelson, W. M., Kilgore, T. E., DeMaster, D. J., Ragueneau, O. G., and Collier, R. W. (1995) Early diagenesis of biogenic opal: dissolution rates, kinetics and paleoceanographic implication. Deep – Sea Res. II 38, 1481 – 1516.

McNichol, A. P., Ertel, J. R., and Eglinton, T. I. (2000) The radiocarbon content of individual lignin – derived phenols: technique and initial results. Radiocarbon 42, 219 – 227.

McPherson, B. F., and Miller, R. L. (1987) The vertical attenuation of light in Charlotte Harbor, a shallow, subtropical estuary, southwestern Florida. Estuar. Coastal Shelf Sci. 25, 721 – 737.

McVeety, B. D., and Hites, R. A. (1988) Atmospheric deposition of polycyclic aromatic hydrocarbons to water surfaces: a mass balance approach. Atmos. Environ. 22, 511 – 536.

Meade, R. H. (1969) Landward transport of bottom sediments in estuaries of the Atlantic coastal plain. J. Sed. Petrol. 39, 222 – 234.

Meade, R. H. (1996) River – sediment inputs to major deltas. *In* Sea Level Rise and Coastal Subsidence (J. Milliman J. D., and Haq, B. U., eds.), pp. 63 – 85, Kluwer Academic, Dordrecht, The Netherlands.

Meade, R. H., Dunne, T., Richey, J. E., Santos, U., and Salati, E. (1985) Storage and remobilization of suspended sediment in the lower Amazon River of Brazil. Science 228, 488 – 490.

Meade, R. H., and Parker, R. S. (1985) Sediment in rivers of the United States. *In* National Water Summary 1984—Hydrologic Events, Selected Water Quality Trends, and Groundwater Resources. U. S. Geol. SurveyWater Supply Paper no. 2275, 1 -467.

Means, J. C. (1995) Influence of salinity upon sediment - water partitioning of aromatic hydrocarbons. Mar. Chem. 51, 3 - 16.

Means, J. C., and Wijayaratne, R. (1982) Role of natural colloids in transport of hydrophobic pollutants. Science 215, 968 -970.

Means, J. C., Wood, S. G., Hassett, J. J., and Banwart, W. L. (1980) Sorption properties of polynuclear aromatic hydrocarbons by sediments and soils. Environ. Sci. Technol. 14, 1524 -1528.

Meentemeyer, V. (1978) Macroclimate and lignin control of litter decomposition rates. Ecology 59, 465 -472.

Megens, L., van der Plicht, de Leuw, J. W., and Smedes, F. (2002) Stable carbon and radiocarbon isotope composition of particle size fractions to determine origins of sedimentary organic matter in an estuary. Org. Geochem. 33, 945 -952.

Mei, M. L., and Danovaro, R. (2004) Virus production and life strategies in aquatic sediments. Limnol. Oceanogr. 49, 459 -470.

Meister, A., and Anderson, M. E. (1983) Glutathione. Ann. Rev. Biochem. 52, 711 -760.

Mendelssohn, I. A., McKee, K. L., and Patrick, W. H. (1981) Oxygen deficiency in *Spartina alterniflora* roots: metabolic adaptation to anoxia. Science 439 -441.

Merriam - Webster (1979) Webster's New Collegiate Dictionary, G and C Merriam Co., Springfield, MA.

Meybeck, M. (1979) Concentration des eaux fluviales en elements majeurs et apports en solution aux oceans. Rev. Geol. Dyam. Geogr. Phys. 21, 215 -246.

Meybeck, M. (1982) Carbon, nitrogen, and phosphorus transport by world rivers. Am. J. Sci. 282, 401 -450.

Meybeck, M. (1983) Atmospheric inputs and river transport of dissolved substances in dissolved loads of rivers and surface water quantity/quality relationships. Intl. Union of Geodesy and Geophysics, Hamburg, Germany. IAHS Publication, pp. 173 -192.

Meybeck, M., (1993) C, N, P and S in rivers: from sources to global inputs. *In* Interaction of C, N, phosphorus and S Biogeochemical Cycles and global Change (Wollast, R., Mackenzie, F. T., and Chou, L., eds.), pp. 163 -193, NATO ASI Series I, Vol. 4, Springer - Verlag, Berlin.

Meybeck, M. (1998) Man and river interface: multiple impacts on water quality illustrated by the River Seine. Hydrobiologia 373/374, 1 -20.

Meybeck, M. (2002) Riverine quality at the Anthropocene: propositions for global space and timer analysis, illustrated by the Seine River. Aquat. Sci, 64, 376 -393.

Meybeck, M. (2003) Global analysis of river systems: from Earth system controls to Anthropocene syndromes. Phil. Trans. R. Soc. Lond. 358, 1935 -1955.

Meybeck, M., and Vörösmarty, C. (2004) Fluvial filtering of land - to - ocean fluxes: from natural Holocene variations to Anthropocene. C. R. Geoscience 337, 107 -123.

Meyer - Harms, B., and von Bodungen, B. (1997) Taxon - specific ingestion rates of natural phytoplankton by calanoid copepods in an estuarine environment (Pomeranian Bight, Baltic Sea) determined by cell counts and HPLC analyses of marker pigments. Mar. Ecol. Prog. Ser. 153, 181 -190.

Meyers, P. A. (1994) Preservation of elemental and isotopic identification of sedimentary organic matter. Chem. Geol. 144, 289 -302.

Meyers, P. A. (1997) Organic geochemical proxies of paleoceanographic, paleolimnologic, and paleoclimatic processes. Org. Geochem. 27, 213 -250.

Meyers, P. A. (2003) Applications of organic geochemistry to paleolimnological reconstructions: a summary of examples from the Laurentian Great Lakes. Org. Geochem. 34, 261 – 290.

Meyers, P. A., and Eadie, B. J. (1993) Sources, degradation, and resynthesis of the organic matter on sinking particles in Lake Michigan. Org. Geochem. 20, 47 – 56.

Meyers, P. A., and Ishiwatari, R. (1993) Lacustrine organic geochemistry—an overview of indicators of organic matter sources and diagenesis in lake sediments. Org. Geochem. 20, 867 – 900.

Meyers, P. A., and Quinn, J. G. (1973) Factors affecting the association of fatty acids with mineral particles in sea water. Geochim. Cosmochim. Acta 37, 1745 – 1759.

Meyers, P. A., and Takeuchi, N. (1981) Environmental changes in Saginaw Bay, Lake Huron, recorded by geolipid contents of sediments deposited since 1800. Environ. Geol. 3, 257 – 266.

Meyerson, L. A., Saltonstall, K., Windham, L., Kiviat, E., and Findlay, S. E. G. (2000) Acomparison of *Phragmites australis* in freshwater and brackish marsh environments in North America. Wetlands Ecol. Manag. 8, 89 – 103.

Meyers – Schulte, K. J., and Hedges, J. I. (1986) Molecular evidence for terrestrial component of organic matter dissolved in ocean water. Nature 321, 61 – 63.

Meziane, T., Bodineau, L., Retiere, C., and Thoumelin, G. (1997) The use of lipid markers to define sources of organic matter in sediment and food web of the intertidal salt – marsh – flat ecosystem of Mont – Saint – Michel Bay, France. J. Sea Res. 38, 47 – 58.

Michalopoulos, P., and Aller, R. C. (1995) Rapid clay mineral formation in Amazon delta sediments: reverse weathering and oceanic elemental cycles. Science 270, 614 – 617.

Michalopoulos, P., and Aller, R. C. (2004) Early diagenesis of biogenic silica in the Amazon Delta: alteration, authigenic clay formation, and storage. Geochim. Cosmochim. Acta 68, 1061 – 1085.

Michalopoulos, P., Aller, R. C., and Reeder, R. (2000) Conversion of diatoms to clay minerals during early diagenesis in tropical, continental shelf muds. Geology 28, 1095 – 1098.

Michener, R. H., and Schell, D. M. (1994) Stable isotope ratios as tracers in marine aquatic food webs. *In* Stable Isotopes in Ecology and Environmental Science (Lajtha, K., and Michener, R. eds.), pp. 138 – 157, Blackwell Scientific, Oxford.

Middelboe, M., Borch, N. H., and Kirchman, D. L. (1995) Bacterial utilization of dissolved free amino acids, dissolved combined amino acids and ammonium in the Delaware Bay estuary: effects of carbon and nitrogen limitation. Mar. Ecol. Prog. Ser. 128, 109 – 120.

Middelburg, J. J. (1989) A simple rate model for organic matter decomposition in marine sediments. Geochim. Cosmochim. Acta 53, 1577 – 1581.

Middelburg, J. J., Klaver, G., Nieuwenhuize, J., Markusse, R. M., Vlug, T., and van der Nat, J. W. A. (1995) Nitrous oxide emissions from estuarine intertidal sediments. Hydrobiologia 311, 43 – 55.

Middelburg, J. J., Klaver, G, Nieuwenhuize, J., Wielemaker, A., de Haas, W., and van der Nat, J. F. W. A (1996) Organic matter mineralization in intertidal sediments along an estuarine gradient. Mar. Ecol. Prog. Ser. 132, 157 – 168.

Middelburg, J. J., and Nieuwenhuize, J. (2000) Nitrogen uptake by heterotrophic bacteria and phytoplankton in the nitrate – rich Thames River. Mar. Ecol. Prog. Ser. 203, 13 – 21.

Middelburg, J. J., and Nieuwenhuize, J. (2001) Nitrogen isotope tracing of dissolved inorganic nitrogen behavior in tidal estuaries. Estuar. Coastal Shelf Sci. 53, 385 – 391.

Middelburg, J. J., Nieuwenhuize, J., Iverson, N., Hogh, N., De Wilde, H., Helder, W., Seifert, R., and Christof, O. (2002) Methane distribution in European tidal estuaries. Biogeochemistry 59, 95 – 119.

Middelburg, J. J., and Soetaert, K. (2003) The role of sediments in shelf ecosystem dynamics. *In* The Sea, Chap. 11,

Vol. 13 (Robinson, A. R., McCarthy, J., and Rothsthild, B. J., eds.), pp. 353 – 373, The President and Fellows of Harvard College, Boston, MA.

Middelburg, J. J., Soetaert, K., and Herman, P. M. J. (1997) Empirical relationships for use in global diagenetic models. Deep Sea Res. 44, 327 – 344.

Middleton, G. V., and Southward, J. B. (1984) The Mechanics of Sediment Movement. Society for Sedimentary Geology, Short Course No. 3, RI. Society for Sedimentary Geology, Tulsa, OK.

Migniot, C. (1968) Tassement et rheologie des vases. La Houille Blanche 1, 11 – 111.

Mihalopoulos, N., Nguyen, B. C., and Belviso, S. (1992) The oceanic source of carbonyl sulfide (COS). Atmos. Environ. 26, 1383 – 1394.

Milan, C. S., Swenson, E. M., Turner, R. E., and Lee, J. M. (1995) Assessment of estimating sediment accumulation rates: Louisiana saltmarshes. J. Coastal Res. 11, 296 – 307.

Miley, G. A., and Kiene, R. P. (2004) Sulfate reduction and porewater chemistry in a Gulf coast *Juncus roemerianus* (Needlerush) marsh. Estuaries 27, 472 – 481.

Miller, R. L., and McPherson, B. F. (1991) Estimating estuarine flushing and residence times in Charlotte Harbor, Florida, via salt balance and a box model. Limnol. Oceanogr. 36, 602 – 612.

Miller, W. L., and Moran, M. A. (1997) Interaction of photochemical and microbial processes in the degradation of refractory dissolved organic matter from a coastal marine environment. Limnol. Oceanogr. 42, 1317 – 1324.

Miller, W. L., and Zepp, R. G. (1995) Photochemical production of dissolved inorganic carbon from terrestrial organic matter: significance to the oceanic organic carbon cycle. Geophys. Res. Lett. 22 (4), 417 – 420.

Millero, F. J. (1982) The effect of pressure on the solubility of minerals in water and seawater. Geochim. Cosmochim. Acta 46, 11 – 22.

Millero, F. J. (1985) The effect of ionic interactions in the oxidation of metals in natural waters. Geochim. Cosmochim. Acta 49, 547 – 553.

Millero, F. J. (1995) Thermodynamics of the carbon dioxide system in the ocean. Geochim. Cosmochim. Acta 59, 661 – 677.

Millero, F. J. (1996) Chemical Oceanography, 2nd edn. CRC Press, Boca Raton, FL.

Millero, F. J., and Hawke, D. J. (1992) Ionic interactions of divalent metals in natural waters. Mar. Chem. 40, 19 – 48.

Miller – Way, T., Boland, G. S., Rowe, G. T., and Twilley, R. R. (1994) Sediment oxygen consumption and benthic nutrient fluxes on the Louisiana continental shelf: a methodological comparison. Estuaries 17, 809 – 815.

Millie, D. F., Paerl, H. W., and Hurley, J. P. (1993) Microalgal pigment assessments using high – performance liquid chromatography: a synopsis of organismal and ecological applications. Can. J. Fish. Aquat. Sci. 50, 2513 – 2527.

Milligan, T. G., Kineke, G. C., Blake, A. C., Alexander, C. R., and Hill, P. S. (2001) Flocculation and sedimentation in the ACE Basin, South Carolina. Estuaries 24, 734 – 744.

Milliman, J. D. (1980) Sedimentation in the Fraser River and its estuary, southwestern British Columbia (Canada). Estuar. Coastal Shelf Sci. 10, 609 – 633.

Milliman, J. D., and Haq, B. U. (eds.) (1996) Sea – level rise and coastal subsidence: towards meaningful strategies. *In* Sea – level Rise and Coastal Subsidence pp. 1 – 9. Kluwer Academic Dordrecht, The Netherlands.

Milliman, J. D., and Meade, R. H. (1983) World – wide delivery of river sediment to the oceans. J. Geol. 91, 1 – 21.

Milliman J. D., Qin, Y. S., Ren, M. E., and Saito, Y. (1987) Man's influence on the erosion and transport of sediment by Asian rivers: the Yellow River (Huanghe) example. J. Geol. 95, 751 – 762.

Milliman, J. D., and Syvitski, J. P. M. (1992) Geomorphic tectonic control of sediment discharge to the ocean—the importance of small mountainous rivers. J. Geol. 100, 525 – 554.

Millward, G. E., and Turner, A. (1995) Trace metals in estuaries. *In* Trace Elements in Natural Waters (Salbu, B., and Steinnes, E., eds.), pp. 223 – 245, CRC Press, Boca Raton, FL.

Miltner, A., and Zech, W. (1998) Beech leaf litter lignin degradation and transformation as influenced by mineral phases. Org. Geochem. 28, 457 – 463.

Minagawa, M., and Tsunogai, S. (1980) Removal of $^{234}$Th from a coastal sea: Funka Bay, Japan. Earth Planet. Sci. Lett. 47, 51 – 64.

Minagawa, M., and Wada, E. (1984) Stepwise enrichment of $^{15}$N along food chains: further evidence and the relation between $\delta^{15}$N and animal age. Geochim. Cosmochim. Acta 48, 1135 – 1140.

Minor, E. C., Boon, J. J., Harvey, H. R., and Mannino, A. (2001) Estuarine organic matter composition as probed by direct temperature – resolved mass spectrometry and traditional geochemical techniques. Geochim. Cosmochim. Acta 65, 2819 – 2834.

Minor, E. C., Simjouw, J. P., Boon, J. J., Kerkhoff, A. E., and van der Horst, J. (2002) Estuarine/marine UDOM as characterized by size – exclusion chromatography and organic mass spectrometry. Mar. Chem. 78, 75 – 102.

Mistri, M. (2002) Ecological characteristics of the invasive Asian Date mussel, *Musculita senhousia*, in the Sacca de Goro (Adriatic Sea, Italy). Estuaries 25, 431 – 440.

Mitchell, J. G., Okubo, A., and Fuhrman, J. A. (1985) Microzones surrounding phytoplankton form the basis for a stratified marine microbial ecosystem. Nature 316, 58 – 59.

Mitra, S., Bianchi, T. S., Guo, L., and Santschi, P. H. (2000a) Terrestrially – derived dissolved organic matter in Chesapeake Bay and the Middle Atlantic Bight. Geochim. Cosmochim. Acta 64, 3547 – 3557.

Mitra, S., Bianchi, T. S., McKee, B. A., and Sutula, M. (2002) Black carbon from the Mississippi River: quantities, sources, and potential implications for the global carbon cycle. Environ. Sci. Technol. 36, 2296 – 2302.

Mitra, S., Dellapenna, T. M., and Dickhut, R. M. (1999a) Polycyclic aromatic hydrocarbon distribution within lower Hudson River estuarine sediments: physical mixing vs. sediment geochemistry. Estuar. Coastal Shelf Sci. 49, 311 – 326.

Mitra, S., and Dickhut, R. M. (1999) Three – phase modeling of polycyclic aromatic hydrocarbon association with pore – water – dissolved organic carbon. Environ. Toxicol. Chem. 18, 1144 – 1148.

Mitra, S., Dickhut, R. M., Kuehl, S. A., and Kimbrough, K. L. (1999b) Polycyclic aromatic hydrocarbon (PAH) source, sediments deposition patterns, and particle geochemistry as factors influencing PAH distribution coefficients in sediments of the Elizabeth River, VA, USA. Mar. Chem. 66, 113 – 127.

Mitra, S., Klerks, P. L., Bianchi, T. S., Means, J., and Carman, K. R. (2000b) Effects of estuarine organic matter biogeochemistry on the bioaccumulation of PAHs by two epibenthic species. Estuaries 23, 864 – 876.

Miyake, Y., and Wada, E. (1971) The isotope effect on the nitrogen in biochemical, oxidation – reduction reactions. Rec. Oceanogr. Works Jpn. 11, 1 – 6.

Mobed, J. J., Hemmingsen, S. L., Autry, J. L., and McGowan, L. B. (1996) Fluorescence characterization of IHSS humic substances: total luminescence spectra with absorbance correction. Environ. Sci. Technol. 30, 3061 – 3065.

Moers, M. E. C., and Larter, S. R. (1993) Neutral monosaccharides from a hypersaline tropical environment: applications to the characterization of modern and ancient ecosystems. Geochim. Cosmochim. Acta 57, 3063 – 3071.

Moffett, J. W., and Brand, L. E. (1996) Production of strong, extracellular Cu chelators by marine cyanobacteria in response to Cu stress. Limnol. Oceanogr. 41, 388 – 395.

Moffett, J. W., Brand, L. E., Croot, P. L., and Barbeau, K. A. (1997) Cu speciation and cyanobacterial distribution in harbors subject to anthropogenic Cu inputs. Limnol. Oceanogr. 42, 789 – 799.

Moisander, P. H. , and Paerl, H. W. (2000) growth, primary productivity, and nitrogen fixation potential of Nodularia spp. (Cyanophyceae) in water from a subtropical estuary in the United States. J. Phycol. 36, 645 – 658.

Monbet, Y. (1992) Control of phytoplankton biomass in estuaries: a comparative analysis of microtidal and macrotidal estuaries. Estuaries 15, 563 – 571.

Montagna, P. A. (1989) Nitrogen process studies (NIPS): the effects of freshwater inflow on benthos communities and dynamics. Final report to the TexasWater Development Board, Austin, TX. UT Marine Science Institute Technical Report No. TR/89 – 011.

Montagna, P. A. , Blanchard, G. F. , and Dinet, A. (1995) Effect of production and biomass of intertidal microphytobenthos on meiofaunal grazing rates. J. Exp. Mar. Biol. Ecol. 185, 149 – 165.

Montgomery, D. R. , Zabowski, D. , Ugolini, F. C. , Hallerg, R. O. , and Spaltenstein, H. (2000) Soils, watershed processes, and marine sediments. *In* Earth System Science, from Biogeochemical Cycles to Global Change (Jacobson, M. C. , Charlson, R. J. , Rodhe, H, and Orians, G. H. , eds. ), pp. 159 – 194, International Geophysics Series, Academic Press, New York.

Montoya, J. P. (1994) Nitrogen isotope fractionation in the modern ocean: implications for the sedimentary record. *In* Carbon Cycling in the Glacial Ocean: Constraints on the Ocean's Role in Global Change (Zahn, R. , Pedersen, T. F. , Kaminski, M. A. , and Labeyrie, L. , eds. ), pp. 259 – 280, Springe, Berlin.

Mook, J. G. , and Tan, F. C. , (1991) Stable carbon isotopes in rivers and estuaries. *In* Biogeochemistry of Major World Rivers. SCOPE, 245 – 264.

Moore, D. G. , and Scott, M. R. (1986) Behavior of $^{226}$Ra in the Mississippi River mixing zone. J. Geophys. Res. 91, 14317 – 14329.

Moore, H. E. , Poet, S. E. , and Martell, E. A. (1973) $^{210}$Bi and $^{210}$Po profiles and aerosol Residence times versus altitude. J. Geophys. Res. 78, 7065 – 7075.

Moore, R. M. , Burton, J. D. , Willimas, P. L. , and Young, M. L. (1979) The behavior of dissolved organic material, iron, and manganese in estuarine mixing. Geochim. Cosmochim. Acta 43, 919 – 926.

Moore, W. S. (1967) Amazon and Mississippi river concentrations of uranium, thorium and radium isotopes. Earth Planet. Sci. Lett. 2, 21 – 234.

Moore, W. S. , (1992) Radionuclides of the uranium and thorium decay series in the estuarine environment. *In* Uranium – Series Disequilibrium, 2nd edn. (Ivanovich, M. , and Harmon, R. S. , eds. ), pp. 396 – 422, Clarendon Press, New York.

Moore, W. S. (1996) Large groundwater inputs to coastal waters revealed by $^{226}$Ra enrichments. Nature 380, 612 – 614.

Moore, W. S. (1999) The subterranean estuary: a reaction zone of groundwater and sea water. Mar. Chem. 65, 111 – 125.

Moore, W. S. (2003) Sources and fluxes of submarine groundwater discharge delineated by radium isotopes. Biogeochemistry 66, 75 – 93.

Moore, W. S. , and Edmond, J. M. (1984) Radium and barium in the Amazon River system. J. Geophys. Res. 89, 2061 – 2065.

Moore, W. S. , and Krest, J. (2004) Distribution of $^{223}$Ra and $^{224}$Ra in the plumes of the Mississippi and Atchafalaya Rivers and the Gulf of Mexico. Mar. Chem. 86, 105 – 119.

Moore, W. S. , and Todd, J. F. (1993) Radium isotopes in the Orinoco estuary and eastern Caribbean Sea. J. Geophys. Res. 98, 2233 – 2244.

Mopper, K. (1977) Sugars and uronic acids in sediment and water from the Black Sea and North Sea with emphasis on analytical techniques. Mar. Chem. 5, 585 – 603.

Mopper, K., and Larsson, K. (1978) Uronic and other organic acids in Baltic Sea and Black Sea sediments. Geochim. Cosmochim. Acta 42, 153 – 163.

Mopper, K., and Lindroth, P. (1982) Diel and depth variations in dissolved free amino acids and ammonium in the Baltic Sea determined by shipboard HPLC analysis. Limnol. Oceanogr. 27, 336 – 347.

Mopper, K., Zhou, X., Kieber, R. J., Kieber, D. J., Sikorski, R. J., and Jones, R. D. (1991) Photochemical degradation of dissolved organic carbon and its impact on the ocean carbon cycle. Nature 353, 60 – 62.

Moran, M. A., and Covert, J. S. (2003) Photochemically mediated linkages between dissolved organic matter and bacterioplankton. *In* Aquatic Ecosystems: Interactivity of Dissolved Organic Matter (Findlay, S. E. G., and Sinsabaugh, R. L., eds.), pp. 244 – 259, Academic Press, New York.

Moran, M. A., and Hodson, R. E. (1989a) Formation and bacterial utilization of dissolved organic carbon derived from detrital lignocellulose. Limnol. Oceanogr. 34, 1034 – 1037.

Moran, M. A., and Hodson, R. E. (1989b) Bacterial secondary production on vascular plant detritus: relationships to detritus composition and degradation rate. Appl. Environ. Microbiol. 55, 2178 – 2189.

Moran, M. A., and Hodson, R. E. (1994) Dissolved humic substances of vascular plant origin in a coastal marine environment. Limnol. Oceanogr. 39, 762 – 771.

Moran, M. A., Sheldon, W. M., and Zepp, R. G. (2000) Carbon loss and optical property changes during long – term photochemical and biological degradation of estuarine dissolved organic matter. Limnol. Oceanogr. 45, 1254 – 1264.

Moran, M. A., Wicks, R. J., and Hodson, R. E. (1991) Export of dissolved organic matter from a mangrove swamp ecosystem: evidence from natural fluorescence, dissolved lignin phenols, and bacterial secondary production. Mar. Ecol. Prog. Ser. 76, 175 – 184.

Moran, M. A., and Zepp, R. G. (1997) Role of photoreactions in the formation of biologically labile compounds from dissolved organic matter. Limnol. Oceanogr. 42, 1307 – 1316.

Morel, F. M. (1983) Principles of Aquatic Chemistry. John Wiley, New York.

Morel, F. M. M., Dzombak, D. A., and Price, N. M. (1991) Heterogeneous reactions in coastal waters. *In* Ocean Margin Processes in Global Change (Mantoura. R. F. C., Martin, J. M., and Wollast, R., eds.), pp. 165 – 180, John Wiley, New York.

Morel, F. M. M., and Hering, J. G. (1993) Principles and Applications of Aquatic Chemistry. John Wiley, New York.

Morel, F. M. M., and Hudson, R. J. M. (1985) The geobiological cycle of trace elements in aquatic sediments: Redfield revisited. *In* Chemical Processes in Lakes (Stumm, W., ed.), pp. 251 – 281, John Wiley, New York.

Morris, A. W., Bale, A. J., Howland, R. J., Loring, D. H., and Rantala, R. T. T. (1987) Controls on the chemical composition of particle compositions in a macrotidal estuary (Tamar estuary, UK). Cont. Shelf Res. 7, 1351 – 1355.

Morris, A. W., and Riley, J. P. (1966) The bromide/chlorinity and sulphate/chlorinity ratio in sea water. Deep – Sea Res. 13, 699 – 705.

Morse, J. W., and Arakaki, T. (1993) Adsorption and coprecipitation of divalent metals with mackinawite (FeS). Geochim. Cosmochim. Acta 57, 3635 – 3640.

Morse, J. W., and Cook, N. (1978) The distribution and form of phosphorus in North Atlantic Ocean deep – sea and continental slope sediments. Limnol. Oceanogr. 23, 825 – 830.

Morse, J. W., and Cornwell, J. C. (1987) Analysis and distribution of iron sulfide minerals in recent anoxic marine sediments. Mar. Chem. 22, 55 – 69.

Morse, J. W., Cornwell, J. C., Arakaki, T., Lin, S., and Huerta – Diaz, M. A. (1992) Iron sulfide and carbonate mineral diagenesis in Baffin Bay, Texas. J. Sed. Petrol. 62, 671 – 680.

Morse, J. W., Presley, B. J., Taylor, R. J., and Santschi, P. H. (1993) Trace metal chemistry of Galveston Bay: water, sediments and biota. Mar. Environ. Res. 36, 1 – 37.

Morse, J. W., and Rowe, G. T. (1999) Benthic biogeochemistry beneath the Mississippi River plume. Estuaries 22, 206 – 214.

Morse, J. W., and Wang, Q. (1997) Pyrite formation under conditions approximating those in anoxic sediments: II. Influence of precursor iron minerals and organic matter. Mar. Chem. 57, 187 – 193.

Mortazavi, B., Iverson, R. L., Huang, W., Lewis, F. G., and Cafrey, J. M. (2000) Nitrogen budget of Apalachicola Bay, a bar – built estuary in the northeastern Gulf of Mexico. Mar. Ecol. Prog. Ser. 195, 1 – 14.

Mortimer, C. H. (1941) The exchange of dissolved substances between mud and water in lakes. J. Ecol. 29, 280 – 320.

Mortimer, R. J., Krom, M. D., Watson, P. G., Frickers, P. E., Davey, J. T., and Clifton, R. J. (1998) Sediment – water exchange of nutrients in the intertidal zone of the Humber Estuary, UK. Mar. Pollut. Bull. 37, 261 – 279.

Mountfort, D. O., Asher, R. A., Mays, E. L., and Tiedje, J. M. (1980) Carbon and electron flow in mud and sandflat intertidal sediments at Delaware Inlet, Nelson, New Zealand. Appl. Environ. Microbiol. 39, 686 – 694.

Mukhopadhyay, S. K., Biswas, H., De, T. K., Sen, S., and Jana, T. K. (2002) Seasonal effects on the air – water carbon dioxide exchange in the Hooghly estuary, NE coast of Bay of Bengal, Indian J. Environ. Monit. 4, 549 – 552.

Mulder, A., van de Graaf, A. A., Robinson, L. A., and Kuenen, J. G. (1995) Anaerobic ammonium oxidation discovered in denitrifying fluidized bed reactor. FEMS Microbiol. Ecol. 16, 177 – 184.

Mulholland, M. R., Glibert, P. M., Berg, G. M., van Heukelem, L., Pantoja, S., and Lee, C. (1998) Extracellualar amino acid oxidation by microplankton: A cross – ecosystem comparison. Aquat. Microb. Ecol. 15, 141 – 152.

Mulholland, M. R., Gobler, C. J., and Lee, C. (2002) Peptide hydrolysis, amino acid oxidation, and nitrogen uptake in communities seasonally dominated by *Aureococcus anophagefferens*. Limnol. Oceanogr. 47, 1094 – 1108.

Muller, F. L. L. (1998) Colloid/solution partitioning of metal – selective organic ligands, and its relevance to Cu, Pb, and Cd cycling in the Firth of Clyde. Estuar. Coastal Shelf Sci. 46, 419 – 437.

Muller, F. L. L. (1999) Evaluation of the effects of natural dissolved and colloidal organic ligands on the electrochemical lability of Cu, Pb, and Cd in the Arran Deep, Scotland. Mar. Chem. 67, 43 – 60.

Müller, P. J. (1977) C/N ratios in Pacific deep – sea sediments: effects of inorganic ammonium and organic nitrogen compounds sorbed to clays. Geochim. Cosmochim. Acta 41, 765 – 776.

Müller, P. J., and Schneider, R. (1993) An automated leaching method for the determination of opal in sediments and particulate matter. Deep – Sea Res. 40, 425 – 444.

Murphy, R. C., and Kremer, J. N. (1983) Community metabolism of Clipperton Lagoon, a coral atoll in the eastern Pacific. Bull. Mar. Sci. 33, 152 – 164.

Murray, J. W. (2000) The oceans. *In* Earth System Science, from Biogeochemical Cycles to Global Change (Jacobson, M. C., Charlson, R. J., Rodhe, H, and Orians, G. H., eds.), pp. 230 – 278, International Geophysics Series, Academic Press, New York.

Murray, J. W., Grundmanis, V., and Smethie, W. J. (1978) Interstitial water chemistry in the sediments of Saanich Inlet. Geochim. Cosmochim. Acta 42, 1011 – 1026.

Murrell, M. C., and Hollibaugh, J. T. (2000) Distribution and composition of dissolved and particulate organic carbon in northern San Francisco Bay during low flow conditions. Estuar. Coastal Shelf Sci. 51, 75 – 90.

Mutchler, T., Sullivan, M. J., and Fry, B. (2004) Potential of $^{15}N$ isotope enrichment to resolve ambiguities in coastal trophic relationships. Mar. Ecol. Prog. Ser. 266, 27 – 33.

Najdek, M., Deborris, D. Miokovic, D., and Ivancic, I. (2002) Fatty acid and phytoplankton composition of different types of mucilaginous aggregates in the northern Adriatic. J. Plankton Res. 24, 429 – 441.

Nakai, N., and Jensen, M. L. (1964) The kinetic isotope effect in the bacterial reduction and oxidation of sulfur. Geochim. Cosmochim. Acta 28, 1893 – 1912.

Nanny, M. A., and Minear, R. A. (1997) Characterization of soluble unreactive phosphorus using $^{31}P$ nuclear magnetic resonance spectroscopy. Mar. Geol. 139, 77 – 94.

Napolitano, G. E., Pollero, R. J., Gayoso, A. M., MacDonald, BA., and Thompson, R. J. (1997) Fatty acids as trophic markers of phytoplankton blooms in the Bahia Blanca estuary (Buenos Aires, Argentina) and in Trinity Bay (Newfoundland, Canada). Biochem. Syst. Ecol. 25, 739 – 755.

National Research Council (1985) Oil in the Sea: Inputs, Fates, and Effects. National Academy Press, Washington, DC.

National Research Council (2000) Clean Coastal Waters: Understanding and Reducing the Effects of Nutrient Pollution. National Academy Press, Washington, DC.

Neale, P. J., and Kieber, D. J. (2000) Assessing biological and chemical effects of UV in the marine environment: spectral weighting functions. *In* Causes and Environmental Implications of Increased UV – B Radiation (Hester, R. E., and Harrison, R. M., eds.), pp. 61 – 83, The Royal Society of Chemistry, Cambridge, UK.

Nealson, K. H., and Myers, C. R. (1992) Microbial reduction of manganese and iron: new approaches to carbon cycling. Appl. Environ. Microbiol. 58, 439 – 443.

Nealson, K. H., and Saffarini, D. (1994) Iron and manganese in anaerobic respiration: environmental significance, physiology and regulation. Annu. Rev. Microbiol. 48, 311 – 341.

Neckles, H. A., and C. Neill (1994) Hydrologic control of litter decomposition in seasonally flooded prairie marshes. Hydrobiology 286, 155 – 165.

Nedwell, D. B., and Abram, J. W. (1979) Relative influence of temperature and electron donor and electron acceptor concentrations on bacterial sulfate reduction in saltmarsh sediment. Microbial. Ecol. 5, 67 – 72.

Neilson, A. H., and Lewin, R. A. (1974) The uptake and utilization of organic carbon by algae: an essay in comparative biochemistry. Phycologia 13, 227 – 264.

Nelson, D. C., and Castenholz, R. W. (1981) Organic nutrition of *Beggiatoa* sp. J. Bacteriol. 147, 236 – 247.

Nelson, D. M., and Dirtch, Q. (1996) Silicic acid depletion and silicon limitation in the plume of the Mississippi River: evidence from kinetic studies in spring and summer. Mar. Ecol. Prog. Ser. 136, 163 – 178.

Nelson, D. M., Goering, J. J., and Boisseau, D. W. (1981) Consumption and regeneration of silicic acid in three coastal upwelling systems. *In* Coastal Upwelling (Richards, F. A., ed.), pp. 242 – 256, American Geophysical Union, Washington, DC.

Nelson, D. M., Treguer, P., Brzezinski, M. A., Leynaert, A., and Queguiner, B. (1995) Production and dissolution of biogenic silica in the ocean: revised global estimates, comparison with regional data and relationship to biogenic sedimentation. Global Biogeochem. Cycles 9, 359 – 372.

Nelson, J. R., Eckman, J. E., Robertson, C. Y., Marinelli, R. L., and Jahnke, R. A. (1999) Benthic microalgal biomass and irradiance at the sea floor on the continental shelf of the South Atlantic Bight: spatial and temporal variability and storm effects. Cont. Shelf Res. 19, 477 – 505.

Nelson, J. R., andWakeham, S. G. (1989) Aphytol – substituted chlorophyll *c* from *Emiliana huxleyi* (Prymnesiophyceae). J. Phycol. 25, 761 – 766.

Neubauer, S. C., and Anderson, I. C. (2003) Transport of dissolved inorganic carbon from a tidal freshwater marsh to the York River estuary. Limnol. Oceanogr. 48, 299 – 307.

Neunlist, S., Bisseret, P., and Rohmer, M. (1988) The hopanoids of the purple non - sulfur bacteria *Rhodopseudomonas palustris and Rhodopseudomonas acidophila* and the absolute configuration of bacteriohopanetetrol. Eur. J. Biochem. 171, 245 - 252.

Nevissi, A. (1982) Atmospheric flux of $^{210}$Pb in the northwestern United States. *In* Natural Environment (Vohra, K. G., Mishra, U. C., Pillai, K. C., and Sadasivan, S., eds.), pp. 614 - 620, John Wiley, New York.

Newcombe, C. L., Horne, W. A., and Shepard, B. B. (1938) Oxygen - poor waters of the Chesapeake Bay. Science 88, 80 - 81.

Newell, R. C. (1965) The role of detritus in the nutrition of two marine deposit - feeders, the Prosobranch *Hydrobia ulvae* and the bivalve *Macoma balthica*. Proc. Zool. Soc. Lond. 4, 25 - 45.

Newell, S. Y., Hopkinson, C. S., and Scott, L. A., (1992) Patterns of nitrogenase activity (acetylene reduction) associated with standing, decaying shoots of *Spartina alterniflora*. Estuar. Coastal Shelf Sci. 35, 127 - 140.

Nguyen, R. T., and Harvey, H. R. (1994) A rapid micro - scale method for the extraction and analysis of protein in marine samples. Mar. Chem. 45, 1 - 14.

Nguyen, R. T., and Harvey, H. R. (1997) Protein and amino acid cycling during phytoplankton decomposition in oxic and anoxic waters. Org. Geochem. 27, 115 - 128.

Nguyen, R. T., and Harvey, H. R. (2001) Protein preservation in marine systems: hydrophobic and other non - covalent associations as major stabilizing forces. Geochim. Cosmochim. Acta 65, 1467 - 1480.

Nguyen, R. T., Harvey, H. R., Zang, X., van Heemst, J. D. H., Hetenyi, M., and Hatcher, P. G. (2003) Preservation of algaenan and proteinaceous material during the oxic decay of *Botryococcus braunii* as revealed by pyrolysis - gas chromatography/mass spectrometry and $^{13}$C NMR spectroscopy. Org. Geochem. 34, 483 - 498.

Nicholls, M., Johnson, G. H., and Peebles, P. C. (1991) Modern sediments and facies model for a microtidal coastal plain estuary, The James Estuary, Virginia. J. Sed. Petrol. 61, 883 - 899.

Nichols, M. N. (1974) Development of the turbidity maximum in the Rappahannock estuary, Summary. Mem. Inst. Geol. Bassin d'Aquitaine. 7, 19 - 25.

Nichols, M. N. (1984) Fluid mud accumulation processes in an estuary. Geo - Mar. Lett. 4, 171 - 176.

Nichols, M. N., and Biggs, R. B. (1985) Estuaries. *In* Coastal Sedimentary Environments (Davis, R. A., ed.), pp. 77 - 186, Springer - Verlag, New York.

Nichols, P. D., and Johns, R. B. (1985). Lipids of the tropical seagrass *Thallassia hemprichii.* Phytochemistry 24, 81 - 84.

Nichols, P. D., Palmisano, A. C., Rayner, M. S., Smith, G. A., and White, D. C. (1990) Occurrence of novel $C_{20}$ sterols in Antarctic sea ice diatom communities during spring bloom. Org. Geochem. 15, 503 - 508.

Niell, F. X. (1977) Rocky intertidal benthic systems in temperate seas: a synthesis of their functional performances. Heigo Wiss. Meersunters 30, 315.

Nielsen, K., Nielsen, L. P., and Rasmussen, P. (1995) Estuarine nitrogen retention independently estimated by the denitrification rate and mass balance methods: a study of Norsminde Fjord, Denmark. Mar. Ecol. Prog. Ser. 119, 275 - 283.

Nielsen, L. P. (1992) Denitrification in sediment determined from nitrogen isotope pairing. FEMS Microbiol. Ecol. 86, 357 - 362.

Nielsen, S. L., Sand - Jensen, K., Borum, J., and Geertz - Hansen, O. (2002) Phytoplankton, nutrients, and transparency in Danish coastal waters. Estuaries 25, 930 - 937.

Niemi, A. (1979) Blue - green algal blooms and N: P ratios in the Baltic Sea. Acta Bot. Fenn. 110, 57 - 61.

Nier, A. O. (1947) A mass spectrometer for isotope and gas analysis. Rev. Sci. Instrum. 18, 398 - 411.

Nikaido, H. , and Vaara, M. (1985) Molecular basis of bacterial outer membrane permeability. Microb. Rev. 49, 1 –32.

Nishimura, M. , and Koyama, T. (1977) The occurrence of stanols in various living organisms and the behavior of sterols in contemporary sediments. Geochim. Cosmochim. Acta 41, 379 –385.

Nishio, T. , Koike, I. , and Hattori, A. (1982) Denitrification, nitrate reduction, and oxygen consumption in coastal and estuarine sediments. Appl. Environ. Microbiol. 43, 648 –653.

Nissenbaum, A. , and Kaplan, I. R. (1972) Chemical and isotopic evidence for the in situ origin of marine humic substances. Limnol. Oceanogr. 19, 570 –582.

Nittrouer, C. A. , DeMaster, D. J. , Figueiredo, A. G. , and Rine, J. M. (1991) AMASSEDS: An interdisciplinary investigation of a complex coastal environment, Oceanography 4, 3 –7.

Nittrouer, C. A. , DeMaster, D. J. , Kuehl, S. A. , McKee, B. A. , and Thorbjarnarson, K. W. (1985) Some questions and answers about the accumulation of fine – grained sediment in continental margin environments. Geo – Mar. Lett. 4, 211 –213.

Nittrouer, C. A. , DeMaster, D. J. , McKee, B. A. , Cutshall, N. H. , and Larsen, I. L. (1984) The effect of sediment mixing on Pb –210 accumulation rates for the Washington continental shelf. Mar. Geol. 54, 210 –221.

Nittrouer, C. A. , Kuehl, S. A. , and DeMaster, D. L. (1986) The deltaic nature of Amazon shelf sedimentation. Geol. Soc. Am. Bull. 97, 444 –458.

Nittrouer, C. A. , Kuehl, S. A. , Sternberg, R. W. , Figueiredo, A. G. , and Faria, L. E. C. (1995) An introduction to the geological significance of sediment transport and accumulation on the Amazon continental – shelf. Mar. Geol. 125, 177 –192.

Nixon, S. W. (1980) Between coastal marshes and coastal waters—a review of twenty years of speculation and research on the role of salt marshes in estuarine productivity and water chemistry. *In* Estuarine Wetland Processes (Hamilton, P. , and MacDonald, K. B. , eds. ), pp. 487 –525, Plenum Press, New York.

Nixon, S. W. (1981) Remineralization and nutrient cycling in coastal marine ecosystems. *In* Estuaries and Nutrients, (Neilson, B. J. , and Cronin, L. E. , eds. ), pp. 111 –138, Humana, New York.

Nixon, S. W. (1982) Nutrient dynamics, primary production, and fisheries yields of lagoons. Oceanologic Acta Special edition: Proceedings, International Symposium on Coastal Lagoons, pp. 357 –371, University of Rhode Island, Narragansett, RI.

Nixon, S. W. (1986) Nutrient dynamics and productivity of marine coastal waters *In* Coastal Eutrophication (Clayton, B. , and Behbehani, M. , eds. ), pp. 97 –115, The Alden Press, Oxford, UK.

Nixon, S. W. (1987) Chesapeake Bay nutrient budgets—a reassessment. Biogeochemistry 4, 77 –90.

Nixon, S. W. (1988) Physical energy inputs and the comparative ecology of lake and marine ecosystems. Limnol. Oceanogr. 33, 1005 –1025.

Nixon, S. W. (1992) Quantifying the relationship between nitrogen input and the productivity of marine ecosystems. Proc. Adv. Mar. Tech. Conf. 5, 57 –83.

Nixon, S. W. (1995) Coastal marine eutrophication: a definition, social causes, and future concerns. Ophelia 4, 199 –219.

Nixon, S. W (1997) Prehistoric nutrient inputs and productivity in Narragansett Bay. Estuaries 20, 253 –261.

Nixon, S. W. , Ammerman, J. W. , Atkinson, L. P. , Berounsky, V. M. , Billen, G. , Boicourt, W. C. , Boynton, W. R. , Church, T. M. , Ditoro, D. M. , Elmgren, R. , Garber, J. H. , Giblin, A. E. , Jahnke, R. A. , Owens, N. J. P. , Pilson, M. E. Q. , and Seitzinger, S. P. (1996) The fate of nitrogen and phosphorus at the land – sea margin of the north Atlantic Ocean. Biogeochemistry 35, 141 –180.

Nixon, S. W., Furnas, B. N., Lee, V., Marshall, N., Ong, J. E., Wong, C. H., Gong, W. K., and Sasekumar, A. (1984) The role of mangroves in the carbon and nutrient dynamics of Malaysia estuaries. *In* Proceedings of the Asian Symposium on Mangrove Environment: Research and Management (Soepadmo, E., ed.), pp. 535 – 544, University of Malaya, Kuala Lumpur.

Nixon, S. W., Granger, S. L., and Nowicki, B. L. (1995) An assessment of the annual mass balance of carbon, nitrogen, and phosphorus in Narragansett Bay. Biogeochemistry 31, 15 – 61.

Nixon, S. W., and Oviatt, C. A. (1973) Ecology of a New England salt marsh. Ecol. Monogr. 43, 463 – 498.

Nixon, S. W., Oviatt, C. A., Fristhen, J., and Sullivan, B. (1986) Nutrients and the productivity of estuarine and coastal marine ecosystems. J. Limnol. Soc. South Afr. 12, 43 – 71.

Nixon, S. W., Oviatt, C. A., and Hale, S. S. (1976) Nitrogen regeneration and the metabolism of coastal marine bottom communities. *In* The Role of Terrestrial and Aquatic Organisms in Decomposition Processes (Anderson, J. M., and MacFadyen, A., eds.), pp. 269 – 283, Blackwell, London.

Nixon, S. W., and Pilson, M. Q. (1983) Nitrogen in estuarine and coastal marine ecosystems. *In* Nitrogen in the Marine Environment (Carpenter, E. J., and Capone, D. G., eds.), pp. 565 – 648, Academic Press, New York.

Nobel, M., and Butman, B. (1979) Low frequency wind – induced sea level oscillations along the east coast of North America. J. Geophys. Res., 84, 3227 – 3236.

North, E. W. and Houde, E. D. (2001) Retention of white perch and striped bass larvae: biological – physical interactions in Chesapeake Bay estuarine turbidity maximum. Estuaries 24, 756 – 769.

Novelli, P. C., Michelson, A. R., Scranton, M. I., Banta, G. T., Hobbie, J. E., and Howarth, R. W. (1988) Hydrogen and acetate in two sulfate – reducing sediments: Buzzards Bay and Town Cove, Mass. Geochim. Cosmochim. Acta 52, 2477 – 2486.

Nowell, A. R. M., and Jumars, P. A. (1987) Flumes: theoretical and experimental considerations for simulation of benthic environments. Oceanogr. Mar. Biol. Annu. Rev. 25, 91 – 112.

Nowicki, B. L. (1994) The effect of temperature, oxygen, salinity, and nutrient enrichment on estuarine denitrification rates measured with a modified nitrogen gas flux technique. Estuar. Coastal Shelf Sci. 38, 137 – 156.

Nowicki, B. L., Kelly, J. R., Requintina, E., and van Keuren, D. (1997) Nitrogen losses through sediment denitrification in Boston Harbor and Massachusetts Bay. Estuaries 20, 626 – 639.

Nowicki, B. L., and Nixon, S. W. (1985) Benthic nutrient remineralization in a coastal lagoon ecosystem. Estuaries 8: 182 – 190.

Nowicki, B. L., Reguintina, E., van Kevren, D., and Portnoy, J. (1999) The role of sediment denitrification in reducing groundwater – derived nitrate inputs to Nauset Marsh estuary, Cape Cod, Massachusetts. Estuaries 22, 245 – 259.

Nozaki, Y. (1991) The systematics and kinetics of U/Th decay series nuclides in ocean water. Rev. Aquat. Sci. 4, 75 – 105.

Nozaki, Y., Cochran, J. K., Turekian, K. K., and Keller, G. (1977) Radiocarbon and $^{210}$Pb distribution in submersible – taken deep – sea cores from project FAMOUS. Earth Planet. Sci. Lett. 34, 167 – 173.

Nunes, R. A., and Simpson, J. H. (1985) Axial convergence in a well – mixed estuary. Estuar. Coastal Shelf Sci. 20, 637 – 649.

Nyman, J. A. (1999) Effect of crude oil and chemical additives on metabolic activity of mixed microbial populations in fresh marsh soils. Microb. Ecol. 37, 152 – 162.

Oades, J. M. (1989) An introduction to organic matter in mineral soils. *In* Mineral in Soil Environments (Dixon, J. B., and Weed, S. B., eds.), pp. 89 – 159, Soil Science Society of America, Madison, WI.

O'Brien, B. J. (1986) The use of natural and anthropogenic $^{14}C$ to investigate the dynamics of soil organic carbon. Radiocarbon 28, 358 – 362.

Odd, N. U. M., Bentley, M. A., and Waters, C. B. (1993) Observations and analysis of the movement of fluid muds in an estuary. *In* Nearshore and Estuarine Studies (Mehta, A. J., ed.), Vol. 42, pp. 430 – 446, American Geophysical Union, Washington, DC.

O'Donnell, J. (1993) Surface fronts in estuaries: a review. Estuaries 16, 12 – 39.

O'Donnell, T. H., Macko, S. A., Chou, J., Davis – Hartten, K. L., and Wehmiller, J. F. (2003) Analysis of $\delta^{13}C$, $\delta^{15}N$, and $\delta^{34}S$ in organic matter from the biominerals of modern and fossil *Mercenaria* spp. Org. Geochem. 34, 165 – 184.

O'Donnell, J., Marmorino, G. O., and Trump, C. L. (1998) Convergence and downwelling at a river plume front. J. Phys. Oceanogr. 28, 1481 – 1495.

O'Donohue, M. J. H., and Dennison, W. C. (1997) Phytoplankton productivity response to nutrient concentrations, light availability, and temperature along an Australian estuarine gradient. Estuaries 20, 521 – 533.

Odum, E. P. (1968). A research challenge: evaluating the productivity of coastal and estuarine water. Proceedings of 2nd Sea Grant Conference, Graduate School of Oceanograply, University of Rhode Island, Narragansett, RI.

Odum, E. P., and de la Cruz, A. A. (1967) Particulate organic detritus in a Georgia salt marsh – estuarine ecosystem. *In* Estuaries (Lauff, G. H., ed.), pp. 383 – 388, American Association for the Advancement of Science, Washington, DC.

Odum, W. E., Zieman, J. C., and Heald, E. J. (1973) The importance of vascular plant detritus to estuaries. *In* Coastal Marsh and Estuary Symposium (Chabreck, R. H., ed.), pp. 91 – 135, LSU, Baton Rouge, LA.

Oenema, O. (1990a) Sulfate reduction in fine – grained sediments in the Eastern Scheldt, southwest Netherlands. Biogeochemistry 9, 53 – 74.

Oenema, O. (1990b) Pyrite accumulation in salt marshes in the Eastern Scheldt, southwest Netherlands. Biogeochemistry 9, 75 – 98.

Officer, C. B. (1976) Physical Oceanography of Estuaries (and Associated CoastalWaters). John Wiley, New York.

Officer, C. B. (1979) Discussion of the behavior of non – conservative dissolved constituents in estuaries. Estuar. Coastal Shelf Sci. 9, 91 – 94.

Officer, C. B. (1980) Box models revisted. *In* Estuarine and Wetland Processes with Emphasis on Modeling (Hamilton, P., and MacDonald, K. B., eds.), pp. 65 – 114, Plenum Press, New York.

Officer, C. B., Biggs, R. B., Taft, J. L., Cronin, M. A., and Boynton, W. R. (1984) Chesapeake Bay anoxia: origin, development, and significance. Science 223, 22 – 26.

Officer, C. B., and Lynch, D. R. (1981) Dynamics of mixing in estuaries. Estuar. Coastal Shelf Sci. 12, 525 – 534.

Officer, C. B., and Ryther, J. H. (1980) The possible importance of silicon in marine eutrophication. Mar. Ecol. Prog. Ser. 9, 91 – 94.

Ogan, M. T. (1990) The nodulation and nitrogen activity of natural stands of mangrove legumes in a nitrogen swamp. Plant Soil Sci. 123, 125 – 129.

Ogawa, N., Koitabashi, T., Oda, H., Nakamura, T., Ohkouchi, N., and Wada, E. (2001) Fluctuations of nitrogen isotope ratios of gobiid fish (Ilsaza) specimens and sediments in lake Biwa, Japan, during the 20th century. Limnol. Oceanogr. 46, 1228 – 1236.

Ogram, A., Sayler, G. S., Gustin, D., and Lewis, R. J. (1978) DNA adsorption to soils and sediments. Environ. Sci. Technol. 22, 982 – 984.

Ohmoto, H. (1992) Biogeochemistry of sulfur and the mechanisms of sulfide - sulfae mineralization in Archean oceans. *In* Early Organic Evolution: Implications for Mineral and Energy Resources (Schidlowski, M., Golubic, S., Kimberley, M. M., Mckirdy, D. M., and Trudinger, P. A., eds.), pp. 378 - 397, Springer - Verlag, Berlin.

Okubo, A. (1973) Effect of shoreline irregularities on streamwise dispersion in estuaries and other embayments. Neth. J. Sea Res. 6, 213 - 224.

Olah, J. (1972) Leaching, colonization, and stabilization during detritus formation. Mem. Inst. Ital. Idrobiol. 29, 105 - 127.

O'Leary, M. H. (1981) Carbon isotope fractionation in plants. Phytochemistry 20, 553 - 567.

O'Leary, M. H. (1988) Carbon isotopes in photosynthesis. Bioscience 38, 328 - 336.

Oliveira, A., and Baptista, A. M. (1997) Diagnostic modeling of residence times in estuaries. Wat. Resources. Res. 33, 1935 - 1946.

Olmez, I., and Gordon, G. E. (1985) Rare Earths: atmospheric signatures for oil fired power plants and refineries. Science 229, 966 - 968.

Olmez, I., Sholkovitz, E. R., Hermann, D., and Eganhouse, R. P. (1991) Rare Earth elements sediments off Southern California: a new anthropogenic indicator. Environ. Sci. Technol. 25, 310 - 316.

Olsen, C. R., Larsen, I. L., Lowry, P. D., and Cutshall, N. H. (1986) Geochemistry and deposition of 7Be in river - estuarine and coastal waters. J. Geophys. Res. 91, 896 - 908.

Olsen, C. R., Larsen, I. L., Lowry, P. D., Cutshall, N. H., Todd, J. F., Wong, G. T. F., and Casey, W. H. (1985) Atmospheric fluxes and marsh - soil inventories of $^{7}$Be and $^{210}$Pb. J. Geophys. Res. 90, 10487 - 10495.

Olsen, C. R., Larsen, I. L., Mulholland, P. J., Von Damm, K. L., Grebmeier, J. M., Schaffner, L. C., Diaz, R. J., and Nichols, M. M. (1993) The concept of an equilibrium surface applied to particle sources and contaminant distributions in estuarine sediments. Estuaries 16, 683 - 696.

Olsen, C. R., Simpson, H. J., Bopp, R. F., Williams, S. C., Peng, T. H., and Deck, B. L. (1978) A geochemical analysis of the sediments and sedimentation in the Hudson Estuary. J. Sed. Petrol. 48, 410 - 418.

Olsen, C. R., Simpson, H. J., Peng, T. H., Bopp, F., and Trier, R. M. (1981) Sediment mixing and accumulation rate effects on radionuclide depth profiles in Hudson Estuary sediments. J. Geophys. Res. 86, 11020 - 11028.

Olsson, M., Bignert, A., Eckhell, J., and Jonsson, P. (2000) Comparison of temporal trends (1940s - 1990s) of DDT and PCB in Baltic sediment and biota in relation to eutrophication. Ambio 29, 195 - 201.

O'Malley, V. P., Abrajano, T. A., and Hellou, J. (1994) Determination of $^{13}C/^{12}C$ ratios of individual PAH from environmental samples: can PAH sources be source apportioned? Org. Geochem. 21, 809 - 822.

Onstad, G. D., Canfield, D. E., Quay, P. D., and Hedges, J. I. (2000) Sources of particulate organic matter in rivers from the continental USA: lignin phenol and stable carbon isotope compositions. Geochim. Cosmochim. Acta 64, 3539 - 3546.

Opsahl, S., and Benner, R. (1995) Early diagenesis of vascular plant tissues: lignin and cutin decomposition and biogeochemical implications. Geochim. Cosmochim. Acta 59, 4889 - 4904.

Opsahl, S., and Benner, R. (1997) Distribution and cycling of terrigenous dissolved organic matter in the ocean. Nature 386, 480 - 482.

Opsahl, S., and Benner, R. (1998) Photochemical reactivity of dissolved lignin in river and ocean waters. Limnol. Oceanogr. 43, 1297 - 1304.

Opsahl, S., and Benner, R. (1999) Characterization of carbohydrates during early diagenesis of five vascular plant tissues. Org. Geochem. 30, 83 - 94.

Opsahl, S., Benner, R., and Amon, R. M. W. (1999) Major flux of terrigenous dissolved organic matter through the Arctic Ocean. Limnol. Oceanogr. 44, 2017-2023.

Orem, W. H., and Hatcher, P. G. (1987) Solid-state $^{13}C$ NMR studies of dissolved organic matter in pore waters from different depositional environments. Org. Geochem. 11, 73-82.

Orem, W. H., Hatcher, P. G., and Spiker, E. C. (1986) Dissolved organic matter in anoxic pore waters from Mangrove Lake, Bermuda. Geochim. Cosmochim. Acta 50, 609-618.

Ormaza-Gonzalez, F. I., and Statham, P. J. (1991) The occurrence and behavior of different forms of phosphorus in the waters of four English estuaries. *In* Estuaries and Coasts: Spatial and Temporal Intercomparisons (Elliott, M., and Ducrotoy, J. P., eds.), pp. 77-83, Olsen and Olsen, Copenhagen.

Osterman, L. E., Poore, R. Z., Swarzenski, P. W., and Turner, R. E. (2005) Reconstructing a 180 yr record of natural and anthropogenic induced low-oxygen conditions from Louisiana continental shelf sediments. J. Geol. 33, 329-332.

Ostrom, N. E., Macko, S. A., Deibel, D., and Thompson, R. J. (1997) Seasonal variation in the stable carbon and nitrogen isotope biogeochemistry of a coastal cold ocean environment. Geochim. Cosmochim. Acta 61, 2929-2942.

Ourisson, G., Rohmer, M., and Poralla, K. (1987) Prokaryotic hopanoids and other polyterpenoid sterol surrogates. Annu. Rev. Microbiol. 41, 310-333.

Ouverney, C. C., and Fuhrman, J. A. (2000) Marine planktonic Archaea take up amino acids. Appl. Env. Microbiol. 66, 4829-4833.

Overmann, J., Cypionka, H., and Pfennig, N. (1992) An extremely low-light adapted phototrophic sulfur bacterium from the Black Sea. Limnol. Oceanogr. 37, 150-155.

Overnell, J. (2002) Manganese and iron profiles during early diagenesis in Loch Etive, Scotland. Application of two diagenetic models. Estuar. Coastal Shelf Sci. 54, 33-44.

Oviatt, C. A., Lane, P., French, F., and Donaghay, P. (1989) Phytoplankton species and abundance in response to eutrophication in coastal marine ecosystems. J. Plankton Res. 11, 1223-1244.

Owens, N. J. P. (1985) Variations in the natural abundance of $^{15}N$ in estuarine suspended particulate matter: a specific indicator of biological processing. Estuar. Coastal Shelf Sci. 20, 505-510.

Packard, T. T. (1979) Half-saturation constants for nitrate reductase and nitrate translocation in marine phytoplankton. Deep Sea Res. 26, 321-326.

Paerl, H. W. (1985) Enhancement of marine primary production by nitrogen-enriched acid rain. Nature 315, 747-749.

Paerl, H. W. (1991) Ecophysiological and trophic implications of light-stimulated amino acid utilization in marine picoplankton. Appl. Environ. Microbiol. 57, 473-479.

Paerl, H. W. (1995) Coastal eutrophication in relation to atmospheric nitrogen deposition: current perspectives. Ophelia 41, 237-259.

Paerl, H. W. (1996) Microscale physiological and ecological studies of aquatic cyanobacteria: macroscale implications. Micros. Res. Techn. 33, 47-72.

Paerl, H. W. (1997) Coastal eutrophication and harmful algal blooms: Importance of atmospheric deposition and groundwater as "new" nitrogen and other nutrient sources. Limnol. Oceanogr. 42, 1154-1165.

Paerl, H. W. 2002. Connecting atmospheric deposition to coastal eutrophication. Environ. Sci. Technol. 36, No. 15: 323A-326A.

Paerl, H. W., Crocker, K. M., and Prufert, L. E. (1987) Limitation of $N_2$ fixation in coastal marine waters: relative importance of molybdenum, iron, phosphorus, and organic matter availability. Limnol. Oceanogr. 32, 525-536.

Paerl, H. W., Dennis, R. L., and Whitall, D. R. (2002) Atmospheric deposition of nitrogen: implications for nutrient over – enrichment of coastal waters. Estuaries 25, 677 – 693.

Paerl, H. W., and Fogel, M. L. (1994) Isotopic characterization of atmospheric nitrogen inputs as sources of enhanced primary production in coastal Atlantic Ocean waters. Mar. Biol. 119, 635 – 645.

Paerl, H. W., Rudek, J., and Mallin, M. A. (1990) Stimulation of phytoplankton production in coastal waters by natural rainfall inputs: nutritional and trophic implications. Mar. Biol. 107, 247 – 254.

Paez – Osuna, F., and Mandelli, E. F. (1985) $^{210}$Pb in a tropical coastal lagoon sediment core. Estuar. Coastal Shelf Sci. 20, 367 – 374.

Page, H. M. (1995) Variation in the natural abundance $^{15}$N in the halophyte, *Salicornia virginica*, associated with groundwater subsidies of nitrogen in a southern California salt – marsh. Oecologia 104, 181 – 188.

Painter, T. J. (1983) Algal polysaccharides. *In* The Polysaccharides (Aspinall, G. O., ed.), pp. 195 – 285, Academic Press, New York.

Pakulski, J. D., and Benner, R. (1994) Abundance and distribution of carbohydrates in the ocean. Limnol. Oceanogr. 39, 930 – 940.

Pakulski, J. D., Benner, R., Whitledge, T., Amon, R, Eadie, B., Cifuentes, L., Ammerman, J., and Stockwell, D. (2000) Microbial metabolism and nutrient cycling in the Mississippi and Atchafalaya River plumes. Estuar. Coastal Shelf Sci. 50, 173 – 184.

Palenik, B., and Morel, F. M. (1991) Amine oxidases of marine phytoplankton. Appl. Environ. Microb. 57, 2440 – 2443.

Pankow, J. F. (1991) Aquatic Chemistry Concepts. Lewis Publishers, Boca Raton, FL.

Pantoja, S. and Lee, C. (1994) Cell – surface oxidation of amino acids in seawater. Limnol. Oceanogr. 39, 1718 – 1726.

Pantoja, S., and Lee, C. (1999) Peptide decomposition by extracellular hydrolysis in coastal seawater and salt marsh sediment. Mar. Chem. 63, 272 – 291.

Park, P. K., Gordon, L. I., Hager, S. W., and Cissel, M. C. (1969) Carbon dioxide partial pressure in the Columbia River. Science 166, 867 – 868.

Park, R., and Epstein, S. (1960) Carbon isotope fractionation during photosynthesis. Geochim. Cosmochim. Acta 21, 110 – 126.

Parker, C. A., and O'Reilly, J. E. (1991) Oxygen depletion in Long Island Sound: a historical perspective. Estuaries 14, 248 – 264.

Parker, P. L., and Leo, R. F. (1965) fatty acids in blue – green algal mat communities. Science 148, 373 – 374.

Parkes, R. J., and Buckingham, W. J. (1986) The flow of organic carbon through aerobic respiration and sulfate reduction. *In* Proceedings of 4th International Symposium on Microbial Ecology (Megusar, F., and Gantar, M., eds.), pp. 617 – 624, Ljubljana, Slovenia.

Parkes, R. J., and Taylor, J. (1983) The relationship between fatty acid distributions and bacterial respiratory types in contemporary marine sediments. Estuar. Coastal Shelf Sci. 16, 173 – 189.

Parrish, C. C., Abrajano, T. A., Budge, S. M., Helleur, R. J., Hudson, E. D., Pulchan, K., and Ramos, C. (2000) Lipid and phenolic biomarkers in marine ecosystems: analysis and applications. *In* The Handbook of Environmental Chemistry, Vol. 5, Part D, Marine Chemistry (Wangersky, P., ed.), pp. 193 – 223, Springer – Verlag, Berlin.

Parrish, C. C., Eadie, B. J., Gardner, W. S., and Cavaletto, J. F. (1992) Lipid class and alkane distribution in settling particles of the upper Laurentian Great Lakes. Org. Geochem. 18, 33 – 40.

Parson, J. W. (1988) Isolation of humic substances from soils and sediments. *In* Humic Substances and their Role in the Environment (Frimmel, F. H., and Christman, R. F. eds.), pp. 3 – 14, John Wiley, New York.

Parsons, T. R., and Lee Chen, Y. L. (1995) The comparative ecology of a subarctic and tropical estuarine ecosystem as measured with carbon and nitrogen isotopes. Estuar. Coastal Shelf Sci. 41, 215 – 224.

Parsons, T. R., Takahashi, M., and Hargrave, B. (1984) Biological Oceanographic Processes. Pergamon Press, New York.

Part, P., Svanberg, O., and Kiessling, A. (1985) The availability of cadmium to perfused rainbow trout gills in different water qualities. Wat. Res. 19, 427 – 429.

Passow, U. (2002) Production of transparent exopolymer particles (TEP) by phyto – and bacterioplankton. Mar. Ecol. Prog. Ser. 236, 1 – 12.

Patrick, O., Slawayk, G., Garcia, N., and Bonin, P. (1996) Evidence of denitrification and nitrate ammonification in the river Rhone plume (northwest Mediterranean Sea). Mar. Ecol. Prog. Ser. 141, 275 – 281.

Payne, J. W. (1976) Reduction of nitrogenous oxides by microorganisms. Bact. Rev. 37, 409 – 452.

Payne, J. W. (ed.) (1980) Transport and utilization of peptides by bacteria. *In* Microorganisms and Nitrogen Sources, pp. 211 – 256, John Wiley, New York.

Peckol, P., DeMeo – Anderson, B., Rivers, J., Valiela, I., Maldonado, M., and Yates, J. (1994). Growth, nutrient uptake capacities and tissue constituents of the macroalgae, *Cladophora vagabunda* and *Gracilaria tikvahiae*, related to site – specific nitrogen loading rates. Mar. Biol. 121, 175 – 185.

Peierls, B. L., Caraco, N. F., Pace, M. L., and Cole, J. J. (1991) Human influence on river nitrogen. Nature 350, 386 – 387.

Peierls, B. L., and Paerl, H. W. (1997) Bioavailability of atmospheric organic nitrogen deposition to coastal phytoplankton. Limnol. Oceanogr. 42, 1819 – 1823.

Peng, T. H., Broecker, W. S., Mathieu, G. G., and Li, Y. H. (1979) Radon evasion rates in the Atlantic and Pacific oceans as determined during the GEOSECS program. J. Geophys. Res. 84, 2471 – 2486.

Penland, S., and Ramsey, K. E. (1990) Relative seal – level rise in Louisiana and the Gulf of Mexico: 1908 – 1988. J. Coastal Res. 6, 323 – 342.

Pennington, F. C., Haxo, F. T., Borch, G., and Liaaen – Jensen, S. (1985) Carotenoids of Cryptophyceae. Biochem. Syst. Ecol. 13, 215 – 219.

Pennock, J. R., Boyer, J. N., Herrera – Silveira, J. A., Iverson, R. I., Whitledge, T. E., Mortazavi, B., and Comin, F. A. (1999) Nutrient behavior and phytoplankton production in Gulf of Mexico estuaries. *In* Biogeochemistry of Gulf of Mexico Estuaries (Bianchi, T. S., Pennock, J. R., and Twilley, R. R., eds.), pp. 109 – 162, John Wiley, New York.

Pennock, J. R., Sharp, J. H., Ludlam, J. H., Velinsky, D. J., and Fogel, M. L. (1988) Isotopic fractionation of nitrogen during uptake of $NH_4^+$ and $NO_3^-$ by *Skeletonema costatum*. EOS 69, 1098.

Pennock, J. R., Velinsky, D. J., Ludlum, and Sharp, J. H. (1996) Isotopic fractionation of ammonium and nitrate during uptake by *Skeletonema costatum*: implications for $\delta^{15}N$ dynamics under bloom condition. Limnol. Oceanogr. 41, 451 – 459.

Percival, E. (1970) Algal carbohydrates. *In* The Carbohydrates: Chemistry and Biochemistry, 2nd edn. (Pigman, W., and Horton, D., eds), pp. 537 – 568, Academic Press, New York.

Perdue, E. M., and Lytle, C. R. (1983) Distribution model for binding of protons and metal ions by humic substances. Environ. Sci. Technol. 17, 564 – 660.

Perez, M. T., Pausz, C., and Herndl, G. J. (2003) Major shift in bacterioplankton utilization of enantiomeric amino acids between surface waters and the ocean's interior. Limnol. Oceanogr. 48, 755 - 763.

Periera, W., and Rostad, C. E. (1990) Occurrence, distribution and transport of herbicides and their degradation products in the lower Mississippi River and its tributaries. Environ. Sci. Technol. 24, 1400 - 1408.

Perillo, G. M. E. (ed.) (1995) Definitions and geomorphic classifications of estuaries. *In* Geomorphology and Sedimentology of Estuaries. Developments in Sedimentology 53, pp. 17 - 47, Elsevier Science, New York.

Pernetta, J. C., and Millman, J. D. (eds.) (1995) Land - Ocean Interactions in the Coastal Zone: Implementation Plan. IGBP Rep. 33, 1 - 215.

Perret, D., Gaillard, J. F., Dominik, J., and Atteia, O. (2000) The diversity of natural hydrous iron oxides. Environ. Sci. Technol. 34, 3540 - 3546.

Perry, G. J., Volkman, J. K., Johns, R. B., and Bavor, H. J. (1979) Fatty acids of bacterial origin in contemporary marine sediments. Geochim. Cosmochim. Acta 43, 1715 - 1725.

Peteet, D. M., and Wong, J. K. (2000) Late Holocene environmental changes from NY - NJ estuaries. Proc. Geol. Soc. Am. Northeastern Section Meeting, p. A - 65.

Peters, H. (1999) Spatial and temporal variability of turbulent mixing in an estuary. J. Mar. Res. 57, 805 - 845.

Peters, H. (2003) Broadly distributed and locally enhanced turbulent mixing in a tidal estuary. J. Phys. Oceanog. 33, 1967 - 1977.

Peters, H., and Bokhorst, R. (2000) Microstructure observations of turbulent mixing in a partially mixed estuary. Part I: Dissipation rate. J. Phys. Oceanogr. 30, 1232 - 1244.

Peters, K. E., and Moldowan, J. M. (1993) The Biomarker Guide: Interpreting Molecular Fossils in Petroleum and Ancient Sediments. Prentice - Hall, Englewood Cliffs, NJ.

Peterson, B. J., and Fry, B. (1989) Stable isotopes in ecosystems studies. Annu. Rev. Ecol. Syst. 18, 293 - 320.

Peterson, B. J., and Howarth, R. W. (1987) Sulfur, carbon, and nitrogen isotopes used to trace organic matter flow in the salt marsh estuaries of Sapelo Island, Georgia. Limnol. Oceanogr. 32, 1195 - 1213.

Peterson, B. J., Howarth, R. W., and Garritt, R. H. (1985) Multiple stable isotopes used to trace the flow of organic matter in estuarine food webs. Science 227, 1361 - 1363.

Peterson, B. J., Howarth, R. W., and Garritt, R. H. (1986) Sulfur and carbon isotopes as tracers of salt - marsh organic matter flow. Ecology 67, 865 - 874.

Petsch, S. T. (2000) A study on the weathering of organic matter in black shales and implications for the geochemical cycles of carbon and oxygen. Ph. D dissertation, Yale University.

Petsch, S., Eglinton, T. I., and Edwards, K. J. (2001) $^{14}C$ - dead living biomass: evidence for microbial assimilation of ancient organic carbon during shale weathering. Science 292, 1127 - 1131.

Pfennig, N. (1989) Ecology of phototrophic purple and green sulfur bacteria. *In* Autotrophic Bacteria (Schlegel, H. G., and Bowien, B., eds.), pp. 97 - 116, Springer, Berlin.

Phillips, R. C., and McRoy, C. P. (1980) Handbook of Seagrass Biology: An Ecosystem Perspective. Garland STPM Press, New York.

Phinney, J. T., and Bruland, K. W. (1994) Uptake of lipophilic organic Cu, Cd, and Pb complexes in the coastal diatom *Thalassiosira weissflogii*. Environ. Sci. Technol. 28, 1781 - 1790.

Pierard, C., Budzinski, H., and Garrigues, P. (1996) Grain - size distribution of polychlorobiphenyls in coastal sediment. Environ. Sci. Technol. 30, 2776 - 2783.

Pinckney, J. L., Millie, D. F., Howe, K. E., Paerl, H. W., and Hurley, J. P. (1996) Flow scintillation counting of $^{14}C$ - labeled microalgal photosynthetic pigments. J. Plankton Res. 18, 1867 - 1880.

Pinckney, J. L., Paerl, H. W., Harrington, M. B., and Howe, K. E. (1998) Annual cycles of phytoplankton community – structure and bloom dynamics in the Neuse River estuary, North Carolina. Mar. Biol. 131, 371 – 381.

Pinckney, J. L., Richardson, T. L., Millie, D. F., and Paerl, H. W. (2001) Application of photopigment biomarkers for quantifying microalgal community composition and in situ growth rates. Org. Geochem. 32, 585 – 595.

Pinckney, J. L., and Zingmark, R. A. (1993) Modeling the annual production of intertidal benthic microalgae in estuarine ecosystems J. Phycol. 2, 396 – 407.

Pirc, H. (1985) Growth dynamics in *Posidonia oceanica* (L.) Delile. I. Seasonal changes of soluble carbohydrates, starch, free amino acids, nitrogen and organic anions in different parts of the plant. Publ. Staz. Zool. Napoli I Mar. Ecol. 6, 141 – 165.

Plante – Cuny, M. R., Salen – Picard, C., Grenz, C., Plante, R., Alliot, E., and Barranguet, C. (1993) Experimental field study of the effects of crude oil, drill cuttings and natural biodeposits on microphyto – and microzoobenthic communities in a Mediterranean area. Mar. Biol. 117, 355 – 366.

Pohl, C., and Hennings, U. (1999) The effect of redox processes on the partitioning of Cd, Pb, Cu, and Mn between dissolved and particulate phases in the Baltic Sea. Mar. Chem. 65, 41 – 53.

Pohl, C., Loffler, A., and Hennings, U. (2004) A sediment trap flux for trace metals under seasonal aspects in the stratified Baltic Sea (Gotland Basin: 57°19.20′N; 20″03.00′E). Mar. Chem. 84, 143 – 160.

Pollak, M. J. (1960) Wind set – up and shear – stress coefficient in Chesapeake Bay. J. Geophys. Res., 65, 3383 – 3389.

Pollard, P. C., and Moriarty, D. J. W. (1991) Organic carbon decomposition, primary and bacterial productivity, and sulphate reduction, in tropical seagrass beds of the Gulf of Carpentaria, Australia. Mar. Ecol. Prog. Ser. 69, 149.

Pollman, C. D., Landing, W. M., Perry, J. J., and Fitzpatrick, T. (2000) Wet deposition of phosphorus in Florida. Atmos. Environ. 36, 2309 – 2318.

Pomeroy, L. R. (1974) The ocean's food web: a changing paradigm. Bioscience 24, 499 – 504.

Pomeroy, L. R., Smith, E. E., and Grant, C. M. (1965) The exchange of phosphate between estuarine water and sediments. Limnol. Oceanogr. 10, 167 – 172.

Pomeroy, L. R., and R. G. Wiegert (eds.). 1981. The Ecology of a Salt Marsh. Springer Verlag, New York.

Porra, R. J., Pfundel, E. E., and Engel, N. (1997) Metabolism and function of photosynthetic pigments. *In* Phytoplankton Pigments in Oceanography (Jeffrey, S. W., Mantoura, R. F. C., and Wright, S. W., eds.), pp. 85 – 126, UNESCO Publishing, Paris.

Postgate, J. R. (1984) The Sulphate – Reducing Bacteria, 2nd edn., Cambridge Press, Cambridge, UK.

Postma, H. (1980) Sediment transport and sedimentation. *In* Chemistry and Biogeochemistry of Estuaries (Olausson, E., and Cato, I., eds.), pp. 153 – 183, John Wiley, New York.

Poutanen, E. L., and Nikkila, K. (2001) Carotenoid pigments as tracers of cyanobacterial blooms in recent and post – glacial sediments of the Baltic Sea. Ambio 30, 179 – 183.

Powell, G. V. N., Kenworthy, W. J., and Fourqurean, J. F. (1989) Experimental evidence for nutrient limitation of seagrass growth in a tropical estuary with restricted circulation. Bull. Mar. Sci. 44, 324 – 340.

Powell, R. D. (1990) Glaciomarine processes at grounding – line fans and their growth to ice – contact deltas. *In* Glaciomarine Environments: Processes and Sediments (Dowdeswell, J. A., and Scorse, J. D., eds.), pp. 53 – 73, Geological Society of London, Special Publication.

Powell, R. T., and Donat, J. R. (2001) Organic complexation and speciation of iron in the South and Equatorial Atlantic. Deep – Sea Res. II 48, 2877 – 2893.

Powell, R. T., Landing, W. M., and Bauer, J. E. (1996) Colloidal trace metals, organic carbon, and nitrogen in southeastern U. S. estuary. Mar. Chem. 55, 165 - 176.

Powell, R. T., and Wilson - Finelli, A. (2003) Importance of organic Fe complexing ligands in the Mississippi River plume. Estuar. Coastal Shelf Sci. 58, 757 - 763.

Prahl, F. G. (1985) Chemical evidence of differential particle dispersal in the southern Washington coastal environment. Geochim. Cosmochim. Acta 49, 2533 - 2539.

Prahl, F. G., and Carpenter, R. (1979) The role of zooplankton fecal pellets in the sedimentation of polycyclic aromatic hydrocarbons in Dabob Bay, Washington. Geochim. Cosmochim. Acta 44, 1967 - 1976.

Prahl, F. G., and Carpenter, R. (1983) Polycyclic aromatic hydrocarbons (PAH) - phase associations in Washington coastal sediments. Geochim. Cosmochim. Acta 47, 1013 - 1023.

Prahl, F. G., and Coble, P. G. (1994) Input and behavior of dissolved organic carbon in the Columbia River estuary. *In* Changes in Fluxes in Estuaries: Implications from Science and Management (ECSA22/ERF Symp., Plymouth, England) (Dyer, K. R., and Orth, R. J., eds.), pp. 451 - 457, Olsen and Olsen, Copenhagen.

Prahl F. G., Eglinton G., Corner E. D. S. and O'Hara S. C. M. (1984) Copepod faecal pellets as a source of dihydrophytol in marine sediments. Science 224, 1235 - 1237.

Prahl, F. G., Ertel, J. R., Goni, M. A., Sparrow, M. A., and Eversmeyer, B. (1994) Terrestrial organic carbon contributions in sediments on the Washington margin. Geochim. Cosmochim. Acta. 58, 3035 - 3048.

Prahl, F. G., Haynes, J. M., and Xie, T. M. (1992) Diploptene: an indicator of terrigenous organic carbon in Washington coastal sediments. Limnol. Oceanogr. 37, 1290 - 1300.

Prahl, F. G., and Muelhausen, L. A. (1989) Lipid biomarkers as geochemical tools for paleoceanographic study. *In* Productivity of the Ocean: Present and Past (Berger, W. H., Smetacek, V. S., and Wefer, G., eds.), pp. 271 - 289, John Wiley, New York.

Precht, E., and Huettel, M. (2003) Advective porewater exchange driven by surface gravity waves and its ecological implications. Limnol. Oceanogr. 48, 1674 - 1684.

Prego, R. (2002) Nitrogen fluxes and budget seasonality in the Rio Vigo (NW Iberian Peninsula). Hydrobiologia 475/476, 161 - 171.

Prego, R., and Bao, R. (1997) Upwelling influence on the Galician coast: silicate in shelf water and underlying surface sediments. Cont. Shelf Res. 17, 307 - 318.

Prego, R., and Fraga, F. (1992) A simple model to calculate the residual flows in a Spanish ria. Hydrographic consequences in the ria of Vigo. Estuar. Coastal Shelf Sci. 34, 603 - 615.

Presley, B. J., Brooks, R. R., and Kappel, H. M. (1967) A simple squeezer for removal of interstitial water from ocean sediments. J. Mar. Res. 25, 355 - 357.

Presley, B. J., Kolodny, Y., Nissenbaum, A., and Kaplan, I. R. (1972) Early diagenesis in a reducing fjord, Saanich Inlet, British Columbia—II. Trace element distribution in interstitial water and sediment. Geochim. Cosmochim. Acta 36, 1073 - 1090.

Presley, B. J., Refrey, J. H., and Shokes, R. F. (1980) Heavy metal inputs to Mississippi Delta sediments. Wat. Air Soil Pollut. 13, 481 - 494.

Presley, B. J., and Trefrey, J. H. (1980) Sediment - water interactions and the geochemistry of interstitial waters. *In* Chemistry and Biogeochemistry of Estuaries (Olausson, E., and Cato, I., eds.), pp. 187 - 222, John Wiley, New York.

Preston, R. L. (1987) d - Alanine transport and metabolism by coelomocytes of the bloodworm, *Glycera dibranchiate*

(Polychaeta). Comp. Biochem. Physiol. 87, 63 – 71.

Preston, R. L., McQuade, H., Oladokun, O., and Sharp, J. (1997) Racemization of amino acids by invertebrates. Bull. Mount Desert Island Biol. Lab. 36, 86.

Prins, T. C., and Smaal, A. C. (1994) The role of the blue mussel *Mytilus edulis* in the cycling of nutrients in the Oosterschelde estuary (The Netherlands). *In* The Oosterschelde Estuary: a Case Study of a Changing Ecosystem (Nienhuis, P. H., and A. C. Smaal, A. C., eds.), pp. 413 – 429, Kluwer, Dordrecht.

Pritchard, D. W. (1952) Salinity distribution and circulation in the Chesapeake Bay estuaries system. J. Mar. Res. 11, 106 – 123.

Pritchard, D. W. (1954) A study of the salt balance in a coastal plain estuary. J. Mar. Res. 13, 133 – 144.

Pritchard, D. W. (1955) Estuarine circulation patterns. Proc. Am. Soc. Civil Eng. 81, No. 717.

Pritchard, D. W. (1956) The dynamic structure of a coastal plain estuary. J. Mar. Res. 15, 33 – 42.

Pritchard, D. W. (1967) Observations of circulation in coastal plain estuaries. *In* Estuaries (Lauff, G. H., ed.), pp. 3 – 5, American Association for the Advancement of Science, Publ. 83, Washington, DC.

Pritchard, D. W. (1989) Estuarine classification—a help or hindrance. *In* Estuarine Circulation (Nielson, B. J., Kuo, A., and Brubaker, J., eds.), pp. 1 – 38, Humana Press, Clifton, NJ.

Probst, J. L., Mortatti, J., and Tardy, Y. (1994) Carbon river fluxes and weathering $CO_2$ consumption in the Congo and Amazon river basins. Appl. Geochem. 9, 1 – 13.

Pulchan, K., Abrajano, T. A., and Helleur, R. J. (1997) Characterization of tetramethylammonium hydroxide thermochemolysis products of near – shore marine sediments using gas chromatography/mass spectrometry and gas chromatography/combustion/isotope ratio mass spectrometry. J. Anal. Appl. Pyrolysis 42, 135 – 150.

Pulchan, K. J., Helleur, R., and Abrajano, T. A. (2003) TMAH thermochemolysis characterization of marine sedimentary organic matter in a Newfoundland fjord. Org. Geochem. 34, 305 – 317.

Pulliam, W. M. (1993) Carbon dioxide and methane exports from a southeastern floodplain swamp. Ecol. Monograph. 63, 29 – 53.

Pulliam – Holoman, T. R., Elberson, M. A., Cutter, L. A., May, H. D., and Sowers, K. R. (1998) Characterization of a defined 2, 3, 5, 6 – tetracholobiphenyl – ortho – dechlorinating microbial community by comparative sequence analysis of genes coding for 16S rRNA. Appl. Environ. Microbiol. 64, 3359 – 3367.

Pyzik, A. J., and Sommer, S. E. (1981) Sedimentary iron monosulfides: kinetics and mechanism of formation. Geochim. Cosmochim. Acta 45, 687 – 698.

Qian, Y., Kennicutt, M. C., Svalberg, J., Macko, S. A., Bidigare, R. R., and Walker, J. (1996) Suspended particulate organic matter (SPOM) in Gulf of Mexico estuaries: compound – specific isotope analysis and plant pigment compositions. Org. Geochem. 24, 875 – 888.

Qualls, R. G., and Haines, B. L. (1990) the influence of humic substances on the aerobic decomposition of submerged leaf litter. Hydrobiology 206, 133 – 138.

Quemeneur, M., and Marty, Y. (1992) Sewage influence in a macrotidal estuary: fatty acid and sterol distributions. Estuar. Coastal Shelf Sci. 34, 347 – 363.

Quigley, M. S., Honeyman, B. D., and Santschi, P. H. (1996) Thorium sorption in the marine environment: equilibrium partitioning at the hematite – water interface, sorption/desorption kinetics and particle tracing. Aquat. Geochem. 1, 277 – 301.

Quigley, M. S., Santschi, P. H., Guo, L., and Honeyman, B. D. (2001) Sorption irreversibility and coagulation behavior of $^{234}Th$ with marine organic matter. Mar. Chem. 76, 27 – 45.

Quigley, M. S., Santschi, P. H., Hung, C. C., Guo, L., and Honeyman, B. D. (2002) Importance of acid polysaccharides for $^{234}$Th complexation to marine organic matter. Limnol. Oceanogr. 47, 367 - 377.

Quin, L. D. (1967) The natural occurrence of compounds with the carbon - phosphorus bond. *In* Topics in Phosphorus Chemistry (Grayson, M., and Griffith, E. J., eds.), Vol. 4, pp. 23 - 48, John Wiley, New York.

Quinn, P. K., Charlson, R. J., and Bates, T. S. (1988) Simultaneous measurements of ammonia in the atmosphere and ocean. Nature 335, 336 - 338.

Quivira, M. P. (1995) Structural estuaries. *In* Geomorphology and Sedimentology of Estuaries. Developments in Sedimentology 53 (Perillo, G. M. E., ed.), pp. 227 - 239, Elsevier Science, New York.

Rabalais, N. N., and Nixon, S. W. (2002) Preface: nutrient over - enrichment of the coastal zone. Estuaries 25, 639.

Rabalais, N. N. and Turner, R. E. (eds.) (2001) Coastal Hypoxia: Consequences for Living Resources and Ecosystems. Coastal and Estuarine Studies 58, American Geophysical Union, Washington, DC.

Rabalais, N. N., Turner, R. E., Justic, D., Dortch, Q., Wiseman, W. J., and Sen Gupta, B. K. (1996) Nutrient changes in the Mississippi River and system responses on the adjacent continental shelf. Estuaries 19, 386 - 407.

Ragueneau, O., Conley, D. J., Longphuirt, S., Slomp, C. P., and Leynaert, A. (2005a) A review of the Si biogeochemical cycle in coastal waters, I: diatoms in coastal food webs and the coastal Si cycle. *In* Land - Ocean Nutrient Fluxes: Silica Cycle, (Ittekot, V., Humborg, C., and Garnier, L., eds.), SCOPE, Linköping, Sweden.

Ragueneau, O., Conley, D. J., Longphuirt, S., Slomp, C. P., and Leynaert, A. (2005b) A review of the Si biogeochemical cycle in coastal waters, II: anthropogenic perturbation of the Si cycle and responses of coastal ecosystems. *In* Land - Ocean Nutrient Fluxes: Silica Cycle, (Ittekkot, V., Humborg, C., and Garnier, L., eds.), SCOPE, Linköping, Sweden.

Ragueneau, O., Deblasvarela, E., Treguer, P., Queguiner, B, and Elamo, Y. D. (1994) Phytoplankton dynamics in relation to the biogeochemical cycle of silicon in a coastal ecosystem of western Europe. Mar. Ecol. Prog. Ser. 106: 157 - 172.

Ragueneau, O., Lancelot, C., Egorov, V., Vervlimmeren, J., Cociasu, A., Deliat, G., Krastev, A., Daoud, N.; Rousseau, V., Popovitchev, V., Brion, N., Popa, L., and Cauwet, G. (2002). Biogeochemical transformations of inorganic nutrients in the mixing zone between the Danube River and the north - western Black Sea. Estuar. Coastal. Shelf Sci. 54, 321 - 336.

Ragueneau, O., Queguiner, B., and Treguer, P. (1996) Contrast in biological responses to tidally - induced vertical mixing for two macrotidal ecosystems of Western Europe. Estuar. Coastal Shelf Sci. 42, 645 - 665.

Rainbow, P. S., and Phillips, J. H. (1993) Cosmopolitan biomonitors of trace metals. Mar. Pollut. Bull. 26, 593 - 601.

Raiswell, R. (1982) Pyrite texture, isotopic composition and the availability of iron. Am. J. Sci. 282, 1244 - 1263.

Raiswell, R., and Berner, R. A. (1985) Pyrite formation in euxinic and semi - euxinic sediments. Am. J. Sci. 285, 710 - 724.

Raiswell, R., and Canfield, D. E. (1996) Rates of reaction between silicate iron and dissolved sulfide in Peru margin sediments. Geochim. Cosmochim. Acta 60, 2777 - 2787.

Ralph, E. K. (1971) Carbon - 14 dating. *In* Dating Techniques for the Archeologist (Michael, H. N., and Ralph, E. K., eds), pp. 1 - 48, MIT Press, Cambridge, MA.

Rama, and Moore, W. S. (1996) Using radium quartet for evaluating groundwater input and water exchange in salt marshes. Geochim. Cosmochim. Acta 60, 4645 - 4652.

Rama, M., Koide, M., and Goldberg, E. D. (1961) Lead - 210 in natural waters. Science 134, 98 - 99.

Ramirez, A. J., and Rose, A. W. (1992) Analytical geochemistry of organic phosphorus and its correlation with organic marine and fluvial sediments and soils. Am. J. Sci. 292, 421 - 454.

Ramos, C. S., Parrish, C. C., Quibuyen, T. A. O., and Abrajano, T. A. (2003) Molecular and carbon isotopic variations in lipids in rapidly settling particles during a spring phytoplankton bloom. Org. Geochem. 34, 195 - 207.

Ransom, B., Benett, R. H., Baerwald, R., and Shea, K. (1997) TEM study of in situ organic matter on continental margins: occurrence and the "monolayer" hypothesis. Mar. Geol. 138, 1 - 9.

Ransom, B., Kim, D., Kastner, M., and Wainwright, S. (1998) Organic matter preservation on continental slopes: importance of mineralogy and surface area. Geochim. Cosmochim. Acta 62, 1329 - 1345.

Rao, G. G., and Dhar, N. R. (1934) Photolysis of amino acids in sunlight. J. Indian Chem. Soc. 11, 617 - 622.

Rasmussen, B., and Josefson, A. B. (2002) Consistent estimates for the residence time of micro - tidal estuaries. Estuar. Coastal Shelf Sci. 54, 65 - 73.

Rasmussen, M. B., Henricksen, K., and Jensen, A. (1983) Possible causes of temporal fluctuations in primary production of microphytobenthos in the Dutch Wadden Sea. Mar. Biol. 73, 109 - 114.

Rattray, M., and Hansen, D. V. (1962) A similarity solution for the circulation in an estuary. J. Mar. Res. 20, 121 - 133.

Rau, G. H., Riebesell, U., and Wolf - Gladrow, D. (1997) $CO_2$ aq - dependent photosynthetic 13C fractionation in the ocean: a model versus measurements. Global Biogeochem. Cycles 11, 267 - 278.

Rau, G. H., Takahashi, T., and Desmarais, D. J. (1989) Latitudinal variations in plankton $\delta^{13}C$. Implications for $CO_2$ and productivity in past oceans. Nature 341, 516 - 518.

Rau, G. H., Takahashi, T., Desmarais, D. J., Repeta, D. J., and Martin, J. (1992) The relationship between organic matter $\delta^{13}C$ and [$CO_2$ (aq)] in ocean surface water: data from a JGOFS site in the northeast Atlantic Ocean and model. Geochim. Cosmochim. Acta 56, 1413 - 1419.

Ravenschlag, K., Sahm, K., Knoblauch, C., Jøgensen, B., and Amann, R. (2000) Community structure, cellular rRNA content and activity of sulfate - reducing bacteria in marine Arctic sediments. Appl. Environ. Microbiol. 66, 3592 - 3602.

Ravichandran, M. (1996) Distribution of rare Earth elements in sediment cores of Sabine - Neches estuary. Mar. Pollut. Bull. 32, 719 - 726.

Ravichandran, M., Baskaran, M., Santschi, P. H., and Bianchi, T. S. (1995a) Geochronology of sediments of Sabine - Neches estuary, Texas. Chem. Geol. 125, 291 - 306.

Ravichandran, M., Baskaran, M., Santschi, P. H., and Bianchi, T. S. (1995b) History of trace metal pollution in Sabine - Neches estuary, Beaumont, TX. Environ. Sci. Technol. 29, 1495 - 1503.

Ravikumar, S., Kathiresan, K., Ignatiammal, S., Selvum, M., and Shanthy, S. (2004) Nitrogen - fixing azobacters from mangrove habitat and their utility as marine biofertilizers. J. Exp. Mar. Biol. Ecol. 312, 5 - 17.

Ravit, B., Ehrenfield, J. G., and Haggblom, M. M. (2003) A comparison of sediment microbial communities associated with *Phragmites australis* and Spartina alterniflora in two brackish wetlands of New Jersey. Estuaries 26, 465 - 474.

Raymond, P. A., and Bauer, J. E. (2001a) Use of $^{14}C$ and $^{13}C$ natural abundances for evaluating riverine, estuarine and coastal DOC and POC sources and cycling: a review and synthesis. Org. Geochem. 32, 469 - 485.

Raymond, P. A., and Bauer, J. E. (2001b) Riverine export of aged terrestrial organic matter to the North Atlantic Ocean. Nature 409, 497 - 500.

Raymond, P. A., and Bauer, J. E. (2001c) DOC cycling in a temperate estuary: a mass balance approach using natural $^{14}C$ and $^{13}C$. Limnol. Oceanogr. 46, 655 - 667.

Raymond, P. A, Bauer, J. E., and Cole, J. J. (2000) Atmospheric $CO_2$ evasion, dissolved inorganic carbon production, and net heterotrophy in the York River estuary. Limnol. Oceanogr. 45, 1707 – 1717.

Raymond, P. A., Caraco, N. F., and Cole, J. J. (1997) Carbon dioxide concentration and atmospheric flux in the Hudson River. Estuaries 20, 381 – 390.

Raymond, P. A., and Cole, J. J. (2001) Gas exchange in rivers and estuaries: choosing a gas transfer velocity. Estuaries 24, 312 – 317.

Raymond, P. A., and Cole, J. J. (2003) Increase in the export of alkalinity from North America's largest river. Science 301, 88 – 91.

Reckhow, K. H., and Gray, J. (2000) Neuse River Estuary modeling and monitoring project stage 1: stage 1 executive summary and long – term modeling recommendations.

Report no. 325 – A of the Water Resources Research Institute, University of North Carolina, Chapel Hill, N. C.

Redalje, D. G. (1993) The labeled chlorophyll *a* technique for determining photoautotrophic carbon specific growth rates and biomass. *In* Handbook of Methods in Aqautic Microbial Ecology (Kemp, P. F., ed.), pp. 563 – 572, Lewis Publishers, Boca Raton, FL.

Redalje, D. G., Lohrenz, S. E., and Fanenstiel, G. L. (1994) The relationship between primary production and the vertical export of particulate organic matter in a river – impacted coastal ecosystem. Estuaries 17, 829 – 838.

Redfield, A. C. (1958) The biological control of chemical factors in the environment. Am. J. Sci. 46, 205 – 221.

Redfield, A. C. (1972) Development of a New England salt marsh. Ecol. Monogr. 42, 201 – 237.

Redfield, A. C., Ketchum, B. H., and Richards, F. A. (1963) The influence of organisms on the composition of seawater. *In* The Sea, Vol. 2 (Hill, M. N., ed.), pp. 26 – 87, Interscience, New York.

Reeburgh, W. S., Whalen, S. C., and Alperin, M. J. (1993) The role of methylotrophy in the global methane budget. *In* Microbial Growth on CI compounds (Murrell, J. C., and Kelly, D. P., eds.), pp. 1 – 14, Intercept, Andover UK.

Regnier, P., Mouchet, A., Wollast, R., and Ronday, F. (1998) A discussion of methods for estimating residual fluxes in strong tidal estuaries. Cont. Shelf Res. 18, 1543 – 1571.

Regnier, P., Wollast, R., and Steefel, C. I. (1997) Long term fluxes of reactive species in macrotidal estuaries: Estuaries from a fully transient, multi – component reaction transport model. Mar. Chem. 58, 127 – 145.

Rehder, G., Keir, R. S., Suess, E. and Pohlmann, T. (1998) The multiple sources and patterns of methane in the North Sea waters. Aquat. Geochem. 4, 403 – 427.

Reimer, A., Brasse, S., Doerffer, R., Durselen, C. D., Kempe, S., Michaelis, W., Rick, H. J., and Siefert, R. (1999) Carbon cycling in the German Bight: an estimate of transformation processes and transport. Dt. Hydrogr. Z. 51, 311 – 327.

Rejmankova, E., Komarkova, J., and Rejmanek, M. (2004) $\delta^{15}N$ as an indicator of $N_2$ – fixation by cynaobacterial mates in tropical marshes. Biogeochemistry 67, 353 – 368.

Relexens, J. C., Meybeck, M., Billen, G., Brugeaille, M., Etcheber, H., and Somville, M. (1988) Algal and microbial processes involved in particulate organic matter dynamics in the Loire estuary. Estuar. Coastal Shelf Sci. 27, 625 – 644.

Repeta, D. J. (1993) A high resolution historical record of Holocene anoxygenic primary production in the Black Sea. Geochim. Cosmochim. Acta 57, 4337 – 4342.

Repeta, D. J., and Gagosian, R. B. (1987) Carotenoid diagenesis in recent marine sediments. I. The Peru continental shelf (15°S, 75°W). Geochim. Cosmochim. Acta 51, 1001 – 1009.

Repeta, D. J., Quan, T. M., Aluwihare, L. I., and Accardi, A. (2002) Chemical characterization of high molecular weight dissolved organic matter in fresh and marine waters. Geochim. Cosmochim. Acta 66, 955 – 962.

Repeta, D. J., and Simpson, D. J. (1991) The distribution and cycling of chlorophyll, bacteriochlorophyll and carotenoids in the Black Sea. Deep - Sea Res. 38, 969 - 984.

Repeta, D. J., Simpson, D. J., Jøgensen, B. B., and Jannasch, H. W. (1989) Evidence for anoxygenic photosynthesis from the distribution of bacteriochlorophylls in the Black Sea. Nature 342, 69 - 72.

Reuss, N., Conley, D. J., and Bianchi. T. S. (2005) Sediment pigments as a proxy for long - term changes in plankton community structure. Mar. Chem. 95, 283 - 302.

Reuss, N., and Poulsen, L. K. (2002) Evaluation of fatty acids as biomarkers for a natural plankton community. A field study of a spring bloom and a post - bloom off West Greenland. Mar. Biol. 141, 423 - 434.

Reynolds, C. S. (1995) River plankton: the paradigm regained. *In* The Ecological Basis for River Management (Harper, D. M., and Ferguson, J. D., eds.), pp. 161 - 173, John Wiley, New York.

Rhoads, D. C. (1974) Organism - sediment relations on the muddy sea floor. Oceanogr. Mar. Biol. Annu. Rev. 12, 263 - 300.

Rhoads, D. C., and Boyer, L. F. (1982) Effects of marine benthos on physical properties of sediments. A successional perspective. it In Animal - Sediment Relations (McCall, P. L., and Tevesz, M. J. S., eds.), pp. 3 - 51, Plenum Press, New York.

Rhoads, D. C., McCall., P. L., and Yingst, J. Y. (1978) Disturbance and production on the estuarine seafloor. Am. J. Sci. 66, 577 - 586.

Rice, D., Rooth, J., and Stevenson, J. C. (2000) Colonization and expansion of *Phragmites australis* in upper Chesapeake Bay tidal marshes. Wetlands 20, 280 - 299.

Rice, D. L. (1982) The detritus nitrogen problem. New observations and perspectives from organic geochemistry. Mar. Ecol. Prog. Ser. 9, 153 - 162.

Rice, D. L. (1986) Early diagenesis in bioadvective sediments: relationships between the diagenesis of beryllium - 7, sediment reworking rates, and the abundance of conveyor - belt deposit - feeders. J. Mar. Res. 44, 149 - 184.

Rice, D. L., Bianchi, T. S., and Roper, E. (1986) Experimental studies of sediment reworking and growth of *Scoloplos* spp (Orbiniidae: Polychaeta). Mar. Ecol. Prog. Ser. 30, 9 - 19.

Rice, D. L., and Hanson, R. B. (1984) A kinetic model for detritus nitrogen: role of the associated bacteria in nitrogen accumulation. Bull. Mar. Sci. 35, 326 - 340.

Rice, D. L., and Rhoads, D. C. (1989) Early diagenesis of organic matter and the nutritional value of sediment. *In* Ecology of Marine Deposit - Feeders (Lopez, G., Taghon, G., and Levinton, J. S., eds.), pp. 59 - 97, Springer - Verlag, New York.

Rice, D. L., and Tenore, K. R. (1981) Dynamics of carbon and nitrogen during the decomposition of detritus derived from estuarine macrophytes. Estuar. Coastal Shelf Sci. 13, 681 - 690.

Rich, H. W., and Morel, F. M. M. (1990) Availability of well - defined colloids to the marine diatom *Thalassiosira weissflogii*. Limnol. Oceanogr. 35, 652 - 662.

Rich, J. H., Ducklow, H. W., and Kirchman, D. L. (1996) Concentrations and uptakes of neutral monosaccharides along 140°W in the equatorial Pacific: contribution of glucose to heterotrophic bacterial activity and the DOM flux. Limnol. Oceanogr. 41, 595 - 604.

Richard, G. A. (1978) Seasonal and environmental variations in sediment accretion in a Long island salt marsh. Estuaries 1, 29 - 35.

Richards, F. A. (1965) Anoxic basins and fjords. *In* Chemical Oceanography Vol. 1. (Riley, J. P., and Skirrow, G., eds.), pp. 611 - 645, Academic Press, New York.

Richardson, T. I. (1997) Harmful or exceptional phytoplankton blooms in the marine ecosystem. Adv. Mar. Biol. 31, 302 - 385.

Richardson, T. I., Pinckney, J. L., and Paerl, H. W. (2001) Responses of estuarine phytoplankton communities to nitrogen form and mixing using microcosm bioassays. Estuaries 24: 828 - 839.

Richey, J. E., Devol, A. H., Wofsy, S. C., Victoria, R., and Riberio, M. N. G. (1988) Biogenic gases and the oxidation of carbon in Amazon river and floodplain waters. Limnol. Oceanogr. 33, 551 - 561.

Richey, J. E., Melack, J. M., Aufdenkampe, A. K., Ballester, V. M., and Hess, L. L. (2002) Out - gassing from Amazonian rivers and wetlands as a large tropical source of atmospheric CO2. Nature 416, 617 - 620.

Richter, D. D., Markewitz, D., Trumbore, S. E., andWells, C. G. (1999) Rapid accumulation and turnover of soil carbon in a re - establishing forest. Nature 400, 56 - 58.

Rickard, D. T. (1975) Kinetics and mechanisms of pyrite formation at low temperatures. Am. J. Sci. 275, 636 - 652.

Rickard, D. T. (1997) Kinetics of pyrite formation by the $H_2S$ oxidation of iron (II) monosulfide in aqueous solutions between 25 and 125℃: the rate equation. Geochim. Cosmochim. Acta 61, 115 - 134.

Rickard, D. T., and Luther III, G. W. (1997) Kinetics of pyrite formation by the $H_2S$ oxidation of iron (II) monosulfide in aqueous solutions between 25 and 125℃; the mechanism. Geochim. Cosmochim. Acta 61, 135 - 147.

Ricketts, T. R. (1966) Magnesium - 2, 4 - divinylphaeoporphyrin - a - 5 - monomethyl ester, a protochlorophyll - like pigment present in some unicellular flagellates. Phytochem. 5, 223 - 229.

Ridal, J. J., and Moore, R. M. (1990) A re - examination of the measurement of dissolved organic phosphorus in seawater. Mar. Chem. 29, 19 - 31.

Riedel, G. F. (1984) The influence of salinity and sulfate on the toxicity of chromium (VI) to the estuarine diatom *Thalassiosira pseudonana*. J. Phycol. 20, 496 - 500.

Riedel, G. F. (1985) The relationship between chromium (VI) uptake, sulfate uptake and chromium (VI) toxicity to the estuarine diatom *Thalassiosira pseudonana*. Aquat. Toxicol. 7, 191 - 204.

Riedel, G. F., Sanders, J. G., and Breitburg, D. L. (2003) Seasonal variability in response of estuarine phytoplankton to stress: linkages between toxic trace elements and nutrient enrichment. Estuaries 26, 323 - 338.

Rieley, G., Collier, R. J., Jones, D. M., and Eglinton, G. (1991) The biogeochemistry of Ellesmere Lake, UK—I. Source correlation of leaf wax inputs to the sedimentary record. Org. Geochem. 17, 901 - 912.

Rietsma, C. S., Valiela, I., and Sylvester - Serianni, A. (1982) Food preferences of dominant salt marsh herbivores and detritivores. Mar. Ecol. 3, 179 - 189.

Rijstenbil, J. W., and Wijnholds, J. A. (1996) HPLC analysis of nonprotein thiols in planktonic diatoms: pool size, redox state and response to copper and cadmium exposure. Mar. Biol. 127, 45 - 54.

Riley, J. P., and Tongadai, M. (1967) The major cation/chlorinity ratios in seawater. Chem. Geol. 2, 263 - 269.

Risatti, J. B., Rowland, S. J., Yon, D., and Maxwell, J. R. (1984) Sterochemical studies of acyclic isoprenoids—XII. Lipids of methanogenic bacteria and possible contributions to sediments. *In* Advances in Organic Geochemistry (Schenck, P. A., and de Leeuw, J. W., eds.), pp. 93 - 103, Pergamon Press, Oxford, UK.

Risgaard - Petersen, N. (2003) Coupled nitrification - denitrification in autotrophic and heterotrophic estuarine sediments: on the influence of benthic algae. Limnol. Oceanogr. 48, 93 - 105.

Ritchie, J. C., Spraberry, J. A., and McHenry, J. R. (1974) Estimating soil erosion from the redistribution of fallout Cs - 137. Soil Sci., Soc. Am. Proc. 38, 137 - 139.

Rivera - Monroy, V. H., Day, J. D., Twilley, R. R., Vera - Herrera, F., and Coronado - Molina, C. (1995) Flux of nitrogen and sediments in a fringe mangrove forest in terminus Lagoon, Mexico. Estuar. Coastal Shelf Sci. 40, 139 - 160.

Rivera - Monroy, V. H., and Twilley, R. (1996) The relative role of denitrification and immobilization in the fate of inorganic nitrogen in mangrove sediments (Terminos Lagoon, Mexico). Limnol. Oceanogr. 41, 284 - 296.

Rizzo, W. M., Lackey, G. J., and Christian, R. R. (1992) Significance of euphotic, subtidal sediments to oxygen and nutrient cycling in a temperate estuary. Mar. Ecol. Prog. Ser. 86, 51 - 61.

Robbins, J. A. (1986) A model for particle - selective transport of tracers in sediments with conveyor - belt deposit feeders. J. Geophys. Res. 91, 8542 - 8558.

Robbins, J. A., Krezoski, J. R., and Mozley, S. C. (1977) Radioactivity in sediments of the Great Lakes: post - depositional redistribution by deposit - feeding organisms. Earth Planet. Sci. Lett. 36, 325 - 333.

Robbins, J. A., McCall, P. L., Fisher, J. B., and Krezoski, J. R. (1979) Effect of depositfeeders on migration of Cs - 137 in lake sediments. Earth Planet. Sci. Lett. 42, 277 - 287.

Roberts, H. H. (1997) Dynamic changes of the Holocene Mississippi River Delta Plain: the delta cycle. J. Coastal Res. 13, 605 - 627.

Robertson, A. I., and Alongi, D. M. (eds.) (1992) Tropical Mangrove Ecosystems. American Geophysical Union Press, Washington, DC.

Robertson, L. A., and Kuenen, J. G. (1984). Aerobic denitrification: a controversy revived. Arch. Microbiol. 139, 351 - 354.

Robinson, N., Cranwell, P. A., and Eglinton, G. (1987) Sources of the lipids in the bottom sediments of an English oligomesotrophic lake. Freshwater Biol. 17, 15 - 33.

Robinson, N., Cranwell, P. A., Finlay, B. J., and Eglinton, G. (1984) Lipids of aquatic organisms as potential contributors to lacustrine sediments. Org. Geochem. 6, 143 - 152.

Rod, S. R., Ayres, R. U., and Small, M. (1989) Reconstruction of historical loadings of heavy metals and chlorinated hydrocarbon pesticides in the Hudson - Raritan Basin, 1880 - 1980. Report to the Hudson River Foundation, New York.

Roden, E. E., and Edmonds, J. W. (1997) Phosphate mobilization in iron - rich anaerobic sediments: microbial Fe (III) oxide reduction versus iron - sulfide formation. Arch. Hydrobiol. 139, 347 - 378.

Roden, E. E., and Lovley, D. R. (1993) Dissimilatory Fe (III) reduction by the marine microorganism, *Desulfuromonas acetoxidans*. Appl. Environ. Microbiol. 59, 734 - 742.

Roden, E. E., and Tuttle, J. H. (1992) Sulfide release from estuarine sediments underlying anoxic bottom water. Limnol. Oceanogr. 37, 725 - 738.

Roden, E. E., and Tuttle, J. H. (1993a) Inorganic sulfur cycling in mid - and lower Chesapeake Bay sediments. Mar. Ecol. Prog. Ser. 93, 101 - 118.

Roden, E. E., and Tuttle, J. H. (1993b) Inorganic sulfur turnover in oligohaline estuarine sediments. Biogeochemistry 22, 81 - 105.

Roden, E. E., and Tuttle, J. H. (1996) Carbon cycling in the mesohaline Chesapeake Bay. 2: kinetics of particulate and dissolved organic carbon turnover. J. Mar. Res. 54, 343 - 383.

Roden, E. E., Tuttle, J. H., Boynton, W. R., and Kemp, W. M. (1995) Carbon cycling in mesohaline Chesapeake bay sediments. 1: POC deposition rates and mineralization pathways. J. Mar. Res. 53, 799 - 819.

Roden, E. E., and Zachara, J. M. (1996) Microbial reduction of crystalline iron (III) oxides: influences of oxide surface area and potential for cell growth. Environ. Sci. Technol. 30, 1618 - 1628.

Roditi, H. A., Caraco, N. F., Cole, J. J., and Strayer, D. L. (1996) Filtration of Hudson River water by the zebra mussel (*Dreissena polymorpha*). Estuaries 19, 824 - 832.

Roditi, H. A., and Fisher, N. S. (1999) Rates and routes of trace element uptake in zebra mussels. Limnol. Oceanogr.

44, 1730 - 1749.

Roditi, H. A., Fisher, N. S., and Sanudo - Wilhelmy, S. A. (2000) Uptake of dissolved organic carbon and trace metals by zebra mussels. Nature 407, 78 - 80.

Roesijadi, G. (1994) Behavior of metallothionein - bound metals in a natural population of an estuarine mollusk. Mar. Environ. Res. 38, 147 - 152.

Rolff, C. (2000) Seasonal variation in $\delta^{13}C$ and $\delta^{15}N$ of size - fractionated plankton at a coastal station in the northern Baltic proper. Mar. Ecol. Prog. Ser. 203, 47 - 65.

Rolinski, S. (1999) On the dynamics of suspended matter transport in the tidal river Elbe: Description and results of a Lagrangian model. J. Geophys. Res. 104, 26043 - 26057.

Roman, C. T., and Able, K. W. (1988) Production ecology of eelgrass (*Zostera marina* L.) in a Cape Cod salt marsh estuarine system, Massachusetts. Aquat. Bot. 32, 353 - 363.

Roman, C. T., Able, K. W., Lazzari, M. A., and Heck, K. L. (1990) Primary productivity of angiosperm and macroalgae dominated habitats in a New England salt marsh: a comparison analysis. Estuar. Coastal Shelf Sci. 30, 35 - 46.

Roman, C. T., Jaworski, N., Short, F. T., Findlay, S., and Warren, R. S. (2000) Estuaries of the Northeastern United States: habitat and land use signatures. Estuaries 23, 743 - 764.

Romankevich, E. A. (1984) Geochemistry of Organic Matter in the Ocean. Springer - Verlag, New York.

Romero, O. E., Dupont, L., Wyputta, U., Jahns, S., and Wefer, G. (2003) Temporal variability of fluxes of eolian - transported freshwater diatoms, phytoliths, and pollen grains off Cape Blanc as reflection of land - atmosphere - ocean interface in northwest Africa. J. Geophys. Res. 108, 3153.

Rooney - Varga, J. N., Devereux, R., Evans, R. S., and Hines, M. E. (1997) Seasonal changes in the relative abundance of uncultivated sulfate - reducing bacteria in salt marsh sediments and in the rhizosphere of *Spartina alterniflora*. Appl. Environ. Microbiol. 63, 3895 - 3901.

Rooth, J. E., Stevenson, J. C., and Cornwell, J. C. (2003) Increased sediment accretion rates following invasion by *Phragmites australis*: the role of litter. Estuaries 26, 475 - 483.

Roques, P. F. (1985) Rates and stoichiometry of nutrient remineralization in an anoxic estuary, the Pettaquamscutt River. Ph. D. dissertation, University of Rhode Island, Narragansett, RI.

Rosemond, A. D., Pringle, C. M., Ramirez, A., Paul, M. J., and Meyer, J. L. (2002) Landscape variation in phosphorus concentration and effects on detritus - based tropical streams. Limnol. Oceanogr. 47, 278 - 289.

Rosenberg, G., and Ramus, J. (1984) Uptake and inorganic nitrogen seaweed surface area: volume ratios. Aquat. Bot. 19, 65 - 72.

Rosenberg, R., Nilsson, H. C., and Diaz, R. J. (2001) Response of benthic fauna and changing sediment redox profiles over a hypoxic gradient. Estuar. Coastal Shelf Sci. 53, 343 - 350.

Rosenfield, J. K. (1979) Amino acid diagenesis and adsorption in nearshore anoxic sediments. Limnol. Oceanogr. 24, 1014 - 1021.

Rowan, K. S. (1989) Photosynthetic Pigments of Algae. Cambridge University Press, Cambridge, UK.

Rowe, G. T., Boland, G. S., Phoel, W. C., Anderson, R. F., and Biscayne, P. E. (1992) Deep - sea floor respiration as an indication of lateral input of biogenic detritus from continental margins. Cont. Shelf Res. 24, 132 - 139.

Rowe, G. T., Clifford, C. H., Smith, K. L., and Hamilton, P. L. (1975) Benthic nutrient regeneration and its coupling to primary productivity in coastal waters. Nature 255, 215 - 217.

Rowland, S., and Robson, J. N. (1990) The widespread occurrences of highly branched acyclic $C_{20}$, $C_{25}$, and $C_{30}$ hydrocarbons in recent sediments and biota—a review. Mar. Environ. Res. 30, 191 - 216.

Roy, R. N., Roy, L. N., Vogel, K. M., Porter – Moore, C., Pearson, T., Good, C. E., Millero, F. J., and Campbell, D. M. (1993) The dissociation constants of carbonic acid in seawater at salinities 5 to 45 and temperatures 0 to 45℃. Mar. Chem. 44, 249 – 267.

Roy, S., Chanut, J. P., Gosselin, M., and Sime – Ngando, T. (1996) Characterization of phytoplankton communities in the lower St. Lawrence estuary using HPLC – detected pigments and cell microscopy. Mar. Ecol. Prog. Ser. 142, 55 – 73.

Rozan, T. F., Taillefert, M., Trouwborst, R. E., Glazer, B. T., Ma, S., Herszage, J., Valdes, L. M., Price, K. S., and Luther III., G. W. (2002) Iron – sulfur – phosphorus cycling in the sediments of a shallow coastal bay: implications for sediment nutrient release and benthic macroalgal blooms. Limnol. Oceanogr. 47, 1346 – 1354.

Ruch, P., Mirmand, M., Jouanneau, J. M., and Latouch, C. (1993) Sediment budget and transfer of suspended sediment from the Gironde estuary to Cape Ferret Canyon. Mar. Geol. 114, 37 – 57.

Rue, E. L., and Bruland, K. W. (1995) Complexation of iron (III) by natural organic ligands in the Central North Pacific as determined by a new competitive ligand equilibration/adsorptive cathodic stripping voltammetric method. Mar. Chem. 50, 117 – 138.

Russell, M. J., and Hall, A. J. (1997) The emergence of life from iron monosulfide bubbles at a submarine hydrothermal redox and pH front. J. Geol. Soc. London 154, 377 – 402.

Russell, R. J. (1936) Physiography of the lower Mississippi River delta. *In* Reports on the Geology of Plaquemines and St. Bernard Parishes (Geol. Bull. 8), pp. 1 – 199, Louisiana Dept. of Conservation, Baton Rouge, LA.

Rustenbil, J. W., and Wijnholds, J. A. (1996) HPLC analysis of nonprotein thiols in planktonic diatoms: Pool size, redox state and response to copper and cadmium exposure. Mar. Biol. 127, 45 – 54.

Rutherford, D. W., Chiou, C. T., and Kile, D. (1992) Influence of soil organic matter composition on the partitioning of organic compounds. Environ. Sci. Technol. 26, 336 – 340.

Rutkowski, C., Burnett, W., Iverson, R., and Chanton, J. (1999) The effect of ground water seepage on nutrient delivery and seagrass distribution in the northeastern Gulf of Mexico. Estuaries 22, 1033 – 1040.

Ruttenberg, K. C. (1992) Development of a sequential extraction method for different forms of phosphorus in marine sediments. Limnol. Oceanogr. 37, 1460 – 1482.

Ruttenberg, K. C. (1993) Reassessment of the oceanic residence time of phosphorus. Chem. Geol. 107, 405 – 409.

Ruttenberg, K. C., and Berner, R. A. (1993) Authigenic apatite formation and burial in sediments from non – upwelling continental margin environments. Geochim. Cosmochim. Acta 57, 991 – 1007.

Rysgaard, S., Christensen, P. B., and Nielsen, L. P. (1995) Seasonal variation in nitrification and denitrification in estuarine sediment colonized by benthic microalgae and bioturbating infauna. Mar. Ecol. Prog. Ser. 126, 111 – 121.

Rysgaard, S., and Glud, R. N. (2004) Anaerobic $N_2$ production in Arctic sea ice. Limnol. Oceanogr. 49, 86 – 94.

Rysgaard, S., Glud, R. N., Risgaard – Petersen, N., and Dalsgaard, T. (2004) Denitrification and anammox activity in Arctic marine sediments. Limnol. Oceanogr. 49, 1493 – 1502.

Rysgaard, S., Risgaard – Petersen, N., Nielsen, L. P., and Revsbech, N. P. (1993) Nitrification and denitrification in lake and estuarine sediments measured by the 15N dilution technique and isotope pairing. Appl. Environ. Microbiol. 59: 2093 – 2098.

Rysgaard, S., Risgaard – Petersen, Sloth, N. P., Jensen, K., and Nielsen, L. P. (1994) Oxygen regulation of nitrification and denitrification in sediments. Limnol. Oceanogr. 39, 1634 – 1652.

Rysgaard, S., Thastum, P., Dalsgaard, T., Christensen, P. B., and Sloth, N. P. (1999) Effects of salinity on $NH_4^+$ adsorption capacity, nitrification, and denitrification in Danish estuarine sediments. Estuaries 22, 21 – 30.

Sachs, J. P., Repeta, D. J., and Goericke, R. (1999) Nitrogen and carbon isotopic ratios of chlorophyll from marine phytoplankton. Geochim. Cosmochim. Acta 63, 1431 - 1441.

Sackett, W. M., Mo, T., Spalding, R. E., and Exner, M. E. (1973) A reevaluation of the marine geochemistry of uranium, *in* Radioactive Contamination of the Marine Environment (IAEA), Vienna.

Saenger, P. E. (1994) Mangroves and salt marshes. *In* Marine Biology (Hammond, L., and Synnot, R. N., eds.), Longman Cheshire, Melbourne. Sahm, K. C., Knoblauch, C., and Amann, R. (1999) Phylogenetic affiliation and quantification of psychrophilic sulfate - reducing isolates in marine Arctic sediments. Appl. Environ. Microbiol. 65, 3976 - 3981.

Sakugawa, H., and Handa, N. (1985) Isolation and chemical characterization of dissolved and particulate polysaccharides in Mikawa Bay. Geochim. Cosmochim. Acta 49, 1185 - 1193.

Sampou, P., and Oviatt, C. A. (1991) Seasonal patterns of sedimentary carbon and anaerobic respiration along a simulated eutrophication gradient. Mar. Ecol. Prog. Ser. 72, 271 - 282.

Sandberg, J., Andersson, A., Johansson, S., and Wikner, J. (2004) Pelagic food web structure and carbon budget in the northern Baltic Sea: potential importance of terrigenous carbon. Mar. Ecol. Prog. Ser. 268, 13 - 29.

Sandberg, J., Elmgren, R., and Wulff, F. (2000) Caron flows in Baltic Sea food webs—a re - evaluation using a mass balance approach. J. Mar. Syst. 25, 249 - 260.

Sanders, J. G., Cibik, S. J., D'Elia, C. F., and Boynton, W. R. (1987) Nutrient enrichment studies in a coastal plain - estuary: changes in phytoplankton species composition. Can. J. Fish. Aquat. Sci. 44, 83 - 90.

Sanford, L. P., Suttles, S. E., and Halka, J. P. (2001) Reconsidering the physics of the Chesapeake Bay estuarine turbidity maximum. 24, 655 - 669.

Sanger, J. E., and Gorham, E. (1970) The diversity of pigments in lake sediments and its ecological significance. Limnol. Oceanogr. 15, 59 - 69.

Sansone, F. J., Holmes, M. E., and Popp, B. N. (1999) Methane stable isotope ratios and concentrations as indicators of methane dynamics in estuaries. Global Biogeochem. Cycles 13, 463 - 474.

Sansone, F. J., Rust, T. R., and Smith, S. V. (1998) Methane distribution and cycling in Tomales Bay. Estuaries 21, 66 - 77.

Santore, R. C., Di Toro, D. M., Paquin, P. R., Allen, H. E., and Meyer, J. S. (2001) Biotic ligand model of the acute toxicity of metals. 2. Application to acute copper toxicity in freshwater fish and *Daphnia*. Environ. Toxicol. Chem. 20, 2397 - 2402.

Santschi, P. H. (1995) Seasonality in nutrient concentrations in Galveston Bay. Mar. Environ. Res. 40, 337 - 362.

Santschi, P. H., Adler, D., Amdurer, M., Li, Y. H., and Bell, J. J. (1980) Thorium isotopes as analogues for "particle - reactive" pollutants in coastal marine environments. Earth Planet. Sci. Lett. 47, 327 - 335.

Santschi, P. H., Balnois, E., Wilkinson, K. J., Zhang, J., and Buffle, J. (1998) Fibrillar polysaccharides in marine macromolecular organic matter as imaged by atomic force microscopy and transition electron microscopy. Limnol. Oceanogr. 43, 896 - 908.

Santschi, P. H., Guo, L., Baskaran, M., Trumbore, S., Southon, J., Bianchi, T. S., Honeyman, B., and Cifuentes, L. (1995) Isotopic evidence for the contemporary origin of high - molecular weight organic matter in oceanic environments. Geochim. Cosmochim. Acta 59, 625 - 631.

Santschi, P. H., Guo, L., Means, J. C., and Ravichandran, M. (1999) Natural organic matter binding of trace metals and trace organic contaminants in estuaries. *In* Biogeochemistry of Gulf of Mexico Estuaries (Bianchi, T. S., Pennock, J. R., and Twilley, R. R., eds.), pp. 347 - 380, John Wiley, New York.

Santschi, P. H., Hohener, P., Benoit, G., and Buchholtzen, M. (1990) Chemical processes at the sediment – water interface. Mar. Chem. 30, 269 – 315.

Santschi, P. H., Lenhart, J. J., and Honeyman, B. D. (1997) Heterogeneous processes affecting trace contaminant distribution in estuaries: the role of natural organic matter. Mar. Chem. 58, 99 – 125.

Santschi, P. H., Li, Y. H., and Bell, J. J. (1979) Natural radionuclides in Narragansett Bay. Earth Planet. Sci. Lett. 47, 210 – 213.

Santschi, P. H., Li, Y. H., Bell, J. J., Adler, D., Amdurer, M., and Nyffeler, U. P. (1983) The relative mobility of natural (Th, Pb, Po) and fallout (Pu, As, Am) radionuclides in the coastal marine environment: results from model ecosystems (MERL) and Narragansett Bay studies. Geochim. Cosmochim. Acta 47, 201 – 210.

Santschi, P. H., Nixon, S., Pilson, M., and Hunt, C. (1984) Accumulation rate of sediments, trace metals and total hydrocarbons in Narragansett Bay, Rhode Island. Estuar. Coastal Shelf Sci. 19, 427 – 449.

Sargent, J. R., Bell, M. V., Bell, J. G., Henderson, R. J., and Tocher, D. R. (1995) Requirement criteria for essential fatty acids. J. Appl. Ichthyol. 11, 183 – 198.

Sargent, J. R., and Falk – Petersen, S. (1988) The lipid biochemistry of calanoid copepods. Hydrobiologia 167/168, 101 – 114.

Sargent, J. R., Gatten, R. R., and McIntosh, R. (1977) Wax esters in the marine environment—their occurrence, formation, transformation and ultimate fates. Mar. Chem. 5, 573 – 584.

Sarin, M. M., Krishnaswami, S., Dilli, K., Somayjulu, B. L., and Moore, W. S. (1989) Major ion chemistry in the Ganges – Bramaputra River system: weathering processes and fluxes to the Bay of Bengal. Geochim. Cosmochim. Acta 53, 997 – 1009.

Sarkanen, K. V., and Ludwig, C. H. (1971) Lignins: Occurrence, Formation, Structure, and Reactions. Wiley – Interscience, New York.

Sarma, V. V. S. S., Kumar, M. D., and Manerikar, M. (2001) Emission of carbon dioxide from a tropical estuarine system, Goa, India. Geophys. Res. Lett. 28, 1239 – 1242.

Sass, R. L., Fisher, F. M., Turner, F. T., and Jund, M. F. (1991) Mitigation of methane emissions from rice fields: possible adverse effects of incorporated rice straw. Global Biogeochem. Cycles 5, 275 – 282.

Saucier, R. E. (1963) Recent geomorphic history of the Pontchartrain Basin: L. S. U. Studies, Coastal Studies Series 9, p. 114.

Savchuk, O. P. (2000) Studies of the assimilation capacity and effects of nutrient load reductions in the eastern Gulf of Finland with a biogeochemical model. Boreal Env. Res. 5, 147 – 163.

Savchuk, O. P. (2002) Nutrient biogeochemical cycles in the Gulf of Riga: scaling up field studies with a mathematical model. J. Mar. Syst. 32, 253 – 280.

Savchuk, O. P., and Wulff, F. (2001) A model of the biogeochemical cycles of nitrogen and phosphorus in the Baltic. *In* Ecological Studies, A System Analysis of the Baltic Sea (Wulff, F., ed.), pp. 374 – 415, Springer – Verlag, Berlin.

Savela, K. (1983) Nitrogen fixation by the blue – green alga *Calothrix scopulorum* in coastal waters of the Baltic. Ann. Bot. Fenn. 20, 399 – 405.

Savenko, V. S., and Zakharova, E. A. (1995) Phosphorus in riverine runoff. Dokl. Ross. Akad. Nauk 345, 682 – 685.

Savidge, G., and Hutley, H. T. (1977) Rates of remineralization and assimilation of urea by fractionated plankton populations in coastal waters. J. Exp. Mar. Biol. Ecol. 28, 1 – 16.

Saxby, J. D. (1969) Metal – organic chemistry of the geochemical cycle. Rev. Pure Appl. Chem. 19, 131 – 150.

Scarton, F., Day, J. W., Rismondo, A., Cecconi, G., and Ave, D. (2000) Effects of an intertidal sediment fence on sediment elevation and vegetation distribution in a Venice (Italy) lagoon salt marsh. Ecol. Eng. 16, 223 – 233.

Schafer, J., Blanc, G., Lapaquellerie, Y., Maillet, N., Maneaux, E., and Etcheber, H. (2002) Ten – year observation of the Gironde tributary fluvial system: fluxes of suspended matter, particulate organic carbon and cadmium. Mar. Chem. 79, 229 – 242.

Schaffner, L. C. (1990) Small – scale organism distributions and patterns of species diversity: evidence for positive interactions in an estuarine benthic community. Mar. Ecol. Prog. Ser. 61, 107 – 117.

Schaffner, L. C., Dellapenna, T. M., Hinchey, E. K., Friedrics, C. T., Neubauer, M. T., Smith, M. E., and Kuehl, S. A. (2001). Physical energy regimes, seabed dynamics and organism – sediment interactions along an estuarine gradient. *In* Organism – Sediment Interactions (Aller, J. Y., Woodin, S. A., and Aller, R. C., eds.), pp. 161 – 182, University of South Carolina Press, Columbia. Schaffner, L. C., Dickhut, R. M., Mitra, S., Lay, P. W., and Brouwer – Riel, C. (1997) Effects of physical chemistry and bioturbation by estuarine macrofauna on the transport of hydrophobic organic contaminants in the benthos. Environ. Sci. Technol. 31, 3120 – 3125.

Schedel, M., and Truper, H. (1980) Anaerobic oxidation of thiosulfate and elemental sulfur in *Thiobacillus denitrificans*. Arch. Microbiol. 124, 205 – 210.

Schelske, C. L., and Stoermer, E. F. (1971) Eutrophication, silica depletion, and predicted changes in algal quality in Lake Michigan. Science 173, 423 – 424.

Schiel, D. R. (1994) Kelp communities. *In* Marine Biology (Hammond, L. S., and Synnot, R. N., eds.), pp. 23 – 45, Longman Cheshire, Melbourne.

Schiff, S. L., Aravena, R., Trumbore, S. E., and Dillon, P. J. (1990) Dissolved organic carbon cycling in forested watersheds: a carbon isotopic approach. Wat. Res. 26, 2949 – 2957.

Schimel, D. S., Enting, I. G., Heimann, M., Wigley, T. M. L., Raynaud, D., Alves, D., and Siegenthaler, U. (1995) $CO_2$ and the carbon cycle. *In* Climate Change 1994: Radiative Forcing of Climate Change and an Evaluation of the IPCC IS92 Emission Scenarios (Houghton, J. T., ed.), pp. 35 – 71, Cambridge University Press, Cambridge, UK.

Schindler, D. W. (1997) Evolution of phosphorus limitation in lakes. Science 195, 260 – 262.

Schindler, D. W. (1987) Detecting ecosystem responses to anthropogenic stress. Can. J. Fish. Aquat. Sci. 44, 6 – 25.

Schmid, H., Bauer, F., and Stich, H. B. (1998) Determination of algal biomass with HPLC pigment analysis from lakes of different trophic state in comparison to microscopically measured biomass. J. Plankton Res. 20, 1651 – 1661.

Schmidt, J. E., and Ahring, B. K. (1994) Extracellular polymers in granular sludge from different upflow anaerobic sludge blanket (UASB) reactors. Appl. Microbiol. Biotechnol. 42, 457 – 462.

Schnitzer, M., and Khan, S. U. (1972) Humic Substances in the Environment. Marcel Dekker, New York.

Schnitzer, M., and Preston, C. M. (1986) Analysis of humic acids by solution and solid – state carbon – 13 nuclear magnetic resonance. Soil Sci. Soc. Am. J. 50, 326 – 331.

Schoell, M., McCaffrey, M. A., Fago, F. J., and Moldowan, J. M. (1992) Carbon isotopic compositions of 28, 30 – bisnorhopanes and other biological markers in a Monterey crude oil. Geochim. Cosmochim. Acta 56, 1391 – 1399.

Schoeninger, M. J., and DeNiro, M. J. (1984) Nitrogen and carbon isotope composition of bone collagen from marine and terrestrial animals. Geochim. Cosmochim. Acta 46, 625 – 639.

Scholln, C. A., and 25 others. (2000) Mortality of sea lions along the central California coast linked to a toxic diatom bloom. Nature 403, 80 – 84.

Schouten, S., Klien, W. C. M., Breteler, K., Blokker, P., Schogt, N., Irene, W., Rupstra, I. C., Grice, K., Bass, M., and Damste J. S. S. (1998) Biosynthetic effects on the stable carbon isotopic compositions of algal lipids: Implications for deciphering the carbon isotopic biomarker record. Geochim. Cosmochim. Acta 62, 1397 – 1406.

Schroeder, W. W., andWiseman, W. J. (1986) Low – frequency shelf – estuarine exchange processes in Mobile Bay and other estuarine systems on the northern Gulf of Mexico. *In* Estuarine Variability (Wolfe, D., ed.), pp. 365 – 367, Academic Press, New York.

Schroeder, W. W., and Wiseman, W. J. (1999) Geology and hydrodynamics of Gulf of Mexico estuaries. *In* Biogeochemistry of Gulf of Mexico Estuaries (Bianchi, T. S., Pennock, J. R., and Twilley, R. R., eds.), pp. 3 – 28, John Wiley, New York.

Schubauer, J. P., and Hopkinson, C. S. (1984) Above – and below ground production dynamics of *Spartina alterniflora* and *Spartina cynosuroides*. Limnol. Oceanogr. 29, 1052 – 1065.

Schubel, J. R. (1968) Turbidity maximum of the northern Chesapeake Bay. Science 161, 1013 – 1015.

Schubel, J. R. (1971) Tidal variation of the size distribution of suspended sediment at a station in the Chesapeake Bay turbidity maximum. Neth. J. Sea Res. 5, 252 – 266.

Schubel, J. R. (ed.) (1972) Classification according to mode of basin formation. *In* The Estuarine Environment: Estuaries and Estuarine Sedimentation, pp. 2 – 8, American Geological Institute, Washington, DC.

Schubel, J. R., and Biggs, R. B. (1969) Distribution of seston in upper Chesapeake Bay. Ches. Sci. 10, 18 – 23.

Schubel, J. R., and Hirschberg, D. J. (1978) Estuarine graveyard and climatic change. *In* Estuarine Processes (Wiley, M., ed.), pp. 285 – 303, Academic Press, New York.

Schubel, J. R., and Kana, T. W. (1972) Agglomeration of fine – grained suspended sediment in northern Chesapeake Bay. Power Technol. 6, 9 – 16.

Schubel, J. R., and Meade, R. H. (1977) Man's impact on estuarine sedimentation. *In* Estuarine Pollution Control and Assessment, Proceedings of Conference, Vol. 1, U. S. Government Printing Office, pp. 193 – 209, Washington, DC.

Schultz, D. M., and Quinn, J. G. (1977) Suspended material in Narragansett Bay: fatty acid and hydrocarbons composition. Org. Geochem. 1, 27 – 36.

Schultz, H. D., Dahmke, A., Schinzel, U., Wallmann, K., and Zabel, M. (1994) Early diagenetic processes, fluxes, and reaction rates in sediments of the South Atlantic. Geochim. Cosmochim. Acta 58, 2041 – 2060.

Schulz, H. N., Brinkhoff, T., Ferdelman, T. G., Hernandez, M. M., Teske, A., and Jøgensen, B. B. (1999) Dense population of a giant sulfur bacterium in Namibian shelf sediments. Science 284, 493 – 495.

Schutte, H. R. (1983) Secondary plant substances. Aspects of carotenoid biosynthesis. Prog. Bot. 45, 120 – 135.

Schutz, H., Schroder, P., and Rennenberg, H. (1991) Role of plants in regulating the methane flux to the atmosphere. *In* Trace Gas Emissions from Plants (Sharkey, T., ed.), pp. 29 – 64, Academic Press, San Diego, CA.

Schwartz, M. (2003) Significant groundwater input to a coastal plain estuary: assessment from excess radon. Estuar. Coastal Shelf Sci. 56, 31 – 42.

Schwarzenbach, R. P., Gschwend, P. M., and Imboden, D. M. (1993) Environmental Organic Chemistry. John Wiley, New York.

Sciare, J., Mihalopoulos, N., and Nguyen, B. C. (2002) Spatial and temporal variability of dissolved sulfur compounds in European estuaries. Biogeochemistry 59, 121 – 141.

Scranton, M. I., and McShane, K. (1991) Methane fluxes in the southern North Sea: the role of European rivers. Cont. Shelf Res. 11, 37 – 52.

Scudlark, J. R., and Church, T. M. (1994) Atmospheric input of nitrogen to Delaware Bay. Estuaries 16, 747 – 759.

Sebilo, M., Billen, G., Grably, M., and Mariotti, A. (2003) Isotopic composition of nitrate – nitrogen as a marker of riparian and benthic denitrification at the scale of the whole Seine River system. Biogeochemistry 63: 35 – 51.

Seim, H. E., and Gregg, M. C. (1997) The importance of aspiration and channel curvature in producing strong mixing over a sill. J. Geophys. Res. 102, 3451 – 3471.

Seitzinger, S. P. (1987) Nitrogen biogeochemistry in an unpolluted estuary: The importance of benthic denitrification. Mar. Ecol. Prog. Ser. 41, 177 – 186.

Seitzinger, S. P. (1988) Denitrification in freshwater and coastal marine ecosystems: ecological and geochemical significance. Limnol. Oceanogr. 33: 702 – 724.

Seitzinger, S. P. (1990) Denitrification in aquatic sediments. *In* Denitrification in Soil and Sediment (Revsbech, N. P., and Søensen, J., eds.), pp. 301 – 322, Plenum Press, New York.

Seitzinger, S. P. (1998) An analysis of processes controlling N: P ratios in coastal marine ecosystems. *In* Effects of Nitrogen in the Aquatic Environment, pp. 65 – 83, Swedish Royal Academy of Sciences, Stockholm.

Seitzinger, S. P. (2000) Scaling up: Site – specific measurements to global estimates of denitrification. *In* Estuarine Science: A Synthetic Approach to Research and Practice (Hobbie, J. E., ed.), pp. 211 – 240, Island Press, Washington, DC.

Seitzinger, S. P., Gardner, W. S., and Spratt, A. K. (1991) The effect of salinity on ammonium sorption in aquatic sediments: implications for benthic nutrient recycling. Estuaries 14, 167 – 174.

Seitzinger, S. P., and Giblin, A. E. (1996) Estimating denitrification in North Atlantic continental shelf sediments. Biogeochemistry 35, 235 – 259.

Seitzinger, S. P., and Kroeze, C. (1998) Global distribution of nitrous oxide production and N inputs in freshwater and coastal marine ecosystems. Global Biogeochem. Cycles 12, 93 – 113.

Seitzinger, S. P., and Kroeze, C., Bouman, A. F., Caraco, N., Dentener, F., and Styles, R. V. (2002a). Global patterns of dissolved inorganic and particulate nitrogen inputs to coastal systems: recent conditions and future projections. Estuaries 25, 640 – 655.

Seitzinger, S. P., Kroeze, C., and Styles, R. V. (2000) Global distribution of $N_2O$ emissions from aquatic systems: natural emissions and anthropogenic effects. Chemosphere: Global Change Science 2, 267 – 279.

Seitzinger, S. P., and Nixon, S. W. (1985) Eutrophication and the rate of denitrification and $N_2O$ production in coastal marine sediments. Limnol. Oceanogr. 30, 1332 – 1339.

Seitzinger, S. P., Nixon, S. W., and Pilson, M. E. Q. (1984) Denitrification and nitrous oxide production in a coastal marine ecosystem. Limnol. Oceanogr. 29, 73 – 83.

Seitzinger, S. P., and Nixon, S. W., Pilson, M. E. Q., and Burke, S. (1980) Denitrification and $N_2O$ production in near – shore marine sediments. Geochim. Cosmochim. Acta 44, 1853 – 1860.

Seitzinger, S. P., Pilson, M. E. O., and Watson, S. W. (1983) Nitrous oxide production in nearshore marine sediments. Science 222, 1244 – 1245.

Seitzinger, S. P., and Sanders, R. W. (1997) Contribution of dissolved organic nitrogen from rivers to estuarine eutrophication. Mar. Ecol. Prog. Ser. 159, 1 – 12.

Seitzinger, S. P., and Sanders, R. W. (1999) Atmospheric inputs of dissolved organic nitrogen stimulate estuarine bacteria and phytoplankton. Limnol. Oceanogr. 44, 721 – 730.

Seitzinger, S. P., Sanders, R. W., and Styles, R. (2002c) Bioavailability of DON from natural and anthropogenic sources to estuarine plankton. Limnol. Oceanogr. 47, 353 – 366.

Seitzinger, S. P., Styles, R. V., Boyer, E. W., Alexander, R. B., Billen, G., Howarth, R. W., Mayer, B., and Breemen, N. V. (2002b) Nitrogen retention in rivers: model development and application to watersheds in the northeastern USA. Biogeochemistry57/58, 199 – 237.

Seliger, H. H., Boggs, J. A., and Biggley, W. H. (1985) Catastrophic anoxia in the Chesapeake Bay in 1984. Science

228, 70 – 73.

Selmer, J. S. (1988) Ammonium regeneration in eutrophicated coastal waters of Sweden. Mar. Ecol. Prog. Ser. 44, 265 – 273.

Sempere, R., and Cauwet, G. (1995) Occurrence of organic colloids in the stratified estuary of the Krka River, Croatia. Estuar. Coastal Shelf Sci. 40, 105 – 114.

Sen Gupta, B. K., Lee, R. F., May, M. S. (1981) Upwelling and an unusual assemblage of benthic foraminifera on the northern Florida continental slope. J. Paleontol. 55, 853 – 857.

Sen Gupta, B. K., and Machain – Castillo, M. L. (1993) Benthic foraminifera in oxygen – poor habitats. Mar. Micropaleontol. 20, 183 – 210.

Sen Gupta, B. K., Turner, R. E., and Rabalais, N. N. (1996) Seasonal oxygen depletion in continental – shelf waters of Louisiana: Historical record of benthic foraminifera. Mar. Geol. 24, 227 – 230.

Senior, W., and Chevolot, L. (1991) Studies of dissolved carbohydrates (or carbohydratelike substances) in an estuarine environment. Mar. Chem. 32, 19 – 35.

Serodiø, J. J., Da Silva, M., and Catarino, F. (1998) Non – destructive tracing of migratory rhythms of intertidal benthic microalgae using in vivo chlorophyll – a fluorescence. J. Phycol. 33, 542 – 553.

Shaffer, G., and Rönner, U. (1984) Denitrification in the Baltic proper deep water. Deep Sea Res. 31, 197 – 220.

Shank, G. C., Skrabal, S. A., Whitehead, R. F., and Kieber, R. J. (2004a) Strong copper complexation in an organic – rich estuary: the importance of allochthonous dissolved organic matter. Mar. Chem. 88, 21 – 39.

Shank, G. C., Skrabal, S. A., Whitehead, R. F., and Kieber, R. J. (2004b) Fluxes of strong Cu – complexing ligands from sediments of an organic – rich estuary. Estuar. Coastal Shelf Sci. 60, 349 – 358.

Shannon, L. V., Cherry, R. D., and Orren M. J. (1970) Polonium – 210 and lead – 210 in the marine environment. Geochim. Cosmochim. Acta 34, 701 – 711.

Sharma, P., Gardner, L. R., Moore, W. S., and Bollinger, M. S. (1987) Sedimentation and bioturbation in a salt marsh as revealed by $^{210}Pb$, $^{137}Cs$, and 7Be studies. Limnol. Oceanogr. 32, 313 – 326.

Sharp, J. H. (1973) Size classes of organic carbon in seawater. Limnol. Oceanogr. 18, 441 – 447.

Sharp, J. H. (1983) The distribution of inorganic nitrogen and dissolved and particulate organic nitrogen in the sea. *In* Nitrogen in the Marine Environment (Carpenter, E. J., and Capone, D. G., eds.), pp. 1 – 35, Academic Press, New York.

Shaw, P. M., and Johns, R. B. (1985) Organic geochemical studies of a recent Great Barrier Reef sediment. I. Assessment of input sources. Org. Geochem. 8, 147 – 156.

Shaw, T. J., Gieskes, J. M., and Jahnke, R. A. (1990) Early diagenesis in differing depositional environments: the response of transition metals in pore water. Geochim. Cosmochim. Acta 54, 1233 – 1246.

Sheng, Y. P., Lee, H. K., and Demas, C. E. (1993) Simulation of flushing in Indian River Lagoon using 1 – D and 3 – D models. *In* Estuarine and Coastal Modeling III (Spaulding, M. L., ed.), pp. 366 – 380, ASCE, Monterey, CA.

Shepard, F. P. (1973) Submarine Geology. Harper and Row, New York.

Sherman, R. (1952) The genesis and morphology of the alumina – rich laterite clays. Am. Inst. Min. Met. Eng. 154 – 161.

Shi, W., Sun, M. Y., Molina, M., and Hodson, R. E. (2001) Variability in the distribution of lipid biomarkers and their molecular isotopic composition in Altamaha estuarine sediments: implications for the relative contribution or organic matter from various sources. Org. Geochem. 32, 453 – 468.

Shiklomanov, I. A., and Sokolov, A. A. (1983) Methodological basis of world water balance investigation and computation, *In* New Approaches in Water Balance computations, International Association for Hydrological Sciences Publication

No. 148, Proceedings of the Hamburg Symposium.

Shiller, A. M. (1996) The effect of recycling traps and upwelling on estuarine chemical flux estimates. Geochim. Cosmochim. Acta 60, 4321 –4330.

Shiller, A. M., and Boyle, E. A. (1987) Variability of dissolved trace metals in the Mississippi River. Geochim. Cosmochim. Acta 51, 3273 –3277.

Shimeta, J., Starczak, V. R., Ashiru, O. M., and Zimmer, C. A. (2001) Influences of benthic – layer flow on feeding rates of ciliates and flagellates at the sediment – water interface. Limnol. Oceanogr. 46, 1709 –1719.

Sholkovitz, E. R. (1976) Flocculation of dissolved organic and inorganic matter during the mixing of river water and seawater. Geochim. Cosmochim. Acta 40, 831 –845.

Sholkovitz, E. R. (1983) The geochemistry of plutonium in fresh and marine environments. Earth Sci. Rev. 64, 95 –161.

Sholkovitz, E. R. (1993) The geochemistry of rare Earth elements in the Amazon river estuary. Geochem. Cosmochim. Acta 57, 2181 –2190.

Sholkovitz, E. R. (1995) The aquatic chemistry of rare Earth elements in rivers and estuaries. Aquat. Chem. 1, 1 –34.

Sholkovitz, E. R., Boyle, E. A., and Price, N. B. (1978) The removal of dissolved humic acids and iron during estuarine mixing. Earth Planet. Sci. Lett. 40, 130 –136.

Short, F. T. (1987) Effects of sediment nutrients on seagrasses: literature review and mesocosm experiment. Aquat. Bot. 27, 41 –57.

Short, F. T., and Burdick, D. M. (1996) Quantifying eelgrass habitat loss in relation to housing development and nitrogen loading inWaquoit Bay, Massachusetts. Estuaries 19, 730 –739.

Short, F. T., Davis, M. W., Gibson, R. A., and Zimmermann, C. F. (1985) Evidence for phosphorus limitation in carbonate sediments of the seagrass *Syringodium filiforme*. Estuar. Coastal Shelf Sci. 20, 419 –430.

Short, F. T., Dennison, W. C., and Capone, D. G. (1990) Phosphorus – limited growth of the tropical seagrass *Syringodium filiforme* in carbonate sediments. Mar. Ecol. Prog. Ser. 62, 169 –174.

Shum, K. T., and Sundby, B. (1996) Organic matter processing in continental shelf sediments—the subtidal pump revisited. Mar. Chem. 53, 81 –87.

Shuman, F. R., and Lorenzen, C. J. (1975) Quantitative degradation of chlorophyll by a marine herbivore. Limnol. Oceanogr. 20, 580 –586.

Siccama, T. G., and Porter, E. (1972) Lead in a Connecticut salt marsh. Bioscience 22, 232 –234.

Siefert R. L., Pehkonen, S. O., Johansen, A. M. and Hoffmann, M. R. (1998) Trace metal (Fe, Cu, Mn, Cr) redox chemistry in fog and stratus clouds. J. Air Waste Manag. 48, 128 –143.

Siegenthaler, U., and Sarmiento, J. L. (1993) Atmospheric carbon dioxide and the ocean. Nature, 365, 119 –125.

Sigleo, A. C., and Macko, S. A. (1985) Stable isotope and amino acid composition of estuarine dissolved colloidal material. *In* Marine and Estuarine Geochemistry (Sigleo, A. C., and Hattori, A., eds.), pp. 29 –46, Lewis Publishers, Boca Raton, FL.

Sigman, D. M., Altabet, M. A., Michener, R., McCorkle, D. C., Fry, B., and Holmes, R. M. (1997) Natural abundance – level measurement of the nitrogen isotopic composition of oceanic nitrate: An adaptation of the ammonia diffusion method. Mar. Chem. 57, 227 –242.

Silliman, J. E., Meyers, P. A., and Eadie, B. J. (1998) Perylene: an indicator of alteration processes or precursor materials. Org. Geochem. 29, 1737 –1744.

Silliman, J. E., and Schelske, C. L. (2003) Saturated hydrocarbons in the sediments of Lake Apopka, Florida. Org. Geochem. 34, 253 –260.

Simenstad, C. A., and Wissmar, R. C. (1985) $\delta^{13}C$ evidence of the origins and fates of organic carbon in estuarine and nearshore food webs. Mar. Ecol. Prog. Ser. 22, 141 - 152.

Simkiss, K., and Taylor, M. G. (1989) Metal fluxes across the membranes of aquatic organisms. Rev. Aquat. Sci. 1, 173 - 188.

Simmons, G. M. (1992) Importance of submarine groundwater discharge (SGWD) and seawater cycling to material flux across the sediment - water interfaces in marine environments. Mar. Ecol. Prog. Ser. 84, 173 - 184.

Simo, R., Grimalt, J. O., and Albaiges, J. (1997) Dissolved dimethylsulfide, dimethylsulphonioproprionate and dimethyl - sulphoxide in western Mediterranean waters. Deep - Sea Res. II, 44, 929 - 950.

Simon, N. S., and Kennedy, M. M. (1987) The distribution of nitrogen species and adsorption of ammonium in sediments from the tidal Potomac River and Estuary. Estuar. Coastal Shelf Sci. 25, 11 - 26.

Simoneit, B. R. T. (1977) The Black Sea, a sink for terrigenous lipids. Deep - Sea Res. 24, 813 - 830.

Simoneit, B. R. T. (1978) Organic chemistry of marine sediments. *In* Chemical Oceanography, Vol. 7, 2nd edn. (Chester, J. P., ed.), pp. 233 - 311, Academic Press, London.

Simoneit, B. R. T. (1984) Organic matter of the troposphere—III. Characterization and sources of petroleum and pyrogenic residues in aerosols over the western United States. Atmos. Environ. 18, 51 - 67.

Simoneit, B. R. T., and Mazurek, M. A. (1982) Organic matter of the troposphere—II. Natural background of biogenic lipid matter in aerosols over the rural western United States. Atmos. Environ. 16, 2139 - 2159.

Simoneit, B. R. T., Sheng, G., Chen, X., Fu, J., Zhang, J., and Xu, Y. (1991) Molecular marker study of extractable organic matter in aerosols from urban areas of China. Atmos. Environ. 25A, 2111 - 2129.

Simpson, H. J., Olsen, C. R., Trier, R. M., and Willimas, S. C. (1996) Man - made radionuclides and sedimentation in the Hudson River estuary. Science 194, 179 - 183.

Sinninghe - Damste, Rijpstra, W. I. C., Schouten, S., Fuerst, J. A., Jetten, M. S. M., and Strous, M. (2004) The occurrence of hopanoids in planctomycetes: implications for the sedimentary biomarker record. Org. Chem. 35, 561 - 566.

Sinsabaugh, R. L., and Findlay, S. E. G. (2003) Dissolved organic matter: out of the black box into the mainstream. *In* Aqautic Ecosystems: Interactivity of Dissolved Organic Matter (Findlay, S. E. G., and Sinsabaugh, R. L., eds.), pp. 479 - 496, Academic Press, New York.

Sinsabaugh, R. L., and Foreman, C. M. (2003) Integrating dissolved organic matter metabolism and microbial diversity: an overview of conceptual models. *In* Aquatic Ecosystems: Interactivity of Dissolved Organic Matter (Findlay, S. E. G., and Sinsabaugh, R. L., eds.), pp. 426 - 449, Academic Press, New York.

Sjöström, E. (1981) Wood Chemistry, Fundamentals and Applications. Academic Press, New York.

Skei, J., Larsson, P., Rosenberg, R., Jonsson, P., Olsson, M., and Broman, D. (2000) Eutrophication and contaminants in aquatic ecosystems. Ambio 29, 184 - 194.

Skoog, A., and Benner, R. (1997) Aldoses in various size fractions of marine organic matter: implications for carbon cycling. Limnol. Oceanogr. 42, 1803 - 1813.

Skrabal, S. A. (1995) Distributions of dissolved titanium in Chesapeake Bay and the Amazon River Estuary. Geochim. Cosmochim. Acta 59, 2449 - 2458.

Skrabal, S. A., Donat, J. R., and Burdige, D. J. (1997) Fluxes of copper - complexing ligands from estuarine sediments. Limnol. Oceanogr. 42, 992 - 996.

Skrabal, S. A., Donat, J. R., and Burdige, D. J. (2000) Pore water distributions of dissolved copper and copper - complexing ligands in estuarine and coastal marine sediments. Geochim. Cosmochim. Acta 64, 1843 - 1857.

Skrabal, S. A., Ullman, W. J., and Luther III, G. W. (1992) Estuarine distributions of dissolved titanium. Mar. Chem. 37, 83 – 103.

Sleath, H. (1984) Sea Bed Mechanics. John Wiley, New York.

Slim, F. J., Hemminga, M. A., Ochieng, C., Jannink, N. T., Cocheret de la Morinière, E., and van der Velde, G. (1997) Leaf litter removal by the snail *Terebralia palustris* (Linnaeus) and sesarmid crabs in an East African mangrove forest (Gazi Bay, Kenya). J. Exp. Mar. Biol. Ecol. 215, 35 – 48.

Slomp, C. P., Epping, E. H., Helden, W., and Raaphorst, W. V. (1996) A key role for iron – bound phosphorus in authigenic apatite formation in North Atlantic continental platform sediments. J. Mar. Res. 54, 1179 – 1205.

Slomp, C. P., Malschaert, J. F. P., Lohse, L., and van Raaphorst, W. (1997) Iron and manganese cycling in different sedimentary environments on the North Sea continental margin. Cont. Shelf Res. 17, 1083 – 1117.

Sloth, N. P., Blackburn, H., Hansen, L. S., Risgaard – Petersen, N., Lomstein, B. A. (1995) Nitrogen cycling in sediments with different organic loading. Mar. Ecol. Prog. Ser. 116, 163 – 170.

Smayda, T. J. (1990) Novel and nuisance phytoplankton blooms in the sea: evidence for a global epidemic. *In* Toxic Marine Phytoplankton (Graneli, E., Sunderstrom, B., Elder, L., and Anderson, D. M., eds.), pp. 29 – 40, Elsevier, New York.

Smethie, W. J. J., Nittrouer, C. A., and Self, R. F. L. (1981) The use of radon – 222 as a tracer of sediment irrigation and mixing on the Washington continental shelf. Mar. Geol. 42, 173 – 200.

Smith, B. N., and Epstein, S. (1970) Biogeochemistry of the stable isotopes of hydrogen and carbon in salt marsh biota. Plant Physiol. 46, 738 – 742.

Smith, B. N., and Epstein, S. (1971) Two categories of $^{13}C/^{12}C$ ratios for higher plants. Plant Physiol. 47, 380 – 384.

Smith, C. J., Wright, W. F., and Patrick, W. H. (1983) The effect of soil redox potential and pH on the reduction and production of nitrous oxide. J. Environ. Qual. 12, 186 – 188.

Smith, K. L., Jr. (1987) Food energy supply and demand: a discrepancy between particulate organic flux and sediment community oxygen consumption in the deep ocean. Limnol. Oceanogr. 32, 21 – 220.

Smith, L., Kruszynah, H., and Smith, R. P. (1977) The effect of metheglobin on the inhibition of cytochrome c oxidase by cyanide, sulfide or azide. Biochem. Pharmacol. 26, 2247 – 2250.

Smith, N. P. (1978) Long – period, estuarine – shelf exchange in response to meteorological forcing. *In* Hydrodynamics of Estuaries and Fjords (Nichoul, J. C. J., ed.), pp. 147 – 159, Elsevier, New York.

Smith, S. V. (1984) Phosphorus versus nitrogen limitation in the marine environment. Limnol. Oceanogr. 29, 1149 – 1160.

Smith, S. V. (1991) Stoichiometry of C: N: P fluxes in shallow – water marine ecosystems. *In* Comparative Analyses of Ecosystems—Patterns, Mechanisms, and Theories (Cole, J. J., Lovett, G., and Findlay, S. G., eds.), pp. 259 – 286, Springer – Verlag, Berlin.

Smith, S. V., and Atkinson, M. J. (1984) Phosphorus limitation of net production in a confined aquatic ecosystem. Nature 307, 626 – 627.

Smith, S. V., and Hollibaugh, J. T. (1993) Coastal metabolism and the oceanic carbon balance. Rev. Geophys. 31, 75 – 89.

Smith, S. V., and Hollibaugh, J. T. (1997) Annual cycle and interannual variability of ecosystem metabolism in a temperate climate embayment. Ecol. Monogr. 67, 509 – 533.

Smith, S. V., and Hollibaugh, J. T., Dollar, S. J., and Vink, S. (1991) Tomales Bay metabolism: C – N – P stoichiometry and ecosystem heterotrophy at the land – sea interface. Estuar. Coastal Shelf Sci. 33, 223 – 257.

Smoak, J. M., DeMaster, D. J., Kuehl, S. A., Pope, R. H., and McKee, B. A. (1996) The behavior of particle –

reactive tracers in a high turbidity environment: $^{234}Th$ and $^{210}Pb$ on the Amazon continental shelf. Geochim. Cosmochim. Acta 60, 2123 – 2137.

Smullen, J. T., Taft, J. L., and Macknis, J. (1982) Nutrient and sediment loads to the tidal Chesapeake Bay system. *In* United States Environmental Protection Agency, Chesapeake Bay Program, Technical Studies: A Synthesis, pp. 147 – 258, Washington, DC.

Socha, S. B., and Carpenter, R. (1987) Factors affecting pore water hydrocarbon concentrations in Puget Sound sediments. Geochim. Cosmochim. Acta 51, 1273 – 1284.

Soetaert, K., and Herman, P. M. J. (1995) Nitrogen dynamics in the Westerschelde Estuary (S. W. Netherlands) estimated by means of the ecosystem model MOSES. Hydrobiologia 311, 225 – 246.

Solis, R. S, and Powell, G. L. (1999) Hydrography, mixing characteristics, and residence times of Gulf of Mexico estuaries. *In* Biogeochemistry of Gulf of Mexico (Bianchi, T. S., Pennock, J., and Twilley, R. R., eds.), pp. 29 – 61, John Wiley, New York.

Solomons, T. W. G. (1980) Organic Chemistry. John Wiley, New York. Sommerfield, C. K., Nittrouer, C. A., and Alexander, C. R. (1999) $^{7}Be$ as a tracer of flood sedimentation on the northern California continental margin. Cont. Shelf Res. 19, 335 – 361.

Søensen, J. (1978) Denitrification rates in a marine sediment measured by the acetylene inhibition technique. Appl. Environ. Microbiol. 36: 139 – 143.

Søensen, J. (1982) Reduction of ferric iron in anaerobic, marine sediment and interaction with reduction if nitrate and sulfate. Appl. Environ. Microbiol. 43, 319 – 324.

Søensen, J. (1987) Nitrate reduction in marine sediment: pathways and interactions with iron and sulfur cycling. Geomicrobiol. J. 5, 401 – 421.

Søensen, J. (1988) Dimethylsulfide and methane thiol in sediment porewater of a Danish estuary. Biogeochemistry 6, 201 – 210.

Søensen, J., and Jøgensen, B. B. (1987) Early diagenesis in sediments from Danish coastal waters: microbial activity and Mn – Fe – S geochemistry. Geochim. Cosmochim. Acta 51, 1583 – 1590.

Soudant, P., Marty, Y., Moal, J., and Samain, J. F. (1995) Separation of major polar lipids in *Pecten maximus* by high performance liquid chromatography and subsequent determination of their fatty acids using gas chromatography. J. Chromalogy 673, 15 – 26.

Spalding, M. D., Blasco, F., and Field, C. D. (eds.) (1997) World Mangrove Atlas. The International Society for Mangrove Ecosystems, Okinawa, Japan.

Spenceley, A. P. (1982) Sedimentation patterns in a mangal on Magnetic Island near Townsville, North Queensland, Australia. Singapore J. Trop. Geogr. 3, 100 – 107.

Spiker, E. C. (1980) The behavior of 14C and 13C in estuarine water: effects of in situ $CO_2$ production and atmospheric exchange. Radiocarbon 22, 647 – 654.

Spiker, E. C., and Rubin, M. (1975) Petroleum pollutants in surface and groundwater as indicated by carbon – 14 activity of dissolved organic carbon. Science 187, 61 – 64.

Spiker, E. C., and Schemel, L. E. (1979) Distributions and stable isotope composition of carbon in San Francisco Bay. *In* San Francisco Bay: The Urbanized Estuary. Proceedings 58th Annual Meeting Pacific Division/American Assoc. Adv. Sci., pp. 192 – 212, California Academy of Science, San Francisco.

Spinner, G. P. (1969) Serial atlas of the marine environment. *In* The Wildlife Wetlands and Shellfish Areas of the Atlantic Coastal Zone, Vol. I, Folio 18, American Geographic Society, New York.

Squier, A. H., Hodgson, D. A., and Keely, B. J. (2002) Sedimentary pigments as markers for environmental change in an Antarctic lake. Org. Geochem. 33, 1655 – 1665.

Squier, A. H., Hodgson, D. A., and Keely, B. J. (2004) Identification of bacteriophaeophytin a esterified with geranylgeraniol in an Antarctic lake sediment. Org. Geochem. 35, 203 – 207.

Stacey, M. T., Burau, J. R., and Monismith, S. G. (2001) Creation of residual flows in a partially stratified estuary. J. Geophys. Res. 106, 17013 – 17037.

Stacey, M. T., Monismith, S. G., and Burau, J. R. (1999) Observations of turbulence in a partially stratified estuary. J. Phys. Oceanogr. 29, 1950 – 1970.

Stallard, R. F. (1980) Major element geochemistry of the Amazon river system. Ph. D Thesis, Massachusetts Institute of Technology, and Wood Hole Oceanographic Institute, Boston, MA.

Stallard, R. F., and Edmond, J. M. (1983) Geochemistry of the Amazon: II. The influence of geology and weathering environment on the dissolved load. J. Geophys. Res. 88, 9671 – 9688.

Stallard, R. F., and Edmond, J. M. (1986) Geochemistry of the Amazon: I. Precipitation chemistry and the marine contribution to the dissolved load at the time of peak discharge. J. Geophys. Res. 86, 9844 – 9852.

Stallard, R. F., and Edmond, J. M. (1987) Geochemistry of the Amazon: III. Weathering and limits to dissolved inputs. J. Geophys. Res. 92, 8293 – 8302.

Standley, L. J. (1997) Effect of sedimentary organic matter composition on the partitioning and bioavailability of dieldrin to the Oligochaete *Lumbriculus variegatus*. Environ. Sci. Technol., 31 (9), 2577 – 2583.

Stanley, D. W., and Nixon, S. W. (1992) Stratification and bottom – water hypoxia in the Pamlico River estuary. Estuaries 15, 270 – 281.

Starik, I. E., and Kolyadnin, L. B. (1957) The occurrence of uranium in ocean water. Geochemistry 2, 245 – 256.

Stark, A., Abrajano, T., Hellou, J., and Metcalf – Smith, J. L. (2003) Molecular and isotopic characterization of polycyclic aromatic hydrocarbon distribution and sources at the international segment of the St. Lawrence River. Org. Geochem. 34, 225 – 237.

Stauber, J. L., and Jeffrey, S. W. (1988) Photosynthetic pigments in fifty – one species of marine diatoms. J. Phycol. 24, 158 – 172.

Staudinger, B., Peiffer, S., Avnimelech, Y., and Berman, T. (1990) Phosphorus mobility in interstitial waters in Lake Kinneret, Israel. Hydrobiologia 207, 167 – 177.

Stauffer, R. E. (1990) Electrode pH error, seasonal epilimnetic $pCO_2$, and the recent acidification of the Maine lakes. Wat. Air Soil Poll. 50, 123 – 148.

Stedman, D. H., and Shetter, R. (1983) The global budget of atmospheric nitrogen species. *In* Trace Atmospheric Constituents: properties, Transformations, and Fates (Schwartz, S. S., ed.), pp. 411 – 454, John Wiley, New York.

Steers, J. A. (1964) The Coastline of England and Wales. Cambridge University Press, Cambridge, UK.

Steever, E. Z., Warren, R. S., and Niering, W. A. (1976) Tidal energy subsidy and standing crop production of *Spartina alterniflora*. Estuar. Coastal Shelf Sci. 4, 473 – 490.

Steidinger, K. A., and Baden, D. G. (1984) Toxic marine dinoflagellates. *In* Dinoflagellates (Spector, D. L., ed.), pp. 201 – 261, Academic Press, New York.

Stepanauskas, R., Edling, H., and Tranvik, L. J. (1999) Differential dissolved organic nitrogen availability and bacterial aminopeptidase activity in limnic and marine waters. Microb. Ecol. 38, 264 – 272.

Stepanauskas, R., Laudon, H., and Jøgensen, N. O. G. (2000) High DON bioavailability in boreal streams during a spring flood. Limnol. Oceanogr. 45, 1298 – 1307.

Stephen, A. M. (1983) Other plant polysaccharides. *In* The Polysaccharides (Aspinall, G. O., ed.), pp. 97 – 193, Academic Press, New York.

Sternbeck, J., Sohlenius, G., and Hallberg, R. O. (2000) Sedimentary trace elements as proxies to depositional changes induced by a Holocene fresh – brackish water transition. Aquat. Geochem. 6, 325 – 345.

Sternberg, R. W., Berhane, I., and Ogston, A. S. (1999) Measurement of size and settling velocity of suspended aggregates on the northern California continental shelf. Mar. Geol. 154, 43 – 53.

Sterner, R. W., and Elser, J. J. (2002) Ecological Stoichiometry—The Biology of Elements from Molecules to the Biosphere. Princeton University Press, Princeton NJ.

Steudler, P. A., and Peterson, B. J. (1985) Annual cycle of gaseous sulfur emissions from a New England *Spartina alterniflora* marsh. Atmos. Environ. 19, 1411 – 1416.

Stevenson, J. C. (1988) Comparative ecology of submerged grass beds in freshwater estuarine, and marine environments. Limnol. Oceanogr. 33, 867.

Stevenson, R. J. (1990) Benthic algal community dynamics in lake Michigan and Lake Superior. Biogeochemistry 1, 197 – 218.

Stiller, M., and Nissenbaum, A. (1980) Variations of stable isotopes in plankton from a freshwater lake. Geochim. Cosmochim. Acta 44, 1099 – 1101.

Stirling, H. P., and Wormald, A. P. (1977) Phosphate/sediment interaction in toto and Long Harbors, Hong Kong, and its role in estuarine phosphorus availability. Estuar. Coastal Shelf Sci. 5, 631 – 642.

Stommel, H. (1953) Computation of pollution in a vertically mixed estuary. Sewage Ind. Wastes 25, 1065 – 1071.

Stommel, H., and Farmer, H. G. (1952) Abrupt change in width in two – layer open channel flow. J. Mar. Res. 11, 205 – 214.

Stommel, H., and Farmer, H. G. (1953) Control of salinity in an estuary by transition. J. Mar. Res. 11, 13 – 20.

Stordal, M. C., Gill, G. A., Wen, L. S., and Santschi, P. H. (1996) Mercury phase speciation in the surface waters of three Texas estuaries: importance of colloidal forms. Limnol. Oceanogr. 41, 52 – 61.

Strayer, D. L., and Smith, L. C. (1993) Distribution of the zebra mussel (*Dreissena polymorpha*) in estuaries and brackish waters. *In* Zebra Mussels: Biology, Impacts, and Control (Nalepa, T. F., and Scholoesser, eds.), pp. 715 – 727, Lewis Publishers, Ann Arbor, MI.

Stribling, J. M., and Cornwell, J. C. (1997) Identification of important primary producers in a Chesapeake Bay tidal creek system using stable isotopes of carbon and sulfur. Estuaries 20, 77 – 85.

Strickland, J. D. H., and Parsons, T. R. (1972) A Practical Handbook of Seawater Analysis. Fisheries Research Board of Canada, Ottawa.

Strom, S. L. (1991) Growth and grazing rates of an herbivorous dinoflagellate (*Gymnodinium* sp.) from the open subarctic Pacific Ocean. Mar. Ecol. Prog. Ser. 78, 103 – 113.

Strom, S. L. (1993) Production of phaeopigments by marine protozoa: results of laboratory experiments analyzed by HPLC. Deep – Sea Res. 40, 57 – 80.

Strom, S. L., and Strom, M. W. (1996) Microplankton growth, grazing, and community structure in the northern Gulf of Mexico. Mar. Ecol. Prog. Ser. 130, 229 – 240.

Stuiver, M. (1978) Atmospheric carbon dioxide and carbon reservoir changes. Science 199, 253 – 258.

Stuiver, M., and Polach, H. A. (1977) Discussion: reporting of $^{14}C$ data. Radiocarbon 19, 355 – 363.

Stuiver, M., and Quay, P. D. (1981) Atmospheric $^{14}C$ changes resulting from fossil fuel $CO_2$ release and cosmic ray flux variability. Earth Planet Sci. Lett. 53, 349 – 362.

Stumm, W., and Leckie, J. O. (1971) Phosphate exchange with sediments; its role in the productivity of surface waters. Proceedings 5th Intl. Wat. Pollut. Res. Conf. pp. 1 – 16 Pergamon Press, London.

Stumm, W., and Morgan, J. J. (1981) Aquatic Chemistry. An Introduction Emphasizing Chemical Equilibria in Natural Waters. John Wiley, New York.

Stumm, W., and Morgan, J. J. (1996) Aquatic Chemistry. Chemical Equilibria and Rates in Natural Waters (3rd edn.). John Wiley, New York.

Suberkropp, K., Godshalk, G., and Klug, M. J. (1976) Changes in the chemical composition of leaves during processing in a woodland stream. Ecology 57, 720 – 727.

Suess, E. (1906) The Face of the Earth. Clarendon Press, Oxford University Press, New York.

Suess, H. E. (1958) Radioactivity of the atmosphere and hydrosphere. Annu. Rev. Nucl. Sci. 8, 243 – 256.

Suess. H. E. (1968) Climatic changes, solar activity and the cosmic ray production rate of radiocarbon. Meteorol. Monogr. 8, 146 – 150.

Sugai, S. F., Alperin, M. J., and Reeburgh, W. S. (1994) Episodic deposition and $^{137}Cs$ immobility in Skan Bay sediments: a ten year $^{210}Pb$ and $^{137}Cs$ time series. Mar. Geol. 116, 351 – 372.

Sullivan, B. E., Prahl, F. G., Small, L. F., and Covert, P. A. (2001) Seasonality of phytoplankton production in the Columbia River: a natural or anthropogenic pattern? Geochim. Cosmochim. Acta 65, 1125 – 1139.

Sullivan, M. J., and Moncreiff, C. A. (1990) Edaphic algae are an important component of salt marsh food – webs: evidence from multiple stable isotope analyses. Mar. Ecol. Prog. Ser. 62, 149 – 159.

Summers, J. K., Wade, T. L., and Engle, V. D. (1996) Normalization of metal concentrations in estuarine sediments from the Gulf of Mexico. Estuaries 19, 581 – 594.

Summons, R. E., Jahnke, L. L., and Roksandic, Z. (1994) Carbon isotopic fractionation in lipids from methanotrophic bacteria: relevance for interpretation of the geochemical record of biomarkers. Geochim. Cosmochim. Acta 58, 2853 – 2863.

Sun, M. Y., Aller, R. C., Lee, C. (1994) Spatial and temporal distributions of sedimentary chloropigments as indicators of benthic processes in Long Island Sound. J. Mar. Res. 52, 149 – 176.

Sun, M. Y., Aller, R. C., and Lee, C., and Wakeham, S. G. (2002) Effects of oxygen and redox oscillation on degradation of cell – associated lipids in surficial marine sediments. Geochim. Cosmochim. Acta 66, 2003 – 2012.

Sun, M. Y., and Wakeham, S. G. (1994) Molecular evidence for degradation and preservation of organic matter in the anoxic Black Sea Basin. Geochim. Cosmochim. Acta 58, 3395 – 3406.

Sun, M. Y., and Wakeham, S. G. (1998) A study of oxic/anoxic effects on degradation of sterols at the simulated sediment – water interface of coastal sediments. Org. Geochem. 28, 773 – 784.

Sun, M. Y., Wakeham, S. G., Aller, R. C., and Lee, C. (1998) Impact of seasonal hypoxia on diagenesis of phytol and its derivatives in Long Island Sound. Mar. Chem. 62, 157 – 173.

Sun, M. Y., Wakeham, S. G., and Lee, C. (1997) Rates and mechanisms of fatty acid degradation in oxic and anoxic coastal marine sediments. Geochim. Cosmochim. Acta 61, 341 – 355.

Sun, M. Y., Zou, L., Dai, J., Ding, H, Culp, R. A., and Scanton, M. I. (2004) Molecular carbon isotopic fractionation of algal lipids during decomposition in natural oxic and anoxic seawaters. Org. Geochem. 35, 895 – 908.

Sunda, W. G., and Ferguson, R. L. (1983) Sensitivity of natural bacterial communities to additions of copper and to cupric ion activity: A bioassay of copper complexation in seawater. *In* Trace Metals in Sea Water (Wong, C., ed.), pp. 871 – 891, Plenum Press, New York.

Sunda, W. G., and Guillard, R. R. L. (1976) The relationship between cupric ion activity and the toxicity of copper to phytoplankton. J. Mar. Res. 34, 511 – 529.

Sunda, W. G., Kieber, D. J., Kiene, R. P., and Huntsman, S. (2002) An antioxidant function for DMSP and DMS in marine algae. Nature 418, 317 – 320.

Sunda, W. G., and Lewis, J. A. M. (1978) Effects of complexation by natural organic matter on the toxicity of copper to a unicellular alga. Limnol. Oceanogr. 23, 870 – 876.

Sundbäck, K., Enoksson, V., Granéli, W., and Pettersson, K. (1991) Influence of sublittoral microphytobenthos on the oxygen and nutrient flux between sediment and water: a laboratory continuous – flow study. Mar. Ecol. Prog. Ser. 74: 263 – 279.

Sundbäck, K., and Graneli, W. (1988) Influence of microphytobenthos on the nutrient flux between sediment and water: a laboratory study. Mar. Ecol. Prog. Ser. 43, 63 – 69.

Sundbäck, K., Linares, F., Larson, F., and Wulff, A. (2004) Benthic nitrogen fluxes along a depth gradient in a microtidal fjord: the role of denitrification and microphytobenthos. Limnol. Oceanogr. 49, 1095 – 1107.

Sundbäck, K., and Miles, A. (2000) Balance between denitrification and microalgal incorporation of nitrogen in microtidal sediments, NE Kattegat. Aquat. Microb. Ecol. 22, 291 – 300.

Sundby, B., Gobeil, C., Silverburg, N., and Mucci, A. (1992) The phosphorus cycle in coastal marine sediments. Limnol. Oceanogr. 37, 1129 – 1145.

Sundby, B., Silverberg, N., and Chesselet, R. (1981) Pathways of manganese in an open estuarine system. Geochim. Cosmochim. Acta 45, 293 – 307.

Sunderland, E. M., and Chmura, G. L. (2000) An inventory of historical mercury pollution in Maritime Canada: implications for present and future contamination. Sci. Total Environ. 256, 39 – 57.

Sunderland, E. M., Gobas, F. A. P. C., Heyes, A., Brainfireun, B. A., Bayer, A. K., Cranston, R. E., and Parsons, M. B. (2004) Speciation and bioavailability of mercury in well – mixed estuarine sediments. Mar. Chem. 90, 91 – 105.

Sundquist, E. T. (1993) The global carbon dioxide budget. Science 259, 934 – 941.

Suttle, C. A. (1994) The significance of viruses to mortality in aquatic microbial communities. Microb. Ecol. 28, 237 – 243.

Sutula, M., Bianchi, T. S., and McKee, B. (2004) Effect of seasonal sediment storage in the lower Mississippi River on the flux of reactive particulate phosphorus to the Gulf of Mexico. Limnol. Oceanogr. 49, 2223 – 2235.

Swackhamer, D. L., and Skoglund, R. S. (1991) The role of phytoplankton in the partitioning of hydrophobic organic contaminants in water. *In* Organic Substrates and Sediments in Water (Baker, R. A., ed.), pp. 91 – 106, American Chemical Society, Washington, DC.

Swackhamer, D. L., and Skoglund, R. S. (1993) Bioaccumulation of PCBs by algae: kinetics versus equilibrium. Environ. Sci. Technol. 12, 831 – 838.

Swain, E. (1985) Measurement and interpretation of sedimentary pigments. Freshwat. Biol. 15, 53 – 75.

Swain, T. (1977) Secondary compounds as protective agents. Rev. Plant Physiol. 28, 479 – 501.

Swaney, D. P., Sherman, D., and Howarth, R. W. (1996) Modeling water, sediment, and organic carbon discharges in the Hudson/Mohawk Basin: coupling to terrestrial sources. Estuaries 19, 833 – 847.

Swanson, V. E., and Palacas, J. G. (1965) Humate in coastal sands of northwest Florida, U. S. U. S. Geol. Survey Bull. 1214 – B, 1 – 29.

Swarzenski, P. W., and McKee, B. A. (1998) Seasonal uranium distributions in the coastal waters off the Amazon and Mississippi Rivers. Estuaries 21, 379 – 390.

Swarzenski, P. W., McKee, B. A., Sorenson, K., and Todd, J. F. (1999) $^{210}Pb$ and $^{210}Po$, manganese and iron cycling across the $O_2/H_2S$ interface of a permanently anoxic fjord: Framvaren, Norway. Mar. Chem. 67, 199 - 217.

Sweeney, R. E., Kalil, E. K., and Kaplan, I. R. (1980) Characterization of domestic and industrial sewage in southern California coastal sediments using nitrogen, carbon, sulfur and uranium tracers. Mar. Environ. Res. 3, 225 - 243.

Sweeney, R. E., and Kaplan, I. R. (1973) Pyrite framboid formation: laboratory synthesis and marine sediments. Econ. Geol. 68, 618 - 634.

Swenson, E. M., and Sasser, C. E. (1992) Water level fluctuations in the Atchafalaya Delta, Louisiana: tidal forcing versus river forcing. *In* Dynamics and Exchanges in Estuaries and the Coastal Zone, Coastal and Estuarine Studies 40 (Prandle, D., ed.), pp. 191 - 208, American Geophysical Union, Washington, DC.

Swinnerton, J. W., and Lamontagne, R. A. (1974) Oceanic distribution of low - molecularweight hydrocarbons: baseline measurements. Environ. Sci. Technol. 8, 657 - 663.

Syvitski , J. P. M., Burrell, D. C., and Skei, J. M. (1987) Fjords: Processes and Products. Springer - Verlag, New York.

Syvitski, J. P. M., Morehead, M. D., Bahr, D., and Mulder, T. (2000) Estimating fluvial sediment transport: the rating parameters. Wat. Resour. Res. 36, 2747 - 2760.

Syvitski, J. P. M., and Shaw, J. (1995) Sedimentology and geomorphology of Fjords. *In* Geomorphology and Sedimentology of Estuaries. Developments in Sedimentology 53 (Perillo, G. M. E., ed.), pp. 113 - 178, Elsevier Science, New York.

Taft, J. L., and Taylor, W. R. (1976) Phosphorus dynamics in some coastal plain estuaries. *In* Estuarine Processes. I. Use, Stresses, and Adaptations to the Estuary (Wiley, M., ed.), pp. 79 - 89, Academic Press, New York.

Tahir, A., Fletcher, T. C., Houlihan, D. F., and Secombes, C. J. (1993) Effect of short - term exposure to oil - contaminated sediments on the immune response of dab, *Limanda limanda* (L.). Aquat. Toxicol. 27, 71 - 82.

Taillefert, M., Bono, A. B., and Luther III, G. W. (2000) Reactivity of freshly formed Fe (III) in synthetic solutions and porewaters: voltammetric evidence of an aging process. Environ. Sci. Technol. 34, 2169 - 2177.

Talbot, H. M., Head, R., Harris, R. P., and Maxwell, J. R. (1999) Distribution and stability of steryl chlorin esters in copepod faecal pellets from diatom grazing. Org. Geochem. 30, 1163 - 1174.

Talbot, M. M. B., Knoop, W. T., and Bate, G. C. (1990) The dynamic of estuarine macrophytes in relation to flood/situation cycles. Bot. Mar. 33, 159 - 164.

Tamminen, T., and Irmisch, A. (1996) Urea uptake kinetics of a midsummer planktonic community on the SW coast of Finland. Mar. Ecol. Prog. Ser. 130, 201 - 211.

Tang, D., Chin - Chang, H., Warnken, K. W., and Santschi, P. H. (2000) The distribution of biogenic thiols in surface waters of Galveston Bay. Limnol. Oceanogr. 45, 1289 - 1297.

Tang, D., Warnken, K. W., and Santschi, P. H. (2001) Organic complexation of copper in surface waters of Galveston Bay. Limnol. Oceanogr. 46, 321 - 330.

Tang, D., Warnken, K. W., and Santschi, P. H. (2002) Distribution and partitioning of trace metals (Cd, Cu, Ni, Pb, Zn) in Galveston Bay waters. Mar. Chem. 78, 29 - 45.

Tang, K., Damm, H., and Visscher, P. T. (1999) Dimethysulfoniopropionate (DMSP) in marine copepods and its relation with diets and salinity. Mar. Ecol. Prog. Ser. 179, 71 - 79.

Taniguchi, M., Burnett, W. C., Cable, J. E., and Turner, J. V. (2002) Investigation of submarine groundwater discharge. Hydrol. Process. 16, 2115 - 2129.

Tanoue, E., and Handa, N. (1979) Differential sorption of organic matter by various sized sediment particulates in recent sediment from the Bering Sea. J. Oceanogr. Soc. Jpn. 35, 199 – 208.

Tarr, M. A., Wang, W., Bianchi, T. S., and Engelhaupt, E. (2001) Mechanisms of ammonia and amino acid photoproduction from aquatic humic and colloidal matter. Wat. Res. 35, 3688 – 3696.

Taylor, G. T., Way, J., and Scranton, M. I. (2003) Planktonic carbon cycling and transport in surface waters of the highly urbanized Hudson River estuary. Limnol. Oceanogr. 48, 1779 – 1795.

Teague, K., Madden, C., and Day, J. (1988) Sediment oxygen uptake and net sediment – water nutrient fluxes in a river – dominated estuary. Estuaries 11, 1 – 9.

Teal, J. M. (1962) Energy flow in the salt marsh ecosystem of Georgia. Ecology 42, 614 – 624.

Teal, J. M. Valiela, I., and Berlo, D. (1979) Nitrogen fixation by rhizosphere and free – living bacteria in salt marsh sediments. Limnol. Oceanogr. 24, 126 – 132.

Telang, S. A., Puckington, R., Naidu, A. S., Romankevich, E. A., Gitelson, I. I., and Gladyshev, M. I. (1991) Carbon and mineral transport in major North American, Russian Arctic and Siberian Rivers, the St. Lawrence, the Mackenzie, the Arctic Alaskan rivers, the Arctic Basin rivers in the Soviet Union and the Yenisei. *In* Biogeochemistry of Major Rivers (Degens, E. T., Kempe, S., and Richey, J. E., eds.), pp. 77 – 104, John Wiley, New York.

Tenore, K. R. (1977) Growth of *Capitella capitata* cultured on various levels of detritus derived from different sources. Limnol. Oceanogr. 22, 936 – 941.

Tenore, K. R., Cammen, L., Findlay, S. E. G., and Phillips, N. (1982) Perspectives of research on detritus: do factors controlling the availability of detritus to macroconsumers depend on its source? J. Mar. Res. 40, 473 – 480.

Tenore, K. R., Hanson, R. B., McClain, J., Maccubbin, A. E., and Hobson, R. E. (1984) Changes in compositional nutritional value to a benthic deposit – feeder of decomposing detritus pools. Bull. Mar. Sci. 35, 299 – 311.

Tester, P. A., Geesey, M. E., Guo, C., Paerl, H. W., and Millie, D. F. (1995) Evaluating phytoplankton dynamics in the Newport River estuary (North Carolina, USA.) by HPLC – derived pigment profiles. Mar. Ecol. Prog. Ser. 124, 237 – 245.

Thamdrup, B. (2000) Bacterial manganese and iron reduction in aquatic sediments. *In* Advances in Microbial Ecology (Schink, B., ed.), vol. 16, pp. 86 – 103, Kluwer Academic, New York.

Thamdrup, B., and Dalsgaard, T. (2002) Production of $N_2$ through anaerobic ammonium oxidation coupled to nitrate reduction in marine sediments. Appl. Environ. Microbiol. 68, 1312 – 1318.

Thamdrup, B., Fossing, H., and Jøgensen, B. B. (1994) Manganese, iron, and sulfur cycling in a coastal marine sediment, Aarhus Bay, Denmark. Geochim. Cosmochim. Acta 58, 5115 – 5129.

Theberge, S. M., and Luther III, G. W. (1997) Determination of electrochemical properties of a soluble aqueous FeS species present in sulfidic solutions. Aquat. Geochem. 3, 191 – 211.

Thimsen, C. A., and Keil, R. G. (1998) Potential interactions between sedimentary dissolved organic matter and mineral surfaces. Mar. Chem. 62, 65 – 76.

Thode – Andersen, S. and Jøgensen, B. B. (1989) Sulphate reduction and the formation of $^{35}S$ – labeled FeS, $FeS_2$, and $S_0$ in coastal marine sediments. Limnol. Oceanogr. 34, 793 – 806.

Thomann, R. V., and Komlos, J. (1999) Model of biota – sediment accumulation factor for polycyclic aromatic hydrocarbons. Environ. Tox. Chem. 18, 1060 – 1068.

Thompson, P. A. (1998) Spatial and temporal patterns of factors influencing phytoplankton in a salt wedge estuary, the Swan River, Western Australia. Estuaries 21, 801 – 817.

Thurman, E. M. (1985) Organic Geochemistry of Natural Waters. Nijhoff/Junk, Boston, MA.

Thybo – Christensen, M., Rasmussen, M. B., and Blackburn, T. H. (1993) Nutrient fluxes and growth of *Cladophora* sericea in a shallow Danish Bay. Mar. Ecol. Prog. Ser. 100, 273.

Tilman, D. (1977) Resource competition between plankton algae: an experimental and theoretical approach. Ecology 58, 338 -348.

Tilman, D., Fargione, J., Wolff, B., D'Antonio, C., Dobson, A., Howarth, R., Schindler, D., Schlesinger, W. H., Simberloff, D., and Swackhamer, D. (2001) Forecasting agriculturally driven global environmental change. Science 292, 281 -284.

Timmons, M., and Price, K. S. (1996) The macroalgae and associated fauna of Rehoboth and Indian Bays in Delaware. Bot. Mar. 39, 231 -238.

Timperley, M. H., Vigor - Brown, R. J., Kawashima, M., and Ishigamo, M. (1985) Organic nitrogen compounds in atmospheric precipitation: their chemistry and availability to phytoplankton. Can. J. Fish. Aquat. Sci. 42, 1171 -1177.

Tipping, E. (1981) The adsorption of aquatic humic substances by iron oxides. Geochim. Cosmochim. Acta 45, 191 -199.

Tipping, E. (1993) Modeling the competition between alkaline Earth cations and trace metal species for binding by humic substances. Environ. Sci. Technol. 27, 520 -529.

Tipping, E. (1994) WHAM—A chemical equilibrium model and computer code for waters, sediments and soils incorporating a discrete - site/electrostatic model of ion - binding by humic substances. Comp. Geosci. 20, 973 -1023.

Tipping, E., Berggren, D., Mulder, J., and Woof, C. (1995a) Modeling the solid - solution distribution of protons, aluminium, base cations, and humic substances in acid soils. Eur. J. Soil Sci. 46, 77 -94.

Tipping, E., and Hurley, M. A. (1992) A unifying model of cation binding by humic substances. Geochim. Cosmochim. Acta 56, 3627 -3641.

Tipping, E., Lofts, S., and Lawlor, A. J. (1998) Modeling the chemical speciation of trace metals in the surface waters of the Humber system. Sci. Total Environ. 210/211, 63 -77.

Tipping, E., Woof, C., and Harley, M. A. (1991) Humic substances in acid surface waters; modelling aluminium binding, contribution to ionic charge - balance and control of pH. Wat. Res. 25, 425 -435.

Tipping, E., Woof, C., Kelly, M., Bradshaw, K., and Rowe, J. E. (1995b) Solid - solution distributions of radionuclides in acid soils: applications of the WHAM chemical speciation model. Environ. Sci. Technol. 29, 1365 -1372.

Tissot, B. P., and Welte, D. H. (1984) Petroleum Formation and Occurrence. Springer - Verlag, Berlin.

Tobias, C. R., Anderson, I. C., Canuel, A. C., and Macko, S. A. (2001) Nitrogen cycling through a fringing marsh - aquifer ecotone. Mar. Ecol. Prog. Ser. 210, 25 -39.

Todd, J. F., Elsinger, R. J., and Moore, W. S. (1988) The distributions of uranium, radium, and thorium isotopes in two anoxic fjords: Framvaren Fjord (Norway) and Saanich Inlet (British Columbia). Mar. Chem. 23, 393 -415.

Todd, J. F., Wong, G. T. F., Olsen, C. R., and Larsen, I. L. (1989) Atmospheric depositional characteristics of beryllium -7 and lead -210 along the southeastern Virginia coast. J. Geophys. Res. 94, 11, 106 -11, 116.

Tomasko, D. A., and Dunton, K. H. (1995) Primary productivity in *Halodule wrightii*: a comparison of techniques based on daily carbon budgets. Estuaries 18, 271 -278.

Tomasko, D. A., and Lapointe, B. E. (1991) Productivity and biomass of *Thalassia testudinum* as related to water column nutrient availability and epiphyte levels: field observations and experimental studies. Mar. Ecol. Prog. Ser. 75: 9 -17.

Tomasky, G., and Valiela, I. (1995) Nutrient limitation of phytoplankton growth in Waquoit Bay. Biol. Bull. 189, 257 -258.

Toole, J., Baxter, M. S., and Thomson, J. (1987) The behaviour of uranium isotopes with salinity change in three UK estuaries. Estuar. Coastal Shelf Sci. 25, 283 -297.

Topp, E., and Hanson, R. S. (1991) Metabolism of a radiatively important trace gas by methane - oxidizing bacteria. *In*

Microbial Production and Consumption of Greenhouse Gases (Rogers, J. E., and Whitman, W. B., eds.), pp. 71 - 90, ASM Press, Washington, DC.

Tönqvist, T. E., and Gonzalez, J. L. (2002) Reconstructing "background" rates of sea - level rise as a tool for forecasting coastal wetland loss, Mississippi Delta. EOS 83, 530 - 531.

Tönqvist, T. E., Kidder, T. R., Autin, W. J., van der Borg, K., de Jong, A. F. M., Klerks, C. J. W., Snijders, E. M. A., Stroms, J. E. A., van Dam, R. L., andWiemann, M. C. (1996) A revised chronology for Mississippi River subdeltas. Science 273, 1693 - 1696.

Tovar - Sanchez, A., Sañdo - Wilhelmy, S. A., and Flegal, A. R. (2004) Temporal and spatial variations in the biogeochemical cycling of cobalt in two urban estuaries: Hudson River Estuary and San Francisco Bay. Estuar. Coastal Shelf Sci. 60, 717 - 728.

Tranvik, L. J. (1998) Degradation of dissolved organic matter in humic waters by bacteria. *In* Aquatic Humic Substances: Ecology and Biogeochemistry (Hessen, D. O., and Tranvik, L. J., eds.), pp. 259 - 278, Springer - Verlag, New York.

Tranvik, L. J., Sherr, E. B., and Sherr, B. F. (1993) Uptake and utilization of colloidal DOM by heterotrophic flagellates in seawater. Mar. Ecol. Prog. Ser. 92, 301 - 305.

Trefry, J. H., Metz, S., Nelsen, T. A., Trocine, T. P., and Eadie, B. A. (1994) Transport and fate of particulate organic carbon by the Mississippi River and its fate in the Gulf of Mexico. Estuaries 17, 839 - 849.

Tréguer, P., Nelson, D. M., van Bennekom, A. J., demister, D. J., Leynaert, A., and Quegiuner, B. (1995) The silica balance in the world ocean: A re - estimate. Science 268, 375 - 379.

Trowbridge, A. C. (1930) Building of the Mississippi delta. Bull. Am. Assoc. Petrol. Geol. 14, 867 - 901.

Trowbridge, J. H., Geyer, W. R., Butman, A., and Chapman, R. J. (1989) The 17 - meter flume at the coastal research laboratory. Part II: Floe characteristics. Woods Hole Oceanographic Institution, Tech. Pap. WHOI - 89 - 11.

Trowbridge, J. H., and Kineke, G. C. (1994) Structure and dynamics of fluid muds on the Amazon continental shelf. J. Geophys. Res. 99, 865 - 874.

Trumbore, S. (2000) Age of soil organic matter and soil respiration: radiocarbon constraints on belowground carbon dynamics. Ecol. Appl. 10, 399 - 411.

Trumbore, S., Vogel, J. S., and Southon, J. (1989) AMS $^{14}C$ measurements of fractionated soil organic matter: an approach to deciphering the soil carbon cycle. Radiocarbon 31, 644 - 654.

Trust, B. A., and Fry, B. (1992) Stable sulfur isotopes in plants: a review. Plant Cell. Environ. 15, 1105 - 1110.

Tseng, C. M., Amouroux, D., Abril, G., Tessier, E., Etcheber, H., and Donard, O. F. X. (2001) Speciation of mercury in a fluid mud profile of a highly turbid macrotidal estuary (Gironde, France). Environ. Sci. Technol. 35, 2627 - 2633.

Tsunogai, S., Watanabe, S., and Sato, T. (1999) Is there a "continental shelf pump" for the absorption of atmospheric $CO_2$? Tellus, Series B51, 701 - 712.

Tulloch, A. P. (1976) Chemistry of waxes of higher plants. *In* Chemistry and biochemistry of Natural Waxes (Kolattukudy P. E., ed.), pp. 235 - 287, Elsevier Amsterdam.

Tunnicliffe, V. (2000) A fine - scale record of 130 years of organic carbon deposition in an anoxic fjord, Saanich Inlet, British Columbia. Limnol. Oceanogr. 45, 1380 - 1387.

Turekian, K. K., Benninger, L. K., and Dion, E. P. (1983) $^{7}Be$ and $^{210}Pb$ total deposition fluxes at New Haven, Connecticut, and at Bermuda. J. Geophys. Res. 88, 5411 - 5415.

Turekian, K. K., and Cochran, J. K. (1978) Determination of marine chronologies using natural radionuclides. *In* Chemical Oceanography (Riley, J. P., ed.), pp. 313 - 360, Academic Press, New York.

Turekian, K. K., Tanaka, N., Turekian, V. C., Torgersen, T., and Deangelo, E. C. (1996) Transfer rates of dissolved tracers through estuaries based on $^{228}Ra$: study of Long Island Sound. Cont. Shelf Res. 7, 863 - 873.

Turner, A., Martino, M., and Le Roux, S. M. (2002) Trace metal distribution coefficients in the Mersey Estuary, UK: evidence for salting out of metal complexes. Environ. Sci. Technol. 36, 4578 - 4584.

Turner, A., and Millward, G. E. (2002) Suspended particles: their role in estuarine biogeochemical cycles. Estuar. Coastal Shelf Sci. 55, 857 - 883.

Turner, A., Millward, G. E., and Le Roux, S. M. (2004) Significance of oxides and particulate organic matter in controlling trace metal partitioning in a contaminated estuary. Mar. Chem. 88, 179 - 192.

Turner, B. L., Clark, W. C., Kates, R., Richards, J. F., Mathews, J. T., and Meyer, W. B. (eds.) (1990) The Earth as Transformed by Human Action. Cambridge University Press, Cambridge, UK.

Turner, D. R. (1995) Problems in trace metal speciation modeling. *In* Metal Speciation and Bioavailability in Aquatic Systems (Tessier, A., and Turner, D. R., eds.), pp. 150 - 203, John Wiley, Chichester, UK.

Turner, D. R., Whitfield, M., and Dickson, A. G. (1981) The equilibrium speciation of dissolved components in freshwater and seawater at 25℃ and 1 atm pressure. Geochim. Cosmochim. Acta 45, 855 - 881.

Turner, R. E. (1976) Geographic variations in salt marsh macrophyte production: a review. Contrib. Mar. Sci. 20, 47 - 69.

Turner, R. E. (1990) Landscape development and coastal wetland loss in the northern central Gulf of Mexico. Am. Zool. 30, 89 - 105.

Turner, R. E. (1991) Tide gauge records, water level rise, and subsidence in the northern Gulf of Mexico. Estuaries 14, 139 - 147.

Turner, R. E., and Rabalais, N. N. (1991) Changes in Mississippi River water quality this century: implications for coastal food webs. Bioscience 41, 140 - 147.

Turner, R. E., and Rabalais, N. N. (1994) Coastal eutrophication near the Mississippi river delta. Nature 368, 619 - 621.

Turner, R. E., Rabalais, N. N., Justic, D., and Dortch, Q. (2003) Global patterns of dissolved N, P, and Si in large rivers. Biogeochemistry 64, 297 - 317.

Turner, S. M., Malin, G., Liss, P. S., Harbor, D. S., and Holligan, P. M. (1988) The seasonal variation of dimethyl sulfide and dimethylsulfoniopropionate concentrations in nearshore waters. Limnol. Oceanogr. 33, 364 - 375.

Turner, S. M., Malin, G., Nightingale, P. D., and Lis, P. S. (1996) Photochemical production and air - sea exchange of OCS in the eastern Mediterranean Sea. Mar. Chem. 53, 25 - 39.

Tuttle, J. H., Jonas, R. B., and Malone, T. C. (1987) Origin, development, and significance of Chesapeake Bay anoxia. *In* Contaminant Problems and Management of Living Chesapeake Bay Resources (Majumdar, S. K., Hall, L. W., and Hebert, M. A., eds.), pp. 442 - 472, Pennsylvania Academy of Natural Sciences, Philadelphia.

Twilley, R. R (1985) The exchange of organic carbon in basin mangrove forest in a southwestern Florida estuary. Estuar. Coast. Shelf Sci. 20, 543 - 557.

Twilley, R. R., and Chen, R. (1998) A water budget and hydrology model of a basin mangrove forest in Rookery Bay, Florida. Mar. Freshwat. Res. 49, 309 - 323.

Twilley, R. R., Chen, R. H., and Hargis, T. (1992) Carbon sinks in mangroves and their implications to carbon budget of tropical coastal ecosystems. Wat. Air Soil Pollut. 64, 265 - 288.

Twilley, R. R., Cowan, J., Miller - Way, T., Montagna, P. A., and Mortazavi, B. (1999) Benthic nutrient fluxes in selected estuaries in the Gulf of Mexico. *In* Biogeochemistry of Gulf of Mexico Estuaries (Bianchi, T. S., Pennock, J. R., and Twilley, R. R., eds.), pp. 163 - 209, John Wiley, New York.

Twilley, R. R., Kemp, W. M., Staver, K. W., Stevenson, J. C., and Boynton, W. R. (1985) Nutrient enrichment of estuarine submersed vascular plant communities. I. Algal growth and effects on production of plants and associated communities. Mar. Ecol. Prog. Ser. 23, 179 - 191.

Twilley, R. R., and McKee, B. A. (1996) Ecosystem analysis of the Louisiana Bight and adjacent shelf environments. Vol. I. The fate of organic matter and nutrients in the sediments of the Louisiana Bight. OCS study/MMS No., U. S. Dept. of the Interior, Minerals Management Service, Gulf of Mexico OCS Regional Office, New Orleans.

Twilley, R. R., Pozo, M., Garcia, V. H., Rivera - Monroy, V. H., Zambrano, R., and Bodero, A. (1997) Litter dynamics in riverine mangrove forests in the Guayas River estuary, Ecuador. Oecologia 111, 109 - 122.

Tyler, A. C., McGlathery, K. J., and Anderson, I. C. (2003) Benthic algae control sediment - water column fluxes of organic and inorganic nitrogen compounds in a temperate lagoon. Limnol. Oceanogr. 48, 2125 - 2137.

Tyrell, T. (1999) The relative influences of nitrogen and phosphorus on oceanic primary production. Nature 400, 525 - 531.

Uhlinger, D. J., and White, D. C. (1983) Relationship between physiological status and formation of extracellular polysaccharideglycocalyx in *Pseudomonas atlantica*. Appl. Environ. Microbiol. 45, 64 - 70.

Ulanowicz, R. E. (1987) NETWRK4: A package of computer algorithms to analyze ecological flow networks. Chesapeake Biological Laboratory, University of Maryland, Solomons, MD.

Ulanowicz, R. E., and Wulff, F. (1991) comparing ecosystem structure: The Chesapeake Bay and the Baltic Sea. *In* Comparative Analyses of Ecosystems (Cole, J., Lovett, G., and Findlay, S. G., eds.), pp. 140 - 166, Springer - Verlag, New York.

Ullman, W. J., and Aller, R. C. (1982) Diffusion coefficients in nearshore marine sediments. Limnol. Oceanogr. 27, 552 - 556.

Ullman, W. J., and Aller, R. C. (1983) Rates of iodine remineralization in terrigenous near - shore sediments. Geochim. Cosmochim. Acta 47, 1423 - 1432.

Ullman, W. J., and Aller, R. C. (1985) The geochemistry of iodine in near - shore carbonate sediments. Geochim. Cosmochim. Acta 49, 967 - 978.

Ullman, W. J., and Aller, R. C. (1989) Nutrient release rates from the sediments of Saginaw Bay, Lake Huron. Hydrobiologia 171, 127 - 140.

Ulshofer, U. S., Uher, G., and Andreae, M. O. (1995) Evidence for a winter sink of atmospheric carbonyl sulfide in the northeast Atlantic Ocean. Geophys. Res. Lett. 22, 2601 - 2604.

U. S. Standard Atmosphere (1976) NOAA, NASA, U. S. Air Force. NOAA - SFR 76 - 1562, Washington, DC.

Uncles, C. M., Lavender, S. J., and Stephens, J. A. (2001) Remotely sensed observations of the turbidity maximum in the high turbid Humber Estuary, UK. Estuaries 24, 745 - 755.

Uncles, R. L. (2002) Estuarine physical processes research: some recent studies and progress. Estuar. Coastal Shelf Sci. 55, 829 - 856.

Uncles, R. L., Barton, M. L., and Stephens, J. A. (1994) Seasonal variability of finesediment concentrations in the turbidity maximum region of the Tamar Estuary. Estuar. Coastal Shelf Sci. 38, 19 - 39.

Uncles, R. J., Easton, A. E., Griffiths, M. L. Harris, C., Howland, R. J. M., King, R. S., Morris, A. W., and Plummer, D. H. (1998) Seasonality of the turbidity maximum in the Humber - Ouse estuary, UK. Mar. Poll. Bull. 37, 206 - 215.

Underwood, G.. C., and Krompkamp, J. (1999) Primary production by phytoplankton and microphytobenthos in estuaries.

Adv. Ecol. Res. 29, 93 - 153.

Uppström, L. R. (1974) The boron/chlorinity ratio of deep - sea water from the Pacific Ocean. Deep Sea Res. 21, 161 - 162.

Urien, C. M. (1972) Rio de la Plata estuary environments. Geol. Soc. Am. Mem. 133, 213 - 234.

Ulshofer, V. W., Flock, O. R., Uher, G., and Andreae, M. O. (1996) Photochemical production and air - sea exchange of carbonyl sulfide in the eastern Mediterranean Sea. Mar. Chem. 53, 25 - 39.

Usui, T., Koike, I., and Ogura, N. (2001) N2O production, nitrification and denitrification in an estuarine sediment. Estuar. Coastal Shelf Sci. 52, 769 - 781.

Vachet, R. W., and Callaway, M. B. (2003) Characterization of Cu (II) - binding ligands from Chesapeake Bay using high - performance size - exclusion chromatography and mass spectrometry. Mar. Chem. 82, 31 - 45.

Valencia, J., Abalde, J., Bode, A., Cid, A., Fernandez, E., Gonzalez, N., Lorenzo, J., Teira, E., and Varela, M. (2003) Variations in planktonic bacterial biomass and production, and phytoplankton blooms off A Coruna (NW Spain). Sci. Mar. 67, 143 - 157.

Valiela, I. (1983) Nitrogen in salt marsh ecosystems. *In* Nitrogen in the Marine Environment (Carpenter, E. J., and Capone, D. G., eds.), pp. 649 - 678, Academic Press, New York.

Valiela, I. (1995) Marine Ecological Processes, 2nd edn. Springer, New York.

Valiela, I., Costa, J. E., Foreman, K., Teal., J. M., Howes, B., and Aubrey, D. (1990) Transport of groundwater - borne nutrients from watersheds and their effects on coastal waters. Biogeochemistry 10, 177 - 197.

Valiela, I., and D'Elia, C. (1990) Groundwater inputs to coastal waters. Special Issue. Biogeochemistry 10, 328.

Valiela, I., Foreman, K., LaMontagne, M., Hersh, D., Costa, J., Peckol, P., DeMeo - Anderson, B., D'Avanzo, C., Babione, M., Sham, C. - H., Brawley, J., and Lajtha., K. (1992) Coupling of watersheds and coastal waters: Sources and consequences of nutrient enrichment in Waquoit Bay, Massachusetts. Estuaries 15, 443 - 457.

Valiela, I., Koumjian, L., Swain, T., Teal., J. M., and Hobbie, J. E. (1979) Cinnamic acid inhibition of detritus feeding. Nature 280, 55 - 57.

Valiela, I., and Teal, J. M. (1976) production and dynamics of experimentally enriched salt marsh vegetation: belowground biomass. Limnol. Oceanogr. 21, 245 - 252.

Valiela, I., Teal., J. M., Allan, S. D., van Etten, R., Goehungel, D., and Volkman, S. (1985) Decomposition in salt marsh ecosystems: the phases and major factors affecting disappearance of above - ground organic matter. J. Exp. Mar. Biol. Ecol. 89, 29 - 54.

Valigura, R., Luke, W., Artz, R., and Hicks, B. (1996). Atmospheric nutrient inputs to coastal areas: reducing the uncertainty. U. S. National Oceanic and Atmospheric Administration Coastal Ocean Program Decision Analysis Series No. 9, Washington, DC.

Valle - Levinson, A., and O'Donnell, J. (1996) Tidal interaction with buoyancy - driven flow in a coastal plain estuary. Buoyancy effects on coastal and estuarine dynamics. Coast. Estuar. Stud. 53, 265 - 281.

Valle - Levinson, A., and Wilson, R. E. (1994a) Rotation and vertical mixing effects on volume exchange in eastern Long Island Sound. Estuar. Coast. Shelf Sci. 46, 573 - 585.

Valle - Levinson, A., and Wilson, R. E. (1994b) Effects of sill processes and tidal forcing on exchange in eastern Long Island Sound. J. Geophys. Res. 99, 12667 - 12681.

van Bennekom, A. J., and Solomons, W. (1981) Pathways of nutrients and organic matter from land to ocean through river. *In* River Inputs to Ocean Systems (Martin, J., Burton, J. D., and Eisma, D., eds.), pp. 33 - 51, UNEP, IOC, SCOR, United Nations, New York.

van Capellen, P., and Berner, R. A. (1988) A mathematical model for the early diagenesis of phosphorus and fluorine in marine sediments: apatite precipitation. Am. J. Sci. 288, 289 - 333.

van Capellen, P., and Berner, R. A. (1989) Marine apatite precipitation. *In* Water - Rock Interaction, Proceedings of 6th International Symposium (WRI - 6), (Miles, D. I., ed.), pp. 707 - 710, A. A. Balkema, Rotterdam, The Netherlands.

van Capellen, P., Dixit, S., and van Buesekom, J. (2002) Biogenic silica dissolution in the oceans: reconciling experimental and field - based dissolution rates. Global Biogeochem. Cycles 16, 1075 - 1085.

van Capellen, P., and Ingall, E. D. (1996) Redox stabilization of the atmosphere and oceans by phosphorus - limited marine productivity. Science 271, 493 - 496.

van Capellen, P., and Wang, Y. (1996) Cycling of iron and manganese in surface sediments: a general theory for the coupled transport and reaction of carbon, oxygen, nitrogen, sulfur, iron, and manganese. Am. J. Sci. 296, 197 - 243.

van de Kreeke, J. (1988) Dispersion in shallow estuaries. *In* Hydrodynamics of Estuaries. Vol. 1, Estuarine Physics (Kjerfve, B., ed.), pp. 27 - 39, CRC Press, Boca Raton, FL.

van den Berg, C. M. G., Merks, A. G., and Duursma, E. (1987) Organic complexation and its control on the dissolved concentrations of copper and zinc in the Scheldt estuary. Estuar. Coastal Shelf Sci. 24, 785 - 797.

van Diggelen, J., Rozema, J., Dickson, D. M. J., and Broekman, R. (1986) β - 3 - Dimethylsulphoniopropionate, proline and quaternary ammonium compounds in *Spartina anglica* in relation to sodium chloride, nitrogen and sulphur. New Phytologist 103, 573 - 586.

van der Nat, F. J. W. A., and Middelburg, J. J. (2000) Methane emissions from tidal freshwater marshes. Biogeochemistry 49, 103 - 121.

van Heemst, J. D. H., del Rio, J. C., Hatcher, P. G., and deLeeuw, J. W. (2000) Characterization of estuarine and fluvial dissolved organic matter by thermochemolysis using tetramethylammonium hydroxide. Acta Hydrochim. Hydrobiol. 28, 69 - 76.

van Leussen, W. (1988) Aggregation of particles, settling velocity of mud flocs—a review. *In* Physical Processes in Estuaries (Dronkers, J., and van Leussen, W., eds.), pp. 345 - 403, Springer, Berlin.

van Loosdrecht, M. C. M., Norde, W., Lyklema, J., and Zehnder, A. J. B. (1990) Hydrophobic and electrostatic parameters in bacterial adhesion. Aquat. Sci. 52, 103 - 114.

van Mooy, B. A. S., Keil, R. G., and Devol. A. H. (2002) Impact of suboxia on sinking particulate organic carbon: Enhanced carbon flux and preferential degradation of amino acids via denitrification. Geochim. Cosmochim. Acta 66, 457 - 465.

Vance, D. E., and Vance, J. E. (1996) Biogeochemistry of Lipids, Lipoproteins, and Membranes. Elsevier Science, Amsterdam.

Vanderborght, J. P., Wollast, R., Loijens, C. M., and Regnier, P. (2002) Application of a transport - reaction model to the estimation of biogas fluxes in the Scheldt estuary. Biogeochemistry 59, 207 - 237.

Velinsky, D. J., Wade, T. L., and Wong, G. T. F. (1986) Atmospheric deposition of organic carbon to Chesapeake Bay. Atmos. Environ. 20, 941 - 947.

Verduin, J. J., Walker, D. I., and Kuo, J. (1996) In - situ submarine pollination in the seagrass *Amphibolis Antarctica*: research notes. Mar. Ecol. Prog. Ser. 133, 307 - 309.

Verity, P. G. (2002a) A decade of change in the Skidaway River estuary. I. Hydrography and nutrients. Estuaries 25, 944 - 960.

Verity, P. G. (2002b) A decade of change in the Skidaway River estuary. II. Particulate organic carbon, nitrogen, and *chlorophyll a*. Estuaries 25, 961 – 975.

Vernadski, V. I. (1926) The Biosphere (translated and annotated version, 1998). Copernicus and Springer, New York.

Vernet, M., and Lorenzen, C. J. (1987) The presence of chlorophyll *b* and the estimation of phaeopigments in marine phytoplankton. J. Plankton Res. 9, 255 – 265.

Vesk, M., and Jeffrey, S. W. (1987) Ultrastructure and pigments of two strains of the picoplanktonic alga *Pelagococcus subviridis* (Chrysophyceae). J. Phycol. 23, 322 – 336.

Viarengo, A. (1989) Heavy metals in marine invertebrates: mechanisms of regulation and toxicity at the cellular level. Rev. Aquat. Sci. 1, 295 – 298.

Vince, S., and Valiela, I. (1973) The effects of ammonium and phosphate enrichments on chlorophyll a pigment ratios and species composition of phytoplankton of Vineyard Sound. Mar. Biol. 19, 69 – 73.

Viso, A. C., and Marty, J. C. (1993) Fatty acids from 28 marine microalgae. Phytochemistry 34, 1521 – 1533.

Vitousek, P. M., Aber, J. D., Howarth, R. W., Likens, G. E., Matson, P. A., Schindler, D. W., Schlesinger, W. H., and Tilman, D. G. (1997) Human alteration of the global nitrogen cycle: sources and consequences. Ecol. Appl. 7, 737 – 750.

Vitousek, P. M., Cassman, K., Cleveland, C., Crews, T., Field, C. B., Grimm, N. B., Howarth, R. W., Marino, R., Martinelli, L., Rastetter, E. B., and Sprent, J. I. (2002) Towards an ecological understanding of biological nitrogen fixation. Biogeochemistry 57/58: 1 – 45.

Vitousek, P. M., Walker, L. R., Whiteaker, L. D., Mueller – Dombois, D., and Matson, P. A. (1988) Element interactions in forest ecosystems: succession, allometry and input – output budgets. Biogeochemistry 5, 7 – 34.

Vodacek, A., Blough, N. V., DeGrandpre, M. D., Peltzer, E. T., and Nelson, R. K. (1997) Seasonal variation of CDOM and DOC in the Middle Atlantic Bight: Terrestrial inputs and photooxidation. Limnol. Oceanogr. 42, 674 – 686.

Vodacek, A., Hoge, F., Swift, R. N., Yungei, J. K., Peltzer, E. T., and Blough, N. V. (1995) The use of in situ and airborne fluorescence measurements to determine UV absorption coefficients and DOC concentrations in surface waters. Limnol. Oceanogr. 40, 411 – 415.

Voet, D., and Voet, J. G. (2004) Biochemistry. John Wiley, New York.

Vogel, S. (1981) Life in Moving Fluids. Princeton University Press, Princeton NJ.

Vold, R. D., and Vold, M. J. (1983) Colloid and Interface Chemistry. Addison – Wesley, Reading, MA.

Volkman, J. K. (1986) A review of sterol markers for marine and terrigenous organic matter. Org. Geochem. 9, 83 – 99.

Volkman, J. K. (2003) Sterols in microorganisms. Appl. Microb. Biotechnol. 60, 495 – 506.

Volkman, J. K., Barrett, S. M., and Blackburn, S. I. (1999) Eustigmatophyte microalgae are potential sources of $C_{29}$ sterols, $n-C_{23}-n-C_{28}$ $n$ – alkanols and $C_{28}-C_{32}$ $n$ – alkyl diols in freshwater environments. Org. Geochem. 30, 307 – 318.

Volkman, J. K., Barrett, S. M., Blackburn, S. I., Mansour, M. P., Sikes, E. L., and Gelin, F. (1998) Microalgal biomarkers: a review of recent research developments. Org. Geochem. 29, 1163 – 1179.

Volkman, J. K., Eglinton, G., and Corner, E. D. S. (1980a) Sterols and fatty acids of marine diatom *Biddulphia sinensis*. Phytochemistry 19, 1809 – 1813.

Volkman, J. K., Eglinton, G., Corner, E. D. S., and Forsberg, T. E. V. (1980b) Longchain alkenes and alkenones in the marine coccolithophorid *Emiliania huxleyi*. Phytochemistry 19, 2619 – 2622.

Volkman, J. K., Farrington, J. W., and Gagosian, R. B. (1987) Marine and terrigenous lipids in coastal sediments from the Peru upwelling region at 15∘ S: sterols and triterpene alcohols. Org. Geochem. 6, 463 – 477.

Volkman, J. K., Farrington, J. W., Gagosian, R. B., and Wakeham, S. G. (1983) Lipid composition of coastal marine sediments from the Peru upwelling region *In* Advances in Organic Geochemistry (Bjoroy, M., ed.), pp. 228 – 240, John Wiley, Chichester, UK.

Volkman, J. K., and Hallegraeff, G. M. (1988) Lipids in marine diatoms of the genus *Thalassiosira*: predominance of 24 – methylenecholesterol. Phytochemistry 27, 1389 – 1394.

Volkman, J. K., Jeffrey, S. W., Nichols, P. D., Rogers, G. I., and Garland, C. D. (1989) Fatty acid and lipid composition of 10 species of microalgae used in mariculture. J. Exp. Mar. Biol. Ecol. 128, 219 – 240.

Volkman, J. K., and Maxwell, J. R. (1984) Acyclic isoprenoids as biological markers. *In* Biological Markers in the Sedimentary Record (Johns, R. B., ed.), pp. 1 – 42, Elsevier, New York.

Volkman, J. K., Smith, D. J., Eglinton, G., Forsberg, T. E. V., and Corner, E. D. S. (1981) Sterol and fatty acid composition of four marine haptophycean algae. J. Mar. Biol. Assoc. UK 61, 509 – 527.

Vollenweider, R. A. (1968) Scientific fundamentals of the eutrophication of lakes and flowing waters, with particular reference to nitrogen and phosphate as factor in eutrophication. OECD, Paris, Tech. Report DAS/SCI/68. 27.

Vollenweider, R. A. (1975) Input – output models, with special reference to the phosphorus loading concept in limnology. Schweiz. Z. Hydrobiol. 37, 53 – 82.

Vollenweider, R. A. (1976) Advances in defining critical loading levels of phosphorus in lake eutrophication. Mem Ist. Ital. Idrobiol. 33, 53 – 83.

von Gunten, U., and Furrer, G. (2000) Steady – state modeling of biogeochemical processes in columns with aquifer material: 2. Dynamics of iron – sulfur interactions. Chem. Geol. 167, 271 – 284.

Vörösmarty, C. J., and Peterson, B. J. (2000) Macro – scale models of water and nutrient flux to the coastal zone. *In* Estuarine Science, a Synthetic Approach to Research and Practice (Hobbie, J. E., ed.), pp. 43 – 79, Island Press, Washington, DC.

Vörösmarty, C. J., Sharma, K., Fekete, B., Copeland, A. H., Holden, J., Marble, J., and Lough, J. A. (1997) The storage and aging of continental runoff in large reservoir systems of the world. Ambio 26, 210 – 219.

Voss, M., Larsen, B., Leivuori, M., and Vallius, H. (2000) Stable isotope signals of eutrophication in Baltic Sea sediments. J. Mar. Syst. 25, 287 – 298.

Voss, M., and Struck, U. (1997) Stable nitrogen and carbon isotopes as indicators of eutrophication of the Oder River (Baltic Sea). Mar. Chem. 59, 35 – 49.

Vymazal, J., and Richardson, C. J. (1995) Species composition, biomass, and nutrient content of periphyton in the Florida Everglades. J. Phycol. 31, 343 – 354.

Wada, E. (1980) Nitrogen isotope fractionation and its significance in biogeochemical processes occurring in marine environments. *In* Isotope Marine Chemistry (Goldberg, E. D., Horibe, Y., and Saruhashi, K., eds.), pp. 375 – 398, Uchida Rokakudo, Tokyo.

Wada, E., and Hattori, A. (1978) Nitrogen isotope effects in the assimilation of inorganic nitrogenous compounds by marine diatoms. Geomicrobiology 1, 85 – 101.

Wada, E., Kabaya, Y., Tsuru, K., and Ishiwatari, R. (1990) $^{15}N$ abundance of sedimenting organic matter in estuarine area of Tokyo Bay, Japan. Mass. Spectr. 38, 307 – 318.

Wahby, S, D., and Bishara, N. F. (1979) The effect of the river Nile on Mediterranean water, before and after the construction of the High Dam at Aswan. *In* River Inputs to Ocean Systems (Martin, J. M., Burton, J. D., and Eisma, D., eds.), pp. 311 – 318, U. N. Environ. Prog. Intergov. Oceanogr. Comm. Sci. Comm. Ocean. Res., Rome.

Wakeham, S. G., and Canuel, E. A. (1988) Organic geochemistry of particulate matter in the eastern tropical North Pacific Ocean: implications for particle dynamics. J. Mar. Res. 46, 183 – 213.

Wakeham, S. G., and Farrington, J. W. (1980) Hydrocarbons in contemporary aquatic sediments. *In* Contaminants and Sediments (Baker, R. A., ed.), pp. 3-32, Ann Arbor Science, Ann Arbor, MI.

Wakeham, S. G., and Lee, C. (1989) Organic geochemistry of particulate matter in the ocean: the role of particles on oceanic sedimentary cycles. Org. Geochem. 14, 83-96.

Wakeman, S. G., and Lee, C. (1993) production, transport, and alteration of particulate organic matter in the marine water column. *In* Organic Geochemistry (Engel, M. H., and Macko, S. A., eds), pp. 145-169, Plenum Press, New York.

Wakeham, S. G., Schaffer, C., and Giger, W. (1980a) Polycyclic aromatic hydrocarbons in recent lake sediments—I. Compounds having anthropogenic origins. Geochim. Cosmochim. Acta 44, 403-413.

Wakeham, S. G., Schaffer, C., and Giger, W. (1980b) Polycyclic aromatic hydrocarbons in recent lake sediments—II. Compounds derived from biogenic precursors during early diagenesis. Geochim. Cosmochim. Acta 44, 415-429.

Waldichuk, M. (1989) The state of pollution in the marine environment. Mar. Pollut. Bull. 20, 598-601.

Walker, H. A., Latimer, J. S., and Dettmann, E. H. (2000) Assessing the effects of natural and anthropogenic stressors in the Potomac estuary: implications for long-term monitoring. Environ. Monit. Assess. 63, 237-251.

Walker, J. G. G. (1977) Evolution of the Atmosphere. Macmillan, New York.

Walsh, J. J. (1988) On the Nature of Continental Shelves. Academic Press, San Diego, CA.

Walsh, J. J. (1994) Particle export at Cape Hatteras. Deep Sea Res. II 41, 603-628.

Walsh, J. J., Biscaye, P. E., and Csanady, G. T. (1988) The 1983-1984 shelf-edge exchange processes (SEEP) —I. Experiment: hypothesis and highlights. Cont. Shelf Res. 8, 435-456.

Walsh, J. J., Premuzic, E. T., Gaffney, J. S., Rowe, G. T., Harbottle, G., Stoenner, R. W., Balsam, W. L., Betzer, P. R., and Macko, S. A. (1985) Organic storage of carbon dioxide on the continental slope off the Mid-Atlantic Bight, the southeastern Bering Sea, and the Peru coast. Deep-Sea Res. 32, 853-883.

Walters, R. A. (1997) A model study of tidal and residual flow in Delaware Bay and River. J. Geophys. Res. 102, 12689-12704.

Wang, D. P., and Elliott, A. J. (1978) Non-tidal variability in the Chesapeake Bay and Potomac River: evidence for non-local forcing. J. Phys. Oceanogr. 8, 225-232.

Wang, W., Tarr, M. A., Bianchi, T. S., and Engelhaupt, E. (2000) Ammonium photoproduction from aquatic humic and colloidal matter. Aquat. Geochem. 6, 275-292.

Wang, W. C., Yung, Y. L., Lacis, A. A., Mo, J., and Hansen, J. E. (1976) Greenhouse effects due to man-made perturbations of trace gases. Science 194, 685-690.

Wang, W. X., and Fisher, N. S. (1997) Modeling metal bioavailability for marine mussels. Rev. Environ. Contam. Toxicol. 151, 39-65.

Wang, X. C., Chen, R. F., and Gardner, G. B. (2004) Sources and transport of dissolved and particulate organic carbon in the Mississippi River estuary and adjacent coastal waters of the northern Gulf of Mexico. Mar. Chem. 89, 241-256.

Wang, X. C., Druffel, E. R. M., and Lee, C. (1996) Radiocarbon in organic compound classes in particulate organic matter and sediments in the deep northeast Pacific Ocean. Geophys. Res. Lett. 23, 3583-3586.

Wang, X. C., and Lee, C. (1990) The distribution and adsorption behavior of aliphatic amines in marine and lacustrine sediments. Geochim. Cosmochim. Acta 54, 2759-2774.

Wang, X. C., and Lee, C. (1993) Adsorption and desorption of aliphatic amines, amino acids and acetate by clay minerals and marine sediments. Mar. Chem. 44, 1-23.

Wang, X. C., and Lee, C. (1995) Decomposition of aliphatic amines and amino acids in anoxic marine sediment.

Geochim. Cosmochim. Acta 59, 1787 – 1797.

Wang, X. W., and Guo, L. (2000) Bioavailability of colloid – bound Cd, Cr, and Zn to marine plankton. Mar. Ecol. Prog. Ser. 202, 41 – 49.

Wang, Y., and van Capellen, P. (1996) A multicomponent reactive transport model of early diagenesis: application to redox cycling in coastal marine sediments. Geochim. Cosmochim. Acta 60, 2993 – 3014.

Wang, Z. A., and Cai, W. (2004) Carbon dioxide degassing and inorganic carbon export from a marsh – dominated estuary (the Duplin River): A marsh $CO_2$ pump. Limnol. Oceanogr. 49, 341 – 354.

Wangersky, P. (1965) The organic chemistry of sea water. Amer. Sci. 53, 358 – 374.

Wanninkhof, R. (1992) Relationship between gas exchange and wind speed over the ocean. J. Geophys. Res. 97, 7373 – 7382.

Ward, L. G., Kearney, M. S., and Stevenson, J. C. (1986) Accretion rates and recent changes in sediment composition of estuarine marshes. Ches. Bay Sci. EOS 67, 998.

Ward, L. G., Kemp, W. M., and Boynton, W. R. (1984) The influence of waves and seagrass communities on suspended particles in an estuarine embayment. Mar. Geol. 59, 85 – 103.

Ward, T., Butler, E., and Hill, B. (1998) Environmental Indicators for Natural State of Environmental Reporting: Estuaries and the Sea, Australia: State of the Environment (Environmental Indicators Report). Department of the Environment, Canberra, Australia.

Warnken, K. W., Gill, G. A., Santschi, P. H., and Griffin, L. L. (2000) Benthic exchange of nutrients in Galveston Bay, Texas. Estuaries 23, 647 – 661.

Waser, N. A. D., Bacon, M. P., and Michaels, A. F. (1996) Natural activities of $^{32}P$ and $^{33}P$ and the $^{33}P/^{32}P$ ratio in suspended particulate matter and plankton in the Sargasso Sea. Deep Sea Res. II. 43, 421 – 436.

Wasmund, N. (1997) Occurrence of cynaobacterial blooms in the Baltic Sea in relation to environmental conditions. Intl. Rev. Ges. Hydrobiol. 82, 169 – 184.

Wassmann, R., Thein, U. G., Whiticar, M. J., Rennenberg, H., Seiler, W., and Junk,

W. J. (1992) Methane emissions from the Amazon floodplain: characterization of production and transport. Global Biogeochem. Cycles 6, 3 – 13.

Watts, C. D., and Maxwell, J. R. (1977) Carotenoid diagenesis in a marine sediment. Geochim. Cosmochim. Acta 41, 493 – 497.

Watts, S. F. (2000) The mass budgets of carbonyl sulfide, dimethyl sulfide, carbon disulfide and hydrogen sulfide. Atmos. Environ. 34, 761 – 779.

Webster, I. T., Ford, P. W., and Hodgson, B. (2002) Microphytobenthos contribution to nutrient – phytoplankton dynamics in a shallow coastal lagoon. Estuaries 25, 540 – 551.

Webster, I. T., Hancock, G. J., and Murray, A. S. (1995) Modeling the effect of salinity on radium desorption from sediments. Geochim. Cosmochim. Acta 59, 2469 – 2476.

Webster, J. R., and Benfield, E. F. (1986) Vascular plant breakdown in freshwater ecosystems. Annu. Rev. Ecol. Syst. 17, 567 – 594.

Wei, C. L., and Murray, J. W. (1994) The behavior of scavenged isotopes in marine anoxic environments: $^{210}Pb$ and $^{210}Po$ in the water column of the Black Sea. Geochim. Cosmochim. Acta 58, 1795 – 1811.

Weigner, T. N., and Seitzinger, S. P. (2001) Photochemical and microbial degradation of external dissolved organic matter inputs to rivers. Aquat. Microb. Ecol. 24, 27 – 40.

Weiler, R. R., and Mills, A. A. (1965) Surface properties and pore structure of marine sediments. Deep – Sea Res. 12,

511 – 529.

Weisburg, R. H., and Sturges, W. (1976) Velocity observations in the west passage of Narragansett Bay: a partially mixed estuary. J. Phys. Oceangr. 6, 721 – 734.

Weisberg, R. H., and Zheng, L. (2003) How estuaries work: a Charlotte harbor example. J. Mar. Res. 61, 635 – 657.

Weiss, R. F. (1974) Carbon dioxide in water and seawater: the solubility of non – ideal gas. Mar. Chem. 2, 203 – 215.

Wells, J. T. (1995) Tide – dominated estuaries and tidal rivers. *In* Geomorphology and Sedimentology of Estuaries. Developments in Sedimentology 53 (Perillo, G. M. E., ed.), pp. 179 – 205, Elsevier Science, New York.

Wells, J. T. (1996) Subsidence, sea – level, and wetland loss in the lower Mississippi River Delta. *In* Sea – Level Rise and Coastal Subsidence (Milliman, J. D., and Haq, B. U., eds.), pp. 281 – 311, Kluwer Academic Dordrecht, The Netherlands.

Wells, M. L. (2002) Marine colloids and trace metals. *In* Biogeochemistry of Marine Dissolved Organic Matter (Hansell, D. A., and Carlson, C. A., eds.), pp. 367 – 397, Academic Press, New York.

Wells, M. L., and Goldberg, E. D. (1991) Occurrence of small colloids in seawater. Nature 353, 342 – 344.

Wells, M. L., Kozelka, P. B., and Bruland, K. W. (1998) The complexation of "dissolved" Cu, Zn, Cd, and Pb by soluble and colloidal organic matter in Narragansett Bay, RI. Mar. Chem. 62, 203 – 217.

Wells, M. L., Smith, G. J., and Bruland, K. W. (2000) The distribution of colloidal and particulate bioactive metals in Narragansett Bay, RI. Mar. Chem. 71, 143 – 163.

Wells, M. L., Zorkin, N. G., and Lewis, A. G. (1983) The role of colloidal chemistry in providing a source of iron to phytoplankton. J. Mar. Res. 41, 731 – 746.

Welschmeyer, N. A., and Lorenzen, C. J. (1985) Chlorophyll budgets: zooplankton grazing and phytoplankton growth in a temperate fjord and the Central Pacific Gyres. Limnol. Oceanogr. 30, 1 – 21.

Wen, L., Santschi, P. H., Gill, G. A., and Tang, D. (2002) Silver concentrations in Colorado, USA, watersheds using improved methodology. Environ. Toxicol. Chem. 21, 2040 – 2051.

Wen, L., Shiller, A., Santschi, P. H., and Gill, G. (1999) Trace element behavior in Gulf of Mexico estuaries. *In* Biogeochemistry of Gulf of Mexico Estuaries (Bianchi, T. S., Pennock, J. R., and Twilley, R. R., eds.), pp. 303 – 346, John Wiley, New York.

Wernecke, G., Floser, G., Korn, S., Weitkamp, C., and Michaelis, W. (1994) First measurements of the methane concentrations in the North Sea with a new in – situ device. Bull. Geol. Soc. Denmark 41, 5 – 11.

Westerhausen, L., Poynter, J., Eglinton, G., Erlenkeuser, H., and Sarnthein, M. (1993) Marine and terrigenous origin of organic matter in modern sediments of the equatorial East Atlantic: the molecular record. Deep Sea Res. I. 40, 1087 – 1121.

Westman, P., Borhendahl, J., Bianchi, T. S., and Chen, N. (2003) Probable causes for cyanobacterial expansion in the Baltic Sea: role of anoxia and phosphorus retention. Estuaries 26, 680 – 689.

Westrich, J. T., and Berner, R. A. (1984) The role of sedimentary organic matter in bacterial sulfate reduction: the G model tested. Limnol. Oceanogr. 29, 236 – 249.

Wetzel, R. G. (1990) Land – water interfaces: metabolic and limnological regulators. Verh. Intl. Veriinig. Theor. Angew. Limnol. 24, 6 – 24.

Wetzel, R. G. (1995) Death, detritus, and energy flow in aquatic ecosystems. Freshwat. Biol. 33: 83 – 89.

Wetzel, R. G. (1999) Organic phosphorus mineralization in soils and sediments. *In* Phosphorus Biogeochemistry of Subtropical Ecosystems (Reddy, K. R., O'Connor, G. A., and Schelske, C. L., eds.), pp. 225 – 245, CRC Press, Boca Raton, FL.

Wetzel, R. G. (2001) Limnology—Lake and River Ecosystems. Academic Press, NewYork.

Wetzel, R. G. (2003) Dissolved organic carbon: detrital energetics. Metabolic regulators, and drivers of ecosystem stability of aquatic ecosystems. *In* Aquatic Ecosystems: Interactivity of Dissolved Organic Matter (Findlay, S. E. G., and Sinsabaugh, R. L., eds.), pp. 455 – 475, Academic Press, New York.

Wetzel, R. G., Hatcher, P. G., and Bianchi, T. S. (1995) Natural photolysis by ultraviolet irradiance of recalcitrant dissolved organic matter to simple substrates for rapid bacterial metabolism. Limnol. Oceanogr. 40, 1369 – 1380.

Wetzel, R. L., and Penhale, P. A. (1983) Production ecology of seagrass communities in the lower Chesapeake Bay. Mar. Tech. Soc. J. 17, 22 – 31.

Wheatcroft, R. A., Jumars, P. A., Smith, C. R., and Nowell, A. R. M. (1991) A mechanistic view of the particulate biodiffusion coefficient: step lengths, rest periods and transport direction. J. Mar. Res. 48, 177 – 207.

Wheeler, P. A., Watkins, J. M., and Hansing, R. L. (1997) Nutrients, organic carbon, and organic nitrogen in the upper water column of the Arctic Ocean: implications for the sources of dissolved organic carbon. Deep Sea Res. 44, 1571 – 1592.

Whelan, J. K., and Emeis, K. (1992) Sedimentation and preservation of amino acid compounds and carbohydrates in marine sediments. *In* Productivity, Accumulation, and Preservation of Organic Matter: Recent and Ancient Sediments (Whelan, J. K., and Farrington, J. W., eds.), pp. 176 – 200, Columbia University Press, New York.

Whistler, R. L., and Richards, E. L. (1970) Hemicelluloses. *In* The Carbohydrates; Chemistry and Biochemistry, 2nd edn. (Pigman, W., and Horton, D., eds.), pp. 447 – 468, Academic Press, New York.

Whitall, D. R., and Paerl, H. W. (2001) Importance of atmospheric nitrogen deposition to the Neuse River estuary, North Carolina. J. Environ. Qual. 30, 1508 – 1515.

White, R. H. (1982) Analysis of dimethyl sulfonium compounds in marine algae. J. Mar. Res. 40, 529 – 536.

Whitehouse, B. G., Macdonald, R. W., Iseki, K., Yunker, M. B., and McLaughlin, F. A. (1989) Organic carbon and colloids in the Mackenzie River and Beaufort Sea. Mar. Chem. 26, 371 – 378.

Whiticar, M. J. (1999) Carbon and hydrogen isotope systematics of bacterial formation and oxidation of methane. Chem. Geol. 161, 291 – 314.

Whiting, G. J., and Chanton, J. P. (1992) Plant – dependent $CH_4$ emissions in a subarctic Canadian fen. Global Biogeochem. Cycles 6, 225 – 231.

Whiting, G. J., and Chanton, J. P. (1996) Control of the diurnal pattern of methane emission from emergent aquatic macrophytes by gas transport mechanisms. Aquat. Bot. 54, 237 – 253.

Widerlund, A. (1996) Early diagenetic remobilization of copper in near – shore marine sediments: A quantitative pore – water model. Mar. Chem. 54, 41 – 53.

Wiegert, R. G., and Freeman, B. J. (1990) Tidal salt marshes of the Southeastern Atlantic Coast: A community profile. U. S. Fish and Wildlife Biol. Rep. 85, Washington, DC.

Wiegner, T. N., and Seitzinger, S. P. (2001) Photochemical and microbial degradation of external dissolved organic matter inputs to rivers. Aquat. Microb. Geol. 24, 27 – 40.

Wijararatne, R. and Means, J. C. (1984a) Affinity of natural estuarine colloids for hydrophobic pollutants in aquatic environments. Environ. Sci. Technol. 18, 121 – 123.

Wijararatne, R. and Means, J. C. (1984b) Sorption of polycyclic aromatic hydrocarbons (PAHs) by natural colloids. Mar. Environ. Res. 11, 77 – 89.

Wilhelm, S. W., and Suttle, C. A. (1999) Viruses ant nutrient cycles in the sea. Bioscience 49, 781 – 788.

Williams, E. G. (1960) Marine and fresh water folliferous beds in the Pottsville and Allegheny Group of western Pennsylvania. J. Paleontol., 34, 905 – 922.

Williams, E. G., and Druffel, E. R. M. (1987) Radiocarbon in dissolved organic matter in the central north Pacific Ocean. Nature 330, 246 – 248.

Williams, G. P. (1971) Aids in designing laboratory flumes. Open file report, U. S. Geol. Survey, Washington, D. C.

Williams, P. M., and Gordon, L. I. (1970) Carbon – 13: carbon – 12 ratios in dissolved and particulate organic matter in the sea. Deep – Sea Res. 17, 17 – 27.

Williams, W. A., and May, R. J. (1997) Low – temperature microbial aerobic degradation of polychlorinated biphenyls in sediment. Environ. Sci. Technol. 31, 3491 – 3496.

Wilson, J. O., Buchsbaum, R., Valiela, I., and Swain, T. (1986) Decomposition in salt marsh ecosystems: phenolic dynamics during decay of litter of *Spartina alterniflora*. Mar. Ecol. Prog. Ser. 29, 177 – 187.

Wilson, J. O., Valiela, I., and Swain, T. (1985) Sources and concentrations of vascular plant material in sediments of Buzzards Bay, Massachusetts, USA. Mar. Biol. 90, 129 – 137.

Wilson, M. A., Airs, R. L., Atkinson, J. E., and Keely, B. J. (2004) Bacteriovirdins: novel sedimentary chlorines providing evidence for oxidative processes affecting paleobacterial communities. Org. Geochem. 35, 199 – 202.

Windom, H. I. (1992) Contamination of the marine environment from land – based sources. Mar. Pollut. Bull. 25, 32 – 36.

Windom, H. I., Byrd, J. T., Smith, R. G., and Huan, F. (1991) Inadequacy of nasquan data for assessing metal trends in the nation's rivers. Environ. Sci. Technol. 25, 1137 – 1142.

Windom, H. I., Smith, R., and Rawlinson, C. (1989) Particulate trace metal composition and flux across the southeastern U. S. continental shelf. Mar. Chem.. 27, 283 – 297.

Windom, H. I., Smith, R., Rawlinson, C., Hungspreugs, M., Dharmvanij, S., and Wattayakorn, J. (1988) Trace metal transport in a tropical estuary. Mar. Chem. 24, 293 – 305.

Wines, R. A. (1985) Fertilizer in America: fromWaste Recycling to Resource Exploitation. Temple University Press, Philadelphia, PA.

Winger, P. V., and Lasier, P. J. (1994) Effects of salinity on striped bass eggs and larvae from the Savannah River, Georgia. Trans. Am. Fish. Soc. 123, 904 – 912.

Winner, W. E., Smith, C. L., Koch, G. W., Mooney, H. A., Bewley, J. D., and Krouse, H. R. (1981) Rates of emission of H2S from plants and patterns of stable sulfur isotope fractionation. Nature 289, 672 – 673.

Winterwerp, J. C. (1998) A simple model for turbulence induced flocculation of cohesive sediments. J. Hydraul. Res. 36, 309 – 326.

Wolanski, E., Drew, E., Abel, K., and O'Brian, J. (1988) Tidal jets, nutrient upwelling and their influence on the production of the alga *Halimeda* in the Ribbon Reefs, Great Barrier Reef. Estuar. Coastal Shelf Sci. 26, 168 – 201.

Wollast, R. (1983) Interactions in estuaries and coastal waters. *In* The Major Biogeochemical Cycles and Their Interactions (Bolin, B., and Cook, R. B., eds.), pp. 385 – 409, Wiley – Interscience, New York.

Wollast, R. (1988) The Scheldt estuary. *In* Pollution of the North Sea: An assessment (Salomon, W., Bayne, R., Duursma, E. K., and Forstner, U., eds.), pp. 183 – 193, Springer – Verlag, Berlin.

Wollast, R. (1993) Interactions of carbon and nitrogen cycles in the coastal zone. *In* Interactions of Carbon, Nitrogen, Phosphorus, and Sulfur Biogeochemical cycles and Global Change (Wollast, R., Mackenzie, F. T., and Chou, L., eds.), pp. 195 – 210, Springer – Verlag, Berlin.

Wollast, R. (1998) Evaluation and comparison of the global carbon cycle in the coastal zone and in the open ocean. *In* The Sea (Brink, K. H., and Robinson, A. R., eds.), pp. 213 – 252, John Wiley, New York.

Wollast, R., and Mackenzie, F. T. (1983) The global cycle of silica. *In* Silicon Geochemistry and Biogeochemistry (Aston, S. R., ed.), pp. 39 – 76, Academic Press, San Diego, CA.

Wommack, K. E., and Colwell, R. R. (2000) Virioplankton: viruses in aquatic ecosystems. Microb. Molec. Biol. Rev. 64, 69 – 114.

Wong, K. C., and Moses – Hall, J. E. (1998) On the relative importance of the remote and local wind effects on the subtidal variability in a coastal plain estuary. J. Geophys. Res. 103, 18393 – 18404.

Wong, K. C., and Valle – Levinson, A. (2002) On the relative importance of the remote and local wind effects on the subtidal exchange at the entrance to the Chesapeake Bay. J. Mar. Res., 60, 477 – 498.

Woodroffe, E. (1995) Transport of sediment in mangrove swamps. Hydrobiologia 295, 31 – 42.

Wright, D. L. (1977) The effect of calcium on cadmium uptake by the shore crab *Carcinus maenas*. J. Exp. Biol. Ecol. 67, 163 – 165.

Wright, D. L., and Welbourn, P. M. (2002) Environmental Toxicology. Cambridge Press, Cambridge, UK.

Wright, L. D. (1977) Sediment transport and deposition at river mouths: a synthesis. Geol. Soc. Am. Bull. 88, 857 – 868.

Wright, L. D., Coleman, J. M., and Thom, B. G. (1975) Sediment transport and deposition in a macrotidal river channel, Ord River, Western Australia. *In* Estuarine Research, Vol. 2 (Cronin, L. E., ed.), pp. 309 – 322, Academic Press, New York.

Wright, L. D., Wiseman, W. J., Yang, Z., Bornhold, B. D., Keller, G. H., Prior, D. J., and Suhayda, J. N. (1990) Processes of marine dispersal and deposition of suspended silts off the modern mouth of the Huanghe (Yellow River). Cont. Shelf Res. 10, 1 – 40.

Wright, S., Thomas, D., Marchant, H., Higgins, H., Mackey, M., and Mackey, D. (1996) Analysis of phytoplankton of the Australian sector of the Southern Ocean: comparisons of microscopy and size frequency data with interpretations of pigment HPLC data using the CHEMTAX matrix factorization program. Mar. Ecol. Prog. Ser. 144, 285 – 298.

Wu, F., Midorikawa, T., and Tanoue, E. (2001) Fluorescence properties of organic ligands for copper (II) in Lake Biwa and its rivers. Geochim. J. 35, 333 – 346.

Wulff, F., and Stigebrandt, A. (1989) A time – dependent budget model for nutrients in the Baltic Sea. Global Biogeochem. Cycles 3, 63 – 78.

Wulff, F., and Ulanowicz, R. (1989) A comparative anatomy of the Baltic Sea and Chesapeake Bay ecosystems. *In* Flow analysis of Marine Ecosystems: Theory and Practice (Wulff, F., Field, J. G., and Mann, K. H., eds.), pp. 82 – 89, Springer – Verlag, New York.

Wyda, J. C., Deegan, L. A., Hughes, J. E., and Weaver, M. J. (2002) The response of fishes to submerged aquatic vegetation complexity in two ecoregions of the mid – Atlantic bight: Buzzards Bay and Chesapeake Bay. Estuaries 25, 86 – 100.

Wysocki, L. A., Bianchi, T. S., Powell, R. T., and Reuss, N. (2006) Spatial variability in the coupling of organic carbon, nutrients, and phytoplankton pigments in surface waters and sediments of the Mississippi River plume. Estuar. Coastal Shelf Sci. (in press).

Xue, C. (1993) Historical changes in the Yellow River delta, China. Mar. Geol. 113, 321 – 329.

Yamaoka, Y. (1983) Carbohydrates in humic and fulvic acids from Hiroshima Bay sediments. Mar. Chem. 13, 227 – 237.

Yamashita, Y., and Tanoue, E. (2003) Chemical characterization of protein – like fluorophores in DOM in relation to aromatic amino acids. Mar. Chem. 82, 255 – 271.

Yang, M., and Sanudo – Wilhelmy, S. A. (1998) Cadmium and manganese distributions in the Hudson River estuary: Interannual and seasonal variability. Earth Planet. Sci. Lett. 160, 403 - 418.

Yanik, P. J., O'Donnell. T. H., Macko, S. A., Qian, Y., and Kennicutt II, M. C. (2003) Source apportionment of polychlorinated biphenyls using compound specific isotope analysis. Org. Geochem. 34, 239 - 251.

Yao, W., and Millero, F. J. (1995) The chemistry of the anoxic waters in the Framvaren Fjord, Norway. Aquat. Geochem. 1, 53 - 88.

Yao, W., and Millero, F. J. (1996) Oxidation of hydrogen sulfide by hydrous Fe (III) oxides in seawater. Mar. Chem. 52, 1 - 16.

Yentsch, C., and Phinney, D. (1997) Yellow substances in the coastal waters of the Gulf of Maine: Implications for ocean color algorithms. *In* Ocean Optics XIII (Ackleson, S. G., ed.), pp. 120 - 131, SPIE Proceedings 2963.

Yingst, J. Y., and Rhoads, D. C. (1978) Sea floor stability in central Long Island Sound. Part II. Biological interactions and their potential importance for seafloor erodibility. *In* Estuarine Interactions (Wiley, M. A., ed.), pp. 245 - 260, Academic Press, New York.

Yingst, J. Y., and Rhoads, D. C. (1980) The role of bioturbation in the enhancement of bacterial growth rates in marine sediments. *In* Marine Benthic Dynamics (Tenore, K. R., and Coull, B. C., eds.), pp. 407 - 421, University of South Carolina Press, Columbia.

Yokokawa, T., Nagata, T., Cottrell, M. T., and Kirchman, D. L. (2004) Growth rate of the major phylogenetic bacterial groups in the Delaware estuary. Limnol. Oceanogr. 49, 1620 - 1629.

Yoon, W. B., and Benner, R. (1992) Denitrification and oxygen consumption in sediments of two south Texas estuaries. Mar. Ecol. Prog. Ser. 90, 157 - 167.

Yoshinari, T. (1976) Nitrous oxide in the sea. Mar. Chem. 4, 189 - 202.

Yunker, M. B., Cretney, W. J., Fowler, B. R., Macdonald, R. W., and Whitehouse, B. G. (1991) On the distribution of dissolved hydrocarbons in natural water. Org. Geochem. 17, 301 - 307.

Yunker, M. B., Macdonald, R. W., Cretney, W. J., Fowler, B. R., and McLaughlin, F. A. (1993) Alkane, terpene, and ploycyclic aromatic hydrocarbon geochemistry of the Mackenzie river and Mackenzie shelf: riverine contributions to Beaufort Sea coastal sediment. Geochim. Cosmochim. Acta 57, 3041 - 3061.

Yunker, M. B., Macdonald, R. W., Goyette, D., Paton, D. W., Fowler, B. R., Sullivan, D., and Boyd, J. (1999) Natural and anthropogenic inputs of hydrocarbons to the Strait of Georgia. Sci. Total Environ. 225, 181 - 209.

Yunker, M. B., Macdonald, R. W., Veltkamp, D. J., and Cretney, W. J. (1995) Terrestrial and marine biomarkers in a seasonally ice - covered Arctic estuary—integration of multivariate and biomarker approaches. Mar. Chem. 49, 1 - 50.

Yunker, M. B., Macdonald, R. W., Vingarzan, R., Mitchell, R. H., Goyotte, D., and Sylvestre, S. (2002) PAHs in the Fraser River basin: a critical appraisal of PAH ratios as indicators of PAH source and composition. Org. Geochem. 33, 489 - 515.

Zajac, R. N. (2001) Organism - sediment relations at multiple spatial scales: implications for community structure and successional dynamics. *In* Organsim - Sediment Interactions (Aller, J. Y., Woodin, S. A., and Aller, R. C., eds.), pp. 119 - 140, University of South Carolina Press, Columbia.

Zamuda, C. D., and Sunda, W. G. (1982) Bioavailability of dissolved copper to the American oyster *Crassostrea virginica*: Importance of chemical speciation. Mar. Biol. 66, 77 - 79.

Zang, X., Nguyen, R. T., Harvey, R., Knicker, H., and Hatcher, P. G. (2001) Preservation of proteinaceous material during the degradation of the green alga *Botryococcus braunii*: a solid - state 2D $^{15}N$ $^{13}C$ NMR spectroscopy study. Geochim. Cosmochim. Acta 65, 3299 - 3305.

Zappa, C. J., Raymond, P. A., Terray, E. A., and McGillis, W. R. (2003) Variation in surface turbulence and the gas transfer velocity over a tidal cycle in a macro – tidal estuary. Estuaries 26, 1401 – 1415.

Zepp, R. G., Callaghan, T. V., and Erickson, D. J. (1995) Effects of increased solar ultraviolet radiation on biogeochemical cycles. Ambio 24, 181 – 187.

Zhai, W., Dai, M., Cai, W. J., Wang, Y., andWang, Z. (2005) High partial pressure of $CO_2$ and its maintaining mechanism in a subtropical estuary: the Pearl River estuary, China. Mar. Chem. 93, 21 – 32.

Zhang, J. G., Huang, W. W., and Wang, Q. (1990) Concentration and partitioning of particulate trace metals in the Changjiang. Wat. Air Soil Pollut. 52, 57 – 70.

Zhang, L., Walsh, R. S., and Cutter, G. A. (1998) Estuarine cycling of carbonyl sulfide: production and air – sea flux. Mar. Chem. 61, 127 – 142.

Zhang, L. J., Wang, B. Y., and Zhang, J. (1999) $pCO_2$ in the surface water of the East China Sea in winter and summer. J. Ocean U. Qingdoa (suppl.), 149 – 153. (In Chinese.)

Zhang, Y., Zhu, L., Zeng, X., and Lin, Y. (2004) The biogeochemical cycling of phosphorus in the upper ocean of the East China Sea. Estuar. Coastal Shelf Sci. 60, 369 – 379.

Ziegler, R., Blaheta, A., Guha, N., and Schonegge, B. (1988) Enzymatic formation of pheophorbide and pyrophephorbide during chlorophyll degradation in a mutant of *Chlorella fusca* Shihira et Kraus. J. Plant Physiol. 132, 327 – 332.

Zieman, J. C., Fourqurean, J. W., and Iverson, R. L. (1989) Distribution, abundance, and productivity of seagrasses an macroalgae in Florida bay. Bull. Mar. Sci. 44, 292 – 311.

Zieman, J. C., and Wetzel, R. G. (1980) Productivity in seagrass methods and rates. *In* Handbook of Seagrass Biology: An Ecosytem Perspective (Phillips, R. C., and McRoy, C. P., eds), pp. 87 – 116, Garland STPM Press, New York.

Zieman, J. C., and Zieman, R. T. (1989) The ecology of the seagrass meadows of the west coast of Florida: a community profile. U. S. Fish and Wildlife Ser. Biol. Report85 (7.25).

Zimmerman, A. R., and Benner, R. (1994) Denitrification, nutrient regeneration and carbon mineralization in sediment of Galveston Bay, Texas, USA. Mar. Ecol. Prog. Ser. 114, 275 – 288.

Zimmerman, A. R., and Canuel, E. A. (2000) A geochemical record of eutrophication and anoxia in Chesapeake Bay sediments: anthropogenic influence on organic matter composition. Mar. Chem. 69, 117 – 137.

Zimmerman, J. T. F. (1988) Estuarine residence times. *In* Hydrodynamics of Estuaries. Vol. I. Estuarine Physics (Kjerfve, B., ed.), pp. 75 – 84, CRC Press, Boca Raton, FL.

Zimmerman, R. C. (2003) Abiooptical model of irradiance distribution and photosynthesis in seagrass canopies. Limnol. Oceanogr. 48, 568 – 585.

Zlotnik, I., and Dubinsky, Z. (1989) The effect of light and temperature on DOC excretion by phytoplankton. Limnol. Oceanogr. 34, 831 – 839.

Zobell, C. E., and Feltham, C. B. (1935) The occurrence and activity of urea – splitting bacteria in the sea. Science 81, 234 – 236.

Zobrist, J., and Stumm, W. (1979) Chemical dynamics of the Rhine catchment area in Switzerland: extrapolation into the 'pristine' Rhine River input into the oceans. *In* Proceedings Review andWorkshop on River Inputs to Ocean Systems, pp. 26 – 30,

FAO, Rome. Zou, L., X. Wang., Callahan, J., Culp, R. A., Chen, R. F., Altabet, M., and Sun, M. (2004)

Bacterial roles in the formation of high – molecular – weight dissolved organic matter in estuarine and coastal waters: evidence from lipids and the compound – specific isotopic ratios. Limnol. Oceanogr. 49, 297 – 302.

Zubkov, M. V., Fuchs, B. M., Archer, S. D., Kiene, R. P., Amann, R., and Burkill, P. H. (2001) Linking the composition of bacterioplankton to rapid turnover of dissolved dimethylsulphoniopropionate in an algal bloom in the North

Sea. Environ Microbiol. 3, 304 – 311.

Zucker, W. V. (1983) Tannins: does structure determine function? An ecological perspective. Am. Nat. 121, 335 – 365.

Zweifel, U. L. (1999) Factors controlling accumulation of labile dissolved organic carbon in the Gulf of Riga. Estuaries 48, 357 – 370.

Zwolsman, J. J. G. (1994) Seasonal variability and biogeochemistry of phosphorus in the Scheldt Estuary, South – West Netherlands. Estuar. Coastal Shelf Sci. 39, 227 – 248.

# 附　录

## 1　元素相对原子质量

| 原子序数 | 元素名称 | 符号 | 相对原子量 |
|---|---|---|---|
| 1 | 氢 | H | 1. 0079 |
| 2 | 氦 | He | 4. 0026 |
| 3 | 锂 | Li | 6. 9410 |
| 4 | 铍 | Be | 9. 0122 |
| 5 | 硼 | B | 10. 811 |
| 6 | 碳 | C | 12. 011 |
| 7 | 氮 | N | 14. 007 |
| 8 | 氧 | O | 15. 999 |
| 9 | 氟 | F | 18. 998 |
| 10 | 氖 | Ne | 20. 180 |
| 11 | 钠 | Na | 22. 990 |
| 12 | 镁 | Mg | 24. 305 |
| 13 | 铝 | Al | 26. 982 |
| 14 | 硅 | Si | 28. 086 |
| 15 | 磷 | P | 30. 074 |
| 16 | 硫 | S | 32. 066 |
| 17 | 氯 | Cl | 35. 453 |
| 18 | 氩 | Ar | 39. 948 |
| 19 | 钾 | K | 39. 098 |
| 20 | 钙 | Ca | 40. 078 |
| 21 | 钪 | Sc | 44. 956 |
| 22 | 钛 | Ti | 47. 956 |
| 23 | 钒 | V | 50. 942 |
| 24 | 铬 | Cr | 51. 996 |
| 25 | 锰 | Mn | 54. 938 |
| 26 | 铁 | Fe | 55. 845 |
| 27 | 钴 | Co | 59. 933 |

续表

| 原子序数 | 元素名称 | 符号 | 相对原子量 |
|---|---|---|---|
| 28 | 镍 | Ni | 58.693 |
| 29 | 铜 | Cu | 63.546 |
| 30 | 锌 | Zn | 65.392 |
| 31 | 镓 | Ga | 69.723 |
| 32 | 锗 | Ge | 72.612 |
| 33 | 砷 | As | 74.922 |
| 34 | 硒 | Se | 78.963 |
| 35 | 溴 | Br | 79.904 |
| 36 | 氪 | Kr | 83.800 |
| 37 | 铷 | Rb | 85.468 |
| 38 | 锶 | Sr | 87.520 |
| 39 | 钇 | Y | 88.906 |
| 40 | 锆 | Zr | 91.224 |
| 41 | 铌 | Nb | 92.906 |
| 42 | 钼 | Mo | 95.940 |
| 43 | 锝 | Tc | 98.906 |
| 44 | 钌 | Ru | 101.07 |
| 45 | 铑 | Rh | 102.91 |
| 46 | 钯 | Pd | 106.42 |
| 47 | 银 | Ag | 107.87 |
| 48 | 镉 | Cd | 112.41 |
| 49 | 铟 | In | 114.82 |
| 50 | 锡 | Sn | 118.71 |
| 51 | 锑 | Sb | 121.76 |
| 52 | 碲 | Te | 127.60 |
| 53 | 碘 | I | 126.90 |
| 54 | 氙 | Xe | 131.29 |
| 55 | 铯 | Cs | 132.91 |
| 56 | 钡 | Ba | 137.33 |
| 57 | 镧 | La | 138.91 |

续表

| 原子序数 | 元素名称 | 符号 | 相对原子量 |
| --- | --- | --- | --- |
| 58 | 铈 | Ce | 140. 12 |
| 59 | 镨 | Pr | 140. 91 |
| 60 | 钕 | Nd | 144. 24 |
| 61 | 钷 | Pm | 146. 92 |
| 62 | 钐 | Sm | 150. 36 |
| 63 | 铕 | Eu | 151. 96 |
| 64 | 钆 | Gd | 157. 25 |
| 65 | 铽 | Tb | 158. 25 |
| 66 | 镝 | Dy | 162. 50 |
| 67 | 钬 | Ho | 164. 93 |
| 68 | 铒 | Er | 167. 26 |
| 69 | 铥 | Tm | 168. 93 |
| 70 | 镱 | Yb | 173. 04 |
| 71 | 镥 | Lu | 174. 97 |
| 72 | 铪 | Hf | 178. 49 |
| 73 | 钽 | Ta | 180. 95 |
| 74 | 钨 | W | 183. 84 |
| 75 | 铼 | Re | 186. 21 |
| 76 | 锇 | Os | 190. 23 |
| 77 | 铱 | Ir | 192. 22 |
| 78 | 铂 | Pt | 195. 08 |
| 79 | 金 | Au | 196. 97 |
| 80 | 汞 | Hg | 200. 59 |
| 81 | 铊 | Tl | 204. 38 |
| 82 | 铅 | Pb | 207. 20 |
| 83 | 铋 | Bo | 208. 98 |
| 84 | 钋 | Po | 209. 98 |
| 85 | 砹 | At | 209. 99 |
| 86 | 氡 | Rn | 222. 02 |
| 87 | 钫 | Fr | 223. 02 |
| 88 | 镭 | Ra | 226. 03 |

续表

| 原子序数 | 元素名称 | 符号 | 相对原子量 |
|---|---|---|---|
| 89 | 锕 | Ac | 227.03 |
| 90 | 钍 | Th | 232.04 |
| 91 | 镤 | Pa | 231.04 |
| 92 | 铀 | U | 238.03 |
| 93 | 镎 | Np | 237.05 |
| 94 | 钚 | Pu | 239.05 |
| 95 | 镅 | Am | 241.06 |
| 96 | 锔 | Cm | 244.06 |
| 97 | 锫 | Bk | 249.08 |
| 98 | 锎 | Cf | 252.08 |
| 99 | 锿 | Es | 252.08 |
| 100 | 镄 | Fm | 257.10 |
| 101 | 钔 | Md | 259.10 |
| 102 | 锘 | No | 259.10 |
| 103 | 铹 | Lr | 262.11 |

# 2　国际单位和换算因数

| SI 前缀单位 | |
|---|---|
| atto (a) | $=10^{-18}$ |
| femto (f) | $=10^{-15}$ |
| pico (p) | $=10^{-12}$ |
| nano (n) | $=10^{-9}$ |
| micro (μ) | $=10^{-6}$ |
| milli (m) | $=10^{-3}$ |
| centi (c) | $=10^{-2}$ |
| deci (d) | $=10^{-1}$ |
| deca (da) | $=10^{1}$ |
| hector (h) | $=10^{2}$ |
| kilo (k) | $=10^{3}$ |
| mega (M) | $=10^{6}$ |
| giga (G) | $=10^{9}$ |
| tera (T) | $=10^{12}$ |
| peta (P) | $=10^{15}$ |
| exa (E) | $=10^{18}$ |
| 换算因数 | |
| 力<br>1 牛顿 (N)<br>1 达因 (dyn) | <br>=1 千克·米·秒$^{-2}$ ($kg \cdot m \cdot s^{-2}$)<br>$=10^{-5}$牛顿 (N) |
| 压强<br>1 帕斯卡 (Pa)<br>1 托 (torr)<br>1 大气压 (atm) | <br>=1 千克·米$^{-1}$·秒$^{-2}$ ($kg \cdot m^{-1} \cdot s^{-2}$)<br>=133.32 帕斯卡 (Pa)<br>=760 托 (torr)<br>=12.5 磅/平方英寸 (psi) |
| 温度<br>℃ =5/9 (℉ -32)<br>K =273.15 + ℃ | |

续表

| SI 前缀单位 | |
|---|---|
| 能量 | |
| 1 千卡（kcal）=1000 卡（cal） | |
| 1 卡（cal）=4.184 焦耳（J） | |
| 速度 | |
| 1 节（knot） | =1 海里·小时$^{-1}$（nautical mile·$h^{-1}$） |
| | =1.15 英里·小时$^{-1}$（statute miles·$h^{-1}$） |
| | =1.85 公里·小时$^{-1}$（km·$h^{-1}$） |
| 声音在水中的速度（盐度为 35 时）=1507 米·秒$^{-1}$（m·$s^{-1}$） | |
| 容量 | |
| 1 立方千米（$km^3$） | =$10^9$ 立方米（$m^3$） |
| | =$10^{15}$ 立方厘米（$cm^3$） |
| 1 立方米（$m^3$） | =1000 升（L） |
| 1 升（L） | =1000 立方厘米（$cm^3$） |
| | =1.06 夸脱（liquid quarts） |
| 1 毫升 | =0.001 升（L） |
| | =1 立方厘米（$cm^3$） |
| 长度 | |
| | =$10^3$ 米（m） |
| 1 千米（km） | =$10^{-2}$ 米（m） |
| 1 厘米（cm） | =$10^{-3}$ 米（m） |
| 1 毫米（mm） | =$10^{-6}$ 米（m） |
| 1 微米（μm） | =$10^{-9}$ 米（m） |
| 1 纳米（nm） | =$10^{-10}$ 米（m） |
| 1 埃（Å） | =6 英尺（feet） |
| 1 英寻（fathom） | =1.83 米（m） |
| | =5280 英尺（feet） |
| 1 英里（statute mile） | =1.6 公里（km） |
| | =0.87 海里（nautical mile） |
| | =6076 英尺（feet） |
| 1 海里（nautical mile） | =1.85 公里（km） |
| | =1.15 英里（statute miles） |
| 质量 | |
| 1 千克（kg） | =1000 克（g） |
| 1 毫克（mg） | =0.001 克（g） |
| 1 吨（t） | =1 公吨（metric ton） |
| | =$10^6$ 克（g） |

续表

| SI 前缀单位 | |
|---|---|
| 面积 | |
| 1 平方厘米（$cm^2$） | =0.155 平方英寸（$in^2$） |
| | =100 平方毫米（$mm^2$） |
| 1 平方米（$m^2$） | =10.8 平方英尺（$ft^2$） |
| 1 平方千米（$km^2$） | =0.386 平方英里（square statute miles） |
| | =0.292 平方海里（square nautical miles） |
| | =$10^6$ 平方米（$m^2$） |
| | =247.1 英亩（acres） |
| 1 公顷（$hm^2$） | =10，000 平方米（$m^2$） |

# 3 物理和化学常数

| | |
|---|---|
| 阿伏伽德罗常数（$N$） | $=6.022137\times10^{23}$ mol$^{-1}$ |
| 玻尔兹曼常数（$k$） | $=1.380658\times10^{-23}$ J·K$^{-1}$ |
| 法拉第常数（$F$） | $=9.6485309\times10^{4}$ C mol$^{-1}$ |
| 气体常数（$R$） | $=8.3145$ J·mol$^{-1}$·K$^{-1}$ |
| 普朗克常数（$h$） | $=6.6260755\times10^{-34}$ J·s$^{-1}$ |

# 4 地质年代表

<table>
<tr><th colspan="2">代</th><th>大致时间（百万年前）<br>/Ma</th><th>分支</th><th>大致持续时间<br>（百万年）</th></tr>
<tr><td rowspan="17">显生宙</td><td rowspan="2">第四纪</td><td>10 000 a</td><td>全新世</td><td>10 000 a</td></tr>
<tr><td>2</td><td>更新世</td><td>2</td></tr>
<tr><td rowspan="5">第三纪</td><td>5</td><td>上新世</td><td>3</td></tr>
<tr><td>24</td><td>中新世</td><td>19</td></tr>
<tr><td>37</td><td>渐新世</td><td>13</td></tr>
<tr><td>57</td><td>始新世</td><td>20</td></tr>
<tr><td>66</td><td>古新世</td><td>9</td></tr>
<tr><td rowspan="3">中生代</td><td>144</td><td>白垩纪</td><td>78</td></tr>
<tr><td>208</td><td>侏罗纪</td><td>64</td></tr>
<tr><td>245</td><td>三叠纪</td><td>37</td></tr>
<tr><td rowspan="6">古生代</td><td>286</td><td>二叠纪</td><td>41</td></tr>
<tr><td>360</td><td>石炭纪</td><td>74</td></tr>
<tr><td>408</td><td>泥盆纪</td><td>48</td></tr>
<tr><td>438</td><td>志留纪</td><td>30</td></tr>
<tr><td>505</td><td>奥陶纪</td><td>67</td></tr>
<tr><td>545</td><td>寒武纪</td><td>65</td></tr>
<tr><td rowspan="3">前寒武纪</td><td>原生代</td><td>2500</td><td colspan="2" rowspan="3">最老岩石年龄 38 亿年<br>地球的年龄 46 亿年</td></tr>
<tr><td>太古代</td><td>3800</td></tr>
<tr><td>冥古代</td><td>4600</td></tr>
</table>

# 5 湖泊－河口－海洋中英文地名对照表①

| 英文名 | 中文名 | 所属国家或地区 |
|---|---|---|
| Aarhus Bay | 奥胡斯湾 | 丹麦 |
| ACE Big Bay Creek | ACE 大湾溪 | 美国 |
| ACE St. Pierre | ACE 圣皮埃尔 | 美国 |
| Alsea（River） | 阿尔西厄（河） | 美国 |
| Altamaha River | 奥尔塔马霍河 | 美国 |
| Amazon River | 亚马孙河 | 南美洲 |
| Amur（River） | 阿穆尔（河），黑龙江 | 俄罗斯，中国 |
| Amvrakikos bay | 阿姆夫拉基亚湾 | 希腊 |
| Ångermanälven（River） | 翁厄曼（河） | 瑞典 |
| Apalachee Bay | 阿巴拉契湾 | 美国 |
| Apalachicola Bay | 阿巴拉契科拉湾 | 美国 |
| Aransas Bay | 阿兰瑟斯湾 | 美国 |
| Ashepoo（River） | 阿什瀑（河） | 美国 |
| Atchafalaya Bay | 阿查法拉亚湾 | 美国 |
| Baffin Bay | 巴芬湾 | 美国 |
| Baltic Sea | 波罗的海 | 北欧 |
| Bang Pakong River | 邦巴功河 | 泰国 |
| Barataria Bay | 巴拉塔里亚湾 | 美国 |
| Barnegat Bay | 巴尼加特湾 | 美国 |
| Barra de Tecolutla | 巴拉德特科卢特拉 | 墨西哥 |
| Bay of Brest | 布雷斯特湾 | 法国 |
| Bay of Cadiz | 加的斯湾 | 西班牙 |
| Bay of Fundy | 芬迪湾 | 加拿大 |
| Bay Tree Creek salt marsh | 湾树溪盐沼 | 美国 |
| Beaulieu estuary | 比尤利河口 | 英国 |

① 为方便读者检索，“湖泊－河口－海洋中英文地名对照表”为译者所加。——译者注

续表

| 英文名 | 中文名 | 所属国家或地区 |
| --- | --- | --- |
| Bering Sea | 白令海 | 北太平洋 |
| Big Bayou | 比格湾 | 美国 |
| Black Sea | 黑海 | 北欧 |
| Borgne Lake | 博恩湖 | 美国 |
| Bothnian Bay | 波的尼亚湾 | 瑞典 |
| Bothnian Sea | 波的尼亚海 | 瑞典 |
| Brahmaputra River | 雅鲁藏布江 | 中国 |
| Brandywine River | 布兰迪万河 | 美国 |
| Brazos River | 布拉索斯河 | 美国 |
| Breton Sound | 布雷顿湾 | 美国 |
| Brunswick Estuary | 不伦瑞克河口 | 澳大利亚 |
| Buzzards Bay | 巴泽兹湾 | 美国 |
| Calcasieu Lake | 卡尔克苏湖 | 美国 |
| Caloosahatchee River | 克卢萨哈奇河 | 美国 |
| Canal de Mira | 米拉运河 | 葡萄牙 |
| Cape Fear River | 开普菲尔河 | 美国 |
| Cape Lookout Bight | 卢考特角（湾） | 美国 |
| Caribbean Sea | 加勒比海 | 大西洋西部边缘 |
| Casco Bay | 卡斯科湾 | 美国 |
| Cedar Pass | 锡达湾 | 美国 |
| Chandeleur Sound | 尚德卢尔海峡 | 美国 |
| Changjiang (Yangtze River) | 长江 | 中国 |
| Chesapeake Bay | 切萨皮克湾 | 美国 |
| Childs River | 柴尔兹河 | 美国 |
| Choctawhatchee Bay | 查克托哈奇湾 | 美国 |
| Choptank River | 查普唐克河 | 美国 |
| Choshui (River) | 浊水溪 | 中国台湾 |
| Cobscook Bay | 科布斯库克湾 | 美国 |
| Colorado River | 科罗拉多河 | 美国 |
| Columbia River | 哥伦比亚河 | 美国 |
| Combahee River | 卡姆比河 | 美国 |

续表

| 英文名 | 中文名 | 所属国家或地区 |
| --- | --- | --- |
| Conway Estuary | 康韦河口 | 英国 |
| Copano Bay | 科帕诺湾 | 美国 |
| Copper（River） | 科珀（河） | 美国 |
| Corpus Christi Bay | 科珀斯克里斯蒂湾 | 美国 |
| Danube River | 多瑙河 | 欧洲 |
| Delaware Bay | 特拉华湾 | 美国 |
| Dollard Estuary | 多拉德河口 | 荷兰 |
| Douro（River） | 杜罗河 | 葡萄牙 |
| East China Sea | 东中国海 | 中国 |
| Ebre River | 埃布罗河 | 西班牙 |
| Edisto River | 埃迪斯托河 | 美国 |
| Eel River | 鳗鱼河 | 美国 |
| Elbe（River） | 易北河 | 德国 |
| Elizabeth River | 伊丽莎白河 | 美国 |
| Elkhorn Slough | 埃尔克霍恩沼泽 | 美国 |
| Ems（River） | 埃姆斯（河） | 欧洲 |
| English Channel | 英吉利海峡 | 欧洲 |
| Englishman Bay | 英吉利曼湾 | 美国 |
| Florida Bay | 佛罗里达湾 | 美国 |
| Florida Everglades | 佛罗里达大沼泽地 | 美国 |
| Forth Estuary | 福斯河口 | 英国 |
| Foundry Cove | 芳得利湾 | 美国 |
| Fourleague Bay | 福利哥湾 | 美国 |
| Fournier Bay | 福尼尔湾 | 南极洲 |
| Framvaren Fjord | 福拉姆瓦伦峡湾 | 挪威 |
| Frazer（River） | 弗雷泽河 | 加拿大 |
| Galveston Bay | 加尔维斯顿湾 | 美国 |
| Ganges | 恒河 | 印度 |
| Gardiners Bay | 加德纳斯湾 | 美国 |
| Georgia Estuary | 佐治亚河口 | 美国 |
| Gironde Estuary | 吉伦特河口 | 法国 |

续表

| 英文名 | 中文名 | 所属国家或地区 |
| --- | --- | --- |
| Glacier Bay | 冰川湾 | 美国 |
| Godavari (River) | 戈达瓦里河 | 印度 |
| Great South Bay | 大南湾 | 美国 |
| Grijalva (River) | 格里哈尔瓦河 | 墨西哥 |
| Guadalupe Bay | 瓜达卢普湾 | 美国 |
| Gulf of Bothnia | 波的尼亚湾 | 欧洲 |
| Gulf of Maine | 缅因湾 | 北美洲 |
| Gulf of Mexico | 墨西哥湾 | 北美洲 |
| Gulf of Papua | 巴布亚湾 | 巴布亚新几内亚 |
| Gulf of Riga | 里加湾 | 欧洲 |
| Gullmar Fjord | 古尔马峡湾 | 瑞典 |
| Hampton (River) | 汉普顿河 | 美国 |
| Harney River | 哈尼河 | 美国 |
| Hawke Bay | 霍克湾 | 新西兰 |
| Himmerfjärden Bay | 希默兰湾 | 瑞典 |
| Hog Island Bay | 霍格岛湾 | 美国 |
| Hood Canal | 胡德运河 | 美国 |
| Hudson River | 哈得孙河 | 美国 |
| Humber (River) | 亨伯河 | 加拿大 |
| Indian River | 印第安河 | 美国 |
| Indus (River) | 印度（河） | 亚洲 |
| Ionian Sea | 伊奥尼亚海 | 地中海 |
| Irrawaddy (River) | 伊洛瓦底（河） | 缅甸 |
| Ise Bay | 伊势湾 | 日本 |
| James River | 詹姆斯河 | 美国 |
| Jobos Bay | 霍伯斯湾 | 波多黎各 |
| Jossingfjord | 戈斯兴湾 | 挪威 |
| Kaneohe stream | 卡内奥赫溪 | 美国 |
| Kara Sea | 喀拉海 | 俄罗斯 |
| Laguna de Alvardo | 阿尔瓦拉多潟湖 | 墨西哥 |
| Laguna de Tamiahua | 塔米亚瓦潟湖 | 墨西哥 |

续表

| 英文名 | 中文名 | 所属国家或地区 |
| --- | --- | --- |
| Terminos Lagoon | 特尔米诺斯潟湖 | 墨西哥 |
| Laguna de Tuxapan | 图斯潘潟湖 | 墨西哥 |
| Laguna Madre | 马德雷潟湖 | 美国 |
| Lake Borgne | 博恩湖 | 美国 |
| Lake Michigan | 密歇根湖 | 美国 |
| Lake Pontchartrain | 庞恰特雷恩湖 | 美国 |
| Lena（River） | 勒拿河 | 俄罗斯 |
| Liao He | 辽河 | 中国 |
| Limfjorden | 利姆海峡 | 丹麦 |
| Loch Etive | 埃蒂夫湾 | 苏格兰 |
| Loch Striven | 斯特里文湾 | 英国 |
| Loire（River） | 卢瓦尔河 | 法国 |
| Long Bayou | 朗海湾 | 美国 |
| Long Island Sound | 长岛湾 | 美国 |
| Luleälven River | 吕勒河 | 瑞典 |
| Mackenzie River | 马更些河 | 加拿大 |
| Madeira（River） | 马德拉（河） | 欧洲 |
| Magdalena（River） | 马格达莱纳（河） | 哥伦比亚 |
| Makkovik Bay | 马库维克湾 | 加拿大 |
| Mandovi（River） | 曼杜比（河） | 印度 |
| Masonboro Inlet | 梅森布罗湾 | 美国 |
| Massachusetts Bay | 马萨诸塞湾 | 美国 |
| Maryland Jug Bay | 马里兰壶湾 | 美国 |
| Matagorda Bay | 马塔戈达湾 | 美国 |
| Maverick Bayou | 马弗里克湾 | 美国 |
| Maxwell Bays | 马克斯韦尔湾 | 南极洲 |
| Mediterranean | 地中海 | 地中海 |
| Mekong（River） | 湄公（河） | 亚洲 |
| Merrimack River | 梅里马克河 | 美国 |
| MerseyMekong | 默西（河） | 英国 |
| Mississippi River | 密西西比河 | 北美洲 |

续表

| 英文名 | 中文名 | 所属国家或地区 |
| --- | --- | --- |
| Mobile Bay | 莫比尔湾 | 美国 |
| Mohawk River | 莫霍克河 | 美国 |
| Mondego estuary | 蒙德古河口 | 葡萄牙 |
| Moreton Bay | 莫顿湾 | 澳大利亚 |
| Mud Bay | 马德湾 | 美国 |
| Mud Lake | 马德湖 | 美国 |
| Mullica River | 马利卡河 | 美国 |
| Narragansett Bay | 纳拉甘西特湾 | 美国 |
| Negro（River） | 内格罗（河） | 巴西 |
| Nelson（River） | 纳尔逊（河） | 加拿大 |
| Neuse River | 纽斯河口 | 美国 |
| New River | 纽河 | 美国 |
| New York Bight | 纽约湾 | 美国 |
| New Zealand Fjords | 新西兰峡湾 | 新西兰 |
| Newport Bay | 纽波特湾 | 美国 |
| Newport News Swamp | 纽波特纽斯沼泽 | 美国 |
| Niger（River） | 尼日尔（河） | 非洲 |
| Nile River | 尼罗河 | 非洲 |
| Norsminde Fjord | 诺斯敏讷峡湾 | 丹麦 |
| North Inlet | 北汊 | 美国 |
| North Sea | 北海 | 北欧 |
| Nueces Estuary | 纽埃西斯河口 | 美国 |
| Ob Estuarie | 鄂毕河口 | 俄罗斯 |
| Ochlockonee Bay | 奥克洛科尼湾 | 美国 |
| Ogeechee River | 奥吉奇河 | 美国 |
| Old Woman Creek | 老妇河 | 美国 |
| Oneonta Slough | 奥尼昂塔沼泽 | 美国 |
| Oosterschelde Estuary | 东斯海尔德河口 | 荷兰 |
| Orange（River） | 奥兰治河 | 非洲 |
| Ord River Estuary | 奥德河口 | 澳大利亚 |
| Orinoco（River） | 奥里诺科河 | 南美洲 |

续表

| 英文名 | 中文名 | 所属国家或地区 |
| --- | --- | --- |
| Ossabaw Sound | 奥萨博海峡 | 美国 |
| Ouse (River) | 乌斯（河） | 英国 |
| Padilla Bay | 帕迪亚湾 | 美国 |
| Pamlico River | 帕姆利科河 | 美国 |
| Pamlico - Pungo Sound | 帕姆利科 - 庞戈湾 | 美国 |
| Pantanal Wetland | 潘塔纳尔湿地 | 巴西 |
| Parana River | 巴拉那河 | 南美洲 |
| Parker River | 帕克河 | 美国 |
| Patuxent River | 帕塔克森特河 | 美国 |
| Pearl River | 珠江 | 中国 |
| Pee Dee River | 皮迪河 | 美国 |
| Pensacola Bay | 彭萨科拉湾 | 美国 |
| Penzé River | 庞泽河 | 法国 |
| Perdido Bay | 珀迪多湾 | 美国 |
| Pettaquamscutt River | 窄河 | 美国 |
| Plum island Sound | 普拉姆岛峡湾 | 美国 |
| Po River | 波河 | 意大利 |
| Pocomoke Sound | 波科莫克湾 | 美国 |
| Pontchartrain Lake | 庞恰特雷恩湖 | 美国 |
| Pontevedra Ria | 蓬特韦德拉溺谷 | 西班牙 |
| Potomac Estuary | 波托马克河口 | 美国 |
| Puget Sound | 皮吉特湾 | 美国 |
| Purari (River) | 普拉里河 | 巴布亚新几内亚 |
| Randers Fjord estuary | 兰讷斯峡湾河口 | 丹麦 |
| Rappahannock (River) | 拉帕汉诺克河 | 美国 |
| Raritan Bay | 拉里坦湾 | 美国 |
| Rattekaai (salt marsh) | 拉泰卡伊（盐沼） | 荷兰 |
| Red (River) | 红河 | 亚洲 |
| Rehoboth Bay | 里霍博斯湾 | 美国 |
| Rhine (River) | 莱茵河 | 欧洲 |
| Rhône ria | 罗讷溺谷 | 法国 |

续表

| 英文名 | 中文名 | 所属国家或地区 |
|---|---|---|
| Ria Vigo | 维哥河 | 西班牙 |
| Rio de La Plata | 拉普拉塔河 | 南美洲 |
| Rio Grande | 格兰德河 | 美国 |
| River Nile | 尼罗河 | 非洲 |
| Rookery Bay | 鲁克里湾 | 美国 |
| Saale River | 萨勒河 | 德国 |
| Sabine River | 萨宾河 | 美国 |
| Sabine Lake | 萨宾湖 | 美国 |
| Sabine – Neches Estuary | 萨宾 – 内奇斯运河口 | 美国 |
| Sado (Portugal) | 萨多河 | 葡萄牙 |
| Saguenay Fjord | 萨格奈峡湾 | 加拿大 |
| Salween (River) | 萨尔温河，怒江 | 缅甸/泰国，中国 |
| San Antonio Bay | 圣安东尼奥湾 | 美国 |
| San Diego Bay | 圣迭戈湾 | 美国 |
| San Francisco Bay | 旧金山湾 | 美国 |
| San Jacinto Estuary | 圣哈辛托河 | 美国 |
| San Nicolas Basin | 圣尼古拉斯海盆 | 美国 |
| San Pedro Basin | 圣佩德罗湾 | 美国 |
| Sannich Inlet | 萨尼奇湾 | 加拿大 |
| Sarasota Bay | 萨拉索塔湾 | 美国 |
| Satilla River | 萨蒂拉河 | 美国 |
| Scheldt Estuary | 斯海尔德河口 | 荷兰 |
| Schuylkill River | 斯库尔基尔河 | 美国 |
| Seine River | 塞纳河 | 法国 |
| Severn Estuary | 赛文河口 | 英国 |
| Sheepscot Bay | 席普士考湾 | 美国 |
| Shinnecock Bay | 欣纳科克湾 | 美国 |
| Silver Bay | 锡尔弗湾 | 美国 |
| Sinnamary River | 锡纳马里河 | 法国 |
| Skagerrak (Sea) | 斯卡格拉克海 | 欧洲 |
| Skidaway River | 斯基达韦河 | 美国 |

续表

| 英文名 | 中文名 | 所属国家或地区 |
|---|---|---|
| South Atlantic Bight | 南大西洋湾 | 美国 |
| South River | 南河 | 美国 |
| South Slough | 南沼泽 | 美国 |
| Squamscott River | 斯夸姆斯科特河 | 美国 |
| St. Andrew Bay | 圣安德鲁湾 | 美国 |
| St. Catherines – Sapel (Estuary) | 圣凯瑟琳斯 – 萨佩洛（河口） | 美国 |
| St. Croix River | 圣克罗伊河 | 美国 |
| St. Helena Sound | 圣海伦娜湾 | 美国 |
| St. John's River | 圣约翰斯河 | 美国 |
| St. Lawrence River | 圣劳伦斯河 | 加拿大 |
| Strait of Juan de Fuca | 胡安·德富卡海峡 | 北美洲 |
| Suromoni | 苏罗莫尼河 | 委内瑞拉 |
| Susquehanna River | 萨斯奎汉纳河 | 美国 |
| Suwannee River | 萨旺尼河 | 美国 |
| Tama Estuary | 多摩川河口 | 日本 |
| Tamar (River) | 泰马河 | 英国 |
| Tampa Bay | 坦帕湾 | 美国 |
| Tay Estuary | 泰河河口 | 英国 |
| Taylor River | 泰勒河 | 美国 |
| Tees Estuary | 蒂斯河 | 英国 |
| Tejo Estuary | 塔霍河 | 西欧 |
| Terrebonne Bay | 特勒博恩湾 | 美国 |
| Thames River | 泰晤士河 | 英国 |
| Tijuana Estuary | 蒂华纳河口 | 美国 |
| Timbalier Bay | 坦巴利耶湾 | 美国 |
| Tomales Bay | 托马莱斯湾 | 美国 |
| Town Cove | 汤湾 | 美国 |
| Trinity River | 特里尼蒂河 | 美国 |
| Ubangui (River) | 乌班吉（河） | 非洲 |
| Unsmacinta (River) | 乌苏马辛塔（河） | 墨西哥 |
| Verginia Taskinas Creek | 弗吉尼亚塔斯基纳斯溪 | 美国 |

续表

| 英文名 | 中文名 | 所属国家或地区 |
| --- | --- | --- |
| Vermilion Bay | 弗米利恩湾 | 美国 |
| Waquoit Bay | 沃阔伊特湾 | 美国 |
| Weeks Bay | 威克斯湾 | 美国 |
| Wells Inlet | 韦尔斯湾 | 美国 |
| Weser Estuary | 威悉河口 | 德国 |
| Westerschelde (Estuary) | 西斯海尔德河口 | 荷兰 |
| White Oak River | 白橡树河 | 美国 |
| Winyah Bay | 温约湾 | 美国 |
| Yangtze River | 长江 | 中国 |
| Yaquina (River) | 亚奎纳（河） | 美国 |
| Yellow River | 黄河 | 中国 |
| Yenisey (River) | 叶尼塞（河） | 俄罗斯 |
| York River | 约克（河） | 美国 |
| Yukon (River) | 育空（河） | 美国 |
| Zaire (River) | 扎伊尔（河），又名刚果河 | 非洲 |
| Zambezi (River) | 赞比西（河） | 非洲 |
| Zuari (River) | 祖阿里（河） | 印度 |

# 6 化合物中英文名称对照表①

| 英文名 | 中文名 |
| --- | --- |
| 19 – butanoyloxyfucoxanthin | 19’ – 丁酰氧基岩藻黄素 |
| 19 – hexanoyloxyfucoxanthin | 19’ – 己酰氧基岩藻黄素 |
| 24 – ethylchloest – 5 – en – 3β – ol | 24 – 乙基胆甾 – 5 – 烯 – 3β – 醇 |
| 24 – ethylcoprostanol | 24 – 乙基粪甾醇 |
| 24 – methylchloesta – 5，22 – dien – 3β – ol | 24 – 甲基胆甾 – 5，22 – 二烯 – 3β – 醇 |
| 24 – methylchloesta – 5，24（28） – dien – 3β – ol | 24 – 甲基胆甾 – 5，22（28）二烯 – 3β – 醇 |
| 24 – methylcholest – 5 – en – 3β – ol | 24 – 甲基胆甾 – 5 – 烯 – 3β – 醇 |
| 5α（H） – chloestan – 3β – ol | 5α（H） – 胆甾烷 – 3β – 醇 |
| 5β – cholestan – 3β – ol | 5β – 胆甾 – 3β – 醇 |
| 6，10，14 – trimethylpentadecane – 2 – one | 6，10，14 – 三甲基十五烷 – 2 – 酮 |
| Acetate（$CH_3COO^-$） | 乙酸根 |
| Acid volatile sulfides（AVS） | 酸挥发性硫化物 |
| Alcohols | 醇类 |
| Algaenan | 藻胶鞘 |
| Allophycocyanin | 别藻蓝蛋白 |
| Alloxanthin | 别黄素 |
| Amorphous Fe（Ⅲ） | 无定形铁 |
| Antheraxanthin | 百合黄素 |
| Brassicasterol | 菜籽甾醇 |
| Cadalene | 卡达烯 |
| Campesterol | 菜油甾醇 |
| Carbon disulfide（$CS_2$） | 二硫化碳 |
| Carbonyl sulfide（COS） | 羰基硫 |
| Carotenol chlorin esters | 胡萝卜醇绿素酯 |
| Chlorophyllide | 脱植基叶绿素 |

① 为方便读者检索，“化合物中英文名称对照表”为译者所加。——译者注

续表

| 英文名 | 中文名 |
| --- | --- |
| Cholest－5－en－3β－ol | 胆固醇－5－烯－3β－醇 |
| Cholesterol | 胆甾醇 |
| Cinnamic acid | 肉桂酸 |
| Crystalline Fe（Ⅲ） | 结晶态铁 |
| Cyclopheophorbide－a enol | 环状脱镁叶绿酸甲酯－a 烯醇 |
| Cysteine | 半胱氨酸 |
| Dicysteine | 胱氨酸（又名 Cystine） |
| Dimethyl sulfide（DMS） | 二甲基硫 |
| Dimethylsulfoniopropionate（DMSP） | 二甲基巯基丙酸内盐 |
| Dithionate | 连二硫酸盐 |
| Dithionite | 连二亚硫酸盐 |
| Diploptene | 含绵马三萜 |
| Fatty acids | 脂肪酸 |
| Fe oxyhydroxides（FeOOH） | 羟基氧化铁 |
| Fe（III）reduction（FeR） | 三价铁还原 |
| Fe－heme | 血红素铁 |
| Ferulic acid | 阿魏酸 |
| Fucoxanthin | 岩藻黄素 |
| Glutathione | 谷胱甘肽 |
| Goethite（FeOOH） | 针铁矿 |
| Greigite（$Fe_3S_4$） | 硫复铁矿 |
| Hematite（$Fe_2O_3$） | 赤铁矿 |
| Heptadecacene | 十七烯 |
| Heptadecadiene | 十七烷二烯 |
| Hopanoids | 藿烷 |
| Hopans | 成岩藿烷 |
| Hydrogen sulfide（$H_2S$） | 硫化氢 |
| Hydroxyl acids | 羟基酸 |
| Hydroxyl radicals | 羟基自由基 |
| Isoprenoid alkenols | 异戊二烯烯醇 |
| Isoprenoid hydrocarbons pristane | 类异戊二烯烃姥鲛烷 |

续表

| 英文名 | 中文名 |
| --- | --- |
| Mackinawite（FeS） | 四方硫铁矿；层状的硫化亚铁 |
| Magnetite（$Fe_3O_4$） | 磁铁矿 |
| Methanesulfonic acid（$CH_3SO_3H$） | 甲磺酸 |
| Methanethiol | 甲硫醇 |
| Methionine | 甲硫氨酸；蛋氨酸 |
| Monogalactosyl diglyceride | 单半乳糖甘油二酯 |
| Nicotinamide adenine dinucleotide Phosphate | 烟酰胺腺嘌呤二核苷酸磷酸 |
| *p* - coumaric acids | 对香豆酸 |
| Perylene | 苝 |
| Pimanthrene | 海松烯 |
| Pheophorbide | 脱镁叶绿酸甲酯 |
| Pheophytin | 脱镁叶绿素 |
| Phosphatidyl ethanolamine | 磷脂酰乙醇胺 |
| Phospholipids | 磷脂 |
| Phycocyanin | 藻蓝蛋白 |
| Phycoerythrocyanin | 藻红蓝蛋白 |
| Phytochelatins | 植物螯合肽 |
| Pimanthrene | 海松烯 |
| Polysulfides | 多硫化物 |
| Pyrite（$FeS_2$） | 黄铁矿；二硫化亚铁 |
| Pyropheophorbide | 焦脱镁叶绿酸甲酯 |
| Pyrrhotite（FeS） | 磁黄铁矿 |
| Retene | 惹烯 |
| Simonellite | 西蒙内利烯 |
| Steryl chlorin esters | 甾醇绿素酯 |
| Stigmasterol | 豆甾醇 |
| Sulfhydryl | 巯基 |
| Sulfide | 硫化物 |
| Sulfur dioxide（$SO_2$） | 二氧化硫 |
| Terpenes | 萜烯 |
| Thiols | 硫醇 |

续表

| 英文名 | 中文名 |
| --- | --- |
| Triacylglycerols | 甘油三酯 |
| Triglyceride | 甘油三酸酯 |
| Violaxanthin | 紫黄素 |
| β – Sitosterol | β－谷甾醇 |

# 7 藻类、细菌中文拉丁文名称对照表[①]

| 拉丁文名 | 中文名 |
| --- | --- |
| *Alexandrium* spp. | 亚历山大藻 |
| *Ammonia parkinsonniana* | 帕金森卷转虫 |
| *Amphibolis* spp. | 根枝草 |
| amphipod | 片脚类 |
| *Amphiura filiformis* | 蛇尾虫 |
| *Anabaena lemmermannii* | 累氏鱼腥藻 |
| *Anabaena* sp. | 鱼腥藻 |
| Anoxyphotobacteria | 无氧光细菌 |
| *Aphanizomenon* | 束丝藻属 |
| *Aphanizomenon flos - aquae* | 水华束丝藻 |
| archeobacteria | 古菌 |
| *Ascophyllum* | 泡叶藻属 |
| *Avicennia* spp. | 黑皮红树 |
| *Azospirillum* bacteria | 固氮螺菌 |
| *Azospirillum* spp. | 固氮螺旋菌 |
| *Azotobacter* spp. | 固氮菌 |
| *Bacillus* | 芽孢杆菌属 |
| Bacterioplankton | 细菌浮游生物 |
| *Beggiatoa* | 贝日阿托氏菌属 |
| *Beggiatoa* spp. | 贝氏硫菌 |
| *Brevoortia tyrannus* | 大西洋油鲱 |
| Brown - colored GSB | 棕色绿硫菌 |
| *Bruguiera sexangula* | 海莲 |
| *Bruguiera* spp. | 木榄 |
| Cadalene | 卡达烯 |

① 为方便读者检索，“藻类、细菌中文拉丁文名称对照表”为译者所加。——译者注

续表

| 拉丁文名 | 中文名 |
| --- | --- |
| Calanoid | 哲水蚤 |
| *Callianassa* spp. | 美人虾 |
| *Calothrix* sp. | 眉藻 |
| *Campylobacter* spp. | 弯曲杆菌 |
| Chemoautotrophic bacterial mats | 化能自养细菌垫 |
| *Chlorobium phaeobacteroides* | 褐杆状绿菌 |
| *Chlorobium phaeovibroides* | 褐弧状绿菌 |
| *Chlorobium vibriforme* | 弧形绿菌 |
| Chromatiaceae | 着色菌 |
| Chroococcacean | 色球藻 |
| *Cladophora* | 刚毛藻属 |
| *Clostridium* spp. | 梭菌 |
| Copepods | 桡足类 |
| Cyanobacteria | 蓝细菌 |
| *Cymodocia* spp. | 丝粉藻 |
| *Desulfovibrio* spp. | 脱硫弧菌 |
| *Delsulfuromonas acetoxidans* | 乙酸氧化脱硫单胞菌 |
| *Dermocarpa* sp. | 皮果藻 |
| *Desulfobacteriaceae* | 脱硫细菌科 |
| *Desulfobacterium* spp. | 脱硫杆菌 |
| *Desulfobulbus propionicus* | 丙酸脱硫葱球菌 |
| *Desulfococcus multivorans* | 杂食脱硫球菌 |
| *Desulfosarcina variabilis* | 可变脱硫八叠球菌 |
| *Desulfotomaculum* spp. | 脱硫肠状菌 |
| *Desulfovibrio desulfuricans* | 去磺弧菌 |
| *Dinophysis* spp. | 鳍藻 |
| *Distichlis spicata* | 盐草 |
| *Distyopteris* | 网翼藻属 |
| *Dreissena polymorpha* | 斑纹贻贝 |
| *Ecklonia* | 昆布属 |
| *Elphidium* spp. | 希望虫 |

续表

| 拉丁文名 | 中文名 |
| --- | --- |
| *Enhalus* spp. | 海菖蒲 |
| *Enterobacter* spp. | 肠杆菌 |
| *Enteromorpha Intestinales* | 肠浒苔 |
| Facultative anaerobes | 兼性厌氧菌 |
| FeR bacteria（FeRB） | 三价铁还原菌 |
| Fiddler crabs | 招潮蟹 |
| *Fucus vesciculousus* | 墨角藻 |
| *Fursenkoina* spp. | 先科虫 |
| *Geobacter metallireducens* | 金属还原地杆菌 |
| *Gloeocapsa* sp. | 粘球藻 |
| *Gracilaria folifera* | 江蓠 |
| Grapsidae | 方蟹科 |
| Green sulfur bacteria（GSB） | 绿硫菌 |
| *Gymnodinium* spp. | 裸甲藻 |
| *Halodule* spp. | 二药藻 |
| *Juncus roemerianus* | 灯芯草 |
| Juvenile menhaden | 幼鲱 |
| *Klebsiella* spp. | 克雷伯菌 |
| *Laguncularia* spp. | 假红树 |
| *Laminaria* | 海带属 |
| *Limnodrilus hoffmeisteri* | 霍甫水丝蚓 |
| *Lumbriculus variegates* | 夹杂带丝蚓 |
| Lyngbya/Plectonema/Phormidium group | 鞘丝蓝菌席蓝菌织绒蓝菌群 |
| *Macrocystis* | 巨藻属 |
| Microaerophiles | 微型需氧菌 |
| *Microcoleus chthonoplastes* | 原型微鞘藻 |
| *Microcoleus* sp. | 微鞘藻 |
| *Modiolus modiolus* | 偏顶蛤 |
| *Musculista senhousia* | 东亚壳菜蛤 |
| *Mytilus edulis* | 紫贻贝 |
| *Myxosarcina* sp. | 粘囊藻 |

续表

| 拉丁文名 | 中文名 |
| --- | --- |
| Needle rush | 针状草 |
| *Nereis diversicolor* | 沙蚕 |
| *Nitrocystis* spp. | 硝化囊菌 |
| *Nitrosomonas* | 亚硝化单胞菌属 |
| *Nodularia* spp. | 节球藻 |
| *Nodularia spumigena* | 泡沫节球藻 |
| *Nostoc* sp. | 念珠藻 |
| *Oscillatoria* sp. | 颤藻 |
| Obligate anaerobes | 专性厌氧菌 |
| *Palaemonetes pugi* | 草虾 |
| *Palaemontes pugio* | 短刀小长臂虾 |
| Peridineans | 多甲藻 |
| *Pfisteria piscicida* | 噬鱼费氏藻 |
| *Phaeocystis* spp. | 棕囊藻 |
| *Phormidium* sp. | 席藻 |
| *Phragmites australis* | 芦苇 |
| *Pleurocapsa* sp. | 宽球藻 |
| Pleurocapsalean | 宽球菌细菌群 |
| Polychaete | 多毛类 |
| *Posidonia* spp. | 波喜荡草 |
| *Potamocorbula amurensis* | 黑龙江河蓝蛤 |
| Prochlorales | 原绿藻目 |
| *Prochloron* | 原绿藻属 |
| *Prosthecochloris aestuarii* | 江口突柄绿菌 |
| Prymnesiophytes | 定鞭藻 |
| *Pseudomonas* | 假单胞菌属 |
| *Pseudomonas* sp. | 假单胞菌 |
| Purple sulfur bacteria (PSB) | 紫硫菌 |
| *Rangia cuneata* | 河口马珂蛤 |
| *Rhizophora apiculata* | 正红树 |
| *Rhizophora mangle* | 大红树 |

续表

| 拉丁文名 | 中文名 |
| --- | --- |
| *Rhizophora* spp. | 美洲红树 |
| *Rhodopseudomonas* sp. | 红假单胞菌 |
| Rhodospirillaceae | 红螺菌科 |
| *Roseobacter* spp. | 玫瑰杆菌 |
| *Ruppia* spp. | 川蔓藻 |
| *Sargassum* | 马尾藻属 |
| sesarmid crabs | 相手蟹 |
| *Shewanella putrefaciens* | 腐败希瓦菌 |
| $SO_4^{2-}$ *reduction* bacteria（SRB） | 硫酸盐还原菌 |
| *Spartina alterniflora* | 互花米草 |
| *Spartina anglica* | 大米草 |
| *Spartina patens* | 狐米草 |
| Strict anaerobes | 严格厌氧菌 |
| *Synechococcus* sp. | 聚球藻 |
| *Syringodium* spp. | 针叶藻 |
| *Tapes japonica* | 日本缀绵蛤 |
| *Thalassia* spp. | 泰来藻 |
| *Thalassiosira pseudonana* | 假微型海链藻 |
| *Thiobacillus* spp. | 硫杆菌 |
| *Thiocapsa roseopersicina* | 桃红荚硫菌 |
| *Thiocapsa* sp. | 荚硫菌 |
| Thiomargarita | 硫珠菌属 |
| *Thioplaca* | 辫硫菌属 |
| *Thiovulum* | 卵硫细菌 |
| *Uca pugilator* | 大西洋砂招潮蟹 |
| *Ulva latuca* | 石莼 |
| *Vibrio* spp. | 弧菌 |
| *Xenococcus* sp. | 异球藻 |
| *Zostera marina* | 大叶藻 |

# 索　引